ブリテン資本主義下の
アイルランド農業

Irish Agriculture under British Capitalism: The Background of the Land War

土地戦争の経済史的背景

本多三郎
Honda Saburo

大阪経済大学日本経済史研究所研究叢書　第20冊

思文閣出版

Irish Agriculture under British Capitalism:
The Background of the Land War

Honda Saburo

Shibunkaku Publishing Co. Ltd., 2025
978-4-7842-2092-2

目次

まえがき

凡例

序章　アイルランド大飢饉——1840年代後半〜50年代前半 ……… 3
第1節　大飢饉の実態 …………………………………………………… 4
（a）ジャガイモ大凶作　4
（b）大量の死亡者　6
（c）大規模海外脱出　9
（d）大ブリテンへの脱出　13
第2節　大飢饉と農業構造の変革 …………………………………… 19
（a）農業の被害　19
（b）農業構造の変革　23

第1部　19世紀後半アイルランド農業の展開

第1章　大飢饉後の農業構造転換 …………………………………… 37
第1節　耕種農業の衰退と家畜生産のさらなる展開 ………………… 37
（a）耕地の縮小と家畜用農地の拡大　37
（b）家畜が増え、住民が減る　40
第2節　1870年代の農業編成 ………………………………………… 42
（a）概観——家畜が占拠する農地　42
（b）主産地　58
（c）アイルランドの牛　66

第2章　牛を中心とした家畜の全国的流通 …………………75
　第1節　肉牛生産と酪農にみられる地域別分業と全国的移動＝
　　　　　流通の推定 ……………………………………………75
　　(a)　フーパーの方法と全国的概観　75
　　(b)　牛の地域間移動＝流通の推定と地域的分業　80
　第2節　全国で開かれるフェアとダブリンの家畜マーケット ……88
　　(a)　フェアとマーケット　88
　　(b)　1870年代における全国のフェア　92
　　(c)　フェアでの牛を中心とした家畜取引を垣間見る　95
　　(d)　ダブリンの家畜マーケット　105
　第3節　牛などの家畜の移動 ………………………………111
　　(a)　船（舟）による移動──生産地からフェアへ　111
　　(b)　ドゥローヴァー（家畜運び屋）の世界　116
　　(c)　鉄道による家畜の移動（1870年代末）　124

第3章　生きた家畜をはじめとする大規模な畜産物輸出 ………164
　第1節　世界最大のバター、塩漬け食肉（ビーフ＆ポーク）輸出
　　　　　──愛英関税統合の頃まで ……………………………164
　　(a)　大ブリテンによる併合まで　165
　　(b)　連合王国成立から愛英関税統合へ　187
　第2節　大飢饉以降（穀物法廃止＝貿易自由化以降）の保蔵加工
　　　　　畜産物輸出 ……………………………………………194
　　(a)　バターの輸出　194
　　(b)　アイリッシュ・ベーコン（ベーコン＆ハム）の新たな発展　209
　第3節　生きた家畜（牛、羊、豚）の輸出（概観）……………238
　第4節　家畜はアイルランドの何処から大ブリテンの何処に向
　　　　　かったのか ……………………………………………244
　　(a)　アイルランド家畜輸出港（1877年）　244

（b）　大ブリテン家畜輸入港（1877年と81年）　249
　（c）　どの港からどの港へ、それから何処に　253

第4章　1870年代における農民層分解の全国的分析 …………295
　第1節　全階層による耕地から牧草・放牧地への転換…………296
　第2節　農地規模による経営内容の相違と分業
　　　　　──農地規模統計による分析の限界………………………300
　第3節　不動産評価額による農地分類 ………………………………311
　第4節　1871年センサスから農民と農業労働者を探る …………314
　（a）　農民を探る　314
　（b）　農業労働者　324

第2部　アイルランド農業の担い手を地域から見る

第5章　酪農の中心地で肉牛生産の出発地である南西部マンスター
　　　　………………………………………………………………………341
　第1節　黄金の谷のキルマロック………………………………………341
　（a）　キルマロック教区連合における農地規模別階層構造　343
　（b）　『キルマロック評価簿』の分析──複数農地農場を見つける　344
　（c）　センサスに見るキルマロック教区連合の農業労働者　377
　第2節　西コーク・カンタークのニューマーケットへ
　　　　　──子牛の繁殖と他地域への供給 …………………………385
　（a）　『ニューマーケット評価簿』の分析　387
　（b）　カンターク教区連合とケリー県トゥラリー教区連合における農業労働者　392
　第3節　アイルランド原産乳肉兼用牛発祥地ケリーに行く ………394
　（a）　アイルランド南西端ケリーで開かれたフェア　395
　（b）　ケリーにおける農民の暮らしと農業労働者　398

第6章　北部アルスター経済 …………………………………410
　第1節　アルスター植民とデリー県　シェイマス・ヒーニー出生地 ……………………………………………………………410
　　(a)　ロッヒンショーリン郡の複合農業を担う人たち　413
　　(b)　ドゥレイパーズタウン貧民監督官選出区　419
　　(c)　ドゥレイパーズタウン評価額規模別農場分析　433
　第2節　フラックスからリネンへ——農業から見るリネン産業……445
　　(a)　19世紀後半アイルランドの亜麻生産とリネン産業　451
　　(b)　リネン産業の中心ベルファストとアルスター全域でのリネン産業の展開　471
　　(c)　デリー中心の経済圏　496
　第3節　北西端ドニゴールへ ………………………………………500
　　(a)　ドニゴール県を俯瞰する　500
　　(b)　レターケニー教区連合とレック教区の農民層分解　511
　　(c)　ドニゴール住民の暮らし——自給自足の自然経済から交換・貨幣経済への漸次的移行　542
　　(d)　賃稼ぎ——欠かせないラガン行き、スコットランド行き　575

第7章　西部のメイヨーへ、コナハトへ行こう ………………595
　第1節　西部住民の暮らしと畜産…………………………………599
　　(a)　出稼ぎが家計収入で大きな割合を占める地域　602
　　(b)　畜産が家計収入で大きな割合を占める島の暮らし　607
　　(c)　畜産も出稼ぎも大きいが、衣料生産でもかなりの程度の現金収入がある地域　612
　第2節　西部は肉牛をはじめとする家畜生産のもう一つの中心地 ……………………………………………………………614
　　(a)　メイヨー県北部の盛んな肉牛生産と農民層分解　614

（b）東から西への子牛供給
　　　　――最西端ベルミーレット地域とエリス郡の肉牛生産　630
　　（c）アイルランド西部シムソン大農場　636

第 8 章　北東部レンスター・ミーズの大牧畜業
　　　　――人影がなく草を食む家畜だけが見える大牧場地帯 …672
　第 1 節　家畜肥育大牧場としてのミーズ県 ……………………………674
　　（a）ラトゥーア郡とアッパー・ディース郡への肉牛大規模流
　　　　入　675
　　（b）ミーズ県における家畜フェア　678
　第 2 節　ラトゥーア郡ダンシャフリン地域の農民層分解…………681
　　（a）『ダンシャフリン評価簿』の分析　685
　　（b）ダンシャフリン教区連合の農業労働者　691
　第 3 節　投機色に染まる肉牛・羊の肥育 ……………………………693
　　（a）肥育大牧場の典型事例――エドワード・デレイニの経営　693
　　（b）家畜の搬入と出荷――鉄道利用か、家畜に歩かせるか　705

　　　第 3 部　ブリテン資本主義下のアイルランド農業と農村

第 9 章　19世紀後半アイルランド農業を担う人たち……………719
　第 1 節　地方税評価簿と1871年センサスによる地域分析のまと
　　　　め………………………………………………………………………719
　第 2 節　ショー・リフィーヴァのアイルランド農民層分解像………725

終章　家畜増え　民失う小さな島国アイルランド ………………734
　第 1 節　大ブリテンの牧場アイルランド ……………………………734
　　（a）大ブリテンへの輸出産業としての肉牛を中心とした家畜
　　　　生産　734

v

(b)　大ブリテン市場におけるアイルランド家畜の位置　736
　第2節　粗放的・投機的放牧業の展開とテナント農民立退き強
　　　　　制の増加 ……………………………………………………739
　第3節　偏倚した産業構造と労働する人々の大規模流出…………766

あとがき
地図・表一覧
文献目録
索引

まえがき

　「イングランドのブルジョアジーは、アイルランドの貧困を利用して、貧しいアイルランド人の強制移住によってイングランドにおける労働者階級の状態を低下させたばかりか、プロレタリアートを二つの敵対する陣営に引き裂いた。ケルト系労働者の革命的な焔は、アングロ・サクソン系労働者の堅実ではあるが鈍重な性質とは結びつかず、イングランドのあらゆる大工業中心地では、アイルランドのプロレタリアとイングランドのプロレタリアのあいだに深刻な対立がある。イングランドの粗野な労働者はアイルランド人労働者を、賃金と生活水準を低下させる競争者と憎んでいる。また、これにたいして民族的反感と宗教上の反感をいだいている」。「このイングランド自体におけるプロレタリア間の対立は、ブルジョアジーによって人為的にはぐくまれ、維持されている。ブルジョアジーは、この分裂がその権力の維持の真の秘訣であることを知っているのだ」。

　これはK・マルクスが1871年に書いた「総評議会からラテン系スイス連合評議会へ」(『マルクス・エンゲルス全集』第16巻382頁)の言葉であるが、私(本書筆者)が大学院に進み、19世紀連合王国経済史の研究に取り掛かり始めた時に遭遇したものである。

　私は高等学校1年生末に経済学に取り組むことを決めた。1960年安保闘争の余韻さめやらぬ時であるが、中央公論社の社長宅を襲った殺人事件(嶋中事件)が起きた。大阪梅田の桜橋に並ぶ古書籍街に行き、『中央公論』を探そうとして、大内兵衛『経済学』(岩波全書、1951年)に出会った。そこにはマルクスなどが何をきっかけに、何を問題として経済学の研究を始めたのかが説かれていた。その中に、河上肇のことであろう、貧乏の問題を取り上げた経済学者もいると書かれていた。

私にはこのことが深く心に残った。というのも私の家は戦争中とその後長く貧乏に苦しんだがそれだけではなかった。父母は離婚を余儀なくされ、ついには兄姉も含めて家族がバラバラになって暮らさざるをえなくなり、私は神戸の長田区にある親戚の家に預けられた。このような生活は、長兄が姉と私を呼び、大阪の西淀川で4畳半のアパート暮らしを始めることによって終止符が打たれた。

　こうした生活体験を持っていたためか、大内の言葉が深く響いた。何故、貧乏なのかだけではない。何故、貧乏人はバラバラにならなければならないのか、時に対立し、はては喧嘩をしなければならないのか、このようなことを考え、経済学を学ぼうと決心した。

　そのような私にとって幸運なことに、傾倒すべき研究者に師事できるようになった。京都大学経済学部の尾﨑芳治である。尾﨑は『経済学と歴史変革』（青木書店、1990年）にまとめることになるが、マルクス『資本論』の枢要な内容、労働者が仮象の「労働力商品所有」意識にもとづき、労働力市場で、あるいは労働現場で競争、対立に駆られ、労働者同士の間で差別意識を醸成しているということを明らかにしようとしていた。

　私はマルクスの言葉に導かれながら、この尾﨑の研究に学んで、大ブリテンにおけるブリテン労働者とアイルランド労働者の競争、対立の実際とその背景を明らかにしようと考えてアイルランド経済史に踏み込むことにした。

　アイルランド経済史に踏み込むとその深さのためか、研究は誤りを繰り返しながらの遅々とした歩みとなった。凡例をはじめとして、本書の至る所で自己批判の言葉を発することになるが、なんとかまとめるところまで漕ぎつけた。しかし、上に述べた当初の思いからすれば、本書と姉妹編として刊行予定の『アイルランド土地戦争——土地と自由を求めて』（仮題、刊期未定）は私の内心では中間報告に止まっている。

　本書と姉妹編は、ブリテン資本主義下のアイルランド農業構造を明らかにしようとするものである。本書は農業構造のうち、農業のあり方、農業経営面に分析の焦点を当てている。ロンドンをはじめとするブリテンの発展する

まえがき

　資本主義市場に包摂されていくアイルランド農業のあり方、そこからブリテンに、さらには北米大陸に労働者を排出し供給する、つまり、アイルランドの農民たちの労働と大地の産物がブリテン市場に送り出されていく構造、労働力までが流出していく構造を明らかにしようとするものである。分析の焦点の一つは、農村的アイルランドの住民、特に、「僻地」西部大西洋岸地域の住民たちの暮らしが、ブリテンを主舞台に展開する資本主義が浸透していく過程でどう変容していったのか、可能な限り明らかにしようとするものである。強大な「世界の工場」ブリテンに覆いかぶさられ、活き活き生きる生活の力が吸い取られていく小さな「国」アイルランドを描くことができているならば望外の喜びである。

　姉妹編は農業構造のもう一つの側面、土地所有に分析を進めることになる。19世紀、特に半ば以降のアイルランドでは繰り返し土地問題と土地闘争が生起する。これらが展開する枠組み、ブリテン貴族が頂点に君臨する、マルクスの言う「ブリテン土地寡頭制の堡塁としてのアイルランド地主制度」、そこでのテナント農民の置かれた状態を明らかにする。

〔凡例〕
- 本書が主に対象とするのは19世紀の大ブリテン・アイルランド連合王国 The United Kingdom of Great Britain and Ireland である。本書は「イギリス」という呼称は採らない。「大ブリテン」、あるいは「ブリテン」を用いる。ただし、拙稿にもかつて「イギリス」を何度も用いたことがある。また、多くの他の研究者の著書や論文もそうである。それらを引用したりするばあいはもちろん、「イギリス」という呼称を勝手に変更するべきではなく、そのままにする。本書では大ブリテンを構成する「イングランド」や「ウェールズ」、「スコットランド」という呼称もよく使用する。
- カウンティ county あるいはシャー shire（大ブリテンのばあい）は州ではなく県としている。歴史的にはイングランド王権が地方統治において在

来勢力などを排して支配を貫徹しようとして導入されたものである。山本正によれば、カウンティは「王の役人である知事（シェリフ）を通じて王の裁判権に服属する」県として設置された（『図説　アイルランドの歴史』河出書房新社、2017年、24頁）。日本の維新政権がそれまでの藩を廃止して県を置き、県知事を任命派遣したことに似ている。ただ、日本においてはイングランドなどの county を州としているばあいが多く、その歴史は相当古い。日本で州とされた背景や歴史を探ることが必要であるが、本書はできていない。

・「テナント tenant」は日本では「借地人」や「借家人」として用いられることが多い。本書著者も「テナント」全体を「借地農」と叙述してしまう誤りをしばしば犯してしまった。だが少なくとも、拙稿「アイルランド土地問題の歴史的性格」（『エール』27号、日本アイルランド協会、2007年12月）以降は取り扱いを改めた。姉妹編で改めて詳しく述べる予定であるが、「リース lease」は一定期限決めの土地占有、つまり定期借地で、したがって、この保有態様にあるテナントは借地農と考えてよい。問題は多数の農民の保有態様が「任意土地保有 tenancy at will」とされていることで、これをどう理解するかである。「テナント」を敢えて邦訳すれば、「土地保有農民」であるが、本書ではカナ表記の「テナント」のままにすることを多くしている。

ブリテン資本主義下のアイルランド農業
―― 土地戦争の経済史的背景 ――

序章
アイルランド大飢饉——1840年代後半〜50年代前半

　1845年7月初め、ジャガイモの作況は良好と思われた。空気は乾き、気温は高かった。しかし、移り気なアイルランドの天候にとってさえめったに見られないような突然の変化が起きた。3週間以上にわたる、低温で霧まじりの冷たい雨にたたられる陰鬱な天候である。それでも、7月末になってなお、豊作が予想されていた。だが、最初の不安なニュースが予期せぬ地方からやってきた。8月初め、連合王国首相ピール Sir Robert Peel（1788-1850）がワイト島 Isle of Wight から1通の手紙を受け取った。ジャガイモに病害が発生したと[1]。

　1843年と44年、アメリカ大陸を襲ったジャガイモ胴枯病はヨーロッパに伝播し、1845年6月に、ベルギーで新手の胴枯病が認められたとの報告が届いた。晩夏まで、あるいは初秋までには、フランスやドイツ、オランダやスイス、そして連合王国が襲われた[2]。

　ジャガイモ胴枯病はついにアイルランドにもやってきた。1851年センサスの Report on Tables of Deaths が The Dublin Medical Press を引いてこう確認している。「胴枯病の最初の前兆は8月最後の2週間のうちに観察された」[3]と。バーク P. M. A. Bourke によればもっと具体的に、1845年8月20日に最初に確認されたとしている[4]。

　ジャガイモ胴枯病がアイルランドで広くメディアに取り上げられるようになったのは9月に入ってからのようである。バークによると、『ウォーターフォード・フリーマン Waterford Freeman』と『ダブリン・イヴニング・ポスト Dublin Evening Post』がアイルランドへのジャガイモ胴枯病伝播を報

じたのは9月6日であった[5]。ウッダム-スミス Woodham-Smith は『ガードナー・クロニクル Gardeners' Chronicle』のジャガイモ胴枯病第一報が9月13日であったとしている[6]。

しかし、こうした報道にもかかわらず、ウッダム-スミスによると、連合王国政府は今しばらく楽観的であった。だが、いよいよジャガイモの収穫時期がやってきた。10月初め、ジャガイモ掘りが始まると、悲惨な報告が殺到した[7]。

第1節　大飢饉の実態

大飢饉は凄まじいものであった。引き金になったのはジャガイモの大凶作である。

(a)　ジャガイモ大凶作

ジャガイモ胴枯病に襲われた翌年の1846年5月20日、警察長官 the Inspector General of Police が全国の警察に、1846年のジャガイモ作付面積を、45年、さらには44年と比較できるように調査するよう命じた。この調査資料 The 1846 Constabulary Survey（1846年警察調査報告）がダブリン公文書館に眠っていたのを発見したのがバークである。バークがそこで見たジャガイモ作付面積は、1844年1,467,868エーカー、1845年1,552,973エーカー、そして、1846年1,233,993エーカーであった。バークはこれらのエーカーがアイリッシュ・エーカーであると受け止め、1847年に実施された初めての農業統計調査結果と比較してジャガイモ凶作の規模を計るために、上記エーカーを法定エーカー（イングリッシュ・エーカー）に換算し、1844年2,377,946法定エーカー、1845年2,515,817法定エーカー、そして、1846年1,999,068法定エーカーであったとした。アイリッシュ・エーカーをおよそ1.62倍すると法定エーカーとなる[8]。

しかしこのバークの換算をモキーア J. Mokyr が批判した。バークが1846年警察調査報告のジャガイモ作付面積をすべてアイリッシュ・エーカーと理

序章　アイルランド大飢饉

表序-1　ジャガイモ作付面積・収穫（1845～47年）

（単位：エーカー／トン）

年	作付面積推計（春）				収穫（秋）
	46年調査	Bourke	Mokyr	Ó Gráda	Bourke
1845	155万強	251万強	219万弱	219万弱	(10,063)
1846	123万強	200万弱	—	200万強	(2,999)
1847	—	29万弱	—	27万強	2,046

解しているのにたいして、モキーアは、なかにはイングリッシュ・エーカー（法定エーカー）やスコッティシュ・エーカー（カニンガム・エーカー）を使っている地域もあったとして、独自に換算しなおし、1845年のジャガイモ作付面積は2,186,798エーカーであるとした。[9]

さて、最初の悉皆の公的農業統計が調査編纂されたのは1847年である。同年の作付面積は284,116エーカーである。[10] これを加えて表序-1を作った。

「46年調査」は the 1846 Constabulary Survey の数値で、バークによる。「Bourke」は、バークが「46年調査」数値をアイリッシュ・エーカーとして理解し、法定エーカーに換算したものである。「Mokyr」も「Ó Gráda」も法定エーカーである。オグラダ C. Ó Gráda はバークから出発しながら、モキーアの修正を諒として1999年に新たな主張をした。[11] 右端欄「収穫（秋）」は、バークが同じ論文で1846年は highly speculative と言いながら出した「推測値」（推計とは受け取れない）である。45年もバークの「推測値」であるが、47年は第1回農業統計の数値である。

「1847年の作付面積は、事実として、前年の7分の1であり、大飢饉直前の1844-5年の8分の1以下である」（計算では8分の1以下であり、9分の1近い……引用者）。これはバークの言であるが、ジャガイモの1846年から47年にかけての全面的崩壊が明らかになった。1845年8月にジャガイモ胴枯病がアイルランドで発見されたが、その年の秋の収穫は部分的打撃を受けるにとどまった。なぜなら、翌46年春の作付面積は、45年春の作付規模を下回るが、

約200万エーカーに留まった。しかし、47年春の作付面積規模は一気に7分の1に激減した。これは何を語っているか。46年秋の収穫が大打撃を蒙り、47年春の種イモにも事欠いたと考えて間違いない。[12] バーク自ら告白する「大変な speculative」、46年秋の収穫高の激減もそれを物語っている。

(b) 大量の死亡者

　大飢饉はアイルランドから大量の住民を奪った。大量の住民を死亡させた。また、大量の住民がアイルランドを脱出した。ブリテンへ、北アメリカへの移民である。まずは死者である。

　何年から何年までを大飢饉の時期と捉えるのか、これ自体重要な課題である。ここではひとまず、1846年から51年までの期間を採ろう。前項（a）で確認したように、1846年にジャガイモ収穫が全面的に崩壊し、51年に国勢調査（センサス）がおこなわれたからである。

　1851年センサス委員会は、1841年6月6日（センサス翌日）から、51年3月30日（センサス日）までの死亡者を調査した。このうち、1845年以降の死亡者数はこう記録している。45年86,900人、46年122,889人、47年249,335人、48年208,252人、49年240,797人、50年164,093人、51年3月末までの3ヵ月間46,261人としている。今、ジャガイモの部分的凶作にとどまった45年を除いて、46年以降の死亡者を合計すると1,031,627人となる。

　この1,031,627人は大飢饉によらない死者も含んでいる。大飢饉による死亡者はこれよりもちろん少なくなるが、そう簡単に結論は出せない。1851年センサス委員会による死亡調査には避けようのない制約があった。

　1851年センサス委員会はどのようにして死亡調査をしたのか。「1851年センサス一般報告 General Report」と「調査集計人への指示書 Instruction for Enumerators」にこうある。1851年3月20日から29日までの間に調査票を各家庭に配布し、各家庭において同月30日時点で過去10年間（1841年6月6日から51年3月30日まで）に死去したと確認できる者、その死亡原因の病名、その死亡年と死亡時季 season の記入を求め、3月31日以降に調査票を回収する

6

ようにという指示である。また同種調査は病院などの公的機関に対してもおこなわれている。[13]

　まず最大の制約は、調査対象になる家族そのものが大飢饉で多数失われたことである。家族成員の一部が死亡したばあい、1851年3月30日時点で、残された家族が死亡した家族成員の記録を調査票に記入することができた。しかし、家族全員が死亡したり、一家挙げて海外に脱出したばあいはいうまでもなく、死亡が家族成員の一部に限られていても、残りの家族全員が海外に脱出したばあい、51年センサス委員会は死亡を捕捉できない。大飢饉はまさにこうした事態が生じたのであった。

　こうした大きな制約があるためか、51年センサス委員会調査は、管見では、これまで大飢饉による死亡者数を明らかにする研究資料としてほとんど使われていない。[14] こうして51年センサスを横に置いたまま、大飢饉による死亡者数を推計する研究がおこなわれ、その研究結果が今日も通説となっている。大飢饉は、1846年から51年までに餓死や伝染病などによりおよそ100万人を殺し、150万人近くを母国から追い出したと。[15] 実際には、大飢饉による死者の数と海外に脱出した移民の数を確認することが大変難しい。この困難な課題に果敢に挑戦した者のなかで、カズンズ S. H. Cousens とモキーアだけには触れておこう。かれらの研究が今日でも生きているからである。

　カズンズを批判的に乗り越えようとしたモキーアの研究から見よう。幸い、勝田俊輔がわかりやすく紹介している。

　「1841年のセンサスでの人口、出生率、死亡率をもとに、大飢饉がなかったと仮定した場合の1851年の人口を推算する。それと現実の1851年（中略）の人口を比較すると、「失われた人口」の数が算出できる。これは250万人に達する。ただし、この「失われた」人口には移民も含まれるため、その分を引いた残りが大飢饉による「死者」となる。この数値は、大飢饉中の死者全てではなく（大飢饉がなくとも死者は出る）、大飢饉を原因とする死者（超過死亡者）を意味する。ただし、この方法で算出した「死者」はカッコ付きである。5年間に及んだ大飢饉の最中に、平時の出生率が維持されたとは考

えにくい。大飢饉中に結婚・出産を控える男女がいたはずであり、このため、大飢饉がなければ受胎・誕生していたはずの「子供」が、ここで言う「死者」のうちに含まれている。だが、この「子供」の数を知ることは不可能である。そこで両極端のケースを想定する。もし仮に大飢饉中に結婚・出産を控える男女がいなかったとしたら、約150万人が命を落としていたことになる。その一方で、大飢饉中に一人も子供が生まれていなかったのであれば（こちらも現実性は小さい）、死者は約108万人となる。実際の死者数はこの両数の中間にあったはずということになる」。これに、移民船中と移民先上陸直後の死者約5万人弱を加える[16]。

　実に大胆な推計である一方、大飢饉中の出生率については慎重で、両極端の中間という結論に落ち着かせている。それはカズンズにたいする批判からも生じたものであろう。

　カズンズの研究の要点はこうである。1841年センサス以降も、大飢饉が始まるまで住民数は増えた[17]。これを推計して46年の住民数を8,381,546人とした。ここから1851年センサス調査による住民数6,552,385人を引いて、5年間の住民数減少を1,829,161人とし、さらにそこから、同じく5年間の移民数967,908人（1851年センサス）を引いて、「異常な死亡者数 abnormal mortality」を約86万人とした[18]。

　見られるように、カズンズは大飢饉中の出生を考慮していない。この点をモキーアは批判したと考えることができるため、モキーアの推計をさらに検討しよう。

　モキーアが無視しているにもかかわらず、1851年センサスはモキーアを支持しているように思える。実は、51年センサスもカズンズやモキーアと同様の仮定の数値を推計している。センサスも大飢饉がなかったと仮定したばあいの住民数 the probable number of inhabitants を推計している。例えば、1846年は8,558,084人、51年3月30日は9,018,799人と推計している（1851 Census, General Report, p. xvi）。前者はカズンズの推計を176,000人強上回るが、後者の推計はモキーアとほぼ同じになる。9,018,799人はセンサス住民数

6,552,385人を2,466,414人上回る。これは勝田が言う「失われた人口」＝250万人とほぼ同じとなる。そしてこの2,466,414人から、モキーア・勝田がおこなったように、移民967,908人（51年センサス）を引くと、1,498,506人となり、モキーアの Death Rate, Version II による Total Excess Deaths (1846-51) の1,497,788人（Mokyr, *ibid.*, p. 266）とほぼ同じとなる。

　ではモキーアの推計を諒とすることになるか。問題はまだある。勝田が言う「失われた人口」から移民967,908人（51年センサス）を引いて、「大飢饉を原因とする死者（超過死亡者）」を出している。しかし、この移民数には一考を要する。次項（c）で詳しく見るが、一つは、センサスがいう移民は連合王国（含むアイルランド）の港から連合王国の外に出ていく人たちであること、もう一つは、アイルランドから脱出した人々の多くが大ブリテンに逃れていったこと、この二つを考えねばならないということである。

　1851年センサスが無視できないのは、死亡者数全体でもそうであるが、大飢饉中のいずれの年に多くの死者が出たのか、どの地域で死者が多数出たのかを考えるうえで必須の史料であるし、公的施設（workhouse、病院、刑務所等）における病死、病気ごとの死亡等々の研究で不可欠である。死因となった病名までわかることは、大飢饉を原因とする伝染病等の考察に極めて重要である。管見では、これらを究明するための唯一の史料である。

(c)　大規模海外脱出

　大飢饉がアイルランドから奪ったのは死者だけではない。大量の人間がアイルランドから脱出せざるをえなくなった。まずは連合王国外への移民＝脱出である。大ブリテンへの脱出はあとで述べる。

　1851年センサス委員会が41年から55年までの連合王国諸港からのアイルランド出生者海外移民をまとめている（表序−2）。ロンドンの移民委員会 the Emigration Commissioners（以下、ロンドン移民委員会、あるいは、単に移民委員会と記す）より提供されたデータに基づいている。

　1851年センサス一般報告によれば、ロンドンの移民委員会のデータでは、

表序-2 連合王国諸港からのアイルランド出生者海外移民

年(期間)	移民数
1841(6月30日-12月31日)	16,376
1842(1月1日-12月31日)	89,686
1843(同)	37,509
1844(同)	54,289
1845(同)	74,969
1846(同)	105,955
1847(同)	215,444
1848(同)	178,159
1849(同)	214,425
1850(同)	209,054
1851(1月1日-3月31日)	44,871
小計	1,240,737
1851(4月1日-12月31日)	204,850
1852(1月1日-12月31日)	220,428
1853(同)	192,620
1854(同)	150,222
1855(同)	78,119
小計	847,119
総計	2,087,856

出典) The Census of Ireland for the Year 1851, Part VI, General Report, p. lv, *P.P. 1856 [2134]* Vol. XXXI.

　リヴァプールからの北米移民のうち9割と、アイルランド諸港からの移民10割をアイルランド人と仮定し、それに、移民委員会がチャーターした船舶で、ロンドンとプリマスから輸送されたアイルランド人移民の数を加えたものである。ここで言われるアイルランド人 Irish はアイルランド出生者 who were born in Ireland である。

　1851年は3月31日までと、4月1日以降に分けられている。元々、移民委員会のデータがそのようになっていたのか確認していないが、3月30日が1851年センサス調査日であるためにそうしているのであろう。

序章　アイルランド大飢饉

　1846年から51年3月31日までの合計移民数は967,908人となる。先ほどみたカズンズは、意図してこの数字を利用した。1846年から、51年センサス調査時点（3月30日）までの住民数減少を明らかにしようとしたからである。では第一に、大飢饉が海外移民という形で奪った人数を、この96万人強であったと考えてよいだろうか。第二にまた、1851年3月末までの時期を対象にしてよいだろうか。
　表序-2を第二の点から見てみよう、大飢饉の引き金となったジャガイモ胴枯病が発覚した1845年まで、移民数が年10万人に届いておらず、その10年後の1855年に10万人を下るようになっている。この間、通年では、1851年が一番多く（249,721人）、次いで1852年が多かった（220,428人）。1847年から54年まで年15万人を超えていた。1841年から45年までの移民数と同じく年10万人を下回る1855年の移民は、大飢饉の直接の影響から脱してきていると考えてよいと思える[19]。
　したがって、1854年までの移民は大飢饉の直接的影響を被っていると考えうる。1846年から1854年までの9年間の移民総数は1,736,028人となるが、そのうちの相当数が大飢饉の影響を受けたものと考えうる。因みに、この9年間、仮に大飢饉が勃発しなかったばあいでも、年々平均して8万人が移民したと考えると、かれらを除くおよそ102万人弱が大飢饉の直接の影響で移民したことになる[20]。
　第一の点に戻ろう。この102万人弱は大飢饉が海外移民という形でアイルランドから奪った人たちであったのだろうか。何度も触れているように、この人たちはアイルランドと大ブリテン、つまり連合王国の諸港から海外に移民したアイルランド出生者たちである。アイルランドの港から直接に北米等に海外移民した者と、一度大ブリテンに渡り、そこから海外に移民した者（いわゆる第二次移民）はそれぞれどれほどの割合を占めていたのだろうか。
　1851年アイルランド・センサス委員会は当然この「第二次移民」に目を向けている。グラスゴウの移民事務室 the Emigration office からの情報を加えた、ロンドン移民委員会の報告を引用している。1851年におけるアイルラン

ド人（アイルランド出生者）の海外移民は次のようにみなされた。

　　リヴァプールからの移民の9割にあたる185,414人、アイルランドから直接移民した者全員62,350人、グラスゴウからの移民の3分の1にあたる4,811人、それらに、ロンドン移民委員会のチャーター船によるオーストラリアへの移民4,797名を加えた257,372人がそれである[21]。

　1851年の移民総数のうち、アイルランドから直接に移民した者はわずか24％強である一方、リヴァプールとグラスゴウからの「第二次移民」が何と74％を占めていた（257,372人中185,414人＋4,811人）。1851年だけでない。これもロンドン移民委員会の推定であるが、1851年センサス調査時点3月30日までの10年間における、アイルランド出生者海外移民総数1,289,133人のうち、アイルランドから直接に移民した者は34％強の441,237人である一方、リヴァプールからの「第二次移民」は63％を占める813,844人で、大飢饉の始まる以前の1840年代前半も含めた10年間においても、大ブリテン経由の「第二次移民」が大変大きなウエートを占めていた[22]。

　ロンドン移民委員会のデータが年次別にアイルランドの港からの直接の移民を区別しているのかどうか確かめていないが、51年のデータから推し量って、46年以降の大飢饉渦中の海外移民では、まずは大ブリテンに脱出して、それから海外に移民する割合が、41年からの10年間の平均（66％＝100－34）より大きかったと考えてよいだろう。大西洋を横断する渡航費は、「半ば餓死状態」に追い込まれているアイルランド人にはとても捻出できるものでなかった。いったんは大ブリテンに渡り、そこで何とかして賃金を稼ぎ、渡航費を貯めてやっと大西洋を渡ることができたのである[23]。

　大ブリテンからの第二次移民が多かったことに関わって、もう一つ言っておかねばならない。多数の第二次移民の中には1845年までにアイルランドから大ブリテンに既に渡っていた人たちも入っている可能性も考慮に入れておく必要がある。そのような人々は大飢饉の直接的影響により海外移民したのではない。

　さて、もう一つ重大なことがある。大飢饉中にアイルランドを逃れて大ブ

リテンに渡った多数の人たちのうち、そのままさほど間をおかずに大ブリテンから北米等へ移民した人たちはもちろん多数いたであろう（第二次移民）。しかし、大ブリテンに留まった人もいた。かれらは海外移民統計には入ってこない。かれらも大飢饉によりアイルランドを追われた人たちである。大飢饉の渦中における大ブリテンに逃れていった人々を別途取り上げる必要がある。

(d) 大ブリテンへの脱出

　家畜と食料が積み込まれたあとでやっと、じっと待たされていた人間がどっと甲板に群がった。家畜の囲いのあいだの1ヤード四方にも満たないわずかの隙間に押し込められることもあった。かれらは少なくとも14時間の航海の間、やたらと詰め込まれた甲板の上で、タール塗り防水布のほかには防具もつけないで——タール塗り防水布を持っている人間は幸せな方である——激しく打ちつける暴風雨と荒れ狂う海に曝されたまま、ただおなじみのウイスキーボトルで元気づけながら、じっと耐えるのであった。時には甲板に凍りつくようにへばりつきながら、全身家畜の汚物にまみれた状態でリヴァプールに着くことがあった。

　これは、アイルランド海を渡ってリヴァプールに逃れてきた人々を、バーカー T. C. Barker とハリス J. R. Harris が描いたものである。かれらは、「1847年には、毎日700人の割合で、衣服もまともに纏っていない半ば餓死状態のアイルランド人避難民がマージィ河にたどり着き、その数はその後の数年間、毎日200人にのぼった」と述べている。[24]

　リヴァプールや、あるいはスコットランドのグラスゴウなど、大ブリテンへの脱出者がどれ位いたのか考えたいが、管見では、焦点のリヴァプールへの殺到について一部情報が与えられているだけである。リヴァプールへの殺到を見る前に、1851年大ブリテン・センサスが記録する大ブリテンにおけるアイルランド出生者を一瞥しておこう。

　表序-3は、大ブリテンをいくつかの地域に分けて、アイルランド出生者

表序-3　大ブリテンにおけるアイルランド出生住民(1851年)

地　　域	住民総数(A)	愛出生者(B)	B／A 百分比
大ブリテン	20,959,477	733,866	3.5
イングランド＆ウェールズ	17,927,609	519,959	2.9
スコットランド	2,888,742	207,367	7.2
イングランド＆ウェールズ62都市 *1	5,821,962	355,323	6.1
スコットランド10都市 *2	767,086	96,479	12.6
ロンドン	2,362,236	108,548	4.6
ランカシァ(イングランド) *3	2,067,301	191,506	9.3
ラナークシァ(スコットランド) *4	530,169	89,330	16.9

＊1　ロンドンとリヴァプール等62都市　＊2　グラスゴウ、エディンバラ等々　＊3　リヴァプール、マンチェスター等々　＊4　グラスゴウを含む
出典)Census of Great Britain : Population Tables, II. Ages, Civil Conditions, Occupations and Birth-place of the People, Vol. I, pp. ciii, cv, cclxxxvii, 659, P.P. 1852-53〔1691-1〕, Vol. LXXXVIII.

(「愛出生者」と表記する)の絶対数と住民中に占める百分比を表わしている。1851年センサスが認識したアイルランド出生者には、大飢饉が襲った以前に渡英した者が数多くいたであろうが、1840年代後半からの大飢饉に襲われて大ブリテンに脱出した者も多数含まれていたと考えられる。

　1851年大ブリテン・センサスが確認したロンドンやリヴァプールなどの個々の都市のアイルランド出生住民数を多いものから列記すると以下の通りである(カッコ内は住民総数比)。ロンドン108,548人(4.6％)、リヴァプール70,194人(27.2％)、グラスゴウ59,801人(18.2％)、マンチェスター37,958人(16.6％)、もう一つのランカシァの都市ウェスト・ダービ West Derby の16,380人(10.7％)、スコットランド東海岸のダンディー Dundee の14,889人(18.9％)等々である。

　アイルランド出生者が最も多く住むリヴァプールに戻ろう。リヴァプール警察の高官と思われるダウリング M. M. G. Dowling のリヴァプール市長への報告(1847年2月16日付)がある。そこでダウリングは次のことを述べている。
　第一に、1846年12月初め以降、異常な数の貧しい老若男女がアイルランド

のいろいろな地方から汽船で毎日やってきて、そして、上陸するや直ぐに、教区当局に助けを求めているということ。第二に、海外移民のための政府仲介人 the Government agent for emigration より提供された資料によれば、1846年12月1日より1847年1月13日までにリヴァプール港からの海外移民数は9,521人であり、イングランドに残った多くの者たち、主には男たちが群れをなしてリヴァプールを離れ、いろいろのルートを辿ってイングランド中央部をめざしていること、第三に、1847年1月13日より、アイルランドからやってくる貧民 pauper population の数を毎日記録することを始めたこと。第四に、やってくる貧民の数は減少するとは思えないこと等々である。[25]

ダウリングが、1847年1月13日より、アイルランドから汽船でリヴァプール港に到着する乗客を毎日数えて記録することを始めた旨述べているとしたが、この記録もまたリヴァプール市長に提出された。同記録によれば、1847年1月13日から2月16日までの35日間の合計は30,039人（男性16,729人、女性8,026人、子供5,284人）で、1日平均858人であった。本項（d）「大ブリテンへの脱出」冒頭で、バーカーとハリスが、「1847年には、毎日700人の割合で、（中略）アイルランド人避難民がマージィ河にたどり着」いたと述べていることを紹介したが、当時のリヴァプール警察の高官と思われるダウリングが裏付けてくれた。

ダウリングは、リヴァプールに逃れてきたこの30,039人がアイルランドのどの港から逃れてきたのかを示す記録も残している。やはりダブリン港からの脱出が多い。唯一1万人を超え、総数約3万人の39％も占めている。とはいえ、ドゥラハダもダブリンに次いで多く、26％もの多数が同港から脱出している。多くの港が脱出口になっていた。なかでも、スライゴが注目される。同港からの脱出者がドゥラハダに次いで3番目に多いのもさることながら、1847年初頭におけるリヴァプールへの脱出口になった唯一の西部の港である。当時、スライゴはリヴァプールと汽船で結ばれていたのであった。[26]

大飢饉の崩壊が始まった1847年初頭の、リヴァプールへの脱出について教えてくれる資料はあった。では、それ以降はどうか。また、リヴァプール以

外への脱出はどうだったのか。本書は、1847年2月17日から48年末までの資料が存在するのかどうか確認できなかった。ただ、1849年から5年間の次の資料を見つけることができた。リヴァプール、グラスゴウ、ブリストル、スウォンジー、ニース、カーディフ、そしてニューポートが、ウエストミンスター議会から求められて、1854年4月から6月にかけて、それより以前の5年間におけるアイルランドからやってきた貧民の数について提出した報告がそれである。しかし、リヴァプールとニース、ニューポートを除く4港の報告はいずれも、求められる情報が入手できないという主旨のものであり、また、ニースの報告は、これまでアイルランド貧民は1人も運ばれてきていないというものであった。具体的な情報を与えてくれるのは、ニースは別にして、リヴァプールとニューポートの報告だけである。[27]

　ニューポートの報告は、1849年から53年までの5年間の、アイルランドから到着した乗船者の月ごとの数と年合計についてである。年合計だけを示すと、1849年1,702人、50年2,140人、51年3,739人、52年3,052人、53年4,812人である。アイルランドからやってくる人が増えてきている。報告には、ブラウン J. Brown 市長の但し書き、「ほとんどすべての人が、ニューポート港に繋がる鉄工所などに身を落ち着けている」が付記されている。ニューポートのこの資料だけから、大飢饉のために同港に脱出してきたアイルランド人について多くを語るのは早計の誹りを免れないであろう。ただ、大飢饉に苦しむアイルランドから、ウェールズ南部の鉄工業に生活の糧を求めて渡ってくる人が増えていった一端を示しているのであろう。

　リヴァプールの報告は詳しく、ウエストミンスター議会の求めによく応じたものである。甲板乗客 deck passengers だけを取り出した資料で、しかも甲板乗客を2分類している。「海外移民希望者 emigrants や臨時仕事人夫 jobbers たち」と、「明らかに貧民とわかる者 apparently paupers」の2分類である。[28] ウエストミンスター議会が特に注意を払っているのが後者であろう。何故なら、報告タイトルに、「この国に留まる者を、海を渡って移民する者から可能な限り区別して distinguishing, as far as possible, those who remain

序章　アイルランド大飢饉

表序-4　アイルランドからリヴァプールに到着した甲板乗客（1849年1月〜54年3月）

年	海外移民希望者 臨時仕事人夫	明らかに 貧民とわかる者	合　計
1849	160,457	80,468	240,925
1850*1	173,236	77,765	251,001
1851	215,369	68,134	283,503
1852	153,909	78,422	232,331
1853	162,299	71,353	233,652
1854*2	27,894	4,521	32,415
合　計	893,164	380,663	1,273,827

＊1　1850年は1月19日から3月22日まで報告なし。
＊2　1854年は1月から3月までのデータ。

in this Country from those who emigrate across the Seas」とあるが、アイルランドから殺到する受給貧民の「救済費」のために財政支出が膨張することを懸念していると思われるからである。

　さて、リヴァプール報告は、1849年1月から54年3月まで毎月、上記2分類の甲板乗客それぞれの人数とそれらの合計を示している。本書では月毎のデータは省き、各年合計データに限って表序-4を作った。

　5年3カ月の期間に総計127万人強という大変な数の甲板乗客がアイルランドから大飢饉を脱出してリヴァプールに逃れてきた。1851年のアイルランド住民総数655万人強に対して実に2割近くに相当する人たちがリヴァプールに大挙脱出してきたのである。うち、海外移民あるいは臨時仕事を求めて渡ってきた者は7割を占める89万人強であった。すでに述べたが、大飢饉を逃れて脱出した大量の海外移民のうち、多数が大ブリテン経由の「第二次移民」であった。今改めてこの点が確認された。さらに、ウエストミンスター議会が掴みたいとして調査させた、「海を渡って移民する者」と「区別」された「この国に留まる者」で、しかもそのうち、リヴァプールの救済を求め

て脱出してきた「明らかに貧民とわかる者」が、5年3カ月の間に38万人強押し寄せてきた。

　大飢饉は1846年から51年3月30日（51年センサス日）の約5年間だけで少なくとも108万人以上のアイルランド住民の命を奪った。モキーアの大飢饉が無かったと仮定したばあいの51年住民数推計が、当人の意図は別にして51年センサス報告と符合するからである。カズンズの推計は大飢饉中の出生率を考慮に入れていない理由で取り入れることができない。ただ、カズンズが41年以降も住民が増えていったことがほぼ間違いない46年住民数を出発点にしている点は評価できる。まことに大飢饉は、19世紀40年代後半、あのヴィクトリアン・エイジと呼ばれる黄金時代を切り開いた連合王国の真っただ中で起きた惨劇であった。

　大飢饉はまた大量の住民にアイルランドから脱出せざるをえなくした。1846年から54年まで連合王国の港からのアイルランド出生者の移民は174万人弱とされているが、そのうち少なくとも100万人以上は大飢饉を直接の原因とするものであった。その中で注目すべきこととして、大ブリテンへの脱出が大変多かったことである。大飢饉で空前絶後の苦難に襲われた多数の住民はまず大ブリテンに、就中、リヴァプールに脱出せざるをえなかった。大ブリテンで何とかして職にありつき、乏しい賃金から大西洋横断の渡航費を稼ぐことができた者にアメリカへの道が切り開かれた。それも叶わなかった者は大ブリテンで、リヴァプールで救貧院の門を叩かねばならなかった。いや、リヴァプールへの脱出者の中には、当初より同地における貧民救済に縋らざるをえない者も多数いた。

　なお、これまで紹介したもののほかに、大飢饉の実態を教えてくれる貴重な研究が日本にある。河島一仁「19世紀アイルランドのマンスターにおける大飢饉と移民の描写——"The Illustrated London News"の記事と挿絵を中心に」（『立命館文学』639、2014年）がそれで、論文タイトルにあるように、同時代のメディアが映し出す実態を紹介している。もう一つ。同時代のアイルランド文学が記録した貴重な実態描写を明らかにしたものが、ジェーン・

オハロラン（勝田俊輔訳）「19〜20世紀アイルランド文学と大飢饉」（勝田俊輔・高神信一編『アイルランド大飢饉』、2016年）所収である。

第2節　大飢饉と農業構造の変革

(a)　農業の被害

　農業生産が被った影響を改めて考えよう。大飢饉の引き金となったジャガイモについては、バークと、バークを批判したモキーアが、1846年警察調査報告を分析して1845年と46年の作付面積を推計して、47年にそれが激減したことを明らかにした。つまり、46年の秋の収穫が大打撃を受けていたことが確認された。

　他の農作物はどうか。1846年の作付面積が記録に残されていない。そのため、1846年から47年にかけていかなる変化が生じていたのか不明である。公的な農業統計が始まったのは47年である。そこから追わねばならない。ただ強力な援軍がある。大ブリテンへの輸出データが農産物生産データの穴を埋めてくれる。

　表序-5は1847年から55年までの主な作物の作付面積と放牧草地面積を示している。1855年までとしたのは、先ほど海外移民の動向で見たように、そ

表序-5　大飢饉下の主な作物の作付面積と放牧草地面積

（単位：1000エーカー）

年	オート	小麦	大麦	ジャガ	カブ	全耕地	乾草	放牧地
1847	2,201	744	333	284	370	4,100	1,139	—
1851	2,190	504	336	869	384	4,613	1,246	8,749
1855	2,119	446	227	982	367	4,374	1,315	9,558

注）オートはオート麦（燕麦）、ジャガはジャガイモ。乾草を耕地から別にした。
　　単位は1000エーカーで、それ未満は四捨五入した。
出典）Returns of Agricultural Produce in Ireland, in the Year 1847, *P.P. 1847-48 [923]* Vol. LVII；Returns of Agricultural Produce in 1851, The Census of Ireland for the Year 1851, PartⅡ, *P.P. 1852-53 [1589]* Vol. XCIII；Returns of Agricultural Produce in Ireland, for the Year 1855, *P.P. 1857 [2174]* Vol. LXXXI.

の頃に大飢饉の直接的影響がほぼ後景に退いたと考えられるからである。

　1847年に28万4千エーカーに激減したジャガイモは急速に作付を回復している。もっとも、100万エーカーの大台を超えるのは1856年（110万エーカー強）を待たねばならなかった。その後については後段で論ずるが、この作付規模がピークで、それすら大飢饉直前の規模には遠く及ばなかった。

　ジャガイモ以外の作物はどうか。まずは小麦からセイヨウアブラナまでを合計した全耕地を見よう。1851年まで作付面積が50万エーカー強増えている。その主な原因は、先に触れたように、ジャガイモ作付面積の回復である。ところが、1851年を過ぎると、全耕地面積が減少に転じている。実は第1章で見るが、この傾向は1860年代、70年代にも続いている。この1851年以降の耕地面積減少は、1847年以降一貫して作付面積を減らしてきた小麦によるものであり、次いで、大麦などの穀物による（オート麦は、1855年までを見る限り、作付面積を減らしているとは言えない）。大飢饉が農業におよぼした影響の第一は、小麦や大麦、ライ麦（含むビア麦）の穀物の作付面積の縮小である。

　ここで穀物輸出に触れておくのがよい。大飢饉勃発年である1845年の総穀物と総あらびき粉の大ブリテンへの輸出が、ワーテルローから大飢饉に至る時期において、1838年に次いで2番目に大きく、3,251,901Qrs.であったことがわかっている。翌年の、すなわち、ジャガイモが第2波の胴枯病に襲われた1846年の穀物輸出は1,814,802Qrs.であり、ジャガイモが全面的に崩壊した46年秋に続く47年は963,779Qrs.であった。1846年の輸出水準は27年まで遡らねばならないが、依然として大きかった。1847年は19年の水準に等しいが、決して低いとはいえない。しかし、1846年は前年よりほぼ半減し、47年は45年の3割にも達していなかった。[29]

　この穀物輸出の状況は何を語っているのだろうか。まずは、餓死や伝染病死による多数の死者が発生する中でもなお、激減したとはいえ、大ブリテンへ大量の穀物輸出が依然として続けられていた。しかしそれにしても、輸出激減自体は何を語っているのだろうか。1846年から47年にかけて穀物作付が激減したのだろうか。あるいは、生産された穀物が、飢饉に襲われたアイル

ランド国内の逼迫した食糧需要に応じたために、輸出が激減したのであろうか[30]。1846年に穀物法が撤廃され、インディアン・コーン（とうもろこし）のアイルランドへの輸入も始まっていた。

　大飢饉が農業におよぼした大きな影響のもう一つは、乾草面積のほぼ一貫した拡大である。乾草としたのは農業統計でいう meadow and clover のことであるが、農業統計の別の箇所では乾草 hay という表現が使用されている。いうまでもなく乾草は家畜の飼料である。農業統計では1853年から公表されている放牧地 grass or pasture を加えると[31]、大飢饉の渦中にあって家畜生産が拡大したことを想起させる。

　ではこの家畜はどうか。表序-6を検討しよう。

　1846年の家畜頭数はわからない。そのために、大飢饉の全面的崩壊が始まったとされる1846年秋から47年にかけて、いかなる事態が発生したのか何とも言えない。ただ、1841年の数値は与えられている。もっとも、バークによると、牛の合計頭数は実際よりも少ないということである。というのも、バークが指摘するように、1841年センサスでは、6月初めの調査時点において、「今年の子牛は含めるな」と調査集計人 enumerator に指示されているからである[32]。バークは220万頭から233万頭の間と推計している[33]。

　1841年の牛の頭数が、バークのいうように、220万頭から233万頭の間であるとすると、大飢饉の全面崩壊が始まった46年の頭数がわからないとはいえ、牛については、大飢饉の影響は軽微と考えられ、むしろ47年以降一貫して頭数を増やしていることが注目される。羊のばあいは、大飢饉の影響であろうか、1849年、50年に減らし、その後、頭数増加に転じている。豚は1847年に深刻な打撃を被っていると考えてよい。46年の頭（羽）数がわかれば、深刻の度合いが際立ったものであったことがわかるかもしれない。後段で詳しく見るが、ジャガイモは人間の食料であったと同時に、豚の飼料でもあった。すでに見たように、1846年から47年にかけてのジャガイモ作付面積の激減は、同じ時期の豚の頭数の大幅な減少を想起させる。こうした豚であるが、1847年からほぼ一貫して頭数が回復している。家禽も1841年の羽数と比較すると、

表序-6　家畜頭数の推移

(単位：1000頭、1000羽。1000以下四捨五入)

年	牛	羊	豚	家禽	馬
1841	1,863	2,106	1,413	8,456	576
1847	2,591	2,186	622	5,691	558
1848	—	—	—	—	—
1849	2,771	1,777	795	6,328	526
1850	2,918	1,876	928	6,945	527
1851	2,967	2,122	1,085	7,471	522
1852	3,095	2,614	1,073	8,176	525
1853	3,383	3,143	1,145	8,661	540
1854	3,498	3,722	1,343	8,630	546
1855	3,564	3,602	1,178	8,367	556

注1）牛の1841年合計数は実際よりもかなりの程度少なくなっていると考えられる。
注2）牛について、1841年と47年は、1歳未満と1歳以上だけの分類。1851年は1歳未満、1歳以上で2歳未満、2歳以上に分類。1854年農業統計から乳牛は「その他の牛」と区別して取り上げられる。農用馬は1841年、47年、51年においては区別されず。
出典）Report of the Commissioners appointed to take the Census of Ireland, for the Year 1841, *P.P. 1843 [504]* Vol. XXIV; Returns of Agricultural Produce in Ireland in the Year 1847, *P.P. 1847-48 [923]* Vol. LVII; The Census of Ireland for the Year 1851, part II, Returns of Agricultural Produce in 1851, *P.P. 1852-53 [1589]* XCIII; Returns of Agricultural Produce in Ireland, in the Years 1852, 1853, 1854, 1855, *P.P. 1854 [1714]* Vol. LVII, *1854-55 [1865]* Vol. XLVII, *1856 [2017]* Vol. LIII, *1857 [2174]* Vol. LXXXI.

47年に大幅な減少を被ったと考えられる。後に見るが、豚や家禽は多くの小規模零細農家で飼われていた。大飢饉はそうした農家を直撃したと推測される。

　家畜についても輸出を見ておこう。大飢饉の渦中の1846年から49年にかけて、牛の大ブリテンへの輸出が増えている。羊も同じ期間、突出した47年があるが、25万頭近くを輸出していた。多数の死者を出すアイルランドから、大量の牛や羊が、大量の脱出民とともに大ブリテンに流出したのである。豚のばあいは飼料であるジャガイモが胴枯病のために打撃を受けた。飼料不足

のためか、あるいはそれを懸念して、急いで豚を輸出したのであろうか、1846年の輸出は異常に大きい。しかし、1847年以降、輸出は急減していった。46年に急いで輸出したこと、46年から47年にかけてジャガイモが全滅し、豚の飼料の深刻な不足のため、豚の飼育が大打撃を受けたせいであろう。[34]

(b) 農業構造の変革

　こうした大飢饉はアイルランド農業構造にいかなる影響をおよぼしたのだろうか。大飢饉以降のアイルランド農業の展開を見るために、これを明らかにすることが必要である。

　1841年センサスと1851年センサスに規模別農地データがある。これを比較すると40年代後半に始まった大飢饉の影響が判明すると考え、実際にやってみた。しかし、これは誤りであった。バークが明らかにしたように、最初に作られた1847年アイルランド農業統計以来、面積は法定エーカー（イングリッシュ・エーカー）で表されるようになったが、1841年センサスでは、農地の中にはアイリッシュ・エーカーで記録されたものがあった。また、1841年センサスでは農地の概念に耕地と放牧地が入れられたが、荒蕪地 waste land は無視された。47年農業統計から荒蕪地も加えて、完全な農地規模になった。1841年センサスと1851年センサスの規模別農地データを比較するのは不可能なのである。[35]

　大飢饉以前の農地規模別編成と1851年のそれとの比較は不可能に思えたが、それを可能にする資料を見つけ、比較をしたのがこれまたバークであった。見つかった資料とは、Digest of Evidence taken before Her Majesty's Commissioners of Inquiry into the State of the Law and Practice in respect to the Occupation of Land. Part 1, Dublin, 1847, *P.P. 1847（002）* Vol. XXXV（いわゆるデヴォン委員会証言録ダイジェスト版）の、アイルランドにおける規模別農地分類である。そこでは法定エーカーに基づく分類であった。ただ、『デヴォン委員会証言録ダイジェスト版』データは、農地保有者数であり、規模別分類は10エーカーまでは１エーカーごとの刻み、10エーカー超20エー

カーまで、20エーカー超50エーカーまで、それ以上と刻まれていて、15エーカーで刻む1851年データと相違する。この点についてバークは45年データを51年農業統計の基準に合わせて推計分類した。このバークの研究を基にして作ったのが表序-7である。

　表序-7が語るところを検討する前に断っておかねばならないことがある。第一は、1845年の農地保有者数と、51年の農地数とを比較することが可能かという問題である。つまり、45年の農地保有者数と農地数の関係如何である。一農家が一農地を保有するだけとは限らない。複数の農地を保有するばあいもある。アイルランド農業統計で農地数だけでなく、農地保有者数も記録しているものもあるが、大概、前者の数の方が多い。一農家が複数の農地を保有するケースがあるからである。しかし他方、一つの農地を複数の人間（農家）が保有するばあいもある。共同地 land held in common、または共同保有 joint tenancy がそれにあたる。実際、『デヴォン委員会証言録ダイジェスト版』1845年データにそれが出てくる。農地規模別分類に含めている共同地または共同保有の農地保有者数42,887人、同分類に含められていない共同地または共同保有の農地保有者25,789人がいたと。今、1845年データに限っていえば、農地保有者数が農地数より少ないことも考えられるし、そうとも限らないと考えることもできる。こうしたことをバークも考えたのであろうか、かれは1エーカー以上の農地保有者数を、農地数と等しいものとして表示している。本書も1845年については、農地保有者数と農地数に大きな乖離がないと考え、バークに従っている。なお、1845年の農地保有者総数から、主として共同保有のために規模別分類に含めることができない農地保有者を、バークに倣ってデータから除いている。[36]

　第二は、バークは何故かあっさりと1エーカー未満層を除いているということである。つまり、1エーカー以上に限って、1845年と51年を比較している。本書は、ドネリ J. S. Donnelly, Jr. と同様に、[37] 1エーカー未満層にも執着したい。1845年の1エーカー未満層には菜園 gardens を保有する42,705人も含まれている。ところで、地方税評価簿の保有財産表示 description of

序章　アイルランド大飢饉

表序-7　農地規模別保有地数・保有者数

エーカー規模	1845年*1	1851年	1845-51年間の増減	
1未満	92,609*2	37,728	-54,881	59%減
	135,314		-97,586	72%減
1以上5未満	181,950	88,083	-93,867	52%減
5以上15未満	311,133	191,854	-119,279	38%減
15以上	276,618	290,401	+13,783	5%増
1以上計	769,701	570,338	-199,363	26%減
15以上分類				
15以上50未満	206,177	211,404	+5,227	3%増
50以上100未満	45,394	49,940	+4,546	10%増
100以上	25,047	29,057	+4,010	16%増
総計	862,310	608,066	-254,244	30%減
	905,015		-296,949	33%減

* 1　1845年は農地規模別の土地保有者数である。
* 2　1845年の1エーカー未満は、42,705人の菜園 gardens 保有者を引いたものが上段、含めたものが下段。これに対応して、総計も上段と下段に分けた。なお、この総計から、主として共同保有 joint tenancy のために、規模別分類に含められていない30,433人の土地保有者が除かれている。

出典）P. M. A. Bourke, The Extent of the Potato Crop in Ireland at the Time of the Famine, *Journal of the Statistical and Social Inquiry Society of Ireland*, Vol. XX, Part III, 1959-60, pp. 21-2；do., The Agricultural Statistics of the 1841 Census of Ireland. A Critical Review, *The Economic History Review*, Second Series, Vol. 18, No. 2, August 1965, pp. 379-80；Digest of Evidence taken before Her Majesty's Commissioners of Inquiry into the State of the Law and Practice in respect to the Occupation of Land. Part 1, Dublin, 1847, p. 393（391頁と打たれているが、393頁が正しい）, *P.P. 1847 (002)* Vol. XXXV；Returns of Agricultural Produce in Ireland, in the Year 1847, Part II-Stock, p.iii, *P.P. 1847-48 [1000]* Vol. LVII；The Census of Ireland for the Year 1851, Part II, Returns of Agricultural Produce in 1851, pp. v, xv, xxvii, *P.P. 1852-53 [1589]* Vol. XCIII. より作成。

tenement では land や garden、small garden、office 等々と区別されているが、land と building に分けて記入されている評価額では、garden と small garden は land に含められている。また、農業労働者による菜園保有が十分に想定されるので、本書では除外せずに考察対象に入れた。ただ、51年の１エーカー未満層に同じ菜園保有者が含まれているかどうか今のところ確認できていない。そこで、45年については菜園保有者を除いた人数を上段に、かれらを含めた人数を下段に記入した。数値はバークから採ってきたものであるが、かれは本文でなく、注記で1845年と51年（47年も）の１エーカー未満層の数値を示している。[38]

さて表序-7 であるが、バークの表は二重線で囲んだ部分、すなわち、１エーカー以上に限り、１エーカー以上5エーカー未満、5エーカー以上15エーカー未満、15エーカー以上の３階層分類の部分である。この３階層分類の小計もバークのものである。本書は１エーカー未満も加えた。15エーカー以上も、1845年と51年の元資料から、15以上50未満、50以上100未満、100以上に分けることができる。それらをバーク表に加え、45年から51年への変動を考えることができるようにした。

1845年から51年までの７年間、大飢饉の渦中にいかなる事態が生じたのか見よう。煩雑さを避けるために、まず、45年の１エーカー未満農地（保有者）から菜園（保有者）を除いておこう。つまり、１エーカー未満分類と総計欄の上段だけを見る。７年間に農地数が86万強から61万弱に25万以上減少した。率にして30％の激減である。ところが興味深いことに、15エーカーを境にして、その規模を超える農地はわずか５％であるが増加しているのである。しかも、農地規模が大きくなればなるほど増やしているのである。15以上50未満が３％、50以上100未満が10％、100以上では16％増やしている。こうした規模の大きな農地の増加は、小規模零細農地の減少率が平均率30％を大幅に超えていたことを意味した。すなわち、５以上15未満が38％、１以上５未満が52％、１未満が59％も農地数を減らした。

大飢饉は多数の農地を解体した。しかもそれはより小規模で零細な農地に

序章　アイルランド大飢饉

おいて解体は顕著であった。他方、1845年から51年の7年間全体を見る限り、解体された小規模零細農地が統合されて規模の大きな農地が数を増やした。[39]

以上の検討の上に、1845年の1エーカー未満層に菜園（保有者）を含めると（表序-7の1未満欄と総計欄の下段）、規模別農地編成の変化、特に小規模零細農地の解体は異常なほど劇的なものであったことがわかる。1エーカー未満農地（保有者）は、1845年から51年までに7割以上数を減らしたのであった。1エーカー未満農地の保有者は、そのほとんどが土地持ち労働者といってよい。1エーカー以上5エーカー未満層にも土地持ち労働者が多くいたであろう。大飢饉は、小規模零細農・土地持ち労働者を農業場面から多数排斥する一方、50エーカー以上の農地を経営する力のある農民をかなりの数増やす大規模な農民層分解を一気に進めた。[40]

大飢饉が引き起こしたこの大規模な農業と農地保有構造の変化の上で、19世紀後半の農業構造（土地所有と農業経営）はどう展開したのか以下の諸章で明らかにしよう。

1）　C. Woodham-Smith, *The Great Hunger Ireland 1845-9*, London, Hamish Hamilton, 1962, pp. 38-9.
2）　P. M. Solar, The Great Famine was No Ordinary Subsistence Crisis, in *Famine : The Irish Experience 900-1900*, ed. by E. M. Crawford, Edinburgh, John Donald Publishers, 1989, p. 112.; H. Litton, *The Irish Famine an Illustrated History*, Dublin, Wolfhound Press, 1994, p. 17.; L. Swords, *In Their Own Words The Famine in North Connacht 1845-1849*, Blackrock, The Columba Press, 1999, p. 17. デイリ M. E. Daly はグアノ輸入に伴って南アメリカからヨーロッパに入ったとしている *The Famine in Ireland*, Dundalk, Historical Association of Ireland, 1986, p. 53. リットンも同じように推測している（Litton, *ibid.*）。これに対してスウォーズはジャガイモ胴枯病の「発生源は南アメリカ、特にペルーだと考えられてきたが、より可能性が高いのは合衆国東部であって、当地では1843年と1844年、大打撃をジャガイモに与えた。ニューヨークやフィラデルフィアからの船舶が容易く病害のジャガイモをヨーロッパの港に運び込んだ可能性があった」としている（Swords, *ibid.*）。ソーラーも北米に注目している（Solar, *ibid.*）。
3）　Census of Ireland for the Year 1851. Part V. Tables of Deaths. Vol. I. Report on

Tables of Deaths, pp. 259–60, *P.P. 1856 [2087–I] [2087–II]* Vol. XXX.
4) P. M. A. Bourke, *'The visitation of God'? The potato and the great Irish famine*, eds. by J. Hill & C. Ó Gráda, Dublin, Lilliput Press, 1993, p. 196. note 1 によると、ダブリン植物園の David Moore 園長が8月20日に確認した旨報告している。典拠とされたのは E. C. Nelson, David Moore, Miles J. Berkeley and scientific studies of potato blight in Ireland, 1845–7, *Archives of Natural History*, xi, 1983 であるが、本書は未見である。なお、C. Kinealy も同じく E. C. Nelson の *The Cause of the Calamity. Potato Blight in Ireland 1845–47, and the Role of the National Botanic Gardens, Glasnevin*, Dublin, 1995 に拠って、8月末にダブリン植物園で確認されたとしている *A Death-Dealing Famine The Great Hunger in Ireland*, Chicago, Pluto Press, 1997, p. 52.
5) P. M. A. Bourke, *ibid.*, pp. 90, 196.
6) Woodham-Smith, *op. cit.*, pp. 38–9.
7) *ibid.*, pp. 40–1.
8) P. M. A. Bourke, The Extent of the Potato Crop in Ireland at the Time of the Famine, *Journal of the Statistics and Social Inquiry Society of Ireland*, vol. 20 part 3, 1960, p. 11.
9) J. Mokyr, Irish History with the Potato, *Irish Economic and Social History*, vol. 8, 1981, pp. 17–20. なお、モキーアが批判した45年のバーク・ジャガイモ作付面積に対してクロッティ Raymond D. Crotty も早い時期に猛烈に批判している *Irish Agricultural Production Its Volume and Structure*, Appendix Note III, Cork University Press, 1966, pp. 308–18. そこではクロッティは、1845年ジャガイモ作付面積が140万エーカー弱であったと推計しているようである。モキーアは、クロッティの140万エーカーの「推計」について、まだしも、バークの推計の方が自分のやった修正値にはるかに近いと述べている (*ibid.*, p. 20)。
10) Returns of Agricultural Produce in Ireland, in the Year 1847, p. 90. *P.P. 1847–48 [923]* Vol. LVII.
11) C. Ó Gráda, *Black '47 and Beyond The Great Irish Famine in History, Economy, and Memory*, Princeton, Princeton University Press, 1999, p. 24. ただ、47年の数字の出所はわからない。Ó Gráda は1999年以前は、1845年春ジャガイモ作付面積が200万エーカー強であったのが、46年春に100万エーカー強に半減したと主張していた (*Ireland before and after the Famine*, 2nd ed., Manchester, Manchester University Press, 1993)。2016年、勝田俊輔と高神信一が精鋭のアイルランド史研究家たち8名を結集して、日本で初めて本格的なアイルランド大飢饉研究の編著『アイルランド大飢饉　ジャガイモ・「ジェノサイド」・ジョンブル』(刀水書房) を出版した。同編著で勝田は大飢饉の引き金となったジャガイモ凶作を実証するために、1846

年作付面積が45年から半減したと主張しているが、それは1999年以前のÓ Grádaに依拠するものである。この勝田・高神編著の書評を兼ねた拙稿研究ノートがある。「大飢饉はアイルランドからどれだけの人びとを奪ったか」（日本アイルランド協会『エール』第37号、2018年）、「アイルランドでジャガイモ凶作が何ゆえに大飢饉となったのか」（同上第38号、2019年）。

12) 武井章弘はÓ Grádaに拠って、「1845年のジャガイモへの被害は限定的だったが、翌年にはヨーロッパの中で最悪の被害を記録した」と述べている（武井「大飢饉とアイルランド経済」勝田・高神編著、40頁）。武井が依拠したÓ Grádaは、前出 Black '47 and Beyond, p. 35と、Ireland before and after the Famine, 2nd ed., pp. 102-03. 勝田も「ジャガイモの最悪の凶作が広まっていた1846年10月」と述べている（同上編著、66頁）。

13) The Census of Ireland for the Year 1851, General Report, and Instruction for Enumerator, pp. v. cxxviii, 1856［2134］Vol. XXXI.

14) 筆者が知っている1851年センサス調査の死亡者数を使用している研究者・書は、W. E. VaughanとA. J. Fitzpatrickが編集した統計書 Irish Historical Statistics Population 1821-1971, Dublin, Royal Irish Academy, 1978である。

15) Christine Kinealy, The stricken land : the Great Hunger in Ireland, in Hungry Words Images of Famine in the Irish Canon, eds. by G. Cusack and S. Goss, Dublin, Irish Academic Press, 2006, p. 7.

16) 勝田・高神編著、14-5頁。Mokyr, Why Ireland Starved : A Quantitative and Analystical History of the Irish Economy, 1800-1850, revised ed., 1985, pp. 265-68.

17) populationを住民あるいは住民数としたのは故尾﨑芳治京都大学名誉教授による。

18) S. H. Cousens, Regional Death Rates in Ireland during the Great Famine, from 1846 to 1851, Population Studies, Vol. 14, No. 1, 1960 July, p. 64.

19) 1851年センサス調査委員会「死亡諸表に関する報告 Report on Tables of Deaths」もこう述べている。「1831年から1841年までの年平均移民数は40,346人であった。また、1841年6月30日から1845年末までも年平均61,242人であった。1846年に移民数が105,955人に増加し、それ以後、移民がいくぶん流行り病的性格を帯びるようになったのは、ジャガイモ胴枯病とペスト性疫病の警告のせいであった。1847年、1年前に出国した人数の倍以上が国を離れた。ジャガイモ胴枯病がわずかに和らぎ、その結果、1847年の収穫が改善したために、1848年初めに出国の停滞があり、移民数は178,158人にのぼるだけであった。だがその翌年、再び増加し214,425人に達した。1850年は、移民数は209,054人であった。1851年、移民は最高数に達した。その数249,721人にのぼり、それ以降、漸次的に減少して、1854年に150,222人となった」と。The Census of Ireland for the Year 1851, Part V, Tables of Deaths, p. 243,

P.P. 1856 [2087-II] Vol. XXX.
20) ところで、アイルランド諸港からの海外移民数について制度的に整った集計作業は1851年5月1日に始まった。このためであろうか、ヴォーン W. E. Vaughan とフィッツパトリック A. J. Fitzpatrick は *Irish Historical Statistics Population 1821-1971* (Dublin, Royal Irish Academy, 1978) を編集する際、表序-2の1841年から51年までを取り出した表53を作り、続いて、1851年5月1日から1920年までの、アイルランド諸港からだけの移民に関する表54を作っている (pp. 260-3)。これでは、1852年から55年までのリヴァプールなどからの移民も含めた考察ができなくなる。

 ところで、表序-2の移民委員会データのうち、アイルランド諸港からの移民についてはどのようにして収集されたのか、大変興味深い。しかし、残念ながら本書でその点を追求することができなかった。

21) The Census of Ireland for the Year 1851, Part VI, General Report, p. lvi, *P.P. 1856 [2134]* Vol. XXXI. 本文のこの257,372人と表序-2の249,721人と比べると、1851年移民数に違いがある。何故そうなっているのか本書は確認できていない。

22) 注21に同じ。

23) A. Redford, *Labour Migration in England, 1800-50*, Manchester, Manchester University Press, 1926, p. 137.

24) T. C. Barker & J. R. Harris, *A Merseyside Town in the Industrial Revolution, St. Helens, 1750-1900*, London, Liverpool University Press, 1959, p. 280.

25) Destitute Irish (Liverpool), pp. 15-6, *P.P. 1847 (193)* Vol. LIV.

26) 1814年、スコットランドのクライド地域に、後に大船会社レアド社 Laird Line となるマクレラン社 MacLellan が生まれた。同社は、1822年にデリー・クライド航路を開設して、グラスゴウ・ロンドンデリー汽船会社 the Glasgow & Londonderry SP Co. と改称したが、1841年、デリー路線を延長してスライゴ・グラスゴウ航路を開いた。さらに、1843年、スライゴとリヴァプールを結ぶ航路を開設した。スライゴは西部で一番早くスコットランドやイングランドと汽船航路で結ばれた。D. B. McNeill, *Irish Passenger Steamship Services, Vol. 1: North of Ireland*, Newton Abbot (Devon), David & Charles, 1969, pp. 97, 134.

27) A Return of the Number of Irish Poor brought over Monthly to the Port of Liverpool from the Coast of Ireland in each of the last Five Years; distinguishing, as far as possible, those who remain in this Country from those who emigrate across the Seas. And, similar Return from the Ports of Glasgow, Bristol, Swansea, Neath, Cardiff, and Newport, embracing a similar Period, pp. 1-3, *P.P. 1854 (300)* Vol. LV.

28) Jobber: 研究社 新英和大辞典=(臨時仕事の) 人夫、職人 (pieceworker 出来高払いの労働者、手間取人夫)、OED=one who does jobs or odd pieces of work;

one employed to do a job ; a hack ; one employed by the jobs, as distinguished from one constantly engaged and paid wages ; a piece-worker

29) 拙稿「19世紀前半アイルランド農業の農産物貿易統計からの透視」(『大阪経大論集』第63巻2号、2012年7月)。
30) ドネリーは増大する牛の飼育のためにオート麦の多くを飼料に回す必要があったとしている。Donnelly, J. S. Jr, *The Great Irish Potato Famine*, Gloucestershire, Sutton Publishing, 2001, p. 62.
31) 放牧地 grass or pasture は、1841年センサスで扱われている。調査集計人 enumerator への指示がこうなっているからである。「11欄の放牧地面積は、放牧に向けられた農場部分で、耕作されていない土地の概算とすべきである」と。Appendix to Report of the Commissioners appointed to take the Census of Ireland, for the Year 1841, *P.P. 1843 [504]* Vol. XXIV, p. xcii. しかし放牧地面積は、同報告では、また管見では1852年農業統計まで、公表されていない。
32) Appendix to Report of the Commissioners appointed to take the Census of Ireland, for the Year 1841, *ibid.*, p. xcii.
33) P. M. A. Bourke, The Agricultural Statistics of the 1841 Census of Ireland. A Critical Review, *The Economic History Review*, Second Series, Vol. 18, No. 2, August 1965, pp. 381-2 (後に、J. Hill と C. Ó Gráda が編集した P. M. A. Bourke, '*The visitation of God'? The potato and the great Irish famine*, Dublin, The Lilliput Press, 1993に収録). バークは *Agricultural Statistics 1847 to 1926* の Report を執筆した J. Hooper によって推計し、220万頭から233万頭の間としている。J. Hooper, General Report, to *Agricultural Statistics 1847 to 1926*, Dublin, The Stationary Office, 1930, pp. xv-xvi.
34) 「ジャガイモ凶作の結果、豚の生産が妨げられ、所有している豚の販売を強制した」。Alexander W. Shaw, The Irish Bacon-curing Industry, in W. P. Coyne ed., *Ireland Industrial and Agricultural*, Dublin, Cork, Belfast, Browne and Nolan, Ltd., 1902, pp. 241.
35) P. M. A. Bourke, *ibid.*, pp. 377-78. 本書筆者はかつてバークの研究を知らずに、1841年センサスの数値を法定エーカーとして扱い、何の留保もつけずに1851年センサスと比較する過ちを犯した。拙稿「アイルランドにおける農民層分解と地主的土地清掃」『経済論叢』第116巻3・4号、1975年9・10月。この点を批判されたのは、故松尾太郎法政大学教授である。
36) P. M. A. Bourke, *ibid.*, p. 380 ;『デヴォン委員会証言録ダイジェスト版』p. 393.
37) James S. Donnelly, Jr, Landlords and Tenants, in *A New History of Ireland V Ireland under the Union, I 1801-70*, ed. by W. E. Vaughan, Oxford, Clarendon Press, 1989, p. 344.

38) P. M. A. Bourke, *ibid.*, p. 380 note 4. 前掲拙稿では1841年と51年の1エーカー未満層も比較している。オブライエンG. A. T. O'Brienの1841年の1エーカー未満農地数134,314を無批判的に利用してのことである。ところで、『デヴォン委員会証言録ダイジェスト版』(p. 396) では、1845年の1エーカー未満農地保有者数135,314を、1841年に仮に当てはめて議論している。134,314と135,314のこの二つの数値は千の単位で4と5の違いがあるだけである。ひょっとしてオブライエンはこのデヴォン委員会の数値が脳裏にあって、1841年センサスのデータに、この1エーカー未満農地数を少し違えて加えたのかもしれない。O'Brien, G. A. T., *The Economic History of Ireland from the Union to the Famine*, London, Longman Green & Co., 1921, p. 59.
39) 「大規模な移民と大量死亡とともに、1840年代後半と1850年代の早い時期における大規模な土地清掃の手段で、アイルランド土地所有者たちは積年の願望である大規模な農地統合の目的を成し遂げることができた。」J. S. Donnelly, Jr, *op. cit.*, p. 343.
40) 勝田が「特に人口の減少が著しかったのが貧農層である。1841年から51年にかけて、農業労働者(貧農の大半を占めた)の世帯が農村の総世帯に占める比率は約68％から49％に減っていた」としている。典拠は *P.P. 1856 [2134]*, Vol. XXXI, Census of Ireland, 1851, part vi, General Report, p. xxxiv, Table XIX Showing the Proportion per Cent. of Families, classified according to their Pursuits (前者——本多), and the Means upon which they are chiefly dependent (後者) である。後者は「Vested Means, Professions, &c.」、「The direction of Labour」、「Their own Manual Labour」、「Means not specified」に4分類されていて、勝田はこのうちの「Their own Manual Labour」と分類された家族のうち、農村地域のものが1841年に67.9％を占める状況から、51年に48.9％に減じたのを、農業労働者世帯の総世帯に占める割合の減少と解釈した。勝田「はじめに」(勝田・高神編著『アイルランド大飢饉』刀水書房、2016年、4頁)。しかし、農村の「Their own Manual Labour」を農業労働者世帯だけに限ることができるだろうか。自ら農作業に従事する農民も含まれるのではないか。

武井章弘が「農業労働者数は、1841年に184万4000人であったものが、1856年には131万7000人に激減した」としている(武井「大飢饉とアイルランド経済」上記勝田・高神編著、42頁)。武井の典拠は K. O'Rourke, Did the Great Irish Famine Matters ?, *Journal of Economic History*, 51 (1991), p. 4, Table 2である。武井はO'Rourkeの agricultural employment を農業労働者数としたが、どうであろうか。1851年センサス General Report, p. xl の Table XXIV Showing the number of persons having specified Occupation in 1841 and 1851に、Ministering to Food のうち Producers として、1841年1,854,141人、1851年1,461,776人がある。1841年は武井・O'Rourkeの「184万4000人」に近い。ただし、51年センサスの数字は圧倒的多数が

農業生産者である食糧生産者全体の人数であって、農業労働者に限られたものでない。なお、1841年センサスの Report of Commissioners, p. xxiii に、1831年の「農民数 the number of farmers」と1841年の「農場数 the number of farms」の比較表がある。そこに、「1エーカー以上の農場数」685,309と「労働者とサーヴァント総計 total number of labourers and servants」1,194,014がある。The Census of Ireland for the Year 1851. Part VI. General Report, *P.P. 1856 [2134]* Vol. XXXI ; Report of the Commissioners appointed to take the Census of Ireland, for the Year 1841, *P.P. 1843 [504]* Vol. XXIV.

第 1 部　19世紀後半アイルランド農業の展開

第1章
大飢饉後の農業構造転換

第1節　耕種農業の衰退と家畜生産のさらなる展開

　大飢饉以降、アイルランドの土地のますます多くが家畜に直接占拠されるか、家畜飼料生産に振り向けられる一方、人間に消費手段を直接に供給する土地がますます狭められていった。

(a)　耕地の縮小と家畜用農地の拡大

　表1-1は、農業統計の作成が始まった年で、大飢饉の全面崩壊があったとされる1847年から、土地戦争 the Land War が空前の規模で展開し、新たな土地法が成立した1881年にかけての農地利用状況を示している。病害に見舞われて大飢饉の引金役を果たしたジャガイモが1847年に大きく落ち込んだことは既に確認した。このジャガイモの作付回復もあって、50年代に全耕地面積が450万エーカー前後になり、おそらく大飢饉以前の規模に近くなったのであろう。だがそれ以降は、ほぼ一貫して耕地が縮小する一方、乾草と放牧地が拡大している。

　これまで私たちは乾草 meadow and clover を耕地に入れてきた。しかし本書ではそうしていない。放牧場で草を食む家畜は土地を直接に利用しているが、飼料を与えられるばあい家畜は土地を間接に利用しているといえる。乾草を耕地に入れず、放牧地と並べて家畜が直接あるいは間接に利用する土地であることを明示するためである。乾草を耕地に入れないことについては、ギリガン J. Gilligan から学んだ。かれはこう述べている。「1900年まで毎年

第1部　19世紀後半アイルランド農業の展開

表1-1　主な作物の作付面積と乾草・放牧地面積　　　　　　（単位：1000エーカー）

年	オート	小麦	大麦	ジャガ	カブ	マン他	全耕地	乾草	放牧地
1847	2,201	744	333	284	370	14	4,100	1,139	—
1851	2,190	504	336	869	384	26	4,613	1,246	8,749
1856	2,030	529	189	1,105	354	22	4,451	1,303	9,545
1861	1,999	401	202	1,134	334	23	4,345	1,546	9,534
1866	1,700	299	153	1,050	317	20	3,920	1,601	10,004
1871	1,636	244	223	1,058	327	32	3,792	1,829	10,071
1876	1,487	120	221	881	345	49	3,346	1,861	10,507
1881	1,393	154	211	855	295	45	3,194	2,001	10,075

注）オートはオート麦 oats（燕麦）、ジャガはジャガイモ、カブ turnips にはスウェーデン・カブ sweds も含まれる。マンはマンゴールド mangold を略したもので、他にはビート根 beet root、ニンジン carrots、アメリカボウロウ parsnips、キャベツ cabbage、ベッチ vetches、その他緑作物 other green crops を含む。全耕地にはフラックス flax などの作物が入る。

出典）Returns of Agricultural Produce in Ireland in the Year 1847, *P.P. 1847-48〔923〕* Vol. LVII；Returns of Agricultural Produce in 1851, The Census of Ireland for the Year 1851, PartⅡ, *P.P. 1852-53〔1589〕* Vol. XCIII；Returns of Agricultural Produce for the Year 1856, *P.P. 1857-58〔2289〕* Vol. LXI；The Agricultural Statistics of Ireland, for the Year 1861, 1866, 1871, 1881, *P.P. 1863〔3156〕* LXIX, *1867-68〔3938-Ⅱ〕* LXX, *1873〔C762〕* LXIX, *1882〔C3332〕* LXXIV.

の政府統計は乾草 meadow and clover を作物 crops に含めていた。しかし、1901年よりそれらは草地 grassland とみなされ、耕地 land under the plough を、「家畜飼育のため、あるいは牧畜のために利用される土地から区別するようになった」」と。ただ、カブなど、乾草以外にも、家畜飼料がある。これらについては後段で詳論する。

耕地縮小はもっぱら小麦 wheat をはじめとする穀作の後退によるものであった。小麦は壊滅的打撃を蒙り、作付面積が5分の1に激減した。最大の作付面積を占めていたオート麦（燕麦 oats）も37％近く減らした。この小麦とオート麦は、1847年、全穀物作付地の圧倒的分（89％弱）を占める代表的穀物であったが、その後一貫して作付を減らし続けた。大麦は60年代から70年代にかけて作付を回復させている点にも見られるように、大麦の後退が小

第1章　大飢饉後の農業構造転換

麦やオート麦に比べて比較的軽微であったが、アイルランドの数少ない工業のうちにビール醸造業やウィスキー製造業があったからであろうか。とはいえ、大麦も含めて、穀作地全体が1847年から81年にかけてほぼ半減（46％減）している。

　根菜類や葉菜類はどうか。表1-1にジャガ（ジャガイモ）の他に、カブを挙げた。表欄外に注記したが、カブはスウェーデンカブを含む。マン（マンゴールド）他は農業統計で表示されるビート根 beet root、ニンジン、アメリカボウロウ parsnips、キャベツ、ベッチ vetches、その他緑作物を含む。[2] ジャガイモについては既に見たが、マンゴールド等も1847年から51年にかけて、ジャガイモと同様に作付を回復させていて、またその後も10万エーカー前後を維持している。カブ等は1881年を除いて30万エーカー水準にある。こうして、根菜類・葉菜類は全体としてみると、作付が縮小していく穀物と違って、130万エーカー以上を維持している。その結果、1881年においてなお、根菜類・葉菜類の作付面積合計は穀物のそれよりも小さいが、その開きは縮まってきている。

　ではこうした根菜類・葉菜類は人間の食糧であったのか、それとも牛などの家畜の食糧だったのか。後に詳しく検討するが、多くが家畜の飼料となった。この点に移る前に、家畜の飼料となる乾草と、家畜が直接に占有利用する放牧地を、次いで、家畜について見ておこう。

　1847年から81年までの間、家畜飼料である乾草の作付面積は一貫して拡大し、ほぼ倍増（76％増）した。また、放牧地も1881年に少し縮小しているが、ほぼ一貫して拡大している。その結果、最大の穀作であるオートの作付面積が70年代に乾草を下回るようになり、81年には耕地（3,194千エーカー）は農地全体（耕地＋乾草＋放牧地＝15,270千エーカー）のわずか2割を占めるだけになっている。

　大飢饉以降、穀作地の解体と乾草あるいは放牧地への転換が進んだといってよい。[3] ナポレオン戦争が始まって以降、さらには同戦争が終結し、穀物法が制定されて以降も、大飢饉に至るまで、あるいは、穀物法が撤廃されるま

で(1846年)、アイルランドはマルクスがいうように、「イングランドへの穀物輸出におけるある程度の独占」を享受していた。だが今や、この「独占」は崩壊し、アイルランドは大ブリテンへの穀物供給地としての地位を急速に失っていった。

(b) 家畜が増え、住民が減る

　本節の最後に扱うのは家畜である。家畜に関する悉皆統計は1841年から与えられている。41年統計は信頼できないといわれているが、大飢饉の影響を考えるうえであえて利用した。表1-2はこの1841年から81年までの主な家畜の頭数と住民数を示している。大飢饉を転換点に、住民数が激減していく中で、牛を中心とした家畜(除く農用馬)が増えていく。

　豚と家禽が1847年において激減している。大飢饉の深刻な影響がみてとれる。のちに農地規模別の家畜保有をみるが、打撃は小規模零細農家や零細な家畜保有者において最も大きかったと推測できる。豚の頭数は50年代以降、結構大きな変動がみられるものの基本的に大飢饉以前の水準に回復している。ピッグ・サイクルと松尾太郎が言ったように、豚の飼養頭数の推移が、先ほどみた、豚の飼料になったジャガイモの作付面積の動向とほぼ照応している。

　農用馬は全体として頭数を減らしている。役畜としての農用馬の減少と穀作を中心とする農耕の衰退がメダルの表裏の関係として進行したのであろうか。また、馬の飼料ともなったオート麦の作付減少と関係しているのであろう。

　この豚と農用馬を除いて、牛、羊、家禽は大飢饉以後全体として増加している。牛の増加が顕著であるが、それは後に確認するように主に肉畜である「その他の牛 other cattle」の急増によるものであり、「乳牛 milch cow」は停滞している。先に確認した放牧地と乾草作付面積の拡大は、急増するこの肉牛と羊を飼養する土地の拡大であった。乾草は牛の冬期飼料として使われたが、豊作の時には輸出もされた。

　総じて、大飢饉後のアイルランドにおいて、耕種農業、とりわけ直接に人

第1章 大飢饉後の農業構造転換

表1-2 家畜頭数の推移　　　　　　　　　　　（単位：1000頭、1000羽、1000人）

年	牛			羊	豚	家禽	農用馬	住民
	乳牛	その他の牛	計					
1841	—	—	1,863	2,106	1,413	8,459	—	8,175
1847	—	—	2,591	2,186	622	5,691	—	8,382
1849	—	—	2,771	1,777	795	6,328	—	—
1850	—	—	2,918	1,876	928	6,945	—	—
1851	—	—	2,967	2,122	1,085	7,471	—	6,552
1856	1,580	2,008	3,588	3,694	919	8,908	407	—
1861	1,545	1,927	3,472	3,556	1,102	10,371	445	5,789
1866	1,483	2,263	3,746	4,274	1,497	10,890	408	—
1871	1,546	2,430	3,976	4,233	1,621	11,717	385	5,412
1873	1,528	2,619	4,147	4,485	1,044	11,863	377	—
1876	1,533	2,584	4,117	4,009	1,425	13,619	361	—
1881	1,392	2,565	3,957	3,256	1,096	13,972	375	5,175

注1）牛について、1841年と47年は、1歳未満と1歳以上だけの分類。1851年は1歳未満、1歳以上で2歳未満、2歳以上に分類。1854年農業統計から、乳牛が別分類される。その結果、乳牛以外の牛は「その他の牛」とされる。農用馬は1841年、47年、51年においては区別されず。

注2）牛の1841年合計数は実際よりも少ないと考えられる。バークが言うように、1841年センサスでは、6月初めの調査時点において、「今年の子牛は含めるな」とされたからである。バークはフーパー J. Hooper に依拠して、220万頭から233万頭の間と推計している。Appendix to Report. XI Instructions to Enumerators, and Examples of Forms, Form B, Report of the Commissioners appointed to take the Census of Ireland, for the Year 1841, *P.P. 1843* [504] Vol. XXIV, p. xcii ; P. M. A. Bourke, '*The visitation of God*'? *The potato and the great Irish famine*, Dublin, The Lilliput Press, 1993, pp. 80-1 ; J. Hooper, General Report, to *Agricultural Statistics 1847 to 1926*, Dublin, The Stationary Office, 1930, pp. xv-xvi.

注3）1847年の住民数はカズンズによる1846年の推計住民数である（出典は序注18を見よ）。

出典）表1-1と同じ。

間の食料を供給する小麦などの穀作が衰退過程を辿る一方、畜産業が新たな展開を遂げていた。それは、すでに名をあげていたバターを中心とする酪農のうえに、牛と羊と豚の肉畜生産のさらなる発展であった。ターナー M. Turner がいうように、「耕種農業から乾草と放牧農業への転換はまことに全国的な動きであった」。しかもこの動きは、住民数の減少と関連している。家畜頭数の推移を示す表1-2の最後の欄に住民数を記入しておいたが、ア

第1部　19世紀後半アイルランド農業の展開

イルランドの大地が養う牛をはじめとする家畜が増える一方、アイルランド大地から多くの住民が失われていった。[9]

第2節　1870年代の農業編成

(a)　概観——家畜が占拠する農地

　1873年農業統計 Agricultural Statistics of Ireland for the Year 1873 (*P.P. 1875* [*C1125*] Vol. XV) で70年代の農業編成を概観する。何故に、70年代前半に焦点を当て、73年農業統計で概観するのか、その理由を述べておく。

　1879年に始まり82年に終わる土地戦争の経済史的背景を探るには、当該時期、あるいはそれに近い時期の資料に依拠すべきであろう。農業については、当該時期の農業統計を主な分析資料にすべきであろう。ところが理由がよくわからないのだが、1875年農業統計から農地規模別統計、県 county や教区連合 union、郡 barony という地域単位については農地規模別の統計が編集されていない。本書で明らかにしたい、代表的地域における農地規模別分業や農民層分解の分析については1874年以前の農業統計が重要になるのである。

　消極的な理由だけではない。1870年代前半の農業統計を中心に分析する積極的意味がある。11世紀のドゥームズデイ・ブック Domesday Book 以来の、「全国的」な、しかも大ブリテン・アイルランド連合王国全体の土地所有調査がおこなわれたのは1870年代半ばである。この土地調査結果、さらにはそれより少し前にアイルランド救貧法当局が集計、編集した1870年農地保有態様統計[11]と付き合わせて農業経営を分析するには、1870年代前半のものの方がよい。[10]

　では、1874年でなく1873年の農業統計を利用するのは何故か。後に、牛の移動を検討するために、1871年から73年までの3年間の農業統計を分析するが、1871年センサス（国勢調査）と組み合わせることができるためである。

　全国的な状況をより具体的に明らかにするため、4つの地方 province、すなわちアルスター Ulster、コナハト Connaught(Conacht)、レンスター Leinster、マンスター Munster に着目する。ここでアイルランドの4地方と32

地方	県		記号
アルスター Ulster	ドニゴール	Donegal	Dg
	デリー	Derry	De
	アントゥリム	Antrim	A
	ティローン	Tyrone	T
	ファーマナ	Fermanagh	F
	モナハン	Monaghan	Mo
	アーマー	Armagh	Ar
	ダウン	Down	Dw
	キャヴァン	Cavan	Cv
マンスター Munster	クレア	Clare	Cl
	ティペラーリ	Tipperary	Tp
	ケリー	Kerry	K
	リムリック	Limerick	L
	コーク	Cork	C
	ウォータフォード	Waterford	W

地方	県		記号
コナハト Connaught	リートゥリム	Leitrim	Le
	スライゴ	Sligo	S
	メイヨー	Mayo	Ma
	ロスコモン	Roscommon	R
	ゴールウエイ	Galway	G
レンスター Leinster	ロングフォード	Longford	Ln
	ウエストミーズ	Westmeath	Wm
	ミーズ	Meath	Me
	ラウズ	Louth	Lo
	オファリ	Offaly	O
	キルデア	Kildare	Kd
	ダブリン	Dublin	D
	リーシュ	Laois	La
	キルケニ	Kilkenny	Ki
	カーロー	Carlow	Ca
	ウィックロー	Wicklow	Wi
	ウェクスフォード	Wexford	Wx

デリー Derry はロンドンデリーとするばあいもある。19世紀の農業統計では、オファリはキングス King's Co.、リーシュはクィーンズ Queen's とされていた。

地図1　アイルランドの4地方と32県

第 1 部　19世紀後半アイルランド農業の展開

表 1-3　全国と 4 地方の土地利用と土地保有(1873年)

	耕地	%	乾草	%	放牧地	%	計(狭義農地)	%
全国	3,432,498	100	1,838,248	100	10,413,991	100	15,684,737	100
%	22		12		66		100	
アルスター	1,343,716	39	467,252	26	2,253,575	22	4,064,543	26
%	33		12		55		100	
コナハト	490,621	14	230,516	13	2,122,464	20	2,843,601	18
%	17		8		75		100	
レンスター	870,818	26	601,042	33	2,637,236	25	4,109,096	26
%	21		15		64		100	
マンスター	727,343	21	539,438	29	3,400,716	33	4,667,497	30
%	16		11		73		100	

注 1) 休閑地等は、休閑地 fallow と林地 woods and plantation、泥炭・荒蕪地他 bog, waste, &c.　町、タウンランド townland の川が含まれるが、大きな河川や湖、干潟の494,726エーカー
注 2) 農業統計は「狭義の農地」、休閑地、林地、それに泥炭・荒蕪地他を合計している。本書は　が総面積のうちどれくらい占めているのか考えるために全国と 4 地方の総面積を右端欄に　(627,761)を合計したのが総面積である。なお、アルスター以下 4 地方の面積から R.(rood　4 地方合計は全国総面積より小さくなっている。
注 3) 平均規模は農林地を保有者数で除したもの。
出典) *Agricultural Statistics of Ireland, for the Year 1873*, pp. viii, xiii, 1 ; *Census of Ireland*,

県 county を地図と表で確認しておこう。

◆家畜生産に傾斜する土地利用

　1873年における土地利用と農業編成の大枠から見よう（表 1-3）。

　第 1 節で述べておいたが、1881年農業統計とギリガンに倣って、全作付地 total under crops から乾草 meadow and clover を除いたものを耕地 under tillage（全耕地）とした。この「耕地」と「乾草」、それに「放牧地 grass or pasture」を足して「狭義の農地」とした。実は農業に関連するものとしては、この「狭義の農地」に加えて、休閑地 fallow と林地 woods and plantation、さらに泥炭・荒蕪地他 bog, waste, &c. がある。[12]農業統計はこれらを一まとめにして面積を出している。本書では、広義の農地といってもよいこの一ま

第1章　大飢饉後の農業構造転換

(単位：エーカー)

休閑地等	農林地	%	農地数	保有者数	平均規模	総面積
4,642,459	20,327,196	100	590,172	539,545	37.7a	20,819,947
休閑地 323,656	5,321,582	26	208,651	195,049	28.1a	5,483,206
林地 323,656	4,232,622	21	128,977	121,607	36.1a	4,392,084
泥炭・荒蕪地他 4,305,348	4,838,312	24	127,570	111,393	43.8a	4,876,933
	5,934,680	29	124,974	111,496	54.4a	6,067,721

から成る。これらは全国の面積しかわからない。泥炭・荒蕪地他には、不毛の山地、道路、は除かれている。
この合計を「農林地」と呼ぶ。なお、「狭義の農地」も本書の造語である。この「農林地」挙げておいた。1871年センサスからの数字で、陸地 land (20,192,186) と水面 water = 4分の1エーカ相当) と P. (perch = 0.006エーカー) 単位面積は切り捨てた。そのため、

1871, Part I

とめを「農林地」と呼ぶことにした。この「農林地」は保有地 holdings に分割されている。この農地数と、農地保有者数、さらに、平均保有規模の欄を設けておいた。保有者数が農地数を下回っている。つまり、複数農地を保有する者がいるということである。

　さらに「農林地」が総面積に占める割合を考えるために、表右端に1871年センサスにある総面積を挙げておいた。因みに、アイルランド総面積は、陸地20,192,186エーカーと水面627,761エーカー(河川、湖、干潟)の合計20,819,947エーカーである。[13]1873年統計の泥炭・荒蕪地他4,305,348エーカーは、494,726エーカーの「大きな河川や湖、干潟」が除かれている。この除かれている面積を「農林地」に足すと、1871年センサスの総面積を、わずかではあるが超

えてしまう。何故こうなるのかわからないが、「農林地」が総面積のほとんどといってよいくらい圧倒的部分を占めていることを表している。

　「農林地」をわずか上回る規模の総面積を敢えて挙げた理由はもう一つある。以後たびたび4地方を問題にしたり比較したりする。本表において例えば耕地を見よう。全国耕地のうちコナハトの耕地は14％を占めるに過ぎない。これだけを見ると、コナハトはアイルランド全国の耕種農業において小さな役割しか果たしていないという印象を持つ。この印象は半分以上正しい。しかし、コナハトは他の地方と比べて、そもそも総面積が、また「農林地」が一番小さいのである。したがって、耕地面積が他地方と比べて小さく、全国の耕地に占める割合が小さいのはある程度までは自然なのである。他方、マンスターは総面積と「農林地」が一番大きく、今後、いろいろな指標で最大規模となっていることがわかる。この事情を考慮して4地方の比較をする必要がある。

　もう少し中身に入ろう。第一にアイルランドは総面積中に農地が圧倒的に大きな割合を占めているということである。「農林地」がそうであるし、「狭義の農地」でさえ4分の3以上を占めていることが一目でわかる（コナハトはその割合が少し低くなる）。第二に、家畜が直接に占有利用する土地である放牧地が、「農林地」の過半を、「狭義の農地」の66％を占めている。それに加えて、もっぱら家畜飼料となる乾草を生産する土地がある。この両者を合わせると「狭義の農地」のなんと78％に上る。したがって第三に、耕種農業を担う耕地は「狭義の農地」のわずか22％にすぎない。しかも実は、耕地で生産される作物のうちには家畜飼料として利用されるものが多数ある。

　表1-4は、主な作物の作付面積を示している。本表からは煩雑さを避けるために、「狭義の農地」を単に農地（狭義）、あるいは農地と記す。1870年代のアイルランドにおける農耕はどうなっていたのか、農地（狭義）のうちわずか22％にすぎない耕地は何を生産していたのか検討しよう。前節で出した問いが宿題として残っている。根菜類・葉菜類は人間の食糧であったのか、それとも牛などの家畜の食糧だったのか、さらにはまた、穀物類の中に家畜

第 1 章　大飢饉後の農業構造転換

の食糧（飼料）がなかったのかということも検討しよう。

　1873年アイルランド農業統計は、作物を「穀物類 cereal crops」と「その他作物 other crops」に大きく二分している。後者をさらに「緑作物 green crops」（本書は「根菜・緑物」とした）とその他に分けている。

　「穀物類」は、小麦、オート、大麦、ビア麦を加えたライ麦、それに、ソラマメ bean とエンドウ peas の豆類が挙げられている。

　「根菜・緑物」は、ジャガイモとカブ（含むスウェーンカブ）、それに、マンゴールド（統計では mangel wurze）、ビート根、ニンジン、アメリカボウロウ、キャベツ、ベッチ、その他の緑作物である。表 1-4 ではマンゴールド以下は作付面積が小さいために記載しなかった。

　「根菜・緑物」以外に亜麻 flax とセイヨウアブラナ（レイプ rape）が挙げられている[14]。なお、表には作付面積の小さい作物を除いている。

　「穀物類」と「根菜・緑物」、それに亜麻とセイヨウアブラナを加えたものを、1881年農業統計に習って「耕地」とした。この「耕地」に「乾草」を加えると、「全作付地」になる。

◆飼料生産の拡大

　ここで乾草を除いた作物が家畜飼料として利用されたかどうかを検討しよう。本書は、1873年農業統計を使って1870年代アイルランド農業の編成を明らかにしようとしている。幸いにも、1873年版『パードン・アイルランド農家園芸家年鑑』（以下、『農家年鑑』あるいは単に『年鑑』と略記することもある）がある[15]。この『年鑑』に農作業暦 Calendar of Agricultural Operations があり、1873年の 1 月から12月まで、どの家畜にどのような飼料を給与すべきか書かれている。この農作業暦に出てくる飼料を列挙したのが表 1-5 である。表 1-4 と対応させて検討できるように並べた。家畜は農作業暦にしたがって分類している。肥育牛としたのは農作業暦で牛舎肥育 stall-feeding や肥育牛 fattening cattle、肥育中の牛 cattle being fattened 等とされているものである。若牛は young cattle であるが、子牛 calves と別にされていることから、離乳している育成牛と考えてよい。ストア牛 stores は後段で詳しく論

表1-4 全国と4地方の主な作物作付面積(1873年)

(単位:1000エーカー、1000未満は四捨五入)

	穀物類				根菜・緑物				全耕地	乾草	全作付地	放牧地	狭義の農地	農林地
	小麦	オート	大麦	穀物計	ジャガ	カブ	根菜・緑物計	亜麻						
全 国	168	1,511	230	1,931	903	348	1,363	129	3,432	1,838	5,270	10,413	15,685	20,327
アルスター	47	693	9	758	332	106	463	123	1,344	467	1,811	2,254	4,065	5,321
コナハト	15	207	10	236	192	41	247	2	491	231	721	2,122	2,844	4,233
レンスター	41	338	160	547	173	110	319	2	871	601	1,472	2,637	4,109	4,838
マンスター	64	273	51	390	206	91	335	2	727	539	1,267	3,401	4,667	5,935

注)穀物計はライ麦やそら豆なども含む。根菜・緑物計はマンゴールド、ビート根、キャベツ等々も含む。
出典)Agricultural Statistics of Ireland, for the Year 1873, pp. viii, xiii, 1

表1-5　家畜飼料(1873年版『農家年鑑』推奨)

飼料	乳牛	肥育牛	若・ストア	子牛	羊	豚	農用馬
穀物類		1, 2	1, 2, 11	生後数か月母乳か母乳中心		1, 3	
小麦		11			1		
オート(ミール)		11, 12			1, 3	2, 11	1, 11
オート藁	2, 11	4, 11	11				11
大麦・粗挽き粉	4 ?	4, 11				2, 11	11
ライ麦	4				3, 4		
ビア麦	全ての種類の家畜						
そら豆(粕)	1	4, 11			1	2, 11	11
エンドウ(粕)		4			3, 11		
穀物油粕		12					
ふすま・もみがら	1, 2						11
モルトとさか	1						
トウモロコシ					1	2, 11	1
根菜・緑物	7, 8						
ジャガイモ		3				2	
根菜類	1, 4, 11				4		
カブ	11	3, 11	11	10	1, 2, 3, 11		11
ボール状カブ		10, 11					
アバディーンカブ		9, 11					
スウェーデンカブ		11				2, 11	11
マンゴールド	○	11			○	2, 11	
ニンジン	○					2, 11	11
アメリカボウロウ	11					2, 11	
キャベツ	○				○		
ベッチ	4 ?	9			○	5	
亜麻仁油粕	11	4, 11			2		
亜麻さや	11						
亜麻切藁	11						
セイヨウアブラナ					3		
ナタネ油粕	1				11		
油粕	3	1, 2, 9, 11	1, 2, 11		1, 3, 11		
乾草	1, 2, 3, 4, 11	4, 11			1, 2, 3, 11		11
クローバー		9			3, 4	5	
イタリアライグラス	4 ?				4		

注)数字は月。○は『農業の手引き』による

出典)The Farmers' Gazette ed., *Purdon's Irish Farmers' and Gardeners' Almanac for 1873: with A Calendar of Operations*, Dublin, The Farmers' Gazette Office, 1872 ; *Introduction to Practical Farming : an Elementary Text Book for Use of Irish National Schools*, New Edition, Dublin, Alex. Thom & Co., 1896.

ずるが、半ば肥育された牛のことであって、アイルランドが大ブリテンに輸出する牛の大きな部分を占めていて、大ブリテンの牧場で最終肥育を受けて市場に出された。各家畜欄の数字は左端欄の各飼料が農作業暦の何月に記入されているかを示している。例えば、小麦は1月に羊の飼料として、11月に肥育牛の飼料として記載されていることを示している。なお、数カ所に丸〇を記入しているが、1896年『農業の手引き』[16]に従って追記したものである。

　表1-5には限界がある。第一に、先に若牛と子牛について述べたところで触れておいたが、哺乳動物の家畜にあっては生後一定期間に母乳で育てられることが決定的に重要である。しかしこの点は表示することができていない。子牛のところで少し触れておいただけである。

　第二は、アイルランド畜産業、特に牛や羊のばあい、放牧（地）が大きな役割を果たしていると考えられるが、この点も表示できていない。ただ、5月から9月まで飼料給与について記されることが少ないが、それが、初夏から初秋にかけて放牧が盛んにおこなわれていることを語っているのかもしれない。農作業暦にも次の叙述がある。4月に、若牛・ストア牛が「放牧地に放たれる時期まで」とある。7月と8月に、乳牛を「日中の暑い盛りは舎飼いにして、緑作物を給与すべきである」が、「涼しい夕方には放牧地に放し飼いするように」とある。さらにまた10月にこう書かれている。「子牛もまた少なくとも夜間は放牧地から引き揚げて、少量の亜麻仁をカブに添えて与えるべきである」と。「子牛もまた」とあるが、直前に、「肥育し早期に売却することをめざす牛は今月のうちに牛舎に入れるべきである。飼料給与はセイヨウアブラナあるいはボール状カブで始められること」とある。4月のいずれかから、10月頃まで多くの牛が放牧されていたことが描かれている。[17]

　アイルランドは11月から冬を迎えるようだ。農作業暦の11月にこうある。「家畜にたいする冬期の飼料給与は大変重要である」と。11月と12月にはさらに、妊娠した乳牛や、早くも出産する牛が出てくるし、肉屋に行く準備をする肉牛がいる、こうした牛のことも記されている。[18] 舎飼いに回される牛にとって、給与される飼料が決定的に重要となる。

第1章　大飢饉後の農業構造転換

さて、表1-5は、1873年農業統計が記録する作物のほとんど全てが飼料作物でもあったことを表している。年間農作業暦で飼料として言及されていないのは、穀物類ではビア麦、根菜・緑物ではキャベツとビート根だけである。しかし、ビア麦とキャベツは1896年『農業の手引き』で飼料として指摘されている。何の言及もないのは唯一ビート根だけである。圧倒的部分がリネンの原料となると考えてよい亜麻でさえ飼料とされている。亜麻仁やその油かす linseed、linseed-meal（cake）は乳牛や肥育牛だけでなく、羊や農用馬の飼料であった。亜麻さや（亜麻の種子を覆う物質）flax bolls や亜麻切藁 chaff of flax もそうである。もっとも、『農業の手引き』は「アイルランドでは亜麻仁が採取されるのは稀である。というのも、種子を実らせるまで生育する亜麻の繊維は品質が劣ると考えられているからである」と述べている。[19]

表1-4に戻ろう。表示の作物のほとんどが家畜の飼料に利用されていた、あるいは少なくとも、1873年版『農家年鑑』が利用することを勧めていたことがわかった。もう少し欲張って、飼料に利用されるのはどのくらいの割合であったのだろうか知りたい。後掲の注5で触れているが、主な作物に限られている。そこで世紀が変わった1908年のものであるが、バリントン T. Barrington を見ることにしよう（表1-6）。[20]

乾草・藁の94％以上が自家飼料・種子として利用されている。わずかであるが、販売される5.9％の乾草・藁も他の農場で飼料として利用されたのであろう。したがって、乾草・藁はほぼ100％飼料・種子として利用されていたと考えて大過ない。なお、バリントンは、主たる関心を生産物のうちで販売される割合がどれくらいであったかに寄せたために、販売されたものがどのように利用されるかは問うていない。

オート麦の73.3％が自家飼料・種子として利用された。販売に向けられるのも結構多くて24.3％に上る。ここでリールダン E. J. Riordan を引くのがよい。飼料用と種子用に分けているからである。「1912年に生産された955,000トンのうち、607,400トンが農場でこのように（馬やその他の家畜の飼料として

第1部　19世紀後半アイルランド農業の展開

表1-6　バリントン飼料・種子百分比（1908年）

作物	飼料・種子	自家消費	販売	合計価額
小麦	8.4	43.6	48.0	100.0
オート麦	73.3	2.4	24.3	100.0
大麦	29.2	—	70.8	100.0
乾草・藁	94.1	—	5.9	100.0
ジャガイモ	68.3	13.2	18.5	100.0
亜麻	—	—	100.0	100.0

出典）Thomas Barrington, A review of Irish Agricultural Prices, *Journal of the Statistical and Social Inquiry Society of Ireland*, vol. 15, 1927. p. 259.

……引用者）消費され、90,850トンが1913年の種子として利用された。残るところ256,750トン以上となるが、アイルランドの町の馬の飼料や、アイルランドにおけるオートミール製造、そして輸出に向けられる[21]」と。生産農場の家畜飼料として63.6％、種子として9.5％が消費されたことになる。両者を足すと73.1％となり、バリントンの1908年の73.3％とほぼ等しくなる。リールダンが指摘する町の馬の飼料は大変興味深い。当時の、特に町の交通は馬車に依拠するところが大きく[22]、自動車時代の到来はまだしばらく待たねばならなかった。オート麦の輸出は間違いなく大ブリテンにたいするものであろう。ロンドンをはじめとする大きな町の馬車交通の発達は、アイルランドからの馬の飼料の輸入にも頼っていたかもしれない。

　1912年に生産されたオート麦のうち、馬をはじめとする生産農場の家畜飼料として利用されたのは63.6％というリールダンの比率は、バリントンの1908年にもほぼ当てはまるであろう。というのも、上に述べたように、これに種子を足した比率がほぼ同じであるからである。なおその上に、リールダンの63.6％は町の馬の飼料を除いたものである。

　次はジャガイモの比率である。バリントンは68.3％が生産農場で飼料ないし種イモとして利用されたとしている。飼料と種イモの割合についての言及

第1章　大飢饉後の農業構造転換

は探すことができていない。しかし、このうち少なくとも半分が飼料にされたと考えて大きな間違いを犯さないであろう。18.5％の売却ジャガイモのうちにも購入農場で家畜飼料として利用された可能性があり、こうしたものも含めるならなおさら、生産されたジャガイモの34％以上が豚をはじめとする家畜によって消費されていたと考えてよかろう。これは1841年のジャガイモ生産総量のうち33％が家畜飼料として消費されたというバークの分析にも裏付けられている[23]。

　大麦はどうか。70.8％も売却されている。リールダンも言っているように、モルト用に売られるからである。かれによれば、「1912年に生産された155,546トンのうち、130,650トンが農場から売られた。残りのうち、12,600トンが1913年の種子として利用された[24]」。では、種子を除いた残り12,296トン（生産量の8％弱）はどのように消費されたのであろうか。バリントンが示しているように（表1-6）、自家消費はなかった。とすると、あとは飼料しかない。1908年と1912年では事情が少しは違うであろうが、大きく変わることはなかったと考える。1908年生産量の少なくとも8％ぐらい、あるいは、かなり数値が変わるが、29.2％の飼料・種子を折半した14.6％ほどは家畜飼料として利用されたと考えてよかろう。

　表1-6の検討で残るのは小麦と亜麻だけである。小麦は50％弱が販売に付されるが、50％以上が生産農家で消費される。ほとんどが農家家族によって消費されているが、8％強が飼料と翌年の種子として利用される。そのうち飼料としてはどれ位か確定できないが、半分と考えても全体の約4％にすぎず、誤っていたとしてもたいしたことはない。亜麻は生産農家が飼料・種子として利用するのは0％とされている。先に見た1896年の『農業の手引き』は「アイルランドでは亜麻仁が採取されるのは稀である」と述べていたが、まことにそうであった。

　バリントンが取り上げていない他の作物の家畜飼料として利用される割合はどうであろうか。表1-5に戻り、飼料としてよく利用されている作物を見よう。穀物類ではライ麦とビア麦、それに、そら豆（かす）やエンドウか

す、穀物油かすがある。油かす一般 cake（oil-cake）と記されているものも、多くは穀物種子から採ったものであろう。『農業の手引き』によれば、ライ麦は青刈りで家畜に給与して肥育にするのにきわめて重要とされ、ビア麦（冬大麦）はすべての種類の農場家畜の飼料として有益とされている。そら豆（かす）は表示のように、多くの家畜、すなわち、乳牛や肥育牛、それに、羊、豚、馬の飼料であった。

　つづいて、バリントンが「カブやマンゴールド、粗悪キャベツ coarse cabbage は主に飼料として利用される作物」と述べている根菜・緑物である。カブが目立つ。豚以外の表示家畜の全ての飼料とされている。肥育牛がそうであるが、羊の重要な飼料でもあった。このカブよりも、「スウェーデンカブは農場の家畜にとってもっと有益である」と『農業の手引き』が書いている。マンゴールドは砂糖大根に似ているもので、肥育牛や若牛、それに豚の飼料とされているが、『農業の手引き』では乳牛に泌乳をよくするために給与すること、また、哺乳中の雌羊に給与することを勧めている。ニンジンはよく知られているように、馬の好物であっただけでなく、豚の飼料であった。『農業の手引き』は乳牛にとっても優れた飼料であると書いている。バリントンも触れているキャベツは『農家年鑑』農作業暦には出てこないが、『農業の手引き』は羊と乳牛の飼料として大変有益であるとしている。アメリカボウロウはヨーロッパに広く分布する根菜類で、乳牛と豚の飼料とされている。ベッチはマメ科ソラマメ属の植物であるが、乳牛、肥育牛、豚の飼料とされているが、『農業の手引き』では羊の飼料としても扱われている。セイヨウアブラナは農業統計では根菜・緑物に含められず、亜麻の次に記載されている。しかし、セイヨウアブラナは、日本在来のアブラナ、カブやキャベツとともにアブラナ科アブラナ属である。その種子から採れる油がナタネ油である。このナタネ油かすも含めるとなお一層、セイヨウアブラナも重要な飼料である。

　ジャガイモを除く、カブなどの根菜・緑物が重要な飼料であることはわかる。しかしそれぞれの作物の何割が飼料として利用されていたのかわからな

第1章　大飢饉後の農業構造転換

い。ライ麦やビア麦、そら豆（かす）やエンドウ（かす）についても飼料割合がわからない。今仮に、これらの作物の少なくとも30％（この後すぐに述べるジャガイモの34％を上回らない数字とした）が飼料として利用されたとしよう。

　全耕地と乾草、それに放牧地を加えた狭義の農地のうち、放牧地が66％であった（表1-3）。乾草は12％である。今検討したように、小麦の4％、オート麦の63％、大麦の8％、ライ麦と豆の30％、ジャガイモの34％、カブとその他の30％、セイヨウアブラナの30％の土地が飼料に向けられていたと推定しよう。1908年、あるいは1912年のデータを1870年代に適用することには無理があろう。しかし推定の根拠とするのはこれしかない。この推定から、全耕地の9％の土地が飼料生産に向けられたということになる。放牧地と乾草にこれを加えると、農地の実に87％が家畜飼料に向けられていたことになる。これまで述べてきたことからすると、おそらくこの87％を超えるのが実態であっただろう。

　1870年代のアイルランド農業は、家畜が「狭義の農地」の87％という圧倒的部分を（66％以上を直接に、21％を間接に）利用する農業であった。表1-3の「泥炭・荒蕪地」はどうだろうか。農業統計には農地を構成するものとされているが、家畜の放牧に利用されることがしばしばであったと考えられる。19世紀後半、アイルランドの大地から人間が掃き出される一方、牛や羊などの家畜が大地を占領していった。この点については本書終章で改めて見ることにしよう。

◆地域的編成──4地方の家畜生産

　さて、こうした1870年代アイルランド農業は地域的にどのような編成を示していたのであろうか。同じく表1-3と表1-4を見よう。すでに触れておいたが、議論の公平を期すためにまず4地方それぞれの総面積に留意しておこう。

　マンスターが最も広く、コナハトが最も狭い。マンスターはコナハトの1.4倍近くもある。だから、マンスターがコナハトに比べて大きな農地面積を有するのは当然なことといえよう。その点を考慮してなお、コナハトの「狭義

の農地」は他の3地方に比べて小さい。それは、農業統計に明記されていないのであるが、泥炭・荒蕪地などの割合が大きいためであると考えてよい。因みに、コナハトはもともと狭い農林地の中で「狭義の農地」が占める比率がもっとも低くて、67％である（レンスター85％、マンスター79％、アルスター76％、全国平均77％）。

「狭義の農地」の中で放牧地の割合が大きくて、作付地の中で乾草の割合が大きいのが1870年代アイルランド農業の大きな特徴であるとするなら、この特徴を体現しているのがマンスターであり、コナハトでもあった。両地方とも放牧地の「狭義の農地」に占める割合が大きく、前者が73％、後者が75％であった（全国平均は既に見たように66％）。作付地に占める乾草の割合は表示していないが、マンスターは43％と最も高い。コナハトはマンスターと違って、全国平均（34％）より低く、32％である。アイルランド的特徴を最もよく体現するマンスターについては、後に詳しく論ずる必要が生ずる。

上に見たアイルランド的特徴からすると、アルスターは、そうではないという意味で大変興味深い。放牧地の比率は最も低く、55％である。また実は、作付地の中での乾草の比率も最も低く、26％である。4地方の中で、「狭義の農地」面積規模では3番目であるが、放牧地を除いた作付地面積は最大で、乾草の比率も26％で最も低い。何といっても、穀物等の耕地が断然大きく、全国の39％（全国1,931,000エーカーのうち758,000エーカー＝39％）も占めている（表1-4）。アルスターでは耕種農業が他の地方に比べて盛んであった。主な作物で見ると、アルスターが最大のシェアを持っているものに、95％の亜麻はいうまでもなく、オート麦、さらにジャガイモが続く。全国2番目のものが小麦とカブである。ビール醸造が盛んなレンスターとマンスターが合わせて圧倒的である大麦だけが例外である。作付地中の比率が最も低い乾草でさえ、分相応に4分の1を担っている。アルスターは後に見るように、マンスターに次いで酪農が盛んであり、また、肉牛の肥育もおこなっていて、大量の乾草が必要であった。

以上、アイルランドの最大の土地利用者は家畜であることがわかった。か

第1章　大飢饉後の農業構造転換

表1-7a　全国と4地方の牛飼養頭数と比率(1873年)

	乳牛	%	その他の牛	%	牛合計	%
全　国	1,528,136	100	2,618,966	100	4,147,102	100
%		37		63		100
アルスター	438,008	32	695,893	27	1,178,901	29
%		41		59		100
コナハト	205,902	13	428,455	16	634,357	15
%		32		68		100
レンスター	254,501	17	756,434	29	1,010,935	24
%		25		75		100
マンスター	584,725	38	738,184	28	1,322,909	32
%		44		56		100

表1-7b　全国と4地方の牛以外の主な家畜飼養頭(羽)数と比率(1873年)

	羊	%	豚	%	家禽	%	農用馬	%
全　国	4,484,520	100	1,044,454	100	11,863,155	100	376,649	100
アルスター	534,809	12	226,124	22	3,629,423	31	136,195	36
コナハト	1,318,772	29	149,888	14	2,137,692	18	41,384	11
レンスター	1,571,669	35	278,881	27	3,137,852	26	102,453	27
マンスター	1,059,270	24	389,561	37	2,958,188	25	96,617	26

れらを加えないと、1870年代の農業編成を描くことは完成しない。ただ後に、アイルランド畜産業の中心にとどまらず、農業全体の中心を担う牛について詳しく分析するために、ここでの家畜についての分析は、最小限必要な範囲に止めておこう。

　表1-7a、bは、1873年における主な家畜の全国と4地方の飼養頭（羽）数と分布比率である。牛が414.7万頭、羊が448.5万頭、豚が104.4万頭、農用馬が37.7万頭、家禽が1186.3万羽である。家禽は別として、羊がもっとも多く、表1-2で示されているように、1847年以降の増加倍率も大きい。で

は羊が主役かといえば、かならずしもそうとはいえない。

　1873年農業統計の家畜生産価額はこうなっている。牛2695.6万ポンド、羊493.2万ポンド、馬とラバ441.8万ポンド、豚130.5万ポンド、家禽29.6万ポンドとされている（ロバと山羊は除く）。羊、馬、豚、家禽を合わせても牛に太刀打ちできない。牛の価額は羊たちの価額総計の優に2.5倍以上になる。牛の地位は圧倒的であった。

　牛は414.7万頭であるが、「乳牛 milch cows」が152.8万頭、「その他の牛 other descriptions of cattle」が261.9万頭である。アイルランドで飼育されている牛の37％が「乳牛」である。アイルランドは酪農がなお重要な地位を維持していたが、先に触れたように、南のマンスター（38％）と北のアルスター（32％）の2地方が、合わせて全国の70％の「乳牛」を飼養している酪農中心地であった。

　「その他の牛」はこの後すぐに確認するように、ほとんどが肉牛と考えてよい。アイルランドの牛の63％が「その他の牛」で、飼養頭数でレンスターが首位に躍り出ている。「その他の牛」は、コナハトも含めて広く全国的に飼養されていたといってよい。

　牛以外の家畜はどうか。目立つものを見ると、レンスターが羊の35％を飼養している。肉畜としての羊であると推測される。豚の37％がマンスターで飼養されている。同地方の「乳牛」飼養比率38％と等しい高さである。

　家禽と農用馬はアルスターが最も多く飼養している。家禽の多さは、表1-3に示されているように、保有者一人当りの農林地平均規模が小さいアルスターの特徴を表しているのだろうか。同地方に農用馬が多いのは、耕種農業が1873年時点においても、他地方に比べて、盛んであったことと符合している。

(b)　主産地

　1870年代アイルランド農業編成を概観する作業として、主な農業生産物の主産地を確認しておこう。主役を演じる家畜からみる。資料は同じく1873年

第1章　大飢饉後の農業構造転換

農業統計である。先に触れたように、農地規模別データが編集されている最小規模単位の地域である郡 barony と、県 county で主産地を確認しよう。それは、第2部でおこなう農民層分解の実証作業につなげるためでもある。各農産物別の代表的な郡を取りあげ、それらの地域における農地規模別の経営分析に止まらず、その限界を超えて、さらに地域を狭めて地方税評価額別の分析に進む。それは、農地別分析から農場規模別へと進むことも可能にしてくれる。

　表1-8は主な農産物の主産地を県レベルに止まらず、郡レベルまで見たものである。県だけであると地域的に偏った状況になるが、郡レベルでは少し散らばる。

　表1-8は、牛、すなわち、乳牛とその他の牛（1歳未満、1歳以上で2歳未満、2歳以上）、羊、豚、家禽、農用馬の飼養頭数（羽数）において、さらに、主な作物である小麦、オート、大麦、ジャガイモ、亜麻、乾草の作付面積において、全国1位から3位までの県と郡を並べたものである。各郡が何処に位置するか示すために、県の記号を加えた（43頁地図1参照）。

　郡を単位として、あるいは県を単位として、家畜の頭数や、作物の作付面積をみても、その数の多さが、当該地域の畜産または農耕が盛んにおこなわれているかどうか、必ずしも示すわけではない。郡や県はかなり面積の大小の違いがある。面積の大きい、例えば、アイルランド最大規模の県であるコークが種々の指標で第1位となるのは、面積規模からいえば自然なことである。他方、数では第3位にも入らないが、畜産が、あるいは農耕が盛んな地域もあるだろう。後段でこの点も考慮して分析する。

　とはいえ、絶対的に飼養頭数が多い、作付面積が大きいということ自体が重要であることも言うまでもない。コーク県をまた例とするが、同県の1873年における乳牛飼養頭数は181,154頭で、全国の12％弱を占めている。酪農が盛んな他の県や地域もあるが、コーク県がアイルランドを代表する酪農県であることはこの事実だけをもってしても明らかである。

　牛からみるが、まず乳牛である。乳牛飼養頭数第1位の郡はやはりコーク

第 1 部　19世紀後半アイルランド農業の展開

表 1-8　主な農産物の主産地上位 3 県と 3 郡

家畜・作物	位	県 county		郡 barony		
乳牛	1	コーク	181,154	ドゥーハロウ　Duhallow	C	27,233
	2	ケリー	113,416	トゥルーハナクミ　Trughanacmy	K	24,563
	3	リムリック	100,618	ロッヒンショーリン　Loughinsholin	De	19,647
1歳未満牛	1	コーク	97,110	ドゥーハロウ	C	13,320
	2	リムリック	64,877	クランウイリアム　Clanwilliam	Tp	12,224
	3	ティペラーリ	62,671	コシュレー　Coshlea	L	10,944
1～2歳牛	1	コーク	60,833	ロッヒンショーリン	De	7,893
	2	ティペラーリ	49,895	キルマクレナン　Kilmacrenan	Dg	7,514
	3	クレア	41,433	ティロウリー　Tirawley	Ma	7,285
2歳以上牛	1	ミーズ	101,211	ティロウリー	Ma	12,712
	2	ゴールウエイ	64,830	ラトーア　Ratoath	Me	10,086
	3	メイヨー	54,173	ケルズ・アッパー　Kells Upper	Me	9,826
羊	1	ゴールウエイ	710,985	クレア　Clare	G	94,457
	2	コーク	342,697	アスローン　Athlone	R	88,260
	3	メイヨー	314,019	キルメイン　Kilmaine	Ma	76,800
豚	1	コーク	136,661	バリモア　Barrymore	C	14,265
	2	ティペラーリ	72,463	デシーズ・ウイズアウト・ドゥラム　Decies-without-Drum	W	13,096
	3	ウェクスフォード	61,088	イモキリー　Imokilly	C	13,038
家禽	1	コーク	974,233	ロッヒンショーリン	De	130,681
	2	ティペラーリ	622,151	コステロ　Costello	Ma	115,902
	3	ゴールウエイ	613,310	キルマクレナン	Dg	115,438
農用馬	1	コーク	36,538	ロッヒンショーリン	De	6,385
	2	ダウン	25,924	キルマクレナン	Dg	5,662

第1章　大飢饉後の農業構造転換

	3	アントゥリム	21,386	バリモア	C	3,747
乾草	1	コーク	247,389	ドゥーハロウ	C	27,710
	2	ティペラーリ	210,698	トゥルーハナクミ	K	19,664
	3	リムリック	196,822	クランウイリアム	Tp	15,452
オート	1	コーク	1,510,893	ロッヒンショーリン	De	26,416
	2	ダウン	1,437,457	キルマクレナン	Dg	25,292
	3	ティローン	1,425,668	オマー・イースト Omagh East	T	21,331
ジャガイモ	1	コーク	188,476	ロッヒンショーリン	De	15,032
	2	ダウン	176,945	キルマクレナン	Dg	11,804
	3	ゴールウエイ	158,618	コステロ	Ma	11,429
小麦	1	ダウン	24,783	デシーズ・ウイズアウト・ドゥラム	W	4,052
	2	コーク	19,138	イファ・アンド・オファ Iffa and Offa	W	3,896
	3	ティペラーリ	13,043	アーズ・アッパー Ards Upper	Dw	3,226
大麦	1	ウェクスフォード	50,560	スカラウオルシュ Scarawalsh	Wx	9,383
	2	リーシュ	26,578	バントリー　Bantry	Wx	9,255
	3	コーク	25,313	イモキリー	C	8,943
亜麻	1	ダウン	27,093	ロッヒンショーリン	Ld	10,414
	2	ティローン	19,270	アイヴィーフ・アッパー ロウワー・パート Iveagh Upper, Lower Part	Dw	5,295
	3	デリー	18,769	クレモーン　Cremorne	Mo	4,568

注1) 郡に県名略記号を入れた。
注2) 家畜の数字は頭(羽)数、乾草以下は作付面積エーカー。
出典) The Agricultural Statistics of Ireland, for the Year 1873.

県のドゥーハロウ Duhallow であり、第2位は、コーク県北隣りのケリー県であるが、地続きのトゥルーハナクミ Trughanacmy で、両郡とももちろんマンスター地方にある。第3位の郡はデリー県のロッヒンショーリン Loughinsholin で、北部アルスター地方に位置する。アイルランド酪農業の中心は南部マンスター地方と北部アルスター地方であることはすでに確認したが、郡レベルでみてもそのことが窺える。

　次に肉牛を中心とした「その他の牛」である。まず、生まれて間もない1歳未満牛であるが、第1位は乳牛と同じくコーク県のドゥーハロウである。第2位はティペラーリ県クランウイリアム Clanwilliam であり、第3位はリムリック県コシュレー Coslea である。1位から3位までの郡すべてが酪農の盛んなマンスター地方に属している。実際、1位のドゥーハロウは乳牛でも1位であった。2位、3位はどうであろうか。2位のクランウイリアムは乳牛では5位で、3位のコシュレーは乳牛で7位である。なお、乳牛2位のトゥルーハナクミと、3位のロッヒンショーリンの1歳未満牛飼養頭数順位もみておこう。前者が4位で、後者が5位である。

　乳牛と多くが肉牛である1歳未満牛の関係が密接である。なぜか。アイルランド牛経済の特徴として乳肉兼用種が多いことがある[28]。後段で詳しく見るが、アイルランド肉牛の多くの母牛が乳牛であったこと、乳牛による子牛出産が肉牛生産の出発である繁殖であったことを推測させてくれる。

　続いて1歳以上2歳未満牛をみよう。乳牛3位のロッヒンショーリンが第1位に出ている。同郡は今確認したように、乳牛飼養頭数が多くて酪農が盛んな一方、肉牛繁殖と、子牛育成も盛んにおこなわれる地域であることがわかった。

　2位のアイルランド北西部に位置するアルスター地方ドニゴール県キルマクレナン Kilmacrenan と、3位のコナハト地方メイヨー県ティロウリー Tirawley はどうか。1位のロッヒンショーリンと様相が違ってくる。1歳未満牛の1位から3位まで、そして、1歳以上2歳未満牛の1位のロッヒンショーリンまでは、乳牛飼養頭数との関わりが深かった。多くの乳牛から多

第1章　大飢饉後の農業構造転換

くの肉牛の1歳未満が生まれ（繁殖）、さらに多くの肉牛子牛が育てられていた。

ところが、キルマクレナンでは相変わらず乳牛は多かったが（10位）、1歳未満牛の頭数よりも1歳上の1歳以上2歳未満牛の頭数の方が多くなっている。2歳以上の牛になるとさらに増えている。ティロウリーではもっと増え方が顕著である。そのうえに、乳牛頭数はさほど多くはない。両郡における「その他の牛」の年齢別の1872年の頭数や、1874年のそれがわかれば、「その他の牛」の1年間の、さらには2年間の移動、他の郡から入ってくるのか、他に移出するのか検討できる。これは後段の課題としているが、ここでは、両郡においては、乳牛頭数の多少も関わっていたであろうが、1歳以上2歳未満牛の多さは他地域からの移入によるものであったと推測できる。

牛の最後は2歳以上牛であるが、これまでと様相がすっかり変わってしまう。第1位は今上でみたティロウリーであり、2位と3位はともにレンスター地方で、ミーズ県のラトゥーア Ratoath とケルズ・アッパー Kells Upper である。ティロウリーは上で述べたが、ラトゥーアとケルズ・アッパー、特にラトゥーアに着目すべきである。

同郡における「その他の牛」、つまり肉牛の、他地域からの移入がはなはだしいことが推測される。1873年の各種牛の頭数をあげてみると、乳牛624頭と1歳未満牛551頭にたいして、1歳以上2歳未満牛は1,024頭、そして2歳以上牛になると、なんと10,086頭に激増する。

後段で明らかにするが、数の上ではティロウリーに首位の座を譲っているが、ラトゥーアは大変な数の肉牛素牛を他地域から大量に仕入れて、半ば肥育する、あるいは最終肥育する点で、アイルランド第1の郡であった。

もちろん、アイルランド西部に位置するティロウリーが、2歳以上牛の飼養頭数において、ミーズ県のラトゥーアとケルズ・アッパーを上回り、第1位にあったことも驚きである。

さて、牛以外の家畜はどうであろうか。羊の35%がレンスター地方で飼養されていたことは先に確認した。しかし郡別にみると、飼養頭数第1位から

第1部　19世紀後半アイルランド農業の展開

3位まですべてコナハト地方の郡が占めている。ゴールウエイ県クレア Clare、ロスコモン県アスローン Athlone、メイヨー県キルメイン Kilmaine の各郡である。

豚はマンスター地方が全国の37％を飼養していたが、郡でみても1位から3位すべてを同地方が占めている。コーク県のバリモア Barrymore（1位）とイモキリー Imokilly（3位）、それに、ウォータフォード県デシーズ・ウイズアウト・ドゥラム Decies-without-Drum（2位）である。後に見るが、ウォータフォードはベーコン等の生産輸出の中心であった。

家禽はどうか。アルスター地方が全国の31％を飼養していたが、1位と3位の郡は同地方にある。1位のデリー県ロッヒンショーリン（乳牛3位、1歳以上2歳未満牛1位）と、3位のドニゴール県キルマクレナン（1歳以上2歳未満牛2位）である。2位はコナハト地方メイヨー県コステロ Costello である。

最後に農用馬を見よう。飼養頭数1位がデリー県ロッヒンショーリン、2位がドニゴール県キルマクレナン、そして3位がコーク県バリモアである。農用馬は農耕に関わるため、次に作付作物に目を転じよう。

ロッヒンショーリンはオートとジャガイモの作付面積が第1位であり、キルマクレナンが第2位である。すでに確認したが、アイルランド全体において狭義の農地が減り、しかも、放牧地の割合が大きくなってきて、犂を引いたりする農用馬が減少する中にあって、この二つの郡では、農用馬に支えられる農耕がいまだ盛んであったと推測できる。広いオートの麦畑の耕作はより以上に馬の力を必要としたのであろう。ここで登場する郡に多数の農用馬が飼養されているのも頷ける。さらにまた、オートはオート・ミールなどで人間が食用とする一方、オートの63％が馬などの飼料となったことは先に確認した。農用馬飼養頭数1位のロッヒンショーリンと、2位のキルマクレナンが、オート作付面積で同じく1位と2位であることがわかったが、馬と、飼料としてのオートとの関係が改めて再確認できた。

こうしてデリー県ロッヒンショーリンは特に、農耕と牧畜のいわば混合農

第 1 章　大飢饉後の農業構造転換

業が盛んであったといえる。というのも、農用馬保有頭数第 1 位だけでなく、1 〜 2 歳牛と家禽の飼養頭（羽）数の 1 位であり、乳牛でも 3 位であった。また、オートとジャガイモ、それに亜麻の作付面積で第 1 位であったからである。

　さて、すでに確認したように、19 世紀後半の家畜頭数の増大を支えた最大の要因の一つは乾草生産の拡大であった（表 1 - 1）。乾草の作付面積は 1870 年にオートを抜いて最大になっている（1873 年農業統計）。この家畜飼料である乾草の作付面積 1 位のドゥーハロウと、2 位のトゥルーハナクミは、乳牛順位においても同じく 1 位と 2 位であった。3 位のクランウイリアムも乳牛 5 位である。『アイルランド農家新聞 The Irish Farmers' Gazette』の編集長プリングル R. O. Pringle が、乳牛 1 頭当たり 1.5 トンの乾草を必要とすると述べているように[29]、乾草作付面積 1 位から 3 位まですべて、酪農地方といってよいマンスター地方に属している。

　大麦や小麦をみよう。大麦ではアイルランド島南部のウェクスフォード県が初めて出てくる。しかも 1 位と 2 位である。小麦の 1 位と 2 位も南部のウォータフォード県とティペラーリ県の郡である。北部のアルスターに農耕が依然として盛んな地域があったが、南部にもあった。

　最後は亜麻である。リネン業が北東部を中心に展開されていることから、その原料である亜麻の栽培が北部にアルスター地方に限られていることは既に見た。すなわち、亜麻作付面積の 95％がアルスターに集中していた（表 1 - 4）。ここから当然予想されるように、亜麻栽培面積の大きい郡は 1 位から 3 位まですべてアルスター地方に位置している。たびたび登場するロッヒンショーリンが 1 位、ダウン県アッパー・アイヴィーフのロウワー・パート Upper Iveagh, Lower Part が 2 位、モナハン県クレモーン Cremorne が 3 位である。

　アイルランド農業の中で牛が大変大きな位置を占めていた。では、いかなる牛であったのだろうか。1870 年代の、19 世紀後半のアイルランド農業のあり方がわかってくるかもしれない。

(c)　アイルランドの牛

　1873年農業統計はアイルランドの牛を次のように分類している。「乳牛」（1,528,136頭）と「その他の牛」（2,618,966頭）である。そして後者は、「1歳未満牛」（951,433頭）、「1歳以上2歳未満牛」（822,990頭）、そして「2歳以上牛」（844,543頭）と分けている。農業統計は最初の1847年統計以来、家畜について年齢別の分類をおこなっていて、牛については、1847年統計は「1歳未満」と「1歳以上」に分けた。49年からは、「2歳以上」を新たに分類し、そして54年から「乳牛」を別に分類することを始めている。

　最初に、わかりやすい「乳牛」である。「乳牛」には、生乳を、さらにはバターやチーズのためのミルクを生産する、子牛を産んだ乳牛（経産牛）が入ることはいうまでもない。さらに「乳牛」には、まだお産を経験していない乳用牛の、若い雌牛の未経産牛も含められる。

　ところで、本書が重視する肉用牛の雌牛のばあいはどうか。肉用牛の雌牛が子牛を産むこと（繁殖）が肉牛生産の出発点であり、母牛が母乳を与えて子牛を育てる過程がこれに続く。このミルクがバター等の原料に使われないばあい、この肉用牛の雌牛は「乳牛」に入らない。ただ、すぐ後に見るように、アイルランドでは乳肉兼用種が多く、母乳の子牛への授乳（雌子牛の乳用牛としての哺育と雄子牛の肉用牛としての哺育）と、ミルクのバター等の原料としての使用とが衝突する問題があった。

　次は、不思議な、何とも味気のない分類名称の「その他の牛」である。「乳牛」を別に分類するために生まれた概念であろう。1854年農業統計を見ても、何の説明もない。とにかく「乳牛」以外の総てであるが、ここには乳牛から生まれ肉用に育てられる雄牛が入るし、肉用専用種の牛も入る。種牛も入っている。

　ここで、上で触れた乳肉兼用種について考えよう。残念ながら、1870年代における牛の品種に関する情報は入手できていない。ただ1891年の情報がある。同年の王立ダブリン協会春季祭に出品された品種別頭数がそれである。短角種233頭、アバディーン・アンガス36頭、ヘレフォード雄牛19頭とある。

第1章　大飢饉後の農業構造転換

これは何を意味するのだろうか。この情報を提供したブルース R. Bruce に訊いてみよう。

> この1世紀、アイルランドの牛を品種改良するばあい、イングランドとスコットランドで認知された品種のことごとくに頼ることがなされてきた。この間、短角種の種牛が大変広範に利用されてきたため、この国で通例見られる牛は同品種の交配種であるといってよかろう。最近、肉牛生産が農民たちの主な産業となっている地域では、アバディーン・アンガス牛とヘレフォード牛が数を増やしてきている。農民たちが酪農と子牛飼育に頼らざるをえないその他の地域では依然として、短角種の種牛が乳肉兼用牛生産にもっとも適していると見られている。[30]

この証言は次のことを語っている。第一に、酪農や子牛飼育が盛んな地域では、乳肉兼用牛が飼養されていて、大ブリテンから導入された短角種の種牛がよく利用されている。第二に、肉牛生産地域では近年、肉用種がその数を増やしてきている。しかし、第三に、アイルランドでは広く乳肉兼用種の短角種の交配種を見ることができる。総じて、アイルランドにおける肉用牛の多くは乳肉兼用牛であったと考えてよい。したがってまた、「その他の牛」の多数は乳肉兼用牛の雄であったと考えることができる。もちろん、乳牛もまた最終的には食肉とされる（廃用乳牛）。

「乳牛」を別分類することによって生まれた新たな分類の「その他の牛」の圧倒的多数が肉用牛であったと考えてよい。「1歳未満牛」、「1歳以上2歳未満牛」、「2歳以上牛」の分類もそれを示している。こうした分類は、月年齢を重ねていくことが、繁殖、哺育、育成、半ば肥育、肥育の肉牛生産の段階を辿っていくことと符合する。出生後、子牛は母乳で育てられることから哺育という言葉を使った。離乳後に育成が始まる。[31] 半ば肥育は、後に見るように、アイルランドの肉牛生産の最大の特質を表すものである。

この肉牛生産過程はブルースの証言にも触れられているように、地域的分業に編成されていた。さらに、農業経営規模による分業にも編成されていた。したがってまた、地域間の、経営規模が相違する農場間の牛の移動、流通に

第1部　19世紀後半アイルランド農業の展開

媒介されていた。この点こそ本書が後段の第2部で実証する重要な事実関係である。

　さて、もう一つの牛の分類を見ておくのがよい。それは牛の輸出データで使われているものである。1886年アイルランド農業統計は1875年以降に大ブリテンへ輸出された牛を次のように分類している。1875年を例にとろう。

　牛 cattle をまず二つに大きく分けている。「去勢雄牛 oxen・雄牛 bulls・雌牛 cow」の大きなグループと「子牛 calves」の二つである。さらに前者の大きなグループを、「肥育牛 fat cattle」、「ストア牛 store cattle」、それに「他の牛 other cattle」の三つに分けている。輸出牛のこの分類こそは、アイルランドにおける肉牛生産と輸出の性格を表現するものと考えられる。とりわけストア牛は肥育あるいは繁殖 breeding めあての半ば肥育された牛で、アイルランド肉牛生産の、大ブリテン向け輸出という特徴を最もよく表している。[32]

◆酪農

　再確認するが、アイルランドの牛全体の37％が乳牛である。そして、この乳牛の38％がマンスター地方、32％がアルスター地方で、つまり、70％が南北両地方で保有されていた。県ごとに見ると、マンスター地方のコークとケリー、リムリックの3県が乳牛保有頭数の上位1、2、3位を占めていた。郡ごとに見ると、1位がコーク県ドゥーハロウ郡、2位がケリー県トゥルーハナクミ郡、3位がアルスター地方デリー県ロッヒンショーリン郡であった。

　管見では、アイルランドにおける酪農とバター生産に関するデータで、私たちが利用できるものはごくごく限られている。全国的なデータとしては、これまで分析してきた農業統計の乳牛のデータの他にはないと言ってよい。ただ、1824年関税廃止法が成立して、1825年にアイルランドと大ブリテン間の交易が国際貿易関係から沿岸貿易関係へと取扱いが変わり、関税が統合されるまで、アイルランド・大ブリテン間はもとより、アイルランドの対外貿易の公的記録が取られていた。[33] クロッティによれば、この公的記録であるアイルランド税関原簿 the Irish Customs Ledgers が1829年まで作られていた

第1章　大飢饉後の農業構造転換

が、1818年以降は詳しい情報ではなくなった。このアイルランド税関原簿を、同時代人のウエイクフィールド E. Wakefield が、後世の研究者としては、早くはマレイ A. E. Murray やオサリヴァン W. O'Sullivan、オドノヴァン J. O'Donovan が、そしてクロッティとカレン L. M. Cullen が分析している[34]。

　1815年から25年までも、公的なものでないが、牛等の生きた家畜だけでなく、バターや加工処理された食肉のアイルランドから大ブリテンへの輸出データがある。ポーター G. R. Porter が1833年に商務省から議会に報告したものである。報告の注記でこう述べている。「本報告は公的なものではないが、信用に値する。The Steam Navigation Company の支配人たちが保管する資料から編集されたものである」と[35]。

　上記のように、1826年以降、アイルランドの酪農、バター生産と輸出に関する信頼できる全国的データが、ビーフやポーク、ベーコン等の食肉も併せて、残されなくなった。大変限られたデータに基づいてアイルランド酪農や保蔵処理加工食肉の歴史を明らかにした研究がある。しかし、それらは輸出に関わる度合いが高く、第3章「生きた家畜をはじめとする大規模な畜産物輸出」で取り扱う。

1）　J. Gilligan, *Graziers and Grasslands Portrait of a Rural Meath Community 1854-1914*, Dublin, Irish Academic Press, 1998, p. 66, note 3；拙稿「大飢饉後のアイルランド農業」（『大阪経大論集』第159〜161号、1984年6月）は乾草 hay を耕地に入れている。
2）　マンゴールド他は多くの作物を含んでいるが、恣意的にやったのではなく、根拠があってのことである。ほとんどの農業統計は作物 crops を、「穀類 cereal crops」と「その他作物 other crops」と大別し、「その他作物」は「緑作物 green crops」と、フラックス flax やレイプ rape、乾草と分けられている。「緑作物」にジャガイモ、カブ、マンゴールド、ビート根、ニンジン、アメリカボウロウ、キャベツ、ベッチ、その他緑作物が含められ、その合計も出されている。またこれら多数の緑作物を次のようにも括っている。ビート根以下を「その他緑作物」と括ったり、あるいは本書が採用している、マンゴールド以下を「その他緑作物」と括ったりしている。
3）　大飢饉以前はどうか。穀作地の解体と乾草あるいは放牧地への転換が進んだのだろうか。この転換は大飢饉を分水嶺として進行したのではなく、1815年のワーテ

第1部　19世紀後半アイルランド農業の展開

ルロー以降に既に始まっていた。こう主張したのがクロッティである。このいわゆる大飢饉分水嶺論争の一半に筆者も加わった。筆者の結論は、酪農に加えて、大ブリテン市場めあての肉牛を中心とした畜産業が発展を開始したのは大飢饉より前であること、しかし、クロッティの主張のように、穀作地が解体して乾草あるいは放牧地に転換したのはワーテルロー以降ではない。というものであった。前掲拙稿「19世紀前半アイルランド農業の農産物貿易統計からの透視──『大飢饉分水嶺論争』に関わって」、R. D. Crotty, *Irish Agricultural Production Its Volume and Structure*, Cork, Cork University Press, 1966.

4) K. Marx, Entwurf eines Vortrages zur irischen Frage, gehalten im Deutschen Bildungsverein für Arbeiter in London am 16. Dezember 1867, *Marx Engels Werke*, Bd. 16, S. 452（「1867年12月16日、在ロンドン・ドイツ人労働者教育協会でおこなわれたアイルランド問題についての講演の下書き」『マルクス・エンゲルス全集』第16巻、443-4頁）；前掲拙稿（70-71頁）で、1815年から40年までと、1841年から45年までの、大ブリテンの穀物輸入においてアイルランドからの輸入が占める大きな位置について論じている。

5) ピッグ・サイクルについて、松尾太郎『アイルランドと日本』（論創社、1987年、87-8頁）；J. Lee, *The Modernisation of Irish Society 1848-1918*, London, Gill & Macmillan, 1989, p. 65.（リーはピッグ・サイクルという言葉は使っていない。1870年代末のジャガイモ凶作と豚・家禽の頭数が減少したこと、特に、メイヨー県でそうであったと述べている）；T・バリントンは、1908年に消費されたジャガイモのうち、68.3％が家畜飼料あるいは種イモに使用されたとしている。T. Barrington, A Review of Irish Agricultural Prices, *The Journal of Statistical and Social Inquiry Society of Ireland*, Vol. XV, 1927, p. 259. バークによれば、1841年に生産されたジャガイモの33％が家畜飼料であった。P. M. A. Bourke, The Use of the Potatoe Crop in Pre-Famine Ireland, *ibid.*, Vol. XXI, Part VI, 121 Session, 1967-68, p. 93. なおソロウは上記のT・バリントンを引いている。B. L. Solow, *The Land Question and the Irish Economy, 1870-1903*, Massachusetts, Harvard U. P., 1971, p. 95.

6) E. J. Riordanによれば、1912年に生産されたオート麦955,000トンのうち607,400トンが農場の馬などによって消費された。*Modern Irish Trade and Industry*, London, Methuen & Co., 1920, p. 61.

7) T. W. Grimshaw, *Facts and Figures about Ireland, Part I*, Dublin, Hodges, Figgis & Co., 1893, p. 27.

8) M. Turner, *After the Famine Irish Agriculture 1850-1914*, Cambridge, Cambridge University Press, 1996, p. 39. ターナーは、例外はウォータフォード県 Co. Waterfordだけだと言っている。

9) ターナーは、住民数の減少が耕種農業衰退の原因の一つであったとしている。

第1章　大飢饉後の農業構造転換

なお、耕種農業衰退と家畜生産拡大のもう一つの要因は海外からの経済的刺激によるとして、特に、西ヨーロッパ、就中、イングランドにおける食肉と酪農製品に対する需要の増大を挙げている。その際ターナーが、ダブリンとその周辺地域における乾草生産拡大の背景について言及しているのが興味深い。「馬交通が支配する大都市における」多数の馬の「寝床材料と飼料にたいする必要性」が一つ。もう一つが「ダブリンを経由した家畜輸出の増加」である。後者の家畜輸出については本書も章を改めて論ずるが、前者のダブリンのような大都市における馬交通の発達についてはこれまでまったく気が付かなかった。Turner, ibid., pp. 39, 47. 1815年のビアンコーニの成功以降、アイルランドも本格的な馬車時代を迎えた。輸送用の馬の飼料オートがダブリン等の都市交通が盛んとなる地域でも生産が進んだ。M, O'C. Bianconi & S. J. Watson, *Bianconi King of the Irish Roads*, Dublin, Allen Figgis, 1962.

10) *The Return of Owners of Land* (1874-1876) ; *The Return of Owners of Land of One Acre and Upwards, in the Several Counties, Counties of Cities, and Counties of Towns in Ireland*, Dublin, 1876.

11) Returns showing the Number of Agricultural Holdings in Ireland, and the Tenure by which they are held by the Occupiers, *P.P., 1870 LXI*.

12) バークによれば、1841年センサスでは、荒蕪地を、農場を構成する土地に加えることが結局のところ無視されてしまったが、1847年農業統計以後は加えられている。P. M. A. Bourke, The Agricultural Statistics of the 1841 Census of Ireland. A Critical Review, *op. cit.*, p. 378（P. M. A. Bourke, *'The visitation of God'? The potato and the great Irish famine*, eds. by J. Hill and C. Ó Gráda に所収）この編者ヒルとオグラーダによれば、1855年農業統計 The Returns of Agricultural Produce in Ireland in the Year 1855が、「1841年における保有地の規定に、泥炭地あるいは荒蕪地を含められなかった」と確認している。*op. cit.*, p. 193, n. 14.

13) *Census of Ireland, 1871. Part I. Area, Houses, and Population : also the Ages, Civil Condition, Occupations, Birthplaces, Religion, and Education of the People. Summary Tables for Ireland*, Dublin, Her Majesty's Stationary Office, 1875, p. 5.

14) *Introduction to Practical Farming : An Elementary Text Book for Use in Irish National Schools*, new edition,（新版『実用的農業の手引き』）Dublin, Alex. Thom & Co., 1896.（以下、*Practical Farming*『農業の手引き』と略記）によると、セイヨウアブラナも根菜・緑物に入る。後段ではこの点を考慮するが、表1-4では1873年農業統計の通りにした。

15) *Purdon's Irish Farmers' and Gardeners' Almanac for 1873 : with a Calender of Operations*, Dublin, Published at The Farmers' Gazette Office, [1872]（以下、*Farmers' Almanac* と略記）に見られるように、『年鑑』はダブリンで毎週土曜日に発行されている『アイルランド農家新聞 *The Irish Farmers' Gazette, and Journal of*

第1部　19世紀後半アイルランド農業の展開

　　Practical Horticulture』事務所で出版されたものである。年鑑名の冠にあるパードンは『アイルランド農家新聞』発行者パードン Edward Purdon のことで、かれによって出版されたと考えられる。年鑑には多数の広告が載せられ、広告の索引すらあるが、そこには、E・パードンが経営するいくつかの肥料関係会社が出てくる。
　　なお『アイルランド農家新聞』の編集者はプリングルで、かれは、本書も利用する、アイルランド農業に関する重要な論文を発表している。

16)　*Introduction to Practical Farming an Elementary Text Book for Use in Irish National School*, new ed., Dublin, Alex Thom & Co., 1896を『農業の手引き』とした。

17)　*Farmers' Almanac*, pp. 41, 49, 54–5.

18)　*ibid.* pp. 55–8, 60. リールダンによれば、1917年6月から翌年5月までの1年間における子牛出産の月別割合は、6月1.4%、7月1.3%、8月1.5%、9月1.4%、10月1.5%、11月1.8%、12月2.5%、1月5.3%、2月10.0%、3月25.1%、4月29.0%、5月19.2%であった。2月から5月までに83%以上の子牛が出生していた。Riordan, *op. cit.*, pp. 67–8.

19)　*Practical Farming*, p. 54. こうした背景のもとに、亜麻仁（種子）は輸入に頼るようになったのであろう。カレンによれば、17世紀後半以降、アイルランドは英領植民地から直接に輸入することをイングランドによって禁止されていたが、1731年、個数計算できない商品の輸入が認められた。これらの商品のうちの二つ、リネン業のための亜麻仁とラム酒の輸入がその後に急増した。L. M. Cullen, *An Economic History of Ireland since 1660*, London, B. T. Batsford, 1972, p. 38. トンプソンは18世紀にアルスターから北米への移民船が亜麻仁を船積みして帰ってくることがしばしばあったと述べている。H. Thompson, *Weaving Webs of Wealth Two Hundred Years of Linen Manufacture in the Antrim Area*, Antrim, Area Research Centre, 1982, p. 1. リールダンは20世紀に入っての亜麻輸入について、「第1次大戦前の5年間、アイルランドは平均10,581トンの亜麻を生産し、38,057トンを輸入し、3,259トンを輸出した。したがって、平均45,379トンを国内消費した」と述べている。E. J. Riordan, *op. cit.*, pp. 63, 115. 日本の研究者 Takei（武井）が1835年におけるベルファスト、コーク、そしてダブリンのリネン輸出額とともに、亜麻仁の輸入額も表示している。Akihiro Takei, *The Early Mechanization of the Irish Linen Industry 1800–1840*, M. Litt. Thesis, University of Dublin, 1990, pp. 209–14.

20)　T. Barrington, op. cit., p. 259. ソロウ B. L. Solow もバリントンを利用している。*op. cit.*, p. 95.

21)　E. J. Riordan, *op. cit.*, 1920, p. 61.

22)　本章注9で紹介したように、ターナーはダブリンという大都市の馬交通の発達と乾草生産について論じている。

第 1 章　大飢饉後の農業構造転換

23)　P. M. A. Bourke, The Use of the Potato Crop in Pre-Famine Ireland, *The Journal of the Statistical and Social Inquiry Society of Ireland*, Vol. XXI, Part VI, 121 session, 1967-68, p. 93.
24)　Riordan, *op. cit.*, p. 62.
25)　*Practical Farming*, pp. 53-4.
26)　Barrington, *op. cit.*, p. 260.
27)　本パラグラフにおける *Practical Farming* からの引用は pp. 31, 37-8.
28)　プリングルが、乳牛は主に短角牛ないし短角牛交配種で、短角牛血統が混ざっているため、肉牛のストア牛、あるいは肥育牛として売られるばあい、酪農牛としての価値にかなりのものが付加されてきたと述べている。つまり、乳牛の多くが乳肉兼用種であったと。R. O. Pringle, A Review of Irish Agriculture, chiefly with Reference to the Production of Live Stock, *Journal of the Royal Agricultural Society of England*, 2nd ser., VIII（1872）, p. 57.
29)　Pringle, *ibid.*, p. 59.
30)　Robert Bruce, The Irish Cattle Industry, in *Ireland Industrial and Agricultural*, ed., by William P. Coyne, Dublin, Cork, Belfast, Brown & Nolan, 1902, p. 359.
31)　日本での酪農や肉牛生産では、出生から離乳までを子牛、雌牛のばあいは離乳から初産する少し前までを育成牛、雄牛のばあいで、去勢され肉牛として飼養され、素牛として引き取られていくまでを育成牛とよばれている。例えば、阿部亮他著『新版　家畜飼育の基礎』（農山漁村文化協会、2008年、109、144頁）。しかしアイルランドの資料を見るばあい、育成牛概念が不明瞭に見える。本書がよく利用する『農家年鑑』では、表1-5とその説明で示したように、calves と区別して young cattle が出てくるが、若牛と直訳しておいた。
32)　The Agricultural Statistics of Ireland, for the year 1886, *P.P. 1887［C. 5084］XXXIX*. トム年鑑 *Thom's Almanac and Official Directory* が1846年以降、「去勢雄牛・雄牛・雌牛」の合計と「子牛」の二つに分類した牛と、羊、豚の大ブリテンへの輸出頭数のデータを掲載している（ただ、管見では1873年と74年は牛については総計だけである）。その後1875年から、農業統計が本文で述べたような詳しい分類の輸出データを集計、公開するようになったが、それ以前、トム年鑑がどのようにしてデータを入手したのか興味深い。
33)　アーヴィング W. Irving 輸出入監察長官 Inspector-General of Import and Export（ロンドン税関）が1849年5月におこなった衆議院 the House of Commons への報告 An account of all cattle, sheep, and swine, imported into Great Britain from Ireland, from the 5th day of July 1847 to the 5th day of April 1849, *P.P. 1849（292）* Vol. L. への注記で本文の内容を記している。1824年関税廃止法は Act to Repeal the Duties on All Articles of the Manufacture of Great Britain and Ireland respec-

tively on the Importation into either Country from the Other (5 Geo. IV, c. 22).
34) Raymond D. Crotty, *Irish Agricultural Production Its Volume and Structure*, Cork, Cork University Press, 1966, pp. 275-77.; Edward Wakefield, *An Account of Ireland, Statistical and Political*, 2 Vols., London, Longman, Hurst, Orme, and Brown, 1812; Alice E. Murray, *A History of the Commercial and Financial Relations between England and Ireland from the Period of the Restoration*, new edition, London, P. S. King & Son, 1907; William O'Sullivan, *The Economic History of Cork City from the Earliest Times to the Act of Union*, Dublin and Cork, Cork University Press, 1937; John O'Donovan, *The Economic History of Live Stock in Ireland*, Dublin and Cork, Cork University Press, 1940; Luis M. Cullen, *Anglo-Irish Trade 1660-1800*, Manchester, Manchester University Press, 1968; do., *An Economic History of Ireland since 1660*, London, B. T. Batsford, 1972.
35) ポーター George Richardson Porter (1792-1852) は商人の息子として生まれた。かれ自身も1813年に砂糖とワインの貿易を始めている。デイヴィッド・リカード David Ricardo の妹サラ Sarah と結婚する。当初、臨時的に商務省の仕事に携わるが、1834年、商務省統計局長官 the superintendent of the Statistical Department of the Board of Trade に就く。また同年、王立統計協会 The Royal Statistical Society 創設にも加わる。1833年から、かれがおこなった商務省統計局報告は、1852年に死亡するまで「ポーター表 Porter's Tables」と呼ばれた。なお、商務省はポーターの下に鉄道局も設置している。1841年、政治経済学クラブのメンバーになる。ポーターの主著に *The Progress of the Nation in its Social and Economical Relations from the Beginning of the Nineteenth Century to the Present Day*, 3 vols., 1836-43 (*The Progress* と略記) がある。本書で利用するのは New Edition, London, John Murray, 1852である。

ポーターはアイルランドから大ブリテンへの穀物輸出データが、畜産物と違って、1815年以降、26年から45年までも含めて49年まで記録されたことについてこう述べている。「1人ないし2人の下級官吏の年俸を節約するために、大ブリテンとアイルランド間の通商の公的記録を取ることをやめることが決定されたと言われている。ただし穀物と小麦粉は例外扱いで、それらの貿易はわが国会議員諸氏の大いなる関心が寄せられるものであった」(*The Progress*, p. 344)。なお、ポーターの略歴は *Oxford Dictionary of National Biography*, Vol. 44, 2004による。

第2章
牛を中心とした家畜の全国的流通

第1節　肉牛生産と酪農にみられる地域的分業と全国的移動＝流通の推定

(a)　フーパーの方法と全国的概観

　アイルランド農業統計は1854年から、年齢別の牛データから「乳牛」を別に分類した。つまり、「乳牛」と「その他の牛」に大別し、後者を年齢別に小分けした。この分類は、牛の地域間移動を考察するうえで大変重要である。これを実証したのが、アイルランド自由国商工局統計主査のJ・フーパーである。フーパーは自由国統計を利用して1920年代半ばの、しかも、自由国26県を対象にしているが、本書は、フーパーの方法に依拠しながら、1870年代初頭の牛の移動＝流通を推定することにしたい[1]。

　1871年6月初めを基点として、73年6月初めまでの移動を検討する。6月初めとは家畜頭数の調査時点である。表2-1は、アイルランド全国と4地方における1871年6月初めのその他の牛「1歳未満」の頭数、1年後の72年6月初めのその他の牛「1歳以上2歳未満」（表示は1～2歳）の頭数、1873年6月初めのその他の牛「2歳以上」（2歳以上3歳未満ではない）の頭数、それに1871年6月初めの「乳牛」頭数と、71年の農地面積エーカー（耕地＋乾草地＋放牧地）を示している。ここから牛の移動の存在が推定できる。それはどうしてか。

　フーパーの方法をまず全国で見よう。1871年6月初めに「1歳未満」の牛は翌年6月初めには「1歳以上2歳未満」となる。この間、何の変化も起こ

表2-1　牛の移動推定(1871年6月〜1873年6月)

	乳牛 (1871年)	1歳未満 (1871年)	1〜2歳 (1872年)	2歳以上 (1873年)	農地 (1871年)	移動指標			
						X	A	B	C
全　　国	1,543,662	850,777	767,878	844,543	15,692,722	98	55	90	110
アルスター	492,992	289,109	233,174	154,478	4,076,912	121	59	81	66
コナハト	216,438	130,799	138,003	178,922	2,836,478	76	60	106	130
レンスター	251,255	162,039	199,254	344,721	4,087,319	61	64	123	173
マンスター	584,967	268,830	197,744	166,422	4,685,013	125	46	73	84

注1)農地はエーカーであるが、各種牛は頭数
注2)X＝農地(1871年)1,000エーカー当たりの「乳牛」(1871年)頭数
　　A＝「乳牛」(1871年)100頭当たりの「1歳未満」(1871年)頭数
　　B＝「1歳未満」(1871年)100頭当たりの「1歳以上2歳未満」(1872年)頭数
　　C＝「1〜2歳(1歳以上2歳未満)」(1872年)100頭当たりの「2歳以上」(1873年)頭数
出典)The Agricultural Statistics of Ireland, for the Year 1871, *P.P. 1873 [c. 762]* Vol. LXIX ;
　　 The Agricultural Statistics of Ireland, for the Year 1872, *P.P. 1874 [c. 880]* Vol. LXIX ;
　　 The Agricultural Statistics of Ireland, for the Year 1873, *P.P. 1875 [c. 1125]* Vol. XV

らなければ、頭数は1年前と同じである。すなわち、指標Bは100である。もしアイルランドが多くの牛を輸入していたとしたら、指標が100を超えることもあるが、アイルランドは輸出国であった。同じ1年間に屠殺か何らかの理由で死亡する、あるいは、アイルランドの外へ、大ブリテンへ輸出されるばあい、指標は100を下回る。実際、指標は90である。つまり、この1年間に「1歳未満」10%の頭数がアイルランドから失われたということである。

　同じ「1歳未満」の牛について4地方で考えてみよう。全国で1年間に10%が失われた。今度は、これも基準となる。コナハトとレンスターは全国平均90に止まらず、100を超えて、106と123である。特にレンスターは、1871年6月から翌年6月にかけての1年間、71年6月初めに「1歳未満」であった牛が他の地域からかなりの頭数で移入していたことを示す。他方、全国平均90を下回るアルスターとマンスター、特に、マンスターでは、71年6月初めに「1歳未満」であった牛の相当多数がその後の1年間に他地方か海外(大ブリテン)に移出されたか、屠殺ないし死亡したことを示す。

第2章　牛を中心とした家畜の全国的流通

　では1872年6月初めに「1歳以上2歳未満」であった牛が1年後にどうなったか。このばあいは「1歳未満」のようにはいかない。というのは、与えられたデータが、1873年6月初めの「2歳以上で3歳未満」の牛ではなく、「2歳以上」の牛、つまり3歳以上も含む全ての頭数との比較になるからである。したがって、指標Cは100を超える可能性があり、実際、それは110であった。

　しかしC指標110は大変意味深いし、実は異常に低い。3歳から4歳、4歳以上などを考えると200以上になってもよいように思われる。だが第一に、110という数値は、肉牛の屠殺年齢が関わってくる。J・オドノヴァンによれば、「1850年には3歳で最終肥育を終えるのは稀であったが、1910年にはそれが一般的になっていた[2]」。1870年代には最終肥育の牛年齢が下がりつつあったが、多くの牛が3歳で国内屠殺されるということはまだ見られなかったと考えられる。ということは、第二の事情が鍵を握っている。つまり、1871年6月時点で「1歳以上2歳未満」であった牛や、「2歳以上」の牛の多くがその後1年間にアイルランドの外に、つまり大ブリテンに輸出されたことを表現しているかもしれない。この点こそ本書が後段で明らかにしようとすることであるが、そもそも1870年代において、農業統計上「3歳以上」が別に分類されていなかったが、それをおこなう意味もあまりなかったことを示しているかもしれない。

　さて、4地方における「1歳以上2歳未満」であった牛の1年間における移動ははっきりと推定できる。指標Cの全国平均110を基準に考えよう。アルスターとマンスターは全国平均を大きく下回っている。とくにアルスターは指標が66と極端に低い。明らかにこれら2地方から、1871年6月時点で「1歳以上2歳未満」であった牛の多くがその後1年間に、他地方か、あるいは大ブリテンに移出・輸出されたと推定できる。他方、レンスターとコナハトの2地方、特に、レンスターの指標Cは大変高く、これら2地方には他地方から、1871年6月時点で「1歳以上2歳未満」であった牛が多数その後1年間に移入していたと推定できる。

最後に、指標 A、すなわち、1871年6月初めにおける、「乳牛」100頭当たりの「1歳未満」の頭数を考えよう。実はフーパーはこれを使って、「1歳未満」牛の1871年6月初めまでの移動を推定している。なぜそうなのか。

既に見たように、アイルランドには乳肉兼用牛が多数で、「乳牛」は多くの「1歳未満」牛の母牛でもある。また、そもそも子牛を産まないことには母乳、つまり牛乳が出ない。したがって「乳牛」は子牛を産むようにさせられる。子牛分娩間隔が全国的に差がないと仮定すると、A指標全国平均55をかなりの程度上回る県は「1歳未満」の移入があった、かなりの程度下回る県は移出があったと考えるほかない。

そもそもA指標全国平均55頭は少ない。既に触れたが、「乳牛」に未経産牛が入っているからであろう。また、調査時点6月初め以前に子牛がアイルランドで屠殺されたか、あるいは大ブリテンに売られたことも考えられる。

ここで子牛の月年齢に改めて触れておくのがよい。1871年6月初め時点の「1歳未満」の月齢はどれくらいであったのか。1870年代のデータが入手できるのか、不明である。リールダンが、1917年6月から翌年5月までの1年間における子牛出産の月別割合を紹介している。6月1.4％、7月1.3％、8月1.5％、9月1.4％、10月1.5％、11月1.8％、12月2.5％、1月5.3％、2月10.0％、3月25.1％、4月29.0％、5月19.2％であった。2月から5月までに83％以上の子牛が出生している。これを参考にする。

子牛の多くは春になって牧草が芽吹く時に生まれている。他方、フーパーが示すところでは、バター生産が盛んになる6月以降には、子牛哺育のために牛乳を割くことを避けるためか、子牛繁殖は下火になる。ともあれ、6月初め時点の「1歳未満」の83％以上（2月から5月までの4カ月合計）が4カ月未満齢であったと考えられる。

この1910年代の数値は1870年代に適用できるだろうか。繁殖時期が2月から5月に集中していた事情は、私たちのこれまでの研究では、否定することができない。本書では、1870年代においても、6月初め時点の「1歳未満」の多くが4カ月未満齢であり、「1歳以上2歳未満」の多くが12カ月齢から

第 2 章　牛を中心とした家畜の全国的流通

16カ月齢であったと考えることにしよう。

　子牛は生まれてしばらくは母牛の母乳で育てる必要があることを考えると、1871年6月初め時点までの「1歳未満」の移動は、母乳から離れてから間もない、よちよち歩きの子牛が含まれているかもしれない。

　さて、不思議なことに、「乳牛」を多数飼養して酪農が盛んなマンスター地方のみA指標が平均を下回っている。1871年6月初め時点の「乳牛」100頭当たりの、同時点のその他の牛「1歳未満」の頭数が全国平均55に対して、マンスターは46である。マンスターの子牛繁殖が他地方に比べて劣るのであろうか。酪農が盛んなマンスターは、子牛繁殖技術が進んでいることはあっても、遅れているとは考えにくい。また、乳肉兼用種の乳牛が肉牛として育てられる子牛の繁殖を担っていることから、肉牛生産を進めるうえからも多数の子牛を産まねばならなかった。全国の「乳牛」の38％を飼養しているマンスターは多数の子牛を繁殖しているが、バター生産に大量の牛乳を割く必要のために、多数の子牛を他の地方に移出（大ブリテンへの輸出を含む）しなければならなかったと考える他ない。

　ここでフーパーのデータを見よう。先に述べたように、かれのデータはアルスター6県（「北アイルランド」に編入された）を除いた26県のものであるが、中央東部と北西部、それに南西部の三つの地域に分けて、1913年の子牛繁殖月別分布率を示している。中央東部はキルケニ県を除くレンスター地方11県とコナハト地方のゴールウエイとロスコモン2県の計13県、北西部は「北アイルランド」に編入された6県を除いたアルスター3県（ドニゴール、モナハン、キャヴァン）とコナハトのメイヨー、スライゴ、リートゥリム3県の計6県、南西部はマンスター全6県とレンスターのキルケニを合わせた7県と分けられている。興味深いことには、マンスター全県を含む南西部は、繁殖のピークがどこよりも早い時期に来ていることである。2月から5月までの4カ月間に1年の88.6％の子牛が生まれ、うち3月はピークを打って35.1％になり、4月も高く29.7％であった。5月から分布率が下がり、6月以降10月までは極端に下がって各月は1％を切っている。他方、中央東部は2月か

らの4カ月で68.0%、3月が19.0%、4月が21.8%で、6月以降10月までも、分布率は大きく下がるものの2～3%台にとどまっている。北西部地方は同じ4カ月で77.8%、3月18.5%、4月27.8%であるが、5月も分布率が高く24.5%である。6月以降も2%台以上である。南西部は他地域より早く3月と4月に子牛繁殖が集中していることがわかるが、牧草が早く芽吹くのであろう。また、バター生産が盛んな同地域では、早くバターの生産を本格的に進めなければならず、したがってまた、子牛哺育のための母乳需要を早く終わらせるために、早い時期の繁殖が求められたのであろう。

同じく酪農が盛んであるアルスターは状況が違うようである。多数の子牛、1歳未満牛を生産していることはマンスターと同じである。違うのは、A指標が全国平均をわずかではあるが上回っていること、すなわち、生まれたばかりの子牛を他所にさほど供給していないということ、また、「1歳未満」牛もマンスターほどには移出していないことである。

さて、移動指標でないX指標も挙げた。これについて説明しよう。1871年の農地（耕地、乾草地、放牧地）1,000エーカー当たりの「乳牛」頭数（1871年）がX指標である。農地面積が大きなマンスターは、小さなコナハトよりも多くの「乳牛」を飼養しているのは当然である。だが、地域は小さいが、また、「乳牛」の絶対的飼養頭数は少ないが、酪農が盛んな地域が存在するはずである。そこで、フーパーが考え出したのがこのX指標である。マンスターとアルスターは全国平均98よりかなり高い。やはりこの2地方で酪農が盛んであったことを示している。だが、この2地方以外でも、酪農が盛んであった地域はなかったのだろうか。次に見る県別データでその点が明らかになる。

(b)　牛の地域間移動＝流通の推定と地域的分業

牛の地域（県）間移動を検討するために作ったのが表2-2a、2bである。

表2-2aは第1章の表1-3と同じ順番で県を並べた。1から9まではアルスター9県、10から14まではコナハト5県、15から26まではレンスター12

表2-2a　32県の牛頭数と順位　　　　　　　　　　　　　　　　　　　　　（単位：エーカー／頭）

		1871年 農地		1871年 乳牛		1871年 1歳未満		1872年 1～2歳		1873年 2歳以上	
	全　国	15,692,722		1,543,662		850,777		767,878		844,543	
1	ドニゴール	656,095	6	73,253	6	39,085	6	39,586	3	35,136	7
2	デリー	424,414	16	46,760	13	27,217	15	23,420	14	14,830	24
3	アントゥリム	629,916	7	68,033	7	38,948	7	35,396	7	21,846	15
4	ティローン	539,286	10	80,107	5	47,184	2	33,697	8	18,057	19
5	ファーマナ	348,943	23	47,856	12	30,492	11	15,313	25	14,606	27
6	モナハン	283,632	27	34,188	20	20,337	20	15,588	24	9,025	32
7	アーマー	277,878	28	33,459	21	18,510	21	17,972	21	9,872	30
8	ダウン	526,798	12	56,718	10	34,807	9	31,704	10	16,042	22
9	キャヴァン	396,947	17	52,618	11	32,529	10	20,498	19	15,064	23
10	リートゥリム	298,063	26	44,687	14	27,990	14	19,745	20	13,841	26
11	スライゴ	319,503	25	37,169	19	23,315	18	21,022	18	19,151	17
12	メイヨー	724,663	5	60,073	8	29,394	12	35,841	5	54,173	3
13	ロスコモン	469,064	14	32,193	22	20,749	19	25,655	12	26,927	10
14	ゴールウエイ	1,025,185	2	42,316	16	29,351	13	35,740	6	64,830	2
15	ロングフォード	203,971	29	19,589	25	14,167	25	14,011	28	10,817	29
16	ウエストミーズ	367,449	18	17,036	26	15,232	23	21,953	16	41,827	6
17	ミーズ	535,588	11	16,661	27	12,932	26	29,407	11	101,211	1
18	ラウズ	175,208	32	9,422	32	6,266	31	8,848	31	11,633	27
19	オファリ	352,637	22	15,601	28	8,156	30	14,912	26	26,470	11
20	キルデア	355,781	21	13,948	30	10,415	28	15,953	23	42,160	5
21	ダブリン	191,369	31	14,143	29	5,298	32	7,655	32	22,906	13
22	リーシュ	362,642	20	22,044	24	11,990	27	16,363	22	22,867	14
23	キルケニ	462,658	15	41,603	17	25,578	17	23,959	13	19,020	18
24	カーロー	195,831	30	13,947	31	10,383	29	10,412	30	10,904	28
25	ウィックロー	366,630	19	25,528	23	14,913	24	14,716	27	17,714	20
26	ウェクスフォード	517,555	13	40,743	18	26,709	16	21,065	17	17,192	21
27	クレア	620,055	8	59,957	9	38,509	8	36,584	4	33,691	8
28	ティペラーリ	875,007	3	84,321	4	46,988	3	43,021	2	45,594	4
29	ケリー	790,637	4	116,873	2	46,104	5	32,855	9	23,471	12
30	リムリック	593,234	9	98,399	3	46,691	4	23,088	15	20,578	16
31	コーク	1,470,220	1	182,075	1	73,138	1	48,889	1	33,315	9
32	ウォータフォード	335,560	24	43,342	15	17,400	22	13,010	29	9,773	31

第1部　19世紀後半アイルランド農業の展開

県、そして27から32までがマンスター6県である。各県の農地（耕地＋乾草栽培地＋放牧地）面積（エーカー）と、乳牛以下の各牛の頭数を記載し、農地面積と各牛頭数の大きな県から順位をつけた。例えば、コークは農地面積が一番大きくて、各牛の頭数が「その他の牛」2歳以上以外は全て一番多いことがわかる。他方、農地面積が一番小さいのは18番のラウズであるが、やはり、乳牛頭数は一番少なく、「その他の牛」1歳未満と1歳以上2歳未満も2番目に少ない。2歳以上の牛のばあいも6番目に少ない。乾草栽培地と放牧地も含めた農地面積の大小が各牛の頭数と関わっていたが、それは自然なことであった。

　しかし、農地1,000エーカーを単位として見ると様相は変わってくる。また、牛も移動するという観点から見ると事態は変わってくる。そこで、表2－2aを基に作ったのが表2－2bである。この作業をするために、表2－2aでは、農地面積、乳牛と1歳未満の頭数は1871年、1歳以上2歳未満牛は1872年、2歳以上は1873年のデータとしている。つまり、1871年6月時点から73年6月時点までの牛の移動を推定するためである。

　表2－2bはX、A、B、Cの指標の大きいものから順番に32県を並べている。これもフーパーの方法によるもので、各指標の意味は先に見た。表2－2aも合わせた二つのデータから何が推定できるか。

　まずX指標である。1871年における各県の農地1,000エーカー当たりの「乳牛」頭数を示している。コナハト地方のリートゥリム県を例にあげよう。リートゥリムは農地の広さが32県中26番目の小さな県である。しかも、同県の「乳牛」飼養頭数の順位は少し上がるものの14位である。しかるに、農地1,000エーカー当たりの「乳牛」頭数を見るとなんと2位になる。

　「乳牛」飼養頭数の多い県、1位のコークから7位のアントゥリムまでは少なくとも、多数の「乳牛」を飼養している点で酪農県と呼んで間違いない。因みに、7県を合計すると703,061頭となり、全国で飼養されている乳牛の46％弱（10県のばあい57％）にも上る。なお、1位から4位までの4県がマンスター地方、5位から7位までの3県がアルスター地方に位置する。

表2-2b　32県の単位農地面積当たりの乳牛頭数と牛移動（1871年6月～1873年6月）

	X 指標		A 移動指標		B 移動指標		C 移動指標	
	全国平均	98	全国平均	55	全国平均	90	全国平均	110
1	リムリック	166	ウエストミーズ	89	ミーズ	227	ミーズ	344
2	リートゥリム	150	ミーズ	78	オファリ	183	ダブリン	299
3	ティローン	149	キルデア	75	キルデア	153	キルデア	264
4	ケリー	148	カーロー	74	ダブリン	144	ウエストミーズ	191
5	ファーマナ	137	ロングフォード	72	ウエストミーズ	144	ゴールウエイ	181
6	キャヴァン	133	ゴールウエイ	69	ラウズ	141	オファリ	178
7	ウォーターフォード	129	ラウズ	67	リーシュ	136	メイヨー	151
8	コーク	124	ウェクスフォード	66	ロスコモン	124	リーシュ	140
9	モナハン	121	ファーマナ	64	メイヨー	122	ラウズ	131
10	アーマー	120	クレア	64	ゴールウエイ	122	ウィックロー	120
11	スライゴ	116	ロスコモン	64	ドニゴール	101	ティペラーリ	106
12	ドニゴール	112	キャヴァン	63	カーロー	100	カーロー	105
13	デリー	110	リートゥリム	63	ウィックロー	99	ロスコモン	105
14	アントゥリム	108	スライゴ	63	ロングフォード	99	ファーマナ	95
15	ダウン	108	ダウン	61	アーマー	97	クレア	92
16	クレア	97	キルケニ	61	クレア	95	スライゴ	91
17	ティペラーリ	96	ティローン	59	キルケニ	94	ドニゴール	89
18	ロングフォード	96	モナハン	59	ティペラーリ	92	リムリック	89
19	キルケニ	90	デリー	58	ダウン	91	ウェクスフォード	82
20	メイヨー	83	ウィックロー	58	アントゥリム	91	キルケニ	79
21	ウェクスフォード	78	アントゥリム	57	スライゴ	90	ロングフォード	77
22	ダブリン	74	ティペラーリ	56	デリー	86	ウォーターフォード	75
23	カーロー	71	アーマー	55	ウェクスフォード	79	キャヴァン	73
24	ウィックロー	70	リーシュ	54	モナハン	77	ケリー	71
25	ロスコモン	69	ドニゴール	53	ウォーターフォード	75	リートゥリム	70
26	リーシュ	61	オファリ	52	ケリー	71	コーク	68
27	ラウズ	54	メイヨー	50	リートゥリム	71	デリー	63
28	ウエストミーズ	46	リムリック	47	ティローン	71	アントゥリム	62
29	オファリ	44	コーク	40	コーク	67	モナハン	58
30	ゴールウエイ	41	ウォーターフォード	40	キャヴァン	63	アーマー	55
31	キルデア	39	ケリー	39	ファーマナ	50	ティローン	54
32	ミーズ	31	ダブリン	37	リムリック	50	ダウン	51

第1部　19世紀後半アイルランド農業の展開

　では、X指標最高県のリートゥリムなどは酪農県と呼ぶことができないのだろうか。農地面積規模が小なりとはいえ、リートゥリムの農地において、リムリックには少し劣るが、酪農が盛んにおこなわれていると考えてよいのでないか。農地単位面積（1,000エーカー）当たりの「乳牛」飼養頭数を考察する意義はここにある。この点で、X指標も同様に7位までに入る県もまた酪農県と呼んでよいと考えよう。こう考えると、「乳牛」飼養頭数7位までのコーク、ケリー、リムリック、ティペラーリ、ティローン、ドニゴール、アントゥリムの7県と、X指標の高い7県のうち、上記飼養頭数7位までと重ならないリートゥリム、ファーマナ、キャヴァン、ウォータフォードの4県、この両者を足した少なくとも11県を酪農県と呼んでよいだろう。マンスター地方は5県、アルスター地方は5県、それに、コナハト地方の1県を加えた11県である。

　さて、牛の移動である。ほとんどが肉牛といってよい「その他の牛」の県からの移出と県への移入、したがってまた、地域的分業の存在の推定である。

　A指標は、1871年6月初め時点における、「乳牛」100頭当たりの「その他の牛」1歳未満の頭数であった。全国平均は55頭である。生まれて間もない時期にブリテンに輸出された、あるいは、屠殺か他の理由で死亡した子牛もいたであろう。かれらを考慮すると、「乳牛」と農業統計で記録されている100頭のうち少なくとも60頭くらいは子牛を産んだと考えられる。「乳牛」のうちには、未だ成熟せず、妊娠、分娩が不可能な未経産牛もいる。1年に乳牛1頭がおよそ1頭の子牛を産むと考えてのことである。

　さて、A指標が一番多いのはウエストミーズの89頭である。ところが同県は同時点の「その他の牛」1歳未満の絶対数は32県中23番目と少ない。他方、乳牛飼養絶対数が一番多いコークはA指標が40頭であり、何と3番目に少ない。これは何を語っているのだろうか。もう一つ別の意味で目立つ例がある。A指標が一番少ない37のダブリンである。同県は乳牛飼養絶対数でも4番目に少ない。

　まず最も目立つコークから考えよう。コークは乳牛を一番多く飼養する酪

農県である。しかも、最も多くの「その他の牛」1歳未満を保有している、つまり、最大多数の肉用子牛を繁殖する県でもある。多くの乳牛が乳肉兼用種として多くの肉用子牛も産んだのである。乳牛の子牛のおよそ半数を占める雄牛のほとんど全てと（種牛となるのはほとんどなかったであろう）、乳牛として育てられるコースから外れたほんのわずかの雌牛も肉用牛として育てられ、売られていく。

　乳肉兼用種の乳牛のばあい、かの女たちの生乳は子牛哺育の母乳需要とバター生産の牛乳需要とが衝突する可能性がある。温暖なコークは春早く若草が芽生える条件に恵まれていることもあり、牛分娩時期を早め、したがってまた離乳時期を早くするとともに、6月初めまでに肉用子牛を他県に移出した（あるいは大ブリテンに輸出する）と考えられる。だから酪農県コークでは、2月から5月にかけて多数生まれた子牛が6月初め時点までに移出したと推定できるA指標40となったのであろう。

　少なくともA指標47のリムリックから、コーク、ウォータフォード、そして39のケリーまでが子牛移出（供給）県であったと考えられる。この4県はいずれもマンスター地方の酪農県に入っている。

　これらの移出県グループのなおその下にダブリンがある。A指標はもっとも低く37である。しかし、ダブリンのばあいは別の事情によるものであった。同県が多くの子牛を移出するのは、大都市ダブリンの生乳需要が大きく、子牛哺育のために牛乳を割くことを避けたためと考えられる。

　産まれて間もない子牛を移出する県がある一方、かれら子牛を移入する県もあったはずである。全国平均55前後のおよそ5の範囲、59のティローンから50のメイヨーまでの11県では、子牛の移動がほとんどなかったかもしれない。

　この11県の指標より大きい、すなわちA指標が59を超える県のうち、89のウエストミーズから、少なくとも指標70台のロングフォードまでの5県は子牛をかなりの程度移入したと考えることができる。

　次はB指標であるが、1871年6月初めの「1歳未満」100頭当たりの、1872

年6月初めの「1歳以上2歳未満」の頭数のことである。1871年6月初めに「1歳未満」であった「その他の牛」が1年間にどうなったかをはっきりと示す。同じ地域に留まったので、ほぼ同じ頭数を維持したか、他地域に出ていったり、屠殺されたり（何らかの理由で死亡）したために、頭数を減らしたのか、あるいは逆に、他地域から入ってきたために、頭数を増やしたのか、B指標ははっきりと示す。

アイルランド全体（全国平均）は90である。アイルランド国内で屠殺されたか（何らかの理由で死亡したか）、大ブリテンに輸出されたかのいずれかによるものである。県ごとに見るばあい、指標100を基準とし、その前後5の範囲（101のドニゴールから95のクレアまでの6県）は移動がほとんどなかった地域と考えられる。子牛や若牛の移入県はどうか。表示の最上部に位置するミーズからゴールウエイまでの10県が考えられる。他方、表示最下部に位置する、頭数が半減した（指標50）リムリックやファーマナから、わずか頭数を減らしているキルケニまでの16県を移出県と考えることができる。

最後のC指標は少々ややこしいことは既に見た。ここでは、全国平均110をどれほど上回るか、あるいは、下回るかによって、1872年6月初めの「1歳以上2歳未満」の頭数が1年後にどうなったのか検討することにする。

ここでも全国平均110前後、5の範囲を移動がほとんどなかった地域と考える。指標106のティペラーリから105のロスコモンまでの3県がそれに該当する。

ミーズからウィックローまでの10県が「1歳以上2歳未満」のその他の牛を移入していたと考えることができる。ミーズのC指標は何と344である。大量の「1歳以上2歳未満」のその他の牛、つまり、肥育素牛を他県から移入していると推定できる。程度は劣るが、ダブリンやキルデアもそうである。移入県10県は、コナハトのゴールウエイとメイヨー以外はすべてレンスター地方にある。

他方、ファーマナからダウンまでの19県は、1872年6月初め時点の「1歳以上2歳未満」のその他の牛を、その後1年間のうちに他県に移出した（も

第2章　牛を中心とした家畜の全国的流通

しくは大ブリテンに輸出した)、あるいは、屠殺したと考えられる。表示最下部のダウンからモナハンまで指標が50台であるが、1872年6月初め時点の「1歳以上2歳未満」のおよそ半分が1年間に流出したことを意味する。移出の程度がそれほど大きくないと思われるファーマナやドニゴールも含めて、アルスター地方全県が移出県であった。マンスター地方はどうか。ティペラーリを除く5県がそうであった。

さて、「1歳以上2歳未満」のその他の牛、すなわち、肥育素牛を他県から移入するミーズを筆頭とした10県は、「2歳以上」牛の半ば肥育か、最終肥育を盛んにおこなう地域であると考えられる。では、そもそも、その他の牛「2歳以上」を多数飼養している県や、あるいは、「1歳以上2歳未満」を他県に移出する（あるいは大ブリテンに輸出する）が、「2歳以上」を依然として多数飼養する県はどうなのであろうか。表2－2aも見よう。

ミーズ、ゴールウエイ、メイヨー、ティペラーリ、キルデア、ウエストミーズ、ドニゴール、クレア、コーク、そしてロスコモンまでが、「2歳以上」牛の飼養頭数1位から10位を占めている。「1歳以上2歳未満」の移動（移出・移入）がほとんどないと考えられるティペラーリが2位、同じくロスコモンが10位である。「1歳以上2歳未満」の移出県と考えられるドニゴールが7位、クレアが8位、コークが9位である。こうした「1歳以上2歳未満」の移出県も含む飼養頭数上位10県は合計して、全国の57％の「2歳以上」その他の牛を飼養している。

この10県に、C指標が120以上のダブリン、オファリ、リーシュ、ラウズ、それにウィックローの5県を加えた15県が、「2歳以上」牛の半ば肥育か、仕上げ肥育を盛んにおこなう地域であると考えてよい。レンスター8県、コナハト3県、マンスター3県、それに、アルスター1県の15県である。もちろん、これら15県以外においても、飼養頭数はさほど多くないが、「2歳以上」牛を半ば肥育したり、仕上げ肥育したりする県があったと考えてよい。この点は次節でフェアを検討する際に見ることにしよう。

他方、C指標95のファーマナ以下19県は素牛供給県であったと考えられる。

そこには、「2歳以上」牛を多く飼養するドニゴールやクレア、コークも含まれている。つまり、他地域に肥育素牛を供出しながら、自らも半ば肥育や仕上げ肥育も盛んにおこなっていた県があったと考えられる。

以上総じて、生まれたばかりの子牛から、「その他の牛」2歳以上にいたるまで、アイルランド島の南北から、レンスター東部のミーズやダブリン、キルデアと、西のコナハトのゴールウエイやメイヨーを結ぶ、島の東西中央部への肉牛の大きな移動、流通があったと推定して間違いなかろう。この太い流れだけではなかった。既に何度か述べてきたが、酪農地帯マンスターの中心コークも肥育をおこなう県であったし、アルスターの西端ドニゴールもそうであった。

今確認したのは、県を越えた牛の移動が間違いなくあったこと、地域間の移出入の大まかな推定であった。もっと実態に迫ろう。一つは、実際に家畜が全国至る所で売買されていることを確認する。すなわち、1870年代における家畜フェアの開催状況を把握することである。もう一つは、実際の牛の移動に少しでも迫ることであるが、管見では、若干の鉄道会社のデータと個別事例があるだけである。

第2節　全国で開かれるフェアとダブリンの家畜マーケット

(a)　フェアとマーケット

1870年代において全国各地で開かれていたフェア fair に注目する。アイルランドにおけるマーケット market とフェアの違いを念頭に置きながら考えよう。

　　50年前、地域フェア the local fair は、ダブリン以外のアイルランドのすべての地域で、最も重要なイヴェントであった。ほとんど誰もがいろいろな理由で胸を躍らせた。教区司祭 parish priest は雌牛を買ったり売ったりできたらよいと思ったであろうし、子供たちは学校の休みをもらった。ティンカー tinker は売り物のブリキの金物を持ち込み、<u>牛を売った人間は、未払いのつけを払う金を手に入れた</u>。売り買いがうまく

第2章　牛を中心とした家畜の全国的流通

いけば誰もがホリデイを楽しんだ。

　これは子供の頃より、ドゥローヴァー drover（家畜運び屋）の父に連れられて各地のフェアを牛と一緒に旅して回ったローガン P. Logan が残した書物『フェア・デイ　アイルランドのフェアとマーケットの物語』の序文冒頭の一節である[7]。同書は1986年の出版であるので、50年前とは1930年代のことであろうか。

　フェアは単なる家畜市ではなさそうである。子供たちは学校が休みになる。教区司祭も登場する。数カ月間溜まった借金を清算できるため、牛を売って現金を手にした人々にとってもホリデイであった[8]。

　1853年に、アイルランドのフェアとマーケットに関する議会報告書（以下『1853年フェア報告』と呼ぶ）がある[9]。付録に、報告時点において開催が確認されたフェアと、その開催月日等が県ごとに掲載されているが、その前に祝祭日一覧が挙げられている。1月1日のキリスト割礼祭 Circumcision から、12月28日の幼児殉教者の日 Innocents までと、最後に、日付け変動祝日であるキリスト昇天祭 Ascension Day やキリスト聖体祭 Corpus Christi、それに聖霊降臨祭月曜日 Whitsun Monday が並べられている。このことを念頭にフェア開催日を少しばかりチェックしてみると、祝祭日の開催が結構ある。この『1853年フェア報告』の記述からすると、ローガンのいうホリデイは祝祭日とすべきなのであろうか[10]。

　フェアとマーケットの違いをもう少し考えよう。本書の関心から、牛などの大型の家畜の取引はどう関わっているのだろうか。ローガンの一節に「牛を売った人間は、未払いのつけを払う金を手に入れた」とある。どうもここで語られる牛の売買は特殊な事例ではなさそうである。というのも、ローガンの主題の一つが、牛マート cattle mart に取って代わられていったフェアを描くことにあったからである。

　後段で検討する週刊紙『アイルランド農家新聞 *Irish Farmers' Gazette*』は、牛や羊、豚や馬などの家畜取引の情報を各地のフェアから集めて報道している。牛などの家畜は主にはフェアで取引されていると考えてよいであろ

う。

　フェアとマーケットの違いに関わる大変興味深い証言がある。それは、1880年代に設置された「市場権と市場利用料に関する議会委員会 Royal Commission on Market Rights and Tolls」の補助委員が、全国に数あるマーケット町 market towns のうち、102カ所で証言を聴取し、当時のマーケットだけでなく、フェアに関しても集めた情報である。

　ここで注目するのは、アイルランドは北西部のドニゴール県、これまたその北西部の大西洋に面するダンファナヒ Dunfanaghy 住民の証言である。当時1880年代、ダンファナヒにはマーケットはあったが、フェアはなかった。商人ラムジー C. A. Ramsey は証言でこう述べている。

> それ（ダンファナヒにフェアが開設されること）は当地の農民にとって大変重要なことであります。と言いますのも、そうなるとかれらは自分たちの牛を大層遠いところまで運ばなくて済むからであります。（証言番号6939）

　マーケットの所有者でアーズ Ards の大地主スチュワート A. J. R. Stewart の代理人マーフィー E. Murphy はさらに具体的にこう証言している。

> それ（年4回のフェア開催）は、はるばるクリースロッホ Creeslough や、さらにはミルフォード Milford まで牛たちを連れて行かねばならない（ダンファナヒ）近傍に住む農民たちにとって大いなる福音となりましょう。（証言番号6968）[11]

　証言によれば、1888年、ダンファナヒのマーケットは二つあって、一つは穀物やバターが中心のもので、もう一つは亜麻と豚肉 pork が中心であった（証言6667）。1890年代の『アイルランド貧民蝟集地域開発局視察官ベイスライン報告』（以下、単に『ベイスライン報告』と呼んだりする）であるが、ダンファナヒのマーケットでは、「農場生産物のあらゆるもの、すなわち、カブ、キャベツ、オート麦、乾草、藁、卵、バター等々が売られていた」とされている。[12]

　牛などの大型家畜は、地域によってはマーケットで売られていたようであるが、主にはフェアで売られていた。1888年当時、ダンファナヒ近傍の農民

第2章　牛を中心とした家畜の全国的流通

たちは地域にフェアがないために、遠くクリースロッホのフェアや、あるいはもっと遠くのミルフォードのフェアまで牛を売るために連れて行かねばならなかった。遠くではあるが、バイヤーがやってくるフェアに連れて行かねばならなかったのである。できうることなら月1度のフェア開催が望まれたが、周辺フェアとの競争の中で、遠くからのバイヤーを呼び寄せるためには、年4回開催のフェア開設が地域の要求となった（『1888年ブラック報告・証言録』）。

フェアでは牛などの大型の家畜が取引された。マーケットでは地域によっては牛などが売買されたりしたが、主にその他さまざまな農産物を中心とした地域の産物が取引されたと考えてよい。

ところで、90年代の『ベイスライン報告』では、ダンファナヒのマーケットは週市 weekly market であった。先に触れた『1853年フェア報告』に付録 No. 2 (List of the several Markets Towns in Ireland, showing the Days on which Markets are held in each) がある。そこにはほとんどのマーケットが毎週開催されていたことがわかる。それにたいして、今見たように、同地の住民は年4回のフェアを要求した。マーケットは少なくとも週1回開かれるものが多かったのにたいして、フェアは、90年代の『ベイスライン報告』では2週に1度のフェア fortnightly fair の存在も確認できるが、月1度や年数回のものが多い。この点で、さらにまた、キリスト教の祝祭日と関わる点で、フェアはドイツの歳市 Jahrmarkt に、マーケットは週市 Wochenmarkt に通じるものと考えられる。

生牛などの生きた大型家畜が主にフェアで売買された理由の一つに、上記の証言にも見られる、遠くからのバイヤーが頻繁にやってくるのが困難な地域であったこともあろう。フェアは年に数度、あるいは多くて月に1度であった。もちろん、もっと頻繁な取引を必要として2週に1度のばあいもあったとされている。さらにまた、生産者の方からも、生きた大型家畜のばあい生産期間が長期で、したがって、販売間隔が長くなるということもあったろう。こうしたばあいと逆に、ポークのように死んだ家畜や家禽の卵など、生産者

にとって短期に売却処分に付さねばならないばあい毎週開催されるマーケットが求められた。家禽の卵のばあい、第2部6章（ドニゴール県）で見るように、バイヤーが庭先にやってくることがしばしばあった。ここではバイヤーと述べたが、かれらがどのような人であったか、これも第2部6章で見ることにしよう。

さて、念のために先取りして言っておくが、後に分析の俎上に載せる資料から、ダンファナヒでは1873年にフェアが開催されていたと考えられる。それも、年4回ではなく、6月を除く11回であった。

さきほど、「牛を売った人間は、未払いのつけを払う金を手に入れた」というローガンの叙述を引いた。ここには、牛がアイルランド農村住民の1年の暮らしのなかでいかに大きな存在であったかが物語られている。本書がこうした住民の暮らしの内部にまで目を届かすことを願っているが、それは難しい課題である。ただ、1870年代ではないが、1890年代の資料から少しばかり明らかにできる。この点も第2部でおこなう。

(b) 1870年代における全国のフェア

1870年代に全国で開かれたフェアについて見よう。先にダンファナヒに関わって触れたが、それを教えてくれる資料がある。1873年版『アイルランド農家園芸家年鑑』（以下、『農家年鑑』とするばあいが多い）がそれである。前節「肉牛生産と酪農にみられる地域的分業と全国的移動＝流通の推定」では1871年から73年にかけての牛の移動を検討した。また第1章2節は1873年農業統計を資料にして1870年代のアイルランド農業編成を明らかにした。分析の焦点を同じく1873年に当てることができる。

1873年『農家年鑑』の巻末に、1873年1月1日（水）から12月31日（水）にかけて、全国各地で開催が予定されているフェアが網羅されている。同年鑑発行者である『アイルランド農家新聞 the Irish Farmers' Gazette』（以下、単に『農家新聞』と記すばあいもある）編集部が、もっともよく信頼できる筋から得た情報であると述べる一方、土曜日と、その前の金曜日と、その後の

第2章　牛を中心とした家畜の全国的流通

月曜日に関しては変更されることが多いので、各地域の関係当局に問いただすことをフェア参加希望者に求めている（1873年『農家年鑑』p. 204）。

こうした1873年開催予定のフェア情報をまとめたのが表2-3である。全国32県合わせて1,105カ所でフェア開催が予定されている。大変数が多い。全国津々浦々でフェアが開催されていたことがわかる。同表には、『1853年フェア報告』による1850年代のフェア数についての情報も加えておいた。20年前の1850年代初頭には全国の1,247カ所でフェアが開かれていたことが確認されている。アイルランドは以前より全国各地で数多くフェアが開かれていたのである[13]。

表2-3が語っている最大の事実は、アイルランドの全国津々浦々でフェアが、1850年代に開かれていたし、1873年に予定されたということである。つまり、アイルランドの全国各地で牛などの家畜が取引されていたと考えられる。この点についてもう少し事実がわからないだろうか。すなわち、1873年、全国津々浦々のフェア1,105カ所で牛などの家畜が取引されていたかどうかということである。

ところで、1873年版『農家年鑑』の予定フェアにcsph等と記入しているものがある。cはcattle、sはsheep、pはpigs、hはhorsesである。これらは取引される家畜を示していると考えて間違いがない。しかし、これらが記入されているのを数えてみると159回のフェアに過ぎない。はたして家畜が取引されたのはこれだけであろうか、かえって疑問が湧く。ドニゴールなど若干の県ではcsph等が記入されているフェアが1件しかない。大変困難であるが、もっと具体的に調べる他ない。しかし全国32県、1,105カ所は多すぎるので、分析の対象を特定の県に絞る必要がある。これは本書が考えるいくつかの代表的地域を分析する第2部でおこなう。

地域の分析の前に、1873年版『農家年鑑』の編集は『アイルランド農家新聞』編集部がおこなったことは既に確認したが、実は、この『アイルランド農家新聞』が上記疑問を解いてくれている。本書が見るのは、同新聞の1876年1年分を1冊にまとめた *The Irish Farmers' Gazette, and Journal of Practi-*

表2-3 1873年フェア開催予定地数

地　方	県	1873年	1850年代	1871年住民数
アルスター	ドニゴール	59	61	218,334
	デリー	25	25	173,906
	アントゥリム	49	49	404,015
	ティローン	45	48	215,766
	ファーマナ	23	25	92,794
	モナハン	10	14	114,969
	アーマー	26	25	179,269
	ダウン	45	44	293,449
	キャヴァン	34	38	140,735
コナハト	リートゥリム	19	19	95,562
	スライゴ	26	28	115,493
	メイヨー	52	47	246,030
	ロスコモン	25	27	140,670
	ゴールウエイ	70	72	248,458
レンスター	ロングフォード	16	17	64,501
	ウエストミーズ	22	40	78,432
	ミーズ	29	32	95,558
	ラウズ	9	12	84,021
	オファリ	25	25	75,900
	キルデア	24	34	83,614
	ダブリン	12	14	405,262
	リーシュ	26	32	79,771
	キルケニ	27	31	109,379
	カーロー	14	22	51,650
	ウィックロー	26	34	78,697
	ウェクスフォード	37	49	132,666
マンスター	クレア	40	64	147,864
	ティペラーリ	50	59	216,713
	ケリー	33	31	196,586
	リムリック	56	63	191,936
	コーク	130	135	517,076
	ウォータフォード	21	31	123,310
全　国　計		1105	1247	

出典) 1873年版『農家年鑑』、『1853年フェア報告』、1871年センサス。

第2章　牛を中心とした家畜の全国的流通

cal Horticulture, Vol. XXXV, Dublin, Edward Purdon, 1876（以下、1876年『アイルランド農家新聞』合冊版と呼ぶ）である。

(c) フェアでの牛を中心とした家畜取引を垣間見る

　　多数の牛と羊が出荷された。ただ、長く続く乾燥した天候のために、ストア牛は少なかった。いくつかの事例の価格はここのフェアの性格を最もよく表している。治安判事のクローカー氏が多数の未経産肥育牛 fat heifers を1頭当たり24ポンドで入手し、シャドウエルのライアン氏も5頭の雌肥育牛 fat cows を1頭当たり24ポンドで買った。リムリックのブルッフ Bruff のフォガティ氏は多数の去勢牛 bullocks を1頭当たり27ポンド10シリングで得た。サマーヒルのブラドショー氏は多数の去勢ストア牛 store bullocks を1頭当たり17ポンド12シリング6ペンスで買い、タラーボイの W・ボルスター氏は15頭の1歳の去勢牛 yearling bullocks を1頭当たり9ポンドで得た。非常に多くの母乳をつい今しがたまで飲んでいた子牛 sucking calves が出荷され、1頭当たり4ポンドから6ポンド10シリングもたらした。相当程度活発な取引価格である。（下略）

　これは、『アイルランド農家新聞』1876年8月19日号の、「市況概観 Market Review アイルランド、イングランド、スコットランド、ならびに外国」の「生きた家畜 Live Stock」欄が報じた、リムリック県ノックアーニャ Knockaney（アーニャ Aney）フェアの記事の一部である。同フェアでは羊も取引されているが、何故、この記事を冒頭に引用したか。本章第1節で見た肥育牛生産が盛んであった15県に入っていないリムリック県のフェアであり、しかも、限られた情報の中ではあるが、ノックアーニャ・フェアで取引された肥育去勢牛の価格27ポンド10シリングがかなり高い価格だからである。

　ノックアーニャは、リムリック県東部に位置し、ティペラーリ県と接するホスピタル Hospital より少し西寄りで、さらに西にあるブルッフ Bruff から3マイルにある小さな村である[14]。南西にはキルマロック Kilmallock の町も

あるが、ノックアーニャは、コーク県北東部からティペラーリ県に連なる黄金の谷 Golden Vale と呼ばれる肥沃な土地に恵まれた、アイルランド有数の酪農地域に位置する。こうしたノックアーニャの土地柄を反映してか、多数の未経産牛や肥育された乳牛が24ポンドという良い値段で取引されていた。

　ノックアーニャのフェアを報じた『アイルランド農家新聞』は毎週土曜日に発行されたが、ほとんど毎週、上に見た「市況概観」を設け、主にアイルランドにおける、穀物、家畜、羊毛、それにバターとベーコンに関する、発行日前日の金曜日に執筆した市場情報と、ロンドンやリヴァプール、グラスゴウやエディンバラなどの市況を掲載している。特に、ダブリン牛マーケット Dublin Cattle Market も含めたアイルランド各地のフェアで、どのような家畜がどれだけの値で取引されたか、ダブリン港からどのような家畜がどれだけ輸出されたか等を報じている。

　本書は1876年『アイルランド農家新聞』合冊版を利用する。ただ、残念ながら若干の落丁がある。そして何よりも、同新聞が各地で開かれたフェアの実態情報を収集する体制が地域的に限られていたためか、報道されたフェア開催地数が146カ所であり、開催件数が361回であって、大変少ない。表2-3に示されているように、1850年代の調査では実際に開かれたフェアの開催地数1,247カ所、1873年の開催予定地数1,105カ所であった。先に、ノックアーニャ・フェアで取引された去勢肥育牛の価格が高額であったが、それは限られた情報の中でのことであると述べたのはこのためである。

　地域的に見ても、1876年『アイルランド農家新聞』合冊版には、ドニゴール県やデリー県、それにケリー県で開催されたフェアは１件も報道されていないし、1850年代にもっとも多くフェアが開催され、1873年にもっとも多くの土地で開催が予定されたコーク県ではわずか１カ所に過ぎない。なお、開催地146カ所のうち３カ所はどの地域なのか特定できなかった。

　1876年『アイルランド農家新聞』合冊版のフェア情報にはこうした制約があるが、本書にとって掛け替えのない情報を提供してくれている。

　第一は、1873年版『農家年鑑』に関する疑問を解いてくれている。同年鑑

第2章　牛を中心とした家畜の全国的流通

は開催予定フェアにcattleのc、sheepのs、pigsのp、horsesのhと記入して、牛などの家畜が取引されることを示している。しかし、これらが記入されているのは159回のフェアに過ぎず、大変少ない。だが、1876年『アイルランド農家新聞』合冊版は、上に見たように、146カ所361回のフェア全てにおいて牛などの家畜が取引されたことを報じている。159回の2倍以上の361回においてである。しかも前述のように、この361回は、1876年にアイルランド全土で開かれたフェアのうちのごく一部に過ぎないという大変制約された情報なのである。

　1873年版『農家年鑑』はおそらく間違いなく家畜が出品されるとの情報を得たフェアにcsphの記号を付したのであろう。

　第二は、冒頭に引用したノックアーニャ・フェアをはじめ、広く多数のフェアで肥育牛が取引されていたという事実である。146カ所のフェアのうち、肥育牛の取引が認められないのは25カ所に過ぎない。361回のフェアのうち299回で肥育牛が取引されていたことが確認できる。こうして、前節で見た肥育牛生産が盛んであった15県に入っていない県で、肥育牛の取引があったのは、ノックアーニャ・フェアのリムリック県の他に、アルスター地方のティローン、アントゥリム、ダウン、アーマー、ファーマナ、モナハン、キャヴァン、マンスター地方のウォータフォード、レンスター地方のロングフォード、キルケニ、カーロー、そして、ウェクスフォードの諸県であった。リムリックを加えて13県に上る。こうした諸県でもストア牛や肥育牛が生産され、フェアに出荷されていたと考えられる。あるいは、第3節で家畜の移動を検討するが、家畜の運送で活躍するドゥローヴァーdrover（家畜運び屋）たちが運び込んで出荷したかもしれない。

　第三は、これもノックアーニャ・フェアの記事に見られるように、フェアの様子を伝えてくれる、とりわけ、買い手buyersについても触れるコメントが散見されることである。フェアの取引実態を教えてくれる資料は、本書にとっては『アイルランド農家新聞』が唯一である。

　第四は、週刊紙の『アイルランド農家新聞』が各地のフェアにおける家畜

第1部　19世紀後半アイルランド農業の展開

取引を大きく扱った「市況概観」をほとんど毎回編集し公表していることの意味である。畜産農家はこの市況を見て、次に、家畜をどのフェアに出荷するのがよいか検討するであろう。しかも『アイルランド農家新聞』編集部は、こうした畜産農家の便宜を図るために、1年間のフェア開催予定（開催地、開催月日）を掲載する『農家年鑑』を毎年発行している。こうした『アイルランド農家新聞』が発行されていたことの意味を後段の第3部終章で検討する。

　では、1876年『アイルランド農家新聞』合冊版が記録するフェア情報を、ノックアーニャ・フェア以外にも、いくつか事例を挙げて見ることにしよう。

　まず見るのは、キャヴァン県最西部に位置する小村で、ファーマナ県と境を接し、リートゥリム県に近いブラックリーン Blacklion[15]のフェアである（『農家新聞』8月26日号）。

　　多数の家畜が売りに出された。良質のものはいずれも、イングランドとスコットランドの市場めあての多くのバイヤーに恵まれた。質の劣った牛はどのようなものでも取引は不活発であった。<u>最高級のビーフ best top beef は cwt（112重量ポンド）当たり75シリングから80シリングに上ったが</u>、質の劣るものは67シリング6ペンスに下がった。出産間近の雌牛 springer は16ポンドから18ポンド、乳牛18ポンドから21ポンド、乳が止まった乳牛 stripper15ポンドから16ポンド10シリング、3歳牛 three year olds 12ポンドから14ポンド、2歳牛 two year olds 9ポンドから11ポンド10シリング、1歳牛 yearlins 7ポンドから8ポンド、<u>羊112重量ポンド当たり</u>84シリングから88シリング8ペンス、子羊 lambs の最良のもの45シリングから47シリング6ペンス、子羊で質が劣るもの25シリングから30シリング。馬については市況が大変悪く、相場を言う値打ちのあるものがない。

　下線部について断りが必要である。beef をどう理解するか。「ビーフとなる生体の牛」なのか、あるいは、消費者に直接売却するために解体された「牛肉ビーフ」なのか。なお、括弧内記述は本書が加えたものである。他のほと

第2章　牛を中心とした家畜の全国的流通

んどのフェアではビーフ1cwt当たり取引価格が書かれているために、それに倣った。なお、以下、ほとんどのばあい、cwt当たりを112重量ポンド当りと書いている。ここで用いられているビーフとは何か、これは他のフェアの紹介をいくつか済ませた後に改めて検討しよう。

　ブラックリーンではビーフの他にいろいろな牛が取引されている。乳牛や乳が止まった乳牛、出産間近の雌牛がいる。3歳牛から1歳牛までは去勢牛と考えてよい。ビーフが別にあるので、半ば肥育されたストア牛が出荷されていたと考えられるが、いずれも仕上げ肥育はされていない。羊や子羊も、さらには、取引が不活発であった馬も出荷されていた。

　さて、小村ブラックリーン・フェアにおける、112重量ポンド当たりのビーフ価格75シリングから80シリングはかなり高い。しかしもっと高い価格が付いたフェアもある。ロングフォード県ロングフォード・フェア（『農家新聞』4月22日号）である。

　ビーフは出荷がわずかで、値が高く112重量ポンド当たり75シリングから86シリングにもなった。第1級の出産間近の雌牛は1頭22ポンドから26ポンド、2級は18ポンド10シリングから21ポンドであった。3歳の未経産牛 heifers は15ポンド10シリングから16ポンド10シリング、2歳の未経産牛は13ポンド10シリングから14ポンド10シリング、1歳のそれは11ポンド10シリングから12ポンド10シリングであった。乳が枯れた乳牛 dry cows は状態によって13ポンド10シリングから16ポンド10シリングであった。羊フェアは規模が大きかった。キラッシェ Killashe のマガン Magan 氏は1頭当たり54シリングで多くのホゲット hogget（まだ毛を刈っていない若い羊）を売った。雌羊は60シリングから65シリング、去勢雄羊は1頭当たり52シリングから55シリング。豚フェアは規模が小さく、供給が需要に追い付かなかった。体重の重いベーコン豚は112重量ポンド当たり56シリングから60シリング、体重の軽いものは需要良好で112重量ポンド当たり50シリングから55シリング。ボンハム bonham （骨付きハム用）は1頭当たり1ポンドから1ポンド5シリング。

第1部　19世紀後半アイルランド農業の展開

　ロングフォード・フェアで取引されている大型家畜はさまざまである。羊や豚についても報道の通りに紹介した。豚の最後に挙げられているのは bonham である。OED も含めて手許の辞書類を見ても出てこない。そうこうするうちに、bon + ham で、さらに、bon は bone ではないかと気づいた。ボンレスハムは良く耳にするが、ボンハムは日本ではあまり聞き慣れない言葉であったので気づくのが遅くなった。なお、このばあいは、bonhams £1 to £1 5s each となっていて、1頭当たりの取引価格であることから、骨付きハム用の生体豚と考えられる。

　さて、112重量ポンド当たり86シリングのビーフ取引は、1876年『農家新聞』合冊版の市場情報では最高価格である。ロングフォード・フェアは、後段第3節で取り上げる、ロングフォード生まれのコラム（パーリック）Padraic Colum の詩 A Drover から想像されるように、アイルランド西部や南部からミーズなどの肉牛肥育が盛んな地域へ家畜が移動する大きな中継地の一つであったのではないか。

　このあたりで宿題として残しておいた問題を考えよう。『農家新聞』フェア情報で盛んに出てくるビーフ beef とは何か、「ビーフとなる生体の牛」なのか、あるいは、消費者に直接売却するために解体された「牛肉ビーフ」なのかという問題である。結論を先取りするが、本書は「ビーフとなる生体の牛」、つまり、ビーフ用牛と判断した。ただ、単位重量当たり、多くのケースで 1 cwt = 112重量ポンド当たりの相場が報道されている。それの実際的意味が何か、本書はよくわかっていない。フェアに大型動物の牛を計量する設備が整えられているかが重要と思われるが、どうだったのだろうか[16]。しかしそれでも、生体牛（羊や豚も）取引と考えるのは以下の理由、証拠による。

　まずは『農家新聞』が設けた「Live Stock 生きた家畜」という欄のフェア情報ということである。だからといって、解体された家畜肉がフェアで売買されていなかったと断定できない。そこで、フェアの様子を伝え、生体牛と考えることができる例をいくつか挙げよう。

　まずは、ラウズ県ダンリーア Dunleer のフェアである。『農家新聞』1876

第2章　牛を中心とした家畜の全国的流通

年4月8日号は本書の理解を裏付けてくれるように、こう報じている。

　　最上等のビーフは on the foot で（脚が付いた状態で、つまり、生きた状態で）112重量ポンドのワンハンドレッドウエイト cwt 当たり70シリングから75シリングで評価された。第2級は65シリングから68シリング、主に肥育用に購入された第3級は58シリングから63シリングであった。

　最初に下線を引いた on the foot は、OED: foot 31によれば、穀物 corn を on the foot で売るというのは、脱穀される前の藁が付いた状態で穀物を売ることである to sell it along with the straw before it is thrashed off とされている。この OED の説明から、脚が付いた状態で、つまり、生きた状態で、と理解した。

　また、2番目の下線部分、「主に肥育用に購入された」は、明らかに生きた牛の購入であったことを示している。

　同じくラウズ県のアーディー Ardee のフェアを報じた『農家新聞』7月1日号も本書の理解を裏付けてくれている。

　　良質のビーフはかなりの程度の供給で、輸出業者や食糧供給業者によってしきりに問い合わせを受けた。価格は最上質のもので112重量ポンド当たり72シリング6ペンスから75シリング、第2級の質のもので65シリングから68シリングであった。第3級のものは2歳牛とストア牛であるが、112重量ポンド当たり56シリングから60シリングで、即座の売却が支配的となり、肥育目的で買い上げられた。

　この引用でも下線部に特に注目した。「良質のビーフ」や「第2級」のビーフに並べて、2歳牛とストア牛が112重量ポンド当たりで取引されたと報じていることである。重量単位による取引はビーフに限られていなかった。そして何よりも、肥育目的で買い上げられた、と明記されている。

　キルケニ県キルケニのフェアに関する『農家新聞』6月17日号も、「肥育牛 fat cattle が112重量ポンド当たり65シリングから75シリングですっかり売りきれた」と報じた。[17]

　ここらあたりで、ビーフなどに使われる単位重量当たりの値段と、肥育牛

などの１頭当たりの値段を比較検討できないだろうか。例えば、大マンスター・フェア（リムリック・フェア）について、『農家新聞』５月６日号が次のように報じている。

　　ビーフは高いもので112重量ポンド当たり76シリング。様々な牛が3,000頭以上出品され、１頭当たり８ポンドから30ポンド10シリングで持ち主を変えた。

　ビーフの高値112重量ポンド当たり76シリングと、１頭当たりの牛の最高値30ポンド10シリングは比較できないだろうか。仮定を重ねることになるが一つの検討材料を示す。

　１cwt は112重量ポンドで、55kg 強である。アイルランドの19世紀後半における肉牛の代表的なものはショートホーンと考えられる。第１章２節（c）項「アイルランドの牛」で書いたが、1891年王立ダブリン協会春季祭に出品された品種別頭数で一番多かったのが短角種ショートホーンで、それに次ぐのがアバディーン・アンガスであった。当時かれらの体重がどれほどであったのか確認できていない。そこで現在の肉牛を参考にして考えた。正田陽一監修『世界家畜品種事典』（東洋書林、2006年、44頁）によると、「肉用種３大ブリティッシュブリードの一つ」ビーフでショートホーンのばあい、成牛雄の体重が900～1,100kg、雌は600～800kg としている。

　今、仮に、1876年のアイルランドのフェアで取引される肉用成牛が雌雄を問わずにすくなくとも最低55kg の10倍550kg はあったとしよう。大マンスター・フェアで取引されたビーフの高値は112重量ポンド（55kg 強）当たりが76シリングであった。この単位重量当たりの価格を実際に生きた牛の体重に換算して取引していたのかどうか本書は確認できていないが、仮にそうであったとしたら、仮定の550kg に適用すると、取引価格は760シリング、すなわち、38ポンドとなる。

　『農家新聞』が報道する取引された牛の最高価格は、１頭につき30ポンド10シリングであった。上記の仮定の38ポンドとの開きは大変大きい。おそらく、質の高い牛肉にして売れる可能性のある肥育牛を、その他の肥育牛と差

第2章　牛を中心とした家畜の全国的流通

別化してビーフ牛 beef cattle と呼び、実際に高値で取引される状況が生み出されていたと考えられる。

とはいえ、1870年代の肉用成牛の重量がどれ位であったのか、単位重量当たりの取引価格が、実際の1頭ごとの取引において、どのように扱われ、計算されて1頭ごとの売買価格が決められたのか、こういったことを詳らかにする必要がある。ただ、現在の本書はそれが果たせていない。

以上の検討を踏まえて、以後、『農家新聞』「市況概観」の「生きた家畜」欄のビーフは生体牛であり、beef はビーフ牛と邦訳する。もちろん、わたしたち家庭の食卓に上る牛肉のばあいはビーフのままにする。

先へ進もう。フェアに出荷された牛などの家畜は何処に売られていったのだろうか、どういう人物が取引に加わったのだろうか、こうした情報も散見される。

ティペラーリ県ネナー Nenagh のフェア（『農家新聞』3月11日号）

> 送りこまれた牛は、わずかの例外は除いて全て良い状態にあった。ビーフ牛は112重量ポンド当たり65シリングから70シリングであった。ダブリンのボルトン Bolton 氏が1頭当たり22ポンドで肥育牛50頭を入手した。

クレア県クレアキャッスル Clarecastle のフェア（『農家新聞』6月3日号）

> コークのケイシー＆スウィーニー Messrs. Casey and Sweeney が200頭の去勢牛を1頭当たり平均12ポンドで買った

アーマー県ポータダウン Portadown のフェア（『農家新聞』2月26日号）では輸出業者や屠殺業者 butchers も出てくる。

> 全ての種類の家畜がおよそ1,500頭から1,600頭売りに出された。ストア牛の需要は良好、乳牛と出産間近の雌牛の出荷はわずか。乳が止まった乳牛への需要も良好。輸出業者や、幾人かのダブリンの人間を連れたベルファストの屠殺業者が多数参加した。

このポータダウン・フェアでは豚の取引に関して以下のような情報も報じている。

生きた豚 pigs on foot は62シリングに相当、多数の胴体肉 a large number of carcasses のポーク pork、軽量のロンドン行は62シリングから63シリング。

『農家新聞』「市況概観」の「生きた家畜」欄で、生体でなく、解体された食肉についてはっきりと記された情報は唯一これだけのようである。もっとも、同じ「市況概観」であるが、「一般生産物 General Produce」欄ではベーコンという項目が立てられ、ほとんどのばあい、ダブリンのスピタルフィールズ・マーケット Spitalfields Market で取引されるベーコンやハムなどの情報が盛られている。なお、同欄では他に、バターや亜麻が取り扱われている。

なお、「軽量のロンドン行」としたのは light London である。この後すぐに heavy が出てくるので、「軽量」とした。他にも豚の取引が活発なフェアがいくつもある。豚の保蔵処理肉にたいする需要が高まり、ウォーターフォードを中心としてブリテンへの輸出も盛んにおこなわれた。[18]

牛のブリテンへの輸出については他に何度も出てくる。ラウズ県ドゥラハダ Drogheda のフェアで『農家新聞』7月15日号はこう記している。

 ケンブリッジのピーターバラ Peterborough とグラスゴウの市場向けストア去勢牛の需要が良好であった。

ピーターバラはロンドンの北119km に位置する。アイルランドの牛はその地の大牧場で仕上げ肥育を経てロンドン市場に売りに出されたのであろうか。グラスゴウに輸出されたストア去勢牛も同地で仕上げされて、グラスゴウの消費市場に売り出されたのであろう。

もう一件見よう。ダブリン・マーケットについて『農家新聞』5月27日号が次のように報じている。

 イングランド・バイヤーを代表する人たちが相当数参加した。ビーフ牛は値を上げた。いくつかの取引では112重量ポンド当たり85シリングを超えた。マトンも市況が良かったが、放牧子羊は相場目いっぱいで追加値を付けて取引された。特選子牛は極端な相場の値となった。(中略) 市場に出品された肥育牛1,070頭、羊と子羊5,700頭、肉用子牛58頭 (下略)

第2章 牛を中心とした家畜の全国的流通

同じく、『農家新聞』9月23日号が伝えるダブリン・マーケットでは、

> 牛と羊の出荷はやや少なかった。家庭消費用の最上ビーフ牛への需要は良好であった。マトンの取引は不活発。肉用子牛の供給は大きく、主としてコークで授乳されたものからなっていた。

この記事を引用したのは、家庭消費用のビーフ牛が報じられているからである。確言はできないが、ダブリンの一般家庭が消費するビーフ用の牛への需要を語っているのであろう。アイルランドではダブリンがベルファストと並んで大きなビーフ(牛肉)市場であったことがここから窺い知れる。『農家新聞』4月1日号にも「家庭消費用の最上等のビーフ牛」が出てくる。

もう一つの引用理由は、コークで生まれた肉用子牛が多数ダブリンに出荷されている様子を伝えているからである。『農家新聞』6月3日号も同様の記事を書いている。

最後に、ゴールウェイ県南部ゴート Gort の豚フェア(3月25日号)についても紹介しよう。活発な取引と買付けられた豚の輸送についても書かれている。

> 3,000頭以上の豚が売りに出された。多数のバイヤー間の競争が大変活発で、前夜のうちに主な取引は完了した。ダブリンやコーク、リムリックやウォータフォードの全ての保蔵処理会社の代理人が参加した。豚を乗せた無蓋貨車100両が鉄道で送られた。重量の大きなベーコン豚は112重量ポンド当たり2ポンド15シリングから2ポンド18シリングで売られた。軽量のベーコン豚は2ポンド5シリングから2ポンド10シリングで求められることが多かった。

(d) ダブリンの家畜マーケット

本節を閉じるにあたってダブリンの家畜市場に触れておこう。というのも、全国的な家畜、特に牛の流通にとって極めて重要な家畜マーケットであるからである。フェアでなくマーケットである。つまり、毎週、いやほとんど毎日近く開く市場である。したがって週刊『アイルランド農家新聞』はほとん

ど毎週、「市況概観」の「生きた家畜」欄で、ダブリン牛マーケット the Dublin Cattle Market とスミスフィールド・マーケット Smithfield Market における取引を報じている。さらに「一般生産物」欄ではスピタルフィールズ・マーケット Spitalfields Market の取引を紹介している。民間の家畜競売市場といってよいものもあった。それらにも触れておこう。

　上記三つのマーケットでは何が取引されていたのか、『農家新聞』1876年合冊版に見ることにしよう。「生きた家畜」欄で取り扱われているダブリン・マーケット（Dublin Market とされているばあいが多いが、Dublin Cattle Market のことである）とスミスフィールド・マーケット、それに、「一般生産物」欄のスピタルフィールズ・マーケットの順で見るが、まず、『農家新聞』1876年1月1日号の記事である。

　ダブリン・マーケットについて、こう報じられている。
　　家畜の供給は適度のものであった。最上級のビーフ牛にたいする需要は活発であった。最良のマトン用去勢雄羊は1重量ポンド当たり2分の1ペンス価格を引き上げた。良質の肉用子牛の市況は安定していた。（以下、各取引価格は省略）

　ダブリン・マーケットは牛、子牛、それに羊を取り扱っていた。スミスフィールド・マーケットはどうか。
　　豚の供給は程よいものであった。最上級で体重の重いベーコン豚は112重量ポンド当たり56シリング、相当程度重いベーコン豚は56シリングから57シリング、（7ストーンから10ストーンの）軽量のベーコン豚は58シリング、雌豚と重くて粗悪な豚は50シリングであった。小さなポーク用豚は1重量ポンド当たり6.5ペンスであった。

　スミスフィールド・マーケットは豚を取り扱っていた。ダブリン・マーケットは牛、子牛、羊、そして、スミスフィールド・マーケットは豚という具合に、二つのダブリンのマーケットが取り扱う家畜が住み分けられていたのだろうか。『農家新聞』1876年合冊版を見る限り、上のように分けられていたと考えられるが、念のために、9月30日号のスミスフィールド・マーケッ

第2章　牛を中心とした家畜の全国的流通

トに関する記事も見ておこう。

　豚の供給は一層大きくなった。全ての類の販売が不活発であった。価格は下がった。ただ、軽量のベーコン豚は例外で、最近の相場を維持した。ストア豚の取引も不振であった。（以下、各種類の豚の取引価格は略）

　1876年『アイルランド農家新聞』合冊版の1年間の記事を見ても、スミスフィールド・マーケットが取り扱う家畜としては豚だけが報じられていた。したがって、スミスフィールド・マーケットでは商いは豚に限られていた、牛は扱われていなかった、と言ってもよいと思われる。

　しかし、そもそも1876年に発行された『農家新聞』は、ダブリンのマーケットや全国のその他地域のフェアで取引された家畜のどの範囲まで扱っていたのだろうか、全てを報道していたのだろうか。今これについて本書は確かめる術を持っていない（全国のフェアの一部しか情報が集められていないことは確認できる）。

　そこで、この二つの生きた家畜を扱うマーケット、ダブリン牛マーケットとスミスフィールド・マーケットの関係について詳しいクレア L. Clare の言うところを聞こう。スミスフィールド・マーケットはその設立が古く、1664年まで遡る。しかもその立地場所は1541年以来すでに、牛などのマーケットが開かれた土地であった。この古くからのスミスフィールド・マーケットが既に存在している状況下で、1863年、ダブリン牛マーケットが設立されたとしている[19]。

　クレアによれば、ダブリン牛マーケットの新設に至る経過は以下のようである。牛や羊などの家畜を商う新しいマーケットの設立がレンスター公爵 the Duke of Leinster（貴族院議員）とキルデア選出衆議院議員オフェラル R. M. O'Ferrall によってウエストミンスター議会に提案された。しかし、新しいマーケットの設立に激しい反対の声が上がった。反対したのはダブリン市議会とダブリン市長たちで、市助役 alderman のレイノルズ J. Reynolds が反対派を指導した。ダブリンの既得権益を擁護しようとする勢力と、ブリテン市場向けの発展する家畜取引の権益に新たに与ろうとするダブリン地域を

超えた勢力との対立の構図のように見える。この対立は大きな政治勢力や二大メディア、鉄道会社や海運会社なども加わる大掛かりなものになった。推進を支持したのは保守党議員たちであり、「アイリッシュ・タイムズ the Irish Times」であった。反対を支持したのは自由党議員やナショナリストたちであり、「フリーマンズ・ジャーナル the Freeman's Journal」であった。[20]

　ダブリンの新しい家畜マーケット設立のための法案が衆議院で、次いで、貴族院で可決し、成立した。マーケットは、リフィー川北側で、フェニックス・パーク西そばのプロシア通り Prussia Street 51番から54番に立地し（プロシア通り、ノース・サーキュラー道 North Circular Road、それに、アフリム通り Aughrim Street に囲まれた土地）、その建設は1863年11月に完了した。広さは15から20エーカーであった。他方、スミスフィールド・マーケットは新マーケット南東のリフィー北岸近くに立地し、市中心部により近い場所にあったが、広さは2エーカーと狭かった。[21]

　クレアは「新しいマーケットでは、牛、羊、豚、馬、山羊、それに農業荷車や運搬車 agricultural carts and vehicles も取引しようと試みられたが、乳牛やストア牛、それに豚の販売はスミスフィールド・マーケットでしばらくの間続けられた」[22]としている。この状況はいつまで続いたのだろうか。このような問いを発するのは、先に見たように、『農家新聞』1876年合冊版が報ずるところでは、1876年のスミスフィールド・マーケットでは取引されたのは豚であったからである。乳牛やストア牛の取引は1876年以前のいずれかの時点で取りやめられていたのだろうか。1876年から遡って順次、『農家新聞』を辿っていけばわかることであるが、本書はそれができていない。

　この問いもクレアに訊ねてみよう。クレアによれば、1866年11月、ストア牛出品者がダブリン牛マーケットから引き上げて、マーケット利用料 toll が課せられていないスミスフィールド・マーケットに戻ってしまった。これにたいして、ダブリン牛マーケットは1868年にストア牛専門部門を設け、利用料無料として対応したが、ストア牛市場はスミスフィールド・マーケットに残った。しかしクレアは、この1868年以降で、かつ76年以前の、スミスフィー

第 2 章　牛を中心とした家畜の全国的流通

ルド・マーケットにおける牛取引の変化については何も語ってくれない。ただ、クレアは、1883年2月の口蹄疫 foot-and-mouth disease の発生がスミスフィールドの牛マーケットを終焉に追いやったとしている。「ダブリンでは牛の販売にたいして、ライセンスがあるばあいを除いて、あるいは、即座の屠殺のためにダブリン牛マーケットで売られるばあいを除いて、全般的な制限が科せられた」からである。[23]

　残念ながら、クレアからは、スミスフィールド・マーケットが1876年時点で取り扱っていた家畜は豚だけであったかどうかということははっきりしない。とりあえず本書は、1876年『アイルランド農家新聞』合冊版は、スミスフィールド・マーケットにおける豚の取引だけを報道したと理解しておく。[24]

　1876年『アイルランド農家新聞』合冊版が報道する、ダブリンにおける生きた家畜を商う二つのマーケット、ダブリン牛マーケットとスミスフィールド・マーケットについては見た。もう一つ、「一般生産物」欄が報道するスピタルフィールズ・マーケットがある。そこで取引されているのはベーコン等の保蔵処理食肉である。

　以上の他に、1876年の『農家新聞』でマーケット情報が掲載されているばあい、その終わり近くに、ダブリンの四つの私設家畜市場が出てくる。ガンリー Ganly and Co.'s Circular（Usher's-quay）、ガヴィン・ロウ Gavin Low's Circular（Blackhall-place）、カッフェ L. Cuffe and Son's Circular（Smithfield）、それにウイルキンソン R. & J. Wilkinson's Circular（Smithfield）の4市場である。ガンリーは牛、肉用子牛、羊、その他の3市場は牛と羊について報じられている。[25]

　クレアによれば、これらは私設の家畜競売場で、使用料を徴収せず、公的規制がかけられていなかった。これらの競争を無視できなくなった「ダブリン市議会は、ダブリン牛マーケットの外部における家畜販売を禁止する規定を1899年ダブリン自治体（マーケット）法に設けた」。しかし他方で、「ダブリン牛マーケット内に円形競売場 an auction ring が作られるまで、少なくとも10年間が過ぎるまで」、私設の4家畜競売場の存続を認めた。[26]

109

第1部　19世紀後半アイルランド農業の展開

　ウエストミンスター議会制定法に拠って設立されたダブリン牛マーケット、あるいは多くのフェアやマーケットに見られるように、かつてイングランド王権より特許されたマーケットやフェアが、私的利害の大いなる伸長の中で、本書が対象とする19世紀半ば以降において一つの重要な社会経済的、政治的な対立になってくる。本書姉妹編で扱おうと考えている。

　最後に、1876年合冊版を見ると、『アイルランド農家新聞』は1週間ごとの、ばあいによっては新聞発行前2週間の、ダブリン港からの牛と羊、それに豚の輸出頭数を載せている。また、ベーコンやハムなどの保蔵処理肉などの輸出データも掲載されている。

　さらに、同紙イングランド欄には最も多いばあい、ロンドン（月曜）、リヴァプール、ニューキャッスル Newcastle、ウエイクフィールド Wakefield、リーズ、スタッフォード、ロンドン（木曜）の情報が載り、続いてスコットランド欄にはエディンバラとグラスゴウ、あるいはいずれかの相場情報も掲載されている。

　週刊紙『アイルランド農家新聞』は、家畜の売手と買手にとり、アイルランドの何処のフェアで売ったり買ったりするのがよいか、あるいは、いつ頃に売ったり買ったりするのがよいかを判断する、アイルランド各地のフェアと大ブリテン大都市のマーケットの相場情報を提供するものであった。

　ただ誤解を避けるために、大ブリテンへの輸出港はダブリンだけではなかったことを指摘しておく。本節は極めて重要な『アイルランド農家新聞』を資料として依拠した。同紙はダブリンで発行される週刊紙であったためか、情報はどうしてもダブリンに偏っていた。既に触れたように、フェア情報も全国で開かれるフェアの一部になっていた。大ブリテンへの家畜などの輸出においてダブリンが大きな位置を占めていたが、ベルファストやコーク、ドゥラハダやデリー、ウォータフォードなども大きくて重要な役割を果たしていた。これらについては次の第3章で明らかにする。

　さて、全国の多くの町や村でフェアが開かれていることがわかった。全国的な家畜の流通を確認するには家畜の実際の移動を見なければならない。

第2章　牛を中心とした家畜の全国的流通

第3節　牛などの家畜の移動

　船積される家畜の最大部分は普通の道を辿ってほとんどすべての乗船港にやってくるが、多くの家畜が鉄道によっても乗船港に運ばれてくる。（中略）時には、この長距離輸送の最初の段階で、湖水や航行可能な河川の内陸水運にたよらなければならない。半時間以下から、1日中かけた水運である。この内陸水運による牛の輸送が重要な手段としておこなわれているのは以下の諸県である。クレア、ドニゴール、ダウン、ファーマナ、ゴールウエイ、コーク・ウエストライディング、ケリー、キングス（現オファリ）、リートゥリム、リムリック、メイヨー、スライゴ、それにウォータフォードである。

　これはアイルランド枢密院獣医局長官ファーガソン Hugh Ferguson の、大ブリテンへ輸出される家畜の輸出港までの取引と移動に関する1878年報告の一部である（以下、『1878年ファーガソン報告』と略記）[28]。これから、牛などの家畜が生産される農場から最終消費地までの移動を扱うが、ここではまず、アイルランド内部の移動に限る。大ブリテンへの移動、つまり輸出は次章に回す。

(a)　船（舟）による移動——生産地からフェアへ

　西部海岸地方のゴールウエイ湾に浮かぶアラン諸島から本島のフェアに牛を運ぶ状況をシング J. M. Synge が描いている。シングの『アラン諸島 The Aran Islands』の第1部に、かれがアラン諸島を最初に訪れた1898年5月10日から6月25日までに経験したことを書いている。その中に次の描写がある。栩木伸明訳『アラン島』（みすず書房、2005年）の名訳を引こう[29]。

　　二、三日後に本土で家畜市 a fair が開かれるので若い牛を搬出すると聞いて、僕は早起きして、まだ夜が明けぬうちに埠頭まで見に行った[30]。
　　ゴールウエイ湾は雨を呼びそうな薄闇につつまれていたが、薄い雲の向こうから銀白色の光が海面に射し、コネマラの山並みはふだん見られ

ないほど深い青色に染まっていた。

　砂丘を横切っていこうとしたとき、灰褐色の帆をかかげた一本マスト船 one dun-sailed hooker がゆっくり滑るように船出していくのと、いれちがいにもう一艘が埠頭めがけてゼットの字を描きながら帆走していくのが見えた。島のあちこちから、たいていは女たちに追い立てられて集まってくる赤い牛の群れが、海と岩をへだてる細長い草地の緑のゾーンを背景に、新鮮な色彩的調和をつくりあげようとしていた。

　埠頭は去勢牛 bullocks とたくさんのひとびとでごったがえしていた。その群衆のなかに、近寄る者すべてに向けて驚くべき輝きを発しているように見える娘が目にとまった。独特な小鼻の形と尖ったあごのためにちょっと魔女のような風貌にも見えたけれど、髪と肌の美しさのおかげで、彼女は非凡な魅力を放っていた。

　空荷の一本マスト船が接岸したとき、潮位が低く、甲板が埠頭の高さより何フィートも低かったので、マストのてっぺんから吊るしたロープで牛たちをつり下げて、船へおろすことになった。が、これが悪戦苦闘と大混乱の見ものになった。牛たちのなかには、飼い主を道連れにして海へ飛び込まんばかりの勢いで暴れまくり、逃げようとするものがいた。しかし、そんな牛たちもほれぼれするような手際で手なずけられ、不幸な事故などひとつも起こらなかった。

　覆いのない船倉が立錐の余地もないくらい牛でいっぱいになると、飼い主たちが甲板に飛び乗って、いよいよ出帆となった。男たちには妻や女きょうだいがつきそっているが、これはゴールウエイの町で男たちが調子に乗って散財するのをけん制するためである。(二か所の英語は引用者が挿入)

　シングの描写が何を語っているか、『ベイスライン報告 Base line reports of the inspectors of the Congested Districts Board for Ireland』のラットリッジ−フェア陸軍少佐 Major Ruttledge-Fair の貧民蝟集地域アラン諸島についての1893年報告と合わせて考えよう。

第2章　牛を中心とした家畜の全国的流通

　ラットリッジ-フェア報告によると、島の多くの人たちが品質の良い牛と羊を飼っていた。アラン牛は近隣の本島のフェアやマーケットでいつも最高の値が付いたが、春から夏にかけてクレア県のバイヤーがアランの島々を訪ね、ほとんどの牛と羊を買っていった。こうしたやり方で売れなかった牛や羊がゴールウエイやスピッダル Spiddal（今では Spiddle と綴られる方が多いか）まで連れていかれた。それらのフェアでは優れた血統と肥育の良いアランの牛と羊が強く求められた。牛はクレア県から入手した質の良い短角牛の去勢されていない雄牛を種牛としたものであった。

　シングの描写はゴールウエイ県のゴールウエイかスピッダル（男たちがゴールウエイの町で散財する恐れがあるとしているから、ゴールウエイであろう）のフェアに牛が連れていかれる場面の描写である。多くの飼い主が揃って一艘のフッカー hooker（「一本マスト船」）で、牛をぎっしりと積み込んで本島に向かった。ラットリッジ-フェア報告によると、1890年代、アラン諸島には116艘のカラッハ Curragh と、12艘の小型帆船 small sailing boat、それに、4艘の大型の沿岸交易帆船 large trading boat があった。シングの描写からすると、多数の牛を運んだのはおそらく大型の沿岸交易帆船で、大型のフッカーであろう。P・バリーと D・スコットが2008年に語ったところによれば、「それら（フッカー）は時に観光客を運んだが、定期的に牛やジャガイモをアランから本島に輸送した」。かれらはこうも述べている。「年の早い時期に放牧のためにアランに移されていた牛が帰り舟（コネマラからターフ泥炭を運んできたフッカーの復路……引用者）の積荷になることがしばしば見られた。作家 J・M・シングが1900年頃のキルローナン Cill Rónáin (Kilronan) 港でのそうした場面を描いている」と。今でもアランに渡る船の港であるロッサヴィール Rossaveel 港（アラン諸島の対岸にあるコネマラ南部海岸のキャシュラ湾 Cashla Bay）とアラン諸島との間でフッカーなどが盛んに行き来していたことが描かれている。なお、『ベイスライン報告』ラットリッジ-フェア報告はアランの牛飼育がクレア県と関係が深かったことを描いている。クレア県のどことに繋がっていたかは一切触れていない。今日、クレア県のモハーの断崖 Cliffs

表2-4 アラン諸島の普通の家計の推計(『ベイスライン報告』1893年)

普通の家計の推計現金収支				
収　　入	£	s. d.	支　　出	£ s. d.
牛	7	0　0	ミールとフラウア	12　0　0
豚5頭	10	0　0	食糧品	6 11　0
羊	5	0　0	タバコ	2 12　0
子馬	5	0　0	衣類	6　0　0
ケルプ	9	0　0	ターフ	3　4　0
魚	3	0　0	地代	3　0　0
バター・羊毛・海草	2	0　0	布施	0 10　0
			踏み鍬 spade	0 10　0
			その他 extra	2　0　0
合　計	42	0　0	合　計	36　7　0

注)ミールとフラウアは meal & flour で、オート粗びき粉と小麦粉である。
出典)ラットリッジ-フェア『ベイスライン報告』(1893年)。

　of Moher のクルーズ船が出発するドゥーラン Doolin 港は、アラン諸島と繋ぐフェリーの港でもある。おそらく19世紀においてもこのドゥーラン港とアランの間でクレアのバイヤーや牛たちが往復していたのであろう。そして牛たちはドゥーラン港にほど近いクレア県のエニスティーマン Ennistimon のフェアなどに向かったのであろう。

　さて、シングからの引用の最後が興味深い。「ゴールウエイの町で男たちが調子に乗って散財するのをけん制するため」に、飼い主の男たちだけでなく女たちもフッカーに乗り込んだとある。『ベイスライン報告』ラットリッジ-フェア報告が「普通の家計の現金収支」と「貧しい家計の現金収支」を推計している。普通の家計を見よう（表2-4）。

　現金収入42ポンド、現金支出36ポンド7シリングである。この他に自家消費食糧（ほとんどジャガイモ）があった。現金換算すると12～15ポンドとしている。自家消費が依然として大きいが、必要な現金支出がそれをはるかに凌

第2章　牛を中心とした家畜の全国的流通

駕している。

　シングは「若い牛 young cattle」と「去勢牛 bullocks」を登場させている。ラットリッジ−フェア報告が推計した7ポンドの収入をもたらした「牛 cattle」は去勢された雄牛で、未だ成牛とはいえない若い牛であったかもしれない。紹介しなかったが、「貧しい家計の現金収支」では「子牛 calf」が4ポンド収入をもたらしている。もう少し月年齢を重ねた若い牛をシングが描いたと考えられる。

　「普通の家計の推計」では、豚の販売収入が最大である。羊や子馬も売られている。牛、豚、羊、そして子馬を合計すると27ポンドにも上る。アイルランド西部の最果てのゴールウエイ湾に浮かぶアラン諸島住民の暮らしを支えた最大の力は家畜の飼育と販売であった。それに次いだのがケルプや魚類の海産物である。

　牛を売って得る現金は欠かせない収入であった。シングが描いたように、男衆の散財によって貴重な現金収入が消えてしまうことを防ぐために、女たちがフッカーに乗り込んだのである。

　シングの描写と1890年代『ベイスライン報告』はアイルランド西部の島嶼部にも商品経済が深く浸透していることを明らかにした。本書が明らかにしたいことからいえば、島嶼部も含めたアイルランド西部海岸地方が全国的な牛生産を中心とした畜産の分業、流通の網の目の中に編入されていたことが確認できる。牛（子牛）と豚、羊、それに、「貧しい家計」に見られる家禽卵も含めた生産と販売である。「普通の家計の現金収支」ではたんに牛とされているが、アラン諸島は、クレア県からの優秀な種牛による優れた品質の子牛や肥育のための素牛の生産を担っていたと考えられる。

　さて、シングはアラン諸島から本島のゴールウエイやスピッダルのフェアに何頭もの牛を運ぶ大型のフッカーを描いた。個々の畜産農家が小さな舟で海や川、湖などを渡って、牛などを運ぶばあいもあった。メイヨー県西部の海域で小型舟が家畜輸送で活躍していた。

　一世紀の間、いやそれ以上もの間、アキル・ヨール Achill yawl はメイ

ヨー県西部の経済的社会的生活の多様な必要性を満たしてきた。20世紀初頭まで、この地域の多くの土地は道路事情が悪く、輸送用動物が依然として陸上交通の主な形態であった。しかし、人々の居住は海岸部に集中し、海上交通が当時において最も便利な交通形態であった。そのためにヨールは、漁業舟という役割に加えて、人々や家畜、そして物資をマーケット往復の輸送のために頼りにされた。(中略) クレア島 Clare Island やイニシュカー諸島 Inishkea islands から家畜がヨールによって本島のマーケットやフェアまで定期的に輸送された。[32]

　これは、アキル島 Achill Island とその周辺の島々の住民たちの暮らしと小型舟ヨールを描いたものである。ヨールは不等4辺形の斜行用縦帆 lugsail の小型帆船であるが、4本の櫂も備えていて、手漕ぎもできた。クナーン J. Cunnane 達が紹介する写真を見ると、4人ぐらいの男たちが1頭の牛を運んでいる。[33]

　貧しい農家も含めた牛を中心とした畜産の編成については第5章以降で改めて取り扱う。家畜の生産者がどのようにしてフェア、市場に家畜を出荷するか、この一端を西部の島嶼部から本島のフェアまでの移動をアラン諸島とアキル島周辺海域に代表させて見た。また先に、北西部ドニゴール県の北西部海岸のダンファナヒの例で垣間見た。これらの例には牛をはじめとする家畜のバイヤーが登場する。このバイヤーは一体誰であったのか大変興味深い。このバイヤーの一角も占める、いやこの表現では狭すぎて、アイルランド全国の牛(家畜)の移動、流通になくてはならない、極めて大きな役割を果たしていた家畜運び屋 drovers を次に見よう。

(b)　ドゥローヴァー(家畜運び屋)の世界

To Meath of the pastures	放牧場のミーズめざして
From the wet hills by the sea	海辺の雨の多い丘から
Through Leitrim and Longford	リートゥリムとロングフォードを通って

第2章　牛を中心とした家畜の全国的流通

　　Go my cattle and me　　　　　　牛と私が行く

　これはローガンがおそらく1985年に、またギリガンが1998年に引用したP・コラムの詩 A Drover（1907年詩集 *Wild Earth*）の第一連である[34]。ローガンがいうように、ロングフォードに生まれたP・コラムが幼い頃にしばしば目にし、耳に聞いた光景をうたったのであろう。日本語は著者の拙い邦訳である。drover ドゥローヴァーをどう訳すか難しい。ローガンの描写から「家畜運び屋」としたが、ドゥローヴァーと表記することを原則とした。

　ローガンの描くドゥローヴァー（家畜運び屋）の世界は、1980年代から数えて50年前までの、すなわち、1930年代までのアイルランドのフェアについてであり、かれが子供のころ、ドゥローヴァーであった父についてフェアからフェアへ移動した体験を基に描いた世界である。

　ローガンは第10章をドゥローヴァー The Drover に充て、冒頭に上記の詩を配して、詩人コラムの少年時代の状況から筆を起こしている。19世紀後半、鉄道網がアイルランド全土に広がる中、多くの牛が鉄道で移動するようになったが、依然としてドゥローヴァーが活躍する時代が続いた。というのも、鉄道による移動そのものにまだまだ大きな問題があったからである。長時間、牛たちの群れを狭い貨車に詰め込まねばならない。その間の水や飼料をどうするのか、大変難しい課題があった。積め込まれた貨車の中で牛たちが傷つくこともあった。ところがローガンによれば、最近（20世紀の後半？）に至るまで、ドゥローヴァーと牛たちにはアイルランドの道路で通行権 the right of way が与えられていた。つまり、牛たちは道々、牧草を食むことができたし、水を補給することができた。牛たちは移動しながら大きくなったのである。ドゥローヴァーは単なる運び屋ではなかった。牛たち家畜の飼育に長けた人たちであった。「ドゥローヴァーは大変慎重で几帳面な男たちで、かれらの仕事は、家畜が移動の出発時点よりももっと良い状態で目的地に着くのを確実にすることであった。それはドゥローヴァー自身が牛の所有主であるばあいも、別の所有主のために牛を運ぶばあいもそうであった」。しかしこうしたドゥローヴァーが活躍する時代も、「内燃機関の発達が他の道路交

第1部　19世紀後半アイルランド農業の展開

通のやり方を不可能にしてしまい」、終わりを迎えた。フェアも牛マート cattle marts に取って代わられた。[35]

　さてローガンの描くドゥローヴァーの世界は、先に触れたように1930年代までのことである。しかしかれは、ダブリン協会 The Dublin Society により19世紀初頭に各県ごとの調査が組織され、その報告が編集発行されたが、それらの報告にもしばしば依拠している。ローガンは自分が描くドゥローヴァーの世界が、19世紀、本書が対象とする19世紀後半はもちろん、20世紀にも通ずるものであると考えていた可能性が高い。

　ドゥローヴァーの世界はアイルランド全国を跨ぐものであった。ローガンによれば、牛の移動は南部や西部から、北部や東部へのものが一般的であった。ローガンが知っている最高のドゥローヴァーはケイシー J. Casey と呼ばれるケリーの男で、ローガンの父の友人であったが、ローガンが描くケイシーをはじめとするドゥローヴァーと牛などの家畜の移動を地図上に再現してみた（Logan, pp. 91-100）。

　地図2-1の実線は牛の移動、破線は馬や羊の移動を示す。表2-5は地図に町の名前を記入するのを避けるために作った。地図には町番号を記入した。町の所在県を略記号で表示した。

　まず、アイルランド南西端ケリー県（K）、そのイーヴラッハ Iveragh 半島西端の町がカハルサイヴィーン Cahirciveen（町番号1。以下、番号のみ）である。この町から東に矢印を付けた先にキローグリン Killorglin（2）の町がある。ケリーの男ケイシーは主にこの二つの町のフェアで1歳の未経産牛を約40頭買い付けて、かれらを連れて北へ移動する。この移動はアイルランド島のほぼ中央にあるロングフォード Longford（12）が目的地で、200マイルを超えている。この最終目的地に辿り着く途中、いくつかのフェアで牛を売ることもあった。矢印を辿っていくと、まずリムリック県のアベイフェーレ Abbeyfeale（3）とニューキャッスル・ウエスト Newcastle West（4）、それにラースケーラ Rathkeale（5）、続いてティペラーリ県に入ってニューポート Newport（6）、ネナー Nenagh（7）、ボリスケイン Borriskane（8）、次

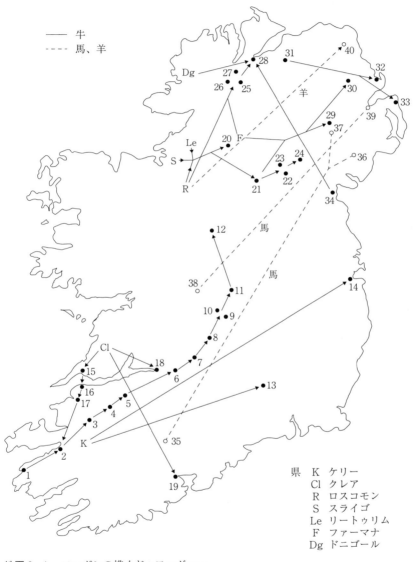

地図2-1　ローガンの描くドゥローヴァー

第1部　19世紀後半アイルランド農業の展開

表2-5　ローガンのドゥローヴァーの世界に出てくる町

	町	県		町	県
1	カハルサイヴィーン	K	21	キャヴァン	Cv
2	キローグリン	K	22	クートヒル	Cv
3	アベイフェーレ	L	23	クローンズ	Cv
4	ニューキャッスルW	L	24	モナハン	Mo
5	ラースケーラ	L	25	ストゥラバーン	T
6	ニューポート	Tp	26	キリゴードン	Dg
7	ネナー	Tp	27	ラフォー	Dg
8	ボリスケイン	Tp	28	デリー	De
9	パーソンズタウン	O	29	ドナヒ	T
10	バナハー	O	30	バリメーナ	A
11	フェールバーン	O	31	ダンギヴン	De
12	ロングフォード	Ln	32	ラーン	A
13	キルケニ	Ki	33	ドナハデー	Dw
14	ダブリン	D	34	マラクルー	Lo
15	キルラッシュ	Cl	35	カハーミー	C
16	ターバート	K	36	バンブリッジ	Dw
17	リストウェル	K	37	モイ	T
18	リムリック	L	38	バリナスロー	G
19	コーク	C	39	ベルファスト	A
20	エニスキレン	F	40	ダーヴォック	A

にオファリ県（当時はキングズ県）のパーソンズタウン Parsonstown（現Birr）（9）とバナハー Banagher（10）、それにフェールバーン Ferbane（11）のフェアを回り、その後、ウエストミーズ県を北上してロングフォードに辿りつく行程である。ローガンの父はケイシーと大変親しかったが、いつもケイシーの牛はロングフォードに着いた時、カハルサイヴィーンを出発した時よりも良い状態であったと言っていた。ローガンは幸いにもオファリ県フェール

第 2 章　牛を中心とした家畜の全国的流通

バーン近くでケイシーとかれの牛と出会うことがあったが、ケイシーの優れた手腕を目の当たりにすることができたことを述懐している。

　ケイシーの事例は1930年代までの、間違いなく20世紀に入ってからのものであろう。しかしローガンは先に触れたように、こうしたアイルランド南西部半島地域の高地からの大変長い距離の牛の移動は18世紀末以来続いてきたものとしている。実際かれは、タイ W. Tighe の *The Statistical Survey of Kilkenny*, Dublin, 1802を引いて、ケイシーの例のように移動行路は示されていないが、ケリー種の雌牛をキルケニ Kilkenny（13）に運ぶ事例や、同じ19世紀初頭、ケリーの牛が「容易かつ短期のうちに太」る、「有能な乳肉兼用種」のストア牛としてダブリン県で人気があった事例を挙げている（地図14番はダブリンの町）。

　アイルランド西部クレア県（Cl）の牛がケリー県北部のフェアや、リムリック、そしてコークにバイヤーによって運ばれていた。かれらは、地図は小さくて見にくいが、キルラッシュ Kilrush（15）東のキリマー Killimer 近傍と大河シャノン河口の対岸ターバート Tarbert（16）とを結ぶフェリーを使ってケリー県に渡り、ターバートやリストウェル Listowel（17）、キローグリン（2）のフェアに向かった。また、クレア牛はリムリック Limerick（18）やコーク Cork（19）に向かった。

　アイルランド西部コナハトのリートゥリム県（Le）やスライゴ県（S）、ロスコモン県（R）から、アイルランド北部アルスターのフェアへの移動があった。ファーマナ県（F）のエニスキレン Enniskillen（20）や、キャヴァン県のキャヴァン Cavan（21）やクートヒル Cootehill（22）、それにクローンズ Clones（23）、さらに、モナハン県のモナハン Monaghan（24）へ牛の移動を示している。

　ロスコモン県やファーマナ県からアルスター北部への移動もあった。ティローン県のストゥラバーン Strabane（25）、ドニゴール県（Dg）のキリゴードン Killigordon（26）やラフォー Raphoe（27）、さらにデリー Derry（28）への牛の移動である。

第1部　19世紀後半アイルランド農業の展開

　アルスター内での移動も活発であった。キャヴァン県やファーマナ県から、ティローン県のドナヒ Donaghy（Donaghey）（29）やアントリム県のバリメーナ Ballymena（30）への去勢牛 bullock の移動である。

　ドニゴールの山地からデリー（28）に向かう去勢牛のストア牛の移動、デリー県のダンギヴン Dungiven（31）から、アントリム県のラーン Larne（32）やダウン県のドナハデー Donaghadee（33）への牛の移動もある。

　これまで述べてきたものと違って、東から北西への移動もあった。ラウズ県のマラクルー Mallaghcrew（Mallacrew）（34）からデリー（28）への牛の移動である。

　以上は牛の移動であったが他の家畜もドゥローヴァーによって大変な長距離を移動していた。コーク県の大馬市で有名なカハーミー Cahermee（35）からダウン県バンブリッジ Banbridge（36）やティローン県モイ Moy（37）への馬の大移動、ゴールウエイ県バリナスロー Ballinasloe（38）からベルファスト Belfast（39）への馬の大移動があった。

　羊の移動もあった。ロスコモン県から北部アントリム県のさらに北部のダーヴォック Dervoc（40）への移動である。

　ローガンの描くドゥローヴァーから、かれらがアイルランド畜産業、就中、牛をはじめとする家畜の全国的な移動・流通の一つの鍵を握っていたことがわかる。鉄道網が広がっていった時代においてもそうである。しかしかれの描いた世界はまだまだ限られたものである。既に確認したように、本書が対象とする19世紀後半において1千を優に超える町や村でフェアが開かれていたからである。ドゥローヴァーの世界の描写は他にもあるかと思われるが、本項冒頭に紹介した詩 A Drover の作者 P・コラムの妻コラム（メアリ）Mary Colum の描いた馬の買付け業者であり、運び屋であり、輸出業者である「北の男たち the North men」を引いて最後としよう。

　　バートリーは他の兄弟とは違って馬の取引をやっていた。かれは馬を北の男たち、遠くアルスター北部からやって来る男たちに売った。かれらは年に1回か2回やって来て、バートリーや他のものから馬を買付け、

122

第2章　牛を中心とした家畜の全国的流通

　イングランドに輸出するのだといわれていた。北の男たちは一族全員がそれぞれ2、3頭の馬を買付け、馬に乗って連れて帰るのである。私たちはかれらが出ていくのをじっと見物するが、北の男たちが馬を連れて帰っていくのを見るのが田舎の一つの光景になっている。かれらのうちにはマンスターの男や、ミーズの男、あるいはダブリンの男がいることを私は知っているが、かれらは北の男と単純化して呼ばれていた。時にかれらは遅くやってきたので、私は夜まで待ってかれらが通り過ぎていくのを見物した。先頭の男が1頭の馬に乗り、2、3頭の手綱を引いて前に進み、それから全員が続いたが、男たち各人が1頭の馬にまたがり手綱で2、3頭を引くのであった。時に隊列が疾走して通り過ぎていくこともあったが、そんなに素早く走り去るということはあまりなかった。というのも、馬が面倒を起こしたり、後ろ足で跳ねまわったりしたりすると、全員が行軍を止めねばならなかったからである。かれらが丘を駆け上がったり、山越えしたりするとき、私はいつも、かれらが、おそらくオシーンとニーヴが白馬に跨って行った国のような、とある不思議の国に出向いていくように思われた。記憶のかぎりでは、世界のすべての喜びと驚きが疾走する馬の光景と音に結びついていた。[36]

　ドゥローヴァーによる、あるいは広く一般に、牧畜業者や家畜商人（含む輸出入業者）などによる、牛などの家畜に歩かせるという移動や輸送についてはもっと述べることがあるが、ひとまずここで止めておこう。後段、特に、肉牛肥育の最大の中心地ミーズを取り扱う第8章ではドゥローヴァーにも立ち返ることになるだろう。

　道を辿る最大数の家畜の移動についてドゥローヴァーに焦点を当てて垣間見た。19世紀後半の鉄道時代になっても道路を使った移動が大きく、移動の主役はドゥローヴァーたちが担っていた。しかし、鉄道も大きな役割を果たし始めていた。

第1部　19世紀後半アイルランド農業の展開

(c)　鉄道による家畜の移動（1870年代末）

　　　船積みされる家畜（大ブリテンに海上輸送される家畜……引用者）の最大部分は普通の道路を辿ってほとんどの乗船港にやってくるが、多数の家畜が鉄道で乗船港に運ばれてくることが確認されたので、調査をするにあたり、できるだけ実際に近いかたちで、アイルランドにおける鉄道輸送される家畜の種類と規模を確認することが望ましいと思われた。
　　　この目的で、アイルランド枢密院獣医局 the privy council veterinary department より各鉄道会社に回状が発せられ、輸送のために家畜を乗車させた、あるいは、下車させた各路線の駅のリストと、1年間の、あるいは12カ月間の、各駅における乗車家畜数と種類、下車させた数についての報告を、（中略）政府情報のために提供することが要請された。

　これも『1878年ファーガソン報告』からの引用である。ファーガソンによれば、全鉄道会社が要請に好意的に応えてくれた。ただ、乗車家畜数と家畜種類だけを報告した鉄道会社もあった。同報告の付録 appendix の最後に総括表 Summary がある。それを作り変えたのが表2-6a、6bである。

　まず、断っておかねばならないことがある。データは1年間のものであるが、1877〜78年頃のものとした。上記『報告』引用文にあるように、「1年間の、あるいは12カ月間」のデータを求めているが、いつの時点からなのか指定していない。1877〜78年頃とした所以である。

　表を説明しよう。まず鉄道会社の欄である。鉄道会社に1から23までの番号を付している。この後の路線地図に記号として使用するためである。何故、大南西部鉄道 Great Southern & Western R.（GS&WR）に1番をつけたのか、制約の多い資料からではあるが、牛全体の乗車頭数の多い鉄道から順番に番号を付したからである。

　鉄道会社名は末尾に Railway が入っているが、大北部鉄道 Great Northern Railway（GNR）の他は R. としておいた。GNR は大北部鉄道の略記名であるが、以下、長い会社名を繰り返すのを避けるために、アイルランドの著書にもよく使われているこうした略記名を利用することがしばしばある。

表2-6a　鉄道による家畜輸送（1877～78年頃）

	鉄　道　会　社		駅	牛全体乗車合計
1	大南西部鉄道	Great Southern and Western R.	61	263,957
2	大北部鉄道	Great Northern Railway	85	189,059
3	ミッドランド大西部鉄道	Midland Great Western R.	61	145,746
4	ベルファスト北部諸県鉄道	Belfast and Northern Counties R.	27	46,374
5	ウォータフォード・リムリック鉄道	Waterford and Limerick R.	26	46,279
6	ベルファスト・ダウン県鉄道	Belfast and County Down R.	14	22,118
7	ダブリン・ウィックロウ・ウェクスフォード鉄道	Dublin, Wicklow, and Wexford R.	18	20,679
8	キャリックファーガス・ラーン鉄道	Carrickfergus and Larne R.	4	19,144
9	ラスキール・ニューキャッスル鉄道	Rathkeale and Newcastle R.	3	14,477
10	ダンドーク・ニューリ・グリーノア鉄道	Dundalk, Newry, and Greenore R.	3	13,181
11	ウォータフォード・中央アイルランド鉄道	Waterford and Central Ireland R.	11	11,720
12	コーク・バンドン鉄道	Cork and Bandon R.	4	11,566
13	アセンリ・エニス鉄道	Athenry and Ennis R.	7	11,437
14	コーク・マクルーム鉄道	Cork and Macroom R.	7	7,478
15	ニューリ・アーマー鉄道	Newry and Armagh R.	6	6,533
16	西コーク鉄道	West Cork R.	3	2,092
17	アセンリ・チューム鉄道	Athenry and Tuam R.	3	1,862
18	デリー・スウィリ湾鉄道	Derry and Lough Swilly R.	5	1,209
19	イレン川流域鉄道	Ilen Valley R.	2	1,021
20	ニューリ・ウォレンポイント・ロストレーヴァ	Newry, Warrenpoint & Rostrever R.	2	632
21	コーク・キンセイル鉄道	Cork and Kinsale R.	1	358
22	フィン渓谷鉄道	Finn Valley R.	3	68

| 23 | ウォータフォード・トゥラモア鉄道 | Waterford and Tramore R. | 2 | 24 |

注1）駅欄は家畜乗下車駅数。すべての駅の数ではない。
注2）牛の成牛は full-grown cattle、未成牛は small cattle、子牛は calves。羊は sheep、子羊は lambs。
注3）上記鉄道が代わって運行している鉄道も8ある。GS&WR Great Southern and Western R. が運行している鉄道は、Parsonstown & Portumna Bridge Railway、Fermoy & Lismore Railway、GNR Great Northern Railway が運行している鉄道は、Dublin & Antrim Junction Railway、Enniskillen, Bundoran & Sligo Railway（ただし、スライゴへの延伸は1879年以降と考えられる）、MGWR Midland Great Western R. が運行している鉄道は、Great Northern & Western Railway、Navan & Kingscourt Railway、Dublin & Meath Railway、B&CDR Belfast and County Down R. が運行している鉄道は Downpatrick, Dundrum, & Newcastle Railway。GS&WR と DW&WR Dublin, Wicklow, and Wexford R. が運行している鉄道に Waterford, New Ross & Wexford Junction R があるとされているが、開設運行は1887年以降と考えられる。

　駅の欄の数字は、家畜が乗下車した駅数である。路線にある駅のすべてではない。ただ、7番のダブリン・ウィックロウ・ウェクスフォード鉄道 Dublin, Wicklow, and Wexford R. (DW&WR) は18駅、12番のコーク・バンドン鉄道 Cork and Bandon R. (C&BR) は4駅の駅名が記されてはいるが、この二つの鉄道は路線全体の乗下車した家畜頭数だけで、駅ごとの頭数は記されていない。
　次に牛、羊、豚の家畜毎の利用状況が続く。馬は本表では外した。牛は3分類されている。成牛 full-grown cattle、未成牛 small cattle、それに、子牛 calves である。small cattle は生育途上で体躯が小さく、体重も軽い牛と考えられるので、成牛にたいする未成牛と邦訳した。なお、calves はおそらく1歳未満令の牛であろうが、説明はない。羊は sheep、子羊は lambs である。豚は pigs のみである。
　しかし見られるように、各鉄道会社から寄せられたデータはこれらの分類が満たされていない。3番のミッドランド大西部鉄道 Midland Great Western R. (MGWR) のばあいなどは、成牛と羊、豚のデータのみであり、それも乗車頭数だけである。『1878年ファーガソン報告』は鉄道会社が提出したデータをそのまま表示したのであろう。ミッドランド大西部鉄道が未成牛や

表2-6b 鉄道による家畜輸送(表2-6aつづき)

鉄道	成牛 乗車	成牛 下車	未成牛 乗車	未成牛 下車	子牛 乗車	子牛 下車	羊 乗車	羊 下車	子羊 乗車	子羊 下車	豚 乗車	豚 下車
1	189,332	180,991			74,625	13,521	191,671	193,290			296,754	407,272
2	189,059	185,282					98,720	85,064			130,020	128,262
3	145,746						236,535				216,300	
4	46,374	41,493					17,223	18,958			697	1,013
5	1,393	1,344	32,863	32,111	12,023	12,820	34,482	33,484	2,037	1,625	170,656	282,934
6	22,031	22,031				87	7,308	7,308			3,896	3,896
7	20,679	20,679					26,180	26,180			54,584	54,584
8	19,144	7,357					2,476	450			878	15
9	61	5	5,941	55	8,475		1,778				27,449	
10	13,181						9,233		46		17,916	
11	5,150	5,150	5,022	5,022	1,548	1,548	16,525	16,494	1,006	1,006	123,224	123,224
12	11,566	11,566	7,938	5,140	3,454	6,428	13,087	13,087			62,830	62,830
13	45	559					4,730	2,608	79	79	26,046	4,640
14	7,478						9,585				26,333	
15	6,533	5,792			47		2,978	3,178			437	521
16	2,045						5,955				21,607	
17	14	14	1,603	1,903	245	1,776	6,955	2,440	394	197	12,907	2,704
18	1,209	1,384					474	701			2,702	8,406
19	1,021						1,605				12,835	
20	554				78		1,116				9,513	
21	358	358					546	546			5,103	5,103
22	68	116					3,659	3,062			4,702	
23	10				14		41					

注4) 1878年報告で家畜輸送をおこなわなかった鉄道として以下の5鉄道が挙げられている。Ballymena, Cushendall & Red Bay Railway ; Belfast Central Railway ; Belfast, Holywood & Bangor Railway ; Cork, Blackrock, & Passage Railway ; Dublin & Kingstown Railway

出典) Report from the Irish Privy Council Veterinarary Department, relative to the trade in, and the movement of animals intended for the exportation from Ireland to Great Britain, appendix, P.P. 1878 [C.2104] Vol. XXV より作成。

第1部　19世紀後半アイルランド農業の展開

子牛、子羊を輸送しなかったためにデータがないのか、一切説明がない。また、不思議なことに、家畜の乗車頭数のデータはあるが、下車頭数がない事例が多数ある。乗車した家畜はいずれかの駅で下車しているはずである。乗車中に何らかの事故に遭わない限り、乗車頭数と同じ頭数の下車となる。実際、6番のベルファスト・ダウン県鉄道 Belfast and County Down R.（B&CDR）などのように、乗車頭数と下車頭数が同一の報告がある。乗車頭数しか報告していない鉄道は、下車頭数を報告する必要がないと考えたのかもしれないが、不明である。

さらに、乗車頭数と下車頭数の両方とも報告しているが、数字が大きく相違しているばあいがある。1番の大南西部鉄道のばあい、子牛の下車頭数が乗車頭数に比べて大幅に少ない。他方、13番のアセンリ・エニス鉄道 Athenry and Ennis R.（A&ER）は成牛と子牛の両方とも、下車頭数が乗車頭数より極めて多い。これらは何を語っているのだろうか。推測できるのは、鉄道会社が相違しても線路がなんらかの方法で連絡していて、乗車や下車ということが記録されないことがあったのではないか。後で述べる提携会社などの路線と繋がっているばあいも同じことがあったのではないか。

先に説明したように、本表は牛全体の乗車合計数の多い順で鉄道会社を並べた。牛の分類別のデータがあるばあい、合計した牛全体の乗車数を出した。成牛の乗車頭数のデータしかないばあい、それを牛全体の乗車頭数と扱い、牛の「乗車合計」の多いものから順番に鉄道会社を並べた。したがって、この順番は鉄道会社ごとの牛乗下車頭数を比較したものでないが、牛輸送規模をある程度は表現していると考えた。なお、羊や豚はそれぞれ別に扱うべきとした。

さて、表2-6の注3と4で記しているように、大南西部鉄道などが運行を代わっておこなっている鉄道が8社もある。これら8鉄道の家畜輸送データは運行を代理している鉄道に含められている。なおさらに、家畜を輸送していなかった5鉄道もあったと報告されている。

第2章　牛を中心とした家畜の全国的流通

◆1870年代末　アイルランド鉄道網

　『1878年ファーガソン報告』当時、家畜を輸送した23鉄道、家畜を輸送したが、運行は他に委ねた8鉄道、家畜を輸送しなかった5鉄道、これら合計して36鉄道が開通、運行されていたと考えられる。これら36鉄道を『1878年ファーガソン報告』のデータに基づきながら地図に表してみた（地図2-2）。なお、この地図は、ドイル O. Doyle & ヒルシュ S. Hirsch『アイルランドの鉄道　1834-1984年 Railways in Ireland 1834-1984』（Dublin, Signal Press, 1983）の地図「1870年のアイルランドの鉄道網」の上に、70年代に開通した鉄道を加えて作成した。

　表2-6の鉄道会社の番号、1から23までを地図に記入した。表を一目見てわかるように、1番の大南西部鉄道 GS&WR と2番の大北部鉄道 GNR、それに、3番のミッドランド大西部鉄道 MGWR は牛全体の乗車合計頭数で群を抜いて大きい。また、路線延長マイルも大変長いことは地図に表せば一目でわかる。そこで、1番と2番は鉄道路線とわかる線で示し、3番は太い実線で表した。

　鉄道駅所在地の町や市は略記号で示した。地図の上部、つまり、北から確認していこう。まず4番のベルファスト北部諸県鉄道 Belfast and Northern Counties R.（B&NCR）である。De はデリー、Col はコールレイン Coleraine、Pt はポートラッシュ Portrush、By はバリメーナ Ballymena、A はアントゥリム Antrim であり、A の近くから支線が出ているが、終着の Ck はクックスタウン Cookstown である。4番鉄道は B のベルファストから北に向かうが、Cr のキャリックファーガス Carrickfergus にも繋がっている。この Cr から8番キャリックファーガス・ラーン鉄道 Carrickfergus and Larne R.（C&LR）が Lr のラーンに向かう。ラーン（Lr）、それに4番のデリー（De）、コールレイン（Col）、ポートラッシュ（Pt）は後に述べるように、大ブリテンへの家畜を輸出する港があった。なお、De のデリーから18番のデリー・スウィリ鉄道 Derry and Lough Swilly（D&LSR）が Bun のブンクラーナ Buncrana に向かっている。また、By から Rb に家畜を輸送しない鉄道 Bally-

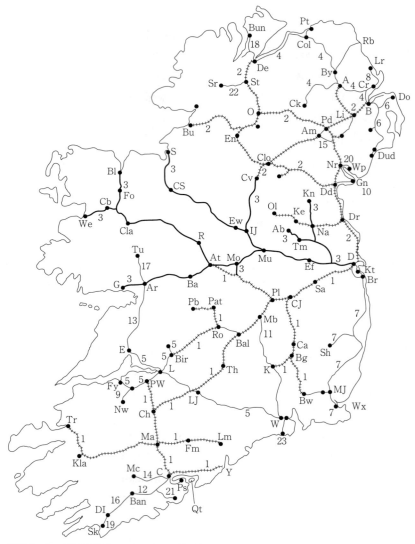

地図 2-2　1870年代末アイルランド鉄道網

第 2 章　牛を中心とした家畜の全国的流通

mena, Cushendall & Red Bay Railway が走っている。Rb はレッド・ベイ Red Bay である。

　次に 2 番の大北部鉄道 GNR である。B のベルファストと D のダブリンのアイルランド二大都市を結ぶ大動脈で路線網は大変広い。まずは、この二大都市を繋ぐ大動脈に着目しよう。ベルファスト（B）から南西に向かう。Li はリスバーン Lisburn、次いで Pd はポータダウン Portadown である。ここからダブリンまで南行する。Nr はニューリ Newry、Dd はダンドーク Dundalk、Dr はドゥラハダ Drogheda である。

　大北部鉄道 GNR は北部の二大都市、デリー（De）とベルファスト（B）を先に見た 4 番とは違ったルートで繋いでいる。De のデリーから南行したところの O はオマー Omagh、そこから東に向かって先に見た Pd のポータダウン、さらに B のベルファストに達する。O に向かう途中に St のストゥラバーン Strabane があり、そこから22番のフィン渓谷鉄道 Finn Valley R. (FVR) がドニゴール県ストゥラノーラー Stranorlar（Sr）と繋がっている。O のオマーから路線が分かれて En のエニスキレン Enniskillen に向かう。その北方すぐのところから路線が分かれて、大西洋岸の Bu のブンドーラン Bundoran に繋がる（ただこの路線はエニスキレン・ブンドーラン&スライゴ鉄道 Enniskillen, Bundoran & Sligo Railway のものであるが、GNR が運行している）。エニスキレンから路線は東海岸の Dd のダンドーク Dundalk まで続く。途中の Clo はクローンズ Clones で、そこから支線が Cv のキャヴァン Cavan に繋がっている。また、Clo のクローンズからも、Am のアーマー Armagh を通り、先ほど見た Pd のポータダウンに出る。そこから B のベルファストに行くことができるし、D のダブリンに向かうこともできる。

　この大幹線はいくつものおもな港に繋っている。De デリー、B ベルファスト、Nr ニューリ、Dd ダンドーク、Dr ドゥラハダ、そして D ダブリンである。

　Nr のニューリと Dd のダンドークは10番のダンドーク・ニューリ・グリーノア鉄道 Dundalk, Newry, and Greenore R.（DN&GR）と20番のニュー

第1部　19世紀後半アイルランド農業の展開

リ・ウォレンポイント・ロストレーヴァ鉄道 Newry, Warrenpoint and Rostrever R.（NW&RR）の駅でもあるが、10番は家畜輸出港 Gn のグリーノア Greenore に、20番は家畜輸出港 Wp のウォレンポイント Warrenpoint に繋がる。

　ベルファスト B は別の鉄道会社の三つの港町とも繋がっている。既に見た8番のキャリックファーガス・ラーン鉄道 C&LR のラーン（Lr）のほかに、6番のベルファスト・ダウン県鉄道 B&CDR の Dud、ダンドゥラム Dundrum と、ダンドゥラムに行く路線から分かれた先にある Do、ドナハデー Donaghadee である。前二者の港は第3章で家畜輸出港として見るが、最後のドナハデーについても少し詳しく述べる。アイルランド海運史にとって重要な役割を果たしたからである。

　大北部鉄道 GNR には Dr のドゥラハダからミーズ県に入る支線もある。Na はナーヴァン Navan、Ke はケルズ Kells、Ol はオールドキャッスル Oldcastle である。

　ここらあたりで3番のミッドランド大西部鉄道 MGWR に移ろう。名前からもわかるように、ダブリン（D）を、G のゴールウエイ、We のウエストポート Westport と Bl のバリナ Ballina、さらに S のスライゴ Sligo のアイルランド島西海岸、すなわち大西洋岸の四つの港と結ぶ大幹線である。ただし、At のアスローン Athlone から、We のウエストポートと Bl のバリナへの路線は大北西部鉄道 Great Northern & Western R.（GN&WR）の鉄道であるが、MGWR が運行している。

　ミッドランド大西部鉄道 MGWR 路線上の Ar はアセンリ Athenry、Ba は大家畜フェアが開かれるバリナスロー Ballinasloe、At はアスローン、Mu はマリンガール Mullingar、Ef はダブリンから最初に敷設開通されたインフィールド Enfield である。

　マリンガール（Mu）から北西の近い所に IJ、イニー・ジャンクション Inny Junction がある。そこからキャヴァン（Cv）まで支線があり、そこで2番大北部鉄道と連絡できる。また、アセンリ（Ar）と Tu のチューム Tuam を繋

第2章　牛を中心とした家畜の全国的流通

ぐ17番のアセンリ・チューム鉄道 Athenry and Tuam R.（A&TR）がある。

ミッドランド大西部鉄道 MGWR はさらに、ミーズ県の GNR 支線のナーヴァン（Na）と交わるように路線を運行している。ダブリン・ミーズ鉄道 Dublin & Meath Railway はダブリンとナーヴァン（Na）を結び、さらに、Tm のトゥリム Trim や Ab のアーボイ Athboy にも繋がっているが、この鉄道の路線の運行は MGWR が担っている。さらに、ナーヴァン（Na）とキャヴァン県の Kn、キングスコート Kingscourt を繋ぐナーヴァン・キングスコート鉄道 Navan and Kingscourt R. がある。これも運行は MGWR がおこなっている。

次に最大の鉄道と言ってよい1番の大南西部鉄道 GS&WR である。まずは D のダブリンと C のコークを結ぶ最大、最長の幹線である。Sa はサリンズ Salins、CJ はチェリーヴィル・ジャンクション Cherryville Junction、Pl はポーターリントン Portarlington、Mb はメアリバラ Maryborough（現 Portlaoise）、Bal はバリブロフィ Ballybrophy、Th はサールズ Thurles、LJ はリムリック・ジャンクション Limerick Junction、Ch はチャールヴィル Charleville、Ma はマロウ Mallow、そして終着駅の C のコークである。

この幹線からいくつか支線が分かれている。CJ から南に向かって Ca のカーロー Carlow と Bg のベイジナルスタウン Bagenalstown、そこからさらに南行して Bw のバリウイリアム Ballywilliam に、Bg から西に向かって K のキルケニに至る。Pl のポーターリントンから北西に延び、At のアスローンに達する支線もあり、MGWR と連絡する。

大幹線路線の中心に Bal のバリブロフィがある。そこから支線が Ro 方面に向かっている。Ro はロスクレー Roscrea で、さらに進むと Bir のバードヒル Birdhill であるが、支線はここまでで、L のリムリックには達しない。Ro からさらに Pat のパーソンズタウン Parsonstown（現 Birr）方面に向かう支線が分かれている。さらに、Pat から Pb のポートオムナ・ブリッジ Portumna Bridge に向かうパーソンズタウン&ポートオムナ・ブリッジ鉄道 Parsonstown & Portumna Bridge R. があるが、GS&WR が運行している。

第1部　19世紀後半アイルランド農業の展開

　Bal のバリブロフィからさらに幹線を南西に向かえば、LJ のリムリック・ジャンクションを経て Ch のチャールヴィルに着く。そこから北に延びる支線がある。この支線は鉄道5番と重なるが、L のリムリックへと向かう。Ch の南にある Ma のマロウから東西にそれぞれ支線が走る。西に向かうのは Kla のキラーニー Killarney を経て Tr のトゥラリー Tralee に達する。東は Fm のファーモイ Fermoy を経て Lm のリスモア Lismore に向かう。最後のものはファーモイ・リスモア鉄道 Fermoy & Lismore R. の路線であるが、GS&WR が運行している。

　大南西部鉄道 GS&WR の終着駅 C のコークからも支線が Y のヨール Youghal に向かう。途中、地図では見にくいが、南に折れて、あの悲劇のタイタニック号最後の出港地 Qt のクウィーンズタウン Queenstown（現 Cobh）がある。

　南西部、さらには南東部にはこの大南西部鉄道 GS&WR の他に重要な鉄道がある。まず、L のリムリックと W のウォータフォードを繋ぐ5番のウォータフォード・リムリック鉄道 Waterford and Limerick R.（W&LR）である。実は、この2地点を結ぶ路線の建設は1825年にアイルランドで最初に認可された鉄道である。もっとも、建設は行われず、もっと後になって実現している。[37] この路線は L のリムリックから北西の E のエニス Ennis にも向かっている。そこからさらに、13番のアセンリ・エニス鉄道 A&ER により Ar のアセンリで MGWR と連絡する。L のリムリックから2本の支線もある。一つは北東の Bir のバードヒルに向かい、そこで先ほど触れたように、GS&WR と出会う。もう一つの支線は西方の Fy のフォインズ Foynes に向かう。途中 Pw のパトリックスウエル Patrickswell で南方から延びてきた GS&WR と接合する。さらに途中で Nw のニューキャッスル Newcastle に向かう9番のラスキール・ニューキャッスル鉄道 Rathkeale and Newcastle R.（R&NR）と連絡する。

　11番のウォータフォード・中央アイルランド鉄道 Waterford and Central Ireland R.（W&CIR）も重要な鉄道である。K のキルケニが中心で、北は Mb

第2章　牛を中心とした家畜の全国的流通

のメアリバラで GS&WR に連絡し、南は W のウォータフォードが終着駅である。

　歴史的に最も重要な鉄道がダブリンから南に走っている。D のダブリンと Kt のキングスタウン Kingstown を結ぶダブリン・キングスタウン鉄道 Dublin and Kingstown R. である。1834年にアイルランドで最初に開通した鉄道である[38]。家畜を輸送していないので、表2-6の23鉄道に含められていないが、表の注4に指摘しておいた。このダブリン・キングスタウン鉄道と並行するように、7番のダブリン・ウィックロウ・ウェクスフォード鉄道 Dublin, Wicklow, and Wexford R.（DW&WR）が南の終着駅 Wx のウェクスフォードに向かっている。途中、Sh のシレラー Shillelagh と結ぶ支線と、MJ のマクミーン・ジャンクション Macmine Junction で西に折れ、Bw のバリウイリアムに達する支線がある。後者の支線は GS&WR と連絡している。

　南部の他の鉄道にも触れておく。大南西部鉄道 GS&WR と同じく C のコークが終着駅となる鉄道がある。14番のコーク・マクルーム鉄道 Cork and Macroom R.（C&MR）と12番のコーク・バンドン鉄道 Cork and Bandon R.（C&BR）である。後者はさらに西に向かう鉄道と繋がっている。Dl のドゥリモリーグ Drimoleague に達する16番の西コーク鉄道 West Cork R.（WCR）と、その延長で Sk のスキッバリーン Skibbereen までの19番イレン川流域鉄道 Ilen Valley R.（IVR）である。コークからもう一つ、旅客だけの鉄道がある。Ps のパッセイジ Passage に向かうコーク・ブラックロック・パッセイジ鉄道 Cork, Blackrock & Passage R. がそれである。

　もう一つ、W のウォータフォードとトゥラモア Tramore を繋ぐ23番の Waterford & Tramore R.（W&TR）がある。

◆鉄道による牛の移動

　表2-6に戻って、何が読み取れるか考えよう。地図2-2の説明で示唆されているように、第一に確認してよいのは、大南西部鉄道 GS&R と大北部鉄道 GNR、それにミッドランド大西部鉄道 MGWR の3社が10万頭以上という突出した数の牛を乗車させていることである。この3社は牛だけでなく、

羊と豚も多数輸送している。3社を合計すると、23社全体の牛乗車数の6割以上になり、牛（家畜）鉄道輸送の検討にこれら3社は不可欠である。地図2-2で表現されているが、1、2、3と付した3社は実に広範囲に路線網を張り巡らせていて、アイルランド三大幹線鉄道と言ってよい。もっとも、これら3社は他の鉄道会社の運行を担っていて、『1878年ファーガソン報告』のデータはそれらを含むものである。

　第二に、この3社は家畜乗下車駅数においても群を抜いている。もっともこれら3社はいずれもアイルランド鉄道の大幹線で、路線が広範囲に及ぶことから駅数が多く、家畜乗下車駅も多数に上るのは自然なことかもしれない。ただ駅毎の家畜乗下車数について、表2-6は既に述べたように不完全なものである。しかし一部に限られるとはいえ、駅毎のデータが提供された鉄道路線の中で、どの駅が多くの家畜の乗下車に利用されていたかという重要な事実を、したがって、家畜移動の実態の一部を教えてくれる。この点については、すぐ後で検討しよう。

　第三に、牛の分類ごとのデータが不完全であるが、いくつかの鉄道は未成牛や子牛のデータも提供している。例えば、1番の大南西部鉄道 GS&WRは子牛の、5番のウォータフォード・リムリック鉄道 W&LR は未成牛と子牛の両方の乗下車頭数がわかる。先に、1873年の「主な農産物の主産地1・2・3位」（表1-8）で確認したように、コーク県をはじめとするマンスター地方が最大の子牛（1歳未満牛）生産地域であり、若い牛（1～2歳牛）生産地域であった。鉄道輸送からもこの点を再確認できるようである。上記2鉄道はマンスター地方を中心に路線網を張り巡らせているが、この他の、未成牛や子牛を乗下車させている9番、11番、13番、それに数は少ないが23番の鉄道もマンスター地方の鉄道である。

　最後に、羊と豚の鉄道輸送について触れておく。乗車頭数であれ、下車頭数であれ、最も目立つ10万頭以上の数字が報告されている鉄道だけを紹介しておく。羊に関しては1番の大南西部鉄道と3番のミッドランド大西部鉄道だけである。豚はこれらにもう一つの三大幹線である2番の大北部鉄道が加

第2章　牛を中心とした家畜の全国的流通

わるが、それだけでない。5番のウォータフォード・リムリック鉄道と11番のウォータフォード中央アイルランド鉄道も加わる。いずれもウォータフォードを終着駅にした鉄道であるが、同地が豚保蔵処理と加工豚肉輸出の盛んな地域であることが関わっているが、この点は後に見る。

◆駅所在地毎に見る

　さて、駅毎の牛や羊、豚の乗下車頭数を見て、鉄道による家畜輸送の一端を垣間見ることにしよう。既に指摘しているが、3番のミッドランド大西部鉄道をはじめ、いくつかの鉄道が乗車頭数しか報告していない。また、未成牛や子牛、子羊のデータが報告されていない鉄道会社も多数ある。そうした制約を抱えているデータであるが、報告されたデータに依拠していくつかの駅を取り出す。ただし、駅毎で考えるには、複数の鉄道会社が同じ町や市に乗り入れているばあいがある。そのばあい、複数鉄道会社のデータを合算して考える。つまり、駅所在地としてまとめて考える。

　ところで、今、資料としている『1878年ファーガソン報告』は、そもそも先に述べているように、大ブリテンへ輸出されるアイルランド家畜の国内移動、取引を調査したアイルランド枢密院獣医局によるものであった。報告の付録に、1877年のアイルランドの港別の、ダブリン港をはじめ19港の大ブリテンへの家畜輸出頭数が表示されている。対英家畜輸出は第3章のテーマであるが、アイルランドの家畜国内輸送は対英輸出と密接に関わっている。つまり、国内移動の先に対英輸出があると言ってよいほどである。第3章の議論を先取りしてしまうが、地図2-2にこれら19港が所在する町や市が全て入っている。略記号で記入しているが、これらを確認しておこう。

　島の北・西から順に説明すると、Ptのポートラッシュ、Colのコールレイン、Deのデリー、Sのスライゴ、Blのバリナ、Weのウエストポート、島の東側のLrのラーン、Bのベルファスト、Dudのダンドゥラム、Nrのニューリ、Wpのウォレンポイント、Gnのグリーノア、Ddのダンドーク、Drのドゥラハダ、Dのダブリン、もっと南に下って、Wxのウェクスフォード、Wのウォーターフォード、Cのコーク、そして少し北に戻るが、Lのリムリッ

ク、以上19港である。繰り返しになるが家畜対英輸出港には全て鉄道が乗り入れている。道路で多数の家畜を移動させるドゥローヴァーが支配的な役割を果たしていたが、家畜輸送における鉄道の役割が不可欠に重要なものになっていたことが窺える。

これらの輸出港がある市や町の鉄道駅から見るのがわかりやすい。そして、3大鉄道を中心としてそこに繋がる内陸の駅を見ていくのが良い。主には牛や羊、豚が1万頭以上乗車したり下車したと報告された駅を見ていこう。

◆ダブリン

まずダブリン（D）からである。ダブリンには大きな鉄道がいくつも乗り入れている。1番の大南西部鉄道 GS&WR と2番の大北部鉄道 GNR、3番のミッドランド大西部鉄道 MGWR と7番のダブリン・ウィックロウ・ウェクスフォード鉄道 DW&WR、それに、アイルランド最初の鉄道ダブリン・キングスタウン鉄道がある。各鉄道はそれぞれ終着駅を持っている。大南西部鉄道のキングス・ブリッジ駅 King's Bridge（現ヒューストン駅 Heuston Station）、大北部鉄道のダブリン駅、ミッドランド大西部鉄道のブロードストーン駅 Broadstone とノース・ウォール駅 North Wall、ダブリン・ウィックロウ・ウェクスフォード鉄道のハーコート通り駅 Harcourt-street、そして、ダブリン・キングスタウン鉄道のウエストランド・ロウ駅 Westland Row（現ピアース駅 Pearse Station）である。

これらいくつもあるダブリンの鉄道駅で乗下車する家畜を見るが、ダブリン・キングスタウン鉄道のウエストランド・ロウ駅は除外しなければならない。同鉄道は家畜輸送をおこなっていないからである。ダブリン・ウィックロウ・ウェクスフォード鉄道のハーコート通り駅は家畜乗下車頭数が不明である。同鉄道全体の成牛乗下車頭数はわかるが、駅毎のデータは提出されていない。以下、ダブリンについては、大南西部鉄道のキングス・ブリッジ駅、大北部鉄道のダブリン駅＝アミアン通り駅 Amiens Street（現コノリー駅）、ミッドランド大西部鉄道のブロードストーン駅とノース・ウォール駅に関する『1878年ファーガソン報告』のデータを検討することになる。

第2章　牛を中心とした家畜の全国的流通

　まず牛についてである。成牛の乗車頭数89,745頭、下車頭数4,894頭となっている。乗車頭数が圧倒的に多いが、その大部分はキングス・ブリッジ駅(GS&WR)のもので、79,587頭である。下車頭数ではダブリン駅 (GNR) の4,289頭が圧倒的である。なお、ミッドランド大西部鉄道は乗車頭数のデータしか提出していないが、ブロードストーン駅194頭、ノース・ウォール駅1,481頭となっている。鉄道3社とも未成牛のデータがない。子牛もGS&WRだけで、乗車3,314頭、下車49頭である。

　さて、上記データには非常に不可思議な点がある。乗車頭数が断然多く、下車頭数は少ない。利用の多い羊と豚も実はそうである。羊の乗車頭数が116,431にたいして、下車頭数は4,944、豚の乗車頭数22,902にたいして、下車頭数が5,414である。ダブリンの鉄道4駅の家畜乗車頭数が下車頭数に比べて断然多いというデータの意味をどう考えるべきなのか大変難しい。ダブリンには他地域からダブリン都市部が需要する肉牛をはじめとする家畜はもちろん、ダブリン港から大ブリテンに輸出する肉牛などが多数やってきているはずである。この点は第2節「全国で開かれるフェアとダブリンの家畜マーケット」で、特に、(d)項「ダブリンの家畜マーケット」ですでに確認している。下車頭数が多いはずと思われるのにそうなっていない。ダブリンには多くの牛などが鉄道ではなくて、ドゥローヴァー達に連れてこられるからであろうか。それにしても、そもそもキングス・ブリッジ駅などで乗車した多数の家畜たちは一体何処からやってきて、何処に向かったのであろうか。『1878年ファーガソン報告』のデータから推測するのは本書では不可能に近い。

　この難題を解くヒントが次の文献、資料で与えられるかもしれない。文献とは、地図2-2の作成で土台としたドイル＆ヒルシュ『アイルランドの鉄道』であり、資料とはS. Johnson, *Johnson's Atlas & Gazetteer of the Railways of Ireland*, 1997（『ジョンソン・アイルランド鉄道地図辞典』）である。[39]

　先に、大南西部鉄道GS&WRの終着駅はキングス・ブリッジ駅とした。実際、『1878年ファーガソン報告』ではそうなっている。確かに1877年まではそうであった。しかしその後、終着駅がもう一つ増えた。

第1部　19世紀後半アイルランド農業の展開

　ドイル＆ヒルシュ『アイルランドの鉄道』によれば、1877年、GS&WR はダブリンのリフィー the Liffey 河口北岸の波止場ノース・ウォール North Wall に繋がる側線を開通させた。キングス・ブリッジ駅の手前にアイランド・ブリッジ・ジャンクション Island Bridge Junction をつくり、そこからリフィー橋ジャンクション Liffey Bridge Junction でリフィー川を渡り、フェニックス公園に掘ったトンネルに潜ってカブラ Cabra に出る。まもなくすぐに、ミッドランド大西部鉄道 MGWR と交錯し、同鉄道とも接合するが、GS&WR はグラスネヴィン駅 Glasnevin などを経て最後にはノース・ウォールに達する側線を開通させた。キングス・ブリッジ駅が相変わらず終着駅であるが、ノース・ウォールも終着駅になった。そこは波止場地区で、「牛が休める広場」があり、アイルランド海を渡る定期船が待っていた。⁴⁰⁾
　ドイル＆ヒルシュ『アイルランドの鉄道』が言うように、ノース・ウォールには牛などの家畜のための広場があった。既に触れたように、家畜が乗下車したダブリンにはミッドランド大西部鉄道 MGWR のブロードストーンとノース・ウォールの2駅があった。ノース・ウォールでは成牛1,481頭、羊2,134頭、豚50頭が乗車したとされている。MGWR は乗車頭数しか報告していないが、データ作成、収集上の問題があったために、下車させた家畜の記録がないのであろう。
　実はノース・ウォールは大北部鉄道 GNR の終着駅でもあった。GNR のダブリン終着駅はアミアン通り駅（現コノリー駅）であるが、1877年、アミアン通り駅の手前にイースト・ウォール・ジャンクションが建設され、列車がノース・ウォールに達することができるようになった。⁴¹⁾『1878年ファーガソン報告』にある GNR のダブリン駅はアミアン通り駅のことであるのだろうか、それとも、イースト・ウォール・ジャンクションで分岐した先にあるノース・ウォール駅のことであろうか、本書は判断できない。
　大南西部鉄道 GS&WR のばあい、『1878年ファーガソン報告』はダブリン（キングス・ブリッジ）駅と明記している。そして、同駅に上記のように、成牛79,587頭、子牛3,314頭、羊107,488頭、豚22,539頭が乗車したとしている。

140

第2章　牛を中心とした家畜の全国的流通

　これらの家畜のうち、アイランド・ブリッジ・ジャンクションを経由してノース・ウォールに輸送されたものがいたのであろうか。もしそうであったら、本書が覚えた謎は解ける。しかし確証が得られない。
　大北部鉄道GNRのばあいもそうだが、大南西部鉄道GS&WRがノース・ウォールを貨物の終着駅として利用できるようになったのは1877年のことであり、『1878年ファーガソン報告』の直前のことである。両鉄道会社がノース・ウォールの利用データを用意できなかった状況であった可能性はある。
　ダブリンは見た。制約された資料であるが、大南西部鉄道GS&WRがダブリンの駅を家畜輸送で利用する程度が最も大きいことはわかった。そこで、次は1番の同鉄道をはじめとするアイルランド南半分の鉄道駅を見ることにしよう。ここにはダブリン（D）の他に、コーク（C）、ウォータフォード（W）、ウェクスフォード（Wx）、それにリムリック（L）の家畜輸出港がある。そして、いずれの市や町にも多くの家畜が利用する鉄道駅がある（ただし、ウェクスフォード駅のデータは報告されていない）。

◆コーク
　大南西部鉄道GS&WRの大幹線の北東の終着駅のダブリンにたいして、コークは南西の終着駅である。本章第1節で明らかにしたように、コーク県がアイルランド畜産業、とりわけ酪農と肉牛生産の大中心地であり、肉牛の国内移動の出発点である。鉄道のデータにそれが反映している。
　コークの鉄道駅（複数）は牛（成牛と子牛の合計）を何と95,708頭も乗車させている。羊と豚の乗車も多い。羊は50,080頭、豚は62,278頭に上る。これらの圧倒的多数はGS&WRコーク駅（グランマイアGlanmire）での乗車である。14番コーク・マクルーム鉄道C&MRのコーク駅（カプウエルCapwell）の乗車頭数はわずかで、成牛149頭、羊353頭、豚269頭である。
　子牛がわけても注目される。コークの鉄道駅（複数）の牛全体頭数95,708頭のうち62,009頭が子牛で、全てGS&WRコーク駅で乗車している。つまり、ダブリンに向かう大幹線に乗車したということである。この事実から、コーク県はコーク駅を通じて成牛と共に、それを上回る大量の子牛を、さら

第1部　19世紀後半アイルランド農業の展開

に羊と豚もダブリン方面をはじめとするアイルランド他地域に移出していたことがわかる（大ブリテンへの輸出は次章にて説明する）。

　なおもう一つ注目されるのは、コーク駅で下車する豚も19,617頭の多数に上っていることである。コークが豚の輸出港であり、リムリックやウォーターフォードに並んでアイルランド豚保蔵処理加工業の中心地の一つであったことを示唆している。[42]

　さて、コークには上に触れた14番のコーク・マクルーム鉄道 C&MR と、12番のコーク・バンドン鉄道 C&BR も乗り入れている。前者のコーク・マクルーム鉄道は成牛と羊、豚の乗車頭数だけであるが、駅毎のデータを報告している。マクルーム駅（Mc）が同鉄道全体の乗車家畜頭数の圧倒的多数を担っていた。成牛7,478頭中の6,831頭、羊9,585頭中の7,478頭、そして、豚26,333頭中の25,457頭であった。この鉄道の終着駅はコーク（カプウエル）（C）である。駅毎の家畜下車頭数がわかれば、おそらくコークの下車頭数が大変大きかったことがわかると思われる。コークから大ブリテンに輸出されるか、あるいは、大南西部鉄道でダブリンなどに向かったことであろう。大南西部鉄道に乗車した多数の家畜にはコーク・マクルーム鉄道がコークまで運んできたものも含まれているかもしれない。なお、マクルーム（Mc）の家畜乗車頭数自体もかなり規模が大きい。駅単位で見ると成牛は16番目、羊は21番目、豚は何と7番目に多い。

　コーク・バンドン鉄道 C&BR は会社全体だけの成牛と羊、豚の乗下車同数、すなわち、成牛11,566頭、羊13,087頭、豚62,830頭を報告している。上記コーク・マクルーム鉄道全体の成牛や羊、豚の乗車頭数よりかなりの程度多い。おそらく家畜は、バンドン（Ban）で多数乗車し、コーク（アルバート・キー Albert Quay）（C）で多数下車して、コーク・マクルーム鉄道の家畜と同じような経路をたどったのではと思われる。バンドン駅（Ban）の家畜乗車頭数のデータはないが、マクルーム駅（Mc）を超えるかもしれない。というのは、コーク・バンドン鉄道全体の家畜乗車頭数がコーク・マクルーム鉄道のそれを超えるだけでなく、表2-6表示の23鉄道のなかでも多い方であっ

142

第2章　牛を中心とした家畜の全国的流通

たからである。成牛は9番目、羊は8番目、豚は5番目であった。

◆サリンズとカーロー

　大南西部鉄道GS&WRの他の駅はどうか。牛、羊、そして豚の順で、かつ、ダブリン（D）に近い駅から見よう。まず、サリンズ（Sa）である。成牛乗車19,417頭でダブリン（キングス・ブリッジ）（D）とコーク（C）に次いで多数である。成牛下車も10,421頭で大変多く、リムリック・ジャンクション（LJ）とカーロー（Ca）に次いで多数である。また、羊下車も多く、カーローに次いで14,615頭である。まず、ダブリンという大消費地と大輸出港に大変近いサリンズ周辺で、牛や羊の肥育が盛んであったと推測させる。そこで肥育した牛や羊をダブリンの消費地に出荷したり、ダブリン港からイングランドに輸出したかもしれない。

　支線であるが、ダブリンに近いカーロー（Ca）をもう少し見よう。成牛11,194頭が下車している。また、羊19,212頭、豚15,986頭も下車している。カーローとその周辺の農場で牛や羊、豚の肥育などが盛んにおこなわれている可能性がある。

◆リムリック・ジャンクションとチャールヴィル

　コークに向かうGS&WRの本線に戻ろう。リムリック・ジャンクション（LJ）が成牛11,659頭の下車で、子牛の下車1,169頭も合わせると12,828頭になる。かなり多い。LJはウォータフォード・リムリック鉄道W&LRとのジャンクションである。同鉄道から下車した牛もあったが、未成牛の732頭が一番多いぐらいである。このジャンクションで乗車する牛は多くない。2鉄道の牛3分類合わせても乗車1,359頭に過ぎない。リムリック・ジャンクションはティペラーリ県の中でも黄金の谷Golden Valeと呼ばれる豊かな牧畜地帯に位置する。下車した牛の多くが同地域において肥育目的などで飼養されることが推測される。なお、二つの鉄道のリムリック・ジャンクションで乗車する豚が大変多く43,509頭に上る。豚肉加工業が盛んなリムリックやウォータフォードに送られるのであろう。

　チャールヴィル（Ch）も成牛と子牛を合わせて10,334頭が下車している。

第 1 部　19 世紀後半アイルランド農業の展開

　この地も黄金の谷に位置していて、上記のリムリック・ジャンクションと同様に牛の肥育が盛んであったのであろう。

　さて、リムリック・ジャンクション（LJ）でウォータフォード・リムリック鉄道 W&LR についても触れた。GS&WR とともにアイルランド南部の大きな鉄道である。

◆リムリック、ウォータフォード、キルケニ

　ここでは豚が重要になる。まず牛を見て、その後、豚に移る。

　リムリック（L）はウォータフォード・リムリック鉄道 W&LR の中心地である。GS&WR もリムリックに乗り入れようとしてきたが、唯一、Ch のチャールヴィルから北に延びる支線が W&LR と接合してリムリックに入っている[43]。ただ先に見たように、GS&WR の大幹線の中央に位置するバリブロフィ（Bal）から支線がロスクレー（Ro）に向い、さらにリムリック（L）に近いバードヒル（Bir）まで延伸している。そこで W&LR の支線と連絡できる。こうして、リムリックの家畜乗下車データは W&LR と GS&WR の 2 鉄道から報告されたものとなっている。

　リムリック（L）における成牛の乗車は 388 頭（2 鉄道 194 頭ずつ）、下車は 3,339 頭（うち GS&WR が 3,183 頭）である。未成牛は全てウォータフォード・リムリック鉄道 W&LR のもので、乗車 13,065 頭、下車 10,099 頭である。子牛の乗車は 9,515 頭、下車は 8,858 頭であるが、GS&WR はわずかで、乗車 46 頭、下車 29 頭である。W&LR の未成牛と子牛が注目される。『1878 年ファーガソン報告』の制約の多いデータであるが、未成牛の乗車頭数は全ての駅の中で 1 番であり、下車頭数は 2 番である。子牛も同じである。乗車は 9,515 頭で全国 2 番、下車は 8,858 頭で 1 番である。

　リムリック県は既に見たように酪農県である。乳肉兼用種の多いことから、肉牛生産（繁殖）も盛んである。子牛と未成牛の他地方への移出地であったが、後にキルマロック地域の事例で見るように、リムリック県にはアイルランド随一の牧草地帯である黄金の谷が広がっていて、肉牛肥育も盛んにおこなわれていた。『1878 年ファーガソン報告』のデータからこの事情も想像さ

第2章　牛を中心とした家畜の全国的流通

れる。ウォーターフォード・リムリック鉄道のリムリック駅から多数の未成牛と子牛が乗車している一方、かれらの下車も多いからである。リムリック(L)に降り立った未成牛や子牛は肥沃な黄金の谷に向かったのではないかと想像する。[44)]

　では、リムリック (L) で乗車した多数の未成牛や子牛は何処に行ったのであろうか。ウォーターフォード・リムリック鉄道W&LRの南東の終着駅ウォーターフォード(W)で下車する未成牛が18,544頭となっている。リムリック (L) で乗車した未成牛13,065頭のほとんどがウォーターフォード (W) で下車したと推定できる。というのも、W&LRの他の駅で下車する未成牛が多くないからである。ウォーターフォード (W) で降り立った未成牛はどうなったのか。おそらく、大ブリテンに輸出されたのであろう。この点は次章で見よう。なお、残念ながら、リムリック (L) で乗車した子牛8,829頭の行方についてはデータから推定することが困難である。

　ウォーターフォード・リムリック鉄道W&LR本線のもう一つの北西の終着駅、クレア県のエニス (E) はどうか。エニスには北方に向かう13番のアセンリ・エニス鉄道A&ERの駅もある。成牛の乗下車は少ないが、未成牛と子牛は多い。未成牛の乗車頭数は10,056頭で、先に見たリムリックに次いで多い。子牛の乗車頭数も3,934頭と多く、コーク、リムリックに次いで全国3番である。エニス (E) をはじめとするクレア県が、ウォーターフォード・リムリック鉄道W&LRを利用してリムリックやウォーターフォードに、アセンリ・エニス鉄道A&ERを利用してアセンリ経由でダブリンやミーズに未成牛や子牛を供給している姿が想像できる。

　リムリック (L) とウォーターフォード (W)、それにキルケニ (K) の豚が注目される。

　まず、リムリック (L) の豚の大変な多さである。乗車111,010頭、下車はもっと多く172,589頭で、乗車は全国一、下車は2位である。その上に際立った事態がある。乗車頭数のほとんどが大南西部鉄道GS&WRの列車にたいしてであり、下車頭数のほとんどがウォーターフォード・リムリック鉄道W

&LR の列車から（171,291頭）ということである。GS&WR の列車に乗車した豚（102,879頭）は、チャールヴィル（Ch）、あるいは、バードヒル（Bir）経由で、コークに向かうか、ダブリン方面に向かったと思われる。かれらは最終的にはどうなったのであろうか。他方また、W&LR の列車からリムリックに降り立った多数の豚はどうなったのであろうか。

これも次章で見るが、アイルランドの多数の豚がダブリンやコーク、それにウォータフォードから大ブリテンに輸出されていた。また、リムリックもウォータフォードも、それにコークも豚保蔵処理加工によるベーコン生産が盛んであった[45]。

さて、ウォータフォード（W）にはウォータフォード・中央アイルランド鉄道 W&CIR も乗り入れている。小さなウォータフォード・トゥラモア鉄道 W&TR もそうであるが、表2-6にあるように、家畜輸送量はわずかであるので除いて考えよう。まず豚である。W&CIR の列車から下車した豚が121,246頭と驚くほど多い。W&LR 下車頭数110,844を加えると232,090頭にもなる。リムリックをはるかに凌ぐ多さである。ウォータフォードとリムリック、この両地点は鉄道を通じて受け入れた豚頭数が全国で抜きん出て多い。

では、ウォータフォード・中央アイルランド鉄道 W&CIR のいずれの駅からウォータフォードに豚が送られてきたのだろうか。W&CIR の中心駅キルケニ（K）で54,668頭、同鉄道の北の終着駅メアリバラ（Mb）（現ポートリーシュ Portlaoise）で46,413頭が乗車している。これらの豚の多くが南に、つまり、ウォータフォード方面に向かっていると考えてよい。というのは、ダブリンなどの方面に向かう豚には別のルートがあったからである。メアリバラ（Mb）には大南西部鉄道 GS&WR 本線の駅もあって、そこで豚37,926頭が乗車している。かれらはおそらく東に、つまり、ダブリン方面に向かうのであろう。キルケニ（K）も GS&WR のカーロー（Ca）経由の支線の終着駅であるが、その駅に33,107頭の豚が乗車している。つまり、南のウォータフォード方面ではなく、カーロー（Ca）、あるいはもっと遠くダブリン方面に向かったのである。

第 2 章　牛を中心とした家畜の全国的流通

なお、キルケニの 2 鉄道の駅に乗車する豚は 87,775 頭に上り、リムリックに次いで全国 2 位である。メアリバラも多く、二つの鉄道駅に全国 3 位の 84,339 頭の豚が乗車している。

◆ダブリン以北　大北部鉄道を中心に

　ダブリン以南について見た。今度は以北であるが、大北部鉄道 GNR を中心とした北方の鉄道駅に注目しよう。ダブリン以北には、特に、アイルランド海を挟んでブリテンと向き合う東海岸にブリテンへの家畜輸出港が多数ある。ミッドランド大西部鉄道 MGWR を中心とした西部は別に取り上げる。

◆ベルファスト

　まずはベルファスト（B）の駅である。ベルファストには 2 番の大北部鉄道 GNR、ベルファストとデリー（De）を結ぶ 4 番のベルファスト北部諸県鉄道 B&NCR、それに、ベルファストとダンドゥラム（Dud）を結ぶ 6 番のベルファスト・ダウン県鉄道 B&CDR の終着駅がある。3 鉄道の終着駅に降り立った家畜が大変多い。特に成牛は 105,648 頭で群を抜いている。GNR がその過半（59,597 頭）を占めているが、B&NCR と B&CDR で運ばれてきた成牛も多い。かれらはベルファスト住民の食卓にも上ったと考えられるが、多くがスコットランドやイングランドに輸出されたのであろう。

　ベルファスト（B）に下車した羊と豚も多い。両方とも全国 3 位で、羊は 29,100 頭、豚は 55,522 頭である。かれらもベルファスト港からブリテンに輸出されたが、豚の多くが同地に留まったと思われる。というのも、ベルファストは南部のウォータフォードやリムリック、コークとともに、アイルランドの豚保蔵処理加工業を担っていたからである。[46]

　ベルファスト以外の家畜対英輸出港がある町や市の鉄道駅で注目されるのはドゥラハダ（Dr）とデリー（De）である。大北部鉄道 GNR ドゥラハダ駅に降り立った成牛は 31,250 頭でベルファストに次いで多く、羊 45,162 頭は全国 1 位である。豚の下車頭数も多く 24,798 頭で、全国 5 位である。ドゥラハダは後背地に牧畜が、特に家畜肥育が盛んなミーズ県を抱えている。後に、3 番のミッドランド大西部鉄道 MGWR も合わせてミーズ県については考える。

第1部　19世紀後半アイルランド農業の展開

　デリー（De）も家畜の下車数が多い。デリーには3鉄道の終着駅がある。大北部鉄道 GNR とベルファスト北部諸県鉄道 B&NCR、それにデリー・スウィリ湾鉄道 D&LSR の3社である。3鉄道のデリー駅に下車した成牛は26,406頭でベルファスト、ドゥラハダに次いで全国3位である。豚の下車頭数も多い。21,894頭で全国8位である。成牛のばあい、GNR のデリー駅に降り立つものが22,385頭と断然多かったが、近隣のティローン県やドニゴール県などの牛がやってきて、デリー港からスコットランドなどに輸出されたのであろう。

　二つの家畜輸出港を合わせて見なければデータの意味を推測できない事例もある。ダンドーク（Dd）とグリーノア（Gn）である。ダンドークには大北部鉄道 GNR の駅がある。成牛乗車3,137頭、下車3,042頭、羊乗車1,041頭、下車2,076頭、豚乗車1,326頭、下車4,650頭となっている。ダンドークは家畜輸出が盛んな港があり、鉄道で同地に降り立った牛や羊、豚が港からブリテンに輸出されていたことが推測される。ところが、ダンドークは10番のダンドーク・ニューリ・グリーノア鉄道 DN&GR の駅でもあって、その駅には成牛10,275頭、豚12,338頭が乗車している（羊はわずかである）。それぞれ1万頭を超える牛と豚がグリーノアをめざし、その地の港から大ブリテンに向かうが、そのために乗車したと推測される。DN&GR が提出したデータが乗車頭数だけであるという不備もあり、グリーノア駅のデータにはダンドークで乗車したそれぞれ1万頭を超える牛や豚の姿はなく、成牛61頭、豚1,239頭が乗車したとだけある。グリーノアを通過してニューリ（Nr）に行くということは考えられない。ニューリに送るためなら GNR を利用するであろう。わざわざカーリングフォード湾の先端に近いグリーノアを経由する、遠い回り道は選ばれる筈がない。そもそも、ダンドークやニューリから家畜を大ブリテンに輸出するよりも、カーリングフォード湾の先端に近いグリーノアから輸出する利点があるという理由でグリーノアに新しい港が建設されたのである。[47]

　この DN&GR のもう一つの起点、上で触れたニューリ（Nr）についても

第2章　牛を中心とした家畜の全国的流通

見よう。ニューリ（Nr）は、ニューリ運河で早くから沿岸海運の要衝であったが、アーマー Armagh（Am）と結ぶニューリ・アーマー鉄道 N&AR の起点であったし、ダブリンとベルファストを結ぶ GNR の重要な結節地点でもあった。そしてウォレンポイント（Wp）と結ぶ20番のニューリ・ウォレンポイント・ロストレーヴァ鉄道 NW&RR の起点でもあった。

ニューリに上記3鉄道の起点となる駅があったし、GNR の通過駅でもあった。4駅を合わせた家畜輸送は、成牛乗車4,361頭（うち DN&GR が2,845頭）、下車6,382頭（うち N&AR が5,147頭）、羊乗車8,600頭（うち DN&GR が8,271頭）、下車3,502頭（うち N&AR が2,818頭）、豚乗車7,004頭（うち DN&GR が4,339頭、NW&RR が2,470頭）、下車525頭（うち N&AR が485頭）である。DN&GR と NW&RR の2鉄道が家畜下車頭数のデータを報告していないという状況の下であるが、N&AR によってアーマー（Am）方面から少なくない成牛と羊がニューリ（Nr）に降り立っている。他方、ニューリで乗車するのは多くが DN&GR の駅で、ダンドーク（Dd）と同じくグリーノア（Gn）に向かうと思われる。また、DN&GR の駅ほどではないが、特に豚が NW&RR に乗車し、ウォレンポイント（Wp）の家畜輸出港に向かったと考えてよい。なお、NW&RR のウォレンポイント（Wp）駅の乗車データだけであるが、成牛234頭、子牛78頭、羊1,102頭、豚7,043頭となっている。ダブリンの大南西部鉄道のキングス・ブリッジ駅で述べたのと同じく、家畜輸出港ウォレンポイントの位置を考えると、少なくない豚の乗車数の意味を推測するのは大変難しく、本書にとっては謎といってよい。NW&RR が乗車数と下車数を同数と考えたのであろうか。それにしても、乗車した多数の豚は何処に向かったのであろうか。行先のニューリも下車データがないし、乗車頭数が先に見たように決して少なくない2,470頭であった。ダブリンのキングス・ブリッジ駅よりも謎である。

なお、ダブリン以北には他にも家畜輸出港があり、そこには鉄道駅もある。それぞれに触れておこう。コールレイン（Col）のベルファスト北部諸県鉄道 B&NCR 駅の成牛乗車頭数2,006頭、下車頭数553頭、羊乗車頭数430頭、

149

第 1 部　19世紀後半アイルランド農業の展開

下車頭数163頭、豚下車頭数29頭となっている。下車した家畜のなかには港からブリテンに輸出された可能性があるが、乗車数の方が多く、ベルファストやデリー方面に送り出されている。ポートラッシュ（Pt）のB&NCR駅はどうか。成牛乗車頭数12頭、下車頭数79頭、羊乗車頭数58頭、下車頭数831頭である。豚は乗下車がない。鉄道で運ばれてきた牛や羊は港から輸出されたのであろう。

　8番のキャリックファーガス・ラーン鉄道C&LRの終着駅ラーン（Lr）はどうか。成牛は乗車が2,230頭にたいして下車が7,312頭と2倍を優に超える。羊の乗車頭数は2,205頭と多いが、下車頭数、豚の乗下車頭数は多くない。ラーン港から少なくない頭数の成牛がスコットランドに輸出されていたと考えられる。

　北部の家畜輸出港で残るのは6番のベルファスト・ダウン県鉄道B&CDRのダンドゥラム（Dud）である。成牛乗車1,344頭、下車45頭、子牛乗車42頭、羊乗車18頭、下車なし、豚乗車1,510頭、下車13頭である。家畜輸出港のダンドゥラムもやはり、鉄道駅の家畜乗車数が多く、下車頭数が少ないというデータが報告されている。

　さて、2番の大北部鉄道GNRや4番のベルファスト北部諸県鉄道B&NCRなどのアイルランド北部の鉄道沿線は畜産業（特に肉牛生産）が盛んなのであろう。内陸部の駅から目立った数の牛を初めとする家畜が運び出されている事例を挙げよう。B&NCRのバリメーナ（By）は成牛乗車11,624頭と下車3,144頭である。広範囲に路線が広がるGNRは紹介する事例が多い。ストゥラバーン（St）の成牛乗車9,030頭と下車1,318頭、羊乗車11,198頭、エニスキレン（En）の成牛乗車16,403頭（全国5位）と下車2,220頭、豚乗車11,346頭と下車10,198頭、クローンズ（Clo）の成牛乗車18,692頭（全国4位）と下車4,195頭、豚乗車16,150頭と下車13,261頭、キャヴァン（Cv）の成牛乗車8,365頭と豚乗車39,423頭（全国6位）（なお、頭数は多くないがMGWRのキャヴァン駅のデータも加えている）、アーマー（Am）の成牛乗車13,023頭（全国10位）と下車3,181頭（GNRとN&ARのデータ合計）がある。

第2章　牛を中心とした家畜の全国的流通

　最後は、先に見たドゥラハダ（Dr）からミーズ県内陸部へのGNRの支線である。ミーズ県の中心ナーヴァン（Na）、さらにケルズ（Ke）とオールドキャッスル（Ol）に達している。ミーズ県には何度も指摘しているようにアイルランド最大の牧場地帯が広がっている。遠くのオールドキャッスル（Ol）から見よう。成牛乗車10,427頭、羊乗車11,744頭、豚乗車13,220頭、ケルズ（Ke）の成牛乗車14,367頭（全国7位）、羊乗車17,332頭（全国7位）となっている。ナーヴァン（Na）はどうか。ここは次に検討するミッドランド大西部鉄道MGWRと交錯する。二つの駅のデータの合計であるが、成牛乗車10,359頭（うちGNRが8,882頭）と羊乗車17,834頭（うちGNRが16,918頭）となっている。ナーヴァンも含め、ミーズ県内陸の3地点からGNRで多数の家畜がドゥラハダ港に向かっていることがわかる。

◆ダブリン以西

　ミーズ県内陸部には上で述べたようにミッドランド大西部鉄道MGWRも乗り入れている。同鉄道はナーヴァン（Na）までと、途中分岐してトゥリム（Tm）、さらに、アーボイ（Ab）まで、ダブリン・ミーズ鉄道を代行運行している。また、ナーヴァン（Na）とキングスコート（Kn）を繋ぐナーヴァン・キングスコート鉄道も代行運行している。次に3番目のMGWRを中心にダブリン以西を見るが、まず、ミーズ県を続けて検討する。

　ナーヴァンは上で触れた。トゥリム（Tm）の羊乗車が多い。14,070頭で全国10位である。アーボイ（Ab）も羊乗車が多く12,607頭である。成牛もかなりの程度多い。7,920頭である。ミーズ県の牧場は牛の肥育で有名であるが、羊の肥育もそれに劣らず盛んである。

　ミッドランド大西部鉄道MGWRは、ダブリンと西部のゴールウエイ（G）やウエストポート（We）、バリナ（Bl）やスライゴ（S）、さらには今見たミーズ県奥深くを結びつけている。

　まず、家畜輸送港があるスライゴ（S）、バリナ（Bl）、それにウエストポート（We）を見たいが、MGWRが提出した資料に家畜下車頭数のデータがない。残念ながら、上記3港からの家畜輸出と鉄道との関係は不明である。約

第1部　19世紀後半アイルランド農業の展開

1万頭を基準にして多数の家畜を乗車させているその他の駅を以下に挙げる。

　ダブリンから西のゴールウエイ (G) に向かおう。繰り返すが、以下のデータは全て乗車頭数である。インフィールド (Ef) の羊14,426頭（全国9位）、マリンガール (Mu) の成牛16,267頭（全国6位）、羊19,773頭（全国4位）、モアテ (Mo) の羊9,098頭、アスローン (At) の羊18,328頭（全国5位）、バリナスロー (Ba) の成牛13,725頭（全国8位）、羊38,306頭（全国3位）、そして、ゴールウエイ (G) の豚11,739頭となっている。

　ゴールウエイ手前のアセンリ (Ar) は別にした。MGWRだけでなく、既に見たアセンリ・エニス鉄道 A&ER やアセンリ・チューム鉄道 A&TR の駅もある。後者2鉄道報告データには下車頭数もある。3駅合計の羊乗車16,397頭（全国8位。MGWRが16,099頭で殆どを占めている）、豚乗車22,725頭（全国10位。A&ERが13,037頭で過半）である。成牛乗車7,159頭も少ないとは言えないが、未成牛下車頭数3,423頭、子牛下車頭数2,372頭に注目する。いずれもほとんどが A&ER の駅での乗車であり、エニス (E) をはじめとするクレア県から運ばれてきた未成牛や子牛がアセンリを経由して、肥育業が盛んなミーズ県などの地域に向かったと思われる。

　MGWRはマリンガール (Mu) で分岐してスライゴ (S) に達する。またその途中、イニー・ジャンクション (IJ) から北上しキャヴァン (Cv) にも向かう。この路線では乗車頭数だけであるが、エッジワースズタウン (Ew) の豚10,902頭、キャリック・オン・シャノン (CS) の豚13,565頭が注目される。

　MGWRはアスローン (At) からバリナ (Bl) とウエストポート (We) に向かう。この路線でも乗車頭数だけであるが、ロスコモン (R) の豚13,031頭、クレアモリス (Cla) の羊9,316頭と豚9,383頭、キャッスルバー (Cb) の豚10,643頭、ウエストポート (We) の羊9,562頭と豚10,126頭、フォックスフォード Foxford (Fo) の豚9,559頭、バリナ (Bl) の豚14,090頭が注目される。ウエストポートはアイルランド最西部の港であり、次章で見るように、家畜も輸出している。家畜下車頭数のデータが与えられていないのが残念である。

152

第2章　牛を中心とした家畜の全国的流通

『1878年ファーガソン報告』付録にある全鉄道会社にたいする調査によるデータは、冒頭にも述べたように、鉄道による家畜輸送の全貌を示すものでない。とりわけ、家畜の下車頭数のデータは全く不備である。また、このデータの全てを示すことも至難の業である。乗下車数の多い駅に限定せざるをえなかった。とはいえ、管見では、鉄道による家畜の移動を伝えるデータとしては最初のものであるだろうし、何よりも、1870年代のことを教えてくれる。こうしたデータから間違いないであろうと考えられる基本的な大きな特徴を明らかにしたつもりである。

◆鉄道か道路か

1877年、家畜が輸出されたアイルランド19港すべてが鉄道網に繋がっていた。問題はこれらの家畜輸出港に、牛（肥育牛やストア牛等）や羊、豚などがどのようにして運ばれたかということである。鉄道開通後はそれによる輸送が増えたであろう。しかし同時に、家畜に港まで歩かせて輸送することが依然として重要であった。ドゥローヴァーが活躍する時代はまだ続いたのである。鉄道にするか、あるいは道路にするか、この点について、ドゥラハダを例に取って考えよう。

ドゥラハダは第3章でみるように重要な家畜の輸出港である。ドゥラハダの例は単なる一事例を超えている。というのはドゥラハダの背後に、アイルランド最大の肉牛肥育地帯ミーズ県が控えていたからである。つまり、肉牛輸出の最大の典型事例なのである。

このアイルランド最大の肉牛肥育地帯ミーズで仕上げられた肥育牛の大きな輸出の出口は二つあった。一つは南方のダブリン港であり、もう一つがドゥラハダであった。ドゥラハダ（Dr）は図2-2に見られるように、早くも1855年に鉄道が開通し（『ジョンソン・アイルランド鉄道地図辞典』p. 96.）、後背地のナーヴァン（Na）やケルズ（Ke）、トゥリム（Tm）や、ミーズの中でもっとも肉牛肥育が盛んなダンシャフリン Dunshaughlin 地域と鉄道で繋がっていた。だがそこに問題が二つあった。一つは、鉄道網はドゥラハダも包摂する形で拡がっていったが、なんといってもダブリンに収斂する形で形成されて

いった。つまり、ミーズは鉄道でダブリンと繋がり、鉄道を利用した、ダブリン経由の家畜輸出が促進されたのである。もう一つは、マクニールが言う、ドゥラハダ港では鉄道は役に立たなかったという事情である。かれのいう事情とはこういうことである。私たちが現在、鉄道でドゥラハダに行くばあいに体験できるが、鉄道が走っている地点は海抜からかなり高い。ボイン川 the Boyne に架かる鉄橋を列車で渡るとき、そのことがよくわかる。つまり、ドゥラハダ港とかなりの標高差があるために、ドゥラハダ波止場に鉄道引込み線がないという事情である。だがこの事情は、ドゥラハダ港からの家畜輸出に「ほとんど影響をおよぼさなかった」。なぜなら、ドゥラハダは「ミーズ県の肥育農場から家畜が歩いて移動できる cattle walking 距離の範囲にあった」からである。

　実は、そもそもこの時代にあっては、家畜を鉄道で輸送するよりも、かれらに歩かせて輸送するほうが良いという指摘もあった。アイルランド肉牛肥育業のいわば頂点にあるともいってよいミーズ県の、その中心部であるダンシャフリン地域の肥育業者の世界を描いたギリガンがこう述べている。「ダブリンへの鉄道路線は、(中略) ダンシャフリンの農場経営者 farmers たちによって、最終肥育を終えた牛をダブリン市場に連れて行くために、あるいは、海外への長い旅程の最初の行程に連れて行くのに利用されたことは疑いない」とする。他方、1890年代に牛を歩かせてダブリンに輸送するほうが良いという指摘をする報告書（Report of the departmental committee appointed by the Board of Agriculture to enquire and report upon the inland transit of cattle ［C 8928］, H.C. 1898, XXXIV）を引用してこう述べている。「しかし、その報告が言うには、ダブリンの食糧供給業者は次のように考える点で一致していた。歩いてダブリン市場に入る牛のほうが、鉄道で運ばれてきたものよりも良い状態で到着し、後者は傷ついてくることがしばしばであったが、屠殺するまでわからなかったと。ドーセット通りDorset StreetのデレイニW. P. Delaney氏は歩いてきた家畜1頭当たり10シリング多く払うつもりであった」と。

　ギリガンはさらに続けてこうも述べている。

第2章 牛を中心とした家畜の全国的流通

トマス（ミーズの大牧畜業者トマス・レオナード Tomas Leonard……引用者）の甥でウォレンスタウン Warrenstown のパトリック・レオナードも遅延と傷害の例をあげている。かれもこう述べている。ミーズ・ダブリン鉄道建設前には、ミーズの大規模農場経営者たちはダブリンに入る道のいたるところに小さな農場を持ち、販売する日よりかなり前に出発して、各中継地で3、4日留まったと。かれが主張するこの情報はかれの父からのものであった。おそらく次のようであったと言って十分良いであろう。少なくとも牧畜業者の間で非公式のネットワークがあり、それによって、ダブリンから遠くはなれて住んでいるかれらは、（ダブリンに向かう……引用者）道沿いにある他の牧畜業者の放牧場で自分たちの家畜を休ませることができたと。とにかく次のことは明らかである。ダンシャフリン教区の牧畜業者は鉄道を利用したが、多くの家畜はやはり歩かされていたかもしれないと。というのも特に、ダブリン牛市場は市の北側に位置していたからであった。

家畜を歩かせて輸送すること、すなわち、生産者が育てた家畜を近隣の市場まで輸送するばあいや、生産者から農場あるいはフェアで家畜を買い付けた業者が鉄道駅や、あるいは輸出港まで家畜を歩かせて輸送することが依然として広くおこなわれていた。

1) John Hooper, *Agricultural Statistics 1847-1926, Report and Tables*, Dublin, The Stationary Office, 1930. なお、拙稿「アイルランド農業とイギリス資本主義」（京都大学経済学会『経済論叢』第117巻第4号、1976年4月）も参照されたい。ただし、家畜の移動、流通についてダブリンへの収斂をあまりにも強く描きすぎている。本書はそれを修正する意味を持つ。なお、フーパーをフーパァと違った表記をしている。
2) John O'Donovan, *The Economic History of Live Stock in Ireland*, Dublin and Cork, Cork University Press, 1940, p. 207.
3) 1870年代アイルランドにおける乳牛（乳肉兼用種）の、あるいは肉専用種雌牛の分娩間隔がどれくらいであったのか、毎年出産したのかどうか（子牛繁殖率）を調べられなかった。現代の日本ではどうか。阿部前掲書（2008年）はこう書いてい

る。肉牛雌牛は「2歳前後で初産の子牛を分べんし、その後、およそ12〜13か月の間隔で5〜10年くらいにわたって子牛の生産を続ける」(144頁)。乳牛のばあい、「初産月齢は、平均すると27か月齢であるが」(109頁)、その後、「約10か月間に及ぶ泌乳期」(127頁)と2〜3か月(最低でも60日間は必要)の「乾乳期」(109、129頁)を繰り返す。乳牛の分娩もおよそ12〜13か月の間隔であることがわかる。なお、渡邉昭三編修『畜産入門』(実教出版、2000年)はこう書いている。「毎年のように子をうみ、乳を出す乳牛を飼育すれば、その一生のあいだに生産する乳量(これを生涯記録という)が多く、経営上も有利である」(112頁)。

4) Riordan, *op. cit.*, pp. 67-8.
5) フーパーは、自由国からの、1924年から26年までの3年間のバター輸出を平均して、月別百分比を出している。1月1.2％、2月0.8％、3月1.0％、4月1.7％、5月6.3％、6月16.8％、7月18.0％、8月15.5％、9月15.3％、10月12.3％、11月7.5％、12月3.6％。6月以降にバター輸出が急増している。Hooper, *op. cit.*, p. xv.
6) Hooper, *op. cit.*, p. xv.
7) Patrick Logan, *Fair Day The Story of Irish Fairs and Markets*, Belfast, The Appletree Press, 1986, p. 7.
8) 牛などの家畜の飼養と売却が付け買いの決済手段入手の鍵を握っていたことは第2部6章と7章で改めて見る。
9) 大飢饉の激動が冷めやらぬ50年代初頭、マーケットとフェアについての全国調査がおこなわれた。1852年9月27日付けでアイルランド総督より全権委任を受けた、アイルランドのマーケットとフェアについての調査委員ロビンソン Hercules G. R. Robinson, Esq. と、副委員マクベス John Macbeth, Esq. による調査である。かれらが提出した1853年の Report of the Commissioners appointed to inquire into the State of the Fairs and Markets in Ireland, *P.P. 1852-53 [1674]* Vol. XLI. がある。同報告付録に、開催が確認されたフェア一覧が掲載されている Appendix 3 Return showing the Towns and Places at which Fairs are held, and the Date for holding same, with particulars as to the Patents, as furnished from the Record Offices of the Paymaster of Civil Services. 数えると、「現在のフェア開催地数 Number of Towns and Places at which Fairs are at present held」は1,247カ所である。この表現と開催地数の多さは、かれらのおこなった調査が悉皆のものであると考えられる。
10) 『1853年フェア報告』の付録には、マーケットやフェアのそれぞれに、それを開く権限を与えたパテント patent についても記載されている。誰が、いつ、誰に与えたか記されている。イングランド王権が17世紀に入って以降に下賜した事例が多く出てくる。ただし、ローガンによれば、フェアはもっと古い歴史を持っていた。
11) Reports of Mr. Charles W. Black, Assistant Commissioner, together with the Minutes of Evidence taken in the Province of Ulster, and Portions of the Province

第2章 牛を中心とした家畜の全国的流通

of Leinster and Connaught, *P.P. 1889 [C. 5888]* Vol. XXXVIII. これは、アルスター9県、コナハト4県、レンスター4県、計57カ所で証言を聴取し、それに基づいて報告を作成提出した補助委員ブラック Charles W. Black の報告書である（以下、『1888年ブラック報告・証言録』と呼ぶ）。これとは別に、コナハト1県、レンスター3県、マンスター5県、計45カ所を担当した補助委員オメーラ John J. O'Meara の報告書もある。

12) Congested Districts Board, *Base line reports of the inspectors of the Congested Districts Board for Ireland*, Dublin, 1892–1898. そのうちの視察官 W. L. Micks のドニゴール県ダンファナヒ地域の報告書（1892年5月）による。

13) 『1853年フェア報告』を一瞥すると、フェアとマーケットの多くが特許を17世紀と18世紀にイングランド王権より下賜されている。もっと古くよりアイルランドではフェアがあった。もっともフェアと呼ばれなかったが。先ほど引用したローガンの第1章「始まり The Beginning」の冒頭にこうある。「近代アイルランド語では、家畜が売買される地域のフェアにたいする言葉は aonach である。これは古い言葉であるが、9世紀に oenach と綴られていた。oenach は Lughnasa（8月1日）に開かれる provincial の、もしくは tribal の集まりにたいして使われた言葉であった」と（ローガンは、provincial の集まりの他に、local の集まりもあり、そこでは部族の男たちが会合したとも述べている。provincial の集まりは、地方の国ともいえるような地域の集まりと考えてよいのだろうか）。

14) ウェブ版『グリフィス評価原簿』で地名 Knockainy、教区名 Knockainy、Small-county Barony で検索すれば出てくる。綴りはいろいろだ。ルイスの1837年『アイルランド地誌辞典』の Knockaney を引くと Aney を見よと出てくる。元はアイルランド語の Cnoc Áine（Hill of Áine）で、ここからノックアーニャと読んだ。Cnoc Áine は Ordnance Survey, *The Complete Road Atlas of Ireland*, 1998でリムリック県の村 Knockainy のアイルランド語表記で出てくる。

15) Blacklion の lion はアイルランド語で亜麻 flax、リネン linen かもしれないと考え、リーンと表記した。

16) クレア L. Clare が、ダブリン牛マーケットでは重量測定器 weigh scales が存在したのは1888年1月以降であったと述べている。クレアが言っていることをどう考えればいいのだろうか。『農家新聞』1876年合冊版では、ダブリン牛マーケットだけでなく、各地のフェアの多くで重量単位当たりの相場がでてくる。家畜の重量は大変重要と思う。何らかの方法で計量がおこなわれたのではないだろうか。本文で述べるように、1876年において、重量単位当たりの相場が報じられるばあいでも、実際は生体牛（羊や豚も）取引と考えられる。そのばあい、何らかの方法で体重が測定され、重量単位当たりの相場が算出されて記録されたと考える。重量単位当たりの相場は、個々のフェアを超えて、地域を超えて、次の機会にどのフェアで売る

のが良いかを判断する良い基準になったのではないか。L. Clare, The rise and demise of the Dublin cattle market, 1863–1973, in D. A. Cronin, J. Gilligan & K. Holton eds., *Irish Fairs and Markets Studies in Local History*, Dublin, Four Courts Press, 2001, p. 192.

17) その他、本書の理解を裏付けたり、いろいろ考えさせられたりする記事は多くある。その一部を原文のまま引用しておく。Gorey Fair, Co. Wexford : fat cattle from 59s to 67s per cwt. （1月8日号）; Lanesborough Fair, Co. Longford : fat cattle from £2 16s to £3 7s 6d per cwt. （2月19日号）; Balbriggan Fair, Co. Dublin : best beef, 68s to 75s per cwt. On the foot（5月6日号）; Dundalk Fair, Co. Louth: fat beef, 75s to 85s per cwt. inferior quality, 65s to 70s per cwt. （6月24日号）; Dublin Market : prime heifer and ox beef, 75s to 85s 6d per cwt. （6月24日号）等々。

18) 　　1862年、塩水ポンプという手段で濃い塩水を肉に注入する方法が発見された。アイルランドの保蔵処理業者 curers は直ちに新しい方法を採用し、爾来、ブリテン市場で第一人者の地位を確保してきている。

　　1875年2月、およそ100のロンドン食糧品商会がこの産業に関する「アイルランドの農業諸団体と農民へのあいさつ」にサインした。この産業の大中心地はウォータフォード、リムリック、それにコークであり、ダブリンとゴールウエイを繋ぐ線の南側の諸県から豚の供給を引き寄せていた。1872年、124,537頭の豚がコークとウォータフォード、ウェクスフォードから生きたまま船で送りだされ、472,299頭が表面に焼きが入ったベーコン singed bacon にされて、ウォータフォード、リムリック、コークから船積みされた。ベーコンのこの量の少なくとも90％がロンドンに行った。食糧品商会は、おだやかな塩分量で保蔵処理されたベーコンが多く加塩された製品に取って代わってきていて、脂肪分の多いベーコンが値を下げてきているために、ロンドン市場が脂肪分の少ない、より脂肪分のないベーコンを望んでいる旨力説した。(O'Donovan, J., *The Economic History of Live Stock in Ireland*, Dublin and Cork, Cork University Press, 1940, pp. 273–74)

19) L. Clare, *op. cit.*, p. 180.
20) Clare, *ibid.*, pp. 181–82.
21) Clare, *ibid.*, pp. 184, 186.
22) Clare, *ibid.*, p. 187.
23) Clare, *ibid.*, pp. 188–89. 1883年、豚市場も含めてスミスフィールド・マーケットが閉鎖されることに強い反発があったこと、1884年にダブリン市議会がダブリン牛マーケットのパドックを豚市場に転換することを検討したが、それも利害対立のために決まらなかったこと、ダブリンにおける豚市場の立地はさらに1912年にも、自由国成立以後にも検討されたが実現に至らなかったこと、こうした経過についてク

第2章　牛を中心とした家畜の全国的流通

レアが論じている。しかし残念ながら、本書はこの事実関係を追跡する能力に欠けている。

24) クレアによれば、スミスフィールド・マーケットは乾草や麦藁も取り扱っていた。1883年2月の口蹄疫発生による「突然の専横的閉鎖」に反対する「旧スミスフィールド自由マーケットの廃止に反対する豚部門、セールスマスター、デアリーメン、地域居住者その他」の公開集会を1883年5月28日に開くことが呼びかけられた。翌週のダブリン市議会は二つの建白書memorialsないし請願書petitionsについて検討した。一つはスミスフィールドの利害関係者からのものであり、他は牛マーケットの近隣住民からのもので、両者ともそれぞれ異なる理由からであるが、豚市場のプロシア通りへの移転に抗議するものであった。市議会は請願者をスミスフィールドの閉鎖を強制した枢密院に差し向けた。

スミスフィールド支持ロビイストは、総督よりスミスフィールドに営業ライセンスを拒否する二つの理由を聞かされたが、その一つにスミスフィールドに乾草と麦藁の市場が存在することがあげられた。乾草と麦藁は、菌に汚染されたマーケットから農家の荷車で農場に運び込まれることにより様々な家畜の病気をもたらすというものであった。スミスフィールドは乾草や麦藁も扱っていた。もう一つの理由は、消毒を妨げる舗装欠如である。Clare, *ibid.*, p. 1889.

25) 現在の本書では理解できないことがある。4市場の牛と羊の頭数がほとんど同数だということである。また、これらの頭数はダブリン牛マーケットの頭数とほぼ同数である。これは何を意味するのだろうか。私設4市場もダブリン牛マーケットと同じ日に、週の木曜日に開かれていた。ダブリン市当局は同一日にダブリン市内に入ってくる牛と羊の頭数を規制していたかもしれない。何らかの方法でチェックしていて、そこで確認された頭数が各市場の頭数の上限となり、それを記事にしていたのかもしれない。しかし、今述べたことは全くの想像である。ただ、クレアがダブリン牛マーケットの1週間における販売頭数上限に触れているようである（Clare, *op. cit.*, p. 191）。

26) Clare, *op. cit.*, pp. 190-91.『農家新聞』1876年合冊版に出てくる4家畜競売場のうち、1899年段階ではカッフェに代わってチャールズ・キーオウKeoghが出てきている。

27) 注13でも述べたように、『1853年フェア報告』を一瞥すると、フェアとマーケットの多くが特許を17世紀と18世紀にイングランド王権より下賜されている。

28) Report from the Irish Privy Council Veterinary Department, relating to the Trade in, and the Movement of Animals intended for Exportation from Ireland to Great Britain ; and on the Accommodation at the Ports of their Embarkation, for the Year 1877, *P. P. 1878* ［*C. 2104*］ Vol. XXV, pp. 5-6.

29) J・M・シング、栩木伸明訳『アラン島』（みすず書房、2005年、41-2頁）。本書

第1部　19世紀後半アイルランド農業の展開

が　参照したのは J. M. Synge, *The Aran Islands*, ed. by R. Skelton, Oxford and New York, Oxford University Press, rep. 1984（1st 1907, rep. by O. U. P. 1962), pp. 27-8.

30)　「まだ夜が明けぬうちに」は本書参照の原文では a little after dawn である。甲斐萬里江の訳は「夜明け早々」である。甲斐監修・訳「シング選集［紀行編］アラン島ほか」（恒文社、2000年、32頁）。

31)　P. Barry & D. Scott, The Galway Hooker, in *Traditional Boats of Ireland History, Folklore and Construction*, ed. by C. Mac Cárthaigh, Cork, The Collins Press, 2008, pp. 160, 162.

32)　J. Cunnane, D. Ó Gallchobhair & J. Kilbane, The Achill Yawl, in *ibid.*, pp. 145-46.

33)　*ibid.*, pp. 141, 145. 旺文社『英和中辞典』では lugsail はラグスルで不等4辺形の斜行用縦帆と説明されている。ラグスル ragusuru はスペイン語で、Web 版『和西海洋辞典 Japanese-Spanish Ocean Dictionary』によれば、「上端よりも下端の方が長い四角な縦帆で、マストに斜めに吊られる」とされている。OED の lugsail の説明もほぼ同じである。

34)　Padraic Colum, *Selected Poems of Padraic Colum*, edited by S. Sternlicht, New York, Syracuse University Press, 1989, pp. xi, 24-5.；P. Logan, *Fair Day The Story of Irish Fairs and Markets*, Belfast, Appletree Press, 1986, p. 91.；J. Gilligan, *Graziers and Grasslands Portrait of a Rural Meath Community 1854-1914*, Dublin, Irish Academic Press, 1998, p. 30. ローガンがおそらく1985年に引用したと書いた。実はローガンは自著 *Fair Day* が日の目を見る直前に急逝している。同書が出版された1986年の1年前に引用箇所が執筆されたのではないかと考えた。

35)　Logan, *ibid.*, pp. 7, 91-2.（以下、ローガンの引用は、本文に Logan, pp. 7, 91-2と記載する）

36)　M. Colum, *Life and Dream*, New York, Doubleday & Company, 1947, p. 52. メアリーと「北の男たち」については三神弘子早稲田大学教授に教えていただき、その上に、メアリーの *Life and Dream* を送っていただいた。記して謝意を表したい。

37)　アイルランドにおける鉄道建設への動きは早かった。イングランドのストックトン・ダーリントン鉄道開業の1825年、アイルランドの二つの鉄道路線建設のための法案がウエストミンスター議会に提案された。一つはアイルランド南部のリムリック（L）とウォータフォード（W）を結ぶ路線、もう一つがダブリン（D）とキングスタウン（Kt）を繋ぐ路線であった。リムリック・ウォータフォード鉄道法案は議会を通過し、ジョージ4世の裁可も得てアイルランド最初の鉄道法となったが、鉄道建設は何故かおこなわれなかった。他方、ダブリン・キングスタウン鉄道法案はグランド運河会社 the Grand Canal Company に反対され、財政的理由のために挫折したが、1831年に再度提案され、アイルランド最初の鉄道開通となった。1834年12月17日午前9時、ヒベルニア号 *the Hibernia* がウエストランド・ロウ

第2章　牛を中心とした家畜の全国的流通

Westland Row 駅（現ピアス Pearse 駅）を発ってダンレアリ Dunleary（現在のダンレアリ Dun Laoghaire 駅の北半マイル）に向かった。アイルランド最初の鉄道ダブリン・キングスタウン鉄道 Dublin & Kingstown Railway（D&KR）が開業した。Oliver Doyle & Stephen Hirsch, *Railways in Ireland 1834-1984*, Dublin, Signal Press, 1983, pp. 12-3.；S. Johnson, *Johnson's Atlas & Gazetteer of the Railways of Ireland*, Leicester, Midland Publishing, 1997.

38）　Oliver Doyle & Stephen Hirsch, *ibid*.

39）　ドイル&ヒルシュ『アイルランドの鉄道』は、書名に1834から1984年までとあることからわかるように、アイルランドで最初の列車がダブリンからキングズタウンに走った1834年から150年のアイルランド鉄道史を著したものである。資料はアイルランド鉄道記録協会図書館所蔵のものとされている。ただ、出典としてそれ以上詳しくは紹介されていない。もう一つの『ジョンソン・アイルランド鉄道地図辞典』は詳しい鉄道地図と各鉄道路線や駅舎等々の敷設・建設時期が克明に記されている。以下、この文献を典拠とすることが大変多いので、いちいちそのことに触れないばあいもある。S. Johnson, *Johnson's Atlas & Gazetteer of the Railways of Ireland*, 1997.

40）　「牛が休める広場」は extensive lairage の邦訳で、OED による。1877年、ロンドン北西部鉄道 London & North Western Railway（L&NWR）はノース・ウォールからウェールズのホリヘッド Holyhead 行き汽船の運航を始めた。また、ノース・ウォールにホテル事業も始めた。L&NWR はアイルランドの幹線鉄道との繋がりを求めた。Doyle & Hirsch, *op. cit.*, p. 41.

41）　S. Johnson, *op. cit*, p. 95.；Doyle & Hirsch, *op. cit.*, pp. 38, 41.；なお、WikiVisually の North Wall railway station の図は大変わかりやすい〈https://wikivisually.com/wik/North_Wall_railway_station〉。

42）　A. W. Shaw, The Irish Bacon-curing Industry, W. P. Coyne, ed., *Ireland Industrial and Agricultural*, Dublin, Cork & Belfast, Brown and Nolan, Ltd., 1902, pp. 243-44.；J. O'Donovan, *The Economic History of Live Stock in Ireland*, Dublin and Cork, Cork Uni. P., 1940, pp. 274-75.

43）　GS&WR もリムリックへの乗り入れを追求していたが、リムリックの強い抵抗があった。1845年ウォーターフォード・リムリック鉄道法は W&LR と GS&WR の双方にリムリック行き鉄道建設を認可したが、条件が付いた。W&LR がまず建設を認められたが、建設期限が設けられ、それまでに路線を開通させることが求められた。もし失敗したばあい、GS&WR がその権限を引き継ぎ、路線を建設できるとした。W&LR は成功し、リムリック・ティペラリー間の路線を1848年5月9日に開通させた（この後、延伸工事に手間取ったが、1852年にクロンメル（Clm）、1853年にウォーターフォード街はずれのダンキット Dunkitt、1854年にウォーターフォード・

ニューラス Newrath 終着駅まで開通)。M. Clancy (Researcher with History and Folklore Project, Limerick Civic Trust April 2008—October 2011), Developments in Transport in Eighteenth and Nineteenth Century Limerick —The Coming of the Railway, pp. 2-3, 7, 〈https://www.limerick.ie/sites/default/files/atoms/files/〉; Doyle & Hirsch, *op. cit.*, pp. 12, 25-6; S. Johnson, *op. cit.*, p. 74.

44) ミーズ、ウエストミーズ、キルデアとゴールデン・ヴェイル Golden Vale の肥育牧場に、コナハト地方とマンスター地方から肥育用の牛を購入。R. O. Pringle, A Review of Irish Agriculture, *Journal of the Royal Agricultural Society of England*, 2nd ser., VIII (1872);「アイルランドの永久放牧地は、北東部レンスターや北部マンスター(特に東部リムリックと西部ティペラーリ)、そしてコナハト内部(東部メイヨーや東部ゴールウエイ、それにロスコモン中部ボイルの有名な平原)の石灰岩基盤の中心地に堅く繋ぎ止められた状態で残っていた」。ここで言われている「東部リムリックと西部ティペラーリ」は明らかに黄金の谷のことであろう。K. Whelan, The modern landscape: from plantation to present, F. H. A. Aalen, K. Whelan, & M. Stout, eds., *Atlas of the Irish Rural Landscape*, Cork, Cork Uni. P., 1997, p. 72.

45) A. W. Shaw, *op. cit.*; J. O'Donovan, *op. cit.*

46) A. W. Shaw, *ibid.*

47) 1860年代、ニューリ運河を利用して沿岸交易で活躍してきたニューリ船舶会社 the Newry Navigation Company が、興隆するブリテン貿易に橋頭堡を築くために、カーリングフォード湾の船舶避難箇所内に接するグリーノアに新しい港を建設することを提案した。ダンドークとニューリの複数の鉄道会社もこの計画を応援し、さらに、ブリテンのロンドン北西部鉄道 London & North Western Railway もホリーヘッド・グリーノア事業に乗り出した。1863年、接続するニューリ・グリーノア鉄道 N&GR とダンドーク・カーリングフォード・グリーノア鉄道 DC&GR のための二つの法案が議会に提案された。後者の会社名からカーリングフォードが削除されたうえで、N&GR 法と D&GR 法の両法が議会を通過、成立した。ダンドーク・グリーノア鉄道 D&GR は、アイルランド北西部鉄道 Irish North Western Railway (1862年までダンドーク・エニスキレン鉄道)とロンドン北西部鉄道が共同して建設責任を負うと法律で規定されていたが、アイルランド北西部鉄道が財政資金不足のために撤退し、ロンドン北西部鉄道だけの責任で1873年に開通した。同年、ダンドーク・グリーノア鉄道がニューリ・グリーノア間の鉄道建設を引き受ける権限を与えられ、会社名はダンドーク・ニューリ・グリーノア鉄道 DN&GR に変わった。1876年、グリーノアからニューリまでの路線が開通した。

ロンドン北西部鉄道がダンドーク・グリーノア鉄道を建設し、ダンドーク・グリーノア鉄道がグリーノア・ニューリ間の路線を建設した。3地点を結ぶダンドーク・ニューリ・グリーノア鉄道はロンドン北西部鉄道の支配下にあったといえなく

とも、重大な影響下にあったことは間違いないであろう。Doyle & Hirsch, *op. cit.*, pp. 40-41 ; S. Johnson, *op. cit.*
48) D. B. McNeill, *Irish Passenger Steamship Services Vol. 2 South of Ireland*, Newton abbot, David & Charles, 1971, p. 63.
49) J. Gilligan, *op. cit.*, p. 31.

第3章
生きた家畜をはじめとする大規模な畜産物輸出

　牛をはじめとする家畜の移動、つまり、国内流通、取引は明らかにした。たびたび触れたが、取引された家畜の多くは大ブリテンに向かうための港への移動であった。家畜の大ブリテンへの輸出を明らかにする前に、アイルランドが大ブリテンに止まらず、世界の中でバターや塩漬け肉などの食糧品輸出において大きな位置を占めていたことを確認しておく必要がある。大飢饉を経てさらに、生きた家畜の生産と大ブリテンへの輸出が大きく発展するが、バターの生産と輸出は新たな展開を遂げ、ベーコン＆ハム生産と輸出の台頭もあった。ただ、生きた家畜の輸出と並行して展開するバターとベーコン＆ハムの生産・輸出に関しては、全体的な統計データが愛英関税統合後にとれなくなり、部分的なデータに頼るほかない。

第1節　世界最大のバター、塩漬け食肉（ビーフ＆ポーク）輸出
　　　──愛英関税統合の頃まで

　　専業化が起こる以前、ほとんどの農村住民は自分の手を多くの技に向けることができた。大工仕事、馬具作り、綱より合わせ、石細工、籠編み、バター撹乳 churning に必要な基本的な道具はほとんどの家にあった。(T. P. O'Neill, *Life and Tradition in Rural Ireland*, London, J. M. Dent & Sons, 1977, pp. 34, 58.)

　　それまで食糧として自家消費されていたバターが、食事においてジャガイモに取って代わられて市場に解き放たれた。コーク市は大西洋世界で商業的バター生産の最も重要な中心地になった。というのも、酪農の

第3章　生きた家畜をはじめとする大規模な畜産物輸出

古くからの伝統を持つ、牧草豊かな後背地が集中的なバター生産地域になったからである。(K. Whelan, The modern landscape : from plantation to present, in *Atlas of the Irish Rural Landscape*, eds. by F. H. A. Aalen, K. Whelan & M. Stout, Cork, Cork University Press, 1997, p. 71.)

　これらの言葉をまず心に留めておこう。バターは人々の暮らしの中にあった。自家消費のために作られていた。それがやがて商業的バター生産に転化した。その転化には、ジャガイモがアイルランド農民たちの食卓にバターを押しのけて主役として上ったことが関わっていた。そして実は、19世紀末になるまで、商業的バター生産でさえも主に農家が、女性たちが担っていた。[1]

(a)　大ブリテンによる併合まで
◆18世紀アイルランドの貿易
　1730年代以降、1815年に至るまで、輸出の増大は感動的なものであった。それはまた広い基礎に裏付けられたものであった。それは、リネンの継続的な増加が要因であっただけでなく（1770年代は除く）、最初は食糧品、続いて穀物の輸出の急増にも同様に拠るものであった。さらにこの輸出拡大は、ほとんどの国が大概、工業においても、農業においても多少なりとも自給自足的であり、しかも、農業でも工業でも保護主義が一般的であり、なお一層強烈にさえなった時代に起きたことであった。
(L. M. Cullen, *An Economic History of Ireland since 1660*, London, B. T. Batsford, 1972, p. 53.)

　カレン著書のカヴァーそでの部分に、カレンの研究は「アイルランドの後進性と停滞性についての多くの神話を覆している」と書かれている。カレンはかつて本書著者に、「18世紀まで、アイルランドはイングランドに規模では劣っていたが、ヨーロッパの他の国々の中では、遅れているどころか、先を行ってさえしていた」と語ったことがある。まず、カレンの18世紀アイルランド経済史、貿易史の一端を見ることから始めよう。
　表3-1はカレンが明らかにした18世紀アイルランドの輸出規模である。

第1部　19世紀後半アイルランド農業の展開

表3-1　18世紀アイルランドとイングランドの輸出額
（単位：£）

年*1	アイルランド	イングランド	愛GB比率*2
1700	814,746	6,469,146	45.7
1710	712,497	6,295,208	50.7
1720	1,038,382	6,910,899	44.4
1730	992,832	8,548,983	43.4
1740	1,259,853	8,197,789	53.8
1750	1,862,834	12,699,081	57.4
1760	2,139,388	14,694,910	67.8
1770	3,159,587	14,267,655	76.2
1780	3,012,179	12,597,138	79.2
1790	4,855,319	18,884,716	76.1
1800	4,079,272	34,074,699	85.4

＊1　アイルランドは3月25日までの1年。1700年は12月25日までの1年。
　　イングランドは1750年までは12月25日に終わる1年。1760年からは1月5日までの1年。
＊2　愛GB比率は、アイルランド輸出全体に占める大ブリテンG.B.向けの比率。
出典）L. M. Cullen, *Anglo-Irish Trade 1660-1800*, Manchester, Manchester University Press, 1968, pp. 45, 47.

カレンが言うように、アイルランド輸出はイングランド輸出額に到底及ばない。遺憾ながら、本書はアイルランド輸出規模をヨーロッパ諸国と比較するデータを持っていない。先のカレンの発言、アイルランドはヨーロッパの中で遅れているどころか、先を行っていたは、外交官としてキャリアを始め、ヨーロッパ各国のデータを渉猟しているカレンの確信が生んだものであろう。実際カレンの2著、1968年の *Anglo-Irish Trade*（『カレン1968』）と、1972年の *An Economic History of Ireland since 1660*（『カレン1972』）には詳しいBibliography がある。それらを見れば多数の一次資料に依拠していることがわかる。

カレンによれば、アイルランドは1740年以降に輸出を急増させている。では、その中身は何か。カレンはリネンの急増を挙げている。武井章弘は18世紀におけるアイルランド、スコットランド、イングランド、それに大陸のフランドルのリネン輸出高（ヤード）を示し、アイルランドの輸出増大が大変大きかったことを明らかにしている[2]。リネン以外はどうか。これにはカレンや武井でなく、同時代人のウエイクフィールドが作成した1771年から1811年までのアイルランドの貿易データを見よう（表3-2）[3]。

第3章　生きた家畜をはじめとする大規模な畜産物輸出

表3-2　主な輸出と輸入(1799年3月26日～1800年3月25日)

(単位：£)

輸出品	額	輸入品	額
リネン	2,467,652	布地(old と new)[*2]	1,721,906
亜麻糸	73,207	コットン他	316,227
リネン・コットン交織	10,940	鉄、鉄器・金物	297,611
バター	559,491	石炭	279,716
ビーフ	262,249	砂糖	621,775
ポーク	172,116	茶	315,307
ベーコン＆ハム	93,961	ワイン	277,058
牛	15,204	灰(炭酸カリ等)	199,476
オート麦(燕麦)	59,226	亜麻仁	193,641
砂糖(再輸出)	29,485	タバコ	184,219
タバコ(再輸出)	19,148	塩	47,540
輸出全体額[*1]	4,079,271	輸入全体額	6,183,457

*1　再輸出額は£175,430。それを引いた£3,903,841が自国産輸出額。
*2　布地としたのは Drapery。Old が2,233,975yards で£1,564,782、New が1,264,994yards で£158,124とされている。Old が圧倒的である。Old と New のそれぞれが何を指すのか、現在の本書は OED によるほかないが、それは本文で説明する。

出典)E. Wakefield, *An Account of Ireland, Statistical and Political*, vol. II, London, Longman, Hurst, Rees, Orme, and Brown, 1812, pp. 38–57より作成。

　表示からも推測できるが、ウエイクフィールドのデータは、輸入統計 An Account of the Imports of Ireland、自国製産物輸出統計 An account of the Export of Native Produce from Ireland、それに、再輸出統計 An account of the principal Articles of Foreign and Colonial Merchandise, Exported from Ireland の三つからなる。本書は敢えて、大ブリテンへの併合(1801年1月1日)の約1年前の1799年3月26日から、1800年3月25日までの1年間の再輸出も含めた貿易データを作った。連合王国を構成する直前のアイルランドがどのような対外貿易関係を築いていたのか確認する一助にしたいからである。

第1部 19世紀後半アイルランド農業の展開

　まず輸出である。表3-2の輸出欄のトップにリネン linen を置いたが、亜麻糸 yarn(linen)、リネン・コットン交織 linen and cotton mixed manufacture を続けた。リネン・グループとして括ってもよいと考えたためであるが、これらの輸出額を合計すると2,551,799ポンドになる。工業製品のリネン・グループが輸出総額の62.5％も占めている。カレンが語ったように、18世紀アイルランドはヨーロッパ諸国の中で「遅れていた」と決して言える状況ではなかった。さて、ウエイクフィールドがコークからの輸出を述べている中で、重要な事実を指摘している。コークが塩漬けビーフなどの食糧品を多く輸出している他に、「アイルランド南部の諸地域からの外国市場向けリネンの全てがこの港（コーク）で船積みされている」と。[4]

　以前、著者は竹田泉著『麻と綿が紡ぐイギリス産業革命　アイルランド・リネン業と大西洋市場』（ミネルヴァ書房、2013年）の書評を書いたことがある。竹田はブリテン産業革命について長く支配的であった通説にたいして、アイルランド・リネン業が決定的な局面で重要な役割を果たした新事実を明らかにしたと評価した。書評では竹田のさらなる研究の発展を願って一、二の要望も出した。今それらの上に、西アフリカ、西インドをはじめとするアメリカへのアイルランド・リネン輸出と奴隷貿易において、コークが重要な関わりを持っていたのではないかという論点が浮かび上がってくる。というのも、コークが大西洋貿易の大変有利な立地に恵まれていること、そして、この後で明らかにするが、18世紀におけるアイルランドのバターやビーフなどの西インドをはじめとするアメリカへの輸出でコークが大きな位置を占めていたからである。[5]

　輸出額でこのリネンに及ばないが、バター、ビーフ、ポーク、そしてベーコン＆ハムの保蔵加工畜産物を合計すると1,087,817ポンドになる。本書が着目する畜産物の輸出も大きかった。これらの輸出の中身と、行き先は後に検討する。

　輸出欄をもう少し見よう。保蔵加工畜産物にたいして、生きた家畜の代表に牛を挙げておいたが、輸出額は小さい。この加工畜産物と生きた家畜の輸

第 3 章　生きた家畜をはじめとする大規模な畜産物輸出

出がどう展開したのか、この点については後段で改めて取り扱う。なお、穀物を代表するものとしてオート麦 oats（燕麦）を挙げておいた。

　額は少ないが、砂糖やタバコの再輸出もあった。西インドをはじめとするアメリカとの貿易の一端を示している。

　輸入はどうか。最下段の塩を別にして、輸入額の大きいものを列挙した。塩は後に見るが、保蔵加工食肉とバターの生産において重要な役割を果たすために挙げておいた。

　布地 drapery の輸入額が大きい。オールド old とニュー new に分けられていて、9 割以上が前者のオールドである。オールドは OED によると、広幅生地 broad clothes、ベーズ bayes（玉突き台などに張る緑色の毛織物）、カージー kerseies（カージー織といわれる厚地で表面に光沢があり縮絨加工した紡毛織物で特にコート地）と説明されているが、1800年にアイルランドが輸入していたのはこれらのうちのいずれか、あるいは、その他の布地であったのだろう。ニューはこれも OED によるが、サージ serges（一種の梳毛あや織物）、セイ says（絹毛または純毛織物薄地サージ）、その他の毛織物である。輸入額の大きい布地が何か、本書は明確な認識を欠いているが、毛織物であることはほぼ間違いない。というのは、OED は、1622年の書物 *Free Trade* の説明を引いているが、17世紀前半にアイルランドが多額の輸入をおこなったのは毛織物以外に考えられず、また、間違いなく大ブリテンからの輸入であったと推測する。なおその上別に、輸入品としてコットン cottons 他が出てくるからである。

　コットン他（£316,227）を、輸入額の多い砂糖（£621,775）より先に、2番目に挙げた。上に見た布地 drapery と合わせて考えたいからである。コットン他としたのは綿布（無地・色物）cottons, plain and coloured £242,993 に、綿糸 yarn-cotton £73,234 を足したからである。アイルランドにおいても綿工業の発展もみられたが、これら輸入コットンは大ブリテンからのものであると言ってよい。なお、綿花と考えられる wool-cotton £59,415 もある。アイルランド自身が綿業のために原料を輸入していたのであろう。[6]

　「鉄、鉄器・金物」と石炭も、多くが大ブリテンからの輸入と考えられた

第1部　19世紀後半アイルランド農業の展開

ので、コットン他に続けて挙げた。

　さて、輸入額の大きい砂糖、さらに、下から2番目のタバコは明らかに西インドをはじめとするアメリカから輸入したもので、その一部を再輸出していたということである。

　その他にも触れておきたい。ワインはポルトガル、スペイン、それにフランスからの輸入であった。灰 ashes はソーダ灰 barilla、真珠灰＝粗製炭酸カリ pearl（pearl ash）、それに木灰から得る不純な炭酸カリ pot（potash）等で、肥料であるが、どこからの輸入であったのか確認できていない。亜麻仁 flax-seed は飼料として使われたと考える。

　最後に茶である。東インド(中国)からの輸入に間違いない。ウエイクフィールドが興味深いことを述べている。周知のようにブリテン東インド会社が東インド貿易を独占していた。その中身である。アイルランドはマストや銅などのインドへの輸出が特別の免許状によって認められていた。しかし、800トンに限られ、しかも、東インド会社の船舶による輸送が条件とされていた。輸出品はコークから輸送されたが、戻り荷は大ブリテンを通して受け取ったと述べている。まずは大ブリテンに寄港して多くの東インド物産を陸揚げしたのちに、コークに寄って、アイルランドが輸入する茶などの東インド物産が陸揚げされたということであろう。

◆貿易相手国・地域は広範囲に及んだ——コークの重要な位置

　アイルランドが大ブリテンに併合されるまでの貿易相手国・地域を見よう。ウエイクフィールドを紹介する際に可能な限り触れておいたが、改めて検討しよう。大ブリテンが大きな相手国であった。カレンの表3-1は、18世紀に時代が進むにつれて大ブリテンへの輸出比率が高まったことを示している。1750年までの18世紀前半では高くとも50％台であったが（40％台も3度）、後半に入ると60～70％台、そして、1800年にはついに85.4％を記録するまでになっている。

　カレンの表3-1は逆に、18世紀を遡れば大ブリテン以外の国や地域への輸出が相当程度あったということも示している。それは何処か。カレンはこ

170

第3章　生きた家畜をはじめとする大規模な畜産物輸出

の点に折に触れて詳しい説明を個々にしているが、全体像は示していない。また、ウエイクフィールドも貿易相手についてのデータは示していない。回答を与えてくれるのはW・オサリヴァンのコーク市経済史研究で、かれの1771年3月25日までの1年から、1800年3月25日までの1年のデータから作ったのが表3-3と表3-4である。[9) 表中の1771年は3月25日までの1年間のことで、現在の日本で使われる年度で言えば1770年度になる。出典元のオサリヴァンの表記のママにしておいた。

表3-3は、1771年3月25日までの1年から、1800年3月25日までの1年の、アイルランドから世界のどの地域にバターが輸出されたのか、全輸出量とその地域割合を示している。オサリヴァンは、世界を3地域に括って、それぞれ輸出量をまとめている。本書が「G.B.」とした大ブリテン Great Britain、「E他」としたヨーロッパ、アフリカ、大西洋島嶼部 Europe, Af-

表3-3　バター輸出先百分比(1771～1800年)
(全輸出の重量単位はcwt)

3月25日までの1年	全輸出量	G.B.	E他	A
1771	238,800	30.6	53.4	16.0
1772	288,457	41.6	44.6	13.8
1773	272,399	41.4	47.2	11.4
1774	270,096	46.1	39.7	14.2
1775	264,140	43.6	41.1	15.3
1776	272,411	52.9	35.2	11.9
1777	264,181	62.9	22.5	14.6
1778	258,144	58.5	29.7	11.8
1779	227,830	58.5	29.7	11.8
1780	244,185	55.5	27.3	17.2
1781	264,210	58.9	25.2	15.9
1782	234,058	53.2	32.6	14.2
1783	249,486	45.9	39.8	14.3
1784	257,418	52.2	32.7	10.1
1785	282,802	56.4	30.7	12.9
1786	243,007	59.6	28.3	12.1
1787	330,867	65.0	23.3	11.7
1788	**341,600**	**60.2**	**30.1**	**9.7**
1789	314,877	62.0	27.5	10.5
1790	300,669	64.8	26.0	9.2
1791	295,875	70.8	18.2	11.0
1792	323,872	67.9	21.2	10.9
1793	311,961	69.3	19.0	11.7
1794	271,028	75.8	14.7	9.5
1795	276,403	78.1	13.9	8.0
1796	315,256	74.6	17.1	8.3
1797	322,219	81.9	11.8	6.3
1798	315,895	78.0	13.2	8.6
1799	262,764	72.9	16.4	10.7
1800	263,290	79.2	14.0	6.8

注1) 1798年は3地域輸出合計が315,195cwtで、全輸出に満たない。比率合計が100を下る。
注2) マレイは1764年から70年までのバター輸出も示している。64年257,976cwt、65年301,109cwt、66年271,946cwt、67年257,047cwt、68年304,623cwt、69年315,153cwt、70年262,717cwt　Alice E. Murray, *A History of the Commercial and Financial Relations between England and Ireland from the Period of the Restoration*, new edition, London, P. S. King & Son, 1907, p. 440.
出典) W. O'Sullivan, *The Economic History of Cork City from the Earliest Times to the Act of Union*, Dublin and Cork, Cork University Press, 1937, Appendix Nos. 24, 32, pp. 315-17, 334-40.

rica and Atlantic Islands である。大西洋島嶼部はアフリカ北西沖に浮かぶカナリア諸島 Canaries とマデイラ諸島 Madeiras である。そして、「A」としたアメリカ America（ニュージーランドも含む）の3地域である。本書はこの3地域への輸出百分比を計算した。アイルランド・バターは主にどこに輸出されたのか、その割合も知りたいからである。

　バターは18世紀が進むにつれて大ブリテンへの輸出比率が高くなってきていることがわかる。1774年（同年3月25日で終わる1年間。以下、オサリヴァンのデータについては同様）から大ブリテンへの輸出が最大になり、1776年には50％を超え、83年を除いて、1800年までその状態が続き、同年に79％に達している。ということは逆に、数字が語るところでは、1773年まではヨーロッパ他がアイルランド・バターの最大の市場であったということである。71年にはアイルランド・バター輸出の50％以上をヨーロッパ他が輸入していた。アメリカはどうか。1785年まで比率が低いとはいえ、10％以上を輸入していた。

　なお、1788年に最大341,600cwt となっている。この年の輸出先は「G. B.」大ブリテンが60.2％、「E 他」ヨーロッパ他が30.1％、そして、「A」アメリカが9.7％となっている。

　続いて、ビーフとポークも見よう（表3-4）。

　表3-4もオサリヴァンが明らかにしたデータをもとに作った。バターと合わせた表の作成も検討したが、あまりにも大きな表になるので諦めた。そして取り上げる年についても5年刻みとし、最初の1771年と、全輸出量が最大、最小になる年を加えた。ビーフは最大の1773年と最小の93年、ポークは最大の1781年と最小の85年である。

　ビーフとポークも18世紀が進むにつれて「G. B.」大ブリテンへの輸出の比率が高くなっている。1800年には80％以上である。だが、バターと少々違った推移も示している。時代を遡るほどに「E 他」ヨーロッパ他と「A」アメリカへの輸出比率が高くなる。ポークは特にそうで、アメリカへの輸出が、1774年は表示していないが、その年まで50％以上を占めていた。

　3地域にはいずれの小さな地域や国が括られているのだろうか。オサリ

第3章　生きた家畜をはじめとする大規模な畜産物輸出

表3-4　ビーフとポークの輸出先百分比(1771～1800年)

3月25日 までの1年	ビーフ	(barrel of 2 cwt)			ポーク	(cwt)		
	全輸出	G.B.	E 他	A	全輸出	G.B.	E 他	A
1771	201,010	19.6	38.9	41.5	85,038	23.5	10.6	65.9
1773	**215,192**	16.5	44.4	39.1	102,224	32.6	16.3	51.1
1775	192,453	18.9	52.0	29.1	100,736	34.1	19.2	46.7
1780	187,756	47.8	25.7	26.5	193,108	51.1	5.2	43.7
1781	190,502	49.7	18.3	32.0	**215,566**	68.6	3.7	27.7
1785	136,651	31.5	23.1	45.4	**58,446**	36.8	6.2	57.0
1790	126,994	40.3	28.2	31.5	100,266	46.0	11.4	42.6
1793	**102,333**	51.9	10.2	37.9	119,012	59.6	10.8	29.6
1795	124,607	76.6	3.1	20.3	129,922	68.0	14.2	17.8
1800	149,857	82.7	1.8	15.5	114,745	85.7	0.3	14.6

注1) ポーク重量単位が1782年までは barrel of 2 cwt とされているが、1783年から
の1 cwt に統一するために、1781年までの数字を2倍にしている。
注2) 1773年のビーフは最大量、1793年は最低量。1781年のポークは最大量、1785
年は最低量。
出典) W. O'Sullivan, *ibid.*, Appendix Nos. 23, 25, 31, 33, pp. 312-14, 318-20, 326-33,
341-47.

　ヴァンはアイルランド全体からの輸出についてはそれを示していないが、コークからの輸出について明らかにしてくれている。オサリヴァンにとって最大の関心はもちろんコークからの輸出であるが、まず、アイルランド全体からの輸出に占めるコークの位置を、全輸出と3地域について見よう（表3-5）。
　バター全輸出に占めるコークの比率は30～40％台となっている。輸出地域によって異なる。「G. B.」大ブリテンへの輸出では20～30％台、「E」ヨーロッパ他では大体30～40％台であるが、時に50％を超えている。目に付くのは1800年の81.4％である。表示しなかったが、1797年に68.8％に上昇し、98年に70数％、そして1800年に80％台となっているので、18世紀末に近づくにつれて、

第1部　19世紀後半アイルランド農業の展開

表3-5　バター、ビーフ、ポークの輸出に占めるコークの比率（1771～1800年）

3月25日までの1年	バター				ビーフ				ポーク			
	全	G.B.	E	A	全	G.B.	E	A	全	G.B.	E	A
1771	38.9	22.7	35.1	82.4	58.9	35.2	64.9	64.6	55.0	49.6	87.7	51.7
1773	36.6	27.3	34.3	80.4	53.8	21.1	53.7	67.5	46.2	38.0	64.8	45.5
1775	46.4	34.6	44.6	84.4	55.2	23.6	55.3	75.6	49.0	32.6	75.5	50.2
1780	44.8	36.7	36.5	83.8	43.7	20.2	58.8	71.3	33.5	24.9	47.5	41.9
1781	46.7	32.8	55.3	84.7	41.8	15.5	67.1	68.1	27.5	16.6	80.4	47.4
1785	41.7	32.2	43.5	79.0	53.7	19.7	62.7	72.8	56.9	40.5	31.7	70.2
1788	46.5	37.2	53.6	82.4	51.5	17.1	77.9	76.2	40.5	19.9	57.1	51.8
1790	45.1	38.6	46.8	86.1	56.1	27.8	74.6	75.8	42.9	26.0	66.1	54.9
1793	43.8	35.1	48.7	87.0	44.0	21.1	57.5	71.7	34.2	22.5	17.1	63.9
1795	42.5	36.8	46.9	91.5	35.9	24.5	54.8	76.1	34.8	28.5	38.6	55.7
1800	44.1	33.5	81.4	90.8	29.5	23.4	66.3	58.3	35.3	30.9	97.5	58.4

注）全＝全輸出、E＝E他、すなわち、ヨーロッパとアフリカ等。
出典）W. O'Sullivan, *ibid.*

アイルランド全体からヨーロッパ他への輸出が減少していく中で、コークからも減るが、その程度は小さく、コークの占める比率がかえって急に高くなったと考えられる。「A」アメリカへの輸出におけるコークの比率は非常に高い1795年と1800年は90％以上になっている。表示しなかったが、92年と99年もそうであった。アイルランドのアメリカへのバター輸出のほとんどはコークからのものであった、といっても言い過ぎでない。そのアメリカとは何処なのか、興味が湧く。

　ビーフとポークの輸出に占めるコークの位置はどうであったのだろうか。ビーフの輸出全体のなかでコークが占める比率は1790年まで50％以上であったが、その後、下降気味に転じ、18世紀末に30％を切っている（1799年29.4％、1800年29.5％）。この点は、コークからの比率が高くない大ブリテンへの輸出が全輸出のなかで割合を大きくしているからであろう（表3-4）。それは、

174

第3章　生きた家畜をはじめとする大規模な畜産物輸出

ビーフのヨーロッパ他とアメリカへの輸出中のコークの比率が相変わらず高いことからもわかる。ヨーロッパ他へのコーク比率は50％を下らず、1790年には74.6％にもなっている。アメリカへのコーク比率は70％以上になる年が多い。

ポークはどうか。ビーフと似た推移を示している。それでも目立ったところもある。ヨーロッパ他へのコークの比率の変化が大きいということである。17.1％とたいへん低い1793年もあれば、100％に近い97.5％という1800年もある。表示していないが、アメリカへのポーク輸出は減ってきているにもかかわらず、コークからの比率は高く、表示10年中、50％以上が7年もある。

さて、食糧品、特にバターの輸出について、コークが世界貿易で大変大きな位置を占めていたという証言、研究がさらにある。

> コーク市は1世紀以上の間アイルランド・バター貿易の巨大な中心地で、世界最大の酪農地帯が生み出す製品の自然な出口であった。(J. O'Donovan, *The Economic History of Live Stock in Ireland*, Dublin & Cork, Cork University Press, 1940, p. 309.)

> 18世紀と19世紀、南部マンスター製バターの輸出は外国市場を支配することができ、コーク市は世界バター貿易の中心地になることができた。
> (C. Rynne, *At the Sign of the Cow　The Cork Butter Market : 1770-1924*, Cork, The Collins Press, 1998, pp. 32-3.)

これらの証言、研究の実証に取り掛かる。オドノヴァンたちにとれば実感を持って語ることができたのであろうが、残念ながら私たちにもわかるデータを示してくれていないからである。18世紀後半における、全世界のバター貿易統計があれば確定的なことが言えるが、そのようなデータが果たしてあるのだろうか。あるとは思えない。少なくとも、アイルランド以外のバター輸出国や地域があり、それらのデータがあれば、それと比較してアイルランドの位置が測れる。しかしそうしたデータもあるのだろうか、本書は調べることができていない。

オドノヴァンたちの証言や研究を念頭に置きながら、オサリヴァンのデー

第1部　19世紀後半アイルランド農業の展開

タからどこまで明らかにできるのか追求する。かれのデータの基礎になったのは「アイルランド税関原簿 the Irish Customs Ledgers」である。アイルランドは、イングランドに、大ブリテンによって制限されながらも対外貿易をおこない、そのデータを残していたのがこの税関記録である。この記録を利用したのが管見では、同時代人のウエイクフィールドであり、後世の研究者としてのマレイ（1907年）、オサリヴァン（1937年）、オドノヴァン（1940年）、そして第二次世界大戦後のクロッティ（1966年）とカレン（1968、1972年）である。[10]

　オサリヴァンのデータは、世界を大きく括った3地域に止まらず、これら3地域に括られた、より小さな地域や国への輸出状況を明らかにしている。すなわち、1783年3月25日までの1年から、1800年3月25日で終わる1年までの、コークからの輸出に限られているが、3地域をさらに小さな地域や国ごとに分けてデータを示している。多数の地域や国が出てくるので、以下、特定の年をサンプルに選ぶことにする。

　バターのサンプルに1788年（同年3月25日までの1年）を選ぶ。アイルランド全体からのバター輸出341,600cwt、コークからの158,908cwtは1771年以降最大である。ビーフは1786年（同年3月25日までの1年）をサンプルとした。最大のビーフ輸出は1783年で、424,036cwtであった。同年のコークからの輸出も最大で222,368cwt、その占める比率は47.2％であった。しかし、この年はサンプルとしなかった。アフリカ北西沖のマデイラ諸島への輸出が87,332cwtと飛び抜けて多く、しかも、翌84年に6,198cwtと激減し、その後も1,000cwtを超える年もあったが、大体3桁で、93年以降はほとんどの年で0になっている。1783年はビーフ輸出において例外的なところがあり、サンプルは2番目に多かった1786年3月25日までの1年を採用した。ポークは1794年（同年3月25日までの1年）をサンプルに選んだ。この年、アイルランド全体の輸出が最大で、コークからの輸出は2番目に大きかった。

　「G.B.」大ブリテンもイングランドとスコットランド、それに沿岸島嶼部の3地域に分けられているが、圧倒的にイングランドへの輸出である。「E

第3章　生きた家畜をはじめとする大規模な畜産物輸出

他」ヨーロッパ他と、「A」アメリカへのコークからのバター、ビーフ、ポークの輸出先データをまとめた（表3-6）。

　表の説明をしておこう。何年のデータを選んだのか、既に述べた。国・地域は、まず「ヨーロッパ他」の北から南の順に並べた。「デン＆ノル」は18世紀後半のデンマーク・ノルウエー同君連合王国である。「東国（バルト）」は East Country のことである。OEDによると、18世紀、特に、バルト地域にたいして使われた呼び名であった。そこで（バルト）を付け加えた。ジャーマニー Germany をドイツとしなかったのは、18世紀後半に大ブリテンで Germany と呼ばれた地域がどの範囲であったのか、本書は確認することができていないからである。ストレイツ Streights は1713年ユトレヒト条約で英領となったジブラルタルのことと思う。ジブラルタルは Strait of Gibraltar を臨む位置にある。

　バター輸出量の大きいものから番号を付けた。ポルトガルが1番で、東国（バルト）が9番である。1788年にコークがヨーロッパ他に輸出したのは9カ国・地域であったことも示すことになる。1786年のビーフは10カ国・地域、1794年のポークは少なくなって6カ国・地域への輸出であった。

　「アメリカ」に括られた国・地域は多い。この当時、ニュージーランドも含められていた。北米の現カナダのケベックから、南米大陸のベネズエラに近いバルバドスまで並べた。北米のカロライナの次に「西インド諸島 West Indies」を置いた。ここからカリブ海諸国・地域が並ぶ。この「西インド諸島」はカリブの何処どこの島を指しているのか、18世紀後半にあって、ジャマイカやバルバドスなど、表示の島々とは区別した「西インド諸島」の地域範囲が本書にはわかっていない。そのために、カリブの島々に入る冒頭に置いた。「ヴァージニア＆メアリ」はヴァージニア＆メアリランドである。ニュープロヴィデンスはバハマ諸島の中で最も住民の多い島で、首都ナッソー Nassau がある。なお、バター輸出地にニュージーランドがあるが、輸出量はわずか1cwtであり、表示の年ではバターだけしか出てこなかったので省いた。ニューイングランドもポーク輸出地で出てくるが同じ理由で省いた。

表3-6　コークからのバター、ビーフ、ポーク輸出先（大ブリテンを除く）

(単位：cwt)

輸出先	バター 1788年 輸出量	順位	ビーフ 1786年 輸出量	順位	ポーク 1794年 輸出量	順位
ヨーロッパ他						
デン＆ノル	97	7	—	—	—	—
東国(バルト)	1	9	24	8	4	6
ジャーマニー	—	—	16	9	—	—
オランダ	1,386	4	2	10	—	—
フランダース	—	—	800	6	—	—
フランス	17,089	2	57,120	1	—	—
イタリア	194	6	944	5	—	—
スペイン	1,215	5	4,860	3	3,763	1
ポルトガル	32,982	1	5,438	2	1,464	2
ストレイツ	2,107	3	2,926	4	45	5
マデイラ諸島	76	8	40	7	139	4
アフリカ	—	—	—	—	1,035	3
アメリカ						
ケベック	20	12	2,724	8	500	8
ニューファウンドランド	511	7	614	11	1,840	4
ノヴァ・スコシア	618	6	8,604	3	1,776	5
ペンシルヴェニア	10	14	154	15	2	16
ニューヨーク	22	11	256	13	14	15
ヴァージニア＆メアリ	180	10	239	14	34	13
カロライナ	2	16	122	16	—	—
西インド諸島	5,314	2	22,312	2	2,010	3
ニュープロヴィデンス	—	—	1,856	10	368	9
ジャマイカ	10,179	1	23,252	1	5,381	2
セント・トマス	19	13	—	—	—	—
トルトラ	268	9	2,294	9	16	14
アングィラ	335	8	—	—	46	12
シント・ユースタティウス	1	17	3,324	4	—	—
セント・キッツ	3,952	6	5,426	5	1,178	6
ネヴィス	—	—	—	—	84	11
アンティグア	1,754	5	3,280	7	834	7
モントセラト	7	15	416	12	270	10
バルバドス	4,077	3	3,342	6	6,057	1

注)「アメリカ」に括られたニュージーランドはバター1cwtだけであるので除いた。ニューイングランドもポーク1cwtだけなので除いた。

出典)W. O'Sullivan, *ibid.* から作成。

第3章　生きた家畜をはじめとする大規模な畜産物輸出

　表3-6を眺めるだけで、18世紀後半におけるアイルランド・コークからのバターをはじめとする畜産加工食糧の輸出が大変多くの国や地域に対するものであったことがわかる。バターはヨーロッパ他の9カ国・地域、アメリカの17カ国・地域、合わせて26カ国・地域に輸出していた。ビーフはヨーロッパ他の10カ国・地域、アメリカの16カ国・地域、ポークはヨーロッパ他の6カ国・地域、アメリカの16カ国・地域への輸出であった。これは、日本が開国する半世紀以上も前の世界においてのことである。それは、大ブリテンが大英帝国への道を突き進む中でのことであるが、当時の世界で、開国して、あるいは、開国を強制されて貿易関係を築いた国や地域の多くを含むものであったと考えて間違いない。バターについてであるが、オドノヴァンもこう述べている。「国際市場で競争する全ての国が農場でチャーンchurn（攪動器）によってバターを作り、港町に売り出していた時代、アイルランドは大変有利な自然条件によって優位に立っていた。距離の問題は<u>生産物の優秀さ</u>でもって相殺され、アイルランド・バターにたいする需要と市場が、ブリテン商業が浸透している国のほとんど全てにあった。実際、アイルランド・バターは18世紀においていかなる競争相手も持たなかった」[11]と。

　オドノヴァンたちの証言の半分ほどは実証できたかもしれない。アイルランド・バターが、その多くを占めるコーク・バターが18世紀後半における世界の商業圏の多くの国や地域に輸出されていたという事実が実証してくれる。

　もう一つ重要なことがある。アイルランド・コークのバターが輸出された「ヨーロッパ他」に、特に19世紀後半に大ブリテン市場においてアイルランドの競争相手となる国や地域が含まれていることがわかる。オドノヴァンによれば、「1878年、連合王国の（バター）輸入総量のうちフランスが30.9％、オランダが25.6％、デンマークが13.5％、ドイツが約6％を供給した」が、これらの国は全て表3-6の1788年のアイルランド・バター輸入国であった。18世紀、これらの国々においても農家生産をはじめとしてバター生産がおこなわれていたことは間違いないであろう。しかし、アイルランドのコークからバターを輸入する一方、18世紀後半にアイルランドのライヴァルとして海

外にバターを輸出していたのか、大変疑わしい。輸出していたとしても、オドノヴァンが言うように、「アイルランド・バターは18世紀においていかなる競争相手も持たなかった」と考えてよいのではないか。[12]

◆アイルランド保蔵加工食糧品の大ブリテン、大陸ヨーロッパ諸国による再輸出

　さて、ヨーロッパ他（E 他）の輸出先でポルトガルとスペインのイベリア半島2カ国と、フランスが目立つのが気にかかる。バターではポルトガルへの輸出が1番多い。2番がフランス、ビーフではフランスが1番、ポルトガルとスペインが2番、3番、ポークではスペインが1番になり、ポルトガルが2番である。実はこれらのヨーロッパの国への輸出は、それらの国が植民地へ再輸出するためのものであった。アイルランドから輸入したバター等の食糧品の植民地への再輸出は大ブリテンも同じであった。こうした他国によるアイルランド食糧品の再輸出を実証するデータの存在を本書は確認できていない。ウエイクフィールドやカレンたちの研究に拠ることにしよう。引用が長くなるが、まずカレンである。

　　引き続きヨーロッパへ船積みされたバターの多くはさらに、植民地市場に送られる予定のものであった。このようにしてアイルランド・ビーフとバターはある特別な必要を大いに満たしていた。つまり、植民地市場を。特にビーフはそうであった。（中略）アイルランド・ビーフが、（大陸）ヨーロッパからの供給がほとんど入っていない、安定かつ前もって予測できる市場に供給されたという単純な理由によるものであった。(中略)ビーフにたいする主な需要源は西インド・プランテーションの奴隷からであり、植民地航海に就く船舶の食糧確保からであった。ある程度の量のビーフはまずヨーロッパの港に運ばれ、大半のビーフはヨーロッパから外洋航海に向かう船舶がアイルランドの港、特にコークに寄港して船積みされた。（中略）1760年代と1770年代、アイルランド・ビーフの総輸出の3分の2から4分の3はイングランド植民地とフランス植民地が受け入れたものであった。（中略）スペインとポルトガルが輸入した（アイルランド）バターの多くは、おそらくほとんどが両国の植民地

第3章　生きた家畜をはじめとする大規模な畜産物輸出

への再輸出のためのものであった。

アイルランドの保蔵加工畜産物の大きな消費者は西インド・プランテーションの奴隷たちであった。また、その地にそれらを輸送する船舶であった。カレンは植民地需要の他にもう一つあったとしている。イングランド海軍への供給である。

> もう一つの需要源は海軍戦艦への食糧確保の必要であった。(中略) イングランド海軍省は家畜法 the Cattle Act によりアイルランド・ビーフをイングランドに輸入することができなかったが、コークとキンセイル Kinsale の港で海軍省の多くの船舶に必要な食糧を確保した。

そしてカレンは、アイルランド食糧品貿易は大英帝国の戦略的手段に看做されるようになったとの証言を紹介している。大英帝国の植民地における奴隷制プランテーションの維持だけでなく、もう一つあった。

> アイルランド・ビーフへの依存増大の結果、アイルランド・ビーフは当時の最良の戦略的商品の一つに看做されるようになった。(中略) 1780年代、ロンドン政府の根本原理 the official philosophy in London が「これらの食糧品供給を阻止することは海上で戦いに勝利することに等しく、さらにそれは敵国に対する国王陛下の覇権をもたらすかもしれない」というものであった。[13]

注目されるカレンの研究を同時代人の証言が裏付けている。先に、コークからリネンが輸出されていたと述べているウエイクフィールドを引用しているが、その前後を含めて再度引用しよう。

> コークは非常に広範囲に貿易をおこなっている。特に食糧品で、しばしばコーク港を訪れる戦艦や、コークに寄港し、時に風の制約や護衛部隊の到着を待つために数週間も港に止まる西インド艦隊によって大量に求められている。コークはアイルランドの何処の町よりも多くの塩漬けビーフを輸出し、南部の諸地域からの外国市場向けリネンの全てがこの港で船積みされている。(Wakefield, pp. 24–6.)

ラインの研究も引いておこう。より具体的な像が浮かび上がる。

第1部　19世紀後半アイルランド農業の展開

同時代の人たちはさらに、コーク・バターだけが、リスボン経由のブラジルへの、イングランド諸港からの西インド諸島や北アメリカへの再輸出に向いていることを知っていた。[14]

ポルトガルへの保蔵加工畜産品の輸出が多い理由が判明した。リスボン経由でブラジルに向かっていたのである。

◆保蔵加工畜産品輸出と塩

　コークにおけるビーフとポークの保蔵加工についてはウエイクフィールドが大変詳しい。ポルトガルのセトゥーバル Setúbal（St. Ubes）（現リスボン圏最南端のポルトガル第4の都市といわれる）の塩が鍵を握っていた。「ベーコンとハムを作るのに、チェシァの塩が非常によく合っていることが判っているが、チェシァ塩は桶に入れたビーフを覆うように詰めるばあい、すぐに樽の底に沈んでしまい、上部の物質層（家畜肉）を裸にしてしまい、少しの時間で腐らせてしまう。セトゥーバル塩は溶解するまで長くもつために望ましいのである」。ウエイクフィールドがこのことを知ったのは1808年夏にコークを訪れた時であった。フランスがポルトガルを占領していた時で、当地の食糧品商人の間で戦争のためにセトゥーバル塩の入手が妨げられるのではないかとの懸念が広がり、次善策として西アフリカ・セネガル沖に浮かぶカーボ・ヴェルデ Cabo Verde（Cape de Verd）の塩の確保に走ったとしている。[15]

　ところで、1800年頃、大ブリテン（イングランド）はポルトガルと14世紀以来の同盟関係にあった。ウエイクフィールドのコーク来訪の1808年、フランスがポルトガルを占領していたが、手許にある世界史年表を開くと、このフランス軍に対抗してポルトガルを支援するために連合王国軍（大ブリテン）もイベリア半島に上陸している。

　1640年にスペインから分離して王国（ジョアンⅣ世）を復活させたポルトガルは、1642年、1654年、そして1661年にイングランドと矢継ぎ早に条約を結び、独立を維持するとともに、イングランドにポルトガル本国と植民地にたいする有利な条件を与えた。1642年条約は「域外管轄権と合わせて最恵国待遇を与え、ポルトガル法からの免除を与え、ポルトガルにおける英国臣民

182

第3章　生きた家畜をはじめとする大規模な畜産物輸出

に対して宗教的寛容を認め」、これにたいしてイングランドは「ポルトガルがスペイン国王から独立していることの公的承認をポルトガルに与え」た。1654年条約は「ポルトガルにおける英国人が獲得した諸条件をブラジルと西アフリカに拡張し」、1661年条約は「ポルトガルを防衛するという秘密条項が付け加えられた」。以上は蔵谷哲也から引いたものであるが、蔵谷は、1654年条約が「イングランドのポルトガルにおける通商上の覇権を決定した」と述べ、イングランド商人が「ポルトガルとブラジルの港間の貿易をすることを許され」るなど、「過度に有利な立場」にあったとしている。[16]

ポルトガルにたいする「通商上の覇権」を握るイングランド（大ブリテン）ではなくて、アイルランドを大英帝国植民地への保蔵加工畜産物輸出で有利にさせた事情は何であったのだろうか。アイルランドの大西洋交易における地理的有利さについては頷くことがすぐできるが、オドノヴァンが塩に関して次のように具体的事情を指摘している。

> アイルランドがこの（食糧品）交易でイングランドにたいして大きな利点を持ったのは、塩に関税が課されなかったという点においてであった。この交易にとり最良の塩がポルトガルから入ってきた。このセトゥーバル塩は契約書で指定されることがしばしばあった。例えば、イングランドの内国消費税のために、「ブリテン住民は塩漬け食糧品交易でシェアを持つことから締め出された。新鮮なポークやビーフはアイルランドと同じ価格でブリテンでも入手できた。（しかし）アイルランドのポークやビーフは輸出向けにはブリテンのものよりバレル当たり約9シリング安く売ることができた」との不満の種となった。これら二つの島における塩価格の相違は連合王国になったのちにも続いたために、アイルランドはこの比較優位を引き続き享受した。アイルランドでは塩に対する課税全体はトン当たり4ポンドに過ぎなかった一方、イングランドにおける課税は40ポンドであった。[17]

「コークは世界で最も重要な大西洋横断船積み港であった」。「新世界と西インドの植民地に向かう大半のブリテン艦隊がコークで食糧を積み込んだ。

塩漬けの牛肉や豚肉、ポーター酒 porter（エイル ale）や船舶用布、そして火薬、これらと一緒にバターがコークからアメリカと西インドのプランテーションに向けて船積みされた」。こうして、「18世紀が幕を閉じるまでに、暑い気候地帯への長距離交易用にコークで特別に荷造りされたバターが国際的な評価を獲得した[18]」。

◆バター輸出はコークだけではなかった

　　最良のバターはカーローで作られている。それはダブリンに運河で送られ、首都のバターにたいして非常に高い評価を与えている。そのために首都のバターはいつも優れた価格を付けている。第一級のバターはイングランドに輸出され、そこで消費されるか、あるいは東インドや西インドに船で運ばれる。次の品質のバターはスペインに、3番目はポルトガルに送られることになる。

　これは本書では何度も引用しているウエイクフィールドの証言である。文章は現在形となっている。かれがこう書いたのは1812年に出版した著書であるので、その時点でかれが確認した事実の証言である。(Wakefield, Vol. I, pp. 323-24.)

　本書はウエイクフィールドの証言を実証する資料を持ち合わせていない。バターの輸出においてコークの占める位置は大きいが、ほかの港からも輸出されていた。また、後段で取り上げるが、バターの質が地域によって違っていた。

　表3-7はオドノヴァンが作った表である。まず確認しておかねばならないことがある。表題「アイルランドの主な港からの食糧品輸出（1807年）」はオドノヴァンのものである。表3-7の輸出全体のデータはウエイクフィールドの1808年3月25日で終わる1年のデータと同じである。つまり、暦年で区切るのではなく、日本で馴染みのある年度のように1807年とした。

　これまで、表3-1から表3-6まで、年の表し方は著者の通りにした。例えば、ウエイクフィールドとオサリヴァンは1800年3月25日までの1年を1800年と表記しているが、その通りにしてきた。しかし、これからはほとん

第3章 生きた家畜をはじめとする大規模な畜産物輸出

表3-7 アイルランドの主な港からの食糧品輸出（1807年）

港	ビーフ (barrel)	バター (cwt)	ポーク (barrel)	ハム (cwt)	フリッチ (頭)	生牛 (頭)	去勢雄豚 (頭)
ベルファスト	8,270	19,414	19,301	2,306	26,902	2	—
コーク	31,750	117,084	64,990	84	4,813	2,730	8,308
ダブリン	35,389	14,252	6,938	2,526	1,101	1,828	448
リムリック	17,013	26,422	36,571	—	8,780	—	—
ニューリ	499	23,507	4,746	101	3,297	3,025	2,430
スライゴ	3,397	9,325	5,660	530	1,488	—	—
ウォータフォード	9,719	96,719	25,457	190	220,524	98	731
輸出全体	110,218	333,998*	170,289	5,834	291,019	26,351	17,345

＊ バター輸出全体をオドノヴァンは321,871としているが、明らかに転記の誤りであり、オドノヴァン自身の別の表の数値に取り換えた。
出所）J. O'Donovan, op. cit., p. 155. 残念なことに、データの出所は記載されていない。おそらく、オドノヴァンも別の個所で利用している『アイルランド関税原簿』であろう。というのも、輸出全体について、ウエイクフィールドの1808年3月25日までの1年間のデータと同じだからである。

ど19世紀を取り扱うことになるが、上記表3-7で断ったようにする。

　ウエイクフィールドの1800年3月25日までの1年間のデータは、1800年とせずに1799年と表示する。というのも、本書はやがて19世紀の議会報告書のデータと照らし合わせたり、統合したりすることになるが、齟齬が生じないようにするためでもある。そのようにする方が日本の私たちにもわかりやすいと思われる。

　では、表3-7の中身である。ハムの次のフリッチ flitch であるが、OEDによれば、「塩漬けにして燻製にした豚の脇腹肉で、ベーコンになる脇腹肉 the side of an animal salted and cured ; a side of bacon」とあり、ベーコンのことである。ただ、何故に1頭ごとにカウントされるのであろうか。ウエイクフィールドの表記も、大項目にベーコン、小項目にハムとフリッチ。ハムの数量単位はcwtであるが、フリッチはやはり頭数 number である。推

測するに、ベーコンにする豚の脇腹肉、あるいは、背中肉は1頭ごとに作る大きなものであることから頭数で数量を表示したと考える。最後の去勢雄豚と訳したのは hogs である。これも OED に拠った。なお、これらの表示の他に、オドノヴァンはドナハデーから生牛11,067頭、ニューロス New Ross とウェクスフォードから若干のベーコン、ヨールから若干のバターとポークが輸出されていたと付け加えている。そして、ベーコンの全て、バターの90％、ポークの80％以上が大ブリテンに輸出されたとしている。[19]

　バターを見よう。コークからの輸出が1番多い。しかし、ウォータフォードからもかなり多い。その他の港からも量はかなり落ちるがバターの輸出があった。西部のスライゴからもあった。ウエイクフィールドが言うカーローで作られたアイルランド最良のバターはダブリン経由でイングランドに輸出されたのであろう。

　ビーフとポークはどうか。コークからの輸出が多いが、抜きん出た多さではないし、ビーフではダブリンが上回っている。目に付くのがフリッチ(ベーコン)である。ウォータフォードからの輸出が飛び抜けて多い。後段で、同地のベーコン生産と輸出を振り返ることにする。なお、羊の姿がない。オドノヴァン自身は、1806年から10年までの5年間平均でアイルランドが羊13,314頭を輸出していたことを明らかにしている。表3-7の1807年には羊、あるいはマトンの輸出がなかったのか、あったが表示するほど多くはなかったのか、あるいはまた、羊の輸出は問題にするほどではなかったのか、これを判断する材料を本書は持っていない。[20]

　18世紀までのバターをはじめとする加工畜産物の輸出ではコークを大きく取り上げた。だが、アイルランドの輸出はコークからだけではなかった。このことをオドノヴァンが1807年のデータで示した。しかし、表3-7の7港よりも、もっと多くの港から輸出がおこなわれていた。ドゥラモンド委員会第二報告（1838年）が、1835年においてアイルランドの42港から輸出がおこなわれていたことを明らかにしている。大変貴重な調査結果であるが、ソーラー P. M. Solar がデータとして利用するには大きな欠陥があると批判して

第3章 生きた家畜をはじめとする大規模な畜産物輸出

いる。現在の本書にはこのソーラー批判を超えてドゥラモンド委員会第二報告の1835年貿易数量データを利用する力がない。とはいえ、ドゥラモンド委員会第二報告には見過ごしえない貴重な事実が報告されている[21]。

(b) 連合王国成立から愛英関税統合へ
◆革命と戦争の時代
　1801年1月1日、アイルランドは大ブリテンに併合され、連合王国 The United Kingdom of Great Britain and Ireland が成立した。それ以降のアイルランド畜産物輸出を考えるうえで、少なくとも以下の事態を確認しておく必要がある。それは1789年のフランス革命に始まる長い革命と戦争の時代であり、1815年の戦争終結とその後の展開である。つまり、長い戦争の時代における大きな戦時需要とその消滅である。これが第一。

　第二は、1824年大ブリテン・アイルランド関税廃止法 Act to Repeal the Duties on All Articles of the Manufacture of Great Britain and Ireland respectively on the Importation into either Country from the Other（5 Geo. IV, c. 22）の成立である。

　まず第一である。1789年フランス革命、1799年ブリュメール18日のナポレオン・クーデターを画期とする長い革命と戦争の時代が始まった。アイルランドもヨーロッパの激動の渦中に立った。1791年10月と11月にベルファストとダブリンで相次いで結成された、アイルランド共和国樹立をめざすユナイテッド・アイリッシュメン United Irishmen が1798年5月に反英武装蜂起に決起した。3週間におよぶウェクスフォード蜂起があったものの、各地の蜂起は長くは続かず、鎮圧された。

　しかしこの間、ウルフ・トーン T. Wolfe Tone（1763-98）や、オコーナ A. O'Connor（1763-1852）との協議を経て、1796年12月、フランス艦隊がトーンとともに、失敗するがコーク県バントゥリ湾で上陸を試みた。また、1798年蜂起後の8月には将軍ジャン・アンベール（Jean J. A. Humbert 1767-1823）率いるフランス軍がメイヨー県キララ近くに上陸した。その時、キャッスルバー

第1部　19世紀後半アイルランド農業の展開

でコナハト共和国樹立が宣言されたが、フランス遠征軍はロングフォードで連合王国軍に降伏した。[22]

こうしたフランス軍の遠征も交えたユナイテッド・アイリッシュメン蜂起の鎮圧後に、連合王国という形でアイルランドは大ブリテンに併合された。勝田俊輔によれば、「この国家統合は1798年の反乱を受けて非常時の措置として急ぎ導入されたものであり、将来の統合強化も視野におさめられていた」。[23] アイルランド議会が廃止され、ウエストミンスター議会に統合された。しかし、国家統合の枢要な課題は残った。財政（国庫）統合や通貨統合、大ブリテンとアイルランド間の関税廃止、つまり、対外貿易体制の統合等々である。財政統合と通貨統合が先送りされたその間、戦時財政のもとでのアイルランド為替高騰問題（ブリティッシュ・ポンドにたいするアイリッシュ・ポンドの相対的減価）が生じたが、同問題について山倉和紀が深くて広い研究をしている。[24]

フランス革命に始まる長きにわたる革命と戦争の時代が1815年6月に終わった。ワーテルロー（現ベルギー）の戦いでナポレオン軍が英蘭連合軍とプロイセン軍に惨敗を喫したのである。ヨーロッパを引き裂いた戦時体制が終焉し、平時に戻った。ヨーロッパの通商関係の寸断が終わった。ワーテルロー直前の3月、連合王国の1815年穀物法が成立した。大ブリテンの平均穀物価格が基準価格を下回るばあい、外国からの穀物輸入を禁止するという内容で、戦時需要のために高価格を享受した土地所有・農業利害を平時においても引き続き擁護するものであった。[25]

第二の、1824年大ブリテン・アイルランド関税廃止法の施行は1826年で、25年まで大ブリテンとアイルランド間の交易に関税が徴収され、それが記録に留められていた。オサリヴァンたちが利用した「アイルランド税関原簿」がそれである。つまり、大ブリテン・アイルランド間貿易統計が作られていた。しかし、1826年以降、大ブリテン・アイルランド間交易の関税の消滅により公的データ記録が取られなくなった。ただ例外的に、穀物法体制下に置かれた穀物交易の公的記録は続けられた。また、大飢饉渦中の1846年以降、急増する生きた家畜の大ブリテンへの輸出のデータが作られることになる。

第3章　生きた家畜をはじめとする大規模な畜産物輸出

　当事者と言ってもよいW・アーヴィング（ロンドン税関・輸出入長官 Inspector-General of Import and Export）の1849年の説明を聞こう。

　　大ブリテン・アイルランド間貿易が沿岸交易規制の下に置かれた1825年以降、両国間の農産物や製造品（穀物に関わるばあいを除いて）の交換についての公的記録は必然的に取られなくなった。したがって上記報告（1846年から49年までの各年におけるアイルランドから大ブリテンに輸出された生きた家畜頭数に関する報告）は、各輸出港において収集された文書、主として市場や船積みについてのレポートから成る非公的文書に基づいて作られたものである。[26]

　もう一人の、これも当事者と言ってよい、1834年に商務省統計局長官に就いたポーターの証言を、第1章注35で紹介したが、再度引こう。というのは、アーヴィングの建前的な公的説明と違って、当時の実情の一端を語っていて、大変興味深いものだからである。

　　一人ないし二人の下級官吏の年俸を節約するために、大ブリテンとアイルランド間の通商の公的記録を取ることをやめることが決定されたと言われている。ただし穀物と小麦粉は例外扱いで、それらの貿易はわが国会議員諸氏の大いなる関心が寄せられるものであった。(G. R. Porter, *The Progress of the Nation in its Social and Economical Relations from the Beginning of the Nineteenth Century to the Present Day*, 3 vols., 1836-43. New Edition, London, John Murray, 1852, p. 344.)

　アイルランド・大ブリテン間交易の公的記録は取られなくなり、アイルランドの公的貿易統計は終焉した。[27] オグラーダのいう「統計の暗黒時代 statistical dark age」が始まった。[28]

　もう一つ触れるのが良い。1815年は歴史的に大きな一つの転換点であったことである。世界の交通に新しい時代をもたらす画期ともなる年であった。歴史上初めて乗客を乗せた蒸気船が海峡横断に成功した。それにアイルランドが関わった。

　1814年にグラスゴウで建造され、クライド川を頻繁に航行していたアーガ

第1部　19世紀後半アイルランド農業の展開

イル号 the Argyle（後にテムズ号 the Thames に改名）が、1815年4月にロンドンの R. Cheesewright & Co に売却され、ロンドンへ向かう航海の途中にダブリンに寄港した。そこで王立ダブリン協会書記のウエルド I. Weld 夫妻を乗客に迎え、5月28日にロンドンに向かって出港した。ウェクスフォードに寄港した後、難儀を重ねた12時間の航海でセント・ジョージ海峡横断に成功し、ウェールズ西端、ミルフォードヘイヴン Milford Haven、コーンウォルのヘイル Hayle、プリマス Plymouth、ポーツマス Portsmouth、ロンドン東方ケント Co. Kent のマーゲイト Margate を経て6月2日にロンドンに着いた。フルトン R. Fulton がクラーモント号 the Clermont をハドソン川に航行させた1807年の8年後のことである。[29]

◆戦時需要とその消滅、有効な公的貿易統計が記録された1825年までの畜産物輸出

　オドノヴァンが1801年から25年までのビーフ、ポーク、ベーコン、それにバターの輸出統計をまとめている。それは先に紹介した、ロンドン税関・輸出入監察長官 W・アーヴィングが1828年におこなったアイルランド輸出に関する報告（以下、「アーヴィング1828年輸出報告」、あるいは単にアーヴィング報告と記す）に拠るものであった。[30]先に見たように、アイルランドの対外貿易の公的記録は1825年までであった。これ以降、大ブリテンへの穀物（含む穀物粉）輸出の公的記録の他に、1846年からの生きた家畜の輸出の非公的記録がある。他にも非公的記録があるかもしれないが、本書は以後、同時代人や後世の研究者が明らかにした部分的なデータや証言を大いに頼って分析を進めることになる。その前に1825年までの公的記録の分析である。

　「アーヴィング1828年輸出報告」にウエイクフィールドの1799年と1800年のデータを統合できないかを試みて作ったのが表3-8である。統合するには難点が二つある。一つは、1年の区切り方である。ウエイクフィールドは3月25日までの1年、アーヴィング報告は1月5日までの1年である。もう一つは、ウエイクフィールドが先ほど触れたように、ベーコンをフリッチとハムに分け、フリッチは頭数で、ハムは cwt で数量を表しているのにたいして、アーヴィング報告はフリッチも含めたベーコンの数量を cwt で表現

190

第3章 生きた家畜をはじめとする大規模な畜産物輸出

表3-8 連合王国成立以降の保蔵加工畜産物輸出

年	ビーフ (barrel)	ポーク (barrel)	ベーコン&ハム (cwt)	バター (cwt)
1799*	149,857	114,744	—	263,289
1800	64,442	58,569	—	178,496
1801*	79,239	81,601	21,161	304,666
1802	80,161	59,528	86,643	396,353
1803	79,347	119,049	61,146	334,251
1804	79,531	82,193	47,505	320,155
1805	111,673	110,425	95,073	294,415
1806	120,588	113,376	119,151	338,508
1807	110,218	170,289	153,343	333,998
1808	122,064	168,603	144,033	346,656
1809	126,176	136,568	167,122	385,953
1810	95,498	110,806	171,730	390,833
1811	136,713	177,250	227,776	433,714
1812	144,597	156,685	249,982	435,408
1813	139,732	141,771	234,606	461,514
1814	110,510	165,056	234,561	432,154
1815	81,270	**154,719**	236,349	428,193
1816	60,344	103,585	227,668	391,118
1817	**129,510**	133,095	191,025	397,965
1818	103,872	118,345	214,956	432,438
1819	70,504	120,334	224,143	501,163
1820	62,604	142,431	262,736	**556,366**
1821	77,955	141,211	**366,209**	472,944
1822	59,643	115,936	241,865	441,158
1823	84,556	120,046	343,675	521,465
1824	77,373	106,543	313,788	482,964
1825	73,135	108,141	362,278	474,161

* 1799年と1800年はウエイクフィールドのデータで、3月25日までの1年である。したがって、1799年は1799年3月26日から、1800年3月25日までの1年である。1801年からはオドノヴァンのデータで、1月5日までの1年である。したがって、1801年は1801年1月6日から、1802年1月5日までの1年である。オドノヴァン自身の表では、1801年1月6日から1802年1月5日までの1年を1802年と表示している。したがって、1802年から1826年まで表示されているが、表タイトルでは、1801-25と書いている。

出典) Return, Account of all Corn and Meal, also of Horses and Sheep, Beef and Pork, Bacon and Butter, Exported from Ireland, from the Period of the Union to 5th January last, P. P. 1828 [180] Vol. XVIII. より作成。J. O'Donovan, op. cit., p. 159. 1799年と1800年のウエイクフィールドのデータは Wakefield, ibid., pp. 46-57.

第1部　19世紀後半アイルランド農業の展開

している。後者の事情から、1799年と1800年のベーコンは表示しなかった。前者の難点であるが、不思議なことに、1年がいつ終わるかの区切り方が違うにもかかわらず、ウエイクフィールドとアーヴィング報告の数値は全く同じである。なぜこうなっているのか不明であるが、輸出の傾向を考えるには支障がないと判断して表3-8を作った。

　ところでオドノヴァンは、1801年から25年までの保蔵加工畜産物輸出表を作った後、こう述べている。

　　　この時代における食糧品交易の異常なほどの盛況の真の原因は、ナポレオン戦争中における、アイルランドから果たされ、アイルランドで引き渡された大変な数に上る政府（調達）契約であった。ブリテン海軍はいつもビーフとポークの供給をコークから受けてきていたが、同時期、その他の町も利益に与っていた。(O'Donovan, p. 156)

　表3-8は27年にわたる長期のデータであるが、オドノヴァンの主張を裏付けてくれるであろうか。ビーフ、ポーク、ベーコン＆ハム、バターのいずれを見ても、ナポレオン戦争最終段階の1810年代に向かって輸出量がおおむね増加している。

　ビーフとポークはナポレオン戦争開始の1799年に大きく輸出が伸びているのが目に付く。ビーフはこの年の輸出量が最大となっているが、1805年以降、10万バレル台がほとんどになる。ポークも1805年以降に10万バレル台が常態化し、1811年にピークを打っている。そして、1815年の後は、ビーフのばあいは1817、18年を除いて、10万バレルに達せず、停滞もしくは減少傾向にある。ポークは10万バレル台を維持しているが、停滞していると判断できる。戦時需要の消滅の影響が大きかったといえる。

　ベーコン＆ハムとバターはどうか。両者ともナポレオン戦争の展開につれて輸出が増大している。ベーコン＆ハムは1806年に10万cwt台、1811年に20万cwt台へと急増している。バターは早くも1801年に30万cwt台、1811年に40万cwt台になり、1815年を迎えている。この先がビーフとポークと異なる。ベーコン＆ハムとバターの両者ともさらに輸出を増やし、ベーコン

第3章　生きた家畜をはじめとする大規模な畜産物輸出

&ハムは1821年から30万cwt台に入り、バターは1819年から50万cwt台を記録する年も生み出している。

オドノヴァンの総括的評価を聞いておこう。

> もっとも注目すべきはもちろん、ベーコン&ハム生産の目を見張る増加を示している項目である。アイルランド・ベーコンは今やイングランドにおける人々の好むところの一番になり、爾来その地位は維持されている。バター輸出貿易も量を確実に増加させ、1819年から1824年にかけて、年200万ポンドにもなった。（中略）データ数値を入手できる1820年、これらの商品の輸出実際金額の百分比は、ウールを除いているが、バター55％、豚と豚加工品28％、そして、ビーフと生牛17％であった。[31]

ところで、クロッティのいうように、ワーテルローが死んだ家畜の輸出から生きた家畜の輸出への転換点になったのだろうか。オドノヴァンの分析はクロッティを支持しているどころか、半ば否定さえしているようであるが、この点を生きた家畜の輸出から検討しよう。ここでポーター表（表3-9）「アイルランドから大ブリテンへの畜産物輸出」が必要になる。[32]

表3-9から確認できるのは、1825年まで、大ブリテンへの牛と豚の輸出頭数に目立った動きはなかったということである。1815年と21年の豚輸出の多さが目立つ程度である。羊は先に述べたように19世紀に入ってから輸出が始まったと言ってよく、1815年以降はいよいよ本格的になっていったと言えよう。[33]

表3-9を、表3-8と比較してわかるもう一つの大きなことは、1825年までの対外貿易の中で大ブリテンへの輸出が圧倒的な割合を占めていたことである。いつの年を例として選んでもよいが、1815年から25年まで、各品目でアイルランドの輸出全体（表3-8）が最大を記録した年を例として挙げよう。ビーフは1817年、ポークは1815年、バターは1820年、ベーコン&ハムは1821年が輸出量最大である。それぞれの輸出総量のうちに大ブリテン向けが何％を占めていたのか、以下の通りとなる。ビーフは82％弱、ポークは68％強、バターは88％強、ベーコン&ハムは99％である。カレンは18世紀が末に近づ

193

第1部　19世紀後半アイルランド農業の展開

表3-9　アイルランドから大ブリテンへの畜産物輸出

年	牛（頭）	羊（頭）	豚（頭）	ビーフ（barrel）	ポーク（barrel）	バター（cwt）	ベーコン（cwt）
1815	33,809	26,502	127,570	60,307	**105,766**	337,378	213,569
1816	31,752	34,483	83,618	39,495	59,284	303,964	219,998
1817	45,301	29,460	24,193	**105,555**	89,941	320,180	179,093
1818	58,165	25,152	23,960	80,587	87,992	381,554	212,740
1819	52,175	19,710	61,759	70,504	86,650	433,174	221,309
1820	39,014	24,159	99,107	52,591	105,973	**490,845**	260,549
1821	26,725	25,310	104,501	65,905	96,449	413,088	**362,846**
1822	34,656	35,685	65,037	43,139	72,148	377,651	238,985
1823	46,351	55,158	82,789	69,079	84,442	466,834	341,515
1824	62,314	61,137	73,027	54,810	75,525	431,175	312,000
1825	63,519	72,161	65,919	63,507	83,783	425,670	361,139

注）ベーコンにはハムが含まれる。
出典）Report from the Select Committee on Agriculture, Appendix No. 5, *P. P. 1833 (612)* Vol. V, p. 630.

くにつれて、アイルランドの対外貿易が大ブリテン頼りになってきたことを明らかにしたが（表3-1）、併合（連合王国成立）後、その傾向はいよいよ顕著になってきていたといえる。

第2節　大飢饉以降（穀物法廃止＝貿易自由化以降）の保蔵加工畜産物輸出

(a)　バターの輸出

◆保蔵加工畜産物輸出力の陰りとヨーロッパ各国のブリテン＝ロンドン市場進出

オドノヴァンを引くことから始めよう。

　アイルランド食糧品産業が被った最初の後退は、ブリテン市場の食糧品価格の上昇の結果もたらされたものであった。この価格上昇の結果、ア

第3章　生きた家畜をはじめとする大規模な畜産物輸出

　イルランド輸出業者にとって、西インドやニューファウンドランドにおいて合衆国と競争するのはもはや割に合わなくなったのである。国内需要が大変大きい時にはこれは重要ではなかったけれども、1830年代に深刻な結果をもたらすのであった。
　カレンも「北米の食料品供給が事実上アイルランドの独占であったところ（西インド……引用者）に重大な食い込みを始めてきていた」と述べるとともに、ナポレオン戦争が覆い隠したアイルランド食糧品産業の持つ強みの問題性に触れている。

　　ナポレオン戦争が、海軍と陸軍への食糧供給のための塩漬けビーフへの需要を膨張させるとともに、アイルランドのビーフ生産における調整の必要性 the necessity of adjustment を覆い隠してしまった。

　カレンが「調整の必要性」と述べていることの中身は何か。塩分の多いアイルランド・ビーフの市場支配力に陰りが現れていると示唆していると読める。コーク・バターも塩分が多い。だからこそ、膨張する大英帝国の西インドをはじめとする遠隔地への、また、遠洋航海等に出る大ブリテン・連合王国艦隊の長期保蔵用食糧調達に力を発揮したのであった。
　だが、アイルランド食糧品の独壇場であった西インドが北米に、合衆国に奪われた。その西インド植民地防衛のための海軍へのアイルランド食糧品供給も必要性を低下させた。その上に、ナポレオン戦争が終結して、軍需が大きく縮小した。長期間保蔵用のアイルランド食糧品の行き場が細ってしまい、大ブリテン市場に傾斜せざるをえなくなった。だが、アイルランドが大飢饉に襲われた1846年、ピールの自由貿易政策がブリテン植民地や自治領の間での特恵関税を廃止し、大ブリテン市場を開放した。この大ブリテン市場で、ヨーロッパの競争に直面することになる[34]。
　大ブリテン・バター市場をめぐってアイルランドが支配していた1850年以前にすでにオランダがアイルランドに挑戦していたが、1860年代以降、デンマークが、続いてスウェーデンやフランスが、そしてオランダもまた再度挑んできた。バターの質や味、また季節性を巡っての競争である。それはバター

195

生産方法の変革を伴う挑戦であった（O'Donovan, pp. 302-3）。

　これまでにも触れているように、コーク・バターは製造過程で多くの塩分が使用されていた。だからこそ、遠洋航海などの長期間保存が可能であり、大西洋を渡って北アメリカや西インド、さらにはブラジルまで輸出された。大ブリテンには「5月から7月にかけて」輸出されたが、コーク・バターは冬まで保存できた（O'Donovan, p. 302）。このコーク・バターに対する挑戦である。

　もっとも、アイルランドではコーク以外の土地でもバターが生産され輸出されていた。マンスターではウォータフォードやリムリック、北部アルスターではベルファストである。これらコーク以外の土地におけるバターは、オドノヴァンによれば、より少ない塩分が生産過程で使用されていて、短期の消費に、夏から秋にかけて好まれた（O'Donovan, p. 302）。

　こうした状況下の1860年代、シュレースヴィッヒ・シュタイン戦争に疲弊するデンマークで新しい方策が模索された。冬期酪農の採用である。「一年を通して穏やかに塩を加えられた均質の製品をブリテン市場に投入することを可能にした」（O'Donovan, p. 304）。

　さらに山崎清がいう「ミルクを脱脂乳とクリームに分離する遠心分離機」が登場した。山崎は「1878年にデンマークとドイツで発明された」としているが、確認が難しい。というのも、同時代人のR・O・プリングル（シェルダン J. P. Sheldon）が、1877年3月にドイツのハンブルクで開かれた国際酪農展覧会で、最新のミルク分離方法が紹介されたが、もっと最新のスウェーデンのラヴァル遠心分離機 De Laval's Centrifugal Cream-separator と呼ばれる機械が登場したとしているからである。[35] オドノヴァンは、デンマークでは分離機導入後の10年間に「協同組合酪農が沸き起こり」、この新方法をフランスやオランダ、スウェーデンも倣うことになったとしている（O'Donovan, p. 304）。

　ところで、1847年以降のバターに関する重要なデータがあった。アイルランド産業に関する衆議院特別委員会 the Select Committee of the House of

第3章　生きた家畜をはじめとする大規模な畜産物輸出

Commons on Irish Industries の1885年報告の付録 6 に、1848年から1885年までの、各年の 5 月末頃に終わる 1 年間毎の大ブリテンにおける、アイルランド産と外国産のバターの輸入量が示されている（以下、「1848-85データ」と呼ぶ）。データは公的なものでない。データ編集者であるジョーンズ兄弟社 Jones Brothers 自らが、「これらの報告は正確な輸入量を扱っていない。というのも、それを入手することができないからである。疑いなく両者の実際の輸入は示された量を越えているであろう。しかし、比較するのに十分な正確さに近いものである」と述べている。比較するのは二つある。一つはアイルランド産と外国産との比較である。しかし、輸入量を示す数字が挙げられているが、どういう訳か、その単位が明示されていない。間違いなくこのデータを利用したと思われるオドノヴァンは、アイルランド産の単位がファーキンズ firkins、外国産のそれがパッケイジ packages としている。仮にオドノヴァンの推測が正しいとしても、量単位が相違するものを比較するのは難しい。もう一つの比較がある。アイルランド産と外国産のそれぞれについて、各年相互の比較である。例えば、1848年 5 月29日までの 1 年間のアイルランド産輸入量と、1885年 5 月26日までの 1 年間のアイルランド産輸入量との比較である。後者は前者の100分の 1 となっている。こうした比較のために、ジョーンズ兄弟社はあえて単位を抜かしたのかもしれない。アイルランド・バターの輸出に詳しいオドノヴァンはそれぞれの単位が何か直ぐにわかったのであろう。こうしたデータをもとに作ったのが表 3-10である。すべての年ではなく、5 年毎と最後の1885年を表示した（なお、オドノヴァンは10年毎のデータを、下 3 桁を四捨五入して表示）。[36]

表 3-10は 5 年毎のデータであるが、アイルランド・バターの大ブリテン輸出は1848年に比べて53年の方が増えているものの、それ以降は輸出が激減する一方であった。「1848-85データ」で前年に比べて増えている年も11回もあるが、減少の勢いは強く、1885年 5 月26日までの 1 年間は、1848年 5 月29日までの 1 年間の100分の 1 まで輸出が激減した。他方、外国からのバター輸入は、1863年までは減る傾向にあったが（元の「1848-85データ」では1865年

第1部　19世紀後半アイルランド農業の展開

表3-10　大ブリテンのバター輸入量　　　（単位：不明）

（　）内日付までの1年	アイルランド産	外国産
1848（～5月29日）	379,902	576,888
1853（～5月30日）	434,580	581,024
1858（～5月31日）	292,571	488,614
1863（～5月25日）	189,081	445,302
1868（～5月25日）	66,447	1,116,126
1873（～5月26日）	53,201	1,125,039
1878（～5月27日）	14,167	1,294,646
1883（～5月28日）	4,269	1,767,246
1885（～5月26日）	3,703	1,679,783

注）1848（～5月29日）は1848年5月29日までの1年を意味する。以下、同様。
単位は明記されていない。オドノヴァンがこのデータを用いていると推定できる。
出典）Select Committee on Industries (Ireland) Report, Proceedings, Minutes of Evidence, Appendix, Index, Appendix, No. 6, *P. P. 1884-85（288）* Vol. IX, p. 738.

まで）、1866年に90万台に、67年からは100万台に激増し、1881年以降170万台前後にまで増えている。

　データ編集者ジョーンズ兄弟社も、一見して、アイルランド・バターの減少と、外国産バターの増加が示されていると指摘し、さらに、外国産が好まれているのは、「塩分を気にしないで済むこと、品質選定の均一性、色合いと生地、重量の均一性と正確さ、そして、包装がピッタリとしていてこぎれいなこと」によると述べている。[37]

　アイルランド・バターの減少と外国産バターの増加、この状況を1876年合冊版『アイルランド農家新聞』に読み取ることができる。

第3章　生きた家畜をはじめとする大規模な畜産物輸出

◆最大の消費地ロンドンにおけるアイルランド・バターの苦境——1876年合冊版『アイルランド農家新聞』に読む

　第2章「牛を中心とした家畜の全国的流通」第2節「全国で開かれるフェアとダブリンの家畜マーケット」は『アイルランド農家新聞 The Irish Farmers' Gazette, and Journal of Practical Horticulture』1876年合冊版を典拠とした。本節「大飢饉以降（穀物法廃止＝貿易自由化以降）の保蔵加工畜産物輸出」においても上記新聞を資料として使う。ロンドン市場におけるアイルランドから輸出されたバターとベーコンの状況を『アイルランド農家新聞』から垣間見ることができるからである。

　既に述べているが、同新聞はほぼ毎号（毎週土曜日に発行）に「市況概観」を設け、主にアイルランドにおける、穀物、家畜、羊毛、それにバターとベーコンに関する、発行日前日の金曜日に執筆した市場情報と、ロンドンやリヴァプール、グラスゴウやエディンバラなどの市況を掲載している。バターとベーコンは、亜麻 flax を合わせて、「一般生産物 General Produce」に括られ、ロンドンのバター市場とベーコン市場の情報も掲載している。

　ここでは、『アイルランド農家新聞』1876年合冊版のロンドン・バター市場の記事を覗いてみよう。1876年1月1日（元旦）号から、少々ショッキングな記事にお目にかかる。

　　ロンドンのバター市場は不活発であった。需要は主にノルマンジー製最高級のバターに対するものであった。アイルランド・バターには見向きもされなかった Irish neglected。カナダ製にたいしては2週間前ほどの需要はなかった。

　Irish neglected と書かれているのを見て驚いた。市場用語として neglect をどう理解すべきか本書はわかっていないが、とにかく、売買のやり取りの中に入ることができなかったと理解した。

　記事はまた、フランス・ノルマンジーの最高級バターが元旦の不活発な市場においてさえ買手があったことを伝えている。

　さて、今見た1876年1月1日から12月30日まで、都合53度の土曜日に発行

された『アイルランド農家新聞』を通覧するが、ロンドン・バター市場の情報が掲載されているのは計41回である。そもそも「市況概観」自体が設けられていない号もあるが、1年分の新聞を合本する際に落丁してしまったばあいが多い。「市況概観」は新聞の最後の方の頁に掲載されており、しかもその最後に、ロンドンのバター市場とベーコン市場が置かれているために落丁の目にあったと考えられる。とにもかくにも、41回にわたる記事の中で、ロンドン市場におけるアイルランド・バターが、アイルランド・ダブリンの農業新聞にどのように報じられているかを見よう。

　アイルランド・バターが取り上げられているのは計18回である。6月までの年前半は、上に紹介した1月1日号を合わせて、わずか5回登場するだけである。「アイルランド・バターに関しては、販売は小売で不活発 In Irish the sales are quite（quiet の誤植であろう……引用者）in retail」（2月12日号）。「アイルランド・バターに関しては、何も新しいことがない In Irish nothing new」（2月19日号）。「アイルランド・バターではわずかの商いがおこなわれた a limited business has been done in Irish butter」（5月6日号）。「アイルランド・バターに関しては、コーク製バターでほんのわずかの取引があった In Irish but few transactions in Corks」（6月17日号）。

　1876年前半のロンドン・バター市場におけるアイルランド・バターの取引はどうも冴えなかったようである。後半は13回も取り上げられているので間引いて見ることにする。その際、外国産バターについても、つまり、記事全体をいくつか紹介しよう。外国産と比べてのアイルランド産の取り上げ方がわかる。

　　最良質の外国産バターにたいする需要が続いている。最良のノルマンジー製 Normandies が134シリングから136シリングに価格上昇している。最近の高温の気象がオランダ製 Dutch とブリタニ製 Britanny の品質に影響して、それらの価格はむしろ弱気になっている。アイルランド・バターに関しては、取引はほんの少しで、最良のクロンメル製が本船積込渡しで128シリングから130シリング、コーク製の最高級が約136シリン

第3章　生きた家畜をはじめとする大規模な畜産物輸出

グ、二番手が約126シリングである In Irish a little doing in best Clonmels at 128s to 130s free on board, and in first and second Corks at about 136s and 126s（7月29日号）。

　アイルランド・バターについて詳しい情報が出た。コーク製とクロンメル製が相場も添えて初めて報じられた。また、取引価格も報じられている。記事には出てこないが、これらは cwt（hundredweight：大ブリテンでは112重量ポンド）当りと考えられる。以下、度々出てくる価格も同じと考えられる。

　ところで、アイルランドのバター生産の地名まで挙げられているのは1年を通してコークとクロンメルだけである。コークは6度（6月17日号、7月22日号、7月29日号、8月12日号、8月26日号、そして9月2日号）登場している。クロンメルは3度（7月29日号、8月26日号、そして9月23日号）である。

　『アイルランド農家新聞』1876年合冊版の記事に他の産地が顔を出していない。このことから、他の産地がロンドン市場にバターを出荷していなかったと判断するのは早計だが、ロンドン市場でアイルランド・バターを代表するものにコーク製とクロンメル製が入っていたことは、報じられる頻度からして、18世紀以来の伝統をもつコーク製が依然としアイルランド・バターの顔とも言うべき存在であったことを確認してよい。

　ただ、コーク製バターの地位に陰りがあることも窺える。1876年の1年間を見た限りであるが、ロンドン・バター市場において、価格面でクロンメル製がコーク製を凌駕することもあったと推測できるからである。

　　外国産バターは引き続き堅調な販売を満たしているが、ただほとんど価格で注目すべき変化はない。最良のフリースランド製 Friesland が150シリングから152シリングになっている。アイルランド・バターに関しては、わずかな商いがおこなわれただけで、アイルランドから求められる高価格が取引を制約している。若干の最良のクロンメル製が本船積込渡しで147シリングで売れた In Irish but a limited business transacted ; the high prices asked from Ireland check business. Some finest Clonmels sold at 147s on board（9月23日号）。

201

ここで出てくるクロンメル製の本船積込渡し価格147シリングが、1876年のロンドン市場情報で報じられた、アイルランド・バターの中で最高価格である。もっとも、同一時期において、コーク製がより高い値を付けたようにも見える事例もある。最初に見た7月29日号の記事にそれがある。繰り返しになるが、「最良のクロンメル製が本船積込渡しで128シリングから130シリング」にたいして、「コーク製の最高級が約136シリング、二番手が約126シリング」と報じられていた。コーク製の最高級バター136シリングが、最良のクロンメル製本船積込渡し価格の最高額130シリングを上回っていた。

ただ、本船積込渡し価格はロンドン市場価格ではない。クロンメル製バターのばあい、鉄道で繋がっていて、しかも最も近いウォータフォード港から輸出された可能性が高い。同港に停泊する、おそらくロンドン行きの汽船に積み込まれた時点での価格が130シリングであったと推測できる。とすると、ウォータフォード港停泊船舶で荷受けした輸入業者（あるいは代理人）が自分たちの利益を見込んだ価格でロンドン市場に出荷したであろうと考えられる。つまり、ロンドン市場における売買価格ではクロンメル製がコーク製を上回る可能性も大いにあった[38]。

さて、ロンドン・バター市場で、何処のアイルランド産地が代表的な地位にあったか、これは重要な問題である。しかし、アイルランド・バターが外国産バターとの競争でいかなる状況に置かれていたのかはもっと重大である。かつて長く、コーク・バターが世界を主導していたことを思えば、なおさらそうである。8月12日号を引こう。

> 外国産バターの需要が堅調で、いくつかのものはより高値になっている。最良のノルマンジー製は140シリングで売れている。アイルランド・バターに関しては、主にコーク製でいくぶん多くの取引がある。価格は外国産と比べて低い In Irish rather more doing chiefly in Cork. The prices comparatively are lower than foreign（8月12日号）。

このようにはっきりと、アイルランド・バター（コーク製）が外国産バターより価格が低いと報じているのはめずらしい。多くの記事は、外国産バター

第3章　生きた家畜をはじめとする大規模な畜産物輸出

よりアイルランド・バターの価格が低いと事実上語っていると思われるからである。

　上記9月23日号の引用で、下線を施した箇所がある。「アイルランドから求められる高価格が取引を制約している」がそれである。同じような状況が9月2日号でも報じられていた。

　　外国産バターの販売が手堅い状態を維持している。最良のノルマンジー製が148シリングから150シリング。最良のオランダ製が140シリングに上がった。ジャージー製が4シリングほど値を上げた。アイルランド・バターに関しては、主にコーク製でかなりの程度の取引がおこなわれた。しかし、市場の相場はもっと高いために、売り手がもっと高い価格を求め、それが販売を制約している In Irish a fair business has been done, chiefly in Cork ; but owing to that market being dearer, sellers require advanced prices, which checks sales（9月2日号）。

　この9月2日号の記事と、先に引用した9月23日号の記事は何を語っているのだろうか。報じられた高値要求と、それがかえって販売を制約しているとの記事は見過ごすことができない。

　9月2日号が報ずる「高い価格を求め」る「売り手」とは、コーク製バターの売り手であろう。9月23日の「高い価格」を「求め」る「アイルランド」とはどの産地であろうか。本書の想像であるが、この高値要求をした「アイルランド」はコークであったのではないだろうか。コーク・バターが長く世界で、大ブリテンで最も高い評価を受けてきたのは、1876年から見れば、つい先ごろまでのことであった。そのような歴史を持つコーク・バターの売り手が、同じロンドン市場で外国産バターが高い相場で売買されている状況を繰り返し目の当たりにして、高値を要求したのではないかと想像する。しかし、この高値要求がかえって取引を制約する現実があった。

◆ロンドン・バター市場で高い評価を受ける外国産バターは何処から来たのか

　これまで引用した1876年『アイルランド農家新聞』合冊版のロンドン・バター市場の記事で既に、ノルマンジー製などが報じられていた。改めて外国

産バターに関する報道で目に付く記事を見るが、1876年『アイルランド農家新聞』合冊版が41回掲載しているロンドン・バター市場で何処の外国産バター産地が、何度報じられているかまず確認しておこう。ノルマンジー Normandy（フランス）25回、オランダ23回、ブリタニ Brittany（フランス・ブルターニュ Bretagne）7回、フリースランド Friesland（オランダ北部の州）5回、カナダ4回、アメリカ合衆国1回である。この他に、ジャージー Jersey（英王室属領自治国）4回、イングランド1回がある。ジャージーをどこに置くのが良いか、難しい。

なお、23回も報じられているオランダ製についてであるが、別にフリースランド製が出てくるので、オランダのどの地域のバターがオランダ製と呼ばれているのか気になるが、現在の本書にはわからない。

市場で取引される回数だけからであるが、ロンドン・バター市場で最もよく取引されていたのがフランス・ノルマンジー製とオランダ製の外国産バターであったと考えてよい。さらに、ロンドン・バター市場における外国産バターをめぐる状況を追うことにしよう。引用はまとめておこなうのがよいだろう。

　　　最良の外国産バターの供給が需要にたいして大変不足している。そのために、最良のノルマンジー製が156シリングから166シリングで売れ、その他のバターは品質によって価格がバラバラで、最良のオランダ製は154シリングから160シリングであった（3月11日号）。

　　　外国産バターの供給が大きいため、価格はさらに下がった。例えば、ノルマンジー製が120シリングから150シリング、ブリタニ製は112シリングから130シリング、最良のオランダ製は136シリングから142シリングである。アイルランド・バターに関しては、温暖で雨の多い気象が取引を妨げているために、ほとんど取引がなされなかった（10月7日号）。

　　　先週、比較的良質なノルマンジー製にたいして需要が改善された。しかし、古くなったものや質が劣るものはどのような産地のものであれ全く振り向かれもしなかった。アイルランド・バターは高すぎた。ただ、

第3章　生きた家畜をはじめとする大規模な畜産物輸出

極上の若干のカナダ製は130シリングで売れた。質の低いアメリカ製とカナダ製は84シリングから90シリングの買値を付けられた（11月4日号）。

3月11日号には、1876年『アイルランド農家新聞』合冊版に掲載された、つまり、落丁部分は無視して、ロンドン・バター市場の1年間の取引での最高価格が報じられている。ノルマンジー製の166シリングがそれである。続いて、オランダ製の160シリングがある。

3月11日号が報じたのは、供給が需要に大きく追いつかなかった市場における外国産バターの価格高騰の事例であるが、10月7日号では供給が需要を上回ったために価格が下がった事例が報じられている。その時でも、最高値は、ノルマンジー製150シリングがオランダ製142シリングを少し上回っている。

11月4日号からは、極上のカナダ製は別にして、質が低いものと限定されているが、大西洋を渡ってやって来たアメリカ製やカナダ製は取引価格が低かったようである。

こうした外国産バター価格の高低に関して貴重な資料が見つかった。1854年から77年までの各年における、連合王国が輸入した家畜、ベーコン、ハム、塩漬ビーフ、バターの年平均価格に関する商務省 Board of Trade の、1878年に議会に報告された統計である（以下、1878年商務省「畜産物・食糧品輸入価格統計」と呼ぶ）。しかも、バターに関しては、1854年から69年まで、ハンザ諸都市 Hanse Towns、オランダ＆ベルギー、フランス、および、アメリカ合衆国からの輸入バターの平均価格が示されている。

この16年間のうち、4地域・国全ての平均価格が最高の1868年と、フランスを除く3地域・国の平均価格が最低の1854年、この二つの年の中間点の1861年の3時点のデータを表示したのが表3-11である。

表示のハンザ諸都市 Hanse Towns は何処のことか。今日のドイツのハンブルクとブレーメン、あるいは、リューベックも含められると考えられる[39]。ハンザ諸都市からの輸入バターが最高価格、2番目に高いのがオランダ＆ベルギーからのバター、3番目に高かったのはフランスからのバターである。

第1部　19世紀後半アイルランド農業の展開

表 3-11　連合王国の輸入地域・国別年平均バター価格(cwt 当り)

年	ハンザ諸都市			オランダ＆ベルギー			フランス			アメリカ合衆国		
	£	s.	d.	£	s.	d.	£	s.	d.	£	s.	d.
1854	4	18	—	4	10	—	4	4	—	3	8	4
1861	5	3	4	5	1	1	4	18	4	4	10	4
1868	6	9	6	5	15	11	5	9	7	5	4	9

出典）Return of the average prices of Various Kinds of Animals, Dead Meat, and Provisions Imported into the United Kingdom in each of the Years 1854 to 1877, *P. P. 1878（273）* Vol. LXVIII, No. 4 (table number……引用者), p. 5.

したがって、合衆国バターが最安値であった。ただし、1857年と58年の2年間は、フランス・バターより合衆国バターの方が高かった。

　上で述べているように、表示の4地域・国別のデータは1869年までで、残念ながら、1870年から77年までは、全ての地域・国からの輸入を合算したデータだけになっている。これまで見てきた、1876年『アイルランド農家新聞』合冊版と比較検討することが困難である。

　商務省の1878年議会報告には、1858年から77年までのバターやベーコン＆ハムなどの輸入量と輸入額(70年までは見積額、71年以降は申告額)に関するデータも含められている (No. 3として)。しかし、それは輸入全体のデータであって、残念ながら、上に見たバター価格のような、地域や国別のデータはない。これがあれば、連合王国はどの国や地域から、どれだけのバターを、どれほどの価格で輸入していたのかがわかる。

　ここで、オドノヴァンを参考に引こう。1878年における連合王国バター輸入総量の産地分布である。フランスが30.9％、オランダが25.6％、デンマークが13.5％、ドイツが約6％であったとしている。その20年後、デンマークが45.6％、フランスが13％で、その後は、スウェーデン、オランダ、ロシア、オーストラリア、さらにカナダが続いたとし、デンマークからの輸入の急激な増加は国家援助の基に協同組合の努力による結果であったと述べている。オドノヴァンは連合王国バター輸入総量の産地分布のデータの典拠を示して

第3章 生きた家畜をはじめとする大規模な畜産物輸出

いない。そのために参考としたが、間違いなく19世紀後半において世界最大であった連合王国バター市場における大きな展開を示し、なおその上に、協同組合がそれに関わっていることを述べているので、本文で敢えて取り上げた（O'Donovan, p. 308）。アイルランド酪農業が苦境から脱していく道もこの協同組合が関わったからである。

　先に、1878年商務省「畜産物・食糧品輸入価格統計」の1854年から69年までの16年間のバターの年平均輸入価格で、全期間で最高値を記録したハンザ諸都市は、ハンブルクとブレーメン、それに、リューベックの3都市であると推測したが、この推測が正しいとしたら、これら3都市からの輸入バターは、オドノヴァンのいうドイツ・バターを構成する。オドノヴァンは、このドイツ・バターは1878年の連合王国バター輸入総量の約6％を占めるに過ぎず、20年後の1898年にはそれへの言及もしていない。オドノヴァンがしかるべき統計データに基づいて発言したと思うが、典拠を示してほしかった。いやそれよりも本書の統計データ探しが不十分であることが問題である。

◆アイルランド酪農業再生への道

　アイルランドの商業的バター生産に変革を迫る時期がついにやってきた。「市場が1879年、合衆国からの大量の供給のために破綻した。コークのバター価格は1878年の110から77に暴落した」（O'Donovan, p. 306）。

　アイルランドが最新のスウェーデン・ラヴァル遠心分離機の導入に動いたのはまさにこの時期であった。1879年、ラヴァル遠心分離機はブリテン王立農業協会のキルバーン展覧会 The Kilburn Show（イングランド中央部のダービシァ）でブリテンに紹介された[40]。アイルランドにたいしてはどうか。オドノヴァンが、ブリテンと同じ1879年の12月10日、王立ダブリン協会 the Royal Dublin Society とアイルランド王立農業改良協会 the Royal Agricultural Improvement Society の後援のもとにダブリンで開かれた国際酪農展覧会において、蒸気力で動くラヴァル遠心分離機が公開実験されたと述べている（O'Donovan, p. 319）。

　プリングルによれば、小規模な農民たちによるバター生産の協同化の試み

もあった。小規模酪農経営はバターの質を均一にすることが困難であった。ファーキンをバターで一杯にするまで日時を要したため、質の違うものを混ぜざるをえなかったからである。小規模農民であっても何人かが協同すれば、ファーキンに詰める量のバターは容易に集めることができる。しかし、何人もの間でそもそも同じ質のバターを持ちよることが困難であった。プリングルはマロウ Mallow（コーク県）に設立された Gold Vein Mild-cured Butter Company（黄金の谷の穏やかな塩分含有バター会社）にも言及している[41]。

　1884年、アイルランド最初のクリーマリー creamery が設立された。遠心分離機による機械製酪農の始まりである。場所はリムリック県ホスピタルで、主導したのはバゴット C. Bagot であった（O'Donovan, p. 320）。バーク（ジョアナ）Joanna Bourke によれば、「乳搾りは支配的であった女性労働が男性によって取って代わられた多くの仕事のうちの最初のものに過ぎなかった。女性がミルクないしクリームをチャーン churn する伝統的なバター生産方法が次第に大規模なクリーマリーに取って代わられた」[42]。つまり、自給的な側面をどうしても残す農民経営から、それを支えてきた家内副業としての食品加工が失われ、農民経営の自立性が壊されていく。農民層が分解していく過程の進行である。その過程の核心に、女性労働の男性労働への置き換えがあった。

　こうした中で新たな協同化への動きが興った。バゴットたちのホスピタル・クリーマリーは株式会社方式であったが（O'Donovan, p. 319）、プランケット Sir H. Plunkett たちの協同組合クリーマリーが1889年6月に設立された。これもまたリムリック県のドゥラムコロハー Drumcollogher においてであったが、コーク県に隣接する、黄金の谷西端に位置している[43]。

　こうして、土地戦争が闘われている1870年末から80年代初め、長く、ブリテンが政治的にあるいは経済的に支配する世界各地で、あるいはまたブリテン本体で長らく支配的な地位を築いてきたコークを中心としたアイルランド・バターに一大転換期が訪れた。

　19世紀後半、保蔵加工食肉の中で、かつて海外輸出で大きな役割を果たし

第3章　生きた家畜をはじめとする大規模な畜産物輸出

た塩漬けビーフやポークに代わって発展してきたものがある。ベーコンの大きな飛躍がそれである。次にこれを見よう。

(b)　アイリッシュ・ベーコン（ベーコン&ハム）の新たな発展
◆ベーコン&ハムの生産と輸出——1861年ローソン報告

　　イベリア半島戦争（1808-14年……引用者）の間、アイルランドは塩漬けビーフとポークの交易で大いなる実績を上げた。コーク、ウォータフォード、リムリック、それにダブリンが全てイングランド海軍へのビーフ割当量を供給した。平和の宣言により、この交易は大きな打撃を受けた。また1825年の蒸気船の導入がなお一層この交易を縮小させる傾向をもった。というのも、生きた家畜を手ごろに入手できる市場がイングランドに開かれたからであった。さらに、外国の牛や食料品の輸入禁止法の撤廃がこの交易に影響を及ぼし、（中略）その結果、ビーフ供給は諸外国の手に渡った。生きた家畜とベーコンが今ではアイルランド食糧品輸出の主な商品をなしている。

　これは、1861年にダブリンで開かれた社会科学振興全国協会 the National Association for the Promotion of Social Science の会議でローソン J. A. Lawson アイルランド法務次官 the Solicitor-General for Ireland が読み上げた、アイルランドのベーコン輸出に関する大変興味深い報告「アイルランド食糧品貿易 The Provision Trade of Ireland」の一節である[44]（以下、ローソン報告あるいはローソン、Lawson, p. xx と記す場合がある）。

　1861年ローソン報告は後に、1860年の、当時法務次官であった人物による報告であると誤ってはいたが、公的機関から注目されるところとなった。1900年4月1日に開設されたアイルランド最初の省、アイルランド農業・技術教育省 The Department of Agriculture and Technical Instruction（DATI）が、開省直後に多数の研究者、専門家を結集して取り組んだ資料文献収集・調査に基づく、大部な報告書 *Ireland Industrial and Agricultural* を1902年に出版した。そこに収録されたショウ A. W. Shaw の論文 The Irish Bacon-curing

表3-12 ロンドン市場に出荷されたアイルランド・ベーコン

(単位：bales)

年	出荷量	年	出荷量
1851	77,646	1856	84,478
1852	98,537	1857	98,962
1853	95,080	1858	105,662
1854	80,078	1859	136,135
1855	66,797	1860	133,847

出典）Lawson, J. A., The Provision Trade of Ireland, *Transactions of the National Association for the Promotion of Social Science 1861*, ed. by George W. Hastings, London, John W. Parker, Son, and Bourke, 1862, p. 705.

Industry に、1860年法務次官報告なるものが長々と引用された。さらに、アイルランド産業振興協会 The Irish Industrial Development Association の書記リールダンも1920年に、ショウと同じ誤りを繰り返している。[45]

アイルランド農業・技術教育省編纂 *Ireland Industrial and Agricultural* (1902年) と、さらに、リールダンの *Modern Irish Trade and Industry* (1920年) による引用から考えて、ベーコンに関する情報が極めて乏しく、1861年のローソン報告が大変重要な同時代人による証言であり、データであることがわかる。本書も同報告に大いに依拠する。

ローソンは特定の限られた場面におけるものであるが、貴重なデータを示してくれている。週間取引回状 the weekly trade circular からロンドン市場におけるアイルランド・ベーコンの入荷量を1851年から60年までまとめている。単位は梱 bale であるが、ローソンによると、2頭の豚の肉が詰められている。

1850年代に、ロンドン市場へのアイルランド・ベーコンの出荷が増えていっていることが示されている。特に、1858年以降に10万ベイル台（豚20万頭相当分以上）に増加している（表3-12）。この間ローソンによれば、ロンドン・ベーコン価格が上がり、増えるアイルランド・ベーコンでも需要に応じきれず、外国産ベーコンの流入が増大した。1855年20,306ベイル、1856年19,891ベイル、1857年26,425ベイル、1858年18,664ベイル、1859年23,411ベイル、1860年43,770ベイルであったとしている。1858年以降、ロンドン・ベーコン市場におけるアイルランド・ベーコンは外国産に比べて一桁違うシェア

第3章　生きた家畜をはじめとする大規模な畜産物輸出

を占めるに至っている。そして、この「ロンドン市場に供給されるアイルランド・ベーコンのうち半分をかなり超えた分（別の個所では3分の2）がウォータフォードで保蔵処理されたものである」としている。[46]

ロンドン市場にアイルランド・ベーコン、就中、ウォータフォード・ベーコンが受け入れられるのに何が与って力があったのだろうか。

ローソンは何点も挙げているが、主には次の3点と思われる。第一は、海上輸送手段に関することであるが、かれの言うところはこうである。蒸気船導入以前の愛英間通商は帆船によったが、その航海は「多少とも不確かで時間が長引くものであり、最長の航海に耐えるためにベーコンを十分に塩漬けにする必要があった」。そのような状況下で、ウォータフォード・ロンドン間に最速帆船の週1便の定期航路が開設された。これにより、「保蔵処理業者が塩分使用量を穏やかにすることを可能にした」。さらに、「蒸気船の導入以来、最大の注意が過重な塩漬けを避けるために払われ、（中略）アイルランドの保蔵処理業者たちによって、世界最良の市場で最高の価格をもたらす一品が作られている」と。[47]

第二は、1854年の夏場における湿塩漬法への氷の使用であった。これを始めたのがウォータフォード生まれのヘンリ・デニー Henry Denny であった。ウォータフォードにある保蔵処理場による夏場での氷を使用する方法の発明である。ローソンによれば、ベーコン保蔵加工処理の慣習として、「5月1日頃に仕事を中断し、10月初めころに再開する」というものがあった。つまり、夏場にベーコンを保蔵処理することができなかった。したがって、ベーコン保蔵処理の労働は季節的に大きな制約を受け、夏場に多くの被雇用労働者は職を失った。その状況を一変したのが、氷を使用する保蔵処理方法の発明である。

この「夏の氷による保蔵処理制度」は「アイルランド南部の農業経営に有益な結果」をもたらした。夏の豚肥育により飼料を節約することを可能にした。何故なら、「冬期の肥育中、豚は体温が下がるのを避けることが求められる。これは飼料によって実現しなければなら」ず、夏に比べての冬の肥育

は「はるかに多くの飼料が必要」であったからとしている。

　さらに、夏にも肥育が可能になると、豚生産農家は1年中ベーコン豚市場を見つけることができるようになる。「豚が市場に出すのにふさわしくなれば、直ぐに販売できる利益をもたらしている」。「消費者もまた、過度に塩漬けされ長期間保存されたベーコンの代わりに、1年を通しておいしくて穏やかな味の食べ物を摂取する利益を享受する」。つまり、1年中、穏やかな塩味のベーコン生産を可能にする技術革新である。

　第三は、剛毛除去の方法に関するもので、ローソンによれば、「両方のばあい（アイルランド北部とリムリック）剛毛 the bristles が保蔵処理の前に熱湯で取り除かれている removed by scalding のにたいして、ロンドン向けベーコンにしようとされる家畜については剛毛の表面を軽く焼いて取り除かれる singeing（毛焼き）」。ウォータフォードを中心とするアイルランド南部では、この毛焼き（シンジーイング）が小麦の藁を燃やして胴体肉の毛を焼くという方法でおこなわれてきたが、ウォータフォードの保蔵処理業者ヘンリ・デニーの二人の息子、エイブラハム Abraham とエドワード Edward によって麦藁の代わりに石炭を用いて毛焼きをおこなう方法が開発された。

　ローソンによれば、石炭使用の毛焼き方法のコストは麦藁使用のばあいの平均の5％に激減させたが、このやり方がアイルランド南部で広く採用されれば、現在焼却されている数千トンの麦藁が肥料になり、地域の土壌を豊かにすることになる。[48]

　以上の3点がロンドン市場でアイリッシュ・ベーコン（ウォータフォードを中心に生産）が受け入れられるのに与って力があったと考えられる。さらに、オドノヴァンが「1862年、ピックル・ポンプ pickle pump を使って濃い塩水を肉に注入する方法が発見された。アイルランド保蔵処理業者は直ちに新しい方法を採用し、爾来、ブリテン市場で第一人者の地位を確保してきている」と述べている（O'Donovan, p. 273）。

　ここで、ベーコンの製造について現代から少し考えよう。ローソンとオドノヴァンは、上に引用しているように、氷を使用する、あるいは、ピックル・

第3章　生きた家畜をはじめとする大規模な畜産物輸出

ポンプで濃い塩水を肉に注入すると述べているが、これ以上の中身については説明していないからである。現在の製造方法について参考にするのはまず、厚生労働省の職業情報提供サイトの「ハム・ソーセージ・ベーコン製造」である。それによれば、燻煙する以前に、「豚肉を整形し、低温で塩せき」するとある。そして、「塩せきとは、原料肉を食塩、発色剤（亜硝酸ナトリウムなど）、砂糖、香辛料などを溶かした液（ピックル）に一定期間漬け込むことで、これにより製品を熟成させ風味を増すとともに、肉の色が変わらないようにし、保存性を高めることができる」と説明している。厚生労働省の説明に「低温で塩せき」が、そして、ピックル液が出てくる。[49]

そこで「塩せき」をもう少し調べてみよう。名古屋市のハム・ベーコン製造会社アンプロジェ・バンのサイト「製造の流れと品種」は、「塩漬（えんせき）」とは「食塩と発色剤からなる基本塩漬剤を、原料肉に加え、冷蔵して熟成風味をつける工程」で、それには３方法があるとしている。１番目は乾塩漬法で、「原料肉の表面に塩漬剤をまぶし、内部に浸透させる」やり方。２番目は湿塩漬法で、「塩漬剤を溶かした液に原料肉を漬け込む」やり方であって、厚生労働省が説明するものである。３番目はピックル（塩漬液）注入法で、「肉塊に塩漬液を注入する」やり方であって、「塩漬期間の短縮、製品の質の均一化などのメリットがある」。[50]

ローソンとオドノヴァンが述べる意味がわかった。ローソンが言っているのは、２番目の湿塩漬法で、氷を使用することによって夏期でも冷蔵状態を保って実行できるようになったと理解できる。１番目の乾塩漬法であった可能性もあるが、オドノヴァンが言う、1862年のピックル・ポンプ方式を考慮すると、その可能性は低い。というのは、ピックル・ポンプ方式はまさに３番目のピックル（塩漬液）注入法であって、それは、２番目の湿塩漬法が前提にあると考える他ない。つまり、原料肉をピックル（塩漬液）に漬け込むやり方が既におこなわれていること、そして、その漬け込み期間が長いので、それを短縮する方法としてピックル・ポンプ方式が考え出されたのである。

もっとも、１番目の乾塩漬法も19世紀アイルランドで農民たちが自家消費

のために採用していたのではないかと想像する。それにしても、現代の日本でおこなわれているベーコンやハムの製造方法の元をたどれば19世紀半ばのアイルランドに行き着くようである。アイルランドは自ら編み出した食品加工法をもっと誇ってよいと思う。

　このような思いも頭をよぎっていたのか、ローソンは豚とベーコン生産がアイルランド経済にとって大変重要であると強調している。

>　我々は次の事実を見過ごしてはならない。<u>大ブリテン市場めあてにアイルランドにおいて肥育され仕上げられる唯一の家畜が豚であるという事実</u>を。（中略）アイルランドから大量の牛と羊が輸出されているが、船に積み込まれるそれらの大半が半ば肥育されたストアである、すなわち、屠殺には間に合っておらず、仕上げを受けるためにイングランドに行く家畜である。（中略）他方、輸出される豚は全て肥育されていて屠殺することができる。こうして食糧品交易は、この仕上げられた生産物に手ごろに間に合う市場を提供することによって農業諸階級に多大な利益をもたらす。平均して考えると、12カ月齢の豚は1頭約40シリングの値打ちであるが、かれらがその後の2カ月ないし10週間、穀物飼料で飼育されると、平均して3ポンド10シリングで売られる。そうすると、農業諸階級はこの交易分野（ベーコン＆ハム……引用者）から年およそ350万ポンドを受け取ることになる。（中略）単一の製品で年350万ポンドは侮るべきでない。(Lawson, p. 703)

　ローソンはさらに次の点も付け加える。牛や羊が大地から一定程度の過燐酸塩を奪い取るのに対して、豚は大地を豊かにする。というのも、かれらは消費する飼料から作られる肥料によって大地への応報を増やすからである。もう一点、豚の成熟が早く、それにより資本の回転が速くなることを挙げている (Lawson, p. 708)。

◆南北で相違するベーコン＆ハム生産と輸出のあり方

　さきほど、剛毛除去のやり方が、アイルランド北部とリムリック、それにたいしてウォータフォードを中心としたアイルランド南部では違うと述べた。

第3章　生きた家畜をはじめとする大規模な畜産物輸出

　ローソンによれば、大きな保蔵処理施設があるのはこれまで主に見てきたウォータフォードの他に、コーク、それに、同じマンスターにあるが剛毛除去のやり方が異なるリムリック、そしてベルファストであった（Lawson, p. 703）。ベルファストを中心とした北部アイルランドと、ウォータフォードを中心としたアイルランド南部（除くリムリック）ではベーコン生産のあり方に違いがあった。この点については20世紀に入っても続くことになる。1902年のショウ、さらには、1940年のオドノヴァンも言及している。オドノヴァンは、「アイルランドではほぼ50年間（19世紀90年代以降の50年間か……引用者）、二つの豚肥育方法、二つの豚出荷方法、そして二つのベーコン保蔵処理方法があった」とはっきりと述べている（O'Donovan, p. 269）。

　まず、1861年のローソンの報告である。

　　ベルファストで保蔵処理されるベーコンとハムの大部分は植民地に輸出されていて、残った分は、ランカシャやイングランド北部とともにこの国で消費されている。ベルファストと同様な交易が多年にわたりリムリックでも行われてきている。北部では豚は農民たちによってかれらの農場で屠殺され、市場に持ち出されている。他方、リムリックでは豚は保蔵処理場で屠殺される。（そして、北部とリムリックでは剛毛除去のやり方が、既に見たように、ウォータフォードとは違って……引用者）熱湯で除去するというものであった。（Lawson, p. 705）

　北のベルファストと南のリムリックのベーコンとハムはブリテン植民地を主たる市場としながら、イングランド北部やアイルランド（おそらくベルファストとリムリックの周辺地域）で消費されていた。ウォータフォードを中心としたアイルランド南部（除くリムリック）のベーコンとハムはロンドンを主な市場としていた点で大きく相違していた。

　北部（アルスター）の生産のあり方の特徴として、豚の屠殺が豚飼育農場で農家自身によっておこなわれていた。この事実は本書にとって大変興味深い。北部では豚の飼育が自家消費を目的とする性格を依然として残していたことを窺わせる。農家が屠殺した豚はポークとして自家消費に回されていた

215

かもしれない。実際、ローソン報告から40年後の1902年に、A・W・ショウもこう述べている。「北部では農民たちは自ら豚を屠殺してきれいに処理し、それを市場に出荷する。アルスターでは豚のくず肉 offal が豚を飼育する農家で食料として利用されている。普段の食べ物に健康的で経済的な食料を付け加えることによって、小規模な飼育農家にとって利益となっていることは明白である」と。さらに、ベーコンやハムも自ら保蔵処理して自家消費に、あるいは、近辺のマーケットを通じて、地域の住民への売却に回していたかもしれない。そしてこのような状況に、大規模な保蔵処理業者が入ってきた。農家が屠殺した豚の大半は胴体肉として売られることになる。

ローソンはベルファストに大規模な保蔵処理施設があると述べていた。

> ベルファスト市場にやってくる豚は死んだ状態で運び込まれ、輸出業者によって初めて保蔵処理される。ベルファストは大量の食糧取引がおこなわれるアルスター唯一の土地であり、一部にハムも含むその輸出はかなりの規模のものである（Lawson, p. 704）。

ベルファストの大きな保蔵処理業者は輸出業者であった。先に見たように、ブリテン植民地への輸出や、イングランド北部への輸出をおこなう業者が直接に保蔵処理施設を経営していた。

ウォータフォードをはじめとする南部においてはどうか。リムリックも含めて、市場にやってくるのは生きた豚である。ウォータフォードやコーク、それに、リムリックにもある大規模な保蔵処理施設 large curing establishment で屠殺され保蔵処理される（Lawson, pp. 703-5）。

南部の豚飼育農家は生きた豚を市場に売りに行く、北部の豚飼育農家は自ら屠殺した死んだ豚を市場に売りに行く。この違いについてオドノヴァンが興味深いことを述べている。

> （アルスター地方以外の）生きた豚を売る方法は北アイルランドのやり方よりも一層満足できるものと考えられている。というのも、もし農民が提起された価格に満足しないばあい、かれは自分の生産物を持ち帰ることができるからである。（中略）他方、アイルランド北部の農民は「よ

第3章 生きた家畜をはじめとする大規模な畜産物輸出

り激しい競争があり、より満足できる支払方法が支配的となっている市場で売っている」、そのために、「ポーク保蔵処理施設は、南部におけるように広範囲の取引をするものではないとしても、より一層広範囲に散らばっている」(O'Donovan, p. 270)。

北部アルスターの豚飼育農家は最終製品に近いところまでの生産をおこなっているという意味でより自立的な経営をおこなっていたと考える。他方、南の豚飼育農家は豚のバイヤーとのやり取りで、市場から商品（生きた豚）を一時引き上げることができる点で「自由」を持っていたようである。しかし、両者とも大きな保蔵処理業者への依存という点では同じであったと思われる。

さて、ベーコン生産と輸出のあり方で相違するベルファストとウォー

表3-13 ベルファストとウォータフォードからのベーコン＆ハムの輸出

年	ベルファスト 豚頭数換算	ウォータフォード 豚頭数換算
1851	35,219	—
1852	35,787	—
1853	33,246	126,994
1854	47,835	105,954
1855	41,540	113,056
1856	45,121	102,248
1857	47,710	133,178
1858	59,566	174,182
1859	67,460	192,426
1860	71,498	175,368

注)ベルファストの輸出量単位は、hogsheads & tierces (52.5ガロン相当の大樽と42ガロン相当のティアス樽)、bales (梱)、bales & boxes (梱とボックス)の3種類、ウォータフォードは bales (梱)のみ。それぞれ豚何頭分に相当するのか計算されているのであろう。先に触れたが、ローソンは1梱を豚2頭分としている。本書は豚頭数相当分だけを表示した。

出典)Lawson, p. 704.

タフォードからのベーコン＆ハムの輸出データをローソンが示している。データがほとんど存在していないことを考えると、ローソンのデータは大変貴重であり[52]、その一部だけを表示した。一部としたのは、ベルファストからの輸出量単位が3通り（hogsheads & tierces 大樽とティアス樽、bales 梱、bales & boxes 梱とボックス）であるのにたいして、ウォータフォードは bales 梱の一つである。これらの単位で両港の輸出量を比較するのは不可能ということなのか、ローソンは豚の頭数に換算したものを示している。例えば、ウォー

タフォードの bales 梱は2頭分の豚肉が入っているということから換算している。この豚頭数換算だけを表示したので一部とした（表3-13）。

ローソンは1858年からの3年間の、特に、ウォータフォードからのベーコン＆ハムの輸出増加に注目している。ローソンは1859年と60年についてこう述べている。

> ウォータフォードからのベーコンと生きた豚の輸出はこうして、1859年に生きた豚268,963頭相当分、1860年には237,458頭相当分であった。

ローソンはウォータフォードからの生きた豚の輸出頭数のデータがわかったのであろう。1859年は76,537頭、60年は62,090頭というデータに、表3-13の、1859年と60年のベーコン＆ハム輸出の豚頭数換算を加えたと考えられる。ローソンの計算についての本書の推測はこの程度にしておいて、ローソンが続いて述べているのを引用しよう。

> 私はアイルランドにおける年々の豚の生産は100万頭とみなしている。そうすると、100万頭の約4分の1がウォータフォードを通過して出ていき、ウォータフォードからの輸出のおよそ3分の2が保蔵処理されたものであることが明らかになる（Lawson, pp. 704-5）。

◆仕上げ肥育をおこなうアイルランド豚産業——ローソン以降

本書から見て、ローソンが最も強く強調したかったことは、繰り返しになるが、以下の主張と考える。

> 我々は次の事実を見過ごしてはならない。大ブリテン市場めあてにアイルランドにおいて肥育され仕上げられる唯一の家畜が豚であるという事実を。アイルランドから大量の牛と羊が輸出されているが、船に積み込まれるそれらの多くが半ば肥育された肉用家畜 stores である、すなわち、屠殺にはまだ間に合っておらず、仕上げを受けるためにイングランドに行く家畜である（Lawson, p. 703）。

豚は牛や羊と違って、ほとんど全てがアイルランドにおいて仕上げ肥育されているが、これによって豚飼育農家が大きな利益を得る。これもまた繰り返しになるが、ローソンによると、12カ月齢の豚は平均して1頭約2ポンド

第3章　生きた家畜をはじめとする大規模な畜産物輸出

であるが、かれらがその後2カ月ないし10週間、仕上げ肥育をされると平均して1頭3.5ポンドで売られることになる。アイルランドの豚はおよそ100万頭であるので、豚飼育農家は200万ポンドでなく、350万ポンドを受け取る（Lawson, p. 703）。

　この点をローソンは強調したが、なおその上に、ベーコン＆ハムの豚肉加工産業が実りをもたらしてくれる。その実りがどれほどのものであるのか、それを考えるデータが管見では20世紀に入るまでない。したがって、この点は最後に検討しよう。

　ローソン後、つまり1860年代以降の、豚飼育とベーコンやハムなどの保蔵処理加工を、乏しいデータから明らかにするために、ローソンの分析方法を参考にして作ったのが表3-14である。本書が入手した港湾別の家畜輸出データ（非公式）でもっとも時期の早いのが1872年のものである。これに、本書がこれまで主に利用してきた1873年農業統計による6月時点の豚飼育頭数を加えた。

　ローソンの分析方法に従うのであるが、1872年の生きた豚の輸出は44万頭強であるので、1873年6月時点の豚飼養頭数104万頭強との差が60万頭となる。統計データの取得時点が違うが、アイルランドでは間違いなく輸出頭数を上回る頭数の豚がアイルランドに残されることを示している。

　輸出された豚のほとんどが仕上げ肥育されていたとされている。残された豚はなおさらそうであったと考える。何故なら、アイルランドで屠殺されて、ポークとして、飼育農家内で、国内で消費されたり、あるいは、保蔵加工処理され、ベーコンやハムとして輸出されたり、飼育農家自家消費も含めて国内消費されたからである。

　表3-14は、1872年に、アイルランドのどの港から、どれほどの生きた豚が輸出されたのか示している。それらの港を所在県別（記号で表示）にまとめ、輸出頭数の多いものから順に並べ、それに、所在県の1873年6月時点の飼育頭数を加えている。

　飛び抜けて輸出頭数が多いのはダブリン港である。だが、ダブリン県の豚

第1部 19世紀後半アイルランド農業の展開

表3-14 豚の港別輸出(1872年)と所在県豚飼育頭数(1873年)

港		豚輸出頭数	豚飼育頭数
ダブリン	D	164,134	20,032
ウォータフォード	W	57,190	44,059
ダンドーク	Lo	51,598	12,926
ドゥラハダ	Lo	39,683	
コーク	C	48,471	136,661
デリー	De	28,210	21,889
コールレイン	De	90	
ベルファスト	A	20,602	42,060
ウェクスフォード	Wx	18,876	61,088
ニューリ	Ar	9,538	16,372
スライゴ	S	4,893	15,444
ウエストポート	Ma	359	41,231
全体		443,644	1,044,454

出典)1872年の港別の生きた豚輸出は *Thom's Almanac*, 1874によるが、それは、ファーガソン教授 Prof. Ferguson, H. M. V. S., Veterinary Department of the Privy Council Office, Dublin Castle によって提供されたものであるとされている。

飼育頭数はその輸出頭数にはるかに及ばない。ダブリン港から輸出される生きた豚の多くは他県で生産され、ダブリンまで運ばれてきたことを示している。その一端を示す情報が、第2章2節(c)「フェアでの牛を中心とした家畜取引を垣間見る」の末尾で引用した、1876年『アイルランド農家新聞』合冊版3月25日号のゴールウエイ県南部ゴート Gort の豚フェアについての記事である。再度引用しよう。

　3,000頭以上の豚が売りに出された。多数のバイヤー間の競争が大変活発で、前夜のうちに主な取引は完了した。ダブリンやコーク、リムリックやウォータフォードの全ての保蔵処理会社の代理人が参加した。豚を乗せた無蓋貨車100両が鉄道で送られた。重量の大きなベーコン豚は112重量ポンド当たり2ポンド15シリングから2ポンド18シリングで売られた。軽量のベーコン豚は2ポンド5シリングから2ポンド10シリングで求められることが多かった。ゴールウエイ県南部ゴート豚フェアにダブリンだけでなく、隣接するマンスター地方のコーク、リムリック、それに、ウォータフォードの全てのベーコン保蔵処理会社から代理人が買い付けに来ていたと報じている。ベーコン

第3章 生きた家畜をはじめとする大規模な畜産物輸出

生産が盛んであったマンスターに豚を供給していたのはコナハト地方でもあった。

　アイルランド・ベーコンを19世紀後半における世界最大の食肉市場と言ってよいロンドンで高い品質のブランドにした要因のうちに生産技術の改革があった。既に211-2頁で述べたように、1861年ローソン報告が明らかにした、夏場の湿塩漬法への氷の使用（1854年）と石炭を利用した剛毛除去法、さらに、オドノヴァンが紹介した、1862年のピックル・ポンプ塩水注入法があった。この他に、上記『アイルランド農家新聞』合冊版3月25日号が報ずるゴートが位置するゴールウエイ県など、コナハト地方をはじめとするベーコン豚の品質改良があった。1902年のショウによる説明が詳しい。

　アイルランドにおける豚の品種改良は1860年代から始まっているが、1870年代に入りマンスターのベーコン保蔵処理業者がコナハト地方の豚の改良に乗り出した。というのは、かれらが入手するベーコン豚の大半がコナハトからであったからである。だが、豚飼育農家たちと協力した豚の品種改良への組織的な取り組みは1880年代後半にやっと現実的なものになった。1887年、アイルランド南部ベーコン保蔵処理業者豚改良協会 the South of Ireland Bacon Curers' Pig Improvement Association が結成された。同協会は上級のベーコン生産に最適な豚の繁殖を目指して、リムリックとコーク、それに、ウォータフォードのそれぞれに種豚繁殖施設を設けた。そして、同施設で生まれた雄豚か、あるいは、信頼できる繁殖家から購入した雄豚を豚飼育農家に供給した。同協会は1902年までにこの品種改良事業に13,000ポンドを投じ、1902年までの4年間に1,420頭以上の種豚を豚飼育農家に送った。その内訳は以下の通りである。

　コナハト地方：ゴールウエイ県115頭、メイヨー県74頭、ロスコモン県28頭、スライゴ県24頭、計241頭。

　マンスター地方：ティペラーリ県231頭、クレア県188頭、リムリック県133頭、コーク県91頭、ケリー県67頭、ウォータフォード県71頭、計781頭。

　レンスター地方：ウェクスフォード県115頭、キルケニ県108頭、リーシュ

第1部　19世紀後半アイルランド農業の展開

県77頭、オファリ県51頭、キルデア県27頭、カーロー県18頭、396頭。[53]

　ショウの示すところでは、アイルランド南部ベーコン保蔵処理業者豚改良協会が豚飼育農家と協力してベーコン豚の品質改良に取り組んだ地域は広範囲に及んだ。同協会に結集するベーコン保蔵処理業者が立地するマンスター地方が全6県に及んでいるのは当然と言えるかもしれないが、コナハト地方も全5県である。ショウがマンスターのベーコン保蔵処理のために供給される豚の大半はコナハトからのものであると言ったことにも頷ける。

　レンスター地方の南部も入っている。マンスターに隣接するキルケニ、リーシュ、オファリが出てくる。ほとんど隣接していると言ってよいウェクスフォードも多数の種豚の供給を受けている。少し離れたカーローやキルデアもそうである。

　コナハトもレンスター南部もマンスター・ベーコン産業圏を構成していたと言ってよいかもしれない。それにしても、マンスター・ベーコン産業は広範な地域からの豚の供給で支えられていたことがわかる。

◆アイルランド産ベーコン＆ハムのロンドン市場における地位──1876年『アイルランド農家新聞』合冊版に読む

　先に、アイルランド・バターのロンドン市場における地位を1876年『アイルランド農家新聞』合冊版を通して垣間見た。ベーコン＆ハムについてはどうか。バターとはずいぶん様相が違う。

　1876年『アイルランド農家新聞』合冊版に見られる「市況概観」でロンドン・ベーコン市場が報じられている回数は、バターのばあいと同じ41回である。それを通観すると、バターと違う大きな特徴がある。報じられる産地の国・地域の数がわずか3で、アイルランドとハンブルク、それに、合衆国であると考えられるアメリカである。そして、このことと関わって、産地が報じられていないのが12回もある。したがって、29回で産地が報じられている。この29回のうち、アイルランドとハンブルクが26回報道されている。アメリカが8回である。

　ロンドン・ベーコン市場に出荷された他の産地のベーコン＆ハムもあった

第3章　生きた家畜をはじめとする大規模な畜産物輸出

かもしれないが、ダブリンで発行されていた『アイルランド農家新聞』が報ずるほどに、少なくとも目立つ取引がおこなわれたのはアイルランド産とハンブルク製で、そこにアメリカ産が加わっている状況であった。

　アイルランド産が報じられたのは26回と述べたが、これら26回のうちには、もっと具体的な産地報道も含められている。そうして報道された産地はウォータフォードが6回、リムリックが3回、そしてコークが2回である。ただ、アイルランド産 Irish とだけ報じられているばあいにも、上記3地域やそのいずれかが具体的な産地であるばあいもあっただろう。上記の報道回数だけで断定することはできないが、ロンドン市場においてアイルランド産ベーコン&ハムといえば、まずはウォータフォード製、次いでリムリック製とコーク製といって間違いない。

　もう一つの特徴らしきものがある。取引価格がどれだけ上がったり、下がったりしたかは報じているが、価格そのものの報道は大変限られていることである。少し記事を見てみよう。バターと同じように、1876年1月1日号の記事から始める。

　　ベーコン市場は堅調であった。申し分ない取引がおこなわれた。この週の取引が幕を閉じる際、cwt 当り2シリング高い値がアイルランド産に付いた。最良の大きさのウォータフォード製の注文には本船積込渡し76シリングが求められた Waterford orders charged 76s free on board for best sizeable。ハンブルク製については変動なし（1月1日号）。

　ベーコン1cwtの価格が報じられている計5回のうち、本船積込渡し価格であるが、ウォータフォード製に76シリングが求められていて、これが、報じられた最高のものと考えられる。ただこの本船積込渡し価格はロンドン市場価格ではないと考えるが、両価格の関係について本書はよくわかっていない。おそらく、このケースでは後者はもっと高くなるのではと思う。

　ウォータフォード製ベーコンの価格を報じた記事がもう一つある。

　　ベーコン価格に変化なし。軽量脇腹肉はかなり良い値で売れたが、最良のウォータフォード・ブランドであっても、脂肪分が多くて重いのは60

第 1 部　19世紀後半アイルランド農業の展開

シリングから62シリングで売却された Light sizes have been sold fairly well, but fat and heavy sizes Waterford brands have been sold at 60s to 62s（12月30日号）。

　この記事ではロンドン市場における価格が報じられている。脂肪分が多いもの、重量が大きいベーコン肉はウォータフォード・ブランドであっても高い値が付かなかった（60から62シリング）と述べている。では、かなり良い値で売れた軽量脇腹肉の価格はいくらであったのだろうか、記事はその数値をあげていない。1月1日号の記事が報じた本船積込渡し価格76シリングと比較考量することが不可能で残念である。

　この1月1日号の記事だけで、1876年のロンドン市場で最も高い値で取引されていたのがウォータフォード・ブランドとまで呼ばれていたベーコンであったと、断定するのは早計である。この後に見るハンブルク製ベーコン価格が判明しないことには判断がつかない。ただ、その可能性があったと言っておこう。後段では他の証言も聞く予定である。

　続いてこのハンブルク製ベーコンを見よう。ハンブルク製はアイルランド産と同じ26回も報道されていた。これだけでも、アイルランド産に並んでハンブルク製ベーコンがロンドン・ベーコン市場を代表するものとして取引されていたと考えられる。そのようなハンブルク製ベーコンがどれほどの相場で取引されていたのか、アイルランド産と比べてどうだったのか、残念ながら、それを直接に示す記事はない。そこで、ハンブルク製とアイルランド産ベーコンのロンドン市場における相互の関係を読み取れるような記事を挙げてみよう。

　既に引用している記事から見よう。1月1日号が、週の終わりになってアイルランド産ベーコンの価格が2シリング上がり、ウォータフォード製の本船積込渡し価格が76シリング要求されたと報じる一方、ハンブルク製には価格変動はなかったとしている。また、3月4日号も同じように、アイルランド産ベーコンが2シリング高くなったのに、ハンブルク製は変動がなかったと報じている。

224

第3章　生きた家畜をはじめとする大規模な畜産物輸出

　つまり、1月1日号と3月4日号は、ロンドン市場がアイルランド産ベーコンの価格を引き上げながら、ハンブルク製ベーコンは高くならなかったと語っている。同種の記事は3月18日号、4月1日号、6月3日号にもあるが、この動きの意味をどう読み取るか。

　立場が入れ替わった記事（7月15日号）もあるが、2週間前の7月1日号に続けて読まねばならない（『アイルランド農家新聞』は7月8日にもちろん発行されているが、ロンドン・ベーコン市場が載る「一般生産物」の前から落丁となっている）。

　　ウォータフォード製とハンブルク製が4シリング安くなり、コーク製とリムリック製は3シリング下がった。依然として市場を押し下げている古いベーコンの量が相当程度多く、これが一掃されるまで改善は見込めない（7月1日号）。

　　ハンブルク・ベーコンが4シリング上がったが、アイルランド産は変動なし。多くの量の古いベーコンが売れたが、かなりの量がまだ残っていて、市場の重荷になっている（7月15日号）。

　大量の古いベーコン stale meat が市場に出回って、ベーコン相場を下げるなかでの動きである。同じアイルランド産のコーク製やリムリック製のベーコンも値を下げたが、ウォータフォード製の下げ幅は大きく、それに同調するかのようにハンブルク製も同じ幅で値を下げた。だが、大量の古いベーコンに押し下げられていた市況が若干持ち直す中で、ハンブルク製だけが値をいち早く回復させている。いち早くと述べたのは、1週間後の7月22日号によると、ハンブルク製が前週に続いて4シリング値を上げるなかで、アイルランド産も2シリング高くなっていると報じられているからである。

　以上見てきただけでは、ロンドン・ベーコン市場におけるアイルランド産とハンブルク製の相互の位置、関係はよくわからない。ただ、他の日の記事も見れば、次の点は推測できそうである。

　ハンブルク製ベーコンはロンドン市場におけるアイルランド産ベーコン、とりわけウォータフォード製と競争する関係にあった。市況が悪くなる中で、

アイルランド産ベーコンは時に価格を維持して乗り切ることができたが、ハンブルク製は価格を下げて状況に応じようとしたと考えられる。次の記事にそれが読みとれないだろうか。

　　ベーコン取引は不活発。週の早い時期、ハンブルク製は２シリング下がった。アイルランド産価格に名目的変動がなかったが though no nominal change was made in Irish、バイヤーたちはより安い条件のもので埋め合わせた buyers supplied themselves on easier terms（４月22日号）。

　　ハンブルク製ベーコンがまた４シリング下がった。市場の一般的気配 the general tone of the market は不活発であった。アイルランド産価格に名目的な変動はなかったが、低価格の流れとなった（９月30日号）。

二つの記事に出てくる「アイルランド産価格に名目的変動はなかった no nominal change in Irish（price……引用者）」は、売り手が付けた価格と考える。最初の記事にある、バイヤー（買い手）たちの対応はどういうものであったのか理解が難しい。アイルランド産ベーコンにも品質、そして価格に違いがあった。バイヤーは買いたい品質のものでなく、品質が劣ったより安いベーコン購入で対応したのではないだろうか。こうした状況のもとにあって、ハンブルク製は価格を引き下げることで対応したということであろう。

次の記事もある。

　　ベーコンは週を通して堅調であった。ハンブルク製はもっと程よい価格であったために、アイルランド産より大きな需要があった（４月８日号）。

その上に、ハンブルク製とアイルランド産ベーコンが、市場の需要規模が大きくなるばあいは双方とも価格が上がることがあるが、市場規模に変化がないばあい、両者がいわば反比例的な動きをするという記事もある。

　　ベーコンは価格変動がなかった。ハンブルク製の供給がこれまでの一定期間よりも少なかったために、アイルランド産の販売が増加し、入荷したすべてが非常にうまく売りさばかれた（11月４日号）。

総じて、ハンブルク製ベーコンは、アイルランド産ベーコンが支配的なロンドン市場に参入し、価格政策も使って対抗していると読みとれないだろう

第3章　生きた家畜をはじめとする大規模な畜産物輸出

か。ロンドン市場でアイルランド産ベーコン、就中、ウォータフォード・ベーコンが支配的であったかどうか、後段で別の証言も得て、あらためて考えよう。

　ウォータフォード以外のアイルランドの産地についてあらためて確認しておこう。既に引用した7月1日号の記事にコーク製とリムリック製のベーコンが、ウォータフォード製やハンブルク製と同様に価格を下げたが、その下げ幅が1シリング小さかったことが報じられていた。既に述べたように、リムリック製が3度、コーク製が2度記事に登場した。そのうち7月1日号に両者が報じられた。残るのは2回の記事であるので、二つとも引いておこう。

　　　ベーコン市場は手堅さが継続し、価格に変動はなかった。例外的に、ウォータフォード製で肥えていて脂肪が多く、大きなサイズのベーコン肉が1シリング高く売れた。リムリック製あるいはハンブルク製の加工肉には変動はなかった（3月18日号）。

　　　ベーコンの販売は特に悪かった。ハンブルク製は4シリング、ウォータフォード製は2シリング、コーク製は1シリング下落した。リムリック製は需要を刺激することはまったくなかった（5月20日号）。

　最後にアメリカ産ベーコンについてである。ロンドン市場のベーコン取引価格が報じられているのは5回の記事である。上で見たが、そのうち2回はウォータフォード製ベーコンの価格であった。残りの3回全てがアメリカ産ベーコンのものである。そのうちで最も高い価格が付いたものを紹介する。

　　　アイルランド産ベーコンは2シリング上がった。しかし、ハンブルク製には変化がなかった。アメリカ・ベーコン肉は引き続き申し分ない需要があり、中位の重さのもの middles は56シリング、軽量の脇腹肉 light sides は66シリング付けた（3月4日号）。

　アメリカ産ベーコンにもいろいろあった。この後、安価なアメリカ産ベーコンをブリテンの労働者用に輸入しようとの話があったことを取り上げるが、1876年ロンドン市場ではアメリカ産ベーコンが全て安価であったとはいえない。上に引用した3月4日号では、中位の重さのものは56シリングとそんな

227

第1部　19世紀後半アイルランド農業の展開

に高くはないが、軽量の脇腹肉は66シリングと結構高い。日によって相場が変わるが、先に見た12月30日号では、ウォータフォード・ブランドであっても、脂肪分が多くて重いのはせいぜい62シリングと報じられている。アメリカ産といっても、結構よい値が付くものもあった。

そして、アメリカ産ベーコンに関してもう一つ指摘できることがある。上に引用した3月4日号記事で施した下線部に示されるように、需要が大きかったと考えられることである。いくつか記事を見よう。

　アメリカ・ベーコン肉は大量に取引され、2から4シリング高くなった（2月26日号）。

　アメリカ・ベーコン肉は引き続き申し分ない需要があり（3月4日号）。

　アメリカ産（価格……引用者）は非常に安定していて、大きな取引があった（4月1日号）。

1876年『アイルランド農家新聞』合冊版のロンドン・ベーコン市場が報ずるアメリカ産ベーコンについて最後に引用するのは6月10日号の記事である。

　ベーコンは最良の軽量サイズについては手堅かったが、肥満なものや第二級の品質のものは不安定な価格に押し下げられた。（中略）アメリカ・ベーコン肉はさらに続いて（6月3日号に続いて……引用者）価格が押し下げられ、農村地域で生産された毛焼き脇腹肉の売却が51から52シリングでおこなわれた sales of singed sides at 51s to 52s were made in the country districts（6月10日号）。

他の日の記事には「肥満なもの stale」や「第二級の品質のもの」はアイルランド産やハンブルク製のベーコンにも出ていた。そして、この6月10日号の記事は、ラードについて報じた後に、アメリカ・ベーコン肉 American meat を語っている。したがって、「肥満なもの stale」や「第二級の品質のもの」という表現は、アメリカ・ベーコン肉に関するものでないと言ってよいか、判断に迷う。次の文章も難しいが、「（アメリカの）農村地域で生産された毛焼き脇腹肉の売却が51から52シリングでおこなわれた」と理解したが、51、52シリングは1876年『アイルランド農家新聞』合冊版を通して最安値の

第3章　生きた家畜をはじめとする大規模な畜産物輸出

ベーコンである。文章の「農村地域」をアメリカの地域として理解したが、後段で、ダブリンのベーコン市場であるスピタルフィールズに、アメリカ産ベーコンについてタウン・カット town cuts やカントゥリー・カット country cuts が出てくるからである。

「肥満なもの stale」や「第二級の品質のもの」、特に後者の「第二級」には、アメリカ産をも含められているのではないかと推測するがどうだろうか。続くテーマでさらに考えよう。

◆安価なアメリカ・ベーコンとブリテン労働者・アイルランド農民

　アメリカ・ベーコンの現在価格は、肉の品質にもよりますが、cwt 当り40シリングから50シリングでした。小売価格は重量ポンド当り6ペンスから7ペンスとなったでしょう。イングランド・ベーコンあるいはアイルランド・ベーコンは、これより重量ポンド当り2ペンスから3ペンス高かったことになります。アメリカ・ベーコンはこの国で消費されるものとしてイングランド製あるいはアイルランド製ほどに品質が良いと考えられてはいません。一つの理由は、アイルランド・ベーコンは早い輸送手段があるために塩分をより少なくして燻製加工ができるのにたいして、アメリカ・ベーコンは相当長い距離をやってこなければならないために塩分を非常に多く使っています。イングランドの人たちは穏やかなものを好みます。そのためどのような種類の肉であっても塩分が大変多いものは食べようとしません。アイルランドの燻製加工ベーコンは私たちの消費により一層よく適合させられていて、最良のものは朝食テーブルの贅沢な一品 an article of luxury on the breakfast-table となっています。

この長い引用は、1867年4月17日に開かれた、技芸協会 the Society of Arts の食肉委員会に招かれたグレインジャ H. Grainger の証言である。グレインジャはリヴァプール商業会議所会頭で、長年、ロンドンやリヴァプールで食糧品貿易に従事した経歴の持ち主である。

　委員会がグレインジャを招いた目的は次のものであった。イングランドの

第1部　19世紀後半アイルランド農業の展開

労働諸階級にとって、栄養があり、かつ安価な食物がベーコン、特に、アメリカ・ベーコンであると考えるが、その輸入を増やすことができるかどうか、それを栄養ある安い価格の食物にすることができるかどうか、グレインジャの意見を聞きたいというものであった。

　グレインジャの答えは、結論的に言うと、アメリカ・ベーコンの輸入を増やすことができるかどうか、それを栄養ある安い価格の食物にすることができるかどうかは、値段の問題であるということであった。こう述べている。

現在、重量ポンド当り7ペンスあるいは8ペンスでは多量のアメリカ・ベーコンを売却することはできなかった。もし、小売で重量ポンド当り6ペンスで売ることができるならば、4倍の量が売られること疑いない。[54]

　ところで、グレインジャは本書にとって大変興味深い証言、アイルランドは自分が作った優れた品質のベーコンを輸出し、自分の消費のためにアメリカ・ベーコンを輸入しているとの証言をしている。この証言に着目したのがペレン R. Perren で、ペレンを経て本書はグレインジャに行き着いた。さらに、グレインジャより2年前に、ジェニングス F. M. Jennings が同趣旨のことを述べていて、それをオドノヴァンが引用している。ジェニングスより詳しいグレインジャの証言を紹介しよう。

アイルランドのベーコン生産者はかれらが作った優れた品質のベーコンを全てわれわれのマーケットに船で送り出し、自分たちの消費のために大量のアメリカ・ベーコンをリヴァプールから輸入している。かれらはアメリカ・ベーコンが少々脂っこいことを気にかけていなかった。われわれが不純な混ぜ物のある品とみなしているものが、かれらにとり、かれらの利用のやり方において長所であると思われる。かれらはアメリカ・ベーコンにたいして重量ポンド当り1ペンス少なく支払い、かれら自身の生産物をイングランドに船で送り、より高い値を獲得している。アイルランドの人々はアメリカ・ベーコンの大量の消費者である。[55]

　では、アメリカ・ベーコンの価格はどれほど安かったのか、1867年のグレインジャの証言は見た。また、1876年『アイルランド農家新聞』合冊版のロ

第3章　生きた家畜をはじめとする大規模な畜産物輸出

ンドン・ベーコン市場記事では、市況にもよるが、一方でcwt当り51〜2シリングと低い時もあったが、他方、66シリングとかなり高い時もあることを確認した。問題はアイルランドに入ってきたアメリカ・ベーコンの価格である。ダブリンのスピタルフィールズ市場の状況を『アイルランド農家新聞』1876年1月1日号が報じている。

　国内製とアメリカ製の保蔵処理されたミート cured meats のマーケットへの出荷は並みのもので、全ての分野の商いは、ただホリデイということからひどく不活発であった。相場は以下の通り。ベーコン：フリッチ flitch のニュー new は cwt（112重量ポンド）当たり72シリングから77シリング、ミドゥル middles（中位の体重の豚）でニューは76シリングから84シリング。アメリカ製タウン・カット town cuts でドライ dry（塩をすり込ませて保蔵処理したもの。塩水に浸すのはウエット wet）は66シリングから70シリング、同グリーン・カット green cuts（グリーンは塩漬けだけで、燻製していないもの）は62シリングから66シリング、同カントゥリー・カット country cuts は57シリング6ペンスから61シリング。ハム：ウィックロウは80シリングから82シリング、同ロング long は78シリングから112シリング、アメリカ製は80シリングから84シリング。ガム Gam：アイリッシュは66シリングから72シリング、アメリカ製は64シリング。[56]

さて、この記事でアイルランド・ベーコンとアメリカ・ベーコンのダブリン市場における価格を見比べるのであるが、あまりに多くの保蔵処理肉用語が出てくるので、それらの意味をまず明らかにするのが良い。ただ、残念なことに、本書が理解できないものもある。

　まず、ベーコンのフリッチは塩漬けにして燻製にした豚脇腹肉である。それのニューは新品と考えてよいのか確認できていない。ミドゥルは中位の体重の豚のことと考える。American town cuts をアメリカ製タウン・カットとした。すぐ後に、カントゥリー・カット country cuts も出てくる。先に、1876年『アイルランド農家新聞』合冊版6月10日号のロンドン・ベーコン市

場の記事に、「農村地域で生産された」と出てきたことを確認しているので、タウンを町とし、カントゥリーを農村とすることができるが、原文のままにしておいた。

カットも少々説明すべきである。家畜の解体肉は、大きいものから carcass、joint、そして、cut となると考えられる。胴体肉、大切り肉、そして、切り身と邦訳してよいのか、これも不確かであるので、カットとしておいた。ただ、以下に、切るという意味のカットも使われている。

ハムのウィックローは、ウィックロー地域で作られたハムのことであろうか。別の日の『農家新聞』ではリムリックも出てくる。

ガム gam は gammon のことと考える。ウエブサイト Bacon Cuts-James Whelan Butchers Ireland によれば、「ガモン gammon は古いフランス語の gambe から来ていて、後ろ足を意味する。元々、ガモンは後ろ足の肉が胴体肉全体で塩漬けないし燻製された後でジョイント（大切り肉）にカットされたばあいに用いられた言葉であった。他方、ハムは最初にカットされ、その後で塩漬けあるいは燻製される肉に使われた。今では、ガモンという言葉は、保蔵処理工程がどのようなものであろうと、後ろ足からカットした肉にだけ使用されている。ハムは後ろ足からだけでなく、その他の部位の胴体肉からもカットして作ることができるものである」。[57]

アイルランドのウエブサイト Bacon Cuts -James Whelan Butchers Ireland のいう「今では」は19世紀後半をも含むものであろうか。この点はジェイムズに訊ねてみなければならないが、いずれにせよ、ガムは豚の後ろ足の肉を加工したものである。沖縄などでいわれる豚足肉に通ずるところがある。いや、豚足肉と翻訳してよいかもしれない。なお、『農家新聞』の別の号には heads が出てくる。これは豚頭肉とできるのだろうか。

保蔵処理肉用語について理解不十分なままであるが、表にして、アイルランド・ベーコンとアメリカ・ベーコンのダブリン市場における価格を見比べてみよう（表3-15）。『アイルランド農家新聞』1876年1月1日号に報じられたものであるので、1875年12月最後の週の価格と考えてよい。

第3章 生きた家畜をはじめとする大規模な畜産物輸出

表3-15 アイルランド製とアメリカ製のベーコンのダブリン市場 cwt 当りの価格　　(『アイルランド農家新聞』1876年1月1日号より)

アイルランド・ベーコン		アメリカ・ベーコン	
フリッチのニュー	72s～77s	カントゥリー・カット	57s 6d～61s
ミドゥルでニュー	76s～84s	グリーン・カット	62s～66s
		タウン・カット	66s～70s

注)sはシリング、dはペンス。

　厳密な比較ということにはならないが、アメリカ・ベーコンにたいして、アイルランド・ベーコンの方がかなり高いと言える。ダブリン市場においても、ロンドンをはじめとするブリテン・ベーコン市場に関するグレインジャの証言が裏付けられた。

　ただ、グレインジャが証言するアメリカ・ベーコン cwt 当り40シリングから50シリングというのは1867年時点のブリテン市場のことで、『アイルランド農家新聞』1876年1月1日号が報ずるダブリン市場価格と比べてかなり低い。およそ10年の経過がもたらしたものか。つまり、アメリカ・ベーコンがこの間に質を高め、より高い値で売れるようになったのか、また、グレインジャが証言しているように、アイルランドが輸入するアメリカ・ベーコンは一度リヴァプールに入り、さらに、ダブリンまで輸送されたとなれば、その間のコスト(含む、リヴァプールからダブリンへの売却利益等)が加算されたということもありうる。

　ともあれ『アイルランド農家新聞』1876年1月1日号が報ずるダブリンのスピタルフィールズ市場は、アイルランドの人々が、自分たちの作ったベーコンをロンドンをはじめとするブリテン市場で売り、他方、アイルランド・ベーコンより安いアメリカ・ベーコンを、リヴァプール経由で輸入して消費したという、グレインジャやペレン、オドノヴァンの主張を裏付けた。

　アイルランドのベーコン輸出と輸入についてのデータが20世紀に入ると与えられる。本書が主に対象とする時期を超えているが、それらのデータを見

第1部　19世紀後半アイルランド農業の展開

ることにしよう。

◆ベーコン＆ハム輸出の経済的価値──20世紀に入って

　既に触れている、アイルランド産業振興協会書記リールダンが1920年に、1904年から18年までの15年間のベーコンとハムの輸出・輸入量、同15年間全体と年平均の輸出・輸入額を示している。それに少し手を加えて作ったのが表3-16a と表3-16b である。

　表3-16a は、元表を5年ごとに括り、15年計と年平均を加えて作った。管見では、1825年ベーコン＆ハム輸出量362,278cwt が19世紀最後のデータであった（表3-8）。表3-16a 表示のベーコンとハムの年平均輸出量を合計すると927,002cwt になる。1825年から輸出が2.6倍近くまで増えている。リールダンが示したバター輸出量で1904年から18年までの最大は1914年の855,608cwt であるが、1825年のバター輸出472,161cwt の1.8倍である。バターの輸出も増えているが、ベーコン＆ハムの輸出の増加はもっと大きかったことがわかる。[58]

　同表が語るもう一つ大きな事実がある。ベーコンとハムの輸入が大変多いということである。ベーコンでは輸出に引けを取らない年もある。いや勝る年もあった。1905年の輸出712,984cwt にたいして、輸入732,042cwt、1906年の輸出721,130cwt にたいして、輸入794,680cwt であった。アイルランド住民のベーコン消費は大変大きかった。この点に関して、既に触れているが、オドノヴァンが大変興味深い状況を紹介している。

　　最近まで、アイルランドの農民は自分たちが必要とするものを、アメリカ・ベーコンを買うか、あるいは、自分たちの豚を保蔵処理して満たしていた。生産者として自分の豚を売ることと、自分が消費するためにアメリカ・ベーコンを買うことが長くアイルランド農業におけるパラドックスであった。（中略：ここでジェニングスを引用）このようなことが続いた、特に、アイルランド西部で。約2百万ポンドの価格のベーコンが年々アイルランド自由国に輸入された。かくして、アイルランド農民は最良のベーコンを卸値で売り、質の劣る製品を小売値で買った。その理由は

第3章 生きた家畜をはじめとする大規模な畜産物輸出

表3-16a 1904〜18年のベーコンとハムの輸出と輸入量

(単位：cwt)

年	輸出		輸入	
	ベーコン	ハム	ベーコン	ハム
1904-08	3,990,804	591,072	3,804,727	165,827
1909-13	3,900,853	622,334	2,906,443	136,286
1914-18	4,325,248	474,725	3,020,424	137,545
15年計	12,216,905	1,688,131	9,731,594	439,658
年平均	814,460	112,542	648,773	29,311

出典）Riordan, *Modern Irish Trade and Industry*, London, Methuen & Co, 1920, p. 81より作成。

主に味の問題であった。ラード・タイプ lard type（ラード：豚の脂肪から作った半固体の油、と辞書にある）の輸入ベーコンがキャベツと一緒に料理するのに使いやすかったということであった（O'Donovan, p. 275）。

なお、リールダンは「アイルランドで飼育された豚のおよそ37％がこの国で消費されたと推計されている」と1920年に述べている。とすると、輸入ベーコンやハムも加えると、アイルランドの食卓に上るポークやベーコン、ハムは大変な量に上ったのであろう。そして、多くの豚飼育農家で豚が自家消費されていたことを示唆している。だが、1940年、オドノヴァンは、「生産者による自家消費用ベーコンの保蔵処理が衰退していることは確か」であると述べている。[59]

さて、この増大するベーコン＆ハム輸出はいわゆる経済的価値をどれほど持っていたのか、それを考えるために表3-16bを作った。

表3-16aの15年計を使って、cwt当りのベーコン＆ハム輸出と輸入価格を計算した。オドノヴァンと、かれが引用したジェニングスが言うように、輸出価格が輸入価格に比べてかなりの程度高かったことが数字で確認できる。そして、ベーコン＆ハムの年平均輸出額が随分と大きいことがわかる。およそ半世紀前にローソンは、約100万頭の豚をほぼ全てアイルランドで仕上げ

第1部　19世紀後半アイルランド農業の展開

表3-16b　1904～18年のベーコンとハムの貿易額　　　　　　　　（単位：£）

品目	輸　　出			輸　　入		
	15年合計	年平均	cwt 当り	15年合計	年平均	cwt 当り
ベーコン	51,019,685	3,401,312	4.18	33,805,791	2,253,719	3.47
ハム	8,556,341	570,422	5.07	1,490,342	99,356	3.39

出典）Riordan, *ibid.*, pp. 81-2 より作成。

　肥育するアイルランドの豚飼育農家はおよそ350万ポンドを受け取ると述べていた（自家消費分も加えて）。この上に、半世紀後のデータでは、物価水準や購買力平価の変動を無視すると、350万ポンドをかなり上回る年平均輸出額（ベーコンとハムの合計額397ポンド強）が付け加わる。なおその上に、貿易差額を考えると、161万ポンド弱の黒字まで生んでいる。
　豚産業は、アイルランド住民に大きな食糧を供給するとともに、肥育豚や保蔵加工豚肉の売却、輸出によって少なくない経済的果実をもたらしていた。
　オドノヴァンによれば、1900年頃のアイルランドの主なベーコン保蔵処理工場の立地は、南部マンスターのリムリック4工場、ウォータフォード3工場、コーク3工場、トゥラリー（ケリー県）1工場、東部レンスターのダブリン2工場、ダンドーク（ラウズ県）1工場、北部アルスターのベルファスト2工場であり、さらにその後、三つの協同組合工場が加わった。1909年のロスクレー（ティペラーリ県）、1917年のキャッスルバー（メイヨー県）、それに、1927年のウォータフォードである。
　1860年頃の南部三大ベーコン生産地のウォータフォードやコーク、そしてリムリック、これらに加えて、北部ベルファストは20世紀に入ってもベーコン生産の中心地であったが、これら以外の地域にも広がっていることがわかる（O'Donovan, *ibid.*, p. 274）。
　ただ、状況は少し変わっていた。ベーコン保蔵処理の最大の中心地がリムリックに移っていた。ショウによれば、同地のベーコン生産はコークとウォータフォードを合計したものに匹敵した。[60]だが、その内実を探ると、こうした

第3章　生きた家畜をはじめとする大規模な畜産物輸出

発展はウォータフォードを渦の中心とした展開の産物であったように思われる。

アイルランド・ベーコン産業の発展に大きな棹をさしたのは、既に確認している1854年の夏場における湿塩漬法への氷の使用であった。これを始めたのがウォータフォード生まれのH・デニーであった。この技術革新に続いたのが剛毛除去において、それまでの麦藁の代わりに石炭を用いて毛焼きをおこなうものであるが、これも、H・デニーの息子のエイブラハムとエドワードによって開発された。この二つの世界的といってよい技術革新はウォータフォードのヘンリ・デニー親子商会 Henry Denny & Sons によって成し遂げられた。1866年までには、デニー商会は毎週1,000頭以上の豚のベーコン保蔵処理をするようになっていたが、アイルランド最大のベーコン保蔵処理業者の地位をめぐって、同じウォータフォードのライヴァル、リチャードソン商会 Richardson & Co と競っていた。1866年、エドワードは販売代理人としてロンドンに送られている。[61]

このヘンリ・デニー親子商会がリムリックに1872年から保蔵処理工場を開いた。これ以前にリムリックにおいてベーコン&ハム生産はもちろん始まっていた。ギーリ R. Guiry によれば、19世紀末のリムリックには多数のベーコン・ハム保蔵処理工場があり、その中に、地域市場とアイルランド国内市場、それに国際市場をめぐって競いあう大きなベーコン・ハム工場が四つあった。マターソン親子商会 J. Matterson & Sons、ショウ親子商会 W. J. Shaw & Sons、オマラ親子商会 O'Mara & Sons、それにヘンリ・デニー親子商会リムリック工場の四大工場があった。マターソン工場は1820年に操業開始、ショウ工場は1831年、オマラ工場は1839年に操業を開始している。ヘンリ・デニー親子商会がリムリックに進出する1872年より随分以前にリムリックではベーコン・ハム生産が始まっていたが、ヘンリ・デニー親子商会の進出とともに最新のベーコン生産技術も入ってきたと考えられる。リムリックはやがてアイルランド・ベーコン産業をリードすることになる。[62]

アイルランドのベーコン保蔵処理業者はロンドン市場を超えて国際的展開

をめざした。この点を最後に確認しよう。オマラ親子商会が1891年にロシアにベーコン保蔵処理施設を持つことになるが、それはロシア・ベーコン会社を買収することによってであった。オマラ親子商会はこのロシアからもロンドンにベーコンを輸出した。デニー親子商会は1892年までにハンブルクで事業展開をはじめ、94年にはデンマークに工場を建設している。こうしてアイルランド・ベーコン生産技術がヨーロッパに広がっていった。[63]

第3節　生きた家畜（牛、羊、豚）の輸出（概観）

　生きた家畜の輸出を明らかにする。繰り返しになるが、まず、輸出のためといってよい牛の分類を見ておく。それは牛の輸出データに使われているものである。そして、1886年アイルランド農業統計によれば、1875年以降、大ブリテンへ輸出された牛をもう一段階現実に近づけた分類を導入している。

　1846年以降、輸出の牛 cattle をまず二つに大きく分けている。「去勢雄牛 oxen・雄牛 bulls・雌牛 cow」の大きなグループと「子牛 calves」の二つである。さらに1875年以降、前者の大きなグループを、「肥育牛 fat cattle」、「ストア牛 store cattle」、それに「他の牛 other cattle」の三つに分けている。1854年農業統計は、乳牛を別分類し、それ以外の牛を「その他の牛 other description of cattle」とした。ここで出てくる「他の牛」と「その他の牛」は紛らわしいが、「他の牛」は「肥育牛」と「ストア牛」にたいする分類名で、1886年アイルランド農業統計によれば、「年齢あるいはその他の事情のために、役立つ状態にない、あるいは、直ちに屠殺する以外の目的に向けることのない which from age or other circumstances are not in a fit state or are not intended for other purposes than immediate slaughter」牛のことである。[64]

　1846年（大飢饉）以降の、「去勢雄牛・雄牛・雌牛」と「子牛」に分けた牛輸出統計は『トム年鑑 Thom's Almanac and Official Directory』が掲載している。[65] これを表3-17a に表わした。1875年から採用された分類による統計で表3-17b を作成した。1875年からの輸出牛の分類こそは、アイルランドにおける肉牛生産と輸出の特徴を表現するものと考えられる。とりわけス

第3章　生きた家畜をはじめとする大規模な畜産物輸出

トア牛は、肥育あるいは繁殖 breeding 目的のために半ば肥育された牛であるが、仕上げ肥育はブリテンでおこなわれるという、大ブリテン輸出向けアイルランド肉牛生産の特徴を最もよく表している。この点は先に見た豚のばあいと大きく相違する。

　まず、表3-17aと表3-17bの牛全体と子牛、羊と豚から見よう。大ブリテンへの家畜輸出の大きな流れ、特徴を掴もう。

　本書「序章」で述べたように、大ブリテンへの牛輸出は大飢饉の渦中から増えた。20万頭台を記録し、子牛の2度の9千頭台は1855年までの最高頭数である。羊も高い水準を保ち、1850年代に入って、大飢饉の影響が出たのか、17～15万頭台に減っている。1854年に35万頭台に達しているが、この年以降に大飢饉の影響を脱して、新たな発展を始めたと考えられる。豚は1846年の異常な多さが目に付く。豚の飼料であるジャガイモが凶作のために不足する、あるいはそれを恐れて急いで売りに出され、輸出が異常に増えた、ということであろう。この異常も大飢饉の産物と考えられ、そして、1847年以後は大飢饉の影響で豚の輸出は減り、49年には7万頭弱に激減した。大飢饉の影響を脱するのは20万頭台を迎えた1855年以降であろうか。

　19世紀後半、牛の輸出は波があるものの全体を通じて増えていった。1857年に30万頭台を記録し、62年に40万頭台、69年に50万頭台、72年に60万頭台、78年に70万頭台、94年には80万頭台に達した。子牛はどうか。牛全体の推移とは少し違う。大飢饉渦中に9千頭台を2度記録したが、それを超えるのは1856年を待たねばならなかった。この年に1万頭台を記録し、その後、58年に2万頭台、59年に3万頭台、62年に4万頭台、そして、67年に7万頭台に達した。それ以降、72年を除いて、同じ7万頭台を記録したのは84年だけで、その他の年はそれに達しなかった。美味な子牛肉となる子牛のアイルランドから大ブリテンへの供給は1867年という早い時期にピークを打ったが、その意味するところは現在わかっていない。なお、72年に13万頭台となり、半世紀以上の長きにわたって例外といえるほどの多い輸出であったが、この意味もまた本書はわかっていない。

表3-17a 大ブリテンへの家畜輸出(1846〜74年)　　　　　　(単位:頭)

年	牛			羊	豚
	去勢雄牛・雄牛・雌牛	子牛	全体		
1846	186,483	6,363	192,846	259,257	**480,827**
47	189,960	**9,992**	199,952	324,179	106,407
48	196,042	7,086	**203,128**	255,682	110,787
49	201,811	9,831	211,642	241,061	68,053
1850	184,616	4,462	189,078	176,945	109,170
51	183,760	2,474	186,234	151,807	136,162
52	197,644	3,826	201,470	158,020	151,895
53	180,785	5,281	186,066	**224,500**	101,396
54	204,004	7,514	211,518	**356,780**	170,188
55	214,636	8,162	222,798	**489,494**	**254,054**
56	273,821	**18,704**	292,525	**602,217**	299,638
57	329,400	15,183	**344,583**	485,217	269,125
58	262,846	**23,224**	286,070	397,914	**369,041**
59	302,043	**31,610**	333,653	429,360	368,275
1860	255,687	31,983	287,670	419,704	362,912
61	334,304	24,360	358,664	407,426	358,187
62	387,151	**41,868**	**429,019**	538,631	364,634
63	399,264	42,387	441,651	517,232	357,938
64	329,210	19,076	348,286	370,781	338,543
65	232,652	14,082	246,734	332,831	383,452
66	364,881	34,350	399,231	398,846	**504,224**
67	397,654	**76,217**	473,871	588,906	398,319
68	372,173	45,707	417,880	**781,558**	242,923
69	456,035	53,071	**509,106**	**1,015,694**	264,620
1870	415,673	38,296	453,969	620,834	422,076
71	423,396	60,529	483,925	684,708	528,244
72	481,878	**134,202**	**616,080**	518,606	443,644
73	—	—	684,618	604,695	364,371
74	—	—	551,209	744,234	344,335

注)1873年、74年は記載されているのが牛全体のデータだけである。
出典)*Thom's Almanac and Official Directory, for 1865, 1869, 1872, 1875, 1877, 1880, 1883.*

表3-17b 大ブリテンへの家畜輸出(1875～99年)　　　(単位:頭)

年	牛				羊	豚
	肥育牛	ストア牛	子牛	全体		
1875	254,681	293,176	35,704	595,318	**917,976**	463,618
76	279,134	328,512	42,947	666,328	686,808	513,316
77	246,698	350,249	38,788	649,441	630,774	585,427
78	245,944	416,759	61,564	**729,221**	642,999	470,547
79	247,897	320,244	66,384	641,370	673,371	429,663
1880	232,905	417,203	68,471	721,391	714,763	372,890
81	279,125	250,899	37,832	571,557	577,627	382,995
82	291,777	427,798	59,693	782,274	558,404	502,906
83	229,603	278,518	46,927	556,867	460,720	461,017
84	255,026	387,352	**71,245**	715,843	533,285	456,678
85	243,348	342,938	52,300	640,470	629,090	398,564
86	285,156	388,917	42,069	717,389	734,213	421,285
87	331,119	302,878	32,973	669,253	548,568	480,920
88	282,537	405,540	47,698	738,716	637,584	544,972
89	248,362	372,682	47,367	669,843	613,687	473,551
1890	216,339	360,758	53,449	631,698	636,981	**603,162**
91	240,183	323,075	53,559	630,802	893,175	503,584
92	256,538	305,397	56,290	624,303	**1,032,465**	500,951
93	316,314	318,545	45,307	688,669	**1,107,960**	456,571
94	330,748	422,534	65,867	**826,054**	957,101	584,967
95	302,555	414,859	68,571	791,607	652,578	547,220
96	274,472	349,800	54,451	681,560	737,306	**610,589**
97	259,173	419,302	62,494	746,012	904,515	**695,307**
98	278,770	460,903	59,588	803,362	833,458	588,785
99	278,064	442,921	45,068	772,272	871,953	**688,553**

注)「全体」には other cattle, which from age or other circumstances are not in a fit state or are not intended for other purposes than immediate slaughter も含む。

出典) *Thom's Almanac and Official Directory, for 1865, 1869, 1872, 1875, 1877, 1880, 1883.*; 1875年以降は、The Agricultural Statistics of Ireland, for the year 1886, *P.P. 1887 [C. 5084]* Vol. XXXIX; Agricultural Statistics of Ireland, with Detailed Report on Agriculture, for the year 1899, *P.P. 1900 [Cd. 143]* Vol. CI. より作成。

第1部　19世紀後半アイルランド農業の展開

　羊に移ろう。上に触れたように、1850年代初めに10万頭台に減少したが、54年に30万頭台を記録して大飢饉渦中の輸出頭数を超え、その後ほぼ一貫して増えていった。55年に40万頭台、56年に60万台、そして68年に70万台を記録した。大変なスピードでアイルランドから大ブリテンへの羊輸出が増えていったといえる。さらに、69年には何と100万頭台にまで達した。75年に90万頭台、92年に再度100万頭台、93年にはついに110万頭台まで記録している。波を描きながら、19世紀末には少なくとも60～70万頭台、80万頭、90万頭以上が通例となった。

　最後に豚である。大飢饉が深刻となった1846年の輸出頭数48万頭強はやはり異常であった。それに達するのは66年で20年後のことである。したがって、この46年は例外として除いて考えることにする。1855年に20万頭台に達して、大飢饉の影響を脱し、58年に30万頭台、そして上に見た66年に50万頭台へと増えた。その後、2度、20万頭台に戻っているが、30万頭台、40万頭台、そして50万頭台を繰り返すことになるが、90年、96年、97年、99年と、19世紀末に、60万頭台を記録するまでに輸出が増えた。

　なお、豚については、ベーコンやハム等の保蔵処理された豚肉の大ブリテンへの輸出が見逃せない。特に、繰り返しになるが、豚の生産の最大の特徴は、生きた豚の輸出に匹敵する頭数の豚が、アイルランドで屠殺、加工処理されることであったが、これは既に見た。

　二つの表を見て、大飢饉からの半世紀以上にわたる、牛と羊、豚の大ブリテン輸出の推移を確認した。今度は表3-17bに絞って、アイルランドからの大ブリテンへの家畜輸出の最大の特徴といってよいことを確認しよう。

　大ブリテンへの牛の輸出は、肥育牛に比べて、ストア牛の方が多かった。1875年から19世紀末の1899年までの25年間、肥育牛がストア牛を上回ったのは1881年と87年の2度だけである。すぐにでも屠殺して食卓にのぼすことができる肥育牛 fat cattle も多数が大ブリテンの食肉市場めあてに輸出された。しかしそれ以上に、大ブリテンの牧場で仕上げ肥育を経た後にロンドンをはじめとするブリテン食肉市場に出回ることになる、半ば肥育されたストア牛

第3章　生きた家畜をはじめとする大規模な畜産物輸出

store cattle が輸出されていた。大ブリテンの牧場で肥育される少なくない牛はアイルランド出身であった。この点はアイルランド畜産業の最大の特徴と言ってよく、後段で改めて論ずることにする。

さて、今見たところでは、牛と羊、豚のいずれも、19世紀後半に大ブリテンへの輸出を大きく伸ばした。羊は100万頭も超える記録を作った。ここで、三者のウエートを輸出推定額で見ておこう。表3-18も『トム年鑑』から作成したものである。

1877年、大ブリテンに輸出された585,427頭の豚の推定額が2,546,607

表3-18　大ブリテンへの輸出家畜推定額(1876～81年)
(単位：ポンド)

年	牛		羊	豚
	去勢雄牛・雄牛・雌牛	子牛		
1876	12,779,310	203,998	1,476,637	2,053,264
77	12,823,713	184,243	1,513,937	2,546,607
78	14,588,305	298,585	1,543,197	1,693,969
79	13,569,569	315,324	1,599,256	1,503,820
1880	14,161,454	306,408	1,602,256	1,513,704
81	11,479,535	176,234	1,444,066	1,290,772

注1）去勢雄牛・雄牛・雌牛 oxen, bulls & cows、羊 sheep & lambs、豚 swine
注2）推定基準額（1頭当たり）
　　1876年　去勢雄牛他£20 10s., 子牛£4 15s., 羊£2 3s., 豚£4
　　1877年　去勢雄牛他£21, 子牛£4 15s., 羊£2 8s., 豚£4 7s.
　　1878年　去勢雄牛他£21 17s., 子牛£4 17s., 羊£2 8s., 豚£3 12s.
　　1879年　去勢雄牛他£23 12., 子牛£4 15s., 羊£2 7s. 6d., 豚£3 10s
　　1880年　去勢雄牛他£21 14s., 子牛£4 9s. 6d., 羊£2 4s. 10d., 豚£3 7s.
　　1881年　去勢雄牛他£21 10s. 2d., 子牛£4 13s. 2d., 羊£2 6s. 10d., 豚£3 7s. 5d.
出典）*Thom's Almanac and Official Directory, for 1872, 1875, 1877, 1880, 1883.*

ポンドである。羊630,774頭の推定額は1,513,937ポンドで、牛の推定額は、去勢雄牛他12,823,713ポンド、子牛184,243ポンド、牛全体13,007,956ポンドである。豚の輸出推定額は輸出頭数の多い羊を大きく上回っていたが、牛全体の5分の1にも達しなかった。牛は羊と豚を足した輸出推定額も大きく上回っていた。同じ1877年を例にとれば、牛輸出推定額が羊と豚の合計輸出推定額4,060,544ポンドの3.2倍以上であった。輸出額においては牛が圧倒的

地位を築いていたといってよい。

第4節　家畜はアイルランドの何処から大ブリテンの何処に向かったのか

(a)　アイルランド家畜輸出港（1877年）

　1877年12月、枢密院議長閣下が私にたいしてアイルランドから大ブリテンへの航海中の家畜の取り扱いと、到着港における家畜受入れのために作られた設備に関する調査を始めるように指示されました。同時に閣下はアイルランド獣医局が出発港における牛受入れ設備と、船積みする前の牛の検査のための手はずに関する同様の調査実施が求められると指示されました。

　これは『枢密院獣医局ブラウン G. T. Brown による枢密院への報告』（以下、『1878年獣医局長官ブラウン報告』と略記する）の一節である。1877年12月、（連合王国）枢密院が同時に、同院獣医局とアイルランド副担当相を通じてアイルランド枢密院獣医局に、アイルランドから大ブリテンへの牛をはじめとする家畜の輸送環境の調査を指示した。第2章でアイルランドにおける鉄道による家畜輸送を見た際に資料として依拠した『1878年アイルランド獣医局長官ファーガソン報告』がアイルランド側の調査報告であった。アイルランドから大ブリテンへの家畜輸出が増大する中、家畜輸送における衛生環境がしばしば問題となったが、1870年代にも口蹄疫 foot-and-mouth と肋膜肺炎 pleuro-pneumonin の流行が問題となっていた。[66]

　表3-19は、『1878年アイルランド獣医局長官ファーガソン報告』付録に基づいて作ったもので、1877年におけるアイルランド19港からの大ブリテンへの家畜輸出頭数、すなわち、4分類された牛（肥育牛、ストア牛、他の牛、子牛）、ならびに、羊と豚の輸出頭数を示している。牛全体には、廃用乳牛など年齢やその他の事情により屠殺する「他の牛 other cattle」7,712頭も含めている。牛の合計輸出頭数の多い港から並べている。元資料は羊を羊 sheep と子羊 lambs に、豚をベーコン用豚ないし肥育豚 bacon or fat とストア豚

表3-19 アイルランド港別対英家畜輸出(1877年)

(単位：頭)

港		牛 cattle					羊 sheep		豚 swine	
		肥育牛	ストア	子牛	牛全体	%				
ダブリン	D	149,198	60,820	3,779	213,841	32.9	229,066	36.3	196,215	33.5
ベルファスト	B	11,581	75,220	691	87,602	13.5	20,612	3.3	39,839	6.8
コーク	C	3,214	47,392	23,029	76,616	11.8	94,770	15.0	80,061	13.7
ドゥラハダ	Dr	48,009	14,659	134	62,802	9.7	116,825	18.5	31,670	5.4
デリー	De	1,006	50,706	50	51,797	8.0	11,241	1.8	34,651	5.9
ウォータフォード	W	15,608	28,671	819	47,104	7.2	51,626	8.2	69,549	11.9
ダンドーク	Dd	8,252	22,169	3,768	34,240	5.3	33,349	5.3	54,870	9.4
ラーン	Lr	364	27,282	573	28,219	4.3	709		1,428	0.2
グリーノア	Gn	1,397	10,938	5,077	17,658	2.7	22,889	3.6	32,298	5.5
ニューリ	Nr	13	8,772	5	8,925	1.4	6,659	1.1	6,291	1.1
ウェクスフォード	Wx	3,752	2,230	28	6,020	0.9	24,085	3.8	22,691	3.9
スライゴ	S	2,275	488	385	4,712	0.7	10,191	1.6	9,418	1.6
ダンドゥラム	Dud		4,156	4	4,160	0.6	589		1,292	0.2
ポートラッシュ	Pt	1,201	2,108	48	3,372	0.5	3,482	0.6	18	
ウォレンポイント	Wp	610	728	454	1,792	0.3	744		4,450	0.8
リムリック	L		41		494	0.1	331		1	
バリナ	Bl	192	213		467	0.1	3,532	0.6	685	
ウェストポート	We	28	24		52	0	127			
コールレイン	Col					—	332			
全体		246,700	356,617	38,844	649,873	100	631,159	100	585,427	100

注) ストアは半ば肥育したストア牛。牛全体には、廃用乳牛など年齢やその他の事情により屠殺する「他の牛 other cattle」7,712頭も含まれている。羊には子羊を含む。豚には肥育豚とベーコン豚、それにストア豚も含む。

出典) Report from the Irish Privy Council Veterinary Department, relative to the trade in, and movement of animals intended for exportation from Ireland to Great Britain ; and on the accommodation and facilities afforded for their reception and inspection at the ports of their embarkation, for the year 1877, Appendix. Return of Animals exported to Great Britain from Ireland Ports during the year ended the 31st December, 1877, P.P. 1878 (C. 2104) Vol. XXV より作成。

stores に分けているが、それぞれ羊や豚として合計頭数だけを表示した。なお、元資料は馬も含んでいるが削除した。

　まずストア牛をはじめとする4分類の牛の説明を改めてしておこう。肉牛の生産は通例、繁殖、育成、肥育の段階を辿っていく。もう少し詳しく見ると、出生後、子牛は母乳で育てられることから哺育という言葉が相応しい段階を終えて、つまり、離乳後に育成が始まる。最終的には屠殺されて市場に出回るのであるが、その前に肥育 fattening 段階を経ることになる。しかし、大ブリテン市場めあてのアイルランド家畜生産に特徴的な、半ば肥育という段階があった。後に見るように、アイルランドの肉牛生産の最大の特質を表すものである。この半ば肥育された肉牛がストア牛 stores である（豚のばあいも stores と呼ばれた）。なお、『1878年獣医局長官ファーガソン報告』付録はストア牛に次の説明「直ちに屠殺に回すための準備が整えられていないが、その準備に向かう牛、あるいは、繁殖目的のための牛 such as are not prepared for immediate slaughter, but are intended for preparation, or for breeding purposes」を与えている。輸出統計のストア牛にはおそらく少数の繁殖目的のための牛も含まれていた。

　肥育牛 fat はアイルランドで肥育段階を終えた牛である。

　他の牛 other cattle は、表3-19の欄外注で触れたが、同じく『1878年獣医局長官ファーガソン報告』付録の説明によれば、廃用乳牛など、年齢その他の事情により屠殺する以外に他の目的に使用することができなくなった牛のことである。この「他の牛」は、1854年農業統計から採用された項目「乳牛」と区別するために用いられるようになった「その他の牛 other description of cattle」と紛らわしいことはなはだしいが、まったく別ものである。

　なお、最後の子牛は元資料の calves or animals under one year old のことである。

　19港について説明しておこう。19番目のコールレイン Coleraine (Col) からの輸出がわずか羊332頭であったことを考えると、この19港以外から、政府統計が捕捉できなかった輸出がたとえあったとしても、その量はわずかで

第3章　生きた家畜をはじめとする大規模な畜産物輸出

あっただろうと推測できる。つまり、この19港が1877年におけるアイルランドから大ブリテンへ輸出される家畜の出口であったといってよい。

この19港はまた、少なくとも1870年代以降、大ブリテンむけの家畜輸出の窓口になっていった。『トム年鑑』の1874年版にはラーン（Lr）、ダンドゥラム（Dud）、ポートラッシュ（Pt）、ウォレンポイント（Wp）、それにグリーノア（Gn）とリムリック（L）の6港は顔を出していない。だが、世紀転換点の2000年6月までの1年間の大ブリテンへの家畜輸出は、設置直後の「アイルランド農業・技術教育省 Department of Agriculture and Technical Instruction for Ireland」が集めたデータによると、1877年の19港だけがそっくり出てくる。[67] 輸出規模の順位は変わっているが、大ブリテンへの家畜輸出港はそっくり同じであった。

では表3-19は何を語っているのだろうか。まずはダブリンが大きな位置を占めていることが一目でわかる。牛の33％弱、羊の36％強、豚の34％弱を扱っている。牛、羊、豚の大ブリテンへの輸出のおよそ3分の1はダブリンを出口としていた。ここまでについてはかつての筆者の分析も妥当する。しかしダブリンが全てでなかった。3分の2はその他の港が扱っていた。牛に限ってみると、ベルファスト（B）、コーク（C）、ドゥラハダ（Dr）、デリー（De）、ウォータフォード（W）、ダンドーク（Dd）、ラーン（Lr）、グリーノア（Gn）等々が続く。西部のスライゴ（S）も、さらには、わずかながらバリナ（Bl）やウエストポート（We）も輸出している。筆者はかつてダブリンに向かう、ダブリンからの移動だけを描く誤りを犯した。[68]

牛のばあい、肥育牛はダブリンが輸出第1位であったが、ストア牛では2位に後退している。肥育牛のばあい、ダブリンに次いで、アイルランド最大の肥育牛生産地ミーズを後背地に持つドゥラハダが続き、その後に1万頭以上の輸出を記録したのはウォータフォードとベルファストであった。肥育牛の1万頭以上の輸出はこの4港に限られていた。しかしストア牛になると、ベルファストを筆頭に、ダブリン、デリー、コーク、ウォータフォード、ラーン、ダンドーク、ドゥラハダ、グリーノアの9港に広がっている。コールレ

インだけを除く、すなわち19港のうち18港からストア牛が大ブリテンをめざしている。先に紹介したジェニングスが1865年に、「イングランドの牛農場 Ireland as the Cattle Farm of England」を自著のタイトルに入れたが、このアイルランドを象徴するストア牛の輸出はおもな港のほとんどすべてが担っていた。[69]

子牛輸出についてはコークがダブリンを凌駕するだけでなく、圧倒的な地位を占めている（子牛輸出の60％弱）。ダブリンからの子牛輸出はグリーノアも下回り、3位にとどまっている。酪農の拠点コークの子牛輸出における圧倒的地位は、アイルランド牛経済が乳肉兼用種によって担われていることを改めて示してくれる。

羊と豚はどうか。上で触れたように、両方ともダブリンが輸出の3分の1以上を占めていた。最大の肥育牛生産地ミーズを後背地に持つドゥラハダがダブリンに次いで羊の18％を輸出していた。豚はダブリンに次いでコークとウォータフォードから多数輸出されている。本章第2節（b）で明らかにしたが、この両地点は豚の保蔵処理加工が盛んであったと同時に、生きた豚の大ブリテンへの輸出においても大きな位置を占めていた。

既に確認していることであるが、豚の大ブリテンへの輸出には牛や羊と違った特徴があった。肥育豚ないしベーコン豚の輸出が圧倒的であったということである。表が大きくなりすぎるために、肥育・ベーコン豚とストア豚に分けずに表示したが、ストア豚の比率は13％に過ぎない。牛のばあいのストア牛比率55％と比べると、その違いは明白である。牛の半分以上は大ブリテンで最終仕上げ肥育を受けてロンドン等の市場に出荷される。他方、豚のほとんどがアイルランドで肥育されて大ブリテンに輸出される。その上に、既に確認しているが、豚の多くがアイルランドで屠殺され、ベーコンやハムに保蔵処理される。つまり、アイルランドが生産する豚は生きたまま大ブリテンへ輸出される一方、多くがアイルランドで屠殺され、保蔵処理されていた。なお、典拠の羊輸出データにはストアという概念がなく、成育した羊と子羊 lambs に分けられている。参考までに、子羊の輸出割合は32％弱であっ

第3章　生きた家畜をはじめとする大規模な畜産物輸出

た。

(b)　大ブリテン家畜輸入港（1877年と81年）

　先に触れたように、1877年12月、連合王国枢密院が、同院獣医局とアイルランド副担当相を通じてアイルランド枢密院獣医局に、アイルランドから大ブリテンへの牛をはじめとする家畜の輸送環境の調査を指示した。アイルランド側の調査結果である『1878年アイルランド獣医局長官ファーガソン報告』は見た。今度は、ブリテン側の『1878年獣医局長官ブラウン報告』を見よう。

　『1878年獣医局長官ブラウン報告』に付録がある。実は調査は2人の視察官、コートニー Mr. Courtney とテナント海軍大佐 Captain Tennant によってなされたが、2人は分担してアイルランド産家畜が定期的に陸揚げされる港と土地の全てを訪れて調査した。かれら2人の海港ごとの報告が付録とされている。『1878年獣医局長官ブラウン報告』が定期的に輸入しているとした16港全てと、不定期に輸入しているとした9港のうち4港、計20港について報告されている。定期的輸入16港は、北の方からスコットランドのグラスゴウ、グリーノック Greenock、アードロサン Ardrossan、ストランラーア Stranraer、イングランドのシロス Silloth、ホワイトヘイヴン Whitehaven、バロウインファーニス Barrow-in-furness、モーカム Morecambe、フリートウッド Fleetwood、リヴァプール、ウェールズのホリヘッド Hollyhead、ミルフォードヘイヴン Milford Haven、ニューポート Newport、イングランドに戻ってブリストル Bristol、プリマス Plymouth、サウサンプトン Southampton の諸港である。不定期輸入4港は、ウェールズのカーディフ Cardiff、イングランドのグロースター Gloucester、ポーツマス Portsmouth、そしてロンドンである。

　なお、不定期輸入港で報告されていないのは次の5港である。アイレ Islay、キンタイア島カラデイル Carradale Kyntire、メアリポート Maryport、ハリントン Harrington、それに、ワーキングトン Workington である。前2港はスコットランドのインナー・ヘブリディーズにある。後3港はイングランド

北西部カンブリア Cumbria にある。これら5港にも興味がある。1870年代においても帆船による交易が残っていたのではないかと考えるからである。

2人の視察官の各港についての報告に本書が知りたいことが書かれている。家畜がアイルランドのどこからやって来たのか、大ブリテンの輸入港からどこに向かったのかが記されているばあいがある。後に、この重要な事実を改めて検討し、総括的な地図上に表現することにする。ただ、上記の港にどの家畜がどれだけ入港したのか（輸入されたのか）の情報は盛られていない[70]。そこで時期が少しずれるが、1881年の大ブリテン港別のアイルランド産家畜輸入頭数がわかる資料を見る。

表3-20「大ブリテン21港のアイルランドからの家畜輸入（1881年）」は、枢密院獣医局が情報の出所であるが、『トム年鑑』1883年版が報じたものである。リヴァプールを筆頭に21港が出てくる。上に見た『1878年獣医局長官ブラウン報告』にある定期的輸入16港は全て入っている。非定期的輸入9港のうちカーディフとロンドンも入っている。これに、スコットランドのオーバン Oban とエア Ayr、それにキャムベルタウン Campbeltown が加わっている。表は牛全体の輸入頭数の多い港から並べた。

リヴァプールが圧倒的なシェアを誇っている。牛全体の46％、羊にいたっては58％が同港に入ってくる。豚のばあいにはホリヘッド Holyhead に首位を譲っているが、それでも27％を引き受けている。牛の輸入についてはグラスゴウが続いて大きい。牛全体の18％を占めている。その他、牛全体の輸入が1万頭を超えるのが、ブリストルからストランラーアまでを加えて9港となる。

牛のデータにはストア牛も含まれている。表3-17bによれば、1881年にアイルランドが大ブリテンに輸出した牛全体は571,557頭で、そのうち、肥育牛が279,125頭、ストア牛が250,899頭であった。子牛を除く牛の1万頭以上の輸入はリヴァプール、グラスゴウ、そしてやはり9番目のストランラーアまでの港が続く。これらの9港に降り立った肥育牛は直ぐに消費地に向かったであろう。ストア牛はイングランドやスコットランドの牧場で仕上げ

表 3-20　大ブリテン 21 港のアイルランドからの家畜輸入(1881年)　　　(単位:頭)

港		牛				羊		豚	
		牛*	子牛	牛全体	%		%		%
リヴァプール Liverpool	Li	256,728	3,997	260,725	46	334,024	58	104,638	27
グラスゴウ Glasgow	Gl	92,684	7,810	100,494	18	8,858	2	5,634	1
ブリストル Bristol	Br	37,413	14,154	51,567	9	64,140	11	56,336	15
ホリヘッド Hollyhead	H	39,737	1,386	41,123	7	110,865	19	122,750	32
ミルフォードヘイヴン Milford Haven	M	15,947	7,524	23,471	4	33,663	6	44,740	12
フリートウッド Fleetwood	F	18,589	82	18,671	3	3,435	1	3,487	1
バロウインファーニス Barrow-in-Furness	BF	17,844	100	17,944	3	24		4,571	1
アードロサン Ardrossan	Ar	13,829	24	13,853	2	53		13,066	3
ストランラーア Stranraer	St	18,529	487	10,016	2	2,173		2,864	1
シロス Silloth	Si	8,667	70	8,737	2	783		449	
ホワイトヘイヴン Whitehaven	Wi	4,507	19	4,526	1			1,100	
モーカム Morecambe	Mo	3,799		3,799	1	277		9,265	2
グリーノック Greenock	Gk	2,363		2,363		10			
ニューポート Newport	Np	1,631	590	2,221		18,503	3	96	
プリマス Plymouth	P	338	1,375	1,713				273	
エア Ayr	Ay	704	22	726		282		3,662	1
サウサンプトン Southampton	So	330	192	522				9,988	3
カーディフ Cardiff	Ca	81		81		181			
ロンドン London	Lo	3		3					
オーバン Oban	O	2		2					
キャムベルタウン Campbeltown	Ct					356		76	
総　計		533,725	37,832	571,557		577,627		382,995	

*　子牛以外の牛で、去勢雄牛、雄牛、雌牛、別言すれば、肥育牛やストア牛など
出典) Thom's Almanac and Official Directory, 1883.

肥育を受けて消費地の市場に出されるのである。

　子牛だけを見ると、イングランド南西部のブリストルが目立って多く、ウェールズ南西部ミルフォードヘイヴンがグラスゴウとほぼ肩を並べて多い。アイルランドではコークが子牛輸出で圧倒的地位を占めていたが（表3-19）、『1878年獣医局長官ブラウン報告』付録によれば、ブリストルに週2度、ミルフォードヘイヴンに何と毎日コークから家畜を乗せた船がやってきた。子牛輸入に関しては、リヴァプールは上記3港の後塵を拝している。

　もう一つ目につくことがある。表示の21港に見られるように、アイルランド産家畜を輸入する港の数が多いということである。プリマス、サウサンプトン、ロンドンを除いた18港はノース海峡、アイルランド海、セントジョージ海峡を挟んでアイルランドと向き合っている。北はスコットランド・ハイランドのオーバンから、南はウェールズのカーディフや、先ほど触れたイングランド南西部のブリストルまでの18港である。

　さて、アイルランドの大ブリテンへの牛の輸出で重要な特徴であったのは、多数が半ば肥育されたストア牛で、大ブリテンの農場で仕上げ肥育を受けてロンドン等の大市場に出荷される牛であった。しかし残念ながら、表3-20は肥育牛とストア牛を分けた輸出統計でない。本書はこうした輸入港別の統計で1899年までのものを見つけ出していない。1900年のデータになって初めて入手できた。それはアイルランド農業・技術教育省が発行する雑誌の第1巻1号に掲載されたものである。

　1900年6月30日までの半年間の、アイルランド輸出港別の統計と、大ブリテン輸入港別の統計で、「肥育牛」、「ストア牛」、「他の牛」、「子牛」に分けられている。

　アイルランド側のデータは省いた。輸出港は表3-20と比べて頭数等の変化が見られるが、全く同じ19港であり、上記の牛分類と同じデータであるために省いた。大ブリテン側のデータとしては、輸入港別で、表3-20と同じ牛の分類で、本書が探した唯一のデータであるために、この部分だけの表を作成した。それが表3-21である。

表3-21 大ブリテン輸入港別アイルランド牛輸入量(1900年1月〜6月)　　(単位:頭)

大ブリテン港		牛輸入						
		肥育牛	%	ストア牛	%	子牛	牛全体	%
グラスゴウ	Gl	10,551	9.9	38,961	24.2	3,980	55,782	19.6
グリーノック	Gk	60		396			456	
アードロサン	Ar	2,512		8,036		1	10,602	3.7
エア	Ay	1,604		8,915		144	10,663	3.8
ストランラーア	St	1,260		7,402		15	8,677	3.1
シロス	Si	2,236		3,095			5,331	1.9
ホワイトヘイヴン	Wh	6		5,213			5,219	1.8
バロウ	BF	3,134		8,449			11,583	4.1
モーカム	Mo	1,232		11,040	6.9		12,272	4.3
フリートウッド	F	4,314		8,374		1	12,690	4.5
リヴァプール	Li	48,608	45.8	30,643	19.1	1,894	81,871	28.8
マンチェスター	Ma	7,330	6.9	176			7,506	2.6
ホリヘッド	H	11,809	11.1	17,892	11.1	5	29,725	10.5
ミルフォードヘイヴン	M	5,190		7,650		5,223	18,086	6.4
ニューポート	Np	4		40		12	56	
ブリストル	Br	5,009	4.7	4,300		2,226	11,560	4.1
プリマス	P	661		92			753	
サウサンプトン	So	644		55		299	998	0.4
ニューヘイヴン	Nh			85			85	
ドーヴァー	Dv			20			20	
ロンドン	Lo			4			4	
全体		106,164	100	160,838	100	13,800	283,939	100

出典) Return of the animals exported from Ireland to Great Britain during the 6 months ended 30th June, 1900, *Journal of Department of Agriculture and Technical Instruction for Ireland*, Vol. 1, No. 1 (1900).

第1部　19世紀後半アイルランド農業の展開

　表3-20と比べると、輸入港に変動が見られる。スコットランド・ハイランドのオーバンとキャムベルタウン、ウェールズのカーディフが消え、イングランドのマンチェスター、ニューヘイヴン、ドーヴァーが替わって入った。バロウは表3-20のバロウインファーニスの改名港である。やはり21港である。アイルランドのどの港から大ブリテンのどの港に輸出されたのか、この点を考えるために位置を重視して、21港は北のスコットランドから始め、南のウェールズのニューポートやイングランドのブリストルまで下り、イングリシュ海峡に出て、サウサンプトンからドーヴァーへ、最後にロンドンまでの順番で並べた。

　1881年から20年経過した1900年1～6月においても、リヴァプールの牛輸入は抜きんでていた。特に肥育牛においてそうであった。全輸入肥育牛の半分近くの45.8％を輸入していた。かれら肥育牛は直ちに市場に出荷されるが、一体何処なのか、後段で考えよう。しかし、ストア牛になると様相が変わった。リヴァプールはストア牛の輸入全体の19.1％という多数を占めていたが、グラスゴウがこれを上回った。24.2％を輸入している。グラスゴウからストランラーアまで5港はスコットランドの港であるが、5港を合わせると、ストア牛の60.9％を輸入し、シロスからフリートウッドまでのイングランド北西部5港も加えると83.3％になる。リヴァプールも加えると、アイルランド・ストア牛のほとんどがスコットランドとイングランド北西部に輸出されていたことがわかる。かれらストア牛はスコットランドとイングランドの大牧場に行き、そこで仕上げ肥育を受けたのちに市場に向かう。何処の大牧場に行くのだろうか、これも後に検討しよう。

　アイルランドから家畜を輸入する大ブリテン21港はアイルランドのどの港から輸入したのか、それら21港に降り立ったアイルランドの家畜は大ブリテンのどの地域に向かったのであろうか。

(c)　どの港からどの港へ、それから何処に

　アイルランド側出口と大ブリテン側入口がわかった。では、どの出口から

第3章　生きた家畜をはじめとする大規模な畜産物輸出

大ブリテンに向かった汽船が、どのような家畜を積んでいて、いずれの入口にたどり着いたのであろうか。さらに、大ブリテンに着いてから何処に向かったのか。こうしたことがわかれば牛をはじめとする家畜のアイルランドから大ブリテンへの流通がより一層具体的な姿で浮かび上がってくる。これらを教えてくれる貴重な資料が、先ほど見た、『1878年獣医局長官ブラウン報告』付録の2人、コートニーとテナント海軍大佐の報告である。もう一つは1869年家畜伝染病法 the Contagious Diseases (Animals) Act, 1869に基づき枢密院によって設置された委員会の1870年報告（『1870年枢密院委員会報告』）付録6、7、8がそれである。[71]

◆アイルランド19港から大ブリテンのどの港に向かったか

どの港からどの港に家畜は向かったのかを見るために、これからは港の位置を重視する。アイルランド19港については航路も考慮して西部のウエストポート (We) から時計回りの順番で考える。アイルランド19港のそれぞれから大ブリテンのどの港に家畜を運んだのか、1870年、77年、それに81年の資料、データから作ったのが表3-22である。アイルランドや大ブリテンの港が複数出てくるばあい、北の港から記入している。後に作る地図3を見ながら、どの港からどの港へ輸出されるのか追跡しやすいようにと考えたからである。なお、ポートラッシュ (Pt)、ウォレンポイント (Wp)、それにリムリック (L) からの輸出先の大ブリテン港が資料に出てこないために、空白としている。

まず、アイルランドの19港それぞれから大ブリテンのどの港に家畜が輸出されたのか、できるだけ地域にまとめて見ることにしよう。

◆デリーを中心とした北西部とスコットランドやリヴァプールとの繋がり

デリー (De) からはスコットランドのグラスゴウ (Gl) とグリーノック (Gk)、イングランド北西部のモーカム (Mo) とリヴァプール (Li) の4港に家畜が輸出されている。デリーは多数のストア牛（5万頭強で全輸出の14.2％）と豚（3万5千頭弱で全輸出の5.9％）を輸出していたが（表3-19）、上記の1900年のデータ（表3-21）から、その多くは特にグラスゴウとリヴァプールに向かっ

255

表3-22 アイルランド19港から大ブリテンのどの港へ家畜が輸出されたか（1870年、77年、81年）

アイルランド輸出港		大ブリテン輸入港
ウエストポート	We	リヴァプール(Li)
バリナ	Bl	グラスゴウ(Gl)、リヴァプール
スライゴ	S	グラスゴウ、リヴァプール
デリー	De	グラスゴウ、グリーノック(Gk)、モーカム(Mo)、リヴァプール
コールレイン	Col	グラスゴウ、グリーノック
ポートラッシュ	Pt	―
ラーン	Lr	ストランラーア(St)
ベルファスト	B	グラスゴウ、アードロサン(Ar)、ストランラーア、ホワイトヘイヴン(Wh)、バロウインファーニス(BF)、フリートウッド(F)、リヴァプール
ダンドゥラム	Dud	ホワイトヘイヴン
ニューリ	Nr	アードロサン、ホワイトヘイヴン、リヴァプール
ウォレンポイント	Wp	―
ダンドーク	Dd	アードロサン、リヴァプール
グリーノア	Gn	ホリヘッド(H)
ドゥラハダ	Dr	グラスゴウ、リヴァプール、ブリストル(Br)
ダブリン	D	グラスゴウ、シロス(Si)、リヴァプール、ホリヘッド、ブリストル
ウェクスフォード	Wx	リヴァプール、ブリストル
ウォータフォード	W	グラスゴウ、リヴァプール、ミルフォードヘイヴン(Mi)、ブリストル
コーク	C	グラスゴウ、リヴァプール、ミルフォードヘイヴン、カーディフ(Ca) ニューポート(Np)、ブリストル、サウサンプトン(So)、ロンドン(Lo)
リムリック	L	―

出典）『1870年枢密院委員会報告』、『1878年アイルランド獣医局長官ファーガソン報告』、『1878年獣医局長官ブラウン報告』、『トム年鑑1883年版』より作成。

第3章 生きた家畜をはじめとする大規模な畜産物輸出

たと考えられる。

さて、表示の1番上のウエストポート（We）はリヴァプール（Li）に、バリナ（Bl）とスライゴ（S）はグラスゴウ（Gl）とリヴァプール（Li）に、そしてデリー（De）は上に見た通り、それから、北部のコールレイン（Col）はグラスゴウ（Gl）とグリーノック（Gn）に家畜を輸出している。表の典拠とした資料には出てこないが、これらの家畜を輸送していたのはレアド社 Laird か、バーンズ社 G. & J. Burns、あるいは、スライゴ海運会社 Sligo SN Co かと考えられる。ここで、デリーを中心としたアイルランド北西部からスコットランドやリヴァプールへの家畜輸出を考えるうえで、いち早く開かれた海運航路との関係が浮かんでくる。少々横道に入らせていただく。

デリーとスコットランド、およびリヴァプールを含むイングランド北西部を結ぶ航路の開設にグラスゴウとクライド地域の海運会社が重要に関わった。グラスゴウ・ロンドンデリー汽船会社であり、バーンズ社である。前者は通例レアド社と呼ばれ、後にはレアド社が正式社名になった汽船会社で、マクニールによれば、「The General Steam Navigation Company と共に、世界でもっとも古い船会社」である[72]。

レアド社に注目するのは、同社が早くにデリー・グラスゴウ定期航路を開設したこともさることながら、デリーを拠点に航路を西に伸ばし、スライゴ（S）、さらにはバリナ（Bl）、そしてウエストポート（We）に定期航路を開設したことである。レアド社は早くも1841年にスライゴ航路を開拓し、43年にはリヴァプール航路を開いた。50年代にはスライゴ・グラスゴウ間を週2便が往復し、スライゴ・リヴァプール間を週1便往復した。さらに、1864年、スライゴ・リヴァプール航路をバリナまで延長し、その直後には、ウエストポート・リヴァプール間に2週1便で汽船を走らせた[73]。

バーンズ社に注目するのは何故か。同社がベルファスト・グラスゴウ航路を1850代より独占してきたことも理由の一つである。しかし本書が注目するそれ以上の理由がある。マクニールによると、デリー・スコットランド航路において、1860年代末までの競争戦で生き残った上記レアド社とバーンズ社

第1部　19世紀後半アイルランド農業の展開

の2社が協定を結ぶに至ったようであるとして、後者バーンズ社が主として家畜輸送のために週1便ないし2便走らせることに同意したということである。マクニールの語っていることはこういうことであろう。バーンズ社は、乗客輸送ではレアド社の優位を認めるが、家畜輸送ではレアド社と並んで汽船を運航しても採算が合うということである。実際マクニールはこう述べている。「4ルート全て（グラスゴウ、リヴァプール、フリートウッド、ヘイシャム……引用者）が常に家畜で大きな交易をおこなっていた。実際、4ルートは乗客よりもはるかに多くの家畜を輸送した」と。それほどまでに多くの家畜が、デリーからスコットランドとリヴァプール中心の北西イングランドに輸出されていたのである。[74]

　デリーはさらに、アイルランド西部海岸地方を大ブリテンと結ぶ上で重要な役割を果たした。また、西部海岸地方自体の海運事業を喚起した。スライゴ（S）を見よう。レアド社がスライゴをグラスゴウに繋ぐ定期航路を開設したことは上に述べた。ここではスライゴに生まれた汽船会社に注目する。1856年10月、Messrs Pollexfen & Middleton of Sligo がリラ号 the Lyra をチャーターしてスライゴ・リヴァプール間を往復させた。翌年には自前の汽船 the Sligo を持ち、リヴァプール航路にグラスゴウ航路を加えた。社名をスライゴ海運会社 Sligo SN Co に変えた同社は、1867年にレアド社と協定を結び、レアド社がグラスゴウ航路、スライゴ海運会社がリヴァプール航路に棲み分けがなされるようにした。同社はスライゴの実業家たちによって組織されたが、詩人イェイツの親類も含まれていた。

　バリナ（Bl）とウエストポート（We）についてここで見ておこう。先に触れたように、両港へはスライゴ（S）までの航路を開いていたレアド社が、2週間に1便、交互に立ち寄った。行き先はリヴァプール（Li）である。[75]

　最後に、これまで触れていない北部のコールレイン（Col）と、大ブリテンの輸入港が記載されていないポートラッシュ（Pt）について一言述べよう。表3-22にはコールレインから家畜の輸出のために向かったのはグラスゴウ（Gl）とグリーノック（Gk）であったとされている。ただ先に見た表3-19で

第3章　生きた家畜をはじめとする大規模な畜産物輸出

は、1877年にコールレインから大ブリテンへ輸出されたのは羊332頭だけであった。他方、大ブリテンの輸入港が記載されていないポートラッシュ (Pt) は、1877年、コールレインよりはるかに多くの家畜を大ブリテンに輸出していた（表3-19）。多いのはやはりストア牛であったが、もっと多かったのは羊であった。この二つの港は地理的に近く、相互補完しあう関係にあったが、上記事実を理解するうえでマクニールが重要な説明をしていると考える。

　　ポートラッシュは1860年代までデリー・グラスゴウ航路の多くの汽船が寄港する港であった。1865年夏、レアド社はポートラッシュ・グラスゴウ航路を開き、1884年秋に至るまで、1年を通して週2便走らせた。1884年の秋、アイルランド側の終着港がコールレインに移った。

さらにマクニールはポートラッシュ・リヴァプール航路もあったと述べている。

　　1835年に独立した（デリー・リヴァプール航路の寄港地ではなくて）ポートラッシュ・リヴァプール航路がポートラッシュ汽船海運会社 the Portrush SN Co によって始められた。（中略）この海運は1840年代半ばに失敗した（下略）。1865年、この事業がレアド社によって再建され、1900年まで続いた。[76]

『1870年枢密院委員会報告』と『1878年獣医局長官ブラウン報告』が報告した時点では、レアド社はポートラッシュからのグラスゴウ航路とリヴァプール航路を経営していた。この両航路でレアド社が家畜を輸送していたのかどうか本書は確認できていないが、何故、上記2報告にはこれらの航路が入らなかったのか不思議である。

　デリーを中心としたアイルランド北西地方からの大ブリテンへの家畜輸出について少々長きに過ぎたが、次に、アイルランド北東部の大輸出拠点ベルファストとその周辺の港に移ろう。

◆アイルランド北東部の大輸出拠点ベルファストとその周辺の港

　ベルファスト (B) は、1818年にスコットランドのグリーノック (Gk) との間で世界最初の海峡定期汽船ロブ・ロイ号 the Rob Roy を就航させたこと

で知られるが、ロンドン航路を除くと、家畜輸送の7航路があった。グラスゴウ（Gl）、アードロサン（Ar）、ストランラーア（St）のスコットランド3港、ホワイトヘイヴン（Wh）、バロウインファーニス（BF）、フリートウッド（F）、それにリヴァプール（Li）のイングランド北西部の4港にベルファストから家畜が輸出されていた。

　表3-19を再度見ていただきたい。1877年のベルファストからの大ブリテンへの家畜輸出である。牛が87,602頭でダブリンに次いで多く、全輸出の13.5%になる。羊（20,612頭）と豚（39,839頭）も多いが、牛が断然多い。しかも注目すべきはストア牛の多さで、75,220頭は、1877年のアイルランド19港からの大ブリテン・ストア牛輸出の中で最大の規模である。もちろんダブリンよりも多い。ベルファストは大ブリテンへの家畜輸出が盛んであるが、とりわけストア牛輸出が突出している。

　では、ベルファストから輸出されるストア牛はどの港に向かうのか。多くはノース海峡を横断して、スコットランドへの輸出と、リヴァプールを初めとするイングランド北西部への輸出であった。ベルファストからの輸出は全て、上記のスコットランド3港（Gl、Ar、St）とイングランド北西部4港（Wh、BF、F、Li）だけであった。そして、20年後の1900年1～6月のデータ（表3-21）であるが、上記7港はアイルランドから多数のストア牛を輸入していた。スコットランド3港を見ると、グラスゴウ38,961頭、アードロサン8,036頭、ストランラーア7,402頭で、合計は54,399頭になる。イングランド北西部はどうか。リヴァプール30,643頭、ホワイトヘイヴン5,213頭、バロウ8,449頭、フリートウッド8,374頭、合計60,997頭である。1900年1～6月であるが、焦点のグラスゴウを初めとするスコットランド3港はアイルランドが大ブリテンに輸出するストア牛の33.8%、3分の1を輸入していた。リヴァプールを中心とするイングランド北西部4港は37.9%、両地域を合わせると71.7%にもなる。

　なお、1900年前半の統計には、表3-20の二つのスコットランド港、グリーノック（Gk）（ストア牛396頭を輸入）とエア（Ay）（8,915頭）も出てくる、イ

第 3 章　生きた家畜をはじめとする大規模な畜産物輸出

ングランド北西部の港ではモーカム（Mo）(11,040頭輸入)とシロス(Si)(3,095頭)も出てくる。以上の 4 港は20年前（表 3 -20）に、ベルファストからの家畜ではなかったが、他のアイルランド港からストア牛を輸入していたと考えられる。

ベルファストの北方にラーン港(Lr)がある。南方にはダンドゥラム港(Dud)がある。ラーン（Lr）からは大変近いスコットランドのストランラーアだけに牛や羊、豚が輸出されているが、ストア牛が圧倒的に多い（27,282頭）（表 3 -19と表 3 -21）。ダンドゥラム(Dud)からはこれもまたホワイトヘイヴン(Wh)だけに牛、羊、豚が輸出されていたが、ここからもストア牛の輸出が圧倒的に多かった（表 3 -19と表 3 -21）。

さて、ブリテン諸島の地図を見ると、アイルランド島とブリテン島との距離が最も近いのは、ノース海峡で繋がれたアイルランド北東部とスコットランド・ロウランド（低地地方）、それに、その北方のアイルランド北辺（フェア岬 Fair Head）とキンタイア半島であることがわかる。古来より人々の往来が盛んであったことが想像される。ノース海峡の往来は早くから発展したが、17世紀初頭の1606年 5 月、スコットランドのエアシァ Ayrshire から、今日のダウン県北部ドナハデーに新しい暮らしを始めるために人々が入植した。1610年に始まるスコットランド王ジェイムズ 6 世（イングランド王ジェイムズ 1 世）による国家事業としてのアルスター植民 official plantation に先立つ、いわば「民間」のアルスター植民 unofficial plantation である。[78]

このスコットランド・ロウランドとアイルランド北東部を結ぶ海運が発展した。この発展をマクニールは三つの段階に区切って説明している。1662年、ノース海峡横断最短距離22マイルのドナハデー(Do)と、ストランラーア(St)の南、ポートパトゥリック Portpatrick を結ぶ週 1 便の郵便サービスが始まった。郵便は公的補助金が与えられた民間の船で運ばれたが、1790年、郵政省は自らの郵船を走らせ始め、ほぼ同時期、毎日運航が導入された。1837年、海軍省 the Admiralty が郵政省を引継いで、1848年までノース海峡横断郵便を輸送した。この48年、アイルランドへの全郵便サービスは民間契約に

261

復帰した。アイルランド北東部からスコットランドへの郵便契約は、当時、ベルファスト・グラスゴウ間の定期運航をおこなっていたバーンズ社に与えられた。ドナハデー・ポートパトゥリック間の海峡横断汽船は撤退した。1662年から1848年までをマクニールは第一段階とした。

第二段階は1848年から72年までで、マクニールは「過渡期 Age of Transition」と呼んでいる。ドナハデー・ポートパトゥリック間の海峡横断汽船の復活も試みられた。1868年、ドナハデー・ポートパトゥリック短海路汽船会社 the Donaghdee & Portpatrick Short Sea SP Co と呼ばれる地方会社が設立され、同社はあの手この手の方策を講じたが、1873年、ドナハデー・ポートパトゥリック間定期乗客汽船運航はなくなった。1860年代、バーンズ社によるものかと思われるが、ベルファスト・ストランラーア間航路が開かれたが、1、2年で終わった。

この間、ドナハデー・ポートパトゥリック航路に代わって、ベルファスト北方のラーン（Lr）とスコットランドのストランラーア（St）を結ぶ航路の確立をめざす試みがなされた。1862年に最初の試みがなされたが、短期のうちに中止となった。成功したのは1871年に設立されたラーン・ストランラーア汽船会社による72年からの運航である。同社はスコットランドのポートパトゥリック鉄道 the Portpatrick Railway と、アイルランド北部のベルファスト・北部諸県鉄道 the Belfast & Northern Counties Railway と密接な関係を持っていた。[79]

ベルファストをはじめとするアイルランド北東部3港から、それに加えてデリーからも、多数のストア牛がスコットランドとイングランド北西部に輸出され、両地域で最終仕上げの肥育を受けて消費地に出荷されていたことが確認できる。そこから何処に向かったのか、これは後段で見よう。

◆東海岸中央部の大輸出地域

ニューリ（Nr）、ウォレンポイント（Wp）、ダンドーク（Dd）、グリーノア（Gn）、それに、ドゥラハダ（Dr）、さらにダブリン（D）がある。

まずは、ニューリ（Nr）、ウォレンポイント（Wp）、ダンドーク（Dd）、グ

第3章 生きた家畜をはじめとする大規模な畜産物輸出

リーノア（Gn）をまとめて見よう。ただ、ウォレンポイントについては輸出先の港が資料に記されていない。

ニューリ（Nr）からスコットランドのアードロサン（Ar）、それに、イングランド北西部のホワイトヘイヴン（Wh）とリヴァプール（Li）に家畜が輸出されていた。輸出地域についてはベルファストなどと同じである。輸出する牛のほとんどがストア牛（8,772頭）という点においても、ベルファストなどと同じである（肥育牛はたったの13頭）。ただ、羊や豚の輸出もストア牛に劣るとはいえ多かった。牛全体で19港中10番目の輸出頭数であった。

ダンドーク（Dd）からもアードロサン（Ar）、それに、イングランド北西部のリヴァプール（Li）に家畜が輸出されていた[80]。いずれの家畜もニューリ（Nr）より多く輸出されていた。ストア牛をはじめとする牛の輸出が19港中7番目に多く、羊が5番目、豚になれば4番目と多かった。

グリーノア（Gn）からも多かった。牛全体で9番目、羊は7番目、豚も7番目であった。表3-22に示されるように、グリーノアからはホリヘッド（H）だけに家畜が輸出されていた。第2章注47で明らかにしたように、ニューリ運河を利用してアイルランド沿岸交易を盛んにしていたニューリ船舶会社が、1860年代に、発展するブリテン貿易の橋頭堡としてグリーノアに新港の建設に乗り出した時、この動きに加わったのがホリヘッドからのアイルランド貿易に進出しようとしたロンドン北西部鉄道であった。このブリテン大鉄道の重大な影響下に、ニューリ、グリーノア、そしてダンドークを繋ぐダンドーク・ニューリ・グリーノア鉄道が建設されたことは既に述べた。

少なくとも地元資本が関与していたと考えられる、ダンドーク・ニューリ汽船会社 the Dundalk & Newry SP Co とダンドーク・ニューリ・グリーノア鉄道が航路を経営していた、ダンドーク、グリーノア、ニューリの3港は、アイルランド海に面したレンスター地方北部とアルスター地方南部に位置している。いずれもリヴァプールないしホリヘッドと便数の多い航路を開いていた[81]。また、アイルランド海北部に位置するためもあってか、ダンドークとニューリはスコットランドとも繋がっていた。

263

第1部　19世紀後半アイルランド農業の展開

　東海岸中央部に残る大ブリテンへの家畜輸出港はドゥラハダ（Dr）とダブリン（D）である。ダブリンは表3-19の筆頭にあるように、アイルランド最大の家畜輸出港である。ドゥラハダも家畜大輸出港である。牛全体で見れば、ベルファスト、コークに次いで4番目であるが、肥育牛に限ってみれば、ダブリンに次ぐ2番目であり、羊もダブリンに次いで2番目となる。ドゥラハダからの輸出先はグラスゴウ（Gl）とリヴァプール（Li）、それにブリストル（Br）だった。

　アイルランドは肥育牛よりも半ば肥育されたストア牛の大ブリテンへの輸出が大きかったことが最大の特徴であるが、これに逆らって、1877年、ストア牛より肥育牛を多く輸出した港はわずか5港であった。そのうちには、肥育牛28頭、ストア牛24頭のウエストポートも入っている。これを除くと、4港に過ぎなかった。その中で、ダブリンに次いでドゥラハダが肥育牛輸出で抜きん出ていた。それもそうであろう。ドゥラハダは、アイルランド肉牛肥育業の最大の中心地ミーズ県の海への出口の一つ（もう一つはダブリン）であった。

　ドゥラハダで注目すべきことがもう一つある。羊の輸出がダブリンの2分の1であったが、他の輸出港に比べて、ダブリンに次いで大変規模が大きかったことである。ドゥラハダの後背地が先ほども述べたように、ミーズという肉牛肥育の大中心地であることにのみ目がどうしても向くので、あえて触れておいた。

　ダブリンについては多くを語ってきたので、ここでは輸出先の港を確認しておくだけにしよう。北から、グラスゴウ（Gl）、シロス（Si）、リヴァプール（Li）、ホリヘッド（H）、それにブリストル（Br）の5港である。表3-20では、1881年に、アイルランドから家畜を輸入する大ブリテン21港の上位4港とシロスである。ということは、アイルランド最大の家畜輸出港から、大ブリテンのアイルランド家畜大規模輸入港に大量の家畜が輸送されていたと言うことである。どのような家畜がこれらの港を移動したのか、牛のばあい、肥育牛なのか、ストア牛なのか、あるいは子牛なのか、後段で検討しよう。

第3章 生きた家畜をはじめとする大規模な畜産物輸出

◆アイルランド南部の港

　表3-19でアイルランド南部海岸に位置するのはウェクスフォード（Wx）、ウォータフォード（W）、それにコーク（C）がある。南部海岸ではないが、マンスター地方に位置するリムリック（L）もあわせて見よう。

　ウェクスフォード（Wx）から輸出される家畜のうち、牛はさほど多くなかった。牛全体で見ると、19港のうち11番目であった。ただ、ストア牛より肥育牛の方が多い4港に入っていた。羊の輸出は多かった。6番目である。豚も多く、9番目であった。

　ウェクスフォード（Wx）から家畜は何処に向かったか。リヴァプール（Li）とブリストル（Br）である（表3-22）。後出の地図3をみると、ブリストル（Br）への輸出は航路から考えて頷ける。

　ウォータフォード（W）に移ろう。牛の輸出ではデリー（De）に次いで6番目に多かった。特にストア牛が多かった。そして、当時、ベーコンの生産と輸出でアイルランドを代表していたが、生きた豚もダブリンとコークに続いて多かった。それらをはじめとする家畜は、グラスゴウ（Gl）とリヴァプール（Li）、ミルフォードヘイヴン（Mi）とブリストル（Br）に向かった。

　ウォータフォード港は南部において、コークに次ぐ重要な出口であった。1824年以前には、ウェールズ南西端ミルフォードヘイヴン Milford Haven と帆船の郵便船で結ばれていた。1870年代、ウォータフォード汽船会社 the Waterford Steamship Co がリヴァプールとブリストル航路を営業する一方、大ブリテンのグレイト・サザーン鉄道 the Great Southern Railway の汽船が、日1便、ミルフォードヘイヴンとの間を往復していた。[82]

　続いてコーク（C）である。コークからは大ブリテン8港に家畜が輸出されていた。ダブリンからは5港、ベルファストの7港よりも多い。8港はグラスゴウ（Gl）、リヴァプール（Li）、ミルフォードヘイヴン（Mi）、カーディフ（Ca）、ニューポート（Np）、ブリストル（Br）、サウサンプトン（So）、そしてロンドン（Lo）であった。後出の地図を見ればわかるように、アイルランド南部のコークからウェールズのミルフォードヘイヴン、カーディフ、

ニューポート、またイングランド南部のブリストルやサウサンプトンへの海路での家畜輸送は頷ける。しかし、アイルランド島の南西端からリヴァプールにたいして、さらには、アイルランド海をはるか北行するグラスゴウへの家畜輸出までおこなっていたことに驚かされる。だがそれも、コークの海運史を一瞥すれば納得させられる。

コークは、帆船時代から大西洋貿易で重要な役割を果たしてきた。本章第1節「世界最大のバター、塩漬け食肉（ビーフ＆ポーク）輸出」で明らかにしたように、コークは18世紀、19世紀初頭頃まで、加工畜産物貿易で世界最大の輸出港であったが、その時はコークからの帆船が大西洋を、インド洋を盛んに往来していた。こうしたコークであったからだろうか、汽船時代の揺籃期に主導的役割を果たした。

1821年、セント・ジョージ汽船会社 the St George Steam Packet Co が、ダブリンとコーク、リヴァプールの実業家たちによって組織された。同社の1841年における定期航路は表3-23の通りである。

航路ロンドン・プリマス・ファルマス・コークまでがアイルランドと大ブリテンを結ぶ航路である。ハル・リースからロンドン・エクセターまでは大ブリテン内の航路である。以下3航路は外国航路で、蘭はオランダ、独は現在のドイツ、露はロシアである。これを見るだけで、セント・ジョージ汽船会社が1841年時点でいかに広い範囲の航路網を築いていたのかわかる。

このセント・ジョージ汽船会社を興したのはダブリンのピム〈ジョセフ〉Joseph R. Pim（1787-1858）やコークのレッキ John Lecky（1764-1839）たちであった。その時、ジョセフ・R・ピムは海運業とアイルランド最初の保険業を営んでいたが、かれの兄たち（トマス Thomas とジョナサン Jonathan）は既にいわば総合商社的な事業を展開していた。ニューヨークや西インド諸島、リヴァプールと取引し、主には原綿の輸入とアイルランドの生産者への卸し、リネンの上記3地域への輸出、リヴァプールへの厚手のうね織物の輸出、西インド諸島への粗製綿製品の輸出等々に従事していた。ジョセフもこの共同経営に参加するなかで、1821年に上に述べた海運業を興すに至った。

表3-23　セント・ジョージ汽船会社定期航路(1841年)

航　　路		航海間隔
ダブリン・コーク・グラスゴウ	Dublin・Cork・Glasgow	5日間隔
リヴァプール・バンゴール	Liverpool・Bangor	夏毎日・除日曜
リヴァプール・ニューリ・ダンドーク	Liverpool・Newry・Dundalk	週3日
リヴァプール・コーク	Liverpool・Cork	毎火曜日
ブリストル・ダブリン・ウォータフォード	Bristol・Dublin・Waterford	毎火曜・土曜
ロンドン・プリマス・ファルマス・コーク	London・Plymouth・Falmouth・Cork	毎土曜
ハル・リース(エディンバラ)	Hull・Leith	毎日曜
ロンドン・ストクトン	London・Stockton	夏毎土曜、冬毎5、15、25日
ロンドン・エクセター	London・Exeter	夏毎水曜、冬毎10、20、30日
ハル・ロッテルダム(蘭)	Hull・Rotterdam	毎水曜
ハル・ハンブルク(独)	Hull・Hamburgh	毎水曜・土曜
ロンドン・ペテルスブルグ(露)	London・Petersburgh	シーズン毎1、16日

出典)1841年 St. George Steam Packet Co 航路宣伝チラシ。本資料へのアクセス方法は、煩雑なため注83の末尾で説明する。

　ジョセフは1819年、コークのJ・レッキの娘ハナ Hannah と結婚した。この結婚により、ジョセフはコークの商人たち、特に、レッキと繋がりを持つことになった。レッキは商人であり、銀行家であり、船舶所有者であった。
　こうしたジョセフ・ピムとジョン・レッキがセント・ジョージ汽船会社の創設株主となった。同社は直ちにリヴァプールの造船業者ウイルソン T. Wilson と2隻の大型で強力な汽船、セント・パトゥリック号 the St. Patrick とセント・ジョージ号 the St. George の建造を契約し、まずは両大型汽船で事

業を始めた。当初、リヴァプールに本店が置かれたが、コークにも拠点が設けられ、やがて本店もコークに移ることになる。

　1830年代半ばには世界の大きな船会社の一つとなったといわれるが、大洋航海でも世界初の偉業を成し遂げた。ロンドン・テムズを出航して3カ月後の1831年5月、オーストラリア・シドニーのジャクソン・ヘッド港にセント・ジョージ汽船会社のソフィア・ジェイン号 the Sophia Jane が着いた。1850年代に至るまでで世界最長の汽船航海と言われるものである。さらに、1838年4月4日にコークを出航したシリウス号 the Sirius が同月22日にニューヨークに着いた。乗客を乗せた大西洋横断汽船第1号である。シリウス号はセント・ジョージ汽船会社の船であったが、ブリティシュ・アメリカン汽船会社 the British & American SN Co が同船をチャーターして大西洋を横断したのである。ブリティシュ・アメリカン汽船会社は1836年に、セント・ジョージ汽船会社の創設者ジョセフ・R・ピムが直接アメリカとの取引をおこなうために設立理事となって組織された会社であった。

　こうしたセント・ジョージ汽船会社であったが、ジョセフ・R・ピムの事業に財政的困難が生じ、1844年、事実上改組された。パイク E. Pike をはじめとするコークの商人、船舶所有者、銀行家たちによって設立されたコーク汽船会社 the Cork Steamship Co がセント・ジョージ汽船会社の多くの船舶を初めとする事業を引き継ぐことになった。[83]

　話が少し横道にそれたが、1870年代におけるコークからの家畜輸出の話に戻ろう。ロンドンを除くと、リヴァプール、ブリストル、それにウェールズ南西端のミルフォードヘイヴンへの輸出が多かった。グラスゴウについてであるが、生きた家畜にとって長い船旅は困難をともなうことも考慮すると、コーク・グラスゴウ間の家畜輸送は多くはなかった可能性がある。

　コークからの家畜輸出で最大の特徴は子牛であったが、ウェールズ南西端のミルフォードヘイヴンかブリストルに汽船で運ばれ、そこから鉄道で子牛肉最大の消費地と考えられるロンドンに鉄道で輸送されたのであろう。コークからはまた、肥育牛よりストア牛が断然多く輸出されたことも大きな特徴

第3章 生きた家畜をはじめとする大規模な畜産物輸出

である。コークがアイルランド最大の酪農地域の中心地であること、乳肉兼用種が多数飼養されているアイルランドにあっては、コークを中心とするマンスター地方が肉牛繁殖の中心地であり、半ば肥育された肉牛を生産する地域であったことが改めて確認される。

　ここで「他の牛」がアイルランドで1番多く輸出されていることにも触れておこう。表3-19のコークで記されている牛全体の輸出頭数から、肥育牛、ストア牛、それに子牛の輸出頭数を引けば、「他の牛」2,981頭となる。表に注記しているとおり、「他の牛」とは廃用乳牛などで、年齢やその他の事情により屠殺以外に他の目的で使用することができなくなった牛であるが、アイルランド最大の酪農地域の中心地であるコークの家畜輸出の特徴を良く示している。この「他の牛」も子牛と同様、ミルフォードヘイヴンかブリストルに汽船で運ばれ、そこから鉄道でロンドンに向かったと推測される。

　最後に、リムリックである。表3-22には同港から大ブリテンの何処の港に家畜が輸送されるのか出てこない。実は、マクニールによれば、1870年代にリヴァプールやグラスゴウとの間で航路が開かれていた。[84]

◆大ブリテン21港はアイルランドのどの港から輸入し、その後の行き先は

　表3-22と同じ資料から作ったのが表3-24である。1870年と77年、81年の3時点のデータを集めているので、表示しているものが3時点全てに該当するものではない。なお、表3-22と同様に、空白になっているのは典拠資料のいずれにも記載がないことを示している。アイルランドの港の表示は表3-22の記号だけにとどめたが、本文ではフル表示する。

◆スコットランドとイングランド北西部——ストア牛輸入と最終肥育地へ

　北方から、スコットランドのグラスゴウ（Gl）から見ていくが、「アイルランド港別対英家畜輸出（1877年）」（表3-19）と「大ブリテン21港のアイルランドからの家畜輸入（1881年）」（表3-20）も参照することがある。

　『1870年枢密院委員会報告』にはグラスゴウに家畜がアイルランドのどこから運ばれてきたか記載されている。バリナ(Bl)、スライゴ(S)、デリー(De)、コールレイン (Col)、ベルファスト (B)、ドゥラハダ (Dr)、ダブリン (D)、

表3-24 大ブリテン21港はどのアイルランド港から輸入し、それから何処へ（1870年、77年、81年）

大ブリテン港		アイルランド港	大ブリテン内輸送先
オーバン	O		
グラスゴウ	Gl	Bl, S, De, Col, B Dr, D, W, C	アバディーン Ab, パース Pe エディンバラ E、カーライル Cl
グリーノック	Gk	De, Moville	グラスゴウ（船）、カーライル（鉄道）
アードロサン	Ar	B, Nr, Dd	グラスゴウ、ダムフリーズ Du、カーライル
エア	Ay		
キャムベルタウン	Ct		
ストランラーア	St	Lr, B	グラスゴウ、カーライル、ニューカースル Nc
シロス	Si	D	グラスゴウ、カーライル、ニューカースル他
ホワイトヘイヴン	Wh	Nr	カーライル、コカマス Cm、ベンリス Pr 他
バロウインファーニス	BF	B	カーライル、ニューカースル、ダーリントン Da スキプトン Sk、ケネアズバラ Kb、ヨーク Y 他
モーカム	Mo	De	ランカスター La、ウルヴァーハムトン Wo、バーミンガム Bi 他
フリートウッド	F	B	カーライル、ニューカーズル、スキプトン、ヨーク クリサロウ Ct、マンチェスター Ma、ノリッジ No ケンブリッジ Cb
リヴァプール	Li	We, Bl, S, De, B, Nr Dd, Dr, D, Wx, W, C	牛販売人やドゥローヴァーによって各地へ
ホリヘッド	H	Gn, D	ロンドン・北西部鉄道会社でロンドン等へ。牛はヨーク、リヴァプール マンチェスター、シェフィールド Sh、ノリッジ、ロンドン、豚はリヴァプール、ウルヴァーハムトン、バーミンガム、ロンドン。羊はリヴァプール、マンチェスター、ロンドン他
ミルフォードヘイヴン	Mi	W, C	大西部鉄道で他へ（ロンドンも）
カーディフ	Ca	C	近隣で屠殺
ニューポート	Np	C	大西部鉄道で他へ（ロンドンも）
ブリストル	Br	Dr, D, Wx, W, C	
プリマス	P		
サウサンプトン	So	C	
ロンドン	Lo	C	

出典。「1870年枢密院委員会報告」、「1878年アイルランド獣医局長官ファーガソン報告」、「1878年獣医局長官ブラウン報告」、「ト ム年鑑1883年版」。

第3章 生きた家畜をはじめとする大規模な畜産物輸出

ウォータフォード（W）、それにコーク（C）からである。1881年、グラスゴウはアイルランドから10万頭以上の牛を輸入している。羊が8,858頭、豚が5,634頭であることから、牛の輸入がいかに大きかったかよくわかる。

『1878年獣医局長官ブラウン報告』にアイルランド港は書かれていないが、陸揚げされた家畜がどうなったか、詳しく書かれている。肥育家畜はほとんどのばあいグラスゴウの市場や隣接地域の屠殺業者のもとに運ばれる。ストア家畜は鉄道駅に連れていかれ、スコットランドとの境に近いイングランド北辺のカーライル Carlisle (Cl)、それに、スコットランドのエディンバラ (E)、パース Perth (Pe)、アバディーン Aberdeen (Ab) などに貨車に積んで運ばれる。あるいは、近隣の農場に運ばれる。付録に書かれていないが、ストア家畜が上記地域やグラスゴウ近辺の大農場で最終仕上げの肥育を受けて市場に出されたのである。なお、1881年にグラスゴウが輸入した家畜の圧倒的多数が牛であったことから、上記の記述は主に牛に関わるものであったと考えられる。[85)]

クライド川がクライド湾に広がる手前のグリーノック(Gk)には主にデリー (De) から家畜がやって来る。1877年のデリーからの家畜輸出は、羊11,241頭、豚34,651頭に対して牛51,797頭である。しかも、ストア牛がそのほとんどで、50,706頭である（表3-19）。そしてグリーノックにやって来たストア牛はそのまま船でグラスゴウ (Gl) か、鉄道でカーライル (Cl) に運ばれ、そこで最終肥育を受けたと考える。なお、グリーノックにはしばしばドニゴール県モヴィル Moville から豚もやって来たとされている。

アードロサン（Ar）にやって来る家畜の大半がベルファスト (B) からのものとされている。時に、ニューリ（Nr）やダンドーク（Dd）からもやって来る。1881年の輸入が、わずかの羊もあったが、牛と豚に大別された。77年のベルファスト、ダンドーク、そしてニューリからの輸出では、3港とも牛の中でもストア牛が圧倒的多数であった。上陸した家畜、つまりは多くのストア牛がグラスゴウかカーライル、ダムフリーズ Dumfries (Du) に鉄道で運ばれた。

第1部　19世紀後半アイルランド農業の展開

　ストランラーア（St）に上陸する全ての家畜がラーン（Lr）とベルファスト（B）からやって来た。1881年の同港の輸入は羊2,173頭、豚2,864頭にたいして、牛18,529頭（うちストア牛が半分以上）であった。アイルランド側のラーンは77年に羊と豚も輸出したが、牛（ほとんどがストア牛）が圧倒的であった。ストア牛と考えられる家畜が貨車に積み込まれてグラスゴウ（Gl）やカーライル（Cl）、それに、イングランド北部北海側のニューカースル Newcastle（Nc）に鉄道で運ばれた。

　スコットランドを離れる前に、これまで触れていない港にも一言述べよう。クライド湾に面するエア（Ay）も、キンタイア Kintyre 半島南端のキャムベルタウン（Ct）もおそらく、グラスゴウ（Gl）をはじめとするクライド川に位置する港に向かう船の寄港地か、貨物と家畜専用船で運び込まれたと考えられる。さらに北のオーバン Oban（O）は、キャムベルタウン経由でアイルランド産家畜が入ってきたのだろうか。不明である。

　では次に、イングランド北西部に移ろう。シロス（Si）にはダブリン（D）から家畜がやって来る。シロスからは貨車でグラスゴウ（Gl）やカーライル（Cl）、ニューカースル（Nc）などに輸送された。

　ホワイトヘイヴン（Wh）にはニューリ（Nr）からストア牛や羊、豚がやって来る。同港に着いた家畜は2通りのやり方で他の地域に送られた。直ちに鉄道でコカマス Cockermouth（Cm）やペンリス Penrith（Pr）、そしてカーライルに送られた。これが一つ。もう一つはホワイトヘイヴン競市 the Whitehaven Auction Mart に連れていかれ、そこで売られると鉄道であらゆる地域 all parts に送られた。

　バロウインファーニス（BF）にはベルファスト（B）から家畜が輸入されていた。牛と豚の他に、馬の輸入についても書かれている。わずかの家畜が当地のマーケットで売られるために残るが、多くは鉄道でカーライル（Cl）、ニューカースル（Nc）、ダーリントン Darlington（Da）、スキプトン Skipton（Sk）、クネアズバラ Knaresborough（Kb）、そしてヨーク York（Y）に運ばれる。

第3章　生きた家畜をはじめとする大規模な畜産物輸出

　モーカム（Mo）へのアイルランド輸出港はデリー（De）だけ記されている。上陸した豚の大半がロンドンに鉄道で運ばれた。1881年輸入も豚が多かったが（表3-20）、この年もかれらの大半がロンドンに行ったのであろう。他の家畜はランカスタ Lancaster（La）、ウルヴァーハムプトン Wolverhampton（Wo）、バーミンガム Birmingham（Bi）その他に送られた。ほとんどが牛であったと81年輸入頭数から考えられる。

　フリートウッド（F）への輸出港にベルファスト（B）だけが記載されている。1881年、羊と豚が3千頭以上輸入されたが、多くは牛で1万8千頭以上であった。1900年の輸入から考えてストア牛が多かったと推測できる。かれら家畜は随分多くの地域に送られた。近い所ではクリサロウ Clitheroe（Ct）、マンチェスター Manchester（Ma）、スキプトン（Sk）、それにヨーク（Y）もあった。北に向かって遠い所ではカーライル（Cl）とニューカースル（Nc）、南方では何とノリッジ Norwich（No）やケンブリッジ Cambridge（Cb）に向かった。

　次は最大の輸入港リヴァプール（Li）である。家畜を運ぶ船が昼夜を問わず、アイルランドの多くの港からやって来た。ウエストポート（We）、バリナ（Bl）、スライゴ（S）、デリー（De）、ベルファスト（B）、ニューリ（Nr）、ダンドーク（Dd）、ドゥラハダ（Dr）、ダブリン（D）、ウェクスフォード（Wx）、さらには、ウォータフォード（W）やコーク（C）から輸入された。1881年、牛の頭数を上回る羊が輸入され、豚も10万頭以上が輸入されているが（表3-20）、『1878年獣医局ブラウン報告』付録（以下、「付録」と略記）の多くが牛に割かれている。そこに、週の前半にやって来るのは大抵が牛で、屠殺目的であるのにたいして、週の後半にやって来る牛は肥育目的と記されている。多数のこうした牛が、羊や豚もまた、リヴァプール上陸後にどうされるのであろうか、何処に連れていかれるのであろうか。屠殺目的の牛がリヴァプールを中心に膨張する諸都市の食肉市場に、あるいは、ロンドン・北西部鉄道 the London and North Western Railway でロンドンに直送されたのであろうか。また、いずれの土地で最終肥育の仕上げを受けたのか知りたいが、「付

録」にその記述はない。ただあるのは、牛販売人 cattle salesmen に引き渡されて委託販売されるという記述である。

◆ウェールズ、そこからイングランド南部へ

ウェールズ北端のホリヘッド（H）に家畜は昼夜を問わずいつでも上陸した。アイルランドからの船舶輸送もロンドン・北西部鉄道会社が握っていて、毎日、ダブリン（D）とグリーノア（Gn）から到着したとされている。ホリヘッドの1881年家畜輸入は全国で牛4位、羊2位、豚1位であったが（表3-20）、1878年「付録」には、これら家畜の輸送先が書かれている。牛はリヴァプール（Li）、マンチェスター（Ma）、シェフィールド Sheffield（Sh）、ヨーク（Y）、ノリッジ（No）、ロンドン（Lo）に、豚はリヴァプール、ウルヴァーハムプトン（Wo）、バーミンガム（Bi）、ロンドンに、そして羊はリヴァプール、マンチェスター、ロンドン、それに陶器生産地域 Pottery District に鉄道で送られたとされている。牛のヨークとノリッジ以外は全てロンドン・北西部鉄道が輸送したと考えられる。最後の羊が送られる陶器生産地域はおそらくスタッフォードシア北部のことと考えられる。[87]

今度はウェールズ南西端のミルフォードヘイヴン（Mi）である。先に少し触れたが、毎日、コーク（C）かウォータフォード（W）から家畜がやって来る。81年に牛も羊も豚も数多く輸入されたが、子牛は大ブリテン第3位の多さであった（表3-20）。「付録」は鉄道で運び出されると書いている、家畜は大西部鉄道でロンドン（Lo）に運ばれていったと考えてよい。

さらに、ウェールズのカーディフ（Ca）とニューポート（Np）について記されている。いずれにもコーク（C）から家畜が輸入されている。カーディフで大変興味深い事実が書かれている。「昨年（1877年）、少数の群れの羊と牛が帆船で当港にやって来た」と。汽船時代に入って久しいが、帆船が家畜輸送で活躍していた。ニューポートについてであるが、毎週、コークから家畜を乗せた船がやって来た。そして、ニューポートに着いた家畜は近隣で処分、つまり、屠殺された。

イングランドに戻ってブリストル（Br）である。ドゥラハダ（Dr）、ダブ

第3章　生きた家畜をはじめとする大規模な畜産物輸出

リン（D）、ウェクスフォード（Wx）、ウォータフォード（W）、コーク（C）から家畜がやって来て、当地のマーケットに送られるか、大西部鉄道で運び出された。ブリストルは81年、リヴァプール（Li）、グラスゴウ（Gl）に次いで多くの家畜をアイルランドから輸入していた。牛、羊、豚のいずれの輸入も大ブリテン第3位であった（表3-20）。

　イングランド海峡 English Channel に面したプリマス（P）には、わずかの家畜、特に豚が陸揚げされ、当地で屠殺されたとされている。ただ、81年、子牛を中心とした牛1,713頭が輸入されたのにたいして、豚はわずか273頭であった（表3-20）。同じく、イングランド海峡に面したサウサンプトン（So）である。コーク（C）からかなりの数の豚とストア牛がやって来た。実際、81年、牛は522頭に過ぎなかったが、豚は9,988頭で、全国6位であった。

　最後はロンドン港（Lo）である。1877年を通してわずかの子牛がやって来るだけであった。81年も3頭の牛だけであった。アイルランド産家畜の最大の消費地はロンドンであったと考えられるが、船でやって来るのはほんのわずかで、ほとんどが鉄道であった。

　以上述べてきたことを地図上に表わしてみよう。アイルランド側家畜輸出19港（1877年）と大ブリテン側家畜輸入21港（1881年）を図示した。1878年「付録」に拠って、家畜移動の両側の繋がりと、大ブリテン諸港に降り立ってからの家畜の行方を可能な限り図示した。地図のIはアイルランド、Sはスコットランド、Eはイングランド、そして、Wはウェールズである。アイルランドの輸出港と大ブリテン輸入港は黒丸（●）で表し、大ブリテンで輸入港から家畜が送られてくる土地は白丸（○）で示した。●と○に地名の略記号を付した。大ブリテンの地名の略記号には、これまで、あるいはこれからアイルランドの地名に使用する略記号もあるが、混乱が生じないようにしたつもりである。

　地図3から見えてくるものがある。

　当然のことながら、一方で、アイルランドのダブリン（D）やドゥラハダ（Dr）など、他方で、イングランドのリヴァプール（Li）やフリートウッド（F）

地図３　アイルランド家畜輸出港と大ブリテン輸入港、それから向かう土地

第3章　生きた家畜をはじめとする大規模な畜産物輸出

など、アイルランド海を挟んだ両側が大きな家畜通商路であったことがまず目につく。しかし、北はノース海峡、南はセントジョージ海峡が牛の重要な通商路になっていることもわかる。グラスゴウ（Gl）（牛計2位）をはじめ、スコットランド南西部諸港（牛全体8位のアードロサンArや牛全体計9位のストランラーアStなど）が、特に多くの牛（肉牛）、特にストア牛を輸入している。この地域へ輸出されたアイルランド・ストア牛は、スコットランド、あるいは、イングランド北部の大牧場によって最終肥育されて市場に出された。

　アイルランドと大ブリテン双方を眺めると、次のような像が浮かぶ。大ブリテン側は、ロンドン（Lo）、サウサンプトン（So）、それにプリマス（P）の例外はあるが、北はオーバン（O）から、南はブリストル（Br）まで、総じて、アイルランド島と向かい合った地域に輸入窓口が集中している。他方、アイルランド側は、島の東部に重心があるとはいえ、北部にも、西部にも、南部にも牛たち家畜の出口があって、アイルランド島全体が大ブリテンのロンドンを中心とした巨大な食肉市場と、スコットランドやイングランドの大牧場と深く結びついていたという像である。

　○で示した、大ブリテン輸入港から家畜が送られてくる土地にも注目したい。エディンバラ（E）やヨーク（Y）、マンチェスター（Ma）やバーミンガム（Bi）などの大消費地と考えられる土地もあるが、北はスコットランドのアバディーン（Ab）やパース（Pe）、イングランドに入ると、東海岸の土地が家畜の受け入れ地として、つまり牛のばあいには最終肥育地として出てくる。北はニューカースル（Nc）やダーリントン（Da）、南はノリッジ（No）やケンブリッジ（Cb）にまで下る。もちろん、イングランドの中央部であるミッドランドにもストア牛が輸送されている。大ブリテンの実に広い地域にわたって、しかも、輸入港から随分遠い地にも、アイルランド生まれの牛などの家畜がやって来て、そこで市場向けの最終仕上げを受けていた。アイルランドは広く大ブリテンと食肉のための家畜生産の分業体制に組み込まれていた。

第 1 部　19世紀後半アイルランド農業の展開

1) Joanna Bourke, *Husbandry to Housewifery Women, Economic Change, and Housework in Ireland 1890-1914*, Oxford, Clarendon Press, 1993, p. 85.
2) 武井章弘「18世紀アイルランド・リネン工業の比較経済史的アプローチ——政策・市場・生産」(日本アイルランド協会『エール』第32号、2013年) 31頁他。
3) E. Wakefield, *An Account of Ireland, Statistical and Political*, vol. II, London, Longman, Hurst, Rees, Orme, and Brown, 1812, pp. 38-57. ウエイクフィールド (1774-1854) の長男が近代植民論で有名な E. G. Wakefield である。なお、K・マルクスは、E・G・ウエイクフィールドの近代植民論を使って『資本論』第1巻を締めくくる第7篇25章「近代植民理論」を執筆している。
4) Wakefield, *ibid.*, pp. 25-6.
5) 竹田著にたいする書評は「竹田泉著『麻と綿が紡ぐイギリス産業革命——アイルランド・リネン業と大西洋市場』」(『エール』第33号、2014年3月)。武井章弘はコークでリネンが生産されていたことも明らかにしている。論考は何点かあるが、そのうちの一つ。Akihiro Takei, The First Irish Linen Mills, 1800-1824, *Irish Economic and Social History*, XXI, 1994.
6) 武井アイルランド・リネン工業史研究の優れた点の一つは、アルスター・アントゥリムの綿工業者たちのリネン工業への転業を明らかにしたことである。「アイルランドの工業化と企業者行動——1830年代における綿工業の衰退と麻工業の勃興」(経営史学会『経営史学』Vol 28, No. 3, 1993年)。カレンは、本書著者にかつて、「一時アイルランドの機械化がイングランドにも先行した」と述べたことがある。
7) Wakefield, *op. cit.*, pp. 38, 40, 44. ワインについて一言補足しておく。ウエイクフィールドの1772年から1811年までのアイルランドの輸入データによれば、1779年まで量と金額双方でフランス・ワインが最大であった。しかし、1780年以降、多くの年でポートワイン、つまり、ポルトガル・ワインが首位に立った。英国・ポルトガル同盟、特に、1654年イングランド・ポルトガル条約の影響がアイルランドにも及んだ所為かも知れない。蔵谷哲也「メシュエン条約」(『四国大学紀要』(A) 43、2014年) 13-4 頁。
8) ウエイクフィールドが、アイルランドにインドへの輸出を認めた法律ジョージ3世33年法律31号 the 33d. Geo. III. cha. 31. (1767年法律) に挿入された条項を紹介している。東インド会社の船の一隻は毎年10月から2月までの間にコークに寄港してインドへの輸出物資を船積みし、それら物資は船がインドに着くまで陸揚げされてはならない that one of the company's ships shall touch at Cork every year for the goods, between the months of October and February, which are not to be unshipped till the arrival of the vessel in India という条項である。Wakefield, *ibid.*, p. 19.
9) W. O'Sullivan, *The Economic History of Cork City from the Earliest Times to*

第3章　生きた家畜をはじめとする大規模な畜産物輸出

　　 the Act of Union, Dublin and Cork, Cork University Press, 1937.
10)　「アイルランド税関原簿」を利用した研究で、本章で利用するのは以下のものである。同時代人のウエイクフィールド、マレイ Alice E. Murray, *A History of the Commercial and Financial Relations between England and Ireland from the Period of the Restoration*, new edition, London, P. S. King & Son, 1907、オサリヴァン、オドノヴァン J. O'Donovan, *The Economic History of Live Stock in Ireland*, Dublin and Cork, Cork University Press, 1940、クロッティ R. D. Crotty, *Irish Agricultural Production Its Volume and Structure*, Cork, Cork University Press, 1966、それにカレンである。マレイの研究はダブリンの国立図書館に所蔵されている1764年以後の The Custom House Books、オサリヴァンの研究は同図書館所蔵の1771年以後の同資料、オドノヴァンの研究はロンドンの公文書館 the Public Record Office が所蔵する1698年以降の the Irish Customs Ledgers、クロッティの研究もオドノヴァンと同じ資料、カレンの研究は上記4名が利用した資料に止まらず、イングランドやスコットランドの貿易統計など広範な資料からのものである。カレンは *Anglo-Irish Trade*, Appendix pp. 216-23に詳しい資料紹介をおこなっているが、かれの研究の特徴の一つに密貿易も考慮に加えていることである。なお、同時代人のウエイクフィールドは、当時存在していたダブリン税関 Custom-House of Dublin 資料や、主な港湾都市にあった商工会議所 the Chamber of Commerce 資料、軍隊船舶食糧調達局 the Victualling Office 資料等々を利用している。*Dictionary of National Biography*, 1885-1900は具体例を挙げないでウエイクフィールドの著書には多くの不正確さがあるとしているが、税関記録に関する限り、オサリヴァンやカレンと照合すると全く同じ数値である。もっとも、*Dictionary of National Biography* は、ウエイクフィールドの著書を A・ヤング Young の *Tour in Ireland* 以来の「アイルランドに関する最良かつ最も完璧な書物である」とのマカロック McCulloch の言を引いている。
11)　J. O'Donovan, *op. cit.*, p. 303.
12)　二つのパラグラフでオドノヴァンを三度引いた。それらの出典は、J. O'Donovan, *ibid.*, pp. 303, 308.
13)　以上のいくつかの長い引用は Cullen, 1972, pp. 54-56. からである。残念ながら、カレンの1972年著書は個々の引用の出典を示していない。巻末の Note on Primary Sources に挙げられた資料を調べればわかるかもしれないが、本書著者にはもはやそれは不可能である。なお、カレンは1968年著書では引用毎に出典を挙げている。引用中に出てきたキンセイルにイングランド海軍基地が置かれていたが、雪村加世子「キンセイルの『フレンチ・プリズン』：ブリテン諸島の水兵捕虜収容にかんする一考察（1692～1713）」（『神戸大学史学年報』30号、2015年）が興味深い研究をおこなっている。

14) Rynne, *op. cit.*, p. 38. ラインは北米や、さらにもっと距離があるブラジルへの大西洋横断航路にとって、コーク・バターのファーキン樽荷造り技術に注目しているが、もう一つはやはり塩漬けのやり方である。
15) Wakefield, *op. cit.*, vol. I, p. 758.
16) 蔵谷哲也「英ポルトガル同盟関係の研究」(日本国際経済学会第76回全国大会、2017年10月、明治大学) https://www.jsie.jp>Annual Meeting>pdf>paper 12頁と、同、「メシュエン条約」『四国大学紀要』(A) 43, 2014年、14頁。
17) O'Donovan, *op. cit.*, p. 151. オドノヴァンが典拠としたのは、First Report of the State of the British Fisheries, *P. P.* 1785, p. 16.
18) Rynne, *op. cit.*, pp. 34, 38.
19) J. O'Donovan, *op. cit.*, p. 155.
20) J. O'Donovan, *ibid.*, p. 196. なお、クロッティも、『アイルランド税関原簿』から1803年から8年までの5年間平均で、アイルランドが羊を10,653頭、マトンは5頭相当分を輸出したとしている。R. D. Crotty, *op. cit.*, p. 277.
21) ドゥラモンド委員会1838年第二報告 Second Report of the Commissioners appointed to consider and recommend a General System of Railways for Ireland, Appendix B. No. 9, pp. 69–90. *P. P. 1837–38〔145〕* Vol. 35. Peter M. Solar, The Agricultural Trade Statistics in the Irish Railway Commissioners' Report, *Irish Economic and Social History*, Vol. VI, 1979, pp. 24–40. ただ、ソーラーは重要な指摘をおこなっている。1830年代に帆船による家畜輸出がおこなわれていたという指摘である。「汽船航海の導入によってもたらされた変化で注目すべきは、ビーフやポーク貿易のある程度の犠牲の上での生きた家畜貿易の発展」であった。「生きた羊や牛の貿易は汽船によって支配されたが」、「帆船による小さな港へのストア家畜の輸送が残存」していて、例えば、「依然としてかなり多くの牛の輸出がドナハデー Donaghadee (ダウン県 Co. Down)」から帆船でおこなわれていた」と。
22) フランス革命とユナイテッド・アイリッシュメン蜂起については、後藤浩子「名誉革命とプロテスタント優位体制の成立」(『世界歴史大系　アイルランド史』山川出版社、2018年) 163–173頁が大変詳しい。なお、T. W. Moody, F. X. Martin, F. J. Byrne, eds., *A New History of Ireland Vol. VIII A Chronology of Irish History to 1976*, Oxford, Clarendon Press, 1982も参照した。
23) 勝田俊輔「連合王国の発足とオコーネルの時代」同上、181頁。
24) 山倉和紀「アイルランド為替論争と小額鋳貨危機」(日本大学商学部『商学集志』第89巻4号、2020年3月)。同論考に添えられた参考文献一覧にあるように、山倉の研究は広くて深い。本書が特に参考にしたのは、「アイルランド為替論争におけるアイルランド銀行批判の含意——ユニオン後の金融・財政・政治」(日本アイルランド協会『エール』第34号、2015年3月)。

第3章 生きた家畜をはじめとする大規模な畜産物輸出

25) An act to amend the Laws now in force for regulating the Importation of Corn (55 Geo. III, c. 26).
26) 引用したのは、アーヴィングが1849年5月におこなった衆議院 the House of Commons への報告への注記 An Account of all cattle, sheep, and swine, imported into Great Britain from Ireland, from the 5th day of July 1847 to the 5th day of April 1849, *P. P. 1849（292）* Vol. L である。
27) マレイがこう述べている。「併合後、特に、ブリテンとアイルランドの関税が統合され、この二国間の貿易に関する独立の報告が作成されなくなった1826年以降、アイルランドの産業の状態を判断するための資料がほとんどなくなった。」A. E. Murray, *op. cit.*, p. 345. この間の経緯については以下の文献も参照した。P. M. Solar, The Agricultural Trade Statistics in the Irish Railway Commissioners' Report, *Irish Economic and Social History*, Vol. VI, 1979, p. 24. 大ブリテン・アイルランド関税廃止法については、C. Ó Gráda, Poverty, Population, and Agriculture, 1801-45, in W. E. Vaughan ed., *A New History of Ireland V Ireland under the Union I 1801-70*, Oxford, Clarendon Press, 1989, p. 109 を参照した。なお、クロッティは、アイルランド税関原簿 the Irish Customs Ledgers は1829年まで作られているが、1818年以降は詳しい情報の提供はないとしている。R. D. Crotty, *op. cit.*, p. 275.
28) C. Ó Gráda, *Ireland before and after the Famine Explorations in economic history, 1800-1925*, Manchester, Manchester University Press, 1988, p. 47.
29) Extract of Some Details of a Passage from Dublin to London, in a Vessel Propelled by a Steam-Engine ; communicated by Professor Pictet, one of the Editors of the "Bibliothèque Britannique." by Isaac Weld, Esq. in An Historical and Explanatory Dissertation on Steam-Engines and Steam-Packets ; with the Evidence in full given by the Most Eminent Engineers, Mechanists, and Manufacturers, to the Select Committees of the House of Commons, London, 1818, pp. 253-278 ; J. Kennedy, *The History of Steam Navigation*, Liverpool, C. Tinling & Co, 1903, pp. 17-22 ; D. B. McNeill, *Irish Passenger Steamship Service vol. 2 : South of Ireland*, Devon, David & Charles, 1971, pp. 124, 127-8 ; J. L. Henry, *Robert Fulton*, New York, Philadelphia, Chelsea House Publishers, 1991, p. 77 ; 〈http://www.clydeships.co.uk/〉

　なお同年、アイルランド交通史にもう一つ大きな転換があった。イタリア人ビアンコーニ Bianconi（1786-1875）がクロンメル Clonmel からカヒル Cahir までの道路に定期便馬車を走らせたことである。このビアンコーニの道路時代の開始と家畜輸出との関連については、現在のところ本書にはよくわかっていない。ただ、ベルファスト郊外の交通博物館で、ビアンコーニの馬車が乗客輸送の画期として注目されていることを確認したことから、家畜輸送と直結していないようだ。牛のような

第1部　19世紀後半アイルランド農業の展開

大型家畜は歩かせて近くの港まで運び、輸出することがほとんどであったと考えられる。M. O'C. Bianconi & S. J. Watson, *Bianconi King of the Irish Roads*, Dublin, Allen Figgis, 1962, p. 57 ; Moody, T.W., Martin, F.X., & Byrne, F.J., eds., *op. cit.*

30)　Return, Account of all Corn and Meal, also of Horses and Sheep, Beef and Pork, Bacon and Butter, Exported from Ireland, from the Period of the Union to 5th January last, *P. P. 1828 [180]* Vol. XVIII. この報告は大ブリテンへの輸出、諸外国への輸出、それらを合計した全地域への輸出から成っている。

31)　O'Donovan, *op. cit.*, p. 159.

32)　表3-9の1815年から25年までのデータは、第1章でも触れたが、G・R・ポーターが1833年に商務省から議会に報告したものである。ポーターが報告の注記でこう述べている。「本報告は公的なものではないが、信用に値する。The Steam Navigation Company の支配人たちが保管する資料から編集されたものである」。この1833年報告から、かれがおこなった商務省統計局報告は、1852年に死亡するまで「ポーター表　Porter's Tables」と呼ばれた。なお、商務省はポーターの下に鉄道局も設置している。

33)　クロッティの主張に関わる議論は、拙稿「19世紀前半アイルランド農業の農産物貿易統計からの透視――「大飢饉分水嶺論争」に関わって」(『大阪経大論集』第63巻2号、2012年7月) を見られたい。

34)　以上のオドノヴァンとカレンの引用は、O'Donovan, *op. cit.*, pp. 151, 301 ; Cullen 1972, p. 59. 西インド食糧品市場に入ってきたのは合衆国なのか、英領北米植民地なのか、合衆国独立を境に事態が変わるが、カレンは大きく「北米」と述べている。現在の本書は状況を正確に把握し述べることが困難である。ただ、オドノヴァンやカレンの述べるところから、次のような状況転換があったのではないかと推測する。18世紀後半から19世紀初頭にかけて、いわゆる大ブリテン大西洋三角貿易なるものが変容したかと思われる。大ブリテン・アイルランドからの西アフリカへの織物輸出（イングランドの綿。アイルランドのリネンもか）、西アフリカから西インドと北米への奴隷輸出、西インドから大ブリテン・アイルランドへの砂糖やタバコの輸出、この三角貿易のカギを握っていた西インドに、アイルランドから食糧品が輸出され、北米植民地から木材を中心とする輸出がおこなわれていたが、北米が、合衆国がアイルランドの独壇場に近かった西インドの食糧品分野にも入り込んできたと。

35)　山崎清「アイルランドにおける19世紀末農業不況と農業協同組合運動」(『協同組合奨励研究報告　第六輯』1980年、226頁)。Sheldon, J. P., *Dairy Farming Being the Theory, Practice, and Methods of Dairying*, London, Paris & New York, Cassell, Petter, Galpin & Co, c. 1880, reproduction by Forgotten Books, 2015, p. 303. 本文でR・O・プリングル Pringle の名を挙げ、シェルダン Sheldon をカッコに入れて書いたのは次の理由による。当該箇所第24章「アイルランドの酪農 Dairy Farming

第3章　生きた家畜をはじめとする大規模な畜産物輸出

in Ireland」を執筆したのはプリングルであるが、書籍としてはシェルダン著とされているからである。これは目次の後に記された執筆者名からわかる。そこには、プリングルが『アイルランド農家新聞 The Irish Farmers' Gazette』編集者であったと紹介されている。本書第2章はこの『アイルランド農家新聞』(1876年)に全面的に依拠しているし、この第3章も大いに依拠している。また、第7章「西部のメイヨーへ」では編集者プリングルの貴重な調査論文を資料として利用している。編著者といってよいシェルダンは、イングランドのソールズベリー近くのダウントン農業カレッジ the College of Agriculture, Downton 教授（それ以前は王立農業カレッジ農業教授）であり、かれらの他に、5人が執筆している。

36) Select Committee on Industries (Ireland) Report, Proceedings, Minutes of Evidence, Appendix, Index, Appendix, No. 6, *P. P. 1884-85 (288)* Vol. IX, p. 738 ; O'Donovan, *op. cit.*, p. 304. なお、オドノヴァンは何故か出典を示していない。本書はオサリヴァン W. O'Sullivan の Bibliography 掲載の Report of the Select Committee on Irish Industries (1885) を探す中で、本文利用データに行き着いた。

37) *P. P. 1884-85 (288)* Vol. IX, p. 738.

38) 本船積込渡し free on board については、中嶋銕造・藤田仁太郎編『英和商業經濟辭典』（研究社、1933年）、ジャパントラスト貿易用語集〈https://www.jpntrust.co.jp/jtc/dictionary〉を参照した。

39) Helen Zimmern, *The Hansa towns*, London, T. Fisher Unwin, New York, G. P. Putnam's Sons, 1889, pp. 375-6 (the Project Gutenberg eBook で読んだ。Google Books でも読むことができる)。ドイツ帝国建国は1871年1月である。したがって、表3-11の1868年まではそれ以前のデータである。1889年時点でツィムメルンがこう書いている。「自由港としての古い歴史的特権を最終的に引き渡すことについては、リューベックは22年ぐらい前にそれに踏み切ったが、ハンブルクとブレーメンは1888年10月までやらなかった。かれらは長く抵抗した」と。リューベックが自由港としての特権を放棄したのを1889年の22年前、すなわち、1867年とすると、1854年からその時点まで、リューベックも自由港であった。つまり、連合王国の統計である表3-11に貿易の主体として登場していた。ハンブルクとブレーメンは1888年まで、すなわち、表3-11の元データがカヴァーする全期間の1854年から77年まで、自由港としての特権を有していて、連合王国とも貿易をおこなっていた。なお、増田四郎が「今日においてもなお、リューベック、ハンブルク、ブレーメン、ケルンの4都市は、公式には〈ハンザ自由都市〉の名称を保持している」と書いている（『世界大百科事典』第2巻、平凡社、1972年、238頁）。しかし、ケルンが貿易権を持っていたのか不明。

40) Sheldon, *ibid.*, p. 303.

41) Sheldon (Pringle), *ibid.*, p. 358.

42) Joanna Bourke, *op. cit.*, p. 85.
43) O'Donovan, p. 321. なお『1998年陸地測量部地図』では、ドゥラムコロハーは Dromcolliher（Drom Collachair）と綴られている。あるいはまた Dromcolloher もある。本文ではオドノヴァンに従った。アイルランドにおける農業協同組合については、前掲の山崎清「アイルランドにおける19世紀末農業不況と農業協同組合運動」が詳しい。山崎はさらに、クリーマリーには他に個人所有のものや、株式会社による所有もあり、1898年には個人所有が132、株式制度が107、協同組合方式が85であったとしている。また、プランケットについても詳しい説明をしている。221-8頁。
44) Lawson, James Anthony, The Provision Trade of Ireland, *Transactions of the National Association for the Promotion of Social Science 1861*, ed. by George W. Hastings, London, John W. Parker, Son, and Bourke, 1862, p. 701. 引用文中の（中略）としたのは「so much of it as was left」であるが、意味が取れなかった。ローソンはウォーターフォード出身であるが、ダブリン大学トゥリニティ・カレッジで学び、1841年から46年までウェイトリ政治経済学教授 Whately professor of political economy に任ぜられている。かれはまた、1847年に結成されたダブリン統計学会 the Dublin Statistical Society（the Statistical and Social Inquiry Society of Ireland アイルランド統計社会研究学会の前身）に参画し、1851年まで書記を務め、1870年から72年まで会長に就いている。かれは多くを司法界に身を置いた。1861年にアイルランド法務次官、65年にアイルランド法務長官 the Attorney-General for Ireland に就いていて、司法官としてフィーニアン Fenian や土地同盟 the Land League に厳しい態度で臨んだことで知られている。そのためもあってか、かれは1882年11月11日、暗殺される危機に遭遇した。こうした点については姉妹編として出版を考えている本多三郎著『土地と自由を求めて――アイルランド土地戦争』（仮題。2025年以降刊行予定）で改めて論ずる。ローソンの上記経歴は、K. Rankin, P. Sweeney & B. Keating, Biographical Portraits of the Past Presidents of the Statistical and Social Inquiry Society of Ireland, 〈https://www.ssisi.ie〉; *Dictionary of Irish Biography* の D・マーフィ Murphy 執筆 Lawson, James Anthony による。ただ、どういうわけか両方とも、本書が注目するローソンの1861年報告には触れていない。

なお、引用文中の「1825年の蒸気船の導入」が何を特定するのか本書は確認できていない。この年にコーク・リヴァプール間定期汽船航路が開設されているが、1818年は、アイルランド最初の定期汽船航路がロブ・ロイ号 *the Rob Roy* によってベルファスト・グリーノック Greenock（スコットランド）間に開設され、翌19年には、ダブリン湾北側の突き出た岬の先端に位置するハウス Howth と、ウェールズの北西端のホリヘッド Holyhead を結ぶ定期運航が始まっている。さらに20年、ダブリン・リヴァプール間に、ウォータールー号 *the Waterloo* が定期就航している。D. B. McNeill, *Irish Passenger Steamship Service Vol. 1, North of Ireland*, p. 21, *Vol. 2,*

第3章 生きた家畜をはじめとする大規模な畜産物輸出

South of Ireland, pp. 15-6, 34.

　文中の「外国の牛や食料品の輸入禁止法の撤廃」は、An Act to amend the Laws relating to the Importation of Corn, 1846（9 & 10 Vict., c. 22）（いわゆる穀物法撤廃）と、同時に成立した An Act to alter certain Duties of Customs, 1846（9 & 10 Vict., c. 23）のことであろう。後者によって、生きた家畜やベーコンなど保蔵加工畜産物の輸入に対する関税が撤廃された。上記の法は Website の The Statute Project の Chronological からアクセスできる。

45)　Alexander W. Shaw, The Irish Bacon-curing Industry, in *Ireland Industrial and Agricultural* ed. by the Department of Agriculture and Technical Instruction / W. P. Coyne (Superintendent of Statistics and Intelligence Branch of the Department), Dublin, Cork, Belfast, Browne and Nolan, 1902. ショウは、「アイルランドのベーコンと食料品貿易に関する非常に興味深い統計的論評が、1860年、当時のアイルランド法務次官によってなされた。それは同年ダブリンで開かれた社会科学会議で読み上げた論文においてである」(*ibid*., p. 241) としている。この証言に従って、本書はまず1860年時点におけるアイルランド法務次官が T・オヘイガン O'Hagan であることを確認した。続いて *Dictionary of Irish Biography* でオヘイガンがダブリン統計学会の創設者の一人であること、1869年には同学会会長に選ばれていることがわかった。そこで1860年と61年に発行された同学会雑誌を調べたが、オヘイガンは出てこなかった。だが、他の年度に出版された雑誌まで手を広げてみると、*Journal of the Statistical and Social Inquiry Society of Ireland*, Vol. VIII, Part LXIII, 1884／1885の Appendix に Lord O'Hagan's Address [As President of Social Science Congress, Dublin, 3rd October, 1881] がある。その冒頭でオヘイガンが、本文で述べた、1861年の社会科学振興全国協会ダブリン会議を回顧している。そこで今度は、社会科学振興全国協会の1861年ダブリン会議を探したが、HathiTrust Digital Library で社会科学振興全国協会の第1回バーミンガム会議（1857年）からの報告集を読むことができることがわかった。1861年ダブリン会議の報告集 *Transactions of the National Association for the Promotion of Social Science 1861* を見ると、オヘイガンが出てくるではないか。ただ、アイルランド法務長官の肩書であった。そしてかれは、会長の開会あいさつに続いて3番目に、Address on Punishment and Reformation と題した演説を、部門ごとの専門的報告に先んじておこなっている。その中身を見ると上記ショウが引用するものではなかった。しかし、この報告書は膨大で、6部門から成り、最後の第6部門が Trade and International Law で、いくつかの報告が記録されている。その2番目にローソンの The Provision Trade of Ireland があった。ローソンとオヘイガンの肩書については、N. C. Fleming & Alan O'Day, *The Longman Handbook of Modern Irish History since 1800*, London, Pearson Education, 2005, p. 336, 338も参照した。リールダンは、E. J. Riordan, *op. cit*., p. 79

第 1 部　19 世紀後半アイルランド農業の展開

を見られたい。

46) Lawson, J. A., *ibid*., pp. 705–6. ローソンが示すロンドン・ベーコン価格上昇は以下の通り。ベーコン cwt（ブリテン 112 重量ポンド）当たり、1858 年 10 月 50～60 シリング、59 年 10 月 56～67 シリング、60 年 10 月 70～75 シリング、61 年 7 月 75～79 シリング。

47) Lawson, J. A., *ibid*., p. 706. ウォーターフォード・ロンドン間に最速帆船の週 1 便の定期航路の開設が何年のことであったのか、本書は調べることができていない。ただ、ウォーターフォードはブリテン郵船 Royal Mail のルートであることから、帆船航路としても早くから発展したことが推測される。なお、『1837 年ルイス地誌辞典』には「イングランド郵船（寄港口）がダンモア Dunmore からウォーターフォードに変わった。時間が大いに節約されるであろう。1837 年 6 月 24 日、最初の郵船が上ってきた（ウォーターフォード湾を北上し、スール川を上ってウォーターフォード港に至る……引用者）」と記されている。

48) 第二と第三のベーコン保蔵処理の新しい方法の発見、発明については Lawson, J. A., *ibid*., pp. 705–8. をまとめた。ただ、誰がいつ、開発したのかは T. Farrell, Making Bacon：Henry Denny & Sons,〈https://letslookagain.com/2018/03/making-bacon-henry-denny-sons/〉による。世界史的と言ってもよいベーコン生産方法の二つの発明はいずれもデニー親子によるものであった。デニー親子商会 Henry Denny & Sons については後段でも取り上げる。

49)〈https://shigoto.mhlw.go.jp/User/Occupation/Detail/12〉厚生労働省、職業情報提供サイト「ハム・ソーセージ・ベーコン製造」。

50)〈https://www.anproje-ban.com/sundelica/seizou.html〉ハム・ベーコン製造会社アンプロジェ・バンのサイト「製造の流れと品種」。

51) A. W. Shaw, *op. cit*., p. 252.

52) 1864 年から 66 年までのベーコン＆ハムの輸出統計データがあった。しかし残念ながら、それは外国と海外ブリテン領 British Possessions Abroad への輸出であって、多く輸出されるブリテン向けのものは除かれている。ただ、ブリテン以外への輸出が少ないのにたいして、輸入が多いことについては後段で改めて取り上げる。

53) Shaw, A. W., *op. cit*., pp. 246–47. アイルランド南部ベーコン保蔵処理業者豚改良協会の結成年を 1887 年としたが、ショウは 1877 年頃のおよそ 10 年後と書いているだけである。オドノヴァンは 1887 年結成としている（O'Donovan, *op. cit*., p. 272）が、典拠を示していない。本書が 1887 年説を採用したのは以下の二人の研究にもよる。Mac Con Iomaire, M., The Pig in Irish Cuisine and Culture, *M/C Journal（Journal of Media and Culture）*, Vol. 13, No. 5, 2010；〈https://www.limerick.ie/sites/default/files/media/documents/2020-03/〉Guiry, R., Pigtown A History of Limerick's Bacon Industry.

第3章　生きた家畜をはじめとする大規模な畜産物輸出

マク・コン・イムラMac Con Iomaire は大変重要なことを述べている。アイルランド南部ベーコン保蔵処理業者豚改良協会は、アイルランドの保蔵処理業者だけでなく、ブリテンの業者も参加した。ギーリ Guiry は同協会結成を1887年として、典拠に O'Flaherty, E., *Irish Historic Town Atlas*, No. 21, Limerick, Dublin, Royal Irish Academy, 2010, p. 36を挙げている。しかし、オフラハーティの同書を見ても、アイルランド南部ベーコン保蔵処理業者豚改良協会の結成年は出てこない。マク・コン・イムラも1887年結成説を唱えているが、典拠の明示はない。The Pig in Irish Cuisine and Culture, *M/C Journal*（a Journal of Media and Culture）Vol. 13, No. 5 (2010). なお、リールダンは、1887年以来、豚の品質改良の組織的努力が払われてきたと述べている（Riordan, E J., *op. cit*., p. 80）。

54) Proceedings of the Society Food Committee, *Journal of the Society of Arts*, Vol. XV, No. 757, May 17, 1867, pp. 413-16.（Babel HathiTrust からアクセス可能）。グレインジャの証言に行き着いたのは、R・ペレンが注目したからである。R. Perren, *The Meat Trade in Britain 1840-1914*, London, Routledge & Kegan Paul, 1978, pp. 71-2, 230.

55) Proceedings of the Society Food Committee, *ibid*., p. 415. なお、ジェニングスはこう述べている。「われわれは高い価格をもたらすわれわれ自身のものを輸出し、それから貧者用にアメリカ製を輸入する」と。F. M. Jennings, *The Present and Future of Ireland as the Cattle Farm of England and the Probable Population. With Legislative Remedies*, 2nd ed., Dublin, Hodges, Smith and Co, 1865, p. 23. オドノヴァンはこの部分をそっくり引用している。なお、ジェニングスは第2版序文で、「この小冊子の初版は一人のアイルランド商人という名前で出版した」と述べている。第2版表紙にあるように、ジェニングスは王立アイルランド・アカデミー会員で、ロンドン地質学会 the Geological Society of London 特別会員である。ジェニングス小冊子のタイトルに惹かれる。なお、第1版は Google Books で、第2版は〈http://hdl.handle.net/10111/UIUCOCA : 3793089〉で読める。

56) 〈https://www.jameswhelanbutchers.com/info/meat-information/bacon-cuts/〉に依拠して、ドライやグリーンの意味を確認した。他の用語については本文で述べる。

57) *ibid*. OEDによれば、gam は gamb, gambe と同じで、gamb, gambe は動物の足 leg of an animal の意味である。本文でフリッチを塩漬けにして燻製にした豚脇腹肉としたが、OED も同様の説明をしている。

58) ドゥラモンド委員会が1835年貿易データを第二次報告（1838年）で発表しているが、P・M・ソーラーが厳しい批判的分析をおこなっている。ソーラーの批判を検討すると、ドゥラモンド委員会データを無批判でそのまま利用するのは控えるべきと判断した。ただ参考データとして紹介しておく。1835年ベーコンとハム輸出合

287

計が379,111cwt、推計£828,158、比較のためにバターが827,009cwt、£3,816,306である。Second Report of the Commissioners appointed to consider and recommend a General System of Railways for Ireland, Appendix B. No. 10, p. 91. *P.P. 1837–38 [145]* Vol. XXXV; P. M. Solar, The Agricultural Trade Statistics in the Irish Railway Commissioners' Report, *Irish Economic and Social History*, Vol. VI (1979).

59) Riordan, *op. cit.*, p. 82; O'Donovan, *ibid.*, p. 275.
60) A. W. Shaw, *op. cit.*, p. 252.
61) T. Farrell, *op. cit.* 〈http://letslookagain.com/2018/03/making-bacon-henry-denny-sons/〉 ファレルはヘンリ・デニー親子商会をヨーロッパ最大のベーコン生産者であったと評している。
62) O'Flaherty, E., *op. cit.*, pp. 9, 36; Mac Con Iomaire, M., *op. cit.*
63) Mac Con Iomaire, M., *ibid.*; University of Limerick Special Collections *The O'Mara Papers*, P40, Vol. 1; Farrell, T., *op. cit.*
64) The Agricultural Statistics of Ireland, for the year 1886, *P.P. 1887 [C. 5084]* Vol. XXXIX.; *Thom's Almanac and Official Directory, for 1865.*
65) トム年鑑 *Thom's Almanac and Official Directory* が、1846年以降、「去勢雄牛・雄牛・雌牛」の合計と「子牛」の二つに分類した牛と、羊、豚の大ブリテンへの輸出頭数のデータを掲載している（ただ、管見では1873年と74年は牛については総計だけである）。その後1875年から、農業統計が本文で述べたような詳しい分類の輸出データを集計、公開するようになった。

　　トム年鑑は、トム Alexander Thom (1801–79) が1844年に出版した *Irish Almanac and Official Directory* が始まりである。トムはスコットランドで生まれたが、1815年頃に、父親の Walter Thom を追ってアイルランドに渡り、父の仕事を手伝った。父は1813年、当時のアイルランド担当相R・ピールによって政府新聞『ダブリン・ジャーナル the Dublin Journal』の編集者に任命されていたが、トムはその事業に加わった。父の死後の翌年1825年に『ダブリン・ジャーナル』は閉刊を余儀なくされたが、トムは新たに印刷業を立ち上げ、大ブリテンとの併合後にロンドンに移って失ってしまったアイルランド行政に関する政府印刷業務の契約を取ろうと動き、1833年、これもまたピールの援護によって、アイルランドにおける郵便事業のための全ての印刷の契約を取った。1838年にはさらに、鉄道委員会と、今後のアイルランドにおける王立委員会全ての印刷業務の契約を勝ち取った。こうしたうえで、1844年の *Irish Almanac and Official Directory* 発刊に至るが、トム年鑑を見ると、政府関係機関からの報告が元になっていることが多く、本書も度々典拠として利用している。トム年鑑とトム A. Thom については、*Dictionary of Irish Biography*, Vol. 9, 2009, pp. 321–22を典拠とした。

第3章　生きた家畜をはじめとする大規模な畜産物輸出

66) Report on the Transit of Animals from Ireland to Ports in Great Britain, *P.P. 1878 [C. 2097]* Vol. XXV『枢密院獣医局ブラウン G. T. Brown による枢密院への報告』(『1878年獣医局長官ブラウン報告』と略記)。

67) *Journal of Department of Agriculture and Technical Instruction for Ireland*, vol. 1, no. 1 (1900).

68) 拙稿「アイルランド農業とイギリス資本主義——19世紀後半以降の畜産業の発展を中心にして」(京都大学経済学会『経済論叢』117巻4号、1976年) 264-66頁。

69) Jennings, F. M., *op. cit.*

70) 以上のいくつかのパラグラフは『1878年獣医局長官ブラウン報告』に拠る。

71) Report from the Committee appointed by the Lord President of the Council to consider the Powers entrusted to the Privy Council by Sections 64 and 75 of the Contagious Diseases (Animals) Act, 1869, and to suggest the Best Mode of carrying into the Effect the Provisions of such Sections relative to the Transit of Animals by Sea and Land ; together with the Minutes of Evidence and Appendix. *P.P. 1870 [C. 116]* Vol. LXI.

72) レアド社の起源は大変興味深い。1814年、マクレラン L. MacLellan がクライド湾で事業をおこなうために設立した船会社がはじまりである。マクレランは冒険心に富んだ人物で、かれの船は早くも1820年にノース海峡を渡って、アイルランド北部のジャイアンツ・コーズウエイ Giant's Causeway に行っている。やがて同社はグラスゴウ・ロンドンデリー汽船会社 the Glasgow & Londonderry Steam Packet Co となり、グラスゴウのT・キャメロン社 T. Cameron & Co をエージェントにした。この頃にレアドが登場する。1821年に設立されたコーク拠点のセント・ジョージ海峡汽船会社 St George SP Co がグラスゴウにも手を伸ばし、グリーノックのA・レアド Alexander Laird, Senior をエージェントにした。1853年、キャメロンとレアドの間で取り決めが成立し、67年に、A・A・レアド Alexander A. Laird, Junior がキャメロンを引継ぎ、グラスゴウ・ロンドンデリー汽船会社の代理権も獲得した。同社は1888年、グラスゴウ・ダブリン・ロンドンデリー汽船会社に社名を変えることを経て、1906年、正式にレアド・ライン Laird Line を社名に採用した。以上に見られるように、レアド社はグラスゴウとデリー、それにコークの利害が交錯する中で生まれてきたのである。

　バーンズ社 G. & J. Burns は、James & George Burns として1825年に事業を開始した。42年に社名を G. & J. Burns に変更している。49年、アイルランド北部・スコットランド間郵便物輸送契約を獲得する。50年代以降、ベルファスト＝グリーノック・グラスゴウ路線の独占を謳歌する。デリー＝グラスゴウ航路では60年代末までにレアド社との並立状態になっていたが、やがてレアド社に有利な協定を結ばざるをえなくなり、1922年には両社は合併し、Burns & Laird Line Ltd. となった。

第1部　19世紀後半アイルランド農業の展開

　　　グラスゴウとクライド地域は、単に、同地方と他の大ブリテン地域やアイルラン
　　ドを結ぶ海運会社の揺籃時代を切り拓いただけでなく、大ブリテン全体の、アイル
　　ランドを含む連合王国全体の、いや、J・ケネディが言うように、「ヨーロッパ汽船
　　輸送発祥地」であった。McNeill, D. B., *Irish Passenger Steamship Services vol. 1:
　　North of Ireland*, Newton Abbot, David & Charles, 1969, pp. 25, 27-8, 34, 97, 112,
　　vol. 2: South of Ireland, 1971, p. 101; Kennedy, John, The History of Steam Navi-
　　gation, Liverpool, C. Tinling & Co, 1903, pp. 11, 37, 42-3.
73)　McNeill, *ibid*. Vol. 1, pp. 133-4.
74)　McNeill, *ibid*., Vol. 1, pp. 96-7.
75)　デリーからスライゴ、バリナ、ウエストポートへの航路延伸は McNeill, *ibid*., Vol.
　　1, p. 134. この個所でどうもわからないことがある。レアド社はスライゴ海運会社と
　　の協定で、グラスゴウ航路に限ったはずである。だが、レアド社はバリナと、ウエ
　　ストポートで乗せた客をリヴァプールに運んでいた。スライゴではグラスゴウ行き
　　の客は乗せたが、リヴァプール行きは乗せなかった、ということだろうか。この点
　　はアイルランド西部からの、スコットランドやイングランドへの出稼ぎが多くあっ
　　たことから重要である。
76)　McNeill, *ibid*., Vol. 1, pp. 131-2.
77)　McNeill, *ibid*., Vol. 1, p. 21.
78)　「民間」のアルスター植民 unofficial plantation といっても、ジェイムズ6世（イ
　　ングランド王ジェイムズ1世）の決定に拠るところが大きかった。1605年4月、ジェ
　　イムズが、アルスターのゲール大氏族長コン・オニール Conn O' Neill の拘禁状態
　　を解く理由として、コンの領地のうちのダウン北部のクランドボイ所領 the north
　　Down Clandeboy estate の半分を3分割して、3分の1をコンに残して、あとをス
　　コットランドのエアシャのヒュー・モントゥゴメリ Hugh Montgomery とジェイム
　　ズ・ハミルトン James Hamilton に与えた。1606年5月のドナハデーへの入植は、
　　このモントゥゴメリによって組織されたものである。Philip Robinson, *The Planta-
　　tion of Ulster*, Dublin, Gill and Macmillan, 1984. pp. 52-3. ロビンソンの典拠はヒル
　　Rev. George Hill 編著の *The Montgomery Manuscripts : (1603-1706) Compiled
　　from Family Papers by William Montgomery of Rosemount, Esquire*, Belfast,
　　Archer and Sons, 1869, pp. 19-51である。ヒルの顛末記は実に詳しい。*Calendar of
　　the State Papers, Relating to Ireland, of the Reign of James I. 1606-1608*, eds. by
　　Rev. C. W. Russell and J. P. Prendergast, London, Longman & Co, 1874, p. 271によ
　　れば、コン・オニールとヒュー・モントゥゴメリ、それにジェイムズ・ハミルトン
　　の請願を考慮して、国王はハミルトンにアッパー・クランドボイと大アーズ地域を
　　下付し、同地域の処分、分割を任せたとされている。この中身を含めてヒル編集 *The
　　Montgomery Manuscripts* が詳しい。T. Mac Nevin, *The Confiscation of Ulster, in*

第3章　生きた家畜をはじめとする大規模な畜産物輸出

the Reign of James the First, commonly called the Ulster Plantation, New York, Felix E. O'Rourke, 1873もコンのダウン北部クランドボイ所領の半分の3分割について詳しい。

なお、〈https://www.visitardsandnorthdown.com/explore/ulster-scots-in-ards-and-north-down/ulster-scots-biographies-the-ards-and-north-down〉；〈https://www.cree.name/ireland/downhistory.htm〉も参照した。

79) McNeill, *op. cit.*, pp. 83-4. なお、ラーンについて一言補足したい。山本正「王国への昇格と植民地化の進展」（上野格、森ありさ、勝田俊輔編『世界歴史大系　アイルランド史』山川出版社、75-7頁）に詳しく述べられている。「スコットランド王国の逆襲——エドワード・ブルースの侵攻」の第一歩（1315年5月）がしるされたのはアイルランド北東部のこのラーンであった。「エドワード・ブルースの侵攻」について、Rev. T. H. Mullin & Rev. J. E. Mullan, *The Ulster Clans O'Mullian, O'Kane and O'Mellan*, Limavady, North-West Books, 1966, faccimile repr. 1984, pp. 72-6 は、アイルランド側からの招聘とされ、王になることまで申し出られたとある。興味深いが、これ以上は本書の能力をはるかに超える。

80)「当初（1826年以降……引用者）ダンドーク・リヴァプール航路はセント・ジョージ汽船会社 the St George SP Co が営業していたが、1837年の夏の終わり、ダンドーク汽船会社 the Dundalk SP Co と呼ばれる地域の会社が汽船運航を始め、間もなくしてセント・ジョージ汽船会社が撤退した。ダンドーク・リヴァプール航路は主に家畜のためであった。貿易は1860年頃に最盛期に到達したが、当時、およそ12万頭の牛と羊、豚がこの航路で輸出された。1880年になっても輸送される家畜頭数は依然として10万頭を超えていた。だが、世紀転換点に主にグリーノア・ホリヘッド汽船の競争によって、ダンドークからの輸出は急減した」。

「ダンドーク・エニスキレン鉄道 the Dundalk & Enniskillen Railway とダンドーク汽船会社の間には絶えず密接な連携があった。1850年代、アーン伯爵 the Earl of Erne が両社の会長で、ファーマナと南モナハンに住む多くの人たちが、イングランドに向かうばあい、ダンドーク経由で移動した。アーン伯爵のこの関与は1878年にダンドーク・エニスキレン鉄道が大北部鉄道 the Great Northern Railway によって吸収合併されても、また、グリーノア・ホリヘッド航路の汽船に優れた設備が施されてもほとんど影響されなかった。（中略）他方、これらの県（ファーマナとモナハン）は牛にとって豊かな牧場をもっていて、一時、ダンドークから船積みされる肥育された家畜を規則的に供給していた」。D. B. McNeill, *Irish Passenger Steamship Services Vol. 2: South of Ireland*, Newton Abbot, David & Charles, 1971, pp. 67-8. ここには、大汽船会社を押しのけて地方の汽船会社がリヴァプールへの家畜輸送で活躍し、鉄道と家畜輸出の顕著な例が示されている。しかもその上に、アイルランドの大土地貴族アーン伯爵が深く関与していた。

81) D. B. McNeill, *ibid.*, p. 78.
82) マクニールがこう述べている。「1847年飢饉以後の数年間、東コーク、キルケニ、ウォーターフォード、カーローで、故郷から追い出された人々の多くがウォーターフォードからの汽船でイングランドに向かった」。「旅客と貨物、それに牛を積んだ汽船が、1823年から1930年代半ばに至るまで、ウォーターフォードとブリストルを往復した。初めのころ、汽船の多くは、後にブリストル海運会社 the Bristol Steam Navigation Co、あるいは、ウォーターフォード汽船会社を組織することになる船主たちによって所有されていた。二つの船主グループは概して良好な関係にあって、運航は事実上共同事業になっていた。ブリストル海運会社が1870年代半ばに撤退して以降も、ウォーターフォード汽船会社は、1912年7月に、船舶とブリストル航路の暖簾がクライド海運会社 the Clyde Shipping Co に引継がれるまで、同航路の運航を続けた」。ウォーターフォード汽船会社は1826年にウォーターフォード・ブリストル海運会社 the Waterford & Bristol SN Co として設立され、1836年に、ウォーターフォード商船 the Waterford Commercial SN Co に再組織され、やがて、ウォーターフォード汽船会社と知られるようになった。一時、ダブリン市汽船会社の牙城であるダブリン・リヴァプール航路にも乗り出し、ダブリン市汽船会社も報復のために、ウォーターフォード・ブリストル間に汽船を投入した。D. B. McNeill, *ibid.*, pp. 85-7.
83) セント・ジョージ汽船会社についてはいくつもの文献資料に拠らねばならなかった。会社設立年に関して説が分かれている。本書はJ・ケネディとマクニールに従ったが、特に前者の説明が典拠を示して説得的である。すなわち、リヴァプールの1821年10月12日付けの『マーキュリー紙 the *Mercury*』を典拠として、会社設立は1821年秋とし、1822年から本格的な事業活動を開始したとしている。J. Kennedy, *op. cit.*, pp. 37, 39, 207; D. B. McNeill, *op. cit.*, p. 101; R. H. Greenwood & F. W. Hawks, *The Saint George Steam Packet Company*, Windsor, World Ship Society, 1995.
　セント・ジョージ汽船会社の創設者の Joseph R. Pim と J. Lecky、その後継コーク汽船会社の設立を主導した E. Pike については S. Boylan が *Dictionary of Irish Biography*, Vols. 6, 8 に書いている（ただし、Joseph R. Pim については、兄の Thomas の項目で出てくる）。これら三者とその関係、また、それぞれの人脈等が大変詳しく、典拠とした。ただ、Boylan はセント・ジョージ汽船会社の設立年について、1822年と1824年の2説を唱えていて、混乱している。Boylan が典拠とした文献資料に J・ケネディもマクニールも入っていない。なお、Irish Friends and Early Steam Navigation, Cork, *The Journal of the Friends Historical Society*, Vol. XVII, No. 4, 1920は、セント・ジョージ汽船会社設立は1824年頃としている。
　1830年代後半、大西洋横断定期航路開設が議論の的になった折に、セント・ジョージ汽船会社のジョセフ・R・ピムが設立理事となって組織されたのがブリティ

第3章 生きた家畜をはじめとする大規模な畜産物輸出

シュ・アメリカン汽船会社であったが、有力な競争相手があった。同じ1836年に設立された大西部汽船会社 the Great Western Steamship Co である。社名からわかるように、1833年にロンドン・ブリストル間に敷設された大西部鉄道が直接に関わっていた。同社はブリストルで建造するグレイト・ウエスタン号 *Great Western* でブリストル・ニューヨーク汽船航路の開設をめざした。しかし、ニューヨークに向かう直前に同船が火災にあい、出航を遅らさざるをえなくなった。他方、ブリティシュ・アメリカン汽船会社の大西洋横断用の汽船建造も遅れるなかで、チャーターされたのがシリウス号であった。

グレイト・ウエスタン号のブリストル出航は、シリウス号に遅れること3日、1838年4月7日となったが、ニューヨーク到着は4月23日であった。

1838年、連合王国からニューヨークへの汽船航海はもう一つあった。大西洋横断汽船会社 the Transatlantic Steamship Co が、7月5日、親会社のダブリン市汽船会社 the City of Dublin Steam-packet Co からチャーターした第二のロイヤル・ウイリアム号をリヴァプールからニューヨークに向けて出航させた〈https://www.theshipslist.com/pictures/royalwilliam.shtml〉。

大西洋横断汽船航海の競争についてもJ・ケネディが詳しいが、かれはこれらの大西洋横断の前に、ケベック・ハリファックス汽船会社 the Quebec and Halifax SN Co のロイヤル・ウイリアム号 the *Royal William* が蒸気機関だけで、1833年8月5日にケベックを出航し、17日間をかけてイングランド・ワイト島に着いたことも明らかにしている。

以上の典拠は次の通り。J. Kennedy, *op. cit.*, pp. 70-2, 211-13 ; A. Campbell, "Royal William," The Pioneer of Ocean Steam Navigation, *Transactions of the Literary and Historical Society of Quebec*, 1891 ; William Barry, History of Port of Cork Steam Navigation. 1815 to 1915 (Continued from page 18.), *Journal of the Cork Historical and Archaeological Society*, Vol. 23, No. 114, 1917, pp. 82-7.

セント・ジョージ汽船会社 St. George Steam Packet Co や Sirius, British and American Steam Navigation Co, Great Western Steamship Co, SS Great Western などについて、Grace's Guide to British Industrial History のウェブサイトが詳しい。これを呼び出すと Graces Guide が出てくる。これをクリックすると、Navigation と View By の2選択肢のある画面に変わる。後者をクリックすると Archives から Timelines までの5選択肢が示されるので、そのうちの Industries を選びクリックする。View by Industry The Major Industry Categories in Grace's Guide の Index 画面となる。セント・ジョージ汽船会社のばあいには Shipping Companies を選ぶと海運会社が ABC 順で出てくる。ここで St. George Steam Packet Co を開くと画面の右側に表3-23の典拠とした1841年の同社航路宣伝チラシにアクセスできる。なお、Sirius などの船舶のばあいは Index の Ship を選べばアクセスできる。

第1部　19世紀後半アイルランド農業の展開

84) McNeill, *ibid.*, pp. 129-30.
85) 「19世紀後半、ますます大きな割合のストア牛が、レンスターの肥育牧場で最終肥育を受けることがなく、かなり肥育が進んだストア牛か、あるいは、半ば肥育された牛としてスコットランドかイングランド東部諸県に輸出され、そこで数カ月で肥沃な牧場か、あるいは、集約的耕作を基礎にした舎飼いで完全に肥育され最上等の牛肉とされる」。D. S. Jones, *Graziers, Land Reform, and Political Conflict in Ireland*, Washington, D.C., The Catholic University of America Press, 1955, pp. 5-6.
86) 　ダブリン・ホリヘッド航路にロンドン・北西部鉄道が参入している。ロンドン・ダブリン間の郵便輸送の利権を握るダブリン市汽船会社 City of Dublin Steam Packet Co と合せて、1881年時点、汽船と鉄道が連結する時刻表が作られていて、1日4往復便が走っていたことがわかる。1870年代には、ダブリン・ロンドン間の旅客交通は鉄道・汽船ジョイント時代になっていたと考えてよい。ロンドン港のところで見たが、ダブリンから汽船で、大ブリテン最大の食肉市場であるロンドンへ、家畜や貨物を直送することはほとんどなかったのであろう。表3-20を見ると、1881年、アイルランドからロンドンへの家畜輸出はわずかに牛3頭だけであった。最大の食肉市場ロンドンへのアイルランド産家畜輸送も、旅客と同じく鉄道・汽船ジョイント時代になっていたのである。ダブリン・ロンドン航路は世界の海峡横断旅客汽船輸送時代の幕を開けた航路であるが、1870年代にはこの航路は競争力を失っていたと考えられる。
87) 〈https://www.thepotteries.org/six_towns/index.htm〉。

第4章
1870年代における農民層分解の全国的分析

　大規模農民のばあい、臨時労働者は自宅で食事をとるのが普通であるが、小規模農民のばあい、臨時労働者は農民から食事を与えられる。(1890年代農業労働者調査『マクレー・レターケニー報告』pp. 55–65)

　そこ(ダンファナヒなど)には多数の資力のある農民がいて、かれら全員が1人ないし2人の男性を雇っている。あるばあいは常雇いの労働であり、他のばあいは臨時の労働である。地域には2人の大きな土地保有者がいる。両人とも多数の男たちを農場やその他の労働に常雇いしている。(『ベイスライン報告』ガハン・ダンファナヒ報告)

　さて、19世紀後半、就中、1870–80年代における農民層分解を明らかにすることは大きな困難を伴う。農家の経営内容を教えてくれる資料が乏しいからである。いや本書の資料調査能力が乏しいからである、と言った方が的を射ているかもしれない。

　本書が対象とする、土地戦争が闘われた1870年代から80年代にかけての資料は、農業統計とセンサス報告、それにごくわずかの個別事例だけである。そもそも、アイルランド農業統計の各農家の個票があればよいのだが、本書はその存在すら確認しえていない。また、センサス個票も清水由文によれば、対象時期のものはない[1]。ただ経営内容そのものではないが、全農地を対象とする「地方税課税対象不動産評価簿」がある (Griffith Valuation に始まり、The Annual Revision of Rateable Property (Ireland) Amendment Act, 1860に基づいて、年々評価額の見直しがおこなわれる)。さらに、1890年代のもので、地域が限定されているが、『アイルランド貧民蝟集地域開発局視察官ベイスライン報告

第1部　19世紀後半アイルランド農業の展開

Baseline reports of the inspectors of the Congested Districts Board for Ireland』や、王立労働調査委員会 The Royal Commission on Labour の『農業労働者調査報告書 *The Agricultural Labourer. Vol. IV. Ireland*』がある。[2]

　まずは公表アイルランド農業統計を資料とすることから出発するが、1873年農業統計を再度分析の中心に据えよう。本章では同統計がいよいよ必須のものになるが、本章の目的から考えて重要な弱点もある。

　第1章2節で述べたことの繰り返しになるが、1870年代末に始まる土地戦争の経済史的背景を探るためには、当該時期、あるいはそれに近い時期の資料に依拠すべきである。しかし理由は確認しえていないが、1875年農業統計から、県 county や教区連合 union、郡 barony という地域については農地規模別の統計が編集されていない。全国統計でさえ極めて不十分なものになり、本書の分析目的に適さない。本書が明らかにしたい、農地規模別の農業展開や代表的地域におけるそれ、農民層分解の分析については1874年以前の統計を主に利用せざるをえない。

　1870年代前半の農業統計を中心に分析する積極的意味もある。11世紀のドゥームズデイ・ブック以来の、「全国的」な、しかもアイルランドを含む連合王国全体の土地所有調査がおこなわれたのは1870年代である。この調査結果、さらにそれより少し前にアイルランド救貧法当局が集計、編集した1870年農地保有態様統計と付き合わせて農業経営を分析するには、1870年代前半のものの方がよい。

第1節　全階層による耕地から牧草・放牧地への転換

　第1章で明らかにした、大飢饉以降の19世紀後半における耕地から牧草地や放牧地への転換は構造的といってよいほどの全階層的規模で進行した。まずこの点の確認から始めよう。

　表4-1「農地規模別耕地面積の増減」から見よう。1851年から1874年までの農地規模別の耕地面積増減率を示している。1851年から71までは5年毎の増減率であるが、1874年は、同年の面積と、51年からの、つまり23年間

表4-1　農地規模別耕地面積の増減率（％）

農地規模 （エーカー）	1851年	1856年	1861年	1866年	1871年	1874年*	
～15	1,052,299	－8	＋0.3	－11	－5	718,866	－32
15～100	2,820,209	－3	－2	－9	－3	2,136,619	－24
100～	740,035	＋1	－7	－11	－3	506,840	－32
耕地合計	4,612,543	－4	－2	－10	－3	3,362,325	－27
牧草地	1,246,408	＋5	＋19	＋4	＋14	1,906,679	＋53
放牧地	8,748,577	＋9	－0.1	＋5	＋1	10,472,422	＋20
全農地	14,607,528	＋5	＋1	＋1	＋1	15,741,426	＋8

＊1874年の増減率は1851年から、つまり23年前からのものである。他は5年前からのものである。

出典）The Census of Ireland for the year 1851, partⅡ, Returns of Agricultural Produce in 1851, Returns of Agricultural Produce in Ireland for the year 1856, The Agricultural Statistics of Ireland, for the year 1861, 1866, 1871, 1874より作成。

の増減率である。これらは、第2章2節で、1920年代の自由国における牛の移動＝流通を推定したと紹介したフーパー（アイルランド自由国商工局統計主査）の方法に倣いながらも、フーパーの不十分さを是正し、また若い頃の拙稿の間違いを正して作ったものである。

　フーパーは牧草地 meadow and clover（乾草 hay）を含めた耕地 ploughed land 面積の1854年から74年までと、1874年から1912年までの、農地規模別（1エーカー以上）の増減率を用いている。本書は、第1章表1-1の説明で述べているように、牧草地（乾草）を耕地から除いている。このようにすべきことは表を一見していただければおわかりになるであろうが、牧草地を除いた耕地と、牧草地や放牧地の面積増減は対照的な動きを示している。これを示すために、本表下段に牧草地と放牧地、それに、本書が用いる耕地を足した狭い意味での「農地」の増減率を加えた。

　フーパーはまた農地規模別のデータを1エーカー以上の農地に限っているが、本書は1エーカー未満も加えている。フーパーは1854年から始めている

が、その理由もわからない。54年から牛の分類に乳牛が導入されているが、牧草も含めた作物ごとの作付面積の、1エーカー未満層も加えたデータは1851年から揃えられている。なお、フーパーを無批判に引用した過ちの他に、若い頃の拙稿の間違いは、agricultural holding を農場と理解してしまったことである。[4)]

　耕地合計と牧草地を見比べていただきたい。耕地は一貫して面積が減っているのに対して、牧草地は一貫して増えている。牧草地を耕地から除く意味は明瞭である。また、放牧地も1861年までの5年間にわずかに面積を減らしているが、ほぼ一貫して面積を増やしている。1851年から74年までの23年間、耕地は27％も面積を減らす一方、牧草地は53％、放牧地は20％も面積を増やしている。

　では、耕地から牧草地や放牧地への構造的転換は農地規模別に見るといかなる様相を呈すものであったのだろうか。

　表4-1を再度見ていただきたい。農業統計では農地規模別のデータは、1エーカー未満（〜1）、1エーカー以上5エーカー未満（1〜5）、5エーカー以上15エーカー未満（5〜15）、15エーカー以上30エーカー未満（15〜30）、30エーカー以上50エーカー未満（30〜50）、50エーカー以上100エーカー未満（50〜100）、100エーカー以上200エーカー未満（100〜200）、200エーカー以上500エーカー未満（200〜500）、500エーカー以上（500〜）に分類されている。この分類を使用するばあいもあるが、以下のように、15エーカー未満（表記は〜15）の小規模零細農地群、15エーカー以上100エーカー未満（15〜100）の中規模農地群、それに、100エーカー以上（100〜）の大規模農地群の3分類に集約したものを主に用いる。

　耕地面積の縮小は、稀な例外はあるが、小規模零細と中規模、大規模のいずれの農地群においても進行した。敢えて特徴を言えば、中規模農地群は、わずかな程度ではあるがより一層、耕種農業の側面を残している。しかしこの群においても、牧草地と放牧地は耕地と対照的な動きを示す。

　表4-2は、耕地のばあいと同様に、1851年から74年までの牧草地面積の

第4章　1870年代における農民層分解の全国的分析

表4-2　農地規模別牧草地面積の増減率（％）

農地規模 （エーカー）	1851年	1856年	1861年	1866年	1871年	1874年(51～74)*	
～15	129,081	+9	+25	+6	+22	240,059	+86
15～100	685,505	+6	+22	+4	+17	1,145,963	+67
100～	431,822	+0.3	+10	+2	+7	520,657	+21
牧草地	1,246,408	+5	+19	+4	+14	1,906,679	+53

＊1874年の増減率は1851年から、つまり23年前からのものである。他は5年前からのものである。
出典）表4-1と同じ。

表4-3　農地規模別放牧地面積の増減率（％）

農地規模 （エーカー）	1856年	1861年	1866年	1871年	1874年*	
～15	896,768	-4	+0.2	-2	882,173	-2
15～100	4,946,647	-2	+5	+2	5,435,379	+10
100～	3,701,594	+26	+6	-0.1	4,154,870	+12
放牧地	9,545,009	-0.1	+5	+1	10,472,422	+10

＊1874年の増減率は1856年から、つまり18年前からのものである。他は5年前からのものである。
出典）表4-1と同じ。

農地規模別増減率を示している。小規模零細と中規模、大規模のいずれの農地群においても一貫して牧草地が拡大している。1851年から74年までの23年間、全体で53％増え、なかでも、小規模零細農地群で86％、中規模で67％と目を見張るばかりの拡大である。

放牧地はどうか（表4-3）。1851年農業統計には農地規模別データがないため、56年から表を作った。牧草地とは様相がやや異なる。そもそもアイルランドでは放牧地が大きく、農地（狭義）に占める割合が高い（1851年で60％）ためもあってか、1856年から74年までの18年間で10％の拡大であった。上に

見た牧草地の53％拡大と比較して面積増加程度は小さい。しかし大きな特徴がある。100エーカー以上の大規模農地群が主導していることである。この点は次に見る農地規模別の農業経営の特徴によっても示される。

第2節　農地規模による経営内容の相違と分業
　　　　——農地規模統計による分析の限界

　まず、1873年アイルランド農業統計により全国的な農地規模別の経営内容を検討しよう。表4-4はエーカー規模別の農地分布と農林地利用を示している。

　第1節「全階層による耕地から牧草・放牧地への転換」では耕地と牧草地、それに放牧地を加えた狭義の「農地」を分析の対象としたが、本表では「農林地」を対象としている。ここで、「農林地」という本書造語について再度説明しておこう。表注記にも書いているが、休閑地 fallow と林地 woods and plantations、泥炭地・荒蕪地 bog and waste を「狭義の農地」（耕地 under tillage と牧草地 medow & clover、それに放牧地 grazing land）に加えたものを「農林地」とした。1873年農業統計は extent of land under each class of holdings としているもので、全保有地面積と訳せる。本書はこれを「農林地」と呼ぶが、表示の「泥炭地他」、つまり、休閑地と林地、特に、泥炭地・荒蕪地を考察の対象に入れるためである。

　表の最下段「全体」を見ていただきたい。農林地面積を100とし、耕地などの利用別面積比率を〈　〉括弧内に示している。アイルランド全体の農林地の23％、4分の1近くが「泥炭地他」であったことがわかる。100エーカー以上の大規模農地では37％がそうである。500エーカー以上の最大規模農地だけは別に取り出して、利用別比率を（　）括弧に入れて示したが、何と農地の64％が「泥炭地他」であった。このうちの林業のための林地は別にして、泥炭地・荒蕪地と休閑地は家畜の放牧のために利用されていた。絨毯のように赤い花をつけるヒース heath が広がる泥炭地や、ゴツゴツした岩肌が一面に露呈する野山に羊が、時に、牛が放し飼いされていた。もちろん、冬期の

表4－4　農地規模別農林地利用割合＝百分比（1873年）

規模 （エーカー）	農地数		農林地		耕地		乾草		放牧地		泥炭地他*	
～15	292,109	49.5	2,046,696 〈100〉	10	743,991 〈36〉	22	226,323 〈11〉	12	878,368 〈43〉	8	198,014 〈10〉	4
15～100	266,404	45.2	10,096,825 〈100〉	50	2,167,585 〈21〉	63	1,104,628 〈11〉	60	5,408,920 〈54〉	52	1,415,604 〈14〉	31
100～	31,659	5.3	8,183,675 〈100〉	40	520,834 〈6〉	15	507,297 〈7〉	28	4,126,703 〈50〉	40	3,028,841 〈37〉	65
500～	1,528	0.2	2,095,070 (100)		27,991 (1)		35,451 (2)		687,442 (33)		1,344,186 (64)	
全体	590,172	100	20,327,196 〈100〉	100	3,432,498 〈17〉	100	1,838,248 〈9〉	100	10,413,991 〈51〉	100	4,642,459 〈23〉	100

＊泥炭地他は休閑地 fallow 13,455エーカーと林地 woods and plantations 323,656エーカー、それに泥炭地・蕪地・荒蕪地 bog and waste 4,305,348エーカーを合計したもの。農林地とは本書の造語で、耕地 under tillage と乾草 hay＝meadow and clover、放牧地 grazing land、それに泥炭地他を加えたものである。既に述べているように、本書は1881年農業統計とギリガンに倣って、全作付地 total under crops から乾草を除いて、「耕地 under tillage」（全耕地）とした。

出典）The Agricultural Statistics of Ireland, for the Year 1873, *P.P. 1875 [C. 1125]* Vol. XV, pp. xiii, 1 より作成。

家畜飼料などとして栽培される乾草はいうまでもなく、緑の牧草が生い茂る放牧草地に比べてアイルランド牧畜業に果たす役割は小さかったかもしれないが、広大な泥炭地・荒蕪地は足腰の強い家畜を育てるためにもアイルランド牧畜業に重要な役割を果たしていた。

こうした泥炭地・荒蕪地も含めて100エーカー以上の農地では大規模な家畜生産がおこなわれていたことが推測される。農地数でわずか5.3%に過ぎない大規模農地は、全国の耕地の15%だけを占める一方、乾草の28%、放牧地の40%を占めていて、アイルランド家畜生産の大きな部分を担っていたと考えられる。

さて、農地規模別に見ると「農林地」利用の性格が、また、「農地」利用の性格がかなりの程度相違していた。この点は次の表4-5によってより鮮やかに示されるが、本表4-4が語る他の重要なことを確認しておこう。

本表が語るもう一つの重要な事実は、依然として分厚い層をなしている中規模農地群の存在である。15エーカー以上100エーカー未満の農地266,404は数において全ての農地数の45.2%を占めていて、アイルランド農業の太い骨格を形成している。アイルランド農林地全体の半分を占め、耕地と乾草の6割強を占めている。放牧地にあっても、5割以上を占めている。

さらにもう一つの重要なことは、小規模零細農地群と大規模農地群の両極への分化、分解といってよい状況を示していることである。30万近い農地群を構成している15エーカー未満の小規模零細農地が農地数のほぼ半分の49.5%にも上っている。実は1エーカー未満でさえ1割近くの8.8% = 5万農地以上もある。他方、100エーカー以上の大規模農地数は3万2千弱で、全体のわずか5.3%を占めるに過ぎない。

しかし、農地数5.3%に過ぎない大規模農地群が農林地全体の実に4割を占めている。多数の中規模、小規模零細農地群の存在がアイルランド農業の特徴の一つである一方、実はごくわずかの大規模農地群がアイルランドの農林地の大きな部分を占めていた。他方、農地数の半分を構成する小規模零細農地群はわずかに農林地全体の1割を占めているにすぎない。この事実から

表4-5　規模別作付(含放牧地)割合＝百分比(1873年)

農地規模 (エーカー)	小麦	オート麦	大麦	馬鈴薯	カブ	亜麻	乾草	放牧地	農地計
～1	1.2	11.9	2.4	**44.2**	1.1	0.2	5.3	7	100
1～5	1.5	**19.3**	3.2	**22.8**	22.0	0.9	13.5	34	100
5～15	1.2	**16.9**	1.7	13.0	2.4	1.7	12.1	**50**	100
15～30	1.2	**14.0**	1.6	8.9	2.6	1.5	12.6	57	100
30～50	1.4	11.3	1.8	6.3	2.7	1.1	**13.1**	61	100
50～100	1.3	8.6	1.7	4.2	2.4	0.6	12.6	68	100
100～200	0.9	5.8	1.3	2.4	2.0	0.2	11.6	75	100
200～500	0.4	3.6	0.7	1.2	1.5	0.1	9.4	82	100
500～	0.2	1.6	0.3	0.5	0.8	0.0	4.7	**92**	100
全体	1.1	9.6	1.5	5.8	2.2	0.8	**11.7**	66	100

出典)表4-1と同じで1873年農業統計。

だけでも、両極へ大きな格差が拡がる状況を見て取ることができよう。しかもこの両極はアイルランド農業において対照的な役割を担っている。

　農地規模によって農業経営の性格が違ってくることが、表4-5「規模別作付(含放牧地)割合＝百分比(1873年)」によってさらに鮮やかに示される。今度は耕地として一括するのでなく、主な作物の作付面積に分けた。そして上に見た「泥炭地他」は省いた「狭義の農地」(耕作地＋乾草＋放牧地)の利用比率を問題とした。つまり、農地規模別に「狭義の農地」を100として、各作物の作付面積(含む放牧地面積)が何％占めているかを表した。そして、農地規模分類を農業統計通りに9段階に戻した。

　まず放牧地から見よう。5エーカー以上になると「狭義の農地」の半分以上を占めていることがわかる。農地規模が大きくなるにつれて放牧地の占める比率が大きくなっている。500エーカー以上の巨大農地では何と92％が放牧地である。放牧地が大きくなって「狭義の農地」規模が大きくなったと言えそうである。家畜放牧が5エーカー以上の農地で農業経営の中心に置かれ

ていた。いや、100エーカー以上の大規模農地は、放牧地が75％以上も占めていて、大放牧場と言ってよい状態であった。1エーカー以上5エーカー未満の農地でさえ、「狭義の農地」の3分の1を放牧地に割いていた。アイルランド農業では1エーカー未満の零細地を除いて、放牧が極めて大きな位置を占めていたことが確認できる。

　しかし放牧地だけが全てではない。1エーカー未満農地から見よう。「狭義の農地」の半分近くの44.2％がジャガイモ栽培に向けられていた。ジャガイモ作付割合が最も高い。多くのばあい、ジャガイモは人間と豚の食糧に供されたが、1エーカー未満農地が人間と豚が共生する土地であったと言ってよいほどである。ジャガイモに次ぐ11.9％がオート麦に向けられた。オート麦は馬車を牽引する馬の飼料ともなったが、オートミールなどとして人間が食するものでもあった。1エーカー未満農地は零細な規模であるため放牧場を設けることが大変困難であった。だが、放牧地が「狭義の農地」に占める比率が平均7％であったということは、それよりも比率の高いものも含まれていたことを含意し、この農地群でも中には、豚だけでなく他の家畜も飼育されていたことが予想される。

　1エーカー以上5エーカー未満農地では先に触れたように、「狭義の農地」の3分の1が放牧地に向けられていたが、ジャガイモやカブ、オート麦にはそれぞれ「狭義の農地」の5分の1が割り当てられていた。農耕牧畜混合といえば言い過ぎだろうか。

　「狭義の農地」全体で見れば、放牧地が66％と突出しているが、乾草、オート麦、ジャガイモと続いていく。乾草は規模別の多くの農地群で1割強の農地で栽培されている。オート麦のばあいには30エーカー未満層で乾草以上の割合の農地が割かれていた。1エーカー未満層で述べたことと同じこと、オート麦は馬の飼料とされたが、ジャガイモに次いで多くの人々の食糧になったと想像される[5]。

　「狭義の農地」の放牧地としての利用が、1エーカー未満の零細農地を除く全ての大中小農地群で進んでいた。乾草生産も1エーカー未満層も含めて

表 4-6　農地規模別家畜保有百分比（1873年）

農地規模 （エーカー）	保有者数	乳牛	その他の牛				羊	豚	家禽	農馬
			～1歳	1～2歳	2歳～	小計				
～15 （～1）	51 (12.0)	18 (0.4)	16 (0.2)	11 (0.1)	5 (0.1)	11 (0.1)	8 (0.2)	23 (4.4)	31 (3.9)	15 (0.8)
15～100	44	64	65	58	41	55	45	64	57	68
100～	5	18	19	31	54	34	47	13	12	17
全体	100	100	100	100	100	100	100	100	100	100

注）農地規模分類は15エーカー未満、15以上100エーカー未満、100エーカー以上。その他の牛年齢は1歳未満、1歳以上2歳未満、2歳以上である。
出典）1873年農業統計。

行われていた。オート麦やジャガイモ、カブは、第1章第2節で見たように、家畜の飼料でもあった。では、家畜生産は農地規模別に違いがあったのだろうか。以下、この点を検討しよう。まず、農地規模によって保有する家畜の種類に大きな相違があった。別言すれば、農地規模別の家畜保有の集積度合いが家畜の種類によって大きく相違していた。

表4-6は、農地規模別の家畜保有者、乳牛、その他の牛の1歳未満、1歳以上2歳未満、2歳以上、羊、豚、家禽、それに農馬（農用馬）の各保有の分布（百分比）を示しているが、何を語っているだろうか。

家畜保有者について注意を払っておく必要がある。農地規模別としているが、農地を保有していない家畜保有者21,221人が1エーカー未満農地群に加えられていて、同群の家畜保有者は73,198人となっている（全体の12％）[6]。こうした1エーカー未満層も加えた15エーカー未満農地群の家畜保有者数313,330人が全家畜保有者611,393人の5割を超えることになっている（51％）。先に見た表4-4では、15エーカー未満農地の数は大変多いが、全農地数の5割はかろうじて超えておらず、49.5％を占めていた。そこに、農地非保有の家畜保有者が加えられたのである。この点には問題も残るが、アイルランドの家畜生産と保有が多数の小規模零細農地群が担っていることがまず確認

できる。なお、1エーカー以上になると、農地数と家畜保有者数が同一にされている。先ほど、一人の農地保有者が複数の農地を保有しているため、農地数が農地保有者数を上回っていることを述べた。農地数と家畜保有者数も違うはずであるが、1873年農業統計は同一として扱っている。

　こうしたデータであるが、農地規模別にみると、15エーカー未満群と100エーカー以上群は随分と状況が違う。第一に、主に担う家畜が違う。

　家畜保有者の5割を超える15エーカー未満の小規模零細農地保有者と土地なし家畜保有者たちはいかなる家畜を生産し保有していたのか。かれらはアイルランド全国で飼育されている家禽の31.1％、豚の23％を保有していた。

　この家禽と豚に比べて、15エーカー未満群の牛と羊の保有割合は低くなる。ただ牛のばあいは興味深いことがわかる。15エーカー未満農地保有と土地なしの家畜保有者では、乳牛は18％と比較的高い保有比率を示していた。肉牛がほとんどであると考えてよい「その他の牛」はどうか。年齢が低くなれば保有比率は高くなり、逆に年齢が高くなれば保有比率は低くなっている。1歳未満牛保有比率16.1％にたいして、2歳以上牛保有比率5％と低くなっている。つまり、アイルランドが歴史的に大きな位置を占めてきていた酪農において、小規模零細農地群がそれなりに大きな役割を果たしてきたこと、そして、乳肉兼用種が多数いる肉牛生産において、乳牛が肉用子牛の母牛になるため、乳牛を飼育する小規模零細農地群にその他の牛1歳未満が比較的多く生産保有されていたということである。

　表4-6には15エーカー未満農場群に1エーカー未満層のデータも挿入しておいた。この層は家畜保有者の12％も占めるが、ほとんどの種類の家畜の1％にはるかに及ばない保有比率である。しかし、豚と家禽は違う。豚は全体の4.4％、家禽は3.9％を生産し保有している。後段で検討するが、1エーカー未満農地保有者の中には土地持ち労働者と言うべき人も入っていたであろう。また、この層には非土地保有者も含められている。かれらはどういう人たちなのか簡単にはわからないが、その中に土地を全く保有しない「裸の労働者」が入っていたであろう。ともあれ、アイルランド家畜生産と保有に

第4章　1870年代における農民層分解の全国的分析

おいて、とりわけ豚と家禽については農業労働者も何らかの役割を担っていた可能性がある。

　上に見た牛の生産保有における小規模零細農地群の状況は、15エーカー以上100エーカー未満の中位規模農地群においても同じである。2歳以上牛40.7％に比べて牛年齢が低くなるほど保有比率が高くなる。1歳以上2歳未満牛58.1％、1歳未満牛64.8％と高くなる。そして、乳肉兼用種が多いところから、乳牛64％と高い保有比率になっている。

　中位規模農地群は家畜保有者の44％を占めている。数の上でアイルランド家畜生産の中心的存在である。そして実際、その他の牛2歳以上と羊を除いて、ほとんどの家畜生産と保有で過半以上を担っている。

　ただ今述べた、その他の牛2歳以上と羊のばあいは、家畜保有者の5％を占めるに過ぎない100エーカー以上の大規模農地群が最大の担い手になる。特に、その他の牛2歳以上、つまり、ストア牛と肥育牛の生産と保有において過半以上（54％）の役割を担っている。

　今、牛について述べたことも含めて繰り返しになるが、次のように結論してよいだろう。15エーカー未満農地と土地なしの家畜保有者は、豚と家禽の保有と飼育で20～30％という小さくない役割を担うとともに、乳牛と「その他の牛」1歳未満の保有と飼育においても、つまり、酪農と乳牛・肉牛両方の子牛繁殖・飼育においても全体の16～18％を担っている。しかし、「その他の牛」の年齢が上がっていくにつれて、つまり肉牛生産が進み、ストア牛や肥育牛の生産に進むにつれて、担う割合が下がってくる。

　15エーカー以上100エーカー未満の中位規模農地の家畜保有者は、乳牛と「その他の牛」1歳未満の60数％、1歳以上2歳未満の58％を保有し飼育している。つまり、アイルランド酪農業と乳肉両方の子牛繁殖・飼育、若い肉牛の飼育において大きな中心的役割を担っている。この点は豚と家禽の保有・飼育においても同じである。ただ、「その他の牛」の2歳以上と羊については、それらの保有比率は40％以上と高いものの、いずれも、100エーカー以上の大規模農地の家畜保有者の後塵を拝している。

第1部　19世紀後半アイルランド農業の展開

表4-7　農地規模別家畜平均保有頭（羽）数（1873年）

農地規模 （エーカー）	乳牛	その他の牛				羊	豚	家禽	農馬
		〜1歳	1〜2歳	2歳〜	小計				
〜1	0.07	0.03	0.01	0.01	0.05	0.15	**0.63**	**6.32**	0.04
1〜5	0.49	0.24	0.13	0.06	0.43	0.61	0.57	10.79	0.08
5〜15	**1.40**	0.79	0.45	0.22	1.49	1.71	0.91	14.56	0.29
15〜30	2.54	**1.57**	**1.09**	0.60	3.26	3.85	1.71	20.55	0.68
30〜50	4.01	2.58	1.94	**1.32**	5.84	7.80	2.81	27.40	**1.10**
50〜100	6.07	3.92	3.36	2.99	10.27	16.68	4.04	35.23	1.46
100〜200	8.45	5.45	6.46	9.08	21.01	43.63	4.62	43.36	1.89
200〜500	9.14	5.87	11.15	24.12	41.13	99.95	3.97	45.92	2.30
500〜	8.35	5.38	15.02	**39.34**	**59.74**	**221.81**	3.57	40.56	2.61
全体	2.50	1.56	1.35	1.38	4.28	7.33	1.71	19.40	**0.62**

出典）1873年農業統計。

　100エーカー以上の大規模農地の家畜保有者は、一農地平均の各種牛の保有頭数を見ればわかることであるが、一人一人で見れば乳牛も「その他の牛」も最も多くの頭数を保有し飼育しているであろうが、とりわけ、「その他の牛」の2歳以上にあっては、中位規模農地群をも超えて、5割以上を保有し飼育している。つまり、ストア牛と肥育牛の生産において最大の役割を担い、アイルランド肉牛生産を牽引している。同じことが羊の保有と飼育においてもいえる。

　今触れた農地規模別の家畜平均保有頭（羽）数を見れば、アイルランド畜産業において、農地規模別の経営内容の性格がさらにもっと明瞭になる。表4-7を見よう。今度は農業統計と同じ規模分類で検討する。

　平均数字であることを肝に銘じて考える。1エーカー未満農地と農地なしの家畜保有者が1頭（羽）以上保有しているのは家禽だけである（6.32羽）。豚は二人に一人が保有している。その他の家畜は何人、いや何十人に一人が保有する状態である。1エーカー以上5エーカー未満でも基本は同じである

第4章　1870年代における農民層分解の全国的分析

が、家禽以外は何人に一人の割合になる。5エーカー以上15エーカー未満になるとやっと、乳牛と羊を1頭以上保有することになる。その他の牛（多くが肉牛）も合計して1頭以上、つまり、年齢別のいずれかを少なくとも1頭保有することになる。

さきほど表4−5に関わって、1エーカー未満農地が人間と豚が共生する土地であったと言ってよいと述べた。だが状況はもう少し具体的に見る必要がある。15エーカー未満層の小規模零細農地群と農地なし層は全体を合計するとアイルランドの豚の23％を保有している。しかし、1エーカー未満農地と土地なし層はもとより、15エーカー未満農地層全体を見ても、一農地に、家畜保有者一人に平均すると保有頭数が0.77頭であって、この階層の4分の3だけが豚1頭を保有していた。だが、この階層は家畜保有者総数の51％以上を占める31万人強という多数者であって、かれらの4分の3だけしか豚を保有していなかったとしても、総計するとアイルランドの豚総数の23％にもなった。

目を15エーカー以上の農地群の家畜保有にも向けると、100エーカー以上200エーカー未満の農地群の豚平均保有頭数4.62頭が最高頭数である。豚のばあい、多数の豚を保有する個別事例もあるだろうが、総じて各農家の保有頭数はさほど多くはなかったと推測できる。

15エーカー以上100エーカー未満の中位規模農地群に目を移そう。今問題にした豚も平均して1頭以上の保有となる。その他の牛の1歳未満と1歳以上2歳未満も1頭以上になっている。30エーカー以上50エーカー未満層になるとその他の牛の2歳以上でも1頭以上の保有となり、その他の牛の合計で6頭近くにまでなる。

表4−6では農用馬（表示は農馬）の説明を省いたが、農地規模別家畜平均保有頭数の表4−7では農用馬を加えて説明する。馬車を牽引する馬は増えたかもしれないが、鋤を牽引する農用馬は減少し、アイルランド全体で平均すると一農地当たり馬の保有は1頭に満たない0.62頭であった。1頭を超えるのは農地規模30エーカー以上になってからである。放牧草地における家畜

飼育がますます大きな存在になっていく中で、30エーカー以上で農用馬に依拠した耕種農業もかろうじて生き延びていたと言ってよいだろうか。

　100エーカー以上の大規模農地群を見よう。一農地当たりの平均保有頭数で今述べた農用馬も、豚も家禽も多くなる。乳牛やその他の牛の1歳未満でも多くなる。だが、その他の牛の2歳以上や羊になると、農地規模が大きくなればなるほどかれらの保有頭数は目をみはるばかりに増加する。最大規模の500エーカー以上では羊は何と221頭になり、その他の牛の1歳以上2歳未満が15頭、2歳以上が39頭にもなり、その他の牛合計は60頭近くになる。これらは平均数字であるから、農地毎に見ることができれば驚くべき家畜保有頭数の農地が存在していることが判明するであろう。

　1873年農業統計により、全国平均で農地規模によって経営内容に相違があることを検討した。特に畜産業の牛と羊ではかなり明瞭に見ることができた。羊のばあい、100エーカー以上の大規模農地群は全農地数の5.3％を占めるに過ぎないのに、平均221頭もの羊の大群を飼育する500エーカー以上の農地を先頭に、アイルランドの羊の50％近くを保有していた。牛のばあい、牛の分類によって違いが明らかであった。乳牛は、15エーカー以上100エーカー未満の中規模農地群がアイルランド乳牛の64％を、5エーカー以上15エーカー未満の小規模農地も加えると80％近くを保有し飼育していた。一部小規模農地も加えた、中規模農地群がアイルランド酪農を中心的に担っていた。この事態は多くが肉牛であるその他の牛の1歳未満についても同じ状況であった。乳肉兼用種が多いアイルランドでは、乳牛の多くが肉牛の母牛でもあったからである。

　その他の牛の1歳以上2歳未満、2歳以上になると、つまり、肉牛生産が若牛の飼育、ストア牛や肥育牛の生産段階に進むにつれて、規模の大きい農地が大きな役割を担っていた。2歳以上のその他の牛54％が、全農地数の5.3％を占めるに過ぎない100エーカー以上の大規模農地群によって保有、飼育されていた。

　こうした牛に関する農地規模による経営内容の相違は、酪農と肉牛生産に

おける農地規模別分業を表すものであった。つまり、酪農、子牛繁殖と育成、若牛の飼育において中位規模農地群が中心的役割を担い、農地数では少数であるにもかかわらず、100エーカー以上の大規模農地群が若牛の飼育、とりわけストア牛と肥育牛の生産においてアイルランド全体の過半を担っている。最底辺にある、膨大な数から成る小規模零細農地群と農地を保有しない家畜保有者も酪農と子牛繁殖・育成において、大規模農地群に匹敵する役割を果たしていた。第2章で見た牛の全国的移動（流通）という視点が加わると、酪農と肉牛生産における地域的分業と折り重なる農地規模別分業の構造があった。

　ただ、農地規模の相違は農業経営の相違を規定するもっとも重要な要因であるが、単純にいかないばあいもある。例えば、同じ100エーカーであっても、ジャガイモやカブの作付地と放牧地を同じように扱えるだろうか。ジャガイモの100エーカーにたいして、放牧地の150エーカーの方が経営規模が大きいと言えるだろうか。このような事例の経営規模の相違を明らかにすることが農民層分解の要諦の一つであるが、それを教えてくれる資料を見つけることが極めて困難である。唯一、グリフィス評価 Griffith Valuation に始まる地方税課税対象不動産評価額を記録する評価簿があると思われる。

第3節　不動産評価額による農地分類

　地方税課税対象不動産評価は毎年、タウンランド townland の全ての不動産（土地と建物）1件ずつにおこなわれ、いくつかのタウンランドからなる貧民監督官選出区 electoral division でまとめられ、評価簿が作られていた。こうして全国すべての不動産についての基本的事実がわかる。すなわち、当該不動産が所在するタウンランド、陸地測量部 Ordnance Survey 地図番号、不動産占有者氏名、「直接の貸手 immediate lessor」氏名[7]、不動産の種類（土地や建物等）、土地面積、土地と建物それぞれの評価額と合計額がわかる。

　1870年、この評価額による農地分類がおこなわれ、データが公表されている。1870年連合王国議会資料『アイルランド農業保有地報告 Returns showing

表4-8a 規模(不動産評価額)別農地数(全国と4地方)(1870年頃)

評価額(ポンド)	全国		アルスター		コナハト		レンスター		マンスター	
～15	512,080	75	194,265	77	130,453	90	91,401	65	95,961	66
15～30	94,098	14	36,774	15	8,717	6	23,043	16	25,564	18
30～50	38,534	6	12,043	5	2,962	2	11,158	8	12,371	8
50～100	24,857	3	5,628	2	2,213	1	8,513	6	8,503	6
100～	12,668	2	2,018	1	1,366	1	5,971	4	3,313	2
全耕地	682,237	100	250,728	100	145,722	100	140,086	100	145,712	100

注)評価額欄は以下の通り。～15は15ポンド未満、15～30は15ポンド以上30ポンド未満、30～50は30ポンド以上50ポンド未満、50～100は50ポンド以上100ポンド未満、100～は100ポンド以上を表す。

出典)Returns showing the number of agricultural holdings in Ireland, and the tenure by which they are held by the occupiers, *P.P. 1870 [C. 32]* Vol. LXI.

the number of agricultural holdings, and the tenure by which they are held by the occupiers』(以下、『1870年農業保有地報告』と略記)がそれである。報告は農地を次のように分類している。不動産評価額15ポンド未満、15ポンド以上30ポンド未満、30ポンド以上50ポンド未満、50ポンド以上100ポンド未満、それに100ポンド以上の5分類である。そしてこの5分類の農地群ごとに保有態様別の農地数を、県レベル、地方レベル、全国レベルで明らかにしている。報告はアイルランド救貧法委員会(書記長 chief clerk バンクス B. Banks)からアイルランド担当相 Chief Secretary for Ireland フォーテスキュー C. P. Fortescue になされた。バンクスによれば、ティペラーリ県のサールズ Thurles 地域だけから情報が寄せられなかったが、本報告データは全国をほぼ隈なく網羅したものとされている。[8]

本書は全国と4地方の不動産評価別農地数をまとめてみた(表4-8a)。

見られる通り、アイルランド救貧法委員会が5分類したうち、評価額が最も低い15ポンド未満の農地がアイルランド全体で75%も占めている。30ポンド未満まで広げると9割近くまでになる。1870年頃にあって、評価額の低い

第4章　1870年代における農民層分解の全国的分析

農地が圧倒的多数であったことがわかる。アルスター地方は最も多くの農地を数え、それら多数の農地の9割以上が不動産評価額30ポンド未満であった。この傾向はコナハト地方でもっと進む。同地方では15ポンド未満農地だけで農地全体の9割も占めている。同地方では、小規模零細農地が多数広がっていたことがわかる。しかし、アルスター地方も、コナハト地方でさえも、農地数全体に占める比率はごくわずかであるが、50ポンド以上の不動産評価額の高い農地がそれぞれ3％、2％を占めている。問題はこれら経済的評価が高いと言ってよい農地がそれぞれの地域農業にあっていかなる地位を占めているかであるが、残念ながら『1870年農業保有地報告』からはわからない。

　マンスター地方とレンスター地方はどうだろうか。50ポンド以上農地の比率がぐんと上がる。それぞれ8％と10％となる。レンスター地方では評価額が100ポンド以上と大変高い農地が4％あった。両地方とも30ポンド以上50ポンド未満農地も8％占めていて、そこそこに高く評価されるものから、非常に高く評価されるものまで、経済的に優位な農地がかなりの程度広がっていた。問題はやはり農業経営の性格、経済的中身である。この解明は大変難しい。地域を絞って第5章以降で試みてみる。

　ところで、農地面積規模別と地方税評価額別のデータをクロスできないだろうか。残念ながらそのようなデータは1870年代のものとしては見つけることができなかった。1891年センサスになってようやくそうしたデータが編集されている（表4－8b）。

　農地面積が大きくなればなるほど不動産評価額は高くなる、農地面積が小さくなればなるほど不動産評価額は低くなる、この傾向はあるが、必ずしもそうなるとは限らないことがわかる。

　さて、アイルランド救貧法委員会『1870年農業保有地報告』は682,237の全農地に関するものであるが、そこでは複数農地を保有する人物の名寄せをしたのであろうか。アイルランド救貧法委員会がこれをやったかどうか不明であるが、この名寄せをするのは大変な苦労を要する。本書は第5章以降でごく限られた地域に絞ってやってみる。さらに先に触れた、1870年代と80年

第1部 19世紀後半アイルランド農業の展開

表4-8b 地方税評価額分類と農地面積分類のクロス階層表

評価額(£)	～15エーカー		15～100		100～		全体農地数	
15未満	206,151 (61.9)	96.8	121,931 (36.6)	50.7	4,474 (13.5)	13.4	332,556 (100)	68.3
15～30	5,339 (6.8)	2.5	69,885 (89.4)	29.1	2,948 (3.8)	8.8	78,193 (100)	16.1
30～50	903 (2.6)	0.4	31,033 (87.8)	12.9	3,397 (9.6)	10.1	35,333 (100)	7.3
50～100	458 (1.8)	0.2	15,689 (61.3)	6.5	9,426 (36.9)	28.1	25,573 (100)	5.2
100～	120 (0.8)	0.1	1,831 (12.0)	0.8	13,259 (87.2)	39.6	15,210 (100)	3.1
合計	212,992 (43.7)	100	240,366 (49.4)	100	33,506 (6.9)	100	486,865 (100)	100

出典)1891年センサス。

代でなくて90年代の資料であるが、『アイルランド貧民蝟集地域開発局視察官ベイスライン報告』と、『農業労働者調査報告書』を補強資料として、代表的地域における農民層分解を見よう。この二つの90年代の資料は地域が限定されているが、かえって好都合なものとして利用できる。

限定した地域を対象とする前に、農民層分解の実証にとって最も枢要な農業労働者を明らかにしなければならない。

第4節 1871年センサスから農民と農業労働者を探る

(a) 農民を探る

農業労働者を析出する前に農民について考えよう。そのあとに、アイルランド農業がどの程度賃労働者に依存する経営になっていたのか可能な限り明らかにしよう。

1871年センサスが示す職業統計が表4-9である。住民総数では女性の方が多数であるが、「有職者他」では男性が大幅に多数となっている。職業部

第4章　1870年代における農民層分解の全国的分析

表4-9　職業部門別人数(1871年)　　　　　　　　　　　　　　　　　　(単位：人)

部門 Class	住民総数	男性	女性
	5,412,377	2,639,753	2,772,624
Persons of Specified Occupations and Conditions 「有職者他」	2,907,393	1,665,371	1,242,022
Ⅰ. Professional Class　専門職部門	152,860	115,115	37,745
Ⅱ. Domestic Class　家内労働部門	740,195	34,517	705,678
Ⅲ. Commercial Class　商業部門	105,619	88,464	17,155
Ⅳ. Agricultural Class　農業部門	1,062,008	891,890	170,118
Ⅴ. Industrial Class　工業部門	538,135	288,894	249,241
Ⅵ. Indefinite and Non-Productive Class　定職無・非生産部門	308,576	246,491	62,085

出典)1871年センサス職業統計。

門が6分類されているが、第Ⅱの「家内労働部門」で女性が圧倒的多数を占めている以外は、女性の数が少ない。今述べたことは農民を、農業従事者を考える上で重要な鍵を握っている。

　農民と農業従事者は大きく重なり合っているが、違うところがある。農業従事者には賃稼ぎのために農業で働く者も含まれる。しかし、農業賃金労働者と農民は違う。とにかく、まず第Ⅳ「農業部門」に着目しよう。

　同部門は二つの階層に分けられている。階層8「土地を占有する、あるいは土地で労働する人たちで、穀物、果物、牧草、動物、その他の生産物の生育に従事する人たち Persons possessing or working the Land, and engaged in growing Grain, Fruits, Grasses, Animals, and other Products」1,043,621人（男性873,693人、女性169,928人）が一つ。もう一つは、階層9「動物に関わる人たち Persons engaged about Animals」13,387人（男性18,197人、女性190人）である。

　階層8に土地占有者が出てきた。また、土地で労働する人も出てきた。しかもかれらは「穀物、果物、牧草、動物、その他の生産物の生育に従事する

人たち」である。かれらは農業従事者であると考えてよい。

　階層8はさらに三つに下位分類されている。1は「農業家 Agriculturists」1,033,999人（男性864,209人、女性169,790人）、2は「樹木栽培家 Arboriculturists」487人（すべて男性）、3は「園芸家 Horticulturists」9,135人（男性8,997人、女性138人）の3分類である。

　こうした分類の後に男女別々に職業 occupation 統計がまとめられている。1「農業家」は土地所有者 Land Proprietor から列挙されているが、人数の多い順に並べ替えたのが表4-10である。

　農業家は農業に直接関係する人々である。ただ、そっくり農業従事者とはただちに言えない人もいる。説明が必要である。

　まず、5番目の「土地所有者 land proprietor」7,132人（男性4,294人、女性2,838人）である。かれらは1871年センサス調査に「農業部門」と答えた土地所有者である。本章注7で見た、連合王国全体の土地所有調査結果である『土地所有者に関する報告 The Returns of Owners of Land, 1874–1876』のうちの、『アイルランドの土地所有者に関する報告 Return of Owners of Land of one acre and upwards, in the several Counties, Counties of Cities, and Counties of Towns in Ireland』によれば、アイルランドの土地所有者数は68,716人であった。この調査結果からすれば、センサス調査に「農業部門」と答えた土地所有者7,132人はその1割強に過ぎない。

　かれらの中には農業を自己経営する者がいたであろう。あるいは、自己経営はしないが、地主としてテナントの農業経営に何らかの強い関わりを持つ、あるいはまた、地域の農業に強い関わりを持つ者もいたかもしれない。家畜の品種改良などに精力を傾注する者もいたであろう。いずれにせよ、センサス調査に部門Ⅳ「農業部門」で、階層8「土地を占有する、あるいは土地で労働する人たちで、穀物、果物、牧草、動物、その他の生産物の生育に従事する人たち」の下位階層「農業家」と答えたうえで、自らの職業を「土地所有者」とした人々である。かれらを全て農業従事者であるというのは行き過ぎであろうが、「農業に直接関係する人々」といって大きな間違いは犯すこ

表4-10 「農業家」を構成する職業(1871年センサス)　　　　　　　　　(単位：人)

	職　業 Occupation	男性	女性	合計
1	農家、牧畜業者 Farmer, Grazier	392,251	31,391	423,642
2	農場使用人(住み込み) Farm Servant(Indoor)	270,059	45,321	315,380
3	農業労働者(通い) Agricultural Labourer(Outdoor)	174,670	17,341	192,011
4	農家や牧畜業者の家族・親族 Farmer's, Grazier's—Son, Daughter 他　*1	16,473	72,802	89,275
5	土地所有者 Land Proprietor	4,294	2,838	7,132
6	検地人：土地・所領代理人(含土地管理人) Land Surveyor: Land, Estate—Agent (including Land Stewards)	4,054	0	4,054
7	羊飼い(通い) Shepherd(Outdoor)	1,953	0	1,953
8	農場監督 Farm Bailiff	136	0	136
9	灌漑人(村の) Land Drainage Service(not in town)	28	0	28
10	農業機械所有者・アテンダント Agricultural Machine—Proprietor, Attendant	10	0	10
11	その他農業関係者 Others connected with Agriculture　*2	281	97	378
	農　業　家　合　計	864,209	169,790	1,033,999

*1　男性は息子、孫息子、兄弟、甥。女性は娘、孫娘、姉妹、姪。
*2　以下の人たちを含む。農業科学生 Agricultural Students 19人、釣り竿業者 Rod Dealer 1人、はりえにしだ伐採人 Furze Cutters 4人、西インド諸島農園主 West Indian Planter 1人、植民地農園主 Colonial Planters 5人、砂糖農園所有者 Owner of Sugar Plantation 1人、農業協会書記 Secretary to Agricultural Society 1人、海草採集者 Seaweed Gatherers 41人、衛生関係取引業者 Health Dealer 4人(詳細不明。家畜の健康に関わる者か？)。

第1部　19世紀後半アイルランド農業の展開

とはない。

　次は土地所有者と直接関わる、6番目の「検地人：土地・所領代理人（含土地管理人）」である。かれらも上記の「土地所有者」と基本的に同じように考えてよい。中には農業従事者もいたであろうが、「農業に直接関係する人々」と捉えておこう。ただ、原文 Land Surveyor: Land, Estate—Agent (including Land Stewards) はどう理解してよいのかわからないまま直訳した。かれらは全員検地人で、そのうちには、土地ないし所領の代理人（含土地管理人）がいたということであろうか。なお、一言付け加えるなら、代理人や管理人を置くことができたのはかなり大きな土地所有者であったと推測できる。

　10番目の「農業機械所有者・アテンダント」はどうか。Attendant は中身がわからないので、アテンダントとカナ表記せざるをえなかった。1870年代アイルランドにいかなる農業機械がどの程度のどのようにして入ってきていたのか調べる必要があるが、かれらを「農業に直接関係する人々」といってよいだろう。ただ、かれらは全国で10人という少数であるので、農業機械の普及はさほど進展していないとも言えるが、やがて、バター生産において遠心分離機が入ってくることで状況が変わったと推測される。

　11番目の「その他農業関係者」の＊2にも留意しておくのがよい。表欄外に注記したが、中身がよくわからないものもある。注目すべきことに、西インド諸島農園主や植民地農園主、それに砂糖農園所有者を農業関係者に含めていることである。アイルランド・センサス当局の視野に大英帝国の海外支配地におけるこうした人たちも入っていた。

　以上、「農業家」全体を「農業に直接関係する人々」と考えてよさそうである。そのうち、1「農家、牧畜業者」、2「農場使用人（住み込み）」、3「農業労働者（通い）」、4「農家や牧畜業者の家族・親族」、7「羊飼い（通い）」、8「農場監督」、それに9「灌漑人（村の）」は農業従事者であったといってよい。そして、上に検討した「土地所有者」、「検地人：土地・所領代理人（含土地管理人）」、「農業機械所有者・アテンダント」、および「その他

第4章　1870年代における農民層分解の全国的分析

農業関係者」にも農業従事者が含まれていたが、その程度はわからない。

では、1「農業家」に続く2「樹木栽培家」と3「園芸家」はどうか。「樹木栽培家」は487人で、すべて男性であったが、全員が職業は樵 Woodman とされている。「園芸家」は9,135人と多数で（男性8,997人、女性138人）、職業として、「苗木屋・種屋・花屋 Nurseryman, Nurserywoman, Seedsman, Florist」、「庭師 Gardener（住み込みでない）」、「その他」が挙げられている。

農業とは何か考えさせられるが、階層8「土地を占有する、あるいは土地で労働する人たちで、穀物、果物、牧草、動物、その他の生産物の生育に従事する人たち」の中に、「樹木栽培家」と「園芸家」が「農業家」に続いて含められている。

さらにもっと農業とは何か考えさせられるのは、「農業部門」階層9「動物に関わる人たち Persons engaged about Animals」についてである。まずかれらはどういう職業の人たちであったのだろうか（表4-11）。

ところで、階層8も「土地を占有する、あるいは土地で労働する人たちで、穀物、果物、牧草、動物、その他の生産物の生育に従事する人たち」とされている通り、動物に関わる人たちも含まれている。とすると、1871年センサスが階層9として別にした理由は何だろうか。その答えを明確にするのは難しそうだ。ただ、魚も動物であるからか、漁師も「農業部門」の職業に含めている。先に見たように、「樹木栽培者」が階層8に入っていた。1871年センサス「農業部門」は「農林漁業部門」と言ってもよいものであった。

そして、馬が注目される。しかも「馬調教師」や「騎手」など、娯楽競走馬に関わる職業もある。実は、アイルランド農業統計は馬を使用目的別に分類していて、1873年統計では、農用馬と交通・製造業用馬、それに娯楽競争馬 Amusement or Recreation の3分類に分けられている。

馬を、さらにはまた、家禽とは違う鳥や、家畜とは違う動物を別にするのがよいと1871年センサスは考えたのであろうと推測できる一方、牛や羊、豚の取引業者と販売人、それに、ドゥローヴァー（家畜運び屋）が含められている。推測するに、家畜の流通段階の業者を階層8ではなく階層9に入れた

表4-11　動物に関わる人たち　　　　　　　　　　　　　　　　（単位：人）

	男性	女性	合計
馬の所有者、繁殖家、取引業者　Horse—Proprietor, Breeder, Dealer	318		318
馬調教師　Horse Breaker	304		304
馬飼い、馬丁、騎手　Horse Keeper, Groom, Jockey	1,932		1,932
蹄鉄工、獣医　Farrier, Veterinary Surgeon	411		411
牛、羊、豚の取引業者、販売人　Cattle, Sheep, Pig—Dealer, Salesman	4,118	23	4,141
ドゥローヴァー家畜運び屋　Drover	402		402
猟場番人　Gamekeeper	976		976
動物、鳥の取引業者、飼い主　Animal, Bird—Dealer, Keeper		56	56
害鳥駆除人　Vermin Destroyer	10		10
漁師　Fisherman, Fisherwoman	9,438	108	9,546
その他	288	3	291
合計	18,197	190	18,387

ということであろう。しかし、牛や羊、豚の取引業者や販売人と区別するのが難しいドゥローヴァーを入れているのはどうか。第2章で述べているが、かれらは牛（家畜）を移動させながら飼育するのである。かれらは流通業者であるが、優秀な家畜飼育者でもあった。ローガンを再度引用しよう。「ドゥローヴァーは大変慎重で几帳面な男たちで、かれらの仕事は、家畜が移動の出発時点よりももっと良い状態で目的地に着くのを確実にすることであった。それはドゥローヴァー自身が牛の所有主であるばあいも、別の所有主のために牛を運ぶばあいもそうであった」[9]。

さて、今見た部門Ⅳ「農業部門」1,062,008人は、上に触れた留意すべき点があるが、「農業（農林漁業）に直接関係する人々」と考えてよいだろう。1871年センサスも「農業部門」として括っている。ただ全体として一つ大きな疑問がある。それは直ちに以下に記すことに関係する。疑問は、1,062,008人中に女性がわずか170,118人ということである。この疑問には後段で答え

ることにするが、その前に、さらに、「農業に直接関係する人々」と考えることができる二つのグループについて考えよう。

一つは、「土地の占有者で、農業に加えて他の職業に従事していると回答した者 Occupiers of Land who returned themselves as engaged in other pursuits besides Farming」、つまり、「土地占有兼業農家」である。

もう一つは、部門Ⅴ「工業部門」階層12「食糧や飲み物関係で働いたり取引したりする人々 Persons working and dealing in Food and Drinks」、つまり、「食品工業関係者」である。

1871年センサスは「土地占有兼業農家」8,817人を表示している。上に引いたように、かれらは農業以外の職業に就いているが、土地を占有して農業を営んでいる。その点で「農業に直接関係する人々」よりも狭い概念であり、「農業部門」階層8「土地を占有する、あるいは土地で労働する人たちで、穀物、果物、牧草、動物、その他の生産物の生育に従事する人たち」の「農業家」のうち、「農家・牧畜業者」に近い、いや共通する存在である。

ただ、「土地占有兼業農家」の中には第一に見た「農業部門」に分類されている者もいる。人数の多い者に、「漁師等漁業関係者 Fisherman 等」306人、「牛取引業者 Cattle Dealer」191人、「土地所有者 Land Proprietor 等」125人、「土地代理人 Land Agent 等」110人、「農場管理人 Farm Bailiff 等」66人がいる。人数の少ない者には、「牧夫 Herd」など合計242人がいる。[10] 少なくともかれら1,040人は「農業階級」に分類されているかもしれない。二重加算するのを避けるため、かれらを除いた「土地占有兼業農家」7,777人を「農業部門」に加えることにした。「農業に直接に関係する人々」は1,481,122人となる。

もう一つのグループ、「食品工業関係者」52,966人はどうだろうか。部門Ⅴ「工業部門」階層12「食糧や飲み物関係で働いたり取引したりする人々」であるが、かれらは三つの「下位階層」に分けられている。「動物性食品関係で働く人 Workers in Animal Food」と「植物性食品関係で働く人 Workers in Vegetable Food」、それに「飲料と刺激物関係で働く人 Workers in Drinks

第1部　19世紀後半アイルランド農業の展開

表4-12　動物性食品関係で働く人　　　　　　　　　　　　　　　（単位：人）

		男性	女性	合計
1	乳牛飼い、牛乳売り　Cowkeeper、Milkseller	1,662	1,092	2,758
2	チーズ、バター、卵売り　Cheesemonger ; Butter, Egg-Dealer	722	1,541	2,263
3	肉屋、肉販売人　Butcher, Meat Salesman	6,938	401	7,339
4	保存食糧—燻製・塩漬け業者、取引業者　Provision—Curer, Dealer	2,208	866	3,074
5	家禽商、猟鳥獣取引業者　Poulterer, Game Dealer	692	271	963
6	魚商人（魚屋）　Fishmonger	1,112	910	2,022
7	その他	33	18	51
	合　　計	13,367	5,103	18,470

and Stimulants」の三つである。どのような職業が分類されているか見てみる必要がある。例えば、「動物性食品関係で働く人」には次の職業が列挙されている（表4-12）。

　どうもわかりにくい。「動物性食品関係に働く人」は農産物を原料とした食品加工とその生産物の流通に関わる人たちの分類と思われる一方、そうでない人々も入っている。牛乳や卵、家禽や猟鳥獣、さらには魚類の流通にかかわる人々が入っている。ところで、「農業部門」階層9「動物にかかわる人々 Persons engaged about Animals」に、「牛や羊、豚の取引業者や販売人」が分類されている一方、牛乳や卵、家禽の流通にかかわる人々が「工業部門」に入れられている。分類は大変難しい。

　Cowkeeperを乳牛飼いと訳したが、中身の理解は難しい。OEDによると、a keeper of cows 乳牛世話人と、a dairyman 酪農夫とされている。OEDの説明のような職業であったならば、「農業部門」に入れるであろう。何らかの理由で、1871年センサスは「工業部門」に入れたのであろうが、その理由はわからない。

　いずれにせよ、部門V「工業部門」「階層」12の下位階層「動物性食品関

322

係に働く人」は、大きな取引業者も含まれているであろうが、農林漁民と見分けるのが困難な、「農業に直接関係する人々」を含んでいたと推測できる。この点は、下位階層「植物性食品関係に働く人」と、「飲料と刺激物関係に働く人」にも言えるであろう。ただ、かれらのうちのどれくらいの数の人を「農業に直接関係する人々」と推定するか不可能である。

なお、上に見た「工業部門」の「食品工業関係者」52,966人に、「家内労働部門」の「(特定の職業に就いている)妻」のうち、同じ食品工業に職を持つ6,185人を加える必要がある。

◆**女性**は少なくない

「農業部門」に女性が少ないという疑問に答えてくれる事情が農業以外の部門の中にあった。「農業に直接関係する人々」が存在し、かれらの内訳としては女性が多かった。この点の検討に移ろう。

センサス調査に部門Ⅱ「家内労働部門」階層4「(特定の職業に就いている)妻」と回答した者が362,602人いる。そのうち「農業部門」の職業に就いていると答えた者が256,428人いた。かれらは「農業部門」の職業に就きながら、「家内労働部門」と答えている。何故だろうか。農家の世帯主の多くが夫であったためだろうか。妻たちは農家の家内労働を主に担っていたためだろうか。家内労働にはバター作りなど、妻が主に担当する家内食品加工業があったとされているが、そうした事態を反映しているのであろうか。

さて、かれら妻を加えると「農業部門」は1,318,436人となる。上に見たように、「農業部門」と答えた女性はわずか170,118人で、男性の2割弱に過ぎなかったが、妻を加えると女性は426,546人となり、男性の48％弱となる。しかしまだこれでも少ない。疑問を解くには隠れた農業労働者といってもよい存在に目を向ける必要がある。

ここまで検討した「農業に直接関係する人々」をまとめたのが表4-13である。男女の人数比を重視するので、男女に分けられない「土地占有兼業農家」を除いて小計している。

実はこの他にも本書が農業労働者と考える人びとがいた。

表4-13 農業に直接関係する人々—その1（1871年） （単位：人）

	男性	女性	全体
「農業部門」	891,890	170,118	1,062,008
「家内労働部門」で農業部門の職に就いている妻	0	256,428	256,428
小　計	891,890	426,546	1,318,436
「土地占有兼業農家」	?	?	7,777
合　計	891,890＋?	426,546＋?	1,326,213

(b)　農業労働者

　1893年2月、連合王国王立労働問題調査委員会 Royal Commission on Labour が第3次報告を提出した。同報告第4巻はアイルランドに関するものであるが、マクレー副委員 R. McCrea（Assistant Commissioner）が1881年センサスを基にレターケニー教区連合 the Union of Letterkenny の労働者数についてこう述べている。「農場管理人 farm bailiffs、農業労働者 agricultural labourers（小屋住み cottagers）、羊飼い shepherds、住み込み農場使用人 indoor farm servants、それに一般臨時労働者 general labourers が」合計「1,225人」いると[11]。

　マクレーに倣うと、1871年センサスに出てくる農業労働者は一般臨時労働者を除いて既に見ている。「農場管理人」、「農業労働者（通い）」、「羊飼い」、それに「農場使用人（住み込み）」がそれらである。ここで、以下の叙述で紛らわしくなることを避けるために断っておくべきことがある。マクレーはセンサスの職業分類「農業労働者（通い）」だけでなく、「農場使用人（住み込み）」なども含めて農業労働者としている。以下の叙述でセンサスの職業分類上の農業労働者のばあいは「農業労働者」と括弧を付ける。他方、括弧を付けない農業労働者は、以下に見る一般労働者なども含めた、広い範囲の概念である。

　では、「一般臨時労働者」に目を向けよう。マクレーは一般臨時労働者を農業労働者とその他の分野の労働者に分けていない。ドニゴール県に全域が

第4章　1870年代における農民層分解の全国的分析

すべて入るレターケニー教区連合では、一般臨時労働者全員が農業労働者であったということだろうか。そのようなことはないと考えるが、ではどれほどが農業労働者であったのだろうか。ただ本書のこの箇所では、アイルランド全国を対象にしている。ダブリンをはじめ大きな都市や町も含まれている。一般臨時労働者には工業労働者も商業労働者も含まれていたであろう。この点を考慮した推計が求められる。

　一般臨時労働者は部門Ⅵ「定職無・不生産部門」の中にいる。同部門は三つの階層で構成されていて、その第一の階層16「臨時（日雇い）労働者とその他（労働分野不確定）」で、そのうちの「一般臨時労働者」は多くが農業労働者であった。というのは、1871年センサスが「農業労働者（通い）」に次の注記を付しているからである。「（階級Ⅵの）一般臨時労働者を見よ。かれらの多数は、自らが一般臨時労働者と記入しているにもかかわらず、農業労働者とみなしうる See "General Labourers" (Class Ⅵ), the majority of whom may be assumed to be agricultural labourers, although not having returned themselves as such」と述べている。

　「一般臨時労働者」は総計242,150人（男性221,855人、女性20,295人）とされている。ではかれらのうちのどれほどが農業労働者であったのだろうか。つまり、「農業部門」と、その他の部門、すなわち、第Ⅰ「専門職部門」、第Ⅱ「家内労働部門」、第Ⅲ「商業部門」、第Ⅴ「工業部門」、それに、第Ⅵ「定職無・不生産部門」に、推計上かれらはどのような割合で配分されていたのだろうか。

　これを推計するうえでまず第Ⅵ部門は除こう。問題にしている「一般臨時労働者」が入れられている部門だからである。第Ⅱ部門はどうか。74万人近くが働いているとされているが、その半分近くの362,602人は「職に就いている妻 wives of special occupation」で、1871年センサスはかれら妻について別途職業分類している。本書も別の理由から別途分析しよう。ただ、「職に就いている妻」以外に377,593人がいて、その圧倒的多数は家内使用人 domestic servant である。先に、農業部門の「農場使用人 farm servant (in-door)」

を見た。センサス個票に家内使用人と記入した人のなかに農場使用人が入っている可能性は零ではないだろうが、かれらを推計から除外してもよいだろう。

第Ⅰ「専門職部門」152,860人はどうだろうか。三つの階層に分けられている。公務員（中央・地方・植民地政府）、軍隊、それに、知的専門職（聖職者、法律家、医師・薬剤師、芸術家、教師等々）の3階層である。ここにも「一般臨時労働者」がいたかもしれないが、問題の考察対象から外してもよかろう。

ということで、「商業部門」と「工業部門」を足した人数と「農業部門」人数との比が重要であり、これを基準にした按分方法を男女別に考えよう。まず女性から考える。先に見た、第Ⅱ部門の妻を別途考慮しなければならないからである。

「農業部門」の女性はわずかに170,118人であるが、これに第Ⅱ「家内労働部門」の農業部門の妻256,428人を加えると、合計426,546人となる。これと、「商業部門」と「工業部門」の女性合計266,396人の比は10対6.2である。男性のばあいは、「農業部門」891,890人と商工を合わせた人数377,358人の比は10対4.2となる。

上記の比で按分しよう。一般労働者のうち、農業労働者は男性156,236人。女性12,528人と推計する。さらに、「職に就いている妻」のなかに「一般臨時労働者」が5,705人いた。かれらも同様の基準で按分したら3,522人で、女性の一般労働者中の農業労働者は合計16,050人となる。かれらを加えると、「農業に直接関係する人々」は1,498,499人となる。

さらに農業に従事する女性がいたと考える。1871年センサスは住民総数（5,412,377人）を、「職業や社会的地位を記入した者」（2,907,393人）と、「その他の者」（2,504,984人）とに大別した。これまで前者を検討してきたが、後者の「その他の者」の中にも「農業に直接関係する人々」がいたかもしれない。なお先ほども断ったが、「その他の者」は本書による都合上の造語である。

1871年センサスは、部門Ⅵ「定職無・不生産部門」の3番目の階層18「特

第4章　1870年代における農民層分解の全国的分析

定の職業にない者 Persons of No Specified Occupation」に290,643人を挙げている。この290,643人は「職業や社会的地位を記入した者」ではなく、「その他の者」にされている。

　この階層は「浮浪者 Vagrants」と「職業無記入者 Persons of no stated occupation」の二つからなる。特に後者「職業無記入者」が多く（279,980人）、そのうち女性は圧倒的多数で204,430人である。彼女たちは15歳以上である。というのは、部門Ⅵには「15歳未満の子供たちで、いかなる職業にもついていない者 Children under 15 years of age following no Occupation」が別に挙げられているからである。15歳以上の女性で、「職業無記入者」に、時に親の農業を手伝ったり、時に他人の農場に働きに出る者がいなかったのだろうか。男性も含めて「職業無記入者」は実際には「一般臨時労働者」に見分けがたい形で連なる存在であったと考えてよいのではないか。

　「職業無記入者」も同じ基準を使った按分で農業労働者を推計した。男性は53,204人、女性は126,191人となる。

　「職業無記入者」よりもっと多数で、部門Ⅵ「定職無・不生産部門」に括られているが、「職業や社会的地位を記入した者」ではなくて、「その他の者」に入る二つのグループがある。今、上で触れた、「15歳未満の子供たちで、いかなる職業にもついていない者」1,784,488人と、もう一つは「職業無記入妻」429,853人である。後者の「職業無記入妻」にも、時に農業をおこなう妻がいなかったのだろうか。あるいは、農産物を原料にする農村家内食品加工に時に従事する者がいたのではないだろうか。そういう妻は少なくなかったと思われる。「時に」と敢えて書いたが、農家の妻ほど暮らしに求められるあらゆる必要事に１年通して毎日身を粉にして働いている者はいない。特定の仕事を職業に挙げることなど意識に上らないほど万事に通じていなければならない。同じ按分方法で推計すると、「職業無記入妻」のうち265,341人が農業従事者であった可能性がある。

　かれらを第Ⅳ「農業部門」就業者数と第Ⅱ「家内労働部門」で農業部門の職に就いている妻の数、つまり、表4-13の小計に加えたのが表4-14である。

表4-14　農業に直接関係する人々―その2（1871年）　　　（単位：人）

	男性	女性	全体
表4-13の小計	891,890	426,546	1,318,436
一般労働者中の農業臨時労働者	156,236	16,050	172,286
「職業無記入者」中の農業臨時労働者	53,204	126,191	179,395
「職業無記入妻」	―	265,341	265,341
合　計	1,101,330	834,128	1,935,458
「土地占有兼業農家」	?	?	7,777

　男女別に分けることができなかった「土地占有兼業農家」は別にして、農業に直接関係する女性は必ずしも少なくなかった。

　では200万人近い「農業に直接関係する人々」のうち、農業労働者と考えることができる人々はどれくらいいただろうか。第Ⅳ部門「農業部門」のうち、連合王国王立労働問題調査委員会第3次報告第4巻のマクレー報告がいう農業労働者（「住み込み農場使用人」、「通いの農業労働者」、「通いの羊飼い」、「農場監督」）は509,480人（男性446,818人、女性62,662人）であった。これに一般臨時労働者中の農業労働者172,286人（男性156,236人、女性16,050人）、さらに、職業無記入者中の農業労働者として推計できる者179,395人（男性53,204人、女性126,191人）を加えると、864,590人（男性656,258人、女性208,340人）となる。

　「職業無記入妻」は上記表中には記入したが、別にするのがよい。「農業部門」のばあい、家事万端はいうまでもなく、家業としての、特定できない程にさまざまな農作業にも関わりをもったであろう。こうした状況から外に働きに出るのが困難であったと考える。それに対して、職業無記入者の未婚の女性のばあい、上に推計したように、家業を担う、手伝うばあいもあっただろうが、一般臨時労働者と同様に、他人の農場に臨時に働きに出ることがあったと考えた。

　以上、表4-15で、第Ⅳ「農業部門」の農業労働者に、一般臨時労働者中

第4章　1870年代における農民層分解の全国的分析

表4-15　農業労働者と農家・牧畜業者家族労働力(全年齢、1871年)

(単位：人)

	男 性	女 性	全 体
農場監督 Farm Bailiff	136	—	136
農業労働者(通い)	174,670	20,321	194,991
羊飼い(通い)	1,953	—	1,953
農場使用人(住み込み)	270,059	45,778	315,837
一般労働者中の農業臨時労働者	156,236	16,050	172,286
職業無記入者	53,204	126,191	179,395
農業労働者合計	656,258	208,340	864,590(113)
農家・牧畜業者	392,251	31,578	423,829
上記妻	—	252,667	252,667
農家の子孫、兄弟姉妹、甥姪	16,473	72,802	88,275
農家・牧畜業者家族労働力合計	408,724	357,047	765,771(100)
職業無記入妻	—	265,341	265,341
合　　計	1,064,982	830,728	1,895,710

の農業労働者と職業無記入者中の農業労働者を加えた人々を農業労働者としてまとめた。そこには、1871年センサスが別途まとめている妻のうち、「農業労働者(通い)」(2,980人)、「農場使用人(住み込み)」(457人)、それに、「一般労働者」(5,705人)中の推計農業労働者3,522人をそれぞれの項目に加えている。かれら農業労働者が農業従事者全体のなかでどのような位置を占めているのか、この点をせめて近似的に示すために、第Ⅳ「農業部門」の「農家・牧畜業者」とその家族・親族を表示したが、それに、第Ⅱ「家内労働部門」妻のうち、農家・牧畜業者の妻と答えている者を加えた。また、同じく妻のうち、自らが農家・牧畜業者と答えた187人も農家・牧畜業者の項目に足している。なお、職業無記入妻のうち農業従事者と推計可能な者を表末に別記している。

　農家・牧畜業者家族労働力の合計は765,771人となる。この家族労働力100に対して農業労働者864,590人は113となる。100対113、この比に、1871年の

第1部　19世紀後半アイルランド農業の展開

アイルランド全国農業において、農業労働者に依存する度合いがかなりの程度高かったことが示されている。しかし、農業労働者数が家族労働者数を、あるいはまた、「農民」数（含む家族、親族）を上回っていたということを証明したことにはならない。この比は限界を持っているからである。

そもそも、「農民」とは誰か、1871年センサスから割り出すのは大変難しいことはこれまで何度も触れてきた。間違いなく「農民」「農業経営者」であると考えることができる「農家・牧畜業者」とその家族を取り出しただけである。すでに確認したように、第Ⅳ「農業部門」の他の人々で「農業に直接関係する人々」はいた。さらに、この部門以外でも、例えば、第Ⅴ「工業部門」の食品工業関係者には「乳牛飼い・牛乳売り」のような人もいた。また、「土地占有兼業農家」もいた。

農業労働者についても以上に尽きない。「農家・牧畜業者の家族・親族」はそもそもどう考えるのがよいのだろうか。家族労働力に違いないが、かれらのうちには「農場使用人」と見分けることが困難な人たちもいたのではないだろうか。

ところで、管見ではあるが、1912年になって初めて、農地規模別の家族員数 members of family と、常雇数 other permanent labourers、それに臨時雇数 tenporarily employed のデータが登場する。それを基にかつて、「1912年における農場規模別農業従事者」に関する表を作った。農地規模別 size of holding を農場規模別と間違って理解していたが、ここで修正したうえで参考資料として示しておく（付表）。[12)]

◆松尾太郎の研究

最後に、松尾太郎の研究に触れておく必要がある。アイルランドにおける農民層分解について、農業経営の性格を労働力構成から明らかにしようとした研究であるからである。

松尾はアイルランドの農業経営について、「農地5エーカー以下層」を「土地持ち労働者」、「5-30エーカー層」を「家族員の兼業化を伴った階層」、「30-100エーカー層」を「家族労働力経営」、「100エーカー以上層」を「雇用労働

第4章　1870年代における農民層分解の全国的分析

付表　1912年における農地規模別農業従事者　　　　　　　　　　（単位：人）

農地規模 (エーカー)	農地数	A	家族員	B	常雇	C	臨時雇	D	C+D/A	C+D/B
15未満	303,614	50	249,328	32	11,155	7	24,958	20	0.12	0.14
15以上 100未満	272,202	45	473,822	61	82,765	51	71,383	58	0.57	0.33
100以上	32,144	5	56,658	7	66,899	42	27,520	22	2.94	1.67
全　農　地	607,960	100	779,808	100	160,819	100	123,861	100	0.47	0.37

出典) Department of Industry and Commerce complied, *Agricultural Statistics 1847-1926. Report and Tables*, Dublin, The Stationary Office, 1930, p. 160.

力を基本とする経営」と規定している（『アイルランドと日本』（論創社、1987年、77-8頁））。

　こうした規定をするために、松尾は推計に推計を重ねる大変骨の折れる分析作業をしている。貴重な研究という他ない。ただ、松尾は自らの言葉「極めてラフ」な推計をおこなっているが、松尾も言うように、上記付表の1912年まで、「農業労働力統計が未だ作製されていない」ために推計は必要と考えられるし、松尾分析を大枠で本書も継承する。[13]

　大枠という意味は、既に繰り返しているように、本書が100エーカー以上の農地を「大規模農地群」とひとまず呼んでいる点においてそうである。本書は、15エーカー以上で100エーカー未満を「中位規模農地群」、15エーカー未満を「小規模零細農地群」としている。松尾は30エーカーで区切っている。区切りが相違するが、松尾が言うように、賃稼ぎに依存しなければ生活できない階層（松尾の言う「兼業農家」）と、自家労働力で農業経営を維持できる層（松尾の「家族労働力経営」）との分かれ目がどこかにある。ただ、その分かれ目は、農地規模が大きな影響を及ぼすことは確かだが、それだけではない。

　アイルランド農業統計は農地を基本にしている。農場単位ではない。農場は複数の農地から構成されているばあいがある。農業統計は農地数と農業経

営数が相違していて、前者の数が勝ることを絶えず指摘しているのはそのためである。本書も先に自己批判したように、この農地統計を農場経営統計と取り違えてしまうことがよくある。

アイルランドは畜産業、とりわけ、放牧飼育が盛んである。牧畜と耕種農業を比較するだけでも、農地の広狭だけで経営規模の大小を測るのは問題が生じる。牧畜だけを見ても、放牧と舎飼いの違いを考慮しないで、農地規模だけで経営規模を判断すると間違いが生ずる。ではどうするか。

◆農場規模分析を導入した地域分析へ

農地規模の他に、農場の経営規模を表現するデータを探す必要がある。まず、農場（農業経営）を単位とするデータは、農業統計の農家別調査票が残存すればよいが、管見ではない。ただ、農場単位のデータをアイルランドでは作ることができる。先に述べたように、地方税課税不動産評価簿を利用すれば作れる。これは大変な作業であるが、第2部で挑戦する。

この作業のために分析の対象地域を思いきって限定せざるをえない。なぜか。地方税課税不動産評価簿は全国すべての不動産一筆ごとの土地と建物の占有者のデータであって、一研究者の手におえないからである。しかし、いずれの地域でも良いとはいかない。19世紀アイルランド農業全体像の縮図にもなりうるような代表的地域を選ばなければならない。そうした地域であれば、アイルランド農業の担い手を具体的に明らかにし、農民層分解の実態を地域レベルから掴む可能性が開ける。

では、どこを代表的地域とするのか。第1章で1873年の主な農産物生産における第1位から第3位までの県、郡を確認した。これを土台に、19世紀後半のアイルランド農業の大きな中心をなす酪農と肉牛生産における地域的分業といってよい編成に沿って地域を絞る。

地域として教区連合を選ぶ。1871年センサスで対象地域における農業労働者を析出するが、職業統計がまとめられている最小地域は教区連合だからである。

さらに、これらの教区連合と重なるもっと狭い地域を選ぶ。地方税課税評

第4章　1870年代における農民層分解の全国的分析

価簿は県、郡、教区連合、教区からさらに狭まって、貧民監督官選出区 Electoral Division 毎にまとめられている。というのも、この貧民監督官選出区が地方税徴税単位とされているからである。

　評価簿は、土地の一筆ごとの地方税を課される不動産占有者の氏名、その不動産提供者（「直接の貸手」）の氏名、不動産種類、土地面積規模、土地と建物の評価額等々が記録された膨大な手書き資料である。一筆ごとに占有者氏名が記録されていることから、名寄せをすれば、一人が占有する複数農地や、複数人による共同経営と思われる農場を明らかにできる可能性がある。だがそれは大変面倒で難しい作業である。

　地域を選ぶうえで考慮した事情が他にもある。本書は1870年代末から80年代初めにかけて展開した土地戦争の経済（史）的背景を探ることを大きな目標の一つとしている。時期としては少しずれるが、1890年代に農業労働者に関わる貴重な調査がおこなわれている。1892年から93年にかけて王立労働調査委員会が連合王国全体の農業労働者に関しておこなった調査が一つ。もう一つは、アイルランド貧民蝟集地域開発局視察官による主には西部海岸地方の調査である。出稼ぎを含む農業労働者に止まらず、地域の住民の暮らしが詳しく報告されている。これらの調査報告（『ベイスライン報告』）も重要な資料である。

　本書が選んだ地域は以下のものである。

　アイルランド牛経済、すなわち酪農と肉牛生産の出発点として南部のマンスター地方に焦点をまず当てる。リムリック県領域のキルマロック教区連合とキルマロック貧民監督官選出区、コーク県ドゥーハロウ郡とニューマーケット貧民監督官選出区、それらと重なるカンターク教区連合、ケリー県トゥルーハナクミ郡とトゥラリー教区連合、それにケリー県海岸部地域である。ケリーはアイルランド原産乳肉兼用牛ケリー種が生まれた土地である。

　続いて北部のアルスター地方に飛ぶ。もう一つの酪農中心地のデリー県ロッヒンショーリン郡がある。同郡と重なるマヘーラフェルト教区連合とドゥレイパーズタウン貧民監督官選出区を分析する。デリー県ロッヒン

第1部　19世紀後半アイルランド農業の展開

　ショーリン郡とドゥレイパーズタウンと聞けばアルスター植民とロンドン同業者組合を想起する。それが19世紀後半の同地域にどう関係するのか興味深い。なお、ロッヒンショーリン郡は酪農と肉牛子牛飼育が盛んなだけではない。オート麦とジャガイモ、そしてアイルランド北部を中心としたリネン工業を支える亜麻栽培など、耕種農業が盛んな地域でもある。

　次に、同じアルスター地方の西、アイルランド島北西端「僻地」のドニゴール県に移る。しかし、その前に明らかにしなければならないことがある。19世紀後半になればアイルランドにおける亜麻栽培はほとんどアルスターに集中した。アルスターではこの亜麻栽培と接続してリネン産業が発展した。これを明らかにする。この後に行くドニゴール県も重要に関わる。

　さて、ドニゴールである。キルマクレナン郡は肉牛生産（その他の牛1歳以上2歳未満）においても、オート麦とジャガイモ生産においてもロッヒンショーリン郡に次いで全国2位である。それに実は、東隣の北ラフォー郡については、1872年農業統計までは南ラフォー郡と分かれていないラフォー郡として統計がまとめられていたが、キルマクレナン郡だけでなく、ロッヒンショーリン郡をも凌駕する肉牛生産と耕種農業を誇っていた。さらに、このラフォー郡こそが豊かな農地が広がるラガン Laggan と呼ばれる地域で、かつてのアルスター植民の中心地の一つであった。このラガン北部（北ラフォー郡）とキルマクレナン郡にまたがるレターケニー教区連合とレック教区（地方税評価簿）に焦点を当てる。

　このラガン地域にドニゴール県各地から出稼ぎ労働者がやって来る。かれらのうちには、ラガンに立ち寄った後にスコットランドに向かう労働者も多数いた。ラガンはスコットランドへの出稼ぎのいわば中継点でもあった。1890年代『ベイスライン報告』はこの出稼ぎや、各地域の住民の暮らしを大変詳しく描いていて、農民層分解の実相に迫ることを可能にしている。

　この後、アルスターと繋がるコナハト地方に向かい、メイヨーに行く。当時、レアード社とスライゴ海運会社がグラスゴウやリヴァプールと、デリー、ドニゴール県沿岸、スライゴ、さらにはメイヨー県バリナとウエストポート

第4章　1870年代における農民層分解の全国的分析

を汽船航路で繋いでいた。メイヨーは肉牛生産において大変重要な位置を占めている。農業統計上はその他の牛の最高齢は2歳以上である。郡レベルでかれらの最大頭数を飼育しているのは、アイルランド肉牛肥育の中心地ミーズの郡でなく、メイヨー北部バリナ中心のティロウリー郡である。ミーズのラトゥーア郡は第2位であり、アッパー・ケルズ郡は第3位である。

このティロウリー郡と、その中心地バリナ貧民監督官選出区とバリナ教区連合に焦点を当てながら、「貧しい」メイヨー県を見る。ティロウリー郡だけでなく、メイヨー県の海岸部や島嶼部もアイルランド牛経済のネットワークといってよい分業体制の一環を構成していた。こうした地域の住民の暮らしにも目を向ける。

「貧しい」メイヨー県にアイルランド最大級の農場経営、シムソン農場があった。最後にこれを分析する。ブリテン資本主義下のアイルランド農業が抱える問題も透けてくる。

アイルランドの地域巡回の最後はミーズ県である。郡単位で見ればメイヨー県ティロウリー郡が最大頭数の2歳以上のその他の牛を飼育していたが、県単位で見ればミーズが圧倒的である。しかも本書が注目するのは、それが他地域から牛が多数流入した結果によるものだからである。ミーズはアイルランド肉牛生産の最終段階の大きな部分を担っていた。その中心はラトゥーア郡であり、ラトゥーア郡より肉牛の流入の程度が高いアッパー・ディース郡である。

以上の見取り図に従って主な代表的地域の分析に入るが、その際の焦点の一つは、1871年センサス職業統計を使って各地域（教区連合）における農業がどの程度に農業労働者（賃労働）に依拠したものであったのか、他の地域と比較してどうかということである。この比較をするために、農業労働者と考えることができる人数と、「農家・牧畜業者」の家族労働力（含む家族・親族）の人数との比を使う。既に、本章で全国比を出した。しかし、この比は使えない。何故なら、これから利用する教区連合の統計は20歳以上の住民に限られているからである。また、妻の職業に関して全国統計に出てくる数値

が、教区連合の統計では採用されていないものもある。こうした点を踏まえた、各教区連合のデータを比較できる、20歳以上に限った全国比をここで確認しておく。

「農家・牧畜業者」の家族労働力（含む家族・親族）100に対して、農業労働者は86となる。先ほど全年齢層の比は、計算に加えるカテゴリーと数値が相違するが、100対113であった。20歳未満を除くと農業労働者が大きく減ることがわかる。農業労働者に対比する「農家・牧畜業者」の家族労働力の多数は農家世帯主や妻であって、かれらのほとんどが20歳以上であるから、20歳未満の者を除いても、それによる減少はわずかである。したがって、20歳未満を除く比で、家族労働動力の方が大きくなるのは当然である。

しかし、この事態にアイルランドの農業労働力構成の特徴がよく出ている。つまり、20歳未満の農業労働者が、特に、女性が多いという特徴である。20歳未満の若年層が占める割合を出してみると、「農家・牧畜業者」の家族労働力（含む家族・親族）では6％にすぎないが、農業労働者になると28％にも上る。女性に限ると31％にもなり、そのうち特に、「農場使用人」では49％、「農業労働者（通い）」では44％と大変多くなる。つまり、若年労働者、特に女性の若年労働者が多数農場に住み込んだり、通いで働いていたと思われる。これから見る地域では若い女性の出稼ぎも多く語られることになる。

そうした地域に出かけることにしよう。まず、マンスター地方である。

1）　清水由文『アイルランドの農民家族史』（ナカニシヤ出版、2017年）pp. v, 53。
2）　ベイスライン報告の存在は Trinity College Dublin（TCD）のカレン教授に教えていただいた。同大学 Early Printed Matter 図書室所蔵の同報告を利用した。『農業労働者調査報告書』は *P.P. 1893-94,（C. 6894-20, 21, 22）*, Vol. 37である。
3）　若い頃の拙稿の間違いは、1841年を起点にしたが、1841年センサスの農地面積はアイリッシュ・エーカーといわれているにもかかわらず、1851年以降の法定エーカー（イングリシュ・エーカー）と同一に扱ったことである。拙稿「アイルランドにおける農民層分解と地主的土地清掃」（京都大学経済学会『經濟論叢』第116巻3・4号、1975年9・10月）46頁。この誤りを指摘されたのは、故松尾太郎法政大学教授であった。

第4章　1870年代における農民層分解の全国的分析

4）　拙稿「アイルランド農業とイギリス資本主義」（京都大学経済学会『経済論叢』第117巻4号、1976年4月）62頁。
5）　「ポリッジは今日の農村と同じように中世において人気があった」T. P. O'Neill, *Life and Tradition in Rural Ireland*, London, J. M. Dent & Sons, 1977, p. 57. バークはジャガイモが底をついた後の期間、オート麦が人々の生活を支える地域があったとしている。P. M. A. Bourke, The Use of the Potato Crop in Pre-Famine Ireland, *Journal of the Statistical and Social Inquiry Society of Ireland*, Vol. XXI, Part VI, 121 Session, 1967-68, p. 82. なお、本書は第5章以降で、1890年代の『ベイスライン報告』を利用するばあい、住民たちの食べ物にも留意する。
6）　農地非保有の家畜保有者を1エーカー未満農地保有者群に加えることはやむをえない措置、いや当然の扱いといえるかもしれない。興味深いのは、農地非保有の家畜保有者が一体どういう人々であったかということである。アイルランドには既に触れているが、コネイカ conacre と呼ばれる一作期限の農地「借入」と1シーズンの家畜放牧権「借入」の慣行があった。これに頼らざるをえない農業労働者がいたが、投機目的で利用する町の人間もいた。この点については後段、特に終章で改めて取り扱う。
7）　「直接の貸し手 immediate lessor」と括弧に入れた。本書の姉妹編『アイルランド土地戦争——土地と自由を求めて』（刊期未定）で詳しく述べることであるが、19世紀後半、土地所有権をめぐって地主とテナントが争った。アイルランド救貧法当局は、地方税課税対象不動産評価において、かれら自身が認識する膨大な数の任意土地保有 tenancy at will も、定期借地 lease と同様に、地主とテナントの貸借契約関係の枠組みで捉えて、「貸し手」なる表現を使っているが、そこには次の認識も込められていた。『アイルランドの土地所有者に関する報告』の序文を書いたアイルランド地方政治局書記バンクス B. Banks がこう述べている。「次の点を心にとどめておくべきである。地方税評価簿に記入される「所有者 Owner」は、かれをしてそれら（調査のための……引用者）指示書の意味する範囲内の所有者を構成させるような権利を不動産に必ずしも有する者でなく、単に「直接の貸手」、あるいは、どんなに不動産におけるかれの権利が制限されているかもしれないばあいでも、占有テナントによって支払われるべき地代を受領する人物であるということを」と。大変重要な証言である。今日の私たちの常識では、土地を貸すということは、貸し手の土地にたいする私的所有を暗黙に前提としている。しかし19世紀後半のアイルランドではいまだ、その前提は常識ではなかった。*Return of Owners of Land of One Acre and Upwards, in the Several Counties, Counties of Cities, and Counties of Towns in Ireland*, Dublin, 1876, p. v.
8）　*P.P. 1870 [C. 32]* Vol. LXI. なお、アイルランド救貧法委員会書記長バンクス B. Banks は、前記注の『アイルランドの土地所有者に関する報告 *Return of Owners*

of Land』序文執筆者アイルランド地方政治局書記バンクス B. Banks と同一人物であろう。
9) Logan, *op. cit.*, pp. 7, 91, 92.
10) 242人は以下の人々。牧夫26人、猟場番人 Caretaker25人、庭師 Gardener24人、馬取引業者 Horse Dealer19人、馬刈取り人 Horse Clipper19人、苗木屋 Nurseryman 18人、石灰焼成人 Lime Burner 16 人、羊毛取引業者 Wool Dealer 等15人、耕夫 Ploughman11人、酪農場主 Dairy Proprietor 等 5 人、羊飼い Shepherd 5 人、麦芽製造（販売）人 Maltster 5 人。それに 3 人以下の合計人数24人を加えた人々。（農業技師 Agricultural Engineer 1 人、人造肥料仲介人 Artificial Manure agent 1 人、ベーコン保蔵処理業者 Bacon Curer 2 人、湿地仲介人 Bog Agent 1 人、馬丁 Groom 1 人、乾草仲介人 Hay Factor 2 人、野菜行商人 Huckster 3 人、騎手 Jockey 1 人、ケルプ仲介人 Kelp Agent 1 人、検地人 Land Surveyor 1 人、豚去勢人 Pig Gelder 1 人、豚仲買人 Pig Jobber 3 人、羊仲買人 Sheep Jobber 3 人、踏みぐわ作り Spade Maker 2 人、樵 Woodman 1 人）。
11) *P.P. 1893-94〔C. 6894-xviii〕* Vol. XXXII, p. 57. 1881年センサスを調べてみると、指摘された労働者たちの合計は1,215人である。マクレーは「その他農業従事者、関係者 Others engaged in, or connected with Agriculture」10人を加えたのであろうか。Census of Ireland 1881, *P.P. 1881〔C. 3042〕* Vol. XCVII.
12) 拙稿「アイルランドにおける農民層分解と地主的土地清掃」（京都大学経済学会『経済論叢』第116巻 3・4 号、1975年 9・10月）。
13) 実は、松尾は、上記拙稿の分析を紹介する形で、*Agricultural Statistics 1847-1926* 所収の1912年農業労働力統計に依拠して自らの階層区分を吟味している。さすがに松尾は「農場規模」とはしないで、Size of Holding のままにしている（ただ何故か Size of Holdings と複数にしている）。松尾、前掲書、78頁。

第 2 部　アイルランド農業の担い手を地域から見る

第5章
酪農の中心地で肉牛生産の出発地である南西部マンスター

第1節　黄金の谷のキルマロック

　農業労働者の供給がどこでも過去10年ないし15年間に減少したということは疑問の余地がまったくないと考えます。この意味は明らかであります。すなわち、問題のこの期間に経験した多数の住民流出は、社会におけるほかならぬこの階級（労働者）に属する若い男女多数の継続的な海外移民によるものであります。

　取り扱っている11の教区連合で、特定季節に経験する他地域からの労働者の出稼ぎ immigration の何らかの形のものが現在あるといえる教区連合に遭遇したのはたった一つであります。その例外はリムリック県にあるキルマロック Kilmallock 教区連合であります。同地はアイルランドで目にする放牧地の中で最も豊かなものの一つで、とりわけ優秀な品質のバター生産で有名な土地であります。

　（中略）

　同地域の大規模な酪農家 the large dairy farmers は、かれらの特別に重要な事業を毎年9カ月間、ケリーや西コーク生まれの多数の若い男女にすっかり頼っておこなっています。若い男女は毎年定期的に3月半ば頃に同教区連合にこの目的でやって来て、12月末近くまでそこに留まり、それから故郷に帰っていきます。

　同じ教区連合ではまた、いくつかの地区で、収穫労働やジャガイモ掘り等をめあてにした、9月から10月にかけて、普通の農場労働者による

第2部　アイルランド農業の担い手を地域から見る

小規模な出稼ぎがあります。(下略)

　これ以外のことについては現在、出稼ぎの形では注目すべきものはありません。ただ2、3の地域でありますが、小規模農家の息子 the sons of small farmers や、ある町の労働者が同じ教区連合の別の地区に一時的に移動しています。それは繁忙な収穫期に通例獲得できる高賃金の、それが続いている間のことでありますが、恩恵に与ろうと考えてのことでありました。(下線は引用者)

　これは、1892年から93年にかけて王立労働調査委員会が連合王国全体の農業労働者に関しておこなった調査のうち、アイルランド担当副委員オブライエン W. P. O'Brien によるカーロー、コーク、クレア、ケリー、キルデア、キルケニ、キングズ、リムリック、クィーンズ、ティペラーリ、ウォータフォード、ウェクスフォード、ならびにウィックロウ各県に関わる11教区連合に関する「まとめ報告」からの抜粋である。以下、『1890年代農業労働者調査オブライエン報告』、あるいは単に『オブライエン報告』と記す。[1]

　1890年代初頭、調査した11教区連合のうち唯一、出稼ぎ労働者を受け入れていたのが、「アイルランドで目にする放牧地の中で最も豊かなものの一つで、とりわけ優秀な品質のバター生産で有名な」キルマロック教区連合であり、同地域の酪農を支える出稼ぎ労働者を送りだしたのがケリーや西コークであったとされている。多数の若い男女が海外に生活の場を求めて移民する状況下、労働者確保に苦労する中でもなお、出稼ぎ労働者を確保できている酪農地域が描かれている。

　キルマロック教区連合に着目しよう。1890年代、同地に出稼ぎ労働者を送った「ケリーと西コーク」にも目を向けよう。

　キルマロック教区連合(大半がリムリック県、残りわずかがコーク県)は、コーク県北東部からリムリック県、さらにティペラーリ県南西部に連なる黄金の谷と呼ばれるアイルランド随一の豊かな土地に位置している。1884年にバゴットたちがアイルランド最初のクリーマリーを設立した土地ホスピタルはこのキルマロック教区連合にある。

第5章　酪農の中心地で肉牛生産の出発地である南西部マンスター

(a)　キルマロック教区連合における農地規模別階層構造

キルマロック教区連合における農民層分解を見よう。まずは、農地規模別の階層構造である（表5-1）。

1873年農業統計は、1エーカー未満に「土地なし家畜保有者」109人を含めて、家畜保有者が3,359人いたとしている。表注記に断っているが、15エーカー未満層にこの109人が入っている。農業統計はまた、1エーカー以上の農地数を家畜保有者数として取り扱っている。

家畜保有者の56％が15エーカー以上で100エーカー未満の中位規模農地群に属している。この階層は作付地（牧草地 meadow は含むが、放牧地 pasture は含まない）の65％、乳牛の71％、その他の牛1歳未満の72％、1歳以上で2歳未満の58％、豚の73％を飼育している。「アイルランドで目にする放牧地の中で最も豊かなものの一つで、とりわけ優秀な品質のバター生産で有名な土地」（『1890年代農業労働者調査オブライエン報告』）キルマロック教区連合の酪農、子牛の繁殖と育成、豚の飼育の大半は、全家畜保有者の過半を占める中位規模農地群によって担われていた。

同時にまた、少数とはいえ100エーカー以上の大規模農地群も大きな役割を果たしていた。家畜保有者の数ではわずか8％にすぎないが、この276の

表5-1　キルマロック教区連合（作付面積37,568エーカー）（1873年）

農地規模	家畜保有者		作付地	乳牛	その他の牛			羊	豚
(エーカー)	実数	％	％		～1歳	1～2歳	2歳～		
～15	1,213	36	7	4	4	5	2	2	9
15～100	1,870	56	65	71	72	58	39	30	73
100～	276	8	28	25	24	37	59	68	18
総計	3,359	100	100	100	100	100	100	100	100

注1）作付面積は牧草地を含むが、放牧地は含まない。
注2）農地規模欄の～15は15エーカー未満、15～100は15エーカー以上100エーカー未満、100～は100エーカー以上。
注3）15エーカー未満には土地なし家畜保有者109人が含まれている。
出典）1873年農業統計。

大規模農地群が、作付地の28％、乳牛の25％、その他の牛1歳未満の24％、1歳以上2歳未満のその他の牛の37％、そして、2歳以上になるとなんと59％を集積している。羊になると驚くべきことに68％も集積している。1農地平均にすると、乳牛26頭強、その他の牛1歳未満17頭弱、1歳以上2歳未満5頭強、2歳以上9頭強になる。羊は24頭弱で、乳牛とほぼ同様の多数を飼育している。平均の頭数であるが、これだけの牛などの家畜を飼育するのに家族労働力だけで対応するのは不可能と言える。雇用労働者が不可欠であっただろう。先に見た『1890年代農業労働者調査オブライエン報告』では大規模農場が出稼ぎの住み込み労働者さえ必要としていたが、1870年代においても賃労働に依存する牛などの家畜飼育経営があったと推測できる。

他方、15エーカー未満の農地保有者と土地なし家畜保有者の1,213人は表示の牛のいずれかを1頭以上（平均1.5頭）を保有していた。保有頭数はわずかとはいえ、小規模零細農地保有者も広く家畜生産に携わっていたといえる。小規模零細農地群の豚保有比率が9％で、他の家畜に比べて高い。豚の生産保有の1割を担っている。ただ、その豚も15エーカー未満農地群にして1農地当り1頭にもならない。1エーカー未満農地保有者をはじめ、この層の多くは家畜飼育だけで生活していくことが可能であったとは思えない。賃稼ぎが不可欠であっただろう。他方、100エーカー以上農地群の集積率は低いが、1農地当り7頭以上にもなる。豚のばあいも、牛や羊ほどではないが、農地規模別に格差が進んでいるし、第3章で見たように、ベーコン輸出に牽引された商業的豚生産の発展を垣間見ることができる。

(b) 『キルマロック評価簿』の分析——複数農地農場を見つける

ところで、キルマロック教区連合における農業統計に基づく農地規模別階層構造の分析は、既に何度も触れているように、一つの大きな欠陥を持っている。というのは、1農家が複数の農地を保有している、もっと一般的にいえば、1農場が複数農地から成っているばあいが相当程度あると推測できるからである。この欠陥を埋め、しかも農業労働者の存在とその在り方を解明

第 5 章　酪農の中心地で肉牛生産の出発地である南西部マンスター

するための重要な第一歩を踏み出させてくれる資料がある。『地方税課税対象不動産評価簿』と、それらの出発点となった『グリフィス評価原簿』である。

　キルマロック貧民監督官選出区の『地方税課税対象不動産評価簿』を分析するが、それは General Valuation of Ireland, County Limerick, Electoral Division of Kilmallock である。以下、『キルマロック評価簿』と呼ぶ。『グリフィス評価原簿』以降の、この『キルマロック評価簿』やその他地域の評価簿はダブリンの不動産評価局 Valuation Office で入手したものである。

　『グリフィス評価原簿』とは、1852年から64年にかけて全国的に実施されたグリフィス Sir Richard John Griffith たちの The General Tenement Valuation（通称、グリフィス評価 Griffith's Valuation）のことである。この『グリフィス評価原簿』は〈www.askaboutireland/griffith-valuation〉に拠った。

　なお、本文中に『キルマロック評価簿』や『グリフィス評価原簿』に拠るとするばあい、いちいち注記で典拠を示さないこともある。

　これらは地方税 rate 徴収のために作成されたものである。既に説明しているが、不動産1件毎に、占有者 occupier と、「直接の貸し手 immediate lessor」、不動産の種類、すなわち、土地 land、住宅 house、農業用建物 office（町ではオフィス）、菜園 garden、小菜園 small garden、中庭 yard 等々、土地 land（不動産種類の土地と菜園）と建物 building のそれぞれの評価額と、その合計額が明らかにされている。そして、教区連合を構成する各貧民監督官選出区を徴税区域として、それを構成するタウンランド順に納税責任主体が明らかにされている。

　占有者名が記入されているため、農家の複数農地占有（保有）を明らかにすることが名寄せによって可能となる。これは大変な作業であるが、パーソナルコンピュータでエクセル Excel を使って比較的容易にできた。もっとも記載件数が膨大な量になるため、対象地域を絞る必要がある。実際、好都合にも、『地方税課税対象不動産評価簿』と『グリフィス評価原簿』は地域ごとに分けられている。前者は、教区連合を構成する貧民監督官選出区ごとに

分けられている。

　なお、名寄せ作業には間違いも付きまとう。別人格でありながら同姓同名の者がいるからである。地域を絞れば絞るほど、間違いは少なくなるであろう。こうした作業を、最後は推定にも頼りながら本書が代表的と考える諸地域でおこなっていく。

◆キルマロック選出区

　では、キルマロック教区連合を構成する貧民監督官選出区のうちどの地域を選べばよいか。『1890年代農業労働者調査報告』でオブライエンはキルマロック教区連合に主な町が五つあるとして、チャールヴィル Charleville、キルフィナーン Kilfinane、キルマロック、ブルフ、それにホスピタルを挙げている。これらは住民数の多い順で列挙されているが、キルマロックはセンターに位置するとしている。そして、こう述べている。「かれら（出稼ぎ労働者）は通常3月の決まった日に、目立つところでは同月の17日と25日に列車でキルマロック駅に到着する。その時、かれらは鉄道駅で、全ての周辺地域からやって来る農民たちに面談され、異常なほどの活気と雑踏の真只中で、ただちに農民たちに契約を結ばされ、それからそれぞれの家に運び去られる」(p. 103) と。

　キルマロック教区連合の中心部（センター）にあり、大南西部鉄道のキルマロック駅が所在するのはキルマロック貧民監督官選出区 Electoral Division of Kilmallock である。以下、キルマロック選出区と呼ぶこともあるが、ここに分析の焦点を当てる。その際の資料は『地方税課税対象不動産評価簿』で、1871年から79年までのものである。1870年代『キルマロック評価簿』と略記する。

　キルマロック貧民監督官選出区は、主には、キルマロック郡 Barony of Kilmallock に位置する聖ペテロ＆聖パウロ教区 Parish of St. Peter's and St. Paul's の全てのタウンランドと、コシュレー郡 Barony of Coshlea のアードパトリック教区 Parish of Ardpatrick の二つのタウンランド（全部で3タウンランド）、バリンガディ教区 Parish of Ballingaddy の16タウンランド中の5

第5章　酪農の中心地で肉牛生産の出発地である南西部マンスター

タウンランド、それに、コシュマ郡 Barony of Coshma のエフィン教区 Parish of Effin の11タウンランド中の1タウンランドから構成されている。1871年センサスによれば、面積は5,508エーカー強（教区連合全体の4.3％強）、住民数は3,073人（教区連合全体の約1割。男性1,510人、女性1,563人）、住宅 house 428戸（うち5戸空家）であった。この貧民監督官選出区にはキルマロックが唯一の町 town で、同町の住民数は1,152人（男性558人、女性594人）、戸数は192戸（うち空家3戸）であった。

　ここで、キルマロック選出区の地図と、そこに印した記号を示しておこう（地図5-1、表5-2）。

　キルマロック選出区のほぼ中心にキルマロックの町（地図記号 K）がある。町は13世紀から17世紀への政治的展開において中心的な役割を果たしたノルマンの町であり、古くから自治権を獲得し、郵便局のある町 an ancient corporate and post-town（『1837年ルイス・アイルランド地誌辞典』）である。1838年にアイルランド救貧法が制定され、翌39年1月、ブルッフ教区連合が設置されたが、同年7月、キルマロック教区連合に改称され、1840年、町から少し南東にあるゴトゥーン・タウンランド（B）に労役場 work-house（地図記号 W）が建設された。[2]

　町の中央をメイン・ストリートが走っている。『1837年ルイス・アイルランド地図』（『ルイス地図』と略記するばあいもある）によるとこれが郵便街道 Mail Road であり、北に行けば、ブルッフやリムリックを経由してダブリンに向かい、南に行けばチャールヴィルを経由してコークに辿る大きな街道である。この大街道をチャールヴィルに向かって町を出るとすぐにフェア・グリーンがある（地図記号 F）。それはゴートボーイ・タウンランド（地図記号18。以下、番号のみ）にあるが、1879年までは、そこからもう少し北東のこれもまた『ルイス地図』に載っている街道沿いのディーバート・タウンランド（12）にあった。ディーバートのキルマロック・フェアは『1853年フェア報告』ではジョージ4世の1820年代に特許を取得している。『1837年ルイス辞典』に2月21日、3月25日、それに聖霊降臨祭火曜日 Whit-Tuesday に開か

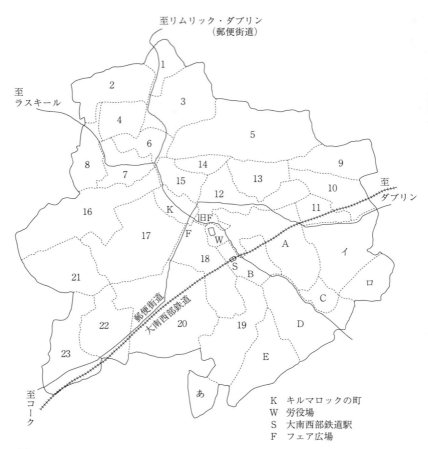

地図5-1 キルマロック貧民監督官選出区

表5-2　キルマロック選出区構成タウンランドと地図5-1上の記号

記号	タウンランド名その他	記号	タウンランド名その他
K	キルマロック・タウンランドと町	1	カラマス Cullamus
2	マウントフォックス Mountfox	3	バリカレイン Ballycullane
4	スティールズ Steales	5	アードキルマーチン Ardkilmartin
6	キルマロック・ヒル Kilmallock Hill	7	アードヨール Ardyoul
8	ガリーノー Garrynoe	9	北ボーンタード Bawntard North
10	南ボーンタード Bawntard South	11	フェアリフィールド・グレーベ Fairyfield Glebe
12	ディーバート Deebert	13	クールロー Coolroe
14	プルーンツ Proonts	15	アビーファーム Abbeyfarm
16	グレンフィールド Glenfield	17	アッシュヒル Ash Hill
18	ゴートボーイ Gortboy	19	グレイガンスター Graiganster
20	ポータウンズ Portauns	21	トゥリーンルイス Treanlewis
22	北ブリーシーン Breesheen North	23	南ブリーシーン Breesheen South
イ	マウントクート Mountcoote	ロ	リヴァースフィールド Riversfield
A	ミルマウント Millmount	B	ゴトゥーン Gotoon
C	ミルタウン Milltown	D	北バリンガディ Ballingaddy North
E	南バリンガディ Ballingaddy South	あ	グレイガンスター Graiganster
W	キルマロック労役場 Workhouse of Union	F	フェア・グリーン Fair Green 旧Fは1879年までのフェア・グリーン
S	大南西部鉄道キルマロック駅		

注）記号「19」と記号「あ」は同名のタウンランドである。前者は聖ペテロ＆聖パウロ教区、後者はエフィン教区である。

出典）General Valuation of Ireland, County Limerick, Electoral Division of Kilmallock『キルマロック評価簿』と『グリフィス評価原簿』から作成。

れ、主には豚、時に牛や羊が取引されたとしている。ただ、不思議なことに、1850年代初めに当地で実施完了したグリフィス調査結果に記載されていない。1870年代、キルマロック・フェアでは盛んに家畜が取引されていたようである。1873年『農家年鑑』によれば、ディーバートのキルマロック・フェアは年8回開かれ、そのうち6月20日からのものは2日間にわたって開かれると予告している。8回のうちの5回では、牛、羊、豚、馬の取引がある旨予告されている。なお、街道はドゥローヴァーなどに引かれた牛などの家畜にとっての主な移動手段であった。

　キルマロック選出区の中心から少し南を大南西部鉄道が走り、キルマロック町の少し南東のゴトゥーン・タウンランド（B）にキルマロック駅（地図記号S）がある。大南西部鉄道のダブリン＝コーク路線は1849年、ダブリン＝リムリック路線は1858年に開通し、キルマロック駅は1849年に開設されている。大南西部鉄道は今日もなおダブリンとコークやリムリックなどを結ぶ大動脈であるが、キルマロック駅は1977年に閉鎖されている。[3]しかし当時は行き来する人々や家畜で賑わったことであろう。

　1890年代農業労働者調査でキルマロック教区連合も担当したオブライエンはこう報告していた。「出稼ぎ労働者は若い男女から構成されていて、特に後者（女性）が大変支配的な構成分子であるが、かれらは通常3月の一定の日に、目立つところでは同月の17日と25日に列車でキルマロックに到着する。その時、かれらは鉄道駅で、全ての周辺地域からやって来る農民たちに面談され、異常なほどの活気と雑踏の真只中で、ただちに農民たちに契約を結ばされ、そこからそれぞれの家に運び去られる。（中略）今述べたやり方で年々キルマロックにやって来る人数は、私が確認できたかぎりでは、約300人、おそらくもっと多くに上る」[4]と。また、『1878年アイルランド獣医局長官ファーガソン報告』が、1877年頃、キルマロック駅を乗降する家畜数を記録していたが、相当数の家畜がキルマロック駅に降り立ったことがわかる。

◆『キルマロック評価簿』分析に当たって

　『キルマロック評価簿』の分析に入ろう。まずはキルマロックの町を除い

第5章　酪農の中心地で肉牛生産の出発地である南西部マンスター

た地域から見よう。再度明らかにするが、『地方税課税対象不動産評価簿』は地方税徴収のために作成されたものである。不動産1件毎に、占有者名と「直接の貸し手名」が順番に記入される。その次に不動産の種類、すなわち、土地、住宅、農業用建物（町ではオフィス）、菜園、小菜園、中庭等々が示され、その上で土地の広さ（土地、あるいは菜園との合計）が明らかにされる。最後は評価額である。まずは土地（菜園を含むばあいもある）、続いて、建物（住宅、農業用建物、小菜園、中庭等々）の評価額と、その合計額が明らかにされる。こうして、教区連合を構成する各貧民監督官選出区を1徴税区域として、それを構成するタウンランド順に地方税負担者と課税基準評価額が確認されることになる。

　こうした『地方税課税対象不動産評価簿』であるがゆえに、本書の目的にとって鍵となる情報が与えられる。土地と建物の占有者名が記されているからである。名寄せをすると、同姓同名の同一人物と考えられる者が複数の土地や建物を占有しているばあいが出てくる。また、同姓で夫婦や親子、兄弟や姉妹、あるいは、家族や親族と思われる者、さらには、同姓でないが農地共同占有者と考える他ない複数人によって複数農地が占有されているばあいもある。これまで主な資料としてきた農業統計は、折に触れたように、農地毎のデータであった。農地規模別データは、農家の、農場の経営規模を正確に表現するものではなかった。『地方税課税対象不動産評価簿』で名寄せをすれば、農家の経営規模をより実態に近づく形で確認できる。これが第一。もっとも、これは骨の折れる作業である。

　ただ名寄せをする際、留意したことがある。複数の農地を一つの農場と認識するばあい、農地間の距離も考慮に入れた。例えば、同姓の占有者の農地が、同一タウンランドで、土地の地番が接続しているか、地番が一つないし二つしか隔たっていないばあい、あるいは、タウンランドは相違するが、土地が接続しているか、わずかの距離で離れているようなばあい、家族や親族の間（夫婦間も含め）で、何らかの程度の経営上の統合がおこなわれている可能性があると考えて複数農地から成る農場と解釈した。もちろん少々距離

が離れていても同一農場として捉えるべきものもある。

　先に触れたが、姓が違っていても、明らかに共同経営者と考えられ、かれら共同経営者が他所に占有する農地を含めて1農場と判断できるばあいがある。ただ、キルマロック選出区ではそのような事例は見当たらない。

　統合対象から除く土地もある。農場とは言えない不動産があり、それらは土地面積や評価額から省くこともした。例えば、石灰石採掘場や石灰窯、製粉所、それに、直営農場と関わりがさほどない大地主の大邸宅などでは農場分析から除いた。

　なお、この他に除いたものがある。最大のものは大南西部鉄道のキルマロック駅（地図記号S）や線路敷地等で、その不動産評価額合計は1,089ポンド以上になる。免税対象となる不動産も除いている。キルマロック労役場（地図記号W）とその付属モデル農場、ローマ・カトリック教会チャペルや墓地（地図記号Dの北バリンガディ・タウンランド）などである。

　本書の目的にとって鍵となる情報がもう一つある。農場が抱える農業労働者の姿を少しでも具体的につかめる二つの可能性である。一つは、不動産種類のなかに、農場管理人住宅 steward's house や牧夫住宅 herd's house、それに、労働者住宅 labourer's house など、農場の労働者用住宅が記載されている。それに、占有者欄であるが、ロッジャーズ住宅 lodgers なるものが記載されている。後段で検討するが、「一時的逗留者住宅」で、出稼ぎ労働者なども利用したと考えられる。

　二つ目は、土地や建物を占有する者と同じ地番に、あるいは間近に、別の人物が住宅を占有している事態がしばしば見られる。ここに、住宅（時に菜園も）をあてがわれた「農場使用人」や「農業労働者」を見て取ることができる可能性がある。この中にはいわゆる「住み込み使用人」や「住み込み労働者」がいるかもしれない。もっとも、かれらは雇用主と同じ家屋に住み込むばあいもあったであろう。

　通いの労働者はどうか。『地方税課税対象不動産評価簿』には出てこない。ただ、近くの町に住む人たちに目を移せば何らかのヒントを得ることがある

第5章　酪農の中心地で肉牛生産の出発地である南西部マンスター

かもしれない。

◆『キルマロック評価簿』分析

　表5-3は、1870年代『キルマロック評価簿』に基づく評価額規模別農場分類であるが、選出区唯一の町キルマロックは除いている（後段で取り扱う）。町を除いて農村部と考えられる地域に限定した。従って、評価簿で分類された土地は基本的に農地と考えた。

　名寄せなどをした結果、農場と考えられるものは101となった。複数農地からなる農場は全農場過半の54もあった。1農地だけの農場は47である。仮に複数農地が全て2とすると、農地数は155となる。実際はもっと多い。これだけでも、農地数に基づく農業統計とは大きく異なっていることがわかる。

　当然のことであるが、農場を構成する農地数が多くなれば評価額が高くなる。評価額が高くなればなるほど、複数農地から成る農場数が多くなっている。100ポンド以上の農場13はすべて複数農地から成っている。50ポンド以上100ポンド未満の農場の多数も複数農地である。

　表示の評価額分類は大きく3分類した。評価額15ポンド未満農場、15ポンド以上100ポンド未満農場、それに100ポンド以上農場である。さらにこの3分類を小分類した。15ポンド未満を5ポンド未満、5ポンド以上10ポンド未満、10ポンド以上15ポンド未満に分けた。15ポンド以上100ポンド未満を15ポンド以上30ポンド未満、30ポンド以上50ポンド未満、それに50ポンド以上100ポンド未満の3小分類した。100ポンド以上も、100ポンド以上200ポンド未満、200ポンド以上300ポンド未満、それに300ポンド以上に分けた。そして、上に触れたように、複数農地からなる農場の数も規模分類ごとに示した。

　もう一つ重視したのは住宅（菜園）である。詳しくは後に説明するが、住宅（菜園）が特定農場に付置していると判断できるものは、当該農場の規模に該当するグループに入れた。付置できる農場を特定することが困難、あるいは問題があるばあい、「その他」の欄にまとめて入れた。30ポンド以上50ポンド未満農場群の住宅数8-1、菜園数2-1と記しているが、ある一人の人物が住宅2戸を占有していることを示すために、マイナス1を入れた。つま

表5-3　1870年代末キルマロック貧民監督官選出区評価額規模別農場

(単位：農場数・戸数・菜園数)

評価額	農場数	複数地	住宅(菜園)	牧夫住宅
15未満	12	12	7(3)	
5未満	3		lodgers 1	
5～10	6			
10～15	3			
15～100	76	75	41　31-1(14-1)	herd's h 5
15～30	28		13　11(5)	herd's h 2
30～50	20		7　8-1(2-1)	herd's h 1
50～100	28		21　12(2)	herd's h 2
			lodgers 1	
100以上	13	13	13　19-1(10-1)	herd's h 4
100～200	10		lodgers 1	
200～300	2			
300～	1			
合　計	101	100	54　57-2(22-2)	herd's h 9
その他			住宅22-1、菜園7-1	

注1) 住宅(菜園)について。例えば、15ポンド以上100ポンド未満(15～100)の欄に31-1(14-1)と記入している。住宅31戸のうち、1人の人物が2戸占有しているので、住宅占有者は31マイナス1の30人となる。菜園占有者は14マイナス1の13人となる。

注2) lodgersは「一時的逗留者住宅」、herd's h(herd's house)は牧夫住宅。

り、7人が住宅8戸を占有していることを表わしている。菜園のばあいも同じである。農場の労働力を検討するため、住宅(菜園)占有者の数がわかるようにしたかったからである。

　住宅欄にロッジャーズ住宅lodgersを入れた。これも後に説明するが、「一時的逗留者住宅」と考えた。旅人も利用したであろうが、出稼ぎ労働者の宿所になったと考えた。牧夫住宅欄も設けた。不動産種類欄に労働者住宅labourer's houseが出てくる地域もあるが、キルマロック選出区のばあいには

第5章　酪農の中心地で肉牛生産の出発地である南西部マンスター

牧夫住宅 herd's house が出てきた。

以下、農場、そして住宅と見ていくが、まず、農場から始めよう。

農場数は101である。規模別農場分布であるが、評価額15ポンド未満が12％、15ポンド以上100ポンド未満が75％、100ポンド以上が13％になっている。まず目につくのは評価額が中位規模の農場の層が大変分厚く存在することである。農民層分解の観点からすると、中農層が分厚い層をなして存続していることを意味する。しかし、この分厚い中農層から大規模な農場経営者がかなりの程度の数で輩出している。100ポンド以上の高額の評価額農場が13もある。300ポンド以上農場もある。他方、小額零細な評価額規模の農場はどうか。層が薄い。5ポンド未満層を初め、この層には農民というよりか、土地持ち労働者と考えるべき人もいるだろう。中農層が厚いということも合わせて考えると、農民層分解がそれほど進行していないように思える。しかしこの点については、この後で詳しく検討する住宅、あるいは菜園付き住宅、ロジャーズ住宅、さらには牧夫住宅が多数あるという事実、農民層分解の所産とも考えられる事実と合わせて検討する必要がある。

以上、複数農地からなる農場を析出し、複数農地の評価額を合計すると、一方で、中小規模農地・農場数が少なくなり、他方で、評価額の高い農場数が増える。表5-3はそれを如実に表現している。

因みに、『1870年農業保有地報告』は第4章で取り上げたが、同データが示す評価額規模別農地分布を振り返ろう。15ポンド未満農地は全国農地数のうち75％を占め、15ポンド以上100ポンド未満農地が23％、100ポンド以上が2％となっている。このデータのうちマンスター地方だけを取り出すと、15ポンド未満農地が66％、15ポンド以上100ポンド未満農地が32％、100ポンド以上農地が2％である。これらに対して、キルマロック選出区評価額規模別農場分布は繰り返すことになるが、15ポンド未満が12％、15ポンド以上100ポンド未満が75％、100ポンド以上が13％である。複数農地から成る農場も加えた農場規模分布は随分と違った事態を明らかにしてくれる。骨折り作業の名寄せの意義は大きい。

第2部　アイルランド農業の担い手を地域から見る

◆住宅と菜園

　表5-3の住宅（菜園）と牧夫住宅を見よう。労働者住宅については労働力を考察する際に見ることにする。

　既に述べたように、農場の評価額分類に対応する形で住宅（菜園）数と牧夫住宅数を記入した。そのようにできないものは最下段の「その他」に記入した。ここでは事例を挙げて説明しよう。第一は、農場評価額に対応して表示した住宅（菜園）の事例である。第二は、その他の欄に入れた住宅（菜園）の事例である。

　第一は、3農地から成るクリアリ M. T. Cleary 農場の事例である。地図記号 D の北バリンガディの地番2に13エーカー強、地番3-aに71エーカー強、合わせて85エーカー弱の農地（評価額合計96ポンド弱）と評価額2ポンド15シリングの住宅と農業用建物を占有している。さらに、地図記号イのマウントクートに105エーカー強の農地（評価額93ポンド）と評価額1ポンドの農業用建物を占有している。全部合計して190エーカー強の農地、評価額192ポンド10シリングの農場を経営している。

　M・T・クリアリ一家は北バリンガディの地番 3-a の住宅に住んでいると考えられる。少なくともキルマロック選出区ではかれの住宅は唯一ここだけであるからである。本書が注目するのは、M・T・クリアリが占有する地番3の 3-c, 3-d, 3-e, 3-f, 3-g, 3-h の6カ所にアーウイン R. Irwin 以下6人がそれぞれ住宅を占有し、うち2人は農業用建物も占有している。そして2人が菜園、3人が小菜園を持っている。これらの評価額は高いもので1ポンド、低いもので5シリングとされている。これら住宅等の「直接の貸手」はもちろん全て M・T・クリアリである。なお、地番 3-b は評価簿には出てこない。

　以上、M・T・クリアリが地番3全体を保有していて、そのうち、3-a はクリアリの自己経営農場で、3-c から 3-h まで、6人がそれぞれ M・T・クリアリから「直接借りた」住宅（1戸を除いて菜園や小菜園が付属）で居住している事例である。

第5章　酪農の中心地で肉牛生産の出発地である南西部マンスター

　このような、あるいは、これに類似した事例、つまり、評価簿による不動産分類の土地 land（農地）を持たない、したがって、農業で生計を立てることが不可能と考えられる人物が、同じ地番で、あるいは、近くで農場を経営する別の人物の傍で占有する住宅（菜園）、これを隣人が経営する農場の評価額に応じて分類したのが表5-3の「住宅（菜園）」欄である。

　表5-3は特定できる農場に関係するこうした住宅（菜園）の分布を示している。評価額15ポンド未満の12農場に関わる住宅7戸と3菜園、15ポンド以上30ポンド未満農場群の28農場に11戸と5菜園がある。30ポンド以上50ポンド未満20農場群に8戸と2菜園であるが、住宅と菜園それぞれに－1（マイナス1）としている。それは既に触れているが、1人が2戸占有し、1人が2菜園を占有していることを表している。つまりは、この農場群では7人の住宅占有者がいて、そのうち1人が2戸の住宅、1人が2菜園を占有していたということである。50以上100ポンド未満28農場群に12戸と2菜園、そして、100ポンド以上13農場に19戸と10菜園があり、18人の住宅占有者のうち1人が2戸、1人が2菜園を占有していた。農場の評価額規模が高くなるほどに、農場に関係を持つ住宅戸数が多くなっているようであるが、15ポンド未満農場にも思いのほか多い。

　第二は「その他」の欄に入れた住宅（菜園）である。住宅22-1、菜園7-1と記入している。このうちの少々ややこしい事例を説明する。

　地図記号6、7、8、16の接続する4タウンランドにいくつも農地を占有するオドンネル John C. O'Donnell のケースである。オドンネル農場は農地面積合計123エーカー強、建物も含めた農場評価額137ポンドのかなり規模の大きい農場である。アードヨール（地図記号7）の住宅・農業建物・複数農地（67エーカー強、評価額76ポンド強）、ガリーノー（記号8）の農地36エーカー強（評価額36ポンド強）、グレンフィールド（記号16）の農地10エーカー強（評価額10ポンド強）、それに、キルマロック・ヒル（記号6）の農業建物・農地（9エーカー強、評価額13ポンド強）を加えた農場である。

　注目するのはオドンネルが占有するキルマロック・ヒルの地番2で、問題

とするのは同じ地番の 2-1 から 2-23 までの住宅や菜園（小菜園）である。2-20では、2-20a と 2-20b にも住宅がある。住宅は24戸を数え、菜園（小菜園）は 5 カ所を数える。これらの不動産占有者は23人である（1 人が住宅 2 戸占有）。このうち 4 人は、他所で農場を占有していたり、他人の農場と関わりをもつ住宅や菜園を別に占有しているため、これらは表 5－3 の農場規模別分類の住宅（菜園）欄に記入している。そして、この 4 人を除いた19人の住宅19戸と 4 菜園を表 5－3「その他」に加えている。

　何故そうしたのかについて以下に説明する。

　地番 2-7 と 2-8 の間に、占有者名は無記名で、共有地 commons の石灰石採掘場 quarry（面積 1 ルード24パーチ）が記入されている。同じ地番に住む23人は石灰石採掘で生計を立てている可能性がある。ただ、最初に挙げた地番 2 に 9 エーカー強を占有するジョン・C・オドンネルに関わっていたかもしれない。というのも、ウェブ版『グリフィス評価原簿』が重要な事実を教えてくれるからである。

　ウェブ版『グリフィス評価原簿』（1851年印刷）のキルマロック・ヒルを開いてみた。そうすると、キルマロック・ヒル（地図記号 6）地番 2 は共有地 commons で、2-1 から 2-26まで分割されていた。2-6 と 2-15、それに 2-24～26を除いて、住宅・菜園、住宅、菜園（1 戸は住宅と 3 ルードの農地）となっていた。『キルマロック評価簿』時点とよく似ている。そして、2-6 は共同採石場 quarry in common、2-15は石灰石採掘場で、使い古した石灰窯があった（占有者ハーリヒー W. Herlihy）。そして 2-24～26は 2 エーカー 1 ルード29パーチの農地と石灰石採掘場、それに植林地であった。

　注目するのは 2-24～26で、その占有者として郷士ブライアン・オドンネル Bryan O'Donnell Esq. が記されていることである。このブライアンはさらに、地番 3 a で住宅・農業建物・農地（12エーカー弱、評価額24ポンド）、地番 3 b で石灰窯 limekiln を自己占有していた。その上に、地番 4 と 5 でそれぞれ 2 エーカー弱の土地を人から「借りて」占有していた。1850年代初め、キルマロック・ヒルでは石灰造りが盛んで、郷士オドンネルが重要な役割を

第5章　酪農の中心地で肉牛生産の出発地である南西部マンスター

果たしていた。

　郷士オドンネルは石灰造りで力を揮っていただけではなかった。かれはこのキルマロック・ヒルの18エーカー強の土地の他に、アードヨール（地図記号7）に農地61エーカー強（評価額66ポンド）、バリカレイン（記号3）に住宅・農業建物・農地（64エーカー強、評価額79ポンド強）、グレンフィールド（記号16）に農地10エーカー強（評価額10ポンド強）、それに、スティールズ（記号4）に農地31エーカー強（評価額26ポンド）とキルマロック選出区各地に合計185エーカー以上の土地を占有する大規模農業経営者でもあった。[5]

　さて、問題は『キルマロック評価簿』のジョン・C・オドンネルと『グリフィス評価原簿』の郷士ブライアン・オドンネルの関係である。焦点のキルマロック・ヒル地番2にジョンが占有する9エーカー強の農地と農業用建物は、郷士ブライアン・オドンネルが1850年初めに占有していたものであった。また、ジョンが占有するアードヨール（記号7）の67エーカー強の農地と、グレンフィールド（記号16）の10エーカー強の農地も郷士ブライアン・オドンネルが占有していたものであった。本書が資料にしている『キルマロック評価簿』は1870年代をカヴァーするものであるが、この期間に郷士ブライアンからジョンへのこれらの不動産占有の交替は記録されていないが、この期間以前にこの交替、継承があったと考える他ない。

　同じオドンネル姓の郷士ブライアンとジョンとの間の相当規模の不動産権利の継承の性格が、親子間でのことであったのかどうかも含めて気になるが、郷士ブライアンが築いていたキルマロック・ヒルにおける石灰生産にもジョンが何らかの関わりを持つようになったと推測する。というのも、小規模な農地・農業建物とはいえジョンは石灰石採掘が継続して行われているキルマロック・ヒル地番2を占有することになったからである。

　繰り返すことになるが、1870年代、かつて郷士ブライアンが占有していた地番3の石灰石採掘場と石灰窯の姿はない。あるのは共同の採石場だけである。したがって特定の占有者名は記載されていない。地番2に住む22人が共同権に基づいて採石している可能性がある。しかしかれらの生活は、一部で

菜園を持っている者はジャガイモを確保することができたかもしれないが、石灰石採掘だけでは到底不可能に思える。23人のうち4人は既に述べたように、他所で農場を占有していたり、他人の農場と関わりをもつ住宅や菜園を別に占有して生活を営んでいた。

　だが、残りの19人はどうか。地番2の住宅（中には菜園も）を持っているだけである。かれら19人には同じ地番に農地を占有するジョン・C・オドンネルの農業経営に関わっていた可能性がある。先に確認したが、ジョンはこのキルマロック・ヒルの地番2の他に広い農地を占有していた。複数農地合計123エーカー強からなる農場（評価額137ポンド）を経営していた。しかも、その複数農地はいずれもキルマロック・ヒルに近い一つの区域にまとまっている。

　以上の事情を考えると、キルマロック・ヒル地番2の住宅占有者19人はいずれにしてもオドンネル家と関わりをもっていた。そして、石灰石採掘とジョン・C・オドンネルの大規模農場での労働の双方で、あるいは、一方で生計を立てていた可能性が高い。しかし、19人全員を、ジョンの100ポンド以上の大農場に対応させて表5-3に記入するには不確実な要素が多く、「その他」に入れた。

◆キルマロック選出区の農場と労働力

　表5-3の住宅（菜園）にLodgersなるものも書き込んでいる。さらに、牧夫住宅欄を設け、合計9戸の牧夫住宅も記入している。これらのことも含めてキルマロック選出区における農業労働力の状況を改めて探ることにしよう。その手順は以下の通りである。まず農場における常雇労働者である。かれらを住み込み労働者と通いの労働者に分けて考える。次は、臨時の労働者である。それを近傍の町、主にはキルマロック選出区ではキルマロックの町に住む労働者と、もっと遠方からの出稼ぎ労働者に分けて検討する。

　まずは牧夫住宅である。事例を挙げて見ることにしよう。

　ここで、『オブライエン報告』のⅤ「菜園 Gardensと地片 Allotments」に耳を傾けよう。『キルマロック評価簿』が語るところを読み取るのに役立つ。

第5章　酪農の中心地で肉牛生産の出発地である南西部マンスター

　まず、オブライエンが紹介する証言である。

　　　当地（キルマロック教区連合……引用者）の労働者で自家消費にふさわしいジャガイモやその他作物の生産のための小土地を持っている者の数はことのほか大きい。（中略）時に大規模農家は常雇労働者に同じ目的で（自家消費にふさわしいジャガイモやその他作物の生産のために……引用者）無料で4分の1エーカーの土地をあてがっている。（中略）キルマロックの町に住む6人の労働者がすぐ隣（の農村……引用者）で、それぞれ年1ポンドの地代で法定半エーカーの地片を貸与されている。

　ここには、自家消費用のジャガイモなどを栽培するための小さな菜園などをあてがわれた、あるいは貸与された、常雇の農業労働者や、近傍の町や村に住む農業労働者の存在が証言されている。

　さらにオブライエンは報告のⅠ「労働の供給 Supply of Labour」でこうも述べていた。

　オブライエンはキルマロック教区連合における「深刻な労働不足」について、まず、農繁期における「普通の労働者」の供給不足を述べている。続いて「注目すべきケースが残っている」として、「男性と女性双方の住み込み農場使用人のケース」を挙げ、「かれらは基本的に酪農地域であるこの地域において全く異例なほどに多数で重要な集団を構成している」と述べている。そして既に引用したように、「近年のアメリカへの移民の流れが<u>この特殊な階級から主として供給されてきたために、かれらにたいする需要を当地のいずれの地区からも満たすことが実際に不可能であることが判明し、そのことからかれらを年々ケリー県東部県境やそれに隣接する西コーク地域からの出稼ぎによって確保</u>」してきたと述べていた。

　『1890年代オブライエン報告』は「深刻な労働不足」という状況認識に基づいていた。その認識を1870年代にそっくり当てはめることはできないが、オブライエンが労働不足の重要な原因としてあげる海外移民は70年代に既に進行していた。オブライエンの指摘は70年代にも関わりを持っているかもしれない。

361

第 2 部　アイルランド農業の担い手を地域から見る

◆農村に住宅を保有する常雇農業労働者を探る

　表 5-3 の住宅占有者76人（規模別に分類された農場群に対応した55人とその他の21人）について、『1890年代オブライエン報告』の証言を参考にしながら改めて考えよう。

　土地・建物の評価額100ポンド以上の占有者の事例から見よう。

　ブライアン・オドンネルの事例である。1870年代末の『キルマロック評価簿』によると、かれは選出区南端のタウンランド北バリンガディ（地図記号 D）の195エーカー強の農地で、選出区五指に入る評価額222ポンド強の大農場を経営していた。同時にこのオドンネルは大地主でもあった。選出区北端のバリカレイン（地図記号 3）やスティールズ（地図記号 4）、アードキルマーチン（地図記号 5）に、既に見たキルマロック・ヒルの12エーカーも加えて合計286エーカー強の「直接の貸手」でもあった。[6]

　ここではかれの北バリンガディの農場を見よう。かれが占有する不動産は、酪農小屋 dairy house・農場用建物（評価額 1 ポンド10シリング）と195エーカー強の農地である。不思議なことにかれの住まいがないが、おそらく、キルマロック選出区以外のキルマロック教区連合に数戸の住宅を持っているのであろう。このオドンネルの農場は地番 7 a（158エーカー弱）と地番 8（37エーカー強）から成っている。別々に評価額が書かれていたのが、1873年に統合されて記入される修正がなされている。

　地番 7 b に住宅・農業建物・菜園（合計評価額15シリング）があり占有者はオブライエン D. O'Brien である。地番 7 c にも住宅・菜園（評価額10シリング）があり、占有者はヴァードン D. Verdon である。 8 b には住宅（ 5 シリング）だけあり、占有者はコナー M. Connor である。オブライエン以下 3 人がオドンネル大農場の常雇農業労働者であるといって間違いないであろう。かれら常雇労働者が酪農小屋での搾乳に始まるバター生産に従事していた可能性がある。

　他の100ポンド以上の農場については、常雇農業労働者が居住していると推定する住宅数だけ列記する。

第5章　酪農の中心地で肉牛生産の出発地である南西部マンスター

　大邸宅2戸の評価額を差し引いても300ポンドを超えるこの地域最大の占有規模を誇るJ・H・ウェルダンのばあい、不思議なことに住宅は1戸しかない。ウェルダンに次いで267ポンドの大農場を経営するガベット師のばあいは6戸、J・W・クリアリ ClearyとJ・J・クリアリ（221エーカー強、244ポンド強）のばあいは1戸、先ほど見たブライアン・オドンネルのばあいは3戸、既に詳しく見たM・T・クリアリ Cleary（190エーカー強、評価額192ポンド強）農場のばあいは5戸、ウオルシュ S. Walsh（121エーカー強、192ポンド強）は1戸、最大の「直接の貸手」でもあるクートは1戸、すでに見たJ・C・オドンネルのばあいは1戸（それに、可能性があるキルマロック・ヒルの19戸）、Rep. P・ケイシー Casey（123エーカー強、129ポンド強）は1戸、ギバーソン H. J. Giberson（123エーカー強、119ポンド）は0戸、T・ウェルダン師（89エーカー強、112ポンド強）は1戸、C・マッカーシー McCarthyとE・マッカーシー McCarthy（122エーカー、評価額111ポンド）は0戸である。

　常雇農業労働者の居所と考えられる住宅が思いのほか少ない。これには理由がありそうだが、引き続き、評価額100ポンド以下の農場も見よう。100ポンド以上の農場群と比べて住宅戸数が減る。農場数の半分以下である。興味深いものに限って取り上げることにする。

　ポータウンズ・タウンランド（地図記号20）地番4にジェレミア・オドンネル Jeremiah O'Donnellという人物が16エーカー強の農地（評価額16ポンド強）を占有している。同じ地番の4aから4dまで住宅4戸（うち3戸に菜園が付属）があり、ワトソン夫人（Mrs. Watson）以下4人が占有している。小さな疑問が湧く。農地経営の中身に因るとはいえ、評価額16ポンドの農場の規模からして4人の常雇労働者を抱えるのは困難が伴うのではないか。また、ここにジェレミアの居所がない。この事例はどう理解すべきだろうか。

　ここで少々飛躍する推測を語らせていただく。実は、ポータウンズ・タウンランド（地図記号20）は地図5-1を見ていただいたらわかるように、アッシュヒル・タウンランド（地図記号17）に隣接している。しかもジェレミアが占有するポータウンズ地番4は、あの地域最大の土地占有者のJ・H・ウェ

ルダンが1879年にE・E・エヴァンスより8,145ポンドで購入した、『1837年ルイス・アイルランド辞典』がいう「城郭風の大邸宅」タワーズが中心に位置する地番2と地続きである。

　ウェブ版『グリフィス評価原簿』とそれに付けられた陸地測量部地図を見ると、ポータウンズ（地図記号20）地番4はシーディ M. Sheedy が占有していた。もちろん、後にジェレミアが占有する土地の広さ（評価額まで）が同じであったが、4戸の住宅があるのも同じであった。地図を見ると、4戸がアッシュヒル・タウンランド（地図記号17）との境、つまりは、「城郭風の大邸宅」タワーズが聳え立つエヴァンス直営地に隣接していることがわかった（4a、b、cの次に、dではなく、もう一つaと見える）。これら4戸の住宅はエヴァンス直営地に関わりがあるのではないか。

　そこでウェブ版『グリフィス評価原簿』に再度目を凝らしてみると、4戸のうちの4bの「直接の貸手」は何とエヴァンスであることがわかった。4aと4c、それに、もう一つの4aと見える住宅の「直接の貸手」はシーディとなっている。なお、シーディは地番1の菜園付き住宅を占有している。

　ここで大胆な推測である。1850年代初め、ポータウンズ（地図記号20）地番4bの菜園付き住宅の占有者リールダン S. Riordan がエヴァンスの大邸宅と直営地の常雇労働者であった可能性が高いが、シーディから住宅（菜園）を「借り」ている他の3人の住宅占有者も、さらには、シーディ自身もエヴァンスの大邸宅と直営地の維持、管理と経営に関わっていたのではないか。

　そして、1870年代末、シーディに代わって、ポータウンズ（地図記号20）地番4を占有しているジェレミア・オドンネルと、同地番のaからdまでの4戸の住宅をジェレミアから「直接借り」ているワトソン夫人以下4人が、エヴァンスに代わってウェルダンが自己占有するアッシュヒル（地図記号17）の大邸宅タワーズと直営地の維持、管理と経営に関わっているのではないかと、大胆に想像する。

　この想像を支えるもう一つの事情がある。『キルマロック評価簿』のアッシュヒル・タウンランド（地図記号17）を見ると、地番2を1879年にウェル

第5章　酪農の中心地で肉牛生産の出発地である南西部マンスター

ダンがエヴァンスより購入したが、それ以前の1873年、同地番にあった2戸の住宅が取り壊されていた。『1890年代オブライエン報告』がいう海外移民による住民流出が原因となった住宅取壊しかもしれないが、そのために、ここでは、豪壮な邸宅とそれを取り巻く広大な直営地の維持、管理と経営のために、隣接する土地のジェレミアとかれが「貸した」4戸に住むワトソン夫人以下4人が関わる必要性がより一層高まっていたのではないかと考えられる。

◆住み込み使用人・労働者

　これまで、農場主とは別の住宅に住む人間が当該農場の常雇労働者であった可能性について検討してきた。かれらの中に、『1890年代オブライエン報告』がいう住み込み使用人（労働者）がいたかもしれない。しかし、農場主宅に住み込む使用人（労働者）もいたであろう。農場主の住宅が大きくなればなるほど、邸宅と呼ばれるようになればなお一層、住み込み使用人（労働者）が多くなったであろう。先に見たウェルダンの大邸宅を中心にした直営地など、相当人数の住み込み使用人（労働者）が不可欠であったと思われる。

　しかし、『キルマロック評価簿』もウェブ版『グリフィス評価原簿』も、地方税納税負担者となる不動産（土地と建物）占有者は教えてくれても、農場主の住宅・邸宅に住み込む人物は記録されていない。農業経営の、土地経営の中身を教える資料ならば教えてくれるかもしれない。本書姉妹編『アイルランド土地戦争――土地と自由を求めて』でアイルランド最大の、いや、連合王国最大規模の地主貴族の一人、デヴォンシア公爵のアイルランド所領文書によって、リスモア城を中心とするリスモア所領を維持管理、経営する住み込み使用人（労働者）をはじめとする人々を見ることにする予定である。

◆住宅取壊し、廃屋、空家

　さて、先ほど、常雇農業労働者の居所と考えられる住宅が思いのほか少ない、と述べた。その訳を、1871年から79年までの記録である『キルマロック評価簿』と、ウェブ版『グリフィス評価原簿』（1851年）に探ってみる。結論を先取りすれば、ウェルダンの大邸宅と広大な土地の維持管理と経営に求め

られる労働力についての大胆な想像を述べた際に触れたが、少なくない住宅が取壊されたりしている事実である。

　改めて、最大の土地・建物を占有するウェルダンの事例を見よう。ウェルダン占有地に別人物が占有する住宅は一軒しか記されていなかった。北ブリーシーン（地図記号22）の地番5の27エーカー強の土地に、ウェルダンが「直接の貸し手」となる住宅（評価額15シリング）があり、ジェイムズ・オドンネル James O'Donnell が占有している。ジェイムズは、キルマロック選出区の他地域で自らが土地を占有することがなかったために、ウェルダンの広大な土地の経営と豪壮な屋敷の維持などに関わっていたことは間違いないといってよい。しかし、かれだけでは到底間に合わなかったと思われることは先の大胆な想像で述べた。

　1851年にすでに、ウェルダン家がクート家より「借り」ていたリヴァースフィールド（地図記号ロ）の159エーカー強の土地に、評価額15シリングの住宅と3シリングの菜園があり、それをウェルダン家がボイル M. Boyle に「貸し」ていた。1850年代初頭にはこの土地にも上記ジェイムズのような人物がいた。しかし、その後、おそらく1870年代に入る前に、この「借主」は評価簿から消されてしまい、住宅は取りつぶされている。

　アッシュヒル（地図記号17）地番2の138エーカー強の土地ではどうか。1873年、E・E・エヴァンスが「単純封土権」のもとに占有していたが、その時までに2戸の住宅（評価額各15シリング）があり、2戸ともオリアリ J. O'Leary が占有していたが、これらも同年、取壊されている。

　リヴァースフィールド（地図記号ロ）とアッシュヒル（地図記号17）の3戸の住宅取壊し、「借主」の消滅は何を語っているのだろうか。1879年にはウェルダンはエヴァンスが「単純封土権」をもって占有していたアッシュヒルの土地・建物と、さらに、エヴァンスが「直接の貸し手」となり、ハリス G. A. Harris が「借り」ていた土地16エーカー強（同じく地番2）もハリスを「追い出す」形で購入し、138エーカー強の広大な土地に統合している。

　1879年にウェルダンがリヴァースフィールドとアッシュヒルに占有する二

第5章　酪農の中心地で肉牛生産の出発地である南西部マンスター

つの大きな土地・建物の維持管理と経営は、1873年まで、それぞれの土地に住むジェイムズ・オドンネルとJ・オリアリによってその一端が担われていたと思われる。しかしその後、この二人はいなくなり、広大な土地の一部を「借り」ていたハリスもいなくなった。

　農場に付属していたと考えられる住宅の取壊しはその他に8戸あった。そのうちの事例をもう一つ見よう。選出区北辺のアードキルマーチン・タウンランド（地図記号5）をはじめ、4タウンランドに合計89エーカー強、評価額96ポンド弱のハルピン M. Halpin 農場の事例である。1870年代初頭にアードキルマーチン地番8ｂと8ｃの2戸、70年代後半に地番17ｂの1戸が取壊されている。1873年、地番8ａにあった搾乳場 dairy house と農業用建物も取壊し、農地だけを地番17に統合している。そして、上記のように、1877年には地番17にあった住宅も取壊した。先に見た、ウェルダンが1879年に入手したエヴァンスのアッシュヒル農場でもそうであったが、1873年に大きな農場で揃って住宅4戸を取壊している。これは何を語っているのだろうか。

　アードキルマーチンのハルピン農場の搾乳場の取壊しも気になる。1870年代、コークをはじめとするバター生産が大きな曲がり角に差し掛かっていたことは第3章で見た。デンマークやオランダなどの競争の前に、大ブリテン市場でのアイルランドの独占はすでに過去のものになっていた。その上に、遠心分離機とクリーマリーの登場が間近であった。いずれにせよ、従来の搾乳場経営に終止符が打たれ、そのことに関わったのか、2戸の労働者用と考えられる住宅が取壊された。あるいは、オブライエン報告がいうように、住宅に住んでいた二人が海外に移民し、かれらに代わって入居する者を見つけるのが容易でなかったために、住宅を取壊し、あわせて搾乳場の経営も諦めたのかもしれない。

　さて、労働者の住宅と思われるものの取壊しや廃屋がキルマロックの町でもあった。キルマロック評価簿を見ると、1871年から79年までに取壊しが6戸、廃屋 ruin が9戸、空家が4戸あった。廃屋も取壊しに含めると15戸となる。キルマロック選出区全体で取壊し戸数25となる。

第2部　アイルランド農業の担い手を地域から見る

　これらがはたして、オブライエン報告がいう海外移民を原因とする住民流出によるものであるのか確認するのは難しい。しかし、何らかの影響が及んだことは間違いないだろう。因みに、1870年代の10年間、キルマロック選出区において住民減少と家屋減少が生じていた。1871年センサスの住民数3,073人（男性1,510人、女性1,563人）から81年センサスの住民数2,992人（男性1,446人、女性1,546人）に、1871年住宅数428戸から81年住宅数405戸に減少していた。

　キルマロックの町の住宅取壊しや廃屋を、町を取り巻く農業地域から見ると、通いの農業労働者の住居が含まれるのではないかという関心が湧いてくる。

　これまでの分析対象から除いてきたキルマロックの町を『キルマロック評価簿』の中に見ることにしよう。もちろん、農業労働者の存在を探るのが主目的である。

◆キルマロックの町

　裁判所建物 sessions house や警察兵舎 police barrack 等の地方税免除不動産9件（含む警察兵舎半年地代2件）がある。

　マンスター銀行の建物と中庭が2件ある。評価額50ポンドと25ポンドで、2物件とも立派な建物と中庭と思われる。同銀行のキルマロック支店か、営業所かもしれない。キルマロックの町を中心とした地域の農業に重要に関わっていたものと思われる。

　鍛冶屋が2軒ある。ガブニス M. Gubbnis とヒギンズ C. Higgins である。両人とも近傍に土地を持っていない。農業との兼業ではない。農繁期などに賃稼ぎをする可能性が全くないと断言できないが、鍛冶屋専業と考えよう。

　町で商売を営んでいると考えられる者もいる。石炭倉庫を持つドネガン E. Donegan と、バター倉庫を持つマッカーシー D. McCarthy の二人がいる。この二人も近隣に土地を持っておらず、農業との兼業ではない。2軒の鍛冶屋と同様に、農繁期などに賃稼ぎをする可能性が全くないと証明する資料はないが、直接農業に従事することはなかったと考えよう。

第5章　酪農の中心地で肉牛生産の出発地である南西部マンスター

　何が取扱い物資なのかわからないが、オサリヴァン G. O'Sullivan も倉庫を持っている。それを含めて町に不動産を5物件も持っている。複数物件の建物評価額は24ポンドと高い。その中に、占有者欄にロッジャーズと記載されている住宅2軒がある。農村地域に関する表5-3にも記入しているが、これは何だろうか、後段でまとめて検討しよう。

　今、G・オサリヴァンのケースで取り上げた評価額の高い建物であるが、他にも同じような例がある。キルマロックの町だけに評価額20ポンド以上の建物を持っている者に限れば、カヒル G. D. Cahill、コンバ T. Conba、ハリス G. A. Harris、ヒーラン M. Heelan、ライアンズ T. Lyons、それにオサリヴァン T. T. O'Sullivan の計6人がいる。6人いずれも住宅だけでなくオフィスも持っている。占有建物の評価額が高いことから、かれら6人が何らかの商いを相当程度の規模で営んでいる可能性があると判断し、かれらも農業労働者の考察から除外しよう。

　なお、G・A・ハリスはメイン・ストリートに城を持っている。15世紀に建てられたといわれる「ジョン王の城 King John's Castle」である。『1837年ルイス・アイルランド辞典』によれば、19世紀前半、町が所有し、兵器庫と城塞として利用されていたが、7)　1870年代末の『キルマロック評価簿』では持ち手が変わったことになっている。占有者ゴア Gore、「直接の貸し手」ガベット師が、73年に、占有者ハリス、「直接の貸し手」オリヴァー S. C. Oliver に変わった。なお、理由はわからないが、1850年代初頭のウェブ版『グリフィス評価原簿』にはジョン王の城が出てこない。

　さて、以上の者を除けばキルマロックの町の不動産占有者は139人となる。このうち、キルマロック選出区農村（町周辺）にも土地（農地）を占有している者が17人いる。かれらは既に、表5-3で農場占有者に含められているが、かれらがキルマロックの町に保有する不動産に注目すべきものがある。

　J・W・クリアリは、J・J・クリアリと合わせて244ポンド強の大農場を南北両ボーンタード・タウンランド（地図記号9、10）に持っているが、キルマロックの町にも41エーカー強、37ポンド強の家畜小屋がある農場を持ってい

る。これを加えると二人のクリアリはキルマロック選出区の最大の農業経営者といって間違いないだろう。

次は、ゴートボーイ（地図記号18）にフェア・グリーンをもっているP・D・クリアリである。かれはキルマロックの町に高額の35ポンド評価の住宅・オフィス・中庭を構え、5シリング評価の菜園も持っている。オフィスは家畜フェアの運営管理のための事務所かもしれない。かれはゴートボーイとアビーファーム（地図記号15）には住宅を持っていないので、町の住宅がかれの本拠かもしれない。かれはまた町にロッジャーズも持っているが、これについては後段で検討する。なお、かれの娘と思われるが、ミス・クリアリ Miss Cleary が、P・D・クリアリがオフィス等の建物を持っている同じアイヴィー・ストリート Ivy Street の同じ地番6に評価額20ポンドの住宅・オフィス・中庭を構えている。

最後はW・H・オサリヴァンである。クールロー（地図記号13）に石灰石採掘場と石灰窯を持っているが、町に評価額45ポンドの住宅・オフィス・中庭、それに菜園も持っている。かなり高額のオフィス等建物はおそらく石灰生産に関係するのであろう。町の不動産でもう一件触れておかねばならない。W・H・オサリヴァン・ジュニアが5ポンド評価のオフィスと郵便用中庭 office & posting yard を持っている。「直接の貸し手」は父のW・H・オサリヴァンである。キルマロックは郵便馬車が立ち寄る町である。息子が占有しているのは町の郵便局なのであろう。

さて、こうしたキルマロック選出区農村に土地を占有している者17人を差し引くと、残るは122人となる。このうちから周辺農場に通う農業労働者を探すが、キルマロックの町に持つオフィス office がやはり気になる。

農村地域では農業用建物と考えたオフィス office であるが、キルマロックの町にあるオフィスに農業用建物もあったかもしれないが、マンスター銀行のばあいには建物としたうえで、支店あるいは営業所と推測した。その他のばあいはオフィスとしておいたが、何らかの店や事務所であったかもしれない。既に先に見た、家畜フェアを管理運営するP・D・クリアリの持つ町の

第5章　酪農の中心地で肉牛生産の出発地である南西部マンスター

オフィスは事務所とした。これまで述べてきた者は除いて、残った122人のうち、キルマロックの町にオフィスを持っている者が46人いる。かれら46人は農繁期などに周辺農場に働きに出る者もいたかもしれない。ただ本書の議論では、かれらも農業労働に従事することから除いて、残る76人に注目する。

　町に住むこの76人の不動産占有者とかれらの家族のうちにこそ、近傍の農場に労働者として働きに出る者がいたと考えてよいだろう。農繁期の臨時労働者として、あるいはまた、通いの常雇労働者として。もちろん、町にあるマンスター銀行の支店（営業所）や、その他のオフィスで働くものもいたであろう。

◆ロッジャーズ住宅と出稼ぎ労働者
　最後に、キルマロックの町にある、ロッジャーズと占有者欄に記入されている住宅について考えるが、大変数が多い。1879年時点に、12人が18軒のロッジャーズ住宅を持っている。うち1軒は空家 vacant とされているので、17軒となる。12人が持っていると述べたが、12人は「直接の貸手」である。ロッジャーズ住宅はキルマロック選出区農村地域にも3軒あった。合計20軒となる。

　これら20軒のロッジャーズ住宅は何であったかを考えよう。まずOED（Oxford English Dictionary）で lodgers を見ると、短期の逗留者や、寄宿舎などが浮かび上がる。宿屋とも考えられるが、具体的に見ていこう。

　まず、農村地域にある3軒のロッジャーズである。マウントクート・タウンランド（地図記号イ）地番3ｂの1軒（評価額1ポンド）は、地域最大の地主で、評価額100ポンドの土地・建物（農場とも考えられる）も自己占有しているＣ・Ｊ・Ａ・クーテが「直接の貸手」となっている。しかし、このロッジャーズがある同じ地番3はケイシー P. Casey が農地（19エーカー強）として、クートから「借り」て占有している。そしてケイシーは、マウントクートの北隣の南ボーンタード・タウンランド（地図記号10）の4農地を加えて（「直接の貸手」はすべてクート）、123エーカー強、評価額129ポンドの大農場を経営している。ケイシーが占有するマウントクート地番3の農地にはシーハ

ン J. Sheahan がクートより「借り」ている住宅に住んでいる。

　以上の記録から、マウントクート地番3bのロッジャーズは何だろうか考えてみよう。「直接の貸手」、したがって、このロッジャーズ住宅の所有主は大地主クートである。この住宅は、同じタウンランドにあるクートの大邸宅と直営地（56エーカー強）で働く者や訪ねてくる者のための宿所であるかもしれない。あるいは、この住宅が建つ地番3と地続きの南ボーンタードの地番4B、4A、3A、そして一つ間をおいて地番1からなるケイシー大農場に働きに来る人たちの宿所かもしれない。おそらくどちらでもあったのだろう。

　なお、このロッジャーズ住宅はケイシーが管理をクートから任されていたかもしれない。というのは、ケイシーがマウントクート地番3bのロッジャーズ住宅に一番近い南ボーンタードの地番4Bに評価額4ポンドの自分の住居と農業用建物（このばあいはオフィスといった方が良いかもしれない）を持っているからである。

　次は、グレンフィールド・タウンランド（地図記号16）地番9eにあるロッジャーズ住宅である。住宅の「直接の貸手」はフィーア M. Feoreであるが、かれは同地番9で、27エーカー強、評価額32ポンド強の農地と、少々離れたタウンランドのグレイガンスター（地図記号19）の農地を合わせて、91エーカー強、評価額91ポンド半の大きな農場を経営している。そして、グレンフィールド地番9aから9dに4戸の住宅があり（9aの「直接の貸手」がH・エヴァンスで、他の3戸はすべてフィーア）、その並びの9eに上記ロッジャーズ住宅がある。

　この事例は重要なことを教えてくれる。グレンフィールド地番9aから9dまでに4戸の住宅、そして、9eにロッジャーズ住宅があり、その評価額は1ポンド5シリングである。9aから9dまでの住宅は1ポンドから1ポンド15シリングである。4戸の住宅はすべて小菜園がついている。ロッジャーズ住宅と4戸の住宅はほぼ同じ評価額であって、大きさも同じくらいと推測できる。つまり、ロッジャーズ住宅は大きくて、多数の人間が宿所として利

第5章　酪農の中心地で肉牛生産の出発地である南西部マンスター

用できる、ということではなかったようである。他のロッジャーズ住宅の評価額にも注視しよう。

　農村にあるロッジャーズ住宅の3番目は、ディーバート・タウンランド（地図記号12）4aにある中庭付きで、評価額は1ポンドである。グレンフィールドのロッジャーズ住宅より評価額がわずか5シリング低いだけである。

　さて、同じ地番4にクイグリ R. Quigly が1エーカー半、評価額9ポンド半の小さな農場を経営している。この農場に働きに来る者たちの宿所であったのだろうか。クイグリ農場はかれらを全て需要する規模ではなかった。大胆な推測であるが、クイグリ農場だけでなく、その他の近隣農場に働きに行く人も利用したのかもしれない。というのはこのロッジャーズ住宅の「直接の貸手」はクイグリでなくて、同地番のクイグリ農地の「直接の貸手」でもあるT・P・ウェルダン師であったからである。ウェルダン師がクイグリ農場だけでなく、その他の農場にも働き手を送りだす、一種の口入れ屋的なことをしていたかもしれないという大胆な推測である。

　町にあるロッジャーズ住宅を持っている12人には農村部に大農場を経営している者がいる。選出区西端のトゥリーンルイス・タウンランド（地図記号21）の3農地88エーカー強をはじめ合計122エーカー弱、評価額192ポンド半の大農場を経営するS・ウオルシュがキルマロックの町にロッジャーズ住宅を3軒も持っている。菜園と中庭も含めて3軒合計1ポンド5シリングの評価額である。

　2軒を持っている大農場主もいる。アッシュヒル（地図記号17）やポータウンズ（地図記号20）などに123エーカー強、評価額119ポンドの農場を経営するH・J・ギルバーソンである。

　ウオルシュ農場のばあいは常雇労働者用と考えられる住宅が1戸あったが、ギルバーソン農場にはそうした住宅は見当たらない。間違いなくかれら2人は町に持つロッジャーズ住宅をかれら自身の農場の働き手を一時逗留させるために利用したと考えられる。それにしても、なぜ二人は2軒、3軒もロッジャーズ住宅を持っていたのか。自分たちの農場だけでなく、その他の農場

への口入れ屋的なこともしていたかもしれない。

　さて、これらの住宅を利用するロッジャーズはどんな人たちであったのだろうか。農繁期にやってくる出稼ぎ労働者であろうか。1890年代農業労働者調査に携わったオブライエンのいう、何カ月間も、もっと長く9カ月間も酪農家で働く出稼ぎ労働者も利用したのであろうか。長期にわたる出稼ぎ労働者のばあいには、大きな農家に住み込みでやってくるのがほとんどであったと考えられるがいかがであろうか。いずれの可能性もあったと指摘するに止めざるをえない。

　周辺農村で農場を経営していなくて、キルマロックの町にロッジャーズ住宅を持っている者は10人いた（うちマーガレット・ヘイズ Hayes は、評価額41ポンドの農場を経営するモーリス・ヘイズの妻かもしれない）。かれら10人は（あるいは9人）は、自分の農場がないので、いろいろな農場の働き手の口入れ屋的なことをやったり、あるいは、キルマロックの町に何らかの要件でやって来る者に宿を提供したのであろう。

　では、そもそもロッジャーズ住宅はどう邦訳すればよいだろうか。これまでの検討から、「一時的逗留者住宅」としてはどうだろうか。いずれにせよ、キルマロックの町と周辺農村に多数の一時的逗留者用住宅があったことは、キルマロックの町を中心にしたキルマロック選出区が他地域から多くの人間を惹きつける力があったことを証明している。それには旅人も混じっていたであろうが、かれらが多数を占めることはなかったであろう。やはり、主には、大規模農場をはじめとする豊かな農業経営が必要とする、常雇でない農業労働者の一時的逗留者用住宅であったと考える。

　なお、オブライエン報告は、貧民監督官委員会をして「近傍の町や村に住む農業労働者の宿泊施設のために広さ半エーカーの農村の地片を供給することを可能にする」法律の規定がある旨述べている。農業労働者用の宿泊施設にまで言及されている。

◆オブライエン報告

　さて、『キルマロック評価簿』の分析は、土地（農地）占有者と同一地番

第5章　酪農の中心地で肉牛生産の出発地である南西部マンスター

に建つ住宅に住む常雇労働者の存在を示す可能性をはじめとして、農業労働者の存在のあり方のとばぐちまで私たちを連れていってくれた。ただ、『キルマロック評価簿』や、その始まりとなった『グリフィス評価原簿』は農業の中身は基本的に教えてくれない。そこで最後に、これまでもしばしば、ヒントを得るために『1890年代オブライエン報告』を引いた。ここでもオブライエンが報告で紹介している、農業労働者を雇用している何人かの証言を引いて、まとめの代わりとしよう。

証言1（隣接県に住みながら大きな酪農場を経営している治安判事）

　私はここでおよそ512エーカー（法定）の農場を営んでいます。私の農業は混合で、酪農と食肉家畜で、主には酪農です。（中略）私は常時、女性4人と男性6人、計10人を雇っています。女性のうち1人は年10ポンド取得し、全て賄い付きです。その他3人は各人9カ月の仕事で11ポンド、すべて賄い付きです。（中略）男性についてですが、牧夫である1人は1年通して週12シリングで、無料の住宅、私が施肥し耕した4分の1エーカーの菜園、1頭の乳牛と2ないし3頭の羊のための草地（牧草）が付きます。他の2人は年12ポンドを得、すべて賄い付きです。残った3人はそれぞれ週11シリングや10シリングを得、それにかれらのために施肥し耕した4分の1エーカーの菜園が付いています。3人のうちの1人はそれらに加えて無料の住宅も得、もう1人はミルクも支給されています。（中略）7月から11月の間、3カ月半、乾草の刈取りや保存、乾草積み、穀物の脱穀、ジャガイモ掘り出しのために10人の男を臨時に雇います。かれら全員それぞれ週14シリングをミルク支給付きで受け取ります。その他一切ありません。（中略）乾草積みの間、2、3日、追加の働き手10人が雇い入れられますが、その間、各人は日4シリングを受け取ります。食糧は無しです。

証言2（主な町の一つに住む著名かつ有為な雇用主）

　私は150アイルランド・エーカー（243法定エーカー弱……引用者）の農場を経営しています。私はまた大きな水車と蒸気で動かす複数の製粉所、

それは小麦粉とオートミールですが、それに複数の製材所を持っています。（中略）農場では3人ないし4人の常雇をもっています。（中略）かれらはそれぞれ週10シリングから11シリング得ています。食事無しです。（中略）臨時労働者 labourers は普通、朝食は与えられますが、その他の手当てあるいは住宅はありません。乾草の時期や収穫期にはかれらは日2シリングから2シリング6ペンス獲得し、あるいは、1週間ないし2週間、日3シリング獲得することもあります。

証言3（所領執事 land steward）

私はあわせると200アイルランド・エーカー（324法定エーカー弱）以上を管理しています。（中略）およそ10人の常雇がいます。時にそれ以上を雇っていますが、それを下回ることはありません。（中略）耕夫を含む年功の働き手の幾人かは週11シリング得た上に、住宅と菜園が付いています。その他の者は週10シリングで、ある者は住宅なし、他の者は住宅があります。（中略）繁忙期の追加の働き手は日2シリングや2シリング6ペンス得ています。全て食事は無しです。ただ、遠く離れた農場で働くばあい、2度の食事が与えられるが、それは例外的な処置です。

証言4（キルマロック教区連合のコーク県側の一農民）

私は121アイルランド・エーカー（196法定エーカー弱）の農場を経営し、32エーカーで植林しています。（中略）酪農（が主）で、耕作は7エーカーです。昨年はそれほどではありません。（中略）私は2人の住み込み使用人の少年と、2人の住み込みメイドを抱えています。その他に、賃金なしの少年1人と、もう1人常雇労働者 workman がいます。（中略）住み込みの少年はそれぞれ12ポンドと10ポンドを得、全て賄い付きです。少女は12ポンドと7ポンド10シリングです。常雇労働者は無料の土地4分の1エーカー、3頭の山羊のための放牧地、週賃金6シリング6ペンス、それに、1年を通して食事を受け取っています。（中略）収穫期、賄い付きで日2シリング6ペンスで複数の臨時の働き手を雇い、今3月、かれらに賄い付きで週9シリング払っています。

第5章　酪農の中心地で肉牛生産の出発地である南西部マンスター

　1890年代のものであるが、農業労働者のあり方を示す貴重な証言である。もっとも、これだけの証言だけでキルマロック教区連合の農業における賃労働雇用と農民層分解が十全に実証されるものではない。最後に、1871年センサスの職業調査を分析しよう。多数の農業労働者の存在とその態様を確認する。

(c)　センサスに見るキルマロック教区連合の農業労働者
　キルマロック教区連合（リムリック県地域）の20歳以上住民に関するものであるが、六つの職業への分類をまず見よう（表5-4）。
　20歳以上の男性総数は8,098人であった。職業統計に記載されていないのはわずか3人だけである。20歳以上男性の100％近くがセンサス個票に自らの職業を記入している。女性の20歳以上住民数は8,963人で、彼女たちの100％近くの8,956人も職業を記入している。
　キルマロック教区連合の住民の最大の職業部門は「農業部門」である。全国データの分析で明らかにしたように、「農業に直接関係する人々」はかれら第Ⅳ部門だけではない。しかも、キルマロックの「農業部門」も女性が甚だしく少ない。
　「農業部門」の女性の少なさをあたかも補うかのように、第Ⅱ部門「家内労働部門」では圧倒的に女性が多い。ここには妻が入っているからである。そのうち大きな割合を占めるのが「農民・牧畜業者の妻」1,395人である。職業分類からすれば、「農業部門」に含めることができる。第Ⅱ部門でもう一つ注目できるのは「住み込み使用人（一般）domestic servant（general）」で、内女性が754人であった（男性はわずかに38人）。
　もう一つ補うのが第Ⅵ部門「定職無・不生産部門」である。一般臨時労働者中の農業労働者と職業を明示しなかった者のうちの農業労働者である。全国データの分析箇所で述べたように、キルマロック教区連合の職業データには「職業無記入妻」が入っていない。
　では、キルマロックの農業労働者はどれほどいたのか、1871年センサスの示す所を見ることにしよう（表5-5）。

表5-4　キルマロック教区連合の職業構成(20歳以上。1871年)

部門		男性	女性	全体
I	専門職	359	86	445
II	家内労働	129	3,444	3,573
III	商業	267	91	358
IV	農業	4,395	1,217	5,612
V	工業	1,015	638	1,653
VI	定職無・不生産	1,930	3,480	5,410
	合計	8,095	8,956	17,051

出典)1871年センサス。

表5-5　キルマロック教区連合(リムリック県地域)の農業労働者(20歳以上男女に限定。1871年)

	男性	女性
農場使用人(住み込み)	1,152	646
農業労働者(通い)	1,093	122
羊飼い(通い)	5	
農場監督 Farm Bailiff	1	
一般臨時労働者中の農業労働者	1,127	36
職業無記名者中の農業労働者	323	2,583
小　計	3,701	3,387
雇用農業労働者男女計	7,088(184)	
農家・牧畜業者	1,957	215
上記妻		1,395
農家の子孫・兄弟姉妹・甥姪	68	221
小　計	2,025	1,831
男　女　計	3,856(100)	
総　計	5,726	5,218
男　女　総　計	10,944	

表5-5はキルマロック教区連合(リムリック県地域)の農業労働者と考えてよい人たちを表している。ただし、20歳以上の男女に限定されている。

先の全国データ分析と同様に、1890年代農業労働者調査を担当したマクレー副委員に倣って、「農場使用人(住み込み)」、「農業労働者(通い)」、「羊飼い(通い)」、「農場監督」、「一般臨時労働者中の農業労働者」をまず合計し、それに「職業無記名者中の農業労働者」を加えよう。そうすると、7,088人(男性3,701人、女性3,387人)の農業労働者となる。

これに対して、「農家・牧畜業者」と、第II「家内労働部門」で「農家・牧畜業者」の妻と答えた者を合わせて3,567人、それに、「農家・牧畜業者」の子や孫、兄弟姉妹、甥や姪を加えると、「農家・牧畜業者」の家族労働力数3,856人になる。農業労働者よりも少ない。家族労働力数100に対する雇用農業労働者数は184となる。全国データでは86

第5章　酪農の中心地で肉牛生産の出発地である南西部マンスター

であったが、キルマロックでは農業労働者が多く、農業においてかれらに依存する度合いが高かった。農民層分解がより一層進んでいたと考えられる。

　本書は先に『キルマロック評価簿』を資料として農業労働者の存在を探ることをした。特に常雇労働者であった可能性がある住宅等占有者について検討した。キルマロックの町に住宅等を占有する通いの労働者についても検討した。しかし、農家・農業経営者の住居に住み込む使用人（労働者）や、キルマロックの町を越えた地域からの通いの労働者、出稼ぎを含む臨時労働者については、『キルマロック評価簿』は重要なヒントを与えてくれるだけであった。そもそも『地方税課税対象不動産評価簿』は不動産占有者として資料上に出てくる人たちに限られたもので、農業労働者の存在を示唆する範囲が狭められたものであった。つまり、資料から描き出される農業労働者の数は少ないものであった。

　だが、1871年センサスは、「農家・牧畜業者」の家族労働力を上回る数の農業労働者の存在を明らかにしている。それはセンサスの調査範囲からしてそうなる。

　1871年センサスは、同年4月2日夜における各「家族family」のメンバーの他に、当該「家族」の住宅に同居、逗留している訪問者visitors、賄い付き下宿人boarders、使用人servantsも調査している。さらに、当該夜間には不在である家族メンバーについても把握しようとしている。[9]

　ということは、キルマロック教区連合のばあい、センサス調査時点の4月2日夜には、1890年代農業労働者調査のオブライエン報告のいう「ケリーや西コーク」からの出稼ぎ農業労働者が調査対象になっていたはずである。かれらは3月には出稼ぎ先農家に入っていたからである。表5−5の「農場使用人（住み込み）」はかれらを含むと考えられる。

　また、キルマロック等の町の人間で「農業労働者（通い）」や「一般労働者」などもセンサスに自らの職業として答えている。したがって、センサス報告に出てくる。こうしたことから、センサス報告がより多くの農業労働者を明らかにしている。

第2部　アイルランド農業の担い手を地域から見る

　ここで、出稼ぎに出る時期を決定する事情の一つに春の播種が終わっているかどうかがある。他の地域でも同じ問題が生ずるので、ここで明らかにしておこう。1873年『農家年鑑』によれば、ジャガイモ植付け時期についてこう奨励している。「（3月の）早い時期の植え付けが現在では確立したやり方である。ジャガイモが半インチより長く発芽する前に植え付けるべきである。（中略）最良の方法はジャガイモを植え付ける前に芽を出し始めるようにさせることである。（中略）（4月になれば）できるだけ早く植付けを終わるようにすべきである」。アイルランドで最大の作付面積のオート麦についてはこう述べている。「3月が広く一般にオート麦播種がおこなわれる月である。（中略）4月の播種は可能ならば避けるべきである」[10]。

　出稼ぎに頼らざるをえない農民や土地持ち農業労働者たちは、ジャガイモ植え付けやオート麦播種の最良時期を考慮しながらも、実際には出稼ぎにとって好都合な時期に間に合うように農作業を終えたであろう。つまり、1873年『農家年鑑』が薦める時期より早く植付けをやり終えるようにしたと考える。ケリーや西コークの若い男女は3月半ばにキルケニに行くために、親たちを手伝ってジャガイモ植付けなどを早く済ませるようにしたのであろう。

　では、『キルマロック評価簿』で詳しく検討した、本書が常雇労働者用と推定する住宅等占有者はセンサス調査では何処に出てきているのだろうか。まずかれらも住宅占有者であり、そうすると、かれらもセンサス対象の「家族」であるはずだ。しかし、本書はかれらが農場占有者であるとはもちろん見なさなかった。つまり、センサスの「農家・牧畜業者」でないと認識した。また、かれらは「農場使用人（住み込み）」にも該当しない。自分の住居を保有しているからである。かれらは何者か。センサスのいう「農業労働者（通い）」と考える他ない。本書の推定はさらに常雇労働者とした。

　なお、農業労働者と対比した「農家・牧畜業者」の家族労働者は、全国データの分析で示した「農業に直接関係する人たち」より数が少ない。その他の人たちの中にも農業経営に携わる者がいたかもしれない。センサスでは他の職業名になっているが、隠れた「農家・牧畜業者」がいたかもしれない。セ

第5章 酪農の中心地で肉牛生産の出発地である南西部マンスター

ンサス調査で自らの職業を「農家・牧畜業者」とするよりも、他の職業を選んだために隠れたのである。つまり、他の職業を主たる職業としたということである。

1890年代、農業労働者調査でキルマロック教区連合を初めとするマンスター地方とレンスター地方南部を担当したオブライエン副委員たちが焦眉の課題として認識していたのは「深刻な労働不足」であった。再度引用するが、オブライエンはこう述べていた。「農業労働者の供給が何処でも過去10年ないし15年間に減ったということはわずかな疑問の余地もない」。「問題のこの期間に経験した多数の流出は、社会におけるほかならぬこの階級（労働者……引用者）に属する若い男女多数の継続的な海外移民によるものである」。「海外移民の動きがはるかな程度でこの国から労働者階級中の最良で最も能力ある人々を奪い去った」と。[11)]

オブライエンは1890年代初めから遡って10年前、15年前からの事態の推移として、海外移民、すなわち、労働者流出による「深刻な労働不足」を描いている。だとするなら、オブライエンは1870年代後半における在地の農業労働者による大規模農業経営の存在をいわば反語的に証言していたのかもしれない。そして「深刻な労働不足」が進行する間、キルマロック教区連合の大規模な酪農家は「ケリーや西コーク生まれの多数の若い男女に頼っている」と報告したのである。

◆隣接西コークとケリーは何処か

オブライエンのいう若い男女の出稼ぎ労働者の生まれ故郷に行こう。

「ケリーや西コーク」は何処のことであろうか。オブライエンは、「ケリー県東部県境や、隣接西コーク地域」と述べているが、これ以上の言及はない。

そこで、オブライエン報告と同じ時期に出された『アイルランド貧民蝟集地域開発局視察官ベイスライン報告 Base line reports of the inspectors of the Congested Districts Board for Ireland』（Dublin, 1892-98）（『ベイスライン報告』と略記）の助けを借りる。というのも、ケリー県の貧民蝟集地域についての報告にはリムリック県における酪農業で働く出稼ぎ労働者に関する情報が多

第 2 部　アイルランド農業の担い手を地域から見る

数出てくるからである。ブロシュナ Brosna 地域、クーム Coom 地域、キローグリン Killorglin 地域、スニーム Sneem 地域、それにウォータヴィル Waterville 地域に出てくる。これらのうち「ケリー県東部県境」に該当するのはブロシュナ地域とクーム地域である。他の 3 地域はディングル湾奥深くにあるキローグリンも含めてケリー半島部に位置する。

　本書ではブロシュナ地域に注目する。というのは、同地域は、乳牛保有頭数全国 3 位の教区連合トゥラリー、乳牛保有頭数全国 2 位、乾草作付面積全国 2 位のトゥルーハナクミ郡に位置しているからである。

　では、隣接西コーク地域はどこか。キルマロック教区連合に隣接する西コークといえばカンターク教区連合しかない。同連合はしかも、乳牛保有頭数とその他の牛 1 歳未満保有頭数、ならびに乾草作付面積で全国 1 位のドゥーハロウ郡と地域が重なる。

　以下、このカンターク教区連合と、ブロシュナ地域が位置するトゥラリー教区連合を中心に見ることにしよう。

　キルマロックを離れる前に、向かうカンタークやトゥラリー、それにもう一つ、キルマロックの東に繋がり、乳牛保有頭数とその他の牛 1 歳未満保有頭数全国 1 位のティペラーリ教区連合、それにキルマロック教区連合を加えた 4 教区連合の位置を牛の移動、しかも農地規模別という観点から見ておこう。

　表 5-6 はマンスターにおける牛経済（酪農と肉牛生産）の代表的地域の相互の位置を示唆する。農地規模は他の表と同じく、～15 は 15 エーカー未満、15～100 は 15 エーカー以上 100 エーカー未満、100～ は 100 エーカー以上である。

　ABC は本書が使う牛の移動指標である。再度説明するのがよいが、そのためにも全国平均とマンスター地方平均も示しておこう。全国の A 指標は 55、B は 90、C は 110 である。マンスターの指標は A46、B73、C84 である。指標 A は 1871 年乳牛 100 頭当たりの 1 歳未満牛の頭数であるが、春に生まれた子牛の農業統計調査時点 6 月初めまでの移動を表す。全国平均 55 を下回るばあい、他地域（農地規模他グループ）への子牛の移出が大きいということに

382

第5章　酪農の中心地で肉牛生産の出発地である南西部マンスター

表5-6　マンスター地方の主な教区連合牛移動指標(1870年代初め)

農地規模 （エーカー）	キルマロック			ティペラーリ			カンターク			トゥラリー		
	A	B	C	A	B	C	A	B	C	A	B	C
～15	47	29	49	48	15	78	33	31	21	33	42	50
15～100	51	23	76	49	24	72	40	49	54	40	52	42
100～	50	44	**164**	52	81	**151**	41	65	72	43	**98**	66
全体	51	29	**110**	50	35	**112**	40	54	72	40	64	52
マンスター	46	73	84	46	73	84	46	73	84	46	73	84
全国	55	90	110	55	90	110	55	90	110	55	90	110

注）Aは1871年乳牛100頭当たりの1歳未満牛頭数。
　　Bは1871年1歳未満牛100頭当たりの1872年1歳以上2歳未満牛頭数。
　　Cは1872年1歳以上2歳未満牛100頭当たりの1873年2歳以上牛頭数。
出典）1873年農業統計。

なる。55を上回るばあい、生まれた地域（農地規模同一グループ）に、より多く残っていることを表す。Bは1871年1歳未満牛100頭当たりの72年1歳以上2歳未満牛頭数で、1871年6月初め時点における1歳未満牛頭数が1年後の72年6月初め時点にどうなったのかを示す。1年間に他地域（他グループ）への移出がなく、死亡（屠殺）もなければ、100のはずである。全国平均90ということは、100頭当たり10頭が、アイルランドの外に、つまり、大ブリテンに移出されたか、あるいは、死亡（屠殺）したか、いずれかである。100を上回るばあい、他地域（他グループ）から流入し、100を下回るばあい、他地域（他グループ）へ流出したことを示す。

　Cは何か。1872年1歳以上2歳未満牛100頭当たりの73年2歳以上牛の頭数である。73年2歳以上3歳未満牛の頭数ではない。この当時、3歳以上牛は分類されていなかった。72年6月初め時点における1歳以上2歳未満牛が比較されるのは、1年後の73年6月初め時点の2歳以上の全ての牛である。統計上分類されない「2歳以上で3歳未満」だけでなく、「3歳以上」も含めた2歳以上の全ての牛である。したがって、指標は100を超える可能性があ

第2部　アイルランド農業の担い手を地域から見る

り、実際、全国平均では110であった。第2章で述べておいたが、この低い数字110に、アイルランド肉牛生産の最大の特徴が表現されていた。1871年6月初め時点で1歳以上2歳未満牛や、2歳以上牛の多くがその後1年間にアイルランドの外に、つまり大ブリテンに輸出されたということを表している。こうした指標Cであるが、全国平均110を下回るばあい、他地域（含む大ブリテン）や農地規模別他グループに移出されたか、死亡・屠殺されたかを示し、110を上回るばあい、他地域（他グループ）から移入したことを示す。

では表5-6が語ることをここで必要と思われることに限って確認しておこう。既に見たことであるが、マンスター地方はABCいずれの指標も全国平均を下回っている。つまり、1歳未満牛や1歳以上2歳未満、2歳以上牛を他地域（大ブリテン）に移出（輸出）していた。しかし、代表的な四つの教区連合を並べてみると違いがある。また、農地規模別に見ると、違った事態が見て取れる。

カンタークとトゥラリーはいずれの年齢の牛を見ても、全国平均はいうまでもなく、マンスター平均をも下回っている。アイルランド南西部のマンスター地方、その中でもさらに西に位置するカンタークやトゥラリーは、アイルランド肉牛生産における出発点、すなわち、肉用にもなる乳牛飼育と子牛繁殖、子牛の他地域への供給においてアイルランドを代表する大きな役割を担っていた。もちろん、1歳以上の牛の供給においてもそうであった。

この両教区連合では農地規模による違いは目立たない。ただ、トゥラリーにおいて1871年6月初め時点の1歳未満牛が、マンスター平均はいうまでもなく、全国平均の指標90も上回っていることが目立つ。100に近い98という指標はほとんど移動がなかったということを示していて、トゥラリーの大規模農地では、誕生間もないよちよち歩きの子牛の多くを他地域に移出した後、残った子牛と若牛の飼育を継続しておこなっていたといえる。

今見たカンタークとトゥラリーと見比べて、キルマロックとティペラーリの教区連合は随分違った様相を示している。第一に、C指標、すなわち、1872年6月初め時点の1歳以上2歳未満の牛の移動がマンスター平均と相違し、

第5章 酪農の中心地で肉牛生産の出発地である南西部マンスター

全国平均と同じということである。しかも100エーカー以上の大規模農地では全国平均をはるかに超えている。つまり、両教区連合の大規模農地では、1872年6月初め時点の1歳以上2歳未満の牛を他地域から、あるいは、同一教区内の100エーカー未満農地から受け入れていることを示していて、したがって、半ば肥育したストア牛や、おそらく少数であろうが、仕上げ肥育した牛を生産していたことを推定させてくれる。

もう一つは、特にキルマロック教区連合に見られることであるが、B指標が大変低いということである。1871年6月初め時点に1歳未満であった牛の1年間の移動が激しく、他地域に多数移出されたことを示している。この点はキルマロックでは大規模農地においても同じ状況であった（ティペラーリでは大規模農地にある程度留まった）。

以上から、若い出稼ぎ労働者のように、西コークのカンターク教区連合やケリーのトゥラリー教区連合から、半ば肥育のストア牛を生産する、あるいは、わずかではあろうが、仕上げ肥育をおこなうキルマロックとティペラーリの両教区連合の100エーカー以上の大農地へ、幼い牛が向かっていたのではないかと想像させる。実際、『1878年アイルランド獣医局長官ファーガソン報告』もこう記録していた。1877年頃、成牛 full-grown cattle の搬出430頭・搬入5,831頭、子牛搬出20頭・搬入909頭、羊搬出385頭・搬入4,185頭、豚搬出64頭・搬入8,979頭であったと。この資料のかぎりでは相当数の家畜がキルマロック駅に搬入され、降り立った光景が浮かび上がる。[12]

第2節　西コーク・カンタークのニューマーケットへ
——子牛の繁殖と他地域への供給

まず、キルマロックからカンタークに向かうことにする。オブライエンのいう西コークから出稼ぎ労働者が鉄道でキルマロックにやってきたのとは逆に、トゥラリー行、あるいはコーク行の列車に乗ろう。マロウ Mallow でコーク行と別れて、バンティーア Banteer に向かう。同駅は1853年に開設されているが、そこで下車する。同駅からカンタークに、さらにはニューマーケッ

ト Newmarket に向かう路線が1889年に開かれるが[13]、1870年代ではバンティーアに下車して、そこから徒歩か馬車でカンタークに足を延ばすことになる。『1837年ルイス辞典』によれば、トゥラリーやアベイフェーレ Abbeyfeale とコークを公共馬車 public cars が結んでいたが、カンタークはその中継地で、同地からコークへは直行した[14]。カンタークやニューマーケットからこの街道でバターがコークに運ばれたことであろう。

　カンタークは農産物取引が盛んであった。牛やその他の家畜を取引するフェアが3月17日、5月4日、7月4日、9月29日、11月3日、それに、12月11日に年6回開かれていた。カンターク教区連合の主な町に上で触れたニューマーケットもある。同地では、フェアが6月8日、9月8日、10月10日、11月21日に開かれ、11月のフェアは牛や羊、豚の取引で重要な役割を果たしていた（『1837年ルイス辞典』）。1830年代にはフェアの回数はカンタークの方が多かったが、1870年代になると、ニューマーケットの方が多くなる。19世紀半ば以降、ニューマーケット周辺の畜産と家畜取引がより一層発展したのであろう。

　さて、カンターク教区連合のほとんどの地域（185,684エーカー強）がコーク県に所在する。残りはリムリック県で、わずか832エーカー強にすぎない。カンターク教区連合はコーク県ドゥーハロウ郡 Barony of Duhallow（232,328エーカー強）と大きく重なっている。ドゥーハロウ郡はすでに確認しているように、1873年、郡レベルで、乳牛と1歳未満牛の飼育頭数、乾草作付面積で全国一であった。アイルランド牛経済、酪農と肉牛生産で大きな出発点としての役割を果たしている。こうしたカンターク教区連合を代表する地域として、ニューマーケット地域、すなわち、ニューマーケット貧民監督官選出区 Electoral Division of Newmarket（以下、ニューマーケット選出区と略記するばあいもある。あるいは文意から考えて、単にニューマーケットとするばあいもある）に焦点を当てる。資料は同選出区『地方税課税対象不動産評価簿』（以下、『ニューマーケット評価簿』と略記）である。

第5章　酪農の中心地で肉牛生産の出発地である南西部マンスター

(a)　『ニューマーケット評価簿』の分析

　ニューマーケット貧民監督官選出区は、ニューマーケットの町を擁する2タウンランド（ニューマーケットとロウワー・スカーティーン Lower Scarteen）を含めた16タウンランドから構成される。全てがクロンファート教区 Parish of Clonfert に属し、コーク県ドゥーハロウ郡に入っている。分析する『ニューマーケット評価簿』は1870年から88年までのものである。

　ニューマーケットの町を除いた、したがって、周辺農村に限った不動産占有者をまとめたのが表5-7である。

　「農場数」欄について説明が必要である。評価額5ポンド未満農場14、したがってまた、15ポンド未満農場38に関わる問題であるが、判断が難しい事例である。ロングエーカー Longacre タウンランド地番12に5エーカー3ルード10パーチの農地を占有している4人がいる。面積は分割されていないが、評価額が分けられている。1人が半ポンドで、残りは各1ポンド（1人は住宅も入れて1ポンド半）とされている。ここだけをみれば、共同農場のように見えるが、地方税は各人分担のようである。

　4人の農地の「直接の貸手」はマホニー R. Mahony という人物である。同じタウンランドの地番1A（61エーカー弱）と1B（16エーカー弱）で、77エーカー弱、評価額53ポンド強の農場を経営している。

表5-7　1870～80年代ニューマーケット貧民監督官選出区評価額規模別農場

評価額(£)	農場数	複数地	住宅(菜園)	
15未満	38	36	9	
5未満	14			
5～10	13			
10～15	11			
15～100	65	61	42	
15～30	26	24	17	住宅(菜園) 1
30～50	17	16	8	
50～100	22	21	17	労働者住宅 1
100以上	3	3	2	労働者住宅 6
100～200	2			
400以上	1			
合　計	106	100	53	

出典）General Valuation of Ireland, County Cork, Electoral Division of Newmarket ニューマーケット選出区『地方税課税対象不動産評価簿』（『ニューマーケット評価簿』）より作成。

1883年、地番１Ａに変化があった。77エーカー３ルード13パーチであったのが、16エーカー３ルード25パーチが引かれている。

地番11にカラハン J. Callaghan なる人物が11エーカー15パーチの農地をマホニーから「借り」ている。カラハンの農地と地番12上記４人の農地を足せば、何と、地番１Ａから引かれた面積とピッタリ一致する。カラハンと４人の農地占有は1883年に初めて登場していることが記録からわかる。地番１Ａから16エーカー強を分け、新たに地番11と12が作られたのである。1840年代の陸地測量部地図にはもちろん地番10までしかない。つまり、問題としている地番12の４人が共同占有しているかに見える５エーカー強は、マホニーの農場がある地番１Ａに1883年までは含まれていて、83年以降になっても地続きである。1883年に同時に設定された地番11のカラハン農場とも地続きということになる。

この事実からすると、かれら４人は、陸地測量部地図では同じ地番１Ａで農業経営しているマホニーの、あるいは新設の地番11のカラハンの農場の土地持ち労働者であった可能性がある。ただ、こう考えても、５エーカー強の農地はどう利用、管理されたのかという問題が残る。さらに、そもそも、４人のうち住宅占有者は１人であり、残り３人はどこに居住したのかという問題がある。

もう少し検討しよう。問題の４人のうち住宅も占有しているのはマーフィー T. Murphy なる人物であるが、同姓同名のマーフィーが選出区東端タウンランドのコプスフィールド Copsefield に42エーカー強の農地と農業用建物、住宅からなる評価額25ポンド弱の農場を経営している。さらに、ニューマーケットに隣接するタウンランドのスカーティーン Scarteen に７エーカー弱の農地も持っている。

以上の事実から本書は次のように推測した。[15]問題の４人のうちの３人はロングエーカー地番12を一緒に共同占有しているかに見えるマーフィーの農場の土地持ち労働者であり、かれらはマーフィーがマホニーから「借り」ている住宅に居住している、という推測である。

第5章　酪農の中心地で肉牛生産の出発地である南西部マンスター

　もう一つ説明が必要なものがある。表示の「住宅（菜園）」欄に書き入れた労働者住宅である。ニューマーケット選出区南端のタウンランド、アイランド Island の地番11Aabc などに労働者住宅が5戸、地域東端のコプスフィールドの地番5aに1戸、さらに、選出区中心のニューマーケットの町に近いタウンランド、ロウワー・ガラウナウオリッグ Lower Garraunawarrig に1戸ある。キルマロック選出区で見たロッジャーズ住宅のようであるが、労働者住宅のいずれにも占有者が記入されている。最初の5戸は陸軍大佐オールドワース R. W. Aldworth、2番目は R・オリヴァー・オールドワース、3番目はヴァーリング B. Verling が記されている。

　オリヴァー・オールドワースは、ニューマーケット選出区最大の土地占有者（1,051エーカー強）であり、最大の「直接の貸手」である。陸軍大佐オールドワースはオリヴァーの家族であろう。というのは、オリヴァーと陸軍大佐は、オールドワース家の広大な191エーカーの直営地 demesne（これがそっくりタウンランド名ドゥメインになっている）と、その南隣のパーク・タウンランドの全ての土地457エーカー強の共同の自己占有者となっているからである。ドゥメインとパークの両方とも1882年に陸軍大佐が共同占有者に加わっているので、陸軍大佐はオリヴァーの息子と考えられる。

　陸軍大佐オールドワースはアイランド地番11A、11B、11C に146エーカー強の植林地を持っている。その同じ地番内に上記労働者住宅5戸がある。オリヴァーもコプスフィールド地番5に19エーカー弱の植林地を持っていて、かれの労働者住宅はそれと同じ地番にあった。オリヴァーはコプスフィールドの隣接タウンランドのドゥアリグル Duarrigle をはじめ各所にも植林地を持っているので、陸軍大佐とオリヴァーが、つまりオールドワース家が持っている労働者住宅6戸は樵などの林業従事者のためのものであった可能性がある。もっとも、植林地よりはるかに大きな土地、農地も含まれる土地を経営していたので、農業労働者のための住宅でもあった可能性がある。さらに、石灰石採掘場も経営していたので、そのための労働者住宅でもあったかもしれない。

なお、『1837年ルイス辞典』によれば、オールドワース家はニューマーケット地域のマナー領主であって、かつて、ジェイムズ一世よりマーケット開設権が与えられたことから、ニューマーケットという地名になったとしている。このオールドワース家の大邸宅がドゥメインにあり、その評価額は農業建物・オフィスも含めて56ポンドにのぼるが、キルマロックでやったように、この額を除いても全体の評価額が400ポンドを軽く超えていて、表示の400ポンド以上の農場とはオールドワース家を指している。

以上の説明も踏まえて、ニューマーケット選出区（表5-7）とキルマロック選出区（表5-3）を改めて比べてみよう。両地域の特徴と思われるものが浮かび上がる。

まず、二つの表はいずれも町を除いている。農場数はニューマーケットが106、キルマロックが101で、ほぼ同数である。ニューマーケットでも、名寄せをした結果、複数農地の農場が多数（53農場）出てきた。全農場のうちの半数で、キルマロックと同じである。農地単位の農業統計の限界がここでも実証された。

評価額規模別に見るとどうか。違いが出てくる。100ポンド以上の農場はニューマーケットでわずか3であるのにたいして、キルマロックでは13もあった。他方、15ポンド未満の農場はキルマロックが12であったのにたいして、ニューマーケットは38にも上る。わけても5ポンド未満は14も数える。そして、キルマロックでは農場全てが1ポンドを超えていたのにたいして、ニューマーケットには1ポンド未満の農場（農地）があった。

ニューマーケットでは評価額の低い15ポンド未満の農場が多数であるのにたいして、評価額15ポンド以上100ポンド未満の中位評価の農場はキルマロックよりやや少ない。キルマロックは76（15以上30未満28、30以上50未満20、50以上100未満28）であったのにたいして、ニューマーケットは65（15以上30未満26、30以上50未満17、50以上100未満22）である。中でも50ポンド以上の少なさが目立つ。100ポンド以上については上に見たとおり、ニューマーケットの少なさがより一層際立っている。

第5章　酪農の中心地で肉牛生産の出発地である南西部マンスター

　一方で、少数の高額評価額農場、他方で、多数の低評価額農場（農場といえないものも含む）、そして、15ポンド以上100ポンド未満の中位規模農場がキルマロックに比べて数が少ない。こうしたニューマーケット地域はより一層農民層分解が進んでいると考えることもできる。

　両地域に大きな相違がある。それは住宅（菜園）の数である。ニューマーケットでは1戸しか確認できない。キルマロックでは79戸も確認した。もちろんキルマロックには、石灰石採掘場の労働者用住宅とも思われるものが20戸ほど含まれていた。それにしても、農村における常雇労働者用の可能性がある住宅がニューマーケットでは1戸とはどういうことを意味しているのであろうか。

　もちろん、住宅（菜園）の数だけで常雇労働者の数を推測することはできない。ニューマーケットには、キルマロックで見られなかった、労働者住宅が7戸もある。ただ、このうち6戸はオールドワース家が持っているもので、地域全体に労働者住宅が広がっているわけではない。しかも、同家の大きな植林地で働く林業労働者用の住宅でもあった可能性もある。

　ニューマーケットで特に注目されるのは、評価額が低い農場がキルマロックに比べてより多くあるということである。農場主としている者には土地持ち労働者と呼べる人たちがいたと考えられる。少なくとも、低評価額農場の家族の中には周辺の大きな農場の、通いの、あるいは、住み込みの労働者がいたかもしれない。

　さらには、評価額が低い農場が多数あるニューマーケットは、1890年オブライエン報告がいう、酪農が盛んなキルマロックに若い男女から成る出稼ぎ労働者を送りだす「西コーク」に当たる地域の一つであった可能性がある。残念ながら、この後に向かうケリー県のばあいと違って、コークの県西辺に位置するニューマーケットには貧民蝟集地域開発局の調査報告がない。この出稼ぎの可能性を実証することができると考えられる他の資料も本書は入手していない。

　総じて、地方税課税対象不動産評価額の高低が農業のいわば経済規模を間

接的に表現しているとしたら、キルマロックの農場はニューマーケットのそれに比べて経済規模が大きく、ニューマーケットは小さいと考えられる。貧民監督官選出区という狭い地域を超えて、マンスターという広い地域の中で、キルマロックの評価額100ポンド以上の高い評価の農場と、ニューマーケットの評価額15ポンド未満、わけても、5ポンド未満という低い評価の農場が、農民層分解の両極、すなわち、賃労働に依拠した大規模農場と、賃労働に時に依存しなければならない小規模零細農場に位置しているという図が描けるかもしれない。

(b) カンターク教区連合とケリー県トゥラリー教区連合における農業労働者

　1871年センサスを使ってカンターク教区連合の農業労働者を見よう。この後に見るトゥラリー Tralee 教区連合も合わせて表示する。既におこなったキルマロック教区連合の分析に倣うが、同連合のデータも付記しよう。比較するためである。なお、表タイトルにも書いているが、20歳以上の男女に限られている（表5-8）。

　カンターク教区連合も、トゥラリー教区連合にも農業労働者（「農場監督」、「通いの農業労働者」、「通いの羊飼い」、「住み込み農場使用人」、一般労働者中の農業労働者、職業無記入者中の農業労働者）が多数存在していた。カンタークではかれらは「農家・牧畜業者」の家族労働力数よりも多かった。農家・牧畜業者家族労働力数100に対して農業労働者数は174である。トゥラリーでも農業労働数164である。全国データ86に対してかなり高い。カンタークで、そしてトゥラリーでも、この比を見る限り、農民層分解は全国より進んでいたと思われる。ただし、キルマロックの程度（184）と比べると、カンタークに、さらに西のトゥラリーに行くにつれて、少しずつ低くなっていた。

　ただ、キルマロックで述べたが、1871年センサス調査時点が4月2日夜であって、それ以前に西コークやケリーからやって来た出稼ぎ農業労働者が同地の「農場使用人（住み込み）」の中に含まれていると考えられる。では、今検討しているカンターク教区連合とトゥラリー教区連合のデータに出てくる

表5-8　1871年マンスター3教区連合の農業労働者(20歳以上男女に限定)

教区連合[*1]	カンターク 185,684 a.		トゥラリー 221,846 a.		キルマロック 125,765 a.	
センサス職業	男性	女性	男性	女性	男性	女性
農場監督 Farm Bailiff			2		1	
農業労働者(通い)	1,320	99	1,770	48	1,093	122
羊飼い(通い)	5		2		5	
農場使用人(住み込み)	1,066	305	1,665	228	1,152	646
一般労働者中の農業労働者[*2]	1,450	58	1,547	27	1,127	36
職業を明記しなかった者	313	3,129	309	3,823	323	2,583
小　　計	4,154	3,591	5,295	4,126	3,701	3,387
農業労働者男女計	7,745(174)		9,421(164)		7,088(184)	
農家・牧畜業者	2,169	149	3,006	152	1,957	215
上記妻		1,698		2,293		1,395
農家の子孫・兄弟姉妹・甥姪	93	333	70	231	68	221
小　　計	2,262	2,180	3,076	2,676	2,025	1,831
家族労働力男女計	4,442(100)		5,752(100)		3,856(100)	
総　　計	6,416	5,771	8,371	6,802	5,726	5,218
男女総計	12,187		15,173		10,944	

*1　カンターク教区連合はコーク県領域のみ(教区名下の数字は面積で、a. は acre の略。ルード rood 以下は切り捨て。以下同様)。リムリック県にもわずか拡がっている。トゥラリー教区連合は全域がケリー県。キルマロック教区連合はリムリック県領域のみ。コーク県にも1割強の区域が拡がっている。

*2　第4章4節「1871年センサスから農民と農業労働者を探る」と同じように、部門Ⅳ「農業部門」に対して、部門Ⅲ「商業部門」と部門Ⅴ「工業部門」を足したものとの人数比に従って一般労働者と職業を明記しなかった者を農業労働者と商工労働者に分けて、農業労働者数を男女別に推計した。ただし、部門Ⅱ「家内労働部門」の農家・牧畜業の妻を農業部門に加えた。

出典)1871年センサス。

「農場使用人（住み込み）」のうちには、キルマロックに出かけていった者も含まれているのであろうか。というのは、これもまたキルマロックで述べたことであるが、センサスは家族メンバーのうち4月2日夜に不在の者も調査していて、その内容は調査時点における滞在先と従事職業を明らかにしているからである。しかし、そうすると、キルマロックに出稼ぎした人間は二つのセンサス統計に出てきてしまう。かれらを送りだしたカンタークと、かれらを受け入れたキルマロックの両方の統計に含まれてしまう。これはセンサスとしては避けねばならないことであるので、送りだした方の統計の補足として調査し、把握されたと思う。[16]

第3節　アイルランド原産乳肉兼用牛発祥地ケリーに行く

　　長額牛（短角牛）に属し、アイルランド南西部のケリー県原産。在来種から改良されたもので、極めて古く3000年ぐらい経過しているといわれている。1844年に公認された。アイルランドでは登録が1887年に開始されたが、協会の成立は遅れて1919年。一方、ブリテン本土では逆に1882年に協会ができ、1890年に登録が始まっている。ブリテン、アイルランドで飼われているが減少を続けている。被毛色は黒単色で、体下部、四肢内側はやや淡く、そけい部白斑のものも見られる。方角で側前上方に伸びる。体格は小型で、雌は体高115cm、体重280kg、雄で125cm、400kg。泌乳量は3000kg、乳脂率3.7％ぐらい。

これは、プリングルが「肉質は西ハイランドの良質クラスに似ていて」、「雌牛は豊富な乳を産」すると評価したアイルランド原産の乳肉兼用牛のケリー種についての、日本の『世界家畜品種事典』（正田陽一監修、東洋書林、2006年、22頁）による紹介である。[17]

長いアイルランド牛経済史の起源の一つであったケリー種は、19世紀後半アイルランドにおける肉牛生産と流通の出発点でもあった。思い出していただきたい。本書第2章3節（b）の「ドゥローヴァー（家畜運び屋）の世界」を。『フェアの日　アイルランドのフェアとマーケットの物語』を残したP・

第5章　酪農の中心地で肉牛生産の出発地である南西部マンスター

ローガンが、20世紀前半のアイルランドで最高のドゥローヴァー（家畜運び屋）と評したJ・ケイシーはケリーの男であった。ケイシーは主にはケリー県イーヴラッハ Iveragh 半島西端の町カハルサイヴィーン Cahirciveen と、同半島奥深くにある町キローグリン Killorglin のフェアで1歳の未経産牛を約40頭買い上げ、かれらを連れてアイルランド島のほぼ中央にあるロングフォードをめざして北へ移動した。1歳の牛は、有能なケイシーによって長期の移動期間に立派に成長し、ロングフォードからさらにダブリンに向かった。

このアイルランド南西端に位置するケリーで広範囲に開かれていたフェアを見ることによって、1870年代における牛を初めとする家畜取引の全国的展開を明らかにしよう。第6章ではドニゴール県におけるフェアを見るが、両県の「貧民蝟集地域」とされた地域ほど恰好の舞台はない。

(a)　アイルランド南西端ケリーで開かれたフェア

1873年版『農家年鑑』に同年におけるケリー県でのフェア開催予定地が33カ所記載されている。上に触れたカハルサイヴィーンとキローグリンも含まれている。2カ所の位置がどうしても突き止めることができないので、31カ所を番号記号で地図5-2に示した。原則として北から南の順で番号を付した。

位置を確認できた31フェアは以下の通りである。

1：ターバート Tarbert、2：バリロングフォード Ballylongford、3：リストウェル Listowel、4：ベンモア Benmore、5：ドゥロムキーン Dromkeen（別名 Causeway）、6：グランショウ Granshaw、7：モンタナギー Montanagee、8：アードフェルト Ardfert、9：トゥラリー Tralee、10：ブレナーヴィル Blenerville、11：キャンプクロス Campcross、12：キャッスルグレゴリ Castlegregory、13：バリンクレア Ballinclare、14：ディングル Dingle、15：キャッスルアイランド Castleisland、16：スコータグリン Scortaglin、17：カランス Currans、18：モラハフェ Molahaffe、19：キャッスルメイン

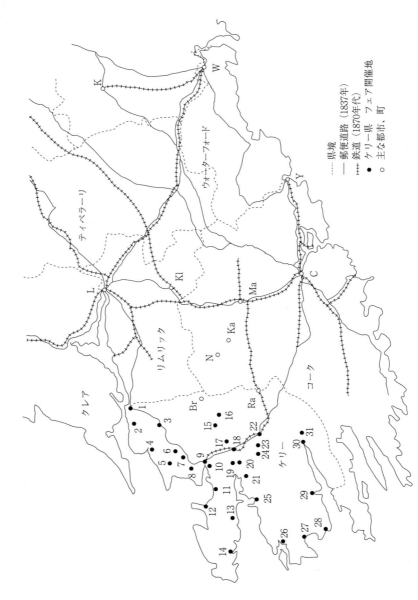

地図5-2 ケリー県のフェアとマンスター地方

第5章　酪農の中心地で肉牛生産の出発地である南西部マンスター

Castlemaine、20：ミルタウン Milltown、21：キローグリン、22：キラーニー Killarney、23：ビューフォルト Beaufort、24：キルゴブネット Kilgobenet、25：グレンベーフ Glenbegh、26：カハルサイヴィーン、27：ウォータヴィル Waterville、28：カハルダニエル Cahirdaniel、29：スニーム Sneem、30：ケンメア Kenmare、31：クロスローズ Crossroads（32番のドゥロモローク Dromoroirk と33番シックスマイルブリッジ Sixmilebridge は位置が特定できない）[18]

　地図の点線はマンスター地方6県、クレア Clare、ティペラーリ Tipperary、リムリック Limerick、ウォータフォード Waterford、コーク Cork、それにケリー Kerry である。地図のほぼ中央に白丸のKl、Ka、そしてNがあるが、本章で既に見てきたキルマロック、カンターク、それにニューマーケットである。このような地図を作ったのは、キルマロックと西コーク、ケリーとの位置関係が表現できればと思ったからである。

　地図内の実線は1837年『ルイス・アイルランド地図』が示す当時の郵便道路である。1870年代の地図を手に入れることができなかったことが最大の理由であるが、古くからの幹線道路に沿って多くのフェアが開かれていたことがわかる。地図上部中央Lのリムリックと、下部中央Cのコークを半円状でつなぐ郵便道路沿いにターバート（1）、リストウェル（3）、グランショウ（6）、モンタナギー（7）、アードフェルト（8）、トゥラリー（9）、ブレナーヴィル（10）、カランス（17）、モラハフェ（18）、キラーニー（22）、ビューフォルト（23）がある。古くより牛などの家畜が歩いた道であろう。

　1870年代の鉄道路線も記入した。大南西部鉄道の支線がマロウ Mallow（地図中央Ma）からケリー県のキラーニー（22）へ、さらにトゥラリー（9）へと延伸している。この鉄道も家畜輸送に利用されていたことは第2章第3節「牛などの家畜の移動」、特に表2-5a「鉄道による家畜移動（1877-78年頃）」で確認している。ケリーの半島部先端からやって来た家畜が積み出されていったことであろう。

　1年に何度も開催されるフェアは何処か。1873年に12回以上の開催が予定されたのは、トゥラリー（9）、キャッスルアイランド（15）、キラーニー（22）、

カハルサイヴィーン (26)、それにケンメア (30) である。これらのフェアを初めとしてアイルランド南西端のケリーにおいても家畜取引が盛んにおこなわれていた。それには先に触れたアイルランド原産の乳肉兼用種ケリー牛も関わっていた。

『ベイスライン報告』1892年バトラー報告はケリー県の貧民蝟集地域 congested districts の調査結果であるが、いくつかの地域でケリー種とその交配種について言及している。地図21番のキローグリン地域、26番カハルサイヴィーン地域、それに、27番のウォータヴィル地域でかれらが飼育されていることを明らかにしている。また、29番のスニーム地域と30番のケンメア地域では牛の質が悪く退化していて、ケリー種雄牛の導入が求められると指摘している。[19]

第2章3節 (b)「ドゥローヴァー（家畜運び屋）の世界」でも述べたが、ディングル (14) やカハルサイヴィーン (26)、ウォータヴィル (27) など、ディングル半島やイーヴラッハ半島西端までが牛をはじめとする大型家畜の取引網の中に組み込まれていたことがわかる。そこにケリー種の牛がいた。

もう一つ触れておきたい。キローグリン (21) のフェアは1873年版『農家年鑑』では年8回予定されていた。そのうち、8月11日のフェアが有名なパック・フェア Puck Fair といわれるものである。『1837年ルイス辞典』は、この日には「飼いならされていないケリー・ポーニやヤギなどが売られ、時に飾り付けられてた雄のヤギがフェア会場をパレードする」と説明している。現代の説明では、飾り付けられた雄のヤギがパック Puck で、ギリシア神話のパン Pan のような、異教徒の豊饒のシンボルとされている。[20]

(b) ケリーにおける農民の暮らしと農業労働者
◆ケリーからマンスター酪農地域への出稼ぎ

キルマロックの町があるリムリック県や、コーク県、あるいはティペラリ県への出稼ぎ労働者の送り元としてのケリーを見よう。といっても、1870年代の資料は見つけていない。頼るのは1890年代『アイルランド貧民蝟集地

第5章 酪農の中心地で肉牛生産の出発地である南西部マンスター

域開発局視察官ベイスライン報告』であるが、同報告はケリーからの酪農地域への出稼ぎを数多く語っている。

1890年代オブライエン『農業労働者調査報告』はキルマロックに出稼ぎ労働者を送りだす地域として東ケリーを挙げていた。『ベイスライン報告』でこれに該当すると思われるのがブロシュナ地域 Brosna（地図5-2のBr）とクーム地域 Coom（地図5-2のRa＝ラスモレ Rasmore 駅周辺）である。[21] ブロシュナ地域は本書が注目している、乳牛飼育頭数全国3位のトゥラリー教区連合、また、乳牛飼育頭数と乾草作付面積で全国2位のトゥルーハナクミ郡 Barony of Trughanacmy に位置している。ブロシュナ地域について『ベイスライン報告』はこう述べている。

> 若干の若い男女がコーク県やリムリック県、あるいはティペラーリ県に行き、酪農メイド dairy maids、あるいは、農場住み込み使用人として働く。かれらは通例、春からおよそ9カ月間雇われ、冬に故郷に帰る。この間、賄い付き住み込みで約12ポンド受け取る。

もう一つクーム地域も見よう。同地域もケリー県東端に位置し、マロウ Ma とキラーニー（22）を繋ぐ鉄道路線の近くにある。こう報告されている。

> 若干の若い男女がコークやリムリック、ケリーの酪農地域に行き、9カ月から10カ月間その地で働き、冬期に故郷に帰る。かれらはその期間、賄い付き住み込みで10ポンドから12ポンド受け取る。

『オブライエン報告』のいう東ケリーでない、ケリー半島地域からも酪農のための出稼ぎが『ベイスライン報告』で語られている。ディングル湾の奥深くのイーヴラッハ半島に位置するキローグリン地域（21）や、半島突端のバリングスケリグズ Ballingskelligs 湾に面したウォータヴィル地域（27）、また、半島南側のケンメア川 Kenmare River のスニーム地域（29）から、数少ないが少女たちが酪農シーズンにリムリック県に出稼ぎに出向いていたと。[22]

1890年代初め、オブライエンは10年前あるいは15年前からの事態、若い男女多数の継続的な海外移民によるキルマロック教区連合における住み込み労

399

働者の不足という事態に対応するものとして、ケリーや西コークからの若い出稼ぎ労働者について語った。同じ1890年代初めに出された『ベイスライン報告』が語るケリーからリムリックなどの酪農地域への出稼ぎが、少なくとも1880年代初め、あるいは、1870年代後半から見られる現象であったと考えてもよいだろう。

◆ケリー各地域における農民や農業労働者の暮らし

　ケリー各地から主にはコークやリムリックの酪農地域などへの出稼ぎが、少なくとも1870年代後半からあったと推定できる証言（1893年オブライエン報告）を見たが、実は、ケリー県自体における農業労働者と農民たちの暮らしの一端を知る貴重な報告がある。既に何度も引用した『ベイスライン報告』である。アイルランド農業における雇用労働者に関する統計は、既に触れているが、管見のかぎりでは1912年を待たねばならない。1890年代に入って、本書が依拠するオブライエンの農業労働者に関する調査報告が出てきた。同じ頃に出てきたのが『ベイスライン報告』である。

　『ベイスライン報告』は、1891年アイルランド土地購入法 The Purchase of Land (Ireland) Act, 1891によって設置が決められた貧民蝟集地域開発局 the Congested Districts Board の多数の視察官による、1892年から98年にかけて公表された調査報告集である。貧民蝟集地域とは、1891年時点において、地方税評価額総額を住民数で除して、１人当たり１ポンド10シリングに満たない貧民監督官選出区で、かつ、こうした選出区合計で県全体の、コーク県のばあいにはライディング riding 全体の住民の20％以上が居住しているばあい、これらの選出区を県とは別に貧民蝟集カウンティ a congested districts county とされた地域である。結果は、1892年時点、ほとんどの貧民蝟集地域はアイルランド西部海岸、もしくは少し内陸に入ったところにあった。

　こうした貧民蝟集地域にケリー県の各地が指定され、そのうちに、リムリックやコークなどに出稼ぎ労働者を送った地域も入っていた（プロシュナ地域、クーム地域、キローグリン地域、ウォータヴィル地域、スニーム地域）。また、先に触れた、P・ローガンが20世紀前半アイルランド最高のドゥローヴァー（家

第5章　酪農の中心地で肉牛生産の出発地である南西部マンスター

畜運び屋）と評したJ・ケイシーが、1歳の未経産牛を買い上げたイーヴラッハ半島西端カハルサイヴィーン地域も入っている。

　こうした『ベイスライン報告』が記録する、ケリー自体における農業労働者を見よう。[23]

◆ブロシュナ地域の農業労働者

　ブロシュナ地域とクーム地域の報告は、労働者家族 labourer's family の家計（6人家族で、稼ぎ手1人というモデル）を推計している。ブロシュナ地域に代表させる。本書が着目してきたトゥラリー教区連合に位置するからであり、情報はほぼ一致するものの、ブロシュナ地域がより詳しいからである。

　労働者雇用は、ジャガイモ掘り出しが終わる11月1日以降、春の農作業が始まる翌年2月15日頃までの冬場はほんのわずかしかなかったが、2月15日から11月1日までは、ほぼ恒常的にあったとしている。かれら常雇労働者は賄い付き（日2食）のばあい週賃金平均6シリングで、賄いなしのばあいは9シリングであった。かれらは通常、住宅と小菜園を無料であてがわれていた。

　かれら常雇労働者の他に、臨時労働者もいた。春と収穫期の農繁期に賄い付きで週12シリングから15シリングを得ていた。農場使用人もいた。男性で賄い付きの住み込みのばあい、年15ポンドから18ポンド得ていたとされている。

　冬場を除いて、春から秋、ほぼ恒常的な雇用があった常雇労働者、1年通して住み込みで雇われる農場使用人、それに、臨時労働者というように、農業労働者の基本的なタイプが全て報告されているブロシュナ地域では、アイルランド南西端ケリーにあって賃労働雇用に依存する農業が展開されていたことがわかる。

　そのようなブロシュナ地域の、労働者家族の家計（6人家族で、稼ぎ手1人というモデル）が推計されている。常雇労働者家族と考えてよいだろう。推計はクーム地域のばあいとほぼ同じであるが、以下のように報告されている。

　現金収入は、賃金15ポンド、豚販売5ポンド（profit としているので利益分

だけ)、卵・家禽販売10ポンド（豚と同様利益分だけ)、合計年30ポンド。現金支出は、食糧20ポンド、衣服6ポンド、雑貨4ポンド、合計30ポンドとされている。労働者といえども、豚や家禽を飼育して、賃金収入に肩を並べる現金収入を確保していた。

この上に自家消費があった。労働者の例として、2ルード（半エーカー)のジャガイモ栽培の6ポンド相当自家消費であった。

ブロシュナ地域からコークやリムリック、ティペラーリに、酪農メイドや農場使用人として出稼ぎに行く若い男女については既に見た。かれらは通常、春から約9カ月間雇われ、この間、賄い付きの住み込みで約12ポンドの賃金を稼いだ。かれらが農家の子女なのか、労働者家族の子女なのか明示されていないが、いずれにせよ、かなり多くの現金収入を家族にもたらしていたといえる。

小規模農家 small farmer の推計家計も書かれている。不動産評価額4ポンドで、家族6人のばあいの農家である。現金収入と支出はそれぞれ約40ポンドと推計され、自家消費として1エーカー分のジャガイモとミルクを挙げている（若干の小麦が自家消費用に栽培されるばあいもある)。

ブロシュナ地域では労働者家族に比べて、農民家族の家計についてはわずかの情報だけである。そこでケリー県の他の地域に目を転じよう。

◆カハルサイヴィーン地域

P・ローガンが20世紀前半アイルランド最高のドゥローヴァー（家畜運び屋)と評したJ・ケイシーが1歳の未経産牛を買い上げたカハルサイヴィーン地域に行こう。アイルランド最西端のイーヴラッハ半島のその西端に位置しているからである。そしてアイルランド原産の乳肉兼用牛ケリー種がいるからである。

報告にこうある。「本地域で見られる牛の種類はケリー種とその交配種である。ケリー種は近年大いに品質改良されてきているが、良質のケリー種雄牛を導入すればさらに改良される可能性がある。本地域は大きな牛には向いていない」と。最後は山地が海岸に迫っているカハルサイヴィーン地域の地

第5章　酪農の中心地で肉牛生産の出発地である南西部マンスター

理的特性から、小型のケリー種が向いていると述べているのであろう。

　さて、こうしたケリー種とその交配種を飼育するカハルサイヴィーン地域の農民家族の家計が推計されている。8人家族で、7ポンド10シリング評価の農地を保有し、6頭の乳牛を飼育している。

　現金収入は、バター18ポンド、若牛12ポンド10シリング、豚12ポンド、羊・子羊5ポンド、卵・羊毛他3ポンド、合計50ポンド10シリングとされている。乳牛はバターを生産するだけでなく、子牛を繁殖して育て、若牛として売りに出している。乳肉兼用種のケリー種の可能性がある。こうした農家で育てられた若い牛が、ローガンが紹介するドゥローヴァー（家畜運び屋）ケイシーによって買い取られていったかもしれない。乳牛だけでなく、豚や羊、それに、家禽も飼っている。7ポンド10シリング評価であるから大きな農地ではないが、アイルランド畜産業をアイルランド南西部の西端で担う農家である。

　現金支出はどうか。最大の支出は食糧品やパン材料等22ポンドで、その他に、衣服・タバコ等8ポンド、乾物類5ポンド（groceriesであるが、別にfoodが挙げられているので乾物類と考えた）がある。畜産継続のために複数頭数の若い豚を4ポンドで購入している。地代、公租公課が比較的多く、地代は9ポンド、救貧税11シリング、県税1ポンド17シリング6ペンスであった。以上、現金支出合計は50ポンド8シリング6ペンスとされている。現金収入が現金支出をわずかではあるが上回っていると推計されている。これらの他に自家消費があった。約15ポンド相当のジャガイモと、卵やミルクがあったと報告されている。

　中位規模の農家と考えられる。収入の中に賃金がなく、支出の中に労働者を雇う賃金がない。雇われもしないし、雇いもしない小農、農民層分解の視点からいえば、貧農でもなく、富農でもない中農であろう。

　自家消費の食糧が15ポンド相当以上（卵とミルクも加えて）とかなりあるものの、それをはるかに超える食糧を購入していた。中位規模の自営農家といえども自給自足からかなり離れた暮らしをしていた。そのためにも様々な畜産物を生産し、商品として販売して現金を稼がねばならなかった。アイルラ

ンド南西端半島部の西端でそうであった。

◆ディングル地域の富農

　労働者を雇用する農家もあった。ディングル地域の報告に登場する。モデルは8人家族で、30エーカーの土地を保有し、6頭の乳牛を山地の約40エーカーで放牧する権利outletを保有していた。[24] 土地の評価額は12ポンドで、地代は15ポンドとされている。

　現金収入は、バター20ポンド、若い牛と羊20ポンド、豚12ポンド、卵・家禽等4ポンド、作物5ポンド、その他種々4ポンドで、合計68ポンドであった。

　現金支出であるが、労働者雇用費12ポンドと作物種子2ポンドがある。これらは農業生産のための支出といえる。食糧品・小麦粉12ポンド、乾物類等8ポンド、衣服10ポンド、これらに、その他いろいろ5ポンドを加えたものがいわゆる生活費である。地代15ポンド、救貧税半分18シリング、県税半分1ポンド16シリングの地代、公租公課があるが、救貧税がhalf rates、県税がhalf county cessとされている意味がよくわかっていないが、半分としておいた。以上の現金支出合計は66ポンド14シリングであるが、収入が少し上回ったモデルである。

　これらの現金収支の上に自家消費があった。食糧としての消費がおよそ20ポンドに上っている。食糧品・小麦粉12ポンドと乾物類等8ポンドを合わせた額と同じである。カハルサイヴィーン地域の同じ8人家族の中位規模農家のばあいは、自家消費をはるかに超える食糧を購入しなければならなかった。それと比較すると、ディングル地域の労働者雇用農家は自家消費にも多くを回すことができるほどのより大きな農業生産であったといえる。その証左の一つに、若牛と羊、豚、卵と家禽を売っているが、子牛や子羊、子豚などは購入していない。つまり、この農家は牛、羊、豚、家禽の畜産の再生産を自前でやっていた。

　さて、労働者雇用費について少し考えよう。ブロシュナ地域の常雇いと考えた労働者の賃金は賄い付きで15ポンドであった。12ポンドという賃金費用

第5章 酪農の中心地で肉牛生産の出発地である南西部マンスター

は1人の労働者に対するものではなくて、おそらく複数の臨時労働者に対する1年間の雇用費用であったと考えられる。先に見た同じ家族数のカハルサイヴィーン地域の農家のばあいもそうであるが、8人の家族員のうちに夫婦だけでない労働力が重要な役割を果たしていたと考えられる。そして、ディングル地域の農家が労働者雇用に頼るのは農繁期が中心であったと推測できる。というのも、もう一つ、土地の評価額12ポンドは、常雇いや住み込み使用人を抱えなければならない程、農業経営規模が大きくないと考えるからである。

以上、ケリー県における農業労働者、他人を雇いもしないし雇われもしない中位規模農家、そして、農繁期に雇用労働に頼っていると推定する富農、かれらの暮らしぶりを3地域それぞれにたいする『ベイスライン報告』に見てきた。同報告はアイルランド西海岸やそれに近い内陸部の貧民蝟集地域に関するものであるが、そこに雇用労働に依拠する農業経営が展開し、その経営を支える農業労働者が存在していた。

ただ、この『ベイスライン報告』は1890年代のものである。しかし、ケリー県の農業経営はカハルサイヴィーン地域とディングル地域を見る限り、バター生産と牛を初めとする肉畜生産が中心であったが、この生産は90年代に限られるものでない。いや、コークが世界の、イングランドのバター市場で大きな位置を占めていた1870年代末までは、あるいは、1884年以降にクリーマリーが設立されていくにつれて、農家がバターを生産するのではなく、ミルクをクリーマリーに供給するようになるまでは、ケリーなどの農村でバター生産が盛んにおこなわれ、大量のバターがコークに運ばれ、そこから輸出されていた。肉牛の生産は第1章、第3章で明らかにしているように、1870年代にはすでに大きな発展を見せていた。1890年代の『ベイスライン報告』に記録された、農民層分解と、賃労働に依存する富農経営や大規模経営の展開は、1870年代のケリーにおいても進行していたと推測して間違いがないだろう。

ここらあたりでマンスターを離れ、マンスターと並ぶもう一つの酪農地帯、

第2部　アイルランド農業の担い手を地域から見る

アイルランド北部のアルスターに行こう。

1 ）　Royal Commission on Labour. The Agricultural Labourer. Vol. IV. Ireland. Part II. Reports by Mr. W. P. O'Brien, C.B. (Assistant Commissioner). Upon Certain Selected Districts in Counties Carlow, Cork, Clare, Kerry, Kildare, Kilkenny, King's, Limerick, Queen's, Tipperary, Waterford, Wexford, and Wicklow, with Summary Report prefixed. *P.P. 1893-94 [C.-6894-xix]* Vol. XXXVII.『1890年代農業労働者調査オブライエン報告』。
2 ）　〈www.workhouse.org.uk/kilmallock/〉
3 ）　Johnson, S., *Johnson's Atlas & Gazetteer of the Railways of Ireland*, Leicester, Midland Publishing Ltd., 1997, pp. 71-74.
4 ）　『1890年代農業労働者調査オブライエン報告』。
5 ）　キルマロック選出区以外でも大きな農地を保有していた。ただ、郷士 Esq. が付かない同姓同名のブライアン・オドネルもいて、大きな農地を保有していた。『グリフィス評価原簿』でキルマロック郡 Kilmallock Barony を地域範囲として Bryan O'Donnell を検索すると多数出てくる。
6 ）　ブライアン・オドネルは郷士ブライアン・オドネルと同姓同名である。かれらの関係が気になる。ブライアンは1850年代初頭にキルマロック教区連合では郷士ブライアンをはるかに超える大規模な農地を占有していた。ウエブサイト askaboutireland のグリフィス評価原簿で、キルマロック教区連合の O'Donnell, Bryan を検索すると、アスニーシ Athneasy からキルフィナーン Kilfinane までの6教区ではブライアンが、パーティクルから聖ピーター・聖ポウルまでの5教区で郷士ブライアンが出てくる。驚くべきことに、ブライアンの土地占有が極めて大きい。合計すると評価額が1000ポンドを超える。うち、キルマロック選出区にある北バリンガディの農地が218ポンド弱であった。
　　　このブライアンと郷士ブライアンが土地保有で交錯する。1850年代初めに郷士ブライアンが石灰窯を経営していたキルマロック・ヒル地番3の自己占有地と、「借地」していた地番4と5が、1870年代末には、2人の人物が「直接の貸手」ブライアンから「借地」して占有している。ただ、地番変更も、面積規模の変更もあり、それらの出入りを追跡するのは困難である。また、バリカレイン（地図記号3）では郷士ブライアンが自己占有していた地番7（35ポンド）と「借地」した地番8 a （45ポンド弱）を含めて、合計231エーカー強、評価額259ポンドの「直接の貸手」となっている。ブライアンは郷士ブライアンから継承した農場に、さらにもっと大きな農場も買い足したと考えられる。
7 ）　Lewis, *Topographical Dictionary of Ireland*, 1837, p. 172. なお、Google Map 等に

よれば、『キルマロック評価簿』でメイン・ストリートとされていたのはシーアーズ・ストリート Sheares St. となっている。
8) OED: lodger, 1a. A dweller in a tent. b. One who sojourns 滞在する、逗留する in a place, an occupant, inhabitant ; also, one who sleeps or passes the night in a place 逗留者. c. One who resides as an inmate in another person's house, paying a certain sum periodically for the accommodation 寄宿者. 2. One who lodges a person ; host.
9) Census of Ireland, 1871. Appendix to General Report, Copies of Circulars, Forms, &c., used for taking the Census of Ireland for the Year 1871.
10) The Editors of the Farmers' Gazette, *Purdon's Irish Farmers' and Gardeners' Almanac for 1873*, Dublin, Farmers' Gazette Office, [1872]（1873年『農家年鑑』）.
11) 『オブライエン報告』p. 6.
12) 『1878年アイルランド獣医局長官ファーガソン報告』.
13) Johnson, S., *op. cit.*, p. 73.
14) 『1837年ルイス・アイルランド地誌辞典』: Public cars from Tralee and Abbeyfeale to Cork pass through the town, and a car goes direct thence to Cork. public car はおそらく人々を運ぶ馬車であると思われるが、カンタークは post-town で郵便局が置かれていたことから郵便馬車とも思われる。いや、郵便馬車は人の輸送も担っていたというのが正しいかもしれない。
15) 採用しなかった推測が三つある。第一は、問題の4人が、かれらの農地の「直接の貸手」マホニーの農場の土地付き労働者というものである。このばあい、同姓同名のT・マーフィーが別人物かどうか検討しなければならない。あるいは、マーフィーは別にして考えなければならない。また、住宅が付いていない残りの3人はマホニー農場に住居を求める必要が生じる。

　　第二の推測は、4人が、かれらと同じく1883年から地番11の農地を占有することになったカラハン農場の土地持ち労働者というものである。このばあいは1番目と同様な問題がある上に、マーフィー以外の3人が住居をどうやって確保するかという問題が生ずる。不思議なことに、カラハンの農地には住宅がない。カラハンは地番8の2エーカー強も占有しているが、そこにも住宅がない。カラハンはニューマーケットの町に、あるいは、選出区以外の土地に住宅を持っていることになるが、あるいは、マーフィー以外の3人もそうなるが、農場主と労働者が揃って通いとなってしまう。

　　第三は、問題の4人は何らかの形で土地経営を分割していて、マーフィーは除いて、3人それぞれが零細農業を営んでいるという推測である。
16) Census of Ireland, 1871. Appendix to General Report, Copies of Circulars, Forms, &c., used for taking the Census of Ireland for the Year 1871.

17) ケリー種については、同時代人で、本書が資料として大いに依拠している『アイルランド農家新聞 The Irish Farmers' Gazette』編集長 R. O. Pringle の論文、A Review of Irish Agriculture, chiefly with Reference to the Production of Live Stock, Journal of Agricultural Society of England, 2nd ser., vol. VIII, 1872が詳しい。
18) 1873年版『農家年鑑』は4番 Benmore を Beenmore としているが、『ルイス・アイルランド地誌辞典』と『グリフィス評価原簿』、1871年センサスの Benmore を採用した。同一場所の別綴りと判断したからであるが、Benmore は townland であること、ケリー県 Clanmourice 郡、Rattoo 教区に位置していることがわかる。1852–53年『マーケット、フェア調査報告』は Beenmore としている。

　地図にフェア開催地（予定地）を示すために、その位置を確認しなければならない。本書では地名とその位置を確認するために、1871年センサスのタウンランド townland の索引をまず利用した。そこにはタウンランドの面積、所在する県やバロニー barony、教区 parish や救貧法連合 poor law union、貧民監督官選出区 poor law electoral division、それに陸地測量地図番号 no. of sheet of the Ordnance Survey Maps が記載されている。続いて、1837年『ルイス・アイルランド地誌辞典』を利用した。項目に入っているばあい、詳しい位置もわかるし、フェアについての情報もある。地名と位置が確認できると、本書で地図を作る際に依拠した1837年『ルイス・アイルランド地図』Lewis's Atlas comprising the Counties of Ireland と1845年『スレイター地図』I. Slater's New Map of Ireland, Manchester、それに、Ordnance Survey The Complete Road Atlas of Ireland, Dublin, Ordnance Survey of Ireland, 1998を利用して地図上の位置を特定した。しかし、上記の諸資料で特定できないタウンランドがある。そのばあい、インターネット上で、移民の子孫たちが自らのルーツを探し当てるために開発されたサイトを利用した。代表的なものにウェブ版『グリフィス評価原簿』がある。本書ではこの他にいくつかのサイトも利用し、Google Map も利用した。

　地名というものは、アイルランドに限らずいずこにあっても、時代によって変わるし、呼び方が二つ以上あったり、同じ呼び方でもスペルが違ったりする。その上にアイルランドではアイルランド語の地名がアングリカン化されたりしている。地名からその土地の位置を特定するのは大変困難である。

19) 『ベイスライン報告』1892年バトラー報告 Reports of Mr. Butler, Inspector, for County of Kerry, in Base line reports of the inspectors of the Congested Districts Board for Ireland, 1892.

20) ケリー県議会も加わったネット記事 Puck Fair Ireland's Oldest Festival の History and Origins of Puck Fair に拠る。なお、それによれば、2024年のフェスティヴァルは8月10日、11日、12日の3日間開かれる。『1853年フェア報告』によると、キローグリンのフェアはジェイムズ1世11年（1613年）勅許により、収穫祭（初穂

第5章　酪農の中心地で肉牛生産の出発地である南西部マンスター

祭）の8月1日と翌日に開催を認められた。この勅許は『1888年市場権・市場利用料委員会オメーラ報告』も確認し、1613年以降のいずれかで、フェアは8月11日に開くと変更されたと述べている。Report of the Commissioners appointed to inquire into the State of the Fairs and Markets in Ireland, *P.P. 1852-53 ［1674］* Vol. XLI, p. 85（『1853年フェア報告』）; Royal Commission on Market Rights and Tolls, Reports of Mr. John J. O'Meara, *P.P. 1889 ［c. 5888-1］* Vol. XXXVIII, p. 157（『1888年市場権・市場利用料委員会オメーラ報告』）。さらに、20世紀に入ってから、8月10日から3日間のフェア＝祭りになったのであろうが、いつからなのか確認していない。

21)　ブロシュナとクーム両地域とも『ベイスライン報告』1892年ロウチ報告 Reports of Mr. R. Roche, Inspector, for County of Kerry, in *Base line reports of the inspectors of the Congested Districts Board for Ireland*, 1892に拠っている。

22)　Reports of Mr. Butler, inspector. County of Kerry, 1892『ベイスライン報告』1892年バトラー報告。

23)　先に述べているように、『ベイスライン報告』のうち、以下のブロシュナ地域とクーム地域については1892年ロウチ報告、カハルサイヴィーン地域とディングル地域については1892年バトラー報告に拠る。

24)　OED outlet: a pasture into which cattle are let out.

第6章
北部アルスター経済

第1節　アルスター植民とデリー県　シェイマス・ヒーニー出生地

　まず、デリー県(ロンドンデリー県)ロッヒンショーリン郡 Barony of Loughinsholin に行く。そこはアルスター中央部 Mid-Ulster に位置する。1873年、全国に数多くある郡（バロニー）のうち、ロッヒンショーリン郡は、1歳以上で2歳未満のその他の牛と家禽の飼育頭（羽）数、オート麦とジャガイモ、さらに亜麻の作付面積が全国1位である。それに乳牛飼育頭数が、第5章で見たニューマーケットがあるコーク県ドゥーハロウ郡やブロシュナがあるケリー県トゥルーハナクミ郡に次いで全国3位である。ロッヒンショーリン郡は畜産と耕種農業双方で、もう少し突っ込んでいえば、乳肉兼用種の乳牛を多数飼育して酪農を盛んにおこない、マンスターに次いでアイルランドを代表する酪農地域を形成するとともに、子牛繁殖の中心でもあり、しかも、耕種農業も盛んであった。そして、北東部リネン工業の原料亜麻を供給する地域であった。

◆アルスター植民

　デリー県とロッヒンショーリン郡と聞けば、アイルランド史の一つの大きな転換点が想起される。イングランドによる支配が最後まで及ばなかったアイルランド北部アルスターをイングランド支配下に組み込み、今日まで続く「北アイルランド問題」の淵源となったアルスター植民がそれである。そのうちの注目される一つは、代表的な12のロンドン市同業者組合による旧コー

第6章 北部アルスター経済

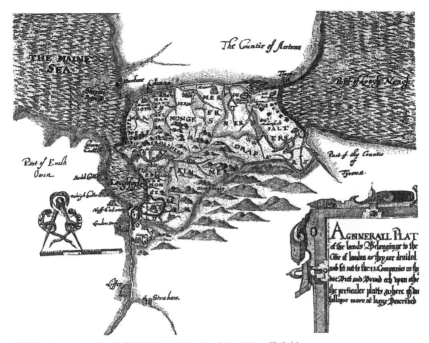

地図6-1　ロンドン同業者組合によるロンドンデリー県分割
出典）Sir Thomas Phillips, *Londonderry and the London Companies 1609-1629*, Belfast. His Majesty's s Stationery Office, 1928

ルレイン県 County of Coleraine と、同県が1613年に、それまでティローン県 Co. Tyrone にあったロッヒンショーリン郡をも編入して編成替えされたロンドンデリー県（本書では主にデリー県と呼ぶ）の植民事業である。[1]

　地図6-1を見ていただきたい。これは、東にアントゥリム県とネイ湖 Lough Neagh、南にティローン県、西にイニシュオーウェン Inishowen（図では Enish Owen）半島に代表されるドニゴール県、北にフォイル湾 Lough Foyle とその先に広がる大西洋（the Maine Sea）に囲まれた古地図のデリー県である。地図に12の同業組合名が書き込まれているが、右下にある反物商組合 Drapers と皮革商 Skinners はこれから本書が資料とする『ドゥレイパー

ズタウン貧民監督官選出区地方税課税対象不動産評価簿 General Valuation of Ireland Union of Magherafelt Electoral Division of Draperstown』(以後、『ドゥレイパーズタウン評価簿』と略記) に登場する。つまり、17世紀前半のアルスター植民事業を推進したロンドン同業者組合が1870-80年代に生き続けているのである。

　反物商組合や皮革商組合などの1870年代のデリー県における土地所有の状況を『アイルランドの土地所有者 Land Owners in Ireland』(1876年) に見ると、反物商組合は27,025エーカーで評価額14,859ポンド強の不動産を、皮革商組合は34,772エーカー、評価額9,511ポンド強を所有していた。他に三つの同業組合が不動産を所有していた。塩商 Salters が19,445エーカー、評価額17,263ポンド強、魚類商 Fishmongers が20,509エーカー、評価額8,032ポンド強、それに食糧雑貨商 Grocers が11,638エーカー、評価額6,457ポンド強を所有していた。地図6-1に記載されている残りの七つの同業組合は1876年『アイルランドの土地所有者』には出てこない。アルスター植民を担ったロンドン同業者組合が1870年代においてなおデリー県の巨大地主であり続けている。

　さて本書はデリー県ロッヒンショーリン郡に分け入るが、ロンドン同業者組合の反物商組合を名前に冠したドゥレイパーズタウン Draperstown とそれを中心とした地域に焦点を当てる。『1837年ルイス・アイルランド地誌辞典』[2]によれば、マーケットがあり、郵便局もあるクロス Cross という町が1818年に上記町名に変更されたとされている。その意味ではドゥレイパーズタウンと名乗る町の歴史は浅いと思われるが、実は1818年まで、クロスより南東にあるマネーモア Moneymore という町がドゥレイパーズタウンであった。

　本書が着目するドゥレイパーズタウンを中心とした地域に目を向けるために一言加えておこう。ドゥレイパーズタウンは、アイルランドの国民的詩人といわれ、1995年にノーベル文学賞を受賞したシェイマス・ヒーニー Séamus Heaney の出生地に近いということである。ドゥレイパーズタウンのす

第6章　北部アルスター経済

ぐそばをモヨラ川 Moyola River が流れている。モヨラ川は、デリー県とティローン県の境を走るスペリン山地 Sperrin Mountains 南東端にあるムラッハトゥーク Mullaghturk 山頂近くに源を発し、キャッスルドーソン Castledawson を横切り、ネイ湖 Lough Neagh に注いでいる。

　ヒーニーの生家はキャッスルドーソンの町とモヨラ川を挟んで隣接するタムニアラン・タウンランド Townland of Tamniaran にあった。1859年に公表されたロッヒンショーリン郡のウェブ版『グリフィス評価原簿』を覗いてみると、タムニアラン・タウンランドの地番19A、19B、19c、28e の占有者として Thomas Heney が出てくる。28d には James Heney、28f には Charles Heney が出てくる。佐藤亨のいうモスボーン Mossbawn (Mossbann) 農場という呼び名は出てこないが、ここに登場するヒーニー Heney 家がシェイマス・ヒーニーの3、4世代前の先祖ではないかと思われる。[3]

(a)　ロッヒンショーリン郡の複合農業を担う人たち
◆酪農・肉牛素牛供給・耕種農業・亜麻
　ロッヒンショーリン郡が飼育頭(羽)数や作付面積で全国1、2位を争う農畜産物に限って、それらの生産を誰が主に担っていたのか、それを考えるために作ったのが表6-1である。1873年農業統計による農地規模別のデータであって、農場規模別ではない。複数の農地から構成される農場は農業統計からは考慮しようがないからである。それでも大・中・小規模零細農地経営のいずれが主たる役割を果たしているのかおおよその考察はできる。なお、データは家畜が中心であるが、家畜のばあい、農地を保有しない家畜保有者がいる。ロッヒンショーリン郡には44人いたとされ、かれらは1エーカー未満農地群に加えられている。したがって、農業統計では1エーカー未満農地数に44人が加えられ、1エーカー未満農地保有者・農地非保有者からなる家畜保有者数を626人としている。さらに、農業統計は15エーカー以上の農地数を、15エーカー以上の農地を保有する家畜保有者数として扱っている。複数農地保有という事態は考慮外とされている。

表6-1　ロッヒンショーリン郡農地規模別家畜飼育頭(羽)数、作付面積百分比(1873年)

規模 (エーカー)	農地数		乳牛	その他の牛			羊	豚	家禽	オート麦	ジャガイモ	亜麻
	実数	%		～1歳	1～2歳	2～歳						
～15	5,318	61	40	35	24	13	19	34	45	36	41	34
15～100	3,316	38	58	62	63	63	56	64	53	62	58	64
100～	79	1	2	3	13	24	25	2	2	2	1	2
総計	8,713	100	100	100	100	100	100	100	100	100	100	100

注)農地規模欄の～15は15エーカー未満、15～100は15エーカー以上100エーカー未満、100～は100エーカー以上を表す。
出典)1873年農業統計。

　前置きが長くなったが、表6-1は何を語っているか。15エーカー未満の小規模零細農地が61％も占めている。全国平均は51％であった（表4-6）。15エーカー以上100エーカー未満の中位規模農地と100エーカー以上の大規模農地はどうか。全国平均では中位規模が44％、大規模が5％であった。ロッヒンショーリン郡では中位規模は38％で、層としてはそれほど厚くない。しかし、零細小規模農地群と合わせると何と99％になる。したがって大規模農地数はわずか1％となる。総じて、大規模農地群を除く、100エーカー未満の中小零細規模農地が99％もの圧倒的多数を占めていて、ロッヒンショーリン郡の複合農業を担っていた。

　まず多数を占める小規模零細農地群を見よう。家禽羽数の45％、乳牛頭数の40％、その他の牛1歳未満の35％、豚の34％の飼育をこの小規模零細農地群が担っている。つまり、ロッヒンショーリン郡におけるこれらの家畜の生産の3分の1から半分近くがかれらによって遂行されていた。これに中位規模農地群を加えると、乳牛や、その他の牛1歳未満と1歳以上2歳未満、それに豚と家禽で、97～99％の飼育生産を100エーカー未満の中小零細規模農地が担っていたのである。農耕ではどうか。オート麦、ジャガイモ、亜麻の作付の98～99％をかれらが担っている。一部の家畜を除いて、圧倒的多数の中小零細規模農地群がロッヒンショーリン郡の複合農業の圧倒的部分を担っ

第6章　北部アルスター経済

ていた。

　しかし一部の家畜では家畜保有者のわずか1％に過ぎない100エーカー以上の大規模農地群が主たる役割を果たしていた。羊飼育ではロッヒンショーリン郡で飼育されていた11,613頭の4分の1が79の大きな農地に放牧されていた。主には肉牛であるその他の牛についてはこの郡においても全国的な状況が凝縮して見られる。大規模農地群が1歳未満牛のわずか3％しか飼育していなかったが、若牛、半ば肥育牛、仕上げの肥育牛と生産段階が進むにつれて大規模農地群への集積の度合いが高まっていった。1歳以上で2歳未満では13％、2歳以上では24％が大規模農地で飼育、肥育されていた。

　こうしたほんの少数の大規模農地群と、農地数（家畜保有者数）の61％もの多数を占める小規模零細農地群、これら対照的な両農地群の農業経営の性格が質的に相違していると推測できる。例えば、100エーカー以上農地が平均して乳牛とその他の牛1歳未満をそれぞれ5頭強、1歳以上2歳未満を16頭弱、2歳以上を12頭弱飼育しているのにたいして、15エーカー未満の小規模零細農地では平均して乳牛は1.4頭と1頭以上になるが、1歳未満牛0.6頭、1歳以上2歳未満牛0.3頭、2歳以上牛0.1頭と、その他の牛では全ての年齢の牛を合わせてやっと各農地平均1頭を飼育していることになる。この一事をもって、大規模農地では家族労働だけで経営を維持できるかどうか、他人の労働に依存しなければならないかどうかが問題となろう。他方、小規模零細農地では家族労働だけで十分に農業経営を進めることができることはいうまでもないが、農業所得だけで家計を維持できるかということこそが問題となる。中位規模として15エーカー以上から100エーカー未満までと随分広く取った。中には、小規模零細農地と変わらない農業経営の性格を帯びるものもあったであろう。他方、大規模農地のように他人の労働力を当てにしなければならないものもあったであろう。

　しかし上に述べたことは実証が不十分で、推測の領域が大きい。そこで、リムリック県のキルマロックや、コーク県のニューマーケットと同じように、地方税課税対象不動産評価簿を資料としてロッヒンショーリン郡のうちの小

さな地域を分析する。対象地域はドゥレイパーズタウン貧民監督官選出区である。この分析を終えた後、ロッヒンショーリン郡と地域的に大きく重なるマヘーラフェルト教区連合 Magherafelt Union の1871年センサス職業統計により、より広くなるが、地域の農業が賃労働にどの程度依拠しているか、あるいはその裏返しになるが、賃労働収入に依存する人々がどれだけいたのか、後段でこれを検討する。

◆盛んな牛をはじめとする家畜取引

ロッヒンショーリン郡の農業、とりわけ牛経済は大きな特徴を持っていた。

表6-2は本書がよく使う「その他の牛」の移動・流通指標をロッヒンショーリン郡の農地規模別家畜保有者群毎で示している。この指標から次のことが推測できる。

A指標は1871年の「乳牛」頭数100頭あたりの「その他の牛1歳未満」の頭数であるが、乳肉兼用種の乳牛を前提とし、子牛繁殖率が全国一律と仮定し、春に生まれた子牛が農業統計調査時点の6月初めまでに他所に移動したか、他所から移入したか、あるいは子牛肉を生産のために屠殺されたかを推測する。全国平均は55頭であるが、ロッヒンショーリン郡は49頭と数を減らしている。そのことは同郡から生まれたばかりの子牛が他所に移出されたか、屠殺されたために頭数が減ったと推測させてくれる。しかし農地規模別に見ると、100エーカー未満までは上記のように推測できるが、100エーカー以上になるとA指標は91と跳ね上がり、数を減らすどころか増やしている。郡全体は他所への子牛供給を特徴とするが、大規模農地群は同郡内の100エーカー未満農地から、あるいはひょっとして他地域からも子牛を移入していたかもしれない。

B指標は1871年の「その他の牛1歳未満」100頭あたりの1872年の「その他の牛1歳以上2歳未満」の頭数である。1871年の「その他の牛1歳未満」が1年間にどう移動したかを推測させる。100を下回る、つまり頭数が減るばあい、他所に移出されたり、屠殺されたりしたことを推測させる。全国平均は90であるが、アイルランド島全体が頭数を減らしており、それは「その

第6章　北部アルスター経済

他の牛1歳未満」10％が1年間にブリテンに輸出されたか、あるいはアイルランドで屠殺されたかを示している。ロッヒンショーリン郡全体はB指標が83で、全国平均を超える頭数を減らしているが、本表で最大に目立つことは、100エーカー以上の大規模農地群では指標がなんと308もの高さを示していることである。

表6-2　ロッヒンショーリン郡牛移動指標（1871～73年）

農地規模（エーカー）	A	B	C
15未満	43	54	29
15以上100未満	51	84	49
100以上	91	308	72
ロッヒンショーリン郡全体	49	83	48
全国	55	90	110

出典）1873年農業統計。

1871年6月時点の「その他の牛1歳未満」は408頭であった。しかし、1年経過した1872年6月時点、1歳以上2歳未満になった「その他の牛」がなんと1,256頭に急増していた。つまり、100エーカー以上農地群は、郡全体では減らしていることから、基本的には郡外からではなく郡内から1872年6月時点に1歳以上2歳未満になる「その他の牛」を多数購入したことを示している。100エーカー未満農地群からいえば、上記「その他の牛」を郡外にだけでなく、多数を郡内の100エーカー以上の大規模農地群に売却したことを示している。

　C指標はどうか。1872年6月時点の「その他の牛1歳以上2歳未満」100頭あたりの1873年6月時点の「その他の牛2歳以上」の頭数である。全国平均は110であるが、ロッヒンショーリン郡は驚くべきことにわずか48である。100エーカー以上農地群でさえ72である。もう一つの大きな特徴であるが、ロッヒンショーリン郡は肉牛生産の肥育へと向かう素牛の大量供給地域であったといえる。もちろん郡内でも、大規模農地群を初めとして、半ば肥育されたストア牛や最終肥育牛の生産もおこなったであろうが、それ以上に郡外への素牛供給が目立つ。

　最後に、こうした牛を初めとする家畜の取引がロッヒンショーリン郡で盛んにおこなわれていたと考えさせてくれる事実を確認しよう。それは家畜などが取引されるフェアについてである。

第2部　アイルランド農業の担い手を地域から見る

　1873年『農家年鑑』によれば、デリー県のフェア開催予定地は25カ所であった。そのうち8カ所がロッヒンショーリン郡にあった。アルファベット順でいえばベラーヒ Bellaghy、クロス Cross（ドゥレイパーズタウン）、カラン Curran、デザートマーチン Desertmartin、キルリー Kilrea、マヘーラ Maghera、マヘーラフェルト Magherafelt、マネーモアの8カ所である。ロッヒンショーリン郡はデリー県最大の郡であるが、25カ所のうちの8カ所と多く、同郡では家畜取引が盛んであったことを示している。なお、上記のフェアは開催予定で、実際に開催されたかどうか確認できていない。しかし、ロッヒンショーリン郡の8カ所は、1850年代のフェアに関する調査では全て実際に開催されているものとして確認されている。1850年代にはさらにこの8カ所の他に、キャッスルドーソン、モイヒーランド Moyheeland、ポートグレノン Portglenone でも開催されていた。

　『1837年ルイス地誌辞典』によれば、マヘーラフェルト・フェアはデリー県最大であるとしていたように、大きなフェアであった。もっとも1870年にあっては、デリー市におけるフェアの規模がより大きくなっている。

　フェアで何が取引されたのか、1870年代の状況は確認できていない。『1837年ルイス地誌辞典』にデザートマーチン・フェアを除いた7フェアの取引状況が触れられている。それによると、ベラーヒ・フェアは牛と羊、それに豚、クロス（ドゥレイパーズタウン）・フェアは家畜一般、カラン・フェアは牛と豚、キルリー・フェアは牛と馬、マヘーラ・フェアは牛、羊、豚、それに行商品、マヘーラフェルト・フェアは牛、羊、豚、マネーモア・フェアは馬、乳牛、豚、羊、それに大量のリネンが主な取引商品であった。なお、1873年『農家年鑑』には出てこないキャッスルドーソン・フェアが1830年代に毎月最後の土曜日に開催されていて、そこでは1830年代にリネン、亜麻糸、牛、豚、羊、行商品が取引されたとされている。

　1870年代のロッヒンショーリン郡における8カ所のフェアはどこかで誰かが仕掛けたのか、たいへん組織立っている。ベラーヒ・フェアが毎月最初の月曜日、クロス（ドゥレイパーズタウン）・フェアが毎月最初の金曜日、キル

第6章　北部アルスター経済

リー・フェアが毎月第2水曜日、マヘーラ・フェアが毎月最後の火曜日、マヘーラフェルト・フェアが毎月最後の木曜日に開催予定とされている。毎月、月曜から金曜まで、いずれかの週でフェアが開かれることになっていた。そのうえに、マネーモア・フェアが毎月21日（日曜日になるばあいは翌月曜日の22日）、デザートマーチン・フェアが2回の土曜日を含む年5回、カラン・フェアが土曜日1回を含む年2回開催されていた。「誰かが仕掛けたのか」と述べたが、実はフェア間に競争があって、お互いになるべく同じ日やごく間近に複数フェアがぶつからないようにした結果かもしれない。

さて、こうしたロッヒンショーリン郡であるが、さらに地域を狭めて見ることにしよう。

(b)　ドゥレイパーズタウン貧民監督官選出区

本書はアルスター植民の歴史を直接語る名前を冠したドゥレイパーズタウンとその周辺地域に焦点を当てる。ドゥレイパーズタウン貧民監督官選出区 The Electoral Division of Draperstown である。いくつも地名を挙げたのでこのあたりで地図6-2を作るが、そのためにもこの地域への道路網と鉄道網の拡がりについて確認しておこう。

『1837年ルイス・アイルランド地図』をみれば、マネーモアからデザートマーチン、さらにマヘーラへと郵便道路 Mail Road が走っていた。マヘーラフェルトやドゥレイパーズタウン、キャッスルドーソンとベラーヒ、そしてキルリーもその他道路 Other Roads で結ばれていた。

鉄道はどうだろうか。O・ドイルとS・ヒルシュが1870年時点のアイルランド鉄道網の地図を作っている。アルスターといえばベルファストとデリーを結ぶ大幹線がまず目に飛び込んでくる。ベルファスト、アントゥリム Antrim、バリメーナ Ballymena、コールレイン、リマヴァディ Limavady、デリーを繋ぐ大路線である。[4] この大幹線は『ジョンソン・アイルランド鉄道地図辞典』によれば1850年代前半に開通している。本書がこれから焦点を当てるドゥレイパーズタウンやマヘーラフェルトなどはその路線から外れていた

419

第2部　アイルランド農業の担い手を地域から見る

が、1856年、アントゥリム近くのクックスタウン・ジャンクション Cookstown Junction から、佐藤亨が着目するトゥームブリッジ Toome Bridge やキャッスルドーソン、それにマヘーラフェルト、マネーモア、クックスタウン Cookstown に続く路線が開かれた。さらに、1880年になると、マヘーラフェルトとマヘーラ、キルリーを結び、コールレイン手前のマクフィンでベルファスト＝デリー大幹線に結合する路線が完成した。そしてついに1883年、マヘーラフェルトから延びる短い路線がデザートマーチン、ドゥレイパーズタウンを鉄道網に組み入れた。こうした道路網と鉄道網に組み込まれるドゥレイパーズタウン貧民監督官選出区に入っていこう。

　分析資料は『ドゥレイパーズタウン評価簿』である。マヘーラフェルト教区連合を構成する貧民監督官選出区の一つである。同選出区は表6-3に示している13のタウンランドより構成されている。付している番号は地図6-2で位置を示すためのものである。

　この選出区の総面積は10,534エーカー強である。ルード rood（4分の1エーカー）以下は、13タウンランドも含めて切り捨てている。住民数はドゥレイパーズタウンの町の住民503人を入れて2,652人である。

　なおマヘーラフェルト教区連合とロッヒンショーリン郡の面積と住民数も記入しておいた。ロッヒンショーリン郡の方がやや大きくて住民が多い。

　地図6-2aはデリー県全体の中でのドゥレイパーズタウン選出区を表す地図と、もう一つの地図6-2bはドゥレイパーズタウン選出区の地図からなる。町は略記号で表した。De はデリー、Col はコールレイン、Kil はキルリー、Mg はマヘーラ、Bel はベラーヒ、Cd はキャッスルドーソン、Cu はカラン、Mf はマヘーラフェルト、Mm はマネーモア、Dm はデザートマーチン、さらに、デリー県外の町として、T はトゥーム、A はアントゥリム、B はベルファスト、Ck はクックスタウンを表している。鉄道路線と、それとも重なってしまっているが道路も記入した。波線でモヨラ川 Moyola R. とその支流を示した。

　ドゥレイパーズタウン選出区の地図の中央にドゥレイパーズタウンの町

第6章　北部アルスター経済

表6-3　ドゥレイパーズタウン選出区(1871年センサス)

	タウンランド	面積 (エーカー)	住民数	評価額 £　s.
1	Moneyneany	2,204	371	394　1
2	Dunlogan	1,677	97	150　5
3	Finglen	502	7	14　10
4	Moydamlaght	982	90	169　5
5	Drumderg	998	337	328　1
6	Derrynoyd	1,040	319	522　0
7	Mulnavoo	297	105	170　0
8	Moykeeran	184	46	147　0
9	Moyheeland	531	132	748　0
10	Cahore	638	178	564　18
11	Glebe	161	31	140　0
12	Gortnaskey	427	134	259　13
13	Drumard	889	302	376　15
	ドゥレイパーズタウン	—	503	—
	ドゥレイパーズタウン選出区	10,534	2,652	—
	マヘーラフェルト教区連合	156,719	58,747	—
	ロッヒンショーリン郡	171,660	65,023	—

注1）面積はルード以下は切り捨てた。
注2）ドゥレイパーズタウンは9、10のタウンランドに跨っている。しかし、『ドゥレイパーズタウン評価簿』では8のタウンランドにも跨っている。

Dtを記入している。同町はクロス、あるいはバリナスクリーン教区のクロス the Cross of Ballinascreen とも呼ばれてきているが、四叉路に開かれた町である。『ドゥレイパーズタウン評価簿』によれば、この中心点に少し離れた形で二つのマーケットがあった。また、ドゥレイパーズタウンの歴史と伝統ウェブサイト the Draperstown History and Heritage website によれば、この四叉路の真横にフェア・ヒル Fair Hill があるが、『1837年ルイス地誌辞典』と1873年『農家年鑑』がいうクロス・フェアも同じ場所で開かれていたのであろう。

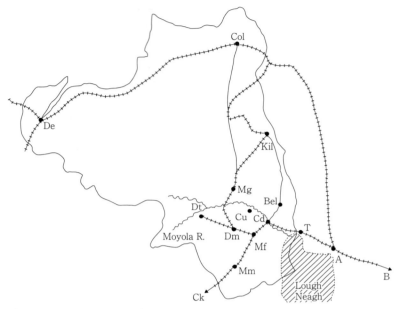

地図6-2a　ドゥレイパーズタウンの位置

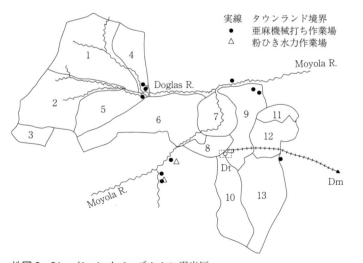

地図6-2b　ドゥレイパーズタウン選出区

第6章　北部アルスター経済

　波線で描いたモヨラ川 Moyola R. 沿いをはじめとしていくつもの水力作業場があった。亜麻機械打ち作業場 flax mill（●黒丸）や粉ひき水力作業場 corn mill（△三角）があった。グリフィス評価当時の陸地測量地図や1908年陸地測量地図第2版にも依拠して作ったが、ドゥレイパーズタウン選出区地域ではフラックス（亜麻）栽培とフラックス（亜麻糸）生産が盛んであったことを示している。ロッヒンショーリン郡をはじめとするアルスターを中心とした亜麻栽培に始まるリネン産業については、第2節で改めて見ることにする。ただ、『ドゥレイパーズタウン評価簿』に現れる個別事例はこの後すぐに取り上げる。

　さて、13のタウンランドは表6-3で示した数字記号で表している。地図では表せなかったが、モヨラ川支流の水源があるマネーニーニィ Moneyneany（1）やダンローガン Dunlogan（2）、ドゥラムデルグ Drumderg（5）には山地が広がっている。

◆『ドゥレイパーズタウン選出区不動産評価簿』の特徴

　『ドゥレイパーズタウン評価簿』に移ろう。評価簿は1874年、76年、78年に修正されたとされているが、60年代後半にも手を加えている記録である。

　一目見てまず指摘しなければならない特徴がある。第一は、「直接の貸し手 immediate lessor」が少数の者に限られていることである。第二は、大きな少数の「直接の貸し手」のもとでの「共同占有地」が多いということである。共同地 commons ではない。「直接の貸し手」がいる。とりわけ、先ほど触れた、地域の西端に位置するマネーニーニィ（1）とダンローガン（2）、ドゥラムデルグ（5）の三つのタウンランドの山地にそれが特に見られる。

　第一の特徴から見よう。ドゥレイパーズタウン選出区は表6-3にあるように、10,534エーカー強であった。そのうちの92％強の土地、9,719エーカー強の土地の「直接の貸し手」であり、あるいは「自己占有者 in fee」であったのは、ロンドン反物商組合とロンドン皮革商組合、それにオニール Robert Torrens O'Neill（1845-1910）であった。

　反物商組合は次のタウンランドでは全ての、あるいはほとんど全ての土地

を「所有」していた。ダンローガン（2）とゴートナスキー Gortnaskey（12）の全ての土地、モイダムラッハト Moydamlaghat（4）とモイキーラン Moykeeran（8）、それにモイヒーランド Moyheeland（9）のほとんど全ての土地で、合計3,787エーカー強、評価額1,436ポンド強を「所有」していた。

　皮革商組合はドゥラムデルグ（5）、ムルナヴー Mulnavoo（7）、ドゥルマード Drumard（13）の3タウンランドの全てと、マネーニーニィ（1）の9エーカー強、合計2,193エーカー強、評価額869ポンド強を「所有」していた。

　R・T・オニールも上記二つのロンドン同業者組合に劣らない土地所有を誇っていた。デリーノイド Derrynoyd（6）とフィングレン Finglen（3）の全ての土地、それにマネーニーニィ（1）のほとんど全ての土地、合計3,737エーカー、評価額941ポンド強を「所有」していた。『1876年アイルランド土地所有者』によれば、オニールはデリー県に4,844エーカーの土地と評価額1,542ポンドの不動産を「所有」しているとされている。そしてオニールの本拠をドゥレイパーズタウンにしている。

◆オニール一族・アルスター植民・ロンドン同業者組合

　さて、オニールといえば、アルスターの王に止まらず、タラの大王にも就いたイ・ネール Uí Néill を想起させるが、アイルランド史を彩る大氏族である。本書が先に言及したアルスター植民にも関わってくる。ここで横道にそれるようであるが、オニール大氏族とその末裔に関わるかもしれないR・T・オニールについて調べてみよう。[6]

　よく知られているように、1595年、ヒュー・オニールが、ヒュー・オドンネルとヒュー・マグワイアによって既に起こされていた反英蜂起に加わって、世にいわれる九年戦争が始まった。1603年3月、エリザベス1世の死の数日後、ヒュー・オニールたちはイングランド国王軍司令官マウントジョイ卿に降伏し、講和を結んだ。山本によれば、敗者ヒュー・オニールたちにとって「驚くほど……寛容的で」あった。にもかかわらず1607年、ティローン伯の地位を維持することが許されたヒュー・オニールたちアルスターの有力族長

第6章 北部アルスター経済

たちが大陸に逃亡した。いわゆる「伯らの逃亡」である。その後にアルスター植民が本格化した。[7]

では、R・T・オニールはこのヒュー・オニールに関わりを持っているのであろうか。この点を明らかにするためにも、まずは本書が対象としているドゥレイパーズタウン選出区地域の土地所有の由縁から見よう。かれはウイリアム・チチェスター William Chichester（1813-83）とヘンリエッタ・トレンス Henrietta Torrens（1819-57）の三男に生まれたが、母の死に際して、ドゥレイパーズタウン地域のデリーノイド所領を遺贈された。[8]

トレンス家は世評ではもともとスウェーデン貴族の家系といわれているが、スウェーデン出身のT・トレンス Thomasu Torrens がウイリアム3世軍の騎兵隊将校としての任務を終えた後の1690年頃、デリー県ダンギヴン Dungiven に定住したとされている。ダンギヴンといえばアルスター植民で皮革商組合所領となった拠点地域の一つであったが、T・トレンスが皮革商組合による植民事業と関係したのかどうか、また、トレンス家がダンギヴンの南方に位置するドゥレイパーズタウン地域の所領をどのようにして獲得したのか、本書は確認することができていない。ただ、T・トレンスの曾孫トレンス Robert Torrens（1775-1856）の本拠がドゥレイパーズタウン地域のデリーノイド・ロッジになっていたことはわかる。そしてこのR・トレンスの娘がヘンリエッタ・トレンスであり、かの女と夫W・チチェスターの間に生まれた三男がR・T・オニールである。[9]

では、オニール姓の方はどうか。上に述べたように、R・T・オニールの父親はチチェスター姓である。1607年「伯らの逃亡」以降に本格化したといわれるアルスター植民の構想と実施の任に当たったあのサー・アーサー・チチェスター総督 Sir Arthur Chichester, Lord Deputy of Ireland と同姓であり、家系が繋がっているかと考えられる。

ところが、1855年にチチェスター姓からオニール姓に変わった。W・チチェスターが、第3代オニール子爵ジョン・B・リチャード John Bruce Richard の死去に伴い、オニール子爵の所領を引継ぐことになった。オニール子爵は

未婚で、死去によって爵位が消滅し、所領がまた従兄弟の孫にあたる W・チチェスターの手に移ったのである。その上同時に、姓も勅許に基づき、チチェスターからオニールに変わった。W・オニールの誕生である。かれが入手した所領にアントゥリム県の65,919エーカーがあった。そこから1883年、年44,000ポンドの収入がもたらされている。ネイ湖畔に建つシェイン（ショーン）城 Shane's Castle を中心とした広大な所領が、オニール姓に変わったとはいえ、あのチチェスター総督の家系の一角に連なる者の手に移った。それはクランドボイ・オニール家 O'Neills of Clandeboye によって長く支配されてきたものであった。[10][11]

　巡り巡って、九年戦争のオニール家と、アルスター植民に中心的役割を果たしたチチェスター家がアイルランド土地支配において統合した感がある。山本によれば、「「九年戦争」に従軍した「王に仕える者」の一人であるサー・アーサー・チチェスター総督が、イングランド出身の法律家サー・ジョン・デイヴィス法務総裁とともにアルスター植民の企画・実施の中心を担った（『図説　アイルランドの歴史』45頁）。サー・アーサー・チチェスター総督の家系の一角に名を連ねているのが W・チチェスターであり、そのかれにクランドボイ・オニール家の広大な所領と資産が転がりこみ、W・オニールが生まれた。その上に、1868年、シェイン城オニール男爵 Baron O'Neill of Shane's Castle を授けられた。

　この W・オニールの三男 R・T・オニールが1857年、トレンス家から嫁いでいた母ヘンリエッタの死亡によりドゥレイパーズタウン地域の所領を遺贈された。なお付言すれば、北アイルランド第4代首相テレンス・M・オニール Terence M. O'Neill は、R・T・オニールの長兄第2代オニール男爵エドワードの孫である。

◆山地の共同占有

　オニール家の歴史に少々深入りしたかもしれない。このあたりで『ドゥレイパーズタウン評価簿』に戻り、一見して判明する第二の特徴に移ろう。ドゥレイパーズタウン地域には共同の占有地と考えられるものが多い。これが第

第6章　北部アルスター経済

二の特徴である。まず、3カ所の山地 mountain が目につく。ドゥレイパーズタウン地域西端に広がる山地である。マネーニーニィ・タウンランド（1）の地番1A（1,239エーカー）と地番1B（22エーカー強）の山地が一つ。R・T・オニールが「直接の貸し手」となっている。この南に広がるダンローガン・タウンランド（2）が二つ目。地番1の381エーカーと地番2の441エーカーで、タウンランド全域を「所有」する反物商組合が「直接の貸し手」となっている。三つ目は、上記二つのタウンランドの東南に続くドゥラムデルグ・タウンランド（5）の地番34の65エーカー強と地番35の86エーカー強である。ここもタウンランド全域の「所有者」である皮革商組合が「直接の貸し手」となっている。

　以下、R・T・オニールが「直接の貸し手」となっているマネーニーニィ・タウンランド（1）の山地に代表させて見ていこう。最も広い山地である。タウンランドのほとんど全ての土地がR・T・オニールの「所有地」となっている。地番1Aと地番1Bはすべて山地とされている。ウェブ版『グリフィス評価原簿』付録の陸地測量部地図を見ると、地番1Aはタウンランドの西端に広がり、地番1Bはタウンランドの中心に少し寄ったところにある。

　『ドゥレイパーズタウン評価簿』によれば、地番1Aは1,239エーカーであるが、24の「占有」に分けられていて、それぞれに占有者名があり、5シリングから30シリング（1ポンド10シリング）までの評価額が記されている。平均11.8シリング弱となる。

　地番1Bは22エーカー強と1Aと比べて大変面積が小さい。しかし、32もの「占有」に分けられていて、2シリングから20シリング（1ポンド）までの評価額にされている。平均8.2シリング強となる。

　山地とされている土地は分割されていない。各「占有」には上記のように評価額があるが、土地の評価額は記されていない。そこで「共同占有」としたが、これは何なのだろうか。1AではJ・ダイモンド Dimond が2度登場する。一つは評価額15シリングで、1873年にそれまでのキーン H. Kean に代わって「占有」したことになっている。もう一つは1ポンド10シリングの

評価で、1873年以前よりダイモンドの「占有」となっている。1人が二つ「占有」している。これは何を意味するのであろうか。同一人物ではないが、同一姓の者もいる。マックラスキ McClusky 姓が4人、マレイ Murray 姓が3人、ガラハー Gallagher 姓が3人見られる。地番1Bでもこのような事例はもっと多く見られる。同一姓名の父子と思われるケースも2件ある。

　J・ダイモンドを例にして考えてみよう。地番32Aに土地（2エーカー強、評価額1ポンド5シリング）と建物（評価額1ポンド5シリング）。地番32Bに土地（15エーカー強、評価額15ポンド）を持っている。地番32Aと32Bは少し離れているが、二つの土地を合わせると18エーカー強となる。地番32Bにも建物がある。評価額15シリングで、P・ダイモンド Dimond が占有し、「直接の貸し手」はJ・ダイモンドである。J・ダイモンドは地番32Aにある住宅に居住し、少し離れているが、足すと18エーカー強となり、評価額16ポンド5シリングの土地を農場として経営していると考えてよい。大きな15エーカー強の地番32BにはP・ダイモンドを住まわせ、農場の管理を任せていると考えられる。J・ダイモンドとP・ダイモンドとの関係は家族か、少なくとも親族と考えられる。

　中規模農場を経営していると考えられるJ・ダイモンドにとって、同じタウンランド内にある山地の占有はいかなる意味を持ったのであろうか。山地に家畜を放牧したと考える。「直接の貸し手」R・T・オニールに地代を支払い何頭かの牛や、あるいは羊などを放牧する権利を得ていた。地方税評価額はこの放牧権に対するものであったと考えられる。

　もう一つ例を見よう。それは同じマネーニーニィ・タウンランドにある地番41で、地番1Aの南端東に隣接する55エーカー強の「土地 land」である。山地ではない。この土地の「直接の貸し手」もR・T・オニールである。「山地」ではなく「土地」における「共同占有」の事例にもなる。

　地番41の「土地」55エーカー強は13の「占有」に分けられていて、「山地」のばあいと同様に合計評価額しか記入されておらず、1人の6シリング以外は全て3シリングとされている。もう一つ興味深いことがある。13件のうち

第6章 北部アルスター経済

実に9件が同一姓マレイである。

　ここでマレイ姓による山地を除いた不動産、つまり「土地」の占有全体も見よう。件数は34である。うち32件がマネーニーニィ・タウンランド（1）にある。2件はドゥレイパーズタウン地域の南東端に位置するドゥルマード・タウンランド（13）にあり、たいへん離れているため、ここでの検討対象から除外してもよいだろう。ちなみに、この2件の占有者はアン・マレイとウィリアム・マレイで、両人の「直接の貸し手」は皮革商同業者組合である。

　マレイ姓が「占有」するマネーニーニィ・タウンランドの「土地」32件のうち9件は上に見た地番41に位置する。この9件のうち2件に注目する。シニアとジュニアのフランシス・マレイ Francis Murray, Sen. & Jun. の親子である。かれら親子は農場を経営している。地番45Aなどに6件の不動産、全ての住宅、農業用建物、土地を占有している。合計土地面積22エーカー強、土地評価額合計10ポンド15シリング、建物評価額合計1ポンド15シリング、合計評価額12ポンド10シリングである。これらに加えてかれら親子は、先に見た地番41の「土地」2件（9シリング）、地番1Bの「山地」2件（1ポンド5シリング）を「占有」している。

　さほど広くはないが22エーカー強の土地で農業経営をおこなっているフランシス・マレイ親子にとって、地番1B「山地」占有2件はいかなる意味を持っていたのであろうか。かれらもR・T・オニールに「地代」を支払い、山地放牧をしていたと考えられる。シニアのばあいの評価額は15シリングであり、ジュニアのそれは10シリングであった。シニアの放牧家畜頭数はジュニアのそれの1.5倍であったのだろうか。もちろん同じ家畜のばあいであるが。

　では、地番41「土地」占有2件はどうか。この「土地」では共同で牧草栽培をおこなっていた可能性がある。土地はわずか22エーカー強の広さに過ぎないにもかかわらず、13もの「占有」に分けられているからである。もっとも、さほど広くないとはいえ、地番41「土地」においても放牧がおこなわれ

ていた可能性も否定できない。少なくとも、牧草を刈り取った後に共同の放牧地として利用されたかもしれない。

◆土地の共同占有

　さて、「土地」の共同占有についてマネーニーニィ・タウンランドの地番41はすでに見た。他はどうであっただろうか。ここで、本書が何をもって「共同占有」と推定するのか改めて確認しておこう。評価簿において、同一地番で、土地が分割表記されておらず、別姓の占有者が複数存在しているばあいを「共同占有」と考えた（同姓のばあい一つの経営と考えられる可能性があり、ここでの考察から除外した）。評価額が占有者ごとに分けられているばあいもある。「直接の貸し手」は同一である（複数事例はこれまでの分析対象地域には見られない）。

　『ドゥレイパーズタウン評価簿』が示す「土地」で「共同占有」と推定するのは、マネーニーニィ・タウンランド地番41を除いて、12件ある。代表的事例を見よう。

　まず、ドゥラムデルグ・タウンランド（5）の地番32Aの125エーカー強と最も面積が広い事例である。占有者は6人しか記入されていない。1人平均21エーカー弱となる。小規模零細とは言えない。この規模は本書では中規模農地に入れている。6人のうち2人が同一姓コンヴィルConvilleである。「直接の貸し手」は皮革商組合である。6人の占有者の間で土地は分割表記されていないが、土地の評価額は各人別に記されている。最高は8ポンド、最低は3ポンド5シリングである。各人それぞれに建物評価額が記入されている。最高は1ポンド、最低は5シリングである。最低の5シリングの建物は住宅だけであるが、他の5件は住宅と農業用建物となっている。「共同占有」と推定するが、その中身は何だろうか。

　もう少し仔細に見よう。ここ地番32Aにだけしか土地、建物を持っていない者3人。土地、建物はここだけであるが、山地に放牧権と推定する権利を2件持っている者1人、1件を持っている者1人。もう1人がいる。同じタウンランドの地番27に土地（26エーカー強、評価額6ポンド）と建物（評価額

第6章　北部アルスター経済

10シリング）を持っているコンヴェリー M. Convery である。この最後の者は今検討している地番32Aに1876年まで住宅を「所有」していて他人に「貸し」ていたが、その後、評価簿では削除の扱いとなっている。なお、この他に空家が1軒ある。上記のコンヴィル姓の別人物が「直接の貸し手」となっている。

さて、以上の事実から地番32A（125エーカー強）の6人による「共同占有」の中身が見えてくるだろうか。各占有者の土地の広さは平均21エーカー弱になるので、農業所得だけでも生計をかろうじて維持できるかもしれないが、農業経営の姿は見えてこない。

ここで、陸地測量部地図を覗いてみよう。ドゥラムデルグ・タウンランドの地番32Aは細長い土地で、区画されているかに見える。先に見たマネーニーニィ・タウンランドの地番41の土地（22エーカー強）には見られない区画である。もっとも何故に各占有者の保有地として分割して面積規模を評価簿に記入しなかったのか、つまり、「共同占有」と考えられる形式をとったのか依然として疑問は残るが、6人の占有者による個別の農業経営がおこなわれていたと考える他ない。ただし、この地番32Aは収穫後に6人共同の放牧地として利用されていた可能性はある。このばあい、土地を区画する何らかの目印は必要であったが、広い共同放牧地として利用するのに障害がない程度のものであったかもしれない。こうした事情が「共同占有」と考えられる形式を採らせた可能性がある。

なお、6人の地番32Aにa、c、d、e、f、gの記号が付されている。上記の空家にm、評価簿から削除された「貸し家」にもbが付されている。小文字アルファベットの記号は住宅に付されていると考えられる。土地の区画とは直接関わりが無いようである。

32AのAのような大文字のアルファベット記号は地番として用いられている。実は地番32B（23エーカー強）もある。5人の「共同占有」の形を採っている。しかし、32Aとは離れている。ただ不思議にも、AB通しでaからmまでの記号を打っている。これは何を意味するのか、今のところ不明で

第2部　アイルランド農業の担い手を地域から見る

ある。

　もう一つ例にとろう。ゴートナスキー Gortnaskey タウンランド (12) の地番16a (20エーカー) で、2人の占有者ヘイガン C. Hagan とブラッドリー P. Bradley が記入されている。両者とも住宅、農業用建物、土地を占有しているとされている。評価額は2人同額で、土地5ポンド5シリング、建物10シリングである。折半している形である。

　上で述べた小文字のアルファベット a が地番につけられている。ここでも陸地測量部地図を見ると、地番16には住宅らしいものが記されているのは1軒だけである。1850年代『グリフィス評価原簿』のゴートナスキー・タウンランドも開いてみた。『ドゥレイパーズタウン評価簿』に記入されている占有者2人と同じ人物2人が記録されている。さらに、上記の不動産種類、土地面積、土地評価額等々全て同じ記録が載っている。少なくとも20年間の隔たりがあるが、全く同じ記録である。2人それぞれが別々に住宅を占有しているかのように記録されているが、そうではなく、住宅は1軒で、したがって、地番16にただ小文字アルファベットが一つ、つまり a だけが付されているのである。そうだとすると、この1軒の住宅は2人の占有者の共同利用に供せられていたと考えられる。

　ところで、このヘイガンとブラッドリーは他のタウンランドに農場を持っていた。ヘイガンは少し離れたドゥラムデルグ・タウンランド (5) に19エーカー強の土地と住宅、複数の農業用建物を占有していて、合計評価額は10ポンド10シリングであった。ブラッドリーは隣接するカホーア Cahore タウンランド (10) に合計評価額が7ポンド15シリングとなる土地 (11エーカー強)、住宅、農業用建物を、同じく隣接するドゥルマード・タウンランド (13) に合計評価額8ポンド5シリングの土地 (18エーカー強)、住宅、複数の農業用建物を持っていた。

　両者ともにそこそこの規模の農場を他に持っていた。その上で、ゴートナスキー・タウンランド (12) に20エーカーの土地と1軒の建物 (住宅・農業用建物) を折半するような形で「共同占有」していた。両者によるこの「共同

第6章　北部アルスター経済

占有」は20年以上も前から続くものであるが、これは何だろうか。陸地測量部地図を見ると、土地の区画のようなものがあるが、評価額が折半されていること、建物（住宅・農業用建物）が1軒しかないのに、建物評価額も折半されていることから、何らかの共同経営がおこなわれていると考えられるが、その中身は与えられた資料からはわからない。

(c)　ドゥレイパーズタウン評価額規模別農場分析

　さて、これまで代表的事例を検討してきた「共同占有」について、全ての事例で不動産評価額については「共同占有者」個々人に分けて記載されている。以下、1870～80年代ドゥレイパーズタウン選出区地域全体の評価額に基づく農場規模別の分析をするが、その際、重要な作業として名寄せをする。つまり、同一人物と推定されるもの、同一家族と推定されるもの、同一親族経営と推定されるものによる複数農地からなる農場を確認し、その上で経営規模を評価額によって大枠把握する。したがって、「共同占有」と推定できるばあいの評価額も加えた作業となる。

　同一人物と推定する基準であるが、同姓同名は原則同一人物とする。

　同一家族、あるいは同一親族の経営と推定する基準は、同姓同名でシニアとジュニアが出てくるばあいはいうまでもないが、同姓の者が同一地番、隣接地番を占有するばあいはもちろん、地番が一つ、あるいは、二つ挟まっていても、陸地測量部地図により農地が近くにあることが確認できるばあいとする。

　先に、ドゥレイパーズタウン地域における特徴の一つとして「共同占有」を挙げた。同姓のばあいはもちろん、異なった姓のばあいでも、共同で農場経営がおこなわれていると推定するが、この「共同占有」が繋ぎ役となって比較的近い距離の範囲で、異なった姓の複数人物が占有する複数農地も一つの農場と考える。

　こうした基準に従って『ドゥレイパーズタウン評価簿』を分析しよう。ドゥレイパーズタウンの町は除いている。「土地 land」を占有する者に限った。

表6-4 1870~80年代ドゥレイパーズタウン評価額別農場分布(町は除く)

評価額(£)	農場数	複数地	住宅
15未満	216	79	94	2
5未満	64	23		
5~10	96	35		
10~15	56	21		
15~100	54	20	44	
15~30	43	16	36	3
30~50	8	3	5	1
50~100	3	1	3	
100以上	2	1	2	3
合計	272	100	140	9

例外はあるが、「土地」は農地と考えた。

さて、名寄せと、同姓等による基準に基づき、複数農地を同一農場と推定することにより農場数は272となった（表6-4）。

この他に山地の放牧権だけを持つ者が8人いた。山地に放牧権や、「共同占有地」の共同牧草地と推測するばあいの牧草取得権を持ったりしていても、当該人物が他に農地を占有しているばあいには、評価額を合算していることは既に述べたが、それらは272農場経営の内に含めている。また、共同の牧草栽培地の可能性があるとしたマネーニーニィ・タウンランド（1）の地番41の占有者13人は全て他所に農地を占有していて、地番41の占有権に対する評価額も各人の経営する農場の評価額に合算している。こうしたこともあって、複数地からなる農場数が140と多くなっている。

表6-4を一目見て気づくことがある。評価額15ポンド未満農場が大変多く、他方、30ポンド以上の農場は極めて少ないということである。15ポンド未満農場が79％を占め、15ポンド以上30ポンド未満農場を加えると、なんと95％となる。ドゥレイパーズタウン地域の農業を担ったのがこうした中小零細農場であったといえるが、もう少し詳しく見よう。

15ポンド未満を細分した。5ポンド未満農場だけでも23％もあり、全農場の4分の1近くも占めている。評価額がどの程度を下回ったら、農業収入だけで家計を維持するのが困難になるか、これを判断するのは大変難しい。本書がこれまで見てきた『1870年農業保有地報告』は、評価額15ポンド未満を最低ランク、100ポンド以上を最高ランクとする農地規模5段階分類であっ

第6章　北部アルスター経済

た（表4-8a、b）。1881年センサスも、1891年センサスも同じ分類をしている。本書もそれらに倣って5分類してきた。しかし、不動産評価原簿を資料にすると、今本書がやっているように名寄せ作業により複数農地からなる農場を見つけることができるし、評価額別農場規模を5段階よりさらに詳しく見ることが可能となる。

　アイルランド救貧法委員会も、アイルランド・センサス委員会も、評価額15ポンド未満農地を最低規模として分類しているところから、15ポンド未満は経営規模としては間違いなく小規模零細なものであったと考えてよい。ましてや5ポンド未満や10ポンド未満の農場はそうであった。農業所得だけでは家計は維持できず、農業外所得が不可欠となる。

　他方、少数とはいえ大きな経営規模の農場もある。評価額100ポンド以上の農場はわずか2を数えるだけである。50ポンド以上に広げてもわずか5である。しかし、農業生産物によると、農場数比率が大変小さくても、大きな経営が大きな役割を果たしていることがわかる。規模を計る基準が違うが、農業統計が依拠する農地規模別に見ると、ロッヒンショーリン郡において100エーカー以上の農地群は全農地のわずか1％弱を占めるにすぎないが、その他の牛2歳以上の24％、1歳以上2歳未満の16％を保有飼育している。

　ここで、不動産評価額でドゥレイパーズタウン地域最大の農場を見よう。また、興味を引き、注意を要する農場にも一瞥しておこう。少々長い叙述になるが、資料である『ドゥレイパーズタウン評価簿』を本書がどう読み込んだのか、わかっていただけるだろう。

◆地域最大規模の複合農場と亜麻機械打ち作業場

　最大規模農場はハンナ Hanna 姓4人のものと判断した。名寄せ作業において同姓同名を同一人物とし、同姓だけであるばあいでも、土地を共同占有しているばあいなどは同一家族か同一親族とし、共同で農業経営をしていると考えた。トマス・ハンナ、ジョン・ハンナ、ウイリアム・ハンナ、それにロバート・ハンナの4人による共同経営と推定したものがそれである。

　ムルナヴー・タウンランド（7）の地番9A（31エーカー弱、評価額19ポンド

10シリング）と９Ｂ（６エーカー強、３ポンド15シリング）がある。合計37エーカー弱と鉛筆で加筆されている。陸地測量部地図を見ると、地番４Ｃを挟む形で二つの土地がある。『ドゥレイパーズタウン評価簿』にはジョンとウイリアム、それにトマスが占有者として記載されている。３人とも占有物件は住宅、農業用建物、土地とされ、建物評価額と合計評価額は３人に分けて記入されている。建物評価額はジョンが１ポンド、ウイリアムが５シリング、トマスが１ポンドで、それらに土地評価額を加えた合計評価額はジョンとトマスが同じで８ポンド15シリング、ウイリアムが８ポンドとされている。地番９Ａと９Ｂはほとんど地続きと言ってよく、３人が共同で経営し、土地の地方税を３分割して負担していると考えた。ジョンとトマスの建物評価額がウイリアムより15シリング高い。その分を、ジョンとトマスの合計評価額に加えているからである。なお、二つの土地に挟まれた地番４Ｃの占有者はエリザベス・ハンナである。３人と何らかの関わりがあると推測される。

　共同経営と判断した根拠がもう一つある。ジョンとロバートが相当程度規模の大きい亜麻機械打ち作業場 flax mill や粉ひき作業場 corn mill を共同経営している。二つの作業場はモイヒーランド・タウンランド（９）北西端地番１のモヨラ川支流沿いに位置している。この立地からこれらの作業場は水車で動いていたと推定する。広い土地（51エーカー強）も共同経営している。評価額は21ポンド10シリングと結構高い。水車場や住宅、農業用建物などの建物評価額13ポンドを加えると合計34ポンドとなる。なお、この地番１にほぼ隣接する形で、トマスが地番１Ａに土地（37エーカー強）、住宅・農業用建物（15シリング）を占有している。二つの作業場と何らかの関わりがある可能性はあるが真相は不明である。

　さて、４人の占有物件は14にのぼり、合計土地面積980エーカー強、合計評価額207ポンド強で、五つのタウンランドに散在している。土地が980エーカー強と大変広い理由は、トマスが、先に見た広大な山地が広がるマネーニニィ・タウンランド（１）に連なるモイダムラッハト Moydamlaght タウンランド（４）に739エーカーもの大農地を占有しているからである。さほど

第6章　北部アルスター経済

　肥沃な農地でないのか、あるいは中心地から離れているためか、面積規模の割には土地評価額が低い。しかし、それでも55ポンドと評価されている。これ以外に4人が占有する農地を足すと、合計評価額が207ポンド10シリングとなる。4人とかれらの家族が、一部の農地では共同で、全体としては、相当程度大きな亜麻機械打ち水車場と粉ひき水車場を動かしながら、連携して大きな農場経営をしていたと推測する。

　その際、雇用労働力に頼っていたかどうか。先に見たが、トマスが経営する739エーカー強の広大な農地にある住宅をあてがわれていたP・キャンベルがいる。キャンベルがトマスの常雇労働者であると考えられるが、他はどうか。トマスがドゥルマード Drumard タウンランド（13）に37エーカー強の農地を経営している同じ地番に住宅1戸があるが空家となっている。そして、ジョンとロバートが共同占有する農地51エーカー強と亜麻打ちと製粉の二つの水車場があるモイヒーランド・タウンランド（9）地番1がある。そこにかつて2戸の住宅があったが、1868年時点で消去となっている。解体されたものと考えられる。なおトマスが同じモイヒーランド地番1Aaに別に37エーカー強の農地を経営している。

　ハンナ家の大規模農場と亜麻打ちと製粉の二つの水車場を経営するための常雇労働者と考えられる者はわずかP・キャンベル1人だけである。はたしてこれで回っていくのであろうか。ハンナ家の住居に住込む使用人や労働者、あるいは、ドゥレイパーズタウンの町に住む通いの常雇いや臨時雇いの労働者がいたかもしれない。

◆**大地主R・T・オニールの経営**

　次に見ておくべきは、これまで何度も触れてきた大地主R・T・オニールである。デリーノイド・ロッジについては触れているが、改めて見ることにしよう。同ロッジはデリーノイド・タウンランド（6）地番28に広がる。その中核が地番28Eで、住宅、複数の農業用等建物、土地（78エーカー強、評価額38ポンド弱）からなる。デリーノイド・ロッジと呼ばれる大邸宅をはじめとする建物は評価額35ポンドで、ドゥレイパーズタウン地域最大の豪華な邸

宅と建物群であった。この28Eの土地78エーカー強は先に触れたように大庭園と推定できるが、直営農場があったかもしれない。

　この地番28Eを植林地（地番28F、61エーカー強）が囲み、そこに複数の門番小屋（評価額3ポンド）もある。この植林地28Fの東側に28A（17エーカー弱、9ポンド弱）、28B（21エーカー弱、13ポンド弱）、28C（12エーカー強、5ポンド強）、北側に28D（22エーカー強、12ポンド弱）の土地がある。これらは間違いなく直営農場であろう（合計面積76エーカー強、評価額39ポンド）。なお、これらの他に小さな植林地2カ所と、小さな泥炭地1カ所を「自己所有地」として占有していた。

　このデリーノイド・タウンランドの他に、オニールはマネーニーニィ・タウンランド（1）の3カ所に小さな土地を皮革商組合から「借り」ている。2A（2エーカー弱、5シリング）、2B（1エーカー強、10シリング）、それに2C（6エーカー弱、1ポンド）で、合計9エーカー強、評価額1ポンド15シリングの土地である。

　なお、オニールが占有する土地（230エーカー弱）と建物を合わせた合計評価額は134ポンド15シリングとなる。キルマロックのウエルダン家のばあいにやったように、デリーノイド・タウンランド地番28の大邸宅を含む建物35ポンドを差し引いた額を農場評価額とした。そうすると、99ポンド15シリングとなった。しかし差し引いた35ポンドにはオフィス評価額も含まれている。敢えてオフィスと表記したが、広大な所領管理はいうまでもなく、農地も含むと思われる直営地管理のためのものであろう。この点を考慮して、オニールの農場を表6－4の評価額100ポンド以上に分類している。

　さて、大地主であり大規模農業家であるR・T・オニールは、所領経営や農林業経営をどのような労働力で遂行していたのだろうか。

　マネーニーニィ・タウンランド（1）の小さな土地2B（1エーカー強）に2戸の住宅があり、アン・キーンKeanとグレイス・キーンに「貸し出」されている。この2人のキーンがマネーニーニィ・タウンランドの3カ所の小さな土地の管理、経営に関わったことは間違いない。また、R・T・オニー

ルが「所有」するマネーニーニィ・タウンランドの広大な山地の管理にも関係していたかもしれない。だが、デリーノイド・ロッジとそれに付属する農場と推定する土地や大庭園、植林地の管理は誰が担ったのであろうか。2人のキーンの住宅は少々離れたところにある。かれら2人も関与したかもしれないが、大きな所領の中核を管理、経営するにはもっと多くの人が必要であっただろう。

　複数の門番小屋がある。大邸宅もある。また、複数の農業用等の建物もある。あえて「農業用等」とした。陸地測量部地図を見ると、デリーノイド・ロッジの他に大きな建物が複数ある。多数の住み込み使用人が暮らしていたのではないだろうか。もちろん、門番小屋にも使用人が住んでいた。

　しかし、この住み込み使用人（労働者）については『ドゥレイパーズタウン評価簿』からは確たることが言えない。キルマロック地域やニューマーケット地域でやったように、ドゥレイパーズタウン地域を包含するマヘーラフェルト教区連合のセンサス資料を見なければならないが、これは後段にておこなう。そこに至る前に、農村に住む労働者について、『ドゥレイパーズタウン評価簿』が教えてくれるところを見ることにしよう。

◆農村の農業労働者

　さて、ドゥレイパーズタウン町を除いた地域、広範囲な山地を含む農村地域に住む農業労働者についての1、2の事例には言及したが、ここで改めて検討しよう。

　『ドゥレイパーズタウン評価簿』の不動産の種類の項目に「住宅 house」だけが記載されている者、そのうちから、他所にあるいはドゥレイパーズタウン町に土地を占有している者を除いた者を拾い出した。わずか9戸があるに過ぎない。そのうち、3戸はハンナ家とオニール家のところで述べた。残るは6戸である。

　一例を除いて、かれらは住宅の「直接の貸し手」にたいする労働者であった可能性が大きい。除いた一例は、カホーア Cahore タウンランド地番9に建つ住宅である。評価額4ポンド15シリングと労働者用住宅としては高いた

第2部　アイルランド農業の担い手を地域から見る

めに除いた。

　ドゥレイパーズタウン地域の農村部に住宅だけを持つ占有者で、常雇労働者の可能性がある者は8人であった。かれら全員が農村に住む常雇の農業労働者であったとしても、同地域の272農場（表6-4）に対してわずかの数であった。

　ただ、こうしたドゥレイパーズタウン地域の農村部に住宅をあてがわれた者の他に、同地域の労働者の可能性がある、山地放牧権だけを持つ8人がいた。地域の北西端のマネーニィ・タウンランド（1）にR・T・オニールが「所有」する山地の2人、反物商組合が「所有」する地域西端のダンローガン・タウンランド（2）と、それに続くドゥラムデルグ（5）の山地の6人である。かれらの居所は不明である。ドゥレイパーズタウンの町を見てもかれらの名前が出てこない。地域外の人間である可能性は排除できないが、ドゥレイパーズタウン地域（町も含めて）のいずれかの他人の住宅に住み込む労働者であった可能性がある。

　かれらを含めても農村に住む労働者が少ない。いや、ドゥレイパーズタウン地域でも、1890年代農業労働者調査オブライエン報告がキルマロックなどで述べた、海外移民を原因とする農村労働者の流出があったかもしれない。というのも、先にハンナ家で見た1戸の空家や、1868年の2戸の住宅の解体は他にもあった。『ドゥレイパーズタウン評価簿』は1870年代の同地域の不動産保有における変化を記録しているが、この10年間における住宅の消去（解体と考えられる）が10戸（含むハンナ家の事例）あった。コッティア小屋の解体も1件あった。そして、70年代末における空家がハンナ家の事例を含めて5戸ある。

　キルマロックでは農村に住む常雇労働者の流出の穴を、西コークやケリーからの出稼ぎ労働者が埋めたと『オブライエン報告』が述べていた。ドゥレイパーズタウン農村部の農業労働力を充足する出稼ぎ労働者があったのか管見では不明である。ただ、ドゥレイパーズタウンの町の住民からの農業労働力確保の可能性はある。

第6章　北部アルスター経済

◆町に住む人たちの通い農業労働

　ドゥレイパーズタウンの町に入り、町から農村地域に働きに出る農業労働者の存在を探ろう。ここで再度、町全体を俯瞰することから始めよう。1871年センサスによれば、同町の住民数は503人であった。住宅数 house は104で、うち空家が1戸、ビルディング building が1棟であった。1861年に比べると、住民数は36人増えている。住宅数は同数であるが、51年から数えると32戸増えていた。ドゥレイパーズタウン選出区を構成する13のタウンランドを合計すると住民が197人減ったため、選出区全体で161人減っている一方、ドゥレイパーズタウン町は36人増加していた。町の住民は増え、1851年からは住宅数も増えている。

　では、『ドゥレイパーズタウン評価簿』ではドゥレイパーズタウン町はどうなっていただろうか。

　132件の不動産が記載されている。うち地方税免除物件は警察兵舎や学校等6物件がある。これらに廃屋24件、住宅跡荒地1件、道路跡荒地1件を加えると32物件となるが、これらは考察から除外しよう。ただ、廃屋24件には1870年代に入って以降の海外移民としての住民流出が影を落としている可能性がある。

　上記32物件を除くと100件の不動産となる。このうちに空家が2戸ある。キルマロックに多く見られたロッジャーズ（一時的逗留者用住宅）が1戸ある。この3戸を除いた97物件をまず見よう。占有者は72人である（うち1名は反物商組合）。2物件占有者13人（含む反物商組合）、3物件4人、4物件1人である。

　さて、農村に土地等を占有する者はどれくらい存在しただろうか。反物商組合を除いて、30人いた。かれらは既に見てきたことになるが、注目すべき人物がいる。ジェイムズ・ヘンリである。

　ヘンリはカホーア・タウンランド（10）の3カ所に合計20エーカー強の土地（評価額12ポンド）を「自己所有地 in fee」として占有している。これだけでは驚くことはない。かれはカホーア・タウンランドの大地主でもあった。

同タウンランドは638エーカー強であったが、かれは291エーカー強を「所有」していて、そのうち、上記の20エーカー強を自ら占有していた。まだ驚いてはならない。カホーア・タウンランドはドゥレイパーズタウン町の一角を構成していたが、かれはこの町に28物件を「所有」し、うち3件を「自己占有」していた。かれは町の人間であり、町の大家主の1人であった。そしてかれはドゥレイパーズタウン町にマーケット market house と事務所 office、それに中庭を「自己占有」し、経営していた。かれはまた町にある国民学校校舎 National School house と男子国民学校校舎 Male National School house の家主でもあった。かれは反物商組合と並ぶ大家主であり、町の顔役であった。そんなかれが農村部にさほど大きくはないが農地を持っていた。かれが農村出身なのか確認できていないが、『ドゥレイパーズタウン評価簿』から浮かび上がるのは、町の顔役と言ってよい人間が農村の大地主であり、さらに自ら農業に関わりあっている好個の例であろう。

　さて、町だけに不動産を占有し、居住していたのは41人であった。かれらのうちに農村に農業労働者（常雇か臨時雇）として働きに通う者がいた可能性があるが、どれくらいいたのだろうか。除外すべき人たちから考えよう。

　鍛冶屋が2人いる。かれらが農繁期などに臨時の農業労働者として働く可能性が全くなかったとは断言できないが、農業労働者の検討から除外しよう。その他、事務所を持っている者が19人いる。かれらの事務所がいかなる仕事をする場なのかわからない。鍛冶屋と全く同じとは考えられないが、かれらもまた農業労働者の検討から外そう。

　町だけに不動産を占有し、その不動産で家計を維持する可能性に問題があると考えられる人は20人であった。かれら全員が住宅を占有していて、町に住んでいた。住宅に中庭が付いていたり、菜園、あるいは小菜園を占有している人もいた。かれら20人のうちに、周辺部農村に常雇あるいは臨時雇の農業労働者として働きに通う人がいた可能性がある。

　町にも働き口があった。先ほどジェイムズ・ヘンリがマーケット・ハウスを経営していたと述べた。この建物の評価額は25ポンドと高額であったが、

第6章 北部アルスター経済

もっと高額のマーケット・ハウスがあった。評価額40ポンドのマーケット・ハウス、物置 sheds、倉庫 stores からなる建物群で、反物商組合の「自己占有」物件がそれである。これら二つのマーケット・ハウスは雇用労働者を必要としたことは間違いない。また、ホテルも1軒あった。多数の事務所もあった。これらに雇用される人も当然いたであろう。こうした人のなかには町だけで働き、生活する人がいたであろう。したがって、町だけに住宅を占有して居住する20人のうちには、農村部に農業労働者として常時、あるいは臨時に出かける必要がなかった人もいたと考えられる。町に住む農業労働者はさほど多くはなかったと推測される。

なお、町には先ほど触れたようにロッジャーズ（一時的逗留者住宅）が1軒あった。農繁期にこの地域に臨時農業労働者としてやって来る人たちが利用していた可能性がある。

以上、ドゥレイパーズタウン地域における農民層分解、就中、農業労働者の位置について『ドゥレイパーズタウン評価簿』が明らかにすること、あるいは示唆することを検討してきた。この地域においても農民層分解は進んでいる。しかしその程度は大きくはなかった。既に見た、ロッシンショーリン郡全体の1873年農業統計の農地規模別分析が示唆することを確証した。

272農場を数えたが、評価額100ポンド以上はわずか2農場であった。30ポンド以上を見てもわずか5農場で、全農場の1.8％を占めるに過ぎなかった。他方、評価額15ポンド未満は全農場の79％も占め、30ポンド未満に広げると実に95％を占めていた。ドゥレイパーズタウン地域では中小零細規模農場が圧倒的多数を占めていたと確認できる。

ただ、上記の事態は多数の小規模零細農場を担う人々が農業収入だけで家計を賄えないばあいはどうするのか、この問題が残る。しかしこの問題の解答は『ドゥレイパーズタウン地域評価簿』からは得られそうにない。というのも農業内部に雇用労働に頼る大規模経営がさほど多くないことを今確認したからである。ただし、小規模零細農場の働き手が、ドゥレイパーズタウンの町に賃稼ぎを求めたり、あるいはさらに、ドゥレイパーズタウン地域の外

に賃稼ぎを求めたりしたかもしれない。いや、農家の経営内部で遂行される何らかの家内副業で家計を補充したりしているかもしれない。というのも、ロッヒンショーリン郡全体の統計データであるが、乳牛飼育頭数全国2位、亜麻作付面積全国1位というデータから、バター生産やリネン生産に活路を求めた可能性が推測されるからである。

最後に、ドゥレイパーズタウン地域を含むマヘーラフェルト教区連合に、1871年センサス資料から農業労働者がどれほどいたのか明らかにしよう。

◆マヘーラフェルト教区連合における職業分析

ドゥレイパーズタウン地域を含むマヘーラフェルト教区連合の大きな特徴が一目見てわかる（表6-5）。20歳以上の男女に限られているが、農家・牧畜業者家族労働力合計11,340人に対して、農業労働者は合計7,224人と少なく、前者を100とすると後者は65にすぎない。これまで見てきたリムリック県キルマロック教区連合184、コーク県カンターク教区連合174、それにケリー県トゥラリー教区連合164に比べると、マヘーラフェルト教区連合には少なくとも7,200人を超える多数の農業労働者がいたものの、農業経営はもっと多くの家族労働力によって担われていた状況がわかる。

さて、ドゥレイパーズタウン地域のハンナ家大規模農場には亜麻打ちと製粉の二つの水車場があった。この二つの水車場はモヨラ川の傍にあった。地図6-2に示したが、モヨラ川の上流でドゥレイパーズタウン地域外にも水力による亜麻機械打ち作業場や粉ひき場があった。またモヨラ川支流はドゥレイパーズタウン地域西端の山地に水源をもっていたが、その傍にも亜麻機械打ち作業場や粉ひき場があった。この地域では亜麻機械打ちが盛んであった。ロッヒンショーリン郡は全国第一の亜麻栽培地であったが、亜麻の茎から叩き分けされた亜麻繊維がやがて、ドゥレイパーズタウンのマーケットや周辺地域のマネーモア・フェアなどのフラックス市場を経て、ベルファストに代表されるアルスターのリネン産業を支えていたのであろう。

ここで、アルスターを中心としたアイルランド・リネン産業を主に農業サイドから一瞥しておくことにする。本章第3節でもドニゴール県レターケ

第6章　北部アルスター経済

表6-5　マヘーラフェルト教区連合の農業労働者(20歳以上男女に限定。1871年)　（単位：人）

雇用労働力と農家家族労働力	マヘーラフェルト 156,719a.	
	男性	女性
農場監督 Farm Bailiff	3	
農業労働者（通い）	1,020	66
羊飼い（通い）		
農場使用人（住み込み）	1,677	261
一般労働者中の農業労働者	895	79
職業を明記しなかった者	583	2,743
小　　計	4,178	3,149
農業労働者合計	7,327(65)	
農家・牧畜業者	6,379	557
上記妻		3,604
農家の子孫、兄弟姉妹、甥姪	214	586
小　　計	6,593	4,747
農家・牧畜業者家族労働力合計	11,340(100)	
総　　計	10,771	7,896
男　女　総　計	18,667	

住民総数　　　　　　　　　28,287　　30,460
20歳以上総数　　　　　　　14,681　　17,183

注）マヘーラフェルト教区連合は全域がデリー県。
　　教区名下の数字は面積で、a. は acre の略、ルード以下は切り捨て。
出典)1871センサス職業統計。

ニー近辺のフラックス生産に注目するが、アルスターの農家経営にとって亜麻栽培に始まるリネン産業が重要にかかわっているからである。

第2節　フラックスからリネンへ——農業から見るリネン産業

　コットンの製造は大規模生産と近代都市工業のパイオニアであったが、リネンは19世紀に入ってはるかに長く、農業の副産物という意味で、農

18世紀を通して、19世紀に入ってからも長く、リネンは農村地域で作られた。生産者は小規模農民あるいは農場労働者、そしてかれらの家族であった。

　この製造業が最も堅固に確立している国では、それは大小の専門化した事業体からではなく、むしろ大部分は、農民の副業から構成されていた。いわゆる製造者が唯一、商人であり、おそらく仕上げ人でもあった。ドイツやアイルランド、フランダースやエノー Hainaul（Hainaut）（現ベルギー南西部が中心）の農民は、ほとんどがかれ自身によって栽培され、整えられ、妻や娘たち、使用人たちによって紡がれた糸を使って農閑期に毎年一定の割合を売ることができるのに十分なリネンを織っている。[12]

　ギル Gill やゴルトベルク Goldberg が言うように、リネンはひろく、麻は古くより、人々の衣服となってきた。繊維を取り出す植物の栽培者が、あるいは採取者が繊維を分けて取り出し、それに撚りをかけたりして糸にし、布に織っていた。自給的な農家にとって欠かすことができない家内副業であった。やがてそれらが農家から分離していくことになる。

◆リネン産業はいかなる生産段階・工程から構成されていたのか

　本書は農業サイドからアイルランド・リネン産業を見るが、まず、亜麻の栽培からリネン布が作られるまでの生産段階・工程を確認しよう。1848年に公刊されたニコルス G. Nicholls の『亜麻栽培者 The Flax-Grower』と1873年版『農家年鑑』、それにギル（1925年）やトンプソン H. Thompson（1982年）を主に頼って、この工程を辿ることにする。[13] なお、上記の19世紀の資料2点と、トンプソンを典拠とするばあい、本文でそのことがわかるように書き、いちいち頁数は挙げない。ギルは大部の著書であるために頁数を挙げる。日本におけるアイルランドと大ブリテンのリネン産業研究も進んでいる。[14] それらにもちろん依拠する。

　まずは亜麻（フラックス）の栽培である。1873年版『農家年鑑』は、亜麻は4月半ばまでに播種をしておくべきであり、7月後半頃に、天候が良けれ

ば、畑から抜き取って収穫 pulling するのがよいとしている。アイルランドと日本では気候条件が違うが、日本麻紡績協会も「4月頃に種子をまき、7〜8月に抜きとって収穫」するとしている。

　収穫した亜麻（フラックス）をどうするか。ここで最も核心となる工程を前もって確認しておこう。亜麻は細い茎が1メートル位に育ち、先端に花を咲かせ、実をつける。実から亜麻仁（種子）をとり、また、種子から亜麻仁油 linseed oil が取れる。

　リネンになっていく繊維は茎から取るが、繊維（靭皮部）は茎の表皮と中心の木質部との間にある。ここから繊維を取り出すこと、これが核心である。これをいくつもの工程を経ておこなわれているとニコルスは説いている。本書が理解するのが困難なところもあり、また少々長くなるが、ニコルスの説明を中心に見ていく。

　ストゥッキング Stooking：収穫したフラックスを長短に分けた束にして別々の山 separate stooks に積みあげる。繊維が長いか短いかはとても重要なのである。

　ビートゥリング Beetling：フラックスを大槌ないし木片でたたいて種を分けて取り出す。簡単な農具である麻扱き Ripple でこいて種を分けて取るリップリングもある。実は、ビートゥリングはリネン布に仕上げる最終段階で別の工程として出てくる。後段でこの別のビートゥリングを見ることになろう。

　種子（亜麻仁）を取り出した後、靭皮部と、表皮および木質部との分離をしやすくするための工程が始まる。まず、レッティング Retting という工程に入る。それには以下の2通りがある。

　スティーピング Steeping（浸漬シンシ）：これは時にウォータリング watering とも呼ばれ、茎と繊維を繋いでいる植物質 the vegetable matter を水に浸すことによって分解する工程で、この後に、靭皮部が表皮ならびに木質部から分離しやすくする。

　デュー・レッティング Dew-retting（デュー・ライプニング Dew-Ripening）：もう一つのレッティング方法で、収穫した亜麻を広く薄く草の上にひろげ、

大地の湿気と大気の働きにより、つまり夜露も利用して、スティーピングと同じように、茎と繊維を繋いでいる植物質を分解する。滋賀麻工業のウェブ・サイトは、この2通りのレッティングは亜麻の茎を自然力を使って発酵させると説明している。

　アイルランドの実際はどうであったのだろうか。ニコルスはスティーピングに続く諸工程の説明の後でデュー・レッティングに戻って論じている。このような進め方の説明のうちに、1848年時点ではもちろん、アイルランドにおいてはスティーピング（ウォータリング）が広くおこなわれていて、そこにデュー・レッティングも徐々に入り込んできている状況が反映しているように思える。この展開が事実であるのか確認するのは難しいが、次の2点を指摘しておきたい。

　一つは、ニコルスがスティーピング（ウォータリング）の説明の中で、スティーピング貯水池 steeping-pool を論じていることに関わる。陸地測量部第1版地図 the Ordnance Survey Map は1833年から46年にかけて作られたが、それのドゥレイパーズタウン地域付近の地図を見ると、モヨラ川とその支流近くに mill pond 池や mill weir 堰、mill race 水路などが散見される。これらの施設は水車場に関わるものと考えられるが、ニコルスのいうスティーピングをする、亜麻の茎を水に浸すための貯水池としても利用されたのではないかと思われる。

　二つ目は、1873年版『農家年鑑』が、農家カレンダー7月のフラックスとリップリングに続いて、ウォータリングの項目を立てていることである。つまり亜麻農家にウォータリングを勧めていて、さらにこうも書いている。「この工程（ウォータリング）は最大限の注意を要する」こと、そして、「川の水が最良である」と。

　ニコルスがスティーピングの次に説明するのがスプレディング Spreading またはグラッスィング Grassing である。1873年版『農家年鑑』はウォータリングの後にスプレディングを挙げている。水に浸していた亜麻を広い草地に万遍なく広げて日光と大気に晒して乾燥させる工程である。度々、亜麻の

第6章　北部アルスター経済

茎をひっくり返して万遍なく乾燥するように努めることと説くニコルスは、茎の繊維部分が遍く漂白されるとも述べている。

　レッティングの後、亜麻の茎の乾燥が不十分なばあい、ニコルスはリフティング Lifting を薦めている。リフティングはフラックスを持ち上げ、空気の通りをよくした、円錐形の山に積むことであるが、その際、同じような質、同じような色の茎に揃えて積むことが肝要と説いている。

　以上の工程を経て、亜麻の茎を束 bundles にして、次の重要な工程を待つ。1873年版『農家年鑑』は7月の Lifting まで農家カレンダーに書いている。ということは、『農家年鑑』はここまでの工程を農事と考えていたということだろうか。しかし、この後の工程も古くより農家において遂行されていたと考えて間違いない。ただ、農作物を加工する家内工業としてということになるのだろう。

　さて、亜麻の茎束バンドゥルが待つ重要な工程とはスカッチング Scutching、あるいは、スウィングリング Swingling と呼ばれるものである。それは、亜麻の茎を打ち叩いて繊維をほぐし、外側の表皮と中心部の木質部を除去して、内側の靭皮部を取り出す工程である。

　ニコルスはスカッチングについて興味深いことを述べている。本書にとり大変重要なので、少々長くなるが引用する。

　　　大陸ではスカッチングが依然として手でおこなわれている。しかるにアイルランドでは、栽培者が自己の農場で亜麻をスティーピング（浸漬）した後に、亜麻をどこかのスカッチング作業場 scutching mill に送るということがしばしば見られる。アイルランド北部では水力で駆動される作業場がいくつもあり、南部ではフラックス改良協会 the Flax Improvement Society が関与していくつかの作業場が建設されつつある。しかし、手でおこなうスカッチング hand-scutching の方が残り物 waste（除去すべき表皮や木質部の残り物、その他の不純物……引用者）を少なくすることができるし、上手にやれば、より完全に繊維をきれいにする。

　　　これまでにいくつかの種類の機械打ち作業場が開発されてきている。

それらは確かにスカッチング工程を容易にし、より安価にかつ迅速なものにした。しかし、しばしばより多くの不純物を残す原因となった。全体として見て、十分な人手があるばあい、手でおこなうスカッチングが、その他の全てのやり方にたいして、特に作業量があまり考慮すべきことでないばあい、優先されるべきと私は思う。アイルランドでは、機械打ち作業場の存在に関わらず、アイルランド・フラックス改良協会は、最高権威ある教授者のうちの1人が監督する手打ち作業訓練学校を設立している。

そして、手でおこなうスカッチングをこう描いている。

　　スカッチングをする者は左手で亜麻の束をしっかりと掴み、右手で持っている麻打ち棒を素早く亜麻束に鋭く打ち下ろす、と同時に左手で握っている亜麻束をひっくり返す。柔らかく絹のようになるまで、茎や不純物を完全に取り除くまでこの作業を繰り返す。

　　手でやるスカッチングはたくさんの雇用を生み出すし、仕事に慣れた人によって大変なスピードで実行される。その仕事は、亜麻経営のその他の全ての工程と同様に、迅速さと注意が主に求められるものであるので、容易く会得できるものである。(Nicholls, pp. 45-7)

ニコルスの工程説明はスカッチングまでとなっている。書名タイトル『亜麻栽培者』が示すように、ニコルスはリネン産業を構成する一連の工程の中で農業分野と考えるものに止めている。そしてニコルスは、これまで紹介したストゥッキング Stooking からスカッチング Scutching までを「リネン繊維の準備工程 Preparation of the Fibre」として叙述して、スカッチングまでで止めているのである。[15] ではこの先はいかなる工程が続くのか、他の論者に拠ってみていこう。

　ギルはさらに二つの準備工程を続けて説明している。スカッチングで分けて取り出した繊維束を叩いて hammer or beetle、埃などを取り除く工程と、ハックリング hackling（櫛梳）、すなわち、櫛で梳いて繊維を真っ直ぐにし、もつれなどを除去する工程である。綿織物のばあいの混打綿と梳綿と同じよ

うな2工程である（Gill, p. 37)。トンプソンもスカッチングの次にハックリングを説明している。なお、ギルはハックリングを準備工程の「最後の工程」としている。このあとがスピニングである。

　スカッチング、ハックリングに続く工程はトンプソンに従う。スピニング Spinning とウィーヴィング Weaving、すなわち、糸を紡ぐことと、布を織ることであるが、これらの工程を経て産まれる布がブラウン・リネン brown linen である。

　このブラウン・リネンをホワイト・リネンにするのがブリーチング Bleaching（漂白）である。スピニング（糸紡ぎ）とウィーヴィング（織布）はよいとして、ブリーチング（漂白）についてはもうすこし説明が要る。トンプソンの言うところを聞こう。

　ブリーチング（漂白）は五つの作業に細分されている。1、布をソーダ灰と石灰を混ぜた熱湯で煮沸し Boiling、草地に広げて天日に晒す Grassing、そして洗浄する Washing。2、布に付着した炭素物質や油を拭いとる Rub boards。3、布を川や水槽（水と硫酸を入れた）に浸す Steeping。4、布を白くする糊付けと青み付け Starching。5、縮みで皺のよった布を引き延ばす Stretching。

　さらにこの上にビートゥリング Beetling がある。ブリーチング（漂白）を終えたリネン布に滑らかな光沢を加えるために、大きな木の槌 beetle で連続して布を打ち付ける工程である。邦訳は難しいが、「仕上艶出し工程」と邦訳する（以上、H. Thompson, *op. cit.*, pp. 29–35, 41による）。

(a)　19世紀後半アイルランドの亜麻生産とリネン産業

　さて、上に確認した工程を辿って光沢のある白いリネンが産まれてくるが、19世紀後半のアイルランドにおいて、亜麻農家がどの工程まで担っていたのだろうか。逆に最後の仕上げの工程から振り返って、アイルランド・リネン工業はどの工程から始まるものであったのだろうか。別の問題、すなわち、手作業がどの工程までおこなわれていたのか、機械化はどの工程に入り、ど

の程度まで進んでいたのか、これも考えよう。

　農業分野に入るのはどこまでか。1873年『農家年鑑』は、7月のリフティング Lifting までを農家カレンダー（歳事）に入れていることから、そこまでを農業と考えていたと判断できる。従って、この後に続くスカッチングから農産物加工業、つまり、工業分野に移ると考えられていたと思われる。しかし、農業統計（1873年）にスカッチングの統計が出てくる。これはどう考えてよいのだろうか。このスカッチング統計の検討の前に、亜麻栽培について再確認を含みながら改めて考えることから始めよう。

◆フラックス亜麻栽培とスカッチング亜麻打ち

　リネン産業の農業部分と考えられる生産過程に焦点を当てることを表現するために、本節タイトルを「フラックスからリネンへ」としている。第1章の表1-8で確認しているが、リネン産業原材料であるフラックス（亜麻）生産がどの地域で盛んにおこなわれていたのか少し詳しく再確認しよう。1873年農業統計から表6-6を作った。アルスター地方が全国の亜麻作付面積に占める地位、県別で全国第10位までを明らかにした。

　亜麻栽培においてアルスター地方が圧倒的な地位にある。全国の作付面積の何と95％がアルスターに集中している。県別にみても、亜麻作付面積の広いものから順番に並べると、アルスターの9県全てが上位に並ぶ。10番目に入るのがメイヨー県であるが、9番目のファーマナ県の作付面積の3分の1弱にすぎない。

　アルスター地方のなかでは東部のダウン県が飛び抜けて亜麻作付面積が大きく、27,000エーカー強に上っている。これに続いてティローン県、デリー県、ドニゴール県と続く。アルスターの他の県も含めて、アイルランド・リネン産業は広範囲の農村部に支えられて発展してきたのである。しかも、リネンの質も農村部における営みによって決せられるところも大きかった。先に見たが、ニコルスが説明したリネン産業の農業部面、すなわち、収穫した亜麻を、ストゥッキング、ビートゥリング、レッティング（ウォータリングあるいはデュー・レッティング）、スプレディング、それにリフティングと続け

第6章　北部アルスター経済

表6-6　亜麻作付面積　全国・アルスターと上位10県
（1873年）　　　　　　　　　　　（単位：エーカー）

	作付面積	百分比[*1]	
全　　国	129,297		100
アルスター	123,315		95
県	作付面積	全作付面積	百分比[*2]
ダウン	27,093	319,266	8.5
ティローン	19,270	256,277	7.5
デリー	18,769	192,287	9.8
ドニゴール	14,496	232,794	6.2
アントゥリム	11,749	245,230	4.5
モナハン	11,557	144,383	8.0
アーマー	9,692	164,820	5.9
キャヴァン	7,235	151,304	4.8
ファーマナ	3,454	103,607	3.3
メイヨー	1,129	189,136	0.6

*1　亜麻作付面積の全国とアルスターの百分比。
*2　この百分比は全作付面積のうちの亜麻作付面積の比率。なお、ここで使用する全作付面積 total extent under-crops は1873年農業統計と同じ概念のもので、乾草 meadow & clover も含むものである。

て亜麻の茎束バンドゥルにしたうえで、スカッチング（亜麻打ち）工程に引き渡す、いくつもの手間暇のかかる手作業、これが優れたリネンの糸と布の質に関わった。もう一つは、リネン産業の工業部面の糸口となる農家家内工業としての、あるいは、農村工業としての性格を色濃く帯びたスカッチング（亜麻打ち）工程がリネンの質に関わった。[16]

　地域の農業に占める亜麻栽培の位置も考慮に入れた。すなわち、乾草 meadow & clover も含めた作付地全体の中で亜麻作付地が占める百分比を計算した。アルスター外のメイヨーはわずか0.6％を占めていたに過ぎない

のに対して、アルスター各県では最低でも3.3％を占め、デリー県では1割近くの9.8％の作付地が亜麻栽培に充てられていた。

　先に触れたが、1873年農業統計はスカッチング、すなわち、亜麻打ち（機械打ち・手打ち）に関する重要な統計を明らかにしている（表6-7）。

　1873年農業統計は亜麻機械打ち作業場が全国に1,427あるとしている。そのうちアルスター地方は1,335で、全国の94％近くを占めている。亜麻作付面積のばあいと同程度である。亜麻機械打ち作業場のほとんどがアルスターに集中している。県別に作業場の数の多いところから順番に並べたが、アルスター全9県が上位を独占している。10番目が南部マンスターのコークであるが、その数はわずか23作業場である。コークの後に続くのは表欄外に注記したように、表示したメイヨーの他に、16県においては10軒にも満たない。この他に、ダブリン、ウィックロー、キルデア、キルケニ、リムリックの5県は1軒の亜麻機械打ち作業場も記録されていない。

　ドニゴールが最大数で、273軒の亜麻機械打ち作業場がある。機械亜麻打ちに関しては、ダウンやアントゥリム、アーマーのアルスター東部地域に集中している状況ではなかった。

　亜麻機械打ち作業場のうち、水車 water mills が1,135（80％弱）、蒸気機関 steam mills が189（13％強）、水車と蒸気機関併用が89、馬牽引 horse mills が8、風車 wind mills が6としてある。亜麻機械打ち作業場の圧倒的多数が水力を動力としていた。全国で79.5％、アルスターで80.3％の作業場が水力であった（蒸気力を併用している作業場も含めると全国85.8％、アルスター86.4％）。1873年時点では、多くの亜麻機械打ち作業場が水流という地理的条件に関わっていた。

　1873年農業統計は人力による亜麻打ち作業場についても項目は挙げているが、何も記されていない。手打ちのスカッチングは1873年時点にあっては見られなくなっていたのだろうか。後段で見るが、手打ちスカッチングは存在していたことを示すデータがあった。

　さて、1873年農業統計は郡の亜麻栽培統計をもちろん公表している。実は、

第6章　北部アルスター経済

表6-7　農業統計の亜麻機械打ち作業場 Scutching Mill（1873年）

	県	人力	機械動力（人手以外）					
			合計	水力	蒸気	水＆蒸	馬	風力
1	ドニゴール	—	273	250	11	10	2	
2	ダウン	—	249	150	72	21		6
3	ティローン	—	209	160	29	18	2	
4	デリー	—	197	178	11	8		
5	アントゥリム	—	157	143	6	8		
6	アーマー	—	123	83	27	12	1	
7	モナハン	—	65	54	6	5		
8	キャヴァン	—	34	31	3			
9	ファーマナ	—	28	22	5		1	
10	コーク	—	23	19		4		
11	メイヨー	—	9	7	2			
	アルスター	—	1,335	1,071	170	82	6	6
	全　　国	—	1,427	1,135	189	89	8	6

注）表示県に続いては以下の通りである。ミーズ8、ラウズ7、リートゥリム6、ロスコモン6、スライゴ5、ティペラーリ5、ゴールウエイ4、ウェクスフォード4、ロングフォード3、クレア、ケリー、オファリ、リーシュ、ウエストミーズ各2、カーロー、ウォータフォード各1。

亜麻機械打ち作業場がどの郡に所在するのか、さらには、それらがどの教区にあるのかまで明らかにしている。亜麻栽培とスカッチングが地域的にどのように重なり合いながら広がっていたのか、これを郡別にみることにする。なお、後段での分析に関わって、1876年農業統計をみたが、どういう訳か、郡別のスカッチング統計は掲載されていない。1874年以降はどうもそのようになっているようである。1873年農業統計は大変貴重なものと言える。

表6-8は、1873年農業統計より、亜麻作付面積が2,000エーカー以上の郡と、それには達しないが、スカッチング作業場が20カ所以上の郡を、Dg（ドニゴール県）以下県ごとに拾い出してきたものである。作付面積の次に「順

第2部 アイルランド農業の担い手を地域から見る

表6-8 亜麻作付面積2,000エーカー以上郡とスカッチング作業場数20以上郡(1873年)

県	郡	記号	作付面積	順位	全作付面積	比率	Sc
Dg	ラフォー北	RN	4,431	4	38,104	11.6	85
Dg	ラフォー南	RS	3,706	6	31,611	11.7	49
Dg	キルマクレナン	KM	3,687	7	50,869	7.2	66
Dg	イニシュオーウェン西	IW	861		19,734	4.4	33
Dg	ティルヒュー	TH	750		19,369	3.9	20
De	ロッヒンショーリン	LO	10,414	1	71,951	14.5	87
De	コールレイン	CO	3,608	8	32,086	11.2	31
De	ティルキーラン	TK	1,458		35,394	4.1	26
T	ストゥラバーン、ロウワー	SL	4,070	5	42,096	9.7	67
T	オマー東	OE	3,365	9	44,914	7.5	23
T	ダンガノン、アッパー	DU	3,168	10	32,955	9.6	55
T	ダンガノン、ミドゥル	DM	2,966	12	42,801	6.9	25
A	トゥーム、アッパー	TU	2,134	18	21,913	9.7	14
A	キルコンウエイ	KC	1,542		18,143	8.5	22
A	アントゥリム、ロウワー	AL	882		22,368	3.9	20
Dw	アイヴィーフ、アッパーLP	IU, LP	5,295	2	41,692	12.7	49
Dw	アイヴィーフ、アッパーUP	IU, UP	3,093	11	28,485	10.9	36
Dw	アイヴィーフ、ロウワーLP	IL, LP	2,413	17	25,334	9.5	16
Dw	アーズ、ロウワー	AL	2,445	16	22,851	10.7	14
Dw	キネラーティ	KL	2,113	19	22,976	9.2	19
Dw	キャッスルリー、ロウワー	CL	1,906		30,654	6.2	36
Dw	キャッスルリー、アッパー	CU	1,730		30,729	5.6	24
Ar	オニールランド西	OW	619		34,430	1.8	23
Ar	オリオール、ロウワー	OL	1,066		17,485	6.1	24
Ar	オリオール、アッパー	OU	1,795		21,542	8.3	21
Ar	フューズ、ロウワー	FL	1,061		15,376	6.9	21
Mo	クレモーン	CR	4,568	3	40,362	11.3	34

第 6 章　北部アルスター経済

Mo	ダートゥリー	DA	2,491	15	25,735	9.7	5
Mo	モナハン	MG	2,007	20	30,779	6.5	13
Cv	クランキー	CK	2,806	13	25,957	10.8	7
Cv	タリガーヴィー	TG	2,563	14	23,964	10.7	11

注）郡名原語。RN= Raphoe, North：RS= Raphoe, South：KM= Kilmacrenan：IW= Inishowen, West：TH= Tirhugh：LO= Loughinsholin：CO= Coleraine：TK= Tirkeeran：SL= Strabane, Lower：OE= Omagh, East：DU= Dungannon, Upper：DM= Dungannon, Middle：TU= Toome, Upper：KC= Kilconway：AL= Antrim, Lower：IU, LP= Iveagh Upper, Lower Part：IU, UP= Iveagh Upper, Upper Part：IL, LP= Iveagh Lower, Lower Part：AL= Ards, Lower：KL= Kinelarty：CL= Castlereagh, Lower：CU= Castlereagh, Upper：OW= Oneilland, West：OL= Orior, Lower：OU= Orior, Upper：FL= Fews, Lower：CR= Cremorne：DA= Dartree：MG= Monaghan：CK= Clankee：TG= Tullygarvey
出典）1873年農業統計。

位」としているのは、3,000エーカー以上に限って付けた大きさ順である。全作付面積は表 6 – 6 と同様に乾草 meadow & clover も含むもので、「比率」は「（亜麻）作付面積」が「全作付面積」に占める百分比である。最後の Sc がスカッチング作業場の数である。

　Dg ドニゴール県から始めた並び順は、つづいて De デリー県、T ティローン県、A アントゥリム県、Dw ダウン県、Ar アーマー県、Mo モナハン県、そして Cv キャヴァン県としている。この後で地図で示すが、ティローン県も含めたアルスター北西部からアントゥリム県にいき、そこからキャヴァン県まで南下している。本節が明らかにしたいことの一つが、アイルランド・リネン業は19世紀に入ると、ベルファストを核とするアルスター東部（アイルランド全体では北東部）を中心に語られることが多くなるが、特に原材料の亜麻とそこから繊維を取り出すスカッチングを視野に入れると、北西部も含めたアルスター全域で展開していたということを示すことである。このことを考えた表示である。

　本章第 1 節でみたロッヒンショーリン郡で亜麻栽培面積が一番大きく、スカッチング作業場の数が87と一番多い。全作付面積に占める亜麻栽培面積の百分比が14.5％と最も高いことも注目される。ロッヒンショーリン郡はアル

第 2 部 アイルランド農業の担い手を地域から見る

スター中央部に位置するが、アルスターを東西に分けて考えると東に入る。もちろん、ベルファストがあるアントゥリム県に隣接している。スカッチングされたフラックス（亜麻繊維）はロッヒンショーリン郡内で紡績、さらには織布の工程の原材料となったであろうが、隣接するアントゥリム県に送られていたと想像される。

　亜麻の栽培もそうであったが、スカッチングもアルスター西部（アイルランド北西部）で盛んであった。ドニゴール4郡（南北ラフォー郡とキルマクレナン郡、西イニシュオーウェン郡）とティローン県2郡（ロウワー・ストゥラバーン郡と東オマー郡）、デリー県ティルキーラン郡に代表されるアルスター西部である。特に、ロッヒンショーリン郡に匹敵する85のスカッチング作業場がある北ラフォー郡、66作業場のキルマクレナン郡、それに、67作業場のロウワー・ストゥラバーン郡が注目される。

　アルスター南部も亜麻栽培とスカッチングが盛んであった。東のダウン県からアーマー県、モナハン県、それにキャヴァン県である。特に、ダウン県のアッパー・アイヴィーフのロウワー・パート Upper Iveagh, Lower Part と同アッパー・パート Upper Part が亜麻栽培とスカッチングで、ロウワー・キャッスルリー Lower Castlereagh がスカッチングで注目できる。アーマー県の表示の4郡全てでスカッチング作業場が20以上を数えて、モナハン県のクレモーン郡ではそれが34と多くなっていた。キャヴァン県の2郡も亜麻栽培とスカッチング双方が盛んであったことがわかる。

　総じて、アルスター西部も含めて亜麻栽培が広い農村地域でおこなわれていて、それに連なってスカッチング、すなわちリネン工業の端緒工程が盛んにおこなわれていた。ここで、グリボン H. D. Gribbon が述べるところに耳を傾けよう。

　　　　何故、水力は長期間支配的な地位を保ったのだろうか。答えは次の事実のうちにあるに違いない。スカッチ作業場は工業工程の冒頭段階というよりもむしろ農業に付属するものとして見なされた。（綿実摘み取り作業や羊毛刈り取り作業もそうである……引用者）水力作業場は小規模で散ら

第6章　北部アルスター経済

ばっており多数存在し、多数の専門家でない生産者たちに役立った。さらに、水力作業場が一年のうち6カ月から8カ月以上働くことを求められるのは稀であった。いや、しばしばもっと短期間であった。かくして水力作業場の駆動は農業活動の季節的パターンに大変よく適合した。農民の見地から見ると、水力作業場は安価に良い便宜を与えたし、運搬問題に農民を巻き込むことがほとんどなかった。水力作業場が見かけと同じように、実際に経済的であったかどうかは別問題である[17]。

では、表6-8で表示された地域などで生産された亜麻繊維フラックスはどのような経路を経て紡績工程に入っていくのだろうか。ここで1863年12月のものであるが、貴重なデータを入手することができた。そしてそれは亜麻機械打ちだけでなく、亜麻手打ちも広くおこなわれていたことを実証するものであった。

◆亜麻手打ちと機械打ち　亜麻収穫からフラックス＝亜麻繊維市場まで

表6-9は、ウォーデン A. J. Warden（スコットランド・ダンディーの商人）が1863年12月21日時点で *The Belfast Trade Circular* から作った、各地方のフラックス市場における機械打ちスカッチングと手打ちの推計取引量と価格帯を示す表である[18]。

26のフラックス市場が出てくる。このうち、デリーとストラバーンの市場は一つにまとめられたデータにされている。全てアルスターにある市場である。これら26市場がアルスターのフラックス市場の全てであろうか。ウォーデンは1862年12月22日時点の同様なデータも示しているが、そのばあいは21市場である。ウォーデンより2年前に、*Flax and its Products in Ireland* を著したチャーリー W. Charley が、同じ *The Belfast Trade Circular* を典拠にして1860年春の取引を紹介しているが、それはわずか8市場に関するものである[19]。ウォーデンの1863年12月時点のデータの26市場はアルスターの全ての市場であったとは断定できないが、相当多数の、アルスターの多くの地域をカヴァーする市場に関するものであった。

このアルスターの26フラックス市場に、表6-8の主な亜麻栽培とスカッ

第 2 部　アイルランド農業の担い手を地域から見る

表6-9　フラックス市場の機械打ちと手打ち別推計取引量と価格帯　（1863年12月21日）

	市場（地図番号）	価格の重量単位	機械打ち		手打ち		計
			t	価　格　帯	t	価　格　帯	t
1	デリー&ストゥラバーン	112ポンド	110	57s 0d to 75s 0d			110
2	ニュータウンリマヴァディ	do.	20	62s 6d to 90s 0d			20
3	コールレイン	do.	50	62s 6d to 90s 0d			50
4	キルリー	do.					
5	マヘーラ	14ポンド	15	7s 6d to 9s 6d	55	6s 0d to 8s 6d	70
6	マヘーラフェルト	do.					
7	ストゥラバーン	112ポンド	デリー（No. 1）に統合				
8	オマー	14ポンド	25	6s 9d to 9s 6d	20	5s 9d to 7s 6d	45
9	クックスタウン	do.	130	7s 0d to 11s 2d	35	6s 0d to 8s 0d	165
10	ダンガノン	do.			50	6s 6d to 8s 0d	50
11	アハナクロイ	do.			50	6s 6d to 8s 3d	50
12	ロウザーズタウン	do.			50	5s 0d to 7s 0d	50
13	エニスキレン	do.	20	7s 0d to 9s 0d	50	5s 0d to 7s 8d	70
14	バリマネイ	112ポンド	60	65s 0d to 82s 6d			60
15	バリメーナ	14ポンド	40	7s 0d to 8s 6d			40
16	ランダルスタウン	do.	25	7s 0d to 9s 0d			25
17	ベルファスト	do.	45	7s 9d to 10s 3d			45
18	バンブリッジ	do.	45	7s 6d to 10s 3d			45
19	ラスフリランド	do.	60	7s 0d to 10s 0d			60
20	タンドゥラギー	do.	90	8s 0d to 11s 6d			90
21	アーマー	do.	50	8s 3d to 11s 6d	20	6s 6d to 8s 0d	70
22	ニューリ	do.	60	7s 9d to 9s 9d			60
23	モナハン	do.			25	6s 6d to 8s 0d	25
24	キャッスルブレイニ	do.	50	8s 4d to 11s 0d	30	6s 0d to 8s 4d	80
25	バリベイ	do.	30	7s 6d to 10s 0d	100	5s 6d to 8s 0d	130
26	クートヒル	do.	10	8s 6d to 9s 6d	50	6s 6d to 8s 3d	60
	合計		935		535		1,470

注）市場名原語。2 = Newtownlimavady, 3 = Colerain, 4 = Kilrea, 5 = Maghera, 6 = Magherafelt, 7 = Strabane, 8 = Omagh, 9 = Cookstown, 10 = Dungannon, 11 = Aughnaclay, 12 = Lowtherstown, 13 = Enniskillen, 14 = Ballymoney, 15 = Ballymena, 16 = Randalstown, 18 = Banbridge, 19 = Rathfriland, 20 = Tandragee, 21 = Armagh, 22 = Newry, 23 = Monaghan, 24 = Castleblaney, 25 = Ballybay, 26 = Cootehill
出典）A. J. Warden, *The Linen Trade, Ancient and Modern*, London, Longman, Roberts & Green, 1864, p. 415.

チング地域を合わせた地図を作ろう（地図6-3）。

①から㉖まで、表6-9のフラックス市場のデリーからクートヒルまでを示している。点線で区画し、斜線を引いているのは、表6-8の亜麻栽培2,000エーカー以上か、スカッチング作業場が20以上ある郡を示し、アルファベット2文字は郡名記号である。カッコ（　）内のアルファベットは県名記号で、例えば、(Dg)はドニゴール県 County Donegal を表わす。一点鎖線は県境を示している。

地図の説明はひとまずここで中断して、表6-9の説明に戻ろう。A・J・ウォーデンは表タイトルに、Flax Markets as reported, with Estimated Quantities and Prices, 21d Dec., 1863と記している。これを「1863年12月21日時点で」と上で記したが、*The Belfast Trade Circular* が同日までの1週間に、各地のフラックス市場から受け取った報告と考える。というのも、ウォーデンより2年前、先に触れたチャーリーが、同じ *The Belfast Trade Circular* を典拠にして1860年春の取引を紹介するのに、「過去1週間にいくつかの市場から受け取った報告 Reports received from some country markets for the past week」と述べているからである。

ウォーデンの表、さらにはチャーリーを紹介するのは、手打ちスカッチングが広くおこなわれていたことを実証するためであり、その程度はどれくらいであったのか知りたいためである。1863年12月、手打ちスカッチングは相当程度におこなわれていたことが判明した。最下段は26市場全体の推計取引量をまとめている。それを見ると36％強（1,470トンのうち535トン）が手打ちスカッチングによるものであった。

先ほど、1873年農業統計に手打ちスカッチングの存在が表示されていないと述べたが、ますます興味が湧く。もし、1873年に入るまでに、自家用リネンは除いて、農業統計に出てくるような、つまり、市場向けの手打ちスカッチングがなくなっていたとしたら、短期間のうちに猛烈な勢いで農家の、あるいは独立生産者のスカッチングが機械作業に転換していったことを示すことになる。だが、本書はそのような実証資料を入手していないし、そもそも

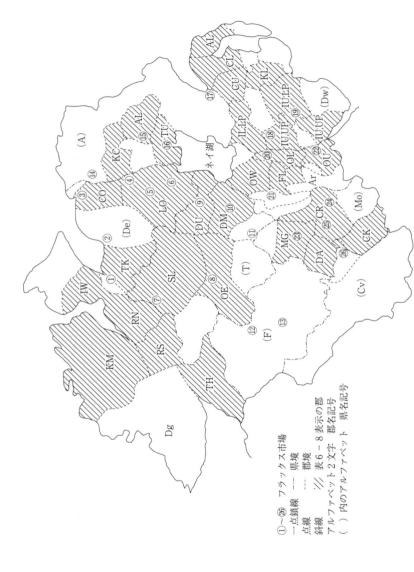

地図6-3 アルスター地方のフラックス市場（1863年）と主な亜麻栽培・スカッチング地域

第6章　北部アルスター経済

信じることもできない。

　この点に関わって、H・トンプソンが1847年1月7日付「ベルファスト・ニュースレター Belfast Newsletter」を引用して、手打ち亜麻 hand scutched flax と機械打ち亜麻 mill scutched flax のベルファスト市場価格を紹介する中でこう述べている。「機械打ち亜麻の高価格は農民たちをして自分たちが栽培した亜麻を地域の機械打ち作業場に持ち込むよう奨励したのは明らかであろう」[20]と。

　確かに、表6-9の価格帯を見ると、機械打ちフラックスと手打ちフラックスが同一市場で取引されたばあい、機械打ちフラックスの価格の方が上回っていたことがわかる。ただ、既に紹介したように、1848年の証言ではあるが、G・ニコルスの手打ちの方が優れているとの主張もあった。

　ここで、スカッチング（亜麻打ち）に関する当時のデータ、資料について、その性格をひとまずまとめておこう。公的な1873年農業統計のスカッチング作業場に関するデータは手打ちに関しては項目を立てているが、具体的数値の記載は一切ない。これは1873年時点において手打ちスカッチングが一切行われていなかったことに一致するのだろうか。本書はそのように理解することは避ける。10年前の1863年12月時点ではかなり広範に手打ちスカッチングがおこなわれていたことを実証した。10年で手打ちがすべて消滅したと実証し、論証した証言や研究に出会っていない。1873年農業統計のデータは、手打ちが少なくなっていることを表現しているかもしれないが、農家が手打ちでスカッチングするのを果たして捕捉できたのかという問題がある。作業場 mill として統計上捕捉することから、農家内手打ちスカッチングは抜け落ちていたのではないだろうか。

　さて、表6-9は1863年12月時点においてスカッチングされた亜麻繊維フラックスがどの地域の、どの町の市場で取引されたのかを示している。1番デリーから6番マヘーラフェルト（Mf）まではデリー県に位置する。地図6-3にあるように、1番デリーはアルスター西部にあり、2番ニュータウンリマヴァディは中央部にあるが、西部に位置づけることができる。3番コール

第 2 部　アイルランド農業の担い手を地域から見る

レイン、4番キルリー、5番マヘーラ、それに6番マヘーラフェルトも中央部にあるが、既に見た鉄道路線も考えると東部との関わりが強いと考えられる（キルリーとマヘーラフェルトには取引量が記載されていないが、この時点以外では取引実績があったことから表示されていると推測し、削除しなかった）。7番ストラバーンから10番ダンガノンまではティローン県にある。アルスター中央部の東西に横たわる大きな県である。7番ストラバーンはデリーとデータが統合されているように西部にあり、8番オマーも同様である。9番クックスタウンと10番ダンガノンはアルスター東部とのつながりが強いと考えられる。ファーマナ県の12番ロウザースタウンと13番エニスキレンは西部に位置する。アントゥリム県にある14番バリマネイから16番ランダルスタウンまで、ダウン県にある18番バンブリッジと19番ラスフリランド、それにアントゥリム県とラウズ県に跨って広がる17番ベルファストはアルスター東部にある。最後はアルスター南部である。アーマー県の20番タンドゥラギーと21番アーマー、多くがアーマー県にある22番ニューリ、モナハン県の23番モナハンと24番キャッスルブレイニ、それに25番バリベイ、キャヴァン県の26番クートヒルが南部に位置する。

　スカッチングされた亜麻繊維フラックスがアルスター全域に散らばった市場で取引されていることがわかる。その中で、飛び抜けて取引量が多いのは、アルスター中央部のティローン県東部ダンガノン・アッパー郡のクックスタウン（9番）の165トンと、アルスター南部モナハン県クレモーン郡のバリベイ（25番）の130トン、それに、アルスター西部のデリー県の1番デリーとティローン県の7番ストラバーンを合算した110トンがある。

　これらの他に、西部エニスキレン（13番）の70トン、デリー県東部マヘーラ（5番）の70トン、アルスター南部タンドゥラギー（20番）の90トン、アーマー（21番）の70トン、それにキャッスルブレイニ（24番）の80トンが目立つ。

　本書にとって興味深い手打ちフラックスが、26のうち12市場で取引されている。特に、モナハン県のバリベイ（25番）では機械打ちも含めて130トン

と取引量が飛び抜けているが、なんと手打ちが100トンなのである。地図6－3を見れば、アルスター中央部といってよい地域で手打ちが依然として広くおこなわれていることがわかる。北から5番マヘーラ、8番オマー、9番クックスタウン、10番ダンガノン、11番アハナクロイ、21番アーマー、23番モナハン、24番キャッスルブレイニ、26番クートヒルであり、それに西部の12番ロウザースタウンも多い。

　このように見てきて不思議なことがある。亜麻栽培面積が一番広く、亜麻機械打ち作業場の数が一番多いドニゴール県がウォーデンの1863年のフラックス市場に出てこないことである。スカッチング作業場がデリー県ロッヒンショーリン郡に次いで2番目に多い北ラフォー郡や4番目に多いキルマクレナン郡、6番目に多い南ラフォー郡などでスカッチされた大量の亜麻繊維フラックスは一体どこに行って紡績工程に迎えられるのであろうか。

　さらに、ドニゴール県でも、農家で手打ちされることもあったであろう。これらも含めて、スカッチングが最も盛んにおこなわれる地域の一つであるドニゴール県で生産された亜麻繊維の行方を追ってみよう。地図6－3を見れば疑問が少し氷解する。1番のデリー市場と7番のストゥラバーン市場がドニゴール県に間近に隣接した位置にあり、ドニゴール県で生産された大量の亜麻繊維フラックスがこの両市場に出荷されたことが推測される。実際、この点は合算された両市場の推定取引量が110トンという大量であるという事実にも表れているようである。

　そうはいっても、ラフォー北RNやラフォー南RS、あるいはイニシュオーウェン西IWは1番デリーや7番ストゥラバーンに近いが、もっと西にあるキルマクレナンKMなどのばあいはどうだろうか。

　ここで疑問を氷解してくれるかもしれない事実がある。ドニゴール県キルマクレナン郡で、多くのフラックス作業場 flax mill（スカッチング作業場の別の言い方と考える）があるタウンランドに、フラックス・ストア flax-store なるものがある。このフラックス・ストアがスカッチされた亜麻繊維フラックスの取引に重要に関わっていたのではないかということである。

第2部　アイルランド農業の担い手を地域から見る

◆フラックス・ストアとは何か

　フラックス・ストアの一例を見よう。ドニゴール県キルマクレナン郡コンワル教区 Conwal parish のタウンランド、キャリック Carrick に見られる事例である。キルマクレナンの町から南西方、レターケニーの町から西方にかなり離れたところにガータン湖 Gartan Lough がある。この湖の東にキャリックがある。

　『グリフィス評価原簿』でドニゴール県、キルマクレナン郡、コンワル教区のキャリック・タウンランドを検索するとキャリックの地方税評価簿が出てくる。これは1858年に公表されたものであるので、その時点の事実を語っている。

　キャリック・タウンランドの地番19で、デニス・マクグレンラ Denis M'Grenra なる人物が13エーカー強の土地に住宅と事務所を持ち、フラックス・ストアを経営している。かれはまた同じ土地でティース S. Teas とチートゥリ R. Cheatly なる2人の人物と共同でフラックス作業場（スカッチング作業場）を経営している。地番21ではパトゥリック・マクグレンラ Patrick M'Grenra なる人物が62エーカー強の土地に住宅と事務所を持ち、2軒のフラックス作業場（スカッチング作業場）を経営しながら、フラックス・ストアも持っている。さらに、地番20では、このP・マクグレンラ、それに上記のS・ティースとR・チートゥリの3人が粉ひき作業場と穀物乾燥炉 corn kiln を経営している。その上に、S・ティースとR・チートゥリは地番20で76エーカー強の土地を共同経営している。

　親族であろうデニス・マクグレンラとパトゥリック・マクグレンラ、それに、S・ティースとR・チートゥリは相当に規模の大きい農地で亜麻を栽培し、これらの亜麻を2軒のフラックス作業場でスカッチングしていると考えてよい。この状況のもとに、デニス・マクグレンラとパトゥリック・マクグレンラがそれぞれフラックス・ストアを経営している。この2軒のフラックス・ストアが何かということである。

　この点を考えるうえで次の事実も補足しておく。パトゥリック・マクグレ

第 6 章　北部アルスター経済

ンラが貸手となっている地番21の菜園付き住宅3軒にそれぞれ借手が住んでいる（うち1軒には事務所も付属している）。R・チートゥリも地番20で1軒の菜園付き住宅を貸していて、借手がいる。これらの借手4名はおそらく、地番19、20、21にある3軒のフラックス作業場や2軒あるフラックス・ストア、各1軒ある製粉場と穀物乾燥炉、それに結構広い面積の3農場のいずれかの労働者であろう。つまり、2人のマクグレンラ達4名は力のある農民であり、スカッチング作業場の経営者であり、その上にフラックス・ストアなる施設を経営している。

　この2人のマクグレンラが経営する2軒のフラックス・ストアは何を目的としていたのだろうか。まず、かれら自身が、かれらとともにS・ティースとR・チートゥリが経営するフラックス作業場でスカッチングされた亜麻繊維フラックスを保蔵する施設であったであろう。

　ここで亜麻繊維フラックスの貯蔵について考えよう。

　　　かつて、とある"スカッチャー a scutcher"が私を大変可笑しがらせたことがあった。そのスカッチャーは私に亜麻繊維を湿気を帯びたジャガイモ置き場に保管し、牛乳や水を振りかけることを勧めた。それは亜麻繊維の見栄えをよくするためということであった。

これは1851年ロンドン万国博覧会と、1862年第2回ロンドン万国博覧会の審査員を務めたチャーリーが1862年にアイルランドのフラックス亜麻繊維について語ったことである。アイルランドで、亜麻繊維の重量を嵩上げして、市場で少しでも値を引き上げるために、亜麻繊維に度を過ぎた水分を含ませることがあるが、それはかえって値を下げているとチャーリーが述べた直後に語ったものである[21]。アイルランドではスカッチングした後、しかるべき場所にフラックスを保蔵し、適度な湿り気を与え、市場の動向を見て売りに出していたということであろうか。フラックス保蔵が市場での取引に重要に関わっていたのである。

　では、この市場にフラックス亜麻繊維を出荷するのは誰であったのだろうか、他方、フラックスを買付けに来るのは誰であったのだろうか。改めて考

えてみよう。農業従事者によって生産された亜麻がスカッチングされて亜麻繊維が取り出され、それが市場に出されるまでの経路を明らかにすることに繋がる。

表6-9の1863年アルスター26フラックス市場のデータを与えてくれたA・J・ウォーデンが1864年にこう述べている。

　　　フラックスは時に茎の状態のままで売られることがあったが、一般的には農家は自分の費用でスカッチングさせている。というのは自分自身でフラックスを市場に出すばあい、より多くの利益を得られるとかれらが考えるからである。おそらくそれは真実であろう。アイルランドの亜麻栽培地域に多数の機械打ち作業場が散在している。1853年には956の作業場のほとんどが水力で操業していた。これらの作業場にフラックスの茎が運ばれ、スカッチされるとフラックスはいつでも市場に出せる。アルスターにはフラックス販売のための市場町が多数ある。農家は販売のために一般的に最も近い市場にフラックスを持ち込む。これらの市場では買い手が参加し、売りに出されているいろいろなフラックス束の品定めをやり、買付けをおこなう。時に、フラックスはベルファストやその他の地域の紡績業者から委託された当地の関係者によって買われることがある。また時には、紡績業者が工場から直接送った検査人 inspectors が代わって買っている。[22]

ウォーデンは、亜麻栽培農家がスカッチされていない茎のままの亜麻を市場に出すこともあったが、一般的には、自らの費用でスカッチング作業場でスカッチさせていたこと。農家がそうするのは自らが市場に売りに出すばあい、高い取引値を実現できると考えたからであること。一般的には農家が最も近い市場に売りに出すと語っている。

チャーリーも1862年にこう述べている。

　　　スカッチングという亜麻打ちはフラックスを市場に出す用意を整えるもので、農家はただちにその他の作物と同じように行動する。かれは高い値を求めてフラックスをしばらく保持するか、あるいは即刻売却して

第6章 北部アルスター経済

換金する。(中略) これらのフラックス買手は紡績会社の代理人か、あるいは自らが亜麻繊維の投機業者である[23]。

表6-9の時代と同じ1860年代の2人の証言からフラックス亜麻繊維の市場参加者を考えよう。売手は農家が多かったようである。トンプソンも「スカッチされ櫛で梳かれたフラックスは農家によって(自家消費する意図がないばあい)最も近いフラックス市場に出荷された」としている[24]。ただ、繰り返すことになるが、ウォーデンは「一般的には農家は自分の費用でスカッチングさせている。というのは自分自身でフラックスを市場に出すばあい」と限定している。つまり、フラックス亜麻繊維は農家によって市場に出されるばあいが多かったかもしれないが、チャーリーが可笑しな話を聞かされたスカッチャー等が市場に出すこともあったことが含みで語られている。

時代は下るが、1914年、ムーア A. S. Moore が興味深いことを述べている。「いくつかの地方では、最近、農家やスカッチング作業場オーナーがかれらのフラックスを全て戸外で市が開かれる広場 the open market-place に持ち出し、作業場での販売を止めるように仕向ける新たな努力が払われてきている」と[25]。ムーアは、フラックス亜麻繊維は農家だけでなく、スカッチング作業場オーナーも市場に出していること、そして、スカッチング作業場で取引も行われていたことを語っている。

スカッチング作業場での取引に注目したい。つまり、フラックス亜麻繊維のバイヤーは、フラックス市場でそれを買い付けるだけでなく、スカッチングの生産現場に出向いて取引したということである。いわばこうした庭先渡しは農家においてもおこなわれた可能性がある。というのも、今問題の対象に挙げているドニゴール県キルマクレナン郡のばあい、やはり、デリーやストゥラバーンのフラックス市場はかなり遠く、力のある農家のばあいは自力で亜麻繊維フラックスを出荷することも可能であったかもしれないが、普通の、力がさほどない農家にとっては市場へのアクセスは大きな困難を伴った。実際、これに類したことを1902年、ローレストン T. W. Rolleston が指摘している。

通常、スカッチング工程は水力で稼働する作業場で遂行されている。作業場はしばしば農家からかなり離れたところにあるため、スカッチされていない亜麻が荷車で遠くの作業場まで運び込まれなければならず、2、3カ月もスカッチされないままで、痛むに任せられることがよくある。[26]

ローレストンは亜麻生産農家とスカッチング作業場の距離を問題としたが、亜麻生産農家のフラックス市場へのアクセスはもっと大きな問題を抱えていた。なぜなら、スカッチング作業場よりもフラックス市場の方が数がはるかに少なく、したがって、農家からの、あるいは、スカッチング作業場からの距離がより一層遠くなるからである。この隘路を抜け出すやり方を見つけ出さねばならない。

農家が亜麻繊維の市場への出荷と販売を力のある農家に、あるいは、スカッチング作業場を兼営する農家に、あるいはさらに、スカッチングを専らとするスカッチャー、つまり、スカッチング業者に委託する、あるいはいっそのこと、亜麻をスカッチャーに売却してしまうというやり方である。もう一つは、先に見た、商人の力で、スカッチング作業場で、あるいはさらに、亜麻農家の庭先渡しで買い付ける商人の力である。なお、スカッチング作業場でのフラックスの取引は上に見たようにムーアが指摘していたが、亜麻農家の庭先渡しでの買い付けは本書の推測である。今後の実証が待たれる。

さて、上記のような推測をする背景には亜麻繊維のフラックスの買付け側の事情もある。さきほど、チャーリーが1862年に「これらのフラックス買手は紡績会社の代理人か、あるいは自らが亜麻繊維の投機業者である」と述べていることを紹介した。

投機業者も参加していた。アイルランドの優秀なリネン糸とリネン布が高値で売れる事態が生まれるなかで、フラックス市場、リネン糸市場、そして、リネン布市場に投機業者が入り込んできた。とりわけ出発点である亜麻栽培の場面で、より質の良い亜麻を、より安価に確保することが目指された。亜麻農家の方ももちろん、チャーリーが述べていたように、「高い値を求める」し、はては、水を加えて重量を増やし、少しでも亜麻繊維の取引値が上がる

ようにした。この点は、スカッチャーも同様である。

　先ほど、1914年にA・S・ムーアが、「いくつかの地方では、最近、農家やスカッチング作業場オーナーがかれらのフラックスを全て戸外で市が開かれる広場 the open market-place に持ち出し、作業場での販売を止めるように仕向ける新たな努力が払われてきている」と述べていることを紹介した。これは、投機業者がスカッチング作業場に、あるいはさらに、亜麻栽培農家の庭先に買付けのために頻繁に訪れてきている状況を映し出しているのかもしれない[27]。

　同時代の証言を紹介するのに多くの紙数を割いてしまった。フラックス・ストアは、亜麻栽培農家とスカッチング作業場が遭遇する遠方のフラックス市場へのアクセスにおける隘路を抜け出す役割を担ったと考える。フラックス・ストアは、亜麻栽培農家の委託を受けたり、あるいは買い付けたりした亜麻繊維フラックスを、また、自ら栽培した亜麻をスカッチして生産した亜麻繊維を、あるいはまた、他のスカッチング作業場で生産された亜麻繊維を委託されて、都合の良い状態で保蔵しながら、値動きを見ながら売りに出す、つまり、ストアに買付けにやって来るバイヤーに売ったり、あるいは、一定量にまとめた亜麻繊維を市場に輸送し売り出すという役割である。

(b)　リネン産業の中心ベルファストとアルスター全域でのリネン産業の展開

　スカッチされた亜麻繊維は市場で、あるいは、庭先渡しで、商人などの介在を経て糸に紡がれる過程、紡績へと入っていく。亜麻農家や、スカッチングを兼営する農家などが自家消費するばあい、流通に入らないで農家などが自ら糸を紡ぐこともあったであろう。だが、本書はそれを想像するだけで、実証材料を持ち合わせていない[28]。そのため、ここでは流通過程を経て紡績工程やその後に待っている織布、仕上げ等の工程に入っていく亜麻繊維フラックスだけの行方を見ることにしよう。リネン産業は、紡績工程から農業と工業の分離、農工分離が始まると一先ず言える。もっともスカッチングも工業部面への糸口とも考えられることは先に述べたが、以後、工業部面のリネン

産業が、紡績から最終仕上げ工程まで、地域的にどのような広がりを持って展開していたのか、流通部面も含めて概観しよう。

　リネン産業の地域的分業を含む全国的展開を概観する絶好の資料が見つかった。1876年、おそらくベルファスト商工会議所が組織したと考えられるリネン交易委員会 The Linen Trade Committee 書記のスミス F. W. Smith が大変貴重な資料、リネン産業の業者名鑑 Directory を発表している。スカッチング作業場所有者 Proprietors of Scutching Mills から、最終仕上げ工程の漂白業者・染色業者・捺染業者等 Bleachers, Dyers, Printers, &c. までの製造業者と、それらを繋ぐ商人などの流通業者を網羅した人名録である（以下、『スミス・リネン業者名鑑』と呼ぶ）[29]。スカッチング作業場所有者を除き、亜麻・粗麻紡績業者からの名簿を表示したのが表6-10である。

　この『スミス業者名鑑』は代表者名、同代表に関わる地名からなっている。

　表の記号を説明しよう。Sp はフラックス・トウ紡績業者 Flax and Tow Yarn Spinners、LM&Me はリネン製造業者・リネン商人・委任代理人 Linen Manufacturers（Power and Hand-loom）, Linen Merchants, and Commission Agents、BDP は漂白・染色・捺染業者等 Bleachers, Dyers, Printers, &c. 、FsMe は亜麻仁卸商人・代理人 Wholesale Flaxseed Merchants and Agent、F&TMe はフラックス・トウ商人・委任代理人 Flax and Tow Merchants and Commission Agents、YMe はリネン糸商人・委任代理人 Linen Yarn Merchants and Commission Agents である。かれらに先立って、亜麻機械打ち作業場所有者 Proprietors of Scutching Mills の名簿が掲載されているが、表の注1）に記した理由により除いた。

　フラックス・トウ Flax and Tow が2カ所に出てきた。flax、特に tow を何故に原語のカナ表記のままにしたのか、つまり、トウとは何か、それと一対として挙げられているフラックスは改めて何か、明らかにしなければならない。

　フラックス flax はこれまでも度々出てきた。スカッチングされて、亜麻の茎の外側表皮と中心部の木質部を除去して、取り出された内側の靭皮部の

第6章 北部アルスター経済

表6-10 リネン産業部門別・県別業者数

県	Sp	LM&Me	BDP	FsMe	F&TMe	YMe
ドニゴール	1	—	—	—	—	—
デリー	3	33	3	1	3	0
ティローン	6	32	6	1	5	1
アントゥリム	45	218	67	21	33	37
ダウン	8	46	12	0	0	4
アーマー	6	20	4	2	4	0
モナハン	2	2	1	0	1	0
キャヴァン	0	1	0	0	1	0
県特定不能	—	5	—	—	—	—
アルスター計	71	377	93	25	47	42
他地域	5	12	1	3	0	1
全国総計	76	389	94	28	47	43

注1）Proprietors of Scutching Mills 亜麻機械打ち作業場所有者の名簿もあるが除いた。例えばドニゴール県において、かれらの数6人と、1873年農業統計が示す亜麻機械打ち作業場の数273があまりにも違いすぎる。つまり、273軒ある亜麻機械打ち作業場を6人が所有するとなると、1人が46弱の作業場を所有することになる。これはあり得ないであろう。
注2）県特定不能5件は、ティローン県ともダウン県とも特定されていない Dromore 5件である。
注3）他地域は数の多い亜麻機械打ち作業場所有者も含めると、コーク県9業者、ラウズ県7業者、キルデア県3業者、オファリ県2業者、メイヨー県2業者、ゴールウエイ県2業者、それにウォータフォード県1業者である。
出典）F. W. Smith(Secretary to the Linen Trade Committee), *The Irish Linen Trade Hand-Book and Directory*, Belfast, W. H. Greer, 1876, pp. 173-186.

亜麻繊維であると説明してきた。では、トウ tow は何か。スカッチングされた亜麻繊維をハックリング hackling（櫛梳）、すなわち、櫛で梳いて繊維を真っ直ぐにし、もつれなどを除去する工程で、短い亜麻繊維と長くてきれいな繊維に分けて、そのうちの短繊維がトウである。とすると、flax and tow と並列されるばあい、前者は長くてきれいな繊維ということになるのであろ

第2部　アイルランド農業の担い手を地域から見る

うか。あるいは、ハックリングされていなくて、スカッチングされただけの亜麻繊維、つまり、長短の繊維が混ざり合っている亜麻繊維ということだろうか。これまで、フラックスが出てきて、トウがでてこないデータのばあい、フラックスを亜麻繊維としてきた。これからも、トウが出てくるばあいは別にして、同じようにしていく他ない。

　なお、こうしたことを考えるにあたり参考にしたのはOEDの説明である。三つの説明がある。1番目は、the unworked stem or fibre of flax, before it is heckled（hecklingはアイルランドではhacklingとされているので、上記パラグラフではこちらを採用している）。2番目は、the fibre of flax, hemp, or jute prepared for spinning by some process of scutching。3番目は、more strictly, the shorter fibres of flax or hemp, which are separated by heckling from the fine and long-stapled, called lineとある。flax and tow、二つの違うものとして並列されると3番目の説明が相応しいと考えた。[30]

　さて、議論を戻して、『スミス業者名鑑』の一例を挙げよう。

　　　　Richardson, Bros., & Co., Donegal pl, Belfast, and Dublin, Cork, and Galway. リチャードソン兄弟商会、ベルファスト・ドニゴール大通り、それに、ダブリン、コーク、そしてゴールウエイ

　これは亜麻仁卸商人・代理人名簿から取った一例である。ベルファストのドニゴール大通りに本拠があり、ダブリン、コーク、そしてゴールウエイにも営業所のような事業所があることを表現していると考える。そこでこの例のリチャードソン兄弟商会は、ベルファスト、すなわち、アントゥリム県の業者としているが、ダブリン県、コーク県、それにゴールウエイ県の業者でもあるとしている。つまり、表6-10の4県で業者としてカウントしている。このような複数の地域に事業所を構える業者は他にもいるところから、同表では、業者の頭数より多くの業者数になっている。

　こうした表6-10であるが、何を語っているだろうか。まず第一に、ベルファストを含むアントゥリム県に全ての部門の事業者が集中していることが歴然とわかる。紡績業者（Sp）の59％強、織布業者（含む商人）（LM&Me）の

474

56％、漂白・染色・捺染業者等（BDP）の71％強、亜麻仁卸商人等（FsMe）の75％、フラックス・トウ商人等（F&TMe）の70％強、リネン糸商人等（YMe）の86％がアントゥリム県の業者である。ベルファストだけを見ても、集中の度合いは非常に高い。紡績業者の43％強、織布業者（含む商人）の35％、漂白・染色・捺染業者等の37％強であるが、流通部面の集中度合は一層高くなり、亜麻仁卸商人等の75％、フラックス・トウ商人等の68％強、リネン糸商人等の79％強にもなる。

　ベルファストを中心としたアントゥリム県がアイルランド・リネン産業において大変大きな位置を占めている一方、ダウン県やデリー県、ティローン県など他のアルスター諸県も、ベルファストが圧倒的に大きな位置を占める流通部面は別にして、紡績と織布において全国比34％強の事業者数、漂白等の仕上げ工程においても28％近くの事業者数を擁している。

　アイルランド・リネン産業はベルファストを中心としながらも、アルスターに広く展開していたといえる。『スミス業者名鑑』の若干の事例を見ながらこの点を確認しよう。

　ベルファストの「ヨーク街フラックス紡績 York Street Flax Spinning Co.」、ダウン県ギルフォード Gilford の「ダンバー・マクマスター社 Dunbar, M'Master, & Co.」、アーマー県キーディー教区の「ウイリアム・カーク親子商会 Kirk, William & Son」等、それに、ティローン県ストゥラバーンの「ハードマンズ社 Herdmans & Co.」を取り上げよう。

　アルスターの東と西、それに南から、リネン産業を地域的に、業態別（紡績や織布など）に手広くおこなっていると思われる企業を『スミス業者名鑑』で選んだ。「ヨーク街フラックス紡績」は紡績、織布、漂白等の仕上げ、リネンの糸と布の販売に従事している。「ダンバー・マクマスター社」は紡績、織布、漂白等の仕上げ、リネン販売をおこなっている。「ウイリアム・カーク親子商会」はアーマーのキーディーだけでなくベルファストでも、紡績、織布、漂白等の仕上げをおこなっている。「ハードマンズ社」はティローンのストゥラバーンで紡績をおこない、ベルファストにリネン糸販売事業所を

経営している。以上の他にも代表的な企業として取り上げるべきものもあろう。ただ、ベルファストはいうまでもなく、アルスターの東、南、そして西の地域で活発なリネン業者が経営を展開していた事例として上記4企業を取り上げた。この選択は的を射ていたことが調べていくにつれてわかった。

なお、アーマー県キーディー教区については、斎藤英里が1830年代頃までを対象として大変詳しい分析をおこなっている。本書は特に1860年代の分析をただ加えることになるだろう。1860年代の分析は『グリフィス評価原簿』を資料とするからである。もっとも、グリフィス評価は長年にわたって全国的に実施された検地であり、地域によっては原簿の印刷公表時期が相違する。

◆ベルファストの「ヨーク街フラックス紡績」

『スミス業者名鑑』の「ヨーク街フラックス紡績」の紹介をまず確認しよう。

> ベルファスト・ヘンリ街のフラックス紡績業者、リネン製造業者、漂白業者で、支社がニューヨークとパリにあり、代理人がロンドンとマンチェスターにおかれている。

ブリテン市場は言うまでもなく、合衆国市場やフランスを初めとするヨーロッパ市場もターゲットにしていたことがわかる。

ベルファスト・ヨーク街はタウンパークス・タウンランド Townparks townland にあり、シャンキル教区（アッパー・ベルファスト郡）に位置する。この地点の『グリフィス評価原簿』にアクセスしよう。この原簿が印刷公表されたのは1860年である。ところで、武井章弘とラニー L. Lunney（*Dictionary of Irish Bipgraphy*）によれば、「ヨーク街フラックス紡績」は1864年に同名に改称するまで「アンドゥリュー・ムーホーランド親子商会 Andrew Mulholland & Son」として知られていた。[31] この名前アンドゥリュー・ムーホーランドで調べてみよう。ヘンリー通り87番に次の記載が出てくる。

> 占有者：ジョン・ムーホーランドとニコラス・デラシェロ・クロムリン John Mulholland & Nicholas Delacherois Crommelin。直接の貸手：アンドゥリュー・ムーホーランド。保有財産：紡績工場、織布工場、倉庫、事務所、構内。建物評価額：1800ポンド。

第 6 章　北部アルスター経済

　1,800ポンドという非常に高い評価額のリネン紡績・織布工場が出てくる。占有者、つまり経営者はジョン・ムーホーランドとニコラス・デラシェロ・クロムリンとされている。アンドゥリュー・ムーホーランドは直接の貸手 immediate lessor と記載されている。上で典拠にした DIB によれば、ジョンはアンドゥリューの息子である。父の事業を引き継いでいたということであろう。

　武井はムーホーランドを、「麻紡績に転業したベルファストの先駆的な企業というだけでなく、アイルランド麻工業の発展に大きく寄与した企業」と評価している。そして、次のように簡にして要を得た紹介をしている。

　　1828年7月10日に（T&A・ムーホーランドの綿紡績…引用者）工場が焼失した（中略）彼らは工場再建に当たって、アイルランドでは綿紡績よりも麻紡績に将来性があると判断し、転業に踏み切った。（中略）そして、早くも翌年には事業活動を本格的に開始したのである。その後の事業展開を見ると、（中略）1837年には、紡錘数15,300、労働者数900人と事業規模は順調に拡大している。そのほかにも、Durham Street、Henry Street、Francis Street の3工場が、1830年代半ばに生産体制に入った（弟のシンクレアとウイリアムにそれぞれ Durham Street と Francis Street の工場が任された）。さらに、ティローン州サイオン・ミルズ（Sion Mills）のハードマンズ（Herdmans）へも共同出資しており、積極的な事業展開を進めた。しかし、トーマスが死亡したため、1840年にはアンドリューが実権を掌握し、その後1860年代には同社は the York Street Flax Spinning Company として、世界的な麻紡績企業として発展した[32]。

　もう一人の占有者、つまり共同経営者ニコラス・デラシェロ・クロムリン(1783–1863)についても L・ラニーが DIB, vol. 2 で紹介している。ニコラスの父、サムエル・デラシェロ Samuel de Lacherois (1744–1816)はアントゥリム県リスバーン Lisburn のリネン商人であった。父サムエルは1790年に従兄のニコラス・クロムリンの遺言状に従って、クロムリン姓も名乗るようになった[33]。ここでデラシェロ家とクロムリン家について、また両家の関係につ

477

第2部　アイルランド農業の担い手を地域から見る

いて少し触れておくのが良いだろう。

　デラシェロ家はフランスのシャンパーニュ地方のプロテスタントであったが、1685年のナント勅令の廃止によりその地を放棄せざるをえなくなった。アイルランドのアルスターに移住したデラシェロ家はフランスの軍人サムエル・デラシェロの血を引く人たちで、長男ニコラスや弟たちはオランダに逃れたが、1689年、オレンジ公ウイリアムが結成したフレンチ・ユグノー2連隊に、長男ニコラスは少佐として加わって、1690年にアイルランドに渡った。ニコラス少佐はボインの戦いなどで軍功をあげ、やがてアイルランドに定住したとされている。

　ニコラスは、フランスのピカルジー、サンカンタン Saint Quentin のルイ・クロムリン Louis Crommelin（1625-69）の妹メアリ Mary と結婚し、娘マドレーヌ Madeleine を授かった。このマドレーヌがリスバーンのダニエル・クロムリンと結婚し、生まれてきたのがサムエル・デラシェロ、つまり、先に見たニコラス・デラシェロ・クロムリンの父親である。そして、サムエル・デラシェロは、祖母メアリの兄2人と姉2人のいずれかの息子で従兄にあたるニコラス・クロムリンの遺言状に従ってクロムリン姓を名乗るようになった。[34]

　さて、ここに出てきたサンカンタンのルイ・クロムリンの家系こそがアイルランド・リネン産業の新たな大きな発展の画期と関わってくる。フランスのこのクロムリン家は何世代にもわたってリネン業に関わり、繁栄していたが、1698年、ルイ・クロムリンの長男ルイ Louis（1652-1727）が家族や親族、職人たちと共に、ウイリアム3世の要請に応えてアイルランドに渡り、リスバーンに定住した。

　ウイリアム3世の要請とは、1698年のイングランド政府とアイルランド政府との取決め、アイルランドにおける毛織物工業を抑圧する一方、リネン工業を促進する取決めの一環として、ルイ・クロムリンにリネン業をおこなう団体ないし王立協会の組織化を求めるものであった。[35]

　アルスターのリネン産業の画期的な新たな発展を担ったクロムリン家の系

第6章　北部アルスター経済

統をひくニコラス・デラシェロ・クロムリンとパートナーを組むジョン・ムーホーランド、それに彼の父アンドゥリュー、この「アンドゥリュー・ムーホーランド親子商会」が、パートナーのニコラス・デラシェロ・クロムリンの死亡の翌年、1864年に「ヨーク街フラックス紡績」に改称したのである。

◆ダウン県ギルフォードの「ダンバー・マクマスター社」

続いて、「ダンバー・マクマスター社」である。『スミス業者名鑑』(1876年) を確認しよう。

> ダンバー・マクマスター社、紡績業者で力織機の織布業者、漂白業者でもある。ダウン県ギルフォード

ギルフォードはダウン県ロウワー・アイヴィーフ Lower Iveagh 郡タリリッシュ Tullylish 教区のタウンランド、ロウハンス Loughans に位置する。『グリフィス評価原簿』(1863年印刷公表)をこの地名で検索すると、以下の記述がある。

> ロウハンス　ギルフォード町アン通り　Anne-Street　地番88-1　占有者：J・ウォルシュ・マクマスター J. Walsh McMaster、ジェイムズ・ディクソン James Dickson、ベンジャミン・ディクソン Benjamin Dickson、ウイリアム・スポッテン William Spottenn、W・ロバート・マッサルーン Wm. Rbt. Massaroon。直接の貸手：J・ウォルシュ・マクマスター。保有財産：ギルフォード・フラックス紡績工場、リネン糸製造工場、中庭。建物評価額840ポンド。

J・ウォルシュ・マクマスターをはじめ5人が占有者である。J・ウォルシュ・マクマスターは直接の貸手としても出てくる。マクマスターは出てくるが、ダンバーという名前は見られない。保有財産の筆頭にギルフォード・フラックス紡績工場が記載されていることからも、このアン街リネン工場群が『スミス業者名鑑』(1876年) のいう「ダンバー・マクマスター社」であることは間違いないと思われるが、もう少し調べてみよう。地番88には上記の他に多数の関係施設が出てくるからである。

> ロウハンス　ギルフォード町ストゥラモーン道 Stramone-Road　地

番88-17　占有者：J・ウォルシュ・マクマスター等5人。直接の貸手：J・ウォルシュ・マクマスター。保有財産：ガス工場、織布工場、中庭。建物評価額50ポンド。

　ロウハンス　ギルフォード町メイン通り Main-Street　地番88-24　占有者：J・ウォルシュ・マクマスター等5人。直接の貸手：H・ヘロン Heron（ただし、当該土地は「ダンバー・マクマスター社」がH・ヘロンに「貸し」たもの）。保有財産：染色工場、乾燥場。建物評価額23ポンド。

　ロウハンス　メイン通り Main-Street　地番88-29　占有者：J・ウォルシュ・マクマスター等5人。直接の貸手：J・ウォルシュ・マクマスター。保有財産：製粉所、ログウッド作業場（logwood はマメ科の木で、褐色染料を採る）。建物評価額54ポンド。

　ロウハンス　ギルフォード町ハイ通り Hign-Street　地番88-159　占有者：J・ウォルシュ・マクマスター等5人。直接の貸手：J・ウォルシュ・マクマスター。保有財産：倉庫、乾燥場、土地。建物評価額35ポンド（土地は12ポンド）。

　以上が、J・ウォルシュ・マクマスター等5人が占有し経営する、そのほとんどがギルフォードの町に立地するロウハンス・タウンランドの地番88に集中するリネン業に関わる工場等の5施設群である。建物評価額を合計すると1,000ポンドを超える規模となる。この他にも重要な施設を多数保有している。ベルファスト・ヨーク街のムーホーランド工場の評価額1,800ポンドには劣るが、ダウン県もリネン産業の中心のひとつであったことのひとつの証左であろう。

　そして注目されるのが、多数の労働者住宅を保有し、それらの「直接の貸手」が「ダンバー・マクマスター社」であったことである。同社が保有する労働者住宅は全てギルフォードの町にある。ブリッジ通り Bridge-Street に14戸、全てが評価額1～2ポンド。バン通り Bann-street に18戸、全て2ポンド5シリングの評価額。ヒル通り Hill-Street に67戸、評価額は全て3ポ

第6章 北部アルスター経済

ンド5シリング、ハイ通り High-Street に58戸、うち19戸が2ポンド10シリング、残り39戸が4ポンド10シリング。アン通りに7戸、全て5ポンド以上の評価額。以上を合わせると164戸の住宅となる。ここでキャムベル M. P. Campbell を引用しよう。1863年公表の『グリフィス評価原簿』と符合する。

> 宿所を供給して、多数の労働者が主にモナハンやファーマナ、アーマーから職を求めてギルフォードにやって来ることを助けるための大規模な住宅建設プロジェクトが始まった。合計すると180戸がギルフォード工場に近接して建てられた。[36]

これらの住宅の占有者はJ・ウォルシュ・マクマスターたちが経営する工場群等の常雇労働者であろう。評価額が相違する住宅群からなっているが、雇用条件や待遇の違いと住宅の評価額の違いが関係しているかもしれない。これらの住宅のうち、ごくわずかであるが、事務所が併設されたものもあるが、いずれも建物評価額は高い。

さらに、「ダンバー・マクマスター社」が、上に見た住宅群よりも建物評価額がもっと高い住宅・事務所の「直接の貸手」となっているケースが10件ある。評価額は12ポンドから30ポンドの間である。評価額の高さから推測して、これらの住宅の居住者はリネン関係工場等の管理的職務に就く人々であったかもしれない。

これまで見てきたのは1戸ずつあてがわれた常雇労働者であったと考えてよい。臨時労働者の宿所も用意されていた。ギルフォード・フラックス紡績工場があるアン通りの地番88-8aに5人が共同占有する「賄いつき下宿屋 boarding house」があった。中庭と菜園も付いた評価額15ポンド（うち土地2ポンド）の施設である。なお、この下宿屋の「直接の貸手」はJ・ウォルシュ・マクマスターであったが、ギルフォードの町には臨時労働者が利用する下宿屋はこの他にもあったであろう。

さて、ギルフォード・フラックス紡績工場近くの20エーカー強の土地（評価額33ポンド）にダンバートン屋敷 Dunbarton House がある。複数の事務所と番小屋も含むが建物評価額は67ポンドに上る。この豪壮な家屋敷はJ・

ウォルシュ・マクマスターが自己占有 in fee している。屋敷名からして以前はダンバー一家が居住していたと推測できるが、多数の工場群とそこで働く労働者たちの司令塔がここにあったと思われる。

　こうして見てくると、1863年印刷公表の『グリフィス評価原簿』では「ダンバー・マクマスター社」は不動産企業として登場している。何故こうなっているのか、この点も含めて、ギルフォードのリネン企業史を少し辿ることにしよう。恰好の論考が上に引用したM・P・キャムベルにある。

　キャムベルは、17世紀中葉にギルフォードの土地を手に入れたクロムウエル軍将校で、スコットランド生まれのキャプテン・マギル Captain Magill（かれの名前からギルフォードの地名が生まれた。つまり、Magills Fordと）から筆を興しているが、1830年代に登場するヒュー・ダンバー Hugh Dunbar から始めよう。[37]

　ヒュー・ダンバーはダウン県バンブリッジ Banbridge 近くでリネン糸とブラウン・リネンを製造していたが、ギルフォードに大規模なフラックス紡績工場を建設し、大規模なリネン糸生産に乗り出そうとした。ダンバーは、既にギルフォードでリネン事業を興していたロウ Law 一族から土地や建物を獲得し、1836年に事業を始めた。

　ダンバーは当初よりパートナーシップ（組合）制の経営をおこなった。このパートナーシップは若干の変化の後、1839年、ヒュー・ダンバーは、アーマー出身のJ・ウォルシュ・マクマスター、アントゥリム県出身家系のジェイムズ・ディクソン、それにジョン・マクマスター John McMaster とパートナーシップを組むことになった。フラックス紡績とリネン糸生産は「ダンバー・マクマスター社」が、ブラウン・リネン生産は「ダンバー・ディクソン社 Dunbar McMaster and Co.」が担うことになった。そして、ヒュー・ダンバー自身はもっぱら土地や工場建物、労働者住宅の所有者となった。

　1847年、ヒュー・ダンバーが遺言状を残さずに急死した。ヒューの資産は一時は姉妹の手に渡ったが、1858年、J・ウォルシュ・マクマスターがダンバー姉妹の持ち分と、土地や建物等を買い取ったが、ダンバーの名前を冠し

第6章 北部アルスター経済

た「ダンバー・マクマスター社」と「ダンバー・ディクソン社」は残された。

　1860年代に入ると、大きなリネン・ブームが興った。南北戦争と重なる時期である。1866年3月末日までの年間売り上げが100万ポンドに達した。先に見たギルフォードの町が位置するロウハンス・タウンランドの『グリフィス評価原簿』が印刷公表されたのは、まさにこのブーム真最中の1863年のことである。

　この時点の、ギルフォード・フラックス紡績工場とリネン糸製造工場の共同占有者・経営者は、先に確認したように、J・ウォルシュ・マクマスター、ジェイムズ・ディクソン、ベンジャミン・ディクソン、W・スポッテン、それにW・R・マッサルーンであった。そして、売り出す商品のトレード・マークにもされた企業名は「ダンバー・マクマスター社」と「ダンバー・ディクソン社」であった。そして「ダンバー・マクマスター社」がギルフォードではダンバーの不動産保有権を継承していたのである。

　M・P・キャムベルの論考のこれまでの紹介からマクマスターとジェイムズ・ディクソンはすでに登場していた。ベンジャミン・ディクソンはさらに続くキャムベル論考からジェイムズ・ディクソンと兄弟であったと考えられる。W・スポッテンとW・R・マッサルーンは共同経営者に加わった経過が今のところ不明である。

　このように絶頂期ともいえる時期を迎えていた「ダンバー・マクマスター社」と「ダンバー・ディクソン社」であったが、1866年、パートナーシップに大きな亀裂が入り、企業体制の変更をもたらした。マクマスターがディクソン兄弟とのパートナーシップの解消を持ち出し、ベンジャミン・ディクソンが訴訟を起こしたのである。訴訟はアイルランド大法官、控訴裁判所、そしてさらに、衆議院に持ち込まれたが、最終的にJ・ウォルシュ・マクマスターがのれん goodwill とトレード・マークにたいする権利を持つと決せられた。

　マクマスターはディクソン兄弟に代えてWm・スポッテンとJ・ダクラス Douglas とパートナーシップを組み、「Wm・スポッテン社 Wm. Spotten and

Co.」が「ダンバー・ディクソン社」に取って代わった。スポッテンとダクラスはニューヨークの人間である。『グリフィス評価原簿』記載（1863年印刷公表）の事実関係が、W・R・マッサルーンを除いて判明した。

　訴訟の過程で明らかにされたということであるが、マクマスターたちのリネン事業はギルフォードを拠点に、ベルファスト、ダブリン、ロンドン、マンチェスター、グラスゴウ、そしてアメリカ合衆国のニューヨークを主舞台として全世界で展開されていた。[38]

◆アーマー県キーディー教区の「ウイリアム・カーク親子商会」など

　　W・M・カーク社 Kirk, W. M., & Co. 、紡績業者で織布業者。キーディー教区ダークリー Darkley。

　　ウイリアム・カーク親子商会 Kirk, Wm., & Son、力織機による織布業者、また漂白業者で染色業者、仕上げ業者 finishers でもある。ベルファスト・ベドフォード通り。工場はキーディー教区アンヴェイル Annvale。

　　W・カーク、染色業他。バリメーナ Ballymena・クレヴィリ渓谷 Crevilly Valley。

　これは『スミス業者名鑑』（1876年）が紹介するカーク姓のリネン業者である。3番目はアントゥリム県中部の町バリメーナにあることから、この企業は除いて考える。もう一つ省いた。ファースト・ネームの頭文字がWでなくてDとなるからである。残る2社は同じものとして扱うことができる。何故か、この後直ちに説明する。

　アーマー県キーディー教区のリネン産業は斎藤英里が分析している。県南西部に位置していて、モナハン県に隣接している。アルスター南部に位置すると言ってよい。小見出しに、「ウイリアム・カーク親子商会」など、と書いた。斎藤はキーディー教区全体を対象としている。本書がそれを見習う意味も込めている。実は、教区の大半でリネン産業が盛んに営まれていた。ただ、斎藤の分析は個々の工場主にも立ち入った、しかもキーディー教区全体の社会構造を含めた大変詳しいものである。斎藤の研究は1836年の陸地測量

第6章　北部アルスター経済

部地図 Ordnance Survey Map を柱にしながらの19世紀前半の分析である。[39]

本書は1864年に印刷公表されたキーディー教区の『グリフィス評価原簿』を資料とした分析を加えるだけである。それで十分であろうと考えている。本書の目的の第一が、リネン産業がベルファストを中心とするが、アルスター全域に広がって発展していることを明らかにすることであるからである。

アーマー県キーディー教区は、1871年センサスによれば、17のタウンランドから成り、二つの町、キーディーとダークリー Darkley がある。1864年公表『キーディー教区グリフィス評価原簿』を見ると、タウンランド17のうちの10でリネン工業の施設がある。教区の大半でリネン産業が盛んであったと述べた理由である。施設一覧表（表6-11）を作った。

表6-11は原則、リネン製造工程の順に上から施設を並べた。フラックス・ミル Flax Mill（スカッチング作業場）、紡績工場 Spinning Mill、織布工場 Weaving Mill、漂白工場 Bleach Mill、仕上艶出し工場 Beetling Mill の順である。それを同じ占有者（達）毎にまとめて並べた。

表を一瞥して目に付くのは、フラックス・ミル（スカッチング作業場）が2軒と少ない一方、仕上艶出し工場が11軒と大変多いことである。スカッチングは亜麻の茎からフラックス繊維を取り出すリネン工業の第一工程であり、最初の中間製品が生産される。この後、フラックスは糸に紡がれ、糸から布に織られてブラウン・リネンとなる。このブラウン・リネンが漂白されたり、染色され、最後には叩かれて艶のあるリネンに仕上げられる。

キーディー教区内で生産されるフラックス繊維は、同じ教区内でおこなわれるその後の工程に入っていく最初の中間製品としては量的に少ないのではないかと思われる。フラックス繊維が次に入っていく糸に紡がれる工程をみると、同教区には紡績工場が3軒ある。作業場や工場の数だけでなく、それらの規模も考慮に入れると、フラックス・ミルの規模は小さく、紡績工場はかなり大きな規模と考えられる。コークリ Corkley のウオーノック Warnock 占有フラックス・ミルは、事務所も含めて建物評価額は8ポンドにすぎない。ダンドゥラム Dundrum のマックレア McClare 占有フラックス・ミルは、

表6-11 キーディー教区 1864年公表「グリフィス評価原簿」記載リネン関係施設

(面積 a. r. p.　評価額 £. s. d.)

施設	占有者	タウンランド	面積	土地評価	建物評価	評価総額
Flax-mill, offs., land.	Warnock, T.	Corkley	1 1 30	1 0 0	8 0 0	9 0 0
House, offs., land	Warnock, T.	Corkley	55 0 0	36 0 0	5 10 0	41 10 0
住宅3戸(大家 T. Warnock)		Corkley				
Flax & corn mill & kiln	McClare, D.	Dundrum			30 0 0	30 0 0
House, offs., land		Dundrum	62 3 0	52 0 0	5 0 0	57 0 0
Land		Dundrum	21 0 0	12 5 0		12 5 0
住宅7戸(大家 D. McClare)		Dundrum				
Flaxspinner-mill & yard	McKean, J.	Crossmore			100 0 0	100 0 0
Spinning-mill, ho., offs., land.	McKean, J.	Crossdened	27 1 5	33 0 0	165 0 0	198 0 0
住宅2戸(大家 J. McKean)		Crossdened				
Spinning & Weaving mill, store	Kirk, W. &	Darkley	9 0 0		500 0 0	500 0 0
House, gate-lodge, offs. land	Kirk, W. M.	Darkley	120 0 20	90 0 0	35 0 0	125 0 0
住宅53戸(大家 W. M. Kirk & Co.)		Darkley				
Bleach-mill, offs., land	Kirk, W.	Tullyglush	68 0 0	71 0 0	110 0 0	181 0 0
	Kirk, H.					
House & offices	Kirk, J. 3人	Tullyglush			12 0 0	12 0 0
Bleach-mill, yards	上記3人	Tullynamalloge	2 0 0		300 0 0	300 0 0
House, offices & land		(Anvvale)	32 1 0	45 0 0	65 0 0	110 0 0
住宅10戸(大家 W. Kirk & Sons)						
Beetling-mill, offs., land	上記3人	Corkley	15 1 0	11 10 0	60 0 0	71 10 0
Beetling-mill, offs., land	上記3人	Tassagh	2 0 35	1 10 0	50 0 0	51 10 0
Beetling-mill, offices	上記3人	Racarbry			80 0 0	80 0 0

施設	賃手	タウンランド	48 3 35	54 0 0	28 0 0	82 0 0
Ho., gate-lodge, offs., land		Racarbry				
Beetling-mill, offices, land	上記3人	Racarbry	2 0 0	2 0 0	50 0 0	52 0 0
労働者住宅(大家 W. Kirk) 30農場、70数戸住宅(地主・大家 W. Kirk)		Racarbry				
Bleach-mill, offices	Morrison, J. McCaldin, W. McLellan, J.	Aughnagurgan			130 0 0	130 0 0
Land	3人	Aughnagurgan	9 1 0	8 5 0		8 5 0
住宅2戸(大家 James Morrison & Co.)		Aughnagurgan				
Bleach-mill, offices, land	上記3人	Darkley	12 2 10	12 0 0	75 0 0	87 0 0
住宅3戸(大家は上記3人)		Darkley				
Bleach-mill, ware ho, offs., land	上記3人	Tullyglush	8 1 25	9 0 0	120 0 0	129 0 0
Beetling-mill, land	上記3人	Tullynamalloge	2 1 37	3 0 0	22 0 0	25 0 0
House, offices, land		Tullynamalloge	25 0 0	25 10 0	12 0 0	37 10 0
住宅2戸(大家は上記3人)		Tullynamalloge				
Beetling-mill, manager's ho., land	上記3人	Darkley	0 3 15	1 10 0	120 0 0	121 10 0
Beetling-mill, office, land	上記3人	Dundrum	2 3 33	3 0 0	15 0 0	18 0 0
住宅9戸(大家は上記3人)		Dundrum				
Beetling-mill, workman's ho.,	Wynne, T.	Tassagh			50 0 0	50 0 0
Beetling-mill	Wynne, T.	Tassagh			22 0 0	22 0 0
Beetling-mill, offices	Wynne, T.	Tassagh			38 0 0	38 0 0
Beetling-mill	Wynne, T.	Tassagh			14 0 0	14 0 0

注)紙幅の都合により、住宅を除いた諸施設の「直接の賃手」は省いた。住宅は別にして、施設名とタウンランド名は邦訳せず、カナ表記をしなかった。

製粉もおこなう作業場でもあり、穀物乾燥施設 kiln も含めて30ポンドである。このうちのフラックス・ミルだけの評価額を考えると、それほど高いものではない。それにたいして紡績工場はどうか。マッキーン McKean 占有の2軒の紡績工場のうち一つは100ポンドの評価額であり、もう一つは住宅と事務所も含められているが165ポンドと高い。本書が特に注目するカーク家が占有するのは紡織兼営工場であり、倉庫も含められているが500ポンドという大変高い評価額である。

　評価額の高低で、生産量を推し量るのは難しいが、キーディー教区内の紡績3工場が求める原材料フラックス繊維を、同教区内の2軒のフラックス・ミルが供給するだけでは不足が生じたのではないかと思われる。もっとも、キーディー教区の紡績3工場はアーマー等のフラックス市場（表6-9）で原材料のフラックス繊維を調達しているかもしれない。

　今度は、「仕上艶出し工場」と訳した Beetling Mill に目を向けよう。仕上艶出し工場は11軒と多数ある。この最後の仕上げ工程、布を叩いて艶を出す工程の前段階を担うのは表示では漂白工場である。そしてキーディー教区には漂白工場が5軒あり、11軒の最終仕上げ艶出し工場に十分な中間製品供給の可能性がある規模であるかどうかである。

　表の上の方から見よう。タリグラッシュ Tullyglush・タウンランドのカーク家の評価額110ポンドの工場（事務所も含む）、最初に確認したアンヴェイルのカーク家の工場（評価額300ポンド）、残る3軒の漂白工場はいずれも J・モリソン Morrison と W・マッカルディン McCaldin、それに J・マックレラン McLellan の3人が占有するもので、アハナガーガン Aughnagurgan・タウンランドの工場（事務所も含めて評価額130ポンド）、ダークリー・タウンランドの工場（事務所も含めて評価額75ポンド）、それに、タリグラッシュ・タウンランドの工場（倉庫、事務所も含めて評価額120ポンド）の5軒である。

　これらの漂白工場と比べて11軒ある仕上艶出し工場は2、3を除いて建物評価額が相当下回る。ダークリー・タウンランドにある J・モリソン等3人が占有する仕上艶出し工場は評価額が120ポンドであるが、それにはマネー

第6章 北部アルスター経済

ジャーの住宅も含められたものである。その他は、複数の事務所も含めた評価額が80ポンド、75ポンドに達するものを上限として、漂白工場に比べてかなり評価額が下回る。

　生産規模は建物評価額算定の唯一の条件ではもちろんないが、大きな条件である。キーディー教区に立地する5軒の漂白工場は、同教区にある11軒の仕上艶出し工場に中間製品を供給する能力があったと考えられるし、キーディー教区の外への供給も可能であったと思われる。また、11軒の仕上艶出し工場もキーディー教区外からの中間製品の供給を受けていたかもしれない。

　いずれにせよ、キーディー教区は、斎藤が言うように、漂白や艶出しなどのリネン生産仕上げ工程が盛んにおこなわれる地域であった。

　ところで、斎藤は、「"bleaching mill" を「漂白所」("beetling mill" ――『仕上所』――を含む)」と述べている。そして、「キーディー教区における麻工業の展開」と題した地図で、beetling mill を含めているために、17カ所に「漂白所」を書き込んでいる。既に触れたが、漂白も仕上工程に含めるのはよいが、仕上艶出し工程を漂白に入れることは適切であろうか。大きな漂白工場で仕上艶出し工程が組み込まれていることはもちろんあるだろうが、工程としては区別した方がよいと思われる。

　さてここで、『スミス業者名鑑』(1876年)が紹介する、W・M・カーク社 Kirk, W. M., & Co. とウイリアム・カーク親子商会 Kirk, Wm., & Son はいかなる関係にあったのか、これを検討しよう。

　『スミス業者名鑑』(1876年)がいう「W・M・カーク社 Kirk, W. M., & Co.、紡績業者で織布業者。キーディー教区ダークリー Darkley」は、グリフィス評価原簿(1864年)が記録する Kirk, W. と Kirk, W. M. が共同で占有するダークリー・タウンランドの紡織工場他で、建物評価額500ポンドの施設に対応している。この点は、同一タウンランドの同一地番(地番71)に立地していること、近接する住宅53戸の「直接の貸手」、つまり大家が W. M. Kirk & Co. で、『スミス業者名鑑』(1876年)が紹介する業者名と一致することから判断できる。

実は、ここに出てくる2人の占有者は Wm. Kirk と Wm. M. Kirk である。表示するために短くしたのであるが、Wm は他の記載から William であることがわかる。Wm. M. Kirk のウイリアムはジュニア・ウイリアムで、Wm. Kirk の次男であった。ミドゥルネームの M は Millar の頭文字であるとされている。[40]

では、『スミス業者名鑑』が紹介するもう一つの業者ウイリアム・カーク親子商会 Kirk, Wm., & Son はどうか。ベルファストに事業所があるが、工場はキーディー教区アンヴェイル Annvale にあるとされている。表中の、タリナマログ Tullynamalloge・タウンランドにアンヴェイルがある。そこにあるウイリアム・カーク Kirk, W.、ヘンリ・カーク Kirk, H.、それに、ジョン・カーク Kirk, J. の3人が占有する漂白工場（建物評価額300ポンド）が該当すると考えられる。というのも、工場における工程の記載は相違するが、工場立地がアンヴェイルで同じであり、そして何よりも、この施設に関わってウイリアム・カーク親子商会が登場するからである。

表示のアンヴェイルの漂白工場に続いて住宅10戸が記入されている。これらの住宅はこの漂白工場と同じか隣接する地番にあり、しかも、大家として出てくるのがウイリアム・カーク親子商会 W. Kirk & Sons なのである。

先に、Wm. M. Kirk は Wm. Kirk の次男であることがわかった。同じ典拠はジョン・カーク John Kirk が長男であると述べている。そしてこうも述べている。1871年にウイリアム・カークが死亡した時、かれのビジネス権利は長男ジョンが引継ぎ、ジョンが1873年に死亡した時、権利は次男ウイリアム・ジュニアに渡ったと。とすると、『グリフィス評価原簿』(1864年) に記載されるウイリアム・カーク親子商会 W. Kirk & Sons の息子たちは長男ジョンと次男ウイリアム・ジュニアの2人を指すものであった。しかし、『スミス業者名鑑』(1876年) では長男ジョンが1873年に死亡していたため、社名は W. Kirk & Son になっていた。[41] ただ、表6-11に何度も出てくるカーク姓の共同占有者3人のうちのヘンリ・カークのウイリアム・カークとの関係はわからない。ウイリアムの弟かもしれないが、いずれにせよカーク家の人物で

第6章　北部アルスター経済

あろう。

　W・カークを中心とするカーク家がキーディー教区において占有し経営するのは紡績、織布、漂白、艶出し仕上の諸工場である。6タウンランドでいくつもの工場を経営し、それらの建物施設（含む事務所と倉庫）の評価額を合計すると1,150ポンドになる。大変規模の大きいリネン関係生産工場群である。そして、ベルファストのベドフォード通りに堂々とした倉庫を持ち、ベルファストから、さらにはまたニューリから、ロンドンやマンチェスターに、パリやニューヨークにリネンを輸出していた。[42]

　アルスター東部のベルファストとダウン県ギルフォードから、南部アーマー県キーディーに行った。最後は西部ストゥラバーン（ティローン県）のシオンを訪ねよう。

◆ティローン県西部ストゥラバーンのシオン・ミルズ「ハードマンズ社」

　　　　ハードマンズ社 Herdmans & Co.、紡績業者、シオン工場 Sion Mills、
　　　　ストゥラバーン。オフィスはベルファストのドニゴール・スクエア南部

　これは『スミス業者名鑑』（1876年）のハードマンズ社の紹介文である。ここでまず、手許にある地図 Ordnance Survey The Complete Road Atlas of Ireland (1998年) を開いた。ストゥラバーンのすぐ南のモーン川 the River Mourne 沿いにシオン・ミルズ Sion Mills がある。そこで、ウェブ版『グリフィス評価原簿』を呼び出して Sion Mills (Co. Tyrone, Barony of Lower Strabane) を検索したが、地名としては出てこない。そこで Strabane で検索すると出てきたので、地図を開いた。Strabane から the River Mourne を南下すると Sion Mills が出てくるではないか。地図から Sion Mills がリガータウン Liggartown・タウンランドにあることを確認し、今度は Liggartown でウェブ版『グリフィス評価原簿』を検索すると、Liggartown、地番1B a&b に James Herdman 占有のフラックス紡績工場が出てくる。あらためてこれを紹介する。

　　　リガータウン　地番1B a&b　占有者：ジェイムズ・ハードマン、直
　　　接の貸手：アバコーン侯爵 Marquis Abercorne。保有財産：フラック

ス紡績工場、事務所、中庭。建物評価額580ポンド。

　　リガータウン　地番1A、B、C、D、E、Fの土地6件（合計72エーカー強）と1Aaの住宅・事務所　占有者：ジェイムズ・ハードマン、直接の貸手：アバコーン侯爵。保有財産評価額：土地70ポンド強、建物40ポンド。

　　リガータウン　地番1Ab、c、d　事務所付き住宅3軒　ジェイムズ・ハードマンが3人に貸与。

　これらの他にも多数の住宅をジェイムズ・ハードマンが貸与しているが、この点については後段で振り返る。

　まず確認しなければならないのはシオン紡績工場の規模の大きさである。『グリフィス評価原簿』は工場の建物の評価額を580ポンドとした（1858年公表）。これまでの分析をここで振り返ってみよう。ベルファストのアンドリュー・ムーホーランド親子商会の紡績工場・織布工場・倉庫等を合わせた建物評価額は1,800ポンド（1860年公表）、ダウン県のJ・ウォルシュ・マクマスター達が経営するギルフォード紡績工場は840ポンド（1863年公表）、そして、アーマー県キーディー教区カーク家経営ダークリー紡織兼営工場は500ポンド（1864年公表）であった。これらと並んで、アルスター西部のシオン紡績工場がアルスターの、アイルランドのリネン産業を代表するものであった。

　シオン紡績工場の規模は雇用労働者数に表れる。間接的な証拠であるが、1858年印刷公表の『グリフィス評価原簿』のリガータウン・タウンランドにおいてジェイムズ・ハードマンが家主（直接の貸手）になっている住宅が多数ある。ハードマンたちがシオンに紡績工場を設立するにあたって工場労働者の確保のために労働者住宅を建設したのである。『グリフィス評価原簿』から確認できるJ・ハードマンが家主となっている住宅は、リガータウンに限ったもので、事務所・中庭付きの住宅4戸、小屋shed・中庭付き住宅12戸、中庭・小菜園付き12戸、小菜園付き45戸、合計73戸ある。ジェイムズたちはこの住宅地域に宗派を問わず小学校やキリスト教関係施設を建て、シオ

第6章　北部アルスター経済

ン村 Village of Sion を作った。これらの住宅建設と村づくりがどれだけの数の工場労働者の確保に結果したのか確認できていないが、相当程度の規模であったことは間違いない。[43]

　1858年印刷公表の『グリフィス評価原簿』が記録するティローン県最西部のストゥラバーンのシオン・ミルズの、ハードマンたちによる相当程度に大規模なリネン紡績工場を確認した。

　ところで、シオン・ミルズのリネン工場はベルファストと深く関わった創業の歴史を持っている。1835年、ハードマン兄弟（James, John, George）がアバコーン侯爵 the Marquis of Abercorn から、ストゥラバーン近くのシオンにある未完成のリネン紡績工場を、500年リース（定期借地）で購入したが、それはムーホーランド兄弟（アンドリューとその弟シンクレア Sinclair）、ならびに、ライアンズ R. Lyons とパートナーシップを組んでのことであった。実は、ハードマン兄弟のうちのジョンは1833年にベルファストのムーホーランド工場にパートナーシップで参加していた。ベルファストのハードマン兄弟が、ベルファストで大規模なリネン紡績業に着手していたムーホーランド兄弟と組んでアルスター西部でのリネン紡績業に乗り出したのである。ベルファストのリネン資本のアルスター西部への進出であったともいえよう。[44]

　では、何故に西部であり、ストゥラバーン近くのシオン・ミルズであったのか。その地は亜麻栽培と亜麻スカッチングがアルスターのなかでも最も盛んであった地域の中心にあった。地図6-3を見ればわかるが、改めてシオン・ミルズのアルスター北西部における位置を示す地図を作ろう（地図6-4）。

　●がシオン・ミルズである。一点鎖線は県境を表わしているが、ドニゴール県、デリー県、それに、ティローン県から成る。東端の一部が一点鎖線ではなく実線となっているが、ネイ湖岸となっているからである。〇は都市や町であるが、Kc はキルマクレナン、Lk はレターケニー、Ra はラフォーで、以上はドニゴール県にある。De はデリーで、いうまでもなくデリー県にある。St はストゥラバーン、O はオマーで、いずれもティローン県にある。ストゥラバーン St とシオン・ミルズ●はこれら3県の中央部に位置してい

493

第2部　アイルランド農業の担い手を地域から見る

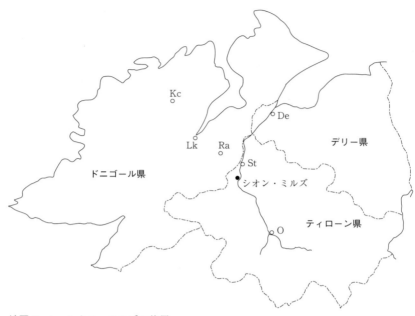

地図6-4　シオン・ミルズの位置

る。

　既に確認しているが、この3県は亜麻栽培が盛んである。表6-6「1873年亜麻作付面積　全国・アルスターと上位10県」では、亜麻作付面積が最大の第1位はダウン県に譲っているが、第2位、3位、4位はティローン県、デリー県、ドニゴール県と続く。これら3県だけで全国の亜麻作付面積の41％弱も占めている。

　もう少し地域を狭めてみよう。表6-8「1873年亜麻作付面積2,000エーカー以上郡とスカッチング作業場数20以上郡」は郡barony単位で見たものである。1位のロッヒンショーリン郡はデリー県にあるが、アルスター東部・中央部のリネン産業に主として供給関係を持つと考えられる。2位のアッパー・アイヴィーフLP（ロウワー・パート）は東部のダウン県にあり、3位のクレモーンはアルスター南部に位置する。この3郡に続くのがシオン・ミ

494

第6章　北部アルスター経済

ルズを取り巻く諸郡である。まずシオン・ミルズが位置するロウワー・ストゥラバーン（5位）、同じティローン県のオマー東（9位）、隣接するドニゴール県のラフォー北（4位）、ラフォー南（6位）、それにキルマクレナン（7位）である。

その上に、シオン・ミルズは亜麻スカッチングが最も盛んな地域のすぐ近くに位置していた。同地を取り囲む亜麻栽培郡はスカッチングも盛んであった。同じ表6-8の右端欄は各郡にあるスカッチング作業場の数を示している。まず、シオン・ミルズ紡績工場が立地するティローン県ロウワー・ストゥラバーンは3番目に多くて67軒である。それに隣接するドニゴール県ラフォー北が85軒で2番目、ラフォー南が49軒で6番目、キルマクレナンが66軒で4番目である。一番多いのはデリー県ロッヒンショーリン郡の87軒であるが、同郡はそもそも亜麻作付面積が広く（10,414エーカー）、また、全作付面積も広い（71,951エーカー）。それにたいしてラフォー北は亜麻作付面積が半分以下の4,431エーカーでありながら、スカッチング作業場はわずかに1軒下回るだけである。ラフォー郡南北を合わせると134軒にも上る。つまり、シオン・ミルズはロウワー・ストゥラバーン郡、ラフォー南北両郡、そしてキルマクレナン郡という最大、最盛のフラックス繊維生産地域の中にあった。これがハードマン兄弟のシオン・ミルズ進出の大きな誘因であったと考えられる。

それに加えてシオン・ミルズには紡績工場を運転する十分な水力があった。[45]地図6-4に、デリー De からストゥラバーン St、さらに、シオン・ミルズを経て、オマー O を繋ぐ実線を引いている。これは河川を表わすが、川上のオマーからストゥルール川 River Strule が始まる。ストゥルール川はやがて西からのデルグ川 River Derg と合流しモーン川 River Mourne となる。このモーン川の傍にシオン・ミルズの紡績工場が立地する。このモーン川が工場の動力源になった。なお、モーン川はストゥラバーンで西から流れてくるフィン川 River Finn と合流し、フォイル川 River Foyle となり、デリーへと下っていく。

495

(C) デリー中心の経済圏

　さて、デリーが出てきた。ハードマン兄弟がアルスター西部（アイルランド北西部）を紡績工場の立地として選んだ理由にデリーを中心としたリネン産業圏と言ってよいものが念頭にあったと考える。

　まず、デリー港の対外取引（対英も含む）を見よう。と言っても、第3章で述べているように、1826年以降の公的貿易データはない。ただ、1836年に設置されたアイルランド鉄道建設調査委員会（通称ドゥラモンド委員会）が明らかにした1835年のデータだけがある。そのうちのリネン関係の推計額を取り出して作ったのが表6-12である。表示以外の港についてもデータがあるが、対外取引量が小さいために省いた。[46]

　ベルファストの対外取引が圧倒的に大きい。ただし、リネン布は多くの港から輸出されていた。推計額が小さいとはいえ、西部のウエストポートやスライゴからも輸出されていた。リネン糸は輸出港が限られていた。ただ、これは1835年の推計額であり、シオン・ミルズにハードマン兄弟が紡績工場設立を開始した年である。同工場が操業を始めて以降のデリー港のデータがわかれば、リネン糸輸出も出てくるかもしれない。

　さて、注意を要するのは輸出第3欄「フラックス＆トウ」である。輸出港によって品目が違うが、敢えて一緒にしている。なかでも注目したのがベルファストとデリーである。ベルファストは feather, flax and tow の3品目を一つにしたデータであるのにたいして、デリーはそのうちの flax and tow の2品目だけをまとめている。ということは、デリーの方が輸出推計額が上回っているが、flax and tow の2品目だけに限ると上回る程度はもっと高くなる。

　デリーと同様に、flax and tow となっているのはニューリ、ドゥラハダ、コールレイン＆P（Portrush）、ダンドーク、ウエストポート、スライゴ、アードグラス＆K（Ardglass and Killough）、それにゴールウエイである。したがって、輸出品目としての flax and tow は普通であり、ベルファストはどういう訳かそれから外れている。ダブリンはもっと外れている。ベルファストの

第6章　北部アルスター経済

表6-12　1835年のリネン関係「対外取引＝貿易額」（アイルランド鉄道建設調査委員会）

(単位：£)

輸出港	輸出			輸入		
	リネン布	リネン糸	フラックス&トウ	亜麻種子	リネン糸	リネン布
ベルファスト	2,694,000	40,360	186,884	11,935	960,000	
ダブリン	731,200	3,606	7,278	24,956		
デリー	**314,749**		**212,940**	**16,896**		
ニューリ	184,311		77,820	10,564	17,500	
コーク	50,160			820	10,090*1	
ラーン	40,000					
ドゥラハダ	30,000		17,200	416	23,800	
コールレイン&P	5,120	200	4,950	378	2,200	50
ダンドーク	4,500		12,000	2,000		
ドナハデー	1,000					
ウエストポート	560		1,000			
スライゴ	312	1,736	140	8,000		80
ストラングフォード	120			80		
アードグラス&K	29		768			
ゴールウエイ				150	3,200	

＊1　wool, wool yarn, linen yarn, cotton yarn の全てのデータ。

3品目にさらに copper ore 銅鉱石まで加わっている。何故に銅鉱石まで一緒にされたのか不思議である。

　さて、1835年、デリー港から「フラックス＆トウ」の輸出がベルファストを上回る額で輸出されていた。また、ベルファストにはるかに及ばず、またダブリンの半分以下であるが、これら2港に続いて、デリー港からのリネン布輸出推定額も多額であった。さらに、亜麻種子の輸入も多くおこなわれていて、種子の輸入、亜麻栽培、スカッチング、ハックリング、紡績、織布と、

一連のリネン産業がデリーを中心に、その後背地も含めて展開していたと推測して間違いないだろう。こうしたアルスター西部に紡績工場を立地することをハードマン兄弟が決心し、ムーホーランドもそれに出資したと考える。

◆デリーとブリテンを結ぶ定期汽船航路の開設

　1835年直前の20～30年代、デリーとブリテンを結ぶ定期汽船航路が開設されていった。1818年のベルファスト＝グリーノック Greenock（スコットランドのクライド湾奥・クライド河口）に D・ネイピア David Napier が走らせたロブ・ロイ号 the Rob Roy を嚆矢として、愛英間定期汽船航路がダブリンやコークなどで開かれていったが、デリーも続いた。1822年、L・マクレラン Lewis MacLellan（後のレアド社 Laird Line）がデリーとクライド川を結ぶ定期航路を夏期だけであるが開いた。その後すぐに、ジョージ・ラングトゥリ社 George Langtry も同じ航路を開いた。リヴァプールとの間の定期航路も次々に開設された。まず20年代に、リヴァプール・ロンドンデリー汽船会社 Liverpool & Londonderry SP Co が、30年代に入ると、ダブリン市汽船会社 The City of Dublin SP Co とアイルランド北西連合汽船会社 North West of Ireland Union SP Co が引き続きデリー＝リヴァプール間定期航路を開いた。デリーを中心にした経済圏が形成されてきている証左と言える。[47]

◆デリーとストゥラバーンを繋ぐ鉄道の早期建設

　デリーを中心とした経済圏といってよい状況の形成は、鉄道建設にも見ることができる。アイルランドにおける鉄道建設への動きは早かった。O・ドイルと S・ヒルシュによれば、イングランドのストックトン＝ダーリントン鉄道開業の1825年、アイルランドの二つの鉄道路線建設のための法案がウエストミンスター議会に提案された。一つはアイルランド南部のリムリックとウォータフォードを結ぶ路線、もう一つはダブリンとキングスタウンを繋ぐ路線であった。リムリック・ウォータフォード鉄道法案は議会を通過し、ジョージ4世の裁可も得てアイルランド最初の鉄道法となったが、鉄道建設は何故かおこなわれなかった。ダブリン・キングスタウン鉄道法案はグランド運河会社 the Grand Canal Company に反対され、財政的理由のために挫

第 6 章　北部アルスター経済

折したが、1831年に再度提案され、1834年、アイルランド最初の鉄道開通となった。[48]

　しかし、1825年時点で耳目を集めていたのは上記二つの鉄道だけではなかった。ダブリン＝ベルファスト路線と、それに連携するダンドークからスライゴへのアイルランド島を東西に横断する路線であった。[49] そして、この後者の路線は実際のところはデリーが中心となったのである。

　1837年、デリーとストゥラバーン、さらに、オマーを経てファーマナ県エニスキレンに至るデリー・エニスキレン鉄道の法案が提出された。それはあの「鉄道の父」と呼ばれるジョージ・スティーヴンソン George Stephenson による調査を終えてからのことであった。デリーからエニスキレンに至る鉄道建設のための調査の動きは何年から始まったのか確認できていないが、ハードマン兄弟がストゥラバーンのシオン・ミルズに紡績工場を建設することを決めた1835年頃には動きが始まっていたと考えられる。

　法案提出後に再調査もおこなわれたが、連合王国政府に受け入れられず、改めて G・スティーヴンソンによる調査が必要となり、実際の建設は少々遅れた。改めて1845年にロンドンデリー・エニスキレン鉄道 the Londonderry & Enniskillen Railway が設立され、47年、デリーからストゥラバーンまで開通した。その後、52年にオマーまで、そして54年にエニスキレンまで達した。他方、ダンドークからの動きも1837年に始まった。同年、ダンドーク西部鉄道 the Dundalk Western Railway が提案された。しかし、2年後に放棄され、改めて1845年に後継会社のダンドーク・エニスキレン鉄道 the Dundalk & Enniskillen Railway が設立されて、49年にダンドークからキャッスルレイニー Castlelayney まで開通した。ただその後の路線延長には時間がかかり、エニスキレンに達したのは59年であった。[50]

　ハードマン兄弟がストゥラバーンのシオン・ミルズで大規模なリネン紡績工場を経営すること自体がデリー県とティローン県、それにドニゴール県の経済的繋がりを強めるものであったが、ハードマン兄弟のジョンがデリーとドニゴール大西洋西部海岸部「僻地」を結ぶ定期汽船航路（H＆H汽船）の

499

運航にも乗り出したと考えられる。この点は次節でドニゴールに入ってから改めて見ることにする。

これまでにも少し踏み込んでいるが、アイルランド島北西端にあるドニゴール県に行こう。かの地の人々の暮らしが、大きな港湾都市デリーと深くつながっていたことを改めて確認することにもなろう。

第3節　北西端ドニゴールへ

(a) ドニゴール県を俯瞰する

アイルランド北西端ドニゴール県に入るが、まず、南北ラフォー郡やキルマクレナン郡を焦点に県全体を俯瞰しよう。そのために、県各地で盛んにおこなわれる家畜取引のフェア開催地（1873年開催予定地）も記入した地図を作ろう。1873年のフェア開催予定地一覧は表6-13の通りである。

地図6-5はデリー県、ティローン県、ファーマナ県、それにリートゥリム県と隣接するドニゴール県を描いている。県境は破線で示している。点線は郡境で、Kはキルマクレナン郡、Rnは北ラフォー郡、そしてRsは南ラフォー郡である。白丸はフェア開催地で、そのうち二重丸にしているのは年12回以上開催が予定されていることを示している。数字は表6-13の番号記号である。前節で取り上げたストゥラバーン、シオン・ミルズ、それにオマーはただの白丸で示した。

デリーは黒丸である。同様に、探しにくいが、黒丸を書き込み、地名の頭文字を記入している箇所がある。Fはファハン Fahan (10番と11番の間。以下、数字のみ記す)、Psはポートサロン Portsalon(30の右上)、Mはマルルアイ Mulroy (31の上)、Bはバートンポート Burtonport (38の左方)、Pはポートヌー Port Noo (45の上方)、Gはグレンコラムキル Glencolumbkille (46の北西)、Maはマリンベグ Malinbeg (46の西)、Tはティーリン Teelin (46の下) がそれらであるが、後段で述べる汽船の寄港地である。デリーがそれら汽船航路の中心となっている。なお、海運については、後段dの小見出し「ドニゴール住民と交通」で改めて論ずる。

第6章　北部アルスター経済

表6-13　1873年フェア開催予定地(60カ所)と年開催予定回数

	開催地	回数		開催地	回数		開催地	回数
1	Greencastle	4	21	Rashedog	1	41	Ballinacarrick	4
2	Moville	3	22	Letterkenny	19	42	Fintown	4
3	Redcastle	7	23	Blownrock	12	43	Glenties	6
4	Carrigmaquigley	4	24	Churchhill	12	44	Ardara	4
5	Carrowkeel	6	25	Kilmacrenan	12	45	Machremore	1
6	Culdaff	4	26	Ramelton	5	46	Carrick	4
7	Malin	4	27	Milford	12	47	Kilcar	8
8	Carndonagh	4	28	Ramullan	3	48	Largy	3
9	Ballyliffin	4	29	Kerrykeel	12	49	Killybegs	2
10	Buncrana	2	30	Rosnakill	12	50	Dunkaneely	11
11	Burnfoot	3	31	Carrigart	2	51	Mountcharles	9
12	Manorcunningham	3	32	Glen	12	52	Donegal	12
13	Raphoe	12	33	Creeslagh	12	53	Laghy	13
14	Ballindrait	1	34	Dunfanaghy	11	54	Pettigo	12
15	Convoy	3	35	Crossroads	12	55	Ballintra	12
16	Castlefin	7	36	Gortahook	1	56	Ballyshannon	13
17	Killygordan	4	37	Derrybeg	12	57	Bundoran	12
18	Stranorlar	11	38	Jackstown	?	58	Port	4
19	Ballybofey	12	39	Dungloe	12	59	Aghygaults	6
20	Cloghanbeg	2	40	Brockagh	3	60	Tuulyodonald	6

注1）左端欄の数字は、後掲の地図6-5上にフェア開催予定地の場所を示すために付した記号としての数字。
注2）地名の読み方については表記ゆれを避けるため、原語のままにした。しかし、本文では便宜上、カナ表記を試みた。
出典）1873年『農家年鑑』、『1853年フェア報告』、『1837年ルイス・アイルランド地誌辞典』、『1888年ブラック報告・証言録』Royal Commission on Market Rights and Tolls. Reports of Mr. Charles Black, Assistant Commissioner together with the Minutes of Evidence, *P.P.1889* [*C.5888*] Vol. XXXVIII、『ベイスライン報告』。

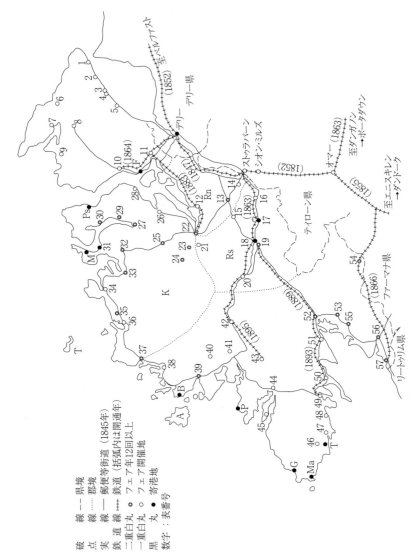

地図6-5 ドニゴール県(19世紀後半)

第6章　北部アルスター経済

　地図には、『1837年ルイス・アイルランド地図』を下敷きにし、『1845年スレイター地図』にある郵便等街道 Post, &c. Roads を太い実線で示した。圧倒的多数のフェア開催地が郵便等街道沿いにあることがわかる。鉄道路線も1890年代までに敷設されたものを記入し、鉄道路線開通年を示した。例えば、デリーがベルファストに至る路線に沿って括弧内に1852と記入している。これはデリーがベルファストと繋がった1852年を表している。ドニゴール県内に鉄道が入ったのは1847年で、デリーとストゥラバーンを結ぶ路線が主にドニゴール県を通過して敷設されたものである。ストゥラバーンから同路線はさらに南に延伸した。1852年に先に見たシオン・ミルズを経由してオマーまで開通した。また、ストゥラバーンから1863年にストゥラノーラー Stranorlar (18) に、さらに、1889年にはドニゴール (52) に伸び、1893年にはケリベグス Kellybegs (49) に達している。また、1895年にはストゥラノーラーから西部海岸に近いグレンティーズ Glenties (43) に延伸路線が敷かれている。焦点のレターケニー (22) には1883年、既に1864年に敷設されていたデリー・ブンクラーナ Buncrana (10) 路線に繋がる路線が開通し（レターケニー鉄道）、レターケニー (22) はデリーと鉄道で結ばれた。なお、ドニゴール県最南端のブンドーラン Bundoran (57) とペティゴ Pettigo (54) が1866年にオマーと繋がっている。[51]

◆盛んな家畜取引──多数のフェア開催

　表6-13と地図6-5を改めて見よう。38のジャックスタウン Jackstown (Meenalecky) を除いて、表中59カ所は『1873年農家年鑑』が掲載するフェア予定地である。これらのうち57カ所では1850年代にフェアが開催されていた。この事実からだけでも、これら57カ所では1873年に予定されたフェアが実際に開催されたと考えてよいと考える。もちろん別資料でフェア開催を推定できるように努めた。1873年フェア開催予定地のうち2件、ケリーケール Kerrykeel (29) とブンドーラン Bundoran (57) は50年代資料に出てこない。しかしケリーケールは『ベイスライン報告』から1870年代に開かれたと推定できる。ただブンドーランについては本書が調べた他資料には出てこない。

第2部　アイルランド農業の担い手を地域から見る

1873年にフェア開催予定という事実が確認できるだけである。さて、残った1カ所は先のジャックスタウンである。同地は1873年フェア開催予定地に挙げられていない。しかし『1888年ブラック報告・証言録』によると40年前からフェアが開催されていたと指摘されている。

ところで、58番と59番、それに60番の3フェアは残念ながら位置を特定できなかった。ポートPortは1871年センサスのタウンランド索引で3カ所出てくるが、その他資料で1カ所に絞り込むことができなかった。59番と60番は特定することが全くできなかった。

開催場所が特定できない3カ所を含めて、60カ所でのフェア開催はドニゴール県における家畜取引が大変盛んであったことを示している。うち20カ所では年12回、おそらく毎月、フェアが開催される予定であったのだろう。中でも年19回の開催が予定されたレターケニーはドニゴール県、少なくとも同県北部における家畜取引の中心であったことが窺える。

さて、フェアではマーケットに比べて牛をはじめとする大型の家畜が取引されていた。場所が特定できた57カ所のフェアで牛などが取引されていたかどうか調べた。既に述べたように、1873年『農家年鑑』には開催予定フェアで取り扱われる家畜をc（cattle 牛）、s（sheep 羊）、p（pig 豚）、h（horse 馬）の記号で示しているばあいもある。しかし、ドニゴール県では、57カ所のフェアのうちただ1カ所、ダングロー Dungloe（39）の4月15日予定フェアが牛羊豚馬の取引ありとされているだけである。そこで、70年代以前と以後の資料も参照した。『1837年ルイス・アイルランド地誌辞典』、『1853年フェア報告』、『1888年ブラック報告・証言録』、それに『ベイスライン報告』がそれらである。70年代の資料ではないが、これらの資料で牛などが取引されていたことがわかれば、70年代にも牛などが取引されていたと推定してよいと考えたからである。

なお、『ベイスライン報告』は各「貧民蝟集地域」における標準的な、したがって貧困な家計状況や、時により貧しい家計状況のモデルを示している。これら家計状況の収入のうちに、牛や羊、豚などの家畜の販売収入が記され

第6章　北部アルスター経済

ていたりする。そのばあいも、同地域住民が利用するフェアでは上記家畜が取引されていたと考えた。

こうした作業でも、1870年代に牛などの家畜が取引されていた可能性は否定できないが、その実施の推定を控えるべきなのは表6-13の以下の番号のフェアである。1、3、5、9、11、14、16、17、20、21、28、31、45、48、57の15フェアである。つまり、開催地点が特定できる57カ所のうち、残りの42カ所のフェアでは牛などの家畜が取引されていたと推定できる。推定できない15フェアにおいては牛などの家畜が扱われていたと想像するだけである。

さて、1870年代に牛などの家畜を扱うフェアと推定できる42カ所のうち一つでも詳しく見てみよう。第2章で、フェアとマーケットの違いを教えてくれる例として挙げたダンファナヒ Dufanaghy を再度取り上げる。地図6-5の34番で、大西洋が入り込む「羊の安息所 Sheep-Haven」湾の奥深い西端に位置している。『ベイスライン報告』によると、このダンファナヒの町も含む「貧民蝟集地域」としてのダンファナヒ地域は、貧民監督官選出地区のアーズ Ards、クリースロッホ Creeslough (lagh)、ドーキャッスル Doecastle、それにダンファナヒの4地区から成っていた。34番ダンファナヒの他に、32番グレン Glen、33番クリースロッホ、35番クロスロード Crossroads (Falcarragh) のフェアも含む地域である。『ベイスライン報告』では、ダンファナヒはほとんど全ての家畜が多数取引されるフェア、クリースロッホはかなり多くの豚も売買されたが、それ以上に牛と馬のフェア、クロスロードは冬季には大規模な豚のフェアとなると記している。[52]

このダンファナヒ・フェアは1850年代に開催され、73年に開催が予定され、上記のように90年代には開催されていたが、88年時点には開催されていなかった。このことを示す『1888年ブラック報告・証言録』の、繰り返しの引用になるが、大変興味深い証言を再現しよう。

　　ダンファナヒの商人ラムジ「それ（ダンファナヒにフェアが開設されること……引用者）は当地の農民にとって大変重要なことであります。と言いますのも、そうなるとかれらは自分たちの牛を大層遠いところまで

運ばなくて済むからであります。」（証言番号6939）

　アーズの大地主でダンファナヒのマーケットを所有するA・J・R・スチュワート Stewart の代理人マーフィー「それ（年4回のフェア開催）は、はるばるクリースロッホや、さらにはミルフォード Milford まで牛たちを連れて行かねばならない（ダンファナヒ）近傍に住む農民たちにとって大いなる福音となりましょう。」（証言番号6968）

　ラムジ「年4度のフェアの方がダンファナヒの町が求めていることにより相応しいでしょう。バイヤーたちに月1度やって来るように求めるのは頻度が高すぎます。特に、バイヤーたちがそれほど遠くない他のフェアに出向いているに違いないという事実を考えるならそうです。したがって、私が思いますには、年4度のフェアがこの町の利益と必要性により一層合致していて、遠くからやって来るバイヤーたちにとってより便利であります。」（証言番号6943）[53]

　以上の証言から次のことがわかる。すでに確認していることであるが、ダンファナヒ近傍農村では牛などの家畜がフェアで売却するために飼育されていた。ダンファナヒの商人ラムジたちが証言した1888年当時、ダンファナヒの町にはフェアが開かれず、周辺農民たちは遠いクリースロッホやミルフォードのフェアに牛などを歩いて連れて行かねばならなかった。ダンファナヒの町の人間や周辺農民たちはダンファナヒの町にフェアを再興することを切望したが、遠方のバイヤーの来訪を確実にするために、月1回でなく、年4回の開催を望まざるをえなかった。実際これは、1892年時点において実現していた。フェア間には競争があった。事実、ダンファナヒのフェアは1850年代や70年代に開催（予定）されていたにもかかわらず、88年時点には開催できなくなっていた。遠くからのバイヤーの獲得が一つの鍵となっていたからである。

　アイルランド西北端の僻地と思われるダンファナヒが、大ブリテン食肉市場めあての全国的な家畜流通の網の目の中で、他のフェアと競争しながら遠方からのバイヤーの獲得に腐心している状況が鮮やかに描かれている。

第6章　北部アルスター経済

◆キルマクレナン郡・南北ラフォー2郡における牛の移出入

　ドニゴール県は牛をはじめとした家畜の取引が大変盛んであることがわかった。多数の土地で頻繁にフェアが開かれていたことが何よりの証拠である。そこで、1873年農業統計に拠って、「その他の牛」（多くが肉牛と考えてよい）の移動＝流通（移入・移出）を、しかも、農地規模別に明らかにすることによって少しでも実態に近づこう。分析の対象とする地域はキルマクレナン郡と南北ラフォー2郡であり、それに、レターケニー教区連合とダンファナヒ教区連合を加える（表6-14）。何故にこれらの地域を選んだのか。

　レターケニーの町を含むキルマクレナン郡は1873年、その他の牛1歳以上2歳未満の飼育頭数、オート麦とジャガイモの作付面積が全国2位であり、家禽飼育羽数が3位であったからである。この点は既に第2章の「主産地」で明らかにしていた。1873年農業統計によって、県、教区連合、郡単位で、主な家畜や農産物の飼育頭数、作付面積で全国3位までを確認していた。

　ここではこのキルマクレナン郡だけでなく、東隣の南北ラフォー郡、特に北ラフォー郡にも着目する。なぜか。1872年農業統計までは南北に分けられていないラフォー郡があった。実は1872年も、さらに1871年も、その他の牛1歳以上2歳未満の飼育頭数は、キルマクレナン郡よりも南北に分けられていないラフォー郡の方が多かった。そして、1873年も南北ラフォー郡を合計するとキルマクレナン郡を越える頭数の1歳以上2歳未満のその他の牛を飼育していた。キルマクレナン郡が7,514頭であったのにたいして、南北ラフォー2郡は10,208頭であり、既に見た1位のロッヒンショーリン郡の7,893頭もはるかに上回るものであった。その上に、1873年のその他の牛1歳未満でさえも11,532頭で、第3位のリムリック県コシュレー郡の10,944頭を抜いている。ドニゴール県のキルマクレナン郡と南北ラフォー郡はアイルランド牛経済において大きな位置を占めていた。

　分析はレターケニー教区連合にも焦点を合わせる。レターケニーの町を含むキルマクレナン郡と、その東隣のラフォー南北両郡に跨っているからである。そして何よりも、重要な資料があるからである。本書がセンサスのいう

表6-14 レターケニー周辺地域の牛移動指標(1871～73年)

農地規模 (エーカー)	キルマクレナン郡			南北ラフォー2郡			レターケニー教区連合			ダンファナヒ教区連合		
	A	B	C	A	B	C	A	B	C	A	B	C
15未満	39	**94**	83	60	**59**	51	52	**78**	57	35	**94**	71
15以上100未満	48	**105**	96	71	**89**	65	61	**98**	72	36	**112**	111
100以上	81	**117**	162	73	**159**	98	110	**139**	115	43	**202**	270
全体	47	**104**	101	70	**95**	71	65	**103**	81	36	**109**	112
全国	55	90	110	55	90	110	55	90	110	55	90	110

　職業のうちどの項目を農業労働者と考えるか、その手本としたのが、1890年代の連合王国王立労働問題調査委員会第3次報告第4巻のマクレー副委員によるレターケニー教区連合報告である。マクレー報告自体が興味深く、しかも、1871年のレターケニー教区連合における農業労働者を考察するうえで、さらにはまた、後段で資料として取り上げる1860年代から80年代にかけてのレック教区評価簿の語るところを理解するうえでも、大変示唆深い。[54]

　ダンファナヒ教区連合も取り上げた。レターケニー教区連合がデリーやストゥラバーンに近くて、ドニゴール県の中心部にあるのにたいして、ダンファナヒ教区連合は、先に見たダンファナヒの町を初めとして、大西洋岸の「僻地」に位置するからである。

　いずれの地域においても、B指標が注目される。1871年6月時点の「その他の牛1歳未満」100頭当たりの72年6月時点の「その他の牛1歳以上2歳未満」の頭数がB指標であるが、1871年6月時点に1歳未満であった「その他の牛」が1年後に増えたのか、減ったのか、つまり、他地域から流入したのか、あるいは、流出したのかを表している。

　キルマクレナン郡とレターケニー教区連合、それにダンファナヒ教区連合のいずれも、全体としてみるとB指標が100以上である。つまり、1871年6月時点で1歳未満であった他地域の「その他の牛」が1年間のうちに流入し

第6章　北部アルスター経済

てきている。そして重要なことは、農地規模別に見ると流れが反比例することである。規模が大きくなれば流入し、小さくなれば流出している。南北ラフォー2郡は全体として見れば100を下回り、全国平均（指標90）ほどではないが、わずかとはいえ流出している（指標95）。しかし、100エーカー以上を見ると、指標は159と跳ね上がり、キルマクレナン郡やレターケニー教区連合の同規模農地と比べても流入の程度は高い。他方、100エーカー未満農地を見ると、流出になり、15エーカー未満の小規模零細農地にいたると、流出の程度が極めて高くなる。

　1871年6月時点の1歳未満の「その他の牛」の1年間の流出入の動きで注目すべきことがもう一つある。レターケニー教区連合の西隣りにあって、キルマクレナン郡のほぼ西半分を占めるダンファナヒ教区連合のことである。同連合のデータを表6-14に加えたが、100エーカー以上の農地におけるB指標が202と非常に高い。ダンファナヒの町を中心に大西洋岸地域を多く抱える同教区連合の大規模農地が1歳未満の子牛を周辺農地から多数集めていたのである。

　さらに注目すべきは、ダンファナヒ教区連合（C指標270）が、また、同連合と地域が重なるキルマクレナン郡（C指標162）が、1872年6月時点の1歳以上2歳未満の「その他の牛」をさらにもっと多く集めていることである。後にミーズ県を扱うが、かの地では他地域から、あるいは中小規模農地から多数の若い肉牛を集めて、半ば肥育、あるいは、最終肥育を大規模におこなっていた。ミーズには及ばないが、アイルランド北西端のドニゴールで、しかもさらに、その西端のダンファナヒで、かなりの程度大きな規模で半ば肥育（あるいは仕上げ肥育）がおこなわれていたことを推定させる。先に引用したが、『ベイスライン報告』ガハン・ダンファナヒ報告の「そこ（ダンファナヒなど）には多数の資力のある農民がいて、かれら全員が1人ないし2人の男性を雇っている。あるばあいは常雇の労働であり、他のばあいは臨時の労働である。地域には2人の大きな土地保有者がいる。両人とも多数の男たちを農場やその他の労働に常雇いしている」との記述はなお一層上記の事態を想

第2部　アイルランド農業の担い手を地域から見る

起させる。

　他にも指摘すべきことがある。春に生まれたばかりの子牛の初夏6月初めまでの移動についてである。100エーカー以上農地の指標Aを見よう。1871年6月時点の乳牛100頭当たりの、同じ時点の「その他の牛」1歳未満の頭数が指標Aである。母牛である乳牛の繁殖率が全国的にあまり大きな差がないと前提すると、レターケニー教区連合の指標Aが110で、全国平均の55よりかなりの程度上回っている。そのばあい、同教区連合に1871年春から6月にかけて子牛が多数流入したと考えられる。レターケニー教区連合の大規模農地は、他地域から集めてきた子牛も含めて若い肉牛を飼育する地域であったといえる。

　最後に、レターケニーにおける牛などの家畜が取引されるフェアについて一言付け加えておこう。すでに表6-13で示しているが、レターケニーでは1873年に19回もフェアが開かれる予定であると1873年版『農家年鑑』が報じていた。『1837年ルイス・アイルランド地誌辞典』が年5回、1850年代のフェア・マーケット調査が年4回開催されているとしていた。19世紀後半、レターケニーにおけるフェア開催回数の急増は、同地を中心とした牛をはじめとする家畜の移動と取引がいかに活発に発展したかを示している。この19回のフェア開催において、この後に考察するレック教区 Parish of Leck のオールド・タウンも重要な役割を果たしていた。『1837年ルイス・アイルランド地誌辞典』の項目 Leck に「大規模な牛フェアがオールド・タウンで6月8日に開かれている」と記されているが、これは1873年版『農家年鑑』が報じた6月9日のフェアのことであろう。

　以上、ドニゴール県のキルマクレナン郡と南北ラフォー2郡、それにレターケニー教区連合、さらに、ダンファナヒ教区連合において、肉牛（その他の牛）生産の経営内容が大規模農地と中小規模農地で明瞭な違いがあり、中小規模農地から大規模農地への牛の移動という分業関係にあったことがわかった。経営内容の相違が担い手の労働力構成の相違に連なっていたのか、大規模経営に賃労働関係が生まれていたのか、『ベイスライン報告』ガハン・ダ

ンファナヒ報告以外、この点を明示する資料はまだない。農地規模別の労働力構成が明らかになるのは1912年からであることは既に述べている。ただ、レターケニー教区連合における農業労働者の概要はわかる。さらに、先に見たように、1890年代に重要な二つの調査結果がある。まず、他地域との比較のためにも、1871年センサスにより、農業労働者の位置を「農家・牧畜業者家族労働力」と対比して検討しよう。次いで、1890年代労働調査委員会『マクレー・レターケニー報告』を改めて見ることにしよう。

(b) レターケニー教区連合とレック教区の農民層分解

　レターケニー教区連合を少し説明しておこう。キルマクレナン郡と北ラフォー郡に跨っていると述べたが、キルマクレナン郡に位置する教区は西と北からガータン、キルマクレナン、コンワル Conwal、アハヌンシン Aghanunshin、オーフニッシュ Aughnish となり、東の北ラフォー郡にレック、ラフォー、レイモヒ Raymoghy、それに、オールセインツ Allsaints が位置する。町が五つある。1871年センサスで住民数が多いものから順にいうと、レターケニー（2,116人、コンワル教区、地図6-5の22番）、ラスメルトン Rathmelton（1,134人、オーフニッシュ、26番）、ラフォー（1,021人、同名教区、13番）、ニュータウンカニンガム Newtowncunningham（235人、オールセインツ）、マナーカニンガム Manorcunningham（234人、レイモヒ、12番）、それに、キルマクレナン（158人、同名教区、25番）である（地図6-5参照）。

◆レターケニー教区連合の農業労働者と農家家内労働者

　レターケニー教区連合の農業労働力を1871年センサスで明らかにしたのが表6-15である。教区名下の数字は面積（a. は acre の略）。

　1871センサス職業統計のレターケニー教区連合のデータを整理したが、これまで扱った教区と同じく20歳以上の男女に限られている。この後に見る1890年代労働調査委員会マクレーの分類に従ってまず農業労働者としたのは、「農場監督」、「農業労働者（通い）」、「羊飼い（通い）」、それに、「農場使用人（住み込み）」である。それに、「一般労働者」中と、「職業無記名者」中

表6-15 レターケニー教区連合の農業労働力（20歳以上男女に限定。1871年）

雇用労働力と農家家族労働力	レターケニー 101,246a.	
	男性	女性
農場監督		
農業労働者(通い)	370	6
羊飼い(通い)	6	
農場使用人(住み込み)	825	46
一般労働者中の農業労働者	439	9
職業無記名者中の農業労働者	13	810
小　　　計	1,653	871
農業労働者合計	2,524(77)	
農家・牧畜業者	1,874	129
上記妻		1,101
農家の子孫、兄弟姉妹、甥姪	37	133
小　　　計	1,911	1,363
農家・牧畜業者家族労働力合計	3,274(100)	
総　　　計	3,564	2,234
男女総計	5,798	

注）一般労働者中の農業労働者は、第Ⅳ「農業部門」と、第Ⅲ「商業部門」に第Ⅴ「工業部門」を足した人数との比を男女それぞれ出し、それに基づいて按分した。農業部門の女子には第Ⅱ「家内労働部門」の「農家・牧畜業者の妻」を加えた。男性の比は10対2.2、女性は10対5.7となる。職業無記名者中の農業労働者も同様に推計した。
出典）1871年センサス職業統計。

の推計農業労働者を加えた。農民とは誰々か、それを確定するのは難しい。ここでも、センサス中の「農家・牧畜業者」と、その「子孫、兄弟姉妹、甥姪」、それに、部門Ⅱ「家内労働部門」のうちの「農家・牧畜業の妻」を加えて、農家・牧畜業者家族労働力とした。

　農家・牧畜業者家族労働力数100に対して農業労働者数77となっている。

第6章 北部アルスター経済

デリー県マヘーラフェルト教区連合の65にくらべると、雇用労働者への依存の度合いは高い。しかし、全国平均86より低く、マンスター3教区連合と比較すればはるかに低い。

女性だけを見ると、雇用労働者への依存の度合いはもっと低くなる。農家・牧畜業者家族労働力の女性100人に対して、女性の農業労働者は64人となる。農業労働者のうちでも、男性に対して女性は半数に過ぎない。

さて、後段（d）「ラガン行き、スコットランド行き」と深く関わることを少し先取りして述べておかねばならない。実は後に見るように、1890年代の資料によれば、特に西ドニゴールなどからラガンに出稼ぎに来る農業労働者が多数いる。取り上げなければならないのは、こうした出稼ぎ労働者が1871年センサスの上記表6-15に含まれているのか、という問題である。キルマロックなどを検討した第5章で既に述べているが、1871年センサスは同年4月2日夜の時点における各「家族」を対象に、家族員だけでなく、同居、逗留している者についても調べている。ラガンへの出稼ぎがセンサス調査時点以前なのか、あるいは、以後なのかが確認すべき要点となる。

結論を先取りするようであるが、後段で検討する若い男女のラガン行きは、5月に開かれるレターケニーの雇い入れフェア hiring-fair をめざすので、レターケニーの表6-15に含まれていないと考えられる。ただ、これも後に見るが、スコットランドに行く成人男子のばあい、途中、ラガンで稼ぐこともあると報告されたりする。そしてかれらは、自分の畑で作物の植え付け、播種を終えるや否やスコットランドに向かうと言われる。例えば、ジャガイモやオート麦のばあい、3月中に植付けや播種が終えられることがあるので、こうしたスコットランド行きの成人男子が表6-15に入っている可能性がある。ただ、どの職業名なのか推測するのは難しい。「農場使用人（住み込み）」なのか、あるいは、農場主の住宅とは別の宿泊施設を利用して、そこから働きに行く「農業労働者（通い）」なのか、それとも、別の何か。センサス調査個票にまで訊ねなければならないかもしれないが、それらは1922年の内戦時期に焼失してしまったと言われている。

ところで、そもそもデータが20歳以上に限定されていることは、20歳未満の若い女性や少女の農業労働者を枠外に追いやってしまうが、この点は全国でも、マンスター3教区連合でも同じで、レターケニー教区連合に限られたことでない。何か事情があるのだろうか。この点も念頭に置いて、1890年代労働調査委員会マクレー報告、さらに、『ベイスライン報告』の分析に進むことにしよう。

◆1890年代労働調査委員会マクレー報告

既に触れているが、王立労働調査委員会副委員のマクレーは、1892年から3年にかけて11の教区連合（14の県）におよぶ調査をおこない、11教区連合全体の概要報告と各教区連合ごとの報告を提出している。ここではレターケニー教区連合報告を主に見ることにする。[55]

マクレー報告の要旨をレターケニー教区連合における農業労働者の観点から整理する。

第一は、1880年代の10年間に農業労働者、すなわち、「農場監督」、「農業労働者」（含む小屋住み）、「羊飼い」、「住み込み農場使用人」、「一般臨時労働者」が27％減少した、特に、地域に住む労働者が減少したと述べていることである。そしてこの減少は、「海外移民と、イングランドやスコットランドへの移住 removal の結果であり、もしこの流出が続くと、まもなく労働の決定的不足をきたすに違いない」としている。

マクレーは概要報告で、町への移住も原因に加え、「最良の男たちが海外に移民したり、町に移住したりしている」とさえ述べている。

第二は、「居住労働者の重大な減少にかかわらず、この地域（レターケニー教区連合）の東部では比較的大きな規模の農場の農民たちのほとんど全てが、かれらと同じ地域に十分な労働供給があり、収穫期には若干の出稼ぎ労働の助けもあると言い、他方、北部や西部に住む幾人かは労働を得るのが困難であると言っている」と報告している。さらにこうも述べている。「農場の平均的規模は教区連合の西側よりも東側の方がはるかに大きく、したがって、はるかに多数の労働者が東側にいる」と。

第6章　北部アルスター経済

　第三は、「西ドニゴールからこの教区連合や周辺地域へ家内使用人 domestic servants, both male and female が恒常的にやって来る上に、夏期と収穫期に多数の出稼ぎがやって来る」。さらに、「西部の男たちがスコットランドや、あるいはイングランドに行く通り道にするので、かれらのうちの若干の者はこの地で雇われる」。

　マクレーはさらに雇用条件、特に雇用期間によって農業労働者を分類している。まず、以下の3分類を挙げている。

　　（1）1年通した雇用で、有能な多くの男性にたいするものとしている。規則的に支払われる賃金に、小屋と菜園、それにジャガイモ栽培地を加えられる。かれら男性はしばしば同一農場に長期間留まるとしている。

　　（2）半年間雇用で、雇用主の住宅での賄い付きであるが、自分の小屋で寝泊まりする。小屋にたいしてある者は借家料を払い、他の者は雇用契約の一部として保有する。両方とも週給である。

　　（3）臨時労働者 casual labourers で、1日、1週間、あるいはもっと長く雇用する。大規模農民のばあい、臨時労働者は自宅で食事をとるのが普通であるが、小規模農民のばあい、臨時労働者は農民から食事を与えられる。

　以上、この（1）～（3）は、レターケニー教区連合という「地域に住む労働者」のことを述べていると考えてよい。（2）の半年間雇用のばあいでも、自分の小屋を住宅として保有している。借家であっても、現物給付としてであってもそうであるとしている。（3）の臨時労働者のばあいでも、小規模農民に雇われるのは賄い付きであるが、自宅を保有している。（1）の1年通した雇用の労働者は雇用主から「小屋と菜園、それにジャガイモ栽培地」があてがわれていて、長期間同一農場に留まることもしばしばあるとしている。

　マクレーはこうした自らの住宅を保有する「地域に住む労働者」の上に、雇用主の住宅に住み込む労働者を挙げている。

(イ) 雇用主の住宅で寝食付きで半年雇用の住み込みの農場男性と少年たち。

(ロ) ドニゴール県西部からレターケニーにある半年雇用市場にやってくる多くの少年や少女たち。大変年若い頃から始めるので、未成年の間は父または母に伴われる。父母は契約を交わし、次の年の同じ時期になると若い者の再契約と子供たちの稼ぎの一部を受け取りにやって来る。これらの若者の多くはロンドンデリー県とティローン県に入っていき、小規模な農場の住み込み使用人となる。同地域ではかれらの奉公に対する需要が絶えずあり、かれらは上記の県に定住することがしばしばあるが、当地生まれの住民が海外に移民したために生じた隙間を埋めている。そしてマクレーはこう述べている。これらの貧民蝟集地域が与えてくれる労働供給に頼っている間、レターケニー教区連合、あるいは隣接諸県において永続的な労働不足という危険は一切ないと思われると。

(ハ) 西ドニゴールから、夏期と収穫期にやってくる多数の出稼ぎと、すでに触れていて重複するが、スコットランドや、あるいはイングランドに行く通り道にするので、かれらのうちの若干の者はこの地で雇われる西部の男たちを挙げている。

上記(ロ)(ハ)はドニゴール県西部あるいは西ドニゴールからの出稼ぎである。(イ)の半年雇用の住み込み男性と少年も出どころは述べられていないが、おそらく出稼ぎであろう。

以上、マクレーが報告で語った農業労働者を整理したが、本書が検討すべきことがいくつもある。ここではセンサスからわかる限りにしよう。

最初は、第一で述べられている、「地域に住む労働者の減少」ということに関わる。今、レターケニー教区連合の1841年以降の住民総数をセンサス報告から取りだしてみた。次のようになる。1841年25,682人、51年20,665人(-19.5%)、61年18,932人(-8.4%)、71年17,113人(-9.6%)、81年15,371人(-10.2%)、91年13,650人(-11.2%)。51年以後の括弧内数字は過去10年間における住民数減少率を示している。

第6章 北部アルスター経済

　大飢饉の影響を被った1840年代の大幅な減少におよばないが、マクレーが言うように、1881年以降の10年間における住民減少の程度は一番大きく11％も超えている。1851年以降、住民数の減少の規模が漸増的に大きくなってきていることがわかる。

　この住民減少の原因が海外移民（含む大ブリテン）や、町・都市への移住によるものであると思われるが、それについては別途調べる必要がある。

　次は、第二で述べられている、レターケニー教区連合東部とは何処であろうか。先に教区連合を構成する教区をキルマクレナン郡と北ラフォー郡に分けて示したが、東部、東側とは間違いなく北ラフォー郡地域のことであろう。

　では、東部の比較的大きな農場では、「居住労働者の重大な減少にかかわらず（中略）近くに十分な労働供給」があるとしているが、どういう事態として理解すればよいのだろうか。「収穫期には若干の出稼ぎ労働の助けもある」と別に書かれているので、出稼ぎでない労働者のことであることは間違いない。「かれらと同じ地域に」の原文は in their locations である。周辺に、賃稼ぎが不可欠な貧しい農業従事者、つまり貧農が多く住んでいたのであろうか、あるいは、町が近くにあり、通いの農業労働者がいたのだろうか。

　貧農と考えられる農業従事者がどの程度いたか、この点を明らかにするには農場規模別分析が重要である。しかし残念ながら、何度も触れているように、農地規模別のデータはあるが、複数農地から成る農場を補足することが不可能である。制約があるが、ここでは面積規模別農地の構成を示しておこう。

　1873年農業統計によると、レターケニー教区連合における農地総数は2,221である。その規模別構成は、15エーカー未満の小規模零細農地が628で、農地総数の28％を占めている。これらの農地を仔細に見ると、1エーカー未満が35、1エーカー以上5エーカー未満が125、5エーカー以上15エーカー未満が463であった。これらのなかには大きな農場の一部を構成する農地があるかもしれない。この点に留意しつつも、これら小規模零細農地の保有者の中に、農業だけでは家計が維持できず、他人の農場で賃稼ぎを余儀なくされ

る者がいる可能性がある。農業労働者でなく、他の方法で現金稼ぎをしなければならなかった者もいたかもしれない。農業統計からはこうした可能性の指摘にとどめざるをえない。

　なお、レターケニー教区連合における15エーカー以上の農地についても記しておこう。15エーカー以上100エーカー未満の中位規模農地は1,450と多数で、農地総数の65％も占めている。因みに、この農地群のなかでは、15エーカー以上30エーカー未満が721で最大多数であり、50エーカー以上100エーカー未満は284である。

　100エーカー以上の大規模農地はどうか。148農地があり、200エーカー以上だけでも57を数えている。

　このレターケニー教区連合において、農地規模別データの制約を超えるために、地方税評価簿に記載されている農地占有者の名寄せをして、複数農地から成る農場を明らかにしよう。ただし、膨大なデータ処理になるため、特定地域、レック教区に限っておこなう。

◆ラガンの『レック教区評価簿』分析——その一、富農による亜麻機械打ち

　レターケニー教区連合の東部、ドニゴール西部から毎年多数の出稼ぎがやって来るラガンに行こう。このラガンの北半分に相当するのが北ラフォー郡であり、その一角にレターケニーのオールド・タウンを含むレック教区がある。もちろんレターケニー教区連合の東部に位置する。このレック教区の地方税評価簿を分析する。[56]

　さて、ドニゴール県、そのうちで特に、キルマクレナン郡や南北ラフォー郡では、盛んな亜麻栽培のうえに、多数のスカッチング作業場（亜麻機械打ち）が操業していたことは既に確認した。郡別にみて、最も多くのスカッチング作業場があったのはデリー県ロッヒンショーリン郡の87カ所であったが、北ラフォー郡が85カ所、キルマクレナン郡が66カ所、南ラフォー郡が49カ所であった。これらのドニゴール諸郡に隣接し、あのシオン・ミルズが立地するロウワー・ストゥラバーン郡が67カ所であった（表6-7、6-8）。レック教区の地方税評価簿にスカッチング作業場が出てくる。まず、この点から見

第6章　北部アルスター経済

るが、レターケニーとそれに隣接するレック教区タウンランドを確認しよう。
　レターケニーとレック教区タウンランドを示す表（表6-16）と地図6-6を作成した。
　まず、地図について説明しよう。
　レック教区はスウィリ川 the Swilly の南側にある。レック教区は次の5教区に隣接している。北側にアハヌンシン教区 Aghanunshin Parish がある。北と西にコンワル教区 Conwal Parish があるが、レック教区のアーダヒー Ardahee（4番）とバリコネリ Ballyconnelly（5番）の二つのタウンランドが飛び地になっている。南側には西からコンヴォイ教区 Convoy Parish、ラフォー教区 Raphoe Parish、それに、レイモヒ教区 Raymophy Parish がそれらである。図の真ん中の上部、スウィリ川を挟んで北側に Lk と記しているのがレターケニー Letterkenny のタウンランドで、そこに街がある。
　教区には大きな川と小川が流れている。既に述べたが、大きなスウィリ川が教区の北側の境界になっている。小さな川コラヴァディ小川 Corravaddy Burn が14番のグレノッホティ Glenoughty から3番のブナゲー Bunnagee まで流れてスウィリ川に合流している。また、南端の23番ドゥーバラッハ Dooballagh から流れ、39番プラック Pluck で左折して、38番ロスブラッハン Rossbrachan の東の境を北上し、スウィリ湾に注ぐドゥーバラッハ小川 Dooballagh Burn がある。これらの川は波線で表している。37番のアハレハード Aghlehard の真ん中を横断している以外は、タウンランドの境となっている。
　これらの川や小川に沿って亜麻機械打ち作業場 flax mill や粉ひき水車場 corn mill が立地している。亜麻機械打ち作業場を●黒丸、粉ひき水車場を△三角で示している。18番に○白丸がある。少し前まで亜麻打ち作業場であったことを示している。地図の西端に飛び地がある。そのうちの5番バリコネリー Ballyconnelly に●黒丸を記入して亜麻機械打ち作業場があることを示している。教区の中央部を流れるコラヴァディの小川に沿った15番バリボー Ballyboe と16番アーダガニー Ardaganny、それに18番キャリガリー Carry-

519

表6-16　レターケニーとレック教区タウンランド

記号	タウンランド	エーカー	記号	タウンランド	エーカー
Lk	Letterkenny	395	1	Oldtown	100
2	Drumnahoagh	260	3	Bunnagee	140
4	Ardahee	56	5	Ballyconnelly	149
6	Rock Hill	250	7	Creeve Glebe	295
8	Creeve	232	9	Rann	518
10	Calhame	125	11	Woodpark	92
12	Lismonaghan	155	13	Scribly	213
14	Glenoughty	297	15	Ballyboe	131
16	Ardaganny	416	17	Curragh	125
18	Carrygally	145	19	Fycorranagh	88
20	Cullion	145	21	Coaghmill	46
22	Glentillid	309	23	Dooballagh	1,233
24	Corranagh	596	25	Listellian	651
26	Lurgy	278	27	Knockbrack	447
28	Treanavinny	165	29	Lurgy Brack	81
30	Drumany	271	31	Dromore	381
32	Drumgreggan	83	33	Farsetmore	125
34	Trimragh	328	35	Drumardagh	335
36	Magheraboy	319	37	Aghlehard	516
38	Rossbrachan	247	39	Pluck	129

出典）1871年センサス、『レック教区評価簿』、ウェブ版『グリフィス評価原簿』、同陸地測量部地図。

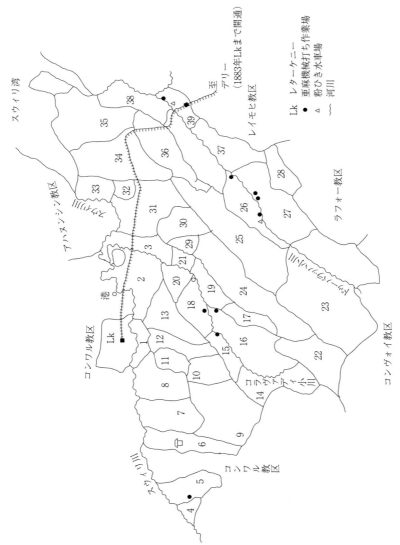

地図6-6 レック教区タウンランドとレターケニー

gally に亜麻機械打ち作業場●3軒と閉鎖中と思われる○1軒[57]が近接して立地している。南部のドゥーバラッハ小川に沿っても5軒の亜麻機械打ち作業場がある。26番ラージー Lurgy と27番ノックブラック Knockbrack に合わせて4軒、少し飛んで、教区東端の39番プラック Pluck に1軒が立地している。

　鉄道路線を書き込んだ。1883年、レターケニー(Lk)をデリーに繋ぐレターケニー鉄道が開通した。地図6-5に書いたように、1864年にデリーからイニシュオーウェン半島のブンクラーナ Buncrana に鉄道が開通し、その途中のバーンフット Burnfoot から路線が分かれてレターケニーまで開通したのである。レック教区内にはもう一つ駅がある、プラックである。なお、レターケニー鉄道は北に延伸し、1903年、キルマクレナンやダンファナヒを経てバートンポート（地図6-5のB）に達している。[58]

　ここで、『レック教区評価簿』から同教区にある亜麻機械打ち作業場をまず見ることにする。というのもこの後で、同評価簿を分析して明らかにするレック教区における農民層分解に、亜麻機械打ち作業場も含めることができるからである。1873年農業統計は、レック教区に亜麻機械打ち作業場が10軒あるとしていた。『レック教区評価簿』は、上で触れたように、1880年代において9軒が稼働していて、1軒が「閉鎖中か？」と記録している。表6-17「レック教区の亜麻機械打ち作業場」を作った。「閉鎖中か？」と付記されているのは5番目の作業場である。

◆ドブソン

　西から見よう。教区西端の飛び地となっているタウンランドのバリコネリー（地図記号5）に、ドブソン T. Dobson が、土地（65エーカー強、評価額34ポンド）、亜麻機械打ち作業場とオフィスの建物を持っている。合計評価額は40ポンドである。かなりの規模の土地である。亜麻も栽培しているのだろうか。なお、この亜麻機械打ち作業場は、ウェブ版『グリフィス評価原簿』と陸地測量部第一版地図にも出てくる。少なくとも1840～50年代から経営されていた。[59]同地図を見ると、近くにスウィリ川の小さな支流があり、その傍

第6章 北部アルスター経済

表6-17 レック教区の亜麻機械打ち作業場

	経営者氏名	位置	農地面積 エーカー	土地 £ s	建物他 £ s	評価額計 £ s	備考
1	T・ドブソン	5	65 1 10	34	6 0	40 0	1農地
2	J・ディーヴァ	15	66 1 15	28 10	5 0	33 10	4農地
	B・ディーヴァ	16	43 3 15	16 15	3 10	20 5	2農地
3	R・ウィリー	18	68 0 8	25 0	6 10	31 10	1農地
	A・ウィリー	18	77 2 20	35 10	2 0	37 0	1農地
4	S・マクリントック	26	46 2 0	17 15	21 5	39 0	flax mill £2 10s.
5	D・ムーア	26	30 0 0	21 0	2 10	23 10	2農地
6	R・ムーア R・ムーア	27	108 2 0	27 15	7 15	35 10	2軒の作業場
7	W・C・マーシャル	39	61 1 4	49 0	36 10	85 10	粉ひき場、脱穀場も

注)位置に示した数字は表6-16と地図6-6のタウンランドの記号番号である。農地は acre、rood (1/4 acre)、perch(40p. で1 rood と換算している)。土地と建物は評価額である。

に亜麻打ち場がある。近くには水車用貯水池 mill pond や水車用流水溝 mill race もあり、ドブソン亜麻打ち作業場は水車によるものと考えて間違いない。

　ドブソン農場の土地は65エーカー強とかなりの程度広く、その上に、亜麻機械打ち作業場を経営している。しかし残念ながら、この農場の、亜麻機械打ち作業場の担い手としての労働力に関する情報は、家族労働力の他には与えられていない。ただ少々飛躍するが、バリコネリのタウンランド内に限ってもヒントらしきものはある。タウンランドは地番5まであって、ドブソン農場は地番4となっている。地番1は30エーカー強で、土地と建物の合計評価額は28ポンド10シリングである。地番2はドブソン農場に隣接していて、6エーカー強と小さく、合計評価額は空き家1軒分（5シリング）も含めて4ポンド10シリングである。地番3も隣接していて、36エーカー強の農地を3人が共同占有している。1人の評価額は6ポンド10シリング、残りの2人

のそれは3ポンド5シリングずつで、3人の住宅は全て5シリングとなっていて、合計評価額は最初の1人が6ポンド15シリング、残りの2人が各3ポンド10シリングとなっている。地番3の農地は中規模の36エーカー強であるが、共同占有する3人で割れば小規模零細になり、かれらがこの農地で自立した農業を営むことは厳しく、他に家計を補充する方策を講じる必要があると考えられる。もう一つ隣接農地がある。地番5Aと5B(両地合わせて11エーカー弱、両地合わせた合計評価額12ポンド10シリング)で、キーン J. Keane が占有している。

バリコネリの住人のうち少なくとも、地番2の占有者クリーム J. Creem と、地番3の3人の占有者、ケネディ J. Kennedy、マクガヴァーン M. McGavaghan、それにマクドネル J. McDonnell のうちには、ドブソン農場・亜麻機械打ち作業場で働いている者がいたかもしれない。

◆ジョンとバーナード

　教区中央部にコラヴァディの小川が流れている。バリボー(15)とアーダガニー(16)、それに、キャリガリー Carrygally (18)の三つのタウンランドが小川を境に隣接している。この小川に沿ってバリボーに1軒、アーダガニーにも1軒、キャリガリーに2軒の亜麻機械打ち作業場が立地している。コラヴァディ小川の水力による亜麻打ち作業場であったと考えられる。

　バリボーの亜麻機械打ち作業場の持ち主はジョン・ディーヴァ John Dever (表2番)、隣のアーダガニーにある亜麻機械打ち作業場はバーナード・ディーヴァ Bernard Dever (表2番)が持ち主である。2人は同姓である。しかも、亜麻機械打ち作業場が立地するアーダガニー地番1aの土地50エーカー強を共同占有し、地方税課税評価額20ポンド10シリングを折半している。

　このジョンとバーナードの関係はいかなるものであったのか。本書の結論は2人は兄弟で、ジョンが兄、バーナードが弟であったと考える。何故か。ウェブ版『グリフィス評価原簿』(1858年印刷公表)にヒントがある。2人が共同占有するアーダガニー地番1a (50エーカー強)の土地は、1858年時点ではパトリック・ディーヴァ Patrick Dever が占有していた。そこには亜麻機

械打ち作業場はなかった。パトリックは2人の父で、かれの死亡により兄弟2人が折半で土地を相続したと考えられる。その土地には住宅があったが、この住宅はバーナードが相続した。というのも、『レック教区評価簿』ではバーナードがアーダガニー地番1aで住宅等を占有しているからである。そして住宅等の建物のなかに亜麻機械打ち作業場がある。この作業場は父パトリックが作ったもので、バーナードが相続したものなのか、あるいは、バーナードが建てたものなのかいずれかである。

　何故、ジョンが兄だと考えたのか。ウェブ版『グリフィス評価原簿』によると、1858年時点において既にジョンは、タウンランド15番のバリボー地番3にある土地と住宅を占有していた。このことからジョンの方が年長であったと考えた。なお、1858年時点では、この土地に亜麻機械打ち作業場はなかった。

　ジョンとバーナードが兄弟であったとすると、ジョンが経営する4農地からなる農場（土地面積66エーカー強）と亜麻機械打ち作業場、バーナードが経営する2農地からなる農場（43エーカー強）と亜麻機械打ち作業場、これらの二つの農場と2軒の亜麻機械打ち作業場の経営に何らかの連係、共同があった可能性があったと考えられる。この点を強く思わせる事実もある。『レック教区評価簿』によると、バーナードが「直接の貸手」（大家）となっている住宅3戸（全て評価額5シリング）がアーダガニー地番1aにある。これらは父のパトリックの時代からのことで、労働者が居住する住宅と考えられる。また、ジョンが占有する住宅が3戸ある。つまり、ジョン一家が居住する住宅の他に、住み込み労働者を住まわせることが可能な住宅を2戸占有していた。以上の事実は、ジョンとバーナードの間で、少なくとも、それなりの規模の2農場（合わせると100エーカーを優に超える）と2軒の亜麻機械打ち作業場の働き手のやり繰りをしていたと推測する。

　以上から、ジョンとバーナードについては一つの経営体であったと見做してもよいだろう。

第2部　アイルランド農業の担い手を地域から見る

◆キャリガリーの2人のウイリー

　キャリガリー（タウンランド18番）にある亜麻機械打ち作業場は少々詳しく見なければならない。2軒あるが、うち1軒には「亜麻機械打ち作業場は閉鎖中か？　Flax mill down」と査定人が所見欄に注記しているからである。この注記があるのは、地番1（77エーカー強、土地評価額35ポンド10シリング、建物2ポンド、合計37ポンド10シリング）でアラン・ウイリー Allan Wylie が占有している。もう1軒は地番2（68エーカー強、土地評価額25ポンド、建物6ポンド10シリング、合計31ポンド10シリング）にある亜麻機械打ち作業場で占有者はロバート・ウイリー Robert Wylie である。

　今度も、同姓のアランとロバートの関係はどうか考えよう。ウェブ版『グリフィス評価原簿』によれば、1858年時点において既に地番1と地番2に亜麻機械打ち作業場があった。それぞれの土地面積は1880年代『レック教区評価簿』とまったく同じである。1858年時点においては亜麻機械打ち作業場を含む建物評価は両者とも6ポンド10シリングであった。1880年代になると、『レック教区評価簿』の地番1の建物評価簿の方が4ポンド10シリングも減り、2ポンドになっている。この変化は何を示すのか。実は、この地番1は、住宅、農業建物、亜麻機械打ち作業場を含めて、1858年時点で既にアランが占有していた。そして、住宅はこの他に2戸あって、それらはアランが「直接の貸し手」となるものであったが、いずれも空き家であった。

　もう一方の、地番2の土地と建物（住宅、農業用建物、亜麻機械打ち作業場）は、1858年時点においてレアード J. Laird なる人物が占有していた。そこには2戸の住宅が別にあり、テイラー R. Taylor とブレスラン J. Breslan が占有していた。地番2のこれらの不動産は、1880年代『レック教区評価簿』ではロバートが占有している。つまり、1858年以降のいずれかの時点で、ロバートが入手したということである。

　地番2の、1858年時点にレアードが住んでいた住居にロバートは入居したが、これとは別の2戸の住宅にはR・テイラーとJ・ブレスランが引き続き住んでいた。ロバートがレアードからそこの住人も含めて不動産をあたかも

第6章　北部アルスター経済

相続するかのようにして引き継いでいる。テイラーとブレスランはレアード農場でおそらく長く働いてきたのだろうが、ロバートが引き継いだ後においても同じ農場の労働者に留まったと考える。

　地番1の方はどうか。1858年時点においてもアラン・ウイリーが占有し、亜麻機械打ち作業場もアランが経営していた。ただ、アランの住居ではない住宅bとcはいずれも空き家となっていた。1880年代『レック教区評価簿』ではそうではなくて、住宅bはダンレアリ B. Dunleary が占有・居住し、住宅aはハスキン M. Haskin が占有・居住している。「直接の貸し手」はアランである。ダンレアリとハスキンはアラン農場の働き手であることは間違いないだろう。

　ところで、1858年時点ではアランの亜麻機械打ち作業場は稼働していた。しかし同じ土地にある住宅aとbは空き家であった。他方、1880年代『レック教区評価簿』では住宅aとbには住人がいたが、アランの亜麻機械打ち作業場は Flax mill down？（閉鎖中か？）と評価額査定人が所見欄に注記している。働き手になりうる人がそばに住んでいるのに、この作業場は稼働されていないかもしれない。実際、既に触れているように、査定人の評価額査定は、作業場を含めた建物全部で2ポンドで、1858年『グリフィス評価簿』の6ポンド10シリングに比べて4ポンド10シリングも減額されている。これだけ大きな減額は、亜麻機械打ち作業場が稼動されていないとの査定人の認識に基づいていたと考えられる。仮にそうであっても、ダンレアリとハスキンがアラン農場の担い手として役割を果たしていたことはもちろんである。

　では、アランとロバートはいかなる関係にあったのだろうか。親子であったと推測する。アランはグリフィス評価簿の1858年に既に亜麻機械打ち作業場を含む農場経営にあたっていた。また、隣地ではレアードも亜麻機械打ち作業場を含む農場経営をおこなっていた。ところが、いずれかの時点かでレアード農場がロバートの入手するところとなった。キャリガリはアラン・ウィリー農場とレアード農場の2農場から成るタウンランドであった。隣のレアード農場を相続するものがいなかったのであろうか、レアードの亜麻機

械打ち作業場のこともよく知っていたアランが、そっくりとレアード農場を引き継ぐ形で買い取り、息子のロバートに占有させて、経営を任せたと推測する。

そして、アランは、長年経営してきた亜麻機械打ち作業場よりも、新たに入手した、息子のロバートが経営する亜麻機械打ち作業場に重心を移していった可能性がある。そうであるから、レック教区評価簿の査定人に、アランの亜麻機械打ち作業場は稼働停止になっているのでは、と思わしめたと考えられる。

以上から、アランとロバートについても一つの経営体であったと見做すことにする。

◆ドゥーバラッハ小川沿いの水車群の亜麻機械打ち作業場

最後は教区南部から北東部にかけてである。地図6-6で示したドゥーバラッハ小川に沿った地域で、亜麻機械打ち作業場●が5軒ある。製粉場も2軒ある。ドゥーバラッハ小川に沿って水車が立ち並ぶ風景が目に浮かぶ。亜麻機械打ち作業場はラージー Lurgy（タウンランド26番）に2軒、ノックブラック Knockbrack（27番）に2軒、それにプラック Pluck（39番）に1軒ある。これらの他に、粉ひき水車（製粉場）△も2軒ある。

まずラージーの2軒の亜麻機械打ち作業場から見よう。最初のものはサラ・マクリントック Sarah McClintock が地番4cで経営しているものである（評価額2ポンド10シリング）。マクリントックは地番4bに住宅と複数のオフィス、それに製粉場、そして土地（46エーカー強、18ポンド弱）を自己占有している（製粉場を含めた建物評価額18ポンド15シリング）。1871年に解体されるまで、もう一つ亜麻機械打ち作業場が地番4dにあった。これらの亜麻機械打ち作業場や製粉場、土地や住宅はデイヴィッド David・マクリントックが占有し、サラ・マクリントックが「直接の貸手」となっている。なお、地番4eから4gまで「直接の貸手」がデイヴィッド David・マクリントックとなっている3戸の住宅があったが、1866年に2戸、1870年に1戸が解体されている。そして、1878年、4bと4cの土地と亜麻機械打ち作業場や製粉

場などの建物がサラ・マクリントックが自己占有することになった。

　サラとデイヴィッドはいかなる関係にあったのか、およそ推測することができるが、ここで、ウェブ版『グリフィス評価原簿』（1858年）にアクセスしてみよう。参考になることがあるかもしれない。ラージー地番4bから4dの土地、住宅と複数のオフィス、2軒の亜麻機械打ち作業場と1軒の製粉場をサムエルSamuel・マクリントックが占有していた。4eから4hの4戸の住宅も保有し、「直接の貸手」となって、3人に「貸し」ていた（1戸は空き家になっている）。

　推測しよう。サラとサムエルは夫婦であった。夫サムエルが1866年頃であろうか死亡し、遺産は妻のサラが相続した。ただ、土地や亜麻機械打ち作業場などの占有と経営は息子のデイヴィッドが引き継いだ。父親サムエルが健在な間は、2軒の亜麻機械打ち作業場を経営することが可能であったが、息子デイヴィッドの代になって、それが困難になり、1軒の亜麻機械打ち作業場の経営は断念した。そのデイヴィッドも1878年に死亡したか、あるいは、何らかの理由で農場と亜麻機械打ち作業場、製粉場の経営に従事することができなくなり、母サラが引き継がざるをえなくなった。

　サムエルが健在であった時期、マクリントック家は46エーカー強という中規模農地であったが、製粉場に加えて2軒の亜麻機械打ち作業場も経営する、富農と呼べる存在であった。しかし、息子デイヴィッドの代に1軒の亜麻機械打ち作業場が放棄され、そのデイヴィッドも1878年に経営から姿を消し、サムエルの妻サラが独り経営を担わざるをえなくなった。

　さて、ラージーにもう1軒の亜麻機械打ち作業場がある。地番1Bにあるデイヴィッド・ムーアDavid Mooreの亜麻機械打ち作業場と土地（28エーカー強、20ポンド弱）である。ところで、同姓のロバート・ムーアRobert Mooreがノックブラック（27番）の亜麻機械打ち作業場2軒と土地（108エーカー強、28ポンド弱）を占有している。ドゥーバラッハ小川の両側に2人のムーアが3軒の亜麻機械打ち作業場を占有し経営している。2人のムーアの関係が問われるし、その上に、ロバートが占有する108エーカー強の土地を共同占有

第 2 部　アイルランド農業の担い手を地域から見る

しているジョン・マッケニー John McKenny のことも気になる。というのも、ロバートが占有する 2 軒の亜麻機械打ち作業場とジョン・マッケニーと共同占有する108エーカー強の土地は、1877年にマシュー・マッケニー Matthew McKenny の占有からロバートに移ったものであったからである。つまり、ノックブラック（27番）亜麻機械打ち作業場 2 軒と土地はもともとマッケニー家の占有・経営であったのである。少々過去に遡る必要がある。1858年印刷公表のレック教区『グリフィス評価原簿』から事態を明らかにしよう。

『グリフィス評価原簿』によれば、デイヴィッド・ムーアは1858年時点でラージー・タウンランド地番 1 B の亜麻機械打ち作業場と土地を占有していた。

ノックブラックの亜麻機械打ち作業場はどうか。『グリフィス評価原簿』にはこうある。

　　地番 2 a　占有者：ヘンリ・マッケニー。占有不動産：住宅、オフィス、穀物乾燥場、土地。土地はジョン・マッケニーと共有で、108エーカー 2 ルードであった。ヘンリ負担の地方税評価額は土地27ポンド15シリング。建物評価額 1 ポンド15シリング、評価額合計29ポンド10シリング。

　　地番 2 b　占有者：ジョン・マッケニー。占有不動産：住宅、土地。土地108エーカ 2 ルードはヘンリと共有であったが、ジョン負担の評価額21ポンド15シリング、建物評価額 1 ポンド 5 シリング。評価額合計23ポンド。

　　地番 2 c　占有者：ヘンリ・マッケニー。占有不動産：製粉・亜麻機械打ち作業場 corn & flax-mill で、評価額 6 ポンド。

　　地番 2 d、 2 e　ヘンリが「直接の貸手」となる住宅 2 戸、評価額各 5 シリング。

1858年時点で既にジョン・マッケニーは地番 2 の108エーカー強を共同占有していた。だが、共同の相手はヘンリ・マッケニー Henry McKenny であった。そしてこのヘンリが 2 軒でなくて 1 軒の亜麻機械打ち作業場と製粉場、穀物乾燥場と 2 戸の住宅を含む108エーカー強の農場経営を主に担っていた。

第6章　北部アルスター経済

　このヘンリが占有し経営する不動産を、いつ何年のことか確認できていないが、マシューが相続した。マシューは1873年に製粉場を亜麻機械打ち作業場に改造しているが、これを加えて2軒の亜麻機械打ち作業場となった。そしてこれらをはじめとするマシュー占有の不動産が、1877年にロバート・ムーアの手に移ったのである。108エーカー強の土地はジョン・マッケニーとの共同占有のままであった。

　以上は『グリフィス評価原簿』と『レック評価簿』から確認できる事実だったといってよい。ここで、登場人物相互の関係について少々大胆な推測をおこなう。ヘンリ・マッケニーを相続したマシューはヘンリの息子であろう。このヘンリと108エーカー強の土地を共同占有していたジョンは、ヘンリの弟か、親類縁者であっただろう。マシューより年長の息子であったなら、ジョンこそがヘンリの亜麻機械打ち作業場などを相続する立場にあったであろうが、そうはならなかった。

　ジョンはヘンリと、そしてマシューと108エーカー強の土地を共同占有していたが、そこに立地する2軒の亜麻機械打ち作業場などの経営にはあまり関与していなかったと考えられる。1877年、マシューが何らかの理由により108エーカー強の土地と2軒の亜麻機械打ち作業場などの経営から退出した時、マシューに代わって土地と2軒の亜麻機械打ち作業場などの経営を引き受けたのはジョンではなく、ロバート・ムーアであった。

　では、このロバート・ムーアはいかなる関係でマシューの亜麻機械打ち作業場2軒などの経営を継いだのであろうか。大胆な推測をしよう。ドゥーバラッハ小川の対岸ラージーでデイヴィッド・ムーアが少なくとも1858年から亜麻機械打ち作業場を経営していた。このデイヴィッドは、ヘンリやその後を継いだマシューの亜麻機械打ち作業場の経営を長年にわたって目の前で見てきたし、おそらく何らかの関わりも生まれてきていただろう。そのマシューが1877年におそらく突然に経営から退出せざるをえなくなった。上に触れたが、マシューの最も近くにいたが、少々齢を重ねていて、亜麻機械打ち作業場の経営にさほど手を染めていなかったジョンがマシューを引き継ぐにはあ

まりにも荷が重かった。そのような時、デイヴィッドが動いた。デイヴィッドは1軒の亜麻機械打ち作業場を経営していた。その建物評価額は1ポンド5シリングであった。マシューが経営していたのは2軒の亜麻機械打ち作業場で、その評価額は6ポンドであった。デイヴィッドにとってマシュー経営の2軒の亜麻機械打ち作業場や108エーカー強の土地、2戸の住宅は魅力的なものであった。だが、デイヴィッドも少々年齢を重ねていた。自らの亜麻機械打ち作業場に加えてマシューの経営を引き継ぐのはあまりにも荷が重すぎた。デイヴィッドが採った策は自分の息子か、あるいは弟、少なくとも親類縁者で、ラージーの亜麻機械打ち作業場の経営に関わってきたロバートにマシューの経営を引き受けさせることであった。

ロバート・ムーアが1877年以降経営することになったノックブラックの2軒の亜麻機械打ち作業場を併設する農場108エーカー強の経営は相当大規模である。その上に、上の推測のように、ラージーの30エーカーの土地と亜麻機械打ち作業場を加えておれば、ムーア家の農場経営はかなり大きな規模になる。

最後に、レック教区の北東端にあって、ドゥーバラッハ小川がスウィリ湾にもう少しで注ぎ込むプラック Pluck（39番）の亜麻機械打ち作業場である。地番1に、ウイリアム・C・マーシャル Marshall が土地（61エーカー強、評価額49ポンド）を占有し、1aに住宅・オフィス・製粉場を持っている。そして、1bに亜麻機械打ち作業場、それに1cに、物置と脱穀場 sheds & threshing mill を持っている。同じ地番に、マーシャルが家主である住宅3戸（うち1戸は小菜園付き）があり、3人の労働者と推測する人物が占有している。この他に、マーシャルが占有する土地の「直接の貸し手」ヘイズ准男爵が家主となっている2戸の菜園付き住宅と、オフィス付き住宅もある。最後のオフィス付き住宅（評価額2ポンド）以外は、マーシャルが雇用する労働者が占有している可能性がある。なお、マーシャルの亜麻機械打ち作業場と製粉場はウェブ版『グリフィス評価原簿』では、父親であろうか、ジェイムズ・B・マーシャルが占有していたが、物置と脱穀場は1878年にウイリアムが亜麻機

第6章 北部アルスター経済

械打ち作業場を改造して作ったと考えられる。査定官が1865年に蒸気機関によって動かされる亜麻打ち機械が作られたと備考欄に記載し、別の査定官が78年に消している。

占有土地規模は61エーカー強と中位規模であるが、評価額は36ポンド強とかなり高く、製粉場や脱穀場の他に亜麻機械打ち作業場も経営、評価額合計が85ポンド強に達するマーシャル家はまさに富農経営であったといえる。

◆ラガンの『レック教区評価簿』分析――その二、評価額別農場分布

1880年代初め、『レック教区評価簿』を見ると、9人が10軒の亜麻機械打ち作業場を占有し、全員が農地も保有していた。全て30エーカー以上で、50エーカー未満が3人、50エーカー以上100エーカー未満が5人、100エーカー以上が1人（2人の共同占有）であった。経営体として見ると7件の亜麻機械打ちがあった。こうして、レック教区地域にはリネン工業の出発点といってよい亜麻機械打ち作業場が多数あり、隣県のデリーやティローン（特に西部）等にも亜麻繊維フラックスを供給していた。

後段で見るが、レターケニー教区連合にあるガータン貧民蝟集地域のシャツ裁縫に供給される布はリネンであるとガハンが報告している。要点はこうである。「シャツ縫製業がこの地域で次第に広がってきている。（中略）レターケニーに中央集配所があり、そこからミシンが配給され、また、シャツ用のリネンが供給されている」と。レターケニー教区連合、ラガン地域にはリネン産業があった。そして、相当程度の規模の農場も兼営する力のある人たちがそれを担っていた。もちろんそこでは亜麻も栽培されていた。

リムリック県キルマロックなどでおこなったのと同じ方法で表6-18「1860～80年代レック教区評価額別農場分布」を作った。なお、亜麻機械打ち経営はflax millで表示した。

レック教区は1871年センサスによると、総面積10,488エーカー強で、39のタウンランドから成る。オールドタウンと呼ばれるタウンランドも含めて、教区全体が農村地域と位置付けられている。

1860～80年代レック教区評価簿で名寄せをした結果、複数農地農場が77

表6-18　1860～80年代レック教区評価額別農場分布

評価額 £	農場数	複数地	住宅(菜園)	flax mill
15未満	128　55	20	12(2)	
5未満	37			
5～10	56			
10～15	35			
15～100	100　43	52	75-2(12-1)	7
15～30	42　18		18-2(7-1)	1
30～50	38　16		31(2)	3
50～100	20　9		26(3)	3
			労働者住宅　2	
			コッティア小屋　1	
100以上	6　2	5	2(2)	
100～200	4		コッティア小屋　1	
200以上	2			
合　計	234　100	77	89-2(16-1)	

あった。こうして数えた234農場は評価額別に次のようになる。15ポンド未満農場は128で、全農場の54.7％を占める（5ポンド未満37、5ポンド以上10ポンド未満56、10ポンド以上35）。15ポンド以上100ポンド未満は100（15ポンド以上30ポンド未満農場42、30ポンド以上50ポンド未満38、50ポンド以上100ポンド未満20）、100ポンド以上農場は6で2.6％（100ポンド以上200ポンド未満4、200ポンド以上2）である。

本表には表6-17の亜麻機械打ちの7経営体を評価額合計の分類に従って挿入している（flax mill欄）。亜麻機械打ち作業場も加えた農場評価額合計が23ポンド強が1件、30～50ポンドが3件あり、50～100ポンドが3件（うち2軒の作業場を合わせたもの2件）となっている。レック教区においては、亜麻栽培の最終部面であり、リネン工業の端緒部面とも言える亜麻打ち(スカッチング)も含めた農民層分解の姿を捉えた。

こうした評価額別農場分布であるが、同じアルスターのデリー県ロッヒン

第6章　北部アルスター経済

ショーリン郡ドゥレイパーズタウン地域と比較してみよう。既に見たように、同地域もアルスター植民の中心地であって、ただ、ロンドン同業者組合によって植民事業がおこなわれた地域であった。ドゥレイパーズタウン地域では、15ポンド未満農場が何と79％であった。レック教区でも同じ規模の小規模零細農場が多数を占めていたが、5割を超える程度であった。他方、100ポンド以上の大規模農場はどうであっただろうか。さらには50ポンド以上も加えてみるとどうであろうか。ドゥレイパーズタウン地域では50ポンド以上の農場は2％を占めるに過ぎなかった。同規模の農場が11％を占めるレック教区は、同じアルスター植民の中心地でありながら、評価額が高い大規模な農場がより多く占めていたといえる。

15ポンド以上100ポンド未満の中位規模はどうか。ドゥレイパーズタウン地域の20％にたいして、レック教区は43％である。レック教区ではより分厚い層として中位規模農場があったといえる。

総じて、レック教区はドゥレイパーズタウン地域と比べて、亜麻打ち（スカッチング）を含めているが、農場経営規模がより大きかった。アルスター地方の中心より東側にあるドゥレイパーズタウン地域に比べて、西端に近いレック教区の方が農業において豊かであったということであろうか。では、この234農場における農業経営を支えたのは誰か。もちろん、農場主やその家族はいうまでもない。農業労働者はどうであったかが問題である。

レック教区評価簿から、住宅だけを占有する者が87人、菜園を占有する者15人がいた。他の地域で見たように、これらの住宅の多くは農場（亜麻機械打ち作業場なども含む）に雇われた労働者や使用人の住居と考えてよい。この他にレック教区には、労働者小屋2軒を保有する農場主が1人、コッティア小屋を保有する農場主が2人いた。

上記の事実は、農場数272のドゥレイパーズタウン地域において、住宅だけを占有する者がわずか9人にすぎなかったことと比較すると、レック教区における農業がより一層農業労働者（含む使用人）に依存していたことがわかる。

第2部　アイルランド農業の担い手を地域から見る

　この他に、農場主が居住する家屋に住み込みする使用人たちもいたであろう。また、通いの農業労働者（亜麻機械打ち労働者）や羊飼いなどもいたであろうが、『レック教区評価簿』に記録されていない。
　ここで先に見た、1890年代王立労働調査委員会マクレー報告を振り返ろう。
　マクレー報告の要点の一つは、レターケニー教区連合という「地域に住む労働者」と考えられる農業労働者を3種類、すなわち、①1年雇用の土地(小屋・菜園・ジャガイモ畑)持ち労働者、②半年雇用の賄い付きの小屋住み農、それに、③自宅持ちの臨時労働者を挙げていることである。
　レック教区評価簿の分析が明らかにした、住宅を占有する者87人、菜園を占有する者15人が上記の①と②に該当すると考えられる。1人の農場主が保有する労働者住宅も、2人の農場主がそれぞれ保有する複数のコッティア小屋も①と②の労働者にあてがわれると考えられる。
　ただし③の臨時労働者はどうであろうか。農繁期に1日でも、1週間でも、あるいは、もう少し長く人手が求められるばあいに雇用されるが、二つ考えられる。
　一つは、自ら農業を営むが、その規模が小規模零細で、農業収入だけでは家計を維持できない貧農といってよい農民たちである。表6-18の農場評価額5ポンド未満の37農場占有者のほとんどが該当すると考えられる。さらに、5ポンド以上10ポンド未満の56農場の多くの占有者もそうであったと考えられる。というのも、1890年代の『ベイスライン報告』が貧民蝟集地域で主に調査対象としたのは、評価額が10ポンド以下で4ポンド以上、4ポンド以下、4ポンド未満2ポンド超、2ポンド以下、それに、非常に貧しい家族であったからである。
　レターケニー教区連合東部にあるレック教区にあっても貧農はいた。もちろん貧しい農民の存在は貧民蝟集地域だけに限られたことではない。レック教区の貧農家族の男性もスコットランドに出稼ぎに行ったかもしれない。貧しい農家の少年や少女、若い男女が近所の農家に、あるいは、レック教区以外のラガン地域の農家に住み込みで、あるいは、通いで働きに行ったかもし

第6章 北部アルスター経済

れない。

　もう一つは、町の人間である。レック教区のタウンランドの一つであるオールドタウンが町であるかに思える。名前からして、かつて町であったが、スウィリ川の対岸に新しい町が開け、そちらに町としての機能が移っていったのかもしれない。ともあれ、オールドタウンは、陸地測量部地図を見る限り、街路に沿って家屋が並ぶという街の姿ではないし、1871年センサスではタウン town に分類されていない。町としての考察からは外しておかねばならないようであるが、上に見た住宅だけを占有する者がオールドタウンに多い。20人が20戸を占有している。87人のうち20人がオールドタウンに住居だけ占有している。かれらが周辺の農場に働くために通っていたかもしれない。

　レック教区ではないが、スウィリ川対岸にレターケニーの大きな町が広がっている。隣のコンワル教区にあるが、レック教区の農場に近い。既に触れたように、1871年センサスによれば、レターケニーはドニゴール県でバリシャノン（地図6-3の番号56）に次いで大きな町で、住民数は2,116人であった。因みに1番大きなバリシャノンは2,958人である。3番目はドニゴール（地図地図6-3番号52）の町1,422人であった。

　なお、レターケニー教区連合にはこの他にも大きな町があった。ドニゴール県4番目のラスメルトン Rathmelton 1,135人（地図6-3番号26）、6番目のラフォー1,021人（地図6-3番号13）などである。

　レターケニーの町の住民でレック教区の農場（含む亜麻機械打ち作業場）に働きに出たものがいたのかどうか、いたばあい、どれ位であったのか、本書は残念ながらこの前で止まらざるをえない。ただ少なくとも農繁期にレック教区に出向き、臨時労働者として働く者がいたのではと想像する。

　レック教区に、あるいは広くレターケニー教区連合という「地域に住む労働者」の他に、マクレーは西ドニゴールからの出稼ぎ労働者を挙げていた。

　ラガン行きを送りだした地域は、『ベイスライン報告』によって北から見ると、ファナド（地図6-5の番号29、30周辺……以下、番号のみ記す）、ロスゴル（31、32周辺）、ガータン（24周辺）、ブロッカー（40周辺）、ダンファナヒ（33、

34周辺)、クロハニーリ（35、36周辺)、グウィードア（37周辺)、それに、ロセス地域（39周辺）であった。これらのうちに、レック教区の農場にやって来る住み込みの少女や少年などの若い男女、あるいは、スコットランドに行く途中で一稼ぎする成人男性もいた可能性が大いにある。というのも、現在もそうであるが、ラガン行きを送り出していた諸地域からレターケニーの町への交通が便利であったし、また、そこからスコットランドに向かうためにデリーに行くにはなお一層便利であったからである。

　ところで、表6-18の最大の評価額農場、特に、200ポンド以上の2農場が気になる。この二つの農場がどのようなものであったのか見ることにしよう。

　まず取り上げるのはパーク農場である。

　『レック教区評価簿』で評価額規模が2番目に大きい農場である。サムエル・パーク Samuel Parke とジェイムズ・パーク James Parke が教区北東端のドゥルマーダ Drumardagh（35）に4農地を占有している。合計土地面積243エーカー強、合計農場評価額（土地・建物）271ポンド強である。

　サムエルとジェイムズはドゥルマーダ地番1aに農地を持ち、そこに住んでいた。面積104エーカー強で、評価額107ポンド強の農地を共同経営している。評価簿の占有者欄に両名が明記され、その備考欄に共同農場 joint farm、同居 live together と書かれ、それに、折半 1/2 each とまで加筆されている。評価簿上での共同経営はこれだけで、残りはジェイムズが1農地（64エーカー強、住宅と農業建物も含めた評価額73ポンド5シリング)、サムエルが2農地（合わせて75エーカー、住宅2戸と農業建物2軒も含めた評価額84ポンド）の単独の占有者として記されている。

　サムエルとジェイムズは同一家族員であろう。上記のように、ドゥルマーダ地番1aにある1住宅（評価簿には単数の house が記されている）にかれらは同居していた。かれらは親子か、あるいは、兄弟であったと考えられる。ウェブ版『グリフィス評価原簿』(1858年）では、地番1aをグライムズ A. Grimes が占有し、地番2をマシュー Matthew・パークが占有しているが、このマシューがサムエルとジェイムズの父親と考えられる。『グリフィス評価原簿』

第6章 北部アルスター経済

と1880年代『レック教区評価簿』を見比べると、ドゥルマーダ・タウンランドにおける土地占有に大きな変動があったことがわかる。1858年にマシューが占有していたのは76エーカー強であったが、1880年代にパーク家は先に述べたように271エーカー強を占有するに至っている。なお、この地の「地主」がヘイズ男爵 Sir Edm. S. Hayes, Bt. からグラハム女史 Mrs. Graham に代わっていることもわかる。

大きなパーク農場の労働力は誰が担ったのか。家族労働力以外については『レック教区評価簿』に何の記録もない。ただ上に紹介した地番1の備考欄にヒントがあるようだ。サムエルとジェイムズは同地番の住宅に同居 live together していた。かれらは他にも住宅を占有している。地番2と地番4の住宅である。これらの住宅は住み込みの労働者に宛がわれた可能性がある。また、出稼ぎ労働者の住居として使用されたかもしれない。かれら2人とその家族が住む住宅の他に、住宅2戸を占有していることから、このようなことを想像する。またさらに、通いの労働者も考えられることは言うまでもない。

次は、レック教区最大の土地占有者アレクサンダー・C・H・スチュワート Alexander C. H. Stewart の事例を取り上げる。ドニゴールにおけるアルスター植民で中心的役割を果たしたスチュワート姓である。アレクサンダーが自己占有する不動産（土地・建物）は7件で、評価額合計は384ポンド強に上り、土地面積は総計413エーカー強になる。内訳は土地328ポンド、建物56ポンド15シリングである。わけても、ロックヒル Rockhill（タウンランド番号6）のすべてがアレクサンダーの自己占有地であるが、その住宅・オフィス・土地が巨大で評価額が高い。土地は250エーカー強で評価額163ポンド、住宅とオフィスは評価額55ポンドである。陸地測量部地図を見ると、邸宅・付属地 demesne とされていて、土地のほとんどは植林も施された大庭園と見受けられる。『1837年ルイス・アイルランド地誌辞典』の項目 Leck は「ここには J・V・スチュワート氏 J. Vandeleur Stewart Esq. の美しい屋敷 beautiful seat がある」と書いている。アレクサンダーは父親と思われる J・V・ス

チュワートからロックヒルの大邸宅を拠点とした広大な所領を相続したのであろう。

　アレクサンダーは直営農場を持っていなかったのだろうか。ロックヒルに隣接するクリーヴ・グレーベ Creeve Glebe（7）の2カ所に合計41エーカー強の土地（評価額39ポンド。合計評価額1ポンド15シリングの住宅2戸も占有）を、さらにその東隣のクリーヴ Creeve（8）の4カ所に合計107エーカー強の土地（評価額合計127ポンド）を占有している。二つのタウンランドの6カ所に持つ合計148エーカー強の土地は農地であろう。ロックヒルにも上記地図を仔細に見ると、庭園とは区別されているような広い土地が敷地の北端にある。

　アレクサンダーは直営農場を持っていたと推定する。その規模はレック教区で最大クラスであった。ロックヒルにある土地のうちどれだけが農地であったかわからないので、最大とせずに最大クラスとした。農業経営にアレクサンダーが直接従事したのか不明であるが、かれの農場の働き手は誰が担ったのであろうか。クリーヴにアレクサンダーが「直接の貸し手」となった菜園付き住宅が2戸ある。占有者はフェリー C. Ferry とロウグ A. Logue である。かれら2人は少なくともクリーヴの4カ所にある農地の管理経営に関わっていたと考えられる。

　先に、アレクサンダーはクリーヴ・グレーベの2カ所に41エーカー強の土地を自己占有していたと述べた。しかしこの土地面積は推計である。評価簿の仔細を見よう。同タウンランドの地番1はa、b、cとされていて、1aと1cがアレクサンダーの自己占有である。1bはエリオット P. Elliott が占有者で、その「直接の貸し手」がアレクサンダーとなっている。地番1全体の面積は55エーカー1ルード20パーチであるが、3区分されていない。土地の評価は別々にされていて、1aが31ポンド15シリング、1cが6ポンド5シリング、1bは12ポンド10シリングとなっている。合計すると50ポンド10シリングになる。アレクサンダーの自己占有地1aと1cの評価額合計38ポンドをこの地番1の評価額合計に按分して計算した土地面積が41エーカー強である。つまり、地番1のうち、アレクサンダーの自己占有分がどれだけで、

第6章 北部アルスター経済

エリオットのそれはどれだけか、厳密にはわからない。建物の評価額はもちろん別々にされている。土地と建物の合計評価額も別々に出されている。しかし、土地面積だけは一括されたままである。

　この事実は何を語っているのだろうか。エリオットは地番1bをアレクサンダーの農場とは別に経営していたのだろうか。そうであるなら何故に評価簿は分けた土地面積を記入しなかったのだろうか。いや、できなかったということだろうか。つまり、そもそも土地は分けられていなかったと考えてよいのだろうか。では、評価額が別々に記されているのはどうしてだろうか。地方税の負担者を明確にすることは徴税者にとって不可欠なことであると理解するだけでよいのだろうか。

　エリオットは隣接する地番2の土地（25エーカー強、評価額5ポンド5シリング）もアレクサンダーから「借り」て経営している。このことも含めてこう推測できないだろうか。地番1はアレクサンダーとエリオットの共同経営であると。そして、エリオットは地番2も合わせて経営していたと。もう少し踏み込めば、地番1も事実上エリオットが経営に責任を負っていたと。

　このクリーヴ・グレーベの地番1のa、b、cのそれぞれに住宅がある。1bの住宅はエリオットの居所である。なぜなら、かれは他に住宅を持っていない。アレクサンダーにはロックヒルの大邸宅がある。1aと1cにある二つの住宅に住むことはなかったであろう。とするなら、これらの二つの住宅には使用人、あるいは農業労働者が住み込んでいた可能性がある。雇用主体はアレクサンダーかもしれないが、農場でかれらを指揮したのはエリオットであった可能性がある。

　アレクサンダーは7カ所に合計410エーカーに上る所領と呼ぶのが相応しい大きな土地を自己占有し、うちロックヒルの邸宅・付属地内にもあると考えられる農地を除いて、少なくとも148エーカー強の大農地を経営するための労働力として、菜園付き住宅をあてがった使用人・労働者以外に、農場主アレクサンダーが自己占有する住宅に住み込ませた使用人・労働者や、通いの労働者、あるいはさらに、出稼ぎ労働者等が考えられる。

第2部　アイルランド農業の担い手を地域から見る

　さて、アレクサンダーは大きな土地・建物を自己占有していただけではない。自己占有地の他に、「直接の貸し手」となっているのが少なくとも150エーカー以上あった。かれは564エーカーを超える大きな土地の「所有者」でもあったが、あのアルスター植民を担ったスチュワート姓のいずれかの末裔に列してはいなかったのだろうか。この点は別途検討する必要がある。本書姉妹編の課題としよう。
　さて、マクレー報告で検討すべき点は他にもある。
　西部ドニゴールや西部の男たち、西ドニゴールとあるが、その西部とは何処であろうか。レターケニー教区連合や、その東部にやって来る出稼ぎ労働者を送りだすのはどの地域なのだろうか。レターケニーにある半年雇用市場とはどういうものなのだろうか。
　こうした諸点や、さらには、1871年のレターケニー教区連合における農業労働者の「農家・牧畜業者家族労働力」にたいする割合がそれほど高くない事情は何だったのだろうか、これらを1890年代『ベイスライン報告』の内に探ってみよう。

(c)　ドニゴール住民の暮らし
　　――自給自足の自然経済から交換・貨幣経済への漸次的移行
　アイルランド農村住民の暮らし、とりわけ消費生活の実態はなかなか判明しない。そのような中で、1890年代『ベイスライン報告』は、ドニゴール県の海岸地域やそれに近い内陸部の住民の暮らしを記録する最高の、おそらく唯一の資料であろう。[60] 1891年時点、ドニゴール県のばあい、最北部の北イニシュオーウェン North Inishowen から最南部バリシャノンに至るまで20の「貧民蝟集地域」があり、県内のほとんどといってよいぐらい広い範囲におよんでいた。とりわけ海岸部では、イニシュオーウェン半島北部カルダッフ Culduff 近辺、スウィリ湾 Lough Swilly 最深部のレターケニー周辺、それに、ドニゴールの町からバリシャノンの町に至るわずかの地域を除いてほとんどが「貧民蝟集地域」である。このことから、ドニゴール県では『ベイスライ

第6章 北部アルスター経済

ン報告』を資料に利用して、住民の暮らしの細部まで明らかにすることができる。まずは人々の日々の暮らしを、レターケニーに近い内陸部ガータンGartan 地域に見るが、あわせて『ベイスライン報告』の骨格を必要な限り確認しておこう。

◆レターケニー教区連合の貧民蝟集地域ガータン

　何故にガータン地域から始めるのか、少し説明しておこう。レターケニー教区連合に含まれている貧民蝟集地域は二つだけである。ミルフォード Milford 教区連合に跨っていたガータン地域と、ストゥラノーラー Stranorlar 教区連合（ストゥラノーラーは地図番号18）に跨るブロッカー Brockagh 地域の二つである。そしてガータン地域はキルマクレナン郡に含まれていて、地図番号23、24、25の周辺地域である。レターケニー教区連合の西部に位置していて、これまで見てきた北ラフォー郡のレック教区と好対照の地域のようである。なお、ブロッカー地域は、そのうちごくわずかしかレターケニー教区連合に含まれておらず、多くはストゥラノーラー教区連合に位置する。

　ガータン地域は次の五つの貧民監督官選出区、すなわち、ターモン Termon、チャーチヒル Churchhill、ガータン、テンプルダグラス Templedouglas、シェーコル Seacor から構成されている。前掲の地図6-5を振り返って所在を確認しよう。ターモン選出区は地図番号25のキルマクレナンの北西にある。チャーチヒル選出区は地図番号24を含み、ガータン選出区はそれより南西部に少し離れたところにある。テンプルダグラスとシェーコルはレターケニーの町と同じコンワル教区にあるが、前者は23番のブラウンロック Blownrock に近く、後者はガータンやチャーチヒルの方が近い。5選出区全てがレターケニー教区連合に含まれている。ドニゴール県にある代表的な内陸部の「貧民蝟集地域」であり、本書がドニゴール県の中で着目するキルマクレナン郡とレターケニー教区連合にある。

　『ベイスライン報告』は上記5選出区の基本的な統計データの提示から始まる。各選出区の面積規模（法定エーカー）、地方税評価額総額、評価額10ポンド以下4ポンド超の不動産数、評価額4ポンド以下の不動産数、1891年住

民数、1891年家族数、評価額2ポンド超4ポンド未満農場の家族数、評価額2ポンド以下農場の家族数、大変貧しい家族数、牛を持たない家族数、そして、各データの5選出区合計が表示される。

ところで、貧民蝟集地域を規定した1891年アイルランド土地購入法 Land Purchase Act（Ireland），1891の第36条は以下のものであった。「本法施行時点において、（不動産）地方税評価額総額を住民数で除して、1人当たり1ポンド10シリングに満たない貧民監督官選出区に、県全体の、コーク県のばあいにはライディング riding 全体の住民の20％以上が居住しているばあい、これらの選出区を」、それが位置する県（またはライディング）とは別に Congested Districts County とするとしていた。

ガータン地域の地方税評価額総額5,155ポンドを住民総数4,225人で除すと、約1.22ポンドとなる。ガータン地域で貧民蝟集地域開発局 Congested Districts Board が調査対象にしたのは全体として貧しい住民4,225人（したがって819家族総数）であるが、とりわけ、評価額2ポンド超4ポンド未満農場の334家族や、評価額2ポンド以下農場の140家族、さらにもっと貧しい242家族（含む、牛を持たない48家族）であった。

したがって、以下に見る報告の「普通程度の家計状況 ordinary circumstances」にある家族の推計現金収支モデルは、アイルランド全体の平均的家計モデルではもちろんない、いや、ガータン地域の全家族の平均家計でもなくて、少なくとも、評価額4ポンド未満農場に普通にみられる家計と考えるべきであろう。因みに、ガータン地域の「普通程度の家計状況」の推計現金収支に計上されている地代額は2ポンド10シリングである。評価額4ポンドよりかなり低い。もちろん評価額は地代額ではない。19世紀後半、評価額の方が地代額より低いとされ、農民闘争において、地代額をそれより低い評価額まで減額するように求める運動があったが、本書の姉妹編で取り上げる。

では、こうした『ベイスライン報告』でガータン地域を担当した視察官ガハン F. G. Townsend Gahan は、住民の日々の暮らしの基本的な在り方をどのように描いていたのだろうか、この点から見よう。

第6章　北部アルスター経済

　家庭での生活は非常に単純である。男性たちは夏には7時頃、冬には8時に起きる。間もなくして昨夜からの泥炭の火種がぱっと燃え上がり、女性たちがポットを火にかけて粥（オートミールorトウモロコシ粗びき）を用意するが8時頃にできあがる。朝食後、乳牛たちは乳搾りされ、牛小屋から外に出される。その後に牛小屋の掃除がなされる（中略）。男性と一緒に行くことができる女性は野良に出かけ、他の者は家に残って乳牛を見張ったり、あるいは、子供たちの面倒をみたり、あるいはまた、午餐を取ったりする。家族（の食事）の後に家禽たちが餌を与えられる。

　1時半頃の午餐の後、男性たちは再び仕事に出かける。泥炭は運び降ろさねばならず、乳牛たちは小屋に入れられ（乳牛は肥料の値打ちを考えて夏も冬も夜は小屋の中で飼われる）、乳搾りをされる。豚と家禽は餌を与えられる。午後8時頃人々は夕食supperを摂り、9時少し回った時に寝床に就く。夏、人々は午後8時まで野良に出ていることがしばしばあり、夕食を摂るのが8時より遅くなる。冬、ジャガイモを掘り出した後は野良仕事がない。男性たちは泥炭を採りに2、3度（丘に）登っていくが、しかし、自宅に泥炭のスタック（stack堆積・山）を持っているばあい、男性たちがやる仕事ははるかにもっと少ない。冬、男性たちは午後11時や12時まで起きていて、互いの家々でとりとめのない話をし、朝は大変遅く起き上がる。（下略）

　春と夏、そして秋の間、人々は概して勤勉である。女性たちは家で働き、男性たちはスコットランドに出ていく。冬の間、ほとんど何もしない。住居の手入れをしたり、あるいは、農場の灌漑や柵をめぐらすなど夢にも思わない。ミシン裁縫、あるいは、編み物、あるいは、刺繍、あるいは、かご作りのような女性にとっての冬の仕事は大いに求められているが、男性が農場で働こうとする誘因はほんのわずかである。

他地域の報告を見ても、毎日の住民の暮らしはガータン地域のそれと似たり寄ったりである。ここから人々の暮らしぶりがある程度わかってくるが、さらに詳しく見よう。3度の食事と、農繁期の追加の食事の内容である。

朝食。オートミール粥 stirabout、それからティーとパン。ジャガイモが豊富にあるばあいには、オートミール粥の代わりにジャガイモ。

午餐 dinner は主にジャガイモとミルク。ジャガイモが食べ尽された後は、トウモロコシ粗びき粥 Indianmeal stirabout がそれに代わり、そして、小麦粉パンとティー。

播種期と収穫期の追加の食事は午後５時頃であるが、野良で摂ることが普通であった。内容はティーとパンである。この追加の食事が摂られるばあい、夕食 supper は夜８時以降まで遅らされる。

夕食はオートミール粥とミルク、それにティーである。

朝食と夕食の stirabout はオートミール粥といえる。午餐でジャガイモに代わって主食となるのがトウモロコシ粗びき粥 Indianmeal stirabout であると明記されているからである。食材は自家生産されたものであろうか、それとも購入されたものであろうか。「普通程度の家計」の推計現金収支から考えよう（表６-19）。

支出欄最上段の粗びき粉からウイスキー他まで、タバコも入っているが飲食代としよう。合計金額が21ポンド16シリング６ペンスとなる。これを多いと考えるか、自家消費を見てからにしよう。自家消費は次表６-20の通りとされている。人間の食材にもなると考えたものは左側に揃えた。

ジャガイモは人間の食糧だけではない。豚などの家畜の飼料でもある。このモデル農家は子豚や、若い乳牛や羊を購入して育て、現金獲得の畜産物に仕上げている。カブやキャベツ、麦藁とともに、ジャガイモの３分の１が飼料に使われていたと仮定しよう[61]。つまり、ジャガイモの３分の２、すなわち、３ポンド６シリングが人間の食糧になったとしたら、ジャガイモ以下、家禽までの食糧としての推計自家消費額は約16ポンド３ペンスとなる。購入飲食料代が５ポンド以上もこれを上回っていたことになる。アイルランド北西部の貧しい農民の暮らしに商品貨幣経済が深く入り込んでいることがわかる。

なお、支出と自家消費に出てくる粗びき粉は双方とも、ただミール meal となっているだけであるが、さきほど述べたように、購入粗びき粉はトウモ

第6章 北部アルスター経済

表6-19 ガータン地域推計現金収支

収　　入	£	s.	d.	支　　出	£	s.	d.
家禽卵　　　　　　*1	4	12	6	粗びき粉 meal	3	15	0
バター	1	13	4	小麦粉	6	0	0
豚1頭	5	0	0	ティー	5	17	0
牛2頭	5	0	0	砂糖	1	12	6
鵞鳥6羽	0	12	0	タバコ	2	12	0
穀物700重量ポンド　*2	2	10	0	ウイスキー他	2	0	0
編物　　　　　　　*3	5	0	0	家事・農場必要品　*4	1	10	8
スコットランド出稼ぎ	10	0	0	子豚	1	18	0
賃稼ぎ（若い女性）	4	10	0	乳牛1頭	1	10	0
				羊3頭	0	15	0
				牛種付け（3頭）	0	4	0
				被服関係　　　　*5	6	10	0
				地代	2	10	0
				税・教会	1	9	7
合　　　計	38	17	10	合　　　計	38	3	9

*1　にわとりと駝鳥。　　*2　50stone corn を700重量ポンドとした。
*3　『報告』の注記に、編み物がないターモンやガータンではシャツ裁縫で約13ポンドの収入とある。
*4　燈油、ろうそく、石けん、塩、農場必要品。　　*5　衣服、帽子、ブーツ等々。

表6-20 ガータン地域推計自家消費

自家消費物	£	s.	d.	自家消費物	£	s.	d.
ジャガイモ	5	0	0	カブ	2	0	0
粗びき粉	6	0	0	キャベツ	3	6	8
バター・バターミルク	3	16	8	麦藁	6	0	0
ミルク	2	5	7	肥料	1	10	0
卵	0	5	0	合　　　計	30	10	11
家禽	0	7	0				

ロコシで、自家消費の粗びき粉はオートミールである。言うまでもないが、アイルランドで生産されていないトウモロコシ粗びき粉は購入する他ない。

ところで、自家消費のオート麦粗びき粉は推計現金収支モデルの農家自身が製粉したということだろうか。力のある農家ですらその可能性が小さいと思われるが、貧民蝟集地域の「普通程度の家計状況の家族」のばあいは、オート麦（あるいは製粉される粗びき粉）の現物で手数料を支払って他人に挽いてもらい、オート麦粗びき粉を確保したと推測される。こうしたやり取りは推計現金収支に反映されていないようである。

製粉についてガハンはグレンティーズ Glenties 地域（グレンティーズは地図番号43）の報告第26項で詳しく述べている。要約するとこうなる。十分な量のオート麦を持っているばあい、粗びき粉を作る。しかし、40ストーン stone（500重量ポンド）以上を持っていないばあいは粗びき粉にしない。そのばあいはオート麦を売ることになる。大量のオート麦が売られる理由の一つは距離である。グレンティーズ地域の多数の住民は粉ひき水車小屋 mill（製粉場）から遠く離れている。この地域唯一の粉ひき水車小屋（製粉場）はグレンティーズの町にあるだけである。

ガハンはまたダンファナヒ地域報告（ダンファナヒ地図番号34）でこう述べている。

> この地域では大量のオート麦が栽培されている。そのうちの若干は自家消費されるが、残りは「粗びき屋 meal men」と呼ばれる人物の一人に送られる。その人物は周辺農村から大量のオート麦を買い、それを粗びき粉にして売りに出す。[62]

さて、ガータン地域における食事、推計現金収支、そして自家消費の状況から、ドニゴール住民の暮らしを明らかにするためのいくつもの重要な手がかりが見えてくる。以下、主な点に絞って考えよう。

◆冬期の失業──特に男性

第一は、冬期の「失業」、特に男性の「失業」である。野良仕事が極端に少なくなる。無くなるといってよいほどである。男女ともそうであるが、女

第 6 章 北部アルスター経済

性には衣服関係の手仕事やミシン仕事があった。冬場に野良仕事がなくなって、のんびりと英気を養うことができればよいのだが、現金稼ぎが求められる。それが女性の肩にのしかかってくる。

ガハンはダンファナヒ地域の報告では次のようにまで言い切っている。

> この地域ではドニゴールのほとんど全ての貧民蝟集地域と同様に、男性は春と夏、そして秋に勤勉に働く。しかし、散見される例は別にして、男性には冬にいかなるものであれほとんど全く仕事がない。この地域では女性もまたまったく雇用がない。ただ、シャツの裁縫、あるいは機械編み、あるいは、モスリン刺繍のような若干の手仕事が大いに求められている。男性はかつてのように多くの金を稼ぐことができない。それだからなおさら女性が何かの仕事に取りかからなければならないわけである。この県の西部地域では家族は全くといってよいくらい女性によって支えられている。

女性の肩に家事も含めた農家の仕事が重くのしかかっていたことは、出稼ぎとも関わっていた。この点は後段で取り上げよう。

◆ジャガイモ・ギャップ

第二は、ジャガイモを主食とする生活が持つ大きな問題である。バーク P. M. A. Bourke のいう「ジャガイモ・ギャップ potato gap」、「オートミール期間 oatmeal period」、あるいは、「飢えの季節 starving season」である。[63] 先にも触れているが、ジャガイモは収穫後の 1 年間を通して食糧として利用するのが難しい。前の年に収穫したジャガイモを食用にすることができる時期から、新しい収穫の時期までのギャップである。

ジャガイモの保存は難しい。1830 年代のアイルランド貧民諸階級の状態に関する調査委員会の 1836 年報告付録 E の冒頭に以下の証言がある。

> オニール O'Neill（パン屋）「オート麦や小麦、あるいは大麦は、3 年間は腐ることが全くなくて、食糧として良い状態を保つ」。

> バーン P. Byrne（労働者）「穀物が農民たちの主食であったとしたら、ある年の不作の結果、飢餓が起きることはあまりないであろう。もし、

ジャガイモがある年に有り余るほど豊作になっても、牛に与えなければならないであろう。ところが、穀物が有り余るほど豊作になったばあい、それらを次年度用に保存できるであろう」。[64]

　労働者バーンは、オート麦はジャガイモに比べて半分の人間しか養えないとしても、ジャガイモは1年以上保存できないのにたいして、オート麦などの穀物は3年保存できると証言した。いやジャガイモは1年間保存することさえも難しい。保存方法にも拠るが、新しい芽が出てくる。食用に適さなくなってくる。

　ガハンもファナド Fanad 地域の報告で、「地域のジャガイモがもつのは通例4月末までである。それらはもっと長くもつであろう。しかし、非常に長い期間を保存すれば悪くなり始めるために、農家の多くがチャンピオン（ジャガイモの一種）を冬の間に売ってしまう。そのために4月末までとなる」と述べている。

　ガータン地域のばあい、ジャガイモの収穫は8月第1週で、通常、保存は翌年5月第1週までとガハンは述べている。つまり、「ジャガイモ・ギャップ」は3カ月間で、その間、ジャガイモに代わって主食となる食糧が必要となる。それがガータン地域ではトウモロコシ粗びき粉であった。大飢饉が襲った1840年代後半に至るまでの、トウモロコシを知らないアイルランドでは「オートミール期間」であった。そして、こうした代替の主食がなければ厳しい「飢えの季節」となった。

　ジャガイモ保存期間に言及している地域はほかにも多い。同じ地域にあっても貧富の差や、あるいは、豊作、凶作などによって相違する。ただ報告では通例の作柄のばあいとしている。例を出そう。ドニゴール県の中で最貧地域と思われるグレンコラムキル Glencolumbkille 地域の内陸部における普通の家計の家族では4月に入るまでであるが、もっと貧しい家族や海岸部に近い家族では2月に入るまでとされている。[65] ブロッカー Brockagh 地域では55世帯の調査記録が報告されている。8世帯が1年間通して保存、3世帯が7月に入るまで、14世帯が6月に入るまで、17世帯が5月に入るまで、5世帯

第6章 北部アルスター経済

が4月に入るまで、8世帯が3月に入るまでで、平均して5月に入るまでであったとしている。いずれもガハン報告である。

さて、このジャガイモ・ギャップを埋める食糧が重要である。代役がなければ「飢えの季節」に苦しめられる。主たる食事の午餐で、ジャガイモの代役にトウモロコシ粗びき粥、あるいはトウモロコシ粗びき粉のパンが示されているのは9地域である。単に、粥と記されているのが5地域である。この他に、朝食など午餐以外の食事でトウモロコシ粗びき粥が出てくるのが4地域ある。詳細が書かれていないのが北イニシュオーウェンとクロンマニー Clonmany の2地域である。単に粥と書かれているなかに、大飢饉以前に呼ばれた「オートミール期間」のようにオートミール粥が代役を果たした地域もあったであろうが、確実に住民の暮らしの中にトウモロコシが、したがって、貨幣経済が浸透していることがわかる。

第三にガータン地域に関する資料が示す重要な点は、自給自足の自然経済から交換・貨幣経済への移行がどうなっていたかということである。ガータン地域で、自家消費の食糧より、購入食糧の推計額の方が大きいことは既に確認した。改めて他地域の報告に、食糧以外の生活必需品にまで広げてこの点を見ることにする。ダングロー Dunglow を中心としたロセス地域 the Rosses の自家消費推計価額42ポンド13シリング6ペンスが最も多額である。この地域を例にとろう。

ロセス地域における平均的とされている家族の自家消費を列記すると、ジャガイモ、オート麦、麦藁、草地と放牧権 grass and grazing rights and aftergrass、乾草、カブとキャベツ、卵とバター、ミルク、羊毛、肥料、泥炭、肥料としての海草が挙げられている。推計価額が大きいのはジャガイモ10ポンドとミルク9ポンド2シリングで、あとは4ポンド以下である（『ベイスライン報告』ミックス Micks・ロセス地域報告）。

支出はこの自家消費額とほぼ同額である（42ポンド15シリング5ペンス）。小麦粉、トウモロコシ粗びき粉、ティー、砂糖、魚・ベーコン、塩・石けん、燈油・ろうそく、タバコ、衣服、家具・漁具等、牛補充、子豚、小型荷車・

馬具・道具、ふすま、人造肥料、それに、地代、公租、お布施が列記されている。額の大きいものを挙げると、小麦9ポンド2シリング、ティー6ポンド強、衣服6ポンド（ただし、スコットランドやラガンで購入したものは除く）、トウモロコシ粗びき粉4ポンド弱がある。

　自家消費も大きいが、生活必需品の購入も大きい。アイルランド北西部の貧困地域への貨幣経済の浸透は相当程度進んでいる。衣服は「男性はスコットランドで衣服を多数買う」と注記されているから、「現金支出」は表示より多い。

◆現物交換

　ただしかし、実際の現金支出はもう少し減る。バーター取引（交換）があるからである。以下もロセス地域のミックス報告であるが、大変重要な記述がある。

　　　卵はほとんどいつも市場価格でティー、砂糖、あるいは、タバコと交換される。商店主たちは、他の商品よりもティーの方がはるかに大きな利益を生んでいたので、当然なことに卵との交換に他のいずれの商品よりもティーを好んで与える。私は、商店主たちがティーを買うのに重量ポンド当たりわずか1シリングないし1シリング3ペンスを支払う一方、重量ポンドあたり2シリング4ペンスないし2シリング6ペンスで小売していると知らされている。そして、人々は、もしティーを現金払いで入手しなければならないとしたら、現在のように多くのティーを消費するかどうか疑わしいということ、他方、商店主たちは、人々が粗びき粉や小麦、生活必需品の取引は確実におこなうことを知っている、ということを聞かされている。

　人々は現物を持つ生産者として有利に卵の現物交換をしているのではなかった。嗜好品といってもよい商品を商人に有利な交換比率で受け取らされていた。必要以上のものを交換させられたとも述べている。ティーの「購入＝交換」額が大きい。ガータン地域の6ポンド弱、ロセス地域の6ポンド強がそれを物語っている。商人たちは卵のブリテンへの輸出業者、あるいは、

その関係者であって、有利に卵を「仕入れ」る一方、他方では、どうしても必要な生活必需品を付け値通りに買わせていた。現物交換でも、貨幣による購入でも商人に有利な取引がおこなわれていたことが描かれている。

さて、卵の現物交換の方法にさらに貧富の違いがあった。

> 貧しくて掛買いもできない農家の妻は週に3度、3個ないし4個、あるいは、6個の卵をもって地域の店に出かけていく。それはわずかな卵と交換してかの女が必要とする少しの糧食を得るというばあいのことである。このちっぽけな小売のやり方 system of minute retail は人々にとって最も破滅的である。というのは、かの女たちが持ち込む商品には大いにケチを付けられる一方、ティーについてはかの女たちは地域の取引業者たちのなすがままであるからである。

> 暮らし向きの良い農家の妻は週に1度、3ダースないし4ダースの卵を地域の店に、あるいは、二輪馬車にティーと砂糖を積んで周回してくる男に売る。卵と交換に後者の商品（ティーや砂糖）を受け取って。

ほんのわずかの数の卵を持って、地域の商人の店に駆け込む貧しい妻の姿が浮かんでくる。

最後に、キリベグス Killybegs 地域における現物交換に関してガハンが興味深い報告をしていることを紹介しよう。「現物交換は商品を農場生産物や手仕事と交換するやり方で広く行われている」として、手仕事に編み物や布模様付け sprigging 等をあげている。これは手仕事に対する現物給付ともいえるが、農家内でおこなわれる手仕事などの副業を取り扱う際に考察しよう。

というのも、現物交換をしてもなお、人々の貨幣需要は大きく、編み物や裁縫などがほとんどの地域で大きな収入源であったからである。ロセス地域のモデル農家の検討を継続しよう。収入欄に卵6ポンドとある。支出欄のティーと同額にされている。卵とティーの交換という事実を前提とした推計とするためにそうしたのであろう。これらを現物交換してなお、36ポンド以上の支出を実現する現金が必要となっている。収入は卵の推計分も含めて43ポンドとされているが、以下の三つが主な収入源となっている。牛の6ポン

ドをはじめとする家畜（11ポンド10シリング）、スコットランドとラガンへの出稼ぎ（16ポンド）、それに編み物・裁縫等（7ポンド10シリング）がそれらである。その他にケルプ販売等もある。

ロセス地域の最大の収入源となっている出稼ぎや編み物・裁縫等については別途取り扱う。ここで論ずべきもう一つ重要なことがある。先ほど小麦やトウモロコシ粗びき粉など生活必需品は商人の付け値通りで買わねばならないと述べた。ここにさらに注目すべきことがあった。掛売り、掛買いである。

◆掛買い

生活必需品などの掛売りと掛買いはドニゴール県の20の貧民蝟集地域全てで見られる。ガータン地域のガハン報告が詳しくて興味深い。少々長くなるが引用しよう。

> ドニゴール県の他地域と同様にこの地域でも、粗びき粉（トウモロコシであろう……引用者、以下同）、小麦粉、ふすま等は掛買いで手に入れる。（中略）冬、卵やバターが少なくなると、これら（ティー、砂糖、タバコ、かぎタバコ）でさえ掛買いで入手する。その結果、冬にはほとんど全ての物が掛買いとなる（中略）。信用供与期間はもちろん場合によってさまざまである。ある男が1年（信用）を得ることができても、もう一人は8カ月である。全て、顧客の状況に関する取引業者の知識に拠っている。（掛買いした）男が厳しく取り立てられることもしばしばある。男が2、3カ月後に何程かの現金が入る見込みがあるばあい、取引業者は男に完済するよう迫ることはしない。もっとも、遅延期間に追加の利子は課す。通常、支払は11月におこなわれる。スコットランドでの稼ぎが入るからである。これがまた冬の間の新しい掛買いを可能にする。少額の中間払いも春におこなわれる。牛を売って得る現金によってである。8月、9月、そして10月を通して多額の商品購入がない。そのため、実際には取引業者の信用期間は9カ月を越えるだけである。
>
> 取引業者が喜んで与える掛売り規模は顧客の状況にきちんと応じて変わる。ある者には10ポンドから13ポンドの額であるが、他の者にはたっ

た4ポンド、あるいは、おそらくもっと少額になる。取引業者は貧しい男に一度に4ポンド全部支払うように圧力をかけないが、貧しい男が借金の一部でも最低支払わない限りそれ以上商品は与えない。課せられる利子は他の地域とほとんど同じで、10%から15%まで変動する。

　ガハンは重要なことをいろいろ指摘している。何点か補足したい。まずは掛売り、掛買いのいわば本質と言ってよいことである。商人（商店主、取引業者）は農家を致富源泉として債務債権関係のうちに留めておこうとする状況が描かれている。例えば、「取引業者は貧しい男に一度に4ポンド全部支払うように圧力をかけないが、貧しい男が借金の一部でも最低支払わない限りそれ以上商品は与えない」とある。ガハンはティーリン Teelin 地域の報告ではさらに正確に述べている。

　　貸借勘定が一度に全て清算されることはない。時々、各顧客は今少し支払い、可能になればその時また支払っている。顧客たちに帳簿から借金を一掃させてしまうことは商店主や取引業者たちの利益ではない。かれらはむしろ顧客たちを年々同じようにして借金を残したままの状態にしておく方をいつも好む。

　信用供与の規模は貧富によって違っていたし、掛売りそのものも拒否されることがあった。同じガハンの2地域の報告を引こう。グレンティーズ地域の「より貧しい地域では信用供与が3カ月を越えることはあまりない」と記されている。それどころか、より貧しい者には信用が与えられず、掛買いが認められないこともある。貧しいグレンコラムキル地域でこう記されている。「より貧しい階級にとっては、小麦は少量の小売で入手する。時に、オートミールもそうである。というのは、かれらは一度に小麦を7ストーンもの大量で買うことができないからである」。

　商人は顧客の足元をよく見て掛買いを認めたはずであるが、なかには掛買いを清算できない貧しい農家もある。商人たちはどうしたか。

　ミックスのロセス地域報告に以下の記述がある。

　　多くの商店主は、顧客が11月に支払い義務を果たすことができないば

あい、返済必要額相当の受取品証ないし約束手形を書かせる。私が思うには、このやり方で（受け取った約束手形を担保にということか……引用者）取引業者たちは銀行から融資を受け、かれら自身の負債を返す。

別のやり方がガハンのブロッカー地域報告（第24項と7項）にある。掛買いの支払いができない貧しい農家に取引業者が家畜の面倒をみさせるというやり方である。

　　時に、ある男が大層貧しくて支払いすることができないばあい、取引業者はその男の土地に牛を放し飼いして草を食ませる。牛各1頭の放牧が10シリング相当、羊1頭のばあいは1シリング6ペンス相当となっている。ある取引業者がこのようなやり方で数百頭の牛を持っているが、テナントを牧夫の地位に追いやってしまうこの制度は良くなく、可能ならば廃止すべきである。

掛買いを清算するのは春に家畜が売れること、そして何よりも、11月に出稼ぎ先からそれなりの規模の蓄えを持ち帰ることであった。出稼ぎが困難な地域もある。そのばあいどうするか。家内副業がある。

最も貧しいと考えられるグレンコラムキル地域やトーリー島 Tory Island 地域ではどうしていたのだろうか。農家内副業である。トーリー島では漁業がある。

今、グレンコラムキル地域とトーリー島地域が最も貧しいと述べた。推計現金収入がドニゴール県に20ある貧民蝟集地域の内、前者が23ポンド9シリング3ペンスと最低であり、後者も31ポンド3シリングで、グレンコラムキル地域に隣接するティーリン地域に次いで下から3番目だからである。自給自足の自然経済から商品貨幣経済への移行過程において、現金収入の多寡だけで貧困かどうかを計るのは不十分であろう。この点で本書は自家消費も重視している。とはいえ、推計現金収入が少ないということが有力な指標であることも間違いない。

◆自給的家内工業の衰退・後退？と工賃目当ての資本主義的内職

農村家内工業は自給的な農家経済を支える重要な柱であった。農畜産物の

第6章　北部アルスター経済

食品加工と並んで衣料生産があった。『ベイスライン報告』で、アイルランド西海岸の最北にあるドニゴール県北イニシュオーウェン地域から、最南端コーク県のコートマクシェリー Courtmacsherry 地域まで84の貧民蝟集地域を俯瞰してみると、アイルランド住民が伝統的に身に纏う衣服の一つは羊毛を材料にするものであったと思われる。

あえて、アイルランド西海岸南北のほぼ中央に位置する、ゴールウエイ県レターフラック Letterfrack 地域（第7章地図7－1の記号 Lf）のラットリッジ－フェア Ruttledge-Fair 報告をまず引用しよう。ドニゴール県だけの話でないことを示すためである。なお、レターフラック地域はコネマラ Connemara にあって、クリフデン Clifden の北、広大なジョイス・カントリー Joyce Country と呼ばれる地域の西に隣接している。

　　人々が主に身につけるのはこの地域で作られる青色か灰色のフリーズである。もっとも、幾人かの若い男たちはクリフデン、あるいはレターフラックで買ったツイード・スーツに耽っているが。(中略) 6人家族に衣服をあてがうには、2ないし3ストーン（1 stone = 14重量ポンド）の羊毛が要ると計算されている。この地域には非常に多くの羊がいるが、十分な羊毛を持たない人は、大きな牧畜業者から1重量ポンド当たり1シリングから1シリング2ペンスまでの値段で羊毛を買う。求められる衣服を供給するために、糸紡ぎと織布がかなりの規模で営まれている。人々は自分の家で羊毛を紡ぐが、年配女性の大半は上手に糸を紡ぐ。織布は5月からクリスマス頃まで続く。この地域には織布工が4人いるが、かれらはこの間に週12シリングから16シリング稼ぐことができる。この地域から売りに出されるフランネルやフリーズ、あるいはストッキングスは一切なく、作られるすべてはこの地域で使用される。ただしかし、フランネルなどが隣のジョイス・カントリー地域から持ち込まれて、レターフラックやタリ Tully のフェアで売られてもいる。

フランネル、フリーズ、ツイード、ストッキングス（引用には出てこないが、それにソックス）など、自分たちが育てる羊の毛を材料に、自作の羊毛製品

が人々の衣服の中心となっていることが描かれている。ゴールウエイ県レターフラック地域だけでなく、西海岸の貧民蝟集地域を含む、アイルランド全体でかつて広く見られた状況と推測できる。だがこの事態に変化が生じている。若者は町で売られている衣服に魅せられ、紡ぎ車で糸を紡ぐことから遠ざかり、紡毛は年配の女性だけが引き継ぐ手作業となっている。機織りは地域の少数の織布工にすでに委ねられているが、他所からの織物も売られている。やがて、工場で生産された布がもっと多く入ってくるであろう。

　農村家内工業としての衣服生産が今もって広く残っているレターフラック地域にも変化が起きていた。19世紀末、伝来の農村家内衣料生産が残存しつつも衰退過程を辿りはじめ、現金（工賃）稼ぎの資本主義的内職として衣服を家内生産する一方で、農村住民自らが身に纏う衣服は現金で購入しなければならないという事態が進行していた。ドニゴール県に戻ってこうした状況を確かめよう。

　最初に、ゴールウエイ県レターフラック地域と同様に、伝来の農村家内衣料生産がよく残存している事例を見ておこう。スウィリ湾に面したイニシュオーウェン半島西部にあり、地図6-5の9番バリリフィン Ballyliffin と10番ブンクラーナ Buncrana を繋ぐ線の西側に位置するデサーテグニー Desertegney 地域（ガスケル Gaskel 報告）である。

　　　機織り、糸紡ぎ、そして編みものがかなり多くの家族で、主には地域のより遠隔な部分で熱心にかつ有効におこなわれている。手縫いとミシン縫も多くの女性と娘に職を与えている。

　　　自家で紡ぎ、織った羊毛ツイードなどは大半が地域で利用されているが、余剰分はカーンドナー Carndonagh やモヴィル Moville に運ばれて売られている。

　伝来の農村家内衣料生産がよく見られる同地にもミシンが入ってきている。同じ事態はドニゴール県の多くの地域に見られ、新しい裁縫業が勃興してきている。

　次は、この伝来の農村家内衣料生産が衰退し、ミシンが入った新しい家内

第6章 北部アルスター経済

　　生産に取って代わられている事例を、上記デサーテグニー地域の北東に位置する北イニシュオーウェン地域（ガスケル報告）に見よう。

　　　紡糸、織布、そして編物はこの地域では衰退産業である。しかし、シャツやブラウス、その他の軽めの衣服の手縫いあるいはミシン縫がほとんど全ての家庭で熱心に営まれている。布地はロンドンデリーで裁断され、週2度地域の代理人に送られる。代理人はそれらを労働者たちに配る。労働者はかれらが取引関係を結ぶ代理人の経営する工場に出かけて訓練を受けた後、自分の家庭に仕事を持ち込むことが認められる。地域にはこのような代理人が何人かおり、いくつかの工場がある。個人的に私が入手した情報から、地域におけるこの労働に対して支払われる全金額は年5,000ポンドを下らず、この額は週5シリングで50週、400人の労働者が働くことを示している。（中略）この産業からの稼ぎは多くの最貧家庭の家計の中で非常に重要なものになっている。ミシンは認められた労働者に原価 cost price であてがわれるが、週1シリング3ペンスの分割払いで支払われるミシンは普通7ポンド7シリングで売られるクラスのシンガーである。

　デリーを拠点にした、ミシンが入った新しい縫製工業が展開している。デリー工場で裁断された布地が、代理人が経営するイニシュオーウェン半島北部の工場に送られ、同工場でミシン縫いの訓練を受けた家内生産者に材料の布地が配られ、軽めの衣服が縫製されている。手縫いと、分割払いによるミシン購入が「認められた」優秀な労働者によるミシン縫いが、「ほとんど全ての家庭」で、工賃を目当てに営まれている。ミシンはシンガーである。この新しい縫製業の経営者については詳しい情報は記されていない。しかし、他地域の、同様の、特にミシン縫製業についてもっと詳しい状況がわかる。

　最後はグレンティーズ地域（地図6-5の43番付近）である。ガハン報告によれば、伝来の農村家内衣料生産を残しながらも、出稼ぎなどの賃稼ぎがない状況のもとで、ドニゴール県を代表するような新しい農村衣料生産と、いわば資本主義的内職といってよい家内生産が発展している。糸紡ぎも機織り

559

も、編み物も新しい縫製業も展開している。

　まず第一に、地域内の羊毛を材料とした自家用の伝来の糸紡ぎと機織りが、部分的な交換＝貨幣経済を織り込みながら、営まれていた。

　　　　この地域でおこなわれている織布は完全に自家用である。地域全体でたった9人の織布工がいるだけである。フランネルは毛布、シャツ、ズボン下に利用される。グレンコラムキル地域よりはるかに広幅に織られている。45インチがおよその平均布幅で、衣服用フランネル（またツイード）を織るばあい1ヤード3ペンスが工賃であり、毛布は1ヤード5ペンスないし4ペンスである。糸紡ぎはわずかの数の老婦人に引き継がれていて、かれらは十分な量の羊毛を紡ぎ糸にして自家用の長くつ下や下着を作ったり、近所の人に頼まれて紡いだりもする。グラフィ Graffy やグレンリヒーン Glenleheen の選出区、グレンティーズ選出区の一部では紡車 wheels はより広く見られるが、グレンゲシュ Glengesh の一部、ダウロス Dawros やアーダラ Ardara、マース Maas やグレンティーズの一部では非常に稀である。

　第二に、豊富に生産した羊毛は自家用に利用された上に、隣接するグレンコラムキル地域で、「市場向けのフランネルやツイードを生産する農民たちに」売っていたし、何よりも、大量に羊毛を地域外の工場に送って毛織物にしていた。長くなるが引用しよう。

　　　　自家用に十分な量が差し引かれた後、羊毛は工場に送って布にされ、売られた。あるいは、未加工状態で工場に売られた。日曜日に着るスーツは全部こうして手に入れたものである。もっともよく取引される工場はスコットランドのガラシールズ Galashields（エディンバラ南南東53km）、ドニゴール県コンヴォイ Convoy（地図6-5の15番）、それにリスベラー Lisbellaw（ファーマナー県エニスキレン東8km）にある。三つの内の最初の工場は最大量の取引をし、他の二つに比べて明らかに高い手数料を課しているが、人々はより良質の材料を入手していると思っているようである。コンヴォイにある工場は農民たちの羊毛と交換に布

を与えようとしている。羊毛の重量ポンドが重くなればなるほど、多くの布を与えようとしている。農民たちは12から14重量ポンドの羊毛を送って、1着のスーツ、あるいは、7ヤード半の材料（布）を得ている。そして、その布に対して2シリング6ペンスから4シリング6ペンスの手数料を支払っているが、農民たちの羊毛の価格が下回っているからである。かれらは重量ポンド当たり4ペンスないし5ペンスを得ていた。

　人々が日曜日に着るスーツはすべてこうして手に入れたものであった。日曜礼拝に一張羅を着るために、材料の羊毛は自前持ちの上に、手数料まで払って、時に、遠くはスコットランドはガラシールズの工場にまで羊毛を送って、仕上げられた毛織物を確保している。自前で作った普段着の世界に、外部の工場制の晴れ着が入り込んできている。スーツを身につけるために、材料だけでなく、手数料までも払っている。

　これだけであろうか。原文引用した箇所の中身の意味が不明瞭であるが、羊毛を売って何程かの現金を獲得したであろう。先に見たグレンコラムキルの農民に対してだけでなく、毛織物工場にも羊毛を売ったと考えられる。グレンティーズ地域推計現金収入の羊毛販売額12シリングが計上されているからである。

　第三は、「ほとんど全ての家族の主たる扶養手段」となっている毛糸編物業である。ガハンによれば、「地域の全家族（1,852世帯……引用者）のうち約1,500世帯が従事している」。ここにも「機械編みが入ってきて、特に平編み the plain knitting で大きな損害を受けているが、装飾用と目の粗い編物においては手編み仕事が堪えている」としている。

　この毛糸編物業はおよそ40年前にマクデヴィット兄弟社 The Messrs. M'Devitt によって始められた。同社は「貧しい若い女性たちに毛糸を供給することで始めたが、当時、彼女たちはあらゆる類の平編みをしていた」。同社は「いくつかの大きなイングランドの商会に羊毛製品を頻繁に供給することに携わり、グレンティーズに関しては長年にわたって独占を享受し、大きな富を築いた」。この「マクデヴィット兄弟の成功は他の者たちをこの産業

に惹きつけ、今では幾人かの当地の商人が参入しているが、これまで誰も最初に手掛けた商会に対抗するような繁栄を遂げた者はいない」としている。以下、興味深いので、敢えて長文を引用しよう。

　　例えば、マクデヴィット氏は大量の毛糸をいくつかのイングランドやスコットランドの商会から購入する。イングランドの二大センターであるブラッドフォード Bradford やハリファックス Halifax、スコットランド北部の町アロア Alloa の商会からである。（中略）若い女性たちはいつも歩いて羊毛(毛糸)を受け取りに行かねばならない。レターマカウォード Lettermacaward でグウィーバリア川 the Gweebaria に橋が架かっていないために、かの女たちの多くはおよそ15マイルを歩いてグレンティーズに入らねばならない。かの女たち一人ひとり2週間分に足りる羊毛（毛糸）を受け取る。あるいは、よく働く者のばあいは1カ月分を受け取る。

　　毛糸が編みあがると、ばあいによって、ソックスないしストッキングスが、あるいは手袋が運ばれて納入される、そして、もっと多くの羊毛ないし毛糸が供給され2回目の割り当ての編物のために受け取る。こうしたことが2週間ごとに、1カ月ごとにおこなわれる。最初に創業したヒュー・マクデヴィット氏は仕上がった仕事にたいしてあい変わらず現金を払う唯一の人物である。3人の兄弟が事業を始めた時に作られた規則であり、爾来、厳格に堅持されている。この産業に参入した他の商人たちは現金あるいは布、あるいは、ティーやタバコ等で支払っている。

　ガハンは、引用の最後にある、毛糸編み仕事にたいする現物支払いは「労働者にとって大きな損失である」と述べ、現金払いのマクデヴィット兄弟社を含めて、グレンティーズ地域で取引している主な事業者名を挙げて、支払い形態等を表示している。マクデヴィット兄弟の親戚と思われるB・マクデヴィットとB・マクギーハン M'Geehan は現金と現物、ケネディ Kennedy、ピアソン Pearson、それにガラハー Gallagher が現物としている。

　こうした現物払いという不利な支払いもおこなわれている中で、「ほとん

第6章 北部アルスター経済

どの家族では2人ないし3人が働いていて、受け取りを合わせるとかなり相当な年収となる」とし、その上で、ガハンは次のように言いきっている。「事実の問題として、このグレンティーズ地域全体を通して、女性が唯一の家計の支持者である。男性は播種と収穫以上にほとんどあるいはまったく何もしない」[67]と。

なお、マクデヴィット兄弟社はグレンティーズ地域だけでなく、ロセス地域やアランモア Aranmor 地域にも仕事を出していた。

最後に、上記の現物払いはガハンが報告を担当したブロッカー地域でもあった。また、同地域の編み物製品の多くがロンドン、マンチェスター、リヴァプール、グラスゴウに、さらに、アメリカやオーストラリアにも輸出されていると報告している。

第四は、新しいミシン縫製業である。グレンティーズ地域の以前からある裁縫業ないし模様づけ sprigging を衰退させる一方、家内衣料生産を工場制に附属させるような形で、いわば資本主義的内職として再編成している。

デリーのマクインタイア&ホッグ商会 Messrs. MacIntyre and Hogg がシャツと、その他に主に婦人用ドレスのボディス（ひもで胸・胴を締める婦人用上着……引用者）や時にナイトガウンを縫製する分工場をグレンティーズに建てている。地域全体のいろいろな場所に40台、グレンティーズに12台のミシンを持っていて、グレンティーズで若い女性を採用して、ミシン縫製を習わせている。若い女性が習い終えると、かの女にミシンと小さなテーブルが与えられる。それはかの女が1週間に何十ものシャツないしボディスを完成させることができるということ、また、かの女が国を離れたり、あるいは、仕事を辞めようとしたりする時、ミシンは会社に返却するという取り決めに基づいたものである。（中略）グラフィ Graffy（グレンティーズの町の東方）には分割払い方式による1台ないし2台のミシンがあるが、こうしたミシンを持っている若い女性たちはバリボフェイ（地図6-5の19番）のある業者のために働いていて、その業者はできあがったものをグラスゴウのウオード女史 Miss Ward に送っ

ている。

　グレンティーズ地域に分工場を建てミシンによる新しいシャツ縫製業を事業展開したのがデリーのマクインタイア＆ホッグ商会であった。この商会についてもっと詳しく知りたいが、ガハンがイアスク湖 Lough Eask 地域報告で、「ファナドやロスゴル Rosguill でマクインタイア＆ホッグ商会によって既に始められた」シャツ縫製業、あるいは、「県の北部で追求されているやり方」がイアスク湖地域で手掛けることができるなら、「人々に支持されるであろう」と書いている。デリーのマクインタイア＆ホッグ商会がドニゴール県北部で始めたミシンを導入した新しい裁縫業が県南部のグレンティーズ地域に広がってきていたことがわかる。さらに、マクインタイア＆ホッグ商会と特定されていないが、これもガハンによれば、バリシャノン地域でも最近、シャツ縫製業の導入の努力がなされ、2人の若い女性がデリーに派遣されて、(ミシンの) 訓練を受けたとされている。

　ミシンによる新しいシャツ縫製業について、最後にガータン地域に戻る。ガハンがこう述べている。

　　　シャツ縫製業がこの地域で次第に広がってきている。(中略) レターケニーに中央集配所があり、そこからミシンが配給され、また、<u>シャツ用のリネンが供給されている</u>。仕事を受け取っていく少女たち各々が帳簿に名前をサインし、何日に仕事を仕上げて納品するのか言わされる。もしかの女が約束の日に仕上げないばあい、厳しい罰金を科される。もし製品が汚れておれば、かの女はまた罰金を科される。この地域には集配所の支部がない。チャーチヒルやテンプルダグラスの少女たちは仕上げた製品をレターケニーに運び込まねばならない。

　ガータン地域のミシンによる新しいシャツ縫製業にデリーの業者が関わっているのかどうか記載されていない。ガハンのこの報告からも注目したい点が二つある。

　一つは、ミシンによる新しい裁縫業は、厳しい罰金制を伴う、工場制に付属する資本主義的内職といえるものであった。

第6章　北部アルスター経済

　もう一つは、ガータン地域で報告された、シャツ用布地としてのリネンの供給である。グレンティーズ地域などではシャツやボディスなどに裁縫する布地のことは記載されていない。デリーのマクインタイア＆ホッグ商会がドニゴール県北部のファナド地域やロスゴル地域で始め、南部のグレンティーズ地域でさらに広く展開するようになったシャツなどのミシン縫製業の布地は何だったのか、ガータン地域と同様にリネンであったのだろうか。

　リネン布地はデリーやストゥラバーンから供給される。本章第2節でアルスターにおけるリネン産業を明らかにする際に依拠した『スミス・リネン業者名鑑』(1876年)によると、リネン製造業者(織布)・リネン布商人 Linen Manufacturers & Linen Merchants がデリー市に10業者、ストゥラバーンに5業者いたことがわかる。リネン布地はドニゴール県に隣接する地域から供給され、しかも、ドニゴールにおけるシャツ製造そのものがデリー市の業者によって組織されていた可能性が大きい。

　ここで、リールダン『現代アイルランドの貿易と産業 Modern Irish Trade and Industry』(1920年)を再度見よう。同書第3章は「織物産業 Textile Industries」がタイトルであるが、第1節で「リネン工業とコットン工業 Linen and Cotton Industries」、第3節で「毛織物工業 The Woolen Industry」を扱い、その真ん中に第2節として「シャツ＆カラー工業 The Shirt and Collar Industry」を挿入している。二大織物業と考えてよいリネン業と毛織物業の間に縫製業のシャツ工業を置いている。その意味するところは何か。

　リールダンは本文でこう切り出している。

　　シャツとカラーの製造をおこなう工場は国全体に散在していることが判るが、この産業の主な舞台はロンドンデリーにあって、同地に大きな割合の工場が集まっている。

　　ロンドンデリーのウエルチ・マーゲットソン会社の取締りG・P・モリシュ Morrish 氏が1912年にデリーで開かれた全アイルランド工業大会での報告で、ロンドンデリーのシャツ製造業の始まりが1844年であり、1856年に同市に最初のミシンが導入された、と述べている。[68]

アイルランドにおけるシャツ製造業の歴史は浅く、ミシンの導入が大きな影響を及ぼしたことがわかる。シャツは肌着としても利用されるが、生地は主にコットン、あるいはリネンと考えられる（現在では化繊も入る）。19世紀後半以降のアイルランドでは、まずはリネンで、次いでコットンであっただろう。リールダンの叙述の順序、まず、リネンとコットンを取り上げ（圧倒的に多くの頁を割くのはリネン）、その次に、新興のシャツ縫製業を持ってきているのは、生地としてのリネン、あるいはコットンに繋ぐ意図があると思われる。そして3番目に、伝統ある毛織物に移るということであろう。

　『ベイスライン報告』で、デリーを中心にドニゴール県にも広がっているシャツ縫製業の材料がリネンであると明記されているのはガータン地域だけであるが、その他の地域にあってもリネンを生地とするシャツ縫製業が展開していたと推測する。

　『ベイスライン報告』が教えてくれるもので、まだ取り扱っていないドニゴール住民の暮らしの二つの重要な側面についても見ておこう。

　一つは、アランモア地域やトーリー島地域の漁業である。

　二つは、全域に関わる最も重要なことであるが、消費生活必需品がどのようにして供給されていたのか、つまり交通の問題である。

◆島の暮らし——漁業

　アイルランド全体が島であるが、さらに小さな島々がある。ドニゴール県ではアランモア島とトーリー島がその代表と言ってよいだろう。

　地図6-5を再度見ていただきたい。地図番号35はクロスロード Crossroad (Falcarragh) であるが、その沖15キロ弱に浮かぶのがトーリー島である。地図番号39はロセス地域の中心ダングローであるが、その北西に小港バートンポート Burtonport がある。地図には頭文字のBを打っている地点である。その沖5キロにあるのがアランモア島である。

　アランモア貧民蝟集地域は、ロセス地域に向かい合う形で以下の島々から成っている。北からいうと、オーウエイ Owey 島、アランモア島、エイター Eighter 島、イニシュクー Inishcoo 島、イニシュキーラ Inishkeeragh 島、

第6章　北部アルスター経済

イニシュアル Inishal 島が入るが、それに、イニシュフリー・ロウワー Inishfree Lower 島とイニシュフリー・アッパー Inishfre Upper 島が加わると考えられる。『ベイスライン報告』では単にイニシュフリー島とだけ書かれているが、アイルランド政府1984年版地図では、オーウエイ島より北にイニシュフリー・ロウワー島があり、イニシュキーラ島より南にイニシュフリー・アッパー島があって、ロウワーとアッパーが南北にたいへん離れている。

1891年センサスではトーリー島の住民数は348人であり、面積は785エーカー強である。アランモア島はドニゴール県最大の島で、住民数1,163人で、面積4,402エーカー強である。

トーリー島の普通の家計の推計現金収入は以下の通りである。合計は31ポンド3シリングとされていて、うち漁業は魚類15ポンド（タラ等 white fish が6ポンド10シリング、小さな魚 small fish が4ポンド、ロブスターが4ポンド10シリング）とケルプ10ポンドで計25ポンドとなる。これに、魚類保存加工所 curing station の労働代金2ポンドも加えることができる。漁業総収入が27ポンドで、それは収入合計の87％近くとなり、トーリー島住民は漁業者であるといってよい。

もっとも、トーリー島住民も他地域と同じく家禽を飼い、卵を売っている。鶏とアヒルの卵を合わせて3ポンド5シリングとなっている。例にもれず、一部の魚もくわえて、ティーや砂糖、タバコ等と現物交換されている。なお、以上の他に、種々の機会を活かした収入1ポンドも挙げられている。

自給自足はどうか。報告内容からすると魚類とジャガイモが食事の中心となっている。魚類があるためにジャガイモの消費が減り、その結果、ジャガイモが食糧として保存される期間も長くなっている。自家消費の推計額は部分的に示されているだけであるが、魚類は保存のための塩の費用等を引いて、4ポンド12シリングとされている。[69] ジャガイモは1ポンド16シリングである。穀物も家畜飼料として生産されているようで、4ポンドになるとしている。海草が羊の飼料として使われている。

アランモア島はどうか。アランモア地域の推計現金収支はそっくりアラン

モア島に当てはまるように作ってある。他の島で該当しないばあいは、あるいは、アランモア島だけに当てはまるばあいは、その旨注記されているからである。

推計現金収入合計は46ポンド3シリング9ペンスとされている。漁業は1896年の数字であるが20ポンドで、それにケルプ8ポンドを足した28ポンドは、収入合計の61％弱である。アランモア島住民の暮らしが漁業に依存する程度はやはり高いが、トーリー島住民の域には達していない。家禽の卵の販売はあるが、バターも、羊あるいは牛のいずれかの家畜も売っている。編物で3ポンドの収入を得ている。そして何よりも、スコットランドへの出稼ぎで8ポンド10シリングを獲得している。

アランモア地域では推計自家消費額が出されている。ジャガイモ、オート麦、藁と乾草、バターとミルクを合計して10ポンドである。魚類は5ポンドとされている。なお、トーリー島と相違して、ジャガイモが底をついたあと、トウモロコシ粗びき粉が主食となると明記されている。

さて、トーリー島やアランモア島の住民の暮らしにとって、日常の必需品で何がどのようにして入手＝供給されているのか、売られる商品は何処にどういう経路で向かうのか、総じて、アイルランド北西端ドニゴール県住民の暮らしを支える交通についてはどうか、この点についても『ベイスライン報告』が重要な示唆を与えてくれている。

◆ドニゴール住民と交通——特に生活必需品の供給

再度、地図6-5を見よう。番号35のクロスロードCrossroads（ファルカラー）の沖合にTと記しているのがトーリー島であり、39番のダングローDungloeの西方に浮かぶ島々のうちで一番大きくて、本島対岸にBのバートンポートBuronportを遠望するのが、Aと記しているアランモア島である。これらの島の住民の暮らしはどうやって支えられているのであろうか。

トーリー島地域のガハン報告にこうある。

リヴァプールやグラスゴウ、それにスライゴに向かう汽船が毎週通過していく。この汽船により食糧の供給がおこなわれ、卵やロブスターが

第6章 北部アルスター経済

船積みされる。

　同じくガハンがアランモア島地域の報告でこう述べている。
　　　リヴァプール行汽船が島々の沖合にロブスターを求めてやって来る。
　　　グラスゴウ行汽船がグラスゴウに行く出稼ぎ労働者を拾い上げるためにやって来る。
　ここに出てくる汽船はレアド社 Laird Line かスライゴの船会社のもので、スライゴからリヴァプールやグラスゴウに向かうものである。汽船は島に寄港するのではない。沖合に停泊し、そこに島から帆船（あるいは手漕ぎ舟か）がやって来て、卵やロブスター、出稼ぎ労働者を渡し、食糧等を受け取るのである。
　トーリー島から本島のクロスロードへ帆船や手漕ぎ舟が渡っていた。トーリー島住民は、かれらにとって唯一のクロスロードにあるマーケットやフェアで家畜を売ったり、新鮮な必需品を入手する。食糧の入手は島の大きな取引業者から入手するが、その取引業者は食料品をスライゴからやって来る汽船によって入荷している。
　卵や魚類は、他地域と同様にティーや砂糖などと現物交換されていた。『報告』に書かれていないが、島の取引業者が卵とロブスターを現物交換で「買い取り」、帆船（あるいは手漕ぎ舟）に積んで、リヴァプール行汽船に積み替えたのであろう。
　アランモア島と本島のバートンポートとの間にも帆船や手漕ぎ舟が往復していた。島の住民が牛や羊を売るのはダングロー（番号39）や、それよりもう少し遠いジャックスタウン（番号38）にあるフェアにおいてである。島の家畜を帆船（あるいは手漕ぎ舟）でバートンポートまで運び、その後は陸路でフェアに向かったと考えられる。食糧やその他の生活に必要な物資は島に9軒ある商店から買うか、バートンポートで入手する。ここでも、卵とバターがティーや砂糖と現物交換される。島の商店主たちは物資を直接に先に見たスライゴからやって来る汽船から確保するか、バートンポートのもっと大きな商人から得ていた。島の商店主たちは住民から現物交換した卵を上記汽船

に乗せて、イングランドに送った。

　引き続き地図6-5を見ていただこう。トーリー島とクロスロード（ファルカラー）、アランモア島とバートンポートを行きかう帆船（手漕ぎ舟）は今見たが、クロスロードやバートンポート、北へはデリー、南に向かっては、ポート・ヌー Port Noo（地図記号P）、ティーリン Teelin（T）、キリベグス Killybegs（49番）、マウントチャールズ Mountcharles（51番）、それにバリシャノン Ballyshannon（56番）を繋ぐ定期汽船航路があった。H＆H汽船航路である。それはカニンガム侯爵 Marquis of Conyngham の（バートンポート地域）代理人ハモンド Wm. Hammond と、ティローン県ストゥラバーンはキャリックリー Carricklee のジョン・ハードマン John Herdman が経営する汽船会社である（ハモンドとハードマンが経営しているので、本書はH＆H汽船と名付けた）。デリーとバリシャノンを結んで、2隻の汽船を週1度ドニゴール県沿岸に走らせていた。H＆H汽船はオート麦粗びき粉や小麦粉、塩やオイル、木材やスレート、それに石炭など、重量ある生活用品の全てを海路で運搬していた。ドニゴール県のクロスロード以南を中心とした海岸部における生活物資流通に重要な役割を果たしていた[70]。

　さて、H＆H汽船のジョン・ハードマンは、あのシオン・ミルズのハードマンズ社を経営するハードマン兄弟のジョンと同姓同名である。同一人物であるとはっきりと書いている資料を本書は見つけていない。ただ、ミックス報告がH＆H汽船のジョン・ハードマンの居所としているストゥラバーンのキャリックリー・タウンランドは、ハードマンズ社があるシオン・ミルズと同じウルニー教区 Urney Parish にある。ハードマンズ社は兄のジェイムズ James が中心になって経営している。弟のジョンが、鉄道開通を1903年まで待たねばならない[71]ダングローを中心としたドニゴール県西部大西洋岸地域をデリーと結ぶ海の航路の開発に向かうことはありえたのではないか。シオン・ミルズのハードマンズ社自体がデリーと、ドニゴール各地との経済的繋がりを強めている中にあってはなおさらそのように考えることができよう。

第6章 北部アルスター経済

　H＆H 汽船がクロスロード以南のドニゴール大西洋岸地域とデリーを結ぶ航路を開発したことはわかった。では、クロスロード以北の海岸部はどうだろうか。リートゥリム汽船航路があった。それは第4代リートゥリム伯爵 4 th Earl of Leitrim によって運行されていて、地図6-5の27番ミルフォード、29番ケリキール Kerrykeel、30番ロスナキル Rosnakill、31番カリガルト Carrigart、記号 M のマルルアイとデリー、さらにはグラスゴウを結ぶ航路であった。『ベイスライン報告』ロスゴル地域の報告を担当したガハンから引用しよう。

　　リートゥリム卿が汽船を持っていて、それは毎週、ミルフォード、マルルアイとグラスゴウを往復していて、グラスゴウからの帰路にデリーに寄港している。（中略）マルルアイに波止場があるが、汽船メルモア号 the *Melmore* がミルフォードに向かう前に積み荷の一部を下ろしている。（中略）クランフォード貧民監督官選出区 Cranford ED の住民はオート麦粗びき粉をミルフォードで入手している。かれらはミルフォードでオート麦粗びき粉をたいへん安い価格で確保している。というのも、リートゥリム卿の汽船によってそれがたいがい輸入されているためである。（中略）非常に大量の卵の輸出がグラスゴウに直行する汽船によって、ミルフォードとマルルアイからおこなわれている。

続いてガハンのダンファナヒ地域報告からも引いておこう。

　　ダンファナヒ地域のいずれの港にも汽船が寄港しない。しかし、リートゥリム卿の汽船がカリガルトから1マイル半以内の地点に寄港し、この地域からの大量の物産を積み込んでいる。この汽船はミルフォード・グラスゴウ間の交易をおこなっているが、グラスゴウに向かう途中にポートラッシュ Portrush に寄り、帰路にロンドンデリーに寄っている。本年は大量のガチョウがロウロス Rawros で船積みされ、もっと多くがロンドンデリーで積み込まれた。リートゥリム卿はクリースロッホに代理人を置いている。この代理人にダンファナヒや周辺農村の人々の物産が託送されているが、多くの人々は自分で馬車で運ぶのを好んでいる。

第2部　アイルランド農業の担い手を地域から見る

　第3代リートゥリム伯が1878年に暗殺された。土地戦争の最中のことである。未婚のかれには子供がいなかったため、キャヴァン県その他の遺産はまた従兄弟の陸軍大佐クレメント H. T. Clement に渡ったが、伯爵位とドニゴール県所領は甥のロバート B・クレメント (1847-1892) が相続した。ロバートは海軍に勤務していたが、相続後、マルルアイに移り、所領経営の改良に取り組む一環として汽船航路を開設したといわれている。ベイトマンの1883年『大ブリテンとアイルランドの大土地所有者』によれば、ドニゴール所領は54,352エーカー、地方税評価額9,406ポンドであったが、リートゥリム県にも地方税評価額1,600ポンドの2,500エーカーを持っていた。

　ドニゴール住民の生活物資入手と生産物の販売にとって、あるいはまた、出稼ぎや移民にとって、海上輸送が大きな役割を担ってきたことをみた。最後に、レアド社とスライゴ拠点の海上輸送を見て締めくくることにしよう。

　第3章で見たが、デリーと、さらにスライゴやメイヨー県と、スコットランドや、リヴァプールを含むイングランド北西部を結ぶ航路を開発し活躍したのはグラスゴーに深く関わる汽船会社であった。グラスゴー・ロンドンデリー汽船会社 Glasgow & Londonderry SP Co であり、バーンズ会社 G. & J. Burns である。前者は通例レアド社 Laird と呼ばれ、後には正式にレアド社と社名を改めた汽船会社で、マクニールによれば、「The General Steam Navigation Company と共に、世界でもっとも古い船会社」である。

　レアド社はドニゴール県の沿岸を航海して、スライゴ、さらにメイヨー県バリナやウエストポートに達する航路を開設していた。トーリー島とアランモア島を見た際に触れたが、レアド社はドニゴール県のいずれにも寄港しなかったが、トーリー島とアランモア島の近くに停泊し、接近して横付けした地域の帆船や手漕ぎ舟との間で、スコットランドなどに出稼ぎに行く者や地域住民の生産物を引揚げ、反対にまた、地域住民に必要な生活物資を積み降ろしたりした。

　アランモア地域に関するガハン報告に、「リヴァプール行汽船がロブスターを引き取るために、グラスゴー行汽船が同地に行く出稼ぎ労働者を乗せるた

第 6 章　北部アルスター経済

めに島々の近くに立ち寄る」とある。

　ここでレアド社の他に、スライゴに生まれた汽船会社に目を向ける必要がある。再び述べることが多くなるかもしれないが、マクニールによると、1856年10月、スライゴ・ポリクスフェン・ミドルトン商会 Messrs Pollexfen & Middleton of Sligo がリラ号 the *Lyra* をチャーターしてスライゴ・リヴァプール間を往復させた。翌年には自前の汽船 the *Sligo* を持ち、リヴァプール航路にグラスゴウ航路を加えた。しかし、強力なライヴァルがいた。レアド社である。スライゴ・ポリクスフェン・ミドルトン商会が主たる株主になって設立されたスライゴ海運会社 Sligo Steam Navigation Co が1867年にレアド社と協定を結び、レアド社がグラスゴウ航路、スライゴ海運会社がリヴァプール航路に棲み分けるようにした[73]。ということは、このレアド社とスライゴ海運会社の協定が1890年代にも生きていたであろうから、上に書いた、アランモア地域でロブスターを引き取ったリヴァプール行汽船はスライゴ海運会社のものであり、同地域で出稼ぎ労働者を乗せたグラスゴウ行汽船はレアド社のものであったことになる。

　このスライゴ海運会社の設立者は詩人イェイツの親類のスライゴ実業家たちであった。スライゴ・ポリクスフェン・ミドルトン商会はイェイツの母スーザン Susan Mary Yeats の父ウイリアム・ポリクスフェンと、同じくスーザンの親類ウイリアム・ミドルトンとのパートナーシップに基づく商会で、かれらが中心となってスライゴ海運会社も生まれた。『アイルランド人名事典 *DIB*』は W・B・イェイツの項目で、「注目に値する商業海運王朝 a notable mercantile and shipping dynasty」と評価している。スライゴ海運会社は貨物はいうまでもなく、家畜や出稼ぎだけでなく、移民の輸送に大いに力を揮ったといわれている。スライゴ港から合衆国やカナダに多数の移民が向かったとされている[74]。

　『ベイスライン報告』のグレンコラムキルに関するガハン報告に、「汽船がマリンベグ Malinbeg やキリベグスに寄港し、スライゴやデリー、リヴァプールなどに向けた物資を荷揚げしている一方、粗びき粉などの物資を積み降ろ

してもいる」とある。地図6-5のマリンベグ（記号Ma）やキリベグス（番号49）に寄港し、スライゴやデリー、リヴァプールとを繋ぐ汽船航路があったと書いている。スライゴ・ポリクスフェン・ミドルトン商会が製粉業も営んでいたと言われているが、スライゴ海運会社のリヴァプール行汽船がドニゴール県海岸部の住民に必要な生活物資も輸送していたのであろうか。キリベグスについてもガハンが報告している。そこには、「2隻の汽船、エンタープライズ号 the Enterprise とティルコネル号 the Tyrconnell が種々雑多の荷物、粗びき粉、小麦粉、ふすまなどを積んでキリベグスに寄港している。2隻の汽船はロンドンデリーとスライゴの間の交易をおこなっている」とある。マクニールはスライゴ海運会社が運航した汽船も紹介しているが、上記のエンタープライズ号とティルコネル号には言及がない。レアド社についても上記2隻には触れられていない。[75] スライゴとデリー、さらにはリヴァプールを結ぶ汽船会社が他にあったのだろうか、この点について確認できていないが、本書が見てきた資料からはスライゴ海運会社の他には考えられない。

　もう少し地図6-5を見よう。スライゴとティーリン Teelin（記号T）を帆船が往復していた。ティーリンについてもガハンが報告を書いている。「ティーリンとスライゴを往復する帆船が地域の（生活物資の）供給の主な手段である。帆船は5隻で、週に1度スライゴに向かい、粗びき粉や小麦粉、その他種々雑多の物資を運んで戻ってくる。スマックス smacks と呼ばれる屋根付きの船で、積載量はおよそ15から20トンである。この帆船は客は乗せない」と。ガハンの書き方からすると、これらの帆船はティーリンのものかもしれないが、スライゴの帆船の可能性も否定できない。なおこれらの他に、ドニゴール湾沿岸を繋ぎ、石炭や粗びき粉、種々雑多の物資等を運ぶ帆船もあった。

　ドニゴール県南部の海岸地域が海運でスライゴと繋がり、地域の暮らしを維持していることがわかった。さらにこのスライゴからの航路は、すでにレアド社で触れたように、南のメイヨー県に繋がった。スライゴ海運会社もそうであった。この点はメイヨーに入ってから検討しよう。

第6章　北部アルスター経済

　さて、ドニゴール県海岸地域の住民にとって必要な生活物資の海路による供給は見た。もちろん陸路による供給も重要である。生活物資の供給を受けるだけでなく、住民たちの生産物の販売にとっても、陸路の輸送が大変重要であった。最初に明らかにしたドニゴール県各地でフェアが開かれていることが何よりもそれを物語っている。本書で具体的に取り上げることをしなかったマーケットまで見ればもっとよくわかる。ただ、アイルランド島北西端のドニゴール県の特徴をより鮮明にするために海路に着目したということである。

(d)　賃稼ぎ——欠かせないラガン行き、スコットランド行き
　スコットランドやラガンへの出稼ぎにはこれまで何度も触れた。ここで改めて重要な現金収入の方法の一つである賃労働、特に出稼ぎに焦点を当てよう。

◆在地の賃労働
　『ベイスライン報告』にざっと目を通すだけで、ドニゴール県においてはスコットランドや、ラガン（レターケニーからデリーにかけての地域）への出稼ぎが目立つ。そうした中でまず、数少ないとはいえ、在地での賃労働についてどのように報告されているかをまず見ておこう。
　ダンファナヒ地域報告でガハンが次のように述べている。

　　　雇用労働が多数ある。特に、アーズ Ards やダンファナヒ、クリースロッホ（低地部）の貧民監督官選出区でそうである。そこには多数の資力のある農民がいて、かれら全員が1人ないし2人の男性を雇っている。あるばあいは常雇の労働であり、他のばあいは臨時の労働である。地域には2人の大きな土地保有者がいる。両人とも多数の男たちを農場やその他の労働に常雇いしている。この地域で雇用された若い女性は多くない。というのも、かの女たちのほとんどが故郷を離れてラガンやその他で雇われるからである。

　ダンファナヒ（地図6−5、番号34）や、クリースロッホ（33）、それにアーズ

第 2 部　アイルランド農業の担い手を地域から見る

（クリースロッホからさらに現在の一級国道 N56 を北上し、ダンファナヒに至るほぼ中間地点を右に折れてシープ・ヘイヴン湾の奥に向かう）は大西洋岸に随分近い最西部にある。このような地域に多数の資力ある農民全員が 1 人ないし 2 人の男性を雇っていることにまず注目される。そして、2 人の大きな土地保有者 land-holders が多数の男たちを常雇いしているとある。2 人の土地保有者は誰々であろうか。これらの 3 地域を包含するクロンダホーキー Clondahorky 教区の『グリフィス評価原簿』を見ると、アーズ・タウンランドの豪壮なアーズ・ハウス（建物評価額100ポンド）を拠点とするアレクサンダー J・R・スチュワート Alex. J. R. Stewart がほぼ全域にわたって広大な所領を「所有」していた。1890年代には代替わりしているであろうが、ガハンは大きな土地保有者といっているが、このスチュワート家がその 1 人であろう。

　もう 1 人は、すでに述べた、ミルフォードとデリー、さらにはブリテンとを繋ぐ汽船航路を経営する第 4 代リートゥリム伯爵 4 th Earl of Leitrim のことであろう。ガハンによれば、リートゥリム伯はクリースロッホに代理人を置き、ダンファナヒや周辺地域の物産を輸送していたが、スチュワート家と同様に、クロンダホーキー教区にも広大な所領を「所有」していた（ベイトマンによれば、1880年代にドニゴール県全体で54,352エーカーを「所有」）。

　ダンファナヒ地域のような報告記録は他にはないが、それに近いものが最北部のイニシュオーウェン半島のクロンマニー Clonmany 地域の報告にある。「普通の家計」の推計現金収支に雇用費が出てくるのはこの地域が唯一である。もっとも、それは臨時の牛飼い 2 ポンドだけであるが。

　　　この地域で農民たちの間でおこなわれる唯一の雇用は、男たちや若者たちを雇うことであり、子供の牛飼いである。1 年雇用の男性に支払われる賃金は賄い付きの13ポンドである。子供の牛飼いは、遺憾なことに、非常に幼い頃から、若干のケースでは10歳未満の子供さえ雇われていて、学校教育の観点から大きな損失であるが、3 月から11月までのシーズンで 1 ポンド10シリングから 4 ポンドが払われている。両親たちは貧乏なために子供たちを他人のもとで働かせることを余儀なくされていると

第6章　北部アルスター経済

　言っている。臨時雇用は大人の男性のばあい1日当たり賃金1シリング6ペンスが支払われている。

　なぜか、1年雇用の男性に払われる賃金や、臨時雇用の大人の男性に払われる賃金も「普通の家計」の推計現金収支に出てこない。こうした雇用は「普通の家計」、つまり、貧民蝟集地域の主たる調査対象とならない、力のある農家の事情だからであろうか。

　クロンマニーに似た状況がドニゴール県南部のロッホ・イアスク Lough Eask にもある。かなり多くの若い男性と女性が毎年、半年間、農家に雇用されている。そして牛飼いができる9歳ないし10歳の子供も雇われている。ファナド地域（レターケニー北方の大西洋岸）も引いておこう。「この地域自体での労働者雇用はほとんどない。より大規模な農家が一般に地域の少年ないし少女、あるいは両方を雇っているが、多くはない。（中略）この地域には恒常的な労働者雇用はない」。

　貧民蝟集地域を対象とした『ベイスライン報告』では、ドニゴール県の多くの地域で在地の賃労働に関する情報はごくわずかである。しかし、ドニゴール県の「豊かな地域」といわれ、貧民蝟集地域の対象外である南北ラフォー2郡などでは状況が違う。この点は、すでに見ているが、1890年代王立労働調査委員会マクレー報告が、「この地域（レターケニー教区連合）の東部では比較的大きな規模の農場の農民たちのほとんど全てが、彼らと同じ地域に十分な労働供給」があるとの証言を紹介していることにも示される。

◆出稼ぎ

　『ベイスライン報告』には、在地の賃労働に比べて、出稼ぎに関する記述が大変多い。出稼ぎ収入が最も大きいと推計されているのはファナド地域とロセス地域である。両地域とも16ポンドとされている。ファナド地域では2人の収穫労働者としてのスコットランドへの出稼ぎである。ロセス地域ではスコットランドへの出稼ぎ10ポンド、ラガン出稼ぎが6ポンドとされている。ロセス地域を典型事例として見よう。この地域の報告はミックスの担当である。大変詳しい同報告を引こう。

第 2 部　アイルランド農業の担い手を地域から見る

　ほとんど全ての身体剛健な男性、少女、それに子供たちが出稼ぎ労働者である。男性はスコットランドに行き、少女と子供たちは東部ドニゴール、ロンドンデリー、それにティローンの農民たちのもとに行く。ドニゴールでスウィリ湾の東海岸沿いにあり、出稼ぎが最初に向かうラフォー郡に位置する地域がラガンとして知られていて、その地域ないしその近隣に出稼ぎ労働者として働きに行くことを「ラガン行き」と語られている。

　男性たちの非常に多くは自分たちの作物の植え付けを終えるや否やスコットランドに行き、種々雑多な仕事を求めるが、その他の男性はスコットランドでの収穫労働だけのために行く。故郷に戻ってくる時期もいろいろである。10月に帰ってくる者もいるし、年末に帰ってくる者もいる。さらに、ドニゴールの自分の農地における春の仕事の時期になるまで帰らない者もいる。（中略）若干の家族からは 2 人ないし 3 人、大変稀ではあるが、 4 人もスコットランドに働きに行く者がいる。

　少年と少女が多数、ラガンでの仕事を求めてレターケニーやデリー、ストゥラバーンやバリボフェイの「雇い入れフェア hiring-fair」に行く。賃金は小さな少年や少女、あるいは若い女性の体力や役立ちによって様々で、半年 2 ポンドから 5 ポンド10シリング、あるいは、 6 ポンドである。（中略）雇い入れフェアは 5 月と11月にあるが、多くの者が 1 年通した雇用を得ている。しかし、第 2 の半年（の雇用）を依然として求めている者のほとんど全てが、再び雇われるばあいにおいてでさえ、娯楽を求めて雇い入れフェア、あるいは、「わいわい騒ぎ rabbles」と時に呼ばれる場に行く。

　このミックスのロセス地域報告から第一にわかることは、ドニゴール県住民の暮らしの中でスコットランドとの関わりが大変大きかったことである。スコットランド出稼ぎについて、無し、ほとんど無し、あるいは、それらに近い表現になっているのは、20ある貧民蝟集地域のうち 9 地域である。その中にも若干名がスコットランドに出稼ぎに行く地域も含まれている。他方、

第6章　北部アルスター経済

ロセス地域に比肩できるような多数をスコットランドに出稼ぎで送る地域がある。約200名のクロンマニー、若い男性多数のデサーテグニー、ほとんどの若い男性のファナド、多数のロスゴル、ガータン、それにダンファナヒ、ラガン行きも含め住民の30％のクロハニーリ、約950人のグウィードア、男性と若い女性の60％のアランモアの諸地域がある。ロセス地域を含めると、10地域から多くのスコットランド出稼ぎがあった。

　第二にわかることは、「ラガン行き」という言葉が生まれるほどまでにラガン地域への出稼ぎが、それも子供も含めて、若い女性を中心にした若者たちによっておこなわれていたことである。地域的広がりはスコットランド出稼ぎほどではないようである。記述がない地域が結構ある。そのような中で、ロセス地域の他では、北から見ると、ファナド、ロスゴル、ガータン、ブロッカー、ダンファナヒ、クロハニーリ、それに、グウィードアの諸地域からのラガン行きが多かった。

　このラガン行きは、先に見た家内衣料生産と時に矛盾することがあった。どちらも主力が若い女性たちであったからである。出稼ぎも家内衣料生産も盛んなロセス地域から引こう。

> 　若い女性や少女たちがラガンに行くために1年のうち6カ月間地域を離れること、半年間工業労働を休止することは規則的に1年を通して仕事が遂行されることを求める取引関係を妨げかねないことを肝に銘じておかねばならない。

ファナド地域では、「現在、工場には少女たちから返却されてきたミシンが2台あるが、かの女たちはミシン仕事を続けるよりも地域の外に出て雇われる方を選んだ」という事例もある。

　なお、ガハンのファナド地域報告に、ミルフォードに「雇い入れフェア」・「わいわい騒ぎrabble」の中心的なものがあり、それは5月23日と11月23日に開かれるとある。レターケニーにも言及していて、5月12日と11月12日に開かれるとされている。

　ところで先に、1871年センサスのレターケニー教区連合職業データをもと

に、農業労働者と「農家・牧畜業者家族労働力」と対比し、後者の100人にたいして前者の農業労働者が77人であることを確認した。この比率は、同じアルスター地方のデリー県マヘーラフェルト教区連合（65人）にたいしては高いが、マンスター３教区連合に比較するとかなりの程度低くなり（キルマロック教区連合184人、カンターク教区連合174人、トゥラリー教区連合164人）、また、全国平均86よりも低いということ、わけても女性のばあいがそうであると確認した。そして、これらがレターケニー教区連合にある何らかの事情が関わっていたのかと問題を提起しておいた。

　今、『ベイスライン報告』に、ラガン行きと、若い女性や少女たちによる家内衣料生産が時に矛盾することが述べられていることを知った。レターケニー教区連合、さらにはドニゴール県に広く見られる資本主義的内職といってよい家内衣料生産と、出稼ぎも含めた農業生産との間で、若い女性や少女を取り合う状況が関わっていたようである。もう少し検討を重ねよう。

　1890年代『ベイスライン報告』で貧民蝟集地域として調査対象になり、レターケニー教区連合に含まれている地域は、ストゥラノーラー Stranorlar 教区連合（ストゥラノーラーは地図６-５番号18）に跨るブロッカー Brockagh 地域と、もう一つは、ミルフォード教区連合にも跨っていたガータン地域の二つである。いずれの地域もガハンが担当していた。

　ガハンのブロッカー地域報告が示唆深い。「編物業はこの地域の最も貧しい人たちの主たる扶養手段になっている」として、ブロッカー地域を構成する７選出区それぞれにおけるミシン台数、手縫い工や小物模様付け工の人数、そして、編み物従事家族数と、７選出区の合計数を表示している。編み物に従事するのは670家族で、編み物工は家族数を２倍にすればよいと注記していることから、ブロッカー地域に家内生産の編み物工が1,300名以上いたということになる。なお、手縫い工は261名、小物模様付け工は130名、ミシン台数69としている。

　20年前の1871年センサスによるレターケニー教区連合全体の女性農業労働者は871名であった（表６-15）。ブロッカー地域の家内編物工だけでその人数

をはるかに超えていた。農家・牧畜業者家内労働力1,363人とほぼ匹敵する多さである。家内編物工の彼女たちは地域で最も貧しい人たちであったといわれている。貧しい農家の女性たちは農家副業として家内衣料生産で現金を稼ぐか、農家を離れられない主婦などは別にして、若い女性や少女たちは地域内での住み込みや出稼ぎで賃稼ぎしなければならなかった。

　ブロッカー地域の「普通の家計」の推計現金収支を見ると、家禽（卵が主）と牛などの畜産物販売と、ミシン縫製など家内衣料生産で現金を得ているが、それらに一人半年出稼ぎ（7ポンド）が加えられている。家内衣料生産による現金収入が15ポンド12シリングと推計されていて、クロンマニー Clonmany 地域と並んで最高額となっている。このように、家内衣料生産が盛んで、少なくない現金収入が見込まれるばあい、他人の農場での賃稼ぎ、出稼ぎが差し控えられる可能性がある。

　家内衣料生産と出稼ぎとの間での若い女性や少女のいわば「取り合い」といってよい状況が、ファナド地域のガハン報告にあった。繰り返しの引用となるが、少女たちは「ミシン仕事を続けるよりも地域の外に出て雇われる方を選」び、工場にミシンを返したとある。

　ところで、男性がスコットランドに出稼ぎに行くことと、レターケニー教区連合の農業労働者の「少なさ」とが関連していないのだろうか。

　レターケニー教区連合のもう一つの貧民蝟集地域であったガータン地域から多くの男性がスコットランドに出稼ぎに行った。同地域の「普通の家計」の推計現金収支を見ると、ブロッカー地域には少し劣るが、家内衣料生産で13ポンドを得ていた一方、出稼ぎで14ポンド10シリングを得ていた。そのうち主に男性によるスコットランド出稼ぎで10ポンドを稼いでいた。このスコットランド出稼ぎ収入はファナド地域やロセス地域と並んで最高額である。

　ガータン地域からのスコットランド行きは一般に、春のジャガイモ植付け後のことであるとされているが、帰郷時期は記されていない。ロセス地域では、既に引用しているが、10月や、あるいは、年末に帰ってきたり、さらに、翌年春に自分の農地で仕事をしなければならない時期まで帰ってこない者も

いたとされている。ガータン地域のばあいはどうか。最低6カ月間は故郷を留守にする。ロセス地域と同じ稼ぎ高であることを考えると、もう少し長い留守期間の者もいたであろう。

　男性のスコットランド出稼ぎと長期の留守が、センサス職業統計の農業労働者の少なさと直接関係するかどうか、この点を本書が実証することはできない。スコットランドに出稼ぎに行く男性たちがセンサス職業調査にどう答えたのかということも知りたいが、1871年センサス個票は消失している。ただ少なくとも、男性の多くが自己の故郷の、もっとも労働力が必要とされる時期に、農業労働の市場といったものから退場していたということだけは確かである。

　出稼ぎのいわば延長線上にある海外移民からの送金があるが、最後にそれに触れておこう。北イニシュオーウェン地域、クロンマニー地域、デサーテグニー地域でそれぞれ5ポンド、グレンコラムキル地域で2ポンドと記されている。ダンファナヒ地域では様々な現金収入から構成される5ポンドのうちの一つに挙げられている。

　さて、ドニゴールに随分長居をした。このあたりで、南方のスライゴを間口にコナハトに、メイヨーに行こう。グラスゴウ、あるいはリヴァプールから、デリーを経由し、ドニゴール西海岸の沖合を航海してスライゴに向かうレアド汽船、あるいは、イェイツの母方の祖父たちが興したスライゴ海運に乗船して。

　レアド汽船はスライゴ（後段地図7-1のS町）からメイヨーに航路を伸ばした。メイヨー北部の要衝バリナ Ballina（地図7-1の3）に、さらに、西のウエストポート Westport（地図7-1の14）に向かった。かつてフランス・アイルランド遠征軍のジャン・アンベール将軍 Jean Joseph Amable Humbert は、キララ湾 Killa Bay を渡り、モイ川 River Moy 河口近くにあるバリナに入った。[76]

1）　山本正「王国への昇格と植民地化の進展」（上野格、森ありさ、勝田俊輔編『世

界歴史大系　アイルランド史』山川出版、2018年）106頁。
2）　S. Lewis, *A Topographical Dictionary of Ireland*, I『1837年ルイス・アイルランド地誌辞典』第1巻, p. 496（『1837年ルイス辞典』と略記することもある）。
3）　佐藤亨の『異邦のふるさと「アイルランド」　国境を越えて』（新評論、2005年）の第6章「シェイマス・ヒーニーの「現在」――「トゥームブリッジにて」を読む」がヒーニーの生家に大変詳しい。その上に、ロッヒンショーリン郡とネイ湖を中心とした地域について本書は多くを学んだ。
4）　Doyle, O. & Hirsch, S., *Railways in Ireland 1834-1984*, Dublin, Signal Press, 1983, p. 37.
5）　*ibid.*, p. 32. A third railway built in County Derry in the 1880s was the short 6-mile line from a point of near Magherafelt, on the Cookstown branch, to Draperstown. It was promoted by a group of businessmen from the town under the title of the Draperstown Railway. Authorised in 1878, the line opened on 20 July 1883, worked by the B & NCR and, like its two longer neighbours, the DCR and the L & DR, was unable to repay loan interest. The Board of Works, owed £3,248 in 1894, was forced to accept the B & NCR's offer to purchase the line for £2,000.
　　Johnson, Stephen, *Johnson's Atlas & Gazetteer of the Railways of Ireland*, Leicester, Midland Publishing Ltd., 1997, pp. 102-05, 107.
6）　Ó Cuív, B., Ireland in the Eleventh and Twelfth Centuries (c. 1000-1169), in *The Course of Irish History*, eds. by T. W. Moody & F. X. Martin, Cork, The Mercier Press, 1967, p. 112（堀越智監訳『アイルランドの風土と歴史』論創社、1982年、111頁）。ノルマン侵略以前のアイルランドにおけるイ・ネール Uí Néill の勢力圏については Duffy, S., ed., *Atlas of Irish History*, Dublin, Gill & Macmillan, 2nd ed., 2000, p. 31の地図。ノルマンが侵入して以降もアルスターに覇権を揮うオニール一族については山本正『図説アイルランドの歴史』（河出書房新社、2017年）29頁の図を参照。
7）　山本同上書、35-6、43-7頁、Hayes-McCoy, G. A., The Tudor Conquest (1534-1603), in *ibid.*, pp. 184-88.（堀越監訳、同上、206-11）、Edwards, R. D., *An Atlas of Irish History*, London, Methuen & Co., 2nd ed., 1973, pp. 55-58.
8）　Lord Belmont in Nothern Ireland ウェブサイト（以下、lordbelmont と略記）〈http://lordbelmontinnorthernireland.blogspot.com/2014/03/derrynoid-lodge.html〉。
9）　*ibid.*
10）　クランドボイ・オニール家を追うことによってこの間の経過を見よう。1573年に死去したブリアン Brian MacPhelim O'Neill まで遡るが、かれの息子にシェイン Shane MacBrian O'Neill とコン Con MacBrian O'Neill がいた。シェインがエデンドゥブカリグ Edendubhcarrig の名をシェイン城 Shane's Castle と変えたが、このシェインの家系を辿るのがよい。かれの孫の1人 French John O'Neill (Shane an

Franca)にシェイン城所領が継がれていくことになるが、その長男にヘンリ Henry O'Neill がいた。かれは一人娘メアリ Mary を残して、父より早く死去した。このメアリの曾孫 W・チチェスターが終にはシェイン城所領を継ぐことになるが、ヘンリは二人の弟、したがって、メアリの叔父が二人いた。そのうちの一人チャールズ Charles O'Neill が父の死後にシェイン城を相続することになる。チャールズの息子ジョン（初代子爵で1798年死去）を経て、シェイン城所領は二人の孫の代に引継がれた。上の孫チャールズ Charles Henry St. John, Viscount O'Neill（1800年8月、伯爵を受爵）は子供なしに1841年に死亡し、下の孫ジョン John Bruce Richard, Viscount O'Neill も1855年に子供なしで死亡した。ここで、シェイン城所領の相続者は上記メアリの筋に転がり込むことになった。メアリはアーサー・チチェスター師 Rev. Arthur Chichester と結婚していて、かれらの曾孫ウイリアム・チチェスターがシェイン城と広大な所領を相続することになった。

なお、クランドボイ Clandeboy(Clandeboye, Clanaboy)は元々 Clan Aodha Buidhe で、Clan of Yellow Hugh という意味とされている。やがて、ティローンのオニール家とは別のクランドボイ・オニール家として歩むことになったとされている。

以上、〈https://www.libraryireland.com/Pedigrees1/o-neill-4-heremon.php〉；*Dictionary of Irish Biography* ,Vol. 7, p. 815；J. Bateman, *The Great Landowners of Great Britain & Ireland*, 4th ed.；〈https://en.wikisource.org/wiki/0%27Neill,_William_Chichester_（DNB00)〉による。

11) lordbelmont ウェブサイト〈http://lordbelmontinnorthernireland.blogspot.com/2013/11/shane-castle.html〉によれば、クランドボイ・オニール家のシェイン Shane MacBrian O'Neill が従弟のティローン伯の九年戦争に加わり、クランドボイ・オニール家が支配する広大な所領（60万エーカー以上）が剥奪されたが、1607年、ジェイムズ1世は「寛大」にもシェイン城と、削減されたとはいえなお広大な（約12万エーカーの）所領をシェインに戻したといわれている。しかしこの説の典拠は示されておらず、本書は *Calendar of the State Papers* 等を調べてみたが、上記説を裏付ける記述を見つけることができなかった。ただ以下の史実を確認することができた。クランドボイ・オニール家の支配はアントゥリム県南部 Lower Clandeboy とダウン県北部 Upper Clandeboy に及ぶものであったが、それらは9年戦争時点ではすでに別々のオニール家によって支配されていた。そして後段で改めて取り上げるが、アッパー・クランドボイ所領は1605年、ハミルトン家（James Hamilton）とモントゴメリ家（Hugh Montgomery）、それにコン・オニール家（Conn McNeill MacBrian O'Neill）の間で3分割された。Rev. G. Hill ed., *The Montgomery Manuscripts : (1603-1706) compiled from Family Papers by William Montgomery of Rosemount, Esquire*, Belfast, Archer & Sons, 1869, pp. 30-31；*Calendar of the State Papers, relating to Ireland, of the Reign of James I. 1603-1606*, p. 271.；Jonathan

Bardon, *A History of Ulster*, Belfast, Blackstaff Press, 1992, pp. 120–21, 他。

ロウワー・クランドボイはどうか。上記 *Calendar of the State Papers* の1605年9月30日付資料 (p. 321) にこうある。「かれら（総督たち……引用者）はロウワー・クランドボイ、あるいは、北部クランドボイを次のように分割しようとしている。シェイン・オニールに5トーフ toaghes（1トーフは16タウン town、1タウンは120エーカー）（掛算すると9,600エーカーとなる……引用者）、ニール・マクヒュー Neile M'Hugh の子供たちに2トーフ（3,840エーカー……引用者）、ロウリー・マクグイリン Rowrie M'Guilin に自由保有で1トーフ（1,920エーカー）、その他の昔からのジェントルマンや住民に1トーフを渡す。そしてキャリックファーガス Carrickfergus 方面のロウワー・クランドボイで残った土地は取っておく」と。Lordbelmot はアッパーとロウワーを合わせたクランドボイ所領全体で12万エーカーがシェインの手に残ったと述べているのかもしれない。本文で見たように、ウイリアム・オニールが1855年に相続したアントゥリム県の65,919エーカーは大変大きいからである。

12) Conrad Gill, *The Rise of the Irish Linen Industry*, Oxford, Clarendon Press, 1925, rep. 1964, pp. 1, 31. 引用の3番目は、Goldberg, *Nederlandsche Textielindustrie*, reprinted in Economisch-Historisch Jaarboek I, 91 (1819) をギルが英訳したものの邦訳である。

13) George Nicholls, *The Flax-Grower : containing Directions for the Cultivation of the Plant, the Preparation of the Fibre, and the Preservation and Use of the Seed ; with Particular Instructions for Stall or Box-Feeding Cattle with Linseed Compounds*, second ed., London, Charles Knight, 1848. 1834年のブリテン救貧法改正法成立以後にブリテン救貧法委員に就いたニコルスである。かれは農業にも造詣が深かった。副タイトルに見られるように、亜麻仁アマニ linseed（亜麻の種子）を牛の飼料に使用した舎飼いを奨励している。この亜麻仁については本書第1章で触れている。

1873年版『パードン・アイルランド農家園芸家年鑑』（『農家年鑑』と略記）*Purdon's Irish Farmers' and Gardeners' Almanac for 1873 : with a Calendar of Operations*、特に、それに記載されている農家カレンダー（歳事）Farmer's Calendar を見る。

C. Gill, *ibid.* ; Heather Thompson, *Weaving Webs of Wealth Two hundred years of linen manufacture in the Antrim area*, 1982.

この他に依拠したのは、日本麻紡績協会や日本アマニ協会の Web サイト等々である。

14) 斎藤英里「19世紀前半アイルランドの農村社会と麻工業――比較地域史的考察」（『社会経済史学』第50巻3号、1984年）、武井章弘「アイルランドの工業化と企業者行動――1830年代における綿工業の衰退と麻工業の勃興」（『経営史学』経営史学

会、第28号3号、1993年)、同「19世紀アイルランドの工業化と在来産業——ベルファスト、コーク、ダブリンの諸都市と麻工業の発展類型」(『大阪学院大学経済論集』第14巻1・2・3合併号、2001年)、竹田泉『麻と綿が紡ぐイギリス産業革命——アイルランド・リネン業と大西洋市場』(ミネルヴァ書房、2013年)。また、スコットランド・リネン業を研究している林妙音もいる。『スコットランド近代繊維工業の展開 The History of Linen and Cotton Manufacture in Scotland, 1720-1860』(晃洋書房、2017年) などがある。かれらは上に紹介した以外にも多数の研究論考を著している。典拠とするばあい、もちろんそれらも明示する。

15) 林「亜麻は収穫されてから紡績工程にかける前に、浸水、乾燥、スカチング(scutching)、ヘクリング (heckling) などの準備作業がある。これらの作業、特にスカチングとヘクリングは亜麻栽培と同様に大量の労働力の投入を要するものであり、しかも熟練した手工技術でなければなしえないものである」(前掲書、49頁)。ヘクリング (heckling) はアイルランドではハックリングと言われている。以下、本文を見られたい。

16) 斎藤「麻打ちは農業または、<u>せいぜい農業と工業との中間段階を占めるにすぎぬ、初期の工程のものであった</u>」。前掲「19世紀前半アイルランドの農村社会と麻工業——比較地域史的考察」57頁。下線部の表現などは、斎藤の研究が「アイルランド内に存在する対照的性格を持った社会の実態を、地域史研究に基づいて具体的に明らかにすること」(36頁) であることに関わっている。斎藤はアルスター東部アーマー県キーディー Keady 教区における漂白などのいわば仕上げ工程と、西部ドニゴール県キルマクレナン教区とを対比して二つの地域社会の対照的性格を描こうとしている。斎藤のキーディー教区のリネン作業分析は後段で改めて紹介する。なお、斎藤はスカッチング・ミル scutching mill を「麻打ち所」と邦訳している。本書は「亜麻打ち作業場」としているが、斎藤も指摘しているように、小規模なスカッチング・ミルが広く農村に見られることをより表現するためである。スカッチングが農業的、農村的であることと、水力亜麻打ち作業場が多数、永く存続していることに注目するグリボン H. D. Gribbon, *The History of Water Power in Ulster*, Newton Abbot, David & Charles, 1969も後段で取り扱う。

17) Gribbon, *ibid*, p. 109.
18) A. J. Warden, *The Linen Trade, Ancient and Modern*, London, Longman, Roberts & Green, 1864, p. 415.
19) W. Charley, *Flax and its Products in Ireland*, London, Bell and Daldy, 1862, p. 77.
20) Heather Thompson, *op. cit.*, p. 8.
21) W. Charley, *op. cit.*, p. 78.
22) A. J. Warden, *op. cit.*, p. 414.

23) W. Charley, *op. cit.*, pp. 77-8.
24) H. Thompson, *op. cit.*, p. 11.
25) Alfred S. Moore, *Linen from the Raw Material to the Finished Product*, London, Sir Isaac Pitman & Sons, [1914], p. 54.
26) T.W. Rolleston, The Belfast Linen Industry, in W. P. Coyne, ed., *Ireland Industrial and Agricultural*, 1902, p. 413.
27) トンプソンが時代を特定していないが、品質の良いフラックスを求める買手たちの熱量の大きさを示す、ベルファストのヨーク通り紡績会社の前マネージャー、F・グレインジャー Grainger の思い出話を紹介している。「ベルが鳴るまで一切取引はおこなわれなかった。ベルが鳴ると、バイヤーたちは一斉に農家2輪荷車の列に殺到し、フラックスの品定めをして取引した」と。さらにトンプソンは、「フラックスの販売は農家に1年の現金収入の主な部分をもたらすので、口うるさく値を引き上げる交渉は真剣な仕事であった」と付け加えている (H. Thompson, *op. cit.*, p. 11)。
28) アイルランドでは機械紡績よりも手紡績で生産されたリネン糸の方が優秀であるとされた時期もある。武井は、1825年にジェイムズ・ケイ James Kay が湿式紡績法を発明する以前、「機械紡績で番手の高い上質の織糸は生産できなかったのである。アイルランドで機械紡績が定着しなかった要因のひとつは、アルスター北東地域の織布工の手がける高級麻織物に使われた織糸が、機械紡績で生産できなかったことにあった」と述べている。ということは、ケイの湿式紡績法導入後のアイルランドにあって、市場に出す採算性において手紡績が機械紡績に後れを取るとしても、質において決して劣らなかった手紡績による織糸が自家消費に向けられていた可能性がある。武井章弘「アイルランドの工業化と企業者行動――1830年代における綿工業の衰退と麻工業の勃興」(『経営史学』第28巻3号、1993年) 16頁。
29) F. W. Smith, *The Irish Linen Trade Hand-Book and Directory*, Belfast, W. H. Greer, 1876, pp. 173-198. スミスがこの著書をベルファスト商工会議所会頭と同会議所評議会に献呈していることから、スミスは同会議所のリネン交易委員会の書記であったと考えられる。
30) 中村耀によれば、フラックスとトウの邦訳が見つかる。長い繊維は亜麻正線(しょうせん、Scutched Flax or Flax Fiber)、短いくず繊維は粗線またはスカッチング・トウ (Scutching Tow) というと説明している (『繊維の実際知識』第6版、東洋経済新報社、1980年、23頁)。この中の亜麻正線と粗線を使用することもできるが、中村の説明の中にもあるフラックスとトウを使うのが、アイルランドのリネン産業を扱っている本書には相応しいと考えた。なお、「粗麻(あらそ、そま)」あるいは「麻くず」という言葉を当初使うことを考えた。実際、英和辞典の中には、tow の邦訳にこれらを当てているものがある。ただ、国語辞典の中には、粗麻を精製して

第 2 部　アイルランド農業の担い手を地域から見る

いない麻糸、粗製の麻糸としているものがある。ここで言われる麻糸を fibre に当てはめるのは難しい。本文にあるように、撚糸、紡ぎ糸を表わす yarn という言葉が別に使われているからである。こうしたことを考えて、flax はフラックス（時に亜麻繊維）、tow はトウと表記した。

31)　武井章弘「アイルランドの工業化と企業者行動」（『経営史学』第28巻 3 号、1993年）27頁；Linde Lunney, Mulholland, Andrew 1792-1866, *DIB*, vol. 6, 2009.
32)　武井、同上、26-27頁。なお、ティローン県サイオン・ミルズのハードマンズへも共同出資しているとある。このハードマンズは後に取り上げるが、Sion は Suidhe Fhinn、あるいは Sidheán か Sián のアイルランド語に由来するといわれていることから、シオンと表記するのが良いと思われる。以下、この武井論文は1993年「アイルランドの工業化」論文と略記。
33)　Carrowdore Castle,〈http://lordbelmontinnorthernireland.blogspot.com〉
34)　lordbelmont ウェブサイト〈http://lordbelmontinnorthernireland.blogspot.com〉の Donaghadee Manor House と Carrowdore Castle による。
35)　C. Gill, *The Rise of the Irish Linen Industry*, Oxford, Clarendon Press, 1964, pp. 16-17.; J. Horner, *The Linen Trade of Europe during the Spinning-Wheel Period*, Belfast, McCaw, Stevenson & Orr, 1920, pp. 26-34. ルイ・クロムリンたちがアルスターに渡ったのは何年か。ギルはマッコール McCall が1690年としているのにたいして、1698年であったと注記している。ただ、M・ロウリー Lowry はルイ・クロムリンがリスバーンにやって来たのは1702年としている。Ulster Linen—Story of Belfast,〈https://www.libraryireland.com/Belfast-History/Linen.php〉
36)　M. P. Campbell, Gilford and its mills, *Journal of Craigavon Historical Society*, Vol. 4, No. 3, 1977,〈https://www.craigavonhistoricalsociety.org.uk〉
37)　ヒュー・ダンバーが登場するまでのギルフォードと同地のリネン産業について、キャムベルが明らかにしていることは以下の通りである。

　1691年、マギル家はギルフォードの広範囲にわたる不動産を T・パーディ Purdy に永久リース lease for ever で譲渡した。このパーディ家がギルフォードでリネン産業に着手した。1737年、ギルフォードのすぐ側を通るニューリ運河 the Newry Canal の開削が始まり、1741年に同運河はネイ湖に達して完成した。この運河建設により貿易が一層盛んになったが、1775年以降、パーディ家は活動の拠点をニューリに移すために、ギルフォードの事業を譲渡し始めた。これらを受け継いだのが有力なリネン商人のジョージ・ロウ George Law であった。ジョージはリネンに艶を与える仕上げ工程のビートゥリング作業場 beetling mill を新設したりしてリネン事業を拡大したが、1802年に死亡した。ジョージの遺産を購入して引き継いだのが甥のヒュー・ロウ Hugh Law であった。そしてこのヒュー・ロウの後に登場したのがヒュー・ダンバー Hugh Dunbar である。

第6章　北部アルスター経済

38) ダウン県ギルフォードのリネン工場〈https://urbexhub.com/gilford-mill/〉の Gilford Mill によると、「最盛期（いつ頃かは不明である……引用者）ギルフォード工場は毎週、地球を3周するのに十分なリネン糸を生産した」。「そのリネン糸はニュージーランド、アメリカ合衆国、カナダ、オーストラリア、南アフリカ、ヨーロッパ、アルゼンチン、タイ、そして日本を含む全世界に輸出されるものであった」。

39) 斎藤、前掲「19世紀前半アイルランドの農村社会と麻工業」。

40) アーマー県リネン業者W・カーク〈www.irishevents4u.com/Ireland/Countys/armagh/z-darkley.htm〉; *Wikipedia*, William Kirk（MP）

41) アーマー県リネン業者W・カーク〈www.irishevents4u.com/Ireland/Countys/armagh/z-darkley.htm〉

42) W・カークは1852年から59年までと1868年から70年まで、ニューリ選出国会議員に就いているが、「かれの事業活動の多くがニューリ港経由でおこなわれていたことがニューリ市民の支持を保証した」とある〈https://www.ringofgullion.org/2023/12/Kirk.pdf/〉。カークの衆議院における最初の演説は1852年12月22日のアイルランドの地主とテナントに関する議題で、テナント権を擁護するものであった。Hansard, HC Deb 22 November 1852 vol 123 cc 344-46.

43) M. Fulcher によれば、1880年代から90年代にかけて改めて村づくりがおこなわれた。J・ハードマンの義理の息子でイングランドの建築家のアンスワース Unsworth によるものであるが、労働者小住宅200戸、それに、1,500人の工場労働者のための学校、複数の教会、レクレーション施設が主な建築物であった。Merlin Fulcher, Competition: Sion Mills, Northern Ireland, 2017,〈https://www.architechtsjournal.co.uk/〉ジャーナリストのマーク・ホランのブログ Mark Holan's Irish-American Blog が William Henry Hurlbert, Ireland Under Coercion: The diary of an American, 1888を調べてこう述べている。「シオン村には1,100人の被雇用者のための読書室やクリケット・クラブ、その他の生活を快適にする諸設備を備えていた」〈https://www.markholan.org/archives/3955〉。

なお、Strabane Visitor Information Centre の Web Site と思われる Tyrone & Sperrins の Sion Mills によれば、創業時の1835年は被雇用者75名で出発したが、1849年には400人以上、1870年までには1,000人を超え、最盛時におよそ1,500人となったといわれている。

44) 武井、前掲論文、27頁; ブログ Lord Belmont in Northern Ireland の Herdman of Sion House; C. Ferguson（James Herdman の玄孫）, History of the Herdmans Mill site, 16 October 2014〈https://www.bbc.co.uk/northernireland/yourplaceandmine/tyrone/A750322.shtml〉。ハードマン兄弟は1849年にパートナー達の権利を買い取ったとされている。なお、次男のジョン John は1860年の1年間、ベルファスト・北アイルランド商工会議所会頭 President of the Belfast and Northern Ireland

Chambers of Commerce and Industry に就いている。また、ジョンはドニゴールに入ってから論ずるが、デリーとドニゴール大西洋海岸部地域を結ぶ汽船航路の経営に乗り出したと考えられる。G. Chambers, *Faces of Change, The Belfast and Northern Ireland Chambers of Commerce and Industry 1783-1983*, Belfast, The Belfast and Northern Ireland Chambers of Commerce and Industry, [1983], pp. 174, 304.

45) 「シオン・ミルズは非常に大きな水力に恵まれた、豊かな雇用の農村地域として選ばれた Sion Mills was chosen as a rural area of high employment and with enormous waterpower」〈www.sionstables.com〉の記事 Sion Stables より。この記事はジェイムズ・ハードマンの玄孫 Celia Ferguson が責任を持っているか、少なくとも関与している。Sion Stables は紡績工場が2004年に閉鎖された後、博物館になったものである。

46) Second Report of the Commissioners appointed to consider and recommend A General System of Railways for Ireland, Appendix B, No. 9, Return of the Tonnage, and Estimated Value of the Exports and Imports of the Several Ports in Ireland, in the Year 1835 ; including the Coasting Trade, *P.P. 1837-38 [145]*, Vol. XXXV, pp. 69-90.

47) D. B. McNeill, *Irish Passenger Steamship Service vol. 1 ; North of Ireland*, pp. 20-2, 97-8, 113-5. デリーを中心にした経済・生活圏は、デリー県とティローン県がブリテン領「北アイルランド」に、ドニゴール県がアイルランド共和国に「引き裂かれて」いる現在も生きていることを筆者は実体験した。ドニゴール北部中心地レターケニーに向かうアイルランド国営インター・シティ急行バスは、モナハン県から「北アイルランド」ティローン県に入り、オマーを経由し、ストゥラバーンでフリン川 The Flinn River を越えて、共和国のドニゴール県リフォード Lifford に出て、レターケニーに向かうことになる。さらにレターケニーから大西洋岸最西部の僻地ダングロー Dunglow に向かったが、今度は「北アイルランド」デリー市をキーステーションにするロッホ・スウィリ・バス Lough Swilly Bus を利用するしかなかった。デリー県とティローン県、それにドニゴール県は今もなお一つの生活圏を構成していた。拙稿エッセー「アイルランド北西「僻地」ドニゴールの歴史を旅する」（大阪経済大学日本経済史研究所『経済史研究』第24号、2020年）。

48) O. Doyle & S. Hirsch, *Railways in Ireland 1834-1984*, Dublin, Sigal Press, 1983, p. 12.

49) David Turnock, *An Historical Geography of Railways in Great Britain and Ireland*, Aldershot (Hants), Ashgate Publishing Company, 1998, p. 120.

50) ダンドーク＝デリー間路線についても O. Doyle & S. Hirsch, *ibid.*, pp. 19-20 ; S. Johnson, *Johnson's Atlas & Gazetteer of the Railways of Ireland*, Leicester, Midland

第6章 北部アルスター経済

Publishing Ltd., 1997, pp. 93-5. 1852年にデリーからオマーまで開通したが、これにより、アルスターの二大都市ベルファストとデリーが鉄道で繋がる展望が現実的となった。既に1842年、アルスター鉄道がベルファストとポータダウン Portadown を繋いでいた。このポータダウンから、ティローン県のダンガノン Dungannon、そしてオマーに延びる鉄道建設が始まった。1847年に認可されたポータダウン・ダンガノン鉄道が、1858年にポータダウン・ダンガノン・オマー鉄道 the Portadown, Danganon & Omagh Railway に改称し、1863年に全路線を開通させた。そして、直ちに、アルスター鉄道に同路線をリースした。O. Doyle & S. Hirsch, *ibid.*, p. 21 ; S. Johnson, *ibid.* pp. 98-9.

　以上見たように、デリー起点の南方ストゥラバーンへの、さらにオマーへの鉄道建設の動きと、実際の建設は早かった。この背景を探ることはできていないが、デリーを中心とする経済的つながりを強めようとする動きが牽引したと推測する。

51)　鉄道については『ジョンソン・アイルランド鉄道地図辞典』に拠った。なお、1901年、デリー・ブンクラーナ路線がカーンドナー Carndonagh（8）まで延長され、また1903年、デリーからレターケニーまでの路線が、西部海岸の港町Bバートンポート Burtonport まで延伸されている。さらに、1905年にドニゴール（52）とバリシャノン Ballyshannon（56）、1909年にレターケニー（22）とストゥラバーンが繋がっている。

52)　『ベイスライン報告』ガハン・ダンファナヒ報告 Report of Mr. Gahan, inspector. District of Dunfanaghy, 1892.

53)　1888年市場権・市場利用料委員会ブラック Charles W. Black 報告・証言録

54)　Third Report of the Royal Commission on Labour, Vol. IV. Ireland. Part I. Reports by Mr. R. McCrea（Assistant Commissioner）, upon the Poor Law Union of Letterkenny（Co. Donegal）, *P.P. 1893-94 [C. -6894. -xviii.]* Vol. XXXVII. 連合王国王立労働問題調査委員会第3次報告第4巻マクレー副委員報告。以下、1890年代『マクレー・レターケニー報告』と略記する。

55)　以下、1890年代労働調査委員会『マクレー・レターケニー報告』pp. 55-65に拠る。

56)　General Valuation of Ireland, County Donegal, Parish of Leck『レック教区評価簿』。

57)　評価簿備考欄に、Flax mill down と疑問符付きで書き込まれている。

58)　以上の地図6-6の説明は次の資料、文献による。『グリフィス評価原簿』、陸地測量部地図第1版、1871年センサス、『レック教区評価簿』、Civil Parishes & Townlands of County Donegal / Leck Parish〈http : //freepage.rootsweb.com/~bhilchey/genealogy/MLeck.html〉、『ジョンソン・アイルランド鉄道地図辞典』。陸地測量部地図第1版にはレターケニー鉄道の敷設予定路線が記入されている。地図の路線

第2部　アイルランド農業の担い手を地域から見る

はこれによっている。
59)　陸地測量部第1版地図 The Ordnance Survey Maps は1833年から46年にかけて順次発行された。グリフィス評価 The Griffith's Valuation は1852年法に基づき全国的調査・評価事業が始まった。そこで、1840～50年代から経営されていたとした。
60)　本書著者は1985年度の1年間、ダブリン大学トゥリニティ・カレッジのL・M・カレン Cullen 教授研究室で在外研究にあたった。19世紀におけるアイルランド農民の経営と暮らしを記録する資料を探しているが、なかなか見つからないとカレン教授に話した時、教授に『ベイスライン報告』があり、カレッジの Early Printed Books and Manuscripts & Archives に所蔵されていると教えていただいた。
61)　ガハンはファナド地域の報告で、人間が12ストーン、家畜が7ストーンを消費すると書いている。P・M・A・バークは1841年に生産されたジャガイモの33%が家畜飼料に利用されたとしている。P. M. A. Bourke, The Use of the Potato Crop in Pre-Famine Ireland, *The Journal of the Statistical and Social Inquiry Society of Ireland*, Vol. XXI, Part VI, 121 session, 1967–68, p. 93.
62)　多くの農家が自家で製粉することはなかったのだろうか。石臼のようなものはなかったのであろうか。製粉場を持つ有力者に頼らざるをえなかったのであろうか。この点の研究は本書はできていない。武井 Takei も執筆している Bielenberg, A., ed., *Irish Flour Milling A History 600–2000*, Dublin, The Lilliput Press, 2003に大変興味深い論考がある。C. Rynne, The Development of Milling Technology in Ireland c. 600–1875がそれであるが、アイルランドにおける水力製粉場 water-powered mill の導入が大変早く、6世紀末か7世紀初めであったとしている。そして、それ以前からの回転手引き石臼 rotary quern の使用はヨーロッパやアジアの多くの土地では続けられ、アイルランドでも遅くとも1970年代にキルケニで柔らかな穀粒 práipin=práib 作りで使用された記録があるとしている。なお、Takei の論考は The Political Economy of the Irish Flour-Milling Industry, 1922–1945である。
63)　P. M. A. Bourke, The Use of the Potato Crop in Pre-Famine Ireland, *op. cit.*, p. 78.
64)　Poor Inquiry (Ireland). Appendix (E.) containing Baronial Examinations relative to Food, Cottages and Cabins, Clothing and Furniture, Pawnbroking and Saving banks, Drinking; and Supplement, *P.P. 1836 [35] [36] [37] [38] [39] [40] [41] [42]*, p. 1.
65)　清水由文がグレンコラムキル地域を1901年と1911年のセンサス原簿を利用して分析している。『アイルランドの家族史研究』（平成10年度～平成12年度科学研究費補助金、基礎研究（C）（2）研究成果報告書）2002年3月、63–80頁。
66)　「シンガー社の多国籍企業化は、販売面では1861年のロンドン営業所開店、製造面では1867年のグラスゴー工場建設に端を発す」。これは岩本真一『ミシンと衣服

第 6 章　北部アルスター経済

の経済史——地球規模経済と家内生産』(思文閣出版、2014年、57頁)から引用したものである。19世紀末、アイルランド北西部のデリーやドニゴール県における新興のミシン縫製業は、岩本のいう地球規模で展開するシンガーのロンドン、いやより近くの、スコットランド・グラスゴーの営業生産活動が関わっていたと推測される。

67)　これはおそらく言い過ぎであろう。フェアに家畜を売りに行くのはおそらく男性が多かったであろうからである。ガハンのグレンティーズ地域報告が、「普通の家計状態の家族」の収入のうち、ソックスとストッキングス、それに手袋を合わせた毛糸編み物で14ポンド19シリング、牛と羊、それに豚を合わせた家畜販売で18ポンド4シリングとしている。

68)　E. J. Riordan, *op. cit.*, p. 122.

69)　「自家消費魚類の実際の販売価格はもっと低いであろう」と記されているが、その意味するところはわかっていない。

70)　以上は『ベイスライン報告』ロセス The Rosses 地域のミックス Micks 報告からのものである。H＆H汽船に関わった証言が、「マーケットの権利と使用料に関する王立委員会 Royal Commission on Market Rights and Tolls」の、1888年6月27日にダングローで開かれた委員会でも聞くことができる。証人J・スウィーニ Sweeney (様々な事業 general business に従事) が「それ (汽船) はバートンポートとデリー間を週一度往復している」と証言している。また、同じ委員会で、ハモンド氏がロセス地域のカニンガム侯爵所領の代理人であると証言されている。Royal Commission on Market Rights and Tolls. Reports of Mr. Charles W. Black, Assistant Commissioner, together with the Minutes of Evidence taken in the Province of Ulster, and Portions of the Provinces of Leinster and Connaught. Vol. V, *P.P. 1889 [C. 5888]* Vol. XXXVIII, pp. 231, 232.

71)　1903年、レターケニー鉄道 the Letterkenny Railway (1887年にアイルランド公共事業庁の所有になる) がレターケニーから延伸し、キルマクレナン、ダンファナヒ、クロスロード (ファルカラー) などを経由してバートンポートまで開通した。同鉄道はL&LSR (Londonderry & Lough Swilly Railway ロンドンデリー・ロッホ・スウィリ鉄道) が運航したが、ここにデリーとドニゴール大西洋海岸中央部が鉄道で繋がった。Londonderry and Lough Swilly Railway, 〈https://www.monreaghulsterscotscentre.com/londonderry-lough-swilly-railway/〉なお、この路線の建設については『ベイスライン報告』のロセス地域についてのミックス報告などでも取り上げられている。

72)　リートゥリム卿汽船航路〈http://thisismilford.com/earls-of-leitrim/〉。前掲「マーケットの権利と使用料に関する王立委員会」1888年7月21日のレターケニーで開かれた委員会で、W・H・ポーター Porter の次の証言 (6845) がある。「近隣のマー

593

第2部　アイルランド農業の担い手を地域から見る

ケットについて一言申し上げたいと思います。ミルフォードとクリースロッホがグラスゴウと汽船によって繋がっています。それはリートゥリム伯爵によって運航されていますが、二つの町に生産物売却の大きな便宜を与えています。」*P.P. 1889* [*C.5888*] Vol. XXXVIII, p. 227.

73)　D. B. McNeill, *Irish Passenger Steamship Services, Vol. 1: North of Ireland*, Devon, David & Charles, 1969, pp. 133-5；〈www.sligolibrary.ie〉

74)　Sligo Country Library〈www.sligolibrary.ie〉；〈www.sligotourism.ie/attractions/pollefen-house〉; McNeill, *ibid.*; *Dictionary of Irish Biography*.

75)　Sligo Country Library〈www.sligolibrary.ie〉; McNeill, *ibid.*

76)　1798年8月、フランス・アイルランド遠征軍のジャン・アンベール将軍 Jean Joseph Amable Humbert がキララに上陸し、その後、バリナを通ってメイヨー県都キャッスルバー Castlebar に進軍し、コナハト共和国を宣言した。町の中心マル（モール）Mall の片隅に横たわる記念碑がそれを語っている。

第 7 章
西部のメイヨーへ、コナハトへ行こう

　なぜメイヨーか。最西端のこの地域がアイルランドで最も貧しいといわれるからである。本当に貧しいのか、この点から確認しよう。実際に、メイヨーはブリテンに大量の出稼ぎを送り出している。貧しい西部住民の暮らしに踏み込もう。しかしこれだけでメイヨーに、さらにはゴールウエイに着目するのではない。全国有数の牛産地ティロウリー郡 Tirawley barony をはじめとして、西部はもう一つの肉牛生産の中心地であるからである。海岸部や島の畜産も盛んである。目を見張るような大規模な耕種と畜産の複合農場も生み出している。

　まずはコナハト地方が、メイヨーが貧しかったことを統計データで確認しておこう。

　第 1 部第 4 章「1870年代における農民層分解の全国的分析」で、『1870年農業保有地報告』を資料にして、不動産評価額規模別農業保有地分布を明らかにした（表 4 - 8 a、312頁）。

　全国平均では評価額15ポンド未満の小規模零細農地は全農地の75％であった。4 地方の中ではコナハト地方が90％で、小規模零細農地が圧倒的多数を占めていることを確認した。それに次いでアルスターが77％、マンスターが66％、そしてレンスターが65％であった。レンスターも小規模零細農地が多数占めているとはいえ、その程度はやや低く、他方、100ポンド以上の大規模農地が全農地の 4 ％、50ポンド以上に広げると10％と最も高い比率を示していた。この100ポンド以上の大規模農地の比率はコナハトとアルスターではわずか 1 ％にすぎなかった（コナハトのばあいは50ポンド以上を加えても 2 ％）。

なお、全国平均は2％である。

　コナハトは小規模零細農地が圧倒的多数を占める一方、大規模農地がわずかしか存在しないということであるが、その中でメイヨーはどうか。15ポンド未満の小規模零細農地の割合がコナハト地方全体平均よりもさらに高く93％となる。他方、100ポンド以上は1％にも満たない0.6％である。メイヨーは貧しい地域である。

　だが、メイヨー県とコナハト地方は貧困というだけではなかった。もう一つの肉牛生産中心地でもあった。

　ここで、地図7-1「メイヨーとコナハト」を示しておこう。

　地図7-1を説明するが、記入した町や村の一覧表を作っておこう（表7-1）。

　地図の説明を続ける。1のベルミーレットの南方に三角マークのイを印している。このあたり全体を含む貧民蝟集地域ラース・ヒル Rath Hill を示すためである。太枠についてであるが、この地図はメイヨー県を中心としたコナハト地方を太い実線で囲んでいる。5県あるが破線で県境を示している。そして大きなアルファベットで県名を印している。Mはメイヨー、Gはゴールウエイ、Sはスライゴ、Lはリートゥリム Leitrim、そしてRがロスコモンである。

　メイヨー県の北部に本書は焦点の一つを当てているが、そこに括弧に入れた（T）と（E）を書いている。（T）はティロウリー郡、（E）はエリス郡 Erris barony を示し、それらの領域は点線で表している。

　島の名前も記入した。北からアキル Achill Island、クレア島 Clare Island、イニシュトーク Inishturk、そしてアラン諸島 Aran Islands である。

　交通網も書き入れた。これまで何度も触れたレアド汽船は LL で示し、スライゴ（S）とバリナ（3）、さらにウエストポート（14）を細い実線で結んだ。バリナはスライゴ経由でグラスゴウやリヴァプールと汽船航路で繋がっている。レアド社が1864年に、スライゴ・リヴァプール航路をバリナまで延長し、その後すぐにウエストポートにまで延ばし、同港をリヴァプールと2

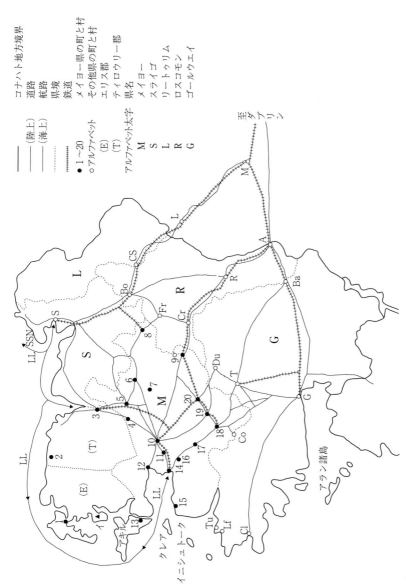

地図7-1 メイヨーとコナハト

第2部　アイルランド農業の担い手を地域から見る

表7-1　メイヨーとコナハトの町や村（1〜20はメイヨー県、アルファベット記号は他県）

1	Belmullet	ベルミーレット	20	Claremorris	クレアモリス
2	Belderg	ベルデルグ	S	Sligo	スライゴ
3	Ballina	バリナ	Bo	Boyle	ボイル
4	Pontoon	ポントゥーン	CS	Carrick-on-Shannon	キャリック・オン・シャノン
5	Foxford	フォックスフォード	Fr	Frenchpark	フレンチパーク
6	Swinford	スウィンフォード	Cr	Castlerea	キャッスルリー
7	Kiltamagh	キルタマー	L	Longford	ロングフォード
8	Ballaghadereen	バラハデリーン	R	Roscommon	ロスコモン
9	Ballyhaunis	バリホウニス	M	Mullingar	マリンガール
10	Castlebar	キャッスルバー	A	Athlone	アスローン
11	Islandeady	アイランデディ	Ba	Ballinasloe	バリナスロー
12	Newport	ニューポート	Du	Dunmore	ダンモア
13	Achill Sound	アキル・サウンド	T	Tuam	チューム
14	Westport	ウエストポート	Co	Cong	コング
15	Louisburgh	ルイスブルグ	Tu	Tully	タリ
16	Aghagower	アハゴウワー	Lf	Letterfrack	レターフラック
17	Partry	パートゥリ	Cl	Clifden	クリフデン
18	Ballinrobe	バリンローバ	G	Galway	ゴールウエイ
19	Hollymount	ホーリーマウント			

注）バラハデリーン（8）は1898年地方政府法によりメイヨー県からロスコモン県に編入されている。

週1便の汽船で繋いだ。なお、SSNスライゴ海運が運航するスライゴ・ブリテン航路も記入しておいた。

　陸路も記入した。1851年、ダブリンとゴールウエイが鉄道で繋がった。ミッドランド大西部鉄道である。その支線がアスローン（A）からキャッスルバー（10）に延び（1862年）、さらに西方のウエストポート（14）まで繋いだ（1866年）。その直後の1868年にキャッスルバーの手前にマヌラ・ジャンクション Manulla Junction が建設され、1873年にバリナ（3）がダブリンと繋がった。

第7章　西部のメイヨーへ、コナハトへ行こう

　また、ミッドランド大西部鉄道はマリンガール（M）からスライゴ（S）まで支線を建設した（1862年）。この支線のボイル（Bo）北方キルフリー Kilfree にジャンクションが作られ、バラハデリーン（8）が繋がった（1874年）。バリンローバ（18）も1892年に、ホーリマウント（19）を経由して、クレアモリス（20）とバリンローバ・クレアモリス軽便鉄道によって結ばれ、運行はミッドランド大西部鉄道が担った。[1]

　道路はどうか。細い実線は、1837年の『ルイス・アイルランド地図』と1845年の『スレイター・アイルランド地図』による郵便道路を示している。ただし、メイヨー県以外は全ての郵便道路は記入していない。少々複雑になりすぎるのを避けたかったからである。[2]

第1節　西部住民の暮らしと畜産

　1894年6月14日（木）、ウエストポート沖のクルー湾 Clew Bay で死者32名の大海難事故が起きた。当日早朝よりアキル島ダービー岬 Darby's Point に詰めかけた400人ほどの島民が手漕ぎ舟のカラッハ currach に乗り込む順番を待っていた。カラッハから一本マスト帆船フッカー hooker に乗り換え、クルー湾に停泊するレアド社のブリテン行汽船エルム号 the Elm でグラスゴウ（あるいはリヴァプール）に出稼ぎに向かう人々であった。4隻の帆船が次々に島民をエルム号に運び込む手はずであったが、最初のヴィクトリー号 the Victory が遭難した。定員75名と思われるところ、ヴィクトリー号は126名を乗せていた。午後1時頃、エルム号に西側から接近するヴィクトリー号が遭難した。94名が救助されたが、32名が犠牲となった。

　これは、クラーク Kieran Clarke が描いた、ブリテンに出稼ぎに向かおうとするアキルの人々を襲ったウエストポート沖の海難悲劇である。[3]

　メイヨーから多数の出稼ぎ農業労働者がスコットランドやイングランドに海路や陸路で出向いていた。1880年農業統計から出稼ぎ農業労働者の統計が作成、公表されるようになった。1880年からデータが集められたのは、それ

以前に比べてブリテンへの出稼ぎが減少してきているからだとされている。[4]

1882年農業統計が80年と81年、82年の1月から8月までの出稼ぎ農業労働者のデータを作っている。1880年は22,900人、81年は21,322人、82年は16,836人としている。[5] しかし、このデータは実態をかなりの程度下回るものであった。ハンドレイ J. E. Handley によれば、1914年農業統計自身が、1880年から1904年までの統計は実際に出稼ぎした者のおよそ60％しか表していないことを認めた。そして、ハンドレイは1880年を38,000人、81年を35,000人、そして82年を28,000人という推計値に修正している。[6]

ただ、出稼ぎ農業労働者の出身地別データの全国百分比は、それが農業統計のデータであっても、全体状況をつかむものとして利用できると考える。しかも本書は、数多くの出稼ぎ労働者を送り出していたコナハト、とりわけメイヨーは全国の中でどうであったのか知りたいからである。1882年農業統計にしたがえば、1880年ではコナハトは全国の69％、メイヨーだけでも49％、81年はコナハト77％、メイヨー50％、82年はコナハト74％、メイヨー47％であった。統計上に大きな問題はあったが、アイルランドからブリテンへの出稼ぎ農業労働者というばあい、ほとんどそれはコナハト地方、わけてもメイヨーからのものといっても過言でないということを教えてくれている。いや、もう少し突っ込んで言えば、メイヨーの小規模零細農や農業労働者はブリテンの農業労働者でもあった。

さて、『ベイスライン報告』はメイヨー県西部住民の暮らしも記録してくれている。どの地域から主に出稼ぎがあったのかわかる。

『ベイスライン報告』によれば、メイヨー県には18の貧民蝟集地域がある。バリナ（地図番号3）周辺とウエストポート（14）周辺を除けばほとんどの海岸部が含まれる。また内陸部もキャッスルバー（10）周辺を除き、地図で黒丸●で示している地点の多くがそうである。メイヨー県の非常に広い範囲が貧民蝟集地域であった。

ゴールウエイ県も見ておこう。まず、同県とメイヨー県に跨ったパートゥリ（17）貧民蝟集地域がある。この地域も入れて14の貧民蝟集地域がある。

第7章 西部のメイヨーへ、コナハトへ行こう

　なお、ダンモア（Du）地域はロスコモン県に跨っている。
　以下、メイヨー県をはじめとするこれらの貧民蝟集地域のうち、次の三つの類型を代表すると考える地域を中心に西部住民の暮らしを見る。三つの類型とは、家計収入において出稼ぎが大きな割合を占める地域（アキル島）、畜産が大きい地域（クレア島、アラン諸島）、畜産も出稼ぎも大きいが、衣料生産でもかなりの程度の現金収入がある地域（パートゥリ）である。
　これら三つの類型を、『ベイスライン報告』視察官が各地域で行っているモデル家計の推計を主なデータとして検討するが、その前に確認しておくべきことがある。メイヨー県とゴールウエイ県の貧民蝟集地域の多くを担当したラットリッジ-フェア報告に、「普通の家計 ordinary circumstances」の家族や、「貧しい poor circumstances」家族の、あるいは、「収入不足のない fair circumstances」家族などとされたモデル現金収支がしばしば出てくる。しかも、ほとんどの地域報告で「普通」や「貧しい」と規定する内容が書かれていない。ただ唯一、ゴールウエイ県コネマラ地方南部のゴールウエイ湾に面したカーナ Carna 地域ではその規定が明記されている。
　「約4ポンド評価の保有地を持った収入不足のない fair circumstances」家族と、「約2ポンド評価額の貧しい」家族の推計現金家計簿が書かれている。評価額4ポンドと2ポンドが鍵を握っている。どの地域報告もそうだが、ラットリッジ-フェアも担当する地域の報告すべてで、まずは、1891年センサスに基づいて貧民蝟集地域の基本的データを提示することから始めている。カーナ地域によって例示しよう。住民数は5,963人で、家族数は1,059世帯。うち、保有地評価額が2ポンド超4ポンド未満の家族が408世帯、2ポンド以下が551世帯であり、さらに、「非常に貧しい very poor circumstances」家族が320世帯、牛を持っていない家族94世帯と報告している。
　ラットリッジ-フェアがカーナ地域でいう、「約4ポンド評価の保有地を持った収入不足のない fair circumstances」家族は、上記の「保有地評価額が2ポンド超4ポンド未満の家族」の408世帯に該当するのか微妙である。他の地域では「普通の家計 ordinary circumstances」の家族がしばしばモデ

ルとされているが、fair と ordinary の境界は、保有地評価額が4ポンド以上にあるか、それとも4ポンド未満であるかと思われる。「貧しい」の基準の方ははっきりしているようである。2ポンド以下が基準と考えられる。

(a) 出稼ぎが家計収入で大きな割合を占める地域
◆アキル島地域からの出稼ぎ

　ウエストポート沖の大惨劇に見舞われたアキル島地域から見ることにしよう。ラットリッジ-フェア報告にこうある。

　　　　出稼ぎ労働者はおそらく1,318人を数える。かれらは3月20日から6月20日までの間に出ていき、9月20日からクリスマスの間に帰ってくる。全ての女性とわずかの男性がスコットランドに行き、ラナーク Lanark やエア Ayr、ミッド・ロウジアン Mid Lothian で働く。大多数の男性労働者はランカシアやチェシア、ヨークシアに向かう。

　アキル地域の住民総数は6,527人（1891年）とされているが、住民中の多くがブリテンへの出稼ぎに頼り、何とかして生計を維持していたことが、推計家計簿からわかる。この点をまず、夫婦、19歳と12歳の息子2人、17歳と14歳の娘2人の、「収入不足のない fairly comfortable circumstances」6人家族の推計現金家計簿から見てみよう（表7-2）。[7]

　収入合計は33ポンドで、そのうち出稼ぎによるのが24ポンド（夫＝父9ポンド、息子9ポンド、娘6ポンド）。なお、出稼ぎ先で衣服を購入。金額にして3人合計4ポンド10シリングとされている。ということは、3人の出稼ぎ収入額は総計28ポンド10シリングになる。この他に、畜産からの収入があるが、家禽卵4ポンド10シリングが目立つ。自家消費もある。金額にして8ポンド相当のジャガイモ、7ポンドの穀物、それに3ポンドの麦藁があった。合計金額18ポンド相当の自家消費である。

　今述べたことから次のことがわかる。第一に、持ち帰った出稼ぎ収入24ポンドは現金収入の73％も占めている。現金支出の合計が27ポンド19シリングで、確かに、収入に不足はないが、出稼ぎに大きく依存していることがわか

第 7 章　西部のメイヨーへ、コナハトへ行こう

表 7-2　アキル地域推計家計簿(1890年代初)

収　入	収入不足なし £ s. d.	貧しい家計 £ s. d.	支出	収入不足なし £ s. d.	貧しい家計 £ s. d.
出稼ぎ　父	9 0 0	10 0 0	地代	1 0 0	1 0 0
同　　息子	9 0 0		県税(地方税)	2 6	0 2 6
同　　娘	6 0 0		お布施	10 0	0 5 0
牛	3 0 0	1 10 0	衣服	3 0 0	3 10 0
豚	1 10 0	1 10 0	オート麦粗びき粉	3 0 0	4 4 0
卵	4 10 0	4 0 0	小麦粉	3 12 6	
収入合計	33 0 0	17 0 0	食糧雑貨	7 10 0	3 15 0
			たばこ	5 14 0	2 12 0
			家事用品他	2 10 0	1 10 0
			家畜放牧料	1 0 0	0 10 0
			支出合計	27 19 0	17 8 6

る。そして、息子と娘が出稼ぎ可能となる年齢に達していたからこそ家計を維持できていることもわかる。

　しかし、第二に、家に残された成人は妻＝母 1 人である。ジャガイモの植え付けなど、春の播種を終えた後に 3 人は出稼ぎに出たと考えられるが、小規模とはいえ家畜の世話などの農業をはじめ家事全般が何カ月間も妻 1 人の双肩に掛かっている。かの女はこの家族の生活に依然として大きな構成要素となっている自家消費を支えていることももちろんである。

　「貧しい poor circumstances」 7 人家族（夫婦と 5 人の子供で、13歳の息子が最年長）の推計家計も合わせて見よう。

　収入は17ポンドで、そのうち父親の出稼ぎが10ポンドである。その他の収入は上記 6 人家族と比べて、豚 1 頭 1 ポンド10シリングは同じで、卵 4 ポンドはやや少ない。大きく違うのは、去勢牛 1 頭を隔年にしか売ることができず、年 1 ポンド10シリングの収入になることである。しかし最大の違いは出

稼ぎ収入で、上記6人家族のように、息子と娘の収入15ポンドがないということである。ただ、こうした事情からか、この7人家族の父親は出稼ぎ期間を延ばして少しでも稼ぎを増やそうとしたのであろう、上記6人家族の父親9ポンドより1ポンド多い10ポンドを得ている。この「貧しい」7人家族の支出は17ポンド8シリング6ペンスで、収入を8シリング6ペンス上回っている。この穴はどのようにして埋められるのだろうか。

　支出を見ると重要なことがわかる。項目は「収入に不足なし」6人家族（Aと呼ぶ）も「貧しい」7人家族（Bと呼ぶ）も同じである。注目されるのは以下の消費関連項目の額が違うことである。小麦粉・オート麦粗びき粉（A：6ポンド12シリング6ペンス、B：4ポンド4シリング）、食糧雑貨類 groceries・茶・砂糖（A：7ポンド10シリング、B：3ポンド15シリング）、タバコ（A：5ポンド14シリング、B：2ポンド12シリング）、出稼ぎしない者の衣服（A：3ポンド、B：3ポンド10シリング）、家事必要品その他（A：2ポンド10シリング、B：1ポンド10シリング）とされている。

　貧しい7人家族（B）が消費を節約して収入不足を補おうとしていること、それでもなお赤字が出ることを示していることがわかる。家族Bの支出額が多いのは唯一衣服代であるが、家に残る人数が多いためである。

　もう一つ注目するのは家畜の放牧料 grazing である。Aが1ポンド、Bが半分の10シリングとされている。両者とも牛を放牧しているが、Aは羊も放牧している。地代が同じであるので保有農地は同じくらいの大きさと考えてよいが、両家族とも家畜を放牧する土地は自己保有していない。近所の大きな放牧地を持つ者に料金を払って家畜を放牧しているが、家族Bは牛を放牧するだけである。家族Bは2年に一度だけ去勢牛1頭を売却して得る収入だけである。家族Bも子供が大きくなり、出稼ぎができるようになれば、家族Aのように支払う放牧料を増やして、放牧する家畜の種類や頭数を増やすことができるのかもしれない。

　アキルで見るこうした放牧料を払うことによる他人の土地での放牧は、アイルランドの他地域で見られるコネイカ conacre に通ずる。コネイカとは、

第7章　西部のメイヨーへ、コナハトへ行こう

土地を持たない農業労働者などが一作期限の畑を借りたり、一放牧期間の家畜放牧権を得たりすることである。

なお、上に触れたように地代は1ポンド、県税 county cess は2シリング6ペンスで同額である。お布施 clerical charges が違っているが（A：10シリング、B：5シリング）、それが何を語るのか本書はわかっていない。

自家消費についてさらに一言。上記自家消費額は「貧しい」家族Bの現金収入17ポンドを上回っている。家族Aのばあいでも現金収入33ポンドの5割を優に超えている。アイルランド最西端のアキル島住民の暮らしの中に自給自足の自然経済が依然として残る一方、ブリテン資本主義に出稼ぎする形で深く貨幣経済が浸透してきている。

さて、アキル地域からのブリテンへの出稼ぎは、一つは海路で、本節冒頭に紹介した1894年6月に起きたウエストポート沖の悲劇にも示されるように、レアド社汽船でスライゴ経由でスコットランドに向かう、あるいは、スライゴでスライゴ海運の汽船に乗り換えてリヴァプールに向かったと考えられる。もう一つは、ウエストポートまで一本マスト帆船のフッカーなどで行き、そこからはミッドランド大西部鉄道でダブリンに向かい、それからリヴァプールに渡ったと考えられる。ミッドランド大西部鉄道がウエストポートに繋がったのは1866年である。

レアド社（あるいはスライゴ海運）汽船でスコットランドに渡ったと考えられるのは他に、ラース・ヒル地域（地図記号イ）、ニューポート地域（地図番号12）、ルイスブルグ地域（15）、パートゥリ地域（17）、それに少数であるが、アハゴウワー地域（16）からであった。

どこから汽船でブリテンに渡ったか、1882年農業統計「出稼ぎ農業労働者に関する報告と統計表」によると、1882年1月1日から同年8月31日まで、バリナ港から527人、ウエストポート港から477人が一時的雇用を目的にスコットランドあるいはイングランドに出航している。メイヨー県ではないが、この二つの港をブリテンに繋いでいる中継拠点のスライゴ港からは1,071人が出向いている。[8]

第 2 部　アイルランド農業の担い手を地域から見る

◆ミッドランド大西部鉄道と出稼ぎ
　ミッドランド大西部鉄道を利用した出稼ぎはどうか。貧民蝟集地域のフォックスフォード地域（5）、スウィンフォード地域（6）、キルタマー地域（7）、バリホウニス地域（9）、そしてクレアモリス地域（20）から多くあった。このうちスウィンフォード地域（6）のドーラン Doran 報告（ベイスライン報告）を見てみよう。

　　　働くことができる男性のほとんどが出稼ぎ労働者である。かれらはイングランドに行き、1年の内3カ月から9カ月の間そちらに留まる。稼ぎから使わないで貯めた額は1人当たり平均約8ポンドである。多くの者が20ポンドほど家に持ち帰るが、他の者は2、3ポンドだけである。

　かれら出稼ぎ労働者はミッドランド大西部鉄道を利用してダブリン経由でイングランドに渡ったが、最寄り駅はフォックスフォード（5）とバリホウニス（9）、それに、ミッドランド大西部鉄道のスライゴと繋がる支線のバラハデリーン（8）であった。

　ここにミッドランド大西部鉄道のデータがある。それは同鉄道会社がイングランドに出稼ぎに行く「刈取り人夫 harvestmen」に発行するダブリン経由イングランド行「通し切符 through tickets」(pass directly from the trains of the Midland Railway to the Channel steamers at the North-wall) のデータである。[9]

　1882年シーズンにミッドランド大西部鉄道の上記「通し切符」を利用した「刈取り人夫」数が乗車駅ごとにわかる。全利用者数は21,422人であるが、そのうち、1,000人以上が乗車した駅を人数の多いものから順に挙げると以下の通りとなる。バリホウニス（3,433人。地図番号9）、バラハデリーン（3,157人。8番）、フォックスフォード（2,644人。5番）、ウエストポート（1,611人。14番）、クレアモリス（1,466人。20番）、キャッスルバー（1,353人。10番）、バリナ（1,256人。3番）、バリモート Ballymote（1,142人）、それに、バラ Balla（1,070人）である。バラはキャッスルバー（10）とクレアモリス（20）の中間にあり、バリモートはスライゴ県の駅で、スライゴ（S）とボイル（Bo）の中間にある。[10]

第7章　西部のメイヨーへ、コナハトへ行こう

　メイヨー県はブリテンへの出稼ぎ農業労働者の一大供給地であった。この出稼ぎ収入があってはじめて、多数の小規模零細農や農業労働者の生活がかろうじて維持できた。メイヨーだけではないが、コナハト地方の特徴として、小規模零細土地保有者の出稼ぎが多い（15エーカー未満土地保有者が全体の31％）ということがあった。もちろん、土地を保有していない農業労働者の出稼ぎがより多かった（1882年の出稼ぎ農業労働者の60％）。コナハト地方に次いで出稼ぎが多いアルスター地方のばあいでは、非土地保有者が全体の72％、15エーカー未満土地保有者が22％であった。

(b)　畜産が家計収入で大きな割合を占める島の暮らし

　ベルミーレット地域をさらに南下して、1894年6月にウエストポート沖の悲劇が起きたクルー湾に向かうと、湾の出入り口にクレア島が浮かぶ。この小さな島が肉牛生産をはじめとする畜産で注目される。さらに南に浮かぶイニシュトーク島も含めたクレア島貧民蝟集地域についてもラットリッジ-フェアに聞こう。

◆クレア島

　クレア島といえば、16世紀後半、アイルランド西部を支配したオ・マーリャー一族 Clan of O'Malley を率いて海の女王（女海賊）と後世に呼ばれたグラーニャー・オマリー Gráinne O'Malley（グレイス・オマリー）のことが頭に浮かぶ。息子チボート・ア・ロング・ブールク（Tibbot na Long Bourke、Theobald Bourke）を助けるために、イングランド女王エリザベス1世とも渡り合ったかの女が居所としたのはクレア島であった。クレア島（3,949エーカー）は先に見たアキル島（36,572エーカー）のおよそ9分の1の小さな島であるが、かつては西部の政治的軍事的拠点であった。[11]

　例にもれず、ラットリッジ-フェア報告は1891年センサスに基づく基本データの紹介から始まる。それによると、総家族数が125、そのうち、保有地評価額2ポンド超4ポンド未満の家族22、2ポンド以下が20である。両者合わせた4ポンド未満家族は42となり、総家族数の34％弱を占めている。これら

607

表7-3　クレア島地域推計家計簿(1890年代初)

収 入	普通の家計 £ s. d.			貧しい家計 £ s. d.			支 出	普通の家計 £ s. d.			貧しい家計 £ s. d.		
牛	14	0	0	5	10	0	地代	7	0	0	2	10	0
豚	6	0	0	4	0	0	県税	1	6	0	0	9	0
羊	7	0	0	2	2	6	衣服	10	0	0	10	0	0
羊毛	4	0	0	1	0	0	オート麦粗びき粉	3	18	0	3	18	0
子馬	5	0	0	1	0	0	小麦粉	14	0	0	7	0	0
卵	4	0	0	2	0	0	食糧雑貨	13	0	0	6	10	0
穀物	5	0	0	5	0	0	たばこ	2	12	0	2	12	0
出稼ぎ	3	0	0	9	0	0	家事用品他	1	10	0	1	0	0
移民送金	6	0	0	6	0	0	支出合計	53	6	0	33	19	0
収入合計	54	0	0	35	12	6							

注)自家消費：ジャガイモ20ポンド、オート麦2ポンド10シリング、麦藁3ポンド、乾草3ポンド、計28ポンド10シリング。

の貧しい家族のうち、「普通の家計」の家族と、「貧しい家計」の家族の推計家計簿が示されている（表7-3）。

　まず「普通の家計」の家族を考えよう。先ほど検討したように、2ポンド超4ポンド未満評価の保有地を持っている家族が該当すると考える。再度論ずるが、『ベイスライン報告』のいう家計が「普通」であるというのは、4ポンド未満という零細農地であるが、2ポンド以下のより「貧しい」家計でないという意味での「普通」である。

　牛（2頭）14ポンドから卵4ポンドまでの畜産物販売を合計すると40ポンドになる。ドニゴールからコークまでのアイルランド西岸の数多くの貧民蝟集地域における「普通の家計」の家族で畜産物だけで40ポンドを獲得するものは他にはないであろう。そのうえ、畜産物販売収入40ポンドは現金収入全体のうち実に73％も占めている。

　「貧しい家計」の家族はどうか。豚以外の畜産物のいずれも「普通の家計」

第7章　西部のメイヨーへ、コナハトへ行こう

の家族の半分以下の収入しか得られていない。それでも畜産物を合計すると15ポンド12シリングになる。

　ラットリッジ-フェアによると、クレア島の土地の質がよく、周辺の島々の何処よりも、優良な牛と羊が飼育されていた。12年ほど前にスコットランドから輸入された種牛からのギャロウエイ種の牛と、これもまたスコットランドのブラックフェイス種とチェヴィオット Cheviot 種の羊が良く育っていた。[12)]

　クレア島地域では出稼ぎ収入もある。特に「貧しい」家族では同収入が抜きん出ていて9ポンドもある。アキル地域で見た「収入不足なし」家族の成人男子一人の稼ぎと同じで、おそらく父親と思われる人物がイングランドに出稼ぎに行くのであろう。

　「普通の家計」の家族と、「貧しい家計」家族に共通して、アメリカへ移民した家族や友人からの6ポンドの「移民送金」も注目される。「移民送金」は、メイヨー県の他の貧民蝟集地域の推計家計簿には見られないが、コナハト地方の他の県にはある。しかし、6ポンドには劣る。ゴールウエイ県のレヴァリ Levally 地域とウッドフォード Woodford 地域でいずれも3ポンド、ロスコモン県のボイル地域の4ポンド13シリングと、トゥムナ Tumna 地域の4ポンド15シリング6ペンス、リートゥリム県のモヒル Mohill 地域の4ポンド1シリング、キルタブリド Kiltubbrid 地域のブリテンへの出稼ぎと合計した8ポンドが家計簿にある。

　支出はどうか。まず何といっても注目されるのは自家消費推計額（表7-3欄外）が大きいことである。「普通の家計」のばあいは現金支出53ポンド強にたいして自家消費額が28.5ポンドある。「貧しい家計」でも同じ自家消費額と考えざるをえない。ラットリッジ-フェアはいずれの家計であるのか何も書いていないからである。とすると、「貧しい家計」では自家消費額28.5ポンドが現金支出34ポンド弱にほとんど近づく。クレア島では住民生活に自給自足の自然経済が依然として大きく残っていた。しかしその状況下で、現金支出の必要が高まり、アイルランド西岸のクルー湾に浮かぶ小島がブリテ

ン食肉市場と出稼ぎに深く包摂され、なおその上に、アメリカ移民からの送金も当てにしなければならない生活を送っていた。

なお、自家消費していたのは人間だけではない。麦藁と乾草は牛や他の家畜が飼料としていた。

さて、島の暮らしにとって、商品として売らねばならない自分たちの生産物や暮らしに必要な生活物資などの海上輸送が不可欠である。ラットリッジ-フェアによれば、クレア島住民の本島との交通は帆船でウエストポート (14) と、それに、ルーナッハ Roonagh（地図15のルイスブルグより西方で、クレア島に一番近く、現在もフェリーが往来している）とキャロウモア Carrowmore（ルイスブルグの少し西）と繋がっている。

ラットリッジ-フェアは、島には漁業に27艘の船が使われているが、そのうち5艘がプーカーン pookhaun であり、2艘がフッカーであるとしている。さらに、12艘のカラッハもあるとしている。

プーカーンは OED に pookaun として出てきて、アイルランドの言葉であること、pookawn や pookhaun とも綴り、アイルランド語は púcán であるとしている。その意味は小さなアイルランドの釣り船で、漕ぎ用、または帆船用があるが、後者のばあい、一種の三角帆を付けた1本マストであると説明している。

そしてラットリッジ-フェアは、帆船がクレア島を本島のウエストポート、ルーナッハ、そして、キャロウモアと繋いでいると述べている。

ところで、『アイルランドの伝統的な舟 Traditional Boats of Ireland』によれば、20世紀初め頃までとしているようであるが、メイヨー県島嶼部ではアキル・ヨール Achill Yawl が盛んに漁業や運搬船として利用されていたこと、そしてヨールはクレア島やイニシュケー Inishkea 諸島（アキル島北方）より、日常的に家畜を本島のマーケットやフェアに運んでいたとしている。なお、ヨールは帆走よりもオール漕ぎの方が多かったとしている。[13]

上記二つの典拠をどう考えればよいのだろうか。ラットリッジ-フェアはアキル島地域の調査報告も担当しているが、同地域にはフッカー14艘とカラ

ハ35艘の他に、ヨールが226艘あると報告している。アキル・ヨールと呼ばれるにふさわしい数の多さである。ラットリッジーフェアはヨールのことをよく知っていた。しかし、クレア島地域の報告ではヨールに言及していない。

ラットリッジーフェアはクレア島地域で漁業に使われる船が27艘あったと述べていた。そのうち5艘がプーカーン、2艘がフッカーと言っていた。残りの20艘はどういう船であったのだろうか。明示されていないが、20艘の中にはヨールがあったかもしれない。

『アイルランドの伝統的な舟』には牛を乗せたヨールの写真がある。いずれも1930年代以降の写真で、1頭の牛を運んでいる。[14] 1880～90年代のクレア島地域では本島に牛を1頭運ぶばあいもあっただろうが、何頭も一度に運ぶばあいもあっただろう。本項冒頭に紹介したシングの描写、アラン諸島から本島のゴールウエイのフェアに連れていく何頭もの牛を乗せる船はフッカーであった。

クレア島地域の帆船のプーカーンやフッカー、ラットリッジーフェアは明示していないが、メイヨー島嶼部で広く使われていたヨールの帆船のいずれかによって牛などの家畜が本島に渡り、ウエストポートやルイスブルグ、時には、ニューポートのフェアに出品された。

なお、イニシュトーク島住民は、ラットリッジーフェアによれば、コネマラ海岸の方がルイスブルグより近かったために、ゴールウエイ県のタリTully（地図記号Tu）に牛などを売りに行った。

◆アラン諸島――ゴールウエイ県

最後に、第2章3節（a）「船（舟）による移動――生産地からフェアへ」で紹介したシングが描いたアラン諸島にも触れておこう。この地域の調査報告もラットリッジーフェアが担当している。報告を要約すればこうなる。島民は品質の良い牛と羊を飼っていた。アラン牛は近隣の本島で開かれるフェアやマーケットでいつも最高の値が付けられていた。春と夏にはクレア県からバイヤーがやって来て、大半の牛や羊を買っていく。この時売れなかった牛などはゴールウエイ（地図記号G）やスピダルSpiddal（アラン諸島向かいの

コネマラ）のフェアに連れていかれるが、そこでは優れた品質と肥育の容易さが評価されて熱心に買い求められた。

ラットリッジ-フェアによるアラン諸島における推計家計簿では、「普通の家計」家族の現金収入は42ポンドで、そのうち、29ポンドが豚（10ポンド）や牛（7ポンド）の家畜・畜産であった。クレア島地域ほどではないが、畜産に大きく依存する暮らしであった。ただ、アラン諸島はクレア島地域よりも貧しかった。1891年センサスでは、総家族562のうち、保有地評価額2ポンド超4ポンド未満家族が186、2ポンド以下のより貧しい家族が279で、両者合わせると総家族の83％弱、2ポンド以下だけでも50％近くも占めていた。この後者の「貧しい」家族のばあいは現金収入25ポンドのうち畜産が11ポンドであったが、海産物はそれ以上の14ポンドもあった。

(c)　畜産も出稼ぎも大きいが、衣料生産でもかなりの程度の現金収入がある地域

メイヨー県とゴールウエイ県に広がる多数の貧民蝟集地域の中に衣料生産で現金を稼ぐ人々もいた。パートゥリ（地図記号17）からゴールウエイ県北辺のフアイの湖 Lough Nafooey（Loch Na Fooey）に至る地域と、その南に連なるコング Cong（地図記号 Co）などのジョイス・カントリー Joyce Country 地域である。

さらに、その西に続くレターフラック地域（地図記号 Lf）はドニゴールの家内工業を見る折に参照したが、そこでは伝統的な自給的家内工業の一環としての衣料生産が依然として盛んであった。同地域を担当したラットリッジ-フェアが推計した家計簿支出欄に衣料が出てくるが、主には自宅で作った衣服を使用していると注記している。

こうした自給的な家内衣料生産が広範に残っている一方で、これまで見てきた推計家計簿では衣服費の支出が多く、アイルランド西部海岸地方にも資本主義の衣料品市場が浸透してきていると考えられる。

◆パートゥリ貧民蝟集地域

では、メイヨー県南部パートゥリ（17）からゴールウエイ県北辺に広がる

第7章 西部のメイヨーへ、コナハトへ行こう

表7-4 パートゥリ地域推計家計簿(1890年代初)

収 入		普通の家計			貧しい家計		
		£	s.	d.	£	s.	d.
牛	2頭	10	0	0	1頭 4	0	0
豚	4頭	10	0	0	2頭 5	0	0
羊	10頭	6	0	0	5頭 2	0	6
子馬		5	0	0			
卵		4	0	0	4	0	0
フランネル	120ヤード	8	0	0	2	13	0
ソックス	12ダース	2	8	0	0	16	0
出稼ぎ		10	0	0	10	0	0
収入合計		55	8	0	28	9	4

支 出	普通の家計			貧しい家計		
	£	s.	d.	£	s.	d.
地代	5	0	0	2	0	0
県税	0	10	0	0	4	0
お布施	1	0	0	0	7	6
衣服	5	0	0	3	0	0
オート麦粗びき粉	6	0	0	5	0	0
小麦粉	9	16	0	5	12	0
食糧雑貨	6	10	0	5	4	0
たばこ	2	12	0	2	12	0
家事用品他	3	0	0	1	0	0
グアノ肥料	3	15	0	3	0	0
支出合計	43	3	0	18	15	0

注)自家消費:ジャガイモ、オート麦、麦藁、乾草、キャベツ、少量のバターと卵、それにミルクで合計20〜40ポンド。

　パートゥリ貧民蝟集地域のラットリッジ-フェア報告を見よう。表7-4は、6人家族の「普通の家計」と、6人家族の「貧しい家計」の推計家計簿である。
　地域の基本データは以下の通りである。1891年センサスによる総家族数は1,179で、そのうち、保有地評価額2ポンド超4ポンド未満の家族451、2ポンド以下の家族が406である。4ポンド未満の貧しい家族全体は857で総家族数の73%弱も占める。クレア島地域の34%弱と比べるとパートゥリ地域の方がより貧しく、アラン諸島地域の83%弱と比べると貧しさが少し和らいでいたと考えられる。
　ただ、「普通の家計」の現金収入は55ポンド8シリングで、クレア島地域の55ポンドより少し高い。それは、メイヨー県とゴールウエイ県の数多くの貧民蝟集地域の、『ベイスライン報告』のいう「普通の家計」のうちで最も高い推定現金収入である。パートゥリ地域に注目する理由の一つはこれであ

る。

　もう一つは、衣料生産による現金収入があることである。「普通の家計」では5ポンドの衣服を購入しているが、フランネルあるいはフリーズ（表示ではフランネルだけ）販売で8ポンド、ソックス販売で2ポンド8シリング得ている。収支差し引くと5ポンド8シリングの純収入である。「貧しい家計」の方は、3ポンド9シリング4ペンスの収入にたいして、衣服費支出3ポンドあり、差し引きわずかしか残らない。

　「普通の家計」に限ってみると、現金収入は、牛と豚をはじめとする畜産35ポンド、フランネル（あるいはフリーズ）等の衣料生産物で10ポンド8シリング、それに、出稼ぎ10ポンドからなっている。畜産が飛びぬけているが、衣料生産も出稼ぎに並んで大きな収入源になっている。

第2節　西部は肉牛をはじめとする家畜生産のもう一つの中心地

(a)　メイヨー県北部の盛んな肉牛生産と農民層分解

　ティロウリー郡に注目する。1873年農業統計によれば、全国数ある郡（バロニー）の中で、ティロウリー郡の「その他の牛2歳以上」飼育頭数12,712頭が全国第1位である。第2位はミーズ県ラトゥーア郡10,086頭、第3位は同じくミーズ県アッパー・ケルズ郡9,826頭であった。

　西部ではティロウリー郡だけが突出していたわけではない。県単位で見ると、「その他の牛2歳以上」飼育頭数全国1位はミーズ県の101,211頭であったが、第2位はゴールウエイ県64,830頭、そして第3位がメイヨー県54,173頭と続いたのである。ゴールウエイやメイヨーをはじめとする西部は肉牛生産において大きくて重要な位置を占めていた。

◆ティロウリー郡と周辺地域

　「その他の牛2歳以上」飼育頭数が全国1位のティロウリー郡の1870年代初頭における肉牛生産を農地面積規模別に見よう。表中の73は1873年、72は72年、71は71年を示していて、1871年から73年にかけての肉牛移動を表している（表7-5）。

第7章　西部のメイヨーへ、コナハトへ行こう

表7-5　ティロウリー郡の農地面積規模別肉牛飼育頭数と肉牛移動

エーカー	家畜保有者(73)		2歳以上(73)		1～2歳(72)		1歳未満(71)		乳牛(71)	
～15未満	2,573	48.2	1,010	7.9	980	12.0	1,370	24.7	2,652	28.2
15～100	2,390	44.7	5,265	41.5	4,507	55.0	3,463	62.3	5,725	60.9
100以上	376	7.0	6,437	50.6	2,704	33.0	730	13.1	1,023	10.9
全体	5,338	100	12,712	100	8,191	100	5,563	100	9,400	100
移動指標			C=155		B=147		A=59			
全国平均			110		90		55			

注1）15エーカー未満層には農地無保有者109人が含まれている。農業統計は、15エーカー以上は農地数と家畜保有者数は同数としている。
注2）2歳以上、1～2歳、1歳未満は「その他の牛」。

　「その他の牛2歳以上」は、家畜保有者の7％を占めるに過ぎない100エーカー以上の農地保有者が過半（50.6％）を保有し飼育していた。「その他の牛2歳以上」飼育頭数全国1位は大規模農地が主に担っていたことがわかる。これに対して、100エーカー未満の中位規模と小規模零細家畜保有者も分業の形で肉牛生産を担っていた。その他の牛の2歳未満と乳牛については、15エーカー以上100エーカー未満の中位規模農地が大きな役割を果たし、15エーカー未満の小規模零細農地でさえも、特に乳牛と「1歳未満のその他の牛」の保有・生産、従って、肉牛生産における子牛繁殖と子牛育成において相当の役割を果たしている。

　肉牛の移動指標も表示している。2歳以上のC指標155は他地域からティロウリー郡に2歳未満牛が流入してきていることを語っている。1歳以上2歳未満牛（B指標147）であってさえ他地域から流入してきている。これまで何度かおこなっている移動指標の説明はここでは省くが、実は、ティロウリー郡内部で小規模零細家畜保有者から中位規模へ、さらには大規模へ、肉牛子牛が、若牛が移動・流通していることが表から読み取れる。その上に他の地域からも流入しているのである。

　ティロウリー郡においても肉牛の生産と流通における農地規模別の分業と

いってよい生産編成が確認できる。さらに踏み込んで生産と経営における労働力編成の解明が求められる。そこでここでも「不動産評価簿」に頼ることにしよう。少なくとも、農地規模別の分析ではなく、農地占有者の名寄せを施して農場規模別分析が可能となるからである。また、住宅付き労働者の姿が見えてくるかもしれないからである。次いで、1871年センサスによってバリナ教区連合における農業労働者を見よう。

◆ 『バリナ評価簿』による農場経営規模分析

　資料は、メイヨー県のモイ川 River Moy 左岸に位置するティロウリー郡バリナ貧民監督官選出区不動産評価簿（以下、『バリナ評価簿』と略記）で、最初の修正が1870年3月、最後が1880年と記入されたものである。バリナ貧民監督官選出区（以下、バリナ選出区と略記）は4教区のタウンランドから構成されている。バリナの町を含むキルモアモイ Kilmoremoy 教区18タウンランド（残り23タウンランドはスライゴ県ティレラ Tireragh 郡）、アーダー Ardagh 教区13タウンランド（全23タウンランドのうち）、バリナハグリッシュ Ballynahaglish 教区7タウンランド（全40タウンランドのうち）、それにキルベルファド Kilbelfad 教区1タウンランド（全33タウンランドのうち）がそれらである。1871年センサスによると、バリナ選出区は8,974エーカー強の広さで、住民数は6,082人であった。

　このうちバリナの町の住民数を確認したいが、バリナ・タウンランドも含めた、スライゴ県を除いたバリナ・タウンシップの4,307人はわかる。バリナの町だけの住民数は表示されていないが、1861年のそれが4,399人であることはわかる。住民数が1861年以後の10年間に多数減少したことを示しているが、それにしても、バリナの町の住民数が、バリナ・タウンランドも含めたバリナ・タウンシップの中で圧倒的多数を占めていることが推定される。バリナの町は大きく、『バリナ評価簿』でも100頁に及ぶ。以下の分析では評価簿のこの100頁を対象から除外した。町の人間がとりわけ農繁期などに農村に働きに出ることはあったであろうが、あまりに多数の町の人間を分析に加えると、間違いなく全体像を狂わせてしまうため、かれらを分析対象から

第7章　西部のメイヨーへ、コナハトへ行こう

表7-6　1870年代バリナ選出区評価額別農場分布

評価額(£)	農場数	複数地	住宅(菜園)
15未満	143	68	41	9(4)
5未満	34			
5～10	64			
10～15	45			
15～100	63	30	45	19(8)
15～30	37	18	26	8(8)
				労働者住宅　1
30～50	19	9	15	2
50～100	7	3	4	9
				コッティア小屋　2
100以上	4	2	4	6(5)
100～200	2			コッティア用土地
200以上	2			
合　　計	210	100	90	34(17)

除外せざるをえなかった。したがって他方、以下の労働力分析は不十分であることを前もって断っておく。

　こうした『バリナ評価簿』の名寄せをした結果を見ることにしよう（表7-6）。

　バリナにおいてもやはり難しい判断を伴う名寄せ作業であったが、農場数は210であり、そのうち複数農地の農場は90である。これまで見てきた他の地域（ドニゴール県レック教区は別にして）と比べて、複数農地から成る農場数が少ない。評価額の低い15ポンド未満の農場群では、当然のことなのだろうか、複数農地農場の割合は低い。

　やはりメイヨーは貧しいのであろうか、バリナ選出区においても評価額15ポンド未満の小規模零細農場が全農場の7割近くを占めている。30ポンド未満を採れば、構成比は86％にも上る。30ポンド未満の中小零細農場が93％弱も占めるドゥレイパーズタウンほどではないが、「その他の牛2歳以上」の

保有飼育頭数全国一のティロウリー郡の中心地バリナ選出区であっても貧しい。他方、こうした小規模零細農場のいわば対極に位置する100ポンド以上の大農場はどうか。わずか2％を占めるだけである。しかし、問題は中身である。

◆ノックス=ゴア准男爵直営農場

まずは最高評価額の農場が注目される。何と841ポンドという巨額の評価額である。それに、農場主C・J・ノックス=ゴア准男爵 Sir Charles James Knox Gore, Baronet が手作り大地主の典型例である。[15] 841ポンドは、これまで見てきた大地主の例と同様に、これまた大変高額の72ポンドという大邸宅の評価額を除いた額である。それを加えると913ポンドになる土地・建物自己占有のノックス=ゴア准男爵農場を見よう。

ノックス=ゴア准男爵は手作り大地主の典型と述べた。バリナ選出区最高評価額913ポンドは、同選出区最大規模の自己占有地1,143エーカー強を当然含めたものである。実は、准男爵は選出区の1,654エーカー強の大「土地所有者」であり、しかも大規模な自己占有者であった。こうした例はそれほど多くはなく、かれは珍しい手作り大地主の例といえる。なおそのうえに、ノックス=ゴア准男爵の土地支配はバリナ選出区に限られたものでない。『ベイトマン名簿』によれば、メイヨー県全体で22,023エーカー、評価額8,294ポンド、それに、スライゴ県8,569エーカー、評価額2,788ポンド、合計30,592エーカー、11,082ポンドの巨大地主であった。

ノックス=ゴア准男爵直営農場とそれと隣接する一部テナント農場を表7-7に示し、それらの位置を地図7-2で明らかにしておいた。表7-7の左端欄はタウンランド名の記号である。

手作り大地主ノックス=ゴア准男爵の農場は、モイ川 River Moy の西側、バリナの町の北側のキルモアモイ教区に広々と連なっている。上記のように、准男爵はバリナ選出区に1,654エーカー強を「所有」していたが、そのうち1,421エーカー強が同教区にあった。農場は、大邸宅の本拠があるガランキール Garrankeel（記号G）、ベリーク Beleek（B）、ファランヌー Farrannoo（F）、

第7章 西部のメイヨーへ、コナハトへ行こう

表7-7 ノックス-ゴア直営農場と一部テナント(1870年代)

	地番	占有者	不動産種類	土地 (エーカー)	評価額(£) 土地	建物	合計
G	1	准男爵	ho off land	135 2 31	92 0 0	72 0 0	164 0 0
B	1	准男爵	gate-ho land	210 3 37	185 0 0	1 0 0	186 0 0
F	1	准男爵	caretakers-ho land	243 0 32	150 10 0	0 10 0	151 0 0
	2	准男爵	land	4 3 10	0 10 0	—	0 10 0
	3	准男爵	land	0 1 30	0 5 0	—	0 5 0
	4a&6	テA	ho off land	15 0 23	7 10 0	0 10 0	8 0 0
	5a	テB	ho off land	11 1 0	4 16 0	0 14 0	5 10 0
	7	准男爵	land	3 3 5	2 4 0	—	2 4 0
	8	テC	land	16 1 6	7 0 0	—	7 0 0
	9	准男爵	land	13 0 32	7 16 0	—	7 16 0
	10&11	テD	land	8 0 2	2 15 0	—	2 15 0
L	1	准男爵	caretakers-ho land	11 0 15	1 10 0	0 10 0	2 0 0
	2	テE	ho land	9 3 5	3 0 0	0 10 0	3 10 0
	3a	准男爵	herds ho off land	160 0 29	118 0 0	2 10 0	120 10 0
	3bc	テ-消	labourers ho off 消	—	—	—	—
	3d	テ	ho			0 10 0	0 10 0
	3e	テ-消	ho 消				
	4a	テF	ho land	2 2 4	2 0 0	0 10 0	2 10 0
	4b〜e	テ4名	ho gar 4戸	各24 p.	—	—	各0 10 0
	5	テG	ho land	1 2 2	1 0 0	1 0 0	2 0 0

注1)バリナ・タウンランドに農地41エーカー強(評価額58ポンド)、キルモアモイ(K)農地90エーカー強(評価額89ポンド)、アードーハン(A)農地28エーカー強(評価額1ポンド半)、カリーンズ(Cu)農地19エーカー強(評価額5シリング)、アーダー教区クラナー(C)農地181エーカー強(評価額122ポンド)と労働者小屋4戸。
注2)テAのテはテナントの略記号。
注3)「消」は評価簿から、テナントやho住宅を消したという意味。

第2部　アイルランド農業の担い手を地域から見る

地図7-2　ノックス-ゴア直営農場と一部テナント農場(1870年代)
　　　　（バリナ選出区キルモアモイ教区）

第7章　西部のメイヨーへ、コナハトへ行こう

それにラフタダワナー Laghtadawannagh（L）の4タウンランドの全域に連なっているほぼ団地の状態にあった。太い実線で囲んだタウンランドにあり、表7-7の地番を記入している。それによって准男爵直営農地がいずれであるかわかる。なお、ガランキール（G）とベリーク（B）は全てノックス－ゴアの土地であるため、地番は書き込まなかった。

　これらの他に、キルモアモイ Kilmoremoy（K）、アードーハン Ardoughan（A）、カリーンズ Culleens（Cu）、バリナの町を含むバリナ・タウンランドにも准男爵農場があった。さらに、バリナ選出区の西南に少し離れたアーダー Ardagh 教区クラナー Crannagh の181エーカーの土地も持っていた。

　手作り大地主ノックス－ゴアの本拠は、ガランキール（G）にあるベリーク・マナー Belleek Manor であったが、表示の評価額72ポンドの大邸宅・オフィスがそれである。[16]

　これほどの大農場をどのようにして管理経営していたのだろうか。評価簿から可能な限り推し測ってみるが、留意しなければならないことがある。それはノックス－ゴア准男爵の大農場に2軒あるケアテイカー住宅 caretakers house についてである。何故これに留意しなければならないのか。終章では農民追放 eviction に触れることになるが、追放された農家のうち、改めてテナントとして土地保有を認められた者がいた一方、ケアテイカーとして地主地（所領）に再入許可される re-admitted 者がより多くいたからである。そして、『バリナ評価簿』にケアテイカー住宅が13件も出てくるからである。なお、OED の caretaker を見ると、「アイルランドで、テナントが追放された後の農場の世話を託された人間 in Ireland, a person put in charge of a farm from which the tenant has been evicted」との説明がある。終章で見る、追放されたが、ケアテイカーとして地主に抱えられた者に通ずる説明であるが、具体的な姿はよくわからない。このケアテイカーの具体像の認識のために、『バリナ評価簿』ケアテイカー住宅13例は格好の材料を与えてくれる可能性がある。そのためにもノックス－ゴア大農場の管理経営体制を可能な限り明らかにし、そこでのケアテイカーの位置を探ることにする。

第2部　アイルランド農業の担い手を地域から見る

　ノックス-ゴア直営農場は多数の農地から成る大農場としては不思議なことに、ガランキール（G）の72ポンドの大邸宅が唯一の住宅である。それにはこれもまた唯一のオフィス office も併設されている。大邸宅はノックス-ゴア准男爵とかれの家族や親族の居所であっただろうが、多数の住み込み使用人（労働者）だけでなく、臨時雇用労働者の住宅であったかもしれない。本当に不思議なことにオフィスが一つである。農業用建物であることは間違いないが、敢えてオフィスとしたのは、広大な農場管理、かつ、広い所領管理の中枢の役割を担っていたに違いないと想像するからである。

　広い直営農場をノックス-ゴア准男爵が管理経営したのであるが、少なくともかれを補佐する、あるいは経営管理に大きな責任を分担する人間がいたはずである。大邸宅に住み込む使用人の誰か、准男爵から土地を「直接借りた」テナントの誰か、あるいは、問題とするケアテイカー住宅の住人か、その他の誰かがその役割を担ったのであろう。

　まず、地主住宅に住みこむ使用人であるが、かれらは地方税評価簿に直接出てくることはない。『バリナ評価簿』においてもガランキールの大邸宅とオフィスがノックス-ゴア准男爵直営大農場の管制塔であったことは間違いないし、そこに住み込む使用人がいて、かれらのうちには大農場の管理中枢で准男爵を補佐する人間がいたであろうと推測はするが、これ以上進むことはできない。

　ここで、ノックス-ゴア准男爵の直営農場と所領経営で大きな変化があったことに注目する。それはC・J・ノックス-ゴア准男爵の父親F・A・ノックス-ゴア准男爵 Francis Arthur Knox Gore の時の1870年、ラフタダワナー（L）の地番3で起きたことである。

　地番3aの土地は160エーカー強（評価額118ポンド）で、そこに住宅と農業建物があり（評価額3ポンド10シリング）、この農場の占有者はロビンソン R. D. Robinson であった。そして「直接の貸手」はもちろんF・A・ノックス-ゴア准男爵であった。このロビンソン農場が1870年に准男爵の直営になり、住宅は牧夫住宅 herds house として利用されるようになった（ただ、56年『グ

第7章　西部のメイヨーへ、コナハトへ行こう

リフィス評価原簿』印刷時点、地番3bcgに准男爵占有のherds hosがあった。その後、地番3a農場主がボルトン大佐 Captain Bolton からロビンソンに代わり、3bcgの牧夫住宅が労働者用住宅に転換されていたが、准男爵直営化の70年時点に取り壊された）。建物評価額は1ポンド減額となり、2ポンド10シリングになった。その際、今述べたように、地番3bcにあったロビンソン占有の労働者用住宅と農業建物は取り壊された（表7-7では「消」と記した）。地番3dに住宅がある。大家は准男爵である。地番3eにも住宅があったが、F・A・ノックス-ゴア准男爵の時には利用されていたが、息子のC・J・ノックス-ゴア准男爵の代になって取り壊されている。

　経過は少々ややこしいが、160エーカー強の地番3のロビンソン農場の時には牧夫住宅は存在していなかった。ロビンソンの前に農場主であったボルトン大佐の時、准男爵直営の牧夫住宅があった。ロビンソン農場がノックス-ゴア准男爵の直営になった時、ロビンソンの居所が准男爵直営の牧夫住宅に転換された。

　どうやら、ノックス-ゴア准男爵の経営方針は牧場経営を志向していて、経営の実際は牧夫に委ねられていたようである。それも、ロビンソン農場にあった労働者用住宅を取り壊していることから、労働者雇用を削減する放牧に傾斜していたと考えられる。

　さて、この牧夫住宅があるラフタダワナー地番3に隣接する地番1にノックス-ゴア准男爵直営のケアテイカー住宅がある。56年時点でも准男爵直営で存在していた。この住人のケアテイカーと近くに住む牧夫との農場経営上の役割はどう分担されていたのであろうか。

　資料ははっきりと語ってくれないが、地番1のケアテイカー住宅の評価額は10シリングである。それに比べて地番3aにある牧夫住宅は、農業用建物も含めたものであるが、2ポンド10シリングである。農業用建物分を除いても、直営化する前にはロビンソン農場主の居所であった牧夫住宅の方が評価額は高かったと推測する。この点からだけで結論的なことは言えないが、牧夫住宅に住む人物の方が、ケアテイカー住宅に住む人物よりも、より大きな

経営上の責任を担っていたと推測できる。

　ケアテイカー住宅がもう1軒ある。ここで考えておこう。ファランヌー（F）地番1の243エーカー強（評価額150ポンド強）という大変大きな農地にあるケアテイカー住宅（評価額10シリング）である。評価額から見れば、上記のラフタダワナー地番1のケアテイカー住宅と同じであるので、そこに住む人物は、ラフタダワナー地番3の牧夫住宅住人ほどの大きな経営上の責任を負っていないと思われるが、早計は慎まねばならない。

　表7-7に、ノックス-ゴア直営農場には常雇の土地持ち労働者がいたことが示されている。ラフタダワナー（L）地番4のbからeに4戸の菜園付き住宅（評価額は4戸とも各10シリング）がある。また地番3dには住宅（評価額10シリング）がある。ノックス-ゴア准男爵は雇用労働者を減らすことをやってきたと確認しているが、かれらを零にすることはできなかった。ラフタダワナー（L）地番4にある4戸の土地持ち労働者住宅は地図7-2に描いているように、ファランヌーとの境界線（広大なFの地番1）に接して建っている（地番3dの住宅の位置は掴めない）。かれら土地持ち労働者は、住居の位置から考えても、ラフタダワナー地番3はいうまでもなく、ファランヌー地番1をも労働の場とする常雇労働者であったと推測する。

　土地持ち労働者として考える可能性は他にもあった。ノックス-ゴア直営農場と交じるような位置にある小規模零細農地の、ノックス-ゴア准男爵のテナントたちである。手作り地主のノックス-ゴア准男爵は多数のテナント農も抱えていたが、表7-7に示したのは一部で、准男爵直営農場の中心があるファランヌー（F）とラフタダワナー（L）のテナントたちだけである。地図7-2にテナントが占有する地番を記入している。

　ファランヌー（F）のテナントは、地番4aと6のムルデリグ P. Mulderrig で農場評価額（土地と建物の合計）8ポンド、地番5aのM・オホーラ M. O'Hora で農場評価額5ポンド10シリング、地番8のケニー M. Kenny で土地評価額7ポンド、地番10と11のミーニ M. Meany で土地評価額2ポンド15シリングである。ラフタダワナー（L）のテナントは、地番2のD・オホー

第7章 西部のメイヨーへ、コナハトへ行こう

ラで農場評価額3ポンド10シリング、地番4aのフディ F. Foodyで農場評価額2ポンド10シリング、地番5のルーイン M. Luinnで農場評価額2ポンドである。

　かれらテナントは小規模零細とはいえ自ら農場を経営している。牧夫やケアテイカー、住宅（菜園）をあてがわれた常雇労働者と違って、フルタイムで准男爵農場で働くことはない。しかし、かれらは自己の農場だけでは生計を維持するのが困難で、賃稼ぎが必要であり、隣接する准男爵農場に働きに出ることがあったと推測する。特に農繁期には。さらに、かれらには農場経営のノウハウが蓄積されていて、それを生かすようにノックス-ゴア農場の経営に関与していたかもしれない。ノックス-ゴア准男爵はかれらの役割をそのように位置付け、かれらをテナントとして抱えていたかもしれない。つまり、准男爵から見ればかれらもまた土地持ち労働者であったかもしれない。

　ここで、ファランヌー（F）地番1のケアテイカー住宅の住人を振り返っておこう。既に触れているが、このケアテイカー住宅は『グリフィス評価原簿』(1856年印刷)に出てくる。大飢饉の時に農民追放があり、その時の再入許可に関わっていたかもしれない。地番1は243エーカー強という大変広い農地である。その農地で農民追放があり、テナントがいなくなった農地の面倒をみるケアテイカーは相当大きな経営責任を負わされることになったであろう。しかし、それらは全く不明のことである。

　そして、1870年代のノックス-ゴア直営農場において、このケアテイカーが相応の経営上の責任を分担していたであろうが、前述したように、隣接するラフタダワナー（L）の、かつてロビンソンが居所にしていた住宅に住む牧夫との協力関係のもとにおいてのことであった。この点を考えるうえで、やはり、1870年におけるロビンソン農場の直営化が鍵を握っていると思われる。終章で明らかにするが、1850年代よりも60年代、さらに70年代やそれ以後に進むにつれて、家畜生産、特にストア牛の生産が投機的色彩を濃くしていった。そうした中で、ノックス-ゴア准男爵が今まで以上にストア牛の放牧経営に手を染めるために直営農場を一気に拡大し、放牧拡大には不要な雇

用労働者を切り捨てたかもしれない。もっとも、これもまた本書は資料的裏付けを持っていない。

　なお、先に触れたが、キルモアモイ教区のほとんど団地化した大農場からかなり離れたアーダー教区クラナー・タウンランド地番1にノックス-ゴア准男爵が181エーカー強（評価額122ポンド）の農地を自己占有していて、そこには四つの労働者小屋 cottage（各評価額1ポンド）がある。これら労働者小屋をあてがわれた労働者はこの181エーカー強の農地で働いていたことは間違いないが、かなり離れたキルモアモイ教区の大農場の労働力にもなっていた可能性はある。

　さらに、キルモアモイ教区のバリナとベリークのタウンランドに門番小屋（gate lodge、gate house）がある。門番小屋の住人が門番だけでなく、農場の働き手になることもあったかもしれない。

　こうした労働力が広大な農場と所領を支えていた他に、バリナの町からの、あるいは、バリナ選出区の近傍農村からの通いの常雇い、あるいは臨時雇いの労働者がいたと思われるが、その点を確認できる証拠のようなものは見つけることができていない。

◆その他の農場

　評価額最高のノックス-ゴア准男爵農場に続く大規模農場はどうであろうか。規模は大きく落ちるが、評価額260ポンド強（土地249エーカー強）のピートゥリ Petrie 農場、評価額161ポンド強のマクギネス McGuinness 農場（土地211エーカー強）、それに、評価額129ポンド弱のオーメ Orme 農場（土地193エーカー強）が続く。

　不思議なことに、100ポンド以上の上記3農場は、立地する同じ地番や近接する地番に、それらの農場に関係するような、常雇労働者用と推定できる住宅（菜園）が見られない。

　では、これらの大農場を支える労働力はどこに求めたのであろうか。家族労働力に依拠したことはいうまでもない。その他はどうか。これら大規模3農場は複数の住宅を自己占有している。ピートゥリ農場は2住宅、マクギネ

第7章　西部のメイヨーへ、コナハトへ行こう

ス農場は3住宅、オーメ Orme 農場は2住宅を持っている。家族の他に、住み込み使用人（労働者）が居住できたと考えられる。こうした家族や住み込み労働力の他に、農繁期などには臨時労働者が雇われたのであろう。

　評価額100ポンド未満農場も一瞥しておこう。バリナ選出区全体では210農場にたいして34住宅であった（表7－6）。常雇労働者の住宅であると推定できる住宅が多くはない。15ポンド未満農場143にたいして9住宅、15エーカー以上100エーカー未満農場63にたいして19住宅である。

　中位規模農場群を3分類してみると、15エーカー以上30エーカー未満農場37にたいして8住宅、30エーカー以上50エーカー未満農場19にたいしてわずか2住宅である。ただし、50エーカー以上100エーカー未満農場7にたいしては9住宅と多くなっている。さらに、95ポンド評価のハンター Hunter 農場は2軒のコッティア小屋（2軒の評価額10シリング）を持っている。50エーカー以上の農場になると、常雇労働者やコッティアに依存する農業経営がおこなわれていたといえる。なお、25ポンド評価のキャサリン・マーフィー C. Murphy 農場は労働者住宅1戸（評価額5シリング）を持っている。

　こうした評価額100ポンド未満の農場にあっても、住み込み使用人（労働者）や農繁期の臨時労働者に依存する経営があったと考えられるが、総じて、こうした労働力を評価簿から直接に実証することは不可能である。ただ、バリナ選出区のばあいに確認できるのは、評価額15ポンド未満の小規模零細農場が多く（全農場210のうち143農場で、68％も占める）、それらの農場の家族員がブリテンに出稼ぎにいく他に、農繁期に近辺の大規模農場に臨時に働きに行く可能性があったと考えさせてくれる。また、何度も触れているように、バリナの町に住む多数住民のうちには農繁期に農村に臨時に働きに出る者がいたことも推測させてくれる。

◆バリナ教区連合1871年センサス農業労働者分析

　ここで、他地域と同様に、バリナ選出区を含むバリナ教区連合（メイヨー県地域）における農業労働者を1871年センサスに見ることにしよう（表7－8）。

　表7－8は何を語っているのだろうか。まず第一に、家族労働力100にたい

表7-8　バリナ教区連合の農業労働者(20歳以上男女に限定。1871年)

雇用労働力と農家家族労働力	バリナ 140,801a.	
	男性	女性
農場監督		
農業労働者(通い)	554	16
羊飼い(通い)	6	
農場使用人(住み込み)	971	94
一般労働者中の農業労働者	580	23
職業を明記しなかった者	86	1,828
小　　計	2,197	1,961
農業労働者合計	4,158(76)	
農家・牧畜業者	2,830	87
上記妻		2,205
農家の子孫、兄弟姉妹、甥姪	62	266
小　　計	2,892	2,558
農家・牧畜業者家族労働力合計	5,450(100)	
総　　計	5,089	4,519
男　女　総　計	9,608	

して農業労働者がバリナ教区連合では76である。これまで見たレターケニー教区連合の77とほぼ同じで、100を超えるマンスター地方のキルマロック教区連合などと比べると、農業雇用労働者に依存する程度が低い。ただ、第1節で見たように、メイヨーがイングランドやスコットランドに多数の出稼ぎ労働者を送り出していることを考慮に入れると少し様相が変わってくる。特に、1880年代に入って出稼ぎ労働者について調査し統計を作り始めたアイルランド農業統計が指摘しているコナハト地方の、メイヨー県の特徴を考慮すると、なお一層そうである。

　1882年農業統計「出稼ぎ農業労働者に関する報告と統計」によると、コナハト地方からの出稼ぎ農業労働者のうちで土地保有者が占める比率が他の地方に比べて高いことが判明する。アルスターでは土地保有者が28％、レンスターではそれが24％、マンスターではそれが11％であるのにたいして、コナハトは土地保有者が出稼ぎ農業労働者のうち40％も占めている。もちろん、土地を保有しない者の比率が60％と高い。しかし、他の地方では、非土地保有者こそが圧倒的多数を占めていたのに比べて、コナハトの土地保有者の割合が高いのは特徴的といえる。この点について、最初の「出稼ぎ農業労働者に関する報告と統計」を出した1880年農業統計がこう述べている。

第7章　西部のメイヨーへ、コナハトへ行こう

唯一コナハトではかなりの数の出稼ぎ労働者が15エーカー以上の農場を保有している。この点については、コナハトの多くの地域の土地の価値が低いことを考慮に入れるべきである[17]。

こうしたコナハトの特徴を考えると、表7-8の典拠である1871年センサスの調査時点4月2日夜において、相当数の非土地保有者、すなわち、農業労働者が、さらにはまた、少なくない家族労働力がイングランドなどへの出稼ぎのために自宅を留守にしている、つまり、表7-8に集計されていない可能性が高い。

というのも、キルマロックで確認しているように、貧しい農民や菜園持ち労働者などは3月中にジャガイモ植付けなどを終えて、出稼ぎに出ていると考えられるからである。といっても、4月以降に出稼ぎが増えていることも確かである。同じく、1882年農業統計「出稼ぎ農業労働者に関する報告と統計」によると、同年1月から8月にかけて、ブリテンへの出稼ぎのためにバリナ港を出航した人数が4月以降に急増していることがわかる。

バリナ教区連合、メイヨー県全体、コナハト地方における農民層分解、総じて、アイルランドにおける農民層分解はアイルランド内の出稼ぎに止まらず、イングランドやスコットランドへの出稼ぎ、さらに、海外への移民も含めて考察しなければならない。バリナ教区連合、メイヨー県のばあいはブリテンへの出稼ぎ、つまり、農業労働者はいうまでもなく、貧しい多くの農民もブリテンの農場や牧場の季節労働者でもあった。

さて、ティロウリー郡とその中心地のバリナ選出区、あるいは、バリナ教区連合、この地域で生産される肉牛はどのようなものあったのか、この点に関する資料はティロウリー郡では見つけていない。しかし、西に隣接するエリス郡の西端、大西洋に突き出たT字形半島の根っこに位置するベルミーレットを中心とする地域に関する資料が大変示唆的である。そして、それはブリテン市場めあてのアイルランド肉牛生産が西部地方の果てまで組み込んだことを示す好個の事例でもある。

(b)　東から西への子牛供給──最西端ベルミーレット地域とエリス郡の肉牛生産

1890年代『ベイスライン報告』に視察官R・ラットリッジ-フェアがベルミーレット地域報告（1892年）の一節でこう書いている。

　　　　永久放牧地が大変優れているので、より良質な牛が飼育されている。ロスコモン県やスライゴ県、ファーマナー県で産まれた多数の1歳子牛がベルミーレットやビンガムズタウン Binghamstown の毎月フェアで売られる。これらの子牛は12カ月間、あるいは若干のケースでは18カ月間、しっかり成長するが、肥育はされない。その後かれらはミーズ県やイングランドのバイヤーに売られる。

◆ベルミーレット地域とエリス郡

　ベルミーレットとビンガムズタウンは、メイヨー県北西部エリス郡、さらにその西端、つまり、アイルランド最西端にある。地図7-1（597頁）の番号1がベルミーレットで、さらに半島を南に下ったところにビンガムズタウンがある。このようなアイルランド西部の、さらにその端っこにある半島部（ミーレット半島）のフェアに、東から、ロスコモン県やスライゴ県、さらに遠くのアルスターのファーマナー県から1歳子牛が連れてこられて売りに出されていた。アイルランドにおける肉牛の移動、流通は大きく見れば西から東への流れであったが、優れた放牧地に恵まれたベルミーレット地域は東から子牛を惹きつけ、そこで大きく育てて、ミーズやイングランドの肥育（半肥育）大牧場に2歳以上の、3歳近くの肉牛を供給していた。

　ラットリッジ-フェアは、同地域では品種の良い種牛が大いに求められているが、それは地域で繁殖される牛が、飼育目的のために他県で購入される牛に比べて決定的に劣っているからだと述べている。地元が必要とする1歳子牛を地元で自給できるように良い種牛の導入を勧めている。

　ところで、ベルミーレット地域が購入する1歳子牛はロスコモンやスライゴ、それに、ファーマナーの3県からのものであるとしている点に関わって、同じ『ベイスライン報告』の、できうるならばロスコモン側の証言があればよいと調べてみた。ファーマナー県に貧民蝟集地域がないから同県の証言は

第 7 章　西部のメイヨーへ、コナハトへ行こう

ない。スライゴ県には三つの貧民蝟集地域がある。そのうち 2 地域の報告にはロスコモン県の種牛が良いと書かれている。そこでロスコモン県に着目するが、同県におよぶ貧民蝟集地域はバラハデリーン地域だけである。同地域はメイヨー県を中心に、ロスコモン県とスライゴ県に跨っている。

　バラハデリーン地域に関するドーラン報告を見よう。

　　　繁殖目的のために、かなり優れたロスコモン種牛を飼っている農家もあるし、普通の牛を飼っている農家もある。

　ドーランはリートゥリム県キルタブリド Kiltubbrid 地域も担当しているが、こうも述べている。

　　　一般に利用されている種牛はロスコモン県からのものであるが、通例、ボイル Boyle やクローハン Croghan のフェアで購入されたものである。
　　　リートリム県のキルタブリド地域や隣接する貧民蝟集地域における牛の品質がかなり良いのは、次の事実によると考える。多数の土地保有者の間で、若い牛を夏の半年間、ボイルやキャリック・オン・シャノン Carrick-on-Shannon の隣接地域にある良質の放牧農場に送っている、送ってきたという慣習がある、あったという事実である。

　ラットリッジ-フェアのベルミーレット地域報告が語るところを、ロスコモン県にも跨るバラハデリーン地域やリートリム県キルタブリド地域に関するドーラン報告を加味して考えると、こうなるであろうか。

　ベルミーレット地域の永久牧草地は相当優れていた。ロスコモンはかなり遠い。ファーマナーはさらにもっと遠い。ロスコモンには良質の放牧場があって、長年、リートゥリムのキルタブリは夏の放牧のために牛をロスコモンに送っている。そのようなロスコモンからメイヨー県北西端のベルミーレット地域のフェアに子牛が売りに連れてこられるのである。そこで育てられたロスコモン出自の牛がミーズにイングランドに売られていく。

　ところで、1890 年代のベイスライン報告がいう、メイヨー県北西端のベルミーレット地域への東からの 1 歳子牛の流入の動きは、本書が分析の焦点を当てている 1870 年代の農業統計に何らかの形で表れていたのだろうか。これ

第2部　アイルランド農業の担い手を地域から見る

表7-9　エリス郡の農地面積規模別の肉牛飼育頭数と移動指標

エーカー	家畜保有者(73)		2歳以上(73)C		1〜2歳(72)B		1歳未満(71)A		乳牛(71)
〜15未満	2,457	79.1	1,925	190	1,012	70	1,455	45	3,252
15〜100	466	15.0	1,348	72	1,875	291	645	56	1,148
100以上	182	5.9	3,573	221	1,616	290	557	63	879
全体	3,105	100	6,846	152	4,503	169	2,657	50	5,279
全国平均				110		90		55	

注）15エーカー未満層には農地無保有者14人が含まれている。

まで何度もおこなってきた1871年、72年、73年の農業統計調査時点の6月における「その他の牛」の農地規模別の移動指標に窺い知ることができるだろうか。ベルミーレット地域が入るエリス郡 Erris barony のデータ（表7-9）に、既に着目した東隣のティロウリー郡の指標（表7-5）とも比較しながら探ってみることにしよう。

　繰り返しになるが、移動指標の説明も兼ねて、1871年6月時点の1歳未満牛移動指標、A指標50から見よう。これは、1871年6月初め時点における、「乳牛」100頭当たりの「その他の牛1歳未満」の頭数である。すでに見ているが、子牛は2月から5月にかけて多数生まれると考えられる。フーパーの1910年代の研究では83％の子牛がこの期間に生まれている。したがって、6月初め時点の1歳未満牛の多くが4カ月未満齢であり、かれらの6月初めまでの移動の有無を間接的に示してくれる。

　全国平均は55である。この数値にはアイルランド全体からブリテンに輸出された子牛の相当数と、アイルランドで屠殺されたりして死亡した子牛の頭数が引かれていることが表現されている。この全国平均55よりある程度離れているA指標を示す地域は、多くが4カ月未満齢の子牛を他地域に移出したか、他地域から移入したと推定できる。

　エリス郡のA指標は50である。全国平均に近い。100エーカー以上の大規模農地群に4カ月未満齢が郡内移動で若干入ってきているようであるが、郡

第7章　西部のメイヨーへ、コナハトへ行こう

全体としてはこうした子牛の流出が若干あったかと思われる程度である。

1871年6月、エリス郡に1歳未満の「その他の牛」が2,657頭いた。かれらがその後1年間に何らかの原因で死んだり（含む屠殺）せず、また、他地域に流出していないと仮定すれば、1872年6月の1歳以上で2歳未満の「その他の牛」は2,657頭のはずである。だが、4,503頭に、つまり、169％（移動指標B）に増加していた。他地域から大量に流入していたからである。移動指標169はティロウリー郡のそれ、147よりかなり高い。他地域からのエリス郡への、1871年6月時点の1歳未満牛の流入程度はティロウリー郡を上回るほど高かった。

しかも興味深いのは、この流入が100エーカー以上の大規模農地群だけでなく、15エーカー以上100エーカー未満の中規模農地群へ大規模農地と同程度、いや若干上回るほど、大量に起きていたことである。

興味深い特徴はもう一つある。1873年6月時点に2歳以上となる「その他の牛」についてである。移動指標C152は、東隣のティロウリー郡の155には及ばないが、メイヨー最西北、つまり、アイルランド最西端の海岸部に、後に、貧民蝟集地域に指定される地域に、ティロウリー郡と並んで他地域から、1872年6月時点に1歳以上2歳未満であった「その他の牛」が大量に流入してきていることを示している。その上に、この大量流入は100エーカー以上の大規模農地にたいしてだけでない。15エーカー未満の小規模零細農地・農地無保有者も全国平均をはるかに上回る規模（移動指標190）で担っていたのである。

この興味深い状況は逆に、1890年代『ベイスライン報告』ラットリッジ－フェアのベルミーレット地域報告、就中、推計家計簿が説明してくれる。

ラットリッジ－フェアは二つのモデル家計簿を提示している。一つは、「普通の家計」の家族で、夫婦と4人の子供から成り、子供の一人は成人している。8エーカーの土地を保有し、わずかの家畜の山地放牧権 small mountain run を持っている家族である。「普通」という表現に注意がいる。もう一つは「貧しい家計」の家族であるが、家族構成等は記されていない。

633

第2部　アイルランド農業の担い手を地域から見る

　『ベイスライン報告』のいずれの地域報告においてもそうであるが、まず、地域全体の概要が示される。ベルミーレット地域は三つの貧民監督官選出区から構成され、各選出区ごとの基本データと、それらを合計した地域全体の基本データが示されている。前掲地図7-1の（E）エリス郡にベルミーレット（地図番号1）がある。このベルミーレットが付け根にある、それこそ最西端のミーレット半島こそが対象の地域である。

　この地域は、面積31,091エーカー、救貧法地方税評価額5,155ポンド、1891年住民数5,339人、1891年家族数902家族、保有地評価額2ポンド超で4ポンド未満の家族数305、保有地評価額2ポンド以下の家族数252、非常に貧しい家族数238、牛を持たない家族数161などが示されている。

　評価額4ポンド未満の家族数は557で、家族総数902の62％弱も占める、大変貧しい地域である。『ベイスライン報告』が何故に4ポンドを境にするのか、救貧のための地方税は評価額4ポンド以上のテナント、地主（直接の貸手）に課され、4ポンド未満の保有地については、テナントに代わって地主（直接の貸手）が負担しなければならなかったからである。[18]

　さて、推計家計簿が示されている「普通の家計」の家族とは何か。6人家族で、子供1人は成人していて、8エーカーの土地を保有し、わずかの家畜の山地放牧権を持っている家族であるとしか記されていない。保有地評価額が4ポンド未満であるが、2ポンド超である家族と重なると考えてよい。なぜなら、『ベイスライン報告』が調査の対象として取り上げたのは評価額4ポンド未満の家族であり、かれらの生活、家計こそ問題として取り上げたと考えられるからである。

　では「普通の家計」の家族と並べて紹介している「貧しい家計」の家族はどうか。評価額4ポンド未満のうち2ポンド以下の家族と重なると考えられる。「非常に貧しい」238家族や、「牛のいない」161家族も保有地評価額2ポンド以下に含まれるのであろう。保有地として評価されない小菜園だけしか持っていない家族も含まれているのであろう。先に、評価額4ポンド以上の家族数を345としたが、2ポンド以下の家族数252に、「非常に貧しい」家族

第7章　西部のメイヨーへ、コナハトへ行こう

も、「牛を持たない」家族も含めて計算した結果である。

さて、「普通」というのは、総数902の家族の平均という考えに通ずるものではなく、「貧し」くはないという意味での「普通」ということであろう。そう考えないと、そもそも、『ベイスライン報告』の調査目的から外れてしまうからである。こうした「普通の家計」の家族と、「貧しい家計」の家族のラットリッジ－フェアが推計した家計簿を示したのが表7-10である。ただし、収入だけに限っている。

表7-10　ベルミーレット地域推計家計簿（1890年代初）

普通の家計			貧しい家計		
収　入	£	s.　d.	収　入	£	s.　d.
2歳牛2頭	12	0　0	魚類	10	0　0
卵	7	10　0	卵	3	15　0
子馬	5	0　0	ケルプ	2	10　0
豚3頭	4	10　0	豚	1	10　0
子羊10頭	4	0　0	オート麦	1	0　0
バター	1	0　0			
ジャガイモ	6	13　4			
オート麦	4	10　0			
魚類	3	0　0			
収入合計	48	3　4	収入合計	18	15　0

保有地規模8エーカーで、その評価額が2ポンド超4ポンド未満の範囲にあると考えられる「普通の家計」の家族の最大の収入源が2歳以上「その他の牛」の販売で、しかも2頭であって、12ポンド獲得されている。

ここに、1870年代農業統計が示す、エリス郡への「その他の牛」の大量流入という興味深い状況を解き明かす回答が与えられている。1890年代のことであるが、アイルランド西部メイヨー県、その最西北端エリス郡ベルミーレット貧民蝟集地域の15エーカー未満小規模零細農地保有者群の8エーカー保有農家の最大収入源が2歳以上「その他の牛」2頭の販売であった。

優れた放牧地に恵まれたベルミーレット地域に東の地域から1歳子牛が大量にやって来て、肥育段階に入らない2歳の時にミーズ県やイングランドのバイヤーに売られる。こうした事態は1870年代にすでにあったのであろう。そうでなければ、1870年代農業統計が示す、エリス郡への「その他の牛」の大量流入という興味深い状況は理解できない。

第2部　アイルランド農業の担い手を地域から見る

　もちろん、ベルミーレット地域の保有地評価額2ポンド以下の「貧しい家計」の家族、最貧層を形成する「牛を持たない」家族はこの肉牛経済に直接関わりがなかった。直接と述べたのは、被雇用者などとして肉牛経済に関わりを持っていた可能性を否定できないからである。

　さらにまた、ベルミーレット地域はエリス郡の一部である。一部ベルミーレット地域の状況がエリス郡全体の、それも1870年代の事態を説明できるかという疑問も湧く。ただ、1890年代のベルミーレット地域の肉牛生産はかなりの程度の規模であったと推定できる。

　「普通の家計」はモデルであって、この階層305家族の平均を表していると考えられる。2歳以上「その他の牛」を1頭しか売れない農家もあれば、3頭売れる農家もあろう。平均して2頭であると考えることができるなら、この階層全体で2歳以上「その他の牛」610頭を売ることになる。相当な頭数である。

　しかも、15エーカー未満小規模零細農地保有者・農地無保有者群は、モデルの「普通の家計」農家だけではない。保有地が8エーカーを超える、あるいは、保有地評価額が4ポンド以上の農家も入っていたであろう。

　ベルミーレット地域の小規模零細農地保有者・農地無保有者群による2歳以上「その他の牛」の保有と販売は大きく、1870年代の農業統計が示す興味深い状況を相当程度規定していたと考えてよいだろう。

(c)　アイルランド西部シムソン大農場

　　「疑いなく有能な第一級の農業経営者」で、「自由に処分できる豊富な資本と、もっとも近代的でもっともよく改良された機械を所有する農業牧畜経営者」のシムソン氏が、「メイヨーで、最も肥沃な土地2,200エーカーを農業目的のために、エーカー当たり地代1ポンドでは経営することができない、もうすこしやわらげて言うなら、経営するのを危惧する、あるいは拒否するとしたら、他の地主たちが、今般、賠償請求者シムソン氏とルーカン伯との争いの対象となっている土地に比べて、しぎの通

第7章　西部のメイヨーへ、コナハトへ行こう

り道も同然のかれらの土地にたいして、エーカー当たり、かなり大幅に上回る、多くのばあいそれ（1ポンド）の2倍、3倍の地代を課そうとするなどというずうずうしさを持つなどとは一体どういうことなのであろうか。」

　これは、『コナハト・テレグラフ The Connaught Telegraph』（1881年6月25日）の、社説「重要な土地訴訟 The Important Land Case」の一節である。[19] このJ・シムソン James Simson[20]が経営する農場に注目する。なぜか。第一に、アイルランド西部メイヨー県にあるスコットランド出身のシムソンが経営する農場が大変広大であっただけでなく、経営内容がアイルランド農業のあるべき姿を表しているとの評価が当時早くからなされていたからである。第二に、シムソンはこの農場をルーカン伯 Earl of Lucan から25年リース lease（定期借地）で借りたのであるが、そこはルーカン伯が大飢饉の渦中に大規模な土地清掃を強行して多数の住民を立ち退かせた土地であった。つまり、大飢饉の渦中における典型的な土地清掃の上に導入された農場であったからである。第三に、上記『コナハト・テレグラフ』が紹介する土地訴訟はまさに土地戦争真只中のメイヨー県で争われたものであり、1870年代末に勃発した土地戦争の意味を考える上で重要な材料の一つであるからである。実際、シムソンが去った後の大農場をどうするか、当時、焦眉の課題の一つとなった。第四に、このシムソン対ルーカン土地訴訟は終に連合王国最高裁判所、ルーカン伯も議席を持つ貴族院で審議され、伯爵の勝訴となった。ブリテンによるアイルランド支配の核心の一隅を炙り出したかに見えるからである。第五に、土地戦争の時期は同時に、アイルランドも含めた連合王国全体の農業が、世界的な市場編成替えの中で不況に陥る時期でもあった。その時にシムソン農場のあり様と行く末が耳目の注目を引くところとなったからである。ただここでは、シムソン農場の分析に集中する。

　シムソン農場は、上記のように、当時早くより注目された。管見では、『サーンダーズ・ニューズレター Saunders's News-Letter』特派員 H・コウルタ Coulter の1862年1月10日付のバリンローバ Ballinrobe 発特派員報告が

第2部　アイルランド農業の担い手を地域から見る

一番早く注目した *The West of Ireland: Its Existing Condition and Prospect*, Dublin, Hodges & Smith, 1862。これに続くのが『アイルランド農家新聞 *Irish Farmers' Gazette*』編集長 R・O・プリングルがイングランドの代表的農業団体雑誌に寄せた1873年の論考であろう Illustration of Irish Farming, *Journal of the Royal Agricultural Society of England*, 2nd series, IX (1873)。さらに、25年リース契約が切れた1880年10月1日以降に三つある。そのうち二つは、土地戦争で揺れる1880年から81年にかけての冬に、ロンドンの大きな新聞社が派遣した特派員報告2点である。『デイリー・ニュース *the Daily News*』特派員ベッカー B. H. Becker の *Disturbed Ireland : being the Letters written during the Winter of 1880-81*, London, Macmillan and Co., 1881 と、『タイムズ *The Times*』特派員ダン F. Dun の *Landlords and Tenants in Ireland*, London, Longmans, Green, and Co., 1881である。三つ目は、先に紹介した『コナハト・テレグラフ』1881年6月25日号である。冒頭に紹介したのは社説であり、もう一つ、メイヨー県裁判所裁判官リチャード Richard の「判決言い渡し」記事 Land Claim For £5, 895 19s 4d ―Important Land Judgement があった。以下、前者は「社説」、後者は「記事」と呼ぶ。

　そして実は、シムソン本人の説明があった。リッチモンド委員会における証言である。1879年8月14日、王立農業不況調査委員会 Royal Commission on the Depressed Condition of the Agricultural Interest（委員長 the Duke of Richmond and Gordon）が保守党ディスレイリ内閣によって組織された。シムソンは1880年6月22日に王立ダブリン協会で開かれた委員会で証言台に立った。ルーカン伯とのリース契約が切れる3カ月少し前のことである。[21]

　以下、シムソン本人の証言と、上記4点の同時代人の証言からシムソン農場の再現を試みる。シムソン証言は証言番号、コウルタとプリングル、ベッカーとダンは頁数のみを本文中に記して典拠を示す。なお、本書が推測、推定したり、論評したりするばあいは、それとわかるような叙述になるようにもちろん努める。

第7章　西部のメイヨーへ、コナハトへ行こう

◆ビンガム家ルーカン伯とシムソン農場——位置と規模

　ビンガム家第3代ルーカン伯 the Earl of Lucan（George Charles Bingham 1800-88）はメイヨー県に60,570エーカー（評価額12,940ポンド）、ダブリンに32エーカー（評価額179ポンド）、イングランドのミドゥルセックスに984エーカー（粗地代額2,329ポンド）、チェシァに1,191エーカー（粗地代額1,656ポンド）、そして、サリーに159エーカー（粗地代額319ポンド）を持つ大土地貴族である。本拠はサリーのチャートゥシー Chertsey のラレハム・ハウス Laleham House であった。メイヨー県の所領はキャッスルバー教区連合 The Union of Castlebar（県都キャッスルバー中心）とバリンローバ教区連合を中心に広範囲に及んでいた。

　ビンガム家はたいへん古いイングランドの家系で、サクソン時代まで遡るとされている。中でも注目すべき人物にイングランド軍人リチャード・ビンガム Sir Richard Bingham（1528-99）がいる。1584年にコナハトとソモンド Thomond（クレアとリムリックのマンスター北部）の地方長官 President に就いたリチャードは、翌85年、ペラト卿 Sir J. Perrot 国王代理の命のもと、「コナハト和解 Composition of Connacht」締結に尽力した。それはイングランド王権のコナハトとソモンドにおける支配権を強めるとともに、ビンガムの地方長官としての財政的立場を強固なものとし、コナハト地方、とりわけ、メイヨーにビンガム家の支配的地位を築いた。かれが1599年にダブリンで没した後、アイルランドにおけるビンガム家は甥のヘンリ・ビンガム Henry Bingham（1573-c1658）によって代表されるようになった。第3代ルーカン伯はこの家系の末裔である。かれによる大飢饉渦中の土地清掃がどのようなものであったか、後にシムソンにリースする土地に限定して検証する。ルーカン伯のメイヨー県所領全体における土地清掃は本書姉妹編で明らかにする。

　シムソンはスコットランド南東部のイングランドと接するロクスバラシァ Roxburghshire 出身で、1855年にメイヨーにやって来て、同年10月に、ルーカン伯の広大な土地を保有して農場経営を始めたとされている（Pringle, p. 41）。ただ、より厳密には次のようであった。冒頭引用の『コナハト・テレ

グラフ』(1881年6月25日)が報道した「記事」によると、ルーカン伯とシムソンの交渉の結果、「1856年10月2日にリース(定期借地)契約が結ばれ、シムソン氏は、年2,200ポンドの地代で、1855年10月1日から25年間、ルーカン伯の土地のテナントになった。シムソン氏はリース契約のサインが実際におこなわれる以前に、その土地を保有していた」。

シムソン農場の位置と規模であるが、まず、シムソン本人の証言(1880年)を見よう。

3農場を経営している。クルーナ・キャッスル Cloona Castle とキルラッシュ Kilrush、それにダルガン Dalgan の3農場である。3農場の合計面積は3,000法定エーカー(以下、法定エーカーはただエーカーとだけ記す)である(証言11,007、11,033、11,431)。

クルーナ・キャッスル農場が最大規模でルーカン伯から25年リースで保有するようになったものである。以下、分析の主な対象はこのクルーナ・キャッスル農場で、同時代人のプリングルなどが注目し、詳しく紹介している。キルラッシュ農場は1866年にリンドゥジー T. Lindsay とのリース契約で入手したもので、後段で述べるが、シムソンが、1880年秋にルーカン伯とのリース契約更新を断念した後、生涯を過ごすことになった農場である。ダルガン農場についての情報入手ができていない。おそらく、シュルール Shrule 教区(バリンローバ教区連合)のダルガン・ドゥメーン Dalgan Demesne タウンランドの土地で、デ・クリフォード夫人 Lady De Clifford との契約で入手したものであろう。[26]

シムソンは3農場の合計面積は語っているが、それぞれがどれだけの規模なのかはっきりと語っていない。そこでシムソン証言から少し距離を置いて、シムソン農場の位置と規模を考える。資料は、ホーリマウント貧民監督官選出区 Electoral Division of Hollymount 地方税評価簿(以下、『ホーリマウント評価簿』と略記)[27]とウェブ版『グリフィス評価原簿』、それに、陸地測量部地図第1版である。

『ホーリマウント評価簿』は1866年から81年までをカヴァーするものを利

第7章 西部のメイヨーへ、コナハトへ行こう

用した。したがって、シムソン本人の証言時期や、1880年9月末のリース満期時の、そしてまた、プリングルが分析した1873年時点のクルーナ・キャッスル農場とキルラッシュ農場や、農場の位置と規模がわかる。また、『グリフィス評価原簿』のバリンローバ教区については1857年に印刷公表されたもので、リース契約直後の農場の位置と規模がわかる。

クルーナ・キャッスル農場はバリンローバの町と、そこから東北東にあるホーリマウント町の中間に位置し、現代の地図では、R331号線が農場の真ん中を走っている。救貧行政区画でいえば、バリンローバ教区連合ホーリマウント貧民監督官選出区に入っていて、バリンローバ教区の15タウンランドもそれを構成するが、そのうち12タウンランドにある土地がクルーナ・キャッスル農場になる（1873年にもう一つのタウンランドの小さな土地も加わる）。

もっと詳しく言うと、13タウンランドは、マスク湖 Lough of Mask に注ぐローバ川 Robe River がホーリマウントを横切ってバリンローバに下る途中で大きく北に蛇行する。その南側に沿って広がる大きな団地がクルーナ・キャッスル農場である（後出の地図7-3「シムソン農場」）。13タウンランドの合計面積は3,234エーカー強であるが（1871年センサス）、ルーカン伯はそのほとんど全てを領有していた。

このルーカン伯領のうちシムソンは2,332エーカー強（1857年時点は2,448エーカー強）をリース保有していた。中枢が二つのタウンランドにあった。クルーナギャシェル Cloonnagashel（シムソンやプリングルはクルーナ・キャッスル）の評価額25ポンド近くの大きな住宅がそれで、シムソンが居住していた。もう一つは、ノックナクローハ Knocknacrogha（ギャロウズヒル Gallowshill とも呼ばれた）にあった評価額21ポンド近くの大きな農場管理人住宅 steward house である。これら2軒の大規模住宅の他に、『ホーリマウント評価簿』には住宅1戸と複数労働者用住宅 labourers house、農場建物 farm house、それに3戸の牧夫住宅が記載されているが、これらは後段で検討する。

キルラッシュ農場の方はどうか。クルーナ・キャッスル農場と同じく、バリンローバ教区連合ホーリマウント貧民監督官選出区に入っているが、教区

はキルコモン Kilcommon（多数の59タウンランドより構成）である。シムソンが保有する農場はキルラッシュとロビーナード Robeenard の二つのタウンランドに位置し、496エーカー強の広さで、評価額は432ポンド強であった。シムソンが証言でたびたび「500エーカー農場」に言及するが、それはキルラッシュ農場を指していたと考えられる。

『ホーリマウント評価簿』に拠れば、クルーナ・キャッスル農場は2,332エーカー強、キルラッシュ農場は496エーカー強であった。合計すると2,828エーカー強となる。シムソンは自分の農場は3農場から成り、合計は3,000エーカーと証言していた。3番目のダルガン農場は200エーカーに満たない面積となるが、これを素直に受け止めてよいだろうか。

実は、クルーナ・キャッスル農場の面積について、同時代人は上記の『ホーリマウント評価簿』の2,332エーカー強と違う証言をしている。コウルタは1862年に2,260エーカーを下らないと述べ（Coulter, p. 173）、プリングルは1873年時点の規模として2,200エーカーとしている（Pringle, p. 401）。冒頭に紹介した『コナハト・テレグラフ』（1881年6月25日）の社説も2,200エーカーとしていた。ベッカーも1880年10月27日特派員報告で2,200エーカーと述べている。ただし、かれはアイリッシュ・エーカーとしている（Becker, p. 39）。ダンは1881年におおざっぱに2,000エーカー（法定エーカーであるのかどうか示さず）を超えると述べている（Dun, p. 238）。

ところで、大変重要なことをベッカーとダンが述べている。同じ趣旨であるので、より詳しいダンに代表させる。

　　　シムソン氏は、農場において150エーカーの測定の間違いがあり、かれがそれに地代を支払ってきたことを（ルーカン伯が……引用者）認め、その分を控除するならば、喜んで旧条件で引き続き保有するつもりであった。ルーカン卿は地代の引き上げを第一に求め、誤った測定を考慮した譲歩を一切しようとしなかった（Dun, p. 240）。

『ホーリマウント評価簿』の2,332エーカー強から150エーカーを引くと2,182エーカー強となる。プリングルや『コナハト・テレグラフ』社説の2,200

第7章 西部のメイヨーへ、コナハトへ行こう

エーカーにかなり近くなる。

　以下は推測である。クルーナ・キャッスル農場は2,200エーカーであるとシムソンは認識していたのではないか。それをプリングルに語り、ルーカン伯との訴訟の法廷でも証言した。では何故、『ホーリマウント評価簿』は2,332エーカー強なのか。シムソンとルーカン伯とのリース契約書に基づいていたからかもしれない。シムソンもこの契約に縛られてきた。だから、実際より広い土地の地代を払わせられてきたと訴えたのである。さらに、シムソンが1880年6月のリッチモンド委員会でクルーナ・キャッスル農場の面積をはっきりと証言しなかったのも、農場面積を巡って争っていたことが関わっていたのではないか。

　本書はこれ以上語れない。上記推測も誤りがあるかもしれない。ただ、上記推測に従って、また、シムソンの農場経営を最もよく紹介しているプリングルに以下の叙述が主に依拠するために、クルーナ・キャッスル農場は2,200エーカーであると前提して論を進める。この前提からすると、ダルガン農場はおよそ314エーカーとなる。

　また、冒頭で紹介した『コナハト・テレグラフ』やプリングルなど同時代人が注目し、時代の問題として取り上げられたのはクルーナ・キャッスル農場である。そこで以下、シムソンの農場経営の在り方を明らかにするが、シムソン農場と呼ぶばあい、ほとんどがクルーナ・キャッスル農場である。

　では、ホーリマウント貧民監督官選出区にあって、シムソンがルーカン伯よりリースして保有している土地がある13タウンランドはどれとどれで、保有不動産の種類は何々で、保有地面積と土地建物評価額はどれだけであったのか、これらをまとめたのが表7-11である。『ホーリマウント評価簿』と1871年センサスから作成した。この二つの資料とグリフィス評価原簿では全て法定エーカーであるので、以下、必要がない限り、その点は記さない。

　表右端に1871年センサスで確認した各タウンランド全体の面積を記入した。13タウンランドのほとんど全てがルーカン伯の支配下にあり、他人が土地を保有しているばあい、かれが「直接の貸手」であった。ほんのごく一部、ノッ

第 2 部　アイルランド農業の担い手を地域から見る

表 7-11　シムソン農場(1880年リース満期時点)

	タウンランド	不動産種類	面　積 a　r　p	土地建物評価額 £　s　d	全体面積 a　r　p
1	Cloonnagashel	h, h'h & l	331　2　15	184　15　0	486　3　11
2	Ballinakillew	l	103　3　2	54　0　0	121　2　10
3	Cloonark	l	67　0　0	25　10　0	72　2　0
4	Ballinteeaun	h & l lh	321　3　29	154　0　0 0　10　0	321　3　29
5	Cappacurry	h'h, o & l	219　1　36	165　5　0	315　1　5
6	Levally	l	256　2　2	135　0　0	331　2　19
7	Caheredmond	l	86　2　12	70　0　0	156　1　20
8	Knocknacrogha	s'h, fh, o & l	306　1　6	211　15　0	307　0　18
9	Rathnaguppaun	l	282　0　10	190　0　0	282　0　10
10	Salen	l	33　1　19	32　0　0	33　1　19
11	Bawn	l	67　2　26	62　0　0	109　3　38
12	Cavan	h'h, o & l	247　1　31	146　0　0	247　1　31
13	Cloonerneen	l	8　1　20	1　0　0	441　2　8
	合　計		2332　0　8	1287　15　0	3234　2　18

注)記号の説明　h=house 住宅、l=land 土地、h'h=herds house 牧夫住宅、lh=labourers house 労働者住宅、s'h=steward house 農場管理人住宅、fh=farm house 農場建物、o=office 農業用建物。

クナクローハ Knocknacrogha タウンランド（8番）の地番2の3ルード12パーチだけがケニー C. Kenny なる人物が「直接の貸手」であった。このように、ルーカン伯以外の人物が「直接の貸手」になっているのはごくわずかである。ルーカン伯の領有面積を表示していないが、その必要が全くないからである。

　バリンローバ教区連合バリンローバ教区の『グリフィス評価原簿』は1857年に印刷公表されている。シムソンがバリンローバ教区の農場を入手したのは1855年秋（リース契約は56年）であったが、『グリフィス評価原簿』からシ

第7章 西部のメイヨーへ、コナハトへ行こう

ムソン農場を確認できる。表示13番クルーナーニーン Cloonerneen の8エーカー強は出てこない。1873年にシムソンが入手したものだからである。1番から12番まで、2,448エーカー強の広大な土地を保有していたことがわかる。

表示のシムソン農場2,332エーカー強は1880年リース契約満期時点の広さであるが、1857年から約116エーカーが減っている。2、3、4、5番のタウンランドの保有規模が縮小したためである。他方、クルーナギャシェル（1番）では増えており、上に見たクルーナーニーン（13番）の8エーカー強が加わっている。

シムソンが保有する土地のタウンランドがわかった。そこでのルーカン伯の土地清掃を見よう。表示のタウンランド1番から12番までの、1841年と1851年の住宅戸数と住民数を1871年センサスで確認する。1841年に12タウンランドに住宅が226戸あり、住民1,309人を数えた。それが1851年に住宅42戸、住民253人に激減している。大飢饉の渦中に、後にシムソンにリースすることになる12タウンランドにおいて、ルーカン伯が184戸の住宅を解体し、住民1,056人を立ち退かせたことが推定できる。

こうして多数の住宅と住民が清掃された広大な大地の上で展開されるシムソン農場は、他人の農場によって分断されていない大規模団地の農場であった。地図7-3は表7-11を、ウェブ版陸地測量部地図第1版（1829から42年にかけて完成）と『グリフィス評価原簿』（1857年印刷公表）に助けられながら図示したものである。

実線で囲んでいるのがシムソン農場である。点線はタウンランドの境界を示しているが、シムソン農場の境界線と重なるばあいは実線となっている。タウンランドの一部がシムソン農場であるばあい、タウンランドの中に実線を引いている。例示しよう。シムソン農場の中枢があるクルーナギャシェル（1番）には番号1を2カ所に記入している。実線の北側はシムソン農場でなく、それを示す境界線を実線で表したことになる。同じ地図番号が2カ所に記されているばあい、タウンランドがシムソン農場と他の者の土地に二分されていることを示している。

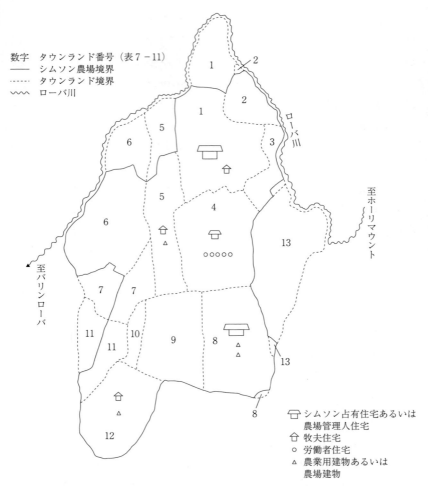

地図7-3　シムソン農場

第7章 西部のメイヨーへ、コナハトへ行こう

　タウンランド全体がシムソン農場であるばあいは何の問題もないが、タウンランドの一部がシムソン農場であるばあい、何を根拠に、タウンランドの何処に境界線となる実線を引いたのか。『ホーリマウント評価簿』も『グリフィス評価原簿』も、シムソンが占有する土地が各タウンランドのどの地番にあるのかを記載しているからである。そして、ウェブ版陸地測量部第1版地図の地番ごとの土地の区割りに従って境界線を引いた。ただ、2番バリナキリュー Ballinakillew では地番2がシムソン農場であるが、ウェブ版陸地測量部第1版地図には地番が付けられた区割りがない。ネヴィン P・Nevin なる人物がルーカン伯より「直接借りて」14エーカーを保有している。陸地測量部地図に地番が打たれてはいないが、タウンランド北辺とその他を分ける境界が唯一ある。ネヴィンの土地保有規模も考慮に入れて、この境界線をシムソン農場の境界と推測した。

　さて、この地域の北端は波線で示しているローバ川 Robe River が境界となっている。シムソン農場の境界となっているのは3番、2番、1番、それに6番のタウンランドにおいてである。6番から南西方向に川は流れ、バリンローバの町を経てマスク湖 Lough Mask に注いでいる。東方はどうか。大きく蛇行してホーリマウントの町の近くに遡る。英語 robe とアイルランド語 roba は衣という同じ意味を持っているが、衣のような草に覆われた肥沃な土地を流れる川ということだろうか。

　地図のように、シムソン農場は1880年リース満期時点、2,332エーカー強の大きな団地であった。農場は他人の農場によって繋がりを断ち切られることがない。経営内容を見る上でこの点は大変重要である。プリングルは、シムソン農場はクルーナ・キャッスル農場とギャロウズヒル農場の2農場から成るが、実際は1農場であると述べている。地図から見ると頷ける。[28]

　表7-11の不動産種類のうちの建物を地図上に示した。1番、4番、8番にシムソン占有の住宅を記入した。1番には住宅 h (house) と牧夫住宅 h'h (herds house) もあり、合わせて評価額が25ポンドもある。ここがシムソン農場の中枢であろう。もう一つ中枢があったと考えられる。ノックナクロー

ハ（ギャロウズヒル）（8番）の農場管理人住宅 s'h（steward house）がそれである。ノックナクローハには農場建物 fh（farm house）と農業用建物 o（office）もある。これらも含めた建物評価額は21ポンド15シリングであった。相当立派な農場管理人住宅であったようだ。

　この１番と８番の二つのタウンランドに挟まれた４番バリンティーアウン Ballinteeaun にもシムソン占有住宅（評価額１ポンド）と労働者住宅 lh（labourers house）がある。評価簿に複数労働者 labourers の住宅としている。シムソン農場にどのような労働者がどれだけ雇用されていたのか、この点は後に検討するが、労働者たちの住宅を５個の〇印で示しておいた。ここにあるシムソン占有住宅は何のためにあるのだろうか。評価額は１ポンドである。シムソンが、あるいは家族の誰かが、時折寝泊まりするために利用したのだろうか。それとも、特定の常雇労働者に住居としてあてがったのであろうか。

　『ホーリマウント評価簿』には５番カパカリ Cappacurry にテナント住宅が記入されているが消されている。これについては説明を要する。テナントはシェリダン E. Sheridan で、「直接の貸手」はシムソンであった。不動産は住宅と農業用建物、それに菜園であった。つまり、シェリダンはシムソン農場の農業用建物の保有（実体は管理であろう）も委ねられた常雇労働者であったと推測できる。菜園ではおそらくジャガイモなどが栽培されていたのであろう。

　ところが、シムソンからシェリダンへのこの「直接の貸し」は1877年に終わったことが備考欄に記されている。したがって、1880年リース満期時点ではこのテナント住宅は無くなっていた。しかし、1873年にプリングルがシムソン農場の経営を詳しく紹介する時にはこのテナント住宅は存在していた。

　カパカリのこのテナント住宅の事例から次のことを確認しておきたい。地図上に示した、『ホーリマウント評価簿』で確認したシムソン農場の住宅などの建物は1873年時点はもちろん、評価簿が1869年に修正されて以降、1880年リース満期時点まで存在していた。カパカリのこのテナント住宅に見られるように、途中で変更があるばあいは、備考欄にその旨記されている。

第7章　西部のメイヨーへ、コナハトへ行こう

　ということは、先ほど指摘したように、バリンローバ教区の『グリフィス評価原簿』が印刷公表された1857年時点のシムソン農場の規模と、1880年リース満期時点におけるシムソン農場規模との相違、約116エーカーの減少は、『ホーリマウント評価簿』から1873年に3タウンランドで合計7エーカーが削除されているのが確認されるので、大部分の減少は1869年修正以前の評価簿を調べればわかると推定できる。

　カパカリのテナント住宅が教えるもう一つは、シムソン農場では、農場主が保有する農地を農場主から「直接借りる」テナントが、当該農場主の常雇労働者であると推測できるような事例は、1877年でまったくなくなったということである。

　なお、以上の他に、シムソン農場の建物で地図に示したものとして、5番カパカリの牧夫住宅と、12番キャヴァン Cavan の同じく牧夫住宅と農業用建物がある。

◆シムソン農場の経営内容：耕種農業と畜産の大規模な複合経営

　シムソン農場（クルーナ・キャッスル農場）は大きな団地から成っていた。シムソン農場の経営内容を本人の1880年証言とプリングルが1873年に紹介したものを中心に見ていく。

　シムソン農場の経営体系をプリングルは、「家畜の飼育と給飼に結合された耕種農業体系で、アイルランドに広めることが望まれる体系である」と総括している（Pringle, p. 403）。シムソン本人も「耕種農業と牧場の複合」と述べている（証言11,009）。

◆農場規模と土地利用

　まずは農場2,200エーカーの土地利用である。1,800エーカーが良質の可耕地で、残る400エーカーは低地ないし泥炭切出し地であった。泥炭は、後に見るように、多くの機械を動かす蒸気エンジンの燃料として使用された。低地は10月に購入する去勢牛の放牧地として利用された。可耕地のうちの300エーカーは永久的草地にして、羊の放牧地として利用され、残りの1,500エーカーで輪作がおこなわれた。それはどのような輪作であったか。

第２部　アイルランド農業の担い手を地域から見る

草地・休閑地 lea → カブ → 小麦・牧草 → 2～3年の放牧草地 → カブという輪作である。この方式がシムソンによって重視されたが、後に紹介する。その他のケースも複数あった。草地・休閑地 lea → オート麦 → カブ → その他いろいろ → 大麦ないしオート麦 → 2～3年の放牧地が続く輪作である。プリングルは、草地の後にオート麦を採用するのが普通のやり方であったと述べている。

　1870年代のシムソン農場では草地・休閑地の後の最初の作物がカブである輪作をはじめ、複数の輪作方式が同時に、1,500エーカーのあちらこちらで実施されていたと考えられる。その結果、毎年、「通例およそ220エーカーのカブとおよそ400エーカーのいろいろな穀物」の栽培がおこなわれていた。そして、羊のための永久放牧地とは別に、作物栽培（含む牧草）を2～3年休んで、その土地に家畜を放牧していた。

◆肥育市場向けの畜産

　シムソンが重視した牧羊から見る。羊は1,000頭の雌羊と4～50頭の雄羊である。雌羊は主にボーダー・レスター Border Leicester で、雄羊もスコットランドのケルソウ Kelso（ロックスバラシァ）から輸入されるボーダー・レスターである。[29]この上に、時に、ロスコモン雌羊が若干加えられる。ボーダー・レスター雄羊との交配種はサイズが大きく、繁殖雌羊としての質も優れている。これら1,000頭の雌羊が春に子羊を産むが、1873年春に産まれた子羊は1,400頭で、例年にない大成功の繁殖であった。

　シムソン農場は毎年1,000頭以上の羊を売っている。具体的には次のようである。

　まず離乳時の子羊の売却である。離乳は7月12日頃におこなわれるが、この時、まだ小さい子羊が売られる。『新版　家畜飼育の基礎』（阿部亮他著、農山漁村文化協会、2008年）は「離乳直後のラムは、とくにミルクラムとよばれ、最も美味な肉として珍重される」と述べている。[30] 1870年代にも「ミルクラム」という言い方があったのか確認できていないが、母乳だけで育った小さな子羊の肉は大変美味であったことは間違いないであろう。

第7章　西部のメイヨーへ、コナハトへ行こう

　では、離乳時に小さな子羊は何頭ぐらい売られたのであろうか。プリングルの言及はない。ただ、ヒントがある。秋に500頭の雌子羊のセレクションがおこなわれると述べているからである。1873年春には1,400頭の羊が生まれた。これは大成功の繁殖であったとされているので、例年はそれをおそらく下回るのであろう。この点も念頭において以下のように推定する。生まれる子羊の雌雄が半々に近いと仮定すると、700頭弱が雌子羊であった。ところが、秋の雌子羊セレクション時には500頭となっていて200頭弱減少している。この減少は7月12日頃の離乳時における雌子羊の売却に因る以外は考えられない。

　雄子羊の離乳時の売却はどうか。「最も美味な肉」となる子羊として売られたに違いない。父羊になる雄羊は既に見たように、スコットランドのケルソウから輸入される。したがって、シムソン農場で生まれる雄子羊は羊毛用羊として、また肉用羊として飼育、売却される。子羊肉ラムとしていつ売るのがよいか、いつ売れるのか、これが判断基準となる。だが、雄羊の売却についてプリングルは全く触れていない。後に改めて考えることにする。

　離乳後の雌子羊については、秋のセレクション時に500頭で出てくると書いた。雌子羊のばあい、繁殖用雌羊として育てる子羊を選ぶことが決定的に重要である。これがセレクションである。プリングルによれば、シムソン農場では離乳後に放牧場に放たれた雌子羊500頭のうち、秋に、350頭が繁殖用雌羊として選ばれる。残りの150頭は、離乳後の放牧を経た子羊として売却される（Pringle, p. 407）。阿部他前掲書に「4か月齢離乳の子羊を、秋まで放牧し、良質で十分な草を採食させて」仕上げた「放牧仕上げラム」が出てくる（Pringle, p. 189）。シムソン農場が秋に売る150頭の雌子羊は「放牧仕上げラム」であったに違いない。

　同じこの秋、4歳になった雌羊がレンスター等の牧畜業者に売却される。毎年秋、上記のように、350頭の雌子羊が繁殖用雌羊としてセレクションされて、やがて、雌羊の群れに加わる。売られる4歳を除くと、1歳から3歳までの雌羊はおよそ1,050頭（350の3倍）となるが、途中死亡するものがい

るため、毎年1,000頭の雌羊ということになるのであろう。セレクションされた0歳の雌子羊は、1,000頭の雌羊に含まれていない。

　春の繁殖、7月の子羊離乳と一部売却、秋の雌子羊セレクションと一部売却、秋の4歳雌羊の売却と経過してきた。この後、「えり抜かれた雌羊の残り」は、「結婚する子羊」や「その他えり抜かれた羊」と一緒に、冬期のカブ給飼過程に入っていく。ここで、プリングルが紹介する「えり抜かれた雌羊の残り」は、4歳雌羊が売却された後に残る1歳から3歳の雌羊と考えられる。「結婚する子羊」は繁殖用雌羊としてセレクションされた子羊である。

　では、「その他えり抜かれた羊」とは何だろうか。雄羊と考える他ない。それも、シムソン農場で生まれた雄羊である。繁殖用雄羊（種羊）は先に見たように、スコットランドのケルソウから輸入されている。そうすると、シムソン農場が生産した雄羊で、去勢羊ということになる。プリングルは何故かシムソン農場で生まれた雄羊についてはあまり説明していない。ただ、こう語っている。「カブによる仕上げが終わらないものは、夏と秋に草地において仕上げ過程を続けて受けるが、クリスマス前には全て見切り売りされる」(Pringle, p. 408) と。

　これは肉用羊の仕上げ、つまり、肥育について語ったものと考える。ところが、プリングルは、「カブによる仕上げが終わらないもの」は語っているが、仕上げが終わった肥育羊の売却については何故か語っていない。ここで、先に宿題としておいた雄子羊も含めて、シムソン農場が生産した雄羊について想像をたくましくして推定しよう。

　シムソン農場で春に生まれた700頭弱の雄子羊は、離乳時（7月）に雌子羊と同じように「最も美味な肉」となる子羊として売られる。雌子羊のように秋に繁殖用雌羊セレクションはない。子羊肉として売るのが好都合であるか、また売ることができるかという条件さえ整えばよい。ということは、雌子羊の推定売却頭数200頭より多く売られる可能性がある。

　秋に繁殖用雌羊の道に入るかどうかのセレクションから残った150頭の雌子羊は、間違いなく「放牧仕上げラム」用として売られたと先に述べた。雄

第 7 章　西部のメイヨーへ、コナハトへ行こう

子羊のばあいは150頭に留まらなかったであろう。プリングルによれば、シムソン農場は牧牛よりも牧羊をより重視していた。7月12日頃の離乳後に一定期間の放牧を経て仕上げられる子羊こそが主力生産物の一つであったはずで、その役割は雌子羊以上に多くの雄子羊が担ったということは間違いない。

秋の販売の後、冬から翌春にかけて去勢羊の肥育過程が始まる。シムソン農場の大きな特徴のカブによる肥育である。プリングルは肥育牛のばあいは1月半ばから3月半ばにかけて市場に出されると述べているが、おそらく肥育羊も同じ時期に順次売られていったのであろう。雄子羊は生後1年を迎える時期である。これがもう一つの主力生産物である。

そして、プリングルの叙述を敷衍すれば、この時に、すなわち冬から春にかけて、「仕上げが終わらない」去勢羊が、引き続き夏と秋に草地での仕上げの過程を受け、仕上がれば順次売られ、そうでなければ、クリスマス前には全て見切り売りされるということである。

羊の売却をまとめるとこうなろう。雌羊は繰り返しているのでここでは省こう。雄羊は次のようであった。市場に出ていく時期はわかる。7月の離乳時期の売却、一定期間の放牧を経て仕上げられた子羊の秋の売却、冬のカブに基づく肥育過程で仕上げられた羊の1月から3月にかけての売却、そして、この時期に「仕上げが終わらない」雄羊の夏から秋にかけての草地における肥育を受けての順次売却と、クリスマスまでの見切り売りである。それぞれの時期に何頭が売れるのか、プリングルからはわからない。シムソン農場で生まれた700頭弱の雄羊がいくつかの時期、段階で市場に売りに出されたことは確かである。

シムソン農場では羊毛もまた主力製品であった。プリングルによると、5月1日頃、肥育羊や乳が出なくなった羊の大半が毛を刈られる。雌羊とまだ毛を刈り取られたことのない子羊は1カ月後に刈られる。羊毛はスコットランドのリース Leith（エディンバラ北部にあって、フォース湾に面した港）にある羊毛ブローカーの商会に送られる。シムソン農場産羊毛は普段、最高の価格をつけ、ベリックシァ Berwickshire 産の最良の羊毛に優った。

続いて、肉牛の肥育を見よう。

シムソン農場の牧牛の第一は、10月、メイヨー県で開かれるフェアで2歳半去勢牛のストア牛100頭を買い、かれらを肥育牛にして売ることである。かれらは、翌年2月まで荒れた低地の放牧地で放し飼いされる。それは丁度、かれらより1年前に購入されたストア牛が肥育され、仕上げられて、1月半ばから3月半ばにかけて市場に出される時である。

新参のストア牛は先輩牛の後を襲うことになる。かれらは、日中は引き続き、低地で放し飼いされるが、夜は舎飼いされる。舎飼いでは後段で見るような、いろいろな飼料が与えられるが、まだカブは与えられない。5月初め頃、かれらは再び昼夜放し飼いされ、10月半ばまで低地に留まる。

その10月半ば、購入後1年経過した時点、かれらは舎飼いの肥育過程に入る。肥育牛が市場に出ていくのが始まるのは翌年1月半ば頃で、それから3月中旬まで続く。肥育牛が出ていくにつれて、10月に新たに購入されていたストア牛がまたかれらにとって代わる。

第二に、シムソン農場でも肉用牛の繁殖がおこなわれていた。良品種の短角牛種牛1頭が飼われていたが、通常、この種牛から約20頭の子牛が生まれた。農場で飼育される子牛は当初よりしっかりと飼料が与えられ、2歳半の時に、肥育牛として売られた。

どうしたことか、プリングルは雌牛（母牛）を語らない。20頭ぐらいの子牛繁殖である。少なくとも、20頭ぐらいの繁殖雌牛が飼われているはずである。[31]

◆耕種農業が支える畜産

シムソン農場の最大の特色で、プリングルがアイルランド全体に広めるべき、広めることができると評価したのは、耕種農業に支えられた畜産であった。特にカブの重用であり、購入飼料も含めた給飼であった。

まず第一は、プリングルが重要と評価するカブの栽培である。しかも、草地・休閑地に続いて最初に栽培することである。

まずは、カブ栽培の準備としての草地（あるいは、それまで永久放牧地とし

第7章　西部のメイヨーへ、コナハトへ行こう

て利用されてきた土地）の犁起こしで、2度おこなわれる。最初は12月に表土近くの3インチの深さで、2回目は9インチまで耕耘する。2回目では草で覆われた芝土を埋めてしまい、それらが後に肥料になるようにしている。広大な可耕地の2度にわたる耕耘をクロス・プラウイング cross-ploughing と呼んでいるが、これを牽引するのは多数の役馬である。[32] このクロス・プラウイングの後、1週間か10日間ほど間をおいて、ハローを引いて土地をならす。間を置かないと害虫が発生するからである。こうして春、表土はカブを受け入れる。カブ畑は家畜の糞と、グアノと骨粉の人造肥料でしっかりと施肥される。プリングルはこのやり方によれば、アイルランドで広がる永久放牧地も肥沃な耕地として甦ると考えていたようである。

　プリングルはシムソン農場で実行されている、放牧草地のカブ栽培地への転換過程そのものが持つ地力維持増強の意義を明らかにした。その上に、輪作過程に2～3年の放牧草地を組み込むことの意義もある。この点はプリングルによって明示されていないが、作物栽培を限りなく連続させるのを中断して、土地を休ませてリー lea（休閑地）とし、しかもそこに家畜を放し飼いにする。家畜は土地に糞尿という肥料をもたらしてくれる。

　さらに、地力回復、維持としては、輪作の一環としての牧草にクローバーが組み込まれていることである。プリングルによれば、タチクローバーやアカクローバー、イエロークローバーやシロクローバーなどである。イングランドのノーフォーク農法でクローバーの重要性が明らかになったことは周知の通りである。

　第二は、収穫されたカブが家畜の重要な飼料とされていたことである。プリングルが高い関心を寄せるカブの重要性がここにある。

　まず最初に、シムソン農場がとりわけ力を入れている子羊の分娩である。

　雄羊は毎年、10月10日頃に雌羊のもとに入れられる。繁殖行為の始まりである。雌羊はカブを与えられるのであるが、100頭当たり荷馬車1台分のカブが草地に1月1日から分娩時期が始まるまで置かれる。分娩後は与えられるカブの量が増える。かれらの飼料として特別に300トンが絶えず保存され

ている。

　1872年の夏と秋と同様に、冬も雨が非常に多く、不順な天候が続いた。シムソンは子羊を孕む雌羊の飼料を改善することを考えて、1月15日頃に羊1頭に半ポンド重量のふすま（小麦ぬか）をオート麦1ポンド重量に混ぜて与えることを始め、3月10日まで続けた。結果は1,000頭の羊のうち死なせたのはたった4頭で、分娩も大成功であった。既に紹介したように、1,000頭の雌羊が1,400頭の子羊を産んだ。

　冬の間まばらに放牧場を駆け回っている雌羊が子羊を産み落とし始めると、分娩がもっとも近い羊たちは、日中は広い放牧場で飼われる一方、夜間は5エーカーの小さな囲い地に入れられる。この囲い地にはいくつかの小囲いパドック paddocks（本書は具体的にどういうものかよくわかっていない）が備えられていて、その中で、生まれた子羊が夜間は母羊と一緒に過ごすのである。囲い地にはまた、夜間を通して羊たちの世話をする羊飼いのための、いろりなどが備えられた小屋 hut がある。

　母羊と子羊たちは、母乳が十分に出てくるまで、輪作で転換されて第1年目の草地に入れられる。母羊が若々しい良質の牧草を食んで、母乳の分泌を促進するためである。その後は古い放牧地に移される。

　次は、カブを基礎にした冬期の羊への給飼過程である。秋の4歳雌羊売却後に、「えり抜かれた雌羊の残り」や繁殖用雌羊として選ばれた「結婚する子羊」、「その他の選ばれた羊」がこの給飼過程に入るが、その準備過程にキャベツと乾草が給与される。その後にカブの給飼過程に入るが、あわせて、亜麻仁カスに砕いたオート麦と大麦を混ぜたものが1日1ポンド重量を、その上にさらに、乾草も好きなように与えられる。

　なお、繁殖用雌羊として選ばれた子羊が1歳になった後も5月1日までカブと乾草が与えられ、その時までに放牧地のかれらを養う準備が整うのを計る。

　最後に、肉牛の給飼と肥育過程である。

　10月に購入されたストア牛は翌年2月まで荒れた低地で放し飼いされる。

第7章　西部のメイヨーへ、コナハトへ行こう

　この時既に、かれらより1年前にシムソン農場に入った先輩の牛たちが仕上げ肥育を受けて市場に出ていくことが始まっていた。新参のストア牛は先輩の後を追うことになるが、2月に、日中は引き続き低地で放牧が続く一方、夜間は舎飼いされる。舎飼いでは毎日、つぶしたオート麦と大麦を混ぜたものを3重量ポンドと、大量のオート麦藁が与えられる。しかし、カブはまだ与えられない。5月初め頃、夜間の舎飼いが終わって、かれらは低地の放牧地で昼夜過ごすことになる。

　10月半ば、いよいよ牛舎とボックスboxで肥育が始まる。かれらは1日に2度カブを飼料として与えられる。給飼時間は早朝と午後2時である。この給飼時間で1頭につき平均11ストーンのカブが与えられる[33)]。午前11時には、亜麻仁カス1重量ポンドと、砕いたオート麦や大麦、それに、ライト・ウィート light wheat（branと同じで、フスマのことであろうか）の2重量ポンドを混ぜた飼料が与えられる。やがて、亜麻仁カスの量が増やされる。最初の6週間、あるいは2カ月間、少量の乾草が与えられる。牛がカブを貪欲に食べるので、その中和物として乾草が給与されるのである。オート麦と小麦の藁は常に豊富に与えられる。

　シムソン農場の最大の特色は、広大な耕地で自家生産される大量の飼料が羊や牛たちに与えられることである。上記に紹介してきた飼料をまとめると以下のようになる。カブ、乾草、キャベツ、オート麦と小麦、およびそれらの藁、大麦である。これらの飼料は、複数の輪作のやり方で、その都度必要な飼料が用意されるのである。既に見た輪作で出てこなかったキャベツは、プリングルに拠れば、毎年、8〜10エーカーで栽培された。

　種々の大量の自家製飼料供与の上に、年々およそ300ポンドで購入される亜麻仁カスが与えられた。シムソン農場は飼料の自家生産に多くの力を注ぐとともに、良いと評価し、必要と判断した飼料を積極的に購入した。この点は肥料についても言える。

　輪作と、その一環への牧草、家畜放牧の挿入などで、地力の維持、再生に殊のほか注意が払われたことは既に見たが、人造肥料にも大いに依拠した。

そのための支出は年800ポンドに及ぶものであった。肥料の中には南アメリカからの未加工の骨40トンがある。同地に出かけて骨を集める人物からシムソンが確保できる限りの多くの量であったが、それらは砕かれて骨粉にされ、一部が硫黄酸性物に混ぜ溶解されて土地に散布された。

◆労働者と機械——資本主義的大規模経営

　シムソン農場は雇用労働力に依拠した経営であった。プリングルによれば、労働費は過去17年間においてだいたい年1,200ポンドにも上った（Pringle, p. 404）。年労働費1,200ポンドは相当多額の賃金への投下である。

　シムソン農場の労働者編成を明らかにするうえで、シムソン本人のリッチモンド委員会証言（1880年6月22日）がより重要になる。ただ、シムソン証言は1880年のものであり、1873年時点のプリングルの分析と混乱しないよう注意しなければならない。また、シムソン証言は三つの農場に関わるので、クルーナ・キャッスル農場に絞るように心がける。

　証言では労働者が二つに分けられていると考えられる。熟練労働者 skilled labourers と普通の日雇い労働者 ordinary day labourers の大別である。

　熟練労働者は耕夫や大工、鍛冶工その他がいた。これに羊飼いも、さらには牧夫 herd も加えてよいだろう。また、忘れてはならないのが農場管理人 steward である。

　プリングルによれば、熟練労働者の耕夫が多数いた。何人もの耕夫が働いていたが、25年間、つまり、農場開設からリース満期に至るまで、シムソンとともに農場を発展させてきた耕夫が若干名いた（証言11,100）。シムソン農場（クルーナ・キャッスル農場）の可耕地は1,800エーカーで、そのうち、すでに見たようなやり方の輪作がおこなわれたのは1,500エーカーであった。何人もの耕夫が必要であったし、かれらを統括する耕夫長も置かれた。耕夫長は複数人いたと思われる。プリングルは、シムソン農場はもともと二つの農場、クルーナ・キャッスルとギャロウズヒルがシムソンによって一つの大きな農場として経営されていると述べていた。この点から推測して、クルーナ・キャッスルとギャロウズヒルにそれぞれ耕夫長が配置されていたと思われる。

第7章 西部のメイヨーへ、コナハトへ行こう

　耕夫は年単位で雇われるが、双方からの1カ月前の通知で雇用を終えさせることができる。しかし、かれらが代わることはめったにない。さきほど見たように、25年間、シムソン農場で働き続けている複数の耕夫もいた。

　シムソン証言によれば、耕夫の週給は12シリングから15シリングである。もっとも、雇い始めた最初は8シリングで出発し、6～7年で熟練を重ねて12シリングになった。さらに、熟練を重ね、中には耕夫長にもなるが、15シリングを支給する者も現れたのであろう。なお、プリングルが見た1873年では11シリングから14シリングであった。1870年代に賃金が上昇した。ただ、証言の1880年の2年前頃より農業を取り巻く状況が厳しくなり、次に見る普通の日雇労働者の賃金を引き下げたと何度もシムソンが証言している。

　耕夫にはこの貨幣賃金の他に現物支給もあった。1頭の雌牛と1,600ヤードのジャガイモ畑が現物支給された。しかし、雌牛分が上記12シリングより天引きされた（証言11, 101、11, 102）。

　耕夫に小屋（住宅）もあてがわれている。しかし三つの農場によって状況が違うし、シムソンの証言も明解でない。「一農場（ダルガン農場と考えられる）では全部合わせて丁度8戸の小屋を持っています」。そして6戸の小屋を持っている500エーカー農場（キルラッシュ農場か）では、シムソンは「穏当な家賃で貸し与えている」（証言11, 237、11, 239）。

　他方、「そこ（クルーナ・キャッスル農場）では」、「羊飼いの小屋と農場管理人の住宅はあるが、ほとんど小屋がありません」（証言11, 239）。そして「耕夫の何人かは私の農場（クルーナ・キャッスル農場）には住んでいません」（証言11, 237）とあるが、これ以上、住宅についてはクルーナ・キャッスル農場とわかる言及がない。

　ただ、同じ証言11, 237で、「しかし、多数のその他の耕夫は周辺にある他の人が持っている地所からやって来ます」と述べている。これは500エーカー農場（キルラッシュ農場か）で6戸の小屋に耕夫が住んでいると証言した後に述べたものである。したがって、500エーカー農場に関する状況として述べたようであるが、キルラッシュ農場がそれほど広い耕地を持っているとは思

えない。

　広大な耕地が大きな構成部分となっているのはクルーナ・キャッスル農場であった。プリングルがそれを明らかにした。そしてシムソン本人も、3農場の合計面積3,000エーカーのうち、500エーカーで穀物、300エーカーでカブが栽培されていると述べ、それは「一つの農場」に関することであるとしている（証言11,033）。しかも、800エーカーの耕地以外は「全て放牧地」と述べている（証言11,031）。ここの「一つの農場」とはクルーナ・キャッスル農場と考えて間違いない。したがって、多くの耕夫たちが通いでクルーナ・キャッスル農場にやって来たと考えられる。ただ、同農場に居住する耕夫(長)もいたであろう。

　というのも、クルーナ・キャッスル農場には、『ホーリマウント評価簿』で、シムソンが居住すると考えられる住宅1戸の他に、農場管理人住宅1戸やその他住宅1戸、牧夫住宅3戸と複数労働者用住宅、農場建物などが記載されているからである。農場管理人は耕夫長の1人が兼ねていたのではないか。農場管理人には25年間にわたってシムソンとともに農場を切り盛りしてきた耕夫（長）が相応しいと考えられる。また、その他の住宅や労働者住宅に住む耕夫がいても不思議でない。

　なお、プリングルによれば、農場には常時雇われる女性が何人かいる。夏は1日8ペンス、冬は7ペンスであるが、若干の者はこれに加えて、無料の住宅、かれらのために植えられたジャガイモ畑1,000ヤード、それに、燃料のための泥炭を望むだけ切出し、荷車でかれらの家まで運ぶ自由を持つ。ただ、かの女たちがどのような労働に従事するのかプリングルは書いていない。

　さて、これまで耕夫を中心的に見てきたが、畜産部門の労働者はどうであったろうか。シムソン証言にはほとんど出てこないが、プリングルが重要な情報を与えてくれている。

　まず、羊飼いである。シムソン農場の大きな柱は牧羊であった。その核心は多数の子羊の繁殖にあった。雌羊は分娩が近づくと、昼間は引き続き広い放牧地で過ごすが、夜間には5エーカーの比較的小さい囲い地に移される。

第7章　西部のメイヨーへ、コナハトへ行こう

　そこには生まれた子羊が夜間に母羊と一緒に過ごすパドックもある。こうした囲い地の小屋に住み、夜を徹して羊母子の面倒を看る羊飼いが雇われていた（Pringle, p. 406）。なお、羊飼いの小屋についてはシムソン証言も言及していた。

　牧牛にも重要な労働者が配置されていた。去勢牛肥育のための建物には牛舎とボックス boxes がある。ボックスがどういうものかわかりにくいが、一続きの屋根で覆われた45のダブル・ボックスで、各ボックスに2頭が入る。ボックスの前面にカブ用の飼葉おけ、背面にオート麦粗びき粉と亜麻仁カス用の飼葉おけが置かれた。

　牛舎は2棟あり、それぞれ1人の男性が配置されていた（Pringle, p. 409）。この2人が、毎年購入される100頭の去勢牛、1頭の種牛と約20頭の子牛、それに、おそらく約20頭の繁殖用雌牛の面倒をみるうえで重要な役割を果たしたと想像される。

　ここで表7-11が重要な情報を記載している。シムソンは、タウンランド1番のクルーナギャシェル、5番のカパカリ、それに、12番のキャヴァンに牧夫住宅 h'h (herds house) を持っていた。上記の2棟の牛舎のそれぞれに配置される男性が牧夫住宅に住んでいたかもしれない。牛舎配置2人の男性が2戸の牧夫住宅に住んでいたとすると、残った1戸は誰が住んでいたのだろうか。

　つい先ほど、夜間を通して羊母子の面倒を看る羊飼いに囲炉裏のある小屋 hut があてがわれていたことは見た。この羊飼いの小屋が残った牧夫住宅であったのだろうか。しかし、hut を house と考えられるのだろうか。あるいはそれとも、プリングルが見た1872年の牛舎配置の男性2人の他に、その後、牧夫住宅に住む農業労働者が増えたのであろうか。判断するのは難しい。

　いずれにしても、羊については羊飼い1人、牛については牛舎に付く男性2人がプリングルによって紹介されているだけであるが、かれらを中心にもっと多くの労働者が多数の家畜の世話をしたと想像する。

　実は、農業経営で大きな位置を占めてはいないが、養豚もおこなわれていた。また既に触れているが、役馬をはじめ26頭もの馬を飼っている。馬車用

の馬もいたが、農場には御者も雇われていた。[34]

さて、熟練労働者と大別された普通の日雇い労働者を見よう。シムソン証言の質疑応答の大きな柱の一つとなっている。

まず、かれらの日賃金を見る。シムソンは、少し前までは１シリングから１シリング６ペンスまで上げてきたが、この２年間に１シリングから１シリング２ペンスに引き下げている。週当たりにすると６シリングから８シリングになる。賄いは付けず、菜園をあてがうこともない（証言11,105～11,111）。

次の証言も引いておこう。収穫期の賃金について質問されて、こう答えている。

> あなたは１年全体を通して（週）６シリングないし８シリングを支払っていますね。収穫期の賃金はそれ以上ですか？——耕夫たちは通常の賃金の他には何もありません。労働者の賃金 the labourer's wage は周辺の農村地域 the country の賃金率に沿って上がります（証言11,115）。

耕夫と労働者 labourer が区別されている。週当たりの賃金からして、ここでいわれる労働者は普通の日雇い労働者のことである。

では、こうした普通の日雇い労働者はどれくらいの人数が雇用されたのであろうか。

> 労働者 labourers として雇用する男たちの週当たり平均人数はどれ位ですか？——大きな変動がありますが、平均して100名位になるでしょう（証言11,238）。

ここの労働者100名は「普通の日雇い労働者」に限られるのだろうか。そのように推測しておそらく間違いはないであろう。ただ、質問にあるように、男性だけに限られているということはなかった。というのも、証言11,242で次のやり取りがある。

> しかし、あなたが100名の労働者を雇っているとしますと、およそ35人から40人だけが、イングランドで使われている意味の言葉で本当の労働者であって、残りの人たちはテナントのはずですが、いかがですか？——かれらは周辺地域のテナントの息子たちや娘たちです。[35]

第7章 西部のメイヨーへ、コナハトへ行こう

　周辺農家の息子たちだけでなく、娘たちもシムソン農場に働きに来ていた。リッチモンド委員会の証人シムソンとのやり取りで大きなテーマの一つとなったのが、シムソン農場と周辺のテナントたちの関係であった。シムソンが保有するに至った大きな土地には元々、多数のテナントが暮らしていた。かれらがルーカン伯による土地清掃で立ち退かされた後にシムソンが入ってきたのである。質疑の焦点の一つは、地域から出ていかざるをえなくなった者がいたが、地域に残った者もいた。かれらがシムソン農場の雇用労働者として働くようになって、かれらの暮らし向きが以前と比べて良くなったのかどうかであった。

　日雇い労働者は以上に尽きなかった。収穫期には「遠方からやってくる者や、同じようにしてやって来る少女たち」がいた（証言11, 117）。遠方からであるが、通いの労働者であったのだろうか。それとも、出稼ぎであったのだろうか。この「遠方」は次の証言とも関わりを持ってくる。

　シムソンが「よその地域からの労働者 foreign labour」まで連れてきていると質問で言及されているからである（証言11, 121）。foreign をとりあえず「よその地域」としておいたが、まさか海外ではないだろう。それではメイヨー県の外からということであろうか、あるいは、バリンローバ教区（連合）の外からということであろうか。上記の「遠方から」にも関わってくる。

　なお、こうした人々の他にプリングルは排水に従事する臨時労働者を挙げている。

　以上、シムソン農場は総数が確たるものとしてはわからないが、少なくとも平均して毎週100名をかなり超える、耕夫をはじめとする熟練労働者や「普通の日雇い労働者」を労働力とした。農繁期では労働需要はもっと高まった。出稼ぎ労働者を受け入れた可能性もある。実際、コウルタは1862年に、時にシムソンは作物の収穫時期に間に合わせるために「300人の臨時の働き手」を雇ったと述べている（Coulter, p. 175）。

　こうした多数の労働者需要に対応して、シムソン農場は農業機械を積極的に導入した。プリングルによれば、特に、収穫機械で、サムエルソン製自動

収穫機が4台、サムエルソン製コンバイン（収穫・脱穀機）1台、それに、ウッド製機械（何をするのか調べられず）1台を備えていた。さらに、亜麻仁と穀物の粉砕機や骨粉砕機、製材機なども採用していた。これらの機械群をクルーナ・キャッスルとギャロウズヒルにそれぞれ1台ずつ8馬力の蒸気エンジンを備え付けて動かしていた。

2台の蒸気エンジンに水が要る。プリングルに拠れば、この地域の泉から得られる水は石灰を多く含んでいるために、全ての建物に雨どいを施し、雨水がいくつかのタンクに集まるようにして、蒸気エンジンに供給された。集められた雨水は全ての家事目的にも使われた。なお既に触れたが、農場で採取される泥炭がエンジンを熱するために使用される燃料であった。

蒸気エンジンをはじめとするこれらの機械を操作し、修理もする労働者が不可欠であったと思われるが、これまで述べてきた労働者が担ったのであろうか。こうしたことについては一切語られていない。

さて、シムソン農場についての叙述が大変長くなった。ここらあたりで締めくくる必要があろう。

シムソン農場の25年リースは1880年9月29日ミカエルマスに満期を迎える。リース更新はならなかった。先にこの経過についてのダンの言及の一部を引いた。続きはこうである。

> シムソン氏は（農場保有継続を）断念し、ルーカン閣下は新しいテナントを見つけることができず、かれが既に農業経営をしている大きな土地にクルーナを含めることを余儀なくされている。シムソン氏は不安定な農業経営と増大する労働者問題を考慮して、クルーナ・キャッスルを離れ、自分の農業活動を制限することに満足している。ただ、かれによる改良と未回収の耕作の補償請求がこれまで認められておらず、今後、裁判によって解決されるであろう (Dun, p. 240)。

ベッカーも引用しよう。

> メイヨーにおいて最大規模で最も評判の良い農業経営者の一人である人物が資本を伴って当該農地から撤退し、自分の地主に自ら農地経営に

第7章 西部のメイヨーへ、コナハトへ行こう

臨むように委ねた。ルーカン卿がうまくやることができないのは明白である。というのも、現在の事態のこの地に貨幣（かね）と命を持ってくるのに十分な豪胆さを与えられていて、2,200エーカーの土地を借りて農業経営するための十分な資力を持った新来者を見つけるのは困難だろうからである（Becker, p. 40）。

　ダンが言うシムソンによる改良投資等の未回収部分の補償請求は、部分的であるが、メイヨー県裁判所判決で認められた。この判決が、冒頭に紹介した『コナハト・テレグラフ』（1881年6月25日）の社説「重要な土地訴訟」に取り上げられたものである。ルーカン伯は控訴したが、敗訴した。しかし最後は、最高裁である貴族院でルーカンが勝利した。もちろん、ルーカンは貴族院議員であった[37]。

　シムソンは、既に触れたように、クルーナギャシェルから3マイル離れたホーリマウントのキルラッシュ農場も経営していた。500エーカー近くの大きさで、プリングルによれば、1870年代に60～70頭の去勢牛を冬期に肥育して売り、また、300頭の繁殖用雌羊を飼って、その子羊を1歳まで育てて売っていた（Pringle, pp. 411-12）。かれはシムソン農場を離れた後、キルラッシュ農場で暮らし、その地で生涯を全うした。

　メイヨーで、ゴールウエイで語るべきことはまだまだある。土地戦争の渦中で起こったボイコット事件はバリンローバの近くにおいてであった。事件とその背景を追求したいが、本書姉妹編の『アイルランド土地戦争——土地と自由を求めて』（仮題）にその検討は譲る。この他にも叙述すべきことがあるが、ここでコナハトを離れ、本書が辿ってきたアイルランド地域めぐりの最後の地ミーズに、レンスター北東部に行くことにする。

1)　S. Johnson, *Johnson's Atlas & Gazetteer of the Railways of Ireland*, pp. 7, 13, 88, 91-2.
2)　S. Lewis, *Lewis's Atlas comprising the Counties of Ireland and a general Map of the Kingdom*, 1837 ; L. Slater, *New Map of Ireland*, Isaac Slater, Manchester, 1845.

3) Kieran Clarke, Clew Bay Boating Disaster, *Cathair na Mart*, vi, 1986.
4) Agricultural Statistics, Ireland, 1880. Report and Tables relating to Migratory Agricultural Labourers, *P.P. 1881 [C. 2809]*. (以下、1880年農業統計「出稼ぎ農業労働者の報告と統計」と記す)。
5) Agricultural Statistics, Ireland, 1882. Report and Tables relating to Migratory Agricultural Labourers, *P.P. 1882 [C. 3438]*. (以下、1882年農業統計「出稼ぎ農業労働者の報告と統計」と記す)。
6) J. E. Handley, *The Irish in Modern Scotland*, Cork, Cork U. P., 1947, pp. 170-1. ハンドレイを支持して、オグラーダもこの統計データの問題を指摘している。C. Ó Gráda, Seasonal Migration and Post-Famine Adjustment in the West of Ireland, *Studia Hibernica*, No. 13, 1973, pp. 56-7.; さらに、オグラーダを引継いで、メイヨーのブリテンへの出稼ぎを教区連合毎に分析しているジョーダンの研究がある。D. E. Jordan, *Land and Popular Politics in Ireland County Mayo from the Plantation to the Land War*, Cambridge, Cambridge U. P., 1994, pp. 140-2.
7) アキル島については松尾太郎が研究している。清水由文が編集した遺稿集『アイルランド農村の変容』(論創社、1998年) の冒頭 4 章に配置されている。第 1 章「アイルランド僻地農村史――メイヨー州アキル島」、第 2 章「アキル島農村再訪」、第 3 章「プロテスタント的経営と住民の慣習的権利――アキル島の場合」、そして第 4 章「近代アイルランド農地改革と住民の慣習的権利――アキル島の場合」がそれらである。松尾の研究は『グリフィス評価原簿』(アキル島の原簿は1855年印刷公表)、その後の評価簿、それに、1890年代の『ベイスライン報告』のアキルに関するラットリッジ-フェア報告などを主たる資料にしたもので、本書も大いに参考にした。ただ、清水が的確な紹介をしているように、松尾研究は、「西部アイルランド地域に集中している貧民蝟集地域における農民の伝統的共同体の特質と変容過程を明らかにしたもの」であり、それは、この「伝統的な西部アイルランド農村」とミーズ県などの「東部アイルランド地域の先進型農村」との「顕著な地域的相違」を明らかにするものである (編集後記、498頁)。

　この清水のアイルランド農民家族史研究においてもメイヨー県が重要な位置にある。19世紀前半において支配的であった核家族が、大飢饉前後から東部ミーズ県などで直系家族へと変化していったが、20世紀初頭においては、小規模農民の多い西部メイヨー県で直系家族が多く分布するようになったことを明らかにしている (『アイルランドの農民家族史』ナカニシヤ出版、2017年)。なお、松尾と清水については、第 8 章「北東部レンスター・ミーズの大牧畜業」注 2 で再度論ずることになる。
8) 1882年農業統計「出稼ぎ農業労働者の報告と統計」。
9) 1880年農業統計「出稼ぎ農業労働者の報告と統計」。
10) 1882年農業統計「出稼ぎ農業労働者の報告と統計」。

第 7 章　西部のメイヨーへ、コナハトへ行こう

11)　*Dictionary of Irish Biography*, Vol. 7. 島の大きさは1871年センサスによった。
12)　ギャロウエイ種とチェヴィオット種は正田陽一監修『世界家畜品種事典』(東洋書林、2006年) 17-8、178頁、ブラックフェイス種は〈https//www.scottish-blackface.co.uk〉を参照 (2024-9-7)。チェヴィオット種はさらに〈https://cheviotsheep.org/society〉を見た (参照2024-9-7)。インターネットで現在のクレア島を見るときれいな牧場や牧草地が広がっているようである。
13)　Críostóir Mac Cárthaigh ed., *Traditional Boats of Ireland History, Folklore and Construction*, Cork, Collins Press, 2008, pp. 145-6.
14)　*ibid*., pp. 73, 145.
15)　C・J・ノックス-ゴア准男爵の父F・A・ノックス-ゴア Francis Arthur Knox Gore が1868年に准男爵を授爵した。1873年の父の死亡により所領と爵位を相続した。祖父J・ノックス James Knox の母も妻もアラン伯 Earls of Arran のゴア家の出身であったが、祖父が母の父P・A・ゴアのベリーク領 estate of Belleek を相続する際、ゴア姓も引き継いだ。ゴールウエイ大学〈https://landedestates.ie/family/293〉；アイルランド国立博物館〈https://www.ouririshheritage.org/content/archive/place/miscellaneous-place/knox-gore〉(いずれも参照2024-9-7)。
16)　C・J・ノックス-ゴア准男爵の父親 Sir Arthur Francis Knox Gore が1825年から31年にかけて1万ポンドでモイ川畔に建設した「後期イングランド建築様式の堂々たる大邸宅」(『ルイス地誌辞典』第2巻、189頁)。〈lordbelmontinnorthernireland.blogspot.com/2016/03/belleek-manor.html〉も参照 (2024-9-7)。
17)　Agricultural Statistics of Ireland, 1880. Report and Tables relating to Migratory Agricultural Labourers, *P.P. 1881〔C. 2809〕*, p. 11.
18)　斎藤英里「大飢饉と移民」『世界歴史体系　アイルランド史』(山川出版、2018年) 249頁。そもそも1891年土地購入法は第一に、「貧民蝟集地域」を「地方税評価額総額を住民数で除して、一人当たり1ポンド10シリングに満たない選出区と規定している。
19)　この一節はビューも引用している。Paul Bew, *Land and the National Question in Ireland 1858-82*, Dublin, Gill and Macmillan, 1978, p. 12. ビューは土地戦争渦中のこの訴訟事件を重視し、シムソン農場に着目する数少ない歴史家である。ビューはシムソン訴訟の持つ意味についてこう述べている。「二つのグループが重要と考えることが相違していたという事実が1880年のシムソン訴訟によって明瞭に示された。それは『アイルランド農家新聞 the *Irish Farmers' Gazette*』とナショナリストの双方にとって象徴的であった。シムソンの2,200エーカー農場のうち800エーカーが耕作されている複合的耕種農業が、プリングル Pringle によって農業専門誌でかなり長々と称賛されている。『アイルランド農家新聞』のこの経済学者はルーカン卿がシムソンに良い再契約条件を提示するのに失敗したことに疑いもなく立腹させ

第 2 部　アイルランド農業の担い手を地域から見る

られた。しかし、かれらが悲しんだ根本は、アイルランドの田舎から農業を鼓舞する適切な手本を喪失することであった。ナショナリストはもっと劇的な教訓を導き出した。『コナハト・テレグラフ』編集長ジェイムズ・デイリ James Daly はシムソンの挫折を次の事態の徴候と見た。海外からの競争がアイルランドの大規模農場をアイルランドの中小農民の間に分割するであろうという徴候を見た。かれデイリはルーカン卿に所領を25から50エーカーの人が住む農地に分割することを要求した。そうすれば、シムソンが支払ったものより25％地代を引き上げることができるということを暗示して。」(p. 18)

　ビューは、アイルランド土地戦争が闘われた時代、アイルランド農民はもはや一つの階級でなく、一方に、シムソンなどのような資本家的大規模農業家 large-scale capitalist farmer、他方に、膨大な数の中小零細農や農業労働者に分解していたこと、そして、ルーカン卿のような大土地所有者に、中小零細農は資本家的大規模農業家に比べてより高い地代を負わされていたことをあきらかにしている (pp. 11–12, 14)。ビューが紹介するプリングルの農業専門誌論文こそが本書で最もよく依拠する同時代人の分析の一つである。

20) Simpson と綴られているばあいもあるが、地方税評価簿では Simpson の綴りが Simson に訂正されている。おそらく本人の意向もあって修正されたと思われる。
21) Minutes of Evidence taken before Her Majesty's Commissioners on Agriculture, *P.P. 1881 [C. 2778–I]* vol. XV, pp. 396–409.
22) John Bateman, *The Great Landowners of Great Britain and Ireland*, London, Harrison, 4th ed., rep. 1970（以下、ベイトマン『名簿』と略記）。
23) askaboutireland のウェブ版『グリフィス評価原簿』。これは検索も大変便利であり、陸地測量部地図第 1 版（1828-42年）も合わせて見ることができる。
24) 1585年「コナハト和解」が目的としたこと、実際に実現したことをめぐって、カニンガム B. Cunningham とマクイナニー L. McInerney が論争している。ただ、ゲール系氏族長やゲール化したイングランド系領主が住民に課す cess, coign and livery を、王権に支払う土地への地代負担に転換することが目ざされたこと、そして、とりわけ、ビンガム地方長官体制の財政的立場を強固なものとした点においては、どうやら意見一致しているようである。B. Cunningham, The Composition of Connacht in the lordships of Clanricard and Thomond, 1577–1641, *Irish Historical Studies*, Vol. XXIV No. 93, May 1984, p. 2.; L. McInerney, The Composition of Connacht: an ancillary document from Lambeth Palace, *North Munster Antiquarian Journal*, vol. 51, 2011, p. 20.
25) ウェブサイト Lord Belmont in Northern Ireland の 1st Earl of Lucan〈https://lordbelmontinnorthernireland.blogspot.com/2013/12/1st-earl-of-lucan.html〉（参照 2024-9-7）。リチャード・ビンガムについては、*Dictionary of Irish Biography* が

第7章 西部のメイヨーへ、コナハトへ行こう

詳しい。

26) ウェブ版『グリフィス評価原簿』(1857年印刷公表) でシュルール教区ダルガン・ドゥメーンを見た。もちろん、シムソンは出てこない。その後のCancelled Valuation Bookを追っていく必要があるが、残念ながら健康問題のためにアイルランドに行くことができていない。ところで、コウルタが「かれはまたクランモリス卿 Lord Clanmorrisからの放牧地600エーカーも保有している」(Coulter, p. 174) と述べている。クランモリス卿はルーカン伯と同じビンガム一族であって興味深いが、コウルタはこれ以上何も語っていないため、現在のところでは詳しく追求できていない。

27) General Valuation of Ireland, County Mayo, Electoral Division of Hollymount

28) ノックナクローハ Knocknacrogha (8番) には、ウェブ版陸地測量部地図第1版を見るとギャロウズヒルがある。シムソンがバリンローバ教区の広大な農場を入手する以前には、クルーナギャシェル (1番) を中心とした農場と、ギャロウズヒルを中心とした農場があったのかもしれない。

29) ボーダー・レスターは、「イングランドとスコットランドの境界、ボーダーと呼ばれる地方が原産地の長毛種。18世紀後半、"家畜育種の父"と呼ばれる Robert Bakewell によって、イングランド中部地方の長毛種であるレスターを基にして、畜肉性を飛躍的に高めたニュー　レスター (ニュー・レスターが一字アケられているのはママ。以下同様……引用者) が作出された。(中略) このニュー　レスターが、1767年に (中略) 導入され、在来種のオールド　ティースウォーター (Old Teeswater) の改良に利用された。しかし、1850年頃から新たな種畜の導入がなくなり、ニュー　レスターと異なるボーダー地方の風土に適した品種、ボーダー　レスターが成立した」(正田監修『世界家畜品種事典』197頁)。

30) 阿部亮他著『新版　家畜飼育の基礎』(農文協、2008年) 189頁。

31) 現代の歴史家でP・ビューの他にシムソン農場に注目する研究者の一人にジョーダン D. E. Jordan がいる。かれは貧しい西部メイヨーにも「中心と周辺 core and periphery」の存在を明らかにする興味深い研究をおこない、シムソン農場の牧畜経営に言及している。しかし、基本的事実についてコウルタを読み違えてしまったようである。厳密を期すために原文で紹介する。ジョーダンはこう書いている。He (シムソン……引用者) had a 3000 acre farm on the plains of Mayo in the Ballinrobe union that in 1862 he stocked with 1300 ewes, 1400 lambs, 150 bullocks and heifers, and 200 store cattle. Donald E. Jordan, Jr. *Land and popular politics in Ireland County Mayo from the Plantation to the Land War*, Cambridge, Cambridge Uni. Press, 1994, p135.

　コウルタの原文はこうである。He has 1,300 ewes, and 1,400 lambs, besides winter stock. He stall feeds 150 bullocks and heifers, and sends several every week to Smithfield Market, Dublin. His "stores" number about 200. 念のため邦訳しておく。

第2部　アイルランド農業の担い手を地域から見る

「冬の家畜の他に、1,300頭の雌羊と1,400頭の子羊を飼っている。かれは150頭の去勢牛と未経産牛も舎飼いしていて、毎週何頭かをダブリンのスミスフィールド・マーケットに出荷している。かれの"ストア牛"は約200頭である」H. Coulter, op. cit., p. 174.

　コウルタによれば、シムソンは去勢牛や未経産牛からなるストア牛を肥育牛として育てていたのである。去勢牛や未経産牛とは別にストア牛を飼っていたのではない。

　ジョーダンの農場規模3,000エーカーも典拠が不明である。ジョーダンもクルーナ・キャッスル農場を対象としている。「1856年、かれルーカンはこのクルーナ・キャッスル所領をスコットランド人ジェイムズ・シムソンに年2,200ポンド、25年リースで与えた」としているからである。ジョーダンはひょっとしてルーカン伯のクルーナ・キャッスル所領全体がシムソンにリースされたと思いこんだのであろうか。本文で書いているが、1856年時点にシムソンにリースしたのはバリンローバ教区の12タウンランドにあるルーカン伯領である。12タウンランドの総面積は1871年センサスによれば2,793エーカー強である。そのうえ、12タウンランド全体がルーカン伯領であったのではない。1857年公表のバリンローバ教区連合地域の『グリフィス評価原簿』ではクルーナ・キャッスル農場は2,448エーカー強であった。なお、シムソン当人が1881年、クルーナ・キャッスルとキルラッシュ、それにダルガンの3農場を合わせると3,000エーカーであったとリッチモンド委員会で証言している。こちらの3,000エーカーをクルーナ・キャッスル農場の広さであると、ジョーダンは取り違えたのかもしれない。

32)　プリングルによれば、役馬はスコットランドから輸入されるクライズデイル種 Clydesdale breed であったが、最近、同種牝馬にルーカンが輸入したサフォク駄馬 Suffolk Punch の種馬を交配させたとしている（Pringle, p. 405）。

33)　ストーン stone は重量単位であるが、アイルランド肉牛肥育用のカブのばあい、1ストーンが何重量ポンドに換算できるのだろうか。OED を覗いてみた。1ストーンは普通のばあい14重量ポンドで、人間や大型動物のばあいに使われる。しかし、物によって8～24重量ポンドと大きな違いがある。ではカブはどうか。用例の中に野菜や植物は出てこないが、牛や羊の肉のばあいは8重量ポンド、砂糖も8重量ポンドとある。カブも8重量ポンドであろうか。なお、日本のカブの重量グラムは、大きなカブは葉付きで約888グラム、通常の大きさでは葉付きで約336グラムとネットで出てくる。

34)　プリングルは農場の「必須の付属施設」として鍛冶屋と大工の店を挙げている。そして、鍛冶屋と大工は常雇を雇っているとも指摘している（Pringle, p. 410）。

35)　ビューがこの証言に注目している。ただ、ビューは100名が全ての労働者を指していると考えているようである。本書は本文で書いているように、証言の前後の流

第 7 章　西部のメイヨーへ、コナハトへ行こう

　れから、この100名は「普通の日雇い労働者」であると推測した。なお、ビューは近辺の小規模テナントの息子だけがシムソン農場に働きに来ているとしているが、証言では娘も来ている。Bew, *op. cit.*, p. 11.

36)　サムエルソン社 Samuelson and Co. は1848年に設立。B・サムエルソン Bernhard Samuelson（1820–1905）が、オクスフォードシァのバンバリー Banbury で J・ガードナー Gardner が経営していた小さな農業機械メーカーを買収。1851年ロンドン万国博覧会に出品したカブ裁断機 turnip cutter が優勝メダルを獲得している〈https://www.gracesguide.co.uk/Samuelson_and_Co〉（参照2024-9-7）。

37)　貴族院でのルーカン勝利については、A Community History of Ballinrobe, Co. Mayo のウエブサイト Historical Ballinrobe が掲載した The Lucan Evictions of 1847-'50 — extracted from The Bridge Magazine, By Jim Kierans による〈www.historicalballinrobe.com/page_id__305.aspx〉（参照2024-9-7）。

第8章
北東部レンスター・ミーズの大牧畜業
──人影がなく草を食む家畜だけが見える大牧場地帯

　本世紀の初め（1900年……引用者）、ドゥラハダ・インデペンデント *Drogheda Independent* 紙に投稿した地方の商店主で、政治的活動家であったバーナード・カロラン Bernard Carolan がダンシャフリンを「さびしい原野に急激に戻っている」と描写している。かれが主張するには、それはほとんど、あるいはまったく農場労働を必要としない、おびただしい数の大規模な放牧場のせいであった。ウイリアム・バルフィン William Bulfin は、1907年に出版した、人気を博した *Rambles in Eirinn* で同地域を、「緑の牧草の愛しい原野、人が自らを国外に追いやり、人が自らの代わりに家畜を送り込んだ、青々とした肥沃な荒野」と描写した。これらは色鮮やかに表現された見方かもしれないが、大量の住民の減少の真実を反映している。1851年に総計2,025人が居住していた同地の農村地域では、1911年までに住むのは897人になっていた。大飢饉以前の数字ははるかにもっと大きく2,697人であった。

(Jim Gilligan, *Graziers and Grasslands　Portrait of a Rural Meath Community 1854-1914*, 1998, p. 9.： W. Bulfin, *Rambles in Eirinn*, Dublin, Gill & Son, 1907, 1920, 7th impression, p. 89.)

　本書著者はミーズ県のほぼ中心にあるタラの丘 the Hill of Tara を3度ほど訪れた。アイルランド島は海岸縁りに山地があって中央部が低い。さながら盆のようであるが、思いのほか起伏が多い。丘の上から360度見渡すと緑が波打っている。そんなアイルランドの真ん中に立ったような気がする。見えるのは草を食む羊や牛だけで、人の姿はなかった。[1)]

第8章 北東部レンスター・ミーズの大牧畜業

　大飢饉はアイルランドから大量の住民を奪った。飢えや熱病で100万人をはるかに超える住民を殺し、飢饉のためにアイルランドから脱出した住民は100万人を大きく超える（本書「序章」を見よ）。住民消失はその後も続いた。他方、住民に代わってアイルランド大地を占領していったのが家畜である。大飢饉以前より家畜は増えてきていたが、大飢饉を契機にアイルランド農業の構造的転換が一気に加速して進んだ。ブリテン市場めあての家畜生産の発展のなかでの、耕地の放牧地への転換、飼料作物への傾斜、労働力需要の低い粗放的放牧の展開、そして移民の増加が進んだ。

　ミーズ県はこうした構造的転換のいわば先頭を走った。ミーズ県も大飢饉で多数の住民を失った。1841年の住民数は183,828人であったが、大飢饉に襲われたその後の10年間に23％も住民数が減少した。アイルランド全国の平均20％の減少を上回った。そして注目するのは1851年以降も住民数が大きく減少したことである。1851年の住民数は140,748人であったが、71年は95,558人で、32％の減少を記録した。この記録を超えるのはティペラーリ県の35％減だけであり、32％減で並ぶのはオファリ県（当時はキングズカウンティ）だけである。全国平均は17％減であった。

　他方、全国的にアイルランドが産み育てる家畜が増えた。ミーズ県でも増えた。ミーズ県の1871年における牛（乳牛、その他の牛を全部合わせた）は159,503頭で、20年前の1851年と比べると44％増加している。ミーズ県を超える増加を示したのは、ティペラーリ県の52％、メイヨー県、キルケニ県、ウェクスフォード県、クレア県の51％である。全国平均の増加率は34％であった。

　羊も増えた。1851年から71年までの20年間、全国的に頭数が倍加した（99％増）。大変な増加である。この中でミーズ県も全国平均には届かなかったが、113,869頭から200,444頭に増えた（76％増）。

　このようなミーズ県をもっともよく表現するのが住民密度の低さである。1871年センサスは農地（耕地と放牧地）1エーカー当たりの住民数を出している。全国は0.35人であるが、ミーズ県だけが0.16人で断然少ない。その他のすべての県は0.2人をかなりの程度超えている。なお、ダブリン県だけが

1を超えて2.11人であり、都市部を抱えるアントゥリム県とアーマー県が0.63人と密度が少し高くなっている。

ミーズ県は大飢饉以後のアイルランド農業を象徴するかのように、住民は少なく、家畜が多かった。本書はさらに、こうしたミーズ県を代表するダンシャフリン Dunshaughlin 地域に焦点を当てる。この地域に注目した研究で本書が大いに依拠するのは冒頭に引用したギリガンである[2]。

第1節　家畜肥育大牧場としてのミーズ県

本書はこれまで、牛、特に肉牛の生産における地域分業に注目して各地方を巡回してきた。まず、酪農と子牛繁殖が盛んなリムリックやコーク、それにケリーのマンスター地方から始めた。乳牛や1歳未満の「その他の牛」の飼育頭数の第1位から第3位まで、県レベルで見ても、教区連合や郡レベルにおいてもほとんどがマンスター地方である。

ただ、乳牛の郡レベル3位だけがデリー県ロッヒンショーリン郡である。そこで、もう一つの酪農中心地の北部のロッヒンショーリン郡に飛んだ。実は同郡は1歳以上2歳未満の「その他の牛」飼育頭数が全国第1位なのである。さらに続けて、アルスター地方の最西端ドニゴール県に向かった。1歳以上2歳未満の「その他の牛」飼育頭数全国第2位が同県キルマクレナン郡であったからである。だが実は、同郡に隣接するラフォー郡の方が1872年農業統計まではキルマクレナン郡よりも多くの1歳以上2歳未満「その他の牛」を飼育していた。いや、ロッヒンショーリン郡をも超えていた。1873年農業統計からラフォー郡が南北に分割されてしまい、キルマクレナン郡が2位に浮上したのである。

次に、ドニゴール県からスライゴを経由してコナハト地方メイヨー県に南下した。最後に訪れるミーズ県に辿りつく前にコナハトを訪れなければならない。2歳以上の「その他の牛」の飼育のもう一つの中心地は西部コナハト地方であったからである。実はさらに、郡レベルで見ると、メイヨー県ティロウリー郡がミーズ県の郡をも凌駕して全国第1位であった。ミーズ県のラ

第8章　北東部レンスター・ミーズの大牧畜業

トゥーア Ratoath 郡が第2位、同県アッパー・ケルズ Upper Kells 郡が第3位に続いたのである。

　乳牛も、1歳未満と1歳以上2歳未満の「その他の牛」のいずれにあっても、県レベルで見ると飼育頭数の第3位までマンスター地方が占めたが、2歳以上「その他の牛」になると状況はすっかり変わり、飼育頭数第1位の県がミーズ県になり、第2位、第3位にコナハト地方のゴールウエイ県、メイヨー県が続いた。

　このミーズ県の第1位は他地域からの肉牛の流入によるものである。これがミーズ県の最大の特色であり、19世紀後半における肉畜をはじめとするアイルランド畜産業のいわば全体構造の特徴の一つであった。もちろん、既に確認しているように、牛や羊の大ブリテンへの輸出の港はダブリンやドゥラハダなどの東部だけでなく、北部のベルファストやデリー、西部のスライゴ、南部のコークやウォータフォード等々、アイルランド全土に広がっていたことは既に第3章で確認している。なお、地域間の家畜の移動を実証できるのは牛だけである。羊については公表統計からは不可能である。

(a)　ラトゥーア郡とアッパー・ディース郡への肉牛大規模流入

　表8-1はこのミーズ県と、その代表的教区連合や郡における1870年代初頭の牛の飼育頭数と「その他の牛」の流出入を示す移動指標をまとめたものである。郡レベルにおいて、2歳以上の「その他の牛」飼育頭数で全国1位のメイヨー県ティロウリー郡を比較のために入れておいた。

　移動指標Cがとりわけ注目されるが、その意味するところを改めて考えよう。

　1873年6月時点に2歳以上「その他の牛」がミーズ県に101,211頭いる。1年前の6月を振り返ると、1歳以上2歳未満「その他の牛」がミーズ県に29,407頭いるだけである。1872年6月時点の1歳以上2歳未満「その他の牛」100頭当たりの、1873年6月時点の2歳以上「その他の牛」の頭数が344頭であり、すなわち、指標Cは344となる。

第 2 部 アイルランド農業の担い手を地域から見る

表 8-1 ミーズ県の牛と大量流入 (単位：頭)

地域・農地規模分類	家畜保有者	乳牛	1歳未満	1〜2歳	2歳以上	移動指標	
	1873年	1871年	1871年	1872年	1873年	B	C
県全体	—	16,661	12,932	29,407	101,211	227	344
ダンシャフリン教区連合	—	2,378	1,881	3,751	28,556	199	761
ラトゥーア郡	488	595	512	1,200	10,086	234	**841**
15エーカー未満	213	93	77	77	53	100	69
15以上100未満	127	178	150	341	1,229	227	360
100エーカー以上	148	324	285	782	8,804	274	**1,126**
アッパー・ディース郡	390	521	462	1,009	9,114	218	**903**
15エーカー未満	149	53	48	33	278	69	842
15以上100未満	165	278	253	508	1,565	201	308
100エーカー以上	76	190	161	468	7,271	290	**1,554**
ティロウリー郡	—	9,400	5,563	8,191	12,712	147	155
全　　国	—	—	—	—	—	90	110

　そもそも、100を超えるのは自然なことである。1872年の1歳以上2歳未満の頭数と、1年後の1873年における2歳以上3歳未満の頭数を比べると、地域間の移動を考慮しないばあい、100を超えることはない。上記1年間のうちに死亡したり、屠殺されたりする肉牛がありうるので、100を下回るのが通例であろう。しかし、比較するのは2歳以上の牛全てである。もちろん3歳以上も、4歳以上も入っている。100を大きく超えるのは当然と言ってよいくらいである。

　しかし、注目すべきは異常なことに、アイルランド全国のC指標がわずか110であるということである。何故こうなったのか。アイルランドでは牛肉が食卓に上ることが多くて多数の肉牛が屠殺されたか、あるいは、ブリテンに多数輸出されたか、ということである。結論は既に実証しているが、ダブリン等での牛肉消費が広がっていたが、それよりも、アイルランド肉牛生

第8章　北東部レンスター・ミーズの大牧畜業

　産がブリテンへの輸出産業であったということである。しかも、最終仕上げ肥育を終えていない、つまり、半ば肥育された肉牛（ストア牛）の輸出が大きな位置を占めていたこと、つまり、比較的若い牛が多数輸出されていて、かれらはブリテンの大牧場で仕上げ肥育を受けてロンドンなどの大食肉市場にだされていたのであった。ミーズは肥育牛の輸出が多く、それの持つ意味が重要である。

　こうしたアイルランド全体の中で、ミーズ県C指標が344であること、さらに、ミーズ県の中の地域を見れば、指標は驚くほど高くなっている地域があることの意味である。

　ミーズ県の中の地域としてラトゥーア郡 Ratoath barony を取り上げた。郡レベルで2歳以上「その他の牛」の飼育頭数がメイヨー県ティロウリー郡に次いで全国第2位だからである。そして注目するのが、同郡の移動指標Cが841と非常に高いことである。もう一つ取り上げたのは、先に触れた飼育頭数全国3位のアッパー・ケルズ Upper Kells barony 郡でなく、アッパー・ディース Upper Deece barony 郡である。同郡はラトゥーア郡をも凌ぐ指標C 903を示しているからである。

　ラトゥーア郡は、1872年6月時点の1歳以上2歳未満「その他の牛」の頭数の8倍以上の2歳以上の牛が1年後の6月時点に確認できる。この間、他地域の1歳以上2歳未満の牛が大量に流入していたからである。この流入をも超えたのがアッパー・ディース郡である。そして、両郡とも農地規模別の流入状況も表示した。ラトゥーア郡の100エーカー以上の農地を持つ家畜保有者のC指標は何と1126であり、アッパー・ディース郡の100エーカー以上層のばあいはそれよりもさらに高く1554である。これら大牧場に他地域から、より小さな規模の牧場から多数の1歳以上2歳未満の「その他の牛」を中心とした肉牛が移入していたのであった。ラトゥーア郡では農地規模による相違が顕著である。15エーカー未満農地では指標Cは69で、1872年6月時点の1歳以上2歳未満「その他の牛」がその後1年間のうちに、流入ではなく流出している。

こうした肥育（含む、半ば肥育）のための素牛や若い羊の流入を受け入れたのはあのタラの丘から見渡せる広大な牧野であった。1873年農業統計によれば、ミーズ県は県総土地面積のうちで放牧地 grass land の占める割合が67.8％で、全国で最高であった。2番目に高かったのはリムリック県の63.0％。またミーズ県は、本書がいう狭義の農地、耕地、牧草地 meadow and clover、それに放牧地を加えた面積のうち、後の二者、牧草地と放牧地の占める割合が非常に高く87％強で、全国2位であった。全国最高はクレア県の89％強、3位はウエストミーズ県の86％弱であり、全国平均は78％強であった。ギリガンが引用したバルフィンのいう「緑の牧草の愛しい原野」が人影なく広がっていた。

さて、ミーズ県の大規模な家畜保有者は肉牛や羊のほとんどを他農場から、あるいはフェアで買い付けてきて肥育する農業経営者であった。このような農場の経営資料に基づく恰好の事例研究があるが、第3節で取り扱う。

(b)　ミーズ県における家畜フェア

ミーズ県は肉牛だけでなく羊の肥育が盛んで、県全域で家畜フェアが開かれていた。これをまず明らかにしよう。表8-2は1873年のフェア開催予定地（1873年『農家年鑑』）を示している。

これらの家畜フェアではミーズ県を中心とした地域で生産された肥育牛や肥育羊などが売りに出され、そこにバイヤーたちが買い付けに来たのであろう。あるいは、ミーズ県の中小規模牧場や他県から肥育用素牛などが売りに出され、大規模な肥育牧場などが買い付けたのであろう。しかし、ミーズ県の大牧場経営者には自ら直接にダブリンやドゥラハダの輸出港に肥育牛等の家畜を運ぶ者がいた。

ここでミーズ県の地図を描いておく（地図8-1）。

地図を説明する。東端の実線はアイルランド海の海岸線である。それと破線で囲んでいるのがミーズ県である。27地点に番号を付している。表8-2のフェアが開催される町や村を示す記号である。なおこの他に、位置を特定

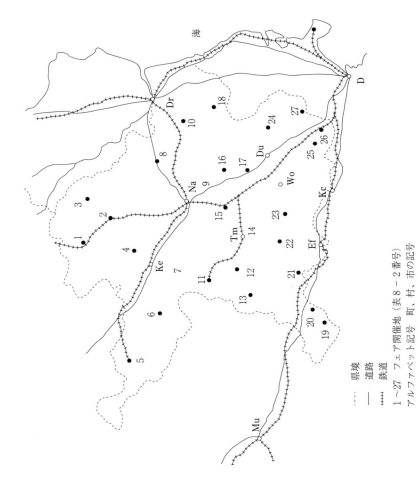

地図 8-1 ミーズ県のフェア開催地

---- 県境
――― 道路
+++++ 鉄道
1～27 フェア開催地（表 8-2 番号）
アルファベット記号 町，村，市の記号

第 2 部　アイルランド農業の担い手を地域から見る

表 8-2　ミーズ県1873年フェア開催予定地（27カ所）と年間開催予定回数

	開催地	回数		開催地	回数		開催地	回数
1	Kilmainhamwood	4	10	Duleek	4	19	Ballyboggan	1
2	Nobber	1	11	Athboy	7	20	Mulphedder	2
3	Drumconra	4	12	Kildalky	4	21	Longford	4
4	Carlingstown	3	13	Ballivor	4	22	Rathmolyon	3
5	Oldcastle	13	14	Trim	12	23	Summerhill	4
6	Crossakeale	3	15	Bective-bridge	2	24	Ratoah	3
7	Kells	12	16	Skreen	3	25	Warrenstown	4
8	Slane	10	17	Garretstown	1	26	Dunboyne	4
9	Navan	12	18	Ardcath	3	27	Belgree	1

注）1873年『農家年鑑』はこの他に Greenanstown（年1回）と Armabrega（年4回）をフェア開催予定地として紹介しているが、所在地が特定できず、図示できなかった。Greenanstown は2カ所が考えられるが、『農家年鑑』がいずれを紹介しているのか確認できなかった。

することができない 2 地点のフェアを1873年『農家年鑑』は紹介している。アルファベットの記号を付けた町や村などもある。Wo は後述するエドワード・デレイニの拠点牧場があるウッドタウン Woodtown・タウンランド。Du はダンシャフリンの町。Tm はトゥリム Trim、Na はナーヴァン Navan、Ke はケルズ Kells、それに Ef はインフィールド Enfield で、いずれもミーズ県の町などである。周辺の町や都市も記入しておいた。D はダブリン、北に上って Dr はドゥラハダ、南に隣接する Kc はキルコック Kilcock、西方の Mu はマリンガール Mullingar である。

　実線を D から Du、Na、Ke などを結んで引いている。D から Du へ、D から Kc、Ef、Mu へ、さらに、Du から Na へ引いているが、郵便道路などの主な道路である。家畜が移動する道路はもっと網の目状に広がっていたが、地図上に記入することは控えた。鉄道線も書き入れている。1870年代には敷設されていた路線である。鉄道も家畜移動の手段とされていた。ただし後述するが、鉄道輸送には様々な問題が生じた。

第8章　北東部レンスター・ミーズの大牧畜業

第2節　ラトゥーア郡ダンシャフリン地域の農民層分解

　ミーズ県における農民層分解を明らかにしよう。1873年農業統計を資料として、分析対象はダンシャフリン教区連合（ミーズ県側。一部がダブリン県に跨るが、それは除外）とする。そこには後段で注目するエドワード・デレイニ牧場も入っている。さらにミーズでも地域を特定して地方税評価簿を資料とする分析をおこなう。それは各農地の面積の大小でなく、複数の農地から構成されるばあいの農場も含めた農場規模を析出する。その規模はここでも農場面積を基準とするのでなく、地方税評価額を基準にして考察する。大牧場が多数存在するミーズ県とキルマロックなどこれまで訪ねてきた地域と同じ基準で農場規模を比較するためである。史料が膨大なので対象地域を狭める必要があるが、採用したのはダンシャフリン教区連合のうちのダンシャフリン貧民監督官選出区（以下、単にダンシャフリン選出区あるいは地域と呼ぶこともある）である。

◆ダンシャフリン選出区

　ダンシャフリン選出区はダンシャフリン教区とラスレガン教区 Rathregan parish、それにラスベガン教区 Rathbeggan parish から構成されているが、それぞれ表示のタウンランドを擁している（表8-3）。

　ダンシャフリン教区は20タウンランド、ラスベガン教区は11タウンランド、ラスレガン教区は10タウンランドである。『ダンシャフリン評価簿』には3教区の全タウンランドが記録されている。ダンシャフリン教区のタウンランドには算用数字の記号を付けた。ラスベガン教区はアルファベット、ラスレガン教区はイロハの記号を付けた。ダンシャフリン選出区の地図上に記号で各タウンランドを示したいからである。それはまた、3教区別々の記号にしているので、各教区が一目でわかるようになる。では、その地図を描こう。地図8-2はウェブ版『グリフィス評価原簿』で見ることができる『陸地測量部地図』を基に作成した。

　地図の記号9がタウンランド・ダンシャフリンを表わしている。この西端

第2部　アイルランド農業の担い手を地域から見る

表8-3　『ダンシャフリン評価簿』の教区とタウンランド

	ダンシャフリン教区			ラスベガン教区	
1	ゴールスタウン	Gaulstown	a	ゴーマンズタウン	Gormanstown
2	トマスタウン	Thomastown	b	ウイルキンズタウン	Wilkinstown
3	ボーンズタウン	Bonestown	c	パウダーロッホ	Powderlough
4	グランジェンド・コモン	Grangend Co.	d	レイネスタウン	Raynestown
5	グランジェンド	Grangend	e	ミル・ランド	Mill Land
6	レッドボグ	Redbog	f	ポータースタウン	Porterstown
7	ルースタウン	Roestown	g	エニスタウン	Ennistown
8	クックスランド	Cooksland	h	キレスター	Killester
9	ダンシャフリン	Dunshaughlin	i	ウォレンスタウン	Warrenstown
10	リーズランド	Readsland	j	グロウタウン	Growtown
11	レシェムズタウン	Leshemstown	k	ラスベガン	Rathbeggan
12	ノックス	Knocks		ラスレガン教区	
13	ジョンスタウン	Johnstown	イ	パーソンズタウン	Parsonstown
14	バリマーフィー	Ballymurphy	ロ	ベルシャムズタウン	Belshamstown
15	バリンロッホ	Ballinlough	ハ	クリーモア	Creemore
16	ラス・ヒル	Rath Hill	ニ	ラスレガン	Rathregan
17	デロックスタウン	Derrockstown	ホ	グレーベ	Glebe
18	クロンロス	Clonross	ヘ	モイレガン	Moyleggan
19	ペレスタウン	Pellestown	ト	ポータン	Portan
20	メリーウエル	Merrywell	チ	ウッドランド	Woodland
			リ	リブスタウン	Ribstown
			ヌ	リスマホン	Lismahon

注）ダンシャフリン教区4番はGrangend Common。

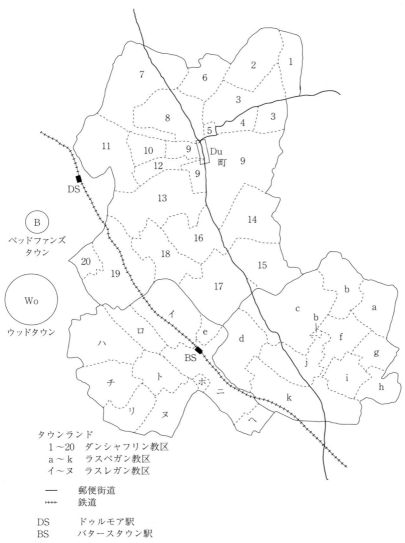

タウンランド
1〜20　ダンシャフリン教区
a〜k　ラスペガン教区
イ〜ヌ　ラスレガン教区

—　　郵便街道
┼┼┼　鉄道

DS　　ドゥルモア駅
BS　　バタースタウン駅

地図8-2　ダンシャフリン選出区の教区とタウンランド

を南北に走る郵便街道が通っている。この郵便街道の両側を含む長方形で囲んでいるのがダンシャフリンの町（Du）である。町は8番のクックスランドと12番のノックスにも少し広がっている。なお、この町から東へ延びる郵便街道はラトゥーアの町に通じる。

　地図の北西から南東に鉄道路線を記入している。ダブリンとナーヴァンを結ぶ鉄道である。ダンシャフリン選出区にはラスレガン（ニ）にバターズタウン駅 Batterstown Station（記号BS。1863年開設）がある。もう一つの駅DSを11番レシェムズタウンの西に描いている。ダンシャフリン教区の西側に隣接するロウワー・ディース郡ノックマーク教区 Knockmark parish のノックマーク・タウンランドに開設されたドゥルモア駅 Drumore Station である。同駅は地図に表わしているように、ノックマークの東端に位置していて、ラトゥーア郡ダンシャフリン教区の住民と家畜にとっても利用するのに便利であった。

　ダブリンに繋がる郵便街道をはじめとする道路と鉄道を利用して多数の牛や羊が移動した様子が目に浮かんでくる。ただ登場して間もない鉄道は先に触れているが、家畜運搬上の問題も抱えていた。この点については後段で立ち返る。

　ダンシャフリン教区連合の中心の一つである町ダンシャフリンがある。北のナーヴァンやドゥラハダへ向かう街道と東のラトゥーアと繋がる街道に分かれる地点の南に広がる四角で囲んでいるのがダンシャフリン町を表わしている。著者は一度、アイルランドの友人に連れられて訪れたことがあるが、街道沿いに開けた小綺麗な小さな町であった。

　先ほどドゥルモア駅を述べる際にロウワー・ディース郡ノックマーク教区のノックマーク・タウンランドに触れたが、その西隣のタウンランドとしてベッドファンズタウン Bedfanstown がある。地図に丸で囲んだBと記入したのがそれである。またその南にBよりかなり大きな丸で囲んだWoを書き込んでいる。ラトゥーア郡よりも肉牛の流入が盛んなアッパー・ディース郡のクルモリン教区ウッドタウン Woodtown・タウンランドを表わしてい

第8章　北東部レンスター・ミーズの大牧畜業

る。この両地域は後段でエドワード・デレイニ牧場を分析する際に取り扱う。

(a)　『ダンシャフリン評価簿』の分析

　『ダンシャフリン評価簿』から表8-4を作った。これまでに他地域で作ってきた表の枠組みと同じである。

　『ダンシャフリン評価簿』は1874年から81年にかけて修正が繰り返されたものである。複数農地から構成される農場が55ある。それらを含めて全体の農場数は138である。多数の牧場を経営している者がいるのであろう。評価額が大変高い農場がかなりの数に上る。15ポンド未満の小規模零細農場が半分に近い47％を占めている一方で、その

表8-4　ダンシャフリン評価額別農場分布
（1870年代半～80年代初頭）

評価額（£）	農場数	複数地	住宅（菜園）
15未満	65	47	13	10(6)
5未満	43	31		Lodgers 1
5～10	14			
10～15	8			
15～100	40	29	20	
15～30	14	10	10	6(3)
30～50	11	8	3	1(1)
50～100	15	11	7	0(1)
100以上	33	24	22	17(3)
100～200	20			
200～300	5			
300以上	8			
合　計	138	100	55	34(14)

対極に、評価額100ポンド以上農場が24％も占めている。300ポンド以上でも8農場にも上る。15ポンド以上で100ポンド未満の中間に位置する農場も29％という相当な割合を占めているが、両極への分解は大きく進んでいると言える。

◆大規模農場＝牧場

　評価額100ポンド以上の大農場（牧場）は33農場（牧場）あるが、そのうち300ポンド以上が8農場（牧場）も占めている。他地域と比べたダンシャフリン地域の大きな特徴であるこれらの大規模な8農場（牧場）は全て複数の農地から成っている。500ポンド以上という最大規模の4農場（牧場）もある。これらを詳しく見よう（表8-5）。

表8-5　評価額500ポンド以上の大規模農場(牧場)

農場占有者	評価額	農場面積	住宅 (菜園)	所在地タウンランド
M・エニス Ennis	£690　10s.	652強	1	Raynestown, Growtown
A・アレン Allen	£625　0s.	606強	2(1)	Rathregan, Glebe
J・マヘア Maher	£583　0s.	499強	1(1)	Leshemstown, Roestown
T・マーフィ Murphy	£553　0s.	458強	0	Cooksland, Johnstown Rath Hill, Derrockstown

注)面積単位はエーカー。

　評価額690ポンド以上のM・エニス農場は評価簿上5カ所の農地から成っているが、地図8-2のラスベガン教区 (d) レイネスタウンと (j) グロウタウンのほとんど全域を包含していて、完全に地続きである。農場面積は広く652エーカー強にも上るが、農場で働く労働者と思われるJ・マーフィ Murphy が住む住宅がある。この住宅にはオフィスも付いている。J・マーフィは大農場を管理運営する常雇の労働者かもしれない。不思議なことに、この大農場のデータに、こうした住宅はわずか1戸しか出てこないことであり、さらに不思議であるのは、農場占有者（農場経営者）であるM・エニスの居所が出てこないことである。だが、M・エニスが占有する不動産はラスベガン教区以外にもあるかもしれない。

　本書が入手した評価簿はダンシャフリン選出区だけのものであるが、ウェブ版『グリフィス評価原簿』でダンシャフリン教区連合全体でマシュー・エニス Matthew Ennis を、時期は1854年に遡るが検索しよう。そうすると、ラスベガン教区には出てこないが、ダンシャフリン選出区に隣接するクルモリン教区と、スクリーン教区 Skreen parish に出てくる。前者ではタウンランド・カラッフリン Curraghllin に評価額130ポンドの住宅・複数のオフィス・土地（125エーカー強）を占有していた。建物評価額は7ポンドで、ここの住宅にマシュー・エニスが居住していたと推定できる。後者のスクリーン教区は、ダンシャフリン選出区からトゥレヴェット教区 Trevet parish を一

つ挟んで、タラの丘の近くにある。ここのタウンランド・コリールスタウン Collierstown に185エーカー強の農地（評価額245ポンド）を占有していた。住宅は持っていなかった。

さて、ウェブ版『グリフィス評価原簿』に出てくる1854年のM・エニスと、『ダンシャフリン評価簿』に出てくる1870年代半ば以降のM・エニスは同姓同名であるが、同一人物と考えてよいかどうかという問題がある。ただ、1854年のM・エニスが居所としていたと考えられる住宅があるクルモリン教区タウンランドのカラッフリンと、1870年代半ば以降のM・エニスが経営していた大農場（牧場）があるラスベガン教区とはそれほど離れてはいない。クルモリン教区の居所からラスベガン教区の農場経営の指揮をすることは不可能ではない。その上に、希少な経営資料に基づいてミーズ県の大牧場を分析したJ・ギリガンが、実際の牧場経営は「経験豊か」で「有能な牧夫」に依存していたと述べている。[3] 先に見たグロウタウンのM・エニスが経営する牧場（地番1A）と同じ地番の1Aaの住宅とオフィスを占有するJ・マーフィがギリガンのいう「有能な牧夫」であったかもしれない。なお、M・エニスは1854年時点にはラスベガン教区の大農場を手に入れていなかったので、その後のいずれかの時点で入手したということである。当時、農場（牧場）の貸し借り、売買が盛んになっていったことは後段で検討する。

もう一つの評価額600ポンド以上のアレン農場（牧場）はどうか。アレン農場はラスレガン教区の二つの農地から構成されている。そのうち、ラスレガン・タウンランド（ニ）の農地が大変広くて578エーカー強もあり、評価額は599ポンドに上る。同じ地番に住宅とオフィス、菜園を占有するT・マグワイア Maguire がいて、かれがアレン農場（牧場）の牧夫であったと推測できる。同じ地番には別にアレンが大家である住宅があって、P・コウリー Cowley なる人物が住んでいる。コウリーは間違いなくアレン農場（牧場）の労働者であろう。なお、もう一つの農地はグレーベ・タウンランド（ホ）の27エーカー強（評価額26ポンド）である。地図8-2からわかるように、グレーベはラスレガンに抱かれるような位置にあり、二つの農地はもちろん地

第2部 アイルランド農業の担い手を地域から見る

続きであった。

　評価額583ポンド強のJ・マヘア農場（牧場）を見よう。ダンシャフリン教区のレシェムズタウン（11）とルースタウン（7）にそれぞれ1農地の計2農地から構成される、地続きの農場（牧場）である。レシェムズタウン農地（329エーカー強）に牧夫住宅がある。マヘアはルースタウン農地（169エーカー強）にある住宅（オフィス等も含めて16ポンド評価）に住み、農場（牧場）経営は牧夫に依存しておこなわれていたであろう。

　最後で4番目は評価額553ポンドのT・マーフィ Thomas Murphy 農場（牧場）である。ダンシャフリン教区のクックスランド（8）に2農地、ジョンスタウン（13）とラス・ヒル（16）、デロックスタウン（17）にそれぞれ1農地、計5農地から構成されている。ラス・ヒルとデロックスタウンの農地は地続きであるが、ジョンスタウンの農地はそれらから少し離れ、クックスタウンの地続きの2農地は他の農地からもう少し離れている。この5農地から成る広い農場（牧場）に常雇労働者などが居住する住宅がない。T・マーフィ1人で管理し経営していたのであろうか。この疑問を氷解するものではないが、T・マーフィはデロックスタウンとジョンスタウンのそれぞれに住宅・オフィスを持っている。いずれかに広い農場（牧場）を管理する住み込みの常雇労働者がいたかもしれないと推測する。

　なお、ここでもウェブ版『グリフィス評価原簿』（1854年）を検索してみると、クックスランド2農地の占有者が同じマーフィ姓のウィリアム William となっている。ウイリアムはトマスの父で、クックスランド2農地は父からトマスが相続したと考える。そして父ウイリアムは、1854年にダンシャフリン・タウンランドに評価額72ポンドになる3農地を保有していて、しかもこの占有は1870年代半ば以降にも続いていた。つまり、『ダンシャフリン評価簿』の1870年代半ばから80年代初頭においても父ウイリアムは健在で、T・マーフィによる5農地に広がる農場（牧場）経営に何ほどかの力を貸していたと思われる。

第8章　北東部レンスター・ミーズの大牧畜業

◆零細農場、土地持ち労働者

　評価額15ポンド未満の小規模零細農場が農場数全体の47％も占めていた。さらに5ポンド未満「農場」（農場と呼んでよいか躊躇される）に限っても全体の31％もある。1ポンドにも満たないものさえ10「農場」もある。これらの「農家」は農業（牧畜）だけでは家計は維持できず、賃稼ぎをはじめとする他の収入が不可欠であると考える。つまり、これらの「農家」は土地持ち労働者と言ってよい存在であった。

　農家とは決して言えない労働者もいた。大規模農場（牧場）を見る際に既に触れているが、他の地域と同様に「住宅（菜園）」欄を設けた。この「住宅（菜園）」占有者は農場と同じ敷地に居住しているばあい、その農場の労働者である可能性が高い。全体で34戸の住宅、14の菜園が数えられた。そのうちの17戸が評価額100ポンド以上の大規模農場（牧場）の敷地内にあり、住宅の家主が農場（牧場）経営者であるばあいが多かった。したがって、かれら住宅居住者はこれらの大規模農場（牧場）の労働者（常雇）であったと考えてよい。

　評価額15ポンド未満の小規模零細農場の敷地内にも10戸の住宅（うち7戸は5ポンド未満「農場」）と菜園6がある。この状況をどう考えればよいだろうか。まずは、立地する小規模零細「農場」の雇用労働者であったのだろうか。しかしこのことを実証するのは困難である。では、周辺の規模の大きい農場（牧場）に雇用される住み込みの、あるいは、通いの労働者であったのだろうか。この可能性はあったし、おそらくそれが最大の賃稼ぎの機会であったであろう。だがこの点も本書は実証する資料を欠いている。[4]

◆通いの労働者

　通いの労働者がいたはずである。この問題については、表8－4「住宅」欄に記入しているLodgersと合わせて考えるのがよいであろう。リムリック県のキルマロック地域で多数見られたものを「一時的逗留者住宅」と理解したが、ダンシャフリンの町の住民のうちに通いの農業労働者がいなかったのかについても併せて考えよう。

まず、住宅欄に記入したLodgersである。『ダンシャフリン評価簿』のダンシャフリン教区タウンランドのレッドボグ（地図記号6）地番29bに、占有者：Peter Flood（Lodgers）、直接の「貸手」：Peter Flood、不動産種類：住宅、住宅評価額5シリングが出てくる。そのすぐ上の地番29aに、占有者：Peter Flood、直接の「貸手」：Free（このばあいは自己占有か）、不動産種類：住宅と土地、土地面積：1エーカー23ルード、同評価額5シリング、建物評価額5シリング、合計評価額10シリングとある。

　『ダンシャフリン評価簿』ではP・フラッドなる人物が関わる不動産は上に述べたものだけである。そこで、範囲をダンシャフリン教区連合に広げて、Peter Floodをウェブ版『グリフィス評価原簿』で検索したが、やはり、レッドボグの2件だけであった。そして地番29bにP・フラッドは大家として住宅を持っていた。ただ、P・ロウレスLawlessなる人物が占有していて、Lodgersなる言葉は挿入されていなかった。

　次のことがわかった。P・フラッドは1854年時点においても評価簿に記載されていて、1870年代半ばから80年代初頭にかけても、レッドボグの地番29aに居住していて、同じ地番29のbに貸家を持っていた。1854年時点ではP・ロウレスという特定の人物にその住宅を貸していたが、1870年代半ばから80年代初頭にかけては同住宅を不特定者に対する「一時的逗留者住宅」としていた。

　P・フラッドの「一時的逗留者住宅」が実際にはどのような者によって利用されていたのか不明である。ただ、農繁期に短期にダンシャフリン選出区以外からもやってくる出稼ぎ労働者や、あるいは、ただの旅人などが利用したかもしれない。

　ダンシャフリンの町の住民のうちに通いの農業労働者がいなかったのか考えよう。直接にこのことを教えてくれる資料は入手していない。『ダンシャフリン評価簿』から何か関係する状況を読み取るほかない。先ほど触れたように、ダンシャフリンの町はダンシャフリン・タウンランド（9）を中心に、クックスランド・タウンランド（8）とノックス・タウンランド（12）に広

第8章　北東部レンスター・ミーズの大牧畜業

がっていた。これら3タウンランドに広がるダンシャフリンの町の住宅を見ることによって、周辺農村部への通いの農業労働者を考えよう。

　町には警察兵舎と裁判所、施薬院 Dispensary、それに、国立学校 National School があり、ローマ・カトリック礼拝堂と、もう一つの教会と墓地、それに、郵便局があった。これらを除いた住宅 house を見ることにする。オフィス office が付いているかどうかでまず分けた。オフィス付き住宅は25戸ある。オフィスの中には農業用建物もあるかもしれないが、ほとんどは町中の何らかの営業活動に関わるものと思われる。こうしたものと同様に考えることができるのは鍛冶屋4軒と作業場を併設した住宅1戸がある。町の営業をおこなう住人の住宅が30戸あったとする。

　残りのハウス（菜園付き、小菜園付きも含む）は36戸あった。この36戸の住宅の住人のうちに通いの農業労働者が間違いなく存在したと考える。どれくらいか、それを教える資料はない。推測であるが、周辺の大農場（牧場）に取り囲まれている状況を考えれば、半数ぐらいは農場（牧場）に働きに行ったのではないか。農繁期（大牧場のばあいの素牛買付けや肥育牛のダブリンへの出荷など）にはもっと多くの町の住人が加わったのではないかと考える。

(b)　ダンシャフリン教区連合の農業労働者

　農業労働者の全体状況がわかるのはセンサスの職業統計である。全国統計はもちろんであるが、地域の統計としては教区連合ごとにある。ただしこれまで他の地域で見てきたように、20歳以上の男女に限定される。ダンシャフリン選出区が含まれる教区連合はダンシャフリン教区連合である。それには表8-1で確認した、他地域から肉牛を移入するのが非常に盛んなダンシャフリン選出区が入るラトゥーア郡や、同郡よりもさらに肉牛移入が盛んなアッパー・ディース郡も含まれている。アッパー・ディース郡には次節で取り上げるエドワード・デレイニの拠点大牧場も入っている。

　ダンシャフリン教区連合で農業労働者がどれくらいいたのか、かれらは農場（牧場）の家族労働力に対してどの程度の比率を占めていたのだろうか、

表8-6 ダンシャフリン教区連合の農業労働者
(1871年)(20歳以上男女に限定)

(単位:人)

雇用労働力と農家家族労働力	男性	女性
農場使用人(住み込み)	348	28
農業労働者(通い)	734	41
羊飼い(通い)	44	
農場監督 Farm Bailiff		
一般臨時労働者中の農業労働者	415	37
職業無記名者中の農業労働者	62	874
小　　計	1,603	980
雇用農業労働者男女計	2,583(233)	
農家・牧畜業者	569	93
上記妻		274
農家の子孫・兄弟姉妹・甥姪	18	154
小　　計	587	521
家族労働力男女計	1,108(100)	
総　　計	2,190	1,501
労働力男女総計	3,691	

1871年センサスによって明らかにしよう。ただし、20歳以上の男女に限られる。なお、統計はミーズ県地域に限られたダンシャフリン教区連合に関するものである(ダブリン県地域は除かれている)(表8-6)。

1871年センサスから判明するダンシャフリン教区連合の農業労働力構成の大きな特徴は雇用農業労働者の割合が高いことである。雇用農業労働者男女計が家族労働力男女計の2.33倍にもなっている。農業労働力男女総計3,691人のうち70％弱が雇用農業労働者である。おそらくダンシャフリン教区連合の雇用農業労働者の比重の高さは全国的にも目を見張るものであろう。少なくとも、キルマロックにはじまるいくつかの地域に比べて非常に高かったであろう。この点は次章で確認する。

この他に表8-6からわかるダンシャフリン教区連合の特徴として、女性の、特に雇用労働力における女性の数が少ないことである。労働力男女総計のうち女性は41％しか占めていないが、雇用労働者に限ると女性はわずか38％を占めるだけである。住み込みの農場使用人や通いの農業労働者の中で女性は本当に少ない。肉牛や羊の肥育牧場の労働力は男性が中心であったということであろう。酪農が盛んなキルマロック地域では女性の占める割合はもっと高かったであろう。これも次章で明らかにしよう。

第8章　北東部レンスター・ミーズの大牧畜業

こうしたことも念頭に置きながら、ミーズを代表すると思われる大牧場経営の個別事例を見ることにしよう。大変貴重な研究がなされている。

第3節　投機色に染まる肉牛・羊の肥育

(a)　肥育大牧場の典型事例——エドワード・デレイニの経営

本章冒頭に引用したJ・ギリガンがミーズ県のエドワード・デレイニ E. Delany という大牧畜業者の経営をエドワードの農場会計簿に基づいて明らかにしている。[5] 本書にとってまことに得難い貴重な情報を明らかにした研究である。

エドワード・デレイニ（1821-1901）なる人物とかれが経営する大牧場群を見るが、まず、エドワードがミーズ県のどの地域でどれくらいの規模の牧場を経営していたのか確認することから始めよう。

◆デレイニ牧場群の位置と規模

エドワード・デレイニはミーズ県でいくつかの大きな放牧場を経営していた。その拠点はダンシャフリン教区連合クルモリン教区 Parish of Culmullin (Colmolyn) のタウンランド、ウッドタウンにあったが、既に見たように、地図8-1にWoと記した所である。[6] ダブリン（D）とナーヴァン（Na）やトゥリム（Tm）を結ぶ鉄道の近くにあり、ミッドランド大西部鉄道 Midland Great Western Railway のダブリン（D）を、マリンガール（Mu）、さらにはゴールウエイ（G）やスライゴ（S）を結ぶ幹線のキルコック駅（Kc）の北方に位置している。

エドワードは他にも牧場を持っていた。各牧場の位置と規模を確認するために、ダンシャフリン教区連合のウェブ版『グリフィス評価原簿』（1854年に印刷公表）を利用した。エドワード・デレイニを、ギリガンの研究を考慮して、アッパーとロウワーのディース両郡、ラトゥーア郡、それに、ダンボイン Dunboyne 郡に絞って検索した。その結果出てきたエドワード・デレイニと、それ以外に、ギリガンの研究や、本書が利用する『ダンシャフリン評価簿』に基づいて、エドワードと関わる土地保有であると確認できる農場や

第2部　アイルランド農業の担い手を地域から見る

表8-7　エドワード・デレイニ(『グリフィス評価原簿』1854年)

地番	占有者	不動産種類	土地面積	土地評価額	建物評価額	合計評価額
ウッドタウン(クルモリン教区、アッパー・ディース郡 Upper Deece barony)						
1 a	Bridget Delany	h'h, l	112a 2 r 21p	£90 0 0	£ 0 10 0	£90 10 0
5 a	John P. Brett	h'h, l	209a 0 r 30p	£180 0 0	£ 1 0 0	£181 0 0
6 ab	E. Delany	h, h'h, offs, l	179a 3 r 39p	£184 0 0	£ 4 0 0	£188 0 0
リーズランド Readsland(ダンシャフリン教区、ラトゥーア郡)						
1 a	John Ball	h, offs, l	107a 0 r 33p	£105 0 0	£ 9 0 0	£114 0 0
1 b	Anne Kane	h			£ 0 12 0	£ 0 12 0
デロックスタウン Derrockstown(ダンシャフリン教区、ラトゥーア郡)						
3 a	E. Delany	h'h, offs, l	251a 1 r 4p	£263 5 0	£ 1 15 0	£265 0 0
3 b	Joseph Lynch	h, g	0 a 1 r 30p	£ 0 8 0	£ 0 10 0	£ 0 18 0
ポータン Portan(ラスレガン教区 Rathreggan parish、ラトゥーア郡)						
1 a	E. Delany	h, offs, l	99a 3 r 22p	£96 15 0	£ 3 5 0	£100 0 0
2	M. Marmion	l	106a 3 r 8p	£103 0 0		£103 0 0
ベッドファンズタウン Bedfanstown(ノックマーク教区 Knockmark parish、ロウワー・ディース郡)						
1 a	E. Delany	h'h, offs, l	104a 1 r 24p	£109 0 0	£ 1 0 0	£100 0 0
1 b	Patrick Kane	h			£ 0 10 0	£ 0 10 0
1 c	James Seagrave	h			£ 0 5 0	£ 0 5 0
1 d	Vacant	h			£ 0 10 0	£ 0 10 0
クロングータリ Clonguttery(キルターラ教区 Kiltale parish、ロウワー・ディース郡)						
1 a	E. Delany	h'h, off, l	100a 3 r 21p	£82 0 0	£ 1 0 0	£83 0 0
1 b	Michael Gavnor	h			£ 0 10 0	£ 0 10 0
1 c	Thomas Rabbit	h, off			£ 0 15 0	£ 0 15 0

注)不動産種類について、h= house、h'h= herds house、off= office、offs= offices、l= land、g= garden。土地面積について、a= acre、r= rood(1/4 acre)、p= perch(1/40 rood として計算)。

第8章　北東部レンスター・ミーズの大牧畜業

牧場を示したのが表8-7である。他の地域で悪戦苦闘したように、同姓同名の人物全てを同一人物として確認することができるかどうかという難題もあるが、全員を表示した。なお以下、ギリガンを何度も引用するので、本文中に（Gilligan, p. x）と記すこともある。

　繰り返すが、ウェブ版『グリフィス評価原簿』(1854年)に記録されていたものである。エドワード・デレイニが占有者と記載された5件の土地を合計すると733エーカー強となる。しかし、同姓同名の人物を同一人物であると確認できるかという課題がある。また実際にその後に異動もあった。そこで、1880年頃までの間でエドワード・デレイニの牧場群はどれとどれであったのか追跡しよう。ギリガンの研究と、本書が利用する『ダンシャフリン評価簿』(1874～1881年頃をカヴァー)に依拠して明らかにしよう。

　まずは、ギリガンがデレイニ家の本拠地があるとしているアッパー・ディース郡クルモリン教区のウッドタウン・タウンランドである。ウェブ版『グリフィス評価原簿』(1854年)は地番6abの179エーカー強の占有者にエドワード・デレイニを記載している。ギリガンが1827年の『10分の1税簿 the Tithe Applotment Books』で確認したところ、もともと、エドワードの父ウイリアムがこの地番6ab農場の占有者であった（Gilligan, p. 27）。

　問題は地番1aと5aである。1aの112エーカーはウェブ版『グリフィス評価原簿』ではブリジット・デレイニを占有者と記録している。姓が同じブリジットは何者か。ギリガンはブリジットとエドワードの父ウイリアムとの関係がはっきりしないとする一方、ここでの登場人物が土地保有において絡み合っていたことを明らかにしている。すなわち、ウイリアムが地番1abの他に約40エーカーを占有し、また、ニコラス・デレイニなる人物が約72エーカーを保有していて、両者の土地を合わせると112a. 3r. 0p.となり、ブリジット占有地の112a. 2r. 21p.と釣り合っていたこと、そして、1870年にエドワードが問題の112エーカー強を2,700ポンドで購入したことを明らかにしている（Gilligan, pp. 25, 28）。

　地番5aのJ・P・ブレット Brett 占有の209エーカー強はどうか。ギリガ

ンによれば、この大きな土地も1874年にエドワードが41年リースで獲得している（Gilligan, p. 35）。なお、この地番5aと以前よりデレイニ家の農場である6abは、ウェブ版『グリフィス評価原簿』の陸地測量部地図によれば地続きであることがわかる。

　エドワードは1870年代半ばには、本拠であるウッドタウンで500エーカーを超える大牧場を経営するようになっていた。

　エドワードは本書が注目するラトゥーア郡にも大きな複数の牧場を持っていたと考えられる。表にダンシャフリン教区リーズランドの地番1aの107エーカー強をJ・ボールBallが占有しているとある。実はこの土地は1873年にエドワード・デレイニがリースで借りている。ギリガンによれば、ボールはエドワードの女兄弟メアリと結婚していたが、1872年に死亡した。その後、地番1aはエドワードがリースで借りた。1873年、80年、81年、90年、さらに91年にもリースで借りた（Gilligan, p. 29）。しかし、1874年頃から81年までを記録する『ダンシャフリン評価簿』では、メアリが継続して同地を占有していた。これはどう考えたらよいのだろうか。

　ギリガンは別の箇所でこう述べている。

　　　時々、かれ（エドワード）は短期間の、おそらく、11カ月期間の借地をし、短期で利益を上げる目的でその土地に家畜を入れた。そうした借地の利益は1880年に見ることができる。かれにとって最悪の年（1879年……引用者）が過ぎた後、かれは834ポンドの費用で61頭の牛をリーズランドに入れて300ポンドの利益をあげた。さらに羊で46ポンドの利益を得た。（Gilligan, p. 34）

　この叙述から事態は次のようであったと推測できる。

　夫ボールの死後、メアリはリーズランド地番1aの107エーカー強を占有し続けたが、メアリの兄弟エドワードが11カ月期間借りを繰り返して牧場経営をメアリに代わって担った、と。ただ、それでは何故に、1874年から81年までを記録する『ダンシャフリン評価簿』において、エドワードではなくて、メアリが占有者であり続けたのだろうか。ジョーンズによれば、11カ月期間

第8章 北東部レンスター・ミーズの大牧畜業

保有地占有者 the occupier of an eleven-month holding は地方税負担占有者としての占有権を持たなかった。[7] リーズランド地番1ａの107エーカー強は依然としてメアリが保持していたが、実際は、1870年代半ば以降、1880年頃も含めて、エドワード・デレイニが、メアリに代わって牧場として経営していたと推測する。

　次は、同じくラトゥーア郡ダンシャフリン教区のデロックスタウン地番3ａの251エーカー強についてである。エドワードの占有地とされている。ギリガンによれば、エドワードは1850年代初めにリースで同地を獲得した（Gilligan, p. 27）。だから、ウェブ版『グリフィス評価原簿』（1854年）による表8－7に出てくるのである。しかし、1874年頃から81年までを記録する『ダンシャフリン評価簿』を見ると、シェリダン Sheridan 家の3人の人物が占有していて、1874年にＴ・マーフィ Murphy からシェリダン家に占有者が代わったと記録されている。1870年代初めか、あるいはそれより以前から、エドワードがこの地の評価簿の占有者からは消えている。ただ、1850年代にリースで獲得したこのデロックスタウンの大きな251エーカー強の牧場経営が、エドワードの肉牛肥育業者としての展開に重要な影響を及ぼしたことは間違いなく、また、かれの11カ月間借地というような方法での短期的利益追求と関わりがなかったと結論できるとは言い切れない。

　ラトゥーア郡にもう一つ牧場がある。ラスレガン教区ポータンである。1854年には地番1ａの99エーカー強の占有者はエドワード・デレイニであった。1874年頃から81年までを記録する『ダンシャフリン評価簿』でもエドワードが占有していた。さらに、同評価簿では、地番2の106エーカー強も、1854年にはＭ・マーミオン Marmion が占有者であったが、1880年にエドワードが同地を入手していると記録している。地番1ａと地番2は地続きで、それらを合わせると206エーカー強の大きな牧場になる。ただ、このポータンの土地についてギリガンは言及していない。同姓同名であっても、別人物であるかもしれない。この点については、上記のデロックスタウンも再度検討の俎上に戻し、そして次のロウワー・ディース郡ノックマーク教区に出てくる

第2部　アイルランド農業の担い手を地域から見る

エドワード、さらに、同郡キルターラ教区のエドワードの後に改めて考えることにする。

　ロウワー・ディース郡ノックマーク教区に出てくるエドワードは、1854年公表の『グリフィス評価原簿』でベッドファンズタウンの地番1a（104エーカー強）を占有する人物として出てくる。このエドワードについてギリガンは次のように述べている。ギリガンは、自らが分析するウッドタウンのエドワード・デレイニの農場会計簿にベッドファンズタウン地番1aへの言及が一切ないために、同地のエドワード・デレイニなる人物はウッドタウンのエドワード・デレイニとは別人物であったかもしれないとしている。しかしこうも述べている。ウッドタウンのエドワード・デレイニの弟マーク Mark が1870年に問題のベッドファンズタウン地番1aを買い取っていると。そしてそれは兄のエドワードがウッドタウンのブリジット・デレイニが占有していた112エーカー強を買い上げた同じ年のことであったとしている。[8]

　どうも、ベッドファンズタウンのエドワード・デレイニなる人物についてのギリガンの説明はわかりにくい。しかし、ギリガンが次のことも紹介していることから本書にとって解明の糸口があるように思える。エドワードの弟マークは、問題のベッドファンズタウン地番1aの104エーカー強を、それを買い取る以前からすでに、41年リースで牧場として経営していたと述べている（Gilligan, p. 25）。そうすると、当該地域の『グリフィス評価原簿』が印刷公表された1854年にはマークが既に同地の占有者であったはずである。では何故、グリフィス評価調査員は占有者をエドワードとしたのだろうか。

　以下は本書の推測である。グリフィス評価調査員は問題の土地はデレイニ家の者が占有していたことは良く知っていた。ただ、実際の占有者は弟のマークであるにもかかわらず、兄のエドワードであると思いこみ、そう記録してしまったと。そう推測すると、エドワードの農場会計簿に同地への言及が一切ないことも頷ける。そして、『グリフィス評価原簿』が記録したエドワード・デレイニはウッドタウンのエドワードであるが、弟のマークとすべきなのを間違って兄と記載したものであると推測できる。

第8章 北東部レンスター・ミーズの大牧畜業

では、同じ、ロウワー・ディース郡キルターラ教区のクロングータリ地番1a（100エーカー強）をエドワード・デレイニなる人物が占有していることについてはどうか。ギリガンは全く言及していない。かれが分析しているウッドタウンのエドワードの会計簿に、ベッドファンズタウンのばあいと同様に、クロングータリに関する言及がなかったと考えられる。しかもクロングータリのばあいには、ベッドファンズタウンに見られた弟マークによる土地購入のようなデレイニ家の動きはなかった。だから、ウッドタウンのエドワードの会計簿を分析するギリガンの視野には、クロングータリが全く入らなかったのであろう。

同じようなことをラトゥーア郡のラスレガン教区ポータンのエドワード・デレイニについても考える必要がある。ウッドタウンのエドワードの農場会計簿には、ポータンの土地に関する記録がなかったのであろう。そのために上記のクロングータリと同じようにギリガンによる考察の視野から抜け落ちたのであろう。というのも、ギリガンは、本書が資料として利用するダンシャフリン選出区の評価簿の、1900年頃と1910年頃に修正されたものを2カ所で利用している[9]。しかし、1854年公表の『グリフィス評価原簿』のポータンには目が向かず、そこに出てくるエドワードを見落としてしまったのではないだろうか。したがってまた、先程指摘した、ポータンの地番1aだけでなく、地番2までもエドワードが1880年に入手していることがわかる1874年頃から81年頃までをカヴァーする同評価簿に目が向かなかったのであろう。

なお、ポータンのエドワードは同姓同名の別人物でなかったのかという問題が残っている。これを判断する資料がない。もちろん、ギリガンが研究した資料にもないのであろう。ただ、ギリガンは、ダンシャフリン選出区にデレイニ家が存在していることには触れている（Gilligan, pp. 39-40）。

さて、本書はどうするか。本書の推測も十分な根拠があるわけではない。まず、デロックスタウンの251エーカー強は1880年頃にはエドワードは占有していない。しかし、エドワードは1850年代初めにリースで同地を獲得している（Gilligan, p. 27）。19世紀後半、デレイニの肥育業者としての経営拡大に

デロックスタウンの251エーカー強が深く関わったことは確かである。ノックマーク教区のベッドファンズタウン地番１ａの104エーカー強はどうか、弟マークの牧場であったので、エドワードの経営対象ではなかったが、エドワード一族の牧場群の一翼を担っていた。

ポータンとクロングータリは断定的なことは言えない。デレイニ家に関する豊富な資料を渉猟しているギリガンの視野に入っていないことを理由に、一応は除外する。しかし、補足的に触れる。同姓同名であるが、別人物のエドワード・デレイニであるとはっきりと結論は出せないからである。

以上、本書が対象とするエドワード・デレイニが占有する牧場群は、1880年頃、はっきり判明しているものとしては二つのタウンランド、すなわち、ウッドタウン（アッパー・ディース郡クルモリン教区）とリーズランド（ラトゥーア郡ダンシャフリン教区）に分散する牧場群から成っていて、合計ほぼ609エーカー（建物も含めた評価額573ポンド強）であった。この面積規模と評価額は1854年公表の表示の『グリフィス評価原簿』のものであるが、80年頃にあっても大きな変化がないと考える。しかし、デレイニ一族の牧場群を考慮するなら、80年頃にあっても、弟マークが経営するノックマーク教区ベッドファンズタウンもそれを構成する牧場であった。また、『グリフィス評価原簿』の1854年時点ではエドワードが占有していたデロックスタウン（ダンシャフリン教区）も、19世紀後半のデレイニ家の肉牛肥育経営の展開に重要に関わったと言える。これらの他に、ポータン（ラトゥーア郡ラスレガン教区）の206エーカー強（評価額203ポンド）とクロングータリ（ロウワー・ディース郡キルターラ教区）の100エーカー強（評価額83ポンド）も関わっていたかもしれない。[10]

◆広範囲に散らばる多数のフェアでの家畜買付け、肥育、売却

600エーカーを超える（デロックスタウンも加えれば850エーカーを優に超える）エドワード・デレイニ牧場群の経営内容を見る。ギリガンは、無作為と断って、1868年から69年、1890年から91年にかけての二つの時期において、デレイニが牛などを買付けたフェアを明らかにしている（Gilligan, p. 29）。情報は統一されていないが、これを表示したのが表８-８である。これ自体が経営

第8章　北東部レンスター・ミーズの大牧畜業

表8-8　ミーズ県大牧畜業者デレイニの家畜買付け
1868～69年の買付け　ウッドタウン牧場用の牛

訪問期日	フェア・地図番号		県	買付頭数
1868年10月9日	バリナスロー	10	ゴールウエイ	牛33頭
1869年4月1日	ラトゥーア	1	ミーズ	5フェア80頭
同　4月21日	トゥラ	13	カーロー	
同　4月25日	モアテ	8	ウエストミーズ	
同　5月3日	グラナード	4	ロングフォード	
同　5月16日	ストロークスタウン	6	ロスコモン	

1890～91年の買付け　大きくなったウッドタウン牧場用の牛と羊

種別	訪問期日	フェア・地図番号		県	買付頭数
牛	期日無記入 右記フェア順次訪問 2度訪問のフェアも	バリナスロー	10	ゴールウエイ	30頭
		サマーヒル	2	ミーズ	1頭
		ロスコモン	7	ロスコモン	20頭
		アスローン	9	ウエストミーズ	8頭
		キルケニ	14	キルケニ	10頭
		ロスコモン	7	ロスコモン	29頭
		モアテ	8	ウエストミーズ	18頭
		バリナスロー	10	ゴールウエイ	20頭
		ゴールウエイ	11	ゴールウエイ	8頭
					計144頭
羊	1891年4月7日	マリンガール	3	ウエストミーズ	68頭

リーズランド牧場用の牛82頭

訪問期日	フェア・地図番号		県	他
期日無記入	ロッホレー	12	ゴールウエイ	—
	ストロークスタウン	6	ロスコモン	2度訪問
	リートゥリム	5	リートゥリム	—
	モアテ	8	ウエストミーズ	—
	バリナスロー	10	ゴールウエイ	—

注）初出の地名がいくつもある。カタカナ表記が間違っている可能性もあるので、原語を表記しておく。
　　トゥラ Tullow、モアテ Moate、グラナード Granard、ストロークスタウン Strokestown、サマーヒル Summerhill、ロッホレー Loughrea
出典）Gilligan, op. cit. p. 29.

第2部　アイルランド農業の担い手を地域から見る

実態をよく表している。

　家畜の買付けは、ギリガンによれば、エドワード自身がおこなっていたようである。まず、1868～69年の買付けである。既に確認しているように、この時点の買付けはウッドタウンの地番6ab（179エーカー強）の、父の代からデレイニ家本拠であった牧場のための買付けと考えてよい。例年、バリナスローから始まった。ギリガンはこう述べている。「かれ（デレイニ）は毎年10月の早い時期に大バリナスロー・フェアを訪れて、家畜買付けを始めた」と。1868～69年の買付けは、1868年10月9日のバリナスローでの33頭の牛の買付けで始まった。それに続く買付けは翌年4月から5月にかけてであった。残念ながら、牛の買付け頭数はフェアごとには明らかにされていないが、80頭に上った。

　合計すると100頭以上のこれらの牛は1869年の夏から秋にかけて肥育され、その年の終わりまでに売却された。この秋には次の買付けが始められた。

　次は1890～91年の買付けである。まず、規模が500エーカー以上に大きくなったウッドタウン牧場のための牛の買付けである（表8-7のウッドタウン地番5aのBrett農場が加わる）。こちらの記録ではフェアごとの買付け頭数はあるが、買付け日付はない。ただしかし、叙述された順番はおそらく日付順を表しているのであろう。最初のバリナスローは1868～69年の買付けと同様に10月であったと考えられる。規模が大きくなったウッドタウン牧場のための牛買付け回数は1868～69年の6回にたいして9回と増えた。買付け頭数を合計すると144頭となる。1868～69年に比べて多くなっている。

　1890～91年の買付けにはリーズランド牧場用が加わる。日付もないし、フェアごとの買付け頭数もないが、1年を通して6度の買付けで（ストロークスタウンには2度）82頭の牛が買付けられた。

　1890～91年は、ウッドタウン牧場用とリーズランド牧場用を合わせて、15度もフェアに出向き、合計226頭（144頭＋82頭）もの牛が買付けられた。

　なおその上に、ギリガンによれば、少数であるが、冬期の舎飼い肥育をしていた。12頭から20頭の牛が11月に買付けられ、翌年2月に売却されている。

第8章　北東部レンスター・ミーズの大牧畜業

　この冬期舎飼いによる肥育での取引は利益が大きかったのか、ギリガンは好調な年は100ポンドもの利益をもたらしたと紹介している（Gilligan, p. 29）。

　ただ、冬期舎飼い用の牛の買付けは11月とされているにもかかわらず、1868～69年買付け記録には11月が入っておらず、1890～91年ではそもそも日付が紹介されていない。これは残された資料が不完全なために生じたのであろう。しかし、エドワードが舎飼い肥育をしていた事実は、メイヨーのシムソン農場を見てきた本書にとって大変興味深い。シムソンはミーズでは草地放牧だけで十分な肥育ができるほど草が良いと証言している[11]。そのような優れた放牧地に恵まれたミーズにあっても、エドワードが少数の牛であるが舎飼いをしていた意味は、上に紹介したように、大変利益が上がったからということであろうか。

　なお、舎飼い肥育をやっていたことから、ギリガンは「耕作をしている証拠は一切ないが、若干の牧草が刈り取られ、冬季給餌のための乾草として蓄えられていたようである」（Gilligan, p. 29）と述べている。

　以上の牛の他に、エドワードは10月にバリナスローを訪れる機会を利用して羊の取引にも手を伸ばしていた。同地のフェアで100頭に上る去勢雄羊を買い、翌年の5月と6月に売ったが、稀に1頭当たり1ポンド以上の利益を上げることがあった。4月、去勢雄羊を全部売り払う直前、まだ毛を刈り取ったことのない1歳くらいの羊 hogget を平均して50頭買い入れ、肥育した上で、7月から12月まで徐々に売却した。この春の若い羊を買付けるフェアについてであるが、1891年では4月7日にマリンガールで68頭購入されている。なお、羊毛の販売も利益を押し上げていた（Gilligan, p. 29）。

　1868～69年と1890～91年は、先に断っておいたように、ギリガンが適当に選んだと述べているものである。デレイニの家畜買付けのためのフェア巡りはもっと他のフェアにも及んでいたかもしれない[12]。そして、かれが購入した中に、ローガンが描いたドゥローヴァーたちがアイルランド南西部から運んできた肥育素牛も含まれていたかもしれない。

　表示14カ所のフェアを地図8-3に示した。随分と広範囲である。

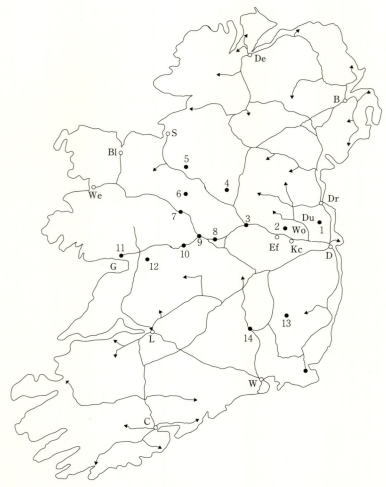

1〜14　　買付けフェア（表8-8の番号）
アルファベット　町、村、市の略記号
―――　　1870年代鉄道路線

地図8-3　デレイニの家畜買付けフェア

第8章　北東部レンスター・ミーズの大牧畜業

　表示のフェアは黒丸●で示してそれに番号を付した。北は5番のリートゥリム、西は11番のゴールウエイ、南は14番のキルケニ、東は近くの1番のラトゥーアであるが、エドワード・デレイニの家畜買付が実に広範囲に及んでいたことがわかる。1868～69年と1890～91年以外の時期の買付けのフェアではもっと遠くのものがあったかもしれない。

　地図には本章が焦点を当てている、エドワードの本拠地であるウッドタウン・タウンランド（Wo）とダンシャフリンの町（Du）も記入した。主な都市や町も書き込んだ。Dはダブリン、Drはドゥラハダ Drogheda、Bはベルファスト、Deはデリー、Sはスライゴ、Blはバリナ、Weはウエストポート、Gはゴールウエイ、Lはリムリック、Cはコーク、Wはウォータフォードである。ゴールウエイはデレイニが訪れたフェア（11）でもある。

　実線は1870年代後半における鉄道路線を示している。エドワードが1860年代末にも各地のフェアで牛などを買付けた時、ほぼこれらの鉄道路線があったと考えてよい。

　ここで断っておくのが良いことがある。後段でも述べるが、鉄道が導入され、路線が拡充されるにつれて、牛などの家畜の移動は鉄道に依存する度合いが深まっていったと思われるが、依然として道路を利用した移動が大きな役割を果たしていた。実際、地図には鉄道路線からかなり離れたフェアも記入されている。少なくとも郵便道路を地図に書き込むことも考えたが、そうすると盛り込む情報が多過ぎてしまう。ただ、前出のミーズ県の地図（地図8-1）には1830年代の郵便道路だけは書き込んだ。

(b)　家畜の搬入と出荷——鉄道利用か、家畜に歩かせるか

　エドワードなどミーズ大牧場主は地図8-3のフェアで購入した牛などをどのようにしてミーズ県の自分の大牧場に運んだのであろうか。まず、ギリガンが言うところを聴こう。

　ギリガンは、P・コラムの詩 A Drover の第一連（本書第2章3節に引用）を引いた後にこう述べている。

（詩は）ドゥローヴァーたちによって牛がフェアから長い距離を運ばれていたことを示している。ドゥローヴァーたちはデレイニの時代でも依然として生活の資を稼いでいたが、デレイニの会計勘定は鉄道がすでに広範に及んでいる時に始まっていて、かれは鉄道を家畜輸送のために部分的に利用していた（Gilligan, p. 30）。

　ギリガンはこの後、ミッドランド大西部鉄道がダブリンから西に向かい、1848年までにミーズ県インフィールド（Ef）やヒル・オブ・ダウン Hill of Down まで開通し、さらに、1851年に、ゴールウエイ県のバリナスローやゴールウエイに延伸したと述べたうえで、同鉄道のインフィールドとキルコック（地図8-1、8-3の記号 Ef と Kc）がデレイニたちミーズの多くの牧畜業者にとって、西部で買付けた牛たちを下車させる主な駅となっていたとしている。そして、「キルコックはウッドタウンから10マイルも離れていなかったので、キルコックまで家畜を鉄道輸送し、そこから本拠の農場まで家畜を歩かせることが意味をなした」とまで述べている（Gilligan, p. 30）。

　ギリガンが述べていることから、エドワードは西部のフェアで買付けた牛などをミッドランド大西部鉄道でミーズまで運んでいたことがわかる。ただ、西部以外も含めて全てのフェアの、全ての牛についてそうだったのだろうか。ギリガンはエドワードが鉄道を「部分的に利用した」（Gilligan, p. 30）とも述べていた。遠距離の家畜輸送もドゥローヴァーに委託する、あるいは、臨時的に雇って、ウッドタウンやリーズランドの牧場まで運ばせるばあいもあったのではないだろうか。本書が第2章で確認したドゥローヴァーの活動範囲は驚くほど広く遠かった。もう少しギリガンと、かれが引用する W・バルフィンの言うところを追うことにしよう。

　鉄道から下車した牛たちはその後、誰がどのようにして牧場に辿り着くようにしたのか。エドワードが西部のフェアで買付けた家畜のばあいのように、道路を歩いて牧場に向かった。というのも、地図8-1に示しているように、当時すでにダブリンからミーズの大牧畜地帯に鉄道が敷設されていたが、それを利用しなかったからである。ギリガンは、これを利用するためには、ダ

第8章　北東部レンスター・ミーズの大牧畜業

ブリンまで牛たちを運び、そこでミーズの大牧畜地帯へ入る鉄道に乗り換えさせねばならず、この方法は採用されなかったと述べている (Gilligan, p. 30)。

さて、それでは一体、誰が牛たちを道路に沿ってミーズの大牧場に運んだのか、この点についてはギリガンの説明は少々はっきりしない。「1900年代後半（1910年近く）に入ってさえ、ドゥローヴァーたちは道路で活躍していた」と述べた後、W・バルフィンの *Rambles in Eirinn* (1920) を持ち出して、「トゥリムとウエストミーズを繋ぐ道路では、ミーズのランチメン ranchmen がバリナスロー・フェアで買ったストア牛を引き連れて行軍していた」とし、それに続けてバルフィンの次の文章を引用している。「<u>あなたがたはキルメサン Kilmessan からバリヴァール Ballivor までの道路では２〜300 ヤードごとにドゥローヴァーたちとやりあわねばならないでしょう</u>」と (Gilligan, p. 30)。なお、キルメサンはトゥリムの東方、バリヴァールはトゥリムの西方で、いずれもさほど距離はない。

この後で本書もバルフィンを取り上げるが、ギリガンはバルフィンの主旨から外れて引用しているようで、そのために明瞭さを欠きながらも、次のことははっきりと言っている。

ミーズの大牧畜業者たちは各地のフェアで仕入れた牛などを、かれらが雇ったミーズのランチメンに自分たちの牧場まで運ばせたが、同時に、多くのドゥローヴァーたちもミーズの道路で活躍していたと。

ギリガンをこのように解釈したのはギリガンが上記のことを述べたすぐ後で、次の事実も挙げているからである。エドワードと同じくミーズで大牧場を経営している T・レオナード Leonard の事例である。かれはバリナスローで羊を買付け、ミッドランド大西部鉄道のバリナスロー駅で羊たちを積み込もうとしたが、列車の到着が大幅に遅れてしまった。レオナードの男たち Leonard's men はインフィールド駅 (Ef) で予定時刻通りに羊を運んでくるであろう列車を待つが、やって来ない。列車が到着したのは丸１日経ってからであったと (Gilligan, pp. 30-1)。ここでギリガンはレオナードの男たちと述べている。ミーズの大牧畜業者たちが自前で家畜を運ぶ人を抱えていたとい

うことをギリガンは語っていると考えられる。そして、ミーズでもドゥローヴァーが依然として活躍していたことも、ギリガンは触れている。この点を描いたのがバルフィンである。

　バルフィンのドゥローヴァーの描写が面白い。かれは1864年にオファリ県ビョル Birr で生まれたが、1884年に兄とともにアルゼンチンに移民した。かれらはパンパス pampas（南米の草原地帯）の大牧場 ranch に雇われた後、やがて自ら大牧場を経営するようになるが、バルフィンは勤勉で堅実な生きざまの、先住民インディオとスペイン人の混血のカウボーイであるガウチョ gaucho たちを高く評価するようになった。そんなかれが1902年、生まれ故郷アイルランドを自転車で旅してドゥローヴァーに遭遇した。その折の旅行記が Rambles in Eirinn で、こう記している。

　　大コナハト・フェア（バリナスロー・フェア……引用者）で仕入れた牛はアスローン経由でヒル・オブ・ダウンかインフィールドまで鉄道で運ばれる。そこから牛たちは群れを成してトゥリムやナーヴァンへとつづく道路に沿って大牧場に向かって行軍する。（中略）牛たちを預かっている男たちは非常にタフな心の資質を与えられている。（中略）かれらドゥローヴァーはその時、道路の支配者 lords であり、親方 masters であって、かれらはそのことをよく承知している。かれらは牛の群れの間に皆さん（バルフィンは you をよく使う。読者に向かって語っている）のために通り道を開けることはしない。（中略）忙しい時は、自転車などで旅する人たちにはいくぶん迷惑顔をする。（中略）もし皆さんがかれらに文句を言えば、かれらは皆さんに辛辣なことを言うであろうし、もし皆さんがやり返すなら、かれらはこれ以上ない、ぞっとする人身攻撃の言葉を使うであろう。もし皆さんが攻撃的になれば、皆さんは闘わねばならなくなるだろう。そして皆さんが闘うばあい、かれらをさんざんにやっつけるか、さもなくば、さんざんにやっつけられることになるだろう。しかし、かれらに関わって皆さんがご自身を喧嘩ばやいやり方に掛り合うのは馬鹿げたことであり、疲れることであり、極めて危険なこと

第8章　北東部レンスター・ミーズの大牧畜業

であろう。というのは、牛の群れがたくさん行軍していて、<u>あなたがたはキルメサンからバリヴァールまでの道路では2〜300ヤードごとにドゥローヴァーたちとやりあわねばならないでしょう</u>。<u>you will have to fight drovers at every two or three hundred yards of the road from Kilmessan to Ballivor</u>。[13)]

　引用の最後は原文も付しておいた。先に見た、ギリガンが引いた文章である。引用文中でも触れたが、バルフィンが盛んに使う you は読者にたいするもので、「皆さん」「あなたがた」と訳した。ギリガンはミーズのランチメン Meath ranchmen を出した後で、上記下線部を引用し、you が Meath ranchmen を指しているかのようにしている。ギリガンに明瞭さを欠くとしたのはこのためである。Meath ranchmen 牧場労働者はバルフィンの上記引用文に出てこない。ギリガンはバルフィンのコメントにこの言葉があるかのように書いているが、そうではなかった。先に触れたように、ギリガンには、ミーズでもドゥローヴァーたちが活躍していたが、ミーズの大牧場主たちは自前の家畜運び労働者を抱えていたことが資料からわかっていたことから、このような形のバルフィン引用となったのであろう。

　バルフィンは1902年に生まれ故郷に帰り、アイルランド中部地方を中心にアイルランド製の自転車で旅した。この時、牛の群れを引き連れるドゥローヴァーたちがミーズの道路でも支配者ぶりを示していたことを描いている。アルゼンチンのガウチョを念頭に置きながら、少しばかり批判的に描いている。

　道を辿った最大数の家畜の移動についてドゥローヴァーに焦点を当てて垣間見た。19世紀後半の鉄道時代になっても道路を使った移動が大きく、移動の主役はドゥローヴァーたちが担っていた。しかし、鉄道も大きな役割を果たし始めていたし、ミーズの大牧畜業者は道路と合わせて鉄道も利用していた。この鉄道利用の牛をはじめとする家畜の移動・輸送は後段で再度見ることにする。その前に、エドワードが買付けた牛たちの輸送について本書の大胆な推測を述べよう。

エドワードは西部のフェアで買付けた牛などを鉄道で運ぶことが多かった。地図8-3を見ると、ミッドランド大西部鉄道の沿線にいくつもエドワードが出向くフェアがある。牛たちは乗り換えることなしにキルコックに辿り着くことができた。ただし、少々沿線から離れているフェアもある。グラナード（4）は別の路線の方が近く、それを利用すれば、ミッドランド大西部鉄道に乗り換えねばならない。そのうえにグラナードはミーズ県にも近く、家畜を歩かせてウッドタウン（Wo）の牧場に連れていく方が良かったのかもしれない。

その他に、エドワードが家畜買付けで訪れるフェアにはトゥラ（13）やキルケニ（14）もあった。ミッドランド大西部鉄道と違う路線の鉄道を利用しようとすれば、乗り換えは1度では済まない。トゥラは沿線から少々離れてもいる。

断定できないが、エドワードは、鉄道も利用したが、ドゥローヴァーにも頼ることが多かったのではないか。ギリガンはエドワード自身がフェアに出向いて買付けをしたと述べている。フェアでどの牛や羊を買うのか、エドワードの目利きが欠かせなかったのであろう。しかし、買付けた家畜を鉄道に乗せる、走行中の家畜に目を配る（これはやらなかったかもしれない）、キルコック（Kc）に着いたら、家畜を下車させ、ウッドタウン（Wo）まで連れていく。鉄道駅に近いフェアであればよいが、少々距離があるフェアもある。家畜を歩かせて鉄道駅まで運ばねばならない。

エドワードが買付けた家畜をミーズの牧場まで運ぶことを自ら担うことができないばあいもあったと考える。表8-8の1868～69年の買付けに、1869年4月21日トゥラ（13）、そして、その直後の4月25日モアテ（8）となっている。エドワードがトゥラで買付けた牛を鉄道で、あるいは道路で、あるいは両方を交えてミーズの牧場に連れて帰り、その足ですぐにモアテのフェアに出向くことがはたして可能であったのだろうか。

エドワードは鉄道を利用するばあいでも、遠い自分の牧場までの家畜輸送をドゥローヴァーに委託する、あるいは短期間かれらを雇っておこなったこ

第8章 北東部レンスター・ミーズの大牧畜業

とがあったのではないか。なにせドゥローヴァーは家畜運びの専門家であった。

舎飼い肥育は別にして、主力の放牧肥育の牛は、10月のバリナスロー (10) を皮切りに、翌春の各地のフェアで買付けられ、夏から秋にかけて肥育されて、その年のうちに市場に出された、これがギリガンによって明らかにされたエドワード牧場の歳事の基本であった。とすると、牛の買付けから、夏から秋にかけての放牧肥育まで相当の期間があった。急いで家畜をウッドタウンの牧場に運び込む必要性はあまり高くなかった。余裕をもってドゥローヴァーに頼ることもできた。というのも、本書第2章で見たように、ドゥローヴァーは家畜運びの専門家であったと同時に、家畜を痩せさせることなしに、いや、家畜の健康状態を良好にしたままで目的地に辿り着かせる、相当優秀な飼育家でもあった。

エドワードが自分の子供たちに頼った可能性ももちろんある。ギリガンによれば、エドワードは1858年にメアリ・バリー Mary Barry と結婚し、かれら夫婦は1859年に長男ウイリアム、60年に長女 Lucy ルーシ、62年に次女ブリジット、64年に次男アンドゥルー、66年に三女マーガレット、そして、69年に三男エドワード・ジュニアを儲けている (Gilligan, p. 28)。1890～91年の買付けには子供たちが同行している可能性がある。牧場の経営に決定的に重要な家畜の目利きの経験を積ませるためにも必要だったのではないか。

しかし、家畜の輸送に子供たちが責任を負ったと考えられるだろうか。エドワードに同行するばあいには子供たちが責任の一端を担うことができても、責任全部を背負うことには相当の経験を積む必要があった。

ところで、先に触れたレオナードの男たち Leonard's men のような労働者をエドワードは雇わなかったのだろうか。ギリガンが分析したエドワード牧場の会計資料は雇用労働者についてあまり語っていないようである。ただ、ギリガンは牧夫についてはしばしば言及している。しかも、ウェブ版『グリフィス評価原簿』には、ウッドランドの3農場（後に入手するブリジット農場とブレット農場も含めて）にはそれぞれ牧夫住宅があったことが記録されてい

る。牧夫が家畜の輸送に関わったのだろうか。かれら牧夫が既に牧場で飼っている家畜を残して、遠いフェアなどに出向くなどは到底不可能であっただろう。牧夫が家畜の面倒をみているが故に、エドワードは頻繁に買付けで遠出ができたと考えるべきであろう。

エドワード・デレイニをはじめとするミーズの牧畜業者による出荷を見よう。かれらの出荷先に、アイルランドの最大の食肉消費地であり、最大の家畜輸出港であるダブリンと、ドゥラハダがあった。

ダブリンとベルファスト、それにコークは、アイルランドの三大都市であり、三大港湾都市であった。だが、こと家畜輸出に関しては、ドゥラハダや、既に見たデリーなども決して引けをとることはなかった。

ドゥラハダは特にダブリンに次いで肥育牛の輸出が大きかった。第3章の表3-19で明らかにしているが、1877年のアイルランドからブリテンへの肥育牛の輸出は246,700頭であったが、そのうちダブリン港からが圧倒的に多くて149,198頭に上った。それに次いでドゥラハダ港48,009頭、ウォーターフォード港15,608頭、さらにベルファスト港11,581頭と続いたが、その後は四桁の輸出頭数になっていた。アイルランドは肥育牛よりも半ば肥育されたストア牛の大ブリテンへの輸出が大きかったことが最大の特徴であるが、この特徴に逆らって、1877年、ストア牛より肥育牛を多く輸出した港はわずか6港であった。しかしそのうちにはほとんど同じというべき2港が入っている。これを除くと、4港に過ぎなかった。その中で、ダブリンに次いでドゥラハダが肥育牛輸出で抜きん出ていた。それもそうであろう。ドゥラハダは、アイルランド肉牛肥育業の最大の中心地ミーズの海への出口の一つであった。

さてドゥラハダ以下のアイルランド家畜輸出港は航路が多くても三つだけで、家畜たちが大ブリテンのどの港に向かったのか一目瞭然である。ドゥラハダからはミーズなどで仕上げられた肥育牛が、グラスゴウにも向かったが、大量にリヴァプールに向かったことは間違いない。

ドゥラハダで注目すべきことがもう一つある。羊の輸出がダブリン229,066頭の2分の1、116,825頭であったとはいえ、他の輸出港に比べて大変規模

第8章　北東部レンスター・ミーズの大牧畜業

が大きかったことである。ドゥラハダの後背地が先ほども述べたように、ミーズという肉牛肥育の大中心地であることにのみ目がどうしても向くので、あえて触れておいた。

　さて、ドゥラハダは第2章で述べているが、早い時期にダブリンと、あるいはベルファストと大北部鉄道で繋がった。しかも図8-1に見られるように、ドゥラハダはミーズ県内の牛や羊の肥育が盛んなナーヴァンやケルズなどとも大北部鉄道支線により鉄道で繋がった。こうしたドゥラハダに多くの家畜が鉄道で運ばれドゥラハダ港からブリテンに輸出された。だが問題もあった。第一に、鉄道網は何といってもダブリン中心に収斂される形で形成されていった。ミーズ県内部にあってもそうだった。本章が分析の焦点にしているダンシャフリン郡やアッパー・ディース郡など肉牛肥育をはじめとする牧畜の中心地域だけでなく、ドゥラハダと大北部鉄道支線で繋がるナーヴァンも含めて、ミーズ県内陸部をダブリンと直結させるダブリン・ミーズ鉄道 the Dublin & Meath R. が1862年に開通した。家畜輸送をめぐって鉄道会社間の競争もあった[14]。

　もう一つ、鉄道と連携したドゥラハダ港からの家畜輸出に大きな難題があった。マクニールのいうところを聞こう。「ドゥラハダはアイルランド東部海岸で唯一、波止場に鉄道引き込み線 railway sidings をもっていないという重大な問題を抱えた港である。これは波止場とダブリン・ベルファスト幹線鉄道との間にかなりの程度の標高差があるためである[15]」。

　だが、この難題はドゥラハダ港からの家畜輸出を押しとどめるものではなかった。バルフィンが実際に目撃したように、牛と羊の肥育がアイルランドで最も盛んであったミーズでは、牧場を行き交う家畜の群れに満ち溢れていて、「レオナードの男たち」のようなミーズの大牧畜業者自前の「家畜運び人」だけでなく、アイルランドの道路の「支配者」であったドゥローヴァーたちが家畜の移動で活躍していた。また、第2章で述べたように、ドゥラハダ港はミーズ県の肥育牧場から家畜が歩いて移動できる範囲の距離にあった。

第2部 アイルランド農業の担い手を地域から見る

1) タラの丘とそこに連なるアイルランドとアイルランド史について高橋哲雄が興味深い描写をしている。『アイルランド歴史紀行』筑摩書房、1991年、220-22頁（ちくま学芸文庫、1995年、239-241頁）。

2) ミーズ県についての研究は日本でもおこなわれている。第7章注7で取り上げた松尾太郎『アイルランド農村の変容』(1998年)、第5章「近代アイルランド先進地農村における土地保有の推移——ミーズ州ベクティヴ、ラテン教区」と、清水由文の大著『アイルランドの農民家族史』(2017年)、第8章「20世紀初頭におけるアイルランド・ミーズ州の世帯構造」がある。松尾と清水の両研究とも史資料を丹念に分析したもので、重要な資料の存在とその分析のやり方等々本書は大いに学んでいる。ただ、松尾の研究は章のタイトルからもわかるように、西部メイヨー県アキル島の「停滞」と対比したミーズ県農村の「先進」「近代化」を明らかにしようとするものである。その際の鍵は共同体的土地保有と血縁的紐帯の残存の有無に置かれている。清水の研究はどうか。本書著者が『エール』（日本アイルランド協会、2019年3月）に清水『アイルランドの農民家族史』にたいする書評を寄せているのでそちらを見ていただきたいが、一言加える。清水の研究も松尾によく似た地域比較に重きを置いているが、「19世紀～20世紀初頭では、核家族システムから直系家族システムへの変化が地域差と時間差があるにもかかわらず、確実にその存在」(366-67頁)を実証するものである。その際、階層差にも着目し、「農民」と「労働者」、そして「農民」については農地保有から見た「小規模農」（メイヨー県）と「中規模農」（クレア県）、それに「大規模農」（ミーズ県）の家族の在り方の違いを明らかにしている。生（生命 life）の生産と再生産の在り方の変化に究極的課題を持つ経済史研究にとって大変示唆に富むものである。

3) Jim Gilligan, *Grazers and Grasslands Portrait of a Rural Meath Community 1854-1914*, Dublin, Irish Academic Press, 1998, p. 27.

4) 清水由文がこう述べている。「農民階層間において分業関係が認められ、とくに零細土地持ち労働者が、大規模農における商業的牧畜化における雇用労働力になったといえる」と（前掲書310頁）。ただ、同種の叙述も散見されるが（369頁等）、どの資料で実証しているのかわからない。

5) Jim Gilligan, *op. cit.*；ギリガンに先立って、デレイニなどのミーズ県大牧畜業者の経営内容を明らかにした研究がある。W. E. Vaughan, Farmer, grazier and gentleman : Edward Delany of Woodtown, 1851-99, *Irish Economic and Social History*, IX, 1982；D. S. Jones, *Graziers, Land Reform, and Political Conflict in Ireland*, Washington D. C., Catholic University of America Press, 1995がそれらである。これら研究にも本書は依拠する。

清水由文もギリガンに注目している。そして独自に農業統計を駆使して、ミーズ県の教区連合 Poor Law Union（清水は救貧区）別の、農地規模別の分析をおこな

第8章　北東部レンスター・ミーズの大牧畜業

い、ダンシャフリン（清水はダンショーリン）を際立たせている。本書は、清水から多くを学んだが、地域間の相違、対比に焦点を置くのではなく、家畜、特に肉牛の移動、流通に着目して、地域間の相互依存関係、分業関係を明らかにすることに主眼を置いている。清水前掲書、第8章。

6）Gilligan, *ibid.*, p. 28.
7）Jones, *op. cit.*, p. 123.「いずれの時点においても、11カ月期間保有地占有者は正式のテナント権 formal tenancy を、あるいは法的権利 legal interest を主張することができなかった。この点は、11カ月期間保有の占有者が若干のケースで書面契約を取り交わすことさえしなかったという事実によって明らかにされた。地主はいつも法律上、地方税負担占有者として possession 占有権を保持し、利用者は単に一時的占拠者とみなされた」。

　なお、ジョーンズは、エドワードが1872年にリーズランドの242エーカー（評価額182ポンド）を一時的に借りたと述べている（p. 16）。かれは典拠として A return of untenanted lands in rural districts, p. 172, *H.C. 1906（250）, c. 177.* を挙げている。

8）Gilligan, *op.cit.*, p. 29.
9）Gilligan, *ibid.*, p. 35（note 45）, p. 39（note 2）.
10）ヴォーンはウッドタウンの二つの home farm に Brett 農場を加えたものだけを挙げてこう述べている。「1881年、面積と評価額の双方の条件でエドワード・デレイニはミーズにおける最大規模の農民の一人であった」と。W. E. Vaughan, Farmer, grazier and gentleman : Edward Delany of Woodtown, 1851–99, *Irish Economic and Social History*, IX, 1982, p. 54.
11）Minutes of Evidence taken before Her Majesty's Commissioners on Agriculture, *P.P. 1881〔C. 2778–I〕* vol. XV, pp. 396–409.
12）ヴォーンはフェアの中にキネガド Kinnegad（ウエストミーズ県、ミーズ南西端県境）も入れている。W. E. Vaughan, *ibid.*, p. 55.
13）W. Bulfin, *Rambles in Eirinn*, Dublin, Gill & Son, 1920, 7th impression, pp. 82–83. 1902年に始まるこの自転車旅行記は、ブエノスアイレスで発行されている *The Southern Cross* に順次発表され、後には、*The United Irishman* 等にも発表されたが、1907年、ダブリンで M. H. Gill & Son から出版された。本書が利用したのは同社が1920年に再刊したものである。バルフィンと *Rambles in Eirinn* については上記1920年版の Sean Ghall（P. J. Kenny）による preface と、*Dictionary of Irish Biography* Vol. 1, Cambridge, Royal Irish Academy, 2009の他に、以下の Web サイトも参照した。

　なお、この後の本文におけるバルフィンへの言及もこれらの文献、資料に依った。
〈https : //www.irishtimes.com/culture/heritage/rambles-in-ireland-and-argentina

-1.1612159〉〈http://www.irishidentity.com/geese/stories/bulfin.htm〉〈http://www.ricorso.net/rx/az-data/authors/b/Bulfin_W/life.htm〉（参照2024-9-7）
14) S. Johnson, *op. cit.*, pp. 92, 96. 大北部鉄道支線のナーヴァンの旧駅が1844年、新駅が1855年に開設。この1855年、ボイン川高架橋が完成し、ダブリンとベルファストが鉄路で繋がり大きな難所が解消する。
15) D. B. McNeill, *Irish Passenger Steamship Services, Vol. 2 : South of Ireland*, p. 63.

第 3 部　ブリテン資本主義下のアイルランド農業と農村

第9章
19世紀後半アイルランド農業を担う人たち

　第5章から第8章まで、マンスターからアルスターへ、さらに、コナハトからレンスターへ、地域の農業を担う人々にできる限り接近しようとした。その際、6地域、すなわち、リムリック県キルマロック選出区（キルマロック教区連合）、コーク県ニューマーケット選出区（カンターク教区連合）、デリー県ドゥレイパーズタウン選出区（マヘーラフェルト教区連合）、ドニゴール県レック教区（レターケニー教区連合）、メイヨー県バリナ選出区（バリナ教区連合）、そして、ミーズ県ダンシャフリン選出区（ダンシャフリン教区連合）では、各地域の地方税課税不動産評価簿と1871年センサス教区連合職業分類データを利用して、当該地域の農民層分解と農業雇用労働者依存度合について明らかにしてきた。これらの地域分析をまとめることにしよう。

第1節　地方税評価簿と1871年センサスによる地域分析のまとめ

　第4章「1870年代における農民層分解の全国的分析」第2節「農地規模による経営内容の相違と分業」において、一片一片の農地単位の農地規模を基準にした分析の限界を明らかにしておいた。つまり、複数農地から成る農場があるはずなのに、それらは消えてしまう。実際に存在する農場規模の比較はできなかった。そこでグリフィス評価原簿に始まる全国各地の地方税課税不動産評価簿を利用して、複数農地の農場を含む実際の農場規模に基づく農民層分解を明らかにすることをめざした。しかし、評価簿が記録する個々の土地（農地）の占有者の名寄せをやって複数農地から成る農場を探し出すという膨大で煩雑な作業が必要であった。

第3部　ブリテン資本主義下のアイルランド農業と農村

　この膨大な作業が必要なために分析対象地域を絞らざるをえなかった。本書が採用したのは上記6地域であるが、乳肉兼用牛の生産諸段階である、繁殖、子牛育成、半ば肥育、仕上げ肥育に応じた代表的地域を主に選ぶことにした。つまり、アイルランド牛経済は地域的な分業と農場規模間分業が絡み合う形で全国的な展開を遂げつつあったが、この実態に近づこうとしたのである。評価簿は地方税の徴税体制の基本となった貧民監督官選出区（以下、単に選出区とするばあいもある）を単位にまとめられていて、分析のための地域選択もおのずとこの選出区が多くを占めることになった。

　表9-1aと表9-1bは第5章から第8章までにおいて対象とした6地域の分析をまとめたものである。長い地名があるので略記号を用いた。表9-1aでは、キルマロックはリムリック県キルマロック選出区、ニューはコーク県ニューマーケット選出区、ドゥレイはデリー県ドゥレイパーズタウン選出区、レックはドニゴール県レック教区、バリナはメイヨー県バリナ選出区、そして、ダンはミーズ県ダンシャフリン選出区である。表9-1bは、表9-1aの各選出区や教区に対応した、それらを含む教区連合に関するデータで、キルマロックは同名教区連合、カンタークは同名教区連合、マヘーラはマヘーラフェルト教区連合、レターはレターケニー教区連合、バリナは同名教区連合、ダンはダンシャフリン教区連合である。

　評価額規模を三つに大きく分けた。小規模零細額の15ポンド未満と、その対極にある高額100ポンド以上、これら両極の間にあって幅の大きな中位規模の15ポンド以上100ポンド未満の三つである。さらに、これら3群を細分した。15ポンド未満農場のうちの5ポンド未満を別に取り出した。幅の広い15ポンド以上100ポンド未満農場を3グループに、すなわち、15ポンド以上30ポンド未満、30ポンド以上50ポンド未満、50ポンド以上100ポンド未満の3グループである。そして100ポンド以上のうち、200ポンド以上農場を別に取り出して表示した。第8章のダンシャフリン地域などで見たように、300ポンド以上、あるいは400ポンド以上の農場が出てくる地域もある。

　6地域を並べてみると、一見して目に付くことがある。地域によって農民

第9章　19世紀後半アイルランド農業を担う人たち

表9-1a　6地域の評価額規模別農場分布(1870〜80年代)

評価額(£)	キルマロック		ニュー		ドゥレイ		レック		バリナ		ダン	
	実数	%	実数	%	実数	%	実数	%	実数	%	実数	%
15未満	12	12	38	36	216	79	128	55	143	68	65	47
5未満	3	5	14	13	64	24	37	16	34	16	43	31
15〜100	76	75*2	65	61	54	20	100	43	63	30	40	29
15〜30	28	27.7	26	24	43	16	42	18	37	18	14	10
30〜50	20	19.8	17	16	8	3	38	16	19	9	11	8
50〜100	28	27.7	22	21	3	1	20	9	7	3	15	11
100以上	13	13	3	3	2	1	6	2	4	2	33	24
200〜	3	3	1		0		2		2		13	9
合　計	101	100	106	100	272	100	234	100	210	100	138	100
住宅*1	76		8		9		91		34		34	

*1　住宅は農場付属の労働者住宅と推定したものと、特定の農場付属であるかどうか不明確な農村住宅の合計。労働者住宅と明記されているものも加えた。

*2　15〜100を分けた3群の%を四捨五入すると、28、20、28となり、合計が76%となる。それを避けるため四捨五入していない数字のママにしておいた。

表9-1b　6地域の農業雇用労働力依存率(20歳以上男女)　　　　　　(単位：%)

	キルマロック	カンターク	マヘーラ	レター	バリナ	ダン
農業雇用労働力依存率	184	174	65	77	76	**228**

出典) 1871年センサス。

層分解の状況が随分と違う。ドゥレイ、すなわち、デリー県ドゥレイパーズタウン選出区における15ポンド未満農場の比率が79%と非常に高いことが目に飛び込む。そのうちの5ポンド未満だけを取り出しても24%と比率が高い。同地域における農民層のいわば下層への分解、つまり零落という事態がまずは想定できる。しかし他方、100ポンド以上農場はわずかに2農場であり、50ポンド以上に広げても全農場数の2%を占めるにすぎないという状況を加えると、零落したと想定する「農家」が農業内で賃仕事など収入を補充する

ことが困難であったと考えられる。この点は、表9-1bでドゥレイパーズタウン選出区が含まれるマヘーラ（マヘーラフェルト教区連合）の農業における雇用労働力依存率が65％と、6地域中最低であることにも示されていると考えてよい。

　ドゥレイパーズタウン地域における農民層の零落化が進行していたことは否定できないが、農地占有からの収入でない、あるいは、農業内賃仕事ではない別の収入源があったのではないかと推測される。つまり、ドゥレイパーズタウン（反物業者の町ということか）という地域名からも窺えるように、亜麻栽培を基にしたリネン産業がこの地域に、あるいは周辺地域において盛んであったことが考えられ、反物業関連における農外収入を考察の対象に入れないことには、15ポンド未満農場が79％あるという事態が解明できないと考えられる。ただ既に確認したように、同地区では土地の共同占有が広く見られたが、この点も農業関係の小規模零細性を維持する上で何ほどかの力になったかもしれない。なお、100ポンド以上の農場の数もわずかであり、15ポンド以上100ポンド未満という幅の広い中位規模の農場群も全体の20％という薄い層になっているのも特徴的である。つまり、農民層分解の見地からすれば、中農層が細っている程度がかなり高いと言える。

　15ポンド未満農場の比率が高いという点でこのドゥレイパーズタウン地域、マヘーラフェルト教区連合に似ているのは、いずれもアイルランド西部に位置するドニゴール県レック教区地域（レターケニー教区連合）とメイヨー県バリナ地域（バリナ教区連合）である。両地域とも50％を軽く超す農場が小規模零細群にある。この点では確かに両地域ともドゥレイパーズタウン地域に似ているところがあった。しかしよく見ると違っていた。

　アイルランド北西端ドニゴール県のレック教区地域はレターケニーとデリーに挟まれた「豊かな」ラガン地域にあった。中位規模群の農場が43％と未だ厚い中農層を形成していた。既に確認しているように亜麻の栽培が盛んであり、かつ農家が依然として主に担う亜麻スカッチング、すなわち亜麻フラックスからリネンへの第一歩の工程が全国で最も広くおこなわれている豊

第9章 19世紀後半アイルランド農業を担う人たち

かな農村であった。こうした農村部であるレック教区において、100ポンド以上の高い評価額の農場が6件、200ポンド以上だけを取り出しても2件を数える。これらの農場は、中位規模であるが評価額が高い50ポンド以上も加えると全農場の1割を占めている。

　メイヨー県北部のバリナ地域はどうか。15ポンド未満の小規模零細農場が、ドゥレイパーズタウン地域ほどではないが、68％も占めていたし、30ポンド未満まで加えると86％になった。「その他の牛2歳以上」の保有頭数全国一のティロウリー郡の中心地バリナ選出区であっても、農家の多くはやはり貧しかった。では、こうした小規模零細農場の対極に位置する100ポンド以上の大農場に目を転ずるとどうか。第7章で既に見たように、巨大な手作り地主が頂点に聳え立っていた。ノックス-ゴア准男爵 Sir C. J. Knox Gore, Baronet の評価額841ポンドの巨大農場がそれである。本書は土地所有の側面からの分析は捨象してきた。アイルランドにおける農業構造を明らかにするのに土地所有は決定的に重要である。本書の姉妹編『アイルランド土地戦争──土地と自由を求めて』（仮題、刊期未定）で19世紀後半アイルランドの土地所有構造にメスを入れる。

　さて、5ポンド未満が31％も占めるという点で、また、15ポンド以上100ポンド未満農場が29％と薄い層である点で、ミーズ県ダンシャフリン選出区も先に見たドゥレイパーズタウン地域に似ている。しかし、牛や羊の肥育が盛んなダンシャフリン地域はドゥレイパーズタウン地域とは全く違う状況にあった。100ポンド以上の大牧場が24％にも上る。200ポンド以上を取り出しても1割近くの9％も占めていて、評価額の低い層と高い層にはっきりと両極分解している。評価額の低い層に、100ポンド以上の農場の賃仕事に出向く土地持ち労働者が含まれていたと推測する。表9-1bのダンシャフリン教区連合における農業雇用労働力依存率が228％と大変高いことがこの推測を強く支持している。なお、両極分解の進行の程度が高いのか、中位規模の農場群の比率が29％で、いわゆる中農層がかなり細っていることがわかる。

　100ポンド以上の農場が、ダンシャフリン地域ほどには輩出していないが、

第3部　ブリテン資本主義下のアイルランド農業と農村

全農場の1割以上、13％も占めるに至っているのが酪農の盛んなリムリック県キルマロック選出区である。200ポンド以上も3農場ある。さらには、力がある農民 strong farmers が存在する、中位規模層のうちの50ポンド以上100ポンド未満の農場（27.7％）も加えると40％強になり、こうした強い農民や評価額が高額の大規模農場は家族労働力だけでは対応できず、表9-1bに示されるように農業雇用労働力に頼っていて、184％という高い依存率になっている。

　キルマロック地域のもう一つの大きな特徴は15ポンド以上100ポンド未満の中位規模の農場層が75％と大変分厚い層をなしていることである。しかも15ポンド未満の小規模零細農場が少ない（全体の12％）。黄金の谷という肥沃な土地で酪農が盛んであることに関わって、農民層分解で中農層と位置づけられる農民経営が多数存続していると考えてよい。

　評価額が中位規模の農場層が厚いという点では、隣接するコーク県ニューマーケット選出区がキルマロック地域によく似ている。15ポンド以上100ポンド未満が全農場の61％を占めている。ニューマーケット地域も乳肉兼用種の牛を多数飼育していて酪農が盛んであり、また同時に、肉牛繁殖も盛んで、多数の肉牛子牛を生産し、他地域に供給している。ただ、キルマロック地域と違って、100ポンド以上の大農場の数は少ない。しかし、表9-1bが示しているが、ニューマーケット選出区を含むカンターク教区連合における農業雇用労働力の依存率はキルマロック教区連合に少し劣るが174％と高い。

　こうした中で、リムリックやコークでバター生産の協同組合やクリーマリーが勃興したのであろう。ただ、それらは第3章で触れたように、女子が重要な役割を果たしてきたバターの小規模家内生産をさらに駆逐していくものでもあった。

　さて、6地域だけであるが、こうした複数農地から成る農場を含めた農場評価額規模による農場間格差、農民層分解の分析が初めてできた。

　しかし、本書の分析はまだまだ抽象レヴェルにある。農場評価額15ポンド未満を小規模零細とし、15ポンド以上100ポンド未満を中位規模、100ポンド

以上を高額規模とするだけでは抽象的である。そこで5ポンド未満を別に取り出し、中位規模を15ポンド以上30ポンド未満、30ポンド以上50ポンド未満、それに50ポンド以上100ポンド未満に3分類し、200ポンド以上を別に取り出した。これでもまだまだ抽象的である。そこで、本書が鮮やかな農民層分解像と受け止める同時代人の証言の世界に入ることにしよう。

第2節　ショー・リフィーヴァのアイルランド農民層分解像

　19世紀後半、大ブリテン市場に包摂されていく家畜生産と輸出を中心としたアイルランド農業を担ったのは誰か。第1章「大飢饉後の農業構造転換」と第2章「牛を中心とした家畜の全国的流通」では、大肥育業者のデレイニを全国各地のフェアで家畜を仕入れる事例として紹介することはあったが、アイルランド農業に携わる人たちをいわば一括りにして扱ってきた。しかし、大ブリテン市場目当ての農業がほとんど全ての農業従事者を巻き込みながら全国的に展開する過程は、いわゆる農民層内部に利害の相違や、さらには対立する関係も生起させ、あるいはまた、農業外部の人々との新たな利害関係を生み出す農民層分解の進行をもたらした。

　19世紀後半における農民層分解についての同時代人による恰好の証言と言ってよい分析がある。大変鮮やかなG・ショー・リフィーヴァの農民層分解像がそれである。ショー・リフィーヴァは自由党政治家で、第一次グラッドストン内閣で内務政務次官 the Under-Secretary of State for the Home Department（1871年）に就いたが、1878年にアイルランド土地問題に関する議会特別委員会の議長を務めている（ショー・リフィーヴァ委員会）。ショー・リフィーヴァはアイルランドの農業事情、農村状況に通じる位置にあった。[1]

　ショー・リフィーヴァは1893年、大著『農地保有態様　イングランド、アイルランド、それにスコットランドにおける土地保有に関する法律と慣習、それらの国でおこなわれた近年の改革についての概括 *Agrarian Tenures: A Survey of the Laws and Customs relating to the Holding of Land in England, Ireland, and Scotland and of the Reforms Therein During Recent*

表9-2 ショー・リフィーヴァの1880〜90年代アイルランド農民層分解像

	階層	農場数 人数	経営規模(a=acre エーカー)とその性格			
			規模	面積	評価額・地代	労働力
1	農業労働者[*1]	143,800人	ジャガイモ小地片をコネイカ借地			
2	小規模零細テナント smaller tenant[*2]	365,000人	評価額£10 未満小地片		多くがコッティア 家計補充の賃労働・出稼ぎ	
3	テナント tenant	208,000 農場	平均30a[*3]	総計640万 a	£10〜100	家族+賃労働者1、2名
4	テナント農業家 tenant farmer	32,000 農場	100a以上 平均約200a	総計660万 a	総計£400万	賃労働者
5	特別な事業家		大牧場		総計£200万	経営者不在

*1 *2 コッティア・テナント cottier tenant を多数含む。
*3 総面積640万エーカーを208,000農場で割ると30.8エーカー弱となる。
出典)George Shaw-Lefevre, *Agrarian Tenures : A Survey of the Laws and Customs relating to the Holding of Land in England, Ireland, and Scotland and of the Reforms Therein During Recent Years*, London, Paris & Melbourne, Cassell & Co. Ltd., 1893, pp. 99-102.

Years』を公刊した。表9-2はそこからまとめたものである。

　表9-2はショー・リフィーヴァの1880〜90年代アイルランド農民層分解像を鮮やかに示してくれている。本書がまず評価するのは、同時代人ショー・リフィーヴァが農民層を一括りでなく、五つの階層に分けて見ていたという大変貴重な証言だということである。順番に見ていこう。以下、ショー・リフィーヴァによるとするばあい、表9-2出典と同じ個所からのもので、個々に指摘はしない。

　第1の階層「農業労働者」である。ショー・リフィーヴァによると、かれらは他人の土地で賃金めあてに働き、その多くが通常、一片の菜園もジャガイモ畑も付属しない小屋に住むコッティア cottier である。かれらのうちには、家族の食い扶持を確保するためにコネイカ conacre といわれる猫の額ほど零細な土地を一作期限(11カ月等の1年未満の期間)で、法外な地代で借地し、ジャガイモ栽培ないし牛の飼育をする者が多数いたとしている。[2] なお、

第9章　19世紀後半アイルランド農業を担う人たち

　同時代人のボン M. J. Bonn がこうも言っている。ミーズ県では農場使用人のなかには賃金を牛に投ずる者がいる。雇用主の放牧場で使用人が牛を放し飼いすることをわずかの支払いで認められるからである。農場使用人たちは牛の投機から臨時の利益を生み出していると。[3]

　ボンの叙述も加えて、大変興味深い農業労働者像である。一般に、農業労働者は生産手段としての土地から切り離された、いわば「裸の」労働者と言ってよい。だが、かれらの中にはコネイカを借地する者が多くいたとされている。いわば土地に再結合する者もいたということである。

　コネイカで牛の投機に賃金を賭ける者もいたが、アイルランド農業労働者の多くはコネイカ「借地」でかれらにとって最重要な生活手段、ジャガイモを確保しなければならなかった。コネイカではないコッティアに対する1856年法、労働者の住環境の改善を謳ったアイルランド・コッティア・テナント法 Cottier Tenant (Ireland) Act は、半エーカーに満たない土地が付属した住宅のレント rent は月12シリングを超えてはならないとしている。すなわち、1年の12カ月にすると144シリング、すなわち、7ポンド4シリングを超えてはならないとしているが、何と法外なレントなのだろうか。ショー・リフィーヴァが言うとおりである。

　農業労働者と言っても、その多くは法外なレントでジャガイモ畑を確保しなければならない土地持ち労働者であったが、かれらは第2の階層「小規模零細テナント（小土地保有農）」に連なるものであった。[4]

　「小規模零細テナント」は、ショー・リフィーヴァによれば、評価額10ポンド未満の小地片の保有者である。かれらの多くは、第1の階層の「農業労働者」と同様にコッティアであって、「農地から生活全体を賄うことができず、近隣の農場で労働者として働くか、あるいはイングランドやスコットランドに収穫労働をめあてに出稼ぎに行く」等によって家計を補充していた。

　第3の階層は「テナント」である。ショー・リフィーヴァによれば、平均すると30エーカーの「地代額が10ポンドから100ポンドの間の小規模農場」を経営している。農場経営は家族労働力か、1、2人の賃労働者を雇ってお

こなわれていた。かれらは「アイルランド農業階級の主力 the main body」で、土地法改革で「土地保有の安定 fixity of tenure と裁定地代 judicial rent を確保している今、土地で生活全体を営むことができる農民的土地所有者階級 a class of peasant owners であると考えることができる」と説明している。

第4の階層「テナント農業家」は100エーカー以上の大農場を賃労働者雇用によって経営している。「農業統計が示すところでは、平均して約200エーカーの32,000農場があり、それらの農場面積合計が660万エーカー、地代合計が400万ポンドに上る」。

最後は「特別な事業家 a special class of persons engaged in the business」である。ショー・リフィーヴァによると、かれらが経営するのは、「連合王国の中で最良かつ最高に肥沃な放牧場のいくつかが含まれている大きな放牧農場 the great grazing farms」で、そこでかれらによって、「牛が飼育され肥育されるのである」が、かれらの「ほとんど大半は（放牧農場には）不在である」。「これらの放牧農場全体の年々の価値は約200万ポンドであると評価されてきている」。

最後の「特別な事業家」は一体どういう人々なのか、大変興味が湧く。ショー・リフィーヴァの1880～90年代アイルランド農民層分解像は大変魅力的であり、本書の分析にとって大いなる示唆を与えてくれる。ただ、かれは農業統計に言及しているが、論拠としたデータが何であるのか判然としない。この点について少し触れておこう。

例えば、ショー・リフィーヴァは1881年の農業労働者の数を143,800人とし、91年には118,980人に、すなわち、17％減少としたとしている。センサス年のデータであるから、その年のセンサスを調べてみても、どの箇所にそれが書かれているのかわからない。1881年センサスでは、職業統計に農業労働者（小屋住み農）Agricultural Labourer, Cottager の男性198,379人、女性16,429人とある。男性だけでもショー・リフィーヴァの数を上回っている。男女合計すると214,808人になり、はるかに上回っている。その上に、センサス報告がその多数が農業労働者とみなすことができると説明している一般

第9章 19世紀後半アイルランド農業を担う人たち

労働者 General Labourer の男性131,985人と女性9,738人がいる。また、1891年センサスでは農業労働者（小屋住み農）は男性147,273人、女性9,205人であり、一般労働者は男性113,981人、女性4,909人であって、ショー・リフィーヴァの数をはるかに上回っている。[5] ショー・リフィーヴァがあげた農業労働者数の典拠を探し当てることができない。

　もう少し検討しよう。ショー・リフィーヴァは「小規模零細テナント」を365,000人としている。かれらは評価額10ポンド未満の小地片の保有者と説明している。そこで地方税評価額分類別にデータを整理できる1891年センサスと比べてみよう。農場ではなくて、農地単位であるが、何ほどかの対比はできるであろう（表9-3）。

　評価額10ポンド未満農地は271,690を数える。これら小規模零細農地保有者数は、複数農地を保有する者を考えれば農地数より少なくなるが、他方、共同保有を考えれば保有者数は多くなる。センサスはこれらの農地群に住むのは262,794家族としている。ショー・リフィーヴァの第2の階層「小規模零細テナント」365,000人に少し近づくだけで、隔たりは依然として大きい。なお、センサスの住民数を見ると比べようがないほど大きくなる（129万人強）。

　第3の階層と第4の階層はなおさら、ショー・リフィーヴァの典拠を探すのが大変困難である。両階層とも農場数で示されている。合計すると240,000農場となる。表9-3の10ポンド以上100ポンド未満の農地数199,965と100ポンド以上農地数15,210を合計すると215,175農地数となる。ショー・リフィーヴァの240,000農場の数に近づいてくる。しかし、複数農地から成る農場を考えると、数の差は広がる。

　アイルランド農村事情に通じているショー・リフィーヴァであるので、何らかの方法で調査をしたかもしれない。というのも、かれは地方税評価額ではなく、地代額のデータを第3と第4の階層では示していることからそう考える。アイルランドにおける地代額に関する公的な調査データの存在を本書は知らない。

　さて繰り返しになるが、ショー・リフィーヴァのいう「特別な事業家」に

第3部　ブリテン資本主義下のアイルランド農業と農村

表9-3　1891年評価額別・農地面積別農地数・家族数

評価額分類 （£）	農地数	農地面積別農地数(エーカー)			家族数	住民数
		15未満	15〜100	100以上		
10未満	271,690	190,777	77,813	3,100	262,794	1,294,417
4未満	127,098	106,066	20,128	904	119,268	567,823
10以上100未満	199,965	22,095	160,725	17,145	258,796	1,384,180
10〜30	139,059	20,734	114,003	4,322	157,477	834,173
30〜50	35,333	903	31,033	3,397	51,803	280,766
50〜100	25,573	458	15,689	9,426	49,516	269,241
100以上	15,210	120	1,831	13,259	57,420	299,873
200〜	4,756	14	142	4,600	28,009	143,440
全体	486,865	212,992	240,369	33,504	579,010	2,978,470

出典）Census of Ireland, 1891. Part II. General Report, with Illustrative Maps and Diagrams, Tables, and Appendix, Table 48, Showing by Provinces, the Number of Agricultural Holdings, Classified according to Rateable Valuation, with the Population, Houses, &c., on the Holdings of each Class of Valuation ; also the Number of Holdings according to Size, *P.P. 1892 [C.-6780]* Vol. XC, pp. 170-72.

は興味を惹かれる。経営者が農場に不在としているので、農場監督 farm bailiff と呼ばれるような人が農場経営を任されていたのであろう。大牧場とあるので、かなりの数の牧夫たち労働者が雇われていただろう。農業とは違う別の事業活動をしている人物が、連合王国内で最良かつ、最高に肥沃な牧場で肉牛を飼育し肥育している。アイルランドの肉牛を中心とした家畜生産を何か象徴的に示しているようである。終章でさらに検討しよう。

1）　ショー・リフィーヴァ（1831-1928）が議長を務めた特別委員会の報告がある。Report from the Select Committee on Irish Land Act, 1870 ; together with the Proceedings of the Committee, Minutes of Evidence, and Appendix, *P.P. 1878 (328)*, Vol. XV. ショー・リフィーヴァは2度グラッドストン内閣に入っている。第1次内閣での内務政務次官(1871)は本文で触れた。第3次内閣でも通信大臣 Postmaster-General（1884-85）に就いている〈https://api.parliament.uk/historic-hans

第9章 19世紀後半アイルランド農業を担う人たち

ard/people〉（参照2024-9-7）。

なお、G. Shaw-Lefevre を、拙稿「19世紀後半アイルランドにおける土地所有関係とイギリス地主制度」（京都大学経済学会『経済論叢』第112巻5号、1973年11月）で G. S. Lefevre と間違ってとらえ、ルフェーブルとカナ表記し、拙稿「アイルランドにおける農民層分解と地主的土地清掃」（同上第116巻3・4号、1975年9・10月）では、G. S. ラフィーヴァとしてしまっている。Shaw-Lefevre であると確認し、本書ではショー・リフィーヴァと糺した。大塚高信他編『固有名詞英語発音辞典』（三省堂、1969年）に拠っている。

2）コッティア cottier は何か、大変難しい。本書のこの個所ではもちろんショー・リフィーヴァに従っている。アイルランド貧民の状態に関する王立委員会 Royal Commission on Condition of Poorer Classes in Ireland（1833–36年）による調査報告に Appendix（D.）containing Baronial Examinations relative to Earnings of Labourers, Cottier Tenants, Employment of Women and Children, Expenditure ; and Supplement, *P.P. 1836 [35]~[42]* がある。同報告に拠ってビームズ M. Beames は、大飢饉以前、地域によって違った内容をもっていたとしている。一つは、約10エーカーまでの零細地を中間借地人 middleman より保有する者で、貨幣で地代を支払った。クレア県、リムリック県、ケリー県、ティペラーリ県、ウォータフォード県、それにキングズ県 King's County（オファリ県）の一部で見られた。二つ目は、地代（全てないし一部）を労働で支払うというもので、アルスター地方とレンスターのいくつかの地域や、コナハトの大半で見られた。三つ目は、イングランドの小屋住農 cottager と同じようなもので、仕事や土地の大きさに関係なく、ただ、小屋を占有しているという意味で使われたものである。M. Beames, Cottiers and Conacre in Pre-Famine Ireland, *Journal of Peasant Studies*, II, 1975. なお、ビームズの説明をビュー P. Bew も紹介している。P. Bew, *Land and the National Question in Ireland 1858~82*, 1978, p. 233.

大飢饉後はどうなのだろうか。やはり中身を明らかにするのが難しいが、1856年に制定された Cottier Tenant（Ireland）Act（19 & 20 Vict. C. 56）を紹介しよう。それは労働諸階級への改善された住宅の供給を促進することをめざすと謳われた法律である。同法によれば、住宅には半エーカーを超えない土地が付属していること、その不動産保有期間は1年、半年、3カ月、1カ月、あるいは、1週間であること、レント rent は月12シリングを超えないこと等が規定されている。同法には、The Statute Project のサイトにアクセスし、Bibliographies の Chronological をクリックして、Statutes of the United Kingdom（1801–1973）から1856 19 & 20 Vic に入れば閲覧できる。cap 56（法律56号）までたどればよい。

ショー・リフィーヴァの説明は、この法律の規定とは少々相違するが、実態をより反映しているかもしれない。

第3部　ブリテン資本主義下のアイルランド農業と農村

コネイカ conacre についてもビューが同じ個所で説明しているが、1847年デヴォン委員会報告にこうある。The term con-acre appears to mean a contract by which the use of a small portion of land is sold for one or more crops, but without creating the relation of landlord and tenant between the vender and vendee, it being rather a licence to occupy than a demise.（中略）The practice of letting land in con-acre appears to be much more prevalent in Munster and Connaught than in Leinster and Ulster. In the latter province it seems that con-acre is little known except as potato-land, and land let under a con-acre for a single crop of potatoes ; but in the southern and western counties con-acre seems to be frequently taken for the purpose of raising crops of oats, hay, and flax, as well as potatoes（下略）. Digest of Evidence taken before Her Majesty's Commissioners of Inquiry into the State of the Law and Practice in Respect to the Occupation of Land in Ireland. Part I. Chapter 14 Con-acre, pp. 519-20, *P.P. 1847（002）* Vol. XXXV（委員会議長に Lord Devon が就いていることからデヴォン委員会 Devon Commission と呼ばれた）。

3）　Moritz J. Bonn, *Modern Ireland and Her Agrarian Problem*, translated from the German by T. W. Rolleston, Dublin, Hodges, Figgis, & Co., 1906, p. 41.

4）　注1）で紹介した拙稿「アイルランドにおける農民層分解と地主的土地清掃」（1975年9・10月）では、smaller tenant を小借地農、tenant を借地農、そして tenant farmer を借地農業家とする誤りを犯した。19世紀後半アイルランドにおいては、農地にたいする landlord ランドゥォードと tenant テナントとの土地所有権をめぐる争いが焦眉の課題になっていた。つまり、イングランド流の領主的土地所有権と農民的土地保有権のどちらが私的土地所有権へと転化するかが歴史的な課題となっていた。tenant を借地農としてしまうと、landlord の私的土地所有権を前提にしてしまうことになる。もちろん、lease のように landlord の私的土地所有権を前提にした定期借地が徐々に広がってきているので、借地農がその限りで生まれてきていた。とりわけ1840年代の大飢饉を契機に大きな歴史的転換が進行したと考えている。

本書著者のこの誤りは、あるいは、あいまいさはその後も長く続いたが、拙稿「アイルランド土地問題の歴史的性格」『エール』（第27号、2007年）で終止符を打ったと考えている。誤りを是正する上で最もよく依拠したのは、尾﨑芳治「慣習保有地における旧体系の壊頽と土地私有への傾斜――17世紀イングランドの土地所有」（京都大学経済学会『経済論叢』第123巻3号、1979年3月）。

tenant をどう邦訳するか、大変難しい。かつての領主支配権が残存する土地であるが、慣習的に土地を保有している農民を表現するばあいの土地保有農でありながら、土地私有が浸透し、lease 定期借地が広まりつつある状況下の tenant である。敢えて邦訳すれば土地保有農であるが、テナントとカナ表記することが多くなる。

5）　Census of Ireland, 1881. Part II. General Report, with Illustrative Maps and

第 9 章　19世紀後半アイルランド農業を担う人たち

Diagrams, Tables, and Appendix, Table 19, Occupations of Males and Females by Ages, Religious Professions, and Education, *P.P. 1882 [C. -3365]* Vol. XXIX, pp. 112, 117, 119, 124 ; Census of Ireland, 1891. Part II. General Report, with Illustrative Maps and Diagrams, Tables, and Appendix, Table 19, Occupations of Males and Females by Ages, Religious Professions, and Education, *P.P. 1892 [C. -6780]* Vol. XC, pp. 116, 121, 123, 128.

終章
家畜増え 民失う小さな島国アイルランド

第1節 大ブリテンの牧場アイルランド

　アイルランドは今ではただ幅の広い堀で区切られたイングランドの一農業地帯でしかないのであって、イングランドに穀物や羊毛や家畜を供給し、また産業と軍隊との新兵を供給しているのである（K. Marx, *Das Kapital*, Erster Band, Dietz Verlag Berlin, 1974, s. 730. マルクス＝エンゲルス全集刊行委員会訳『資本論』第1巻第2分冊、大月書店、1967年、918頁。この個所は1873年出版のドイツ語版第2版で大幅に書き加えられた部分である。したがって、このマルクスの言説は1873年のものと考えられる）。

　1865年、アイルランド王立アカデミー会員のF・M・ジェニングスが『イングランドの牛牧場としてのアイルランド』と題する著書（小冊子）を世に出したことは既に見た。改めて、アイルランド肉牛生産が大ブリテン市場において極めて大きなシェアを占めていたこと、しかもそれは、アイルランド経済に重大な位置を占めていたこと、それは小さな島国アイルランドの人と土地自然の力を奪い委縮させるものであり、人々を投機に走らせるものであったことを確認しよう。

(a)　大ブリテンへの輸出産業としての肉牛を中心とした家畜生産

　大ブリテンへの肉牛輸出がアイルランド肉牛生産に占めるウエートはどれだけのものであったか。1876年を例に取ろう。牛の輸出頭数66.6万頭強は、同年の牛総飼育頭数411.7万頭の16％である。ところで、牛乳やバターの生

終章　家畜増え　民失う小さな島国アイルランド

産を担う乳牛、子牛繁殖と育成を担う肉牛の雌牛と種牛などは輸出されてはいたが、ほとんどはアイルランドに留まらなければならなかった。今、総飼育頭数から少なくとも「乳牛」を除いた、すなわち、「その他の牛」だけの258.4万頭にたいして牛輸出頭数66.6万頭強を対比させると、26％弱になる。つまり、アイルランドで飼育されている「その他の牛」の4分の1強が大ブリテンに輸出されている。

　実はこの4分の1は驚くべき割合なのである。というのも、これまで何度も触れているが、肉牛生産は繁殖、育成、肥育の諸段階から構成されている。オドノヴァンによれば、「1850年には3歳で最終肥育を終えるのは稀であったが、1910年にはそれが一般的になっていた」(O'Donovan, p. 207)。そうだとすると、1870年代にあっては、少なくとも3歳になるまでは最終肥育を終えて、屠殺されるということはあまりなかったということになる（第7章のシムソン農場では2歳半のストア牛を購入し、3歳半から4歳で肥育牛として販売している）。ほとんどの牛は生まれてからおよそ3年間はアイルランドで過ごしていたということになる。つまり、年々飼育されている「その他の牛」の何分の一かに相当する肉牛しか輸出されていなかったのである。もっとも、アイルランドでは最終肥育される前に、半ば肥育された段階で、したがって、3歳になる前にあっても、大ブリテンに輸出されていたし、このストア牛は肥育牛より多く輸出されていた。また、子牛も数少ないとはいえ輸出されていた。こうしたことを考慮して、輸出できる肉牛と、ダブリン等で国内消費される肉牛を足した頭数が、各年の6月時点の「その他の牛」の3分の1であったと仮定しても大きな誤りはなかろう。この「その他の牛」の3分の1にたいする比率こそが重要である。

　上の仮定を前提とすると、1876年に輸出された牛66.6万頭強は、同年6月時点の「その他の牛」の3分の1、すなわち、86.1万頭の77％になる。つまり、アイルランドで最終肥育されたうえで、国内消費にまわされたり、大ブリテンに輸出されたりしたもの、半ば肥育されて大ブリテンへ輸出されたもの、アイルランドで子牛肉として消費されたもの、そして子牛として大ブリ

テンに輸出されたもの、以上のようにして市場に出された牛全ての8割近くは大ブリテンに輸出されたものであったと推定できる。

　1870年代ではなく、1910年代のことであるが、何度も引用しているアイルランド産業開発協会書記E・J・リールダンがこう証言している。「毎年約110万頭の牛が、アイルランドで屠殺するためか、あるいは、大ブリテンに輸出するために、アイルランドから売り出されている。現在、毎年、輸出される頭数は通常85万頭ぐらいであろうし、アイルランド国内で屠殺される頭数は平均25万頭かそれよりやや少なめであっただろう。そうすると、アイルランドで生産される牛のおよそ4分の3は生きたまま大ブリテンに出荷されている」と。リールダンの数値、110万頭のうちの85万頭は、77％である。本書の推計数字77％と奇しくも一致した。本書の推定は的外れではなかった。アイルランド肉牛生産は基本的に、大ブリテン市場への輸出産業であった。[1]

(b)　大ブリテン市場におけるアイルランド家畜の位置

　大ブリテンにとってアイルランドからの肉牛輸入や、他の家畜輸入はどれほどの比重を占めていたのだろうか、まずこれを確認しよう。

◆大ブリテン家畜輸入におけるアイルランド産の圧倒的地位

　『トム年鑑 Thom's Almanac』1881年版が格好のデータを与えてくれている。大ブリテンがアイルランドおよび諸外国から輸入した家畜頭数と合計輸入見積額のデータである。それを基にして作成したのが表終−1である。1881年版から、アメリカ合衆国が独立して取り上げられ、その結果、1878年のデータからアメリカ合衆国のデータが登場するようになった。なお、1881年版記載の1878年データよりポルトガルとスペインの統計が合計されている。さらに1883年版記載の80年データよりスウェーデンとノルウェーが同様に合算されているので、本表の1878年データでも合算している。

　大ブリテン家畜輸入市場におけるアイルランド家畜、とりわけ牛と豚の地位は圧倒的であった。大ブリテンが輸入する牛の75％、子牛の70％、豚のばあいはなんと89％がアイルランドからの輸入である。羊はドイツやオランダ

終章　家畜増え　民失う小さな島国アイルランド

表終-1　大ブリテンの家畜輸入頭数(1878年)　　　　　　　　　　　(単位:頭、%)

国・地域	牛		子牛		羊		豚	
アイルランド	667,657	75	61,564	70	642,999	42	470,547	89
デンマーク	52,160	6	1,092		65,131		5,520	
ポルトガル・スペイン	36,445							
ドイツ	31,401				445,916	29	20	
オランダ	8,785		25,502	29	251,766	16	26,021	5
スウェーデン・ノルウェー	7,736		241		4,602		2,313	
フランス	237				203		3,692	
アメリカ合衆国	68,903	8			45,567		16,665	
諸外国総計	226,455	25	27,007	30	892,125	58	55,911	11
全体総計	894,112	100	88,571	100	1,535,124	100	526,458	100

注)牛は去勢雄牛 oxen、雄牛 bull、雌牛 cow の合計。
出典)*Thom's Almanac and Official Directory*, for 1881.

をはじめとする海外からの輸入が過半(58%)を占めていた。

　先に触れたが、アメリカ合衆国からの家畜輸入が注目される。『トム年鑑』が1878年データより合衆国を独立して記載するようになったのも、同国からの家畜輸入が増えてきていることを示唆しているかと思う。

◆アイルランド産肉牛の大ブリテン市場における大きな位置とストア牛

　では、アイルランド産肉畜、とりわけ肉牛は、発展する「世界の工場」大ブリテンの急膨張する胃袋を充足するのにどの程度の役割を果たしていたのだろうか。今、家畜輸入に占める極めて大きなシェアは確認したが、ここでは、大ブリテン自体の肉牛生産も加えなければならない。ここでも1876年を例にして明らかにしよう。

　1876年に、大ブリテンで、最終肥育されて市場に出された牛が何頭であったのか、これがわかればよい。しかし残念ながら、そのデータは発見していない。本書は間接的な方法で推定する。

　1876年6月時点の大ブリテンの「その他の牛」は324.6万頭であった[2]。同

第3部　ブリテン資本主義下のアイルランド農業と農村

時期のアイルランドの「その他の牛」は既に見たように、258.4万頭である。連合王国全体の583万頭中、44％強がアイルランドで飼育されている。(a)で検討した推定に従えば、この44％中の77％は、数年の間に、アイルランドで消費されるのでなく、大ブリテンに輸出され、同地で屠殺されて消費されることになる。つまり、アイルランドは、大ブリテンで消費される肉牛で、連合王国が自給したもの（海外からの輸入は除外）のうち33％強を供給していたと考えることができる。

　だがこれだけでない。というのは、大ブリテンで飼育されている1876年「その他の牛」のうちには、アイルランドから輸入した「ストア牛」も入っている。75年に輸入した「ストア牛」は26.3万頭強であった。かれらは大ブリテンの76年「その他の牛」に入っている可能性がある。

　もう一つある。先ほど触れたように、アイルランドが輸出する牛には繁殖目的を持ったものもいた。かれらは大ブリテンで子孫を増やしている。こうしたアイルランド系「その他の牛」も考慮に入れなければならない。もちろん逆の流れもあろう。そもそも既に見たように、R・ブルースは、アイルランド牛の改良にはことごとく大ブリテン牛が関係していたと証言していた。[3]

　ともあれ、こうした「ストア牛」を考慮して、先に引用したリールダンがこう述べている。「アイルランドから輸出される大量の生きたストア牛と繁殖牛を考慮すると、第一次大戦前、ブリテンの農場が売りに出す肉牛の5頭のうち3頭はアイルランド系 Irish origin であった」[4]と。この証言通りとすると、アイルランドの肉牛とアイルランド系の肉牛の大ブリテン市場で占める地位は大変大きなものであったが、少なくとも、33％、3分の1に留まるものでなかったことは確かである。

　アイルランド産肉牛は連合王国輸入牛の中で圧倒的なシェアを誇っていた。連合王国全体の肉牛生産の中でアイルランドは大きな位置を占めていた。その上さらに、アイルランドは大ブリテンの肉牛生産の大きな土台となるストア牛を供給していた。大ブリテン肥育牧場で最終肥育を受け市場に出される肉牛のうち少なからぬ素牛はアイルランド・ストア牛であった。リスター T.

終章　家畜増え　民失う小さな島国アイルランド

W. Lysterの言葉を借りれば、「この国（アイルランド）の広大な放牧地が、大ブリテンの農民たち、特にスコットランドの農民たちに、若い家畜を育てる面倒と費用をかけなくて先に進むことを大いに可能にさせて」いた。このスコットランドへのストア牛輸出について、世紀は変わるが、貴重な議会資料がある。1906年11月にロンドンで開かれた「アイルランドにおける貧民蝟集に関する王立委員会 Royal Commission on Congestion in Ireland」第3報告書の付録資料にこうある。

> アイルランドから輸出されるストア牛全体のおよそ半分はスコットランドに送られている。同地へ船で送られてくる牛全体の4分の3はストア牛である。これらの事実は重要である。スコットランドの農民たちが自分たちの家畜の繁殖を大方放棄して、むしろアイルランドからの若い牛の獲得を選択していることを示しているからである。スコットランドの可耕地のうちで耕作地の割合が高いのはこうした事実によっても説明される。

第2節　粗放的・投機的放牧業の展開とテナント農民立退き強制の増加

肉牛飼育はある意味ではアイルランドの国民的産業である。しかもそれは、子牛育成を除いて、本質的に投機商売である。家畜を安く買う、一定期間家畜を放牧する、可能な限り短期間のうちにより高い価格で家畜を売り払う。専門的な家畜繁殖家や、この商売に従事している専門的な農民だけではない。ミーズでは、農場使用人のなかに賃金を牛に投ずる者がいる。雇用主の放牧場で使用人が牛を放し飼いすることをわずかの支払いで認められるからである。こうして農場使用人たちは牛の投機から臨時の利益を生み出している。西部の良質な草地meadowが村の商店主や事務弁護士、あるいは医者にたいして11カ月間宛がわれることがしばしばある。聖職者でさえ自身が時にこのやり方で乏しい収入を増やそうとするのを蔑みはしない。この取引の相当部分が信用でおこなわ

れている (M. J. Bonn, *Modern Ireland and Her Agrarian Problem*, translated from the Germany by T. Rolleston, Dublin, Hodges, Figgis & Co., 1906, p. 41.)。

これは一部既に第9章で引用しているが、ドイツの経済学者M・J・ボンが1906年、ロウルストン T. Rolleston の協力を得て英語版で出版した『近代アイルランドと土地問題』の一節である。アイルランドの肉牛を中心とした家畜生産が投機的色彩をますます纏うようになり、それは聖職者まで含む農業外諸階層を巻き込み、賃金労働者にまで投機に走らせている様子を描いている。そしてこの投機資金の多くが信用によるものであるとさえ述べている。肉牛などの家畜生産への農外諸階層の参入と投機的マネーの流入である。

先に、ショー・リフィーヴァが注目した、大牧場主であるが自らは現場で経営を指揮することがない「特別な事業家」がここに登場してくるようである。この農外諸階層の肉畜生産への参入と投機的マネーの流入について、ボンの語るところから考えていくつかの諸点に絞って明らかにしよう。その際、多数の史資料を渉猟して投機的な大牧畜業者について明らかにしようとしたD・S・ジョーンズの研究[6]にも依拠する。

第一は、ボンが言っている子牛繁殖と育成を除いて、その後の生産諸段階、特に、大ブリテン市場目当ての肉畜生産の最大の特徴であるストア家畜（半ば肥育された肉牛＝ストア牛が中心）の生産と取引、ミーズで見た肥育牛生産に農外資本が流入する事実的根拠を探ることである。まずはこれらの部面への投資は短期的な儲けが大きいのかどうかということである。

第二は、農外の投機的資本は誰によるものであって、その流入が容易になったのは何によってなのかの解明である。

第三は、短期的な儲けを目指す投機的資本に提供する土地・放牧地はどこから、どうやって供給されたのかを明らかにすることである。

◆利潤が大きい肉牛を中心とした肉畜生産・取引

まず第一点であるが、つまるところ、子牛繁殖・育成を除いて、肉牛生産が相当程度大きな利潤を生む可能性に満ちたものであったかどうかということである。この点を語った恰好の証言がある。1897年10月19日にコークで、

終章　家畜増え　民失う小さな島国アイルランド

「アイルランド土地諸法と土地購入諸法に基づいて土地委員会等が実施した土地評価のやり方等を調査する王立委員会」(フライ委員会 Fry Commission) が開かれた。そこでロックフォート W. Rochfort がこう証言している。

　　［証言15975］購入された時（1896年5月）、1歳牛 yearling でしたか。——そうです。（1頭当り）平均して6ポンド9シリングでした。翌年8月かれらを12ポンド10シリング（1頭当り）で売りました。およそ2倍です。かれら牛の飼料は乾草だけで、それが最も大きなポイントです。いったん人造飼料で牛を飼育することを始めると、純利益を計算する問題がもっと難しくなります。しかし、この年齢の牛が冬期に食べる乾草の量は容易に確かめることができます。そのために牛を飼育する費用は価格から簡単に控除する（販売価格に入れる）ことができるのです。われわれはマネーを2倍近くにしました。

　ロックフォートはティペラーリ、コーク、リムリック、リーシュ、オファリ、ダブリン、それにミーズといくつもの県の多数の所領（合計粗地代額7万ポンド）の代理人 agent であり、検地人協会の会員 Fellow of the Surveyors' Institute でもあるが、自らもおこなっているストア牛投資について証言したのである。[7]

　ロックフォートは、1歳牛 yearling 購入に1頭当たり6ポンド9シリングを投じ、1年3カ月後に1頭当たり12ポンド10シリングで売却し、マネーを倍増させたという経験を語っている。しかも、1年3カ月間の若い牛の飼育、このばあいには半ば肥育のためのコストはたいしたものではなく、販売価格に容易に転嫁することができると述べている。

　もっとも、ロックフォートのこの証言は牛肉の市況が良い時のものとしていて、市況がさほど良くない時でも、1年の飼育で1頭当たり4ポンド強を稼いでいると述べている（証言15978）。ロックフォートが言うには、若い牛1頭当たり、土地は1エーカーで十分であった。牛の飼育は放牧が中心で、冬期の飼料は1エーカーの土地がもたらす乾草があった。ただ、このようないわば粗放的な家畜飼育であったが、牧夫は雇わなかったのだろうか。ロッ

クフォートのばあい、かれ自身が牧夫のようなことを担ったのであろうか、不明である。もっとも、牧夫1人を雇う費用は1頭当たり4ポンド強を稼げるならば、したがって、100エーカーの土地で100頭の若い牛を飼育するばあい、400ポンド強を稼ぐことになるならば、土地の賃借料も含めて容易であったということであろう。

問題は、ロックフォートが証言しているように、素牛の購入価格と、一定期間の飼育を経た後の半ば肥育牛（ストア牛）、あるいは、仕上げの肥育牛の販売価格との差の大きさである。この実態の解明は、一つには経営内部資料に分け入ることによって果たされるということであろうが、本書はもう一つの方法を採る。各地フェアにおける家畜の取引価格を見るという方法である。第3章等で資料とした週刊紙『アイルランド農家新聞 The Irish Farmers' Gazette』が各地フェアにおける家畜の取引価格を報じている。本書はこれを利用する。そして実は、この『アイルランド農家新聞』を利用したやり方は1887年の「1881年土地法と1885年土地購入法に関する王立委員会 the Royal Commission on The Land Law (Ireland) Act, 1881, and The Purchase of Land (Ireland) Act, 1885（クーパー委員会 Cowper Commission）」も採用している。まず王立委員会が整理編集したデータから見よう（表終-2）。

1850年を例にして表を説明しよう。1歳牛の最低取引価格の平均が1ポンド5シリングであり、最高の平均が5ポンドであったことを示している。2歳牛の最低取引価格の平均は4ポンド、最高価格の平均は9ポンドであったことがわかる。

表示の1歳牛と2歳牛の平均最低価格と平均最高価格は出典の説明で示されているように、5月と6月に開かれた各地フェアの取引価格を平均したものである。第2章で述べたが、子牛の83％以上が2月から5月までに出生していると考えられる。[8] ということは、データには1歳半近くのものや、2歳半近くのものも入っていたかもしれないが、多くは表示の1歳牛と2歳牛に近いものであったということだろう。

表終-2「1歳牛と2歳牛の平均最低価格と平均最高価格（1846～86年の

表終-2　1歳牛と2歳牛の平均最低価格と平均最高価格（1846〜86年の5月と6月）

	1846年	1847年	1848年	1849年	1850年	1851年	1852年
1歳牛	3〜6	5〜6	4〜6	2-5〜4-10	1-5〜5	2〜5	2-10〜5-10
2歳牛	7〜10	9〜10	8〜10	6〜9	4〜9	6〜7-10	4〜8-10
	1853年	1854年	1855年	1856年	1857年	1858年	1859年
1歳牛	2〜5	2-10〜5	4〜7	4〜8	3〜4	5〜7	3-10〜7
2歳牛	4〜7	6〜10	6〜11	7〜11	7〜12	8〜10	7〜13
	1860年	1861年	1862年	1863年	1864年	1865年	1866年
1歳牛	4〜7	3-10〜7	5-10〜7-10	3-15〜7	5-10〜7	4〜9	4-10〜8
2歳牛	8〜12	7〜10	8〜12	9〜12	9〜15	8〜12	8〜11
	1867年	1868年	1869年	1870年	1871年	1872年	1873年
1歳牛	3-10〜5	4〜6	4〜6-10	3-10〜7-10	6〜9	7〜8-8	5〜11
2歳牛	6〜9	9〜11	?〜11	9〜11	10〜13-10	13〜14-10	9〜14
	1874年	1875年	1876年	1877年	1878年	1879年	1880年
1歳牛	6〜9	7〜9	5〜12	5〜10	6〜11	5〜10	5〜11-10
2歳牛	12〜16	10〜12	10〜16	10〜15	10〜15	9〜14	9-10〜15
	1881年	1882年	1883年	1884年	1885年	1886年	
1歳牛	5-10〜10	5〜11	5〜12-12	5〜10	4〜8-10	3-10〜7-17-7	
2歳牛	9〜15	10-15-10	11〜18	8〜16-5	7〜13	5-10〜13-5	

注）1867年の1歳牛の3-10は3ポンド10シリング、1886年の1歳牛の7-17-7は7ポンド17シリング7ペンスを表わしている。他の同じ表記も同様の意味。

出典）Report of the Royal Commission on The Land Law (Ireland) Act, 1881, and The Purchase of Land (Ireland) Act, 1885. *P.P. 1887 [C 4969]* Vol. XXVI, Appendix, Paper No. 7, Mean of Minimal and of Maximal Prices of Irish Agricultural Produce in the Year 1840, and in each of the 40 years, 1846-85 : From "Purdon's Irish Farmers' and Gardeners' Almanac for 1886;" with the Average Minimal, and the Average Maximal, Price for the 40 years, and the Average Prices in 1886. pp. 960-66. そのうち、牛の価格は milch cows, two-year-old and one-year-old cattle, have been taken from the reports of country fairs held during the months of May and June in each year, and published in the Farmers' Gazette より作成。なお、委員会議長に就いたのがクーパー伯 Earl Cowper であったので、クーパー委員会としている。

D.S.ジョーンズもクーパー委員会データを見ている。ただしかれはストアケトなどの食肉関係価格が上昇したことを示すために、T. バリントン Barrington の1845年基準の指数データを使っている。T. Barrington, A Review of Irish Agricultural Prices, *Journal of the Statistical and Social Inquiry Society of Ireland*, pt. ci, xv, 1927.

5月と6月)」は何を明らかにしているか。表タイトルに示しているが、王立クーパー委員会が意図したように、1歳牛と2歳牛の価格データは、ストア牛生産とそれへの投資をおこなう最も直接的な背景、根拠を明らかにするものであった。

　1876年と77年を見ていただきたい。1876年5月と6月に開かれたフェアにおける1歳牛の平均最低価格は5ポンドであった。1年後の1877年5月と6月に開かれたフェアにおける2歳牛の平均最低価格は10ポンドである。1年間の飼育で肉牛価格は5ポンド上がり2倍となった。この平均価格差は、先に見たロックフォート証言（肉牛市況がさほど良くない時でも4ポンドは稼げたとの証言）の4ポンドを間違いなく超えていたケースが多かったことを語っている。というのも、1歳牛と1年後の2歳牛の平均最低価格の差が4ポンド以上であったのは、1846年から47年、50年から51年、53年から54年、57年から58年、59年から60年、61年から62年、63年から64年、65年から66年、67年から68年、69年から70年、70年から71年、71年から72年、73年から74年、76年から77年、77年から78年、79年から83年まで毎年の4年間であった。1846年から86年までの40年間のうち、21年間で平均最低価格差が4ポンド以上であった。

　これは平均最低価格の差である。表示には平均最高価格もある。1876年1歳牛の平均最低価格5ポンドと、1877年2歳牛の平均最高価格15ポンドの価格差は10ポンドに上る。反対の動き、つまり、購入価格が平均最高価格に近いにもかかわらず、販売価格は4ポンドを上回らない時もあったであろう。いや、1歳牛の購入コストを賄わないような、つまり、大損するような時もあったかもしれない。実際の取引は、平均に達しない価格と、平均を超える価格とのもっと幅の広い差額の間で、売り手は可能な限り高く、買い手はできるだけ安く、激しい競争のやり取りを伴いながら売買がおこなわれていたのである。

　こうした状況の一端をクーパー委員会がデータの典拠とした『アイルランド農家新聞』そのものの内に見ることにするが、同紙が入手し掲載した情報

終章　家畜増え　民失う小さな島国アイルランド

は全国津々浦々で開かれたフェアに関するものではない。本書がこれまでによく利用してきた1876年合冊版『アイルランド農家新聞』が掲載しているフェア開催地は146カ所である。しかし、第2章の表2-3「1873年フェア開催予定地数」で示したように、同じ『アイルランド農家新聞』が編集出版した1873年版『農家年鑑 Purdon's Irish Farmers' and Gardeners' Almanac for 1873』が集約した、1873年に予定されていたフェア開催地は全国1105の市町や村であった。『アイルランド農家新聞』が掲載する実施されたフェアの情報は全国の予定フェア情報の10数％にすぎなかった。しかしそれでも『アイルランド農家新聞』の情報は貴重なものであって、王立クーパー委員会がそれを典拠にして1840年と1846年から86年までの農産物価格表を作ったぐらいであった。

ここで、王立クーパー委員会と同じように、1876年『アイルランド農家新聞』合冊版が報ずる5月と6月に開かれたフェアの肉牛に関する情報を見よう（表終-3）。

1876年合冊版が報道した同年5月と6月に開かれたフェア情報によると、この2カ月間のフェアで同新聞が報道したのは5月が19フェア（アルスター5、コナハト3、レンスター9、マンスター2）、6月が32フェア（アルスター6、コナハト8、レンスター14、マンスター4）であった。2カ月合計51フェアが開かれた。表示は45フェアとなっている。牛年齢別のデータが掲載されていない6フェアがあるからである（モナハン、バリナスロー、ダンリーア Dunleer、ダンドーク、リムリック、ルアーン Ruane）。表示の1から10番まではアルスター地方、11から20番まではコナハト地方、21から41番まではレンスター地方、そして、42から45番まではマンスター地方のフェアである。ダブリンに本拠を置く『アイルランド農家新聞』にとって遠いマンスターやアルスターのフェアに記者を派遣などして情報収集することが困難であったのかもしれない。

こうした『アイルランド農家新聞』のフェア情報であり、しかも、本書が利用するのは1876年の情報だけである。だが、同新聞のフェア情報には、3歳牛はもちろん、取引があるばあいの子牛の、時には肥育牛やストア牛と明

表終-3　1876年5・6月の肉牛取引価格(『アイルランド農家新聞』報道)

	フェア	県	1歳牛	2歳牛	3歳牛	その他・備考
1	スチュワーツタウン	T	6-10〜7-10	9〜10	13〜14-10	calf 2-10〜3
2	エニスキレン	F	3〜4	5〜6-10	—	fat 18〜22、calf 2〜3-5
3	クローンズ	Mo	7〜8	11-10〜12-10	—	
4	カムロッホ	Ar	3-5〜5	7〜9-10	—	
5	アーマー	Ar	4〜6-10	8〜10	11〜14	
6	ニューリ	Dw	5〜6-10	8〜10	11〜12-10	
7	ヒルズバラ	Dw	5〜8	10〜12	14〜18	
8	バンブリッジ	Dw	7〜10	12〜15		
9	キャヴァン	Cv	6-10〜8-10	10-10〜12-10	13-10〜15-5	
10	キャヴァン	Cv	6-10〜9	12〜14-10	14-10〜16-10	
11	ゴールウエイ	G	—	—	15〜15-5	
12	キルコネル	G	6〜8-10	9-10〜12-10	12〜15-10	上段：未経産牛
			7〜9-10	9〜11	—	下段：去勢牛
13	アハシュクラー	G	7〜9	10〜12-10	12-10〜15-10	
14	エルフィン	R	6〜9-10	12〜16-15	16〜20	上段：未経産牛
			4-10〜7-10	9〜13-10	14-10〜17-10	下段：去勢牛
15	エルフィン	R	8〜11	13〜15-10	—	上段：未経産牛、calf 2〜3
			6〜9-10	12-10〜14-10	—	下段：去勢牛
16	ストークスタウン	R	7〜11	12〜16	16〜20	上段：未経産牛
			4-10〜9	11〜13-10	15-10〜17-10	下段：去勢牛
17	ストークスタウン	R	7-10〜12	15〜16-10	15〜17	上段：未経産牛、calf 2-10
			6-10〜11-10	12〜15	14-10〜16-10	去勢牛、calf 1-5〜1-15
18	ロスコモン	R	5-10〜7	10〜12	16〜18	

19	ストゥレイド	Ma	7〜8	10〜11	14〜16	
20	キャッスルバー	Ma	7-10〜10-10	13〜16	—	1歳は未経産、去勢は5〜9
21	ロングフォード	Ln	9-10〜11-10	14-10〜15-10	16〜17	calf 2-15〜4-10
22	カラン	Ki	6〜7-10	10〜13	14〜18	fat 14〜22
23	トマスタウン	Ki	5-10〜7-10	10〜11-10	14〜18	
24	キルケニ	Ki	6〜7	9〜13	—	
25	キルケニ	Ki	6〜9-10	10〜15	17〜22	fat 18〜23
26	キャッスルブリッジ	Wx	3〜7	7〜9	9〜13	
27	エニスコースィ	Wx	4〜6-10	7〜10	11〜15	
28	カーロー	Ca	8〜10	11〜14	15〜19	ストア 9〜11
29	カーロー	Ca	—	12〜14	14-10〜17	
30	バリナキル	La	6〜7	—	10-10〜13-10	fat 14〜20
31	フランクフォード	O	6〜8	10〜13	14〜18	fat 15〜22
32	トゥラモア	O	6-10〜8-10	11〜13-10	14〜16-10	
33	フィリップスタウン	O	5〜8	10〜12	15-10〜17	fat 18-10〜23
34	キャッスルダーモト	Kd	7-7〜8-10	11-11〜12-12	12-10〜13-13	
35	ナース	Kd	6〜8	12〜14	15〜19	fat 14〜22
36	ナース	Kd	6-10〜8	11〜14	14〜19	fat 16〜24
37	ダンドーク	Lo	—	9〜13	10〜15	
38	ドゥラハダ	Lo	5〜7	9-10〜13	—	
39	アーディー	Lo	6〜10	11〜13	—	ストア 14〜18
40	ナーヴァン	Me	6〜9-10	10〜13	—	ストア 14〜18(22)
41	ケルズ	Me	8〜10	11〜14	15〜18	上段：未経産牛
			7〜9	11〜13-10	15〜16-10	下段：去勢牛

第3部　ブリテン資本主義下のアイルランド農業と農村

42	クレアキャッスル	Cl	—		2歳未経産牛12-15、去勢牛12	
43	ネナー	Tp	5〜8	9〜14	12〜18	
44	テンプルモーア	Tp	6〜7-10	10〜13-10	14-10〜19	fat 16〜24
45	ロスクレー	Tp	6〜8-10	12〜14	14〜18	fat 17〜24

注1）県記号：T＝ティローン、F＝ファーマナ、Mo＝モナハン、Ar：アーマー、Dw＝ダウン、Cv＝キャヴァン、G＝ゴールウェイ、R＝ロスコモン、Ma＝メイヨー、Ln＝ロングフォード、Ki＝キルケニ、Wx＝ウェクスフォード、Ca＝カーロー、La＝リーシュ、O＝オファリ、Kd＝キルデア、Lo＝ラウズ、Me＝ミーズ、Cl＝クレア、Tp＝ティペラーリ

注2）1番1歳牛の取引価格 6-10〜7-10は、6ポンド10シリングから7ポンド10シリングまでを表わす。その他・備考欄のcalfは子牛、fatは肥育牛を示す。

記した取引価格も掲載されている。牛市場の状況がより一層よくわかるし、クーパー委員会の平均価格の幅を超える価格動向ももちろん示している。

クーパー委員会の1876年の5月と6月のデータは、1歳牛平均価格が最低5ポンド、最高12ポンドであり、2歳牛平均価格の最低が10ポンド、最高が16ポンドであったが、これらの平均最低価格を下回る、あるいは平均最高価格を上回る取引価格を確認しよう。

ファーマナ県エニスキレン Enniskillen（2番）では1歳牛が3ポンドから4ポンド、2歳牛が5ポンドから6ポンド10シリングであった。1歳牛と2歳牛の両方とも取引価格の最高であってもクーパー委員会の平均最低価格（5ポンドと10ポンド）すら下回っている。

1歳牛と2歳牛の両方とも平均最低価格を下回る取引価格が次のフェアで記録されている。アーマー県カムロッホ Camlough（4番）の3ポンド5シリング、アーマー県アーマー（5番）の4ポンド、ウェクスフォード県キャッスルブリッジ Castlebridge（26番）の3ポンド、ウェクスフォード県エニスコースィ Enniscorthy（27番）の4ポンドである。

それに、ロスコモン県のエルフィン Elphin（14番）とストークスタウン Stokestown（16番）の去勢牛 bullock 4ポンド10シリングがあるが、両フェアの未経産牛 heifer はクーパー委員会の平均最低価格をかなり上回ってい

る。

　2歳牛の取引価格が平均最低価格10ポンドを下回ったフェアは、上に述べた他は以下の通りである。ティローン県スチュワーツタウン Stewartstown（1番）、ゴールウエイ県キルコネル Kilconnell（12番）、キルケニ県キルケニ（24番）、ラウズ県ダンドーク（37番）、同県ドゥラハダ（38番）、それにティペラーリ県ネナー Nenagh（43番）である。

　2歳牛の平均最高価格16ポンドを超える値を付けたのは少なかった。ロスコモン県エルフィン（14番）の16ポンド15シリングと、同県ストークスタウン（17番）の16ポンド10シリングだけである。

　クーパー委員会の平均最高価格 Average Maximal については説明が難しい。2歳牛の平均最高価格は16ポンドとしているが、それを上回ったのは上記の2フェアと20番キャッスルバー Castlebar（メイヨー県）を加えた3フェアだけである。1歳牛も平均最高価格は12ポンドとされているが、同価格以上は17番ストークスタウンの未経産牛の12ポンドが唯一である。Average Maximal の理解が間違っているのだろうか、それとも、これらのフェアでの同価格での取引頭数がとりわけ多かったということだろうか、データからははっきりしない。

　ともあれ、クーパー委員会の平均を下回る価格と、平均を上回る価格の間で激しい競争を演じながら取引されていたことは間違いない。第2章3節「牛などの家畜の移動」で登場したドゥローヴァー（家畜運び屋）などが、『アイルランド農家新聞』などの市況情報で、どのフェアに牛などを連れていけば良い値で売ることができるかを読んで行動していたであろう。また、ミーズ県の肥育大牧場経営者エドワード・デレイニや、大ブリテンへの輸出関連業者などが何処のフェアが良いか選択し、質の良し悪しを見分けながらできるだけ安く仕入れようと掛け合っていたのであろう。

　家畜への投資が大きな意味を帯びてきた。アイルランド1870年土地法 Irish Land Act, 1870はテナント権 tenant right の一部改良をめざし、そのためにもテナントによる農地購入への道を付けた。[9] しかし、農地を購入するよりも、

家畜にマネーを投ずる動きが強まってきた。1877年6月18日、アイルランド1870年土地法に関する議会特別委員会（委員長ショー・リフィーヴァ）で、マクドネル James M'Donnell がこう証言している。マクドネルは不動産裁判所 Landed Estates Court（1858年設置）に売却処分のために持ち込まれた抵当権設定所領（不動産）に関する調査官 examiner で、大飢饉以後の所領（不動産）売買によく通じていた人物である。

　　　［証言773］……<u>裕福なグレイジャー</u>がいます。かれらは大きな利益を生むやり方でマネーを使うことができて、土地を購入することによるよりもそれ（家畜……引用者）からはるかに多くを稼ぐことができます。かれらはむしろ<u>好都合なリース</u>を得て、マネーを家畜として保持します。4,000ポンドあるいは5,000ポンドを持っていますが、まったく土地を買うことのないミーズ県の多くの人物を知っています。かれらはむしろ農場を取得し、マネーを家畜に投資し、15％から20％の利益を得ようとします。もしかれらが土地を購入するばあい、4ないし5％以上の利益を得ることはないでしょう。（下線は引用者）[10]

　この証言を典拠に、ジョーンズ D. S. Jones が「多くの資金が大牧場経営に入ってきた。そうでなければ、その資金は貸付用の所領購入のために使われたかもしれない」と述べている。[11]

　では、この証言に出てくる、保有する大金を農地購入よりも家畜への投資で大きな利益を得ようとする、下線部の「裕福なグレイジャー the wealthy graziers」とは誰のことであろうか。第8章で見た肥育大牧場経営者エドワード・デレニたちのことであろうか。家畜放牧のための牧場を取得するために「好都合なリース a good lease」を利用するとあるが、それは何か。同時代の証言のうちにこれも探ってみよう。

◆地方の町の商店主などの農外諸階層の参入

　第7章でみた、大規模農場を経営するシムソンが1880年6月22日に王立ダブリン協会で開かれた王立農業不況調査委員会（委員長リッチモンド公爵）でこう証言している。

終章　家畜増え　民失う小さな島国アイルランド

　［証言11, 254］放牧場はかつてテナントが持っていたのですか。
　――多くの放牧場がそうでした。おそらくおよそ40年前、大きな放牧場はありませんでした。
　［証言11, 255］大飢饉の時ですか。
　――そうです。その後、大きな土地清掃がおこなわれました。
　［証言11, 256］これらの大きな放牧場を最近入手したグレイジャーたちは放牧場に居住しているのですか、それともかれらは遠くからやって来る人間で、放牧場を持つことができるということですか。
　――放牧場を持つ非常に多くの商店主がいます。こうした人たちは地方の町に店を構えています。かれらは農民たちより金持ちです。かれらは放牧地を（店とは）別に持っているのです。そしてかれらは放牧場を管理運営する牧夫以外では人を雇いません。[12]

　町で店を構え商売を営む人間が、自らは現場の経営の指揮を執らないで、家畜放牧に手を出していることが語られている。商店主以外では放牧業への参入はなかったのであろうか。上に紹介したD・S・ジョーンズは、主に地方の町の人間で、パブ経営者 publican、肉屋 butcher、牛販売業者 cattle salesman、地主所領代理人 land agent、中間地主 middleman、法律家 lawyer、それに、聖職者 clergyman などが放牧業に手を出していたとしている。[13]
　ところで、ジョーンズが上記の重要な状況を述べるために典拠とした資料、文献は4点である。そのうちで、商店主以外で放牧業に参入した階層を明示したものは唯一、1917年のバーカー E. Barker だけである。[14]ジョーンズは19世紀後半から20世紀初頭にかけての多くの連合王国議会資料や同時代人の著書等を渉猟しているので、他にも典拠としているものがあるかもしれないが、管見では、ジョーンズが注記しているのは4点だけと考えられる。
　バーカーを引いておこう。

　　それは専門的なグレイジャーだけのビジネスではない。アイルランド西部の良質な牧草地 good meadows が村の商店主や事務弁護士 solicitor、あるいは、医者 doctor に貸し出されることがしばしばある。聖職者で

第3部　ブリテン資本主義下のアイルランド農業と農村

さえ己を蔑むことなく、時にこのやり方で、すなわち、牛投機で自らの乏しい収入を増やそうとしている。[15]

　残念なことにバーカーも典拠を示していない。本項冒頭に引用したボンの叙述（1906年）の後半部とそっくりである。どうも主張の典拠を示さない同時代の書籍が多い。実はボンも典拠を明らかにしていない。本書は同時代人のボンやバーカーが述べていることは大変貴重なものであると考え、その真偽を追ってきたが、残念ながら、かれらの指摘の紹介に止めざるを得ない。

　繰り返しになるが、本書は第二の課題として、アイルランドの家畜、特に、ストア牛の生産、あるいは、最終肥育牛の生産に参入する農外の投機的資本は誰によるものであったか、その流入が容易になったのは何によってなのかを掲げた。この課題の前半は道半ばで止まらざるをえない。後半が残っている。農外の投機的資本の参入を容易にしたのは何かである。

◆超短期の放牧地リース

　ジョーンズも本書も注目するのが超短期の放牧地リースである。

　この点で思い出されるのが第8章で検討した大牧畜業者エドワード・デレイニである。繰り返しを厭わず振り返ることにしよう。

　エドワード・デレイニはミーズ県各所で大きな牧場を経営していた。そのうちここで取り上げるのは、ラトゥーア郡ダンシャフリン教区リーズランド・タウンランドの地番1aの107エーカー強の土地である。『グリフィス評価原簿』（1854年）はボール J. Ball を占有者としていたが、1873年、エドワードがこの土地をリースで借りている。ギリガンによれば、ボールはエドワードの姉妹メアリの夫で、1872年に死亡した。その後に、エドワードがメアリから地番1aをリースで借りたのである。1880年にも、さらに81年、90年、91年にもリースで借りている（Gilligan, p. 29）。しかし、1874年頃から81年までを記録する『ダンシャフリン評価簿』を見ると、夫の後を継いだメアリを同地の占有者としている。既に第8章で紹介しているが、ギリガンの結論は、エドワードが短期の利益を上げる目的で、メアリより短期間（おそらく11カ月）の借地を繰り返したということである。

終章　家畜増え　民失う小さな島国アイルランド

　短期の投機的利益を求めるためには、市況が悪くなると直ちに撤退できることが条件になると考えられる。1年未満のリースが好都合なのであった。アイルランドにはコネイカ conacre と呼ばれる一作期限の農地「賃貸借」と「放牧権」があった。土地なし農業労働者が大規模農場の一角を「借り」て、ジャガイモを栽培する。あるいは、牧場で家畜を放牧する許可を得る。それらが労働者への現物給となるばあいもあったので、「賃貸借」や「放牧権」とカッコを付けた。このコネイカの慣習を農外資本と地主が放牧場の超短期のリースに利用したのかもしれない。エドワード・デレイニの1873年以前にもあったことをジョーンズが明らかにしている。

　ジョーンズはアイルランド国立図書館所蔵 Filgate Papers, MS 23437によって、大飢饉が最も深刻な状況になった1847年に、ラウズ県はアーディー郡 Barony of Ardee のリスレニ Lisrenny のフィルゲイト W. Filgate がシーズン限り地代 a seasonal rent で放牧用に土地を貸したことを明らかにしている。また、ジョーンズは、法律家であり政論家であったフィツギボン G. Fitzgibbon が1868年に、超短期の借地をしている大牧畜業者の事例を紹介していることを明らかにしている[16]。フィツギボンを引用しよう。

　　かれ（フィツギボンがよく知っている大牧畜業者……引用者）はリースあるいは何らかの永久的な契約によって非常に小さな土地を保有している。しかし、かれはたいてい6〜7,000頭の羊と100頭ないし200頭の短角牛を所有している。これら家畜をフェアで購入し、夏の半年 the summer half-year ないし冬の半年 winter half-year の間、あるいは、1年を通して the whole year 借りる土地で放牧している[17]。

　さて、ジョーンズはフィツギボンが言う「1年を通して the whole year」を11カ月と意図して違えて紹介していると考えられる（Jones, ibid.）。というのも、ジョーンズは、かれの見るところ、1870年以降になってから広がっていった「11カ月方式 the eleven-month system」に注目しているからである。何故、注目するのか。ジョーンズが重視した次の典拠がある。

　1907年9月30日、バリナスロー・キルクルーニ Kilclooney 教区の牧師補

(curate) ペリー J. A. Pelly が貧民蝟集地域問題に関する王立委員会でこう証言している。

　　［証言57,078］私が思いますには、11カ月方式は1870年法とそれに続く諸法をうまく切り抜ける目的で立ち上げられました。[18)]

　大変興味深い。19世紀後半の一連の土地闘争とそれへの連合王国政府の対応の中で生み出されてきた土地「改革」立法が超短期放牧地リースに重大に関わっていると明言している。本書姉妹編『アイルランド土地戦争――土地と自由を求めて』(仮題、刊期未定)で改めて考察する。

　では、こうした超短期の11カ月リースや6カ月リースの放牧地は何処に存在するのか、それはどうやって作り出され、いかなる方法でグレイジャーの手に渡るのか。第三の課題である。

◆**投機的資本に提供する放牧地はどこから、どうやって供給されたのか**

　ジョーンズが、投機的グレイジャーに超短期でリースされる土地は主に「非テナント農地 untenanted holding」であるとして、以下の5種類を挙げている。

　　　非テナント農地は11カ月借地方式 the eleven-month letting system によって利用しやすくなったので、グレイジャー放牧地の主たる供給源を成すことになった。(中略)非テナント農地は地主が地方税負担占有者として直接保有する土地で、そこにはテナント保有が設定されなかった。それは次の5種類に分けられた。1、地主直営地 demesne、すなわち、地主邸宅、あるいは田舎に持つ屋敷を直接に囲っている農地と庭園。2、直営地に隣接する地主農園 home farm。3、直営地外部の所領にある地主直接保有の農地（これらの農地は通例規模が大きく、テナント農地と並存する）。4、粗放な放牧 rough grazing だけに適した地主保有の山地。5、地主保有の沼沢地で、地域のテナントたちが泥炭採取や粗放的な放牧に利用している土地（Jones, *Graziers*, p. 112）。

　姉妹編の主な分析対象とする1870年代末に勃発したアイルランド土地戦争は、地主制度の廃止を目指す方向を示しながらも、テナント地に限った自作

農創設政策に傾斜してしまう可能性を持っていた。土地戦争の産物と言ってもよい1881年土地法は、1870年土地法よりもさらに、地主・テナント関係を改良するとともに、テナント地に限った自作農創設政策をさらに進めることを目指した。こうした1870年と81年土地法による規制の枠組みに入らない「非テナント農地」が短期の利益を求める投機的資本のターゲットになったというのである。

この上に、定期借地期限満了後に地主に返還されたリース地が加わる。そしてさらに、新たに地主がテナントを追い出すことに成功した土地が加わる(Jones, *ibid.*, p. 89)。

◆土地清掃

表終-4は1849年から84年までのテナント農民立退き eviction の統計である。立退きを受けた家族数、それに再入を許可された家族数である。しかし、1881年議会報告「1849年から1880年までの各年における警察当局確認農民立退き数に関する報告」に次の注記がある。「1870年から1880年までの再入許可はテナントとして再入許可された者のみに関わるものである。1870年以前の年においては、本報告を編集する元になった警察庁の記録は、再入許可された人物がケアテイカー caretaker として許可されたのか、テナントとして許可されたのかを示していない」と。ソロウ B. L. Solow は、この注記があるにもかかわらず、同報告のデータが、1869年までの再入許可農家件数(テナントとケアテイカー合計)に続けて、1870年以降のテナントとしての再入許可農家件数だけを表示していることを批判している。「1870年以後、数字は実際の農民立退きを大幅に過大評価している。というのも、再入許可の欄がテナントとして再入許可された者だけを含み、ケアテイカーとして再入許可されたものを含んでいないからである」と。

本書は1849~69年と1870~84年に表を二分し(表終-4-1と表終-4-2)、さらに、表終-4-3を加えた。1877年から81年前半まで、地代滞納を理由とした立退きと再入許可のデータがあるからである。

テナント農民立退きの大きな波はやはり大飢饉の時であった。序章で確認

第3部　ブリテン資本主義下のアイルランド農業と農村

表終-4-1　テナント農民立退き家族数(1849～69年)と再入許可

年	立退き	再入許可	再入比	年	立退き	再入許可	再入比
1849	16,686	3,302	19.8	1860	636	65	10.2
1850	19,949	5,403	27.1	1861	1,092	274	25.1
1851	13,197	4,382	33.2	1862	1,136	243	21.4
1852	8,591	2,041	23.8	1863	1,734	183	10.6
1853	4,833	1,213	25.1	1864	1,924	276	14.3
1854	2,156	331	15.4	1865	942	183	19.4
1855	1,849	525	28.4	1866	795	185	23.3
1856	1,108	230	20.8	1867	549	90	16.4
1857	1,161	242	20.8	1868	637	122	19.2
1858	957	237	24.8	1869	374	63	16.8
1859	837	346	41.3				

したが、1845年に始まった大飢饉の直接的な影響は54～55年頃まで続いた。立退き農民家族数は1851年まで1万件を超えていた（立退き人数は1854年まで1万人超）。その後に1860年代前半の農業不況期に立退き件数が増えているが、1865年以降、立退き家族数1千件未満が続く（被追放人数は1855年以降1万人を切る）事態になった。だが、1870年代末以降、アイルランドが再度農業不況に見舞われ、土地戦争が西部を中心に全土に展開する中、テナント農民立退きが改めて勢いを増すことになった。1879年に立退き家族数が1千件を超え、82年には53年をも超える5千件以上となった（立退き人数は1880年以降に1万人を超える）。

　1870年代末の農業不況と土地戦争の勃発については本書姉妹編『土地と自由を求めて──アイルランド土地戦争』で改めて取り上げるが、1860年代前半の農民立退き件数の増加などとともに、その背後に家畜投機資本導入のために、超短期リースに出す非テナント地創出を図るテナント農民立退きがあったものと推測する。この点は次の事態にも関係するようだ。

表終-4-2　テナント農民立退き家族数(1870〜84年)と再入許可

年	立退き数	再入許可数			再入比[*2]
		テナント	ケアテイカー	計	
1870	548	104			
71	482	114			
72	526	118			
73	671	152			
74	726	200			
75	667	71			
76	553	85			
77	463	57			
78	980	146			
79	1,238	140			
1880	2,110	217	947	1,164	55.2
81	3,415	194	1,686	1,880	55.1
82	5,201	198	2,331	2,529	48.6
[*1]83	2,997	182	1,154	1,336	44.6
84	3,978	223	1,760	1,983	49.8

*1　1883年は1月から9月30日まで。10月から12月までのデータは見つけることができなかった。
*2　再入比は再入許可農家数の立退き農家数にたいする百分比。
出典) Return, by Provinces and Counties, of Cases of Evictions which have come to the Knowledge of the Constabulary in each of the Years from 1849 to 1880, inclusive, *P.P. 1881 (185)*; Return of Cases of Evictions which have come to the Knowledge of the Constabulary in each Quarter of the Year ended the 31st day of December 1881, *P.P. 1882 (9)*; Return of Cases of Evictions which have come to the Knowledge of the Constabulary in each Quarter of the Year ended the 31st day of December 1882, *P.P. 1883 [C.3465]*; Return of Cases of Eviction under Knowledge of Constabulary in Ireland, January-March 1883, *P.P. 1883 (C3579)* Vol. LVI; April-June 1883, *P.P. 1883 (C3770)* Vol. LVI; July-September 1883, *P.P. 1884 (C3892)* Vol. LXIV,; January-March 1884, *P.P. 1884 (C3994)* Vo.. LXIV; April-June 1884, *P.P. 1884 (C4089)* Vol. LXIV; July-September 1884, *P.P. 1884 (C4209)*; October-December 1884, *P.P. 1884-85 (C4300)* Vol. LXV; B. L. Solow, *ibid.*, p. 55.

表終-4-3 地代滞納を理由とした立退き家族数とケアテイカー再入許可数

年	立退き件数		ケアテイカー再入	
	全体	地代滞納	件数	再入比[*2]
1877	463	261	80	30.7
78	980	608	171	28.1
79	1,238	903	373	41.3
80	2,110	1,750	825	47.1
[*1]81		1,217	632	51.9

*1 1881年の地代滞納データは6月末までの半年間しか存在しない。そのために全体数は記載しなかった。なお、80年までの全体数は表終-4-2のものである。
*2 ケアテイカー再入比は地代滞納による立退き件数の百分比。
出典）Return showing the Number of Families Evicted in each County in Ireland for Non-Payment of Rent, and the Number of these Families Re-admitted as Caretakers, for the Years 1877, 1878, 1879, 1880, and the Half Year ended the 30th day of June 1881, *P.P. 1881 (180-II)* Vol. XIII.

表には「再入許可」家族数が記載されている。地主「所有地」のテナントとして改めて認められるか、あるいは、「ケアテイカー caretaker」として地主に抱えられるかのいずれかであるが、上記のように、1869年までは、そのいずれであるか明らかにされていない。つまり全体数ということになる。70年以降になって、再入許可者をテナントと「ケアテイカー」に分けてデータが作られた。しかし残念ながら、連合王国議会資料 Parliamentary Papers をインターネットで検索しても、1880年から84年までしか見つけることができなかった。しかも、1883年については、10月から12月までの最後の四半期は本文が入っていなかった。

ソロウは1880年1年間と、1881年第1四半期・第2四半期のデータを見つけて、再入許可のうちのケアテイカーだけで、被追放農家数の40〜50％にも上ることを明らかにした。

先に触れたように、本書は1877年から81年前半までの、地代滞納を理由とするテナント農民立退き件数とケアテイカーとしての再入許可件数に関するデータを見つけることができた。わずか4年半のデータであるが、テナント農民立退き（追放）の経済的意味と、ケアテイカーとしての再入許可の意味を探るのに大変貴重なデータと考える。

終章　家畜増え　民失う小さな島国アイルランド

◆ケアテイカーとは何か――メイヨー県バリナの事例のヒント

　このような再入許可のデータであるが、難しいのはケアテイカー caretaker である。一体何か。当該の「報告」からはわからない。地方税評価簿に出てくるかもしれないと考え調べてみた。本書が分析した評価簿のうち、リムリック県『キルマロック評価簿』で１件、メイヨー県『バリナ評価簿』では13件あった。『キルマロック評価簿』の１件は、T・ダウンズ師 Rev. T. Downes が占有する「住宅、農業用建物、菜園、世話人住宅、および農地 house, offices, garden, caretakers house and land」である。農地26エーカー強で評価額34ポンド、住宅等の建物評価額23ポンド５シリング、評価額合計57ポンド５シリングと記録されている。

　13件もある『バリナ評価簿』の方は第７章で既に一部を検討した。13件のうちＣ・Ｊ・ノックス・ゴア准男爵農場の２件を見た。ノックス=ゴア准男爵農場は農地1,143エーカー強、評価額913ポンドの大規模直営農場である。２件のケアテイカー住宅とも1856年印刷の『グリフィス評価原簿』にすでに出てくる。本書が主に分析資料とした『バリナ評価簿』(1869～80年)にはこのケアテイカー住宅２件それ自体に関わって何らの変化も見られない。

　ここで、『バリナ評価簿』(1869年～80年)に記載されているその他の11件のケアテイカー住宅も一瞥しよう。まず、『グリフィス評価原簿』を見ると、11件のうち、1856年の時点で８件のケアテイカー住宅として既に存在していた。うち４件は1869年からの『バリナ評価簿』と同じ人物が占有していたことがわかる。残りの４件は別人物の占有であった。もし、これらの８件の事例が農民立退きと関係していたとしたら、それは1856年以前のことになる。本書は残念ながら、それを確かめる資料を探すことができていない。56年時点で、別人物による占有であった４件の事例は、次のことを語っている。ケアテイカー住宅は異なる占有者に引き継がれるという事実である。

　以上８件の他に３件が残っている。いずれも『グリフィス評価原簿』の1856年時点には存在していなかったケアテイカー住宅である。そのうち２件は1869年から修正の手が加えられる『バリナ評価簿』には一切の変更は見られ

ない。つまり、69年に入る前に異動があり、ケアテイカー住宅が出現するようになったということである。だが、遺憾ながら、69年以前の『バリナ評価簿』を本書は検討できていない。

　もう1件はバリナ・タウンランドの地番28と26で、1877年に起きた占有者の交替に伴うものである。それまで農場の占有者はハンドゥリ M. Handley であったが、ムフェニ A. Muffeny に替わり、ハンドゥリが居所にしていた住宅がケアテイカー住宅に変えられたのである。この農場の「直接の貸手」地主はアラン伯爵 the Earl of Arran であるが、はたして、この事例を農民立退きと関連させて考えることができるだろうか。

　ところで、この事例も含めて『バリナ評価簿』に出てくる、ノックス-ゴア准男爵直営農場の2件を除いた11件はいずれもテナントが占有するケアテイカー住宅である。テナント農民が存在していて、しかもケアテイカー住宅がある。上記の1877年にバリナ・タウンランドの地番26・28の農場（8エーカー強、評価額13ポンド15シリング）をテナントとして入手したA・ムフェニは、前農場主の居所をケアテイカー住宅に変えることによって、同住宅にケアテイカーを住まわせたということであるが、何を目的としたのだろうか。

　規模がさほど大きくない農場であるが、その世話をさせるためであったかもしれない。というのも、A・ムフェニの居所は当該農場にないからである。A・ムフェニは前農場主が居所にしていた住宅にケアテイカーを住まわせることによって、別に居所を求めることになる。本書はバリナ選出区の評価簿データを調べたが、このバリナ・タウンランド地番26・28の他にA・ムフェニが占有する不動産は存在しない。A・ムフェニはバリナの町に住む人間か、あるいは、バリナ選出区の外に住む人間かのいずれかである。

　ケアテイカー住宅を占有する他の10人のテナントも見てみよう。3人を除いて7人が、ケアテイカー住宅と同じ地番にも、その他のバリナ選出区の農村部にも居所を持っていない、つまり、住んでいない。したがって、バリナの町に住んでいるか、あるいは、バリナ選出区外に住んでいるか、いずれかである。

終章　家畜増え　民失う小さな島国アイルランド

　メイヨー県『バリナ評価簿』(1869〜80年) 記載のケアテイカー (住宅) 13例から何がわかるか。農場主テナントがケアテイカー住宅立地のタウンランドを含めたバリナ選出区農村部に居所を持たない8例は、ケアテイカーに程度の差はあるが農場管理の一部を委ねていた可能性がある。ノックス-ゴア准男爵直営農場の2例のばあいも、大変規模の大きい農場管理の一部をケアテイカーに任せていた可能性がある。ケアテイカーを請負人の性格も持つ「世話係り」と理解できるだろうか。

　残り3例のうち2例はケアテイカー住宅立地のタウンランドに農場主テナントが居所を持っており、最後の1例もケアテイカー住宅立地のタウンランドに隣接するタウンランドに居所がある。これら3例は農場主テナントの農場管理の範囲は大きく、ケアテイカーは普通に言うところの「世話係り」というところであろうか。

　ケアテイカーは、かれらが置かれた状況によってかれらが担わされる役割も少しずつ違ったものになるが、「世話係り」と理解できるであろう。

◆テナント農民立退きと再入許可、特に、ケアテイカーとしての再入許可

　メイヨー県『バリナ評価簿』(1869〜80年) 記載のケアテイカー住宅13例を見たが、テナント農民立退きと関わりがあったのか確認するのは難しい。10例は『グリフィス評価原簿』によって1856年時点に既にケアテイカー住宅として存在していたことがわかった。テナント立退きが関係していたとしても、1856年以前のこと、したがってまた、大飢饉の時期のことであったかもしれない。2例は1856年から69年までに立退きがあったかもしれないが、遺憾ながら本書は確認できていない。残るのは先に見た、1877年にバリナ・タウンランドの地番26・28の農場を、M・ハンドゥリに替わって、テナントとして入手したA・ムフェニの事例である。この事例は「直接の貸手」地主のアラン伯爵によってM・ハンドゥリが立ち退かされた上に、A・ムフェニがテナントとして参入したのかもしれない。

　ここで改めて、表終-4-1「テナント農民立退き家族数 (1849〜69年)」と表終-4-2「テナント農民立退き家族数 (1870〜84年)」、それに、表終-

4-3「地代滞納を理由とした立退き家族数とケアテイカー再入許可数」が何を語っているのか考えよう。まず、再入許可農家件数に着目する。ソロウが重要な結論を出しているからである。それはこういう結論である。

　大飢饉後の1855年以降、農民テナントの追放は数が非常に多いということではない。1880年までの立退き農民は合計24,675家族である。これから再入許可数を引くと20,007家族となる。ところが1870年以後のデータはテナントとして再入許可された家族だけが示されている。表示されていないケアテイカーとして再入許可された家族数が立退き家族数の3分の1と見做すと、最終的に、1855年から80年まで17,775家族が立退かされたことになる。この数は1855年のテナント数600,000の3％を下回る。テナント農民立退きの中には家族内の争い等の理由によるものもある。以上から「この時期のアイルランドにおける農民立退きの意義は極めて小さかったと、くどくど論ずる必要はほとんどない」と結論している。[21]

　本書が追加した1881年から84年までの再入家族（テナントとケアテイカー）のデータがソロウの結論をさらに裏付けているかに見えるが、問題は中身である。

　繰り返しになるが、大飢饉の渦中におけるテナント農民の立退きは大変な規模であった。この大規模な農民追放が、序章で明らかにしたアイルランド農業構造、面積規模別農地編成の改変に大きなインパクトを与えた。このことと、それ以後の展開とを分けて考えることはいかがなものか。本書は大飢饉とそれ以後のアイルランド農業の展開を明らかにすることに努めた。

　もっとも、ソロウの言うように、大飢饉が一応終息した後の農民立退き件数は減ってきている。しかしよく見ると波がある。1860年代前半に立退き件数が増え、70年代末からはもっと増えている。1880年には大飢饉が続いたと考えられる最後の年の54年とほぼ同数となり、81年以降になると53年を超える年も出てくる。「農民立退きの意義は極めて小さかった」と果たして言えるだろうか。立退き家族数が81年3,415、82年5,201となっているが、81年センサスで「ファーマー farmer」、あるいは「グレイジャー grazier」と答え

た人数は441,928人である。第4章で明らかにしたように、農民家族は「ファーマー」と「グレイジャー」だけではないが、かれらの数と対比するだけでも、81年、82年の立退き家族数が「極めて小さかった」と言うにはかなり無理がある。

ソロウは、再入許可の農家、特にケアテイカーの数を除いていないじゃないかともちろん反論するだろう。再入許可をどう考えるか。ソロウのように、テナント農民立退きの数を減ずるだけの意味しかないのだろうか。本書は立退き農民家族数に対する再入許可家族数の百分比（再入比）の欄を表終-4-1、2に設けた。その持つ意味が興味深いと思うからである。そして、表終-4-3を追加できた。再入許可のもつ意味がさらに具体化する。

まず第一に、途中、1870年から79年までを空白にせざるをえなかった「再入比」である。大飢饉の時期は比較的高い比率であった。例えば、1851年、再入件数は立退き件数の3分の1（33.2％）にもなった。だが、データが空白の1870年代を越えて80年代に入ると、さらに高く40〜50％台が続く。しかも、再入の圧倒的多数がケアテイカーである。これは何を語っているのであろうか。これを考えるうえでも次の第二が重要である。

第二に、表終-4-3「地代滞納を理由とした立退き家族数とケアテイカー再入許可数」の原資料のタイトルに注目する。Return showing the Number of Families Evicted in each County in Ireland for Non-Payment of Rent, and the Number of these Families Re-admitted as Caretakers であるが、下線を引いた these が鍵を握っていると考える。「アイルランド各県において地代滞納を理由に立退き強制を受けた家族数と、これらのうちでケアテイカーとして再入を許可された家族数を示す報告」と理解した。

そして原資料には次の注記がある。「テナントとして再入許可された家族数は報告のいずれの欄にも含まれていない」と。そもそも、原資料は何故にケアテイカーとしての再入しか取り上げなかったのだろうか。立退き強制の理由が地代滞納であることが関係するのであろうか。この理由で立退き強制を受けた農民がテナントとして再入を許可されるのは、滞納地代の一掃が条

件になったのであろうか。

　ケアテイカーとして再入を許される「世話係り」はもちろん被雇用者としてである。テナント農民を立退かせた「直接の貸手」地主が農場を直営するばあい、この地主がケアテイカーの雇用者となる。そのばあい、滞納地代分は賃金支払いに関わったかもしれない。つまり、賃金は減額されたかもしれない。

　テナント農民を立退かせた地主が当該農民をケアテイカーとして抱えながら、農場に新たなテナントを導入するということがあったのだろうか。既にみた、メイヨー県『バリナ評価簿』に記録されているケアテイカー住宅13件のうちの11件は、テナントが占有する農場にケアテイカー住宅が立地するというものであったことを考えると、この可能性はあった。

◆農民立退きとケアテイカー再入の増加の意味──投機的肉牛生産の盛行に読み解く
　大飢饉の直接的影響が終結して以降、テナント農民立退きは爆発的な数ではなくなった。しかし、立退きは依然として続き、1860年代前半に増加し、70年代末以降はかなりの規模に膨れ、そして、立退きを強制された農民のケアテイカーとしての再入が大きく増えていった。この事態を、投機的資本が肉畜、特に肉牛生産への参入を強めていく状況の中で読み解くことにしよう。

　町の人間が、町の資本が短期の利益を求めてストア牛や仕上げ肥育牛の生産に参入する。素牛やストア牛、肥育牛の市況の変動、行方を読み取ることには熱心である。できるだけ安い値で素牛を仕入れ、高い値で売る。売買の時と場所を選ぶことに長けていなければならない。市況が悪くなると見通せば、さっと資本を引き揚げることも求められる。

　町の人間が短期に習得できないのが家畜の、牛の世話 care である。農場の管理や家畜の世話を担う人間＝牧夫を付けて、農場を短期リース市場に出せば町の人間＝資本は参入が容易になる。

　地主は、地代を滞納するテナント農民に立ち退きを強制し、かれらが保有していた土地を短期リース市場に出す。テナントの地位を奪われた農民を家畜と農場の世話係りとして農場にとどめる、再入を許可する。ケアテイカー

caretaker の誕生である。

　D・S・ジョーンズは、11カ月リースの土地がアジストメント契約 agistment contract のもとに貸し出されることもありえたとしている。アジスター（地主）が家畜の世話をする the agister (the landlord) exercises care over animals、アジスターの義務の一部として、牧夫を用意し賃金を支払うことがあったとも述べている。事例として、ロスコモン県エルフィン Elphin のフラナガン P. Flanagan と地主ホークス C. Hawkes との1892年の契約を挙げている。ジョーンズはこうした事例は少数であり、大方は、地主が家畜の管理や集めることを提供することはなく、それらの責任はグレイジャーが負うものであったとしている。ケアテイカーが何をするのか考えるうえで参考になる。要は家畜の世話であり、牧夫のような人間をどう用意するかということである。[22]

　先に見たメイヨー県『バリナ評価簿』のケアテイカー住宅11件はテナント農民が占有する不動産であった。テナント農民がケアテイカーを住宅付きで雇用する事例と考えられる。これらの事例が投機的資本の参入に該当するのかどうか俄かに判定できない。投機的と言わないまでも、中には、ストア牛生産や仕上げ肥育牛生産に相当の利益を求めてテナントになった人がいたことは確実である。既に確認したように、アイルランド西部のメイヨー県北部バリナを拠点とするティロウリー郡は、東部ミーズ県の後塵を拝していたかもしれないが、アイルランド肉牛生産の第二のといってよい拠点であった。バリナのケアテイカー住宅住人がストア牛の世話をしていた可能性は大きい。

　バリナの事例は、D・S・ジョーンズが着目する11カ月やさらに短い半年の超短期リースではない。ケアテイカー住宅の占有者はテナントであり、評価簿に氏名が出てきている。しかし１年に満たないリースのばあい、リース期間に農場を占有しても地方税納税義務者である不動産占有者欄に当該人物は出てこない。

　超短期リースは、短期の利益を求め、資本の参入と撤退を素早くやりたい投機的資本にとって都合の良い制度である。とはいえ、投機的資本の参入は

1年未満のリースに限られたと断定できないであろう。というのも、リースではない、任意土地保有 tenancy at will などの保有態様 tenure にあった多くの農民も、ボンが言うところでは、子牛繁殖・育成農家を除いて、投機的な肉牛生産に染まっていた可能性があったからである。

以上総じて、19世紀後半、大飢饉の直接的影響が一応終息して以降も、数は少なくなったとはいえ地主によるテナント農民立退き強制が続いた。70年代末、大飢饉の再来とも危惧される中、立退きが大きく増え、また、立退きを強制されたテナントがケアテイカーとして雇用されることが多くなった。これは、農場からテナントを排除した非テナント地を確保し、ストア牛の放牧に短期的利益を求める町の人間、つまり、投機的な資本に超短期リース地を提供し、それを確実にするために家畜、牛の世話をする牧夫までを用意する動きの中で進行した、いや、この両者の動きは間違いなく密接に関わりあったものであった。

第3節　偏倚した産業構造と労働する人々の大規模流出

　あなたが挙げられましたアイルランドの地方（マンスターとコナハト、それにレンスター南部）に見られる発展の欠如は何が原因となっているのですか。──（証言）原因は多岐にわたります。第一に歴史的な原因がありますが、現在、人々の海外移民と、大ブリテンの製造業と競争する工業に着手することが不可能であることが原因となっています。

　（証言）あなたがおっしゃったこと（アイルランド国内における雇用の不足と適切な生存手段を獲得することの困難）が（海外移民の）主な原因であります。

　（証言）私がこの何週間かにアイルランド南部で目の当たりにしましたような海外移民はいかなる国をも破壊するであろうと思います。国の将来が掛かっている若者たちが全て国を離れているのです。2週間前の火曜日と金曜日、2,000人の若者が出ていきました。かれらの年齢が25、6歳を超えているとは思えません。(1885年5月7日「アイルランド工業に

終章　家畜増え　民失う小さな島国アイルランド

関する特別委員会」におけるコーク・クゥィーンズ・カレッジ学長サリヴァン W. K. Sullivanの証言。Report from the Select Committee on Industries (Ireland); together with the Proceedings of the Committee, Minutes of Evidence, and Appendix, pp. 1-2. *P.P. 1884-5*（288）Vol. IX.）

　19世紀後半アイルランド経済史の最後の言葉は大規模な住民の流出であった。大飢饉が1840年代後半に襲う以前にすでにブリテンへの出稼ぎや移住が起きていた。しかし、大飢饉は事態を一気に進め、アイルランド最大の農民層分解の特徴、住民流出を構造的なものにする大きな梃子となった。

　住民の大規模流出を確認して本書のまとめとする前に、畜産、特に牛が突出する経済構造を明らかにする。冒頭に紹介したコーク・クゥィーンズ・カレッジ学長 W・K・サリヴァンが証言するように、農村の大地から排出される住民が新たに生活を求める町が、工業がアイルランドには乏しかった。

◆偏倚した産業構造

　アイルランド産業発展協会書記のE・J・リールダンが著した『近代アイルランドの通商と産業 Modern Irish Trade and Industry』から20世紀初頭のアイルランド産業の偏倚した構造を確認しよう（表終-5）。

　残念ながら、リールダンは農業に次ぐ大きな部門と評価しながら造船業のデータを示してくれていない。リールダンが典拠とした『1907年生産センサス』を見てもはっきりしない。この造船に次いでリネン関係（リネン糸・布等）が大きい。1916年のリネン糸・リネン製品の輸出額が1827万ポンド強に上っている。しかし、生きた牛を初めとする牛関係がそれをはるかに凌駕している。豚や家禽、羊や馬を加えると畜産全体は4521万ポンドを超える。

　しかも、リネン工業は第6章で見たように、19世紀が進むにつれて、ティローン県西部シオン・ミルズのリネン紡績業があったが、アルスター北東部に偏って発展していた。造船はリールダンもいうように、ダブリンやデリー、コークやコーヴ Cobh（クゥィーンズタウン Queenstown）、ウォータフォードなどにおける早くからの発展もあったが、ベルファストが大きなウェートを占めるようになってきた。農村から流出する労働者の雇用受け皿としての工

表終-5 偏倚した産業構造 農業諸部門の農家販売額と農家消費額(1913年5月末までの1年間)

部　門	ポンド
畜産全体	45,217,000
牛関係	26,331,000
生きた牛	13,854,000
バター	9,201,000
全乳	2,492,000
豚	7,790,000
ベーコン・ハム(1907年)	3,584,000
家禽・卵他	5,954,000
羊関係	3,571,000
馬	1,508,000
作物(ジャガイモ、オート麦等)	11,850,600
ジャガイモ	6,102,000
オート麦	1,715,000

工業諸部門生産額(1907年)

リネン(糸、布等)	13,846,000
リネン糸・製品輸出(1916年)	18,275,435
シャツ・カラ・カフス	1,041,000
ビール醸造	5,849,000
ウイスキー生産	1,419,000
建設業	1,891,000
鉄鋼	60,000
造船	農業に次ぐ大きな部門。データは示されず

出典) E. J. Riordan, *op. cit*, 1920より作成。リールダンは農業畜産部門の農家販売額と農家消費額に関する最後のものとしての1913年5月末までの1年間のデータと、『連合王国の生産に関する第1回センサス最終報告 Final Report on the First Census of Industry of the United Kingdom(1907)』(「1907年生産センサス」と略記)をおもな典拠にして、大飢饉からの産業と貿易の歴史を辿り、20世紀初頭の産業構造を明らかにしている。

業がアイルランド北東部に遍在する傾向にあった。

こうした状況も加わって、大飢饉が大きなインパクトを与えた海外移民がその後も構造的に続くことになるが、まず、出稼ぎ、特に大ブリテンへの出稼ぎを見ておこう。

◆出稼ぎ（国内と大ブリテン）

第4章でケリーからキルマロックなど酪農地域への出稼ぎ、第5章でドニゴール各地からのラガン（レターケニーとデリーを挟む地域）への、さらにはスコットランドへの出稼ぎを見た。第6章では特にメイヨーからのダブリンなどのアイルランド東部、そしてイングランドやスコットランドへの出稼ぎを見た。主にメイヨーからのミッドランド大西部鉄道の「通し切符」を利用したイングランドへの「刈取り人夫」のための出稼ぎも見た。

1880年農業統計はそれまで記録は取っていたが公表してこなかった出稼ぎの統計を発表するようになった。1882年農業統計は80年と81年、82年の1月から

終章 家畜増え 民失う小さな島国アイルランド

表終-6 土地保有規模別出稼ぎ農業労働者(全国・4地方)(1882年)　(単位：人、%)

農地規模	マンスター		レンスター		アルスター		コナハト		全国	
非土地保有者	318	89.1	396	76	2,477	72	7,477	60	10,668	63.3
5エーカー未満	12	3.4	53	10	232	7	775	6	1,072	6.4
5〜15	3	0.8	56	11	534	15	3,128	25	3,721	22.1
15〜30	12	3.4	14	3	158	5	1,007	8	1,191	7.1
30以上	12	3.4	0	—	52	1	120	1	184	1.1
合計	357	100	519	100	3,453	100	12,507	100	16,836	100
百分比	2		3		21		74		100	

　8月までの出稼ぎ農業労働者のデータを作っている。1880年は22,900人、81年は21,322人、82年は16,836人としている。しかし、このデータは実態をかなりの程度下回るものであった。J・E・ハンドレイによれば、1914年農業統計自身が、1880年から1904年までの統計は実際に出稼ぎした者のおよそ60%しか表していないことを認めた。そして、ハンドレイは1880年は38,000人、81年は35,000人、82年は28,000人という推計値を提示している[23]。

　しかし、農業統計「出稼ぎ農業労働者に関する報告と統計」は大変重要な事実を教えてくれる。既に斎藤英里がこのデータを主に使って重要な分析をおこなっている。そのうちの「アイルランド人季節移民と19世紀のイギリス農業」は白眉のものである[24]。斎藤のアイルランド人出稼ぎ、移民研究に付け加えることがほとんどないかもしれないが、本書も1882年農業統計「出稼ぎ農業労働者に関する報告と統計」に分け入り、表終-6と表終-7を分析することにしよう。

　4地方別に、非土地保有者(農業労働者)と規模別農地保有者別の出稼ぎ農業労働者数とその割合がわかる。まず、合計欄からどの地方からの農業出稼ぎが多いのかを示している。コナハト地方からの出稼ぎが全国の74%も占めている。間違いなくそこにはメイヨーからの者が多かったであろう。コナハトに次いで多いのはアルスターからで21%を占めている。このうちにドニ

第3部　ブリテン資本主義下のアイルランド農業と農村

表終-7　出稼ぎ先(1882年)　　　　　　　　　　　　（単位：人、％）

	国内他地域		イングランド		スコットランド		合　計	
マンスター	193	54.0	163	45.7	1	0.3	357	100
レンスター	231	44.5	227	43.7	61	11.8	519	100
アルスター	571	16.5	994	28.8	1,888	54.7	3,453	100
コナハト	164	1.3	11,838	94.7	505	4.0	12,507	100
全　国	1,159	6.9	13,222	78.5	2,455	14.6	16,836	100

ゴールからのスコットランドへの出稼ぎが含まれていることは間違いないであろう。

　さて農業統計も注目するのは、農業出稼ぎ者のうちで非土地保有者、つまり、農業労働者が多いのはもちろんであるが、特にコナハトからは土地保有者の出稼ぎが多いということである。例えば、5エーカー以上で15エーカー未満の農地保有者が農業出稼ぎ者のうちの25％も占めているという事実である。メイヨーをはじめとするコナハトの小規模土地保有農民にとって、出稼ぎが欠かせない収入源であった者が多かったということである。

　出稼ぎ農業労働者のうちで非土地保有者が占める割合が、マンスターで89.1％、レンスターで76％、アルスターで72％であるのにたいして、コナハトではそれが低く60％であった。他方、土地保有者の割合は、マンスター11％、レンスター24％、アルスター28％にたいして、コナハトは40％と高くなっていた。

　農業統計「出稼ぎ農業労働者に関する報告と統計」が明らかにするもう一つの重要な点は出稼ぎ先である。

　表終-7は4地方別に、国内出稼ぎ、イングランド、ならびに、スコットランドへの出稼ぎを教えてくれる。全国で見ると、イングランドへの出稼ぎが78％以上と大変多いことがわかる。このイングランド出稼ぎの大半はコナハトからで、同地方だけを取り出すと農業出稼ぎ労働者の何と95％近くがイングランド行きであった。マンスターとレンスターからもイングランド行き

終章　家畜増え　民失う小さな島国アイルランド

が多かったが、同時に、国内出稼ぎも多かった。マンスターでは54％が国内出稼ぎであったが、ケリーから酪農地域への出稼ぎも含められていたであろう。アルスターは第6章で見たように、イングランド行きもあったが、スコットランドへの出稼ぎが54％強も占めていた。

　小さな島国のアイルランドであるが、出稼ぎが地方によってその主体（非土地保有者か土地保有者か、つまり、土地を持たない農業労働者か土地を持つ農民か）と行き先で相違があった。そして何よりも確認できることは、国内出稼ぎはわずか7％弱しか占めておらず、93％近くは大ブリテンへの出稼ぎであったということである。

　こうした出稼ぎの上に、いや、19世紀後半、時代が進むにつれて、それをも大きく超える、大西洋を越えた海外移民が増えていった。

◆海外移民

　　われわれの関心は早くよりアイルランドからの海外移民という重要な問題に向けられていた。1851年5月、総督の承認のもとに、海外移民が出航するアイルランドのいくつかの港で、移民の氏名、年齢、性別、移民が一時的なものか永久的なものか、職業、いずれの県、市、または町から来たのか、さらにまた渡航先についての報告を収集する方策がわれわれによって採られた。

これは1856年6月28日付けで、戸籍長官 Registrar-General で、1851年センサス委員会委員長のドネリ W. Donnelly と、副委員長のワイルド W. R. Wilde が総督 G・W・フレデリック Frederick・カーライル卿に提出した総括報告 General Report の一節である[25]。

　W・E・ヴォーンとA・J・フィッツパトリックは、1851年5月から始まった、このアイルランドの港からのアイルランド移民の統計を住民 population に関わるその他の項目と一緒に編集した。それが『アイルランド歴史統計──住民 Irish Historical Statistics Population, 1821-1971』（1978年）である[26]。

　表終-8は、この1851年5月以降の移民統計とヴォーン＆フィッツパトリック編『アイルランド歴史統計』に基づき、本書「序章」表序-2「連合王

第3部　ブリテン資本主義下のアイルランド農業と農村

表終-8　アイルランド出生者海外移民と住民減少

期間	移民数	年	住民総数	住民比%	牛頭数	羊頭数
1841～50	1,195,866	1841	8,175,124	15弱		
1851～60	1,163,416	1851	6,552,385	18弱	2,967,461	2,122,128
1861～70	849,836	1861	5,798,967	15弱	3,471,688	3,556,050
1871～80	623,933	1871	5,412,377	12弱	3,976,372	4,233,435
1881～90	770,706	1881	5,174,836	15弱	3,956,595	3,256,185
1891～1900	433,526	1891	4,704,750	9強	4,448,511	**4,722,613**
		1901	**4,458,775**		**4,673,323**	4,378,750

注1）1841年は6月30日から12月31日まで。1851年は5月1日から12月31日まで。その他の年は1月1日から12月31日まで。
注2）住民比は出発年、例えば、1841～50年の10年間の海外移民のばあいは1841年住民総数に対する比。
出典）アイルランド・センサス、農業統計、移民統計から作成。

国諸港からのアイルランド出生者移民」の1841年から50年までを付け加えて作成したものである。

　ところで、1857年に農業統計の一部に公表されるようになってから、「その他の国に属する人たち persons belonging to other countries」も含められるようになった。この「その他の国に属する人たち」は一体何処の国の人なのだろうか。イングランドやスコットランド、ウェールズもそれに入っているのだろうか。本書がよく依拠する1873年農業統計を見ることにしよう。

　1873年のアイルランド出生者移民合計 Total Irish Emigration が90,149人（うち、106人は出身地方・県を告げず）、「その他の国に属する人たち」843人、総計90,992人とされている。冒頭の引用からわかるように、移民が出航する港での調査では、「いずれの県、市、または町」の出身であるのか問われている。これに答えない者に対してもアイルランド生まれかどうか質されている。つまり、アイルランド出生者の移民であるのかどうか確認され、かれらがアイリッシュ Irish とされているのである。そうすると、問題の「その他の国」には連合王国を構成するイングランドやスコットランド、ウェールズ

終章　家畜増え　民失う小さな島国アイルランド

が入っていたし、連合王国以外の国ももちろん入っていた。なお、ヴォーン＆フィッツパトリック編集『アイルランド歴史統計』はこの「その他の国に属する人」を除いて編集されている。

　表終-8の1851年以降のデータは、ヴォーンたちに倣って「その他の国に属する人」を除いたアイルランド出生者のアイルランドからの移民に関するものである。19世紀後半においてアイルランドの農民たちや労働者が故郷を捨てて、海外に新しい生活を求めざるをえなくなった状況を確認するために作った。

　1841年から50年までの10年間の統計について、本書序章で説明しているが、改めてその性格等を確認しておこう。それは、1851年センサス委員会が1841年から55年までの連合王国諸港からのアイルランド出生者移民と推定した者のうち、1841年から50年までのデータである。これはロンドンにある移民委員会より提供されたデータに基づいている。ロンドンの移民委員会は、アイルランド諸港からの移民の10割、イングランドのリヴァプールからの北米移民の9割をアイルランド出生者と仮定し、それに、移民委員会がチャーターした船舶でロンドンとプリマスから輸送されたアイルランド出生者を加えたものである。

　1851年以降にアイルランド政府機関によって収集、編集されたアイルランド移民統計は、先に述べたようにアイルランドの港から出航する者の出身地を確認し、アイルランド出生者と「その他の国に属する人」を区別して移民統計を作っている。したがって、表終-8は、1841～50年統計に含められていた、アイルランド以外の連合王国の港からのアイルランド出生者移民が抜けることになる。アイルランドから大ブリテンへの移民（永久的）は含められているが、大ブリテンへの一時的な移住については、データとして把握しているはずであるが、それは公表されていない。つまり、アイルランド出生者で一時的に大ブリテンに渡り、その後、大ブリテンを離れて他国に移民する「第二次移民」は抜け落ちることになっている。

　さて、こうした表終-8であるが、何を語っているか。表の右半分に10年

毎のセンサス調査に基づく住民総数を加えたが、1851年から90年までの各10年間、住民数にたいして十数％にあたる大量の移民を排出している。91年からの10年間にも9％強の排出である。こうした大量の移民排出、つまり住民流出の結果、住民総数は絶対的に減少し、その減少規模も大変大きいことがわかる。

　1841～50年の移民も入れて考えよう。40年代と50年代を比較すると、後者の10年間は前者に比べて移民数がやや少ない。しかし、出発点の1851年住民総数にたいする百分比は18％弱で、40年代移民数の41年住民総数にたいする15％弱よりかなり高い。50年代の半ばまで大飢饉の直接的な影響による大量移民が続いたこと、他方、40年代後半に勃発した大飢饉による大幅な住民減の結果を明らかにした1851年センサスの住民総数、50年代の移民数の1851年住民総数にたいする百分比の高さは当然であった。序章の表序-2で明らかにしているが、大飢饉の直接の影響による大量移民は1846年から54年まで続き、1年単位の移民数の最大は1851年であり、次いで52年であった。

　表右端2欄に牛と羊の頭数を入れておいた。羊は1891年に住民数を上回り、牛はとうとう1901年に上回った。家畜増え、民失う事態の結果である。[27]

　1851年5月に収集が始まったアイルランド諸港からの海外移民のデータは大きな利点を持っている。大ブリテン（英国）への移民も含めているという利点である。さらに、移民統計 Emigration Statistics of Ireland という形と内容が始まった1876年からは、どういう人たちが移民したのかを示すデータも公表される（表終-9）。

　まず、移民総数の推移で目に付くのは1880年からの増加であり、83年には10万人を超えたことである。1871年センサスやヴォーン＆フィッツパトリック編集『アイルランド歴史統計』はアイルランド出生者だけに限られたデータであるが、1851年の統計収集開始以来、10万人を超えた移民を記録するのは大飢饉の直接的影響が残る51年から54年までと、1863年から65年までである。農業不況が深刻化し、土地戦争が吹き荒れた1870年末から80年代初頭にかけて、移民が増えたことがわかる。

表終-9　アイルランド諸港からの海外移民はどういう人々であったのか　　（単位：人）

年	総数	他国人	青年層	女子	farmer	labourer	servant	英国	合衆国
1876	38,315	723	66.2	46.4	—	—	—	16,787	14,887
1877	41,225	2,722	67.2	44.6	295	11,820	9,400	20,271	12,018
1878	41,626	502	68.5	48.9	471	12,774	11,659	18,648	14,720
1879	47,364	299	73.1	45.1	871	17,104	13,291	15,498	23,361
1880	95,857	340	75.7	47.6	1,984	36,623	30,308	13,549	74,636
1881	78,719	302	76.1	48.8	2,440	27,566	24,110	10,623	61,459
1882	89,566	430	74.8	47.3	3,140	32,955	24,692	10,656	65,962
1883	108,916	192	67.9	49.1	2,914	35,819	31,137	10,101	79,798
1884	76,043	180	70.5	49.8	1,969	24,710	23,363	8,990	56,808
1885	62,420	386	75.2	50.2	1,331	22,333	21,488	5,829	49,655
1886	63,416	281	78.1	49.3	1,240	24,561	22,079	5,318	50,723
1887	83,202	279	79.6	47.9	2,110	33,439	28,561	5,062	69,789
1888	79,211	527	80.2	47.4	1,687	31,952	26,544	5,696	66,906
1889	70,800	323	79.7	48.5	1,406	26,260	24,451	4,039	59,723
1890	61,435	122	81.0	48.8	1,248	22,953	21,263	4,472	52,685
1891	59,868	245	82.5	49.5	1,046	22,174	21,064	4,142	52,273
1892	51,000	133	83.2	49.9	802	19,588	18,962	1,930	46,550
1893	48,246	99	85.0	52.1	762	17,620	18,967	1,352	45,243
1894	35,959	64	83.1	57.3	1,035	10,920	13,805	1,587	33,096
1895	48,934	231	84.8	55.9	945	16,586	21,076	1,755	45,298
1896	39,226	231	83.7	54.3	585	13,957	16,108	1,914	35,216
1897	32,906	371	83.0	56.7	545	10,697	14,096	2,281	28,760
1898	33,865	1,624	82.3	54.9	598	10,859	14,078	2,809	27,855
1899	43,760	2,528	82.9	53.0	746	14,620	17,748	4,141	35,433
1900	47,107	1,819	82.3	50.5	656	16,916	17,689	6,050	37,765

注）青年層は15歳から35歳まで。青年層とそのうちの女子は移民総数に対する百分比。farmer, labourer, servant は邦訳が難しい。本文を見ていただきたい。

第3部 ブリテン資本主義下のアイルランド農業と農村

　大飢饉以降のアイルランドからの移民の特徴といえるものに、青年層と特にそのうちの女性の移民の多さがある。かれらの数値は移民総数に占める比率で示しているが、青年層のそれは60％代後半に始まり、時が進むにつれて70％台、1890年に入ると80％台が続くというものである。青年層は15～35歳までの人たちであるが、『1890年代農業労働者調査オブライエン報告』が言うように、「労働者階級中の最良で最も能力ある人々」がアイルランドから奪われていったことを実証している。

　男女ともそうであった。アイルランド移民の特徴は男女比率がほぼ等しく、90年代に入ると女性の比率がやや上回る傾向になった。尾崎芳治が「生産とは生活の生産である」と繰り返し強調したが[28]、活き活きと生きる「生活」、つまり、活きる生命を生産し、再生産する力が、若い男女の大量移民でアイルランドから奪われていったのである。

　1890年代、農業労働者調査でキルマロック教区連合を初めとするマンスター地方とレンスター地方南部を担当したオブライエン副委員たちが焦眉の課題として認識していたのは「深刻な労働不足」であった。再度引用しよう。オブライエンはこう述べていた。

　　　農業労働者の供給がどこでも過去10年ないし15年間に減少したということは疑問の余地がまったくないと考えます。この意味は明らかであります。すなわち、問題のこの期間に経験した多数の住民流出は、社会におけるほかならぬこの階級（労働者）に属する若い男女多数の継続的な海外移民によるものであります。（中略）海外移民という動きがはるかな程度でこの国から労働者階級中の最良で最も能力ある人々を奪い去りました。（『1890年代農業労働者調査オブライエン報告』 P.P. 1893-94 ［C.-6894-xix］ p. 6.)

　さて、1877年より、海外移民の意向を表明した者の職業 occupation も公表されることになった。本書が最も注目する farmer と labourer、それに、servant だけを表示した。farmer と labourer は男性だけにデータがある。女性のなかに自らの職業として farmer や labourer を挙げる者が皆無であったの

終章　家畜増え　民失う小さな島国アイルランド

だろうか。servantは女性だけを表示した。男性はごく少数であるので省いた。そして男性のlabourerのデータと、女性だけに敢えて限定したservantのデータが見られるように拮抗していることから、なおさらそうした。なお、このservantにはfarm servantも加えている。数が大変少ないからでもある。

さて、これら表示した職業の中身は何か、どう邦訳すればよいか。servantは「住み込み使用人」と邦訳できそうであるが、ごく少人数のfarm servantも合算している。いずれも、女性アイルランド出生者に限っている。男性のservantも統計に計上されているが、少数であることから省いた。男性しか出てこないlabourerと対比すると、女性のservantの数がいかに大きかったのかがわかる。farmerとlabourerは男性アイルランド出生者だけに出てくる。これらは、servantも含めて、海外移民を希望する乗船者の申告によるものと考えられる。第4章で明らかにしたが、farmerは農業従事者としての「農民」と訳してしまうと、申告されたfarmerよりも多くの人々を包含していると誤解すると思われる。labourerはどうか。労働分野が特定しない一般労働者と思われるが、labourerのままにしておいた。

1876年の移民総数は38,315人（含む他国人728人）であった。行き先をアメリカ合衆国と答えた者が14,887人であったが、大ブリテン行きは16,787人（うちスコットランド行き8,807人）であった。

1877年も見ておこう。移民総数41,225人（含む他国人2,722人）、そのうち、アメリカ合衆国行きが12,018人で、大ブリテン行きは20,271人（うちスコットランド行き8,698人）であった。わずか2年間のデータであるが、アイルランドを永久に離れる意思を持って海外に出たアイルランド出生者の多くが実は大ブリテンへの移民をめざすと答えていた。

ブリテンへの移民のうちスコットランド行きは、82年5,672、83年4,767、84年3,484、85年2,196、86年1,245、87年1,137、88年1,414、89年1,146、90年1,474、91年1,614、92年923、93年569、94年643、95年648、96年642とある。スコットランドへの移民が大変多かったことがわかる。

さて、海外移民の向かう先が変化していくことになる。1879年以降、大ブリテンへの移民が合衆国への移民を下回るようになり、時の経過につれて合衆国移民の数がますます圧倒的なものになっていった。[29]

マルクスのいう北米での蓄積が進む。

> アイルランドでの地代の蓄積と同じ足並みでアメリカでのアイルランド人の蓄積が進む。羊と牛に押しのけられたアイルランド人は大洋のかなたにフィーニアンとして立ち上がる。そして年老いた海の女王に向かって、若い巨大な共和国が威嚇的に、ますます威嚇的に、聳えたってくるのである。[30]

ブリテン資本主義下のアイルランド農業の「発展」は、ロンドンを中心としたブリテン市場の動向に深く規定されたものであった。それを象徴的に示すものは、スコットランドをはじめとするブリテンの大牧場で最終肥育を受けてロンドン市場等に出荷される、アイルランド産ストア牛（半ば肥育された肉牛）の大量輸出であった。このブリテン市場めあての肉牛をはじめとする家畜の生産と流通は短期的利益を求める農業外の投機的資本の参入を誘引し、放牧に適したアイルランドの自然力、二番草をも芽吹かせる大地と水と大気に一方的に依存する粗放的農業を「発展」させるものであった。

草を食む家畜がアイルランド大地を占領していく一方、住民は消えていった。大飢饉で一気に弾みがついた海外への住民脱出、移民が続き、1891年センサス調査で羊の数が人間を上回り、1901年にはついに、牛が人間を上回った（表終-8）。アイルランドの自然力と人間の力が和合して発展する農業の取り組みはあった。小規模な農民たちが協同する取り組みも始まっていた。しかし、アイルランド農業のブリテン資本主義への包摂は20世紀に入ってもなお強まっていった。そこには大土地支配の重圧も依然として大きかった。

1) E. J. Riordan, *op. cit.*, p. 67. M・ターナー Turner によれば、1908年まで、家畜生産の純価値の58％は輸出からのものであった。1850年代、毎年の頭数計算から消える牛の35％から40％はブリテンに輸出された。これは1860年代半ばに50％に増え、

終章　家畜増え　民失う小さな島国アイルランド

世紀末までには70％になった。1875年から1891年まで、この輸出は肥育牛40％、半ば肥育牛53％、子牛7％という割合であった。1850年から1875年まで、羊の30％から50％、豚は生きた豚の30％以上と数えきれないほどのベーコンとして輸出された。M. Turner, *After the Famine Irish Agriculture 1850-1914*, Cambridge, Cambridge University Press, 1996, p. 58.

2)　B. R. Mitchell, *Abstract of British Historical Statistics*, Cambridge, Cambridge University Press, 1971, p. 82.

3)　R. Bruce, The Irish Cattle Industry, in *Ireland Industrial and Agricultural*, ed. by W. P. Coyne (Department of Agriculture and Technical Instruction for Ireland), Dublin, Cork, Belfast, Browne and Nolan, 1902, p. 359.

4)　E. J. Riordan, *op. cit.*

5)　T. W. Lyster, Statistical Survey of Irish Agriculture, in *Ireland Industrial and Agricultural*, ed. by W. P. Coyne, 1902, p. 322.; Royal Commission on Congestion in Ireland, Appendix to the Third Report, Minutes of Evidence (taken in London, 3rd to 20th November, 1906), and Documents relating thereto, Appendix VIII, p. 345, *P.P. 1907 [Cd 3414]* Vol. XXXV.

6)　David Seth Jones, The Cleavage between Graziers and Peasants in the Land Struggle, 1890-1910, in *Irish Peasants Violence & Political Unrest 1780-1914*, eds. by S. Clark & J. S. Donnelly, Jr., Manchester, Manchester University P., 1983; Do., *Graziers, Land Reform, and Political Conflict in Ireland*, Washington, D. C., The Catholic University of America P., 1995. ジョーンズの前者はJones, Clearage、後者はJones, *Graziers*と略記することもある。

7)　Royal Commission of Inquiry into the Procedure and Practice and the Methods of Valuation followed by the Land Commission, the Land judge Court, and the Civil Bill Courts in Ireland under the Land Acts and the Land Purchase Acts, Vol. II. Minutes of Evidence. *P.P. 1898 [C. 8859]* Vol. XXXV. p. 614. この委員会は、議長に就いたのがE・フライ Edward Fry 卿（1883年から92年まで連合王国控訴院判事）であるので、以下、フライ委員会 Fry Commission と呼ぶ。フライ委員会について、D・S・ジョーンズからその存在を知った。フライ委員会と呼ぶのもかれに倣っている。

8)　Riordan, *op. cit.*, pp. 67-8.

9)　An Act to amend the Law relating to the Occupation and Ownership of Land in Ireland, 1870(33 & 34 Vict., c. 46)の通称が Irish Land Act, 1870、あるいは Landlord and Tenant (Ireland) Act, 1870である。ここ終章に至って、大飢饉以降のアイルランドにおける土地所有のあり方が前面に出てきた。本書が捨象してきた19世紀後半の地主・テナント関係は、本書の姉妹編『アイルランド土地戦争——土地と

自由を求めて』(仮題、刊期未定)で取り上げる。
10) Report from the Select Committee on Irish Land Act, 1870; together with the Proceedings of the Committee, Minutes of Evidence, and Appendix, p. 42, *P.P. 1877 (328)*, Vol. XII. なお、1858年設置不動産裁判所の前身は1849年設立の抵当所領裁判所 the Encumbered Estates Court である。大飢饉で破綻に直面した所領(不動産)を、その「所有者」、ないし、抵当権者の申し出により売却処分に付することができる道が付けられた。1848年に Act to facilitate Sale of Encumbered Estates in Ireland (11 & 12 Vict., c. 48) が制定され、翌49年に上記法律に代わって制定された Act further to facilitate the Sale and Transfer of Incumbered Estates in Ireland (12 & 13 Vict., c. 77) によって抵当所領裁判所が創設された。この裁判所が1858年に Act to facilitate Sale and Transfer of Land in Ireland (21 & 22 Vict., c. 72) によって、不動産裁判所に改称された。この抵当所領の売買を促進する連合王国政策についても本書姉妹編で取り扱う。なお、以上については T. W. Moody, F. X. Martin & F. J. Byrne eds., *A New History of Ireland, VIII A Chronology of Irish History to 1976*, Oxford, Clarendon Press, 1982を参照した。各法律は〈https://statutes.org.uk/collections/british-and-irish〉(参照2024-9-7) を検索した。

11) Jones, David S., *Graziers*, p. 140.

12) Minutes of Evidence taken before Her Majesty's Commissioners on Agriculture, *P.P. 1881 [C. 2778-I]* vol. XV, p. 403.

13) Jones, *op. cit.*, pp. 102, 140; do., Cleavage pp. 378-79.

14) ジョーンズが典拠にしているのは以下の4点である。(1) T. C. Foster, Letters on the Condition of the People of Ireland, London, 1846, p. 361; (2) (Maguire comm) Report from the Select Committee on Tenure and Improvement of Land (Ireland) Act, with Proceedings of the Committee, Minutes of Evidence, appendix and Index, *P.P. 1865 (402)*, xi, 341, Evidence of Rev. W. Keane, Catholic bishop of Cloyne,pp. 173, 183; (3) (Shaw-Lefevre Comm) evidence of Mathew Harris, p. 271 (April 11, 1878); (4) E. Barker, *Ireland in the Last Fifty Years (1866-1916)*, Oxford, Clarendon Press, 1917, p. 43.

15) E. Barker, *ibid*, p. 43. 同書は1916年にロンドンの Burrop, Matieson & Sprague 社が出版している。これはインターネットでも読むことができる。バーカーは1920年からロンドン大学キングス・カレッジの学長に就いた政治経済学者である。

16) Jones, *Graziers*, p. 124.

17) Fitzgibbon, Gerald, *Ireland in 1868*, London, Longmans, Green, Readers, & Dyer, 1868, p. 137. フィツギボンについては *Dictionary of Irish Biography*, Vol. 3, 2009参照。

18) Royal Commission appointed to inquire into and report upon the Operation of

the Acts dealing with Congestion in Ireland, Appendix to the Tenth Report, Minutes of Evidence and Documents relating thereto, p. 168, *P.P. 1908 [Cd. 4007]*, Vol. XLII. なお、キルクルーニ教区はバリナスロー（ゴールウエイ県）の南11マイルにあり、近くにエアコート Eyrecourt 村がある。
19) Return, by Provinces and Counties, of Cases of Evictions which have come to the Knowledge of the Constabulary in each of the Years from 1849 to 1880, inclusive, *P.P. 1881（185）*, p. 3.
20) B. L. Solow, *The Land Question and the Irish Economy, 1870-1903*, Massachusetts, Harvard University Press, 1971, pp. 54-5.
21) B. L. Solow, *ibid.*, pp. 55-7. ソロウの計算と本書の計算には少々相違するところもあるが、ソロウが言わんとするところは何ら変わらないので、ソロウの計算通りに紹介した。
22) Jones, *op. cit.*, pp. 123-24. なお、高柳賢三他編『英米法辞典』（有斐閣、1952年）によれば、アジストメント agistment は有償飼育で、代償として一定の対価を受け取ることを約して、家畜の寄託を受け、自己の牧場で他人の家畜を飼育すること。飼育者を agister といい、報酬を受ける受寄者としての権利と義務を持つと説明されている。
23) Agricultural Statistics, Ireland, 1880. Report and Tables relating to Migratory Agricultural Labourers, *P.P. 1881 [C2809]*；Agricultural Statistics, Ireland, 1882. Report and Tables relating to Migratory Agricultural Labourers, *P.P. 1882 [C. 3438]*.（以下、農業統計「出稼ぎ農業労働者の報告と統計」と記す）；J. E. Handley, *The Irish in Modern Scotland*, Cork, Cork U. P., 1947, pp. 170-1. ハンドレイを支持して、オグラーダもこの統計データの問題を指摘している。C. Ó Gráda, Seasonal Migration and Post-Famine Adjustment in the West of Ireland, *Studia Hibernica*, No. 13, 1973, pp. 56-7.；さらに、オグラーダを引継いで、メイヨーのブリテンへの出稼ぎを教区連合毎に分析しているジョーダンの研究がある。D. E. Jordan, *Land and Popular Politics in Ireland County Mayo from the Plantation to the Land War*, Cambridge, Cambridge U. P., 1994, pp. 140-2. なお、1882年農業統計「出稼ぎ農業労働者の報告と統計」自体が、出稼ぎは広く行われてきていたのに、近年その数が減ってきている状況を勘案して統計を作ることになったと述べている。
24) 斎藤英里「アイルランド人季節移民と19世紀のイギリス農業」（『三田学会雑誌』第82巻特別号—Ⅱ、1990年3月）。斎藤はこの論考以前に、1985年10月のアイルランド史研究会（日本アイルランド協会）で研究報告「イギリス農業とアイルランド人季節移民」をおこなっている。また、大変意欲的な労作「19世紀イギリスにおけるアイルランド人移民の特質——国際労働力移動史の一事例」（森廣正編『国際労働力移動のグローバル化——外国人定住と政策課題』法政大学出版局、2000年3月）

を発表している。
25) The Census of Ireland for the Year 1851, Part VI. General Report, p. liii, *P.P. 1856〔2134〕*Vol. XXXI. なお、調査票 Form O が p. cxxv に、指示書 Circular が p. cxxxv に掲載されている。1851年5月に始まる移民調査の性格と内容がより一層理解できる。この移民統計は1857年以降の毎年、農業統計の一部として公表された後、1876年から移民統計 Emigration Statistics of Ireland とされて公表されるようになった。Emigration Statistics of Ireland, for the Year 1876, *P.P. 1877〔C1700〕*
26) Vaughan, W. E.& A. J. Fitzpatrick, *Irish Historical Statistics Population 1821–1971*, Dublin, Royal Irish Academy, 1978, pp. 261–62（原資料：*Census of Ireland, 1851–1911*; *Agricultural Statistics, Ireland, 1856–75*; *Emigration Returns, Registrar General, Ireland, 1876–1920*).
27) the first time since these statistics were collected, the cattle now exceed the people in number. Royal Commission on Congestion in Ireland, Appendix to the Third Report, Minutes of Evidence (taken in London, 3rd to 20th November, 1906), and Documents relating thereto, Appendix VIII, *op. cit.*, p. 345.
28) 尾崎芳治『経済学と歴史変革』（青木書店、1990年）188-89頁を見られたい。
29) レドフォードは、「大飢饉以後、海外移民の大きな波が始まった。（中略）移動性が高まるとともに、行き先が大ブリテンから合衆国に向かう変化がやってきた。収穫労働者の季節的出稼ぎだけでなく、イングランドへの大量永住移民の殺到がこの時から収縮し始めた。19世紀が進むにつれて、大ブリテンに住むアイルランド出生者の割合が確実に低くなっていった」と述べている。大飢饉を契機に移民の向かう先が合衆国、北米大陸へとシフトしはじめたが、70年代末までは依然として大ブリテンへの移民が多かった。A. Redford, *op. cit.*, p. 137.
30) K. Marx, *Das Kapital*, Erster Band, Berlin, Dietz Verlag, 1974, S. 740（『資本論』第1巻、大月書店、1967年）930頁。邦訳に少し手を入れた。

あ と が き

　本書が出版の日の目を見るまでに半世紀以上の長い年月を要した。それは若い頃の誤りに気付くのが遅く、誤りを正すのにも時間がかかったからである。もっともこの半世紀以上に渡る私の研究活動は、三つの大きなグループの研究仲間に恵まれた大変楽しいものであった。

　第一のグループは、京都大学の尾﨑芳治先生と同大学院研究室、先生主催の経済史研究会である（同研究会は、戦前、日本における経済史教授第一号となった京都帝国大学本庄栄治郎たちによって1929年に組織された経済史研究会の再興が念頭に置かれていたものであったかもしれない）。私の経済史研究は1965年開設の京大経済学部・尾﨑芳治ゼミナール第一期に加わった時に始まっていた。しかし実際は、学部生の時の不勉強が祟って、私が大学院へなかなか進めなかった時である。尾﨑先生は私を鍛え直そうと思われたのか、堀江英一研究室の後輩にあたる中野一新さん（当時大学院生、後に京大教授）を誘われ、私を加えて三人で研究会を始められた。京大北門前の進々堂（京都最古の喫茶店といわれる）での難解な R. H. Tawney, *The Agrarian Problem in the Sixteenth Century* (1912) の解読や、中野さんご自宅での私の大塚久雄『近代欧州経済史序説』（1944年）報告などをおこなった。

　この三人研究会が後に上記経済史研究会に発展した。中野さんをはじめ多数の研究者のお世話になったが、以下、大学院尾﨑研究室でお互いの修士論文作成過程で侃々諤々議論しあった方々のお名前だけを挙げさせていただく。藤岡惇さん（後に立命館大学で教鞭をとられる。以下、大学名だけ紹介させていただく）、松永健二さん（高知大学）、加藤房雄さん（広島大学）、酒井重喜さん（熊本学園大学）、島浩二さん（阪南大学）、清水克洋さん（中央大学）、青柳和身さん（岐阜経済大学）、阿知羅隆雄さん（滋賀大学）、幸田亮一さん（熊本学園大学）、藤井透さん（佛教大学）、粟村俊夫さん（奈良県立商科大学）、今田秀作さん（和歌山大学）、加藤一弘さん（鹿児島経済大学）、西牟田祐二さん（京都大学）、廣

重準四郎さん（福井高等専門学校）、坂出健さん（京都大学）たちがおられるが、今に至るも多くの方々と交流させていただいている。

尾﨑先生の同僚に富山大学の武暢夫さんと大阪経済大学の松村幸一さんがおられる。お二人は時に経済史研究会に加わられ、私たちを指導してくださった。

松村さんに大変お世話になって私は1978年から大阪経済大学で教鞭をとるようになるが、ここで二つ目のグループとの交流が始まる。所属した経済学部の松村さんや、アイルランド思想史にも造詣の深い竹本洋さんをはじめとする同僚はいうまでもないが、特に、日本経済史研究所（先に本庄栄治郎たちの経済史研究会に触れた。1933年、同研究会を母体にして研究所が京大農学部に隣接する敷地に立派な建物を建てて産声を上げた。戦後、同建物が進駐軍に接収されることもあって、研究所は黒正巌が初代学長に就いた新制大阪経済大学に移管される）の研究事業や運営に携わる研究者や事務局員の方々との交流である。松村さん、山田達夫さん、德永光俊さん、吉田秀明さん、家近良樹さん、楠葉隆徳さん、近藤直美さん、闍立さん、蕭文嫻さん、二宮美鈴さん、熟美保子さん、岩本真一さん、豊田太郎さん、河﨑信樹さんたちであるが、特に長く今もなおアイルランド史研究において協力しあっている山本正さんとの出会いである。

大学院時代の1975年、処女論文3編をアイルランド史研究者に送らせていただいた。別枝達夫さん（成蹊大学）から日本アイルランド協会「アイルランド歴史研究会」への参加のお誘いが返ってきた。ここで三番目のグループである、多数のアイルランド史研究者との交わりが始まった。別枝さんの他に、髙橋裕之さん（国際商科大学）、古田哲一さん（都立大泉高校）、堀越智さん（岐阜大学）、上野格さん（成城大学）、松尾太郎さん（法政大学）、盛節子さん（文京女子短期大学）、岩見寿子さん（成城大学）、斎藤英里さん（武蔵野大学）、小関隆さん（京都大学）、後藤浩子さん（法政大学）、森ありさん（日本大学）、尹慧瑛さん（同志社大学）、勝田俊輔さん（東京大学）、崎山直樹さん（千葉大学）たちである。

日本アイルランド協会ではアイルランド文学・文化の研究者からも貴重な

あとがき

教えを頂いた。J・E・マケルウエイン James E. McElwain さん（文京女子短期大学）、松村賢一さん（中央大学）、松岡利次さん（法政大学）、海老澤邦江さん（江戸川短期大学）、佐藤亨さん（青山学院大学）、梨本邦直さん（法政大学）、佐藤泰人さん（東洋大学）、中村哲子さん（駒澤大学）、小泉凡さん（島根県立大学短期大学部）、海老島均さん（成城大学）、山下理恵子さん（アイルランド音楽家協会日本支部会長）、星野恵理子さん（沖縄工業高等専門学校）、鈴木暁世さん（大阪大学）たちである。

日本アイルランド協会と深いかかわりのある日本ケルト学会にも参加させていただいたが、その道をつけてくださったのは永井一郎さん（國學院大學）である。また、日本ケルト協会代表の山本啓湖さんにも大変お世話になった。

関西の地にも総合的なアイルランド研究を推進する組織が生まれた。1997年秋、関西アイルランド研究会が産声を上げた（大阪経済大学で創立。当初はアイルランド史研究会と名乗る）。それは日本アイルランド協会との提携を謳い、高橋哲雄さん（甲南大学・大阪商業大学）を代表者として結成された。佐野哲郎さん（京都大学・神戸親和女子大学）、松田誠思さん（神戸親和女子大学）、清水由文さん（桃山学院大学）、高神信一さん（大阪産業大学）、武井章弘さん（大阪学院大学）、眞鍋晶子さん（滋賀大学）、谷川冬二さん（甲南女子大学）、下楠昌哉さん（同志社大学）、中村仁美さん（立命館大学）、雪村加世子さん（大阪産業大学）たちが参加されたが、大阪経済大学の山本さんと本多も加わった。私にとってアイルランド文学や文化も視野に入れる研究に少しでも近づくうえで大きな力となった（なお、上にお名前を挙げさせていただいた方々のなかにはお亡くなりになった方もおられ、また所属先が変更されている方もおられる）。

日本アイルランド協会への参加はアイルランド遊学への道を開かせてくれた。松尾太郎さんが先陣を切って、アイルランド社会経済史学会 the Economic and Social History Society of Ireland の1970年創設の中心となり、アイルランド経済史研究を牽引してこられたダブリン大学教授 L・M・カレン Louis M. Cullen さんと繋がりをつけられた。私はその繋がりに導かれて1985年度の1年間、ダブリン大学トゥリニティ・カレッジで在外研究をおこなう

ことができた。この時、カレンさんはアイルランド社会経済史学会の会長に就いておられた。カレンさんは積極的にアイルランド内外の研究者を招いて研究会を開いておられたが、その機会に多くの方々、トゥリニティ・カレッジでカレンさんの許で研究されていたD・ディクソン Dickson さん、研究会で報告するために遠路参加された T・C・スマウト Smout さん（St Andrews University）や P・M・ソーラー Solar さん（Louvain University, Belgium）などと交流することができた。カレンさんやスコットランドのスマウトさんたちの努力の上に、1985年9月18日からの3日間、デリーのアルスター大学マギー・カレッジで開催されたスコットランドとアイルランドの経済史研究者第3回合同学会に、カレンさんとディクソンさんとご一緒に参加させていただいた。この共同学会の成果は R. Mitchison & P. Roebuck eds., *Economy and Society in Scotland and Ireland 1500-1939*, Edinburgh, John Donald Publishers, 1988 にまとめられているが、アイルランド南北の経済史家が揃って、スコットランド経済史家とともに実に活発に自由に議論されていたことが今も鮮明に脳裏に焼き付いている。

　ダブリンではこれらの研究者以外の方々にも大変親切にしていただいた。当時、ダブリン大学の大学院生であったマリア・ハルピン Maria Halpin（Máire Alpin）さんにはアイルランド語を少し教えていただき、ヒッチハイクのやり方まで伝授していただいた。お陰様で、ウォータフォード県のデヴォンシァ公爵家の代理人が住むリスモア城など、公営交通手段のない場所を訪ねることができるようになった。1985年ではないが、ダブリンに近いブレイ Bray に住まわれるアイリッシュ Eilís さん（Eilís Kelly）ご一家には宿まで提供していただいた。

　このように日本とアイルランドの多くの方々から力を得て本書の研究を進めることができたが、この場で改めて自己批判しなければならないことがある。以下は『エール』特別号「日本アイルランド協会50年史」（2017年）に私が投稿した会員エッセーの一部である。

　　　　アイルランド史研究会では T. W. Moody & F. X. Martin, eds., *The*

あとがき

　Course of Irish History, Cork, Mercier Press, 1967 の翻訳作業が続けられていた。私は横で聞きながら勉強させていただいていた。そのような1978年6月、別枝さんが急逝された。あとでわかったことであるが、この翻訳作業は別枝さんが提案されたものであった。

　別枝さん亡き後、監訳者の仕事を一手に引き受けられたのであろうか、堀越さんは大変困られて、私のようなものに、別枝さん担当の翻訳部分のうち、第10章 The Gaelic Resurgence and the Geraldine Supremacy (c.1400-1534) を回してこられた。

　別枝さんはほとんど訳稿を作っておられた。ただ残り僅かな部分は原文のままにしておられた。その中に3カ所、'coign and livery' を邦訳せずにそのままにしておられた。多くの皆さんがご存知のように、『アイルランドの風土と歴史』（堀越智監訳）では全く誤った「コインと衣服」と訳がつけられている（原文159, 165頁、邦訳174, 182頁）。この訳は本多がつけたもので、本多の誤りである。

　私はこのことに気づき、誤りは本多が犯したのであって、別枝さんのものでないという事実を明らかにしなければならないと考えた。幸い堀越さんから改訂版を出すことができるとの話があり、訂正訳を提出したが、改訂版は実現しなかった。

　私が著書を出すときに、あとがきに私が犯した誤りを明らかにしようと考えてきたが、それまでは道半ばである。

　別枝さんには大変申し訳ないことをした。アイルランド史研究と読者には私の誤りを長く放置してしまった。ここで改めて自己批判する次第である。

　このように誤ちを繰り返しながらの半世紀を過ぎた私の研究が本書の出版によってやっと日の目を見ることとなった。

　本書は大阪経済大学日本経済史研究所の研究叢書として出版されることになった。高木久史研究所長のご尽力により、研究所会議にて承認された。本書の出版については研究所事務局の平野早苗さんと井上愛理さんにお世話になった。特に平野さんには本書の企画立ち上げ時のサポートから、細部にま

で目を届かせた校正全般、そして事後の事務処理に至るまで大変お世話になった。平野さんと井上さんのお二人には心よりお礼申し上げる。

　本書の出版は京都の思文閣出版が引き受けてくださった。企画の段階では新刊部編集長の田中峰人さんに大変お世話になり、2024年に本づくりに着手した。副編集長の井上理恵子さんが全面的に本づくりに関わってくださり、また校正に当たって重要な提案をいくつもしていただいて本書ができあがった。

　本書が読者諸氏にとって少しでも良いところがあるとするなら、思文閣の井上さん、研究所の平野さんと井上さんのお力に負うところが大きかったと深く感謝している。

　私事であるが、私は50歳代に入り、次々と病気に見舞われることになった。70歳代に入ると、とどめを刺されかねないようなものにまで罹った。しかし交野のかかりつけ医師や医療従事者、枚方のＡ私大病院の多数の医師や医療従事者のお力により生きながらえ、本書出版に漕ぎつけることができた。深くお礼申し上げる。

　最後に、このような私と半世紀以上にわたり共に生きて暮らしてきた妻陽子のサポートなくしてこの本は決して生まれることはなかった。本書は妻陽子の作品でもある。

　　　　2024年12月

　　　　　　　　大阪府交野（かたの）は交野山（こうのさん）を望む天野が原にて

　　　　　　　　　　　本多　三郎

地図・表一覧

〔地図〕
地図1　アイルランドの4地方と32県
地図2-1　ローガンの描くドゥローヴァー
地図2-2　1870年代末アイルランド鉄道網
地図3　アイルランド家畜輸出港と大ブリテン輸入港、それから向かう土地
地図5-1　キルマロック貧民監督官選出区
地図5-2　ケリー県のフェアとマンスター地方
地図6-1　ロンドン同業者組合によるロンドンデリー県分割
地図6-2a　ドゥレイパーズタウンの位置
地図6-2b　ドゥレイパーズタウン選出区
地図6-3　アルスター地方のフラックス市場（1863年）と主な亜麻栽培・スカッチング地域
地図6-4　シオン・ミルズの位置
地図6-5　ドニゴール県（19世紀後半）
地図6-6　レック教区タウンランドとレターケニー
地図7-1　メイヨーとコナハト
地図7-2　ノックス-ゴア直営農場と一部テナント農場（1870年代）
　　　　（バリナ選出区キルモアモイ教区）
地図7-3　シムソン農場
地図8-1　ミーズ県のフェア開催地
地図8-2　ダンシャフリン選出区の教区とタウンランド
地図8-3　デレイニの家畜買付けフェア

〔表〕
表序-1　ジャガイモ作付面積・収穫（1845〜47年）
表序-2　連合王国諸港からのアイルランド出生者海外移民
表序-3　大ブリテンにおけるアイルランド出生住民（1851年）
表序-4　アイルランドからリヴァプールに到着した甲板乗客（1849年1月〜54年3月）
表序-5　大飢饉下の主な作物の作付面積と放牧草地面積
表序-6　家畜頭数の推移
表序-7　農地規模別保有地数・保有者数
表1-1　主な作物の作付面積と乾草・放牧地面積
表1-2　家畜頭数の推移
表1-3　全国と4地方の土地利用と土地保有（1873年）
表1-4　全国と4地方の主な作物作付面積（1873年）
表1-5　家畜飼料（1873年版『農家年鑑』推奨）

表 1-6　バリントン飼料・種子百分比（1908年）
表 1-7a　全国と4地方の牛飼養頭数と比率（1873年）
表 1-7b　全国と4地方の牛以外の主な家畜飼養頭（羽）数と比率（1873年）
表 1-8　主な農産物の主産地上位3県と3郡
表 2-1　牛の移動推定（1871年6月～1873年6月）
表 2-2a　32県の牛頭数と順位
表 2-2b　32県の単位農地面積当たりの乳牛頭数と牛移動（1871年6月～1873年6月）
表 2-3　1873年フェア開催予定地数
表 2-4　アラン諸島の普通の家計の推計（『ベイスライン報告』1893年）
表 2-5　ローガンのドゥローヴァーの世界に出てくる町
表 2-6a　鉄道による家畜輸送（1877～78年頃）
表 2-6b　鉄道による家畜輸送（表2-6aつづき）
表 3-1　18世紀アイルランドとイングランドの輸出額
表 3-2　主な輸出と輸入（1799年3月26日～1800年3月25日）
表 3-3　バター輸出先百分比（1771～1800年）
表 3-4　ビーフとポークの輸出先百分比（1771～1800年）
表 3-5　バター、ビーフ、ポークの輸出に占めるコークの比率（1771～1800年）
表 3-6　コークからのバター、ビーフ、ポーク輸出先（大ブリテンを除く）
表 3-7　アイルランドの主な港からの食糧品輸出（1807年）
表 3-8　連合王国成立以降の保蔵加工畜産物輸出
表 3-9　アイルランドから大ブリテンへの畜産物輸出
表 3-10　大ブリテンのバター輸入量
表 3-11　連合王国の輸入地域・国別年平均バター価格（cwt当り）
表 3-12　ロンドン市場に出荷されたアイルランド・ベーコン
表 3-13　ベルファストとウォータフォードからのベーコン＆ハムの輸出
表 3-14　豚の港別輸出（1872年）と所在県豚飼育頭数（1873年）
表 3-15　アイルランド製とアメリカ製のベーコンのダブリン市場cwt当りの価格
表 3-16a　1904～18年のベーコンとハムの輸出と輸入量
表 3-16b　1904～18年のベーコンとハムの貿易額
表 3-17a　大ブリテンへの家畜輸出（1846～74年）
表 3-17b　大ブリテンへの家畜輸出（1875～99年）
表 3-18　大ブリテンへの輸出家畜推定額（1876～81年）
表 3-19　アイルランド港別対英家畜輸出（1877年）
表 3-20　大ブリテン21港のアイルランドからの家畜輸入（1881年）
表 3-21　大ブリテン輸入港別アイルランド牛輸入量（1900年1月～6月）
表 3-22　アイルランド19港から大ブリテンのどの港へ家畜が輸出されたか（1870年、77年、81年）
表 3-23　セント・ジョージ汽船会社定期航路（1841年）
表 3-24　大ブリテン21港はどのアイルランド港から輸入し、それから何処へ（1870年、

地図・表一覧

77年、81年)
- 表4-1　農地規模別耕地面積の増減率（％）
- 表4-2　農地規模別牧草地面積の増減率（％）
- 表4-3　農地規模別放牧地面積の増減率（％）
- 表4-4　農地規模別農林地利用割合＝百分比（1873年）
- 表4-5　規模別作付（含放牧地）割合＝百分比（1873年）
- 表4-6　農地規模別家畜保有百分比（1873年）
- 表4-7　農地規模別家畜平均保有頭（羽）数（1873年）
- 表4-8a　規模（不動産評価額）別農地数（全国と4地方）（1870年頃）
- 表4-8b　地方税評価額分類と農地面積分類のクロス階層表
- 表4-9　職業部門別人数（1871年）
- 表4-10　「農業家」を構成する職業（1871年センサス）
- 表4-11　動物に関わる人たち
- 表4-12　動物性食品関係で働く人
- 表4-13　農業に直接関係する人々——その1（1871年）
- 表4-14　農業に直接関係する人々——その2（1871年）
- 表4-15　農業労働者と農家・牧畜業者家族労働力（全年齢、1871年）
- 付　表　1912年における農地規模別農業従事者
- 表5-1　キルマロック教区連合（作付面積37,568エーカー）（1873年）
- 表5-2　キルマロック選出区構成タウンランドと地図5-1上の記号
- 表5-3　1870年代末キルマロック貧民監督官選出区評価額規模別農場
- 表5-4　キルマロック教区連合の職業構成（20歳以上。1871年）
- 表5-5　キルマロック教区連合（リムリック県地域）の農業労働者（20歳以上男女に限定。1871年）
- 表5-6　マンスター地方の主な教区連合牛移動指標（1870年代初め）
- 表5-7　1870～80年代ニューマーケット貧民監督官選出区評価額規模別農場
- 表5-8　1871年マンスター3教区連合の農業労働者（20歳以上男女に限定）
- 表6-1　ロッヒンショーリン郡農地規模別家畜飼育頭（羽）数、作付面積百分比（1873年）
- 表6-2　ロッヒンショーリン郡牛移動指標（1871～73年）
- 表6-3　ドゥレイパーズタウン選出区（1871年センサス）
- 表6-4　1870～80年代ドゥレイパーズタウン評価額別農場分布（町は除く）
- 表6-5　マヘーラフェルト教区連合の農業労働者（20歳以上男女に限定。1871年）
- 表6-6　亜麻作付面積　全国・アルスターと上位10県（1873年）
- 表6-7　農業統計の亜麻機械打ち作業場 Scutching Mill（1873年）
- 表6-8　亜麻作付面積2,000エーカー以上郡とスカッチング作業場数20以上郡（1873年）
- 表6-9　フラックス市場の機械打ちと手打ち別推計取引量と価格帯（1863年12月21日）
- 表6-10　リネン産業部門別・県別業者数
- 表6-11　キーディー教区　1864年公表『グリフィス評価原簿』記載リネン関係施設

表6-12　1835年のリネン関係「対外取引＝貿易額」(アイルランド鉄道建設調査委員会)
表6-13　1873年フェア開催予定地 (60カ所) と年開催予定回数
表6-14　レターケニー周辺地域の牛移動指標 (1871～73年)
表6-15　レターケニー教区連合の農業労働力 (20歳以上男女に限定。1871年)
表6-16　レターケニーとレック教区タウンランド
表6-17　レック教区の亜麻機械打ち作業場
表6-18　1860～80年代レック教区評価額別農場分布
表6-19　ガータン地域推計現金収支
表6-20　ガータン地域推計自家消費
表7-1　メイヨーとコナハトの町や村 (1～20はメイヨー県、アルファベット記号は他県)
表7-2　アキル地域推計家計簿 (1890年代初)
表7-3　クレア島地域推計家計簿 (1890年代初)
表7-4　パートゥリ地域推計家計簿 (1890年代初)
表7-5　ティロウリー郡の農地面積規模別肉牛飼育頭数と肉牛移動
表7-6　1870年代バリナ選出区評価額別農場分布
表7-7　ノックス-ゴア直営農場と一部テナント (1870年代)
表7-8　バリナ教区連合の農業労働者 (20歳以上男女に限定。1871年)
表7-9　エリス郡の農地面積規模別の肉牛飼育頭数と移動指標
表7-10　ベルミーレット地域推計家計簿 (1890年代初)
表7-11　シムソン農場 (1880年リース満期時点)
表8-1　ミーズ県の牛と大量流入
表8-2　ミーズ県1873年フェア開催予定地 (27カ所) と年間開催予定回数
表8-3　『ダンシャフリン評価簿』の教区とタウンランド
表8-4　ダンシャフリン評価額別農場分布 (1870年代半ば～80年代初頭)
表8-5　評価額500ポンド以上の大規模農場 (牧場)
表8-6　ダンシャフリン教区連合の農業労働者 (1871年) (20歳以上男女に限定)
表8-7　エドワード・デレイニ (『グリフィス評価原簿』1854年)
表8-8　ミーズ県大牧畜業者デレイニの家畜買付け
表9-1a　6地域の評価額規模別農場分布 (1870～80年代)
表9-1b　6地域の農業雇用労働力依存率 (20歳以上男女)
表9-2　ショー・リフィーヴァの1880～90年代アイルランド農民層分解像
表9-3　1891年評価額別・農地面積別農地数・家族数
表終-1　大ブリテンの家畜輸入頭数 (1878年)
表終-2　1歳牛と2歳牛の平均最低価格と平均最高価格 (1846～86年の5月と6月)
表終-3　1876年5・6月の肉牛取引価格 (『アイルランド農家新聞』報道)
表終-4-1　テナント農民立退き家族数 (1849～69年) と再入許可
表終-4-2　テナント農民立退き家族数 (1870～84年) と再入許可
表終-4-3　地代滞納を理由とした立退き家族数とケアテイカー再入許可数
表終-5　偏倚した産業構造　農業諸部門の農家販売額と農家消費額 (1913年5月末まで

地図・表一覧

の1年間）
表終-6 土地保有規模別出稼ぎ農業労働者（全国・4地方）（1882年）
表終-7 出稼ぎ先（1882年）
表終-8 アイルランド出生者海外移民と住民減少
表終-9 アイルランド諸港からの海外移民はどういう人々であったのか

文献目録

◆同時代資料 Contemporary Sources
　Ⅰ　手稿資料 Manuscript Material
　Ⅱ　同時代印刷物資料 Contemporary Publications
　　１．連合王国議会文書 Parliamentary Papers
　　２．法令・議会討論 Statutes and Parliamentary Proceedings（Hansard）
　　３．その他公的資料 Other Official Sources
　　４．新聞・定期刊行物 Newspapers and Periodicals
　　５．年鑑・人名録・辞典・地図等 Directories, Dictionaries and Maps
　　６．同時代人著作 Other Contemporary Works（1922年アイルランド自由国成立直後頃まで）
◆二次文献 Later Works
◆ウェブサイト

【同時代資料 Contemporary Sources】
Ⅰ　手稿資料 Manuscript Material
　General Valuation of Ireland, County Limerick, Electoral Division of Kilmallock『キルマロック評価簿』
　General Valuation of Ireland, County Cork, Electoral Division of Newmarket『ニューマーケット評価簿』
　General Valuation of Ireland, County Derry, Electoral Division of Draperstown『ドゥレイパーズタウン評価簿』
　General Valuation of Ireland, County Donegal, Parish of Leck『レック教区評価簿』
　General Valuation of Ireland, County Mayo, Electoral Division of Ballina『バリナ評価簿』
　General Valuation of Ireland, County Mayo, Electoral Division of Hollymount『ホーリマウント評価簿』
　General Valuation of Ireland ,County Meath, Electoral Division of Dunshaughlin『ダンシャフリン評価簿』
　＊次は印刷資料であるがこの資料群に配置
　The General Tenement Valuation, 1852〜64『グリフィス評価原簿』(https://www.askaboutireland/griffith-valuation で閲覧可能／参照2024-9-7）
Ⅱ　同時代印刷物資料 Contemporary Publications
　１．連合王国議会文書 Parliamentary Papers（以下、分野別に分類）
　　Ａ．大飢饉からの避難 Refugee from the Great Famine
　　　Destitute Irish（Liverpool）, *P.P. 1847（193）*Vol. LIV.
　　　　A Return of the Number of Irish Poor brought over Monthly to the Port of Liverpool from the Coast of Ireland in each of the last Five Years ; distinguishing, as far as possible, those who remain in this Country from those who emigrate across the Seas. And, similar Return from the Ports of Glasgow, Bristol, Swansea, Neath, Cardiff, and Newport, embracing a similar Period, *P.P. 1854（300）*Vol. LV.

B. 国勢調査報告 Census Returns

 Census of Great Britain : Population Tables, II. Ages, Civil Conditions, Occupations and Birth-place of the People, Vol. I, *P.P. 1852-53 [1691-1]*, Vol. LXXXVIII

 Report of the Commissioners appointed to take the Census of Ireland, for the Year 1841, *P.P. 1843 [504]* Vol. XXIV

 The Census of Ireland for the Year 1851, Part V, Tables of Deaths, *P.P. 1856 [2087-I] [2087-II]* Vol. XXX

 The Census of Ireland for the Year 1851, Part VI, General Report, and Instruction for Enumerator *P.P. 1856 [2134]* Vol. XXXI

 Census of Ireland, 1871. Part I. Area, Houses, and Population : also the Ages, Civil Condition, Occupations, Birthplaces, Religion, and Education of the People. Summary Tables for Ireland, *P.P. 1875 [C1106]* ; Part I, Vol. I, Province of Leinster, *P.P. 1872 [C662]* Vol. LXVII ; Part I, Vol. II, Province of Munster, *P.P. 1873 [C873]* Vol. LXXII ; Part I, Vol. III, Province of Ulster. *P.P. 1874 [C964]* Vol. LXXIV ; Part I, Vol. IV, Province of Connaught, *P.P. 1874 [C1106]* Vol. LXXIV

 Census of Ireland, 1871. Appendix to General Report, Copies of Circulars, Forms, & etc., used for taking the Census of Ireland for the Year 1871, *P.P. 1876 [C1377]* Vol. LXXXI

 Census of Ireland, 1871. Alphabetical Index to the Townlands and Towns of Ireland, *P.P. 1877 [C1711]*

 Census of Ireland, 1881. Part II. General Report, with Illustrative Maps and Diagrams, Tables, and Appendix, *P.P. 1882 [C.-3365]* Vol. LXXIX

 Census of Ireland, 1891. Part II, General Report, with Illustrative Maps and Diagrams, Tables, and Appendix, *P.P. 1892 [C.-6780]* Vol. XC

C. 農業統計 Agricultural Statistics

 Returns of Agricultural Produce in Ireland, in the Year 1847, *P.P. 1847-48 [923]* Vol. LVII

 Returns of Agricultural Produce in Ireland, in the Year 1847, Part II-Stock, *P.P. 1847-48 [1000]* Vol. LVII

 Returns of Agricultural Produce in 1851, The Census of Ireland for the Year 1851, Part II, *P.P. 1852-53 [1589]* Vol. XCIII

 Returns of Agricultural Produce in Ireland, in the Year 1852, *P.P. 1854 [1714]* Vol. LVII

 Returns of Agricultural Produce in Ireland, in the Year 1853, *P.P. 1854-55 [1865]* Vol. XLVII

 Returns of Agricultural Produce in Ireland, in the Year 1854, *P.P. 1856 [2017]* Vol. LIII

 Returns of Agricultural Produce in Ireland, for the Year 1855, *P.P. 1857 [2174]* Vol. LXXXI

 Returns of Agricultural Produce for the Year 1856, *P.P. 1857-58 [2289]* Vol. LXI

 The Agricultural Statistics of Ireland, for the Year 1861, *P.P. 1863 [3156]* Vol. LXIX

 The Agricultural Statistics of Ireland, for the Year 1866, *P.P. 1867-68 [3938-II]*

Vol. LXX

The Agricultural Statistics of Ireland, for the Year 1871, *P.P. 1873 [C762]* Vol. LXIX

The Agricultural Statistics of Ireland, for the Year 1872, *P.P. 1874 [C880]* Vol. LXIX

The Agricultural Statistics of Ireland, for the Year 1873, *P.P. 1875 [C1125]* Vol. XV

The Agricultural Statistics of Ireland, for the Year 1874, *P.P. 1876 [C1380]* Vol. LXXVIII

The Agricultural Statistics of Ireland, for the Year 1881, *P.P. 1882 [C3332]* Vol. LXXIV

The Agricultural Statistics of Ireland, for the year 1886, *P.P. 1887 [C. 5084]* Vol. XXXIX

Agricultural Statistics of Ireland, with Detailed Report on Agriculture, for the year 1899, *P.P. 1900 [Cd. 143]* Vol. CI

D. 農業労働者 Agricultural Labourer

Poor Inquiry (Ireland). Appendix (D.) (E.) containing Baronial Examinations relative to Food, Cottages and Cabins, Clothing and Furniture, Pawnbroking and Saving banks, Drinking; and Supplement, *P.P. 1836 [35] [36] [37] [38] [39] [40] [41] [42]*

Report from the Select Committee on Industries (Ireland); together with the Proceedings of the Committee, Minutes of Evidence, and Appendix, *P.P. 1884-5 (288)* Vol. IX

Third Report of the Royal Commission on Labour, Vol. IV. Ireland. Part I. Reports by Mr. R. McCrea (Assistant Commissioner), upon the Poor Law Union of Letterkenny (Co. Donegal), *P.P. 1893-94 [C.-6894.-xviii.]* Vol. XXXVII. 1890年代労働調査委員会『マクレー・レターケニー報告』

Royal Commission on Labour. The Agricultural Labourer. Vol. IV. Ireland. Part II. Reports by Mr. W. P. O'Brien, C.B. (Assistant Commissioner). Upon Certain Selected Districts in Counties Carlow, Cork, Clare, Kerry, Kildare, Kilkenny, King's, Limerick, Queen's, Tipperary, Waterford, Wexford, and Wicklow, with Summary Report prefixed. *P.P. 1893-94 [C.-6894-xix]* Vol. XXXVII 1890年代労働調査委員会『オブライエン報告』

E. 出稼ぎ・移民 Migration, Emigration

Emigration Statistics of Ireland, for the Year 1876, *P.P. 1877 [C1700]*

Emigration Statistics of Ireland, for the Year 1877, *P.P. 1878 [C2066]*

以下、略記 for the Year 1878, *P.P. 1878-79 [C2221]*; for the Year 1879, *P.P. 1880 [C2501]*; for the Year 1880, *P.P. 1881 [C2828]*; for the Year 1881, *P.P. 1882 [C 3170]*; for the Year 1882, *P.P. 1883 [C3489]*; for the Year 1883, *P.P. 1884 [C 3899]*; for the Year 1884, *P.P. 1884-85 [C4303]*; for the Year 1885, *P.P. 1886 [C 4660]*; for the Year 1886, *P.P. 1887 [C4967]*; for the Year 1887, *P.P. 1888 [C 5307]*; for the Year 1888, *P.P. 1889 [C5647]*; for the Year 1889, *P.P. 1890 [C 6010]*; for the Year 1890, *P.P. 1890-91 [C6295]*; for the Year 1891, *P.P. 1892 [C 6679]*; for the Year 1892, *P.P. 1893-94 [C6977]*; for the Year 1893, *P.P. 1893-94*

文献目録

[C7288]; for the Year 1894, *P.P. 1895 [C7647]*; for the Year 1895, *P.P. 1896 [C 7959]*; for the Year 1896, *P.P. 1897 [C8366]*; for the Year 1897, *P.P. 1898 [C 8740]*; for the Year 1898, *P.P. 1899 [C9193]*; for the Year 1899, P.P. 1900 [Cd 111]; for the Year 1900, *P.P. 1901 [Cd531]*

Agricultural Statistics, Ireland, 1880. Report and Tables relating to Migratory Agricultural Labourers, *P.P. 1881 [C. 2809]*. 1880年農業統計「出稼ぎ農業労働者の報告と統計」

Agricultural Statistics, Ireland, 1882. Report and Tables relating to Migratory Agricultural Labourers, *P.P. 1882 [C. 3438]*. 1882年農業統計「出稼ぎ農業労働者の報告と統計」

F. テナント立退かせ Eviction

Return, by Provinces and Counties, of Cases of Evictions which have come to the Knowledge of the Constabulary in each of the Years from 1849 to 1880, inclusive, *P.P. 1881 (185)*

Return of Cases of Evictions which have come to the Knowledge of the Constabulary in each Quarter of the Year ended the 31st day of December 1881, *P.P. 1882 (9)*

Return of Cases of Evictions which have come to the Knowledge of the Constabulary in each Quarter of the Year ended the 31st day of December 1882, *P.P. 1883 [C. 3465]*

Return of Cases of Eviction under Knowledge of Constabulary in Ireland, January-March 1883, *P.P. 1883 (C3579)* Vol. LVI ; 以下、略記する。April-June 1883, *P.P. 1883 (C3770)* Vol. LVI; July-September 1883, *P.P. 1884 (C3892)* Vol. LXIV; January-March 1884, *P.P. 1884 (C3994)* Vol. LXIV; April-June 1884, *P. P. 1884 (C4089)* Vol. LXIV ; July-September 1884, *P.P. 1884 (C4209)*; October-December 1884, *P.P. 1884-85 (C4300)* Vol. LXV

Return showing the Number of Families Evicted in each County in Ireland for Non-Payment of Rent, and the Number of these Families Re-admitted as Caretakers, for the Years 1877, 1878, 1879, 1880, and the Half Year ended the 30th day of June 1881, *P.P. 1881 (180-II)* Vol. XIII

G. フェア・マーケット・交通・交易 Fair, Market & Communication, Trade

Extract of Some Details of a Passage from Dublin to London, in a Vessel Propelled by a Steam-Engine ; communicated by Professor Pictet, one of the Editors of the "Bibliothèque Britannique." by Isaac Weld, Esq. in An Historical and Explanatory Dissertation on Steam-Engines and Steam-Packets ; with the Evidence in full given by the Most Eminent Engineers, Mechanists, and Manufacturers, to the Select Committees of the House of Commons, London, 1818

Return, Account of all Corn and Meal, also of Horses and Sheep, Beef and Pork, Bacon and Butter, Exported from Ireland, from the Period of the Union to 5th January last, *P.P. 1828 [180]* Vol. XVIII『アーヴィング1828年報告』

Report from the Select Committee on Agriculture, Appendix No. 5, *P.P. 1833 (612)* Vol. V

Second Report of the Commissioners appointed to consider and recommend a General System of Railways for Ireland, Appendix B. No. 9, No. 10, *P.P. 1837-38 [145]*

Vol. IIIV

An Account of All Cattle, Sheep, and Swine, imported into Great Britain from Ireland, from the 5th day of July 1847 to the 5th day of April 1849, P.P. 1849 (292) Vol. L

Report of the Commissioners appointed to inquire into the State of the Fairs and Markets in Ireland, P.P. 1852-53 [1674] Vol. XLI 『1852-3年フェア・マーケット報告』

Report from the Committee appointed by the Lord President of the Council to consider the Powers entrusted to the Privy Council by Sections 64 and 75 of the Contagious Diseases (Animals) Act, 1869, and to suggest the Best Mode of carrying into the Effect the Provisions of such Sections relative to the Transit of Animals by Sea and Land; together with the Minutes of Evidence and Appendix. P.P. 1870 [C.116] Vol. LXI 『1870年枢密院委員会報告』

Return of the average prices of Various Kinds of Animals, Dead Meat, and Provisions Imported into the United Kingdom in each of the Years 1854 to 1877, P.P. 1878 (273) Vol. LXVIII, No. 4 (table number……引用者) 1878年商務省「畜産物・食糧品輸入価格統計」

Report on the Transit of Animals from Ireland to Ports in Great Britain, P.P. 1878 [C. 2097] Vol. XXV 『ブラウン G. T. Brown 枢密院獣医局長官1878年報告』

Report from the Irish Privy Council Veterinary Department, relative to the trade in, and movement of animals intended for exportation from Ireland to Great Britain; and on the accommodation and facilities afforded for their reception and inspection at the ports of their embarkation, for the year 1877, Appendix, Return of Animals exported to Great Britain from Ireland Ports during the year ended the 31st December, 1877, P.P. 1878 (C. 2104) Vol. XXV 『ファーガソン・アイルランド獣医局長官1878年報告』

Select Committee on Industries (Ireland) Report, Proceedings, Minutes of Evidence, Appendix, Index, Appendix, No. 6, P.P. 1884-85 (288) Vol. IX

Report of the Royal Commission on The Land Law (Ireland) Act, 1881, and The Purchase of Land (Ireland) Act, 1885. P.P. 1887 [C 4969] Vol. XXVI, Appendix, Paper No. 7, Mean of Minimal and of Maximal Prices of Irish Agricultural Produce in the Year 1840, and in each of the 40 years, 1846-85: From "Purdon's Irish Farmers' and Gardeners' Almanac for 1886;" with the Average Minimal, and the Average Maximal, Price for the 40 years, and the Average Prices in 1886 『クーパー委員会報告』

Royal Commission on Market Rights and Tolls. Reports of Mr. Charles W. Black, Assistant Commissioner, together with the Minutes of Evidence taken in the Province of Ulster, and Portions of the Province of Leinster and Connaught. Vol. V, P.P. 1889 [C. 5888] Vol. XXXVIII 『1888年市場権・市場利用料委員会ブラック報告』

Royal Commission on Market Rights and Tolls. Reports of Mr. John J. O'Meara, Assistant Commissioner, together with the Minutes of Evidence taken in the Province of Munster, and Portions of the Provinces of Leinster and Connaught. Vol. VI, P.P. 1889 [C. 5888-1] Vol. XXXVIII 『1888年市場権・市場利用料委員会オメーラ報告』

Royal Commission of Inquiry into the Procedure and Practice and the Methods of Valuation followed by the Land Commission, the Land judge Court, and the Civil Bill Courts in Ireland under the Land Acts and the Land Purchase Acts, Vol. II. Minutes of Evidence. *P.P. 1898 [C. 8859]* Vol. XXXV 『フライ委員会報告』

Report of the departmental committee appointed by the Board of Agriculture to enquire and report upon the inland transit of cattle, *P.P. 1898 [C 8928]* Vol. XXXIV

Royal Commission on Congestion in Ireland, Appendix to the Third Report, Minutes of Evidence (taken in London, 3rd to 20th November, 1906) and Documents relating thereto, Appendix VIII, *P.P. 1907 [Cd. 3414]* Vol. XXXV

Do., Appendix to the Tenth Report, Minutes of Evidence and Documents relating thereto, *P.P. 1908 [Cd. 4007]*, Vol. XLII

H．土地保有 Landholding

Digest of Evidence taken before Her Majesty's Commissioners of Inquiry into the State of the Law and Practice in respect to the Occupation of Land. Part 1, Dublin, 1847, *P.P.1847 (002)* Vol. XXXV 『デヴォン委員会証言録ダイジェスト版』

Returns showing the Number of Agricultural Holdings in Ireland, and the Tenure by which they are held by the Occupiers, *P.P., 1870 LXI* 『1870年農業保有地報告』

The Return of Owners of Land (1874–1876); *The Return of Owners of Land of One Acre and Upwards, in the Several Counties, Counties of Cities, and Counties of Towns in Ireland*, Dublin, 1876 『アイルランドの土地所有者に関する報告』

Report from the Select Committee on Irish Land Act, 1870; together with the Proceedings of the Committee, Minutes of Evidence, and Appendix, *P.P. 1877 (328)*, Vol. XII 『ショー・リフィーヴァ委員会報告1』

Report from the Select Committee on Irish Land Act, 1870; together with the Proceedings of the Committee, Minutes of Evidence, and Appendix, *P.P. 1878*, Vol. XV 『ショー・リフィーヴァ委員会報告2』

Preliminary Report from Her Majesty's Commissioners on Agriculture; Minutes of Evidence, *P.P. 1881 [C. 2778-I]* vol. XV 『リッチモンド委員会報告』

2．法令・議会討論 Statutes and Parliamentary Proceedings (Hansard)

An act to amend the Laws now in force for regulating the Importation of Corn (55 Geo. III, c. 26) 1815年穀物法

Act to Repeal the Duties on All Articles of the Manufacture of Great Britain and Ireland respectively on the Importation into either Country from the Other (5 Geo. IV, c. 22) 1824年関税廃止法

An Act to amend the Laws relating to the Importation of Corn, 1846 (9 & 10 Vict., c. 22) 穀物法撤廃

An Act to alter certain Duties of Customs, 1846 (9 & 10 Vict., c. 23)

Act to facilitate Sale of Encumbered Estates in Ireland (11 & 12 Vict., c. 48) 1848年抵当所領法

Act further to facilitate the Sale and Transfer of Incumbered Estates in Ireland (12 & 13 Vict., c. 77) 1849年抵当所領裁判所法

Act to facilitate Sale and Transfer of Land in Ireland (21 & 22 Vict., c. 72) 1858年不動産裁判所法

Cottier Tenant (Ireland) Act, 1856 (19 & 20 Vict. c. 56)

Hansard, HC Deb 22 November 1852 vol 123 cc 344–46.

An Act to amend the Law relating to the Occupation and Ownership of Land in Ireland,

1870 (33 & 34 Vict., c. 46) 1870年アイルランド土地法

An Act to further amend the Law relating to the Occupation and Ownership of Land in Ireland, and for other Purposes relating thereto, 1881 (44 & 45 Vic. c. 49) 1881年アイルランド土地法

Purchase of Land (Ireland) Act, 1891 (54 & 55 Vict. C. 48) 1891年アイルランド土地購入法

3．その他公的資料 Other Official Sources

Calendar of the State Papers, relating to Ireland, of the Reign of James I. 1603-1606

Calendar of the State Papers, Relating to Ireland, of the Reign of James I 1606-1608, eds. by Rev. C. W. Russell and J. P. Prendergast, London, Longman & Co., 1874

Congested Districts Board, *Base line reports of the inspectors of the Congested Districts Board for Ireland, 1892-98*, Dublin 『アイルランド貧民蝟集地域開発局視察官ベイスライン報告』

 Reports of Mr. Butler, inspector. County of Kerry
 Reports of Mr. R. Roche, inspector, County of Kerry
 Reports of Major Gaskell, inspector. County of Donegal
 Reports of Mr. Gahan, inspector. County of Donegal
 Reports of Mr. Micks, inspector. County of Donegal
 Reports of Major Ruttledge-Fair, inspector. County of Mayo
 Reports of Major Ruttledge-Fair, inspector. County of Galway

Return of the animals exported from Ireland to Great Britain during the 6 months ended 30th June, 1900, *Journal of Department of Agriculture and Technical Instruction for Ireland*, Vol. 1, No. 1 (1900)

Department of Industry and Commerce complied, *Agricultural Statistics 1847-1926. Report and Tables*, Dublin, The Stationary Office, 1930

4．新聞・定期刊行物 Newspapers and Periodicals

Proceedings of the Society Food Committee, *Journal of the Society of Arts*, Vol. XV, No. 757, May 17, 1867

The Irish Farmers' Gazette, and Journal of Practical Horticulture, Vol. XXXV, Dublin, Edward Purdon, 1876 『アイルランド農家新聞』1876年合冊版

The Connaught Telegraph, June 25, 1881 『コナハト・テレグラフ』

Journal of Department of Agriculture and Technical Instruction for Ireland, vol. 1, no. 1 (1900)

5．年鑑・人名録・辞典・地図等 Directories, Dictionaries and Maps

Lewis, Samuel, *A Topographical Dictionary of Ireland, comprising the Several Counties, Cities, Boroughs, Corporate, Market, and Post Towns, Parishes, and Villages, with Historical and Statistical Description*, Two Volumes, London, S. Lewis, 1837 『1837年ルイス・アイルランド地誌辞典』『ルイス地誌辞典』

Do., *Lewis Atlas comprising the Counties of Ireland and a general Atlas of the Kingdom*, London, S. Lewis, 1837 『1837年ルイス・アイルランド地図』

The Ordnance Survey Map 1833～46 陸地測量部第一版地図（前出 The General Tenement Valuation, 1852～64のウェブ版に組み込まれている。www.askaboutireland/griffith-valuation)

文献目録

　　Smith, F. W., *The Irish Linen Trade Hand-Book and Directory*, Belfast, W. H. Greer, 1876 『スミス・リネン業者名鑑』
　　Thom's Almanac and Official Directory, Dublin, since 1844 『トム年鑑』
　　I. Slater's New Map of Ireland, Manchester 1845年 『スレイター地図』
　　Purdon's Irish Farmers' and Gardeners' Almanac for 1873 : with a Calendar of Operations, Dublin, the Farmers' Gazette, 1872 『1873年アイルランド農家年鑑』
　　Bateman, J. *The Great Landowners of Great Britain and Ireland*, London, Harrison, 1883, Rep. of 4th ed, 1883, New York, Augustus M. Kelley, 1970 『ベイトマン巨大地主名簿』
　　Introduction to Practical Farming an Elementary Text Book for Use in Irish National School, new ed., Dublin, Alex Thom & Co., 1896 『農業の手引き』(1896年)

6．同時代人著作 Other Contemporary Works （1922年アイルランド自由国成立直後頃まで）
（編著者アルファベット順）

　　Barker, E., *Ireland in the Last Fifty Years (1866-1916)*, Oxford, Clarendon Press, 1917
　　Barrington, T., A Review of Irish Agricultural Prices, *The Journal of Statistical and Social Inquiry Society of Ireland*, Vol. XV, 1927
　　Barry, William, History of Port of Cork Steam Navigation. 1815 to 1915 (Continued from page 18.), *Journal of the Cork Historical and Archaeological Society*, Vol. 23, No. 114, 1917
　　Becker, B. H., *Disturbed Ireland : being the Letters written during the Winter of 1880-81*, London, Macmillan and Co., 1881
　　Bonn, Moritz J., *Modern Ireland and Her Agrarian Problem*, translated from the German by T. W. Rolleston, Dublin, Hodges, Figgis, & Co., 1906
　　Campbell, A., "Royal William," The Pioneer of Ocean Steam Navigation, *Transactions of the Literary and Historical Society of Quebec*, 1891
　　Charley, W., *Flax and its Products in Ireland*, London, Bell and Daldy, 1862
　　Colum, Padraic, *Selected Poems of Padraic Colum*, edited by S. Sternlicht, New York, Syracuse University Press, 1989
　　Colum, Mary, *Life and the Dream*, New York, Doubleday & Company, 1947
　　Coulter, H., *The West of Ireland : Its Existing Condition and Prospect*, Dublin, Hodges & Smith, 1862
　　Coyne, W. P. ed. (Department of Agriculture and Technical Instruction for Ireland), *Ireland Industrial and Agricultural*, Dublin, Cork, Belfast, Browne and Nolan, 1902
　　　Bruce, R., The Irish Cattle Industry
　　　Shaw, Alexander W., The Irish Bacon-curing Industry
　　　Rolleston, T.W., The Belfast Linen Industry
　　　Lyster, T. W., Statistical Survey of Irish Agriculture
　　Dun, F., *Landlords and Tenants in Ireland*, London, Longmans, Green, and Co., 1881
　　Fitzgibbon, Gerald, *Ireland in 1868*, London, Longmans, Green, Readers, & Dyer, 1868
　　Gill, Conrad, *The Rise of the Irish Linen Industry*, Oxford, Clarendon Press, 1925, rep. 1964
　　Grimshaw, T. W., *Facts and Figures about Ireland, Part I*, Dublin, Hodges, Figgis & Co., 1893
　　Hill, Rev. George, *The Montgomery Manuscripts : (1603-1706) Compiled from Family Papers by William Montgomery of Rosemount, Esquire*, Belfast, Archer and Sons, 1869

Hooper, J., General Report, to *Agricultural Statistics 1847 to 1926*, Dublin, The Stationary Office, 1930

Horner, J., *The Linen Trade of Europe during the Spinning-Wheel Period*, Belfast, McCaw, Stevenson & Orr, 1920

Irish Friends and Early Steam Navigation, Cork, *The Journal of the Friends Historical Society*, Vol. XVII, No. 4, 1920

Jennings, F. M., *The Present and Future of Ireland as the Cattle Farm of England and the Probable Population. With Legislative Remedies*, 2nd ed., Dublin, Hodges, Smith and Co., 1865

Kennedy, J., *The History of Steam Navigation*, Liverpool, C. Tinling & Co, 1903

Lawson, James Anthony, The Provision Trade of Ireland, *Transactions of the National Association for the Promotion of Social Science 1861*, ed. by George W. Hastings, London, John W. Parker, Son, and Bourke, 1862

Mac Nevin, T., *The Confiscation of Ulster, in the Reign of James the First, commonly called the Ulster Plantation*, New York, Felix E. O'Rourke, 1873

Marx, K., Entwurf eines Vortrages zur irischen Frage, gehalten im Deutschen Bildungsverein für Arbeiter in London am 16. Dezember 1867, *Marx Engels Werke*, Bd. 16 「1867年12月16日、在ロンドン・ドイツ人労働者教育協会でおこなわれたアイルランド問題についての講演の下書き」『マルクス・エンゲルス全集』第16巻

Do., *Das Kapital*, Erster Band, Berlin, Dietz Verlag, 1974, S. 740『資本論』第1巻、大月書店、1967年

Moore, A. S., *Linen from the Raw Material to the Finished Product*, London, Sir Isaac Pitman & Sons, [1914]

Murray, Alice E., *A History of the Commercial and Financial Relations between England and Ireland from the Period of the Restoration*, new edition, London, P. S. King & Son, 1907

Nicholls, George, *The Flax-Grower: containing Directions for the Cultivation of the Plant, the Preparation of the Fibre, and the Preservation and Use of the Seed; with Particular Instructions for Stall or Box-Feeding Cattle with Linseed Compounds*, second ed., London, Charles Knight, 1848

O'Brien, G. A. T., *The Economic History of Ireland from the Union to the Famine*, London, Longman Green & Co., 1921

Phillips, Sir Thomas, *Londonderry and the London Companies 1609-1629*, Belfast, His Majesty's Stationary Office, 1928

Porter, G. R., *The Progress of the Nation in its Various Social and Economical Relations from the Beginning of the Nineteenth Century to the Present Day*, 3 vols., 1836-43. New Edition, London, John Murray, 1852

Pringle, R. O., A Review of Irish Agriculture, chiefly with Reference to the Production of Live Stock, *Journal of the Royal Agricultural Society of England*, 2nd ser., VIII (1872)

Do., Illustration of Irish Farming, *Journal of the Royal Agricultural Society of England*, 2nd series, IX (1873)

Redford, A., *Labour Migration in England, 1800-50*, Manchester, Manchester University Press, 1926

Riordan, E. J. (secretary the Irish Industrial Development Association), *Modern Irish*

文献目録

  Trade and Industry, London, Methuen & Co., 1920

  Shaw-Lefevre, George, *Agrarian Tenures: A Survey of the Laws and Customs relating to the Holding of Land in England, Ireland, and Scotland and of the Reforms Therein During Recent Years*, London, Paris & Melbourne, Cassell & Co. Ltd., 1893

  Sheldon, J. P., *Dairy Farming Being the Theory, Practice, and Methods of Dairying*, London, Paris & New York, Cassell, Petter, Galpin & Co., c. 1880, reproduction by Forgotten Books, 2015

  Synge, J. M., *The Aran Islands*, ed. by R. Skelton, Oxford and New York, Oxford University Press, rep. 1984（1st 1907, rep. by O.U.P. 1962）栩木伸明訳『アラン島』みすず書房、2005年、甲斐萬里江監修・訳『シング選集［紀行編］アラン島ほか』恒文社、2000年

  Tighe, W., *The Statistical Survey of Kilkenny*, Dublin, 1802

  Wakefield, Edward, *An Account of Ireland, Statistical and Political*, 2 Vols., London, Longman, Hurst, Orme, and Brown, 1812

  Warden, A. J., *The Linen Trade, Ancient and Modern*, London, Longman, Roberts & Green, 1864

  Zimmern, Helen, *The Hansa towns*, London, T. Fisher Unwin, New York, G. P. Putnam's Sons, 1889

【二次文献 Later Works】

  阿部亮他著『新版　家畜飼育の基礎』農文協、2008年

  Bardon, Jonathan, *A History of Ulster*, Belfast, Blackstaff Press, 1992

  Barker, T. C. & Harris, J. R., *A Merseyside Town in the Industrial Revolution, St. Helens, 1750–1900*, London, Liverpool University Press, 1959

  Barry, P. & Scott, D., The Galway Hooker, in *Traditional Boats of Ireland History, Folklore and Construction*, ed. by C. Mac Cárthaigh, Cork, The Collins Press, 2008

  Bianconi, M, O'C. & Watson, S. J., *Bianconi King of the Irish Roads*, Dublin, Allen Figgis, 1962

  Beames, M., Cottier and Conacre in Pre-Famine Ireland, *Journal of Peasant Studies*, II (1975)

  Bew, Paul, *Land and the National Question in Ireland 1858–82*, Dublin, Gill and Macmillan, 1978

  Bourke, P. M. Austin, The Extent of the Potato Crop in Ireland at the Time of the Famine, *The Journal of the Statistics and Social Inquiry Society of Ireland*, Vol. XX, Part III, 1960.

  Do., The Agricultural Statistics of the 1841 Census of Ireland. A Critical Review, *The Economic History Review*, Second Series, Vo. 18, No. 2, August 1965

  Do., The Use of the Potato Crop in Pre-Famine Ireland, *The Journal of Statistical and Social Inquiry Society of Ireland*, Vol. XXI, Part VI, 121 Session, 1967–68

  Do., *'The visitation of God'? The potato and the great Irish famine*, eds. by J. Hill & C. Ó Gráda, Dublin, Lilliput Press, 1993

  Bourke, Joanna, *Husbandry to Housewifery Women, Economic Change, and Housework in Ireland 1890–1914*, Oxford, Clarendon Press, 1993

  Chambers, G., *Faces of Change, The Belfast and Northern Ireland Chambers of Commerce and Industry 1783–1983*, Belfast, The Belfast and Northern Ireland Chambers of Commerce and Industry, [1983]

Campbell, M. P., Gilford and its mills, *Journal of Craigavon Historical Society*, Vol. 4, No. 3, 1977

Clare, L., The rise and demise of the Dublin cattle market, 1863-1973, in D. A. Cronin, J. Gilligan & K. Holton eds., *Irish Fairs and Markets Studies in Local History*, Dublin, Four Courts Press, 2001

Clarke, K., Clew Bay Boating Disaster, *Cathair na Mart*, vi, 1986

Cousens, S. H., Regional Death Rates in Ireland during the Great Famine, from 1846 to 1851, *Population Studies*, Vol. 14, No. 1, 1960 July

Crawford, E. M. ed. *Famine : The Irish Experience 900-1900*, Edinburgh, John Donald Publishers, 1989

Crotty, R. D., *Irish Agricultural Production Its Volume and Structure*, Cork University Press, 1966

Cullen, L. M., *Anglo-Irish Trade 1660-1800*, Manchester, Manchester University Press, 1968

Do., *An Economic History of Ireland since 1660*, London, B. T. Batsford, 1972

Cunnane, J., Ó Gallchobhair, D. & Kilbane, J., The Achill Yawl, in *Traditional Boats of Ireland History, Folklore and Construction*, ed. by C. Mac Cárthaigh, Cork, The Collins Press, 2008

Cunningham, B., The Composition of Connacht in the lordships of Clanricard and Thomond, 1577-1641, *Irish Historical Studies*, Vol. XXIV No. 93, May 1984

Daly, M. E., *The Famine in Ireland*, Dundalk, Historical Association of Ireland, 1986

Dictionary of Irish Biography, 9 vols.

Donnelly, James S. Jr, *The Land and the People of Nineteenth-Century Cork The Rural Economy and the Land Question*, London & Boston, Routledge & Kegan Paul, 1975

Do., Landlords and Tenants, in *A New History of Ireland V Ireland under the Union, I 1801-70*, ed. by W. E. Vaughan, Oxford, Clarendon Press, 1989

Do., *The Great Irish Potato Famine*, Gloucestershire, Sutton Publishing, 2001

Doyle, O. & Hirsch, S., *Railways in Ireland 1834-1984*, Dublin, Signal Press, 1983 『アイルランドの鉄道』

Duffy, S., ed., *Atlas of Irish History*, Dublin, Gill & Macmillan, 2nd ed., 2000

Edwards, R. D., *An Atlas of Irish History*, London, Methuen & Co., 2nd ed., 1973

Fleming, N. C. & O'Day, Alan, *The Longman Handbook of Modern Irish History since 1800*, London, Pearson Education, 2005

Ferguson, C., History of the Herdmans Mill site, 16 October 2014, https://www.bbc.co.uk/northernireland/yourplaceandmine/tyrone/A750322.shtml,（参照2024-9-7）

Gilligan, J., *Graziers and Grasslands Portrait of a Rural Meath Community 1854-1914*, Dublin, Irish Academic Press, 1998

後藤浩子「名誉革命とプロテスタント優位体制の成立」上野格・森ありさ・勝田俊輔編『世界歴史大系　アイルランド史』山川出版社、2018年

Greenwood, R. H. & Hawks, F. W., *The Saint George Steam Packet Company*, Windsor, World Ship Society, 1995

Gribbon, H. D., *The History of Water Power in Ulster*, Newton Abbot, David & Charles,

文献目録

1969

Guiry, R., Pigtown A History of Limerick Bacon Industry, Limerick City and County council, 2016, https://www.limerick.ie/sites/default/files/media/documents/2020-03/, （参照2024-9-7）

Handley, J. E., *The Irish in Modern Scotland*, Cork, Cork U. P., 1947

Henry, J. L., *Robert Fulton*, New York, Philadelphia, Chelsea House Publishers, 1991

本多三郎「19世紀後半アイルランドにおける土地所有関係とイギリス地主制度」京都大学経済学会『經濟論叢』第112巻5号、1973年11月

同「アイルランドにおける農民層分解と地主的土地清掃」同上第116巻3・4号、1975年9・10月

同「アイルランド農業とイギリス資本主義」同上第117巻第4号、1976年4月

同「大飢饉後のアイルランド農業」『大阪経大論集』第159〜161号、1984年6月

同「アイルランド土地問題の歴史的性格」日本アイルランド協会『エール』第27号、2007年

同「19世紀前半アイルランド農業の農産物貿易統計からの透視」『大阪経大論集』第63巻2号、2012年7月

同「1870年代アイルランド畜産業」『エール』第32号、2013年

同「研究ノート　大飢饉はアイルランドからどれだけの人々を奪ったか」同上第37号、2018年

同「研究ノート　アイルランドでジャガイモ凶作が何ゆえに大飢饉になったのか」同上第38号、2019年

同「19世紀後半アイルランド農村住民を考える」（講演）同上39号、2020年

同「アイルランド北西「僻地」ドニゴールの歴史を旅する」大阪経済大学日本経済史研究所『経済史研究』第24号、2020年

同「アイルランド西部シムソン大農場」『エール』第40号、2021年

岩本真一『ミシンと衣服の経済史――地球規模経済と家内生産』思文閣出版、2014年

Johnson, S., *Johnson's Atlas & Gazetteer of the Railways of Ireland*, Leicester, Midland Publishing, 1997『ジョンソン・アイルランド鉄道地図辞典』

Jones, D. S., The Cleavage between Graziers and Peasants in the Land Struggle, 1890-1910, in *Irish Peasants Violence & Political Unrest 1780-1914*, eds. by S. Clark & J. S. Donnelly, Jr., Manchester, Manchester University P., 1983

Do., *Graziers, Land Reform, and Political Conflict in Ireland*, Washington, D.C., The Catholic University of America Press, 1995

Jordan, D. E., *Land and Popular Politics in Ireland County Mayo from the Plantation to the Land War*, Cambridge, Cambridge U. P., 1994

勝田俊輔・高神信一編著『アイルランド大飢饉　ジャガイモ・「ジェノサイド」・ジョンブル』刀水書房、2016年

勝田「アイルランド大飢饉――概略と歴史認識」同上所収

同「連合王国の発足とオコーネルの時代」上野他編『世界歴史大系　アイルランド史』所収

Kinealy, C., *A Death-Dealing Famine The Great Hunger in Ireland*, Chicago, Pluto Press, 1997

Do., The stricken land: the Great Hunger in Ireland, in *Hungry Words Images of Famine in the Irish Canon*, eds. by G. Cusack and S. Goss, Dublin, Irish Academic Press, 2006

蔵谷哲也「英ポルトガル同盟関係の研究」日本国際経済学会第76回全国大会、2017年10月（明

治大学) https://www.jsie.jp/Annual_Meeting/2017f_Nihon_Univ/pdf/paper/16-2p.pdf
　同「メシュエン条約」『四国大学紀要』(A) 43、2014年
　河島一仁「19世紀アイルランドのマンスターにおける大飢饉と移民の描写──"The Illustrated London News"の記事と挿絵を中心に」『立命館文学』639、2014年
　Lee, J., *The Modernisation of Irish Society 1848-1918*, London, Gill & Macmillan, 1989
　Litton, H., *The Irish Famine an Illustrated History*, Dublin, Wolfhound Press, 1994
　Logan, Patrick, *Fair Day The Story of Irish Fairs and Markets*, Belfast, The Appletree Press, 1986
　Mac Cárthaigh, Críostóir ed., *Traditional Boats of Ireland History, Folklore and Construction*, Cork, Collins Press, 2008
　Mac Con Iomaire, M., The Pig in Irish Cuisine and Culture, *M/C Journal (Journal of Media and Culture)*, Vol. 13, No. 5, 2010
　McInerney, L., The Composition of Connacht: an ancillary document from Lambeth Palace, *North Munster Antiquarian Journal*, vol. 51, 2011
　McNeill, D. B., *Irish Passenger Steamship Services* 2 vols., Newton Abbot, David & Charles, 1969 & 1971
　松尾太郎『アイルランドと日本』論創社、1987年
　同『アイルランド農村の変容』清水由文他編遺稿集、論創社、1998年
　松岡利次『日本アイルランド協会編　マッケルウェイン・アイルランド固有名表記辞典(案)』2000年(非売品)
　Mitchell, B. R., *Abstract of British Historical Statistics*, Cambridge, Cambridge University Press, 1971
　Mokyr, J., Irish History with the Potato, *Irish Economic and Social History*, vol. 8, 1981
　Do., *Why Ireland Starved: A Quantitative and Analytical History of the Irish Economy, 1800-1850*, revised ed., 1985
　Moody, T. W. & Martin, F. X., eds., *The Course of Irish History*, Cork, The Mercier Press, 1967　堀越智監訳『アイルランドの風土と歴史』論創社、1982年
　Moody, T. W., Martin, F. X., & Byrne, F. J., eds., *A New History of Ireland Vol. VIII A Chronology of Irish History to 1976*, Oxford, Clarendon Press, 1982『ムーディ他編集年表』
　Mullin, Rev. T. H. & Mullan, Rev. J. E., *The Ulster Clans O'Mullan, O'Kane and O'Mellan*, Limavady, North-West Books, 1966, faccimile repr. 1984
　中嶋銕造・藤田仁太郎編『英和商業經濟辞典』研究社、1933年
　中村耀『繊維の実際知識』第6版、東洋経済新報社、1980年
　Nelson, E. C., *The Cause of the Calamity. Potato Blight in Ireland 1845-47, and the Role of the National Botanic Gardens, Glasnevin*, Dublin, 1995
　O'Donovan, John, *The Economic History of Live Stock in Ireland*, Dublin and Cork, Cork University Press, 1940
　O'Flaherty, E., *Irish Historic Town Atlas*, No. 21, Limerick, Dublin, Royal Irish Academy, 2010
　Ó Gráda, C., Seasonal Migration and Post-Famine Adjustment in the West of Ireland, *Studia Hibernica*, No. 13, 1973
　Do., *Ireland before and after the Famine Explorations in economic history, 1800-1925*, Manchester, Manchester University Press, 1988, 2nd ed., 1993

文献目録

　Do., Poverty, Population, and Agriculture, 1801-45, in W. E. Vaughan ed., *A New History of Ireland V Ireland under the Union I 1801-70*, Oxford, Clarendon Press, 1989

　Do., *Black '47 and Beyond The Great Irish Famine in History, Economy, and Memory*, Princeton, Princeton University Press, 1999

　ジェーン・オハロラン（勝田俊輔訳）「19〜20世紀アイルランド文学と大飢饉」勝田・高神編『アイルランド大飢饉』所収

　O'Neill, T. P., *Life and Tradition in Rural Ireland*, London, J. M. Dent & Sons, 1977

　大塚高信他編『固有名詞英語発音辞典』三省堂、1969年

　Ordnance Survey, *The Complete Road Atlas of Ireland*, Dublin, Ordnance Survey of Ireland, 1998

　O'Rourke, K., Did the Great Irish Famine Matters?, *Journal of Economic History*, 51（1991）

　O'Sullivan, William, *The Economic History of Cork City from the Earliest Times to the Act of Union*, Dublin and Cork, Cork University Press, 1937

　尾﨑芳治「慣習保有地における旧体系の壊頽と土地私有への傾斜──17世紀イングランドの土地所有」京都大学経済学会『經濟論叢』第123巻3号、1979年3月

　同『経済学と歴史変革』青木書店、1990年

　Perren, R., *The Meat Trade in Britain 1840-1914*, London, Routledge & Kegan Paul, 1978

　林妙音『スコットランド近代繊維工業の展開 *The History of Linen and Cotton Manufacture in Scotland, 1720-1860*』晃洋書房、2017年

　Robinson, P., *The Plantation of Ulster*, Dublin, Gill and Macmillan, 1984

　Rynne, C., *At the Sign of the Cow The Cork Butter Market : 1770-1924*, Cork, The Collins Press, 1998

　Do., The Development of Milling Technology in Ireland c. 600-1875, in *Irish Flour Milling A History 600-2000*, ed. by A. Bielenberg, Dublin, The Lilliput Press, 2003

　斎藤英里「19世紀前半アイルランドの農村社会と麻工業──比較地域史的考察」『社会経済史学』第50巻3号、1984年

　同「アイルランド人季節移民と19世紀のイギリス農業」『三田学会雑誌』第82巻特別号─II、1990年3月

　同「アイルランド移民についての基礎的考察──国際労働力移動史研究の一環としての準備稿」『武蔵野女子大学現代社会学部紀要』第1号、2000年3月

　同「19世紀イギリスにおけるアイルランド人移民の特質──国際労働力移動史の一事例」森廣正編『国際労働力移動のグローバル化──外国人定住と政策課題』法政大学出版局、2000年3月

　同「大飢饉と移民」上野他編『世界歴史大系　アイルランド史』所収

　佐藤亨『異邦のふるさと「アイルランド」 国境を超えて』新評論、2005年

　清水由文『アイルランドの家族史研究』（平成10年度〜平成12年度科学研究費補助金、基礎研究（C）（2）研究成果報告書）2002年3月

　同『アイルランドの農民家族史』ナカニシヤ出版、2017年

　正田陽一監修『世界家畜品種事典』東洋書林、2006年

　Solar, Peter M., The Agricultural Trade Statistics in the Irish Railway Commissioners' Report, *Irish Economic and Social History*, Vol. VI, 1979

　Do., The Great Famine was No Ordinary Subsistence Crisis, in *Famine : The Irish Experience 900-1900*, ed. by E. M. Crawford, Edinburgh, John Donald Publishers, 1989

Solow, B. L., *The Land Question and the Irish Economy, 1870-1903*, Massachusetts, Harvard U. P., 1971

Swords, L., *In Their Own Words The Famine in North Connacht 1845-1849*, Blackrock, The Columba Press, 1999

高神信一「政府の救済策」勝田・高神編『アイルランド大飢饉』所収

高橋哲雄『アイルランド歴史紀行』筑摩書房、1991年

高柳賢三他編『英米法辞典』有斐閣、1952年

Takei, Akihiro, The Early Mechanization of the Irish Linen Industry and the Linen Board Policy; 1800-1824: A Case Study of Failed Mechanization,『大阪学院大学経済論集』第3巻1号、1989年4月

Do., *The Early Mechanization of the Irish Linen Industry 1800-1840*, MLitt. Thesis, University of Dublin, 1990

Do., The First Irish Linen Mills, 1800-1824, *Irish Economic and Social History*, XXI, 1994

Do., The Political Economy of the Irish Flour-Milling Industry, 1922-1945, in *Irish Flour Milling A History 600-2000*, ed. by A. Bielenberg, Dublin, The Lilliput Press, 2003

武井章弘「アイルランドの工業化と企業者行動——1830年代における綿工業の衰退と麻工業の勃興」経営史学会『経営史学』Vol. 28, No. 3, 1993年

同「19世紀アイルランドの工業化と在来産業——ベルファースト、コーク、ダブリンの諸都市と麻工業の発展類型」『大阪学院大学経済論集』第14巻1・2・3合併号、2001年

同「18世紀アイルランド・リネン工業の比較経済史的アプローチ——政策・市場・生産」日本アイルランド協会『エール』第32号、2013年

同「大飢饉とアイルランド経済」勝田・高神編著『アイルランド大飢饉』所収

竹田泉『麻と綿が紡ぐイギリス産業革命 アイルランド・リネン業と大西洋市場』ミネルヴァ書房、2013年（同書への拙稿書評「竹田泉著『麻と綿が紡ぐイギリス産業革命——アイルランド・リネン業と大西洋市場』」『エール』第33号、2014年3月）

田中英夫代表編集『英米法辞典』東京大学出版会、1991年

Thompson, H., *Weaving Webs of Wealth Two Hundred Years of Linen Manufacture in the Antrim Area*, Antrim, Area Research Centre, 1982

Turner, M., *After the Famine Irish Agriculture 1850-1914*, Cambridge, Cambridge University Press, 1996

Turnock, D., *An Historical Geography of Railways in Great Britain and Ireland*, Aldershot (Hants), Ashgate Publishing Company, 1998

Vaughan, W. E. & Fitzpatrick, A. J. eds., *Irish Historical Statistics Population 1821-1971*, Dublin, Royal Irish Academy, 1978

Vaughan, W. E., Farmer, Grazier and Gentleman: Edward Delany of Woodtown, 1851-99, *Irish Economic and Social History*, Vol. IX, 1982

Do. ed., *A New History of Ireland V Ireland under the Union I 1801-70*, Oxford, Clarendon Press, 1989

渡邉昭三編修『畜産入門』実教出版、2000年

Whelan, K., The modern landscape: from plantation to present, F. H. A. Aalen, K. Whelan, & M. Stout, eds., *Atlas of the Irish Rural Landscape*, Cork, Cork Uni. P., 1997

Woodham-Smith, C., *The Great Hunger Ireland 1845-9*, London, Hamish Hamilton, 1962

山倉和紀「アイルランド為替論争におけるアイルランド銀行批判の含意——ユニオン後の金

文献目録

　融・財政・政治」日本アイルランド協会『エール』34号、2015年3月
　同「アイルランド為替論争と少額鋳貨危機」日本大学商学部『商学集志』第89巻4号、2020年3月
　山本正『「王国」と「植民地」――近世イギリス帝国のなかのアイルランド』思文閣出版、2002年
　同『図説アイルランドの歴史』河出書房新社、2017年
　同「王国への昇格と植民地化の進展」上野他編『世界歴史大系　アイルランド史』所収
　山崎清「アイルランドにおける19世紀末農業不況と農業協同組合運動」『協同組合奨励研究報告　第六輯』1980年
　雪村加世子「キンセイルの『フレンチ・プリズン』：ブリテン諸島の水兵捕虜収容にかんする一考察（1692～1713）」神戸大学史学年報、30号、2015年

【ウェブサイト（章別順）】
第3章
　T. Farrell, Making Bacon : Henry Denny & Sons　http://letslookagain.com/2018/03/making-bacon-henry-denny-sons/、（参照2024-9-7）
　厚生労働省、職業情報提供サイト「ハム・ソーセージ・ベーコン製造」https://shigoto.mhlw.go.jp/User/Occupation/Detail/12、（参照2024-9-7）
　ハム・ベーコン製造会社アンプロジェ・バンのサイト「製造の流れと品種」https://www.anproje-ban.com/sundelica/seizou.htlm、（参照2024-9-7）
　James Whelan（1960年代に創業したクロンメル Clonmel の屠殺業者）の bacon cuts 等の説明　https://www.jameswhelanbutchers.com/info/meat-information/bacon-cuts/、（参照2024-9-7）
　セント・ジョージ汽船会社　https://www.gracesguide.co.uk/St._George_Steam_Packet_Co,（参照2024-9-7）
第5章
　キルマロック労役場　https://www.workhouses.org.uk/Kilmallock/、（参照2024-9-7）
第6章
　Lord Belmont in Northern Ireland（以下いずれも参照2024-9-7）
　R・T・オニール所領　Lord Belmont in Northern Ireland Derrynoid-Lodge
　（http://lordbelmontinnorthernireland.blogspot.com/2014/03/derrynoid-lodge.html）
　リネン業者クロムリン家　Lord Belmont in Northern Ireland Carrowdore Castle
　（http://lordbelmontinnorthernireland.blogspot.com/2014/08/carrowdore-castle）
　リネン業者クロムリン家　Lord Belmont in Northern Ireland Donaghadee Manor House
　（http://lordbelmontinnorthernireland.blogspot.com/2014/09/donaghadee-manor-house）
　クランドボイ・オニール家シェイン城 Lord Belmont in Northern Ireland Shane Castle
　（http://lordbelmontinnorthernireland.blogspot.com/2013/11/shane-castle.html）
　R・T・オニール家シェイン城　https://www.libraryireland.com/Pedigrees1/o-neill-4-heremon.php、（参照2024-9-7）
　アルスター・リネン業　https://www.libraryireland.com/Belfast-History/Linen.php、（参照2024-9-7）
　日本麻紡績協会、リネン（亜麻）について　https://asabo.jp/knowledge/linen/、（参照2024-9-7）

滋賀麻工業（株）、技術解説 https://www.shigaasa.jp/,（参照2024-9-7）

ダウン県ギルフォードのリネン工場 Gilford Mill https://urbexhub.com/gilford-mill/,（参照2024-9-7）

アーマー県リネン業者 W・カーク https://www.irishevents4u.com/Ireland/Countys/armagh/z-darkley.htm,（参照2024-9-7）

アーマー県リネン業者 W・カーク https://www.ringofgullion.org/2023/12/Kirk.pdf,（参照2024-9-7）

シオン・ミルズのリネン紡績工場労働者村 https://www.markholan.org/archives/3955,（参照2024-9-7）

シオン・ミルズ紡績工場を改造して作られた博物館 Sion Stables https://sionstables.com,（参照2024-9-7）

ロンドンデリー・スウィリ湾鉄道 https://www.monreaghulsterscotscentre.com/londonderry-lough-swilly-railway/,（参照2024-9-7）

リートゥリム卿汽船航路 https://thisismilford.com/earls-of-leitrim/,（参照2024-9-7）

イェイツ母方親類のスライゴ実業家 https://www.sligolibrary.ie/wp-content/uploads/2018/04/11-MERCHANTS-10.pdf,（参照2024-9-7）

イェイツ母スーザンの実家系譜 https://www.wikitree.com/wiki/Pollexfen-6,（参照2024-9-7）

第 7 章

スコットランドのブラックフェイス種の羊 https://www.scottish-blackface.co.uk,（参照2024-9-7）

スコットランドのチェヴィオット種の羊 https://cheviotsheep.org/society,（参照2024-9-7）

ノックス-ゴア家所領 https://landedestates.ie/family/293,（参照2024-9-7）

シムソン農場機械化 https://www.gracesguide.co.uk/Samuelson_and_Co,（参照2024-9-7）

最高裁＝貴族院でルーカン伯がシムソン訴訟に逆転勝訴 www.historicalballinrobe.org/第7章の注37にアクセス方法記載（参照2024-9-7）

バルフィンの自転車旅行記 Rambles in Eirrin http://www.irishidentity.com/geese/stories/bulfin.htm,（参照2024-9-7）

バルフィンの自転車旅行記 http://www.ricorso.net/rx/az-data/authors/b/Bulfin_W/life.htm,（参照2024-9-7）

ウエストミンスター議会議員録（アルファベット順）https://api.parliament.uk/historic-hansard/people,（参照2024-9-7）

索　引

【人名】

あ行

アーヴィング（Irving, W.）················189, 190, 192
アラン伯爵（the Earl of Arran）················760-1
アンベール将軍（Humbert, J. J. A.）················187, 582
イ・ネール（Uí Néill）················424
イェイツ（Yeats, W. B.）················258, 573
ウイリアム3世（William Ⅲ）················425, 478
ウエイクフィールド（Wakefield, E.）·········69, 166-8, 170-1, 176, 180-2, 184-6, 190, 192
ウォーデン（Warden, A. J.）················459, 461, 465, 468-9
ヴォーン＆フィッツパトリック（Vaughan, W. E. & Fitzpatrick, A. J.）······771, 773-4
エリザベス1世（Elizabet Ⅰ）················424, 607
オグラーダ（Ó Gráda, C.）················5, 189
尾﨑芳治················776
オサリヴァン（O'Sullivan, W.）················69, 171-3, 175-6, 188
オドノヴァン（O'Donovan, J.）
　69, 77, 175-6, 179-80, 183-4, 186, 190, 192-4, 196-7, 206-7, 212-3, 215-6, 221, 233-6, 735
オニール（ヒュー）（O'Neill, Hugh）················424-5
オニール R. T.（O'Neill, Robert Torrens）················423-9, 437-8, 440
オブライエン（O'Brien, W. P.）
　········342-4, 346, 350, 360-2, 365, 367-8, 374-5, 379, 381, 385, 391, 399-400, 440, 776
オマリー（O'Malley, Gráinne）················607

か行

カズンズ（Cousens, S. H.）················7, 8, 11, 18
勝田俊輔················7, 9, 188
ガハン（Gahan, F. G. T.）
　················295, 510, 544, 548-51, 553-6, 559, 561-4, 568-9, 571-6, 579, 581
カレン（Cullen, L. M.）················69, 165-6, 168, 170, 176, 180-1, 193, 195
河島一仁················18
ギーリ（Guiry, R.）················237
ギリガン（Gilligan, J.）······37, 44, 117, 154, 674, 678, 687, 693, 695-700, 702-3, 705-11, 752
ギル（Gill, C.）················446, 450-1
蔵谷哲也················183
グリフィス（Griffith, Sir R. J.）················345
クレア（Clare, L.）················107-9
グレインジャ（Grainger, H.）················229-30, 233

クロッティ (Crotty, R. O.) ……………………………………68–9, 176, 193
クロムリン (ニコラス・デラシェロ) (Crommelin, Nicholas Delacherois) ……476–7, 479
クロムリン (ルイ) (Crommelin, Louis) ………………………………………478
ケイシー (Casey, J.) ……………………………………118, 120–1, 395, 401–3
コウルタ (Coulter, H.) ……………………………………………637–8, 642, 663
コラム (パーリック) (Colum, Padraic) ………………………100, 117, 122, 705
コラム (メアリ) (Colum, Mary) ………………………………………………122

さ行

斎藤英里 ………………………………………………………476, 484, 489, 769
佐藤亨 ……………………………………………………………………………413
ジェイムズ 1 世 (James Ⅰ) ……………………………………………………261
ジェニングス (Jennings, F. M.) ………………………………230, 234–5, 248, 734
シムソン (Simson, J.) ……………………636–45, 647–50, 656, 658–65, 703, 750
ショウ (Shaw, A. W.) ……………………………………209–10, 215–6, 221–2, 236
ショー・リフィーヴァ (Shaw-Lefevre, G.) ………………………725–9, 740, 750
ジョーンズ (Jones, D. S.) ………………………………………696, 740, 750–4, 765
ジョンソン (Johnson, S.) ……………………………………………………139, 153
シング (Synge, J. M.) …………………………………………………………111–5, 611
スチュワート (Stewart, A. J. R.) ………………………………………90, 506, 576
スチュワート (アレクサンダー) (Stewart, Alexander C. H.) ………………539–42
スティーヴンソン (Stephenson, G.) …………………………………………499
スミス (Smith, F. W.) ………………………………………472, 474–6, 479, 489–91
ソロウ (Solow, B. L.) …………………………………………………755, 758, 762–3

た行

ダウリング (Dowling, M. M. G.) …………………………………………………14–5
武井章弘 ……………………………………………………………………166, 476–7
竹田泉 ……………………………………………………………………………168
ダン (Dun, F.) ……………………………………………………………638, 642, 664–5
ダンバー (ヒュー) (Dunbar, H.) ……………………………………………479, 482–3
チチェスター (Chichester, Sir A.) ……………………………………………425–6
チャーリー (Charley, W.) ……………………………………………459, 461, 467–70
デニー (エイブラハム) (Denny, Abraham) ……………………………………212, 237
デニー (エドワード) (Denny, Edward) …………………………………………212, 237
デニー (ヘンリ) (Denny, Henry) …………………………………………………211, 237
デレイニ (エドワード) (Delany, E.)
………………680–1, 685, 691, 693, 695–700, 703, 705–7, 709–12, 725, 749–50, 752–3
ドイル＆ヒルシュ (Doyle, O. & Hirsch, S.) ……………………129, 139–40, 419, 498
トンプソン (Thompson, H.) ……………………………………………446, 451, 463, 469

な行

ニコルス (Nicholls, G.) ………………………………………………446–50, 452, 463

索　　引

ノックス-ゴア准男爵（Knox Gore, Sir C. J., Baronet）………618, 621-6, 723, 759-61

は行

バーカー（Barker, E.）………751-2
バーク（Bourke, P. M. A.）………3-6, 19, 21, 23-4, 26, 53, 549
バーク（ジョアナ）（Bourke, Joanna）………208
ハードマン（ジェイムズ）（Herdman, James）………491-2, 570
ハードマン（ジョン）（Herdman, John）………499, 570
ハードマン兄弟………493, 495-6, 498-9, 570
バゴット（Bagot, C.）………208, 342
ハモンド（Hammond, Wm.）………570
バリントン（Barrington, T.）………51-4
バルフィン（Bulfin, W.）………672, 678, 706-9, 713
バンクス（Banks, B.）………312
ハンドレイ（Handley, J. E.）………600, 769
ヒーニー（Heaney, Séamus）………412-3
ピール（Peel, Sir R.）………3, 195
ピム（ジョセフ）（Pim, J. R.）………266-8
ファーガソン（Ferguson, H.）
　………111, 124, 126, 129, 137-41, 144, 153, 244, 246, 249, 350, 385
フィツギボン（Fitzgibbon, G.）………753
フーパー（Hooper, J.）………75, 78-80, 82, 297-8, 632
ブラウン（Brown, G. T.）………244, 249-50, 252, 255, 259, 271, 273
プランケット（Plunkett, Sir H.）………208
プリングル（Pringle, R. O.）………65, 196, 207-8, 394, 638, 640-3, 647-55, 658-61, 663-65
ブルース（Bruce, R.）………67, 738
ベッカー（Becker, B. H.）………638, 642, 664
ペレン（Perren, R.）………230, 233
ポーター（Porter, G. R.）………69, 189
ボン（Bonn, M. J.）………727, 740, 752, 766

ま行

マクニール（McNeill, D. B.）………257-9, 261-2, 269, 572-4, 713
マクマスター（ウォルシュ）（McMaster, J. W.）………479-84, 492
マクレー（McCrea, R.）………295, 324, 328, 378, 508, 511, 514-7, 536-7, 542, 577
マクレラン（MacLellan, L.）………498
松尾太郎………40, 330-1
マルクス（Marx, K.）………40, 734, 778
マレイ（Murray, A. E.）………69, 176
ミックス（Micks, W. L.）………551-2, 555, 570, 577-8
ムーア（Moore, A. S.）………469-71
ムーホーランド（アンドゥリュー）（Mulholland, Andrew）………476-7, 479
ムーホーランド（ジョン）（Mulholland, John）………476-7, 479

ムーホーランド兄弟 ·· 493, 498
モキーア(Mokyr, J.) ·· 4–5, 7–9, 18–9

や・ら行

山崎清 ··· 196
山本正 ·· 424, 426
ライン(Rynne, C.) ··· 175, 181
ラットリッジ-フェア(Ruttledge-Fair) ······· 112–5, 557, 601, 607, 609–13, 630–1, 633, 635
リートゥリム第4代伯爵(4 th Earl of Leitrim) ·· 571–2, 576
リールダン(Riordan, E. J.) ················· 51–3, 78, 210, 234–5, 565–6, 736, 738, 767
ルーカン伯(the Earl of Lucan) ··· 636–7, 639–45, 647, 663–5
レッキ(Lecky, J.) ··· 266–7
ローガン(Logan, P.) ······························· 89, 92, 117–8, 120–1, 394–5, 400, 402–3, 703
ローソン(Lawson, J. A.) ··· 209–19, 221, 235
ローレストン(Rolleston, T. W.) ·· 469–70
ロックフォート(Rockfort, W.) ··· 741–2

【地名】

＊Eはイングランド、Sはスコットランド、Wはウェールズを意味する。

あ行

アードロサン(S) (Ardrossan) ······································· 249, 260, 263, 271, 277
アーマー(Armagh) ··· 131, 149–50, 464–5, 748
アイヴィーフ(Iveagh) ·· 65, 458, 479, 494
アイルランド海(Irish Sea) ·· 13, 140
アキル島(Achill Island) ·································· 116, 596, 599, 601–2, 604–5, 607, 609–10
アスローン(Athlone) ·· 64, 132–3, 152, 598, 708
アセンリ(Athenry) ·· 132, 134, 145, 152
アッパー・ケルズ(Upper Kells) ································· 63, 335, 614, 675, 677
アラン諸島(Aran Islands) ·· 111, 113–6, 596, 601, 611–3
アランモア島(Aranmor, Arainn Mhór) ····························· 563, 566–70, 572, 579
アントゥリム(Antrim) ··· 129, 419–20
イーヴラッハ(Iveragh) ··· 118, 395, 398–9, 401–2
イニシュオーウェン(Inishowen (Enish Owen))
 ··· 411, 458, 465, 522, 542, 551, 557–9, 576, 582
インフィールド(Enfield) ··· 132, 152, 680, 706–8
ウェクスフォード(Wexford) ································· 135, 137, 141, 186–7, 190, 265, 273, 275
ウエストポート(Westport)
 132, 137, 151–2, 247, 255, 257–8, 264, 273, 334, 496, 572, 582, 596, 598–600, 602, 605–7, 610–1, 705

索　引

ウォータヴィル(Waterville) ……………………………………………………382, 397-400
ウォータフォード(Waterford)
　110, 134-5, 137, 141-3, 145-7, 186, 202, 209, 211-2, 214-8, 220-1, 223-5, 227-8, 236-7,
　247-8, 265, 271, 273-5, 498, 675, 705, 712, 767
ウォレンポイント(Warrenpoint) ………………………132, 137, 149, 247, 255, 262-3
ウッドタウン(Woodtown) ……………680, 684, 693, 695-6, 698-700, 702, 705-6, 710-1
エア(S)(Ayr) ……………………………………………………………260, 272, 602
エディンバラ(S)(Edinburgh) ……………………………96, 110, 199, 271, 277, 560
エニス(Ennis) ……………………………………………………………134, 145, 152
エニスキレン(Enniskillen) ………………………………121, 131, 150, 464, 499, 560, 748
エリス郡(Erris barony) …………………………………………596, 629-30, 632-6
黄金の谷(Golden Vale) ……………………………………96, 143-5, 208, 342, 724
オーバン(S)(Oban) ……………………………………………250, 252-3, 272, 277
オールドキャッスル(Oldcastle) …………………………………………………131, 151
オマー(Omagh) ………………………………………131, 458, 465, 493, 495, 499-500, 503

か行

ガータン(Gartan) ………………………533, 537, 543-5, 548, 551-2, 554, 564-6, 579-82
カーディフ(W)(Cardiff) ……………………………………16, 249-50, 252-3, 265, 274
カーライル(E)(Carlisle) …………………………………………………………271-3
カーロー(Carlow) ……………………………………………133, 143, 146, 184, 186
カハルサイヴィーン(Cahirciveen) ……………………………118, 120, 395, 397-8, 401-5
カンターク(Kanturk) ………………………333, 382, 384-6, 392, 394, 397, 444, 580, 719-20, 724
キーディー(Keady) ……………………………………………………475-6, 484-5, 488-92
キャッスルバー(Castlebar) ………………………………152, 187, 236, 598, 600, 606, 639, 749
キャヴァン(Cavan) ……………………………………………………121, 131-2, 150, 152
キャムベルタウン(S)(Campbeltown) ………………………………………250, 253, 272
キラーニー(Killarney) ……………………………………………………………134, 397, 399
キリベグス(Killybegs) ………………………………………………………553, 570, 573-4
キルケニ(Kilkenny) ……………………………………101, 121, 133-4, 145-7, 705, 710, 749
キルコック(Kilcock) …………………………………………………680, 693, 706, 710
ギルフォード(Gilford) ………………………………………………475, 479-84, 491-2
キルマクレナン(Kilmacrenan)
　………………62-4, 334, 458, 465-6, 469, 493, 495, 500, 507, 509-11, 517-8, 522, 543, 674
キルマロック(Kilmallock)
　95, 144, 333, 341-7, 350, 352-6, 358-62, 364-71, 374-82, 384-5, 389-92, 394, 397-9, 415,
　438-41, 444, 513, 533, 580, 628-9, 681, 689, 692, 719-20, 724, 768, 776
キローグリン(Killorglin) ……………………………………118, 121, 382, 395, 397-400
クートヒル(Cootehill) …………………………………………………………121, 464-5
クーム(Coom) …………………………………………………………………382, 399-401
クックスタウン(Cookstown) ……………………………………………129, 420, 464-5
クライド(S)(Clyde) ……………………………………………………189, 257, 271-2, 498
グラスゴウ(S)(Glasgow)

11-14, 16, 96, 104, 110, 189, 199, 249-50, 252-3, 255, 257-60, 262, 264-6, 268-9, 271-2, 275, 277, 334, 484, 563, 568-9, 571-3, 596, 599, 712
クリースロッホ (Creeslough) ··90-1, 505-6, 571, 575-6
グリーノア (Greenore) ···132, 137, 148-9, 247-8, 262-3, 274
グリーノック (S) (Greenock) ··249, 255, 257-60, 271, 498
クルモリン (Culmullin (Colmolyn)) ··684, 686-7, 693, 695, 700
クレア島 (Clare Island) ···116, 596, 601, 607, 609-13
グレンコラムキル (Glencolumbkille) ····················500, 550, 555-6, 560-1, 573, 582
グレンティーズ (Glenties) ···503, 548, 555, 559-65
クローンズ (Clones) ··121, 131, 150
クロスロード (Crossroad (Falcarragh)) ···505, 566, 568-71
クロンメル (Clonmel) ···200-2
ケルズ (Kells) ···132, 151, 153, 680, 713
ケンブリッジ (E) (Cambridge) ···104, 273, 277
ゴート (Gort) ··105, 220
ゴールウエイ (Galway) ·······························112-5, 132, 151-2, 496, 598, 611, 693, 705-6
コールレイン (Coleraine) ·················129, 137, 149, 246-7, 257-9, 269, 419-20, 463, 496
コネマラ (コネマーラ) (Connemara) ···111, 113, 557, 601, 611-2

さ行

サウサンプトン (E) (Southampton) ·································249, 252-3, 265-6, 275, 277
サリンズ (Sallins) ···133, 143
シオン・ミルズ (Sion Mills) ························491-6, 499-500, 503, 518, 570, 767
シロス (E) (Silloth) ··249, 253, 261, 264, 272
スウィリ (Lough Swilly) ··519, 522, 532, 537, 542, 558, 578
ストゥラバーン (Strabane)
　121, 131, 150, 458-9, 464-5, 469, 475, 491, 493, 495, 499-500, 503, 508, 518, 565, 570, 578
ストランラーア (S) (Stranraer) ···································249-50, 253, 260-262, 272, 277
スニーム (Sneem) ···382, 397-400
スピッダル (Spiddal) ···113, 115
スライゴ (Sligo)
　15, 132, 137, 151-2, 186, 247, 257-8, 269, 273, 334, 496, 499, 568-9, 572-4, 582, 596, 598-9, 605-6, 675, 693, 705

た行

ターバート (Tarbert) ···121, 395, 397
タラの丘 (the Hill of Tara) ···672, 678, 687
ダンガノン (Dungannon) ···464-5
ダングロー (Dungloe) ···504, 551, 566, 568-70
ダンシャフリン (Dunshaughlin)
　····153-155, 672, 674, 680-1, 684-6, 688-93, 696-7, 699-700, 705, 713, 719-720, 723, 752
ダンドゥラム (Dundrum) ···132, 137, 147, 150, 247, 261
ダンドーク (Dundalk) ···············131, 137, 148-9, 236, 247, 262-3, 271, 273, 496, 499, 745, 749

索　引

ダンファナヒ(Dunfanaghy)
　……………………………90-2, 116, 295, 505-10, 522, 537, 548-9, 571, 575-6, 579, 582
チャールヴィル(Charleville) ……………………………………133-4, 143-4, 146, 346-7
ディース2郡(Deece, Upper & Lower)……335, 677, 684, 691, 693, 695, 697, 699-700, 713
ティペラーリ(Tipperary) …………………………………………………………382, 384-5
ティロウリー郡(Tirawley barony)
　……………………………62-3, 335, 595-6, 614-5, 618, 629, 632-3, 674-5, 677, 723, 765
ディングル(Dingle) ……………………………………………………382, 395, 398-9, 404-5
デリー(Derry)
　110, 121-2, 129, 131, 137, 147-8, 150, 247, 255, 257-9, 262, 265, 269, 271, 273, 334, 418-20, 459, 461, 463-5, 469, 493, 495-500, 503, 508, 522, 538, 559, 563-6, 570-5, 578, 582, 675, 705, 712, 722, 767-8
ドゥーハロウ(Duhallow) ……………………………………62, 65, 68, 333, 382, 386-7, 410
ドゥラハダ(Drogheda)
　15, 104, 110, 131-2, 137, 147-8, 151, 153-4, 247-8, 262, 264, 269, 273-5, 496, 675, 678, 680, 684, 705, 712-3, 749
ドゥラムコロハー(Drumcollogher) ……………………………………………………208
トゥラリー(Tralee) ……………134, 236, 333, 382, 384-6, 392, 395, 397, 399, 401, 444, 580
トゥリム(Trim) …………………………………………………133, 151, 153, 680, 693, 707-8
トゥルーハナクミ(Trughanacmy) ……………………………62, 65, 68, 333, 382, 399, 410
ドゥレイパーズタウン(Draperstown)
　………333-4, 412, 416, 418-420, 423-7, 429, 433-5, 437, 439-44, 448, 535, 617, 719-23
トーリー島(Tory Island) ……………………………………………………556, 566-70, 572
ドナハデー(Donaghadee) ……………………………………………122, 132, 186, 261-2
ドニゴール……………………………………………………………………………503, 537

な行

ナーヴァン(Navan) ………………………………132-3, 151, 153, 680, 684, 693, 708, 713
ニューカースル(E)(Newcastle) ……………………………………………110, 272-3, 277
ニューポート(W)(Newport) …………………………………………16, 249, 253, 265, 274
ニューマーケット(Newmarket) ……………333, 385-92, 397, 410, 415, 439, 719-20, 724
ニューリ(Newry) ………………………………………131, 137, 148-9, 262-3, 271-3, 464, 491, 496
ネイ湖(Lough Neagh) ……………………………………………………411, 413, 426, 493
ネナー(Nenagh) ……………………………………………………………………103, 118, 749
ノックアーニャ(Knockaney) ………………………………………………………………95-8
ノリッジ(E)(Norwich) …………………………………………………………………273-4, 277

は行

パートゥリ(Partry) …………………………………………………………600-1, 605, 612-3
バードヒル(Birdhill) …………………………………………………………133-4, 144, 146
バートンポート(Burtonport) ……………………………………500, 522, 566, 568-70
バーミンガム(E)(Birmingham) ……………………………………………………273-4, 277
バリシャノン(Ballyshannon) ………………………………………………537, 542, 564, 570

817

バリナ（Ballina）
　132, 137, 151-2, 247, 257-8, 269, 273, 334-5, 572, 582, 596, 598, 600, 605-6, 616-18, 621, 626-7, 629, 705, 719-20, 722-3, 760-1, 765
バリナスロー（Ballinasloe） ………………………………………122, 132, 152, 702-3, 706-8, 711, 745
バリブロフィ（Ballybrophy） ……………………………………………………………………133-4, 144
バリベイ（Ballybay） ………………………………………………………………………………………464
バリメーナ（Ballymena） ………………………………………………………122, 129, 150, 419, 484
バリンローバ（Ballinrobe） ………………………………599, 637, 639-41, 644, 647, 649, 663, 665
バロウインファーニス（E）（Barrow-in-furness） ………………………………249, 253, 260, 272
バンドン（Bandon） ……………………………………………………………………………………135, 142-3
バンブリッジ（Banbridge） …………………………………………………………………122, 466, 484
ファナド（Fanad） ………………………………………………………………537, 564-5, 577, 579, 581
フォイル（Foyle） …………………………………………………………………………………………411, 495
フリートウッド（E）（Fleetwood） …………………………………249, 253, 258, 260, 273, 275
ブリストル（E）（Bristol） ……………………………16, 249-50, 252-3, 264-6, 268-9, 274-5, 277
プリマス（E）（Plymouth） …………………………………………10, 190, 249, 252, 266, 275, 277, 773
ブルッフ（Bruff） …………………………………………………………………………………………95, 346-7
ブロシュナ（Brosna） ………………………………………………………………382, 399-402, 404, 410
ブロッカー（Brockagh） …………………………………………537, 543, 550, 556, 563, 579-81
ベルミーレット（Belmullet） …………………………………………………………………596, 607, 629-36
ボイル（Boyle） ………………………………………………………………………………599, 606, 609, 631
ポータダウン（Portadown） …………………………………………………………………………103, 131
ポーツマス（E）（Portsmouth） ………………………………………………………………………190, 249
ポートパトゥリック（S）（Portpatrick） ……………………………………………………………261-2
ポートラッシュ（Portrush） ………………………………………129, 137, 150, 247, 255, 258-9, 571
ホーリマウント（Hollymount） …………………………………………599, 640-3, 647-9, 660, 665
ホスピタル（Hospital） ………………………………………………………………………95, 208, 342, 346
ホリヘッド（W）（Holyhead） …………………………………………………………249-50, 263-4, 274
ホワイトヘイヴン（E）（Whitehaven） ……………………………………………249, 260-1, 263, 272

ま行

マクルーム（Macroom） ………………………………………………………………………………135, 141-2
マネーモア（Moneymore） ……………………………………………………………412, 418-20, 444
マヘーラ（Maghera） ……………………………………………………………………………418-20, 464-5
マヘーラフェルト（Magherafelt）
　………………………………………333, 416, 418-20, 439, 444, 463-4, 513, 580, 719-20, 722
マリンガール（Mullingar） ……………………………………………………132, 152, 599, 680, 693, 703
マルルアイ（Mulroy） ……………………………………………………………………………………500, 571-2
マロウ（Mallow） ……………………………………………………………………………133-4, 208, 385, 399
マンチェスター（E）（Manchester） ……………………………14, 253, 273-4, 277, 484, 491, 563
ミルフォード（Milford） ………………………………………………………90-1, 506, 543, 571, 579-80
ミルフォードヘイヴン（W）（Milford Haven） ………………………190, 249, 252, 265, 268-9, 274
メアリバラ（Maryborough） ……………………………………………………………………133, 135, 146-7

索　引

モーカム(E)(Morecambe)……………………………………………249, 255, 261, 273
モナハン(Monaghan)……………………………………………………121, 465, 745

や・ら行

ヨーク(E)(York)……………………………………………………………272-4, 277
ラーン(Larne)…………………………………122, 129, 132, 137, 150, 247, 261-2, 272
ラガン(Laggan)………………………334, 513, 518, 533, 536-8, 554, 575, 577-80, 722, 768
ラトゥーア(Ratoath)………………………………63, 335, 614, 674, 684, 697, 700, 705, 752
ラフォー(Raphoe)
　………………121, 334, 458, 465, 493, 495, 500, 507, 509-11, 517-9, 537, 543, 577-8, 674
リストウェル(Listowel)……………………………………………………121, 395, 397
リスバーン(Lisburn)……………………………………………………………131, 478
リヴァプール(E)(Liverpool)
　10, 12-8, 96, 110, 199, 229-30, 233, 249-50, 252-3, 255, 257-60, 263-9, 273-5, 334, 498,
　563, 568-9, 572-4, 582, 596, 599, 605, 712, 773
リムリック(Limerick)
　102, 121, 133-4, 137, 141-7, 209, 212, 214-6, 220-1, 223, 225, 227, 232, 236-7, 247, 255,
　265, 269, 498, 705, 745
レターケニー(Letterkenny)
　324-5, 334, 444, 466, 493, 503-4, 507-11, 513-9, 522, 533, 536-8, 542-3, 564, 575, 577-81,
　628, 719-20, 722, 768
レターフラック(Letterfrack)…………………………………………………557-8, 612
レック(Leck)……………334, 508, 510-1, 518-9, 522, 534-8, 540, 543, 617, 719-20, 722-3
ロスクレー(Roscrea)…………………………………………………………133, 144, 236
ロセス(the Rosses)……………………………………538, 551-5, 563, 566, 577-9, 581-2
ロッヒンショーリン郡(Loughinsholin barony)
　………62, 64-5, 68, 333-4, 410-8, 420, 435, 443-4, 457-8, 465, 494-5, 507, 518, 534, 674
ロングフォード(Longford)……………………………………………99-100, 118, 120, 395

【事項】

あ行

アイルランド貿易相手国・地域は広範囲であった……………………………166, 170, 176-180
『アイルランド農家新聞』……………………………………………65, 89, 92-3, 95-110, 199
　1876年合冊版………………………………………93, 95-8, 100, 106-10, 199-206, 742, 744-9
『アイルランド農家年鑑』(1873年度)
　………………………………47, 51, 92-3, 96, 98, 350, 418, 446, 448-9, 503-4, 510, 745
アイルランド『農業の手引き』………………………………………………50-1, 53-4, 72
アイルランド農業・技術教育省………………………………………………209, 247, 252
アイルランド貧民諸階級調査委員会報告 (1836年)……………………………………549-50

アーヴィング・ロンドン税関輸出入監察長官 …………………………189-90
アルスター植民 …………………………261, 334, 410, 412, 419, 424-6, 535, 542
　九年戦争 …………………………………………………………………424-6
　クランドボイ・オニール家 ………………………………………………426
　「民間」のアルスター植民 ………………………………………………261
　ロンドン市同業者組合 …………………334, 410-2, 423-5, 427, 429-30, 440, 443
　ロンドンデリー県への編成替え …………………………………………411
生きた家畜・加工肉・バターの畜産業の発展
　牛・羊・豚・家禽食肉用家畜生産拡大 …………………………………40-1
　家畜が農地の圧倒的部分を利用 …………………………………………46, 55
　　人間の食糧か家畜の食糧か ……………………………………………39, 46, 51
　　牧草地間接利用・放牧地直接利用 ……………………………………37, 39, 46, 55
　　ほとんどの農作物が飼料 ………………………………………………51-5
　家畜増え住民減る ………………………………40-2, 672-4, 678, 774, 778-9
　　住民密度 …………………………………………………………………673-4
　穀作地の解体と牧草地・放牧地への転換 ………………39-41, 296-300, 673
　　乾草を耕地分類から除く ………………………………………………37-8, 44, 297-8
　乳牛頭数の維持停滞 ………………………………………………………40-1, 58
　農用馬の減少（耕種農業の後退）………………………………………40, 64
　複合農業のロッシンショーリン郡 ………………………………………64-5, 414
　　（→複合農業については「地方税評価簿に見る大規模経営」の中項目「西部シムソン大農場」）
移民・出稼ぎ・住民流出（→「大飢饉」）
　移民 ………………………341-2, 361, 365, 367-8, 381, 399, 441, 514, 517, 672-3, 768, 771-8
　　移民先 ……………………………………………………………………777-8
　　移民送金 …………………………………………………………………582, 609-10
　　第二次移民（ブリテン経由の移民）…………………………………11-3, 17, 773
　　どういう人々が移民したのか …………………………………………776-7
　　若い男女の大量移民 ……………………………………………………766, 775-7
　住民流出・減少（労働者減少・労働不足）
　　…………341, 361, 365, 368, 381, 399-40, 440-1, 514, 516-7, 672-3, 767, 774, 776, 778
　出稼ぎ
　　341-2, 352, 360-1, 374, 379-80, 392, 394, 402, 443, 514-7, 537-8, 541, 599-607, 628-9, 663, 768-71
　　ウエストポート沖海難悲劇 ……………………………………………599, 602, 605
　　家内衣料生産と出稼ぎ（長期間の留守）との矛盾 …………………579-81
　　コナハトの小土地保有者の出稼ぎ ……………………………………770
　　成人男性の長期間留守 …………………………………………………582
　　ドニゴールのスコットランド行き
　　…………………………513, 515-6, 538, 545, 554, 575, 577-9, 581-2, 769-70
　　ドニゴールの「ラガン行き」……………………513, 538, 575, 577-80, 768
　　マンスターの酪農地域への出稼ぎ
　　…………………………341-2, 344, 346, 350, 361, 379, 381-2, 385, 392, 394, 402

索　引

ミッドランド大西部鉄道「通し切符」……………………………………606, 768
メイヨー・コナハトからのブリテン出稼ぎ………595, 599-600, 607, 628-9, 768-70
ラガン雇い入れフェア……………………………………………513, 542, 578-9
酪農メイド………………………………………………………………………402

か行

海運・水上運輸
　アイルランド・スコットランド間海運……………………………………261-2
　アイルランド・大ブリテン郵便船
　　ウォーターフォード・ミルフォードヘイヴン（ウェールズ）間郵船………265
　　ウォーターフォード汽船会社……………………………………………265
　　北東部とスコットランド…………………………………………………261
　主な海運会社
　　アイルランド北西連合汽船会社…………………………………………498
　　グラスゴウ・ロンドンデリー汽船会社………………………………257, 572
　　セント・ジョージ汽船会社（コーク汽船会社が引き継ぐ）……………266-8
　　大西洋横断汽船…………………………………………………………268
　　ダンドーク・ニューリ汽船会社…………………………………………263
　　ニューリ船舶会社………………………………………………………263
　　ニューリ運河………………………………………………………149, 263
　　バーンズ社……………………………………………………257, 262, 572
　　ブリティシュ・アメリカン汽船会社……………………………………268
　　リヴァプール・ロンドンデリー汽船会社………………………………498
　　レアド社……………………257-9, 498, 569, 572-4, 582, 596, 599, 605
　　ロブ・ロイ号　世界最初の海峡定期汽船………………………………259
　乗客を乗せた汽船の海峡横断第1号……………………………………189-90
　伝統的舟運　アキル・ヨール、カラッハ、プーカーン、フッカー
　　………………………………………………………………112-6, 599, 605, 610-1
家畜移動・フェア
　牛の移動………………………………75-80, 84-8, 382-5, 416-7, 507-10, 675-8, 680
　家畜フェア
　　88-105, 111, 113-8, 120-2, 347, 350, 386, 395-8, 418-9, 503-6, 510, 678-80, 700-5,
　　744-5, 748-9
　家畜マーケット……………………………………………88-92, 390, 504-5
　　ダブリン家畜マーケット………………………………………………105-10
　クーパー委員会報告（1887年）……………………………………742, 744-5, 748-9
　鉄道による家畜移動……………………124, 126, 128-9, 135-55, 680, 684, 705-7, 709-10, 713
　ドゥローヴァー（drover 家畜運び屋）・道路移動
　　117-8, 120-3, 138-9, 153, 319-20, 350, 394-5, 398, 400, 402-3, 703, 706-11, 713, 749
　　道路通行権　117　ミーズのランチメン　707, 709　レオナードの男たち　707,
　　711, 713
　ファーガソン・アイルランド獣医局長官1878年報告
　　………………………………111, 124, 126, 129, 136-41, 144, 153, 244-6, 249, 350, 385

821

1853年フェア報告	89, 91, 93, 347, 418, 503
舟によるフェアまでの移動	111-6, 610-1
フーパーの方法による牛移動推定	75-80, 416-7
ブラウン獣医局長官1878年報告	244, 249, 255, 259, 271
ブラック報告・証言録(1888年市場権・市場利用料委員会)	90-1, 504-6

家畜対英輸出 ……………………………………………………22-3, 239, 242-3, 252
 アイルランド家畜輸出港 ……………137-8, 153, 244, 246-8, 255, 257-66, 275, 712
  汽船による生きた家畜輸送 ………………………………………………257-8
  帆船による牛・家畜輸出 …………………………………………………274
 大ブリテン家畜輸入港 ………………………………………249-50, 252-3, 275, 277
 大ブリテン市場とアイルランド家畜 …………………………………………736-9
 どの港からどの大ブリテン港に向かったか ………255, 257-66, 268-9, 271-5, 277, 712
 豚の生産と輸出 ………………………………………………………242-3, 248, 265
 羊の生産と輸出 ……………………242-3, 248, 264, 650-53, 655-6, 660-1, 665, 703, 712-3
グリフィス評価原簿・地方税不動産評価簿(→「地方税評価簿で複数農地農場を探す」)

さ行

枢密院委員会1870年報告 ………………………………………………255, 259, 269
センサス報告(国勢調査)
 アイルランド ……………………………………………………………………295
  1841年 …………………………………………………………………7-8, 21, 23
  1851年 …………………………………………………………………3, 6-11, 23
  1871年 ………………42, 45, 314-30, 332, 335, 485, 504, 511-3, 579-80
  1881年 ……………………………………………………………………324
  1891年 ……………………………………………………………313, 435, 567
 職業大分類(1871年アイルランド・センサス) ………………………………314-5
 大ブリテン1851年 ………………………………………………………………13-4

た行

大飢饉 ……………………………………………………4-9, 11-23, 26-7, 673-4, 768
 警察1846年ジャガイモ作付調査 ………………………………………………4-5, 19
 ジャガイモ胴枯病と大凶作 ………………………………………………3-6, 11, 19-21
 住民激減 …………………………………………………………………………672-3
 大量死亡 ………………………………………………………………………6-9, 18, 673
 脱出・移民 ……………………………………………………………………6-7, 9, 18, 673
  アイルランドからの直接海外移民 ………………………………………10-2
  海外脱出移民 ……………………………………………………7, 9-11, 18, 774, 778
  大ブリテンのアイルランド出生者 …………………………………………13-4
  大ブリテンへの脱出・第二次移民 …………………………………………9, 11-18
  グラスゴウへの脱出と移民 …………………………………………………12-3
  リヴァプールへの脱出と移民 ………………………………………………12-8
  ロンドン・プリマスからの移民(ロンドン移民委員会チャーター船) ………10, 12
 農業への影響

索　　引

　　穀物作付の縮小……………………………………………………………………20
　　穀物法下の大ブリテンへの穀物供給…………………………………………20, 40
　　穀物法撤廃とトウモロコシの輸入………………………………………………21
　　大飢饉下の対英穀物輸出継続と激減…………………………………………20-1
　　乾草拡大・家畜生産拡大・家畜輸出…………………………………………21-2
　農地保有構造の劇的変化（農業構造変革）……………………………26-7, 673
　　小規模零細農地解体と統合拡大………………………………………………26-7
　　土地清掃…………………………………27, 637, 639, 645, 663, 755-6, 762-4
　　豚と家禽の激減（小規模零細農・土地持ち労働者への打撃）……………22, 40
大ブリテン・アイルランド関税統合以前の貿易………………………68, 164, 187-8
　アイルランド税関原簿………………………………………………68-9, 176, 188
　大西洋貿易・西インド貿易……………………………………180, 184, 194, 266
　東インド貿易……………………………………………………………………170, 184
　保蔵加工食糧品の植民地支配国による再輸出………………………………180-2
　保蔵加工食糧品の連合王国軍への供給……………………………………180-1, 195
　輸出貿易相手国・地域………………………………………………170-2, 176-81
大ブリテン・アイルランド連合王国成立（大ブリテンによる併合）……167, 187-8, 194
　ユナイテッド・アイリッシュメン蜂起とフランス軍………………………187-8, 582
　フランス革命・ナポレオン戦争……………………………………39, 187, 192, 195
　ワーテルローの戦い………………………………………………………188, 193
大ブリテン市場をめぐる競争（大飢饉渦中の自由貿易採用以後）……………195-8
大ブリテン向け輸出産業としての肉牛生産……………68, 238-9, 246, 676-7, 734-9
　牛が突出した偏倚した産業構造………………………………………………58, 767-8
　ケリー種（アイルランド原産）…………………………121, 333, 394, 398, 402-3
　子牛………………………………………47, 50, 68, 248, 239, 252, 268, 274, 416
　ストア牛（半ば肥育）
　　47, 50, 67-8, 238-9, 242-3, 246-8, 252-3, 255, 260-2, 264-5, 268-9, 271-3, 310, 415,
　　417, 677, 738-42, 744-5, 752, 765, 778
　　西部もブリテン市場めあての肉牛生産の中心………………111-6, 614-5, 629-31
　　大ブリテン牧場へのストア牛輸出と仕上げ肥育
　　　　………………………………50, 238-9, 242-3, 252-3, 262, 271, 677, 738-9, 778
　　投機（投資対象）としての肉牛生産……………………727, 739-42, 749-55, 764-6
　　　農外諸階層参入・投機的マネー流入………………………………751-2, 764-6, 778
　　肉牛生産における地域的・農場規模間分業…………………67, 84-8, 310-1, 674-5
　　乳肉兼用種………………………………62, 66-7, 78, 306, 310, 394, 398, 402-3, 410, 416
　肥育（牛）
　　47, 67-8, 242, 247, 253, 264, 310, 415, 417, 654, 702-3, 711-3, 738, 742, 745, 750, 752
　　舎飼い肥育………………………………………………………………654, 702-3, 711
　　肥育素牛の供給・買付け………………………………63, 417, 630, 654, 678, 700-5, 710
地誌・地図
　『スレイター地図』（1845年）………………………………………………503, 599
　陸地測量部第1版地図（1833-46）
　　　　………311, 364, 388, 423, 427, 431-3, 436, 439, 448, 484-5, 522, 537, 539, 681

第2版（1908年）　423
　　『ルイス・アイルランド地誌辞典』（1837年）……347, 352, 364, 412, 418, 504, 510, 539
　　『ルイス・アイルランド地図』（1837年）………………………347, 397, 419, 503, 599
地方税評価簿に見る大規模経営…………………………………365-8, 371-2, 377-9, 391-2
　　ウェルダン、J. H.（リムリック県キルマロック手作り地主）………………363-7
　　エニス（ミーズ県ダンシャフリン地域）………………………………………686-7
　　郷士ブライアン・オドンネルとジョン・C・オドンネル（リムリック県キルマロッ
　　　ク）…………………………………………………………………………357-60, 362
　　R・T・オニール（デリー県ドレイパーズタウン手作り地主）………426-8, 437-40
　　オールドワース家（コーク県ニューマーケット地域マナー領主・手作り地主）
　　　………………………………………………………………………………389-91
　　スチュワート（アレクサンダー・C・H、ドニゴール県レック教区手作り地主）
　　　………………………………………………………………………………539-42
　　スチュワート（アレクサンダー・J・R、ドニゴール大地主）…………………576
　　西部シムソン大農場（メイヨー県バリンローバ地域）…………636-45, 647-65, 703
　　　　輪作農業………………………………………………………………………649-50
　　　　耕種農業に支えられた家畜生産（肉用羊中心）……………………………654-7
　　　　資本主義的　大規模経営……………………………………………………658-64
　　デレイニ大牧畜経営（ミーズ県ダンシャフリン地域）……693-707, 710-2, 725, 752-3
　　ノックス-ゴア准男爵（メイヨー県バリナ地域・手作り地主）……………618, 621-6
　　パーク農場（ドニゴール県レック教区）………………………………………538-9
　　ハンナ家大規模農場と亜麻機械打ち作業場経営（デリー県ドレイパーズタウン）
　　　………………………………………………………………………………435-7
鉄道（アイルランド）
　　アイルランド鉄道建設調査委員会（ドゥラモンド委員会）………186-7, 496, 498
　　アイルランド鉄道網（1870年代末）………………………………………129-35
　　アセンリ・エニス鉄道………………………………………………128, 134, 145, 152
　　アセンリ・チューム鉄道……………………………………………………133, 152
　　ウフォータフォード中央アイルランド鉄道……………………………134, 137, 146
　　ウォータフォード・リムリック鉄道………………………134, 136-7, 143-6, 498
　　キャリックファーガス・ラーン鉄道…………………………………129, 132, 150
　　コーク・マクルーム鉄道……………………………………………………135, 141-2
　　コーク・バンドン鉄道………………………………………………126, 135, 142
　　大南西部鉄道……………………124, 128-9, 133, 135-6, 138-43, 145-6, 149, 346, 350, 397
　　大北西部鉄道……………………………………………………………………132
　　大北部鉄道………………………………124, 131-6, 138, 140-1, 147-8, 150-1, 713
　　ダブリン・ウィックロウ・ウェクスフォード鉄道……………………126, 135, 138
　　ダブリン・キングスタウン鉄道…………………………………………135, 138, 498
　　ダブリン・ミーズ鉄道……………………………………………133, 151, 706, 713
　　ダンドーク・エニスキレン鉄道…………………………………………………499
　　ダンドーク・ニューリ・グリーノア鉄道……………………………131, 148, 263
　　デリー経済圏の鉄道……………………………………………………………129, 499
　　ドゥレイパーズタウンと鉄道……………………………………………………420

索　引

　ナーヴァン・キングスコート鉄道……………………………………………133, 151
　ニューリ・アーマー鉄道………………………………………………………149-50
　ニューリ・ウォレンポイント・ロストレーヴァ鉄道………………131-2, 149
　パーソンズタウン&ポートオムナー・ブリッジ鉄道………………………133
　バリンローバ・クレアモリス軽便鉄道………………………………………599
　ファーモイ・リスモア鉄道……………………………………………………134
　ベルファスト・ダウン県鉄道……………………………128, 132, 147, 150
　ベルファスト・北部諸県鉄道（ベルファスト＝デリー大幹線）
　　　　　　　　　　　　　　　　　　　……………129, 147-50, 262, 419-20
　ミッドランド大西部鉄道
　　　　　　…………………126, 129, 132-3, 135-40, 147, 151-2, 599, 605-6, 693, 706-7, 710
　ラスキール・ニューキャッスル鉄道…………………………………………134
　レターケニー鉄道………………………………………………………………522
　ロンドンデリー・エニスキレン鉄道…………………………………………499
　ロンドンデリー・スウィリ鉄道………………………………………129, 148
鉄道（大ブリテン）
　大西部鉄道……………………………………………………………265, 274
　ポートパトゥリック鉄道………………………………………………………262
　ロンドン北西部鉄道……………………………………………………263, 273-4
鉄道史・辞典
　『ジョンソン・アイルランド鉄道地図辞典』………………………139, 153, 419
　ドイル&ヒルシュ『アイルランドの鉄道』…………………129, 139-40, 419
道路運輸　馬車交通の発展とオート麦…………………………………………52
郵便街道（道路）……………………………………347, 397, 419, 599, 684
土地所有・保有・土地法
　『アイルランドの土地所有者』（1876年）……………………………………412
　連合王国土地所有調査……………………………………………42, 296, 316
　共同占有………………………………………………………426-37, 529-31, 541
　共同地・共同保有………………………………………………………24, 358
　コネイカ（一作期限借地・1シーズン放牧権・放牧料）………604-5, 726-7
　11カ月間借地（超短期の放牧地リースと家畜投機）
　　　　　　　　　　　　　　　　　　……………696-7, 739, 752-4, 756, 764-5
　　放牧権………………………………………………430, 434, 440, 633-4
　シムソン改良投資補償請求訴訟……………………………636-7, 643, 664-5
　地方税評価簿「直接の貸手」は土地所有者か………………………311, 333
　『デヴォン委員会証言録ダイジェスト版』（1847年）…………………………23-4
　ドゥームズデイ・ブック　11世紀…………………………………………42, 296
　任意土地保有……………………………………………………………………766
　農地保有態様統計（『1870年農業保有地報告』）……42, 296, 311-3, 355, 434, 595
土地清掃・農民立退き……………………621, 625, 637, 645, 663, 755-8, 761-4, 766
　再入許可・ケアテイカー……………………………………621-5, 755, 758-66
土地戦争……………………………………37, 42, 208, 295-6, 637, 665, 755-6, 774
　ボイコット事件…………………………………………………………………665

土地法
  1870年土地法とテナント権……………………………………………749, 755
  1881年土地法………………………………………………………37, 755
  1891年土地購入法…………………………………………………400, 544
  不動産裁判所と土地売買…………………………………………………750
トム年鑑…………………………………………………238, 243, 247, 250

な行

農業統計………………………………………………………………295-6
  1847年………………………………………………………………4-5, 23
  1851年…………………………………………………………………299
  1854年…………………………………………………………………75
  1856年…………………………………………………………………299
  1871年…………………………………………………………………507
  1872年…………………………………………………………………507
  1873年………………………………42, 300-11, 413, 452-5, 460, 507, 517-8
  1875年……………………………………………………42, 238, 296
  1876年…………………………………………………………………455
  1881年…………………………………………………………………44
  1886年…………………………………………………………………238
  1880年・82年農業統計「出稼ぎ農業労働者の報告と統計」
    ……………………………………………599-600, 605, 628, 768-70
農業労働者
  307, 314-5, 341-2, 352, 375, 377-81, 392, 401, 439-45, 514-6, 535, 658-64, 691-2, 726-29
  通いの労働者……………………352, 360, 368, 379, 392, 443-5, 536-7, 541, 689-91
  ケアテイカー（→「土地清掃・農民立退き」の中項目「再入許可・ケアテイカー」）
  熟練労働者（耕夫・牧夫等）………………………375, 623-4, 658-60, 662-3, 711
  常雇い労働者
    295, 360-5, 371, 373, 376, 379, 391, 401, 437, 440, 442, 575, 624-7, 648-9, 686, 688-9
  常雇い労働者家族の家計推計………………………………………………401-2
  住み込み使用人・労働者
    ………344, 352, 360-1, 365, 376, 379, 392, 401-2, 440, 515-6, 536, 541, 627, 688, 692
    酪農メイド…………………………………………………………………402
  賃金…………………………………………………………375-6, 401, 403-4, 662
  出稼ぎ労働者（→「移民・出稼ぎ・住民流出」の中項目「出稼ぎ」）
  土地持ち労働者・コッティア…………27, 306, 355, 380, 391, 535-6, 624-5, 689, 726-7
    小屋住み労働者………………………………………………………………515
  臨時・日雇い労働者
    …………………295, 360, 371, 375-6, 378-9, 401, 442-3, 515, 537, 626-7, 662-3
『農業労働者調査報告書』（1890年代王立労働調査委員会）…………295-6, 314, 333, 342
  オブライエン報告…………………341-4, 350, 360-2, 365, 367-8, 374-6, 379, 381, 385, 400
  マクレー・レターケニー報告………………295, 324-5, 328, 378, 511, 514-7, 536-7

索　引

農業労働者の住宅・菜園
　　……………………24, 26-7, 351, 353-8, 360-2, 366, 375, 525, 527, 532, 535-6, 648, 689
　口入れ屋……………………………………………………………………………373-4
　取壊し・廃屋………………………………………………………………365-8, 440-1
　農場管理人住宅 …………………………………………………………352, 641, 648, 660
　牧夫と住宅
　　………352, 354-6, 360, 623-5, 641, 647, 649, 660-1, 687-8, 711-2, 741-2, 751, 764-6
　労働者住宅（小屋）……………352, 354, 356, 389, 391, 535, 623-4, 626, 641, 648, 660
　ロッジャーズ（一時的逗留者住宅）……………352, 354-5, 370-4, 389, 443, 689-90
農村住民の暮らし（貧民蝟集地域に見る食事などの日々の暮らし）……………544-6
　掛買い………………………………………………………………………………554-6
　　家畜販売・出稼ぎによる掛買い精算……………………………………………556
　　信用と貧富の差…………………………………………………………………555-6
　　農家と商人との債務債権関係…………………………………………………555-6
　自家消費と生活必需品購入・現金支出増加………………546-8, 551-2, 609-10
　　粗びき屋・製粉……………………………………………………………………548
　　飢えの季節………………………………………………………………………550-1
　　ジャガイモ・ギャップ……………………………………………………………549-5
　　トウモロコシの購入……………………………………………………548, 550-2
　自給的家内衣料生産への市場貨幣経済の浸透………………………556-61, 612
　　新しいミシン縫製シャツ産業（リネン・毛織物）………………558-9, 563-6
　　毛糸編み物業とマクデヴィット兄弟社………………………………………561-3
　　マクインタイア＆ホッグ商会の事例…………………………………………563-5
　　リールダンのシャツ産業論……………………………………………………565-7
　西部海岸地域・島の暮らし
　　アキル島…………………………………………………………………………602-5
　　アラン諸島………………………………………………………………………611-2
　　アランモア島とトーリー島……………………………………………………566-70
　　クレア島の畜産…………………………………………………………………607-11
　　生活必需品の確保………………………………………………………………568-75
　　漁業………………………………………………………………………………610-1
　　東から最西端ベルミーレットへの子牛移動……………………………………630-6
　西部海岸の海運……………………………………………………………………568-70
　スライゴ海運会社…………………………………………………………258, 569, 573-5, 598
　H&H汽船…………………………………………………………………………570-1
　リートゥリム汽船航路……………………………………………………………571-2, 576
　レアド社スライゴ・メイヨー延長航路……………………257-8, 569, 572-3, 596, 598
　賃稼ぎ
　　在地の賃稼ぎ……………………………………………………………………575-7
　　出稼ぎ（→「移民・出稼ぎ・住民流出」の中項目「出稼ぎ」）
　冬期の男性失業と女性の稼ぎ・負担………………………………………………548-9
　不利な現物交換による生活物資入手
　　卵とティーその他との交換………………………………………………………552-3

```
    手仕事との交換·····································································553
  農地規模別階層構造······················································296, 302-6, 343, 413, 595-6
  農地規模別土地利用の性格相違···············································300-4
  農地規模別家畜生産の相違と分業·········································302, 305-11
    デリー県ロッヒンショーリン郡·········································413-5
    メイヨー県エリス郡··································································632-3
    メイヨー・バリナ地域································································614-5
    リムリック県キルマロック··········································343-4
  農地規模別農業労働者（家族員と雇用労働者1912年）···················330-1
  不動産評価額による農地分類···············································311-4
  農地分類から農場分類へ······················································59, 332
  『グリフィス評価原簿』
      295, 311, 345, 358, 364-5, 413, 427, 432, 476, 525, 527, 529-30, 686-8, 693, 695-700,
      719
    地方税評価簿で複数農地農場を探す
      ··················································24, 59, 295, 311, 332-3, 344-6, 355, 433, 435, 518, 681, 719-21
      キルマロック評価簿····················345-6, 350, 353-60, 364-75, 720-1, 724
      ダンシャフリン評価簿······················681, 685-91, 695-700, 720-1, 723
      ドゥレイパーズタウン評価簿·········412, 415-6, 420-1, 423-4, 433-43, 535, 720-2
      ニューマーケット評価簿·························································387-92, 720-1, 724
      バリナ評価簿······················································616-8, 621-7, 720-1, 723
      ホーリマウント評価簿···························································640-5, 647-9
      レック教区評価簿······················518, 522-36, 538-42, 720-3
      レック教区の富農による亜麻機械打ち············································522-33
  地方税評価額分類と農地面積分類のデータ・クロス························313-4
農民層分解
     ·········27, 59, 295-6, 314, 343, 355, 379, 391-2, 405, 443, 629, 681, 685, 692, 719-30, 767
  ショー・リフィーヴァのアイルランド農民層分解像·······················725-30
  大牧畜経営者グレイジャー······························750-1, 754, 762-3, 765
  松尾太郎によるアイルランド農民層分解の分析·······························330-1
  農業雇用労働者依存度（センサスで見る）··································329-30, 444, 721
    カンターク教区連合とトゥラリー教区連合································392-4, 721, 724
    キルマロック教区連合·························································377-80, 392-3, 721, 724
    ダンシャフリン教区連合·····················································691-2, 721, 723
    バリナ教区連合·························································627-9, 721
    マヘーラフェルト教区連合·············································416, 444-5, 721-2
    レターケニー教区連合············································511-6, 543, 582, 721
  農民と農業労働者をセンサス分類に探る（1871年）··························314-30
    「農業家」を構成する職業·······················································316-8
    女性と農業（女性は少なくなかった）············································323-4, 326-9
    農業労働者（特に女性労働者を探す）·······································324-30
```

索　引

は行

バター酪農
　………58, 78-80, 341-3, 361-2, 367, 374-6, 381-2, 386, 391, 399-400, 402, 404-5, 410
　機械化（ラヴァル遠心分離機）とクリーマリー……196, 207-8, 318, 342, 367, 405, 724
　　女性家内副業バター生産の後退……………………………………164-5, 208, 724
　　農家搾乳場取壊し………………………………………………………………367
　子牛哺育用母乳需要とバター用牛乳……………………………………………78-80
　コーク・バターの世界的地位とワーテルロー以降の後退………171-4, 177-180, 195-6
　自家消費と商業的バター生産……………………………………………………164-5
　バター生産協同化……………………………………………………………207-8, 724
　バター輸出　171-2, 184-6　バター輸出港　185-6, 196, 405
　ロンドン・バター市場のアイルランド産と外国産　195-207　ハンザ諸都市　205-7
『ベイスライン報告（貧民蝟集地域開発局視察官報告）』
　…………………………90-1, 295-6, 314, 333, 381-2, 400, 503-5, 509, 542-4, 580, 600-1
　ケリー県キローグリン地域・ブロシュナ地域・クーム地域・カハルサイヴィーン地
　　域・ウォータヴィル地域・ディングル地域他……………………………398-405
　ゴールウエイ県アラン諸島地域・カーナ地域・レターフラック地域
　　………………………………………………………………112-5, 557-8, 601, 611-2
　ドニゴール県アランモア地域・ガータン地域・北イニシュオーウエン地域・キリベ
　　クス地域・グウィードア地域・グレンコラムキル地域・グレンティーズ地域・ク
　　ロンマニー地域・クロハニーリ地域・ダンファナヒ地域・デサーテグニー地域・
　　トーリー島地域・バリシャノン地域・ファナド地域・ブロッカー地域・ロスゴル
　　地域・ロセス地域……………………………………90-1, 295, 510-1, 527-8, 542-82
　メイヨー県アキル島地域・アハゴウワー地域・キルタマー地域・クレア島地域・ク
　　レアモリス地域・スウィンフォード地域・ニューポート地域・パートゥリ地域・
　　バリホウニス地域・フォックスフォード地域・ベルミーレット地域・ラース・ヒ
　　ル地域・ルイスブルグ地域……………………………………600-14, 630-1, 633-6
　コナハト他（キルタブリド地域・バラハデリーン地域）………………………630-1
保蔵加工食肉の生産と輸出…………………………………142-3, 146-7, 185-6, 242
　アイルランド・ベーコンの国際的展開………………………………………………237-8
　アイルランド・ベーコン＆ハムのロンドン市場における地位……………………222-8
　　本船積込渡し価格………………………………………………………201-2, 223-4
　革新的ベーコン生産技術開発
　　氷使用湿塩漬法（夏場のベーコン保蔵加工処理）………………211-4, 221, 237
　　石炭使用ベーコン豚剛毛除去方法………………………………212, 215, 221, 237
　　ピックル・ポンプによる塩漬液注入方法…………………………………212-3, 221
　グレインジャ（リヴァプール商業会議所会頭）1867年証言…………………229-30, 233
　塩漬け肉輸出……………………………………………………………168, 182-3, 195
　ダブリン市場のアイルランド・ベーコンとアメリカ・ベーコン………………229-33
　南部ベーコン保蔵処理業者豚改良協会……………………………………………221-2
　二つのベーコン＆ハム生産輸出方法………………………………………………214-7
　ベーコン＆ハム生産とアイルランド経済…………………………214, 218-9, 234-6

ベーコンとハムの生産と輸出 …………………………………………164, 209-11
ローソン（アイルランド法務次官）1861年報告 ………………209-19, 221, 235-6
ロンドン市場向けベーコン輸出とアメリカ・ベーコン輸入 ……………227-31, 233
ポーター表 ……………………………………………………………………………69, 193

ら行

リネン（亜麻からリネン布までの生産工程）………………………………………446-51
　亜麻栽培とリネン ………………………………………………65, 334, 446-9, 452-8
　スカッチング（亜麻打ち）と農村 ………………………449-50, 453-9, 465, 494-5
　　機械打ち …………………………435-7, 444, 449-50, 454-5, 459-61, 465, 522-34
　　手打ち ………………………………………………………449-50, 454, 459-61, 464-5
　　レック教区（ドニゴール県）の亜麻機械打ち ……………………………522-33
　フラックス（亜麻繊維）……………………………………………………459, 465, 468
　フラックス市場 ……………………………………………………459-61, 464-5, 467-73
　フラックス・ストア ………………………………………………………………466-7
　フラックスとトウ（短い繊維）…………………………………………472-5, 496-7
リネン工業（糸・布・仕上）
　手紡績と機械紡績 ……………………………………………………………………471
　デリー中心の経済圏 ……………………………………………………496-500, 503
　農家家内工業・農工分離・大規模工場生産 …………………………445-6, 449, 471
　ベルファスト中心にアルスター全域で展開 …………………………………472-5
　　ウイリアム・カーク親子商会（ダウン県キーディー教区）
　　　……………………………………………………………475, 477-8, 484, 489-91
　　ダンバー・マクマスター社（アーマー県ギルフォード）……………475, 479-84
　　ハードマンズ社（ティローン県西部シオン・ミルズ）……475, 477, 491-3, 495, 767
　　ヨーク街フラックス紡績（ベルファスト）……………………………………475-79
　　ルイ・クロムリン家とアイルランド・リネン産業飛躍………………………477-9
　リネン事業家を『グリフィス評価原簿』に見る ……………476-7, 479-85, 488-93
　『スミス業者名鑑』……………………………………………………474-6, 479, 484, 489-91
　リネン輸出（英愛併合前）………………………………………………………166, 168

◎著者略歴◎

本多　三郎（ほんだ　さぶろう）

1944年　大阪市に生まれる
1977年　京都大学大学院経済学研究科博士課程単位取得退学
1978年　大阪経済大学経済学部講師着任。経済学部長（1999年度・2000年度）
1985年　ダブリン大学トゥリニティ・カレッジにて1年間在外研究
1994年　日本アイルランド協会理事（〜2022年3月。2012〜15年、会長）
1997年　関西アイルランド研究会結成参加（事務局担当）（2008〜13年、代表）
2005年　大阪経済大学日本経済史研究所所長（〜2009年4月）。翌2010年に退職し、現在、名誉教授

主な研究　「19世紀後半アイルランドにおける土地所有関係とイギリス地主制度」（京都大学経済学会『經濟論叢』112巻1号、1973年7月）、「大飢饉後のアイルランド農業」（『大阪経大論集』159〜161合併号、1984年6月）、「アイルランド土地戦争——土地同盟の結成と二つの路線の合流」（大阪経済大学日本経済史研究所『経済史研究』9号、2005年）、「アイルランド土地問題の歴史的性格」（日本アイルランド協会『エール』27号、2007年12月）

大阪経済大学日本経済史研究所研究叢書　第20冊
ブリテン資本主義下のアイルランド農業
土地戦争の経済史的背景

2025（令和7）年1月31日発行

著　者　本多　三郎
発行者　田中　大
発行所　株式会社　思文閣出版
　　　　〒605-0089　京都市東山区元町355
　　　　電話　075-533-6860（代表）

装　幀　小林　元
印　刷
製　本　亜細亜印刷株式会社

Ⓒ S. Honda　　ISBN978-4-7842-2092-2　C3033

思文閣出版刊行図書案内

歴史からみた経済と社会　日本経済史研究所開所90周年記念論文集
大阪経済大学日本経済史研究所編　【電子書籍版】

大阪経済大学日本経済史研究所の開所90周年を記念して刊行する論文集。「回顧編」6本、「論文編」29本の二部編成。本庄栄治郎・黒正巌以来の国際的な視野を引き継ぎ、広範囲な時代・地域を対象とする論考を集め、現在の経済史研究の最前線を示す。

▶A5判・1000頁／定価17,050円　　　　　　　　　　　　　ISBN978-4-7842-2067-0

近代日本経済の自画像　「西洋」がモデルであった時代
大島真理夫著

日本にとって西洋は明治以来、21世紀にいたるまで、自国の立ち位置を確認する比較軸＝分析モデルであった。しかし、そうした時代は終焉を迎えたようである。本書は、過去150年にわたる日本の自国認識の変遷を「西洋がモデルであった時代」ととらえることで見えてくるものを探ろうとする試みであり、求められる新たな自画像を地に足の着いたものにするために不可欠な基礎作業を提示する。

▶A5判・570頁／定価8,800円　　　　　　　　　　　　　ISBN978-4-7842-2065-6

アレクサンダー・フォン・シーボルトと明治日本の広報外交
堅田智子著

「日本帝国近代史の化身」と評された外交官人生と業績、明治日本にもたらされた広報外交の裏面史を日独双方に眠る外交文書、日記、書簡等から解き明かす。

▶A5判・512頁／定価10,450円　　　　　　　　　　　　　ISBN978-4-7842-2045-8

万博学／Expo-logy 創刊号　【特集・植民地なき世界の万博】
万博学研究会編

万博のさまざまな側面をつぶさに研究することの向こうに、この世界の人間たちの歩みが赤裸々に浮かび上がってくる――。万博研究をリードする万博学研究会による最新の研究成果を毎年発信。創刊号では戦後の万博と植民地の関係を特集。万博はいかにして現在の姿になったのかという問いに、植民地を切り口にして迫る。

▶A5判・200頁／定価2,200円　　　　　　　　　　　　　ISBN978-4-7842-2048-9

万博学／Expo-logy 第2号　【特集・万博と冷戦】
万博学研究会編

特集は、ブリュッセル（1958年）、モントリオール（1967年）、大阪（1970年）など冷戦期に開催された万博と東西両陣営とのかかわりを論じる多様な角度の論考で、万博に映った冷戦の時代を活写する。そのほか、最新の万博研究とコラム、エッセイに加え、ドバイ万博の日本館、および2025年大阪・関西万博のパナソニックグループパビリオン、ウーマンズパビリオンを設計する建築家・永山祐子氏のインタビューを収録する。

▶A5判・218頁／定価2,200円　　　　　　　　　　　　　ISBN978-4-7842-2060-1

万博学／Expo-logy 第3号　【特集・大阪万博前後の世界】
万博学研究会編

日本で万国博覧会が語られるとき、当然のように七〇年大阪万博が中心に据えられる。今号ではそうした見方を相対化し、前後する時期に開かれた一連の万博を視野に収め、カナダの脱自治領化、沖縄の平和祈念公園、ヨーロッパ統合、皇室外交といった従来は万博と結びつけられてこなかったテーマから、この時代をとらえなおす。創刊号から続く「戦後万博特集」の第3弾。

▶A5判・236頁／定価2,750円　　　　　　　　　　　　　ISBN978-4-7842-2104-2

表示価格は税10%込